天气预报与气候预测技术文集

（2013）

中国气象局预报与网络司　编

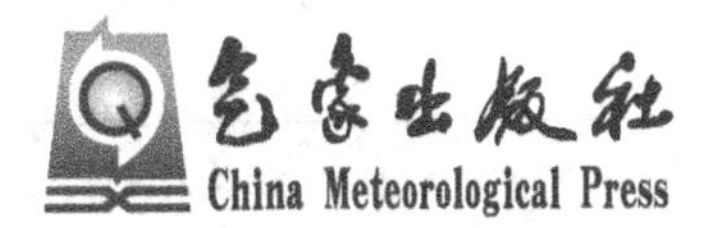

内容简介

本书收录了2013年4月在郑州召开的"2013年全国重大天气气候过程总结和预报预测技术经验交流会"上交流的文章83篇，分为"暴雨""台风、暴雪、强对流""预报技术方法及其他灾害性天气""气候监测预测"四个部分。

本书可供全国气象、水文、航空气象等部门从事天气气候预报预测的业务、科研人员和管理人员参考。

图书在版编目(CIP)数据

天气预报与气候预测技术文集(2013)/中国气象局预报与网络司编.
—北京：气象出版社，2013.11
ISBN 978-7-5029-5845-9

Ⅰ.①天… Ⅱ.①中… Ⅲ.①天气预报-文集 Ⅳ.①P45-53

中国版本图书馆 CIP 数据核字(2013)第272963号

出版发行：气象出版社
地　　址：北京市海淀区中关村南大街46号　　邮政编码：100081
总 编 室：010-68407112　　发 行 部：010-68409198
网　　址：http://www.cmp.cma.gov.cn　　E-mail：qxcbs@cma.gov.cn
责任编辑：张锐锐　　终　　审：汪勤模
封面设计：王　伟　　责任技编：吴庭芳
印　　刷：北京京华虎彩印刷有限公司
开　　本：787mm×1092mm 1/16　　印　　张：35.5
字　　数：910千字
版　　次：2013年11月第1版　　印　　次：2013年11月第1次印刷
定　　价：120.00元

本书如存在文字不清、漏印以及缺页、倒页、脱页等，请与本社发行部联系调换。

编者的话

2013年4月，中国气象局预报与网络司、河南省气象局和国家气象中心、国家气候中心在郑州市共同组织召开了“2013年全国重大天气气候过程总结和预报预测技术经验交流会”。

此次会议召开前，我们组织各基层单位对拟报送的文章进行了严格筛选，其后收到了来自国家气象中心、国家气候中心、国家卫星气象中心、各省（区、市）气象局、民航气象中心、总参气象水文中心等气象行业40余家单位推荐的论文近300篇，内容涉及台风、暴雨、强对流、大雾、沙尘等各类天气的总结分析和气候监测预测以及新资料、新技术、新方法的应用。经过专家评审，从中挑选出102篇论文参会交流。会后经过与会专家的认真审定，又从中选取了83篇文章汇编成本文集。

由于水平有限，加之时间紧迫，难免有疏漏之处，请读者指正并提出宝贵意见。

编　者

2013年10月

目　　录

第一部分　暴　雨

第二部分　台风、暴雪、强对流

第三部分 预报技术方法及其他灾害性天气

第四部分　气候监测预测

第一部分　暴　雨

辽宁长历时局地特大暴雨的维持机制及中尺度特征分析

陈传雷　陈力强　贾旭轩　陆井龙　张楠　李玉鸣

（沈阳中心气象台，沈阳 110016）

摘　要

针对 2010—2011 年发生在辽宁的 3 次持续时间长、局地性强、强度大的长历时局地特大暴雨过程，利用常规观测、NCEP/NCAR 1°×1°、FY-2E 红外 0.1°×0.1°云顶黑体亮温（TBB）等资料，对强降水触发和维持的中尺度环境背景、TBB 特征、雷达回波演变等特征进行了分析。结果表明：（1）副热带高压西侧低空中尺度西南和偏南向水汽输送带提供的充足水汽、热量与高空干冷空气在同一地点较长时间维持的位势不稳定层结为强降水的持续提供了有利环境背景，垂直运动维持时间的长短与强降水持续时间有较好的对应关系；（2）卫星 TBB 值的快速降低往往预示着降水将要加强，强降水不仅可出现在对流云团发展旺盛的冷云区内，也可发生在梯度区内和 TBB 较高的相对暖的低云区内；（3）强降水发生时在雷达上表现列车效应和局地生消两种机制。降水强度越大，雷达产品与降水强度的相关越强，垂直累积液态水含量（VIL）与各种强度降水均具有较强的相关。

关键词：暴雨　长历时　局地　中尺度特征

引言

暴雨是辽宁省的主要气象灾害，之前预报和科研人员对区域性暴雨的预报方面进行了深入的研究，在区域性暴雨的落区、时间、强度预报上取得了不少有意义的成果。在局地暴雨方面，辽宁 80％的强降水（1 h 降水量≥10 mm）持续时间在 3 h 内，虽然该类降水雨强较大，但持续时间较短，一般不会造成特别严重的灾害，而出现次数较少的“长历时”局地强降水的形成、维持机制和中尺度特征还研究得较少，由于该类降水持续时间长、降水强度大、局地性强，因而经常造成严重的灾害，如 2010 年 7 月 20—21 日、8 月 20—21 日和 2011 年 8 月 8—9 日 3 次过程的 24 小时降水量均接近或超过 250 mm，1 h 降水量≥10 mm 的持续时间在 6～12 h，且具有典型的局地性特征，并均产生了较严重的灾害。本文从强降水发生和维持的环境背景条件、持续性强降水的维持机制以及中尺度对流系统（MCS）结构特征等方面，探索辽宁长历时局地

资助项目：中国气象局预报员专项项目（CMAYBY2012－011）、公益性行业（气象）科研专项（GYHY20090611）、辽宁省气象局 2012 年现代化建设项目“分灾种的灾害性天气落区潜势预报辽宁省分县气象要素短时预报业务系统建设”。

强降水得以长时间维持的物理机制，并揭示其雷达、卫星观测资料的特征。

1 资料

文中采用的主要资料包括：①常规高空和地面观测资料、逐时的自动气象站雨量和风场资料；②每日4次NCEP/NCAR的1.0°×1.0°的再分析格点资料；③逐时FY-2E反演的0.1°×0.1°TBB（云顶黑体辐射亮温）资料；④营口市CINRAD－SA多普勒天气雷达的基本产品和反演产品、SWAN系统提供的雷达拼图组合反射率产品。

2 降水特征

3次降水过程均具有如下特征：(1)降水总量大，24小时降水量分别达到了357、474和239 mm。(2)降水雨强强，1 h降水量分别达到了48、91和67 mm，特别是五龙背乡、小石棚乡分别有连续3和2 h的逐时降水量超过了50 mm。(3)降水局地性强，3个降水中心本站的24小时降水量达到了大暴雨到特大暴雨，但其周边几千米到几十千米范围的大部分站点的降水量却仅达到小雨或中雨。(4)强降水持续时间长，1 h降水量≥10 mm的持续时间分别达到了10、9和6 h；1 h降水量≥20 mm的持续时间分别达到了7、9和4 h。3次过程共造成3人死亡、6人失踪，并出现了较严重的城市内涝、农田渍涝、房屋倒塌、交通受阻、供电中断、通讯中断等。

3 影响系统特征

3次过程均发生在副热带高压（副高）的形态、位置和强度有利于辽宁产生暴雨的大尺度形势下。2010年7月19日08时，副高呈块状，中心在日本岛南部，强度为588 dagpm等位势线位于中国、朝鲜边界附近。受副高后部西南气流的作用，四川北部的低涡与河套高空槽的合并加强东北上，西南气流引导南方暖湿空气北上，同时贝加尔湖脊前东北气流引导冷空气进入东北低涡中，强降水天气出现在加强北抬的副高与华北低涡、东北低涡之间的东北—西南向副热带锋区上的冷暖空气交汇处。2010年8月20日08时，副高呈块状，其中心在日本岛上空，强度为588 dagpm等位势线位于辽宁西部。巴尔喀什湖北部高度脊前西北气流引导极低冷空气东移南下到贝加尔湖东南部高空槽中，与副热带西侧的西南气流引导北上的南方暖湿空气在辽宁中东部地区交汇。2011年8月8日08时，受1109号台风“梅花”北上的影响，副高的形态由8月6—7日的东西向带状逐渐转变为8日西南－东北向的块状，副高在此次过程主要起引导“梅花”台风北上的作用。

4 中尺度对流云团活动特征

在阿吉乡的强降水过程中，阿吉站的南北和东西两侧均存在对流云团。强降水发生前，阿吉站西北侧的对流云团发展到最强，随后逐渐减弱，强降水发生在对流云团发展到最强后减弱时段内。结合逐时降水量，降水强度随着对流云团强度的变化而呈波动变化，从降水发生区域看，强降水发生在对流云团发展旺盛的冷云区内（图1a）。五龙背乡第一阶段（8月20日19—21时）强降水的TBB特征与阿吉乡过程相似，其北侧不断有对流云团发展加强，南侧云团较弱，东西两侧在18时后云团开始发展。强降水的发生伴随着对流云团的发展而出现，但第二阶段(8 月 21 日 00—08 时)强降水发生时并没有强的对流云团发展，强降水发生在 TBB 较高的相对暖的低云区内，这可能是由于此次过程中，来自副高后部的高温高湿气流在抬升到一定高度后便达到了饱和，不需发展到高度很高的对流云团便形成了强降水(图 1b)。小石棚乡强降水发生前，其东北侧不断有对流云团发展加强，东南侧云团较弱，结合逐时降水量，与阿吉乡过程相似，强降水发生在对流云团发展到最强后减弱的时段内，但不同的是强降水发生在 TBB 的梯度区内(图 1c)。

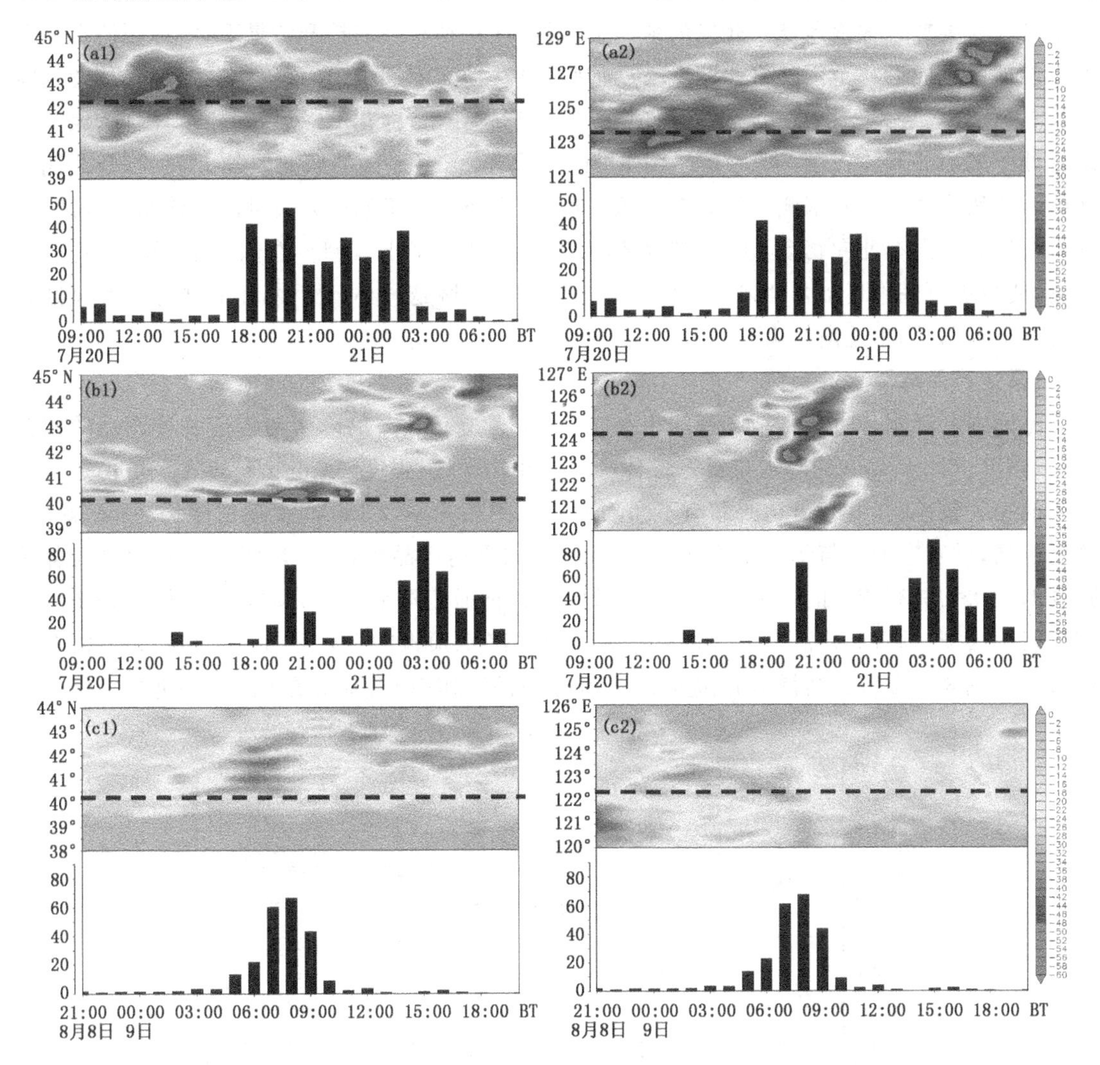

图 1 过强降水中心的 FY－2E TBB 时间－纬度、时间－经度剖面和逐时降水量

(a)2010 年 7 月 20 日 09 时至 21 日 08 时过阿吉站(a_1：沿 123.5°E，a_2：沿 42.3°N)；(b)2010 年 8 月 20 日 09 时至 21 日 08 时过五龙背站(b_1：沿 124.3°E，b_2：沿 40.2°N)；(c)2011 年 8 月 8 日 21 时至 9 日 20 时过小石棚站(c_1：沿 122.4°E，c_2：沿 40.2°N)(图中横虚线为强降水中心所在的经度、纬度)

5 多普勒雷达中尺度特征

5.1 雷达反射率因子、地面风场和 1 h 降水特征分析

2010 年 7 月 20 日 17 时，辽宁中部一带为较大的偏南风，辽宁西部为东北风到西南风，地

面辐合线位于锦州北部至鞍山一带，强回波位于偏南风的营口、盘锦一带。地面风场在辽宁中部存在一东北—西南向的西南风和偏南风辐合线，强回波带和强降水沿着西南风和偏南风辐合线向东北传播，且位于西南风一侧。在7月21日23时前后，对应两次西南风、偏南风脉动加强向东北方向传播，对应强降水中心加强和向东北传播。21日00时以后，西南风和偏南风减弱，只传播到锦州北部地区。在辽宁北部的强降水减弱趋于结束。强降水发生在地面辐合线附近，辐合线两侧风的脉动传播对应着强降水区的传播。在五龙背强降水发生过程中，五龙背地区一直维持着偏南风与东北风的地面辐合线，在这种有利的抬升背景下，雷达回波在五龙背上游地区生成后移至强降水地区上空后加强，且移动速度缓慢，导致该地区强降水持续的时间长、累积降水量大。小石棚降水发生前，由于辽宁省处于“梅花”台风后部控制，因此，大部分地区处于偏西北气流控制。8月9日03时开始，大连、营口地区的西北风加大，小石棚北侧地区的西北风明显小于其南侧，因此，存在风速切变，强降水位于偏东风大风区左前侧辐合区，且随着台风系统向东北向移动。04—07时偏东风大风区位于小石棚乡右侧且不断向小石棚乡靠近，使得小石棚附近辐合加强，降水加强。之后，大风区越过小石棚乡，小石棚位于大风区右侧且逐渐远离，降水逐渐结束。

5.2 雷达产品与降水的相关

不同强度降水与雷达各种产品的相关中，强度≥20 mm/h的降水与雷达各种产品的相关最强，强度≥10 mm/h的降水与雷达各种产品的相关次之，强度≥1 mm/h的降水与雷达各种产品的相关较差；在所有雷达产品与不同强度降水的相关中，2 km高度反射率因子(Z)最好，高度越高，反射率因子与降水相关下降明显；所有的雷达产品中，垂直累积液态水含量与各种强度的降水均具有较强的相关，回波顶高(ET)与各种强度降水的相关均较差。因此，2 km高度反射率因子、垂直累积液态水含量可作为短时强降水预报的主要参考依据(图2)。以上指标仅是通过3个个例总结得出的初步结论，在今后的工作中，仍需用更多的个例进行完善。

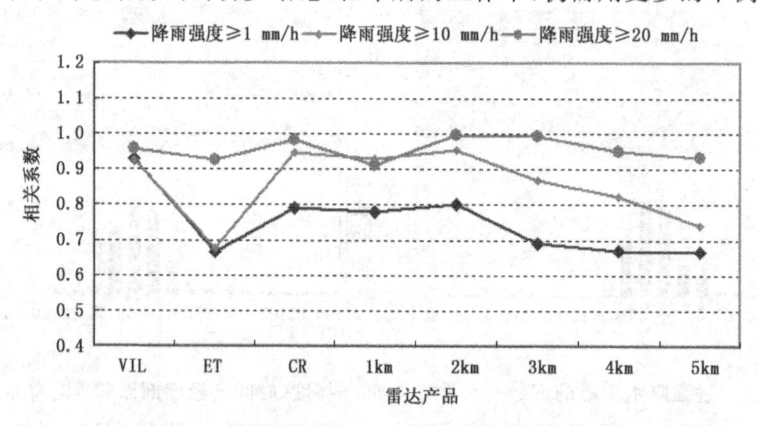

图2 盖州市小石棚乡过程不同强度降水量与雷达产品的相关性比较

(VIL为垂直积分液态水含量，CR为组合反射率)

6 中尺度对流系统发展维持的环境条件特征

阿吉乡降水发生前，随着偏南、西南急流的输送，其上空的比湿迅速增大，≥10 g/kg的湿层已经向上伸展到700 hPa附近。2010年7月20日20时，800 hPa以下的负散度和300 hPa以上的正散度加强发展，在这种高层辐散、低层辐合的背景下，阿吉乡上空维持一向南倾斜的辐合柱(图略),其南北两侧气流辐散下沉,在阿吉乡附近辐合抬升,形成了次级环流,上升运动由 900 hPa 一直向上延伸至 300 hPa,强中心位于 700 hPa 附近,将低层水汽输送到高空凝结(图 3a),中层 500 hPa 的干冷空气与低层暖湿空气形成了不稳定层结(图 3b)。五龙背乡强降水过程中,其上空比湿的强度和高度与阿吉乡基本一致,≥10 g/kg 的湿层向上伸展到 700 hPa 附近。上升运动由 900 hPa 一直向上延伸至 300 hPa,强中心位于 400 hPa 附近(图 3c),五龙背降水过程的层结特征为在其北侧中低层为深厚的干冷空气控制下的稳定层结,而其附近及南侧为暖湿空气控制下整层深厚的不稳定层结,五龙背处于假相当位温的梯度区内(图 3d)。小石棚乡的强降水过程中,2011 年 8 月 9 日 08 时 300 hPa 附近正散度发展,在这种高层

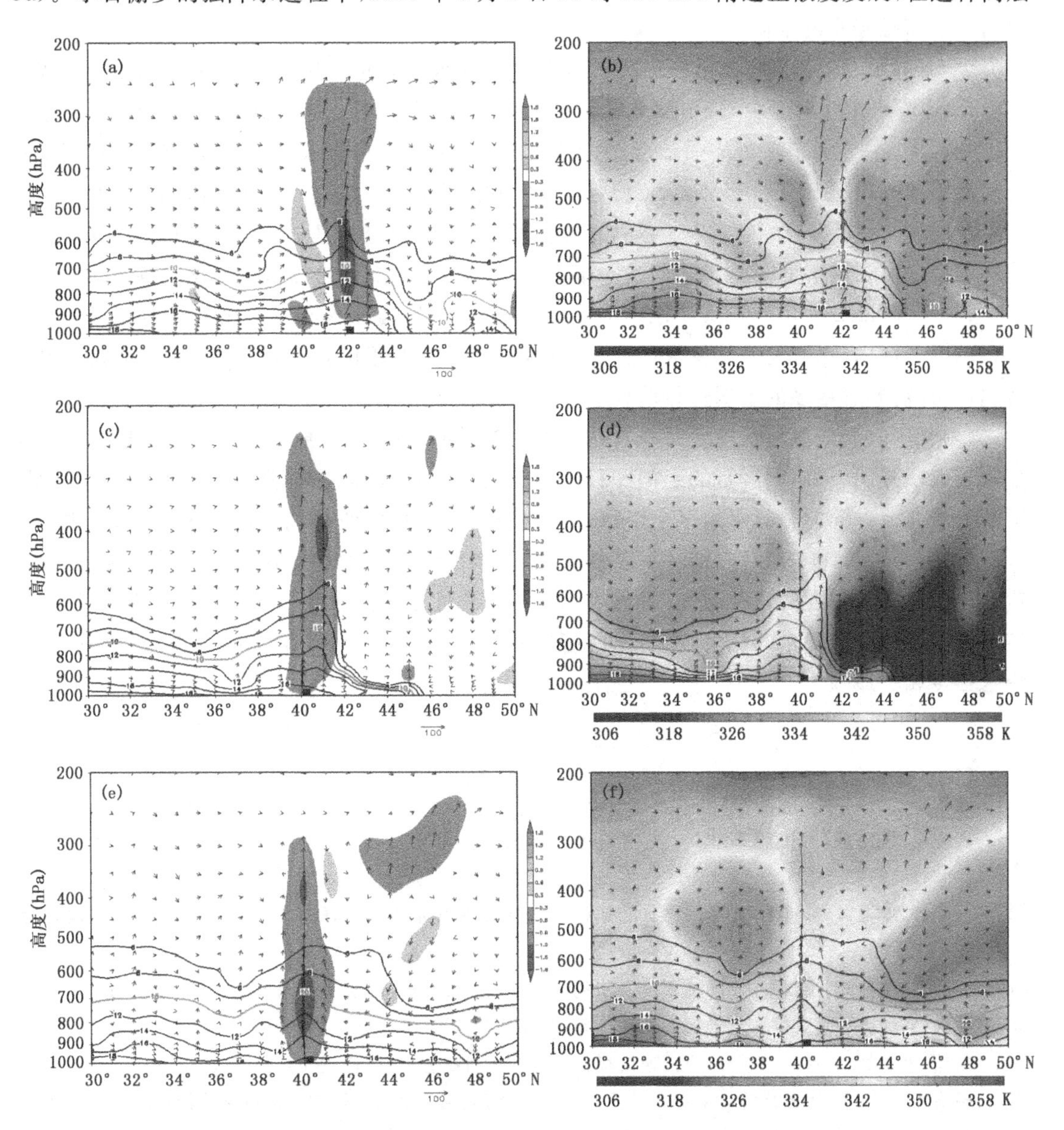

图 3 2010 年 7 月 20 日 20 时沿 123.5°E (a、b)、2010 年 8 月 21 日 02 时沿 124.3°E (c、d)、2011 年 8 月 9 日 08 时沿 122.4°E (e、f)的垂直速度和假相当位温剖面及比湿、垂直环流(v,w)

(图中黑方块为强降水中心所在纬度)

辐散、低层辐合的背景下，阿吉乡南北两侧气流辐散下沉，在其附近辐合抬升，形成了次级环流，上升运动由 900 hPa 一直向上延伸至 400 hPa，强中心位于 800 hPa 附近（图 3e），层结特征为中层西北侧有干冷空气的侵入触发强降水（图 3f）。

7 结论

（1）强降水主要出现在 200 hPa 高空急流与 850 hPa 低空急流之间，三层垂直槽前部或 500 hPa 高空槽与 700、850 hPa 切变线之间；下游阻塞系统使西风带高空槽加强且移速减慢，有利于强降水的维持；强降水主要出现在地面干线前部的地面辐合线附近，地面辐合线的稳定维持有利于强降水的维持。

（2）强降水发生前需有连续稳定的水汽输送，强降水发生过程中水汽的强度和湿层厚度无明显变化，强降水主要出现在 850 hPa 水汽通量散度梯度大值区靠近水汽通量大值一侧；强降水区上空的散度场一般伴有中低层强辐合、中高层强辐散，风场上强降水中心两侧气流辐散下沉、中心附近辐合抬升，形成了次级环流，促使强而稳定的上升运动。垂直运动维持时间的长短与强降水维持时间的长短有较好的对应关系；长历时局地强降水发生时，其上空的层结可以是相对稳定或弱不稳定，分别对应的逐时降水具有小幅度波动、稳定变化或大幅度波动变化的特征。

（3）卫星 TBB 的快速降低往往预示着降水将要加强，强降水不仅可出现在对流云团发展旺盛的冷云区内，也可发生在梯度区内和 TBB 较高的相对暖的低云区内，这种特征是否具有普遍性，还需要有更多的个例进行验证。

（4）长历时局地强降水发生时在雷达反射率因子图表现出两种机制：一种是一般存在一条带状或线状强回波带，回波带的走向和移动方向基本一致，回波在强降水区上游地区生成后，不断沿着急流方向向强降水地区上空移动，即列车效应，从而使得该地区降水时间长，累积降水量大；另一种机制是在有利的环境条件下，强回波在降水地区上空不断生消，降水强度越大，雷达产品与降水强度的相关越强，垂直累积液态水含量与各种强度降水均具有较强的相关，回波顶高与各种强度降水的相关较弱，不同高度的雷达反射率因子中，2 km 高度反射率因子与降水强度相关最强。

参考文献

[1] 陶诗言，卫捷. 再论夏季西太平洋副热带高压的西伸北跳. 应用气象学报，2006，**17**(5)：513-525.

[2] 武麦凤，王旭仙，孙健康等. 2003 年渭河流域 5 次致洪暴雨过程的水汽场诊断分析. 应用气象学报，2007，**18**(2)：225-231.

[3] 杜小玲，喻自凤，鲁崇明等. 上海“0185”热带低压特大暴雨维持机理研究. 南京大学学报，2007，**43**(6)：621-632.

[4] 彭乃志，傅抱璞，于强等. 我国地形与暴雨的若干气候统计分析. 气象科学，1995，**15**(3)：288-292.

[5] 孙继松. 气流的垂直分布对地形雨落区的影响. 高原气象，2005，**24**(1)：62-69.

[6] 赵玮，王建捷. 北京 2006 年夏季接连两场暴雨的观测对比分析. 气象，2008，**34**(8)：3-14.

[7] 矫梅燕，毕宝贵，鲍媛媛等. 2003 年 7 月 3—4 日淮河流域大暴雨结构和维持机制分析. 大气科学，2006，**30**(3)：475-490.

[8] 高留喜，王彦，万明波等. 2009-08-17 山东特大暴雨雷达回波及地形作用分析. 大气科学学报，2011，**34**(2)：239-245.

四类南岳高山站风场型对湖南不同天气型强降水指示作用的研究

陈静静[1]　叶成志[1]　傅承浩[1]　陈红专[2]

(1.湖南省气象台,长沙 410007; 2.怀化市气象局,怀化 418000)

摘　要

利用2006—2012年4—9月南岳高山站逐时风场资料,湖南全省96个常规观测站逐时降水量资料及63例强降水天气过程高空、地面观测资料,在对强降水天气过程进行天气影响系统分型的基础上,研究了四类南岳高山站风场型对湖南不同天气型强降水预报的指示作用。结果表明:南岳高山站风场在10种天气型强降水天气过程中主要有四种不同表现型,其逐时演变特征对湖南强降水带移动和强度变化有较好的指示作用。南岳高山站西南风速达到低空急流标准的时刻,较湘西北、湘北地区降水加强的时刻有3～5 h的预报提前量;南风剧减的时刻或南风转北风的时刻较强降水区南压有2 h左右的预报提前量;当南岳山主导风为南风,且风速大小在12～14 m/s时,湘西北和湘北的降水强度最大,但超过14 m/s,雨区将北抬至长江以北;当南岳高山站主导风为北风,且风速在1～3 m/s时,湘中和湘西南地区的降水较强;在3～5 m/s时,湘中、湘西南和湘东南地区均有降水;超过5 m/s,则湘中和湘西南地区的降水减弱或停止,湘东南地区降水加强。

关键词:南岳高山站风场　天气型　指示作用

引言

南岳高山站(27.30°N,112.70°E)为全中国7个高山气象观测站之一,地处湖南省中部的风景名胜区南岳山望日台,观测场海拔高度1265.9 m,接近自由大气底部,受环境变化影响小。该站建于1952年,同年11月开始每天4个时次常规气象要素(降水、风、能见度、云、气压等)观测,站址未曾变动,近60 a气象观测记录齐全。从2005年开始,该站实行每天24个时次自动逐时观测,可对其所在高度代表的对流层低层环流进行连续监测,其逐时观测资料能够描述比探空资料更高时间分辨率的气象要素变化[1]。

已有研究表明,高山气象站观测资料能反映所在区域对流层低层风场的关键特征[2～4],对其主导风向下游地区的强降水发生发展具有重要的指示意义[5,6]。特别是近年来,湖南省内的气象科技工作者针对南岳高山气象站观测资料进行了一些深入细致的研究工作,陈德桥等[7]利用1953—2010年南岳高山站风观测资料,采用趋势分析、矢量分解、小波分析及M-K突变分析等方法,分析了南岳站风的气候变化特征。陈静静等[8]在对2010年入汛后湖南最强一次大暴雨过程中尺度对流系统(MCS)的环境场特征和动力条件进行诊断分析时,指出南岳高山站逐时风场资料对该过程中降水云团移动和强弱变化有较好的指示作用。叶成志等[1]从

资助项目:国家财政部/科技部公益类行业专项(GYHY201306016)。

季节和年际变化等方面，论证了南岳高山站资料对对流层低层环流场的代表性，进而分析了其风场演变特征对湖南两例不同类型暴雨过程的指示作用。

但是，目前对高山站气象资料应用技术研究相对较少，尤其是定量分析和系统性研究非常薄弱，还远未充分发挥其应用价值。因此，在当前探空资料时空分辨率严重不足，难以满足暴雨精细化预报的情况下，充分认识南岳高山站气象资料的代表性，并研究该资料对其下游地区强降水的指示作用，具有重要而深远的意义。本文选取 2006—2012 年湖南汛期(4—9 月)63 次暴雨天气过程的个例，在对暴雨天气过程进行天气学分型的基础上，利用同期南岳高山站逐时观测资料，分析不同时变特征的南岳高山站风场对暴雨落区和强度的指示作用，旨在为提高湖南省乃至中国中东部地区暴雨预报的准确率和短时临近预警精细化水平提供新的技术支撑。

1 资料及处理方法

本文使用的资料包括：2006—2012 年 4—9 月南岳高山站逐时风场资料，湖南全省 96 个常规观测站逐时降水量资料，63 例强降水天气过程高空、地面观测资料。降水资料的处理方法为：按照湖南省气候分区，将 63 次强降水天气过程期间 96 个常规气象观测站逐时降水量资料处理为分区逐时面雨量。

强降水天气过程的选取标准为：过程期间有一天(08—08 时)全省有 5 站次以上(含 5 站次)暴雨。

在研究 63 例强降水天气过程的主要影响系统，并依据湖南省强降水天气过程预报方法对主要影响系统进行分型的基础上，对历次过程期间南岳高山站风场的不同表现特征进行统计分析发现，不同天气影响系统共对应四类南岳山风场型(表 1)。

表 1 南岳高山站风场与强降水过程天气型的分类

南岳山风场类型	南风转北风型				持续北风型	
天气型	地面暖倒槽锋生型	低涡冷槽型	梅雨锋切变型	西行台风型	华南准静止锋型	南海北上台风型
月份	4—6 月	5—7 月	6 月	9 月	5—6 月	6—8 月
次数	20	16	2	1	3	2
南岳山风场类型	持续南风型					南北风交替型
天气型	副高边缘型	梅雨锋切变型	低涡冷槽型	地面高压后部型	西风带与东风带系统共同影响型	西北行台风型
月份	7—8 月	6—7 月	6—7 月	5 月	6 月	7—8 月
次数	4	4	6	1	1	3

2 南岳高山站风场对不同天气型降水的指示作用

除南北风交替型风场仅对应 1 种天气型强降水外，其他三类南岳高山站风场表现型分别对应了两种及其以上天气型的强降水天气过程。由于篇幅所限，本文仅分析南岳高山站四类风场型对出现频次最多的天气型强降水过程的指示作用。

2.1 南风转北风型

此类南岳高山站风场为四类风场型中所占比例最大的一种，共 39 例，占强降水天气过程总数的 61.9%。地面暖倒槽锋生型强降水天气过程又是南岳高山站最容易出现南风转北风的类型(共 20 例，占 51.3%)。该类强降水天气过程通常发生在春末夏初(4—6 月)，江南地面有暖脊发展(图 1a)，湖南境内有东北—西南向的地面中尺度辐合线，江南到华南有西南急流和低槽切变线系统影响，槽前暖平流和正涡度平流的作用，使地面暖倒槽发展。当冷空气南下侵入地面倒槽，导致倒槽锋生，易形成"两湖波动"或强对流天气。此类过程期间南岳高山站南风转为北风，强降水自北向南发展，且具有降水不均匀、局地雨强大、雨区移动快并伴有对流性降水等特点。

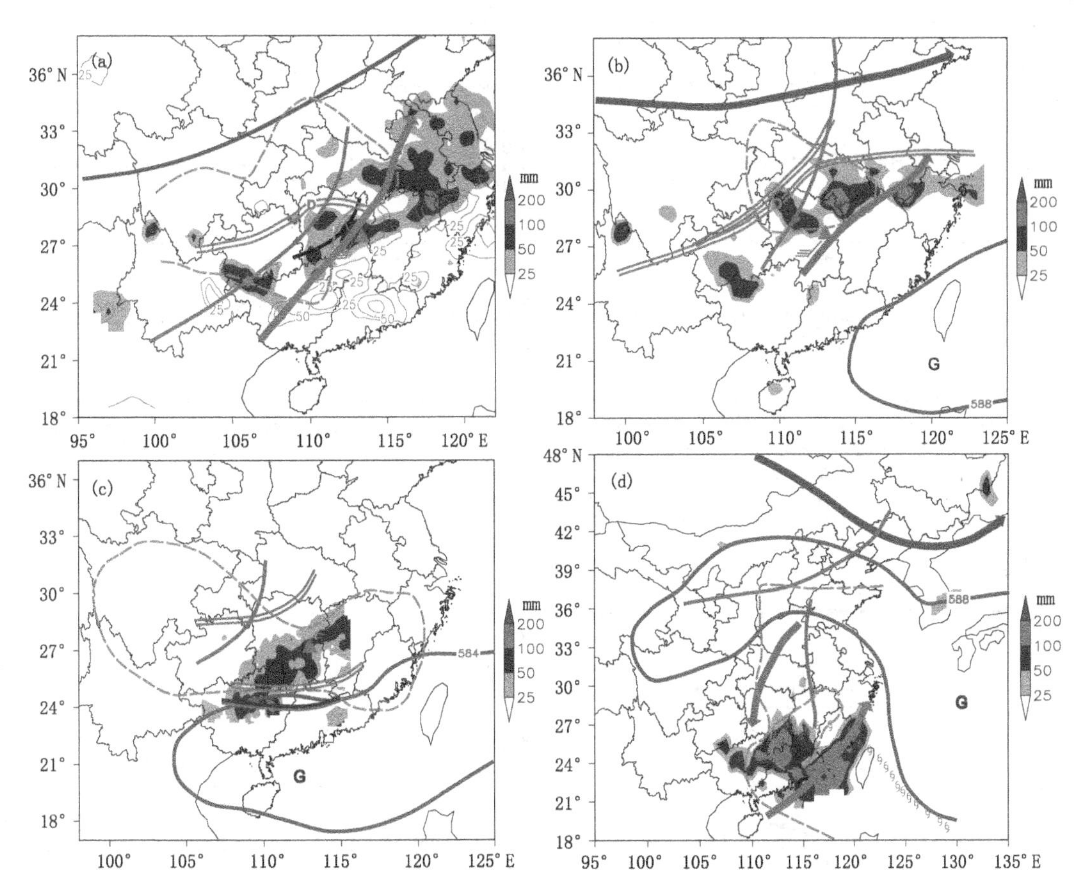

图 1 2008 年 5 月 27 日 08 时(a)、2011 年 6 月 9 日 20 时(b)、2007 年 6 月 12 日 08 时(c)、2006 年 7 月 15 日 08 时(d)主要影响系统综合图

(棕色风羽为南岳高山站主导风向、红色实心三角为南岳山所在位置、深紫色粗实线箭头为 200 hPa 急流、浅紫色实线为副高、棕色实线为 500 hPa 低槽、棕色粗实线箭头为 700 hPa 急流、棕色双实线为 700 hPa 切变线、红色粗实线箭头为 850 hPa 急流、红色双实线为 850 hPa 切变线、绿色虚线为 850 hPa 湿区、蓝色实线为地面冷锋、红蓝实线为地面静止锋、黑色实线为地面辐合线；(a)色斑为 2008 年 5 月 26 日 08 时—27 日 08 时降水量，红色等值线为 5 月 27 日 08 时—28 日 08 时降水量；(b)色斑为 2011 年 6 月 9 日 08 时—10 日 08 时降水量；(c)色斑为 2007 年 6 月 12 日 08 时—13 日 08 时降水量；(d)色斑为 2006 年 7 月 15 日 08 时—16 日 08 时降水量)

湖南省共分湘西北、湘北、湘中、湘西南和湘东南5个气候区(图略),各区逐时平均雨量是指相应气候区所有国家气象观测站某一小时内降水量的平均值[1]。以2008年5月26—28日的强降水天气过程为例,此次强降水天气过程中,南岳高山站由强盛的西南风转为弱的西北风,雨带呈自北向南移动的态势,湘西北和湘北的强降水发展基本同步,湘中和湘西南的强降水发展基本同步,湘东南的降水则是在其他四个区域降水减弱或停止后开始发展(图2a)。

5月26日19时南岳高山站西南风速由18时的8.8 m/s增大到11.9 m/s,接近低空急流的标准,26日19—23时,该风速维持在11.9～14.2 m/s,22时(南岳高山站风速达到低空急流标准之后的3 h)湘西北和湘北的强降水重新发展;27日11时,该站风速由14.6 m/s降至9.4 m/s,2 h后(13时),湘中和湘西南出现了一个降水的相对集中时段(6 h);22时该站风速

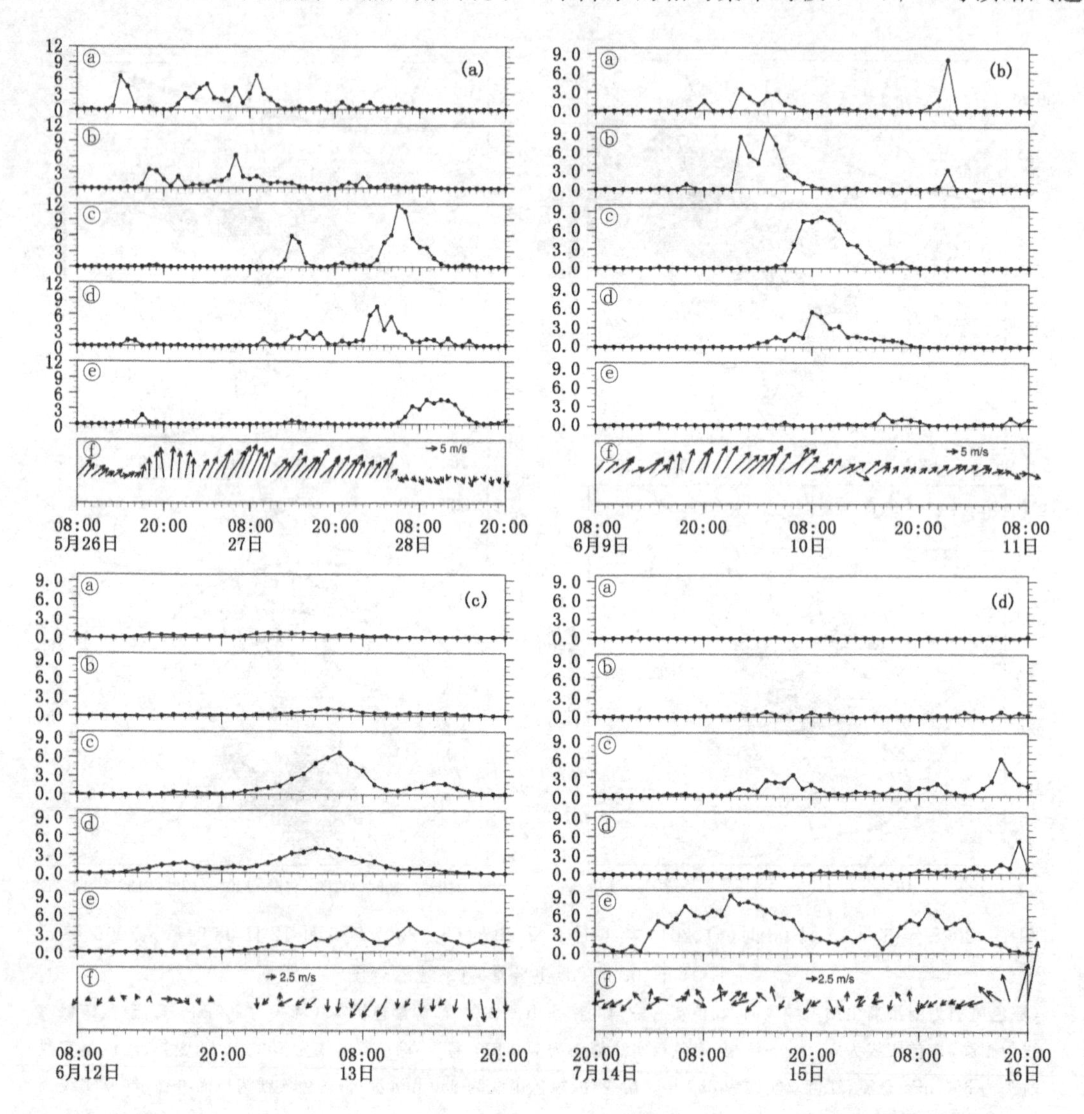

图2 2008年5月26日08时—28日20时(a)、2011年6月9日08时—11日08时(b)、2007年6月12日08时—13日20时(c)、2006年7月14日20时—16日20时(d)全省分区逐时雨量与南岳高山站逐时风场(以上四图中的ⓐ、ⓑ、ⓒ、ⓓ、ⓔ分别代表湘西北、湘北、湘中、湘西南和湘东南五个区域的逐时面雨量,ⓕ代表南岳高山站逐时风场)

由 12.5 m/s 降至 8.5 m/s，2 h 后（28 日 00 时），湘中和湘西南地区降水再度加强，并持续到 28 日 09 时前后；28 日 04 时该站风速由 03 时的 13.6 m/s 剧减至 4.8 m/s，05 时则又转成弱北风，06 时（南岳高山站西南风速剧减 2 h 后）湘东南地区的降水开始明显加强，一直持续到 28 日 15 时前后。

此次暴雨过程中，南岳高山站山南风的增强（达到低空急流标准）对湘北和湘西北地区降水发展有 3 h 左右的提前指示作用；该站南风时段内风速减小（减至 8～10 m/s）2 h 后的数小时是湘中和湘西南地区的降水集中时段；南岳高山站南风风速剧减和南风转为北风的时刻较湘东南地区降水加强有 2 h 左右的预报提前量。

2.2 持续南风型

此类南岳高山站风场型共出现 16 例，占强降水天气过程总数的 25.4%。低涡冷槽型强降水天气过程又是南岳高山站最容易出现持续南风的类型（共 6 例，占 37.5%）。该类强降水天气过程通常发生在 5—6 月，副高加强西伸，脊线位于 20°—22°N，在其西侧的中国西南地区有热低压、低槽或切变线发展东移；青藏高原东部有低槽东移，且槽底偏北，强降雨区主要位于湘中以北地区（图 1b）。此类过程降水分布不均匀、局地降水强度大、致灾性强。过程期间，南岳高山站一般为持续西南风，强降雨区以东移为主，南压后快速减弱。

以 2011 年 6 月 9—11 日的强降水天气过程为例。此次强降水天气过程中，南岳高山站为持续的西南风。强降水主要在湘中及以北地区，其中又以湘东北和湘中的雨强最大，湖南西部（湘西北和湘西南）降水较弱，湘东南无明显降水，雨带呈东移为主、南压后快速减弱的态势（图 2b）。

分析 6 月 9 日 08 时—11 日 08 时湖南各区域逐时平均雨量和南岳高山站逐时风场的对应关系发现，6 月 9 日 19 时南岳高山站西南风速增大到 12 m/s，19—23 时该站风速维持在 12～14.7 m/s。9 日 23 时以前，湘北无明显降雨，10 日 00 时该区域小时雨量达到8.33 mm，即南岳高山站西南风速达到急流标准的时刻（9 日 19 时）较湘北降水加大的时刻（10 日 00 时）提前 5 h。10 日 04—05 时，南岳高山站西南风速由 12.1 m/s 迅速增大到 19 m/s，强降水区北抬移出湖南，05 时后湘北强降水开始减弱。05—06 时，南岳高山站西南风速由 19 m/s 迅速减小到 14 m/s，随后继续减小至低空急流标准以下，湖南省内强降水在 10 日 07 时以后南落至湘中和湘西南一带，08 时该区域的降水明显增强。10 日 15 时，南岳高山站的西南风速降至 8 m/s 以下，湘中和湘西南地区的降水明显减弱并在 20 时趋于结束。

此次暴雨过程中，低层持续的西南风使强降水区位置偏东、偏北。南岳高山站风速逐时变化特征较好地指示了雨带的移动和强度变化，西南风速达到低空急流标准的时刻较湘北强降水开始时刻提前 5 h，西南风降至低空急流标准以下和 8 m/s 以下的时刻分别较湘中和湘西南地区降水加强、减弱提前 2 h 左右。另外，通过对强降水个例的普查分析发现，当南岳山主导风为南风，且风速大小在 12～14 m/s 时，湘西北和湘北的降水强度最大，但超过 14 m/s 雨区则北抬至长江以北。

2.3 持续北风型

此类南岳高山站风场型共出现 5 例，占强降水天气过程总数的 7.9%。共有 3 例华南准静止锋型强降水天气过程中，南岳高山站风场出现持续北风，占 60%。此类降水过程通常发生 4—6 月，副高位置相对偏南，强度较强，其脊线平均位置为 20°N，且稳定少动，华南地区位于584 dagpm 等位势线边缘；高空环流平直，青藏高原东部多短波槽东移；850 hPa 切变线位于湘南；地面有弱冷空气从东路不断补充南下，华南准静止锋维持(图 1c)。此类天气过程的降水特点为降水范围较小、强度较弱，持续时间较长且雨带少动。过程期间，南岳山一般为持续东北风，雨区主要位于湘中以南。

以2007年6月12—13日的强降水天气过程为例。此次强降水天气过程中，南岳高山站为持续的弱北风，强降雨主要在湘中及以南地区，其中又以湘中最强，湘西北和湘北无明显降雨(图 2c)。

6月12日23时—13日07时，南岳高山站出现持续偏北风，偏北风风速在1.4～3.6 m/s，该时段内湘中和湘西南地区的降水较强；13日08时，偏北风风速由07时的1.9 m/s增大到5.2 m/s，湘中和湘西南的降水明显减弱并逐渐停止；由此说明，湘中和湘西南地区的较强降水是在4 m/s以下的偏北风条件下得以维持了8 h，风速增大后则开始明显减弱并停止。对于湘东南地区的降水，不难发现，在湘中和湘西南的较强降水阶段时段内，13日01时的风速为1.4 m/s，而02时则增大到3.6 m/s，湘东南地区的较强降水从04时开始明显加强；13日04—20时，是湘东南地区降水的主要时段，期间降水随着偏北风的增大而增大，减小而减小。结合此个例并分析该类风场型的其他降水个例发现，当南岳高山站主导风为北风，且风速大小在1～3 m/s时，湘中和湘西南地区的降水较强；在3～5 m/s时，湘中、湘西南和湘东南地区均有降水；超过5 m/s，则湘中和湘西南地区的降水减弱或停止，湘东南地区降水加强。

2.4 南北风交替型

此类南岳高山站风场型仅3例，占强降水天气过程总数的4.8%，且全部为西北行台风型降水天气过程(0604号台风“碧利斯”、0605号台风“格美”、0709号台风“圣帕”)。此类降水天气过程一般发生在7—8月，西北太平洋有台风生成并登陆福建；中高纬度环流平直，冷空气势力较弱、位置偏北；副高西伸加强，与大陆高压打通，在西行台风北侧形成一个高压坝，减弱后的台风低压环流受其阻挡，以西行为主；南海北部西南季风发展强盛，来自南海北部与副高西南侧的西南风急流和台风低压环流西北侧的东北风急流所产生的两支主要水汽通道在湘东南长时间交汇，形成了深厚的湿层和强水汽辐合(图 1d)[9]。此类天气过程的降水特点为持续时间长、雨强大、致灾性强。过程期间，南岳山风场呈现独特的南北风交替特征，强降雨区主要位于湘东南。

以2006年7月14—16日“碧利斯”台风暴雨为例。此次过程中主要降水时段内南岳高山站风场呈现南北风无规律交替出现，强降雨落区主要在湘东南，湘中和湘西南降雨较弱，湘北和湘西北则无明显降雨(图 2d)。

台风“碧利斯”从7月14日16时前后开始影响湖南并引起湘东南的强降水，强降水持续到16日17时前后。该时段内，南岳高山站的风速始终维持在1～5 m/s之间，偏南风和偏北风无规律交替出现，强降水始终在湘东南，在湘东南降水的最强时段(7月15日白天)，湘中也受到台风外围云系的影响，出现了数小时的较强降水。7月16日16时，南岳山转为持续的偏南风，且风速增大，雨区随之北推到湘西南和湘中地区。

3 结论与讨论

(1)63例四类不同南岳风场天气型的暴雨天气过程中，南岳高山站风场的主要表现为南风转北风型(39 例，占 61.9%)和持续南风型(16 例，占 25.4%)，持续北风型仅有 5 例(占 7.9%)，南北风交替型仅有 3 例(占 4.8%)。

(2)南岳高山站的风向、风速资料是预报湖南强降水落区和强度的重要指标，其四类风场时变特征对湖南不同天气型强降水过程有较好的指示作用，特别是在目前探空站资料的时空分辨率不足以满足精细化预报的要求时，该站资料是重要的补充。

(3)南岳高山站西南风速达到低空急流标准的时刻，较湘西北、湘北地区降水加强的时刻有 3～5 h 的提前量；南风剧减的时刻或南风转北风的时刻较强降水区东移南压有 2 h 左右的提前预报量。

(4)当南岳山主导风为南风，且风速大小在 12～14 m/s 时，湘西北和湘北的降水强度最大，但超过 14 m/s，雨区将北抬至长江以北；当南岳高山站主导风为北风，且风速大小在 1～3 m/s 时，湘中和湘西南地区的降水较强；在 3～5 m/s 时，湘中、湘西南和湘东南地区均有降水；超过 5 m/s，则湘中和湘西南地区的降水减弱或停止，湘东南地区降水加强。

(5)本文主要针对南岳山气象资料对湖南不同天气型强降水的指示作用进行了研究，但对不同季节、不同降水性质或更大区域范围降水的指示作用研究及相关阈值定量研究还需进一步进行大量个例的统计分析。

参考文献

[1] 叶成志，陈静静，傅承浩. 南岳高山站风场对湖南 2011 年 6 月两例暴雨过程的指示作用. 暴雨灾害，2012，**31**(3)：242-247.

[2] Yu R C，Li J，Chen H M. Diurnal variation of surface wind over central eastern China. *Climate Dynamics*，2009，**33**：1089-1097.

[3] Chen H，Yu R，Li J，*et al*. Why Nocturnal Long-Duration Rainfall Presents an Eastward-Delayed Diurnal Phase of Rainfall down the Yangtze River Valley. *Climate*，2010，**23**：905-917.

[4] Yuan W，Yu R，Chen H，*et al*. Subseasonal characteristics of diurnal variation in summer monsoon rainfall over central eastern China. *Climate*，2010，**23**：6684-6695.

[5] 孙淑清. 关于低空急流对暴雨的触发作用的一种机制. 气象，1979，(4)：8-10.

[6] 董佩明，赵思雄. 引发梅雨锋暴雨的频发型中尺度低压(扰动)的诊断研究. 大气科学，2004，**28**(6)：876-891.

[7] 陈德桥，戴泽军，叶成志等. 南岳高山站 1953—2010 年风的气候特征分析. 气象，2012，**38**(8)：977-984.

[8] 陈静静，叶成志，陈红专等. "10·6"湖南大暴雨过程 MCS 的环境流场特征及动力分析. 暴雨灾害，2011，**30**(4)：313-320.

[9] 叶成志，李昀英. 热带气旋"碧利斯"与南海季风相互作用的强水汽特征数值研究. 气象学报，2011，**69**(3)：496-506.

2012 年 7 月下旬连续两次大暴雨过程对比分析

东高红　刘一玮　李冉

（天津市气象台，天津 300074）

摘　要

利用多种观测资料及 NCEP 再析资料，对 2012 年 7 月下旬华北地区连续出现的两次大暴雨过程进行了对比分析。结果表明：两次过程均发生在副高外围有利的环流形势下，“7·21”暴雨过程是直接受冷涡槽的影响，属于典型的华北暴雨天气形势；而“7·25”过程为副高边缘暖区局地强降水形势。两次过程强降水前暴雨区能量的积累及 θ_{se} 高低层分布、动力条件、水汽输送等均有较大差别。另外，“7·21”暴雨过程造成强降水的对流云团是在高空槽云带前沿暖区新生发展合并、云团发展强度更强、最终发展为中尺度对流系统；而“7·25”过程的对流云团是在副高外围暖湿气流里新生、发展合并，对流云团发展强度略弱、影响范围小。

关键词：大暴雨　环流形势　水汽来源　动热力条件　中尺度云团

引言

华北暴雨具有强度大、持续时间长、出现时间集中、突发性和局地性强等特征，对此相关研究人员做了大量研究[1,2]。由于华北暴雨主要集中在 7 月下旬到 8 月上旬，此时正是西太平洋副高脊线越过 30°N 到达最北位置，副高西北侧的西南气流是向暴雨区输送水汽的重要通道，所以当有西风槽等天气系统东移与副高相互作用时，往往在其北侧边缘产生暴雨和大暴雨天气[3,4]。因华北暴雨具有强度大、突发性和局地性强等特征，所以即使在同一天气形势背景条件下，不同过程暴雨的强度、影响范围、具体落区等却各不相同，有时相差很大，所以有必要加强不同暴雨过程的对比分析。2012 年 7 月 21—22 日和 25—26 日华北地区连续出现大暴雨天气，其均发生在副高边缘，但两次过程雨强及降雨落区等差别较大。本文利用 NCEP 分析资料和常规观测资料，卫星云图资料、多普勒雷达及微波辐射计等非常规观测资料对这两次过程进行对比分析，以提高对华北暴雨形成机理及预报理论的认识。

1　天气概况

2012 年 7 月 21 下午至 22 日凌晨华北地区出现大暴雨、特大暴雨天气（图 1a）（简称“7·21”过程），此次过程降水强度大，自动站最大雨强超过 100 mm/h；强降水时间集中、持续时间长，单站雨强大于 60 mm/h 的持续时间长达 12 h；强降水雨带呈东北一西南向，其上分布有几个强降水中心。

2012 年 7 月 25 日晚一26 日上午天津中南部及河北省部分地区出现暴雨、特大暴雨天气（图 1b）（简称“7·25”过程），24 小时最大雨量出现在天津西青区，为 344.9 mm，天津大港等

资助项目：2013 年天津市气象局课题。

观测站突破建站以来日降水量最大历史记录。此次过程最大降水强度为 92.3 mm/h、单站雨强大于 50 mm/h 的持续时间为 8 h；且强降水中心影响范围较小、雨区稳定少动、局地性强。

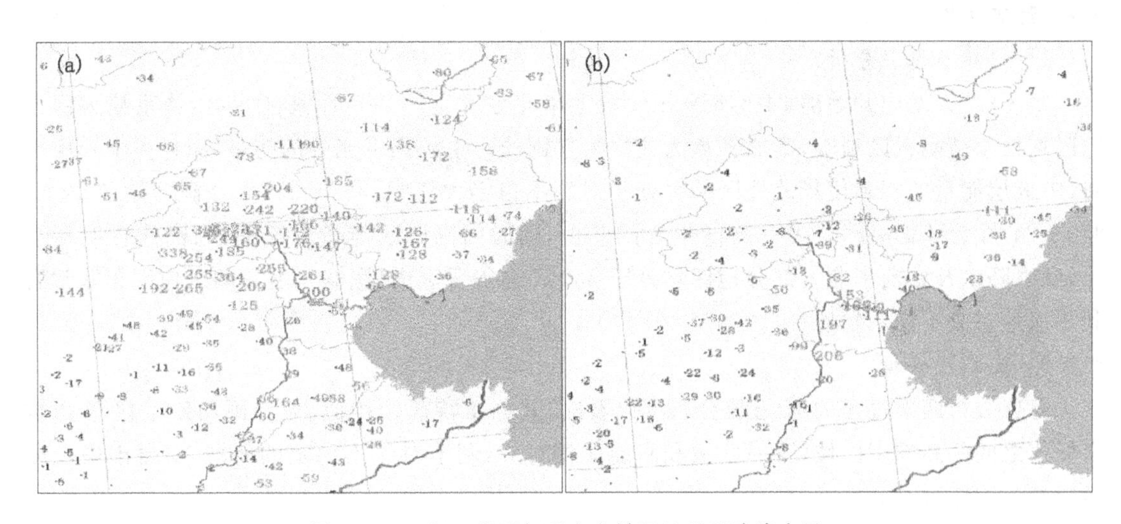

图 1　2012 年 7 月下旬两次大暴雨过程天津降水量

(a. 7 月 21 日 08 时—22 日 08 时降水量；b. 7 月 25 日 08 时—26 日 08 时降水量(单位：mm))

2　大气环流形势分析

2.1　“7·21”过程

2012 年 7 月 20 日 20 时，500 hPa 高度场上中高纬为两脊一槽型、贝加尔湖附近为一冷涡，一高空槽自冷涡中心向南延伸至 40°N 附近。副高稳定少动，华北地区处于副高西北侧的弱高压脊控制。到 21 日 08 时，冷涡发展少动，高空槽加深发展，槽前西南气流明显加强；副高加强北抬，华北地区处于副高外围西北侧、高空槽前西南暖湿气流里。700 hPa 冷涡槽位置略偏北，河套地区附近有一倒槽发展东移，到 21 日 08 时形成一气旋性低涡环流，其前侧有一西南—东南的暖切变、后侧还有一西南—东北的冷切变，两条切变组成一“人”字形切变，暖切变正好位于华北地区上空。对应 850 hPa 上低涡环流维持东移，华北地区处于低涡环流前部，地面场华北地区一直处于低压倒槽北端(图略)。

2.2　“7·25”过程

500 hPa 贝加尔湖附近冷涡从 7 月 20 日 20 时到 24 日 20 时经历了一个先加强东移后减弱西退的过程，从冷涡后侧不断有短波槽分裂南下；相对应，副高也经历一个先东退南撤后迅速加强西伸北抬的过程。25 日 08 时冷涡后侧分裂出的高空槽位于 107°E 附近，而副高脊线位于 33°N 附近、592 dagpm 等位势线北段已经接近 40°N；高空槽前西南气流与副高西北侧西南气流相叠加、西南急流建立；12 h 后高空槽北缩填塞，副高强度维持略南撤，西南急流维持。这段时间华北地区始终处于西南急流的北端。低层槽位置与 500 hPa 槽位置基本重叠，华北地区处于三层槽前、西南低空急流左侧；对应地面场华北地区一直处于高压后部东南气流里(图略)。

3 热力、动力及水汽条件分析

3.1 热力条件

3.1.1 假相当位温分析

“7·21”大暴雨开始前 24 h，850 hPa 图上华北地区有一 345 K 高能舌区，津京冀大部分地区均处于高能舌区顶端，高能平流为此次大暴雨的产生积累了充分的能量，而且整个暴雨期间，中低层能量的积累使华北地区始终处于对流不稳定大气中。“7·25”大暴雨开始前 12 h，850 hPa 图上河北南部处于一高能中心的北边，随时间高能区能量急速积累、高能舌明显北伸，到强降水开始前华北大部分地区均处于 350 K 高能舌区内(图略)，能量的迅速积累非常有利于该地对流不稳定发展。

3.1.2 K 指数分析

对比分析两次过程的 K 指数分布可以看出，其分布特征较相似，大暴雨均发生在 K 指数高低值之间的高梯度区域，这一区域和高能区相对应，利于对流不稳定的发展，对暴雨中尺度系统的产生非常有利。

3.2 动力条件分析

“7·21”过程 20 日 20 时华北地区仅低层存在正涡度区，到 21 日 08 时 600 hPa 出现一 $12\times10^{-5}s^{-1}$ 的正涡度中心、200 hPa 高度对应一负中心，这种低层辐合、高层辐散的有利配置对应着强的上升运动。强降水开始前，600 hPa 正涡度中心位置略东移、中心值增加到 $18\times10^{-5}s^{-1}$、正涡度区厚度也有所增大(图 2a)，上升运动加强、并在 600—400 hPa 有一 -2.5 Pa/s 上升中心，东西两侧为下沉气流，这种分布形成的反馈机制促进了辐合上升运动的加强发展(图 2b)。

“7·25”过程，25 日 08 时暴雨区西面 400 hPa 以下为正涡度区，但暴雨区上空仅在 950 hPa 有弱的正涡度中心，之上为负涡度区。散度图和垂直速度图上暴雨区上空虽然为上升区，但在 900—800 hPa 存在一辐散区，之上和之下为辐合，这种动力配置不利于对流不稳定的发展。到 25 日 20 时正涡度区中心值加大、但暴雨区上空正涡度中心仍仅位于 950 hPa(图 2c)，相对应在 800 hPa 以下存在辐合上升(图 2d)、但 700 hPa 附近出现弱下沉。

3.3 水汽条件分析

“7·21”过程水汽通道有两条，700 hPa 为来自孟加拉湾的西南暖湿气流输送，925 hPa 则为来自东南海上的东南湿冷气流输送，这两条水汽输送带于 20 日 20 时就已经建立(图略)。到 21 日 08 时两条水汽输送带输送的水汽在华北上空叠加(图 3a)，随时间 700 hPa 均为西南水汽输送层向下延伸至 925 hPa、同时 925 hPa 东南水汽输送也一直维持(图 3b)，暴雨区上空 600 hPa 以下形成一中心值为 -10×10^{-7} g/(cm· hPa·s)的强辐合区(图 3c)，来自西南和东南两个方向的水汽源源不断地向北输送，在暴雨区上空辐合，为暴雨的产生和维持提供了充足的水汽。

“7·25”过程水汽输送主要来源于南海，25 日 08 时 700 hPa 水汽通道位于 110°N 附近、其北端伸至华北北部，在山西河北交界处有一中心值为 18 g/(cm· hPa·s)的大值中心，而 925 hPa 的水汽通道位于 120°E 附近。强降水出现在 700 hPa 和 925 hPa 水汽通道交叠处(图 3d)。到 25 日 20 时，虽然位于华北上空的 700 hPa 和 925 hPa 水汽通量大值区仍然存在，但

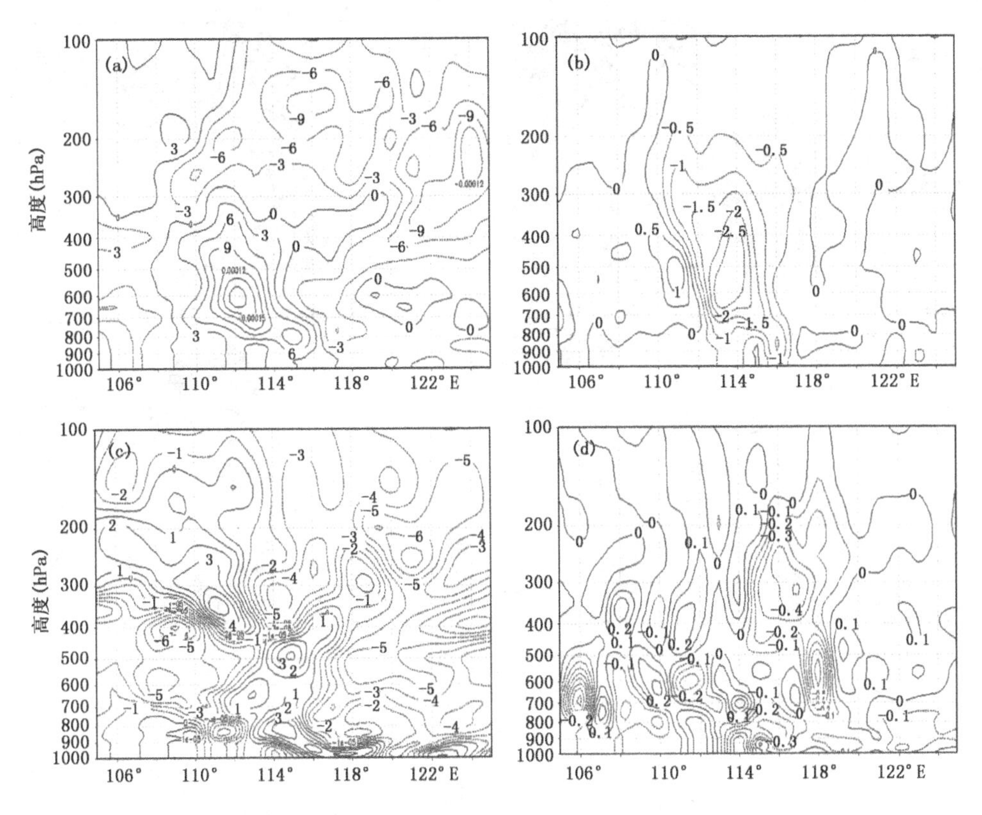

图 2 沿 40°N 涡度(单位:$10^{-5}s^{-1}$)纬向剖面(a、c)和垂直速度(单位:Pa/s)纬向剖面(b、d),(a、b)2012 年 7 月 21 日 14 时,(c、d)7 月 25 日 20 时

水汽通道在黄淮地区均出现断裂(图 3e),从水汽通量散度剖面图上也看到(图 3f),虽然低层 925 hPa 高度水汽辐合明显加强、并出现一中心值为-17×10^{-7}g/(cm·hPa·s)的强辐合中心,但水汽辐合层在 800 hPa 高度处出现断层,这不利于持续性强降水的出现和维持。

4 卫星云图资料分析

“7·21”过程从云图演变看(图 4 左),随高空槽东移一条西南—东北向的对流云带东移发展,其前沿不断有对流云团生消发展。12 时以后云带前沿对流云团迅速发展合并(成为云团 A),于 14 时发展成熟影响北京房山等地,造成该地区出现较强降水。1 h 后云团 A 分裂为两个,偏东北方向云团 A1 随时间迅速东移影响河北东北部地区,偏西南方向云团 A2 东移中分裂减弱,但在其后侧又有一云团(云团 B)新生发展并与 A2 合并,到 19 时云团 B 发展为一东西轴向椭圆形云团,这段时间云团 B 后端一直停滞在北京房山地区,从而造成该地极端强降水天气。随后云团 B 分裂为东西两个,东面云团 B1 迅速减弱、西面云团 B2 则逐渐发展成一中尺度对流复合系统。22 日 00 时后云团 B2 的东北侧出现分裂、边界也变得模糊,但在其右后侧新生一对流云团(云团 C)迅速发展并与云团 B2 主体合并发展成一新中尺度对流复合系统(云团 D),01—03 时中尺度对流复合系统的强度达到最强(I_{BB}值最低为-72℃以下)。

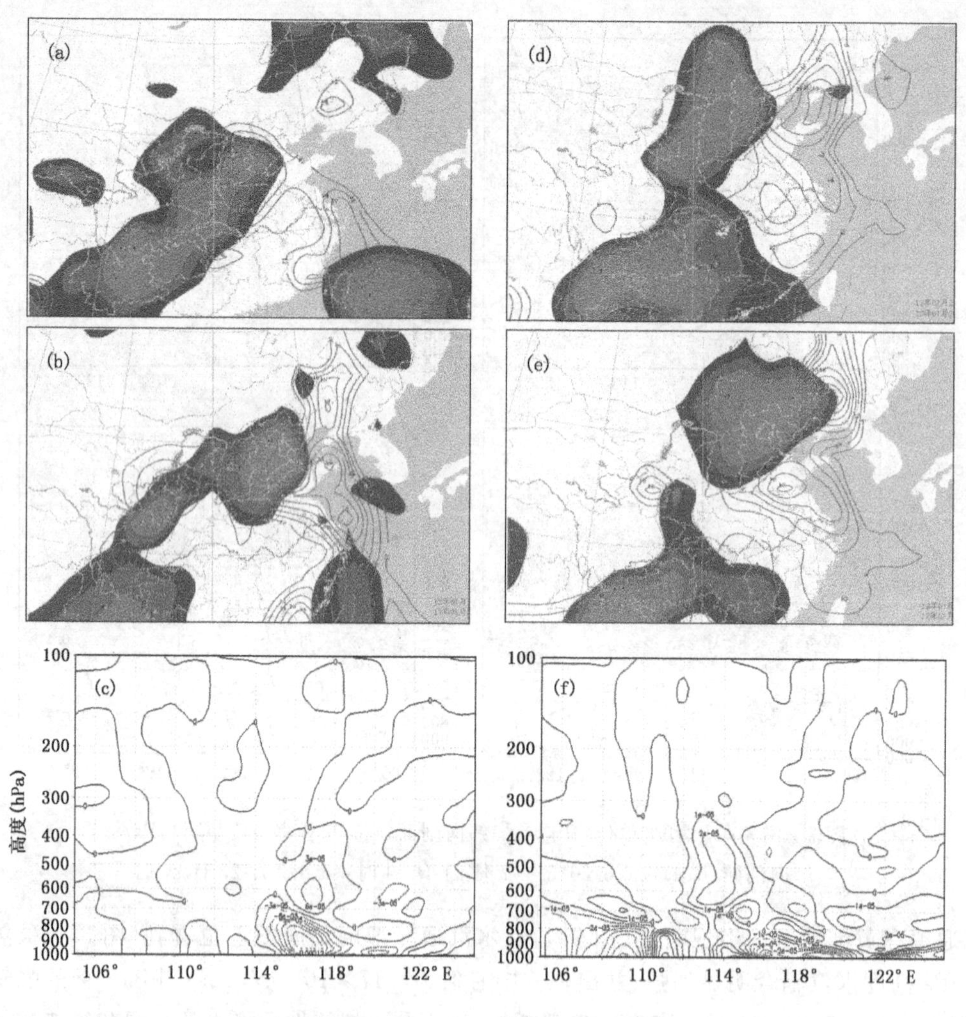

图 3　700 hPa(阴影)和 925 hPa(等值线)水汽通量分布,(a、b)为 21 日 08 和 20 时,(d、e)为 25 日 08 和 20 时;(c、f)沿 39°N 水汽通量散度剖面(单位:g/(cm・hPa・s)),(c)21 日 20 时、(f)25 日 20 时

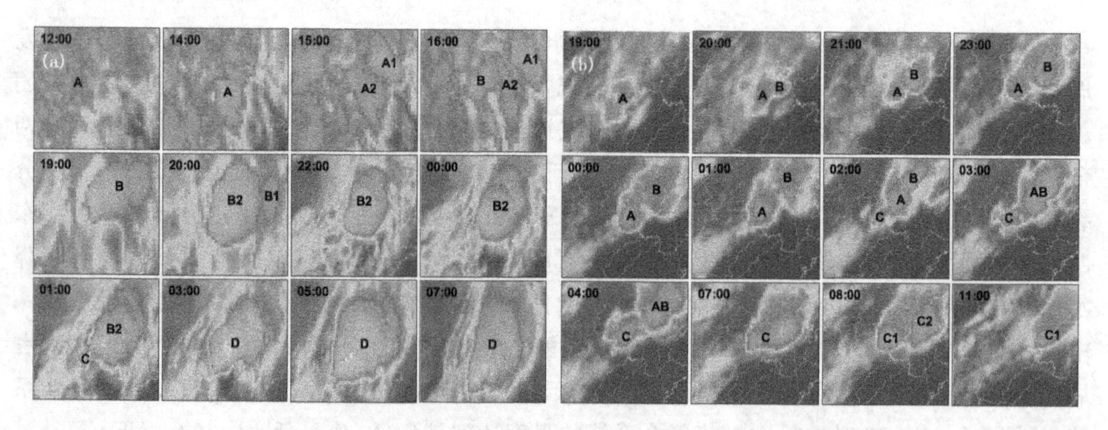

图 4　2012 年 7 月 21—22 日(a)、25—26 日(b)FY-2E 红外云图随时间演变

“7・25”过程强降水前的25日19时沿副高外围有一对流云团新生发展（云团A），1 h后在其东侧又有一对流云团新生并迅速发展成熟（云团B），其在随后2小时影响天津中南部、造成该地92.3 mm/h的强降水。23时以后云团B移出天津，但云团A快速发展加强继而影响天津中南部地区，到26日02时云团A向东北方向移出天津，随后逐渐与云团B合并（云团AB）；与此同时在云团A右后侧又有新的对流云团新生迅速发展（云团C），并在随后的几个小时时间内基本停滞在天津中南部上空。从云团的移动路径来看云团A、B、C均在副高外围新生发展并沿其外围气流向东北方向移动，依次经过暴雨区上空，为典型的列车效应，从云团的面积大小来看三个云团的影响范围均很小，没有达到中尺度对流系统复合体标准（图4右）。

5 小结

（1）“7・21”过程影响范围更大、降水强度更强、雨区成带状分布并有多个强降水中心；“7・25”过程影响范围小、降水强度略弱且雨区稳定少动。“7・21”过程直接受冷涡槽影响，槽后冷平流明显，属于典型华北暴雨天气形势。而“7・25”过程则受冷涡后侧分裂南下短波槽的影响，槽后冷平流不明显，为副高边缘局地强降水形势。

（2）“7・21”过程对流不稳定能量有一个持续积累过程，而“7・25”过程则是在强降水发生前12 h不稳定能量开始快速增加并且高能舌迅速北伸。两次过程的动力条件差异很大，水汽来源也不相同，而且“7・21”过程在整个过程中水汽输送非常强；而“7・25”过程在暴雨出现前，水汽通道出现断裂和水汽辐合断层。

（3）“7・21”过程对流云团是在高空槽云带前沿暖区不断新生、发展合并、分裂减弱，并随高空槽东移而移出；云团发展强度更强、影响范围大、并最终发展成中尺度对流系统复合体，而“7・25”过程对流云团是在副高外围暖湿气流里新生、发展合并随副高外围气流向东北方向移出；对流云团发展强度略弱、影响范围小、造成的强降水存在典型列车效应。

参考文献

[1] 陶诗言等. 中国之暴雨. 北京：科技出版社，1980，115-121.

[2] 丁一汇. 暴雨和中尺度气象学问题. 气象学报，1994，**52**(3)：274-283.

[3] 王秀荣，王维国，刘还珠等. 北京降水特征与西太副高关系的若干统计. 高原气象. 2008，**27**(4)：822-829.

[4] 刘还珠，王维国，邵明轩等. 西太平洋副热带高压影响下北京区域性暴雨的个例分析. 大气科学，2007，**31**(4)：722-734.

2011年秋季河南省两个暴雨日特征对比分析

贺哲　郑世林　谷秀杰　张宁

（河南省气象台，郑州 450003）

摘　要

利用常规观测资料、加密观测资料以及 NCEP 1°×1°再分析资料，对 2011 年 9 月 13－15 日河南省连续的两个暴雨日进行了对比分析。结果表明，第一个暴雨日为稳定性降水，第二个暴雨日对流性加强，有雷暴产生。第一个暴雨日中，锋面呈现出基本一致的倾斜状态，第二个暴雨日中，800 到 500 hPa 附近锋面陡立，而且有冷空气移动到了暖空气之上，产生了对流不稳定层结。水汽条件与动力、热力条件也存在着显著差别。MPV1 表明，第一个暴雨日，锋区内部均为对流稳定，第二个暴雨日，MPV1 正值带断裂，产生对流不稳定层结。MPV2 表明，第一个暴雨日，锋区存在着强斜压性及风垂直切变，第二个暴雨日，斜压性加强，风垂直切变有所减弱，不稳定性加强。

关键词：暴雨　稳定性降水　对流不稳定　湿位涡

引言

暴雨的产生必须具备三个条件[1]：充分的水汽供应、强烈的上升运动以及较长的持续时间。夏季，由于大气的动力、热力、水汽等条件更有利于强降水的产生，因而多数暴雨都是产生在夏季，而秋季的暴雨数量相对较少。然而秋季暴雨在很多年份也时有发生，给预报工作增加了难度。因而，也有不少学者对秋季暴雨或者不同季节、不同类型的暴雨进行了分析研究，对其特征及产生机制有很好的揭示作用[2－20]。

2011 年 9 月，河南省出现了多次暴雨过程，尤其是 9 月 13 日 08 时—14 日 08 时以及 14 日 08 时—15 日 08 时（北京时，下同）是连续性的两个暴雨日。这两次暴雨均具有强度大、范围广的特点，而且都是产生在连阴雨的背景之下。本研究将利用常规观测资料、加密观测资料以及 NCEP1°×1°分辨率的再分析资料对这两个暴雨日进行对比分析，为更为准确地预报秋季暴雨提供一些参考。

1　天气实况与降水特征对比分析

1.1　暴雨落区及强度

分析 2011 年 9 月 13 日 08 时—14 日 08 时和 14 日 08 时—15 日 08 时两个暴雨日 24 小时降水量（图略）可知。第一个暴雨日共有 22 个站点雨量≥50 mm，但无大暴雨产生；第二个暴雨日共有 20 个站达到暴雨，其中有 2 站雨量超过 100 mm，达到了大暴雨的级别。

1.2　降水的稳定性特征

对两个暴雨日的逐时降水量（图略）进行分析可知，第一个暴雨日各站逐时降水量均不大。另外，此日降水均为稳定性降水；而第二个暴雨日中共有 27 站出现雷暴，说明降水的对流性显著增强。

1.3 强降水集中时段

将逐时全省各测站降水量进行累加，得到逐时全省总降水量演变序列（图略），可见，两个暴雨日的强降水集中时段均是在夜间，而白天则是降水较弱的时段。

2 锋面特征分析

选择强降水集中时段即将开始的13日20时和14日20时，沿113°E做θ_{se}的垂直剖面（图1）得知，13日20时（图1a），锋区从近地面950 hPa一直到300 hPa附近均呈现出基本一致的倾斜状态，而在14日20时（图1b），从800 hPa到500 hPa附近，锋区处于陡立状态，基本上与地面相垂直，再向上又转为倾斜。这说明，13日，暖湿气流沿着锋面逐渐倾斜上升，而14日锋区在中低层陡立，因而此处即为对流稳定度减少而湿斜压度增强的区域，根据吴国雄等[21-23]的倾斜涡度发展理论可知，湿等熵面的陡立区域是暴雨发生的重要地区，因而，从13日到14日，锋面在中低层的走向更趋于竖直意味着大气的状态更有利于降水的进一步加强和对流的发展。

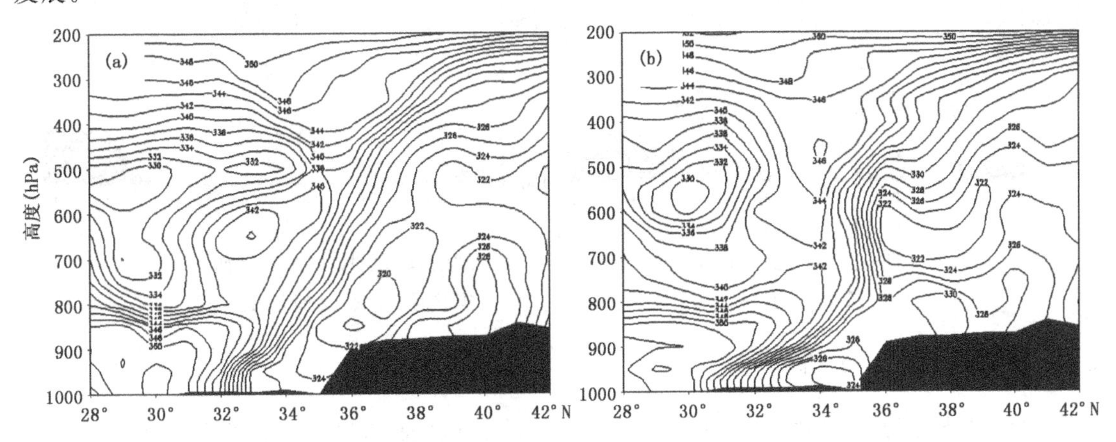

图1 假相当位温θ_{se}（单位：K）沿113°E垂直剖面图

（a. 2011年9月13日20时；b. 2011年9月14日20时）

3 水汽特征分析

分析500 hPa比湿场可以得知，从13日08时到15日08时，从西南地区经河南省上空一直到渤海湾和山东半岛始终维持一东北—西南向的高值带，形状狭长，与天气形势对比可知，这是由于暖湿气流沿着副热带高压西北侧输送，而同时北方又有冷空气逐渐南压所造成，因而，导致了两次暴雨落区均呈东北—西南向狭长带状，并且在此期间比湿高值带也在缓慢向东南方向移动，所以2 d的暴雨落区也随之略有东移南压，与500 hPa的比湿高值区位置有较好的对应关系。

4 垂直运动与次级环流

图2为14日02时和15日02时的垂直速度和θ_{se}的叠加图，在14日02时（图2a），锋面整体上呈倾斜状态，因而暖湿气流沿着锋面倾斜上升，$\omega \leqslant -0.3$ Pa/s的上升气流从900 hPa倾

斜延伸至250 hPa附近，但其所在的南北范围却跨越了5个纬度，即从33°N一直到38°N。由于500 hPa以上水汽含量已经很少，因此，虽然500 hPa以上仍有较强上升气流，但强降雨中心所在位置只出现在34°—35°N。而且，在该时刻，上升中心强度并不太强，最强中心值也只达到−1.5 Pa/s。相比之下，在15日02时(图2b)，锋面在750—500 hPa附近接近于竖直状态，因而强上升气流也是接近于垂直发展。$\omega \leqslant -0.3$ Pa/s的上升气流虽然也是从900 hPa附近延伸至250 hPa，但强烈的上升气流却是在垂直方向伸展，基本维持在固定的纬度(35°N)，由于在南北方向没有大范围的纬度跨越，因而，垂直运动能够得以更为强烈地发展，强上升中心值高达−2.1 Pa/s，远强于14日02时，在单位时间内能够产生更大的降水量，同时也有利于对流性天气的产生。

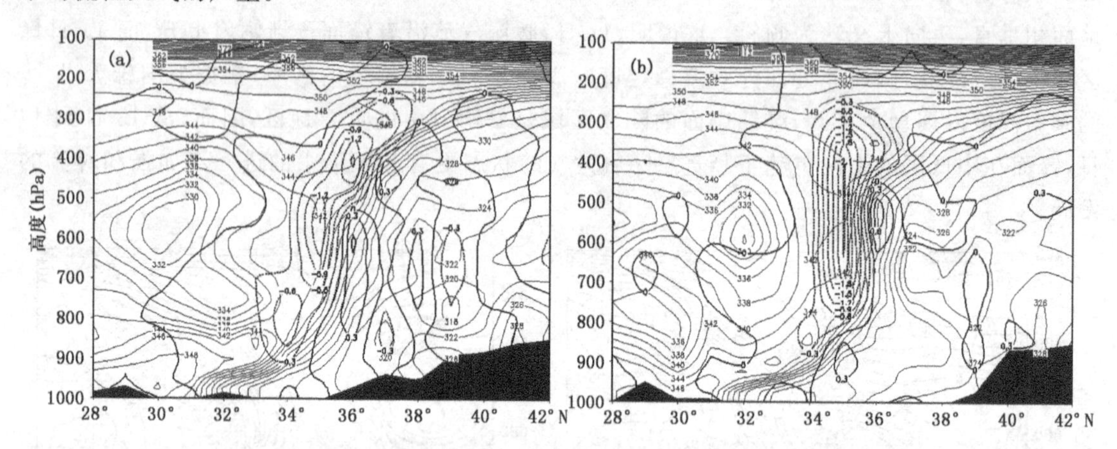

图2　垂直速度ω(粗线，单位：Pa/s)和θ_{se}(细线，单位：K)的垂直剖面

(a. 2011年9月14日02时沿114°E，b. 2011年9月15日02时沿115°E)

5　湿位涡特征分析

湿位涡能够综合反映大气的动力、热力以及水汽特征，其单位为PVU，1PVU＝10^{-6} $m^2 \cdot K/(s \cdot kg)$。沿113°E做假相当位温(θ_{se})分别与MPV1和MPV2的垂直剖面叠加图(图3)，对湿位涡的演变进行分析。

5.1　MPV1特征对比

由图3a可知，在13日20时，沿着锋面从地面一直到200 hPa以上为一倾斜狭长的MPV1＞0的正值带，而且此正值带与锋区基本重合，说明在锋区内部大气层结均为对流稳定，而且在大气低层1000—900 hPa，33°N附近有一MPV1大值区，其中心值达2.4 PVU，说明在近地面层有冷空气楔入暖湿空气之下，使暖湿空气强迫抬升，并沿着锋面逐渐倾斜上滑，降水较为稳定。而在14日20时(图3b)，在锋区内部假相当位温面陡立的区域，MPV1正值带发生了断裂，出现了MPV1＜0的区域，而由θ_{se}的分布可知，这是由于在34°—36°N，650—500 hPa由北向南输送的冷空气已经位于暖空气之上，因而产生了对流不稳定层结，而且此对流不稳定层结配合有强烈的上升运动，触发了不稳定能量的释放，因而降水的对流性显著增强。

5.2　MPV2特征对比

图3c为13日20时θ_{se}与MPV2的垂直剖面叠加，图中显示，从近地面950 hPa附近沿着

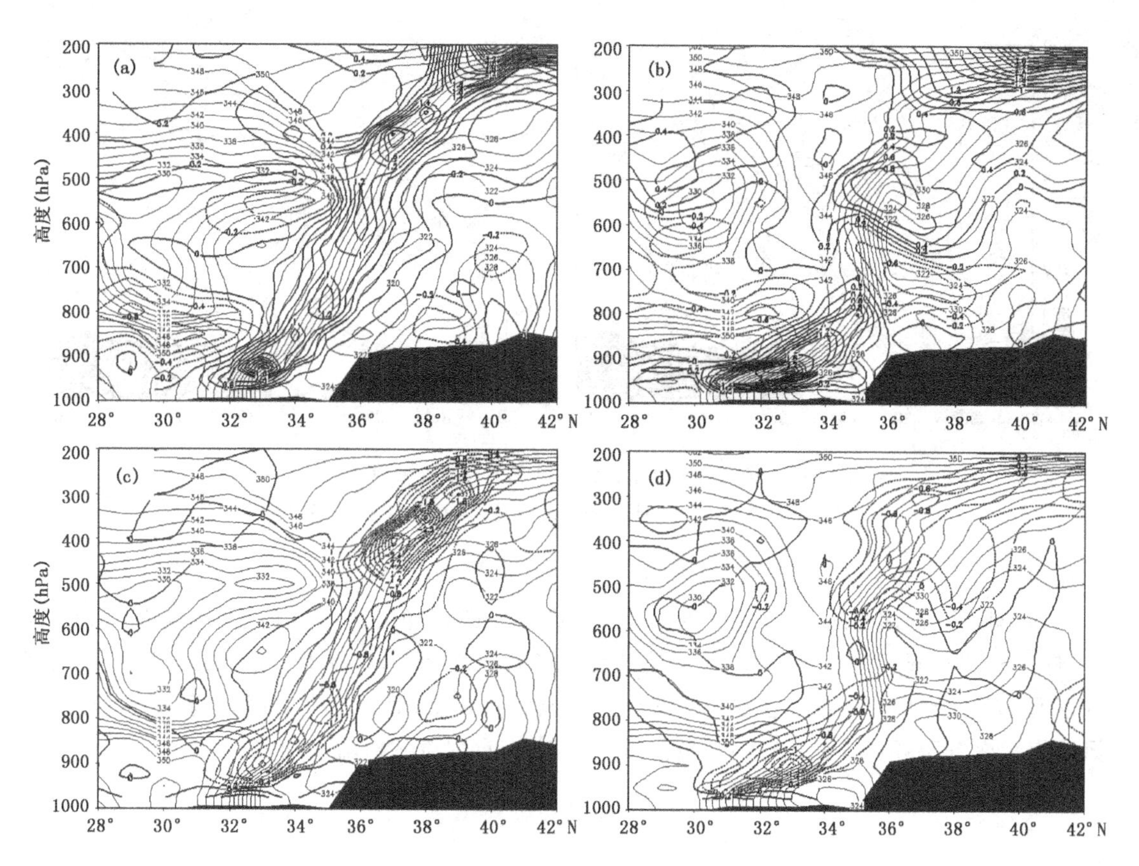

图 3　湿位涡(粗线,单位:PVU)和 θ_{se}(细线,单位:K)沿 113°E 垂直剖面

(a. 2011 年 9 月 13 日 20 时 MPV1 和 θ_{se},b. 2011 年 9 月 14 日 20 时 MPV1 和 θ_{se},

c. 2011 年 9 月 13 日 20 时 MPV2 和 θ_{se},d. 2011 年 9 月 14 日 20 时 MPV2 和 θ_{se})

锋面向上为一倾斜狭长的 MPV2< 0 的负值带,强度比锋区两边的冷暖气团均要显著,而 MPV2 取决于湿斜压性与风速的垂直切变,因此,在强大的动力作用下,暖湿气流沿着锋面上升,有强降水产生。而在 14 日 20 时(图 3d),MPV2 负值带在 650 hPa 附近发生了断裂,并产生了小范围的正值区,分析其原因,这并不意味着湿斜压性的减弱,因为由图 4 可知,相当位温梯度 14 日 20 时(图 4b)在 700～500 hPa 比 13 日 20 时(图 4a)有显著的增大,说明,湿斜压性是增加的,因而 MPV2 负值带的断裂是由于风速的垂直切变发生变化而导致的。

6　结论

(1)第一个暴雨日中,锋面呈现出基本一致的倾斜状态,而第二个暴雨日中,800 hPa 到 500 hPa 附近锋面陡立,而且有冷空气移动到了暖空气之上,产生了对流不稳定,并有雷暴天气产生。

(2)从 13 日到 14 日,低层暖湿气流的输送持续增强,使得对流不稳定能量逐渐累积,为 14 日对流性降水的产生创造了条件。

(3)第一个暴雨日,暖湿气流沿着锋面倾斜上升,跨越了 5 个纬度的范围。而第二个暴雨日,强上升气流在 750—500 hPa 接近于垂直发展,基本维持在固定的纬度,而且,垂直运动更

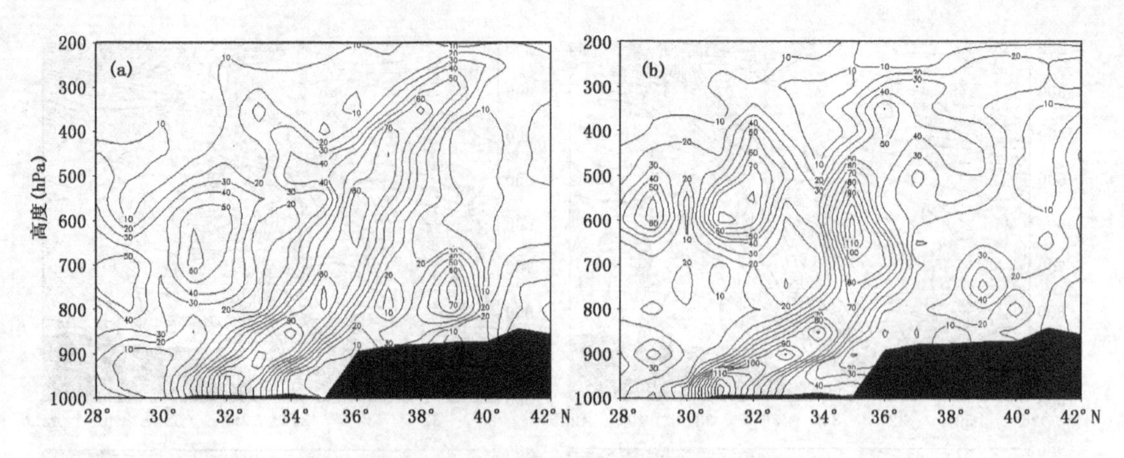

图 4　相当位温梯度沿 113°E 垂直剖面

(a. 2011 年 9 月 13 日 20 时，b. 2011 年 9 月 14 日 20 时)

为强烈。

(4)MPV1 的演变表明，在第一个暴雨日，锋区内部大气层结均为对流稳定，第二个暴雨日，锋区内部 θ_{se} 陡立的区域，MPV1 正值带发生了断裂，产生了对流不稳定层结。MPV2 的演变表明，第一个暴雨日，锋区存在着强斜压性及风垂直切变，而第二个暴雨日，斜压性加强，但风垂直切变有所减弱，因而，MPV2 负值带发生断裂，同时降水对流性加强。

参考文献

[1] 朱乾根，林锦瑞，寿绍文等. 天气学原理与方法(第三版). 北京：气象出版社，2000，320-322.

[2] 杨荆安，闵爱荣，廖移山. 2011 年 4—10 月我国主要暴雨天气过程简述. 暴雨灾害，2012，**31**(1)：87-95.

[3] 周振樟，侯喜良. 南安市秋季一次大暴雨天气过程诊断. 气象科技，2010，**38**(1)：53-57.

[4] 吴春娃，赵付竹，李勋. 2009 年 10 月海南岛一次秋季强降水过程分析. 气象与减灾研究，2010，**33**(3)：42-48.

[5] 赵付竹，王凡，冯文. 海南岛秋季暴雨天气的环流特征和形成机制初探. 热带农业科学，2011，**31**(5)：50-57.

[6] 马学款，符娇兰，曹殿斌. 海南 2008 年秋季持续性暴雨过程的物理机制分析. 气象，2012，**38**(7)：795-803.

[7] 吴启树，郑颖青，沈新勇等. 福建一次秋季大范围暴雨成因分析. 气象科学，2010，**30**(1)：126-131.

[8] 郁淑华. 一次华西秋季大暴雨的水汽分析. 高原气象，2004，**23**(5)：689-696.

[9] 王淑云，寿绍文，刘艳钗. 2003 年 10 月河北省沧州秋季暴雨成因分析. 气象，2005，**31**(4)：69-72.

[10] 范俊红，郭树军，王世彬等. 一次秋季暴雨天气成因分析. 气象，2005，**31**(9)：62-65.

[11] 杨波，高山红，吴增茂. 一次秋季大暴雨过程动力机制的数值分析. 中国海洋大学学报，2005，**35**(4)：545-553.

[12] 陈艳，寿绍文，宿海良. CAPE 等环境参数在华北罕见秋季大暴雨中的应用. 气象，2005，**31**(10)：56-61.

[13] 陈艳，宿海良，寿绍文. 华北秋季大暴雨的天气分析与数值模拟. 气象，2006. **32**(5)：87-93.

[14] 何群英，解以扬，东高红等. 海陆风环流在天津 2009 年 9 月 26 日局地暴雨过程中的作用. 气象，2011，**37**(3)：291-297.

[15] 徐娟，王健，纪凡华等. 2010 年山东聊城市 2 次大暴雨形成机制的对比分析. 干旱气象，2011，**29**(1)：75-81.

[16] 林建.2009年8月29日黄淮和西南地区不同性质暴雨特征分析.气象,2011,**37**(3):276-284.
[17] 段旭,许美玲,孙绩华等.一次滇西南秋季暴雨的中尺度分析与诊断.高原气象,2003,**22**(6):597-601.
[18] 方建刚,侯建忠,陶建玲等.秦岭近邻地区秋季暴雨的天气动力学分析.兰州大学学报(自然科学版),2007,**43**(4):31-36.
[19] 尤红,曹中和.2004年云南秋季强降水位涡诊断分析.气象,2006,**32**(7):95-101.
[20] 孙欣,蔡芗宁,黄阁.一次辽宁秋季暴雨天气的诊断分析.气象,2007,**33**(9):83-93.
[21] 吴国雄,蔡雅萍,唐晓菁.湿位涡和倾斜涡度发展.气象学报,1995,**53**(4):387-405.
[22] 吴国雄,蔡雅萍.风垂直切变和下滑倾斜涡度发展.大气科学,1997,**21**(3):273-282.
[23] 吴国雄,刘还珠.全型垂直涡度倾向方程和倾斜涡度发展.气象学报,1999,**57**(1):1-15.

2012年6月15日云南哀牢山沿线大暴雨诊断分析

金少华　艾永智　周泓

（云南省玉溪市气象局，玉溪 653100）

摘　要

利用加密自动站资料、NCEP每6 h 1°×1°再分析资料和FY-2C红外云顶黑体亮温(TBB)等资料，对2012年6月15日发生在哀牢山沿线的大暴雨过程做诊断分析。结果表明：冷锋切变移到哀牢山后受地形阻挡形成与山脉同向的切变线，地面南下冷空气在哀牢山东侧堆集，在哀牢山沿线形成中尺度对流云带，云带内多个对流单体形成的"列车效应"导致了对流性暴雨发生。来自东海和孟加拉湾水汽在切变线附近交汇，形成与哀牢山山脉同向的西北—东南向强水汽辐合。受风向辐合和地形作用，冷空气快速堆集并下沉，使低层暖湿气流抬升，触发不稳定能量释放。逐时地面自动站资料海平面气压场和计算的对流有效位能(CAPE)对哀牢山沿线强降水天气的预报和预警具有指示意义。

关键词：大暴雨　冷锋切变　物理量场　对流有效位能

引言

哀牢山位于云南中云岭余脉，是元江与阿墨江的分水岭、云贵高原和横断山脉两大地貌区的分界线，走向为西北至东南，是云贵高原气候的天然屏障。切变线是云南雨季主要强降水天气系统之一[1]，由于天气系统之间的相互影响不同和云南地形的特殊性，切变线影响云南时暴雨落区仍然是气象工作者研究重点，何华等[2]揭示了云南冷锋切变大暴雨过程的主要环流特征及水汽输送特征。金少华等[3]从两次影响低纬度高原冷锋切变天气对比分析中得出，出现降水强度的差异主要是由于两次过程中对流发展强弱不同引起。张秀年等[4]则对一次影响云南的冷锋切变型暴雨的中尺度特征进行分析研究。这些研究主要是针对影响范围广、系统特征非常明显的切变暴雨过程，而对于哀牢山沿线冷锋切变影响下暴雨过程分析研究很少。近年来随着地面自动雨量站增多，哀牢山沿线暴雨特征引起气象工作者的重视，金少华等[5]发现，冷锋切变南移受哀牢山地形阻挡，在哀牢山沿线形成与山脉同向的切变线产生的大暴雨，是诱发特大山洪、泥石流的主要天气系统。本文利用加密自动站资料、NCEP每6 h再分析资料和FY-2C红外TBB等资料，对2012年6月15日发生在哀牢山沿线的大暴雨过程进行诊断分析，探讨哀牢山沿线大暴雨的成因和可预报性，为今后的预报预警提供一些启示和参考。

2　降水实况

2012年6月14日20时至15日20时在云南哀牢山沿线出现一次暴雨天气过程，全省大监站共出现暴雨6站，其中有4个站点出现在哀牢山东坡，24 h最大降水出现在哀牢山北段的弥渡，雨量为76.2 mm，1 h最大降水同样出现在弥渡，15日03—04时雨量为28.3 mm，3 h最大降水则出现在南段的红河，05—08 时 3 h 累计雨量为 43.7 mm，单从大监站降水实况看，本次暴雨过程出现暴雨站点少，降水量级偏小。但根据区域自动雨量站分析，在哀牢山东坡则出现 52 站暴雨，12 站大暴雨，暴雨带从哀牢山南段绿春、金平到北段的巍山、弥渡，大暴雨集中在哀牢山南段的绿春、金平至中段的新平，大暴雨落区主要位于哀牢山东坡，最大降水出现在新平县者竜雨量站，24 h 降雨量为 186.0 mm，1 h 最大降雨出现在 15 日 00—01 时，雨量为 74.3 mm，其中 00—04 时为强降水主要集中时段，4 h 累计雨量为 161.1 mm。

3 环流背景

14 日 08 时，500 hPa 东亚中高纬度为两脊两槽型，巴尔喀什湖至贝加尔湖的高压脊与青藏高原东南部滇缅高压脊形成同位相，华北为 560 dagpm 冷涡，中纬度低槽从华北冷涡中心伸向滇东北昭通附近，四川中西部到云贵高原为滇缅脊前西北气流，西北气流引导低层冷空气南下。700 hPa 低涡槽比 500 hPa 低槽略偏东偏南，低涡槽南段形成切变线，切变东段从安徽南部到湖北南部，西段从贵州东部到滇西北，切变后部为 310 dagpm 冷高压，云南中西部为滇缅脊前西偏北气流。随着 500 hPa 低槽东移，低槽南段移速较快，14 日 20 时低槽分裂成两段，北段低压槽稳定少动，南段移到安徽至广西北部，川西高原出现低值区，巴塘附近有低涡形成；700 hPa 切变线两段合并，东段东南移，西段受滇缅脊和哀牢山山脉阻挡，在哀牢山沿线形成西北—东南向风向切变，地面冷锋加强南移，移到哀牢山东坡时受地形阻挡稳定少动，滇黔冷锋切变西南移过程中，冷锋切变所经地区仅出现小雨天气。15 日 02 时 500 hPa 低槽少动，巴塘附近低涡略东移；700 hPa 哀牢山切变线北段稳定少动，中南段略西南移，静止在哀牢山东侧稳定少动，在切变线附近和切变所经地区出现暴雨和大暴雨。由上可见，高空低槽后西北气流引导冷平流南下，低层冷锋切变西南移在哀牢山沿线形成切变线，哀牢山东坡地面冷锋与滇缅脊引导的暖湿气流交汇，是此次暴雨过程发生的环流背景条件。在本次过程的天气系统配置中，巴塘附近 500 hPa 低涡并没有沿滇缅脊东南移，700 hPa 切变线和地面冷锋位置上下接近重合。

4 云图特征

气象卫星云图能够直观地看到各种天气系统下产生的云系及演变情况，同时也可以帮助识别云系对应的天气系统[6]。通过对本次暴雨过程 700 hPa 流场和 FY-2C 云图 TBB 资料分析(图 1)，强降水主要由哀牢山沿线切变线形成的多个对流云系造成。14 日 20 时(图 1a)青藏高原东部到四川西南部为云顶 TBB＜－20℃复合对流云区，位于西昌西部对流强中心云顶 TBB ＜－60℃，哀牢山切变线附近只有两个 TBB＜－30℃弱对流单体。14 日 22 时西昌西部辐合对流云发展为 β 中尺度对流云团，在哀牢山北段切变线新生成 1 个 TBB＜－30℃对流单体。14 日 23 时西昌西部 β 中尺度对流云团稳定少动，南侧分裂对流云与哀牢山北段弥渡附近对流单体合并，同时在哀牢山切变线中段新生成 TBB＜－30℃对流单体。15 日 00 时哀牢山切变线两个对流单体迅速加强为 β 中尺度对流云团，云顶 TBB 都在－50℃以下。15 日 01 时，西昌西部 β 中尺度对流云团东移减弱，切变线附近 β 中尺度对流云团连成一体，形成中尺度对流云带，云带内多个 TBB＜50℃对流单体形成“列车效应”，哀牢山中段 β 中尺度对流云团最强，云顶 TBB 在－60℃以下，在此期间，北段 β 中尺度对流云团附近出现 23.6 mm/h 强降水，中段β中尺度强对流云团附近则出现74.3 mm/h强降水。15日02时(图1b)，移到西昌附近的β中尺度对流云团云顶TBB＜−40℃，已不再具有中尺度特征，切变线附近的对流单体沿切变线东南移，云顶TBB仍在−50℃以下，还可以清楚地看到云团中心仍有一串β中尺度云团。15日03—04时，西昌对流云团东移减弱，与哀牢山沿线切变线内形成的对流云带断裂，切变线附近β中尺度对流单体自北向南减弱，北段β中尺度对流单体附近站点出现28.3 mm/h强降水，中段β中尺度附近也有出现33.7 mm/h强降水。15日05—07时北段β中尺度系统迅速减弱南移后与中段β中尺度对流云团合并，合并后的β中尺度对流云团继续南移，北段降雨减弱，站点雨量都在10 mm/h以下，中段雨量也减弱到20 mm/h以下，南段开始出现多个30～45 mm/h强降水站点。15日08时(图1c)切变线减弱消失，哀牢山南段β中尺度对流云团减弱，中心仍有TBB＜−40℃对流云团。15日09时哀牢山南段β中度对流云团减弱分裂，已不再具有中尺度云团特征，强降水过程结束。

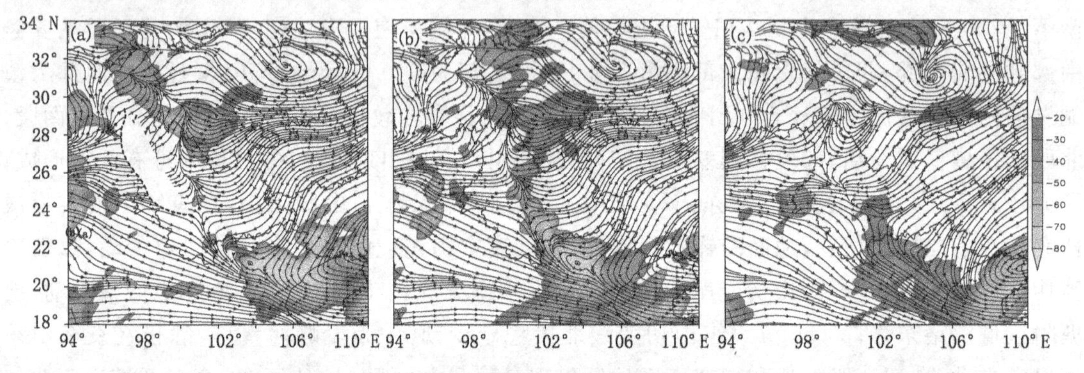

图1 2012年6月14日20时(a)、15日02时(b)、15日08时(c)700 hPa流场与FY-2C卫星TBB≤−20℃合成(阴影，单位：℃)

5 物理量特征

5.1 水汽条件

分析700 hPa水汽通量水平分布(图2)，本次哀牢山沿线暴雨过程的水汽分别来自东海和孟加拉湾。14日20时(图2a)强降水开始前，700 hPa切变线东段东南移入南海，切变线后高压底部偏东气流将东海水汽输送到云南，高值中心在贵州北部，中心值仅为2.5 g/(cm·hPa·s)；切变线西段南移到哀牢山后形成西北—东南向切变线，水汽沿滇缅脊后西南气流向缅甸北部输送，再沿脊前略)，北段西偏北气流转向切变线西南侧，水汽通量中心在孟加拉湾北部，中心值为4.0 g/(cm·hPa·s)，两支水汽在切变线附近交汇，在切变线两侧风向辐合作用下，哀牢山东侧形成西北东南向水汽辐合带，辐合中心位于滇西北丽江附近，水汽通量散度辐合中心值为$-10\times10^{-7}\text{cm}^{-2}\cdot\text{hPa}^{-1}\cdot\text{s}^{-1}$。15日02时(图2b)强降水开始后，哀牢山附近切变线稳定少动，来自东海和孟加拉湾的两支水汽输送减弱，而在哀牢山附近水汽辐合带明显加强，负值范围增大，辐合中心东南移到哀牢山北段，中心加强为$-20\times10^{-7}\text{cm}^{-2}\cdot\text{hPa}^{-1}\cdot\text{s}^{-1}$，水汽辐合仍然为切变线两侧风向辐合。15日08时(图2c)强降水结束后，切变线减弱消失，水汽辐合带随之减弱，辐合中心已减弱为$-8\times10^{-7}\text{cm}^{-2}\cdot\text{hPa}^{-1}\cdot\text{s}^{-1}$。本次哀牢山沿线大暴雨过程水汽没有低空急流和水汽通量大值区，主要由来自孟加拉湾和东海两支弱水汽在切变线附近交汇，在切变线两侧风向辐合作用下形成强烈的水汽辐合，是本次强降水天气过程的主要水汽特征。

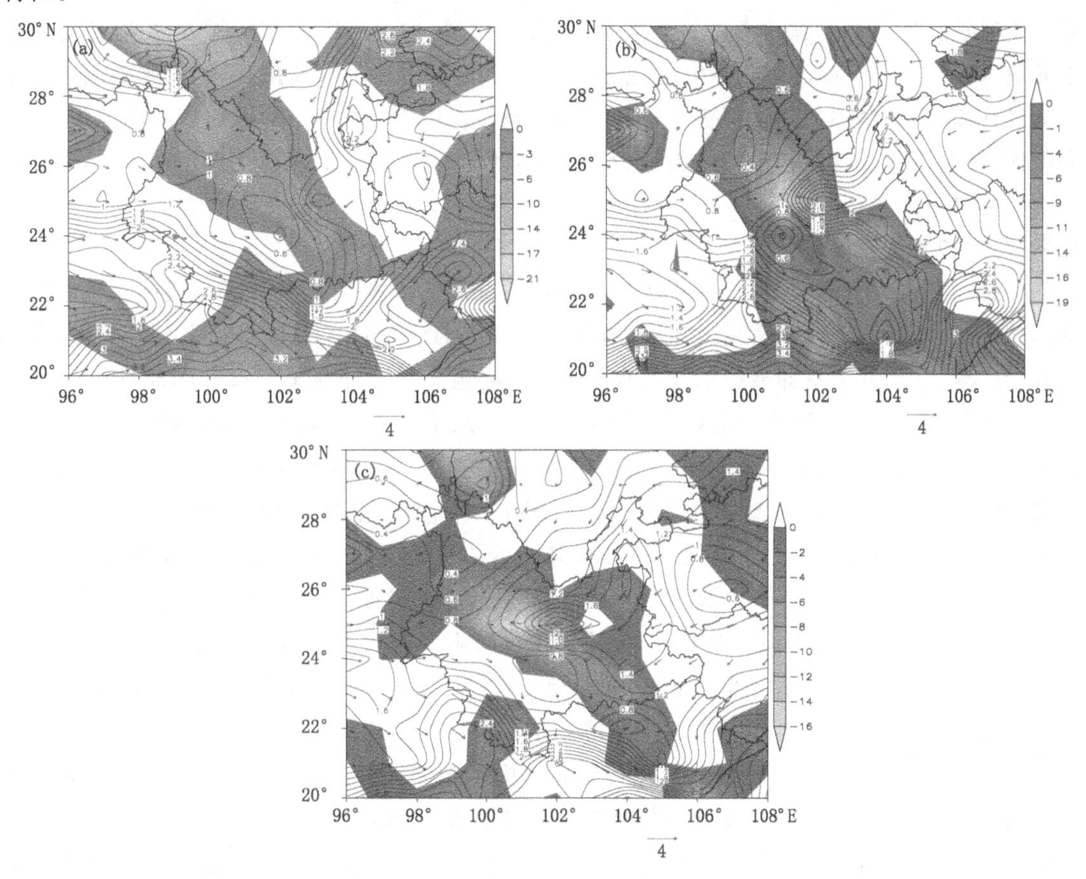

图 2　2012 年 6 月 14 日 20 时(a)、15 日 02 时(b)和 15 日 08 时(c)700 hPa 水汽通量(等值线,单位:g · cm^{-1} · hPa^{-1} · s^{-1})和水汽通量散度(阴影,单位:10^{-7} · cm^{-2} · hPa^{-1} · s^{-1})

5.2　动力条件

分别对 14 日 20 时和 15 日 02 时沿 700 hPa 切变线走向作涡度、散度及垂直速度的剖面(图略)。14 时 20 时冷锋切变移到哀牢山时涡度和散度剖面叠加图上,切变线所在地区低层为正涡度,中高层都为负涡度区,散度辐合区在 600 hPa 以下,辐合中心位于在 800—700 hPa,辐合中区正好对应正涡度区,高度相差 100 hPa,涡度中心和辐合中心在滇西北(26°N,100°E),正涡度中心值为 $4\times10^{-5}s^{-1}$,散度辐合中心值为 $-2\times10^{-5}s^{-1}$,在散度场垂直方向上出现低层辐合,中高层辐散配置特征,而且中高层辐散强于低层辐合,高空辐散产生的强抽吸起主要作用,表明对流上升运动将会加强。垂直速度场上,哀牢山沿线 600 hPa 附近出现弱垂直上升运动,上升运动强中心位于滇西北,正好和正涡度中心和辐合中心对应,中心值为 −0.3 hPa/s。从本时段涡度、散度和垂直速度配置看,切变线附近动力条件较差,并不具备产生强降水的动力条件。15 日 02 时强降水发生时,切变线在哀牢山沿线稳定少动,低层哀牢山沿线正涡度区和辐合区向东南伸展,辐合明显加强,正涡度中心和辐合中心正好位于哀牢山中段大暴雨中心(24°N,101°E),虽然正涡度中心值仍然维持 $4\times10^{-5}s^{-1}$,但大于 $2\times10^{-5}s^{-1}$ 区域覆盖哀牢山沿线暴雨区,辐合加强最明显,中心值达到 $-7\times10^{-5}s^{-1}$,与之相对应的是垂直上升运动迅速加强,在哀牢山暴雨区都出现强烈的上升运动,中北段(23°—25°N,100°—102°E)垂直上升运动伸展高度达到 400 hPa,中心位于 600 hPa 附近,中心值为－1.3 hPa/s,南段(22°N,103°E)垂直上升运动伸展高度比中北段高,达到 200 hPa 附近,中心在 500 hPa 附近,中心值略低于中北段,为－1.1 hPa/s。在哀牢山切变维持期间,涡度和散度的快速加强,加上强烈的垂直上升运动作用,为大暴雨的发生提供了有利的动力条件。15 日 08 时哀牢山切变减弱消失后,正涡度区、辐合区和垂直上升运动区稳定少动,除涡度增强外,辐合和垂直上升运动减弱,强降水过程基本结束。

5.3 热力和不稳定条件

冷锋切变进入云南后,在切变线和冷锋附近都有雷暴相伴,在哀牢山沿线发生暴雨时有较明显的雷电、短时强降水和雷雨大风,具有非常明显强对流特征。分析不稳定条件发现,在暴雨开始前后,暴雨区上空即冷锋切变前存在明显的对流不稳定能量的积聚和释放过程。14 日 14 时(图略)800 hPa 假相当位温(θ_{se})水平分布图上,从滇西北到滇南哀牢山两侧开始形成 θ_{se} 高能舌,哀牢山沿线 θ_{se} 值为 358～360 K,在暴雨区上空 800～400 hPa 形成上干冷下暖湿层结分布,其中 800～600 hPa 为暖湿层,600～400 hPa 为干冷层,哀牢山沿线 $\Delta\theta_{se800-400}$ 为 10～16 K,形成对流不稳定区。14 日 20 时 800 hPa 高能舌位置不变,哀牢山沿线 θ_{se} 值增大 2～4 K,暴雨区上空层结分布无变化,但哀牢山沿线高低层之间 θ_{se} 梯度进一步加大,$\Delta\theta_{se800-400}$ 较 14 时增大 2～4 K,大气对流不稳定加剧。15 日 02 时,暴雨开始后不稳定能量得到释放,800 hPa 高能舌区位置少动,哀牢山沿线 θ_{se} 值下降到 355～360 K,$\Delta\theta_{se800-400}$ 减小到 6～15 K,对流不稳定开始减弱,800—400 hPa 仍然维持上干冷下暖湿的层结结构。

14 日 14 时至 15 日 02 时冷锋切变移到哀牢山东侧和维持期间,在暴雨区附近上空 θ_{se} 等值线由水平转为倾斜,靠近冷锋处还呈近陡立形态。根据湿位涡守恒原理[7],由于等熵面 θ_{se} 的倾斜,大气水平风垂直切变或湿斜压性的增加能够导致垂直涡度的显著发展,非常有利于上升运动的加强,导致对流性暴雨发生。因此,冷锋切变移到哀牢山沿线,受风向辐合的作用,低层暖湿气流抬升,使 θ_{se} 不断增大,对流不稳定能量加强,在地形阻挡下,冷空气快速堆积并下沉,使上升运动进一步得到加强,触发了不稳定能量的释放,从而激发中小尺度对流系统发展,导致对流性暴雨发生。与此同时,等熵面 θ_{se} 的倾斜作用,导致倾斜性涡度发展,加剧了暴雨的强度。

5.4 地面气压场分析

地面要素自动站资料每小时一次,相比常规地面观测资料,在时间分辨率、时效性和时间连续性上有独特优势。分析云南 125 个地面自动站观测的海平面气压资料能直观地看出地面冷锋活动情况,14 日 16 时地面冷锋位于楚雄北部到红河州南部,滇中及以东为冷高压,冷高压中心在昭通东部,冷锋经过的地区除昭通北部出现单点暴雨外,其他地区 24 小时降水大都在 20 mm 以下。20 时冷锋移到哀牢山沿线,在冷锋到达前后,哀牢山沿线并未出现强降水,降雨量都在 10 mm 以下。21—22 时,冷锋在哀牢山沿线稳定少动,冷锋后不断有冷空气南下补充,在哀牢山东侧堆集,23 时冷锋后部滇中及以东冷高压气压值都在 1001 hPa 以上,冷锋附近气压梯度加大,哀牢山沿线开始出现强降雨。15 日 00—04 时锋面继续维持在哀牢山沿线,冷锋附近气压梯度和冷锋后冷高压强度维持不变,这一时段正好是强降水持续时段。15 日 05 时,锋后冷高压开始减弱,冷锋附近气压梯度变小,哀牢山沿线降水开始减弱,06—08 时,冷锋变性减弱后消失,哀牢山沿线强降水也随之结束。正是冷锋南压到哀牢山沿线后受地形阻挡，使得南下冷空气不断堆集，形成冷空气下沉，暖湿气流上升，形成强烈的上升运动，触发不稳定能量释放，造成哀牢山沿线大暴雨天气。

6 对流有效位能(CAPE)分析

本次暴雨过程主要集中在哀牢山沿线的河谷地区，强降水集中在3～4 h，具有强对流天气的明显特征，大气对流是对流有效位能(CAPE)向对流运动动能的转化，因此，对流有效位能被越来越多的用于强对流天气分析和预报[8]，对流有效位能常用的表达式为：

$$C_{\mathrm{APE}} = \int_{P_{\mathrm{EL}}}^{P_{\mathrm{LFC}}} R_{\mathrm{d}}(T_{VP} - T_{VE})\mathrm{d}\ln p \tag{1}$$

式(1)中，P_{LFC}为自由对流高度，P_{EL}为对流平衡高度，T_{VP}和T_{VE}分别为绝热上升气块和环境的虚温，R_{d}为干空气的比气体常数。

本文中的绝热上升气块在不同高度的虚温T_{VP}用云南省125个地面站逐时的气压、气温和湿度资料，根据假相当位温守恒原理计算。抬升凝结高度以下的虚温用干绝热过程计算，抬升凝结高度以上用湿绝热过程计算。不同高度的环境虚温取08和20时T639模式每3 h间隔输出的预报产品中温度和湿度资料，用临近取值将3 h为间隔的温度和湿度资料作为以1 h为间隔资料，再用双线性插值法将温度和湿度插值到云南省125个地面站计算。考虑模式资料接收的时效性，16时至次日03时不同高度环境虚温用08时模式输出资料计算，04时至次日15时用20时模式输出资料。

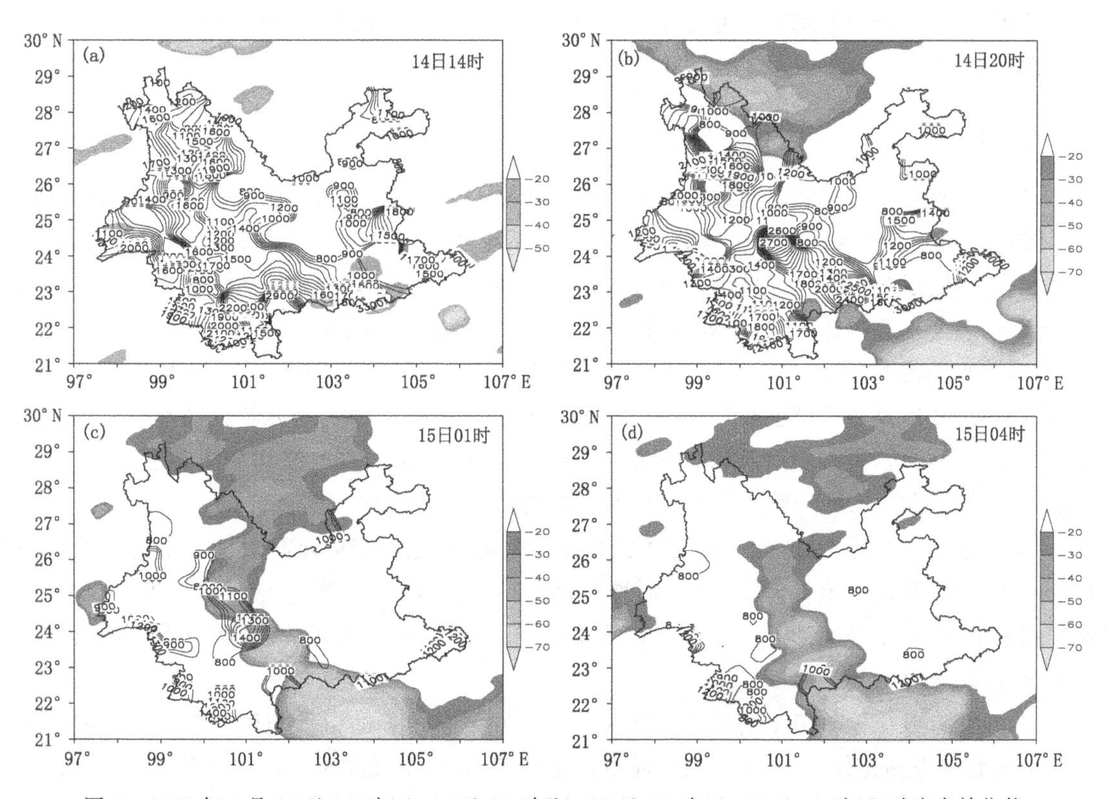

图3 2012年6月14日14时(a)、14日20时(b)、15日01时(c)、15日04时(d)对流有效位能(单位：J/kg^{-1})和TBB≤－20℃合成图(阴影，单位：℃)

利用计算的逐时 CAPE 与同时次 FY-2C 卫星 TBB 资料叠加分析发现(图 3),14 时地面冷锋移到滇中时,哀牢山沿线有一条与山脉走向平行的 CAPE 大值区(图 3a),大于 2000 J/kg 区域在哀牢山中段到南段,最大值为 3300 J/kg,出现在哀牢山南段的河口附近,在大值区上空,除哀牢山南段上空有低于－20℃对流云外,其他地区均无强对流云。15—18 时 CAPE 哀牢山沿线大值区稳定少动,对流不稳定能量逐渐增大,18 时南段 CAPE 已增大到 3800 J/kg,大值区上空无低于－20℃对流云。19 时南段 CAPE 大值中心开始减弱,中段和北段迅速增大。20 时哀牢山北段 CAPE 值达到最大(图 3b),中心值为 2700 J/kg,大值区上空仍无低于－20℃对流云。21—22 时 CAPE 大值区附近出现低于－20℃对流云团,大值区中心值从 2700 J/kg 减小到 1700 J/kg。14 日 23 时至 15 日 00 时强降水开始时,对流不稳定能量得到释放,哀牢山沿线 CAPE 大于 800 J/kg 大值区范围迅速减小,上空形成低于－20℃对流辐合云带。随着中尺度对流云带加强,CAPE 大于 800 J/kg 范围减小,中心值变小,15 日 01 时(图 3c)出现最强降水时,哀牢山沿线中尺度对流云带也达到最强,CAPE 高于 800 J/kg 的区域在哀牢山中北断,中心值减小到 1400 J/kg。在中尺度对流云带减弱阶段,CAPE 值快速减小,15 日 04 时(图 3d)中尺度对流云带减弱,CAPE 大值区西南移,哀牢山沿线已无大于 800 J/kg 大值区,强降水减弱。15 日 05—08 时,CAPE 大值区移到滇西南,中尺度对流云带减弱消失。在冷锋切变西南移时,CAPE 大值区位于冷锋切变前,冷锋切变移到哀牢山时,CAPE 大值区与冷锋切变重合,大值区与强降水区相对应。在 CAPE 大值带增大时期,上空并没有强对流云形成,对流云发展时期 CAPE 值减小,CAPE 减小后 2 h 形成中尺度对流云带,3 h 后形成短时强降水。因此,利用 CAPE 数值增大到减小的变化,对哀牢山沿线短时强降水的发生有较好的指示作用。

7 小结

(1)此次哀牢山沿线强降水过程是 500 hPa 槽后西北气流引导冷空气南下,配合 700 hPa 切变线和地面冷锋形成的对流性暴雨过程。天气系统明显特征是冷锋切变南移到哀牢山沿线后受地形阻挡位置少动,地面南下冷空气在哀牢山南侧堆集,在哀牢山沿线形成中尺度对流云带,云带内多个对流单体形成的“列车效应”造成对流性暴雨发生。

(2)哀牢山沿线暴雨过程的水汽分别来自东海和孟加拉湾,700 hPa 切变东段东南移入南海,水汽沿切变后高压底部偏东气流将东海水汽输送到云南,孟加拉湾水汽沿滇缅脊后西南气流向缅甸北部输送,再沿脊前西偏北气流向切变线区输送,两支水汽在切变线附近交汇,在切变线两侧风向辐合作用下,形成与哀牢山脉同向的西北东南向水汽辐合带。

(3)在暴雨区附近上空,θ_{se} 等值线由水平转为倾斜,靠近冷锋处还呈近陡立形态。受风向辐合作用,低层暖湿气流抬升,使 θ_{se} 不断增大,对流不稳定能量加强,在地形阻挡下,冷空气快速堆积并下沉,使上升运动进一步得到加强,触发了不稳定能量的释放,从而激发中小尺度对流系统发展,导致对流性暴雨发生。

(4)对流有效位能对哀牢山沿线强降水天气的发生有较好的指示作用。在本次过程中暴雨发生前能量得到充分积累,大气处于强不稳定状态,导致中尺度对流云带加强发展。对流云生成后 CAPE 值开始减小,2 h 后形成中尺度对流云带,3 h 后强降水开始,暴雨落区对应 CAPE 高值区。

参考文献

[1] 秦剑,琚建华,解明恩等.低纬高原天气气候.北京:气象出版社,1997:51-92.

[2] 何华,孙绩华.云南冷锋切变大暴雨过程的环流及水汽输送特征.气象,2003,**29**(4):48-52.

[3] 金少华,葛晓芳,艾永智等.低纬高原两次冷锋切变天气对比分析.气象,2010,**36**(6):35-42.

[4] 张秀年,段旭.云南冷锋切变型暴雨的中尺度特征分析.南京气象学院学报,2006,**29**(1):114-121.

[5] 金少华,段旭,艾永智等."070812"云南元江特大山洪泥石流气象成因分析.自然灾害学报,2011,**20**(6):62-68.

[6] 丁一汇.1991年长江流域持续性大暴雨研究.北京:气象出版社,1993:47-137.

[7] 吕江津,王庆元,杨晓君.海河流域一次大到暴雨天气过程的预报分析.气象,2007,**33**(10):52-60.

[8] 李耀东,刘健文,高守亭.动力和能量参数在强对流天气预报中的应用研究.气象学报,2004,**62**(4):401-409.

秋季广东区域暴雨分析

梁巧倩[1]　项颂祥[1]　吴振鹏[2]

(1.广东省气象台,广州 510080;2.广州市气象台,广州 511430)

摘　要

利用实况观测资料和NCEP再分析格点资料,首先对2011年10月13—14日广东一场全省范围的暴雨过程及成因进行了分析,进而通过历史资料的统计和分析,归纳总结了10—11月广东出现5站以上区域暴雨的有利形势。结果表明:(1)2011年10月13—14日广东暴雨的发生是由500 hPa西风槽过境广东,850 hPa东南风场输送充沛的水汽,配合切变线南压和地面西路冷空气前锋南下共同影响导致的。(2)历史资料的统计分析表明,10—11月广东区域暴雨发生时,200 hPa都有明显的辐散气流配合;500 hPa西风槽或者短波槽东移影响广东省的同时,原控制华南地区的副热带高压(副高)同步东退;850 hPa受西南或者偏南风场控制,或者暴雨发生前华南受较强的偏南风场影响继之切变线过境;地面总有冷空气的活动,可能是弱冷空气扩散过南岭影响广东,也可能是中等强度冷空气随冷锋过境影响广东,或者是冷高压东移出海后的东风回流作用。(3)10—11月由上述系统配置引起的大雨以上降水容易出现在西北部偏北的韶关地区、东北部偏西的河源地区和中部偏东的广佛地区。上述对典型个例的分析和历史资料的统计分析将有助于深入认识10—11月广东暴雨发生的天气模型,有利于提高对该类型暴雨预报的准确率。

关键词:秋季　广东　暴雨

1　2011年10月13—14日广东暴雨个例分析及问题的提出

2011年10月12日08到14日08时(图1a),广东北部和珠江三角洲地区出现了一次暴雨到大暴雨降水过程,广州、佛山局地出现了特大暴雨。13日08时到14日08时,广东省有33个县(市)出现暴雨以上降雨,其中9个站点出现了大暴雨。根据暴雨灾害评估模式计算,10月10—14日的暴雨过程对广州影响程度为较重,对平远、紫金、顺德、番禺、龙川、翁源、鹤山、南海、兴宁、从化等地影响程度为中等。此次暴雨过程发生在10月,广东汛期之后,为历史少见,雨强大,持续时间长、灾害重,预报过程中提前24 h以上的预报只报出大雨量级,是技术上失败的一次预报。因此,有必要对这次暴雨过程进行深入的分析,查找出失败原因,总结经验教训,为下次对同期或同类暴雨的预报提供有指导意义的信息,以期提高预报准确率。

利用实况观测资料分析得到2011年10月13—14日暴雨过程的系统演变如图1b所示,500 hPa 12日20时有西风短波槽东移,13日08时过境广东中西部地区,同时云贵桂交界地区又有西风槽东移并和长江流域西风短波同相叠加加深,13日20时东移至湘桂交界地区,14日08时东移至桂湘粤交界地区,14日20时完全过境广东;850 hPa,12日华南受较一致的东南风场控制,广东境内东南风速超过12 m/s,南海到中南半岛地区热带辐合带活跃,有热带扰

资助项目:中国气象局预报员专项(CMAYBY2012－040)。

动西移登陆中南半岛，13 日热带扰动在中南半岛继续西北行缓慢移动，同时，南岭以北有东北—西南向切变线逐渐东南移动，13 日 20 时进入广东境内前后，与位于中南半岛中部的热带扰动北侧的倒槽型环流连接，形成东北—西南向自江南经广东西部至中南半岛的切变线，前期强盛的东南风逐渐减弱，14 日，切变线过境广东；地面西路冷空气前锋与 13 日白天到达南岭，13 日 20 时进入粤北，并自北向南影响广东省。综上所述，这次暴雨过程是高层西风槽过境，配合地面冷空气前锋南下和低层的切变线共同作用导致的。

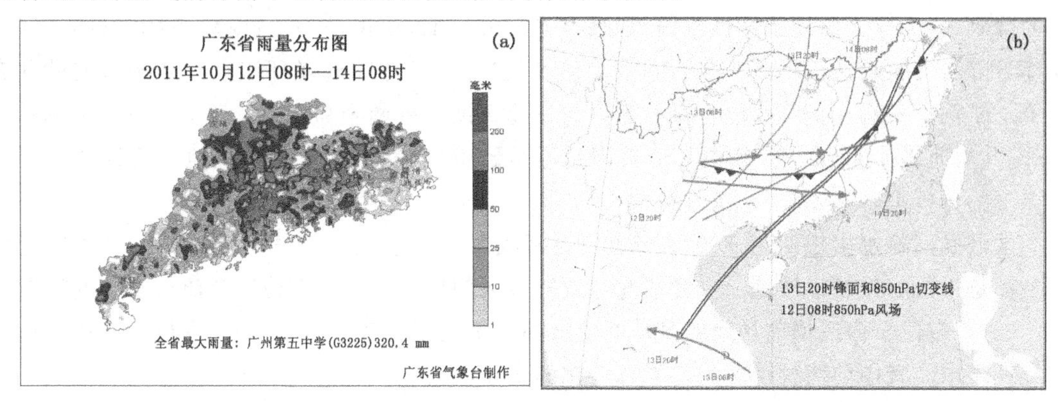

图 1　2011 年 10 月 12 日 08 时到 14 日 08 时累积雨量分布(a)和暴雨过程的系统配置和演变(b)
(双蓝色线表示 13 日 20 时 850 hPa 切变线；箭头表示 500 hPa 西风槽的移动位置)

这次过程中影响系统是非常清晰的，抬升机制和不稳定大气层结条件都很容易满足，考虑到秋季水汽不充足，在实际预报中降水是明显偏小的。但实况资料分析表明(图 2)，暴雨发生前期，12—13 日，华南上空的东南风速较大，东南风的来源有两支：一支是中心位于西太平洋上的副高西侧的东南风，另一支是随着中南半岛至菲律宾群岛的热带扰动卷入其东北侧的东南风，这支东南风可一直追溯到过赤道气流和孟加拉湾西南气流。两支气流在广东境内汇合，

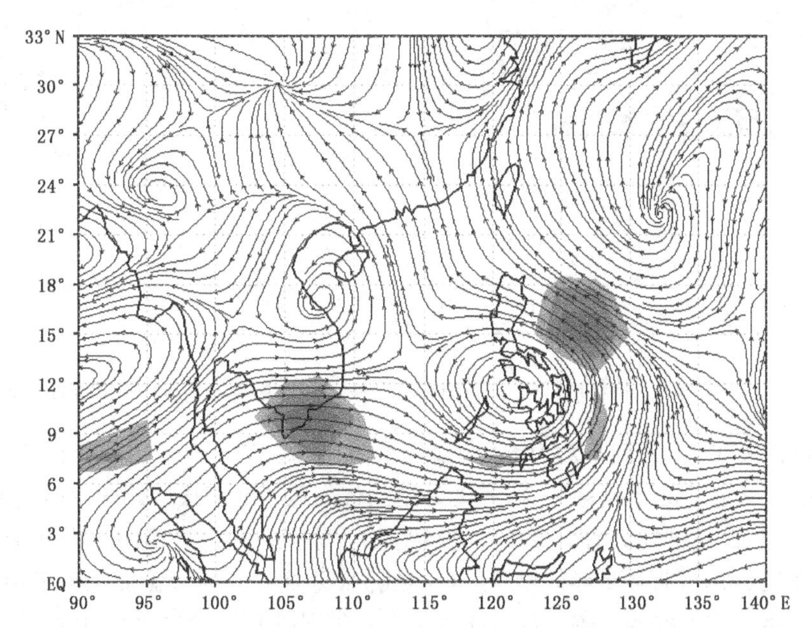

图 2　2011 年 10 月 13 日 08 时 850 hPa 流场(阴影区表示风速大于 12 m/s 的区域)

其带来的水汽之多远高于我们对秋季气候水平上的水汽的一般判断，这也是我们预报中降水明显偏小的主要原因。为了进一步探究10—11月的广东秋季，是否有类似的天气形势和如此明显的降水发生，第2节将从历史资料统计的角度对10—11月的降水进行分析。

2 历史个例统计分析

定义广东区域暴雨为：20—20时累积日雨量中，全省86站有多于5站出现大于50 mm以上的降水，认为这天出现了区域暴雨，如果有连续的日期，认识是一个过程。利用1961—2012年逐日降水资料筛选出个例75例，其中受热带气旋（TC）登陆或者环流直接影响造成的共有34例，34例中又有9例TC位于海南岛以西—北部湾—中南半岛一带。除去有TC影响的个例外，共有有效个例41例，其中1例暴雨站点全省范围较分散，认为是局地对流性质，不用。故以下的分析是基于40个个例进行的。

区域暴雨降水出现期间，200 hPa（图3a）西风急流一般位于25°—30°N，广东暴雨区上空几乎都是一致的气流辐散区。三种情况导致辐散区的出现：(1)广东位于急流核右侧的辐散区中。(2)广东位于西风槽前和南亚高压北侧或西北侧的扇形气流中。(3)广东位于南亚高压反气旋环流中。其中前两种情况约占了总个例的75%以上。

500 hPa（图3b）中高纬度西风系统的槽脊活动较活跃，并较夏季有所南压，云黔桂交界地区有西风槽东移或者分裂短波槽东移影响广东，槽底过22°N时，广东西南部特别是雷州半岛容易出现暴雨；副热带高压依然较强，脊线在15°—18°N，前期控制华南，在西风槽或短波槽东移时副高同步东退，华南受副高西北缘和西风槽前西南风场影响，继而西风槽或短波槽过境。这种形势约占了总个例的95%。此外，有2例是受副高南侧的东风波动西移影响，副高脊线位于25°—30°N，广东中南部处于副高南侧的东风气流中。

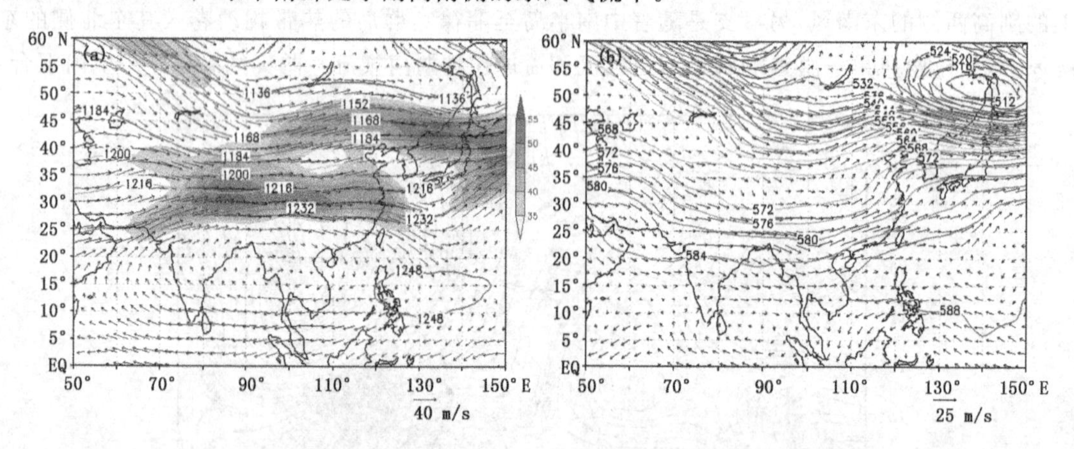

图3 200 hPa华南区域辐散气流示意图(a)和500 hPa西风短波槽和副高位置示意图(b)

850 hPa（图4）广东暴雨区受西南或偏南或东南风场（SW－S－SE）控制，SW－S－SE风场通常是两支气流在广东上空的汇合，一支是副热带高压西北侧或西侧的偏南气流，一支是经北部湾过来的气流，这支气流的来源又可追溯到两个源头。一个是围绕云黔桂地区的低涡或者气旋式风场气旋式弯曲经北部湾流经广东的气流，另外一支是从孟加拉湾经中南半岛—海南岛西南部到达广东上空的气流。这两支气流有时候同时并存，有时候是其中的一支较活跃。无论是哪一支，总有一个气旋式风场中心与之相配合。这种形势是暴雨时850 hPa的典型形势之一(有约 50%的个例)。另一个典型形势是切变线过境(约有 35%的个例),切变线过境前,广东上空都是受较大的西南风场控制,一般风速超过 8 m/s。此外,在较一致的东北风场或者东南风场控制下也可能出现区域暴雨,更多的需要低层的辐合线配合(这仅占总个例当中的 4 例)。

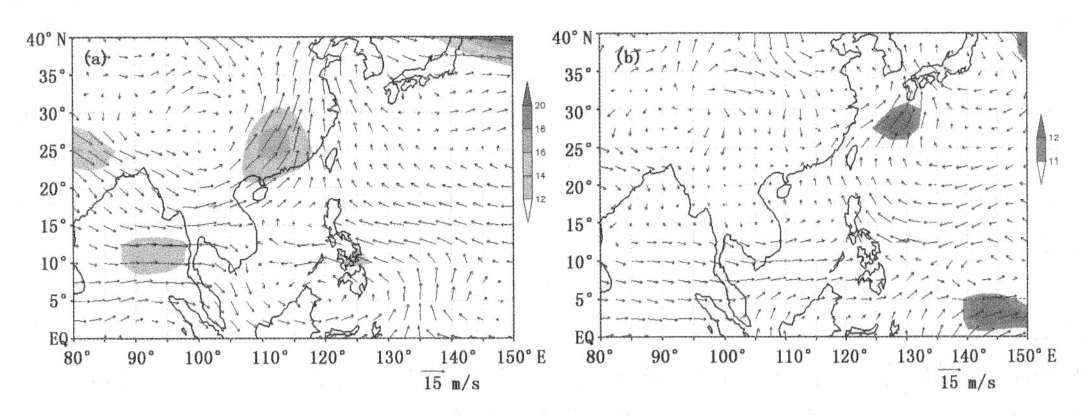

图 4　850 hPa 西南风场型(a)和切变线过境型(b)示意图

地面上广东区域暴雨发生时往往伴有冷空气的活动。主要有三类形势(图 5)。冷空气扩散东移型,西路弱冷空从高原北缘下滑到南岭后东移,或者中路弱冷空气到达南岭后东移,低压区位于中南半岛,华南处于低槽边沿,弱冷空受南岭山脉阻挡,扩散南下,没有明显的锋面相伴随,降水期间,华南气压场升高。这一型约占总个例的 48%。冷锋过境型:西路或者中路中

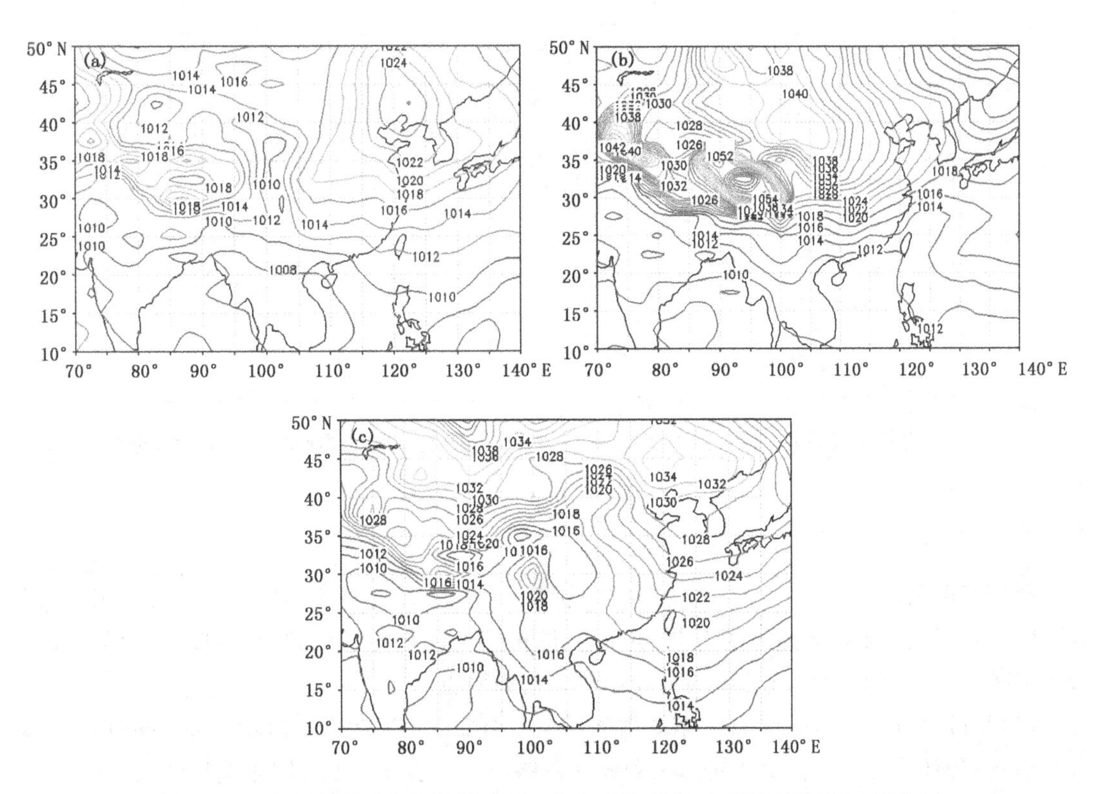

图 5　地面气压场弱冷空气扩散型(a)、冷锋过境型(b)和脊后槽前型(c)示意图

等强度冷空气自北向南影响广东省，降水期间伴有冷锋面过境广东，约有28%的个例属于该型。该型的850 hPa通常是切变线过境型与之相配合。脊后槽前型：前期控制广东的冷高压脊东移出海，西南出现弱低槽，华南气压场东高西低，沿海地区受高压底部的偏东风场影响。该型约占总个例的20%。此外，地面层处于低槽内也容易导致暴雨的发生，总个例中出现了2例。

按照预报片的划分，统计10个预报片出现大于25 mm降水的频次可以发现，10—11月由上述系统配置引起的大雨以上降水容易出现在西北部偏北的韶关地区、东北部偏西的河源地区和中部偏东的广佛地区，这是位于珠江口北侧的倒三角区域。其次是该区域的相邻区域，如中部偏西的肇庆地区和西南部偏东的珠江口西侧地区(图6)。东南沿海地区相对来说不易出现大雨以上降水。

综合以上的分析，可以发现：10—11月广东的区域暴雨发生在夏冬转换季节，西风系统逐渐活跃，热带系统的势力依然强盛，在500 hPa就表现为副高西北侧的西风槽或短波槽东移，在地面层则是弱冷空的扩散或者中等强度冷空气的南压过境影响华南。副高的位置和强度又有利于低层850 hPa偏南风场的维持和加强以及水汽的输送。

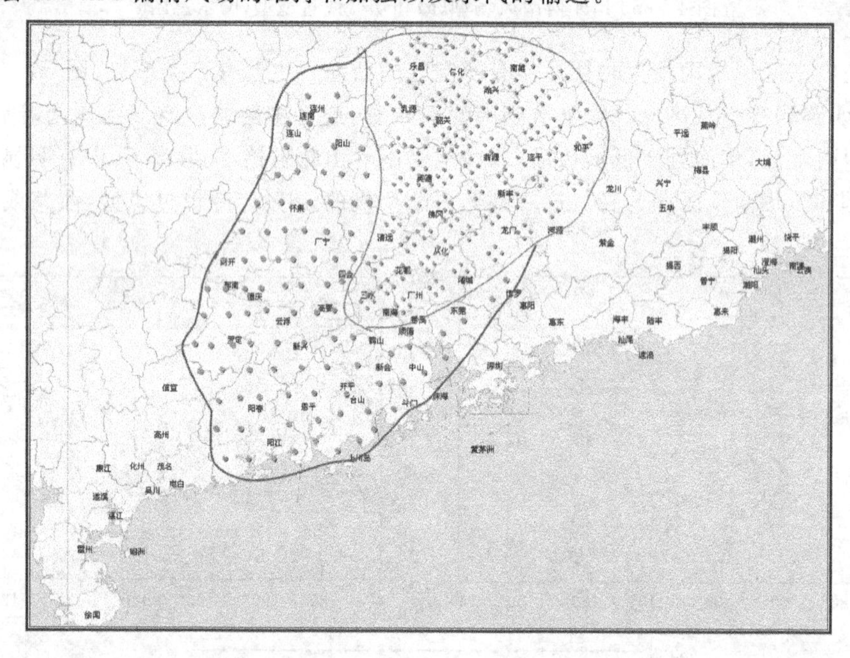

图6　10—11月广东区域暴雨落区示意图(红线区域内为暴雨发生最多频次的区域，其次是紫色区域)

3　结论

利用实况观测资料和NCEP再分析格点资料，首先对2011年10月13—14日广东一场全省范围的暴雨过程及成因进行了分析，进而通过对历史资料的统计和分析，归纳总结了10—11月广东出现5站以上区域暴雨的有利形势。结果表明：

(1)2011年10月13—14日广东暴雨的发生是由500 hPa西风槽过境广东，850 hPa东南风场输送充沛的水汽，配合切变线南压和地面西路冷空气前锋南下共同影响导致的。

(2)历史资料的统计分析表明，10—11月广东区域暴雨发生时，200 hPa都有明显的辐散气流与之相配合；500 hPa 西风槽或者短波槽东移影响广东省的同时，原控制华南地区的副高同步东退；850 hPa 受西南或者偏南风场控制，或者暴雨发生前华南受较强的偏南风场影响继之切变线过境；地面总有冷空气的活动，可能是弱冷空气扩散过南岭影响广东，也可能是中等强度冷空气随冷锋过境影响广东，或者是冷高压东移出海后的东风回流作用。

(3)10—11 月由上述系统配置引起的大雨以上降水容易出现在西北部偏北的韶关地区、东北部偏西的河源地区和中部偏东的广佛地区。

(4)低层 850 hPa 或者 925 hPa 的偏南风/东南风/西南风是暴雨发生的重要水汽输送通道，对暴雨的发生有重要的作用，下一步的深入工作将对这支气流及其水汽输送作用进行分析。

导致"7·21"特大暴雨过程水汽异常丰沛的天气尺度动力过程分析研究

廖晓农[1]　倪允琪[2]　何娜[1]

(1. 北京市气象台,北京 100089; 2. 中国气象科学研究院,北京 100081)

摘　要

2012 年 7 月 21 日北京出现了罕见的特大暴雨,强降水持续 10 多个小时。使用常规资料和 NCEP 再分析资料分析了实现水汽远距离输送并在暴雨区积聚的天气尺度动力过程。结果表明,特大暴雨产生在异常潮湿的环境中,湿层和饱和层深厚。而且,在降水产生的过程中,湿度条件一直维持,为持续性强降水提供了有利条件。充沛的水汽被一支从低纬度一直贯通到 40°N 的低空偏南气流从孟加拉湾和南海向北输送。偏南风持续增大形成低空急流,加大了水汽的输送。随着急流核逐渐靠近北京,在北京上空对流层低层产生了异常强烈的水汽通量辐合。同时,高空强烈辐散与低空辐合的耦合不断加强,不仅增加了低层水汽的积聚,而且也通过增强垂直速度将更多的湿空气向上输送,形成了深厚的湿层。通过上述两个天气尺度动力过程,使得北京地区水汽异常丰沛。偏南风持续增大的原因:一是台风外围环流的影响;二是在副热带高压稳定维持的情况下,大陆上低压加强、东移,造成东西向气压梯度增大,在地转偏向力的作用下,南风增强。

关键词: 特大暴雨　天气尺度动力过程　水汽远距离输送　超强水汽辐合　低空急流持续

引言

暴雨是中国夏季常见的一种灾害性天气。作为降水的一种特殊形式,充沛的水汽供应是暴雨产生的基本条件之一。通常,低空急流在水汽输送中扮演着重要角色。2012 年 7 月 21 日北京出现了有完整气象观测记录以来罕见的特大暴雨,最大累计降水量 541 mm。强降水维持 10 h 以上,并呈现双峰分布。第一阶段暴雨发生在 16 时之前;第二阶段则出现在 16—02 时,而且雨强超过第一阶段。强降水造成了重大损失。此次暴雨的降水量之大明显超出了预报员的预期。那么,暴雨产生时水汽积聚究竟达到了一个怎样的程度?充沛的水汽又是从哪里、以何种方式被输送到北京的?水汽输送条件是如何建立的?这些都是暴雨研究值得探讨的重要科学问题。

采用探空、地面观测和 NCEP 再分析资料针对上述科学问题进行了研究,揭示了与这次特大暴雨产生过程中有直接关系的重要天气尺度动力过程及其在形成这次特大暴雨过程中所起的重要作用。

1　特大暴雨产生的环流背景及水汽条件

1.1　特大暴雨产生在多个系统共存的背景下

"7·21"特大暴雨产生在贝加尔湖—蒙古低涡低槽与副热带高压(副高)相配合形成的典型环流型下(图 1a)。与经典概念模型相比,此次暴雨环流型的特点主要体现在对流层低层。

可将对流层低层的背景特征概括为三个系统、一支气流(图 1b):第一个系统是稳定的西太平洋副高,它使得有利的环流型在较长时间内维持;第二个系统是呈东北—西南走向的低压带。当低压带北端有低涡中心发展并东移邻近北京上空时,暴雨进入到增强阶段;第三个系统是位于副高西南面南海上的台风“韦森特”。在前面两个系统的配合下,中国东部地区形成了强经向型环流,一支贯穿华南到华北的偏南气流构成了暴雨的水汽输送通道。水汽有两个来源:一是西南季风携带来自孟加拉湾的水汽;二是台风“韦森特”与副高之间的东南风携带来自南海的水汽。两支气流在江西北部、湖北南部汇合后直达华北。这是“7·21”暴雨天气尺度环流形势的一个重要特征。在 200 hPa 上(图略),等高线呈明显的疏散分布,形成很强的辐散气流。因此,“7·21”暴雨产生在多个系统配合的环境下。

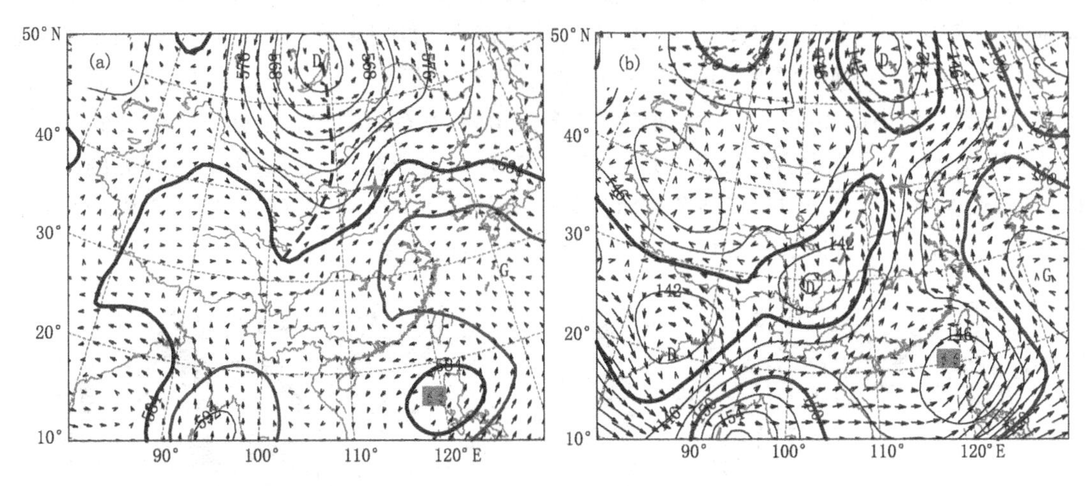

图 1 2012 年 7 月 21 日 08 时 500 hPa(a)和 850 hPa(b)高度场和风场

(虚线表示槽线,十字星指示北京)

1.2 特大暴雨产生时环境大气水汽异常丰沛

21 日 08—14 时,对流层中下层湿度明显增大。在第一阶段暴雨发生时,地面露点温度达到 25℃。而且,850 hPa 以下的比湿从 13～17 g/kg 增大到 14～19 g/kg,500 hPa 的比湿也升高到 6 g/kg。20 时降水进一步加强,尽管之前已经发生了暴雨,但是大气湿度分布与 14 时基本相同。上述湿度水平不仅高于历史个例,而且也比偏南风中同纬度其他地区大 1.8～3.5 g/kg。说明“7·21”暴雨产生在异常潮湿的环境中。同时,暴雨区上空还有深厚的饱和层。因此,当上升气流将边界层内携带充沛水汽的空气输送到高空时,就会有大量水汽凝结并下落产生强降水。所以,北京上空异常潮湿的环境和深厚饱和层的条件在降水产生期间一直维持而且潮湿程度越来越大是降水增强形成特大暴雨的重要原因。

水汽通量散度和水汽垂直通量分布表明(图略),21 日 08 时前,仅在边界层内有浅薄的水汽通量辐合层,而且也比较弱。从 14 时开始,辐合层增厚;同时,辐合值也明显增大。特别是到了 20 时,在边界层内有一个 -17.7×10^{-5} g/(hPa·m·s)的强烈辐合中心,是暴雨开始前的 8 倍。700 hPa 以上增湿是上升运动输送的结果(图略)。因此,对流层低层非常强烈的、逐渐增强的水汽积聚以及不断增大的水汽向上输送为持久性暴雨提供了充沛的水汽供应。

2 导致特大暴雨区水汽异常丰沛的重要动力过程

2.1 低空偏南气流持续增大及其在水汽输送和强烈积聚中的作用

如前所述，850 hPa 上有一条“纵贯南北”的偏南风水汽输送带。由于摩擦的作用，偏南风在北进的过程中会减弱。因此，必然存在一种动力过程来实现水汽的长距离输送。分析表明，这个动力过程就是偏南风的持续增大。

20 日 08 时，水汽输送带上的偏南风速为 8～10 m/s，紧邻北京的河北中部仅 2～6 m/s（图 2a）。此时，水汽主要依靠西南季风向北输送，水汽通量最大值只有 10～15 g/s，北京及河北中部不足 5 g/s（图略）。21 日 08 时，偏南风明显加强，其中河北南部、河南到湖北的风速增大至 8～14 m/s，形成低空急流（图 2b）。偏南气流的增强加大了向华北地区的水汽输送，水汽通量中心值达到 15～20 g/s（图 3a）。尤其值得注意的是此时由台风“韦特森”北侧东南风输送的南海水汽也汇入西南季风中。到 14 时，低空急流继续增强至 14～16 m/s，而且急流核向东北移动到河北中南部（图 2c）。伴随着低空急流增强，水汽通量中心也进一步增大至 20～25 g/s 并随着急流核向东北方向移动靠近北京（图 3c），北京处在水汽通量中心下游方的辐合区内。因此，偏南风增速形成了低空急流而且急流核向东北方向移动不仅有利于水汽的长距离输送到北京地区，而且同时也造成了水汽在北京上空的强烈辐合。

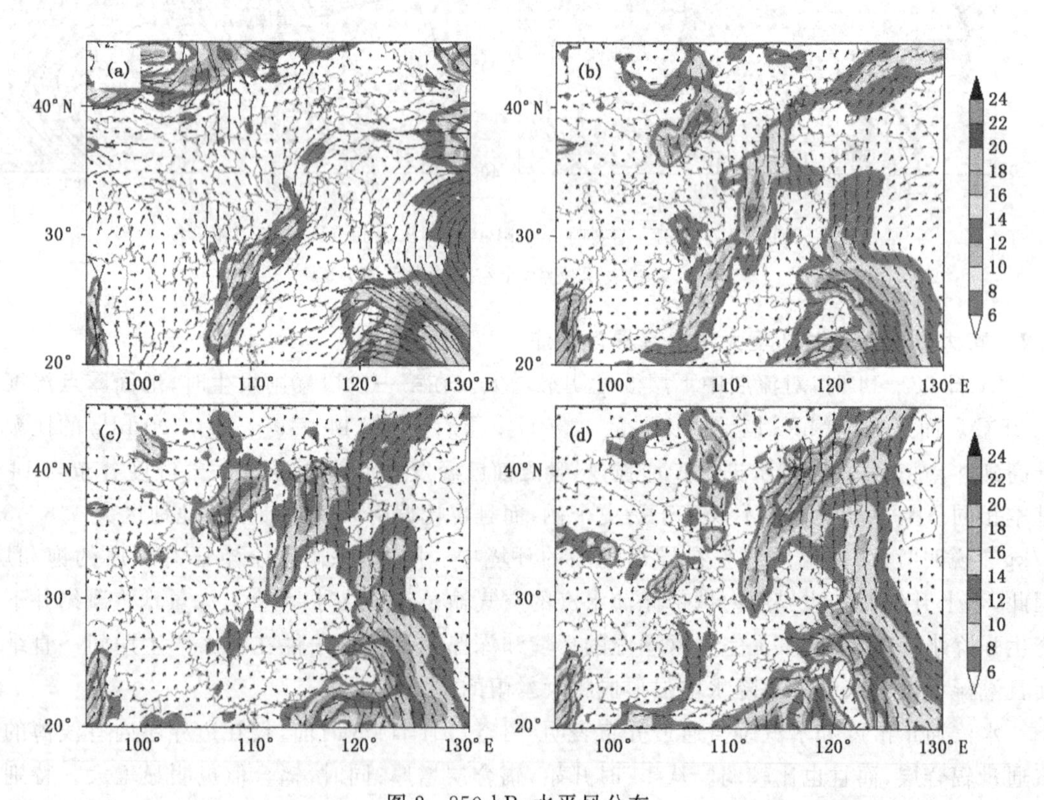

图 2 850 hPa 水平风分布

（a. 20 日 08 时，b. 21 日 08 时，c. 21 日 14 时，d. 21 日 20 时；填色为风速，单位：m/s）

上述偏南气流持续增强是台风“韦森特”、大陆上的低压带以及西太平洋副热带高压共同作用的结果。低层偏南气流最初来自西南季风，而台风“韦森特”位于菲律宾以西的南海海面上，它与副高之间的东南风风速较小(图 2)。21 日 08 时，“韦森特”已经越过菲律宾向中国东南沿海靠近，台风的外围气流深入内陆并与西南季风汇合，在交汇点的北面形成了低空急流。此后，台风继续向西北方向移动，而且由于台风低压发展加强，它与副高之间的东南风也明显加大。14 时，这支较强的东南风与西南季风的汇合点向西北移动到安徽与湖北交界处，低空急流核的风速进一步增大。

与此同时，图 1b 中低压带的北端发展、东移，位势高度降低了 2 dagpm，并在 110°E 以东、38.5°N 形成了中心为 142 dagpm 的低涡，而海上副高则稳定维持，由此造成低压带北端低涡东侧和副高之间的东西向气压梯度由 08 时的(8～10)×10^{-5} dagpm/m 增加到(10～12)×10^{-5} dagpm/m(图 4)。而且，14 时梯度的大值中心与该时次急流核有较好的对应关系，这是地转偏向力作用的结果。计算得到此时的地转风速为 11～13 m/s，与实测风比较接近。因此，低空急流核的北移显然与水汽通道北端的东西向位势高度梯度增强有密切关系。

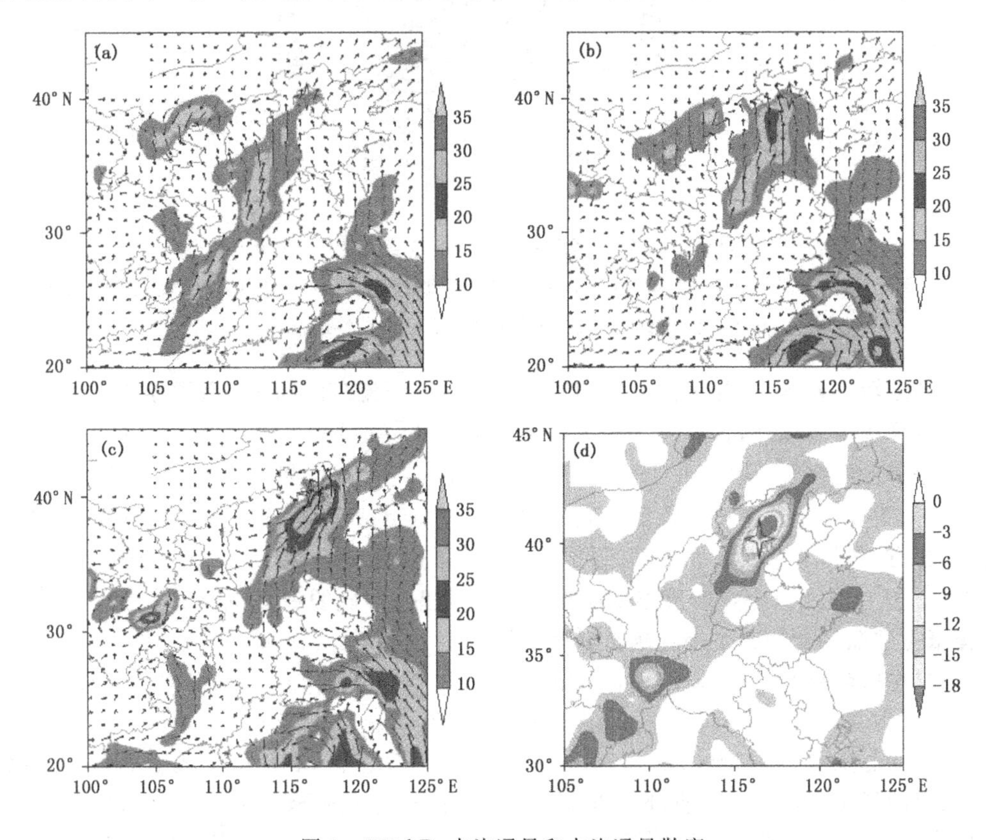

图 3　850 hPa 水汽通量和水汽通量散度

(a. 21 日 08 时水汽通量矢量和大小，b. 21 日 14 时水汽通量矢量和大小，c. 21 日 20 时水汽通量矢量和大小，d. 21 日 20 时水汽通量散度；水汽通量单位：g/s，水汽通量散度单位：10^{-5} g/(hPa·m^2·s)

14—20 时，低空急流进一步加强至 22～24 m·s^{-1} 并继续向东北方向移动，北京位于急流核左侧(图 2d)。“韦森特”西部的偏北气流切断了西南季风向北输送的通道，急流与西南季风之间的联系减弱。但是，“韦森特”缓慢北移、台风环流与副高间的东南风汇入偏南急流的特征不仅没有改变，而且有所增强。与此同时，低压带北端的低涡东移到北京上空，副高则相当稳定，从而导致在低涡东面出现了大于 12 dagpm/m 的梯度中心。计算表明，此时低空急流出现

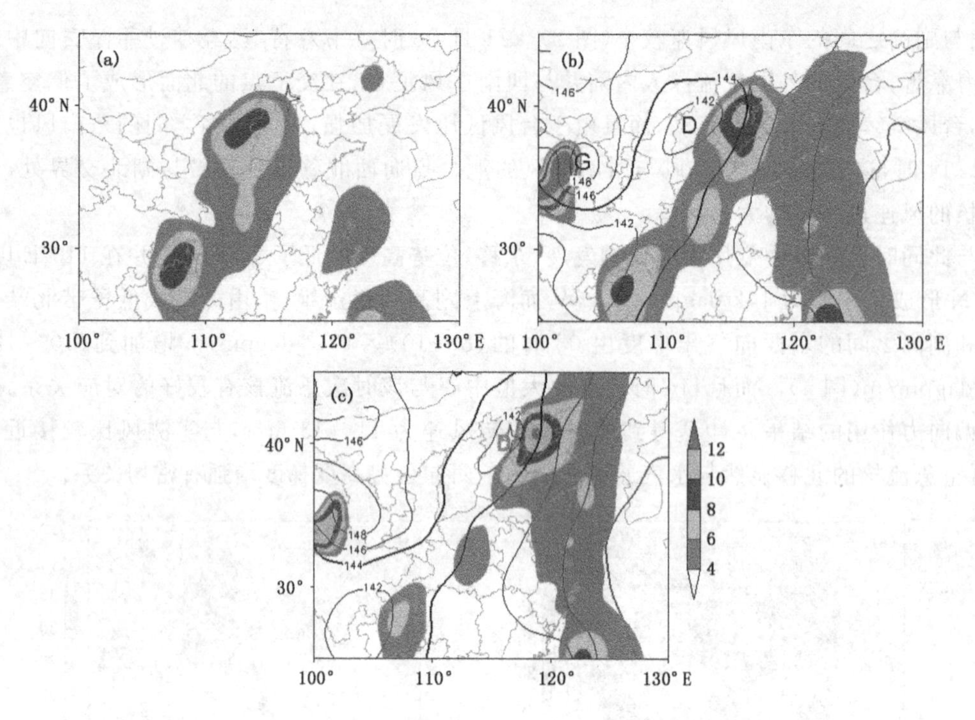

图 4　850 hPa 位势高度和东西方向位势高度梯度(填色)

(a. 21 日 08 时位势高度梯度, b. 21 日 14 时位势高度和梯度, c. 21 日 20 时位势高度和梯度)

(正值表示梯度方向自东指向西，单位：10^{-5} dagpm/m)

了强烈的超地转。显然，它与缓慢北移的“韦森特”台风环流东侧偏南气流增强有关。所以，此时除了高度梯度增大以外，台风外围气流对于偏南风增大的贡献也显得更为重要。

上述分析已经表明，从 21 日 20 时开始，南海成为特大暴雨第二阶段降水的主要水汽源地。此外，从图 3c 可知，伴随着低空急流的增强，水汽通量也增大至 25～35 $g \cdot s^{-1}$。在这个中心的下游方(包括北京及河北北部)形成了强的水汽通量辐合区，北京就位于辐合中心区域中(图 3d)。这就是北京上空对流层低层强烈的水汽辐合形成的重要原因。

2.2　高低空强烈耦合加大了水汽辐合及垂直输送

从水平散度的分布可知(图略)，在 850 hPa 层面上，21 日 08 时从内蒙古中部经山西和陕西到四川北部有一个东北—西南走向的辐合带，辐合中心的强度为 $-10\times10^{-5}s^{-1}$。在位于辐合带北端的中心上空，200 hPa 是一个 $40\times10^{-5}s^{-1}$ 的强辐散区，高低空形成了耦合。14 时，随着低空急流的形成，在急流核前部即北京的西南面辐合加强，辐合中心值达到 $-20\times10^{-5}s^{-1}$。与此同时，高层的辐散也有所增强，最大值为 $45\times10^{-5}s^{-1}$，耦合进一步增强。到 20 时，辐合中心值增大至 $-35\times10^{-5}s^{-1}$，并东移北上到北京上空。200 hPa 辐散仍然保持在 $35\times10^{-5}s^{-1}$，高低空耦合达到最强。尤其值得注意的是高低层的散度均达到 $10^{-4}s^{-1}$ 量级，这是极为罕见的。它不仅表明高低层耦合强烈的程度，而且这也是这次暴雨过程极为重要的特征。高低空强烈耦合有利于加强水汽在水平方向上的聚积和垂直输送，是导致北京上空大气异常潮湿，湿层深厚的另一个动力过程。

3　结论

2012 年 7 月 21 日北京出现了历史罕见的特大暴雨过程，分析了导致特大暴雨区内水汽异常丰沛的天气尺度动力过程，得到以下结论：

(1)“7・21”特大暴雨发生在异常潮湿并且具有深厚的湿层和饱和层的环境中。地面的露点温度最大值达到25℃，边界层内的比湿为14～19 g/kg，而且500 hPa也达到了6 g/kg，远高于历史个例。而且，上述湿度分布长时间维持，为特大暴雨形成提供了必要的水汽条件；

(2)异常充沛的水汽来自于南海和孟加拉湾。水汽之所以能够如此远距离地从低纬度海面到达处于中纬度的北京地区，主要由于输送水汽的、南北贯通的偏南风速持续增大，从而克服了摩擦的影响。同时，低空急流核逐渐靠近北京并产生不断增强的水汽通量辐合、高空辐散与低空辐合的强烈耦合是导致强降水得以维持的重要动力过程；

(3)水汽通道的建立决定于从河套到四川的低压带、稳定的副高以及南海台风“韦森特”之间的配合。低压带北端低涡发展并东移导致它与副高之间气压梯度增大、“韦森特”逐渐靠近东南沿海后其外围环流对输送水汽的偏南风影响不断增强是低层南风增大的重要动力因子；

(4)对流层低层多个天气系统共存构成了“7・21”特大暴雨过程环流背景的重要特点，而且这些天气系统的发展演变就形成了上述特有的天气－动力过程。由此可见，西南季风、南海台风“韦森特”、中国大陆上近南北走向的低压带、西太平洋副热带高压是构成这次天气尺度动力过程的重要成员。

三例短历时强降雨的低层流场辐合特征

刘娟[1]　马玲[2]　王楠[1]　张庆奎[1]

(1.安徽省阜阳市气象局,阜阳 236001;2.安徽省蚌埠市气象局,蚌埠 233040)

摘　要

利用地面中尺度加密观测、多普勒天气雷达和TREC风场等资料,分析了淮河流域三例短历时强降雨过程,重点研究了低层中尺度辐合流场,认为这是强降雨的直接影响系统;分析了中、小尺度天气系统赖以生成维持的大尺度环境场。结果表明,2010年9月6—7日强降雨时雷达径向速度场存在长生命史的γ中尺度气旋;2011年8月26—27日强降雨时加密地面中尺度风场持久地存在β中尺度气旋;2012年8月26—27日强降雨时TREC风场多次出现γ中尺度切变线。三例短历时强降雨均发生在有利于降暴雨的天气尺度环流背景下,2010年9月6—7日过程为低涡暴雨,另外两例均为稳定经向型暴雨;三场暴雨发生时低纬度地区都存在台风。研究得出低层中尺度辐合流场是此类强降雨强度和落区预报的着眼点。

关键词:短历时强降雨　低层中尺度辐合流场　β中尺度气旋　γ中尺度气旋　TREC风场　切变线

引言

近年来,在淮河流域汛期的后期往往出现暴雨,在安徽省境内,2009年9月24宿州市出现大暴雨;2010年9月6—7日阜阳市和亳州市出现特大暴雨;2011年8月26—27日蚌埠市出现特大暴雨;2012年8月26—27日阜阳市出现特大暴雨。这些暴雨都由短历时强降雨(指每小时降雨量不小于20 mm)构成,降雨强度极端,特大暴雨范围小、局地性强,因此预报难度大。暴雨是多尺度天气系统相互作用的产物,大多数情况下中尺度天气系统是直接影响系统,而大尺度天气系统又制约着中尺度天气系统的发生、发展。对于淮河流域暴雨的预报实践和科学研究表明,淮河流域主汛期主要集中在6月下旬到7月上旬,主汛期中暴雨的大尺度环流背景多数为稳定纬向型,中低层为东西走向、南北摆动的切变线,形成的雨带也为东西向分布,中尺度天气系统可能表现为中尺度的切变线、辐合线、低涡、低压、气旋等。预报员对这种纬向型暴雨天气形势都有深入的了解,因而会高度重视和运用,相对而言,对其他类型暴雨的认识可能不及这种程度。本文分析的这三例都是经向型暴雨。本文综合分析MICAPS资料、安徽省加密地面自动站网资料、多普勒雷达资料以及SWAN提供的TREC风场等资料,找出β中尺度、γ中尺度系统的发生、发展和降水的关系,同时也分析为中、小尺度系统的生成维持提供有利环境的天气尺度环流背景。旨在通过总结加深对此类暴雨的认识,明确预报着眼点,提高预报准确率。

1　三例特大暴雨的短历时强降雨实况

1.1　2010 年 9 月 6—7 日过程

2010 年 9 月 6—7 日过程的主要降雨时段发生在 6 日 14 时到 7 日 14 时，有 11 个国家气象站达到暴雨(图 1 略)；特大暴雨集中发生在阜阳市和亳州市，这 24 h 降雨量太和县 257 mm，达到特大暴雨，破了历史同期纪录；另有 5 个县达到大暴雨：界首县 187 mm、涡阳县 157 mm、临泉县 128.4 mm、亳州市 126 mm、濉溪县 103 mm。从气候来说，9 月上旬皖西北地区出现这样的特大暴雨比较少见。

1.2　2011 年 8 月 26—27 日过程

2011 年 8 月 26—27 日过程的主要降雨时段在 26 日 12 时到 27 日 12 时，有 6 个国家气象站达到暴雨(图 2a 略)；特大暴雨集中发生在蚌埠市怀远县境内，暴雨中心在怀远县燕集，这 24 h 里达到 423.7 mm，周围大于 250 mm 的有 14 个乡镇；燕集短历时强降雨持续 7 h 之后，又出现连续 2 h 降雨量大于 50 mm。

1.3　2012 年 8 月 26—27 日过程

2012 年 8 月 26—27 日阜阳暴雨的主要降雨时段在 26 日 08 时到 27 日 14 时。安徽境内过程雨量 100 mm 以上的有 15 个站点。其中 26 日 08 时到 27 日 08 时有 1 个国家气象站达到大暴雨、另有 4 个国家站达到暴雨；最大降雨在阜南县王店孜(258 mm)，其中短历时强降雨持续 4 h，累积雨量 210 mm；26 日 13—15 时发展最为强盛，多次出现 90 mm/h 左右的雨强(图 3 略)。

2　短历时强降雨的中尺度影响系统

如上所述，特大暴雨仅仅出现在如此小的范围之内，在大尺度环流背景相同的广大区域里，特大暴雨区究竟有何独特之处？为此，首先考量中尺度影响系统，即短历时强降雨的直接影响系统。

2.1　2010 年 9 月 6—7 日短时强降雨和长生命史的 γ 中尺度气旋

雷达回波分析表明，2010 年 9 月 6 日 20 时前后太和县赵庙一带的短时强降雨由移动缓慢的强降雨超级单体形成。该超级单体有长生命史的 γ 中尺度气旋相伴随，径向速度场上存在清晰的速度对。图 4 给出阜阳雷达组合反射率因子和中气旋产品叠加图，和 U9 风暴单体相联系的中气旋被包裹在强降雨回波之中，从 19 时 54 分一直持续到 20 时 54 分，长达 10 个体扫，中气旋达到中等强度。

2.2　2011 年 8 月 26—27 日短时强降雨和持久的 β 中尺度气旋

2.2.1　地面风场的 β 中尺度气旋

2011 年 8 月 26—27 日短时强降雨和持久存在的地面 β 中尺度气旋相联系。追踪每 10 min 间隔的地面中尺度风场演变可知，特大暴雨恰好发生在 50 km×50 km 尺度的地面 β 中尺度气旋中。地面 β 中气旋于 26 日 22 时 30 分初生，到 27 日 07 时涡旋解体演变为西北—东南走向的切变线，期间最大风速达到 8 m/s。在长达近 10 h 的生命周期里，该中尺度气旋一直保持着停滞状态。β 中尺度气旋提供了强而持久的辐合上升运动，使这里成为对流单体的发生源；并且使强回波中心合并；这是产生特大暴雨的直接原因。最强降水出现在涡旋稍偏北的地方，这是由于对流单体受高空风引导向北缓慢移动。

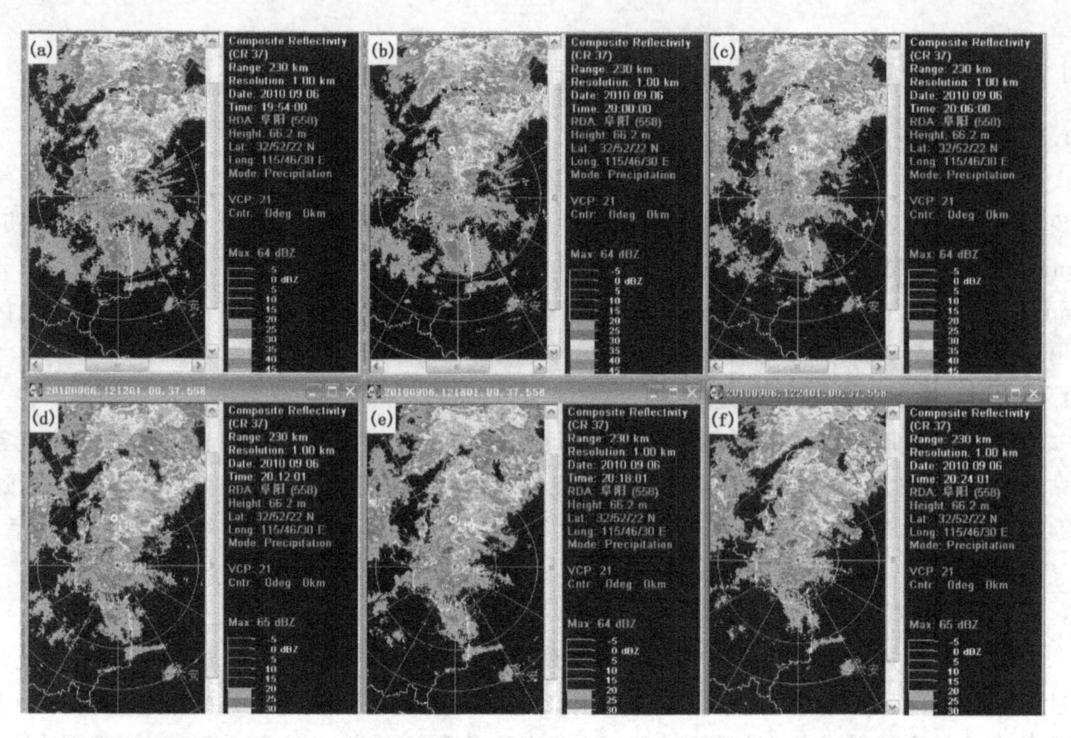

图 4　阜阳雷达 2010 年 9 月 6 日 19 时 54 分—20 时 24 分(a—f)组合反射率因子和中气旋

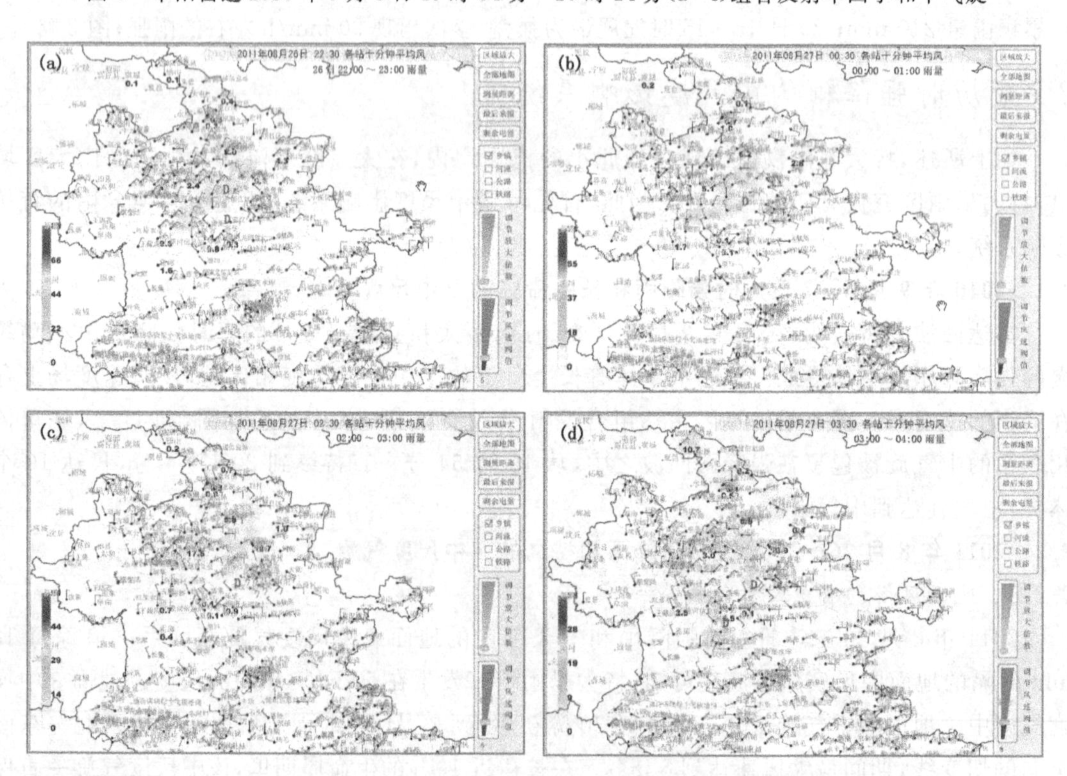

图 5　地面中尺度风场和小时雨量叠加图

(a. 26 日 22 时 30 分风场和 22—23 时雨量，b. 27 日 00 时 30 分风场和 00—01 时雨量，c. 27 日 02 时 30 分风场和 02—03 时雨量，d. 27 日 03 时 30 分风场和 03—04 时雨量)

2.2.2 径向速度场的γ中尺度气旋

恰在β中气旋加强之时，径向速度场开始出现γ中尺度气旋。从01时06分到01时28分，雷达持续5个体扫给出中气旋，为弱中气旋，被包裹在强降水之中。距离最近的鲍集雨量站27日01—02时降雨52.9 mm，02—03时降雨54.5 mm。

2.3 2012年8月26—27日短时强降雨和TREC风场γ中尺度切变线

2012年8月26日13—15时是该过程短时强降雨最强盛阶段，这段时间里SWAN提供的TREC风场上多次出现γ中尺度的切变线或辐合线(图6)。TREC风场由提取雷达回波强度场信息、采用交叉相关算法推演得到，TREC风指示出小区域回波的移动方向和大小，并不表示降水区内的流场。如果TREC风场上的切变线同时也是辐合线，那么两侧的回波就趋于靠近或者合并，一般地，回波合并时系统加强，降雨增强。从雷达图像动画显示和风暴追踪信息都可见，在TREC风γ中尺度切变线附近的风暴单体移动方向确实是汇合的(图略)，预示着未来回波将合并和加强，并随引导气流向东东北移动，影响到阜南县境内。从图6来看，强降雨中心位于γ中尺度暖式切变线的下游附近，有较好的位置对应关系。分析中同时也注意到，TREC风γ中尺度切变线缺乏连续性。

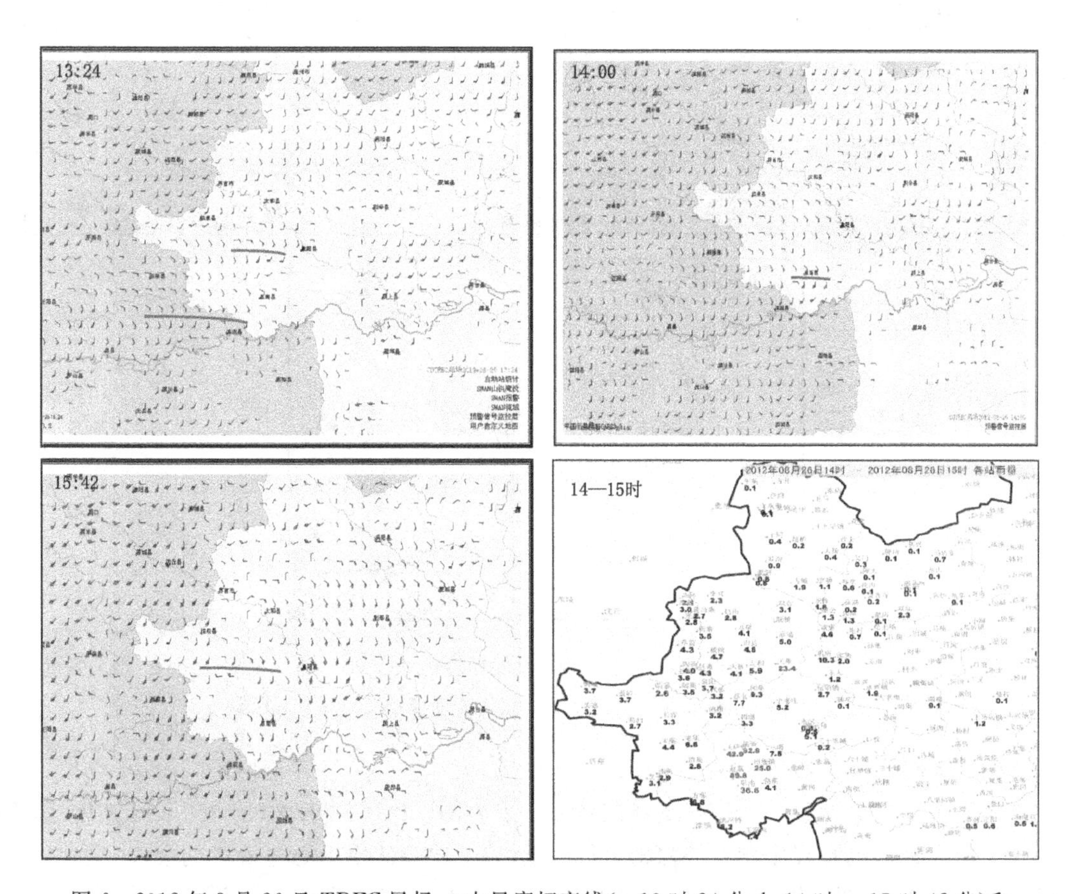

图6 2012年8月26日TREC风场、γ中尺度切变线(a.13时24分，b.14时，c.15时42分)和对应时段降雨量(d.14—15时降水)

3　中尺度系统赖以生成、维持的大尺度环境场特征

3.1　2010 年 9 月 6—7 日过程

参见图 7a，暴雨发生在 500 hPa 高空槽前，700 和 850 hPa 都存在低涡、切变线和低空急流。阜阳位于 584 dagpm 线附近、700 hPa 低涡—切变线以南、850 hPa 低涡—切变线刚好位于阜阳上空。由于有低空急流，风暴相对螺旋度较大。200 hPa 存在高空急流。这些天气系统的配置有利于低层辐合、高层辐散，为暴雨提供了强而持久的上升运动，同时也为中小尺度天气系统生成、发展提供了有利的大尺度环境背景。低纬度地区，2010 年 9 月 6 日第 9 号台风“玛瑙”位于杭州以东 700 km 的洋面，为强热带风暴。之前两天它在浙江省以东洋面缓慢北上过程中，给华东地区带来丰沛的水汽，暴雨发生前阜阳就位于 850 hPa $T-T_d$ 小于 2℃的显著湿区。

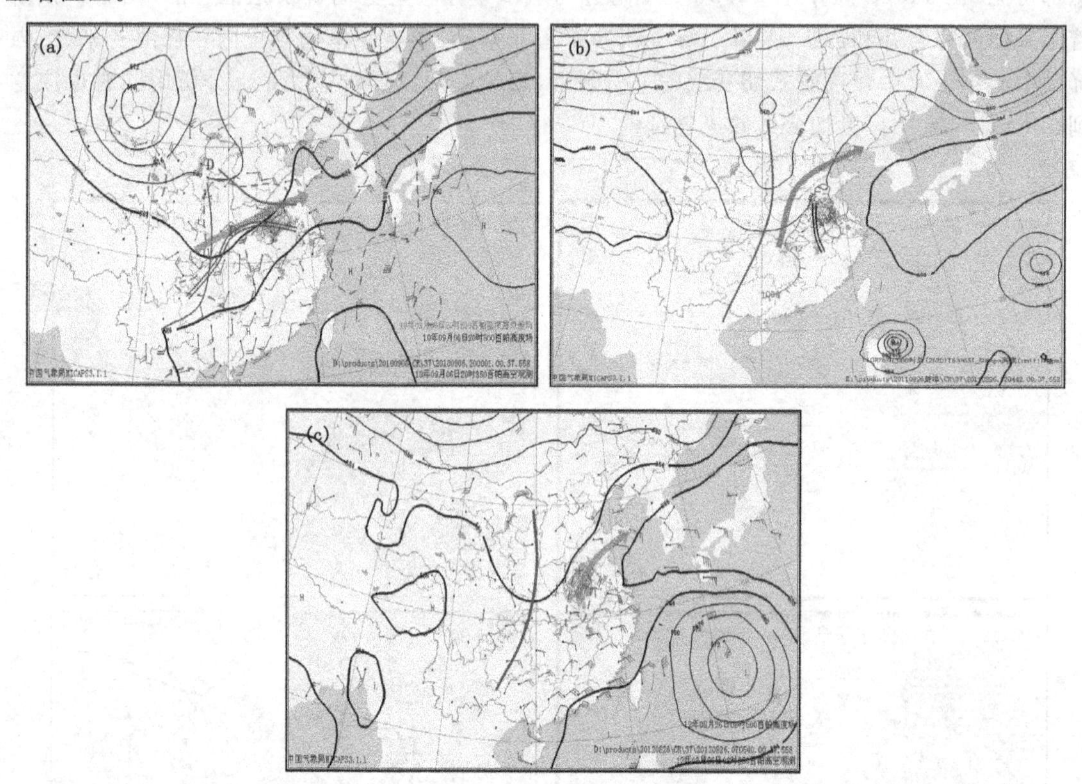

图 7　三个过程的大尺度环境场综合图

(a. 2010 年 9 月 6—7 日过程，b. 2011 年 8 月 26—27 日过程，c. 2012 年 8 月 26—27 日过程)

3.2　2011 年 8 月 26—27 日过程

这场暴雨是在非常稳定的经向型环流背景下发生的。8 月 26 日 20 时 500 hPa 高度场(图 7b)上，从河套地区到长江中游有一深槽，经向度大，－12℃的冷中心与低槽配合，华东地区均受槽前西南偏南气流影响。副热带高压(副高)呈块状且位置偏东偏北。分析 8 月 26—30 日 500 hPa 高度平均场可知环流型相当稳定，低槽、副高都稳定维持，位置少动。

850 hPa 上存在东风波倒槽，南北向的槽线(图 7b)位于安徽省西部附近，安徽省盛行偏东气流，如 2.2.1 节中所述的地面 β 中尺度气旋就发生在倒槽槽线附近。尽管 850 和 700 hPa

风速始终没有达到急流标准，但是跟踪地面中尺度观测和蚌埠雷达风廓线产品可知，在 1 km 以下气层维持着 8～10 m/s 的东南风。26 日 20 时 850 hPa 皖北地区处在比湿 12 g/kg 南北向湿舌中。低纬度有 2 个台风并存，其中最靠近中国的是第 11 号台风“南玛都”，26 日 20 时“南玛都”发展为超强台风。850 hPa 倒槽主要是这个台风形成的。

3.3 2012 年 8 月 26—27 日过程

此过程仍属于经向型暴雨。2012 年 8 月 26 日 08 时 500 hPa 槽线从河套地区南伸到较低纬度（图 7c），南北走向的暴雨区位于槽前。26 日 2012 年第 14 号台风“天秤”接近广东省以南洋面，为台风等级。同时 2012 年第 15 号台风“布拉万”位于台湾以东洋面，为超强台风，暴雨区低层偏东气流主要来自布拉万的外围环流。26 日 08 时阜阳位于 850 hPa 显著湿区，$T-T_d$ 小于 1℃（图 7c），400 hPa 以下 $T-T_d$ 都小于 3℃，为深厚湿层；全过程 850 和 700 hPa 均未达到低空急流。700 hPa 26 日 20 时在阜阳西部附近形成低涡（图略），850 和 925 hPa 也均为气旋性流场，因此，低层辐合上升运动增强。700 hPa 低涡可能影响到 TREC 风场上 γ 中尺度切变线的形成、风暴单体的合并。

4 结论

4.1 低层中尺度辐合流场是短时强降雨的直接影响系统

由以上分析可知，2010 年 9 月 6—7 日强降雨时雷达径向速度场存在长生命史的 γ 中尺度气旋；2011 年 8 月 26—27 日强降雨时，加密地面中尺度风场持久地存在 β 中尺度气旋，同时也存在 γ 中尺度气旋；2012 年 8 月 26—27 日强降雨时，TREC 风场多次出现 γ 中尺度切变线，这些低层中尺度辐合流场是短时强降雨的直接影响系统。这种流场使得降雨回波系统高度组织化，或者形成伴随 γ 中尺度气旋的强降雨超级单体，或者使回波合并增强。预报工作中应充分利用加密的地面中尺度观测网、雷达径向速度场、TREC 风场等观测手段，尽可能捕捉到 β 和 γ 中尺度的天气系统，追踪其演变和移动，据此判断和预报短时强降雨的强度和落区，作出精细化的预警服务。

4.2 稳定经向型是淮河流域中游地区暴雨的主要天气形势之一

这三例暴雨均为稳定经向型暴雨，说明稳定经向型也是淮河流域中游地区暴雨的主要天气形势之一。经向度很大的高空槽槽前更有利于暖湿空气向北输送，同时槽后也更有利于冷空气南下，南北交换加剧。稳定经向型往往与低层南北向倒槽切变相配合，形成的暴雨区也为南北向分布。

4.3 台风背景下无低空急流的暴雨

在这三例暴雨中，只有 2010 年 9 月 6—7 日一例出现了低空急流。当急流存在时，水平风的垂直切变增大，风暴螺旋度就增大，风暴具有较强的旋转潜势，径向速度场上容易出现 γ 中尺度气旋，形成强降雨超级单体；当急流不存在时，可能出现弱的 γ 中尺度气旋或者没有 γ 中尺度气旋。

当低纬度地区有台风时，即使 700 和 850 hPa 风速达不到急流，低层湿度条件仍然能够满足短时强降雨的发生，这时 850 hPa 以下气层中 8～10 m/s 的偏东气流对增湿和增加层结不稳定起到重要作用。

2012年苏中出梅期大暴雨过程的综合分析

卢秋澄　郁健　彭小燕　凌和稳

（江苏省海安县气象局，海安 226600）

摘　要

利用物理量场、卫星云图资料以及华东地面加密观测资料等，对2012年苏中地区出梅阶段的一次大暴雨过程进行综合分析。分析表明，此次大暴雨是典型的梅雨锋暴雨，(1) 切变低涡、静止锋是本次暴雨的主要影响系统，(2)强劲的低空急流保证了水汽来源，(3) 不稳定层结和中低层强烈的辐合上升运动，为大暴雨的产生提供了动力条件，(4)T639数值预报分析、卫星云图和地面风场的演变，为短时强降水预报提供了有效依据。

关键词：大暴雨　环流特征　物理量场　综合分析

引言

2012年江淮地区6月26日入梅，7月18日出梅。而海安的梅雨降水到14日20时已经结束了。梅雨总量351.6 mm，比常年同期偏多61%。7月13—14日苏中地区连续2 d出现了暴雨天气，13日全省1188个中尺度观测站降水量超过50 mm的站点有129个，海安县21个站点中有5个站点降雨量超过50 mm(图1a)，14日江苏省超过50 mm的站点有239个，海安所有站点降雨量都超过50 mm，8个站点超过100 mm(图1b上色标为玫红较大的区域)，南莫镇雨量达170.3 mm，部分低洼的农田出现明显的积水。

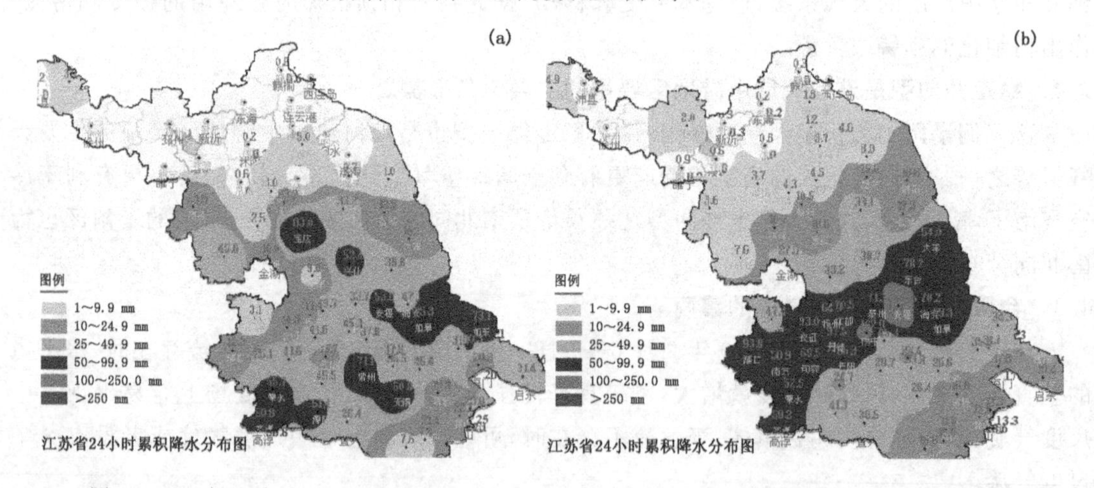

图1　2012年7月12日20时—13日20时(a)、7月13日20时—14日20时(b)24 h降水量

表 1　2012 年 7 月 12—14 日苏中主要站点降水实况(单位:mm)

站点	东台	兴化	宝应	盱眙	海安	姜堰	泰州	江都	如东	如皋	扬中
12 日	0.4	0.2	8.2	16.4	14.8	6.0	9.5	15.5	1.6		
13 日	38.8	52.4	83.0	45.6	47.3	53.8	33.7	29.7	73.1	75.3	45.3
14 日	78.2	38.7	18.8	7.6	70.2	182.5	71.3	70.5	34.3	90.1	102.9

出梅阶段连续 2 d 出现暴雨到大暴雨，在海安历史上比较罕见(表 1)。本文将对 2012 年 7 月 13—14 日大暴雨过程的天气形势、物理量场、地面风场和卫星云图资料作诊断分析，试图从中得到一些启示，为今后的预报提供一些经验和依据，提高梅雨暴雨预报水平。

1　环流背景形势特征

本次过程 500 hPa 平均高度场上欧亚中高纬度地区为典型的两脊一槽形势(图略)，巴尔喀什湖以西的乌山附近有一强度较强的高压脊，俄罗斯东部鄂霍茨克海北部地区也有一个高压维持，贝加尔湖与巴尔喀什湖之间为宽广的低压带。

东亚中纬度地区为一脊一槽形势，河套以西为高压脊控制，低压中心在伯力附近，低槽一直伸到长江中游地区，槽后有明显的冷平流，不断有分裂小槽南下影响苏中地区(表 2)。副热带高压(副高)呈带状分布，副高脊线在 22—24°N，暴雨前苏中地区处于槽前副高西北侧的西南暖湿气流里，暴雨过程即为高空槽东移过境过程。

表 2　2012 年 7 月 11—14 日 500 hPa 射阳.南京温度 (单位:℃)

日时	11 日 20 时	12 日 08 时	12 日 20 时	13 日 08 时	13 日 20 时	14 日 08 时	14 日 20 时
射阳	−1	−4	−4	−2	−5	−3	−4
南京	−1	−3	−2	−3	−2	−7	−3

中低层 700 和 850 hPa(图略)，在长江中游到江淮南部地区维持一条东北偏东—西南偏西走向的切变线，850 hPa 恩施附近有一低涡发展东移。

地面上与中低空相对应的静止锋，12 日位于长江中下游，13 日已东伸北抬至南通地区中部。锋面气旋在安庆附近，14 日先后移经合肥、南京、海安。14 日 20 时，随着中低空切变南压减弱，地面气旋东移入海，连续 2 d 的强降水过程结束。15 日起受槽后高压脊控制，18 日副高北跳，苏中地区转为副高控制，天气晴热。

本次大暴雨过程是比较典型的梅雨锋暴雨过程 。但大多数年份梅雨出梅阶段降水仅为大雨，连续 2 d 出现暴雨、大暴雨的比较罕见，而且暴雨遍及整个苏中地区。

2　低空急流的作用

低空急流是一种动量、热量和水汽的高度集中带。大部分情况下暴雨的产生与低空急流有关，据统计，在江淮梅汛期，79％的低空急流伴有暴雨，反之 83％的暴雨伴有低空急流[1]。

暴雨过程开始前，中低空 700 和 850 hPa 上均已形成了西南急流。在 700 hPa 上，从湖南西部至南京、上海的西南急流，13 日风速≥14 m/s，到 14 日增强为≥16 m/s。同样，850 hPa 12 日 08 时，自广西北部经湖南到安庆有≥16 m/s 的西南急流，20 时急流伸至南京，苏中地区正好处于急流顶端。到 14 日 08 时，南京西南风速更增大到 22 m/s，而切变北侧的射阳为东北风 8 m/s，苏中地区出现了非常强烈的风向、风速辐合 。

3 物理量场分析

3.1 水汽条件分析

水汽是形成暴雨的最基本条件之一。在 700 hPa 图上，13 日 20 时、14 日 08 时海安附近的相对湿度都在 90%以上(图略)，通常当湿层厚度从地面向上达到 700 hPa 时，就有利于暴雨区的水汽集中，导致暴雨的发生[2]。

通过对水汽通量的分析，我们发现 12—14 日 850—500 hPa，与西南急气流相对应，有一条水汽通量大值轴线 。

700 hPa 水汽通量图上(图略)，在出现大暴雨的 13 日 20 时到 14 日 08 时，水汽通量轴线逐渐北抬，苏中地区出现暴雨的站点越来越多。再看水汽通量散度图，12 日 20 时长江下游为大片水汽辐合区，12 日夜间苏中地区出现了多点强对流降水，大多达到暴雨量级。13 日 08 时上空转为辐散，降水亦转小，13 日 20 时到 14 日 08 时，水汽通量散度再次转为辐合，降水量又一次增大。

3.2 大暴雨的动力条件分析

3.2.1 涡度场分析

通过对涡度场的分析，我们发现 12—14 日 850 hPa 从辽东半岛到长江中游地区，维持着一条东北—西南向的宽广正涡度带，苏中地区处于正涡度轴线附近。在大暴雨发生前，14 日 08 时(图 2d)，$50\times10^{-5}s^{-1}$正涡度中心已移到苏中地区上空。而在 200 hPa 高空(图略)，恰好存在着一条东北—西南向的负涡度带。这种低层强辐合，高层强辐散的配置，加剧了对流的发展，在此背景条件下，大暴雨的发生就顺理成章了。

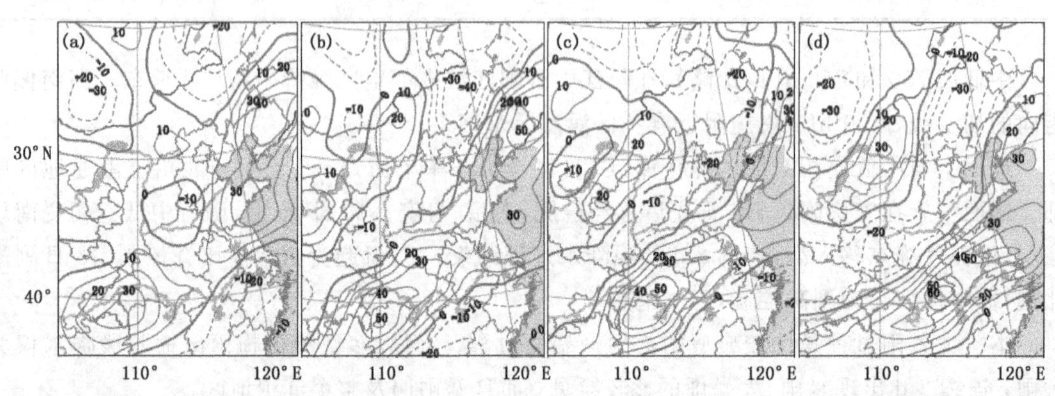

图 2　7 月 12 日 20 时(a)、13 日 08 时(b)、13 日 20 时(c)、14 日 08 时(d)850 hPa 涡度 (单位:$10^{-5}s^{-1}$)

3.2.2 散度场分析

从大暴雨产生前的 12 日 20 时到 14 日 08 时，850～500 hPa 苏中地区为辐合上升区，尤其在两段强降水产生前的 12 日 20 时 700 hPa 散度场(图略)，辐合中心在苏鲁交界处，中心值为$-20\times10^{-6}s^{-1}$，14 日 08 时，辐合中心下移到了海安上空。而在 200 hPa 的高空却是较强的辐散区，中低层辐合高层辐散，非常有利于上升运动的发展。

3.2.3 垂直速度分析

分析12日20时到14日08时500～850 hPa三个层次的垂直速度场，发现苏中地区均处于上升运动区，14日08时850 hPa(图3a)中心值为-30×10^{-3} hPa/s，而500 hPa(图3b)中心值达到-70×10^{-3} hPa/s，随着高度上升数值越大，抽吸作用相当显著，足够的动力条件，非常有利于中尺度气旋进一步发展，从而产生强对流天气，加大雨强强度。

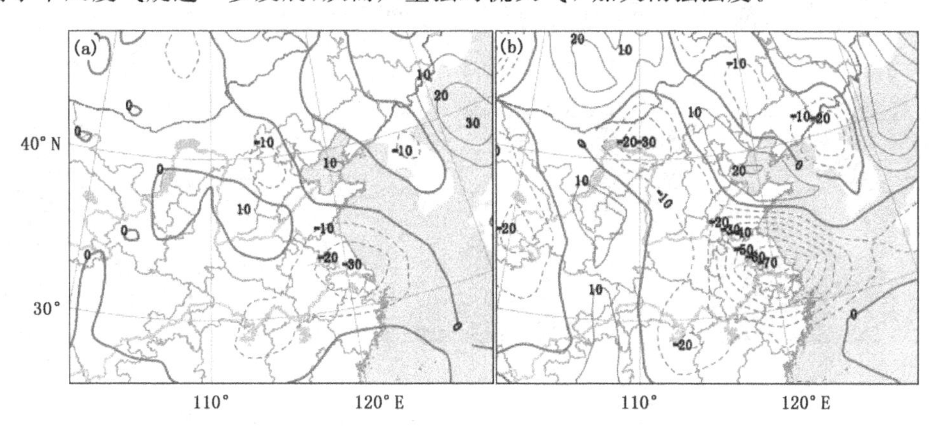

图3 7月14日08时850 hPa(a)垂直速度，7月14日08时500 hPa(b)垂直速度(单位：10^{-3} hPa/s)

3.3 T639数值预报θ_{se}分析

形成暴雨必须具有较大的不稳定能量。从T639预报的θ_{se}分析图(图略)发现850 hPa θ_{se}高能区占住了中国华东华南地区。苏中上空的θ_{se}高达340～350K。虽然500 hPa θ_{se}也有高能区从西南地区沿长江东伸，但苏中地区上空500 hPa θ_{se}明显比850 hPa偏小，层结存有潜在的位势不稳定，这就为强对流和强降水的产生创造了必要的条件。

表3 2012年7月12—14日苏中地区500～850 hPa θ_{se}实况(单位:K)

时间	12日08时		12日20时		13日08时		13日20时		14日08时	
	南京	射阳	南京	射阳	南京	射阳	南京	射阳	南京	射阳
500 hPa	336.3	330.7	350.9	344.5	348.2	334.9	349.5	340.8	336.6	346.8
700 hPa	341.2	328.7	348.6	333.0	333.3	326.6	341.1	338.8	343.5	342.9
850 hPa	354.8	350.2	354.8	349.3	349.3	342.7	348.2	348.2	345.6	339.6

计算能表征苏中地区的南京、射阳的θ_{se}(表3)发现自12日起$\theta_{se700-850}$均为负值，$\theta_{se500-850}$基本上也都是负值。而且从12日20时到13日20时的三层次θ_{se}，更呈现出底层暖湿、中层明显干冷、上层又偏湿的特征，大气层结明显为潜在的不稳定层结。

4 地面风场与中尺度云团发展的对比分析

分析华东地面自动站的10 min平均风场、卫星云图和两次强降水出现时段，发现地面风场与中小尺度气旋的发展及地面降水也有很好的对应关系，可以作为在短时临近降水预报中在卫星云图无法反映小尺度系统时的补充。

12日22时前后在靖江附近出现气旋性环流，与其相对应在卫星云图上有一强对流云团，向东北偏东方向移动影响苏中地区，普遍出现了雷雨暴雨。海安的降水也开始加大，13日

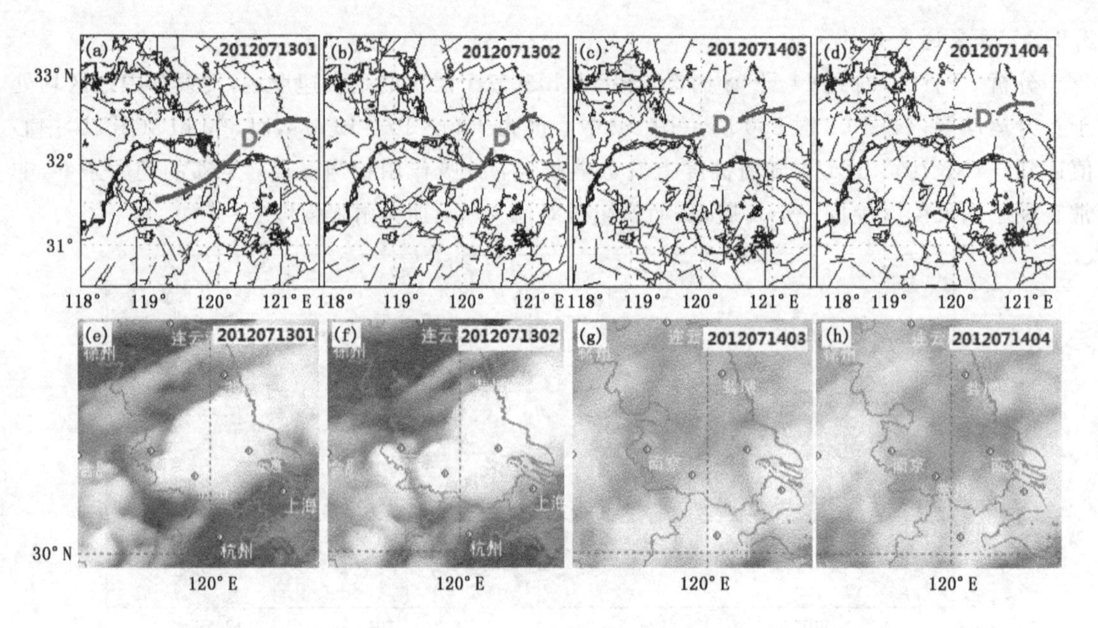

图 4　2012 年 7 月 13 日 01(a,e)、02 时(b,f)、14 日 03(c,g)、04 时(d,h)
地面风场(a—d)和 FY-2 卫星云图(e—h)

00—02 时(图 4a,b)中尺度气旋刚好移经海安,海安大部分地区 2 h 雨量在 30～40 mm。14 日凌晨,墩头雨量点测到 1 h 降水高达 53.9 mm、南莫雨量点 50.7 mm。中小尺度气旋的生成、发展和移动在地面风场上（图 4c,d)都能得到很好地反映。由于大量能量被释放,14 日白天苏中地区的降雨已转成典型的切变静止锋型梅雨降水,虽然地面风场也反映有小的波动,但云图上已是稳定性降水云系。

5　小结

通过以上分析得出此次大暴雨是典型的梅雨锋暴雨过程。

(1)欧亚中高纬度为两脊一槽形势,东亚中纬度一槽一脊，切变线、地面气旋是本次暴雨天气过程的主要影响系统 。

(2)低空急流作为水汽和能量的输送带,对本次大暴雨的产生、发展和维持起了重要作用,水汽通量散度的辐合，深厚的湿层有利于暴雨、大暴雨的发生 。

(3)物理量场的有利配置为大暴雨提供了良好的热力、动力和水汽条件,850 hPa θ_{se} 高能区以及 θ_{se} 随高度递减的潜在层结不稳定,是触发强对流的有利条件;涡度和散度场上,中低层较强的辐合，高层辐散的配置,非常有利于上升运动;抽吸型的垂直速度配置,为大暴雨的产生提供了动力条件 。

(4) 关注地面风场的演变,可以为中小尺度的强降水临近预报提供参考。

(5)遍及整个苏中地区的出梅阶段,连续 2 d 出现暴雨到大暴雨,历史上比较罕见。海安位于苏中地区中部，在 7 月 13—14 日苏中大暴雨过程中，海安站非常准确地预报了暴雨的出现与过程雨量的演变，服务良好。T639 数值预报产品中的物理量场较好地反映了此次暴雨过程的动、热力特征，我们应用了 T639 数值预报分析图，取得了满意的效果。

参考文献

[1] 朱乾根，林锦瑞，寿绍文等.天气学原理与方法.北京：气象出版社，2000：385-393.

[2] 曹晓岗，张吉，王慧等."080825"上海大暴雨综合分析.气象，2009，**35**(4)：52-58.

[3] 尹洁，叶成志，吴贤云等.2005年一次持续性梅雨锋暴雨的分析.气象，2006，**32**(3)：87-93.

[4] 尹东屏，曾明剑，吴海英等.2003年和2006年梅汛期暴雨的梅雨锋特征分析.气象，2010，**36**(6)：1-6.

[5] 郑媛媛，张小玲，朱红芳等.2007年7月8日特大暴雨过程的中尺度特征.气象，2009，**35**(2)：57-63.

[6] 尹洁，郑婧，张瑛等.一次梅雨锋特大暴雨过程分析及数值模型.气象，2011，**37**(7)：827-837.

[7] 丁一汇.1992年江淮流域持续性特大暴雨研究.北京：气象出版社.1993：5-240.

[8] 江苏省气象局课题组.江苏重要天气分析与预报(下).北京：气象出版社：30-35.

广西一次大范围暴雨 MCC 的综合分析

覃丽[1]　黄海洪[1]　吴启树[2]
(1.广西区气象台，南宁 530022；2.福州市气象台，福州 350011)

摘　要

利用 FY-2E 红外辐射亮温(TBB)资料、多普勒雷达资料以及 NCEP 再分析资料等对 2010 年 6 月 19—20 日广西一次大范围暴雨 MCC 进行了综合分析。结果表明，广西境内西段锋面南压时东段锋面在南岭长时间静止，是生命史较长、尺度较大的 MCC 形成的重要原因。卫星云图显示 MCC 由断裂的锋面云带南移靠近广西时变宽进而在广西北部强烈发展形成。物理量分析表明，广西北部处于副热带高压北部边缘，是 MCC 发生的有利区域，正、反次级环流的配合为 MCC 的形成和发展提供了强劲的上升运动条件。多普勒雷达资料反映 MCC 的前进方向右侧不断有中小尺度系统发生、发展，给所经之处带来短历时强降水，MCC 的左后部有 β 中尺度辐合系统长时间维持，产生持续性强降水。广西北部喇叭口地形有利于 MCC 的形成、发展。非地转湿 Q 矢量散度可为暴雨落区和降水中心的预报提供重要参考。

关键词：中尺度对流复合体(MCC)　TBB　暴雨　非地转湿 Q 矢量

引言

华南是中国 MCC 多发地区之一[1]，MCC 出现时常造成大范围的暴雨和洪涝灾害，“94·6”和“98·6”等华南地区特大洪涝都与直接产生暴雨的 MCC 在该地区不断衍生有密切关系[2—3]。但是目前对华南暴雨中尺度对流系统的大量研究中针对 MCC 的研究尚不多，因而有必要加强这方面的研究。

1　过程概况

统计广西全区自动站降水观测资料，2010 年 6 月 19 日 20 时(北京时，下同)—20 日 20 时，降水超过 200 mm 有 2 个乡镇观测站，100～199.9 mm 有 89 个乡镇观测站，50～99.9 mm 有 372 个乡镇观测站，25.0～49.9 mm 有 344 个乡镇观测站，10.0～24.9 mm 有 280 个乡镇观测站(图 1)；其中柳州市融水县永乐乡 221.4 mm，为全区最大过程雨量。这次过程暴雨主要集中在 19 日 20 时—20 日 08 时发生，主要分布在广西北部。强降水造成广西直接经济损失 12.9457 亿元，引发地质灾害死亡 1 人。

2　环流形势

2.1　高空形势

6 月 19 日 20 时，200 hPa 上广西高空位于副热带西风急流入口区的右侧，南亚高压中心位于高原南侧，广西北部刚好处于南亚高压东部脊线附近西北风与东北风的明显辐散区中。500 hPa 上欧亚中高纬度为两槽一脊的形势，在中国东部沿海有一较深的低槽，槽底伸至贵州

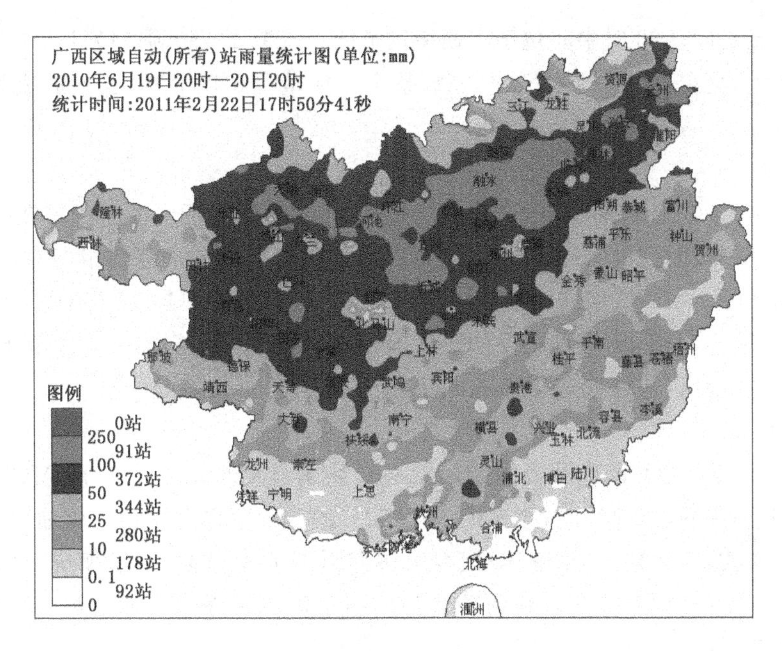

图1　2010年6月19日20时—20日20时自动站降水观测实况图(单位:mm)

南部;副热带高压脊线在20°N附近,西脊点位于95°E,广西北部处于副热带高压北部边缘。850 hPa上19日20时江西一带有低涡,切变线位于湖南南部至贵州与广西交界一带,在低涡和切变线南侧东部的西南气流明显大于西部,广西东部至江南南部有大于12 m/s的西南风低空急流。

20日08时,200 hPa上高空急流轴东移,南亚高压减弱。500 hPa上高空槽、850 hPa切变线东移南压过广西北部,广西东南部西南风加强,梧州站风速由11日20时12 m/s增大到16 m/s,但处于急流中心的后部,降水开始减弱。

2.2　地面形势

地面冷锋19日20时位于湘、黔、桂接壤一带,19日23时进入桂林、柳州、河池市北部一带;20日02—08时,锋面在广西移动速度明显不一致,东段锋面在南岭一带呈准静止状态;西段锋面继续南压,05时到达桂平、平果一带,08时到达横县、南宁一带。11时全区气压升高,锋面到达北部湾海面,广西强降水过程趋于结束。

以上分析表明,暴雨发生前,高空辐散和低层辐合的形势为中尺度系统的发生提供了有利的动力条件;地面锋面在广西境内移动速度不一致,在西段锋面南移时东段锋面在南岭一带静止,是生命史较长、尺度较大的MCC形成的重要原因。

3　MCC的云图特征

FY-2D红外云图TBB清楚地反映出MCC不同阶段的特征。

3.1　发生发展阶段

19日17时湖南西南部至贵州南部有一条断裂的东北—西南走向锋面云带南移,这条云带在靠近广西时逐渐发展变宽。20时已明显变宽了的云带其云顶亮温≤−82℃的云区前部进入到广西北部。21时,云顶亮温≤−82℃的带状云区断裂为二,一个中心位于广西北部,另一个中的在湘赣之间。23时中心位于广西境内低于－82℃的云区强烈发展，≤－52℃的冷云盖范围明显扩大，覆盖了23°—26°N的区域，整个云团范围也明显扩大，发展成为一个椭圆形的MCC。

3.2 成熟阶段

19日23时至20日02时，≤－52℃云区面积和≤－82℃的云区面积均在扩大并逐渐南移。图2是20日02时红外云图TBB，由图可见，云团中心冷云顶范围相当大，≤－82℃的冷云盖水平范围在200 km×300 km以上，≤－52℃的冷云盖面积与≤－32℃的冷云区面积几乎一样大。20日03时开始，≤－82℃的云区有所收缩，近于圆形，≤－52℃的椭圆形云区范围少变，只是逐渐南压，这种状态维持到20日07时。

3.3 减弱阶段

20日08时，≤－82℃的准圆形的云团中心开始明显缩小，20日09时MCC的强中心迅速减弱，仅剩下小块的≤－82℃的冷云核，≤－52℃的冷云罩也开始出现收缩，11时≤－52℃冷云罩北半部消亡，南半部逐渐(解体)演变为带状云系向南移动，移速加快。14时冷云核完全消失，仅剩下西南—东北向的条状弱云带在广西东南部边缘至广西沿海一带继续南移，16时强度进一步减弱的云带移出了广西。

综上所述，在MCC的发展和成熟阶段，大范围的TBB≤－82℃的冷云盖长时间在广西维持，造成了广西大范围强降水的发生。

4 MCC发生、发展的环境场

4.1 水汽和层结条件分析

19日20时，由于强盛的副热带高压还控制着华南一带，中低层比湿大值区分布于副热带高压北侧，广西呈明显的北湿南干的特点。广西各探空站计算的物理量(表1)表明，广西北部具有高对流有效位能和低对流抑制能量，K指数大、SI指数值小、地面型500 hPa(0～5 km)风矢量差大的特点，大量的不稳定能量和极不稳定的状态，十分有利于该区域对流强烈发展。一般来说，在一定的热力不稳定条件下，较大的垂直风切变有利于较长生命期的雷暴发生。因此，处于副高北部边缘的广西北部十分有利于维持长时间的强对流系统的产生。当地面锋面和低层切变线南移影响广西时水汽在广西北部强烈辐合抬升，断裂的锋面云带南移到此便出现强烈发展形成长生命史的MCC。

表1 2010年6月19日20时广西探空站点计算的物理量

	站名	CAPE(J/kg)	CIN(J/kg)	K(℃)	SI(℃)	0—6 km风矢量差(m/s)
广西北部	桂林	3238.9	49.8	38	－3.88	16
	河池	3466.9	25.8	43	－3.82	14
	百色	3484.9	132.8	47	－5.34	6
广西南部	梧州	2543.7	59.8	33	－1.82	6
	南宁	2052.4	250.4	29	－4.66	6
	北海	3521.4	115.5	27	1.05	4

4.2 垂直运动分析

沿经暴雨中心 109.1°E 的垂直环流剖面图可以看出，19 日 20 时，在未来 6 h 的暴雨区上空有一个中心位于 600 hPa 附近的次级反环流圈正在形成，广西北部已处于反环流的上升支当中，这时 MCC 初期带状云系正在发展加强。20 日 02 时，这个反环流中心向南移并抬高至 400 hPa 附近，这时暴雨区北侧伴有正环流圈的出现，正环流圈中心在 200～300 hPa。这样正、反环流的上升支正好在广西北部暴雨区上空明显叠加，南北气流在中低层强烈辐合，形成一支深厚的、南北跨度更大的显著上升气流。这支上升气流的发展促使不稳定能量释放，从而导致空间尺度较大的 MCC 发展和大范围暴雨的发生。由于正、反环流的上升支在到达 300 hPa 以上高空后在南北两侧均有流出，形成强烈辐散，为 MCC 的发展提供了良好的高空辐散条件——即抽吸作用，有利于上升运动的加强和维持。因此，正、反次级环流高低空的有利配置十分有利于 MCC 的发展和维持。20 日 08 时，环流发生了调整，正、反环流南移，正环流的中心下降至 800～700 hPa，广西北部低层转受正环流的下沉支控制，使 MCC 减弱，广西北部的强降水趋于结束。可见，MCC 和暴雨区的演变与次级环流的演变有着十分密切的关系，次级环流为 MCC 的形成和发展提供了强劲的上升运动条件。

5 多普勒雷达回波分析

从广西地区高时空分辨率的乡镇雨量自动站资料统计可以看出，这次过程降水的时间和空间分布不均，具有明显的中尺度特征。自东向西然后自北向南选取雨量达大暴雨的四个站：龙江(109.817°E，25.233°N)、永乐(109.133°E，25°N)、凤山(107.033°E，24.55°N)、忻城(108.62°E，24.06°N)，从自动站逐时的降水量演变可以看出，处于桂东北的龙江和永乐，每小时 20 mm 以上的强降水有两个峰区，而另外两个暴雨中心只有一个峰区。逐 3 h 的累积降水量显示雨带自北向南压，雨带中有多个更小尺度的雨团在活动。值得注意的是，在雨带南压的过程中，桂东北一带一直有雨团维持。

本次过程 MCC 发生在柳州多普勒雷达的有效探测范围内，柳州雷达恰好正处在 MCC 的中部，对这次过程的 MCC 进行了较为理想的观测，为我们了解 MCC 内部更小尺度系统的结构特征提供了可能。

5.1 发生发展阶段

19 日 14 时柳州雷达观测到湖南吉首至贵州都匀的一条与地面锋面位置一致的呈东北—西南分布的短线状回波向东南方向移动。线状回波在移动过程中强度不断加强，回波头部宽度增大，尾部不断延长，东西跨度增大，在靠近广西时强烈发展成带状回波，镶嵌着多个中心强度大于 50 dBZ 的强回波核，强回波核呈线状排列，带状回波向东南方向移动。18 时后，处于锋前的桂林北部、柳州北部以及河池市东部一带有点状的回波单体出现。19 时，与锋面系统对应的带状回波前沿伸入广西境内，锋前的点状对流单体明显发展并向东北方向移动，形成强度大于 50 dBZ 的 γ 中尺度对流块。20 时，锋前的 γ 中尺度对流块发展组织成 β 中尺度对流块，最大的两块分别位于暴雨中心永乐和龙江附近，永乐附近的回波块强度达到 65 dBZ，位置相对稳定，龙江附近的回波块强度达 63 dBZ，还在向东北方向移动。锋前的回波块与带状回波平行呈东北—西南向排列，21 时 58 分并入到东南移的带状回波中，永乐附近的回波块与西段带状回波合并，龙江附近的回波块与东段带状回波合并。23 时合并后的强回波区呈现为反

“Z”字形，原来与锋区对应的“一”字形带状回波核变为两条平行带状回波核，一条位于灵川至泗淮，一条位于融水、罗城至南丹。比较23时与21时合并前后的组合反射率可以看出，不仅整个回波带的宽度变宽，覆盖范围增大，带状回波核也变宽。以暴雨中心永乐站为例，20—23时是该站第一阶段的强降水，20—21时雨量为27.3 mm，21—22时雨量为29.7 mm，22—23时雨量为53.2 mm，回波合并过程雨量剧增。可见，合并促使降雨增大，由此表明锋前对流系统和与锋面对流系统的合并激发出了更为强烈的对流云团发展，对MCC的强烈发展起到很好的促进作用。

0.5°仰角径向速度场上，锋前永乐、龙江的γ中尺度的对流块与逆风区对应，负速度区中包含正速度区。逆风区意味着强的辐合气流，反映了局部中尺度垂直环流的形成，因而形成锋前强回波，造成短时强降水。东北—西南走向分布的强回波带前沿对应的是凹凸不平的中尺度辐合线，辐合线向东南方向移动。辐合线后侧有逆风区、大风区，对应镶嵌在带状回波中强烈发展的回波核。22—23时大风区主要出现在两个区域，一个位于永乐的西北方，另一个位于卡玛的西北方，都有20～27 m/s的负速度大值中心。桂西北大风区的存在表明这一带低层偏北气流较强，因此辐合线在向东南方向推进过程中逐渐发生弯曲，大风区向前进方向辐合线向前凸，形成β中尺度辐合系统，该系统的前方正是永乐站所在区域，有逆风区存在，两个系统的合并，使得降水增强。22时34分，辐合线折成近于平行的两段，对应不同的强回波带，两条辐合线之间的零线也对应有较强的回波。东段辐合线位于灵川至泗淮，西段辐合线位于融水至南丹，两段辐合线之间的零线与辐合线成近90°交角。23时，地面观测资料显示，地面锋面西段南压至河池一带，而桂东北一段还未到达融安，说明西段锋面移速比东段快。

这一阶段，由于主要为对流性降水回波，回波强度大，回波顶很高，最大值达到20.7 km，有明显呈带状的$>10\ kg/m^2$的垂直累积含水量大值区，最大值达到$80\ kg/m^2$。

5.2 成熟阶段

23时33分东段的强回波带在缓慢东移过程中断裂，开始逐渐减弱，12日00时45分解体为零散分布的强度大于45 dBZ强回波块。而在融安、融水一带的强度大于45 dBZ强回波核01时51分又开始出现发展，03时03分，强回波核范围向西扩至环江。05时以后该强回波核东移至桂林西部。

西段强回波带00时15分接近柳州站，随后南移经过柳州站。带状强回波核经过柳州站后，中部向南凸出演变为弓形强回波带前行。02时57分弓形强回波东部强度减弱，结构变得松散，呈絮状，西部稍有发展并继续向东南移。

速度图上，23时以后东段的辐合线演变为逆风区，00时45分该逆风区消失，与东段的强回波带断裂、解体对应。

西段的辐合线则继续向东南方向移动，00时21分柳州站低层开始转为西北风，此时桂西北负速度区，桂林一带为正速度区，表明西段冷锋已经过柳州，而东段锋面还未过桂林。01时51分开始柳州站近地层又转为西南风，在柳城和融水之间出现正速度区，与融安、融水一带的负速度区形成径向辐合，与这一带重新出现的的强回波核加强对应。03时15分，低层转为南风，柳城一带的正速度区扩大到罗城、环江一带，使环江至融水这一带出现明显的中尺度辐合线，与这一带强回波核的范围扩大对应。该中尺度辐合线长时间维持，直至04时32分辐合线向东有所伸展，西段收缩，位于融水至临桂，呈东北－西南向直至07时19分，以后减弱，08时该中尺度辐合线消亡。长生命史的中尺度辐合系统、中尺度辐合线的存在是河池东部至柳州、桂林之间与这一带暴雨维持对应，而低层西南气流的维持是产生这一现象的关键。

与 MCC 前进方向右侧强回波带对应的也是移动的中尺度辐合线以及逆风区。

这一阶段，一直有强回波带在 MCC 右侧沿一直向南推进，而 MCC 左后部的层状云回波继续维持，并且镶嵌有对流性的强回波核，因此回波范围仍继续扩大。强的对流位于 MCC 前沿，02 时之前，垂直液态水含量值和回波顶高最大值与发生、发展阶段接近，回波顶高最大值为 20.4 km，垂直液态水含量最大值 80 kg/m^2，02 时之后，对流强度减弱。

以上分析表明，在反射率因子方面 MCC 表现为与大范围的＞30 dBZ 的回波长时间地发展、维持，速度场上 MCC 的右前侧不断有中小尺度系统发生、发展，给所经之处带来短历时强降水，MCC 的左后部河池东部至柳州和桂林的中部一带有 β 中尺度辐合系统在该区域长时间维持，产生持续性强降水。

5.3 减弱阶段

08 时 01 分，大范围的 30～45 dBZ 回波夹杂着＞45 dBZ 的强回波核，状似椭圆。在整体回波东南移的同时，北半部开始收缩。09 时 01 分，MCC 的北半圆迅速解体消散，南半圆以强度为 30～45 dBZ 层状云为主，MCC 前沿还有对流性回波；10—13 时，MCC 的南半圆回波逐渐减弱分散，回波由原来密实结构变为松散，MCC 前沿对流性回波强度减弱，范围减小；13—17 时，维持松散的结构；18 时，进一步减弱，残存少量回波。

速度场分析，2.4°仰角，08 时 43 分，在 MCC 的东南部象州一带开始出现正速度区大值区（大风核），生成径向强辐散，另外负速度区的面积开始逐渐减小。15 时之后，负速度区的面积小于正速度区的面积，辐散特征明显。

系统东南部正速度区大风核的出现是 MCC 减弱阶段的重要标志，预示了辐合减弱，辐散增强，MCC 进入减弱阶段，负速度区的面积小于正速度区的面积是这个阶段的明显特征。

这一阶段回波范围和强度较前一阶段大为减小，但延续时间较长；以层状云降水为主，MCC 前沿还有少量对流云回波

以上分析表明，在反射率因子方面 MCC 表现为与大范围的＞30 dBZ 的回波长时间地发展、维持，速度场上 MCC 的前进方向右侧不断有中小尺度系统发生、发展，给所经之处带来短历时强降水，MCC 的左后部河池东部至柳州和桂林的中部一带有 β 中尺度辐合系统在该区域长时间维持，产生持续性强降水。

6 广西特殊地形的作用

广西地形复杂，西北部为云贵高原的东南侧，东北部为南岭山脉，使桂北成为向南开口的喇叭口，另外，自北向南伸展的驾鹤岭和瑶山又把这个大的地形喇叭口分为两个，一个在柳州北面，一个在桂林北面。孙建华等[4]通过数值试验证明了在一定的天气形势下，广西北部这种喇叭口地形对强对流系统的发生、发展有较明显的作用，对强暴雨的强度和落区有影响，起增强作用。MCC 形成过程中，锋前的 γ 中尺度对流块正是在这两个喇叭口地形中形成、发展为 β 中尺度对流块，并在此与锋面强回波带合并加强形成 MCC。过程雨量最大的永乐以及另一个暴雨中心龙江分别位于这两个喇叭口中，说明喇叭口地形有利于 MCC 的形成、发展，对暴雨有重要作用。

7 湿 Q 矢量(Q^*)与湿 Q 矢量散度($\nabla \cdot Q^*$)

暴雨落区的预报一直是预报业务中的主要技术难点。对本次暴雨过程后期存在的两个不同的暴雨中心水汽通量散度等常用的物理量的分析都没能反映出来。为此,我们引入湿 Q 矢量(Q^*)与湿 Q 矢量散度[5]进行分析,试图寻找暴雨预报的新线索。

利用 NCEP 1°×1°逐 6 h 的再分析资料进行计算考虑了水汽凝结潜热释放加热项的 Q^* 散度发现,19 日 20 时(图 2a)、20 日 02 时(图 2b)Q^* 散度对未来 6 h 暴雨区有较好的对应关系,我们注意到,20 日 02 时非地转湿 Q 矢量散度对两片强降水区域有较强的反映能力。20 日 02 时 Q^* 散度分布图上在 25109 和 24107 有值分别为 -20×10^{-12} m/(hPa·s^3)和 -15×10^{-12} m/(hPa·s^3)的强辐合中心,这两个辐合中心分别与 20 日 02—08 时广西东北部和广西西北部的实际大暴雨中心吻合,其中值为 -20×10^{-12} m/(hPa·s^3)的最大辐合中心所对应的正是这次过程最大降水中心柳州市融水县永乐乡所处的区域,尤其值得注意的是 Q^* 的两个辐合大值区之间出现了清楚的带状辐散区域。为了进一步了解 Q^* 散度的指示意义,进行逐

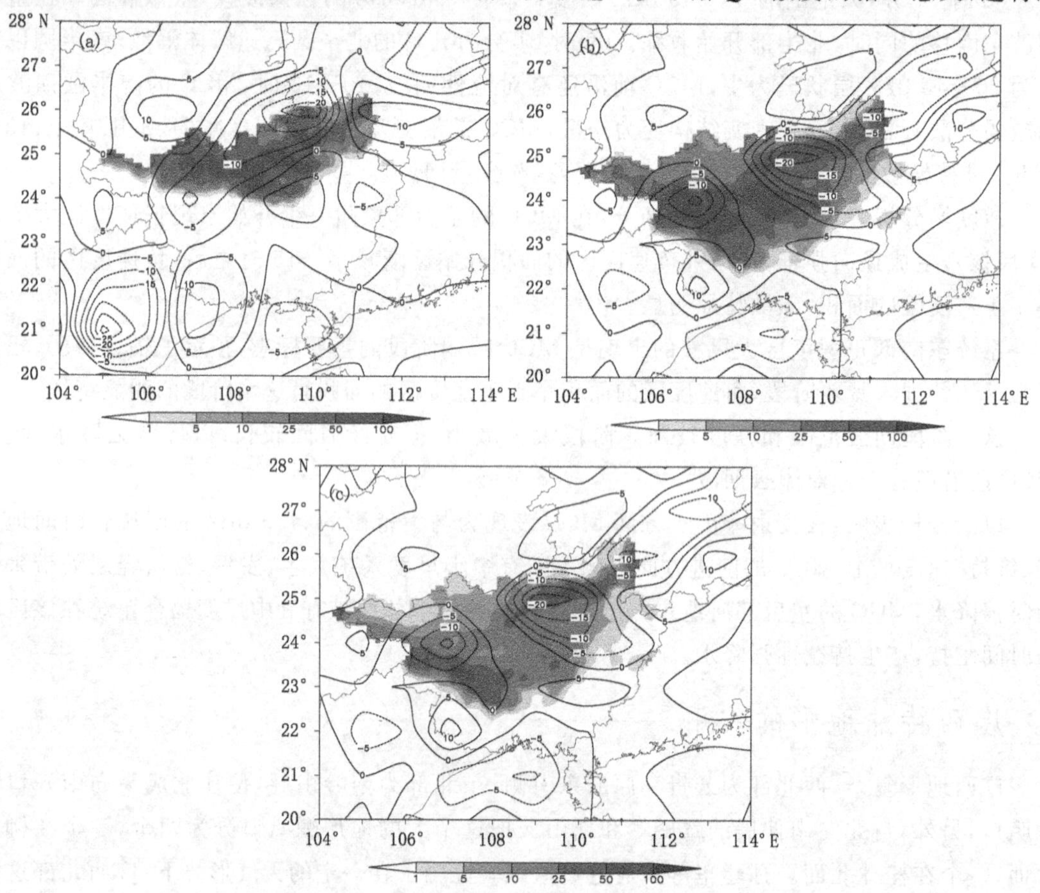

图 2 (a) 2010 年 6 月 19 日 20 时 850 hPaQ^* 散度(单位:10^{-17} hPa^{-1}·s^{-3})(等值线)和 19 日 20 时—20 日 02 时 6 h 累积雨量(阴影,单位: mm)叠加;(b) 2010 年 6 月 20 日 02 时 850 hPaQ^* 散度(单位:10^{-17} hPa^{-1}s^{-3})(等值线)和 20 日 02 时—08 时 6 h 累积雨量(阴影,单位:mm)叠加;(c) 2010 年 6 月 20 日 02 时 850 hPaQ^* 散度(等值线)(单位:10^{-17} hPa^{-1}s^{-3})和 20 日 05—08 时 3 h 累积雨量(阴影,单位:mm)叠加

3 h的累积雨量叠加、比照，20 日 02 时 Q^* 辐合大值区则与 20 日 05—08 时 3 h 的暴雨区有较好的对应关系(图 2c)；20 日 02 时 Q^* 散度场上两个辐合大值区之间的带状辐散区域的雨量 20 日 02—05 时有暴雨以上量级，20 日 05—08 时该区域雨强明显减弱，仅为较小量级。由此可见，Q^* 散度对强降水中心以及雨强的潜在趋势有突出反映。

以上分析表明，Q^* 散度作为非地转上升运动的强迫机制，促使了中小尺度系统的强烈发展，能较好地揭示强降水的发生、发展，对未来 6 h 暴雨落区有较好的指示意义，可为暴雨落区和降水中心方面的预报提供有益的依据。

8 结论

通过以上分析，得出如下结论：

(1)锋面在广西境内移动速度不一致，西段锋面南移时东段锋面在南岭一带长时间静止，是生命史较长、尺度较大的 MCC 形成的重要原因。

(2)卫星云图上，MCC 由断裂的东北—西南走向锋面云带在广西北部强烈发展形成；当锋面在广西发生西段南压，东段静止时，MCC 由椭圆状演变为近圆形。在 MCC 的发展和成熟阶段，有大范围的 TBB≤－82℃的冷云盖在广西上空长时间维持，形成大范围强降水。

(3)广西北部处于副高北部边缘，是 MCC 发生的有利区域。

(4)正、反次级环流的有利配合为 MCC 的形成和发展提供了强劲的上升运动条件。

(5)广西北部喇叭口地形在 MCC 的形成、发展过程中有重要作用。

(6)多普勒雷达资料分析表明，地面锋面附近上空存在明显的中尺度结构。地面锋面进入广西后，锋面对流系统与锋前对流系统之间的合并使对流系统迅速发展，产生暴雨；低层桂西北大风核的出现使西段辐合线移动比东段快，广西东部低层西南气流的持续使东段辐合线静止，在 MCC 的前进方向右侧和左后部长时间保持有两条 β 中尺度辐合线，对应有两条强回波带，分别产生短历时暴雨和持续性暴雨。

(7) Q^* 散度分析发现，低层 Q^* 散度辐合大值区与未来 6 h 暴雨发生区域较为吻合，可为暴雨落区和降水中心的短期预报提供重要参考。

参考文献

[1] 项续康，江吉喜. 我国南方地区的中尺度对流复合体. 应用气象学报，1995，**6**(1)：9-17.

[2] 伍星赞，纪英慧. 华南地区 MCC 云图特征和成因分析. 气象，1996，**22**(4)：32-36.

[3] 汪永铭，苏百兴，常越. 1998 年试验期间华南暴雨的系统配置和环流特点. 热带气象学报，2005，**16**(2)：123-130.

[4] 孙建华，赵思雄. 华南“94・6”特大暴雨的中尺度对流系统及其环境场研究Ⅱ. 物理过程、环境场以及地形对中尺度对流系统的作用. 大气科学，2002，**26**(5)：633-646.

[5] 寿绍文，励申申，姚秀萍. 中尺度气象学. 北京：气象出版社，2003：72-276.

2012年7月8日北京突发性暴雨成因分析及多模式数值预报检验

王华　翟亮　何娜　尹晓慧

（北京市气象台，北京 100089）

摘　要

利用多种观测数据和雷达变分同化分析系统（VDRAS）的高分辨率资料，分析了2012年7月8日夜间北京突发性暴雨的环境条件和中尺度对流系统的发展机制，并对数值模式的预报效果进行检验。结果表明：(1)此次天气是在不稳定能量和水汽条件有利，大尺度动力条件不利的环境下产生的。(2)偏东风在迎风坡的动力抬升是初始对流的触发机制，冷池出流与稳定维持的东南暖湿气流在有利地形条件下产生的强辐合上升运动，是西北部山区强对流暴雨系统发展的主要原因。(3)城区的暴雨是三个强对流单体共同作用的结果，分别是在地形抬升、阵风锋和风速辐合带的触发下形成的，冷池出流与暖舌的配置以及东南风的变化对强对流单体的发展移动起到重要作用。(4)RUC模式对降水量级、落区及要素场的预报效果较好。

关键词：暴雨　VDRAS　辐合　冷池

引言

暴雨作为华北地区夏季主要的气象灾害，由其引发的城市内涝和山洪、泥石流等自然灾害在近年时有发生，2004年“7·10”暴雨、2012年“7·21”特大暴雨给人民的生命、财产等都带来严重损失，所以暴雨的研究和预报一直受到预报员的高度重视。近年来，有关专家对华北区域的暴雨形成机理进行了详细的分析研究[1~3]。

预报实践表明，华北预报员对西太平洋副热带高压或明显低值系统造成的区域性暴雨预报较为成功，而对常规天气图上无明显低值系统环境下产生的突发性暴雨，由于其发生的时间和落区的预报往往缺少可靠的依据，容易造成漏报。近年的天气事实表明，北京地区每年都有这类天气出现，所以突发性暴雨的预报一直是北京及华北区域预报的重点和难点。

本文应用常规天气资料、雷达、自动站及雷达变分同化分析系统（VDRAS）提供的高分辨率分析场资料，对2012年7月8日夜间北京发生的突发性暴雨的环境场条件、中尺度对流系统的热、动力发展机制等进行了详细分析，同时对多个数值模式的预报效果进行了对比检验，旨在揭示此次暴雨的形成机制，为今后突发性暴雨的预报提供可参考的预报思路和方法。

1　“7·8”北京突发性暴雨天气特点

2012年7月8日夜间北京出现了强降水天气，暴雨主要出现在昌平和城区的北部、东部，最大降雨在朝阳奥体中心（101.6 mm，图1），最大雨强达61.6 mm/h。实况分析表明，此次过程雨量分布极不均匀，具有局地性强、雨强大、降水时段集中等显著的中尺度特征，是由短时强降水造成的突发性暴雨。

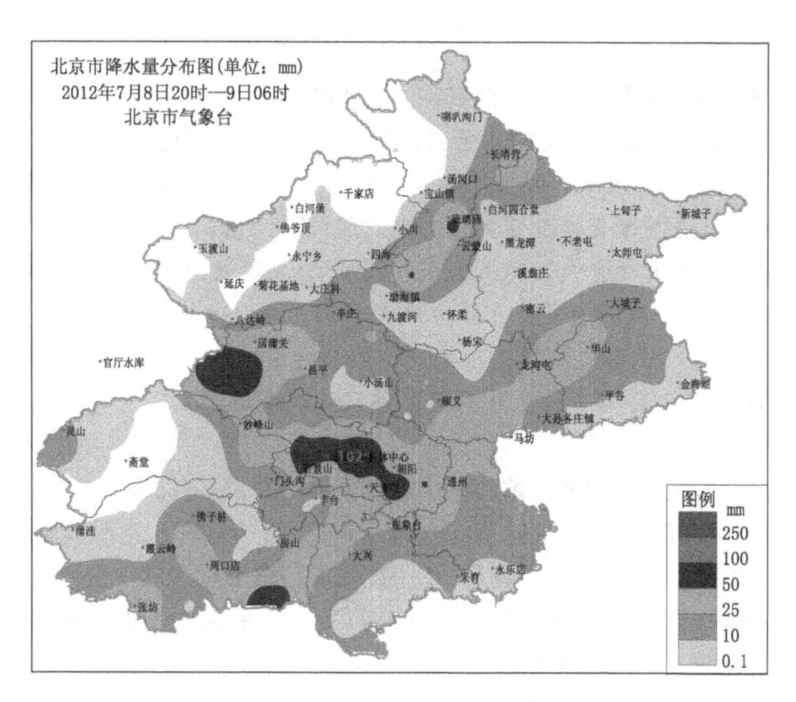

图 1　2012 年 7 月 8 日夜间北京降水量分布

2　环境场分析

2.1　环流形势简析

此次降水前期 500 hPa 形势 40°N 一带为长波槽区，其上多短波活动，7 月 8 日河套有短波槽配合温度槽沿西南气流东移北上，20 时移至北京上游的呼和浩特。而此时 700 hPa 北京为高压控制，切变线系统位于河北南部。低层为东高西低形势，8 日 20 时 850 hPa，北京受河北中南部切变线北侧的东南风影响。地面东部高压则在 7 月 8 日傍晚开始呈西伸态势，17 时 1002.5 hPa 等压线位于渤海湾，夜间伸至北京。

2.2　物理量场诊断及强对流潜势分析

从湿度分布来看，8 日 08 时北京 700 hPa 以下就处于大湿度区内，20 时，北京 700 hPa 至地面湿层深厚，925 hPa 的比湿达到 16 g/kg，高能舌也由河北南部伸向北京。北京 08 时到 14 时探空，K 指数超过 30，对流有效位能(CAPE)由 200 增至 950，20 时，K 指数为 36，CAPE 超过 1000。同时 600 hPa 以下湿度接近饱和，600～400 hPa 为明显的干层，上干下湿的垂直结构和较高的不稳定能量，有利于北京出现强对流天气。

在不稳定能量和水汽具备的条件下，强对流天气的发生还需要触发机制。但是从大尺度的垂直运动来看，北京发生大范围强降水天气的条件是不利的，8 日 20 时，北京 500 hPa 以下均为下沉气流，低层水汽辐散，因此大尺度的动力条件表现不明显，还需关注邻近中小尺度系统的变化。

3　雷达回波及中尺度对流系统的发展机制

结合雷达回波和自动站逐时雨量分析，7 月 8 日夜间北京的暴雨主要分为两个阶段：7 月 9 日 01 时前在西北部山区的昌平，01 时后主要在城区的北部和东部，朝阳的奥体中心出现大暴雨。

3.1 西北部山区暴雨回波及中尺度对流系统的发展机制

造成西北部山区昌平局地暴雨的初始回波是于8日22时在房山中部局地发展起来的。从VDRAS风场和散度场分析，19时天津到北京低层为偏东气流，在北京西部和北部沿山一带构成辐合上升区，低层扰动温度北京为自南向北的"暖舌"结构。到21时59分北京低层偏东气流分为两支，187.5 m高度大兴房山为东北偏东风，城区及以北为东南偏东或东南风，并在房山的迎风坡一带形成强的辐合上升运动。同时，西部山区的扰动温度梯度进一步增强，大值中心位于房山西部。187.5 m高度大兴到房山西部为水汽辐合区，562.5 m高度在房山迎风坡出现明显的比湿垂直输送。在上述有利的热动力机制的触发下房山迎风坡一带有回波生成。

初始回波生成后，沿着西部迎风坡的低层辐合带北抬并发展，22时53分—23时17分移至门头沟西部到海淀北部，中心强度达到50 dBZ。23时23分在门头沟西部形成明显的冷池，而强扰动温度梯度已经伸展到昌平西南部，说明冷池内部密度较大的冷空气出流朝雷暴前方昌平方向移动。此时由于城区以北低层东南暖湿气流的维持，昌平向东南敞口的喇叭口地形内处于辐合上升运动中，水汽通量明显增大。

23时23分冷池出流和东南暖湿气流在昌平西部交汇，造成辐合上升运动迅速增强(图2)，并有回波生成发展，禾子涧一带开始出现降水。此后随着1 km以下东南风的加大，昌平的水汽和动力条件增强，昌平新生的回波与门头沟北抬的回波合并，中心强度达到55 dBZ。23时33分—00时08分强回波稳定维持在昌平西部，禾子涧出现52.7 mm/h雨强。随着降水的发展，00时11分开始，昌平西部低层出现明显的冷池，而高层由于凝结释放潜热出现正的扰动温度中心，上变暖下变冷的热力分布利于层结趋于稳定，回波开始减弱消散。

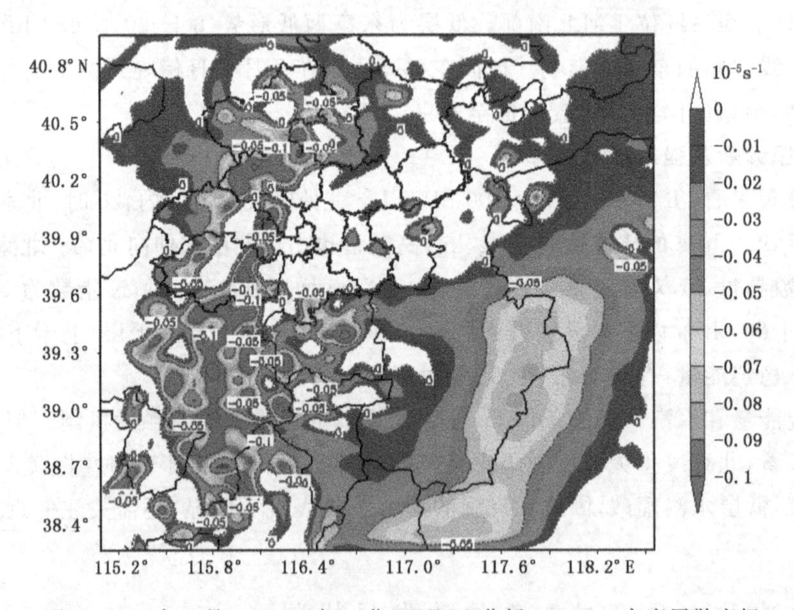

图2 2012年7月8日23时23分VDRAS分析187.5 m高度层散度场

3.2 城区暴雨回波演变及中尺度对流系统的发展机制

城区暴雨、奥体中心局地大暴雨是三个强对流单体共同作用的结果，分别是由东西中三条路径的回波形成的。西路的初始回波是在偏东风和地形抬升作用下于7月8日23时45分在房山局地生成的，生成后沿迎风坡的辐合带北上发展。7月9日00时47分到达海淀与门头沟交界处，由于低层西北方向有前期昌平暴雨造成的冷池形成的冷性出流，东南方向有东南暖湿平流的输送，两支气流汇合，构成强的辐合上升，00时59分发展为中心50 dBZ的强对流单体。中路回波则是在00时前后，因保定北部的强回波在低层造成了强的扰动温度梯度，受其前部阵风锋的影响，大兴到丰台东部激发出新的回波。回波北上到中心城区因能量水汽充足，明显增强到45 dBZ，00时59分移至海淀东部到朝阳西部。东路回波则是由于1 km以下天津东南风增大，00时11分开始从北京东部大兴到通州出现明显的风速辐合带，河北廊坊的回波在这条辐合带的组织下北上迅速增强，00时59分形成东北—西南向回波带，其南端的强对流单体位于朝阳东部。

东、西、中三个强对流单体00时59分(图3)在海淀、朝阳一带相遇，由于前期降水造成低层187.5 m扰动温度场形成东西两个冷池，西部的冷池较强位于昌平到海淀西部，东部的冷池位于通州南部，两个冷池中间为自南向北伸向海淀东部到朝阳的暖舌。因此，在海淀西部和朝阳东南部分别形成强的扰动温度梯度。01—02时两支冷性出流与暖湿气流交汇，在海淀东部到朝阳西部形成强烈的辐合上升运动，促使西路和中路的强回波合并，并在海淀到朝阳西部维持，产生小时雨量超过25 mm的强降水，海淀东部的闵庄小时雨量达到45 mm。

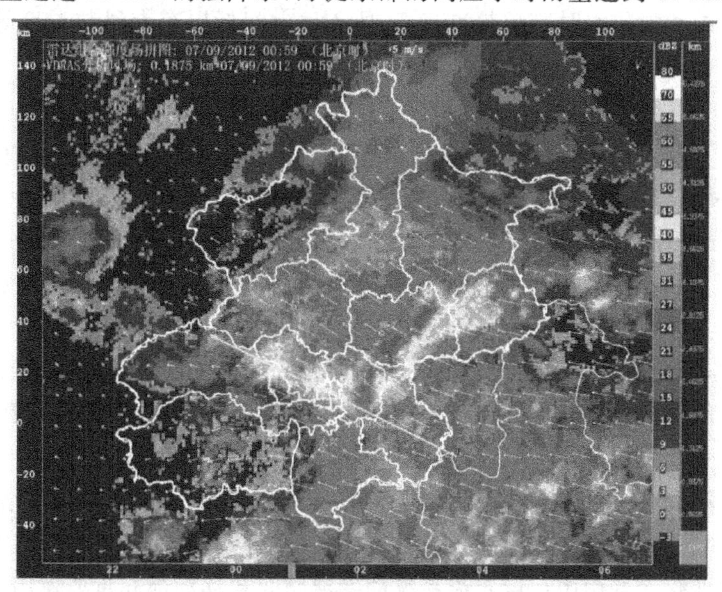

图3　2012年9日00时59分雷达回波强度与VDRAS分析187.5 m高度风场

随着海淀东部降水的发展，02时05分—20时53分中心城区到朝阳东部低层处于海淀、通州东西两个冷池中间的暖区内(图4)，东西两个强的扰动温度梯度连接合并，187.5 m高度朝阳上游的东南风也加强至6 m/s，朝阳奥体中心一带处于强烈的辐合上升运动和水汽聚集区中，激发出新的强对流单体，中心强度达55 dBZ，并在该地区稳定少动，奥体中心出现了小时雨量61.6 mm的强降水。03—04时强回波逐渐向中心城区及朝阳以东的暖区南压，在这一带造成10～50 mm的强降水。04时以后，中层2～3 km高度逐渐由东风转为受北风下沉气流控制，回波南压过程中减弱消散。

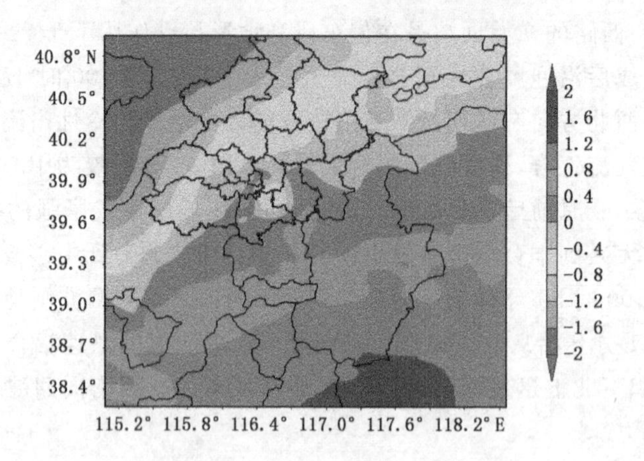

图 4　2012 年 9 日 02 时 29 分 VDRAS 分析 187.5 m 高度扰动温度场(单位:℃)

4　数值预报模式检验对比分析

通过对 T639、EC、NCEP、RUC 等数值模式预报的形势和降水预报对比发现,形势场的预报都较为准确,但只有 RUC 模式预报有暴雨。虽然 RUC 模式对降水的定量预报有些偏差,但是对城区的暴雨和强降水时段预报准确,7 月 8 日夜间低层东南风与湿度等要素预报对于暴雨及落区预报也具有较好的指示意义。

5　小结

综上所述,可以得到以下结论:

(1)此次天气过程是在高空短波活动、低层东部高压维持、不稳定能量和水汽条件有利、大尺度动力条件不利的环境下产生的,具有显著的中尺度特征,是由短时强降水造成的突发性暴雨。

(2)低层偏东风受西部山区迎风坡的动力抬升是暴雨过程初始对流回波的触发机制,强的冷池出流与稳定维持的东南暖湿气流在有利地形条件下相互作用产生的强辐合上升运动,是西北部山区回波强烈发展、维持并造成暴雨的主要原因。

(3)城区的暴雨和奥体中心的局地大暴雨是三个强对流单体共同作用的结果,分别是在地形抬升、阵风锋和风速辐合带的触发组织下形成的,低层两支冷池出流与城区"暖舌"的空间配置以及东南风的变化对暴雨中尺度对流系统的发展减弱和移动都起重要作用。

(4)多个数值模式对环流形势的预报都较为准确,但只有 RUC 模式对降水强度和落区的预报效果较好,因此对于强降水须重点关注中尺度模式的预报,尤其是模式的临近变化。

实际预报业务中,突发性暴雨的短期预报难度较大,但在短时临近时段依据高分辨率资料和中尺度模式预报,对降水量级和落区能有较好的把握;VDRAS 系统能够很好地揭示中尺度对流系统的热、动力机制,其中低层风场、散度场、冷池及暖舌的配置、扰动温度梯度等对强对流的发生、发展都有重要的指示意义;在低层东部高压形势下要密切关注风场和湿度的变化及地形的强迫作用。

参考文献

[1] 孙继松,王华等.城市边界层过程在北京 2004 年 7 月 10 日局地暴雨过程中的作用.大气科学,2006,**30**(2):221-234.

[2] 吕江津,王庆元等.海河流域一次大到暴雨天气过程的预报分析.气象,2007,**33**(10):52-60.

[3] 赵桂香,程麟生等.2007.山西中部一次罕见暴雨的中尺度特征分析.气象科技,2007,**35**(4):519-523.

2012年8月4—5日鄂西北暴雨过程成因分析

王艳杰　张萍萍　王晓玲　李银娥

（武汉中心气象台，武汉 430074）

摘　要

2012年8月4日08时至6日08时，鄂西北出现大到暴雨，局地特大暴雨，给当地带来严重的洪涝灾害和财产损失。分析表明：此次降水过程共分为2个降水时段，8月5日02—08时和5日21时—6日05时，后一时段的连续性强降水是诱发此次洪涝灾害的重要原因之一。在两次强降水过程发展中，影响系统有一定的相似性，受台风外围云系影响，湖北省西部低层高温高湿，不稳定能量持续积聚。暴雨发生前低层有明显的暖平流致使低层湿空气的饱和程度进一步增大，中高层干冷空气的叠加使得不稳定能量进一步积聚，最终由于干冷空气的侵入，偏东急流的加强，导致地形抬升以及低层水汽辐合增强共同造成上升运动发展，触发了不稳定能量的释放，导致暴雨过程的发生。

关键词：台风外围云系　干冷空气侵入　地形抬升　列车效应

引言

2012年8月4日08时至6日08时，鄂西北、鄂西南出现大到暴雨，部分地区大暴雨，其中鄂西北局地特大暴雨。强降水区主要位于十堰东北部和襄阳西北部，分别有4个乡镇降水量300～400 mm和超400 mm，给当地带来严重的洪涝灾害和财产损失。由于强降水具有复杂的形成机理，决定了准确预报具有较大的难度，众多研究不断加深对强降水形成机理的认识。廖移山等[1]从天气学机理及地形影响对襄樊特大暴雨进行了详细分析。杜惠良等[2]阐述了特大暴雨过程中弱冷空气与台风低压相互作用的重要性。俞小鼎[3]对北京一次特大暴雨的成因进行了详细分析和探讨，强调了热带气旋远距离影响的关键因素。也有越来越多的人认识到地形在强降水过程中的重要作用[4-6]。但目前对影响局地突发性暴雨的机理认识还十分有限，要寻找其共性并提高预报能力尚需进行大量个例的深入探讨，湖北省气象局在影响本省暴雨的中尺度天气分析方面进行着不懈的探索[7]。

本文针对鄂西北地区此次强降水过程，综合多种观测资料和再分析数据产品，重点分析影响此次过程的中尺度天气系统，探讨地形在暴雨过程中的作用，进一步认识中尺度天气系统对暴雨的发生、发展所起的重要作用以及地形对暴雨的增幅效应。

1　暴雨过程的时空分布特征

此次降水过程具有局地性强、降水持续时间长的特点。从图1a看出，鄂西北地区主要以1500 m以下的山地地形为主，三面环山，呈喇叭口地势分布。2012年8月4日08时至6日08时，200 mm以上的累计降水量主要位于十堰东南部、丹江口南部、谷城西南部、房县东北部，300 mm以上的降水量更为局地，多分布在山脉的迎风坡且接近山顶高度附近。最大累计降水量黄草坡站的逐时降水显示(图1b),主要降水过程分别为8月5日02—08时和5日21时—6日05时,前一时段雨强较小,多为10～30 mm/h;后一时段雨强较大,30 mm/h以上的降水持续4 h,最强降水出现在6日00时,由前一时段的21.7 mm/h跃升至83.4 mm/h。第2次连续性强降水是诱发此次洪涝灾害的重要原因之一。

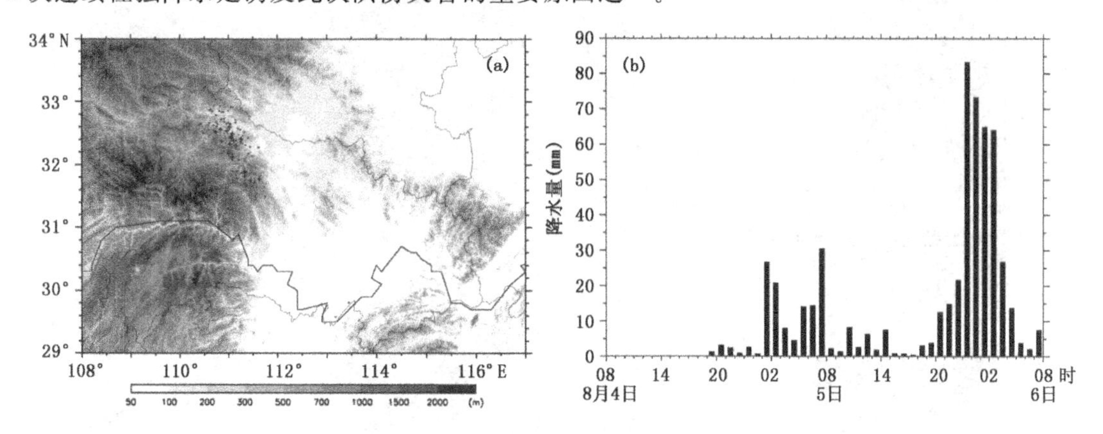

图1 (a)湖北省地形分布和2012年8月4日08时—6日08时累计雨量站点分布:400 mm以上红色、300～400 mm绿色、200～300 mm蓝色、100～200 mm紫色;(b)2012年8月4日08时—6日08时黄草坡逐时降水演变

2 天气背景和过程简介

2.1 天气背景

500 hPa环流形势显示(图略),8月4日08时,"苏拉"台风中心位于湖南省中部,其外围云系开始影响湖北省,副热带高压(副高)脊线位于36°N附近,受其南侧偏南气流的引导,苏拉向西北方向移动。随着台风转动西移,来自于东南部海域的水汽被源源不断地输送到鄂西北地区,为特大暴雨的发生提供了充沛的水汽条件。此时中纬度地区为两低一高形势,新疆北部至蒙古国西部为一长波槽,蒙古国东部为一大陆高压,4日20时,该高压中心增强至588.8 dagpm,与副高形成东西对峙,迫使台风低压中心南移,鄂西北处于台风外围残余低压环流中。中国东北地区为一短波冷槽,其槽后有弱冷空气沿大陆高压和副高之间扩散南下,对应850和925 hPa风场上,自华北地区有一支最大风速达14 m/s的北风急流伸展南下。

2.2 过程简介

鄂西北强降水事件中的2次主要降水过程均起源于十堰东部的中尺度对流云团。从图2可以看出,台风外围云系中,中尺度对流云团生成后逐渐加强并向西北方向移动,到达十堰西北部地区后停留6～8 h,最后逐渐减弱消散,这与此地区山脉地形的阻挡有一定的联系。2次降水过程的云顶伸展高度并不是很高,云顶黑体亮温均未低于−62℃,说明不同于典型的强降水云系,均为局地的孤立云团。

3 暴雨过程成因分析

3.1 初始中尺度对流云团的形成

从图2a、c中可以看出,两个对流云团分别生成于鄂西北地区西北—东南向山脉的东侧和东北侧,第2次云顶伸展的高度比较高,亮温低于−52℃。初始对流云团生成时,925 hPa高

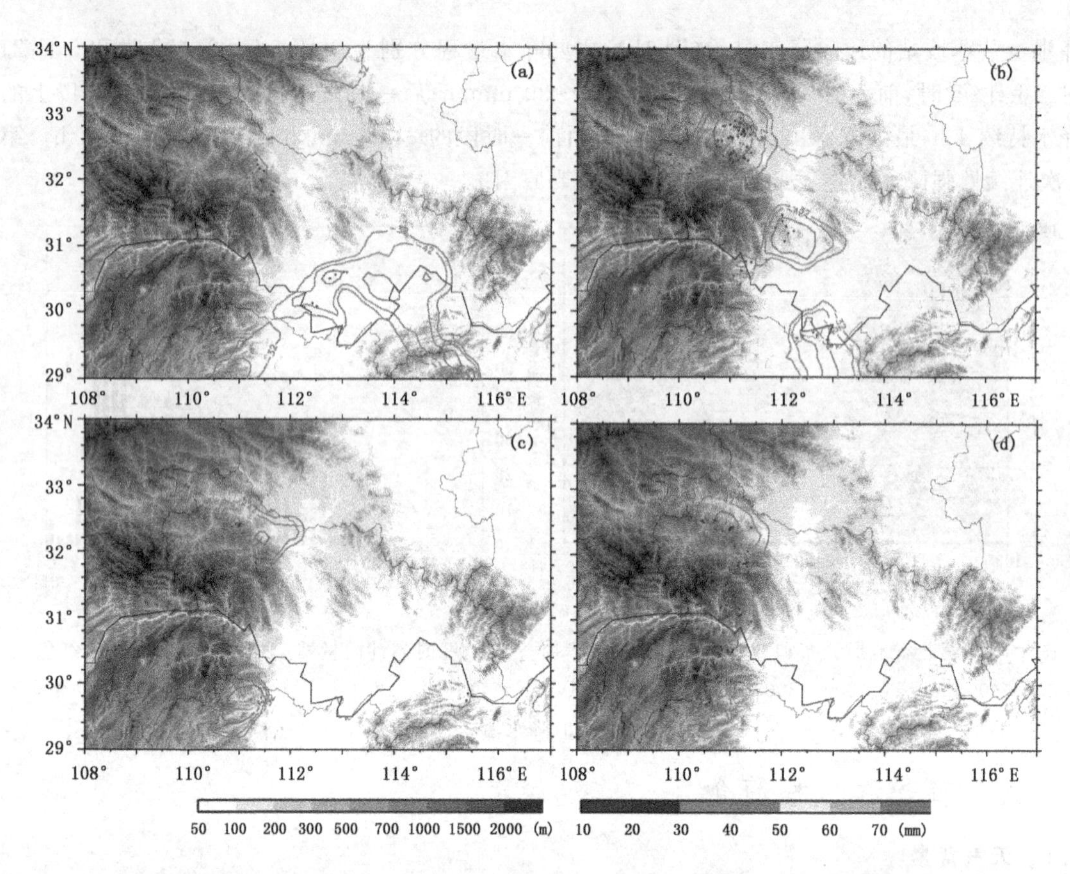

图 2　2 次降水过程的云图演变，等值线为 TBB(单位：℃)，彩色标记表征站点降水量级(单位：mm/h)
(第 1 次过程：a. 5 日 01 时、b. 5 日 06 时；第 2 次过程：c. 5 日 21 时、d. 6 日 00 时)

度有较强的东北气流和暖平流(图略)，当气流移经山体时，风速明显减弱，存在风速的辐合，风向与山体几近垂直，生成相对较强的对流云团，以此判断初始对流云团发展的主要原因是气流受山脉阻挡产生辐合且受地形抬升的作用，激发对流云团发展，风向与山体越接近垂直，云团发展越旺盛，云顶伸展高度越高。

3.2　降水过程的发展

第 1 次降水过程发生前，8 月 4 日白天十堰地区的气温为 32～35℃，近地面维持高温高湿。4 日 20 时，湖北省中西部处于台风倒槽前，大部分地区 925 hPa 上 $T_d>21$℃，K 指数>38，为高湿高能区；中低层东北急流显著发展，江汉平原中部到鄂西北的东部开始出现明显的水汽辐合；高空 500 hPa 有一冷槽逐渐东移靠近降水区，850 hPa 有 $T_d<17$℃ 的干舌逐渐西伸，此时位于安徽省中部。5 日 02 时，500 hPa 的冷槽略微西移至强降水地区上空，850 hPa 由于暖平流的持续发展出现明显的暖脊；低层偏东急流继续维持且随着台风倒槽的西移偏东分量更大，水汽辐合强度显著加强；850 hPa 上之前位于安徽中部的干舌西伸至暴雨区东北部。在此情况下，低层暖湿，中高层干冷，不稳定能量进一步积聚，最终由于受干冷空气的侵入、地形抬升及水汽辐合上升的共同作用，触发了不稳定能量的释放，导致了暴雨过程的发生。5 日 08 时，高空冷槽西退，中层干舌东退，低层偏东急流、T_d、暖平流和水汽辐合强度减弱，降水过程结束。

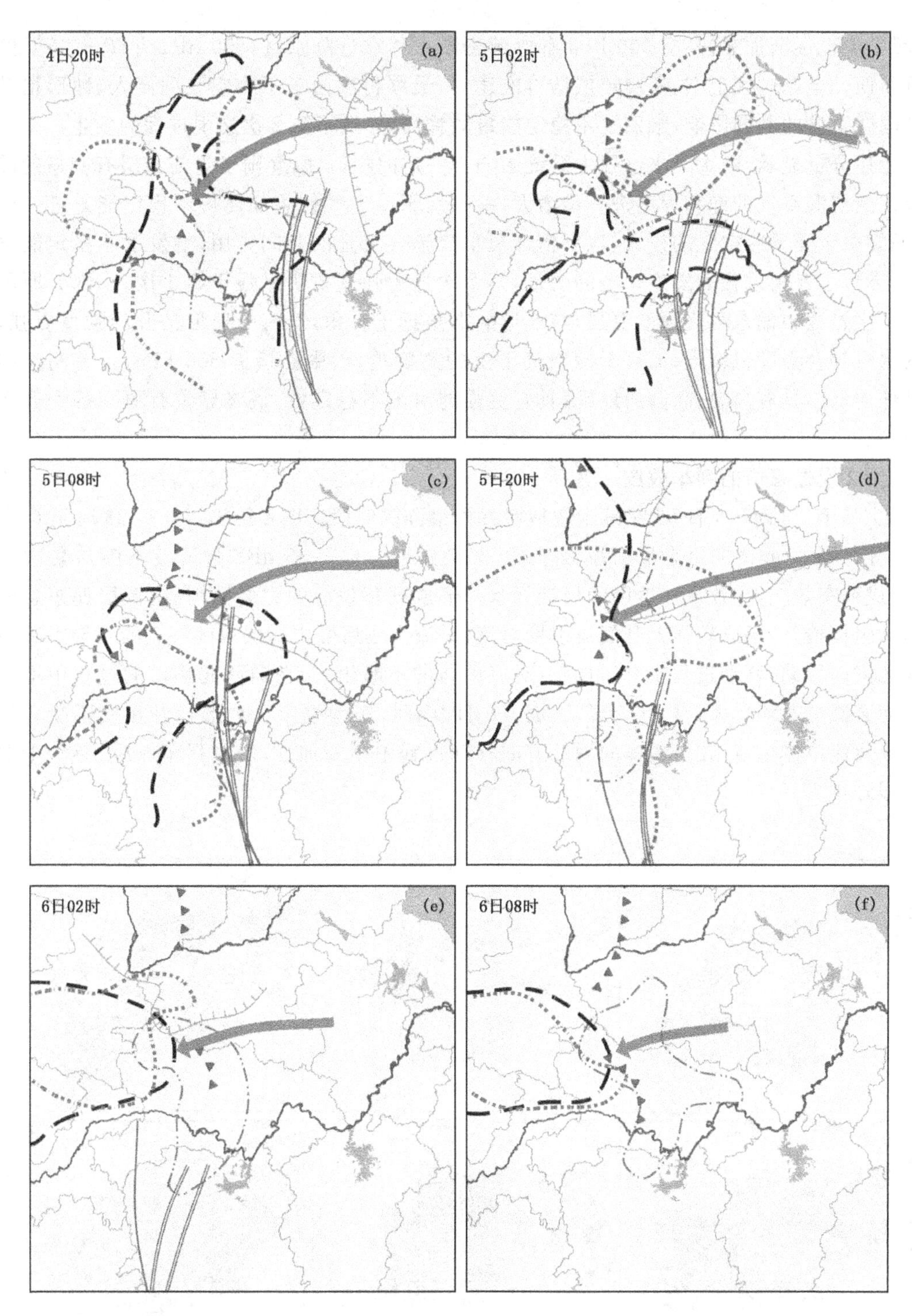

图 3　用 GFS 资料对第 1 次降水过程(a. 4 日 20 时、b. 5 日 02 时、c. 5 日 08 时)和第 2 次降水过程(d. 5 日 20 时、e. 6 日 02 时、f. 6 日 08 时)的中尺度综合分析

第 2 次过程,5 日 20 时之后,逐时降水量级开始逐渐加大。5 日 20 时至 6 日 02 时,台风低压继续西行,强度减弱,湖北省北部地区处于台风外围中低层云系中。925 hPa 偏东急流开始显著发展,与山体地形夹角近于 90°,水汽辐合强度加强,暴雨区上空有明显的水汽辐合中

心，暖平流也逐渐加强；高空 500 hPa 有冷槽逐渐东移靠近降水区，850 hPa 有 T_d＜17℃的干舌重新西伸至暴雨区上空，不稳定层结再次建立，最终再次由于干冷空气的侵入、地形抬升及水汽辐合上升的共同影响，触发了不稳定能量的释放，导致了第 2 次暴雨过程的发生。

上述分析显示，两次降水过程中系统影响有一定的相似性，暴雨发生前低层有明显的暖平流致使低层湿空气的饱和程度进一步增大，中高层干冷空气的叠加使得不稳定能量进一步积聚，最终由于受干冷空气的侵入、地形抬升及水汽辐合上升的共同作用，触发了不稳定能量的释放，导致了暴雨过程的发生。不同的是，第 2 次过程强度要明显强于第 1 次，一部分原因在于第 2 次过程中偏东急流强度更强，与地形的夹角近于直角，气流受地形抬升的强度更强，低层的水汽辐合强度也较强；而且干冷空气下沉的高度更低，中心接近 800 hPa，且有明显的干冷舌伸向低层具有高温、高湿的地区，具有更强的对流不稳定性，最终导致有更强的上升运动（图略）。

3.3 第 2 次过程中的列车效应

8 月 5 日 23 时—6 日 03 时是十堰地区暴雨最强的时段。图 4 给出了 5 日 23 时至 6 日 01 时 30 分每隔 30 min 的组合反射率因子，呈带状分布的 45～55 dBZ 强回波不断从暴雨区经过，形成列车效应，导致上述地区的极端降水。形成列车效应的主要原因有：低层偏东急流遇到山脉阻挡抬升，形成较强上升气流引发对流；对流生成后受中高层东南气流的引导沿着山体向西北方向移动，移动过程中有所加强；对流单体的不断生成，在向西北移动的过程中不断替代前面衰减的对流单体。由此 5 日 23 时—6 日 03 时，东南端由于地形抬升触发不断有新的中尺度对流单体生成，在沿山体向西北方向移动过程中不断加强，形成列车效应，导致十堰山区的强降水。

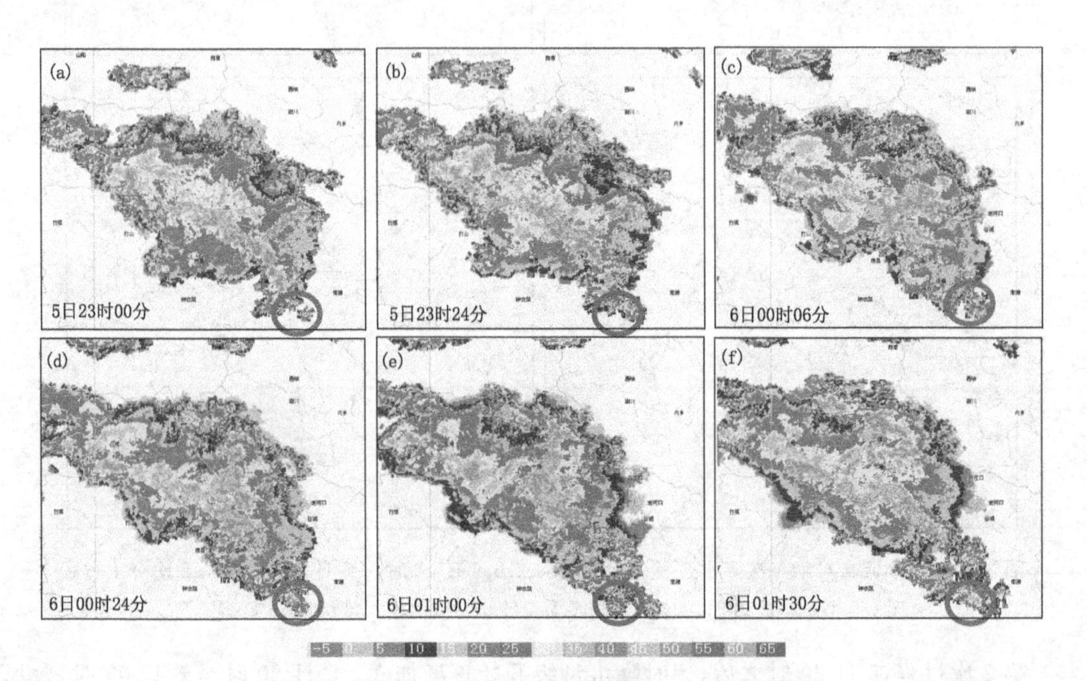

图 4 (a—f)8 月 5 日 23 时 00 分—6 日 01 时 30 分间隔 30 min 的雷达组合反射率因子演变
（红色圆圈所标示为由于地形触发新生的对流）

4 结论

2012年8月4日08时至6日08时，受"苏拉"登陆台风外围云系影响，鄂西北出现大到暴雨，部分地区大暴雨，局地特大暴雨，给当地带来严重的洪涝灾害和财产损失。

(1)此次降水过程共分为2个降水时段，8月5日02—08时和5日21时—6日05时。第2次连续性强降水是诱发此次洪涝灾害的重要原因之一。

(2)鄂西北强降水事件中的2次主要降水过程均起源于十堰东部的中尺度对流云团。初始对流云团发展的主要原因是气流受山脉阻挡产生辐合且受地形抬升的作用，激发对流云团发展，风向与山体越接近垂直，云团发展越旺盛，云顶伸展高度越高。

(3)两次强降水过程发展中系统影响有一定的相似性。受台风外围云系影响，湖北省西部低层高温、高湿，不稳定能量持续积聚。暴雨发生前低层有明显的暖平流致使低层湿空气的饱和程度进一步增大，中高层干冷空气的叠加使得不稳定能量进一步积聚，最终由于干冷空气的侵入、偏东急流的加强和地形抬升以及低层水汽辐合增强共同造成上升运动发展，触发了不稳定能量的释放，导致了暴雨过程的发生。

(4)第2次降水过程的强度要明显强于第1次，原因在于：第2次过程中偏东急流强度更强，与地形的夹角近于直角，气流受地形抬升的强度更强；第2次过程中干冷空气下沉的高度更低，中心接近800 hPa，且有明显的干冷舌伸向低层具有高温高湿的地区，具有更强的对流不稳定性，最终导致有更强的上升运动；再者第2次过程十堰地区东南端保康附近由于地形抬升触发，不断有新的中尺度对流单体生成，在沿山体向西北方向移动过程中不断加强，形成列车效应，导致十堰山区的强降水。

参考文献

[1] 廖移山，冯新，石燕等. 2008年"7·22"襄樊特大暴雨的天气学机理分析及地形的影响. 气象学报，2011，**69**(6)：945-955.

[2] 杜惠良，黄新晴，冯晓伟等. 弱冷空气与台风残留低压相互作用对一次大暴雨过程的影响. 气象，2011，**37**(7)：847-856.

[3] 俞小鼎. 2012年7月21日北京特大暴雨成因分析. 气象，2012，**38**(11)：1313-1329.

[4] 黄奕武，端义宏，余晖. 地形对超强台风罗莎降水影响的初步分析. 气象，2009，**35**(9)：3-10.

[5] 盛春岩，高守亭，史玉光. 地形对门头沟一次大暴雨动力作用的数值研究. 气象学报，2012，**70**(1)：65-77.

[6] 吴庆梅，杨波，王国荣等. 北京地形和热岛效应对一次β中尺度暴雨的作用. 气象，2012，**38**(2)：174-181.

[7] 吴翠红，龙利民等. 北京：湖北省中尺度暴雨天气分析图集. 北京：气象出版社. 2011.

贵州两次中尺度对流复合体暴雨过程对比分析

熊伟　罗喜平　周明飞

（贵州省气象台，贵阳 550002）

摘要

用常规观测资料和 NCEP1°×1°再分析资料对 2008 年 5 月 29—30 日（“0529”MCC）与 2010 年 6 月 16—17 日（“0616”MCC）两次 MCC 暴雨天气过程进行对比分析。其共同点表现在：MCC 发生前，大气高层均受南亚高压影响，出现有利的辐散场形势，均有不稳定能量的积蓄和充沛的水汽条件。不同点：大气低层的影响天气系统，“0529”MCC 天气过程中冷空气占据主导地位，而“0616”MCC 天气过程中，偏南气流西南低空急流起关键作用。两次 MCC 发展的历程不同，“0529”MCC 最初由多个对流单体合并发展形成β中尺度对流系统，“0616”MCC 由单个独立的对流单体迅速发展形成。在 MCC 发展最强时段，“0616”MCC 对流云团结构更紧凑，对流运动更强，对流中心云顶温度更低。“0616”MCC 生命期更长。动力结构分析表明，“0529”MCC 过程，有利于强对流发展的垂直速度、散度、涡度配置结构比较浅薄，集中在大气的中低层。而“0616”MCC 过程，强对流系统发展比较深厚，且随着时间的推移，系统不断向高层发展。

关键词：MCC　暴雨　对比分析　对流系统

引言

自 1980 年 Maddox[1] 发现中尺度对流复合体（MCC）以来，MCC 的研究受到了气象工作者的极大关注。Maddox[1] 发现美国中西部许多地区暖季中的大量降水，是由这种长生命史的对流系统产生的，Maddox[2] 提出，MCC 常在弱的地面锋附近有明显的南风低空急流输送暖湿空气的区域生成，往往与对流层中层向东移动的短波槽相联系，这个短波槽东南方相当大的区域中大气呈条件不稳定状态，主要的强迫因子是对流层低层的暖湿平流，高层则位于西风急流的反气旋一侧。中国气象研究人员也对中国大陆上的 MCC 进行了大量研究[3~12]。然而在 MCC 多发地的云贵高原却研究得较少。

2006—2010 年夏季在贵州境内共发生了 25 次 MCC 暴雨天气过程。统计分析发现，上述每次 MCC 暴雨过程大气低层均出现了切变线，在 MCC 发展强盛过程中切变线均明显加强，针对切变线两侧偏北与偏南气流谁造成切变加强，本文选取了两次具有代表性的 MCC 暴雨天气进行对比分析，两个 MMC 分别是：2008 年 5 月 29—30 日和 2010 年 6 月 16—17 日两次暴雨过程，下文简称为“0529”MCC 和“0616”MCC 过程。

资助项目：国家自然科学基金资助项目（41065003）。

1 降水实况与天气背景对比分析

1.1 降水实况对比分析

2008年5月29日20时—30日20时在贵州省南部出现12站暴雨、4站大暴雨，暴雨区分为贵州西南部和东南部两个区域，最大降水出现在三都站，24 h降水量为149.1 mm，三都站小时最大降水量出现在30日02时为74.2 mm。

2010年6月16日20时—6月17日20时贵州南部出现17站暴雨、3站大暴雨，最大降水出现在都匀，24 h降水量为128.1 mm，降水呈现两个强时段，17日01和10时，小时降水量分别为30.8和24.4 mm。

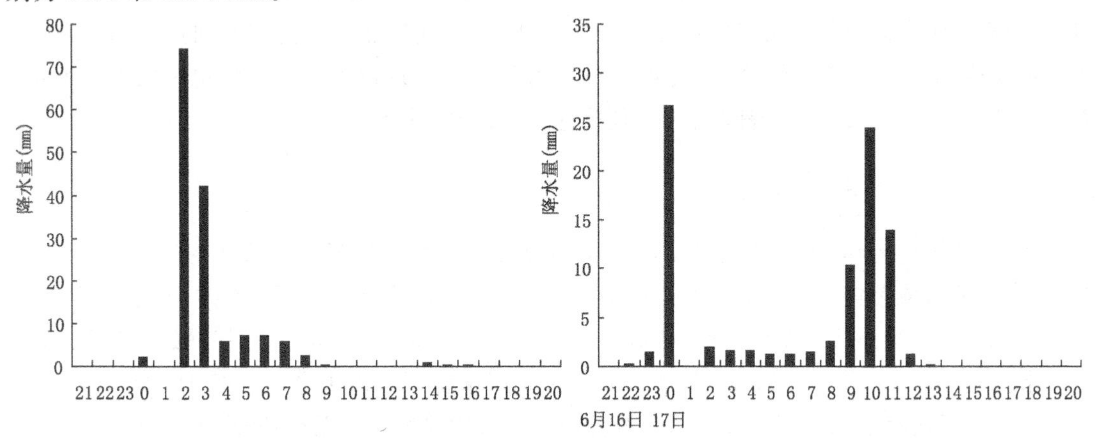

图1 (a)三都站2008年5月29日20时—30日20时逐时降水量，
(b)都匀站10年6月16日20时—17日20时逐时降水量

1.2 天气背景与天气过程的对比分析

“0529”MCC过程：MCC发生前，5月29日08时，200 hPa，南亚高压中心位于云南西北部边缘，贵州大部分地区受南亚高压环流东侧西北气流影响，南亚高压东部脊线位于贵州南部边缘25°N附近。500 hPa，副热带高压偏弱偏东。贵州西部边缘有一条浅槽，贵州大部分地区受槽前西南气流影响。850 hPa，贵州大部分地区受东南气流影响，四川东部有一条南风和北风的横切变，湖南中西部有一条东北风与东南风的弱切变。低空急流位于华南沿海。地面场：贵州受低压系统影响，冷锋位于四川省中部至湖北省中部一线。MCC暴雨发生过程中，南亚高压加强东移，高压中心位于广西上空，贵州转为高压北部的脊区影响，为MCC的发展提供了有利的高空辐散场。500 hPa小槽东移出贵州，贵州大部分地区转为受西北气流影响。850 hPa，四川东部切变南压至贵州南部，贵州受偏北和偏东北两股冷空气共同影响。地面冷锋影响贵州。在上述有利强对流发生的天气背景下，促使MCC生成并造成贵州西南部的MCC暴雨天气。

“0616”MCC过程：MCC发生前，6月16日08时，200 hPa，南压高压位于印度半岛东北部、中南半岛到台湾以东洋面，中心位于卡达，脊线在20°N，贵州在高压北侧，贵州中南部处于气流分支处，存在明显的辐散区。500 hPa，欧亚中高纬度为两槽一脊形势，中低纬度副热带高压(副高)位于孟加拉湾东部海区到华南沿海一带，584 dagpm线位于贵州中部偏北，贵州为偏西气流控制，高原上多短波槽东移影响贵州。850 hPa，贵州受偏南气流影响，切变线位于陕西西部到四川南部。地面场上，从中国东北到河套地区为庞大的低压环流控制，贵州大部分地区处于低压南侧偏南气流控制，在贵州省的西北部有弱的地面辐合线。MCC暴雨发生过程中，南压高压有明显的北抬加强，高压中心维持在印度东北部，贵州南部受高压东部脊线影响，高空的辐散场满足了MCC的生成和发展条件。低层四川南部切变南压至贵州南部维持，配合地面辐合线发展提供了MCC的触发条件。

对比两次MCC暴雨天气的环流背景，虽两次MCC过程高空南亚高压位置不同，但都给两次MCC过程提供了有利的高空辐散场。在中低层天气系统上，两次MCC过程有很大的区别。“0529”MCC为典型的冷锋低槽天气过程，500 hPa高空槽带动低层切变和地面冷空气南下，结合充沛的水汽条件，在切变南侧锋面附近触发了强对流天气的发生、发展。“0616”MCC，500 hPa浅槽引导低层切变南压，切变南侧的偏南气流加强促使切变加强，增强了低层的不稳定性，造成MCC过程发生、发展。“0529”MCC天气过程中冷空气影响占据主导地位，而“0616”MCC天气过程中，偏南气流西南低空急流起关键性的作用。

2 中尺度云团对比分析

“0529”MCC：2008年5月29日18时，在云南东部边缘出现多个对流单体发展。29日20时，云南东部对流单体逐步发展，合并成两个γ中尺度对流系统。29日21时，两个γ中尺度对流系统继续向贵州西部发展，贵州西部边缘开始出现降水，盘县站出现短时强降水，21时小时降水量达42 mm。29日22时，两个γ中尺度对流系统开始出现合并。30日00时，两个γ中尺度对流系统在云南东部和贵州西部合并成一个β中尺度对流系统，降水区域开始扩大，贵州中西部均出现降水，西部出现两站暴雨，出现4个站小时降水量≥25 mm的短时强降水。30日01时，α中尺度对流系统进一步发展，形状接近圆形，此时MCC形成，MCC中心附近兴仁站降水达到最强，小时降水量55 mm。随后MCC系统持续，中心不断发展。30日04时，MCC达到最强盛时期，其中TBB≤−52℃冷云罩面积达到8.2×10^4 km^2，云顶最低温度达到−84℃，造成贵州西南部出现多站暴雨。此后，MCC开始减弱并向东南方向移动。30日07时30分，云体开始松散，不再满足MCC标准，贵州西南部降水明显减弱。30日13时，对流云团消散在广西上空。因此，“0529”MCC从30日01—07时，生命期为7 h。

“0616”MCC：2010年6月16日15时，贵州西北部开始出现一个对流单体，附近的水城站开始出现雷雨。16日17时，贵州西北部对流单体发展成一个γ中尺度对流云团。16日20时，γ中尺度对流系统迅速发展并向东南方向移动，在贵州中部形成一个β中尺度对流系统，云体呈椭圆形，贵州中西部出现3站雷雨，降水开始加强。随后，对流云团快速发展，16日23时，在贵州中南部，β中尺度对流系统发展成MCC，云体接近正圆形；对流云团附近出现9站雷雨，并出现1站次小时降水量≥25 mm的短时强降水。17日01时，MCC发展到最强盛时期，此时TBB≤−52℃冷云罩面积达到9.6×10^4 km^2，云顶最低温度达到−92℃，贵州南部两站形成暴雨。此后，对流云团面积逐步变大，云体结构逐渐松散，强降水持续，17日09时，MCC云团主体已东移出贵州，但其后部又出现γ中尺度对流系统的发展，造成第二次强降水的出现，如大暴雨三都站的两次强降水。在MCC逐步消散的过程中最终造成贵州南部出现17站暴雨、3站大暴雨。17日10时30分，对流云团减弱明显，云团圆形结构被破坏，不再满足MCC标准。17日15时，云团消散在湖南上空。因此，“0616”MCC从16日23时至17日

10 时，生命期为 12 h。

对比两次 MCC 发展过程发现，"0529"MCC 最初由多个的对流单体合并发展形成 β 中尺度对流系统，"0616"MCC 由单个独立的对流单体迅速发展形成。在 MCC 发展最强时段，"0616"MCC 对流云团结构更紧凑，对流运动更强，对流中心云顶温度更低。"0616"MCC 生命期更长。结合云团的发展与降水关系分析发现，"0529"MCC 强降水发生在 MCC 发展初期和最强盛时期，而"0616"MCC 强降水发展在 MCC 强盛时期以后。最后两个 MCC 消亡的方向不同，"0529"MCC 向南压在广西上空消散，"0616"MCC 向东移在湖南上空消散。值得一提的是，"0529"MCC 暴雨天气过程中，在贵州东南部发生的多个小尺度对流系统降水强于贵州西南部的 MCC。而在"0616"MCC 暴雨天气过程中，MCC 减弱东移后，其后出现的小尺度对流系统的二次发展也造成了较强的降水。

3　两次 MCC 动力结构对比分析

分析 MCC 发生、发展过程垂直速度、散度、涡度沿最大暴雨纬度带的剖面，了解 MCC 的三维结构。

"0529"MCC：29 日 14 时，MCC 发展前，106°E 附近大气低层开始出现弱的上升运动，并有弱的辐合；近低层至 500 hPa 为正涡度区，500 hPa 以上则为负涡度。29 日 20 时，MCC 形成初期，104°～108°E 400 hPa 以下出现强的上升运动，上升运动中心位于 700 hPa 105°～107°E，中心值达－0.45 Pa/s；106°E 附近近地层至 600 hPa 均处于正涡度区，600 hPa 至大气高层为弱的负涡度区；近地层至 650 hPa 均处于辐合区，辐合中心位于近地层 850 hPa，中心值为 $-3\times10^{-5}s^{-1}$，700 hPa 以上为弱的辐散。大气低层处于辐合正涡度的上升运动，大气高层则为负涡度辐散场，有利于上升运动的进一步发展。30 日 02 时（图略），MCC 最强时段，上升运动达到最强，中心位于 600 hPa 107°E，中心值达－1 Pa/s；106°—109°E，700 hPa 以下为正涡度区，以上为负涡度区；106°－108°E，低层辐合加强，中心值达 $-5\times10^{-5}s^{-1}$。综合分析发现，在 MCC 形成初期，上升运动已经开始出现，大气低层为正涡度辐合，大气中高层为负涡度辐散，促使上升运动的进一步发展。30 日 02 时，上升运动达到最强，大气低层辐合和高层辐散加强，MCC 发展到最强盛时期。

"0616"MCC：16 日 14 时，贵州区域对流层整层开始形成弱的上升运动；在 MCC 形成前的 20 时，上升运动明显加强，在 350、750 hPa 分别出现两个负值中心，中心值为－0.5 Pa/s；对流层低层生成辐合中心，辐合位于近低层，中心值达 $-3\times10^{-5}s^{-1}$，中高层生成辐散中心，辐合明显大于辐散；500 hPa 以下为正涡度区，以上则为负涡度区。MCC 强盛期的 17 日 02 时，对流层高层上升运动进一步加强并东移，中心强度达－0.8 Pa/s，低层的上升运动维持略减弱；辐合厚度增大，到 400 hPa 都为水汽辐合区，但辐合减弱，对流层高层的辐散从 $1.5\times10^{-5}s^{-1}$ 增加到 $4\times10^{-5}s^{-1}$，高层辐散大于低层辐合；综合分析发现，MCC 的整个过程均存在低层正涡度辐合高层负涡度辐散的分布，并且随着时间的推移低层的正涡度辐合，不断向高层发展，强度有所增强，上升运动也随时间的推移向高层发展增强。

对比分析发现："0529"MCC 过程，有利于强对流发展的垂直速度、散度、涡度配置结构比较浅薄，集中在大气的中低层。而"0616"MCC 过程，强对流系统发展比较深厚，且随着时间的推移，系统不断向高层发展。

4 触发机制

通过以上分析发现在两次 MCC 发展前，大气中均出现了有利于强对流发生的能量积蓄、不稳定层结和水汽条件，但是什么触发了能量的释放和强对流天气的发展，两次 MCC 过程各有不同。“0529”MCC 过程中较明显，高空小槽带动低层的切变和冷锋南下，锋区附近干冷空气和湿暖空气的交汇造成 MCC 天气的发生，在此过程中 500 hPa 浅槽东移快于低层切变的南压，形成了前倾槽的形势，使得大气层结的不稳定性更强。因此，大气低层切变和冷锋是此次 MCC 发生的触发条件。“0616”MCC 过程中与“0529”MCC 过程明显不同的是，地面没有冷空气南下，在 MCC 发生、发展过程中，地面始终受低压系统影响，在 MCC 发生和发展的区域，地面出现了中尺度辐合线。MCC 发展前大气低层有川南切变南压影响贵州中南部，更重要的是，在 MCC 发展过程中，切变南侧，广西－湖南南部－江西偏南气流迅速加强形成低空急流，造成影响贵州的切变加强，同时为水汽和能量的持续提供了有利的条件。因此，大气低层切变、西南低空急流和地面辐合线共同触发了“0616”MCC 天气过程的发生、发展。

5 结论与讨论

通过对贵州两次 MCC 天气过程的对比分析，结果显示这两次 MCC 过程存在一定的相似性和区别，具体如下：

(1)2008 年 5 月 29—30 日、2010 年 6 月 16—17 日，贵州南部出现了两次 MCC 天气过程，虽然影响天气系统不同，但 MCC 影响区域相似。两次 MCC 过程影响天气系统的主要差异在于大气低层。“0529”MCC 天气过程中冷空气影响占据主导地位，而“0616”MCC 天气过程中，偏南气流西南低空急流起关键性的作用。

(2)MCC 发展红外云图的分析发现，两次 MCC 发展的历程不同，“0529”MCC 最初由多个对流单体合并发展形成 β 中尺度对流系统，“0616”MCC 由单个独立的对流单体迅速发展形成。在 MCC 发展最强时段，“0616”MCC 对流云团结构更紧凑，对流运动更强，对流中心云顶温度更低，生命期更长。

(3)动力结构分析表明，“0529”MCC 过程，有利于强对流发展的垂直速度、散度、涡度配置结构比较浅薄，集中在大气的中低层。而“0616”MCC 过程，强对流的系统发展比较深厚，且随着时间的推移，系统不断向高层发展。

(4)选取两次影响天气系统差异较大的 MCC 过程对比分析，对贵州 MCC 发生、发展有一定的了解，但对更多相似的 MCC 天气过程缺乏统计和合成分析，将是下一步继续深入研究的方向。

参考文献

[1] Maddox R A. Mesoscale convective complexes. *Bull. Amer. Meteor. Soc*, 1980, **61**: 1374-1387.

[2] Maddox R A. Large-scale meteorological conditions associated with midlatitude mesoscale convective complexes. *Mon Wea Rev*. 1983, **111**: 1475-1493.

[3] 江吉喜，叶惠明. 我国南方地区 α 中尺度对流云团的研究. 中国气象科学研究院院刊，1986，**1**(2)：132-141.

[4] 李玉兰，王婧嫆，郑新江等. 我国西南-华南地区中尺度对流复合体(MCC)的研究. 大气科学，1989，**13**

(4):417-422.

[5] 项续康,江吉喜.我国南方地区的中尺度对流复合体.应用气象学报,1995,**6**(1):9-17.

[6] 段旭,张秀年,许美玲.2004.云南及周边地区中尺度对流系统失控分布特征.气象学报,2004,**62**(2):243-250.

[7] 覃丹宇,江吉喜,方宗义等.MCC和一般暴雨云团发生发展的物理条件差异.应用气象学报,2004,**15**(5):590-600.

[8] 井喜,井宇,李明娟等.淮河流域一次MCC的环境流场及动力分析.高原气象,2008,**27**(2):349-357.

[9] 姬菊枝,王开宇,方丽娟等.东北地区中北部的一次区域暴雨天气—中尺度对流复合体特征分析.自然灾害学报,2009,**18**(2):101-106.

[10] 杨晓霞,王建国,杨学斌等.200.2007年7月18—19日山东省大暴雨天气分析.气象,2008,**34**(4):61-70.

[11] 刘峰,李萍.华南一次典型MCC过程的成因及天气分析.气象,2007,**33**(5):77-82.

[12] 康凤琴,肖稳安,顾松山.中国大陆中尺度对流复合体的环境场演变特征.南京气象学院学报,1999,**22**(4):720-724.

2012年黄淮“7·8”暖区暴雨研究

徐珺　孙军　张芳华　谌芸

（国家气象中心，北京 100081）

摘　要

利用多种常规和非常规观测资料以及再分析资料，研究了2012年7月8日发生于黄淮的暖区暴雨过程，并通过与北京“7·21”特大暴雨对比，总结出两次过程的降水特点和成因：两次过程均具有降水强度大、强降水范围集中的特点；在热带和副热带充沛的水汽输送和不稳定条件下，整层可降水量均超过60 mm，自由对流高度和抬升凝结高度低于850 hPa，一方面使降水有热带降水性质，另一方面低于850 hPa足够的风速辐合、切变等触发条件（如地面辐合线、925 hPa和850 hPa的切变与低空急流出口区相伴随的风速辐合等）均可触发和维持强降水，降水落区一般位于低层多层风速辐合的复合区。最后根据其降水特点和成因，提出了预报方法。

关键词：暖区暴雨　中尺度对流系统　自由对流高度　整层可降水量

引言

2012年7月21—22日，北京、河北等地出现一次大范围大暴雨、局地特大暴雨过程，造成了严重的经济损失和人员伤亡，目前已有针对这次过程的观测特征和降水成因的研究[1-4]。该次过程分为暖区降水和锋面降水两个阶段，强降雨持续时间之长、降水强度之大，是预报员没有想到的。然而，2012年7月7—8日，中国黄淮一带的河南东北部、山东南部、江苏北部也先后出现一次暖区大暴雨、局地特大暴雨过程，该次暖区过程其降水强度和持续时间都较北京“7·21”特大暴雨更强，两次过程发生时间和空间相近，均造成严重的经济损失和人员伤亡。然而由于目前直接针对该类暖区暴雨的研究较少，缺乏对该类暴雨降水产生机制的认识，模式对该类暖区暴雨的预报能力也较低，常使得落区和强度预报不理想。但针对直接导致暖区暴雨的中尺度对流系统的形成和传播机制[5-10]和相关天气系统的在暴雨形成中的作用[11]等已有大量的基础研究，这些都为进行暖区暴雨的产生机制研究提供了理论依据。

那么两次过程在降水特点和产生机制上有何相同之处？是否可以从两次过程中提取预报着眼点？针对这两个问题，通过研究7月7—8日黄淮一带大暴雨，并对比7·21北京特大暴雨，研究该类暴雨的降水产生机制，以期为预报提供着眼点。

1　降水特点

2012年7月7—8日，河南东北部、山东东南部和江苏东北部先后出现大暴雨、局地特大暴雨（图1），由于锋面离降水区较远，为典型的暖区暴雨过程。累加1小时加密降水，7日20时至8日20时最大24 h雨量在河南商丘达340.2 mm，连云港24 h雨量达270 mm。强降水可分为两个阶段：7月7日20时—8日06时：雨团相对稳定于河南东北部产生局地强降水，阶段最大累积雨量达330.2 mm，最大小时雨量达79 mm；8日02—20时：山东东南部和江苏东北部不断有雨团生成并向东南移动，阶段最大累积雨量达 250.3 mm，最大小时雨量达 90 mm。

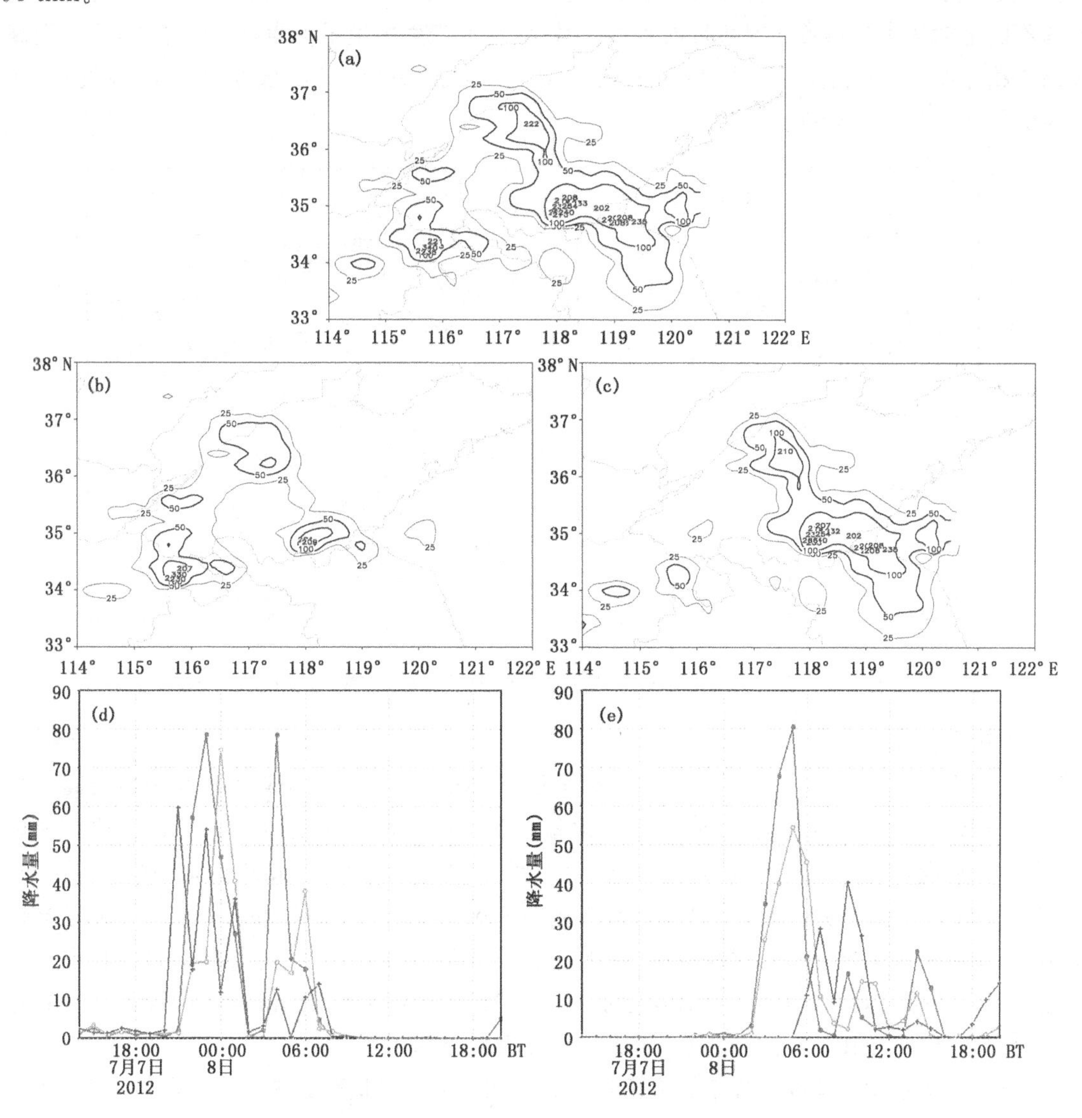

图 1　7 月 7 日 20 时—7 月 8 日 20 时 24 h 雨量(a)，7 月 7 日 20 时—8 日 06 时累计雨量(b)，8 日 02 时—20 时累计雨量(c)，河南最大三个雨量站逐时雨量(d)，山东最大三个雨量站逐时雨量(e)

北京 7・21 特大暴雨 7 月 21 日 17 时前为暖区降水，暖区降水持续超过 10 h，最大小时雨量达 87 mm。可见两次暖区极端暴雨均具有持续时间长，降水强度大，强降水范围集中的特点，"7・8"过程相对"7・21"过程暖区降水持续时间更长(超过 24 h)，雨强也更大。

2　中尺度对流系统的环境场分析

2.1　环流背景

7 月 7 日 20 时降水区位于高空急流出口区右侧的显著辐散区，高空槽前，低空急流出口区附近(图 2)。随高空槽加深东移，8 日 08 时黄淮地区有气旋性环流生成，低空急流也向东北方向调整，强降水区由河南移至山东东南部和江苏北部一带的暖切变线附近。和“7・21”[1,3]相似，该次过程具有很好的高空辐散、低层辐合形势，经向度大的环流伴随低空急流为暴雨区源源不断地输送来自热带和副热带的水汽，为深对流的产生提供了极为有利的条件，同时副高和高空槽相持，也有利于持续性强降水的产生。不同的是“7・21”低层伴随低涡过程，而“7・8”仅伴随气旋性环流。

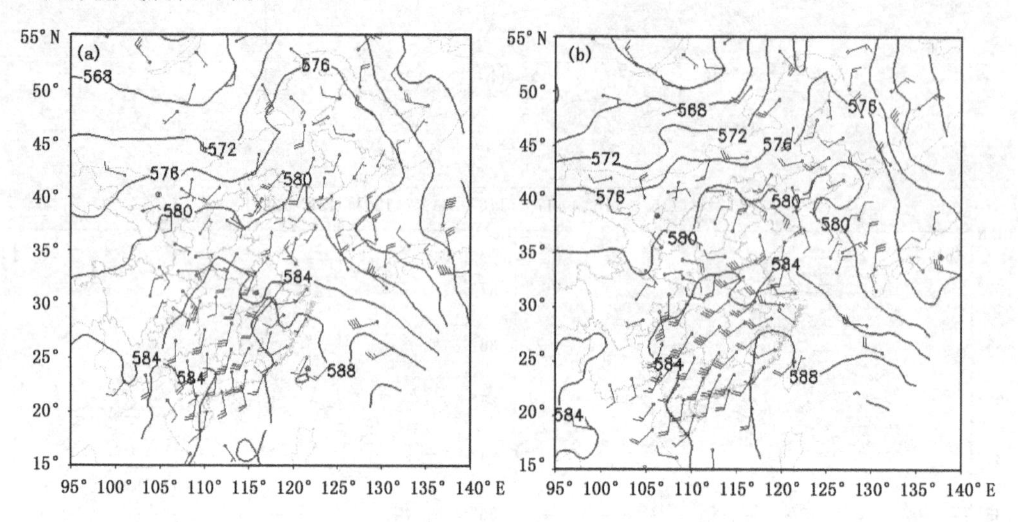

图 2　(a)7 日 20 时，(b)8 日 08 时 850 hPa 风场、500 hPa 高度场(等值线)

2.2　不稳定特征

7 月 7 日 20 时—8 日 08 时探空显示：降水区 K 指数大于 37℃，强降水区自由对流高度和抬升凝结高度低于 850 hPa，河南降水最大雨量站附近的单阳站探空曲线显示具有狭长的对流不稳定能量(CAPE)。同时，从河南最大雨量站附近的 FNL(Final Operational Global Analysis data)探空分析，7 日 14 时强降水开始前 CAPE 大于 2000 J/kg，14—20 时边界层趋于饱和，整层也接近饱和，0℃层高度高，接近 500 hPa，雷达回波质心低于 3 km，这些特点都类似热带降水的垂直观测特征。可见，与北京“7・21”特大暴雨的探空结构相似，具备很好的对流不稳定条件，850 hPa 以下足够的抬升即可触发和维持深对流。

同时，强降水发生前和过程中最大雨量站附近探空显示近地面为东南风，到 850 hPa 转为强西南风，其中 8 日 02 时河南最大雨量站附近风垂直切变达到 17.25 m/s，8 日 08 时山东最大雨量站附近风垂直切变达到 21.15 m/s，强风垂直切变有利于中尺度系统形成和组织发展。8 日 08 时低层西南风明显增强，扩展至近地面，近地面东南风水汽输送消失，河南东北部强降水趋于减弱。

2.3　触发条件分析

从 7 日 20 时—8 日 08 时地面辐合线位置、风场和雨团演变看(图 3)，强降水主要位于地面辐合线附近、东南风风速辐合区，地面辐合线位置相对稳定，造成了相应地区的强降水，同时地面涡旋的偏北风和偏南风都有东风分量，带来渤海和黄海的充沛水汽，保证了持续较强的水汽输送。随低层气旋性环流的生成东移和低空急流的向东推进，8 日 02 时—05 时地面涡旋中心和地面辐合线明显向东移动，强降水中心也随之进入山东东南部和江苏北部一带。至 8 日 08 时，强降水区位于 850 和 925 hPa 切变、低空急流和 925 hPa 急流出口区附近。

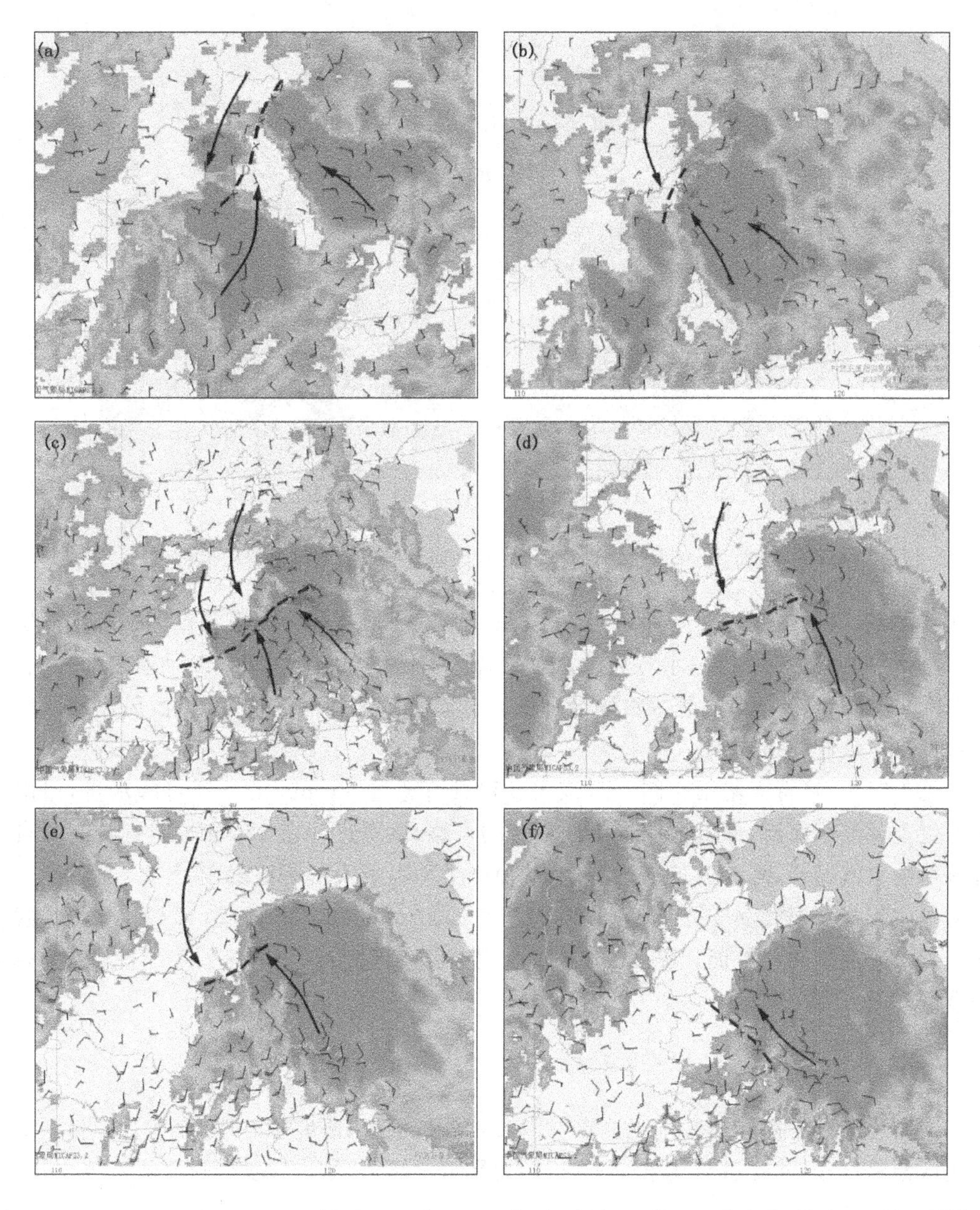

图 3 (a—f)7 日 23 时—8 日 11 时间隔 3 h 的地面风场、辐合线(虚线)、显著流线(箭头)和 TBB(填色)

而"7·21"过程北京位于 925 hPa 低涡切变和地面风速辐合线附近,同时也位于低空急流前部和 925 hPa 急流前部的显著风速辐合区[1,3],同样,在充沛的水汽条件下,低层多层急流风速辐合触发和维持了强降水。

3 极端性水汽条件分析

从整层可降水量演变分析,强降水前整层可降水量均超过 60 mm。7 日 08—20 时整层可降水量持续增大,20 时强降水开始后河南整层可降水量持续下降,山东东南部和江苏北部则仍保持增加的趋势,从水汽通量分布分析(图 4),该次过程 925 hPa 水汽输送强度明显强于 850 和 1000 hPa,8 日 08 时前低层以西南急流水汽输送为主,随黄淮一带气旋性环流的形成和

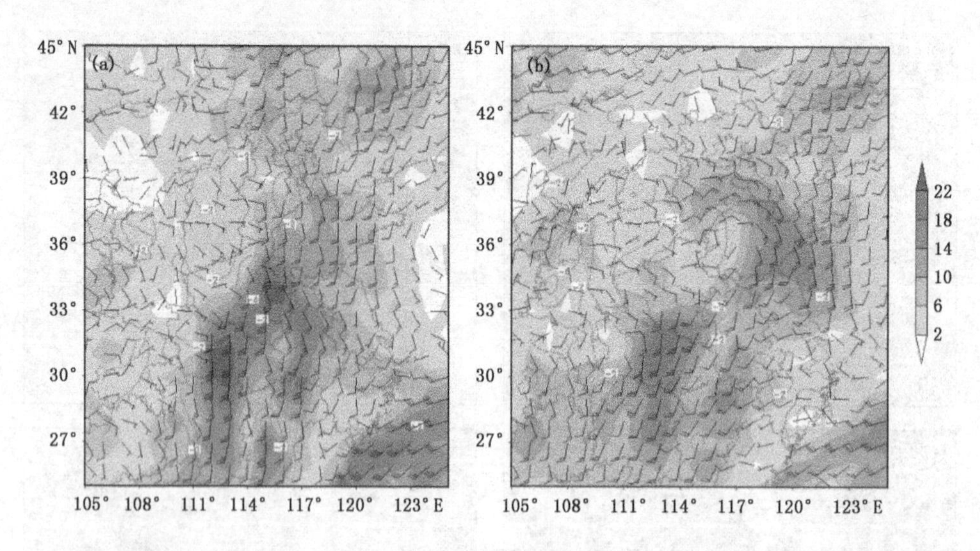

图 4 (a)7 日 20 时,(b)8 日 14 时 925 hPa 水汽通量(填色)水汽通量散度(蓝虚线)风场

向东北移动,水汽通道变为西南和东南两支,东南水汽通道持续为山东和江苏强降水提供了充沛的水汽条件。8 日 08 时前,水汽通量显著辐合区在低空急流出口区,以风速辐合为主,对应河南强降水时段;08 时后,显著水汽辐合在低空急流出口区和低涡切变附近,风速和风向辐合皆有,对应山东、江苏强降水。

可见与"7・21"特大暴雨相同[1,3],该次过程具有超过 60 mm 的整层可降水量,但由于强降水发生于黄淮东南部,伴随低层气旋性环流的东移,该次过程在 925 hPa 附近具有源自东部沿海显著的水汽通道,降水区近水汽源地,从而产生雨强更大的暖区暴雨。

从等假相当位温线演变分析,7 日 20 时至 9 日 20 时的 850 hPa 350 K 假相当位温线从西南和华南沿海逐渐向北扩展,7 日 20 时扩展至河南降水区附近,与"7・21"[1,3]相同,为热带性质的暖区暴雨打下了基础。

4 结论

本文利用多种常规和非常规观测资料以及再分析资料,研究了 2012 年 7 月 8 日发生于黄淮的暖区暴雨过程,并通过与北京"7・21"特大暴雨对比,总结出该类暖区暴雨的降水特点、成因和相关预报方法。

(1)两次过程均具有小时雨量大,强降水持续时间长,强降水范围集中的特点,且具有相似的环流背景。

(2)来自热带和副热带的持续充沛的水汽供应,使得两次过程在强降水发生前的抬升凝结高度和自由对流高度均低于 850 hPa,配合狭长的 CAPE 探空曲线和较大的不稳定能量,低于 850 hPa 足够的抬升便可触发和维持强降水,降水落区一般位于低层多层风速辐合的复合区。类似热带降水,仅边界层的风速辐合也可触发和维持该类暖区暴雨,有低层切变辐合系统参与时,则可产生强度更大、持续性更强的极端降水。另外,自由对流高度和抬升凝结高度低于 850 hPa 有利于提高降水效率。在预报中,应经警惕自由对流高度和抬升凝结高度低于 850 hPa 的情况,关注地面和近地层的风速辐合区位置对该类暴雨的落区和强度预报至关重要。

(3)两次过程在强降水发生前均具有超过 60 mm 的整层可降水量。近地层的强水汽持续输送可以在强降水发生过程中不断补充水汽，从而出现如“7・8”过程在强降水过程中整层可将降水量仍保持在60 mm以上的状况，形成持续性暖区暴雨，应警惕近水汽源地的东南风近地层水汽持续输送。

另外，近地面东南风在水汽输送和补充、近地面触发、与低层强西南风形成强垂直风切变中都有重要作用，且东南风先于对流系统生成前出现，在预报中应引起注意。虽然模式在地面风场的预报上有偏差，但低层的涡旋切变和低空急流系统对暴雨落区及其雨团的移动也有指示意义，因而可借助模式预报效果较好的低层风场来预报暖区暴雨的落区。

参考文献

[1] 谌芸，孙军，徐珺等. 2012. 北京721特大暴雨极端性分析及思考(一)观测分析及思考. 气象. **38**(10)：1255-1266.

[2] 方翀，毛冬艳，张小雯等. 2012. 2012年7月21日北京地区特大暴雨中尺度对流条件和特征初步分析. 气象. **38**(10)：1278-1287.

[3] 孙军，谌芸，杨舒楠等. 2012. 北京721特大暴雨极端性分析及思考(二)极端性降水成因初探及思考. 气象. **38**(10)：1267-1277.

[4] 俞小鼎. 2012. 2012年7月21日北京特大暴雨成因分析. 气象. **38**(11)：1313-1329.

[5] 柯文华，俞小鼎，林伟旺等. 2012. 一次由“列车效应”造成的致洪暴雨分析研究. 气象. **38**(5)：552-560.

[6] 陶诗言等. 1980. 中国之暴雨. 北京：科学出版社，86-88.

[7] Davis, Robert S.. 2001. Flash Flood Forecast and Detection Methods. *Meteorological Monographs*, **28**, 481-526.

[8] Laing A G, J M Fritsch. 2000. The Large-Scale Environments of the Global Populations of Mesoscale Convective Complexes. *Mon. Wea. Rev.* **128**(8): 2756-776.

[9] Maddox R A. 1983. Large-Scale Meteorological Conditions Associated with Midlatitude, Mesoscale Convective Complexes. *Mon. Wea. Rev.* **111**(7): 1475-1493.

[10] Robe, F., and K. A. Emanuel. 2001. The effect of vertical wind shear on radiative-convective equilibrium states. *J. Atmos. Sci.* **58**, 1427-1445.

[11] 孙淑清，翟国庆. 1980. 低空急流的不稳定性及其对暴雨的触发作用. 大气科学. **4**(4)：327-336.

2009 年"8·17"鲁南低涡暖切变线极强降水成因分析

杨晓霞[1] 蒋义芳[2] 胡顺起[3] 姜鹏[1] 高留喜[1]

(1.山东省气象台,济南 250031;2.江苏省气象台,南京 210008;3.山东省临沂市气象台,临沂 276004)

摘 要

应用各种观测资料和 NCEP/NCAR 1°×1°再分析资料,对 2009 年 8 月 17—18 日鲁南极强降水进行了分析。结果表明:500 hPa 西风槽、850 hPa 暖式切变线和地面倒槽是主要影响系统,中低层湿层深厚,有较高的对流不稳定能量。低层暖式切变线辐合、暖平流、倾斜涡度发展,都有利于上升运动发展,触发对流不稳定能量释放,产生强对流,造成强降水。强降水期间有次级环流产生。中高层弱冷空气侵入是此次强降水的关键因素。中尺度对流云团产生在地面低压倒槽东部和中尺度辐合线附近,极强降水与小尺度温度梯度区相对应。长形中尺度对流系统在东移过程中,其北端生成圆形中尺度对流云团,产生极强降水。在雷达回波图中表现为向北汇集的带状强回波。

关键词:强降水 西风槽 低涡暖式切变线 中高层干冷空气侵入 地面中尺度低压 小尺度温度梯度 对流云团

引言

随着社会经济快速发展,强降水带来的灾害越来越严重。近年来,随着中尺度自动观测资料和卫星云图及多普勒雷达的应用,对暴雨的分析研究越来越精细,一些中小尺度系统特征被揭示[1~6],短时临近预报技术有了较大进步[7]。由于强降水是在天气尺度环流背景下由中小尺度系统直接影响产生的,其范围小、强度大、突发性强,强降水出现的时间、落区和强度仍是目前预报中的难点,对其成因还有待进一步深入研究。吴国雄等[8]根据湿位涡守恒,将倾斜涡度发展理论应用于暴雨形成机制中,指出在中低层大气中,等 θ_{se} 面突然变得陡立密集,在其他条件不变时,大气对流不稳定度减小将导致垂直涡度发展、上升运动增强、降水增幅。高层具有高位涡的干冷空气侵入,将诱发低层中尺度涡旋发展[9],上升运动增强,触发对流不稳定能量释放,产生强对流。湿位涡守恒和倾斜涡度发展理论已应用于暴雨形成机制研究中[10-15]。随着中尺度观测网建立和数值模式改进,对地形在暴雨中的增幅作用也进行了大量的研究[16-26]。就影响系统而言,山东暴雨一般受冷锋、气旋、切变线和台风影响产生。研究表明[27],在华南沿海活动的热带气旋,其外围偏南气流与西风槽相结合也能在山东造成较强暴雨。文献[28]对两次黄海气旋暴雨落区进行的对比分析,为气旋暴雨预报提供了参考依据。目前,对强降水出现时间、地点和强度的预报,仍是预报业务中亟待解决的问题。

2009 年 8 月 17 日下午至 18 日早晨受低涡暖切变线影响,鲁南地区出现 1 h 雨量不小于

资助项目:2011 年和 2013 年中国气象局预报员专项(CMAYBY-2011-026,CMAYBY-2013-040);山东省气象局 2012 年重点科研项目(2012sdzd03)。

50 mm 的区域性强降水和局部 1 h 雨量不小于 100 mm 的极端强降水，费县 1 h 雨量达到 137.2 mm，3 h 雨量达 242.2 mm，日降雨量突破费县自 1959 年以来的气象记录。由于强降水范围大、强度强、过程持续时间长，造成严重灾害。受灾人口 240 万，农作物受灾面积 180×10^3 hm^2，直接经济损失 11.3 亿元。为此，应用各种观测资料和 NCEP/NCAR $1^\circ\times1^\circ$再分析资料，对此次极强降水成因进行分析，期望加深对强降水天气的全面认识，为今后做好强降水天气预报、预警和服务提供客观依据。

1 强降水特征分析

2009 年 8 月 17 日 15 时—18 日 07 时，鲁南地区自西向东出现 1 h 雨量不小于 50 mm 的区域性强降水（以下简称"8·17"鲁南强降水），局部地区 1 h 雨量大于 100 mm。强降水主要集中在 17 日 15 时—18 日 07 时，每小时均有 9～17 个中尺度雨量站降水量在 50 mm 以上，最大 1 h 雨量 50.0～137.2 mm，17 日 23 时—18 日 00 时 1 h 雨量大于 50 mm 的测站最多，达 17 个；费县 18 日 01—02 时 1 h 雨量达 137.2 mm，18 日 00—03 时 3 h 雨量 242.2 mm，日雨量 302.3 mm，创该县自 1959 年有气象记录以来日雨量极值。"8·17"鲁南强降水过程中，鲁南有 18 个县(市)过程雨量超过 100 mm(图 1a)。降水强度大、雨量集中，30 mm/h 以上强降水在一个测站持续时间不长，最多 3～4 h，50 mm/h 以上强降水在一个测站持续 1～2 h。强降水在鲁南自西向东历经 15 h，30 mm/h 以上强降水有 330 站，≥50 mm/h 的有 133 站，≥70 mm/h 的有 42 站（中尺度雨量站）。

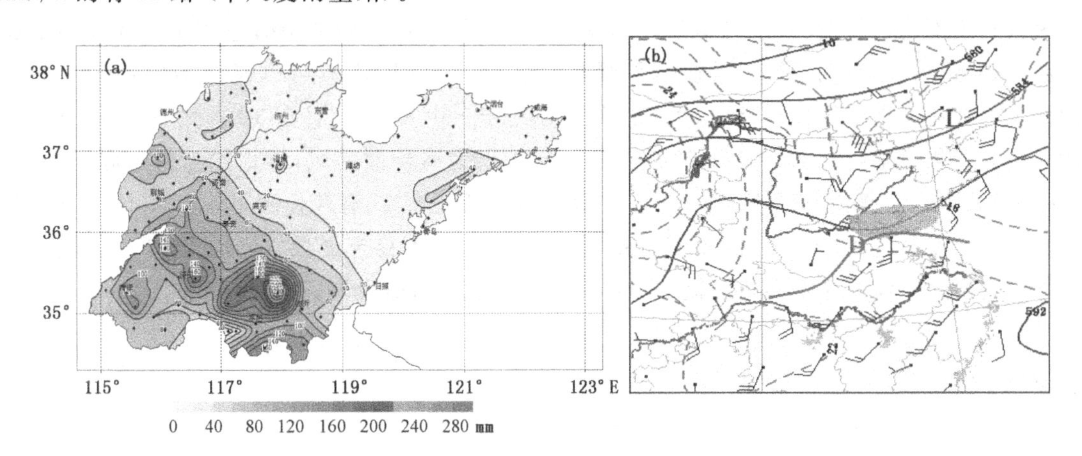

图 1 (a)2009 年 8 月 17 日 08 时—18 日 08 时山东省降水量分布(等值线间隔，20 mm)，(b)8 月 17 日 20 时 500 hPa 等高线(蓝色实线，单位：dagpm，间隔 4)，850 hPa 等温线(红色虚线，单位：℃，间隔 4)和风场；棕色实线为切变线，绿色阴影区为鲁南强降水区

2 环流背景与天气系统

8 月 17 日 08 时 500 hPa 图上，贝加尔湖西部为较深冷性低涡，其前部的中支槽位于河套东部，槽后低涡南部的偏北气流在河套地区东移南下，槽前为强盛西南气流，风速在 12～18 m/s 之间；副热带高压(副高)庞大，与大陆高压打通，副高脊线位于 30°N 附近，副高西北边缘 588 dagpm 线呈东北—西南向且穿过山东中部，山东受西风槽前西南风和副高边缘西南风共同影响。700 hPa 南北向切变线位于河北，山东为切变线东部副高边缘西南气流控制，西南风

风速 8 m/s,郑州西南风达 20 m/s。850 hPa 形势不同于中高层,河南西部风场上形成气旋性环流,33°N 附近形成东西向暖式切变线,鲁南强降水区受偏南风与偏东风切变线影响。地面上,低压倒槽从西伸向江淮地区,鲁南位于倒槽北部,有偏东风与偏北风辐合。随着高空西风带系统东移,17 日 20 时,500 hPa 低槽和 700 hPa 切变线移到山东西部,850 hPa 低涡环流中心北移到鲁西南,东部暖切变线影响鲁南地区(图 1b)。受其影响,17 日下午到夜间,鲁南地区自西向东产生强降水。由于副高较强,500 hPa 西风槽在东移过程中减弱,18 日 08 时演变成经向切变线并位于山东半岛南部;700 hPa 在鲁西南形成中尺度气旋性环流中心,与 850 hPa 低涡环流中心相对应。强降水产生在低层 850 hPa 暖式切变线北部与中高层冷式切变线相叠置的区域。

3　成因分析

3.1　中低层暖湿、有较高的对流不稳定能量

分析"8.17"鲁南强降水过程前后最近时次和最近距离探空站(徐州)物理量参数可知,强降水开始前 12 h 内,大气高温、高湿,具有较高对流不稳定能量。8 月 17 日 08 时 $T-\lg p$ 图上,对流有效位能(CAPE)较小,K 指数仅 22 ℃,上、下层温度和露点曲线呈喇叭口形,说明低层大气较湿,近于饱和,而高层大气较干,"上干下湿"造成大气对流不稳定。强降水期间当日 20 时(图 2a),CAPE 迅速增大,达 2543.2 J/kg,K 指数增至 38 ℃,0 ℃层高度较高(5468.5 m),整层大气较暖,抬升凝结高度较低(1003.0 hPa),抬升凝结处温度较高(27.0 ℃),说明此刻大气对流不稳定能量高、水汽丰富,中低层大气暖湿深厚,水滴在上升过程中不易冻结形成冰粒,以水滴为主,有利于产生强降水。强降水过后,CAPE 减小到 0,K 指数降低到 30 ℃。说明大气对流不稳定能量已释放、大气层结趋于稳定。由 8 月 17 日 08 时—18 日 20 时高空风的分布和变化可知(图 2b),17 日 08 时 300 hPa 以下为南到西南风,近地层为偏东和东南风,850 和 700 hPa 为偏南和西南风,500 hPa 以下风随高度顺转,有较强暖平流。17 日 20 时 500 hPa 附近露点温度明显升高,温度露点差明显减小,对流不稳定能量急剧增大,说明中低层暖湿平流使大气对流不稳定能量升高,水汽充沛,有利于强对流发展,造成强降水。

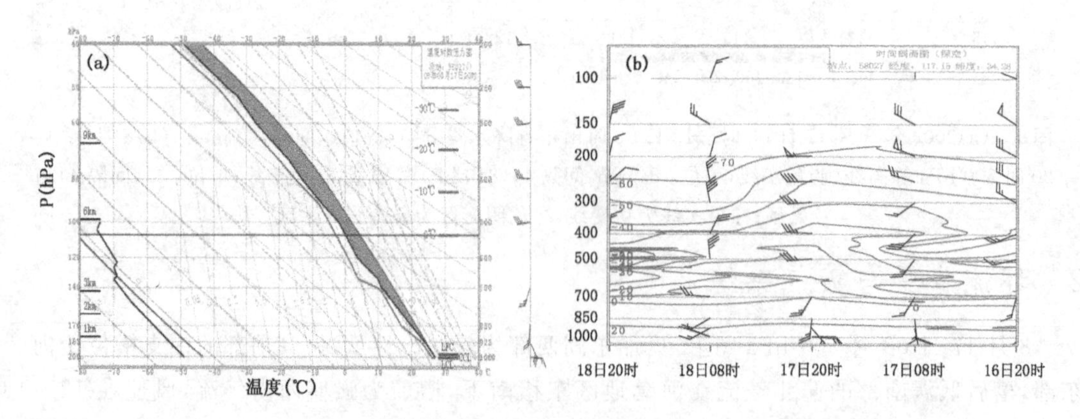

图 2　2009 年 8 月 17 日 20 时徐州站探空曲线(a)和 17 日 08 时—18 日 20 时风和露点温度(单位:℃)演变(b)

分析强降水前低层的比湿可见，17 日 20 时 850 hPa 上有一比湿大于 12 g/kg 的高值舌北伸到鲁南强降水区，鲁南南部比湿大于 14 g/kg。说明大气中水汽含量较高，有利于产生强降水。

3.2 中低层始终为暖平流

分析强降水期间不同时次温度平流的分布和变化可知，17 日 20 时 850 hPa，在鲁南地区有 4×10^{-5}℃/s 的暖平流中心，强降水期间 18 日 02 时鲁东南和山东半岛南部暖平流强烈发展，中心达 10×10^{-5}℃/s，强降水发生在暖平流中心的西南部和暖切变线附近。从穿过强降水区沿 118°E 的垂直剖面图上可见，17 日 20 时 500 hPa 以下为偏南风输送的暖平流，其中心位于 700 hPa 附近强降水区的南部，18 日 02 时 700 hPa 附近暖平流中心减弱，850 hPa 以下暖平流增强。低层暖平流一方面向强降水区输送暖湿空气，使得层结不稳定度增大、对流不稳定能量升高，另一方面，根据天气学原理，暖平流有利于上升运动发展，有利于触发对流不稳定能量释放产生强对流，造成强降水。

3.3 弱的干冷空气从中高层侵入

从 17 日 08 时—18 日 20 时徐州探空站上空风的演变可见(图 3b)，17 日 08 时 200 hPa 以上为西北风，20 时 500 hPa 以上转为较强的偏西风，18 日 08 时 700 hPa 转为偏西风，500 hPa 以上转为偏北风，且 700 hPa 以上露点明显降低。说明在强降水期间干冷空气在中高层入侵。从图 5a、b 中可以看出，在 500 hPa 以上有偏北风携带的冷平流向强降水区侵入，300 hPa 附近最强。高层冷空气与低层暖湿气流相叠置，大气层结不稳定加剧，高层冷平流产生下沉气流，与低层暖平流产生的上升运动相叠置，冷暖空气在高空汇合，使对流加剧、降水强度加大。

θ_{se}代表大气温湿状况，分析 θ_{se}的分布和变化可更好地了解暴雨期间冷暖空气的活动状况。在“8・17”鲁南强降水期间，17 日 20 时 850—500 hPa θ_{se}高值舌随偏南气流自南向北伸到强降水区，但高值舌的强度自低层到高层减小，大气对流性不稳定有利于对流产生。18 日 02 时，强降水区 850 hPa 以下仍然为偏南气流和 θ_{se}高值舌控制，在舌区有较强的暖湿平流(图 3a)；在 500 hPa 上槽后西北气流伴随的 θ_{se}低值舌已侵入到鲁中(图 3b)，在强降水区北部的 θ_{se}降低，上、下层 θ_{se}差值增大，对流不稳定增强。从沿 118°E 穿过强降水中心的 θ_{se}经向剖面图(图 3c)上可见，17 日 20 时在强降水区南部 850 hPa 以下为高值中心，32°—33°N 在近地面附近的中心值高达 92 ℃，高值舌随偏南风气流向北伸，在强降水区北部 500 hPa 附近有一低值舌随偏北气流向南伸。18 日 02 时在低层 θ_{se}高值舌前部的偏南气流和上升运动加强，θ_{se}高值舌向高空伸展，使其前部的等 θ_{se}线变得陡立密集(图 3c)；同时，高空 500 hPa 附近 θ_{se}低值舌也加强南伸，在 36°N 附近与低层高值舌相叠置，在叠置区等 θ_{se}线变得陡立密集，密集区直达 400 hPa 附近，在低层高 θ_{se}舌与高层低 θ_{se}舌衔接区域，费县 18 日 01—02 时产生 137.2 mm/h 强降水。说明高空 500 hPa 具有低能量的干冷空气与低层具有高能量的暖湿空气汇合时地面降水强度显著增大；另外，当等 θ_{se}线变陡立密集时，大气对流不稳定度减小而变为中性，在其他条件不变时，由湿位势涡度守恒和倾斜涡度发展理论[8~10]知，对流不稳定度减小导致绝对涡度增大，有利于垂直涡度发展、辐合上升运动加强，使降水强度增大。18 日 08 时低层 θ_{se}高值舌继续北伸并向高层发展，等 θ_{se}线陡立密集区也北移，但低层高 θ_{se}中心明显减弱，说明低层不稳定能量已释放，强降水结束。

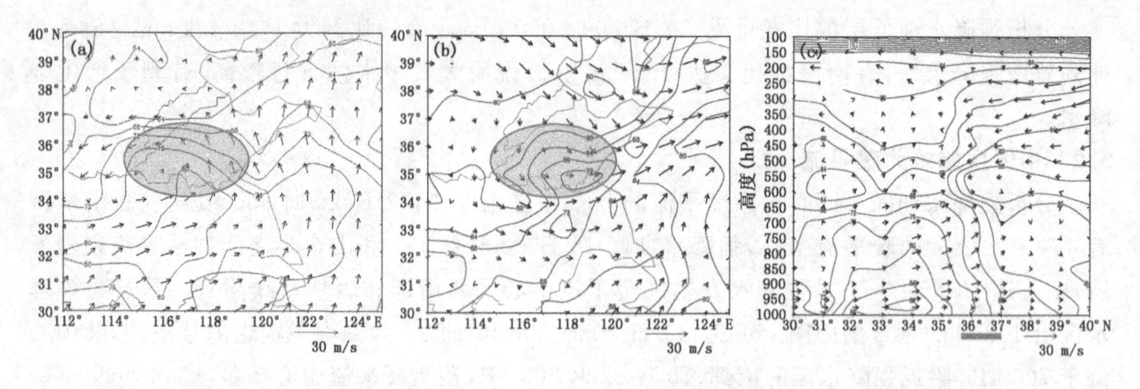

图 3　2009 年 8 月 18 日 02 时 850 hPa(a)，500 hPa(b)θ_{se}(单位：℃)水平分布与(u, v)和 18 日 02 时沿 118°E 经强降水中心的 θ_{se} 经向剖面与(v, -10ω)(c)

3.4　地面上形成中尺度辐合线和中尺度低压

分析“8·17”鲁南强降水时 1 h 间隔的地面风场分布与演变可知，强降水产生在偏东风与偏北风形成的气旋性辐合线附近，说明在地面中尺度辐合线附近的辐合上升运动与低层切变线附近的辐合上升运动相结合触发对流不稳定能量释放，产生强对流，造成强降水。17 日 14 时开始在鲁西南形成偏北风与偏东风的辐合线，缓慢东移，在辐合中心附近产生 30 mm/h 以上强降水。17 日 16 时辐合线向东北方向伸展，其附近的强降水范围扩大，强度增强，1 h 最大雨量达 84.1mm。之后，辐合线北部的东北风明显增大，南部的东到东南风也明显增强。18 日 01 时，辐合线东移到鲁东南地区，此时强降水随之东移到鲁东南，辐合线附近 18 日 01—02 时费县雨量达 137.2 mm，随着辐合线东移，强降水中心随之东移，18 日 05 时辐合线东部的东到东南风明显减弱，对流性强降水逐渐减弱，强降水中心与中尺度辐合线有较好的对应关系。

分析 1 h 间隔地面气压和温度分布与变化可见，17 日 20 时鲁西南中小尺度低压倒槽加强东移，21 时倒槽加强北伸，说明南方暖湿空气加强，在倒槽顶部的济宁降水加强。23 时中小尺度低压倒槽东移，18 日 01 时在鲁南形成小尺度的低压中心，在其东北部形成冷池，冷池东部的等温线变密。18 日 02 时低压中心加强(图 4a)，在小尺度低压倒槽的东部和温度梯度区，18 日 01—03 时费县分别产生 1 小时 137.2 和 72.3 mm 的极强降水。18 日 04 时，中尺度低压中心扩大，低压倒槽东部的温度梯度也明显减小，强降水区东移且逐渐减弱。由此可见，强降水与中小尺度低压倒槽和温度梯度相对应。

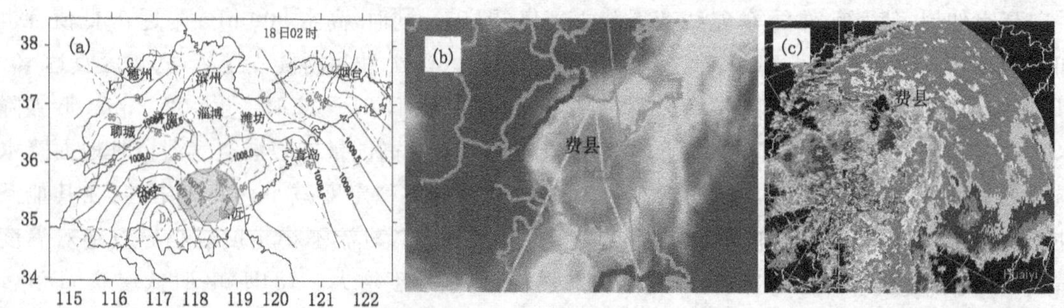

图 4　2009 年 8 月 18 日 02 时地面温度(红色虚线，间隔 1 ℃)、气压(蓝色实线，间隔 0.5 hPa)和相对湿度(绿色虚线，间隔 10%)分布(a)，FY-2E 红外卫星云图(b)，徐州多普勒雷达站综合回波 CR37(c)

3.5 地形对强降水有增幅作用

由以上分析可知，强降水产生在地面中小尺度低压倒槽顶部，有小尺度的温度梯度及气压梯度。中低层均为暖湿气流，地面上小尺度的冷池和温度梯度可能是由地面加热和冷却不均匀以及地面倒槽中的风场辐合产生的。费县位于向东南开口的山谷的南部，为偏东气流的迎风坡，有地形产生的偏东风的辐合和抬升[25]，产生中小尺度的上升运动，使对流加强，降水增幅，产生极强降水。

4 中尺度对流云团特征

4.1 卫星云图中云团的发展和演变

分析8月17—18日不同时次FY-2E红外卫星云图演变可见，在东北一西南向的带状云带上，17日12时在河南东部暖切变线附近对流云团发展且东移，15时开始对流云团北部在鲁西南地区发展，产生强降水，17时鲁西南对流云团快速向东向北发展，同时在对流云团主体的西南部也有小尺度对流云团发展，形成长形的中尺度对流系统，鲁南地区降水加强。对流系统在19时达到最强，20时开始减弱，21时开始分裂，22时分裂成由5个小对流云团组成的对流云带。在对流云带的北端为低层暖切变线辐合区，地面上为辐合线和中尺度低压区，23时以后，在中尺度对流云带的北端，对流云团强烈发展，给鲁东南带来极强降水。18日01时北部发展的对流云团最低云顶黑体亮温(TBB)达－57.5 ℃，02时费县附近TBB达－61.1 ℃(图4b)，对流云团发展成圆形，缓慢东移，18日04时开始减弱，面积减小，边缘松散不规则，鲁东南地区的降水强度明显减小。07时演变成南北长条形云带，移到江苏北部沿海，鲁东南地区强降水基本结束。由此可见，强降水主要由长形中尺度对流系统和其北端发展的圆形中尺度对流云团产生，圆形中尺度对流云团在鲁东南的费县产生极强降水。

4.2 雷达回波特征

从徐州多普勒雷达站的综合回波(CR37)图中可见，从8月17日下午开始，南北向带状强降水回波自鲁西南向东北偏东方向缓慢移动，回波带强度一般在40～55 dBZ，其中最大回波强度为55～60 dBZ。7日17时回波带影响鲁西南地区，之后缓慢东移，向北气旋式汇集和传播，有不同强回波单体合并，范围增大。17日22时30分，两条回波带在济宁汇集。17日23时30分—18日00时30分，过徐州雷达站形成东北—西南走向的线状回波，并迅速发展成条状，与东部条状回波带在费县附近汇合，小回波单体沿回波带向北移动，在费县附近汇集。18日01时00分—01时30分两个条形回波带合并，降水强度增大，在回波带北端，即小回波单体的汇集区产生1 h雨量137.2 mm和2 h雨量209.5 mm的极强降水。02时回波带减弱(图4c)，分裂成“人”字形回波带。02时30分—03时30分时回波带减弱东移且呈气旋性弯曲。将强降水回波与地面风场和气压场及温度场进行叠置分析可见，强降水回波带产生在地面小尺度低压倒槽中，与地面辐合线和温度梯度密集区走向一致。说明地面小尺度辐合产生的上升运动对强降水有一定的触发作用。

5 小结

(1)2009年8月17日夜间至18日早晨鲁南地区极强降水是由500 hPa副高边缘的西风槽、700 hPa切变线、850 hPa低涡环流东部的暖式切变线和地面倒槽共同影响产生的。

(2)中低层暖湿,850 hPa 比湿 12～14 g/kg。大气对流不稳定,有较高的对流不稳定能量。在低层有较强的暖平流,高湿舌沿偏南气流北伸到强降水区,使对流不稳定加剧和上升运动发展。中高层弱的干冷空气侵入是此次极强降水的关键因素。中高层干冷空气侵入一方面使对流不稳定度增大,另一方面与低层暖空气混合使对流加强,降水强度增大。

(3)低层切变线辐合和暖平流产生的上升运动相叠加,上升运动增强;中低层倾斜涡度发展,垂直涡度增大,也有利于上升运动增强;低层东南风与高空槽前的西南风相配合,在纬向上形成次级环流,次级环流的上升支与天气尺度的上升运动和中尺度的上升运动相叠加。低层上升运动触发对流不稳定能量释放,产生强对流,造成强降水。

(4)地面中尺度辐合线与中尺度低压倒槽相配合产生辐合上升运动,与中低层辐合上升运动相结合,对强降水的产生有一定的触发作用。强降水与地面中尺度辐合线和中尺度低压倒槽及温度梯度区有较好的对应关系。有利的地形造成辐合及抬升,使降水强度增大。

(5)强降水由中尺度对流系统和其北端产生的圆形对流云团产生,雷达回波中为南北向条形中尺度对流回波带,向北气旋性汇集和传播,整体向东缓慢移动。

参考文献

[1] 盛杰,张小雯,孙军等.三种不同天气系统强降水过程中分钟雨量的对比分析.气象,2012,**38**(10):1161-1169.

[2] 卓鸿,赵平,任健等.2007 年济南"7・18"大暴雨的持续拉长状对流系统研究.气象学报,2011,**69**(2):263-276.

[3] 谌伟,岳阳,邓红等.2008 年 7 月 22 日梅雨锋西段襄阳特大暴雨成因分析.暴雨灾害,2011,**30**(3):210-217.

[4] 蔡菁,冯晋勤.2011 年"6・12"闽西局地大暴雨过程的中尺度特征.暴雨灾害,2011,**30**(4):349-357.

[5] 张建海,张海燕,曹艳艳.浙江沿海地区一次东风扰动暴雨的成因分析.暴雨灾害,2011,**30**(2):153-160.

[6] 魏东,杨波,孙继松.北京地区深秋季节一次对流性暴雨天气中尺度分析.暴雨灾害,2009,**28**(4):289-294.

[7] 俞小鼎,周小刚,Lemon L 等.强对流天气临近预报.中国气象局培训中心,北京:2011:81-93.

[8] 吴国雄,蔡雅萍,唐晓菁.湿位涡和倾斜涡度发展.气象学报,1995,**53**(4):387-404.

[9] 吴国雄,蔡雅萍.风垂直切变和下滑倾斜涡度发展.大气科学,1997,**21**(3):273-282.

[10] 蒙伟光,王安宇,李江南,等.华南暴雨中尺度对流系统的形成及湿位涡分析.大气科学,2004,**28**(3):331-341.

[11] 赵宇,杨晓霞,孙兴池.影响山东的台风暴雨天气的湿位涡诊断分析.气象,2004,**30**(4):15-19.

[12] 杨晓霞,万丰,刘还珠等.山东省春秋季暴雨天气的环流特征和形成机制初探.应用气象学报,2006,**17**(2):183-190.

[13] 杨晓霞,李春虎,李峰等.山东半岛致灾大暴雨成因个例分析.气象科技,2008,**36**(2):190-196.

[14] 杨晓霞,王建国,杨学斌等.2007 年 7 月 18—19 日山东大暴雨天气分析.气象,2008,**34**(4):61-70.

[15] 杨晓霞,周庆亮,郑永光等.2009 年 5 月 9—10 日华北南部强降水天气分析.气象,2010,**36**(6):43-49.

[16] 马晓琳,马中元,黄水林等.庐山夏季强降水与台风活动关系分析.暴雨灾害,2011,**30**(2):177-181.

[17] 孟智勇,徐祥德,陈联寿.台湾岛地形诱生次级环流对热带气旋异常运动的影响机制.大气科学,1998,**22**(2):156-168.

[18] Meng Zhiyong, Nagata Masashi, Chen Lianshou. A numerical study on the formation and development

of island induced cyclone and its impact on typhoon structure change and motion. *Acta Meteorologica Sinica*, 1996, **10**(4): 430-443.

[19] 马玉芬,沈桐立,丁治英等.台风"桑美"的数值模拟和地形敏感性试验.南京气象学院学报,2009,**32**(2):277-286.

[20] 冀春晓,薛根元,赵放等.台风 Rananim 登陆期间地形对其降水和结构影响的数值模拟试验.大气科学,2007,**31**(2):233-244.

[21] 钮学新,杜惠良,滕代高,等.影响登陆台风降水量的主要因素分析.暴雨灾害,2010,**29**(1):76-80.

[22] 吴启树,沈桐立,李双锦.影响福建沿海的 0010 号"碧利斯"台风暴雨的地形敏感性试验.台湾海峡,2005,**24**(2):236-242.

[23] 丁仁海,王龙学.九华山暴雨地形增幅作用的观测分析.暴雨灾害,2009,**28**(4):377-381.

[24] 叶成志,李昀英.湘东南地形对"碧利斯"台风暴雨增幅作用的分析.暴雨灾害,2011,**30**(2):122-129.

[25] 高留喜,王彦,万明波等.2009-08-17 山东特大暴雨雷达回波及地形作用分析.大气科学学报,2011,**34**(2):239-245.

[26] 郃庆国,汤剑平,高留喜.海岸地形作用在青岛一次晚秋暴雨过程中的数值模拟分析.气象科学,2007,**29**(6):633-640.

[27] 杨晓霞,陈联寿,刘诗军等.山东省远距离热带气旋暴雨研究.气象学报,2008,**66**(2):236-250.

[28] 李斌,杨晓霞,孙桂平等.青岛奥帆赛期间两个黄淮气旋暴雨对比分析.气象,2008,**34**(S1):38-46.

基于LAPS资料的两例不同类型暴雨过程中尺度特征对比分析

叶成志[1]　陈红专[2]

(1.湖南省气象台,长沙 410007;2.怀化市气象台,怀化 418000)

摘　要

利用多种观测资料、NCEP再分析资料和LAPS局地分析资料,对2011年6月湖南两次暴雨过程进行了对比分析。结果表明:两次过程虽均属于湖南盛夏低涡冷槽型暴雨过程,但降水性质、中尺度特征和环境条件有差异。第一次过程暴雨由一个接地的β中尺度低涡产生,低涡维持的时间长,且稳定少动,局地降水强度大。第二次暴雨过程直接影响系统为中尺度切变线,强降水范围大,且持续时间长。两条水汽输送通道的建立和对流层中低层水汽的大量集中为两次过程中尺度对流系统的发展提供了有利的水汽条件,暴雨发生在锋前高温、高湿的不稳定层结条件和强上升运动区域中,锋区的动力强迫上升运动加强了低层能量和水汽的向上输送。两次过程中尺度对流系统均具有深厚的垂直环流结构,第一次过程湘东北特大暴雨区是一支近乎垂直的深厚上升气流,南北两侧有明显的补偿下沉气流,而第二次过程湘中暴雨区垂直上升运动是倾斜向上的,仅南侧存在补偿下沉气流。

关键词:暴雨　低涡冷槽型　中尺度特征　对比分析

引言

由于不同形成机制的暴雨中尺度天气系统的特征、结构、生命史长度等不同,暴雨强度、落区和持续时间的长短也不尽相同,造成暴雨预报的极大困难,因而暴雨过程的对比分析是气象学者长期关注的一个方面[1-4]。近些年来,随着探测技术的不断发展和成熟,各种中尺度探测资料迅速增多,利用分析场进行预报分析的工作日益得到重视。LAPS(Local Analysis and Prediction System)是NOAA下属ESRL发展的三维数据分析系统,它能够有效融合模式背景场、地基、空基等多种观测数据,获得高时空分辨率的三维格点中尺度分析场,是目前国际上最先进的中尺度分析系统之一[5-7]。本文利用LAPS中尺度分析资料,对2011年盛夏湖南两次暴雨过程进行对比分析,旨在揭示这两次暴雨过程的中尺度特征及其环境场的异同点,为暴雨预报提供一些有益参考。

1　过程概述

2011年6月上旬末到中旬,湖南出现了两次区域性大暴雨和特大暴雨天气过程。第一次过程发生在6月9日08时—11日08时,全省有590个站(含区域自动站,以下同)累积降水量超过50 mm,238个站超过100 mm,5个站超过250 mm(全部位于湘东北地区),强降水主要位于湘北和湘中地区,最强降水时段出现在9日20时—10日14时,最大24 h降水量达

资助项目:中国气象局预报员专项CMAYBY2012-039、国家自然科学基金(No. 41075034)。

277.2 mm(岳阳临湘市贺畈)。第二次过程发生在6月13日08时—16日08时,全省有829个站累积降水量超过50 mm,356个站超过100 mm,最强降水时段出现在14日08时—15日10时,除湘东南地区外,全省普降暴雨,部分地区降大暴雨。全省700多个乡镇400多万人口受灾,经济损失超过27亿元,尤其是第一次过程,短时间出现的强降雨引发山洪和泥石流等地质灾害,造成了岳阳出现重大人员伤亡事故。比较而言,第一次过程强降雨时段集中,局地降水强度大,致灾性强,第二次过程则降雨时间长,降水相对均匀,暴雨区范围广,面雨量大。

2 基于LAPS资料的暴雨中尺度特征分析

2.1 中尺度系统的演变特征

LAPS资料中同时包含有大尺度和中尺度信息,为了分析暴雨中尺度系统的演变特征,采用barnes带通滤波方法,设计由两个低通滤波器构成的带通滤波器,此带通滤波可以完整地保留50～250 km的波动(即β中尺度系统)。本文利用LAPS资料经带通滤波后的场,对比分析两次降雨过程的最强降雨时段中尺度系统的演变特征。

分析第一次过程的滤波场可以发现,湘东北的特大暴雨由一个及地的β中尺度低涡产生,低涡从900 hPa一直伸展到地面。10日00时,925 hPa滤波场在湘鄂两省交界处有一个β中尺度低涡生成,分析各层可发现,从900 hPa到1000 hPa均可分析到闭合气旋性环流,结合区域自动站风场资料分析发现,此时在湘北地面上也存在一个中尺度涡旋,显然这是一个及地的β中尺度低涡,850 hPa则表现为气旋式环流。02时(图1a),β中尺度低涡仍然维持在湘鄂交界处,同时,00时在湘东北特大暴雨区东北侧的弱反气旋环流已加强为一个闭合的中尺度反气旋中心,其东南侧的东北气流与中尺度低涡南侧的西南气流在湘东形成一条准南北向的辐合线。而从同时刻温度的滤波场可以发现,东侧的东北气流区有一个−1.0℃的负中心,而西侧的西南气流区则有+0.5℃的扰动增温,这种冷暖气流的交汇加强有利于降雨的增幅。β中尺度低涡在04时以后逐渐由地面向高空收缩减弱,在08时减弱消失。分析第二次过程的滤波场发现,暴雨主要由中尺度切变线引起,期间虽然有中尺度低涡生成,但维持时间很短。14日23时(图1b),850 hPa滤波场上,中尺度切变线呈东西向分布于湘中一线,切变线的东侧有一个中尺度辐合中心。15日02时,中尺度切变线仍然维持,东端略有北抬,有一个尺度约为

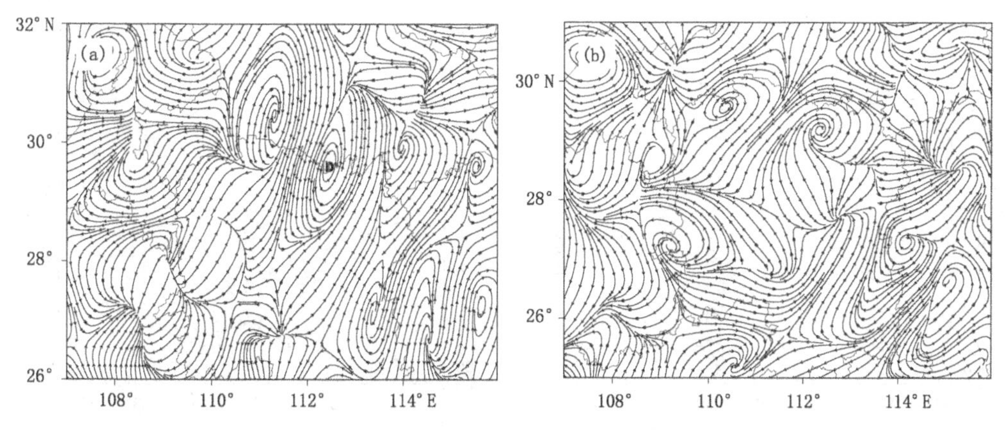

图1 Barnes带通滤波场(a.10日02时925 hPa滤波场,b.14日23时850 hPa滤波场;D表示中尺度低涡或气旋式辐合中心)

80 km 的 β 中尺度低涡生成，但仅仅维持了 1 h 便消失，而西端则转为东北—西南向伸到贵州东南部的 β 中尺度低涡中，这条中尺度切变线在 08 时后减弱消失。

2.2 中尺度系统发展的环境条件特征分析

2.2.1 水汽条件

分析两次过程期间水汽通量场可以看到(图略)，850 hPa 主要有两条水汽输送通道，一条来自孟加拉湾，由西南气流携带水汽输送，另一条来自南海，由副高西侧偏南气流携带水汽输送，两条水汽输送通道的量级相当，但第二次过程的南风输送略强。而 700 和 500 hPa 层两次过程均以西南暖湿气流输送为主，水汽输送通道的建立为暴雨区提供了源源不断的水汽和不稳定能量。水汽通量散度的变化也有利于暴雨的产生，分析两次过程区域平均水汽通量散度的剖面图可以发现(图略)，两次过程中暴雨区低层均有明显的水汽通量辐合，水汽辐合的发展加强与暴雨的发展加强基本上是同步的，暴雨的最强时段出现在水汽辐合达到最强时前后，而当水汽通量辐合减弱时，对流系统也随之减弱，两条水汽输送通道的建立和对流层中低层水汽的大量集中为 β 中尺度对流系统的发展提供了有利的水汽条件。但两次过程水汽辐合的强弱和垂直伸展高度也有区别，第一次过程水汽辐合区伸展到 400 hPa 层以上，对流层中低层均有水汽的大量集中，而第二次过程水汽辐合区主要位于 700 hPa 以下的对流层低层，究其原因，结合雷达资料和气象卫星 TBB 分析可知，主要是由于第一次过程对流云团发展强烈，云顶温度低，对流伸展高度高，强回波伸展的高度也高，有利于水汽的向上输送。

2.2.2 热力和不稳定条件

分析两次过程 10 日 02 时和 15 日 02 时假相当位温 θ_{se} 和垂直速度的剖面(图 2a、b)可以发现，θ_{se} 的分布具有相同的鞍形场结构特点，即：在暴雨区北侧为随高度向北倾斜的 θ_{se} 等值线密集带(锋区)和陡立区，锋区的动力强迫有利于低层能量和水汽的向上输送，同时 θ_{se} 的陡立区容易出现涡度的倾斜发展，是涡旋发展的重要区域[8]；暴雨区低层为 θ_{se} 大值区，存在向高层伸展的高 θ_{se} 舌区，说明暴雨区低层为对流不稳定层结；中层 θ_{se} 等值线稀疏并向下凹，呈漏斗状分布，为中性层结；高层 θ_{se} 随高度增大，为对流稳定层结；强垂直上升运动主要出现在锋前暖区中，θ_{se} 的这种垂直分布特性有利于对流性天气产生。两次过程也有明显的区别，第一次过程暴雨区的垂直上升运动(－1.8 Pa/s)明显比第二次(－0.8 Pa/s)强，对流伸展高度更高，具有

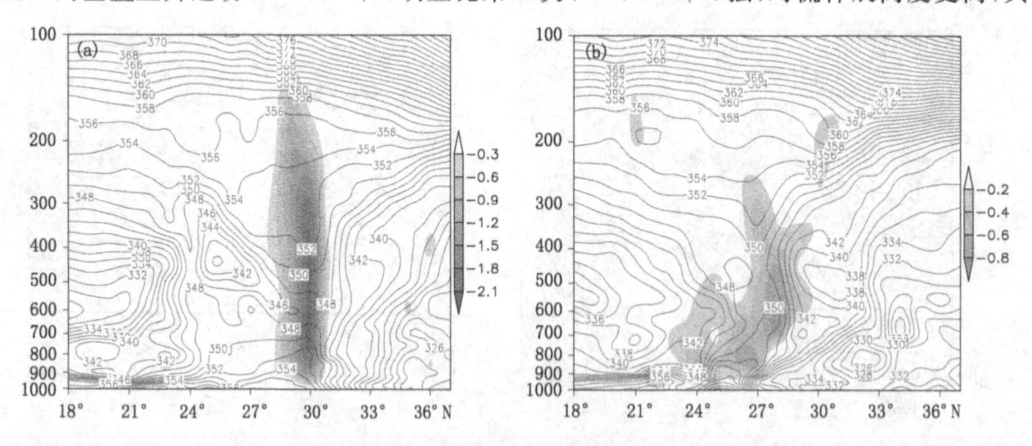

图 2　10 日 02 时(a)和 15 日 02 时(b)θ_{se}(等值线，单位：K)和垂直速度(阴影，单位：Pa/s)的经向剖面(a. 沿 113°E，b. 沿 112°E)

明显的深厚湿对流特征，而且强垂直上升运动区几乎是垂直的，南北跨度很小，而第二次过程的强垂直上升运动区是倾斜向上，南北跨度大，对流运动的发展没有第一次强烈。分析相对湿度和垂直速度的剖面可以发现，两次过程中暴雨区均有从对流层低层直达高层的相对湿度大于90%的深厚饱和气柱，与强上升运动形成互耦结构，暴雨就发生在锋前高温、高湿的不稳定层结条件和强上升运动区。

2.2.3 动力条件

分析两次过程降雨最强阶段（10日02时和15日02时）各物理量的垂直分布可知，第一次过程，湘东北特大暴雨区涡度的分布呈明显的低层正涡度，中高层负涡度的结构特征，正涡区集中在600 hPa以下的低层，而负涡度区厚度较大，有多个负涡度中心，负涡度中心的强度比正涡度中心略偏强（图3a）。散度的分布与涡度的分布类似，表现为中低层辐合，高层辐散的分布结构特征，高层的辐散强于低层的辐合，在150 hPa出现$18\times10^{-5}\,s^{-1}$的强辐散中心，而且涡度和散度的正、负分布基本上是垂直的，高、低空涡度场和散度场的这种分布有利于垂直上升运动的加强和维持。而第二次过程，湘中大暴雨区虽然也维持低层正涡度、负散度和高层负涡度、正散度的结构特征，但低层的正涡度和负散度区均是由低纬度低层逐渐向高纬度高层倾斜而上，说明低层的切变线是后倾的，而且高层的负涡度、正散度的强度均没有第一次过程强（图3b）。两次过程高低空涡度场和散度场的配置均有利于强降水的产生和维持，相对来说，第一次过程更有利于垂直上升运动的发展和维持。

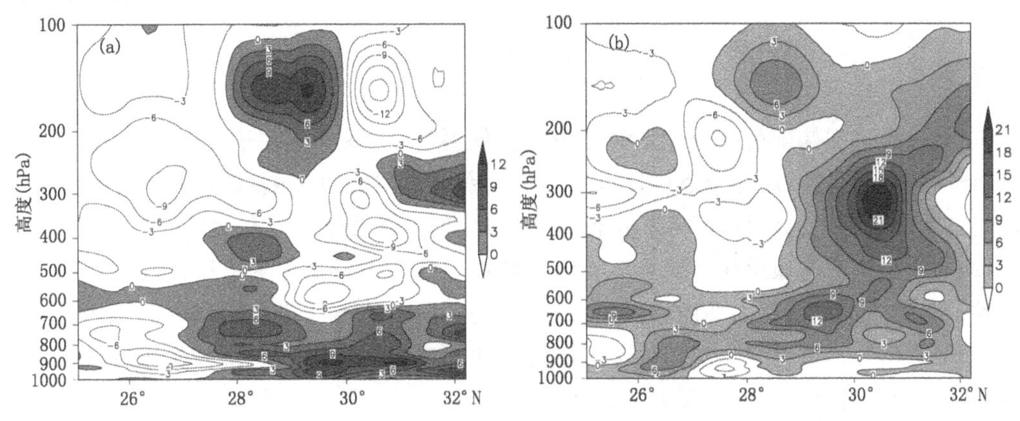

图3 (a)10日02时涡度沿113°E的经向剖面和(b)15日02时涡度沿112°E的经向剖面（单位：$10^{-5}\,s^{-1}$）

进一步分析南北风和垂直速度合成的流场剖面可以发现，第一次过程（图4a），在湘东北特大暴雨区是一支近乎垂直的深厚上升气流，这支上升气流从对流层低层直达200 hPa以上，最大上升速度出现在400—200 hPa，超过−5 Pa/s，在200 hPa以上气流向南北分流，辐散特征明显，其中向南的辐散气流在低纬度转为下沉补偿气流，汇入低纬度的暖湿气流中，在系统的前部形成一深厚的入流，700 hPa西南气流超过24 m/s，构成一个北面上升南面下沉的经向垂直反环流。另外，在紧邻上升气流的后侧对流层中下部还有一个经向垂直正环流，高度较前侧的垂直反环流略低，其对流尺度下沉气流在700 hPa以下分流，其中向南的辐散气流与低层暖湿气流辐合，加强暴雨区上空低层的辐合，从而使上升运动得到进一步发展，有利于暴雨的维持和加强，这种双中尺度垂直环流圈结构是强暴雨中尺度流场发展的一个重要特征[9]。分析第二次过程南北风和垂直速度合成的流场可以发现(图4b),在湘中暴雨区也存在明显的深厚上升运动,但与第一次过程的近乎垂直上升不同,这支上升气流是倾斜向上的,高层的气流辐散没有第一次强。与第一次过程相比,上升气流南侧的经向垂直反环流位置偏高,而低纬度的入流气流虽然也深厚,但强度没有第一次强,700 hPa西南气流为16 m/s,而且后侧也没有明显的下沉补偿气流,冷空气主要由高纬度地区南下,而非由对流层中高层下沉。南北两支气流的辐合虽也很明显,但造成的垂直上升运动不及第一次过程强盛。

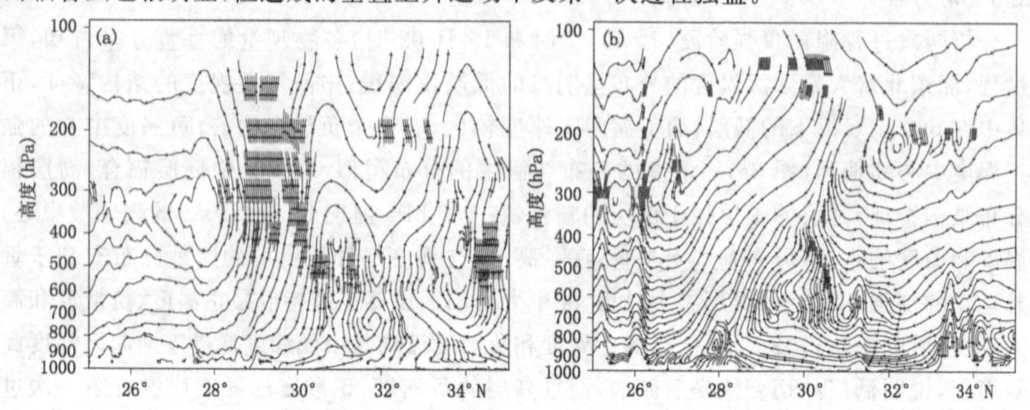

图4　10日02时(a)和15日02时(b)V风(单位:m/s)和垂直速度(单位:Pa/s)合成流场的经向剖面
(a.沿114°E,b.沿112°E,垂直速度放大10倍)

3　结论

(1)第一次过程暴雨由一个接地的β中尺度低涡产生,低涡存在于850 hPa以下各层,维持时间长,且稳定少动,局地降水强度大。第二次暴雨过程直接影响系统为中尺度切变线,虽然期间在低层也有中尺度低涡形成,但低涡维持时间短,故强降水范围大但分布较均匀。

(2)两条水汽输送通道的建立和对流层中低层水汽的大量集中为β中尺度对流系统的发展提供了有利的水汽条件。暴雨均发生在锋前高温、高湿的不稳定层结条件和强上升运动区域中,锋区的动力强迫上升运动加强了低层能量和水汽的向上输送。第一次过程高空强辐散作用更有利于垂直上升运动的发展和维持。

(3)两次过程中尺度对流系统均具有深厚的垂直环流结构,但第一次过程湘东北特大暴雨区是一支近乎垂直的深厚上升气流,上升气流南北两侧有明显的补偿下沉气流,形成两个中尺度垂直环流圈,其中南侧的垂直反环流加强了低纬度暖湿气流向暴雨区的输送,而北侧的垂直正环流下沉支向南的辐散气流与低层西南暖湿气流汇合,形成β中尺度辐合线,加强了暴雨区上空低层的辐合,从而使上升运动得到进一步发展。而第二次过程湘中暴雨区垂直上升运动是倾斜向上的,上升气流区南侧也有一个垂直反环流,北侧没有明显的下沉补偿气流,南北两支气流的辐合虽也很明显,但造成的垂直上升运动不及第一次过程强盛。

参考文献

[1]　苗爱梅,贾利冬,李苗等.2009年山西5次横切变暴雨的对比分析.气象,2011,**37**(8):956-967.

[2]　牛若芸,张志刚,金荣花.2010年我国南方两次持续性强降水的环流特征.应用气象学报,2012,**23**(4):385-394.

[3] 梁生俊，马晓华. 西北地区东部两次典型大暴雨个例对比分析. 气象，2012，**38**(7)：804-813.
[4] 赵玮，王建捷. 北京 2006 年夏季接连两场暴雨的观测对比分析. 气象，2008，**34**(8)：3-14.
[5] 李红莉，张兵，陈波. 局地分析和预报系统(LAPS)及其应用. 气象科技，2008，**36**(1)：20-24.
[6] 彭菊香，李红莉，崔春光. 华中区域 LAPS 中尺度分析场的检验与评估. 气象，2011，**37**(2)：170-176.
[7] 周后福，郭品文，翟菁等. LAPS 分析场资料在暴雨中尺度分析中的应用. 高原气象，2010，**29**(2)：461-470.
[8] 吴国雄，蔡雅萍，唐晓菁等. 湿位涡和倾斜涡底发展. 气象学报，1995，**53**(4)：378-405.
[9] 廖移山，张兵，李俊等. 河南特强暴雨 β 中尺度流场发展机现的数值模拟研究. 气象学报，2006，**64**(4)：500-509.

淮北夏季暖式切变线暴雨特征及其预报预警

张屏　汪付华　孙金贺　朱珠　张永芹　吕森林

（安徽省淮北市气象局，淮北 235037）

摘　要

针对 2000—2009 年安徽省淮北地区夏季 22 例暖式切变线暴雨过程，利用 MICAPS 获取的资料、NCEP 逐 6 h 的 2.5°×2.5°再分析资料和 T213 资料，应用天气分析、对比订正等方法，研究暖式切变线暴雨气候特征、大气环流及其影响系统；根据暴雨发生前后的各种物理量变化规律得出淮北地区暖式切变线暴雨预报的物理量阈值；利用 T213 资料进行检验与订正，根据满足指标阈值的物理量个数，分 3 个等级进行暴雨出现的可能性预警，实现暴雨预报的自动化实时显示，并以 MICAPS 预报产品形式提供给预报员使用。

关键词：暖式切变线　暴雨物理量　预报预警　检验订正　阈值

引言

淮北地区每年夏季都会有 2～3 次暴雨过程发生，常常对社会造成较大影响。暴雨的形成和发展受到各种因素的制约，涉及各种尺度天气系统的相互作用以及中小尺度的边界层和地形的影响等，由于其影响因素错综复杂，导致暴雨预报准确率不高[1]。切变线是产生暴雨常见的中尺度天气系统，暖式切变线暴雨比冷式切变线暴雨的影响大，它常常带来连续强降水，甚至引发流域性洪涝或出现较大范围内涝、渍涝等气象灾害。因此，很有必要对暖式切变线暴雨开展研究。对于暖式切变线暴雨的分析研究，中外都有所涉及[2,3]。目前在制作预报时多从天气形势、西南急流及数值预报产品等方面考虑，而对于暖式切变暴雨发生时的一些物理量研究和应用并不多。因此，通过对该类暴雨气候特征分析以及主要物理量阈值的确定，将有助于更好地作出淮北地区的暴雨预报、预警，尽可能地减少该类暴雨灾害造成的损失。

1　资料和方法

选取安徽省行政区域内淮河以北地区 22 个国家气象观测站，规定 22 个观测站中出现成片（≥3 站）暴雨为淮北地区的暴雨。日降水量统计时段为 20 时—20 时；NCEP 资料为 2000—2009 年逐 6 h 的再分析资料，分辨率 2.5°×2.5°。文中的暖式切变线（以下简称“暖切变”）是指东南（偏东）风与西南（偏南）风构成的气旋式风场不连续线。本文统计分析的暖切变规定标准是指活动于（30°—36°N，110°—120°E），出现在 850 或 700 hPa 等压面上的切变线[2]。从淮北地区 22 个观测站中选择 7 个代表站，规定其中有一个站达暴雨，列入普查对象；有 3 个以上站达暴雨，则列入暖切变暴雨范畴。据此普查了 2000—2009 年 10 a 的历史资料和对应的历史天气图，对夏季（6—8 月）出现在淮北地区的暴雨过程进行细致统计，共普查出符合条件的暖切变暴雨过程 22 例。

2　暖切变暴雨气候特征

2.1　统计概况

统计分析发现，暖切变的移动与暴雨落区密切相关，暴雨过程中有暴雨类型转变和生成、消失较突然的特点。淮北地区暖切变暴雨具有降水集中、影响大、范围广、持续时间长等特点。易出现大范围洪涝和局部内涝。据统计，近 10 a 淮北地区夏季由暖切变引起的暴雨约占暴雨总次数的 60%；暖切变暴雨持续时间一般 1～2 d，占过程总次数的 81%，并且以持续 2 d 暴雨为最多；6、7 月分别出现 7 和 10 次，占总次数的 77%。所选 22 例暴雨过程都分别出现了 6 站以上成片暴雨或大暴雨，其中有 12 次过程都分别出现了 15 站次以上暴雨或大暴雨；尤其是 2005 年 7 月 5—10 日的一次过程持续 5 d，共出现 50 站次的暴雨，其中大暴雨 24 站次。

2.2　时空分布

有 80%以上的暖切变呈东西向或西南—东北向穿过淮北地区，且多在淮北地区维持并略有南压或北抬。暖切变上降水量分布很不均匀，常在辐合较强、水汽供应充沛的地区形成暴雨[2]。据统计，有 91%的暴雨落区位于暖切变附近和南侧；而只有 9%的暴雨落区分布在暖切变的北侧。从时间分布上看，7 月暖切变暴雨出现几率最多，占总次数的 53%；6 月次之(31%)；8 月最少。

3　环流形势及影响系统

3.1　500 hPa 环流特征

淮北地区夏季暖切变暴雨出现前后 500 hPa 高纬度地区常有一个或多个较稳定的阻塞高压，中纬度地区环流比较平直(图 1)，不断有短波槽携带冷空气东移南下。淮北地区基本上都

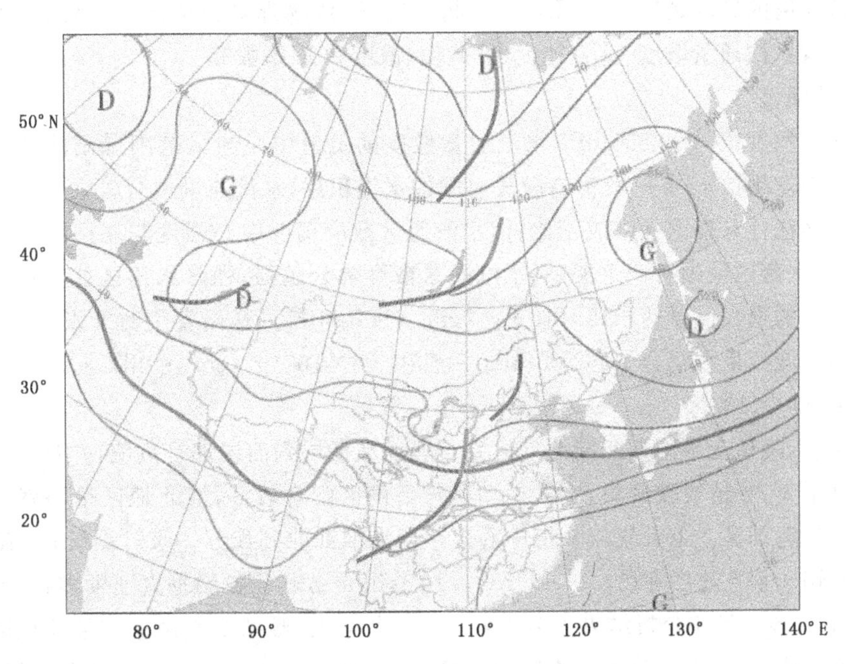

图 1　2003 年 6 月 30 日 08 时 500 hPa 形势图(双阻型)

处在 500 hPa 槽前和副热带高压西北侧 5800—5840 gpm 等值线之间的西南气流中。副热带高压脊线一般在 23°—28°N，北界稳定在 28°—30°N，西脊点多在 110°E 附近。分析表明，副高脊线在 25°N 附近到 28°N 是造成淮北地区强降水的关键。冷空气多从西路或西北路经新疆、河西走廊到达淮北地区引起暴雨。

3.2 低层影响系统

切变线和西南涡：在 22 例暖切变暴雨过程中，淮北地区暴雨与低层 850—700 hPa 切变线和西南涡的影响密切相关，并多受暖式切变线影响。据统计，有 78%的暖切变在北抬过程中影响淮北地区，只有 22%是南压影响；影响后有 65%南压；暖切变基本是西南—东北走向，影响时其位置多在河南中北部到山东中南部一线以南。影响淮北地区的暖切变暴雨基本都有西南涡向东北方向移动，先是低涡前部暖切变影响，后随着低涡东移或向东北方向移动，淮北地区处在低涡后部，转而受冷式切变线影响，此时冷空气继续推动切变线东移南压，大部分情况下暴雨趋于结束。

低空急流：低空急流是淮北地区暖切变暴雨过程最重要的影响系统之一。22 例暴雨过程均伴有西南急流，其中有 90%的西南急流中心最大风速超过 16 m/s，最大达到 28 m/s，而且暴雨出现前到出现时急流风速都有一个明显加强的过程。急流轴中心位置多在武汉到阜阳一线附近或合肥到南京一线附近或两者之间地区。淮北地区暴雨一般出现在 700 hPa 切变线和西南急流之间，在西南急流轴的左方或左前方，有时两者比较接近，暴雨区就出现在急流轴最大风速中心的左前方或正前方；当淮北地区处在急流轴中心附近时，西南风风速可超过 20 m/s；当切变线上有低涡向东北或东北偏东方向移动影响时，急流和降水都加强[4~6]。

4 物理量阈值及其订正

物理量阈值的确定是依据 NCEP 再分析资料，这些物理量包括水汽条件、动力条件和触发机制[4,5]，有水汽通量散度、垂直速度、螺旋度、散度和 K 指数等。

4.1 物理量阈值

水汽通量散度：700 和 850 hPa 水汽通量散度的负值中心与大范围暴雨落区有很好的对应关系。暴雨发生前 12 h 一般都有较长时间的水汽积累，水汽通量辐合较强的区域在淮北地区持续的时间往往与暴雨强度成正比；但水汽通量散度辐合中心强度与暴雨强度没有明显联系，却与强降水落区范围有一定关系，水汽通量散度辐合越强，强降水落区往往也越大。淮北地区辐合中心的最大值可达 -12×10^{-7} g/(cm^2 · hPa · s)。暴雨发生时和发生前 12 h，淮北地区水汽通量散度最大辐合中心 700 hPa 一般在 -8×10^{-7} g/(cm^2 · hPa · s)(占 61%)，850 hPa 一般在 -10×10^{-7} g/(cm^2 · hPa · s)(占 65%)。

垂直速度：暖切变暴雨期间淮北地区垂直速度从低层到高层都是负值，并且暴雨发生时一般上升速度增大，等值线较密集，上升运动区与暴雨区配合较好，淮北地区暴雨就发生在大范围深厚的上升运动区。上升气流大值中心多位于沿淮淮北到江苏一带。据统计，有 90%以上的暴雨 500 hPa 垂直速度在($-10\sim-25$)$\times10^{-3}$ hPa/s，其他各层垂直速度多在($-5\sim-20$)$\times10^{-3}$ hPa/s，各层具体分析结果见表 1 所示。分析表明，暖切变暴雨期间淮北地区上空有较深厚的上升气流，并且上升气流速度随高度增大，一般在 500 hPa 高度左右上升气流最强，垂直速度甚至可达 -35×10^{-3} hPa/s(图 2)。

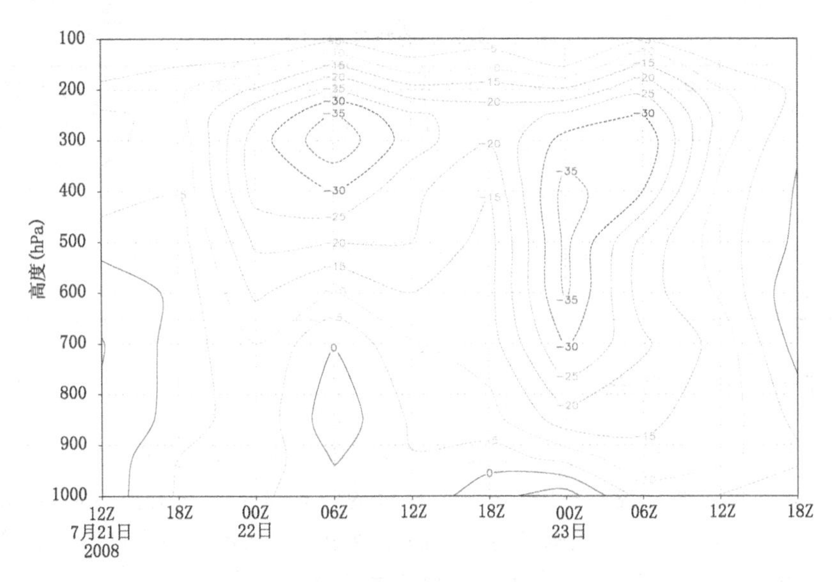

图 2　2008 年 7 月 22—23 日淮北上空垂直速度剖面(单位:10^{-3} hPa/s)

同样,从形成暴雨的水汽条件、动力条件、热力不稳定条件中还分析了 22 例暖切变暴雨过程中螺旋度、涡度、散度、K 指数等其他物理量的变化特征,这里限篇幅不一一叙述,分析得出的暴雨发生前后各层次各物理量取值范围见表 1。

表 1　淮北地区暴雨的物理量阈值

物理量	涡度 ($10^{-5}s^{-1}$)	散度 ($10^{-5}s^{-1}$)	垂直速度 (10^{-3} hPa/s)	螺旋度 (10^{-5} Pa/s^2)	水汽通量散度 (10^{-7}g/(cm^2 · hPa · s))	K 指数 (℃)
200 hPa	−4～−6	10～20	−8～−20	−5～−10		
500 hPa	1～2	−3～−4	−10～−25	−3～5		40
700 hPa	2～3	−6～−10	−5～−20	3～10	−8	
850 hPa	2～3	−6～−10	−5～−10	3～10	−10	

4.2　物理量的检验与订正

由于 NCEP 资料所得出的物理量阈值与 T213 资料有一定差别,因此,要对上述所得出的各项物理量阈值进行必要的检验和订正,以确定可以业务化应用的物理量阈值。NCEP 资料与 T213 资料相比,其检验情况和结果是:水汽通量辐合区域基本一致,但辐合中心位置有偏差,中心数值差别不大;NCEP 中大部分的 K 指数分布与 T213 所得的 K 指数分布形态相同,但数值偏大 3～4℃,可以认为是系统性误差,需要订正;相对湿度和垂直速度差异不大,不需要进行指标订正;T213 涡度的区域中心与 NCEP 中基本一致,散度多数一致,但涡度数值偏小(1～3)×$10^{-5}s^{-1}$,需进行必要的订正;T213 中淮北地区暴雨期间有 69%以上的个例 700～850 hPa 涡度≥3×$10^{-5}s^{-1}$,500 hPa 涡度值一般都≥2×$10^{-5}s^{-1}$。通过多种资料的对比检验形成订正后的物理量阈值见表 2。

表 2　订正后的物理量阈值

物理量	涡度 ($10^{-5}s^{-1}$)	散度 ($10^{-5}s^{-1}$)	垂直速度 (10^{-3} hPa/s)	相对湿度 (%)	K 指数 (℃)	螺旋度 ($10^{-5}Pa/s^2$)	水汽通量散度 ($10^{-7}g/(cm^2 \cdot hPa \cdot s)$)
200 hPa		≥10	≤−8			≤−5	
500 hPa	≥2	≤−3	≤−10		≥37	≤−3	
700 hPa	≥3	≤−6	≤−6	≥75		≥3	≤−8
850 hPa	≥3	≤−6	≤−5	≥80		≥3	≤−10

5　暴雨预报、预警显示

经过订正得出的各物理量阈值中，选取 K 指数、相对湿度、涡度、散度和垂直速度各层共 14 个(表 2 前 5 项物理量)指标，利用 T213 所提供的物理量格点数值预报资料，分别进行 16 个格点的暴雨预报、预警显示。根据满足阈值的物理量个数来确定预警显示的等级，把出现暖切变暴雨的可能性分为以下 3 个等级来进行提醒或预警：

(1)有 8～9 个指标达到时，发出淮北地区未来 24 h 内有暴雨的 1 级预警；

(2)有 10～11 个指标达到时，发出淮北地区未来 24 h 内有暴雨的 2 级预警；

(3)有 12 个以上指标达到时，发出淮北地区未来 24 h 内有暴雨的 3 级预警。

为了将研究成果转换为预报业务能力，实现暖切变暴雨预报、预警工作的业务化，利用 Visual BASIC 编制了预报预警显示系统，并同时将预报结果转换成 MICAPS 格式，方便在日常业务平台 MICAPS 中显示预报预警信息(图 3)。图 3 中格点数字为暴雨预警信息，0 代表没有暴雨预警，1～3 则分别为 3 个暴雨预警级别。

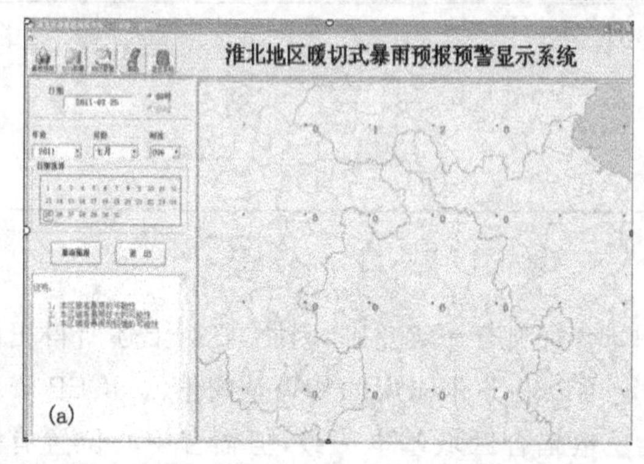

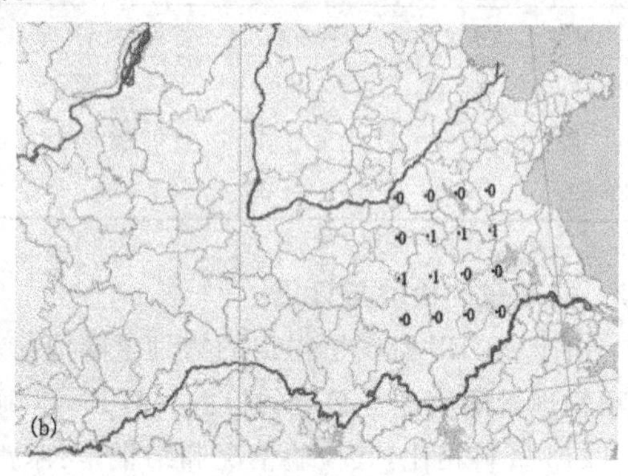

图 3　淮北地区暴雨预报预警显示(a. 系统界面，b. MICAPS 平台的预警)

6　结论

(1)淮北地区 6—8 月，暖切变暴雨过程持续时间一般 1～2 d(占 81%)，并且以持续 2 d 暴雨为最多(约占 45%)；暴雨落区一般位于暖切变南侧或附近(约占 91%)。从时间分布上看，7 月暖切变暴雨出现几率最大。

(2)暖切变暴雨发生期间，500 hPa 高纬度地区常有较稳定的阻塞高压，低层多有切变线、西南低涡和急流的存在。

(3)根据 NCEP 再分析资料获得暖切变暴雨的各种物理量阈值，经过一段时间的检验订正，得到基于 T213 资料的物理量阈值。

(4)预报、预警信息的实时显示：淮北地区暴雨预报、预警显示系统自动读取 T213 淮北地区的 16 个格点每天 4 个时次各层的物理量预报资料，根据满足阈值的物理量个数分 3 个等级来进行提醒或预警，分别做出实时暴雨预报预警显示，实现暴雨预报的业务化运行。

参考文献

[1] 章淹，林宗鸿，陈渭民等. 1990. 暴雨预报. 北京：气象出版社，1990.

[2] 中央气象台. 天气预报方法与业务系统研究文集. 北京：气象出版社，2002，316-318.

[3] Parker，Matthew D. Simulated convective lines with parallel stratiform precipitation. Part I：An archetype for convection in a long-line shear. *J. Atmos. Sci.*，2007，**64**：267-288.

[4] 朱乾根，林锦瑞，寿绍文等. 天气学原理和方法(第四版). 北京：气象出版社，2007，354-400.

[5] 丁一汇. 高等天气学(第二版). 北京：气象出版社，2005，423-452.

[6] 伍毓柏，黄发明，陈雪芹等. 三明地区雨季强降水分类及雷达回波特征分析研究. 水利科技，2009，(2)：1-4.

2012年湖北省两次大暴雨过程峡谷地形增幅作用对比分析

张萍萍　吴翠红　龙利民　王海燕　张宁　王珊珊　周金莲

（武汉中心气象台，武汉 430074）

摘　要

利用湖北省加密自动站资料、常规观测资料、逐6 h的NCEP/GFS再分析资料以及FY-2E红外卫星云图资料对2012年6月29日、7月4日湖北省两次大暴雨过程中峡谷地形的增幅机制进行了对比分析。得出如下结论：两次大暴雨过程都是在有利的背景场及环境条件下，受三峡谷地特殊地形影响而产生，冷暖空气的相互对峙配合峡谷地形的阻挡作用，迫使近地层水平流场、垂直流场发生改变，同时流入峡谷的地面气流与复杂地形相互作用，在峡谷内产生了局地气旋性小环流或气流汇合区，这些地形性涡旋的生成对降水增幅起到关键作用；两次过程的不同之处在于："0629过程"中，冷空气的作用更加显著、不稳定能量的累积值更高、峡谷地形增幅作用更加复杂，其中包括了狭管效应、喇叭口效应以及迎风坡地形效应，所以降水效率更高，雨强更大。

关键词：大暴雨　峡谷　冷暖空气　地形性涡旋

引言

很多研究资料表明局地大暴雨的发生除了与天气系统有关之外，还明显受到地形的影响[1-4]。地形本身尺度与大气相互作用的复杂性，导致了地形影响降水的动力、热力、微物理效应十分复杂，而这些正是导致天气系统中局部异常天气产生的一个主要因素[5]。不同的地形对降水的增幅机制不同，其中峡谷地形是中国经常发生大暴雨的一种重要地形。长江三峡西起重庆奉节县的白帝城，东至湖北宜昌市的南津关，复杂的峡谷地形使得局地强灾害性天气频发，本文利用湖北省加密自动站资料，常规观测资料、逐6 h的NCEP/GFS再分析资料以及FY-2E红外卫星云图等资料，对2012年6月29日、7月4日在三峡谷地发生的两次大暴雨过程进行了对比分析，试图揭示峡谷地形在大暴雨形成过程中的增幅机制以及有利的环境场特征。

1　雨量实况及系统演变

6月29日08时—30日08时，鄂西出现一次大到暴雨，局地大暴雨过程（以下简称"0629过程"）。乡镇加密雨量站监测显示，有23个乡镇降水量超过100 mm，大暴雨落区主要位于三峡主峡谷北侧的三支分支峡谷中（自西向东分别标记为A、B、C），7月4日08时—5日08时，鄂西再次出现一次大到暴雨，局地大暴雨过程（以下简称"0704过程"）。乡镇加密雨量站监测显示，有28个乡镇降水量超过100 mm，大暴雨落区主要位于三峡主峡谷中（见图1b）。

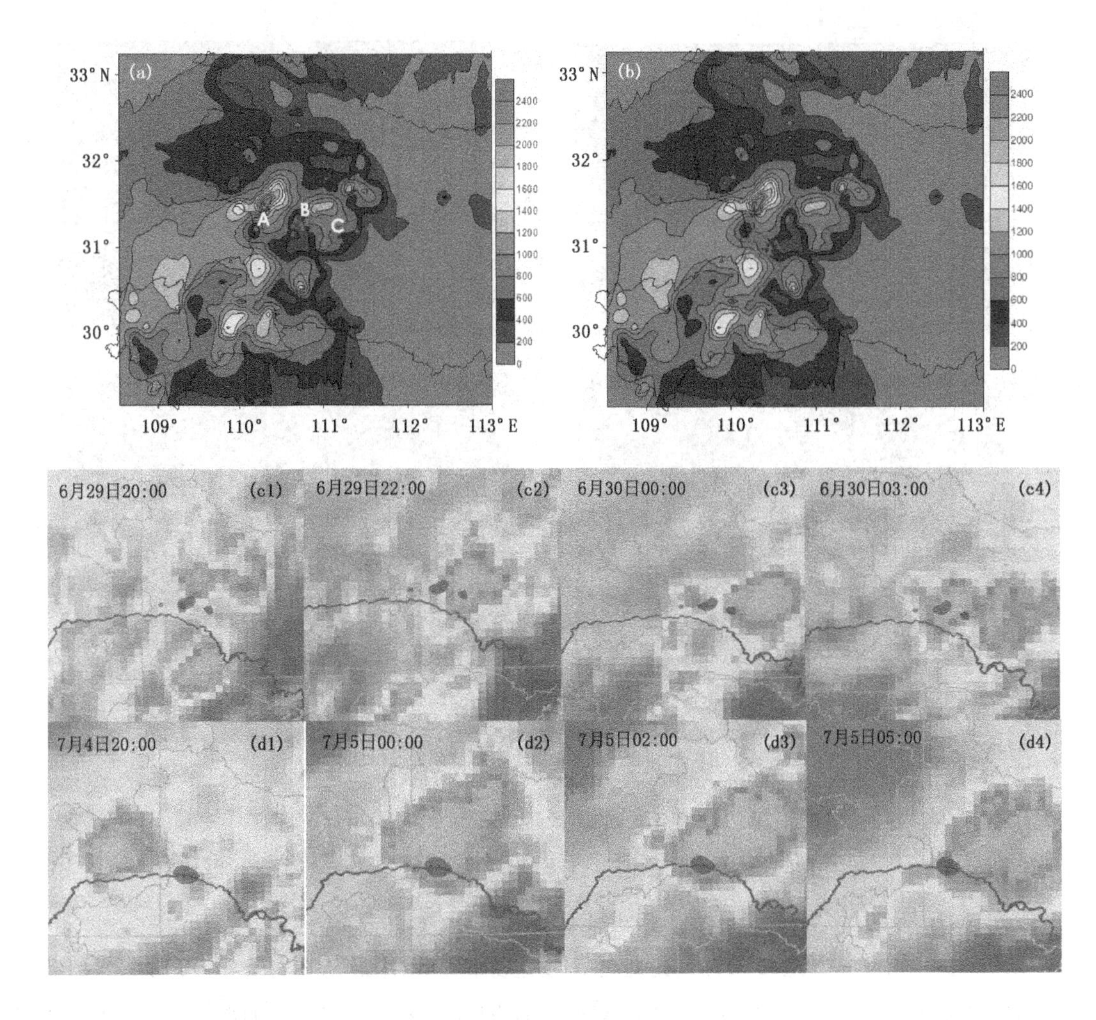

图1 (a)“0629过程”地形高度叠加大暴雨落点；(b)“0704过程”地形高度叠加大暴雨落点；(c1－c4)“0629过程”和(d1－d4)“0704过程”强降水云团演变(阴影区为大暴雨落区)

2 峡谷地形增幅作用分析

2.1 对近地层水平流场的调整

首先对“0629过程”展开分析。从29日20时925 hPa风场与地形的叠加图看出(图2a)，有一支东北气流在携带冷空气南下的过程中，受到三峡谷地南侧山脉的阻挡，风向转向西进入峡谷内，同时随着暖湿气流的加强，有一支东南气流北上过程中遇到东北南下气流的阻挡，风向也转向西进入峡谷内，冷暖空气同时汇入三峡谷地，产生冷暖交汇，有利于大暴雨的产生。从火石岭(B峡谷内降水量最大站点)、龚佳河(C峡谷内降水量最大站点)逐时雨量分布可以看出，29日20时—30日01时，B、C峡谷内出现一个降水集中期，逐时降水量明显增大；30日08时，暖湿气流的进一步增强，对南下的冷空气起到阻挡作用，迫使两支气流再次汇入峡谷(图2b)，产生冷暖交汇。从火石岭、龚佳河逐时的雨量可看出，02—05时再次出现明显降水高峰期。显然，随着冷暖空气势力的相互对峙，东北、东南气流同时汇入三峡谷地，在近地层产生冷暖气流交汇，是诱发大暴雨产生的一个重要因素。

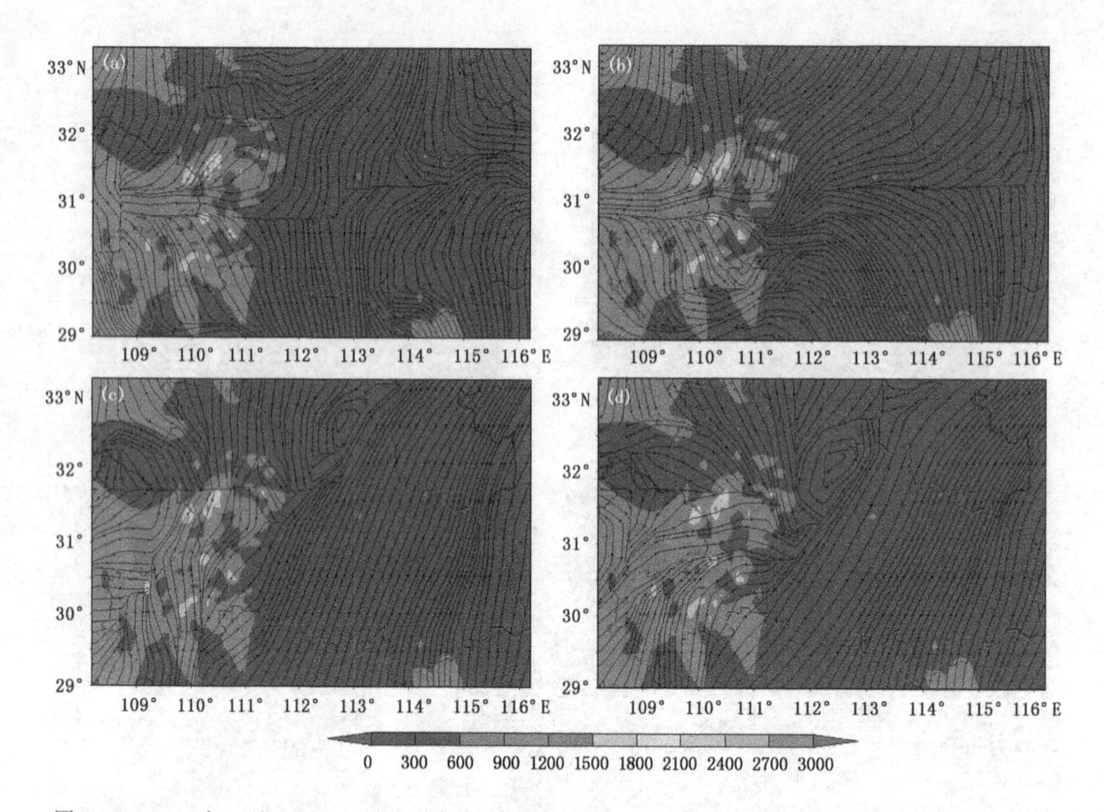

图2 (a)2012年6月29日20时地形高度(阴影区)叠加925 hPa流场;(b)2012年6月30日08时地形高度(阴影区)叠加925 hPa流场;(c)2012年7月5日02时地形高度(阴影区)叠加925 hPa流场;(d)2012年7月5日08时地形高度(阴影区)叠加925 hPa流场

"0704过程"中,峡谷地形同样对近地层流场起到调整作用。从7月5日02时925 hPa流场与地形叠加图可看出(图2c),随着西南暖湿气流的强烈发展与西北弱冷空气的渗透,近地层有一支西南气流与一支西北气流交汇于神农架一带,此时强降水区域分布在西南暖湿气流中位于巴东西部的峡谷中,分析原因可能是近地层西南暖湿气流在穿过峡谷北上的过程,峡谷地形对这支暖湿气流起到了一定的扰动作用;5日08时(图2d),地面弱冷空气继续向下渗透,对强烈发展的西南暖湿气流形成一种横向阻挡,迫使西南气流折向西面,进入峡谷,潮湿气流与峡谷内复杂地形的相互作用,进一步增强了不稳定和风场辐合,对应强降水中心沿着峡谷缓慢东移,形成一个降水集中带。可见冷暖空气的相互阻挡作用更加有利于气流汇合进入峡谷,流入峡谷的气流与复杂地形通过相互作用产生有利于降水增幅的中尺度系统,是大暴雨产生的一个重要原因。

2.2 地面加密流场分析

从"0629过程"地面加密流场与地形高度叠加图看出,6月29日20时(图3a),东北、东南两支气流进入峡谷后,首先在C峡谷处有西南、东北两支气流汇入,由于喇叭口地形作用,迅速产生汇流,增强风速辐合,有利于C峡谷内降水的增强。同时,进入主峡谷的汇合气流沿峡谷西进的过程中,在D处由于两侧峡谷距离变窄,高度变陡,有一部分东风气流折回西面,另一部分气流则穿过峡谷窄区继续西进,受B峡谷西侧山脉的阻挡,气流折向北面,进入B峡谷后又折向东面,吹向B峡谷的东侧山脉,由于迎风坡作用迫使气流爬升,造成较强的上升运动。对应强降水的分布情况，20—21时，B峡谷内大暴雨落区中，逐时雨量超过20 mm的站点均分布在B峡谷西侧的迎风坡上。与此同时，随着冷空气南下，B峡谷东北侧有东北气流卷入到西南气流中形成局地气旋性小环流，对应地面风经过D处窄峡谷时由于地形突然收缩，产生狭管效应，形成一个风速大值区(图3b)，风向的辐合配合风速的加大，进一步增强了地面辐合。5日23时—6日00时，B峡谷内转为风向辐散，C峡谷内则转为北风气流，随着地面辐合度的降低，B、C峡谷内降水经历非常短暂的减弱过程；6日02—05时为B、C峡谷内再次降水加强的时段(图3c、d)。对应地面加密流场可看出，02时，在B峡谷的西侧迎风坡上形成一个气旋性环流，同时有一支北风气流和西南气流交汇与C峡谷北侧，05时B峡谷内从偏西、偏东、偏南三支气流交汇，形成气流汇合区，并发展为一个气旋性小环流。同时，C峡谷内偏北、

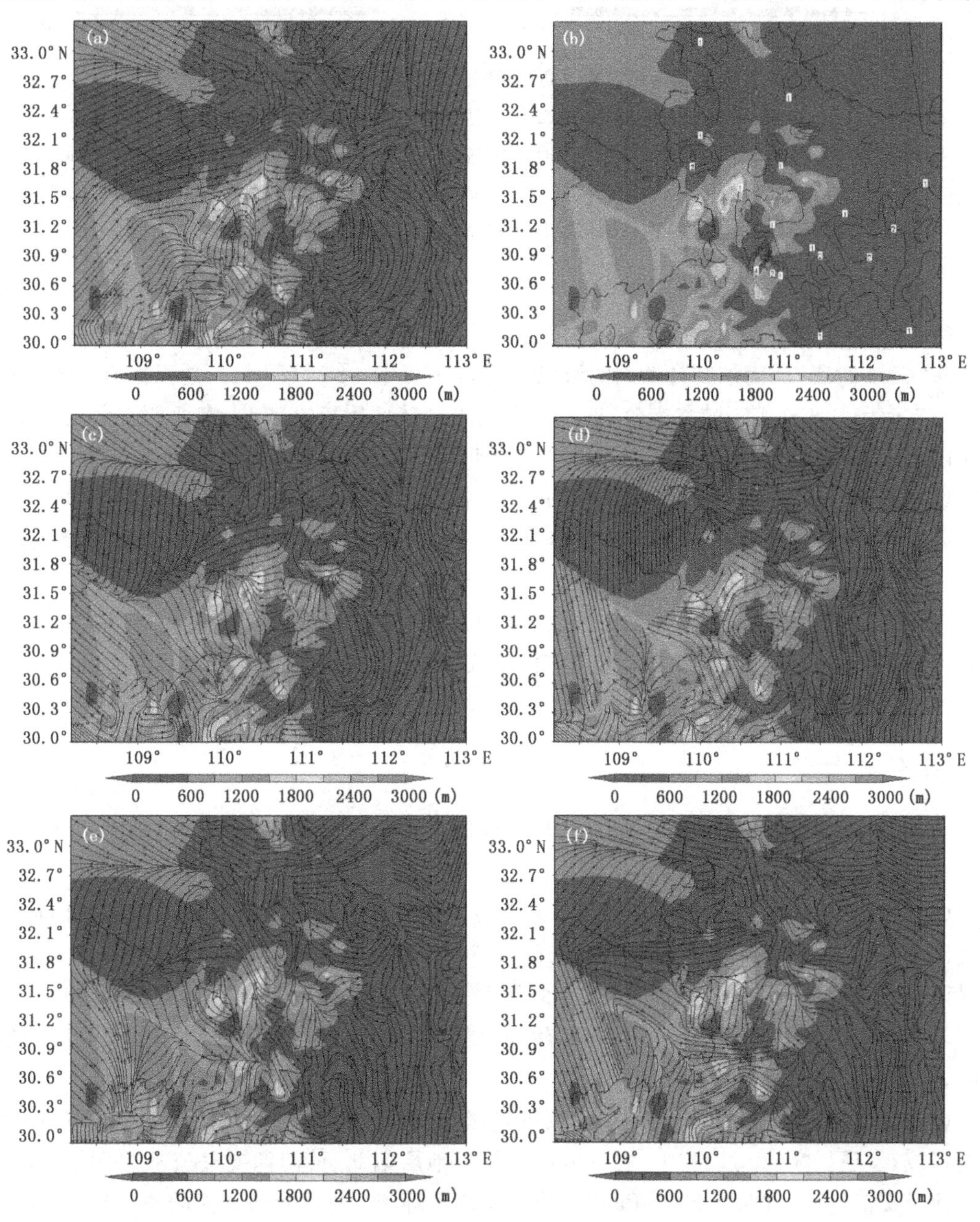

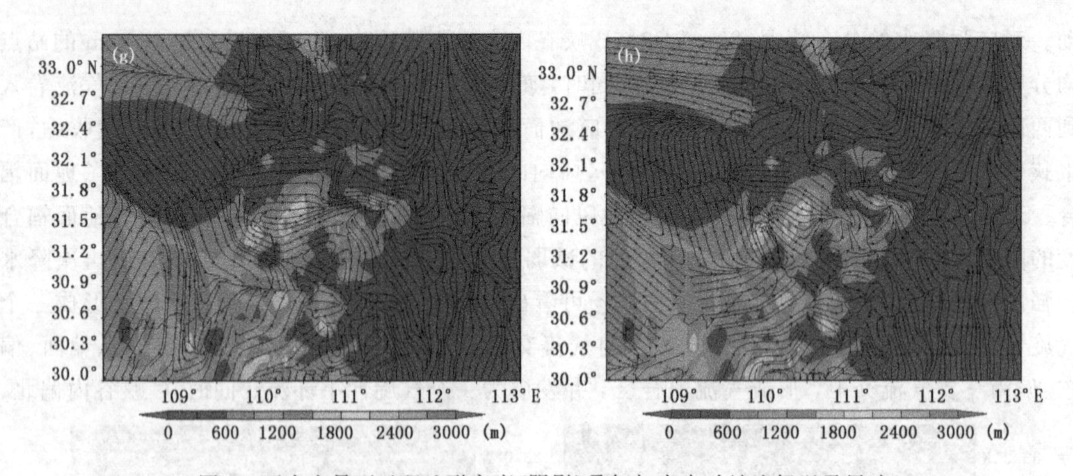

图 3　两次大暴雨过程地形高度(阴影)叠加加密自动站流场以及风速

(a. 2012 年 6 月 29 日 20 时加密流场，b. 2012 年 6 月 29 日 20 时加密自动站风速，c. 2012 年 6 月 30 日 02 时加密流场，d. 2012 年 6 月 30 日 05 时加密流场，e. 2012 年 7 月 5 日 03 时加密流场，f. 2012 年 7 月 5 日 04 时加密流场，g. 2012 年 7 月 5 日 05 时加密流场，h. 2012 年 7 月 5 日 06 时加密流场；白色圆圈标记大暴雨落区大概位置)

偏南气流的交汇进一步发展形成了一个气旋性环流，对应龚佳河站 04—05 时产生了 44 mm 的强降水。可见“0629 过程”中，峡谷内气旋性环流的形成与强降水的发生、发展关系密切。

从“0704 过程”地面加密自动站的流场看出，7 月 5 日 03 时(图 3e)，地面上有一支北风气流和一支南风气流交汇于峡谷南侧，巴东以西大暴雨落区附近有西北、东北两支气流交汇，此时在巴东以东峡谷内有一支北风和东风气流交汇，预示巴东以东降水开始加强；5 日 04 时，地面流场发生明显的变化，有一支西风气流进入峡谷内，由于峡谷内复杂地形的作用风向回转形成东风气流，同时北面有一支北风气流南下，三支气流交汇的地方，降水雨强迅速增大；5 日 05、06 时，峡谷内秭归附近均有明显气流汇合区形成，并有较强的降水产生。可见“0704 过程”中，峡谷内气流汇合区的形成与强降水的发生、发展关系密切，与“0629 过程”不同点为，汇入峡谷内地面气流的全风速并没有非常显著的增大，这是因为峡谷西侧地形并不有利于狭管效应的产生，这可能是“0704 过程”的最大雨强小于“0629 过程”的原因之一。

3　结论与讨论

通过对 2012 年发生在三峡谷地的两次大暴雨过程的背景场、环境场及地形增幅作用对比分析，得出如下结论：

(1)“0629 过程”主要天气形势特征为东北冷涡携带弱空气南下配合低层暖低压而形成冷暖交汇，“0704 过程”则主要受川西低槽东移与副高外围强盛的西南暖湿气流共同影响而产生大暴雨天气。两次过程均有冷空气参与，但是后一次过程冷空气势力较弱；两次过程均具备有利于暴雨发生的水汽、不稳定、抬升条件，然而大暴雨发生位置均处于有利环境大值区的边缘地带。

(2)两次过程中，峡谷地形均起到重要的增幅作用，且峡谷内大暴雨落区中均有中小尺度系统形成、发展。“0629 过程”中，峡谷地形迫使近地层偏北、偏南两支气流从东侧汇入峡谷，产生冷暖交汇，垂直方向上 900 hPa 以下形成次级小环流。地面风进入主峡谷之后，由于狭管效应，风速迅速增大，在其北侧的分支峡谷中，则由于喇叭口地形和迎风坡地形共同作用，形成局地气旋性小环流；“0704 过程”中，峡谷地形迫使近地层偏南、偏西气流从西侧汇入峡谷，垂直方向上形成显著的上升气流。地面风进入主峡谷之后，有偏南、偏西、偏北三支气流交汇产生气流汇合区，进一步增强上升运动。

参考文献

[1] 池再香，邱斌，康学良等. 2011. 一次南支槽背景下地形对贵州水城南部特大暴雨的作用. 大气科学. **34**(6)：708-716.

[2] 林必元，张维桓. 2001. 地形对降水影响的研究. 北京：气象出版社.

[3] 廖移山，冯新，石燕等. 2011. 2008 年“7. 22”襄樊特大暴雨的天气学机理分析及地形的影响. 气象学报. **69**(6)：945-955.

[4] 慕建利，李泽椿，李耀辉等. 2009. 高原东侧特大暴雨过程中秦岭山脉的作用. 高原气象. **28**(6)：1282-1290.

[5] 廖菲，洪延超，郑国光. 2007. 地形对降水的影响研究概述. 气象科技. **35**(3)：305-316.

区域性暴雨的中尺度分析

张晰莹　谢玉静　张宇

（黑龙江省气象台，哈尔滨 150030）

摘　要

2012 年 7 月 28—30 日，黑龙江省受暖锋锋生影响，自西南向东北出现区域性暴雨天气过程。此次暴雨天气过程，降水持续时间长，影响范围广，显著特点是短时局地暴雨强度大，多站降水量超过 100 mm，为黑龙江省罕见。通过对暴雨产生的背景环境及中尺度分析，得出结论：暴雨主要是河套低压北上、暖锋影响产生的，暖锋锋生及锋前对流触发是短时降水增强的原因。低空西南急流为暴雨区带来了丰富的水汽和不稳定能量，高低空急流耦合加强了动力条件。弱干冷空气入侵增强暖锋降水，地面中尺度环流的建立和增强与降水强度增大对应。卫星云图上表现为宽广的暖锋云系并且其上有对流云的发展生消。

关键词：暖锋锋生　暴雨　中尺度分析

引言

黑龙江省暖锋锋生暴雨比较常见，多由江淮、华北、河套低压等北上、东移形成。一般暖锋在向北移动过程中，遭遇冷空气，在冷暖平流的作用下，锋区加强产生锋生，西南急流风速辐合在急流前部，切变线附近辐合最强烈，暴雨在此发生[1]，此次过程受暖锋影响不仅产生持续的大范围暴雨天气，并且在降水过程中，多次出现降水集中加强的时段，造成局地强降水，累积达大暴雨量级，主要是由于暖锋锋生以及暖锋前触发对流造成的。

在大尺度背景环流下，中小尺度系统的增强是造成短时暴雨及累积降水量较大的重要条件。中小尺度天气系统的生命史较短，中小尺度系统的活动往往造成局地短时的暴雨。丁一汇[2]、陶诗言等[3]指出：暴雨是各种尺度天气系统相互作用的产物，其中中尺度天气系统是直接造成暴雨的天气系统，它在各种系统相互作用中起着关键性作用，一次大暴雨常常是几场降水组成，而每场降水都对应一个中尺度系统。近年来，中国对暴雨在中尺度方面的分析研究做了较深入的工作[3-8]，中尺度扰动的生成和维持与大尺度条件密切相关，持续性暴雨发生时，经常存在一支天气尺度的低空急流，将暴雨区外围的水汽向暴雨区集中。暴雨持久要有位势不稳定层结建立的机制，低空暖湿的空气的流入很重要，对于暴雨一般弱的冷平流较为有利，强的冷干平流对暴雨并不十分有利，低空急流的左前方，一方面引起暴雨区水汽的输送和辐合，同时也促进对流不稳定能量的再生[2]。

1　暴雨特征

2012 年 7 月 28—30 日，黑龙江省自西南向东北出现了区域性的暴雨（图 1）。其中 9 站点降水量超过 100 mm，降水集中在 28 日 18 时—30 日 08 时。

根据降水集中时段和区域分析，可按三个时段进行讨论（图 2），降水自西向东推进，杜蒙、林甸强降水集中在28日21时—29日02时，出现短时局地暴雨，降水强度大，持续时间短，累积降水量分别为131和104 mm(图2a)，突破历史极值。绥化、庆安、依兰、肇东降水集中在29日11—17时，午后中小尺度天气系统发展造成短时的强降水，该区域降水持续时间长，并且出现短时的暴雨，累积降水量超过100 mm(图2b)。尚志、佳木斯、汤原累积降水量也超过100 mm(图2c)，主要是由于降水时间长，从降水开始到结束有三个降水峰值，降水集中增强主要是在29日16—22时。此次过程在大范围降水中，自西向东9个站点出现大暴雨，具有明显的中尺度特征。

图1　2012年7月28日08:00—30日08:00降水量(mm)

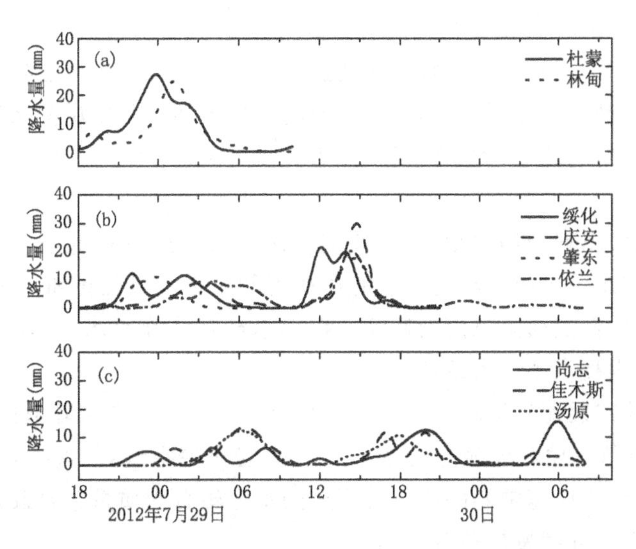

图2　降水量超过100 mm的站点降水量时序

2 影响系统及形势演变

2.1 影响系统

从 500 hPa 形势分析(图略),贝加尔湖北部冷空气下滑,河套低槽发展北上,在内蒙古东部形成深厚的低涡系统,该系统沿着副热带高压(副高)外围由西南向东北影响黑龙江省大部,造成大范围的暴雨天气。副高脊稳定维持在中国大陆东岸,与西藏高原的暖脊合并加强,其西侧的偏南气流向中国北方输送大量暖湿空气,在黑龙江省形成高温、高湿和不稳定大气层结,为黑龙江省暴雨发生提供了有利的条件。同时副高与北部鄂霍茨克高压脊相叠加,对阻挡东北低压东移起到明显作用。

2.2 形势演变分析

28 日 20 时,黑龙江省西部受暖锋影响,锋区北侧及西侧为相对稳定的冷空气,暖锋前缘有冷、暖空气汇合,850 hPa 上(图略)为偏东风与西南风形成的暖式切变,切变线南部偏南风与温度脊配合,有较强的暖平流,锋区在暖平流的作用下产生锋生,锋区加强。地面,河套低压在偏南气流引导下东移北上,中心在内蒙古与吉林交界处,地面上辐合形势更加明显。暖锋锋生期间,加强了辐合抬升运动,使上升运动加强,锋生作用使暖锋前降水强度明显增加,造成黑龙江省西部降水高峰。

29 日 08 时,低涡加强,冷空气进入到黑龙江中西部暖区中,29 日 14 时地面低压中心在吉林省西部(图略),黑龙江省中南部受暖锋影响,暖锋两侧温度梯度增大,北冷南暖同时加强,在暖锋锋面前触发对流性降水,降水时间短,强度大,造成黑龙江省中部降水峰值。30 日 08 时,850 hPa 上低涡中心在黑龙江东北部,黑龙江省大部分地区已在冷空气控制之下,黑龙江中东部从暖锋降水转为低涡降水,降水持续时间长,短时强度大。

3 中尺度综合分析

3.1 环境条件

28 日 20 时及 29 日 08 时的中尺度综合分析(图 3),高空低涡后部冷平流影响使得低涡及地面低压强烈发展,对流层中低层受暖式切变影响,西南暖湿气流向北伸展到切变线附近,因热力作用产生上升运动。对流层低层高温、高湿的不稳定能量与中层向南渗透的冷空气结合,导致中低层位势不稳定的建立,为暴雨提供热力和动力条件。

3.2 急流作用

高、低空急流同时出现,对暴雨起着重要的作用,此次过程高、低空急流平行(图 3),云区位于高空急流与低空急流之间。高空急流的存在有利于上升气流的维持和加强,为长久的上升运动提供了动力,中低层西南急流的持续不仅为暴雨提供充足水汽,还使锋区加强北移,有利于暖锋锋生,为暴雨提供了动力条件。

同时在低空急流或暖湿气流输送的出口辐合上升区与高空急流辐散区耦合处有强对流天气出现(图 3b),低空急流输送暖湿空气,高空急流输送干冷空气,二者叠置后加强了大气潜在不稳定,在低空急流最大风速中心的前方有明显的水汽辐合和质量辐合及强上升运动,这对产生暴雨的强对流活动的连续发展非常有利。

3.3 触发条件

干冷空气的侵入对暴雨的产生、发展起着重要的动力作用,并且能够调整湿度场结构,产生热力效应，此次过程中弱的干冷输送对于增强暖锋降水起到重要作用。28日20时(图3a)，干冷舌伸出吉林南部，与中空急流配合，干冷空气进入到暖锋后部触发暖锋锋生。29日08时(图3b)，中低层西南暖湿气流依然很强并且维持，西部与北部冷空气从低涡后部进入，随着涡旋与暖湿气流汇合，同时午后热力条件有所增强，在暖锋前部触发对流性强降水。

3.4 地面辐合抬升作用

较强降雨的出现与地面中尺度气旋性环形成与加强密切相关。在29日凌晨及29日下午，分别有地面风场的气旋性环流加强的过程，与强降水出现的时间和区域吻合(图略)。尤其是29日下午，偏东、偏北与偏南三股不同方向的气流在强降水发生区域汇合，不但有暖式辐合的影响，同时还有较冷的气流冲入暖区。这种地面的气旋性环流的建立及强烈的辐合抬升作用是产生较强降水的重要条件。

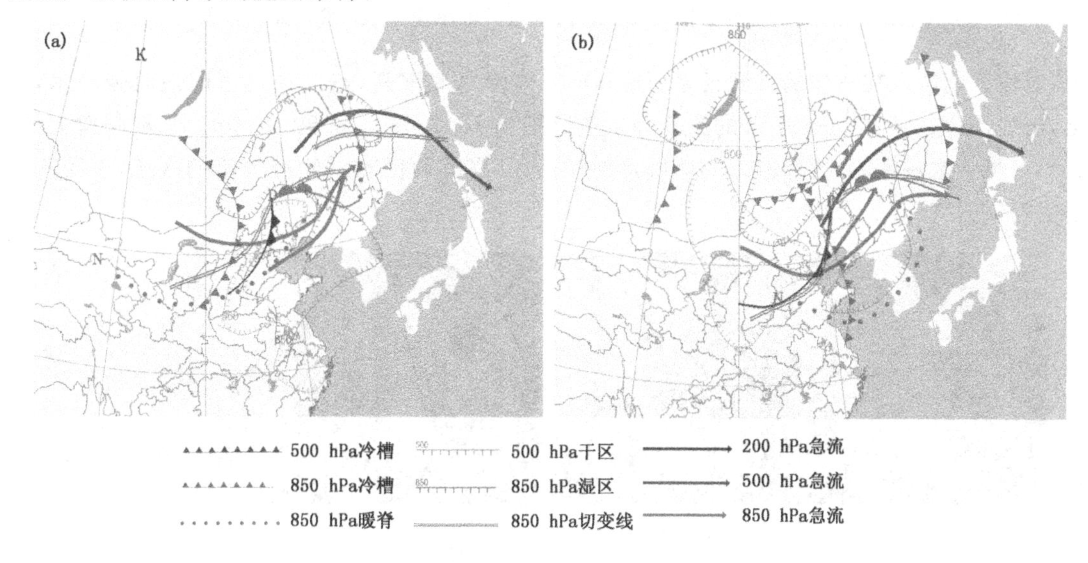

图3　2012年7月28日20时(a)及7月29日08时(b)中尺度综合分析

(500 hPa干区、850 hPa湿区均为锯齿朝向以内)

4　卫星云图特征分析

28日21时—29日02时黑龙江省西部降水显著增强，林甸和杜蒙的累积降水量分别为98.5和71.8 mm，卫星云图分析可见是由暖锋云系加强发展造成的(图4)。红外云图上表现为宽广的暖锋云带，21时之前，云顶亮温较高，云系范围大，云层结构松散，21时—02时，暖锋云系迅速发展，云顶亮温降低，云团结构紧密，云系的南端边界清晰，同时可见整个云系的涡旋性增强。水汽图(图4c)上，从河套以北地区到黑龙江西南有一明显的暗区，为干输送带，伴随着系统涡旋性的增强，干空气夹卷入云团，大气不稳定度增强，黑龙江中部水汽深厚，云系的北部有明显的水汽羽，保证了降水的水汽需要。

云系在29日凌晨到上午处于减弱消散阶段，从29日中午开始，由于辐射增温和切变线、锋面等作用下，涡旋云系又发展起来(图5a)，12时整个云系尾部的冷锋云带发展得较旺盛，头部云团结构松散，并未成形，随后迅速发展形成完整的暖锋云带(图5b)，并且在云带中有对流云团发展，可见光云图上为一椭圆形对流云团，四周可见暗影，云团厚度大，结构紧密，纹理均

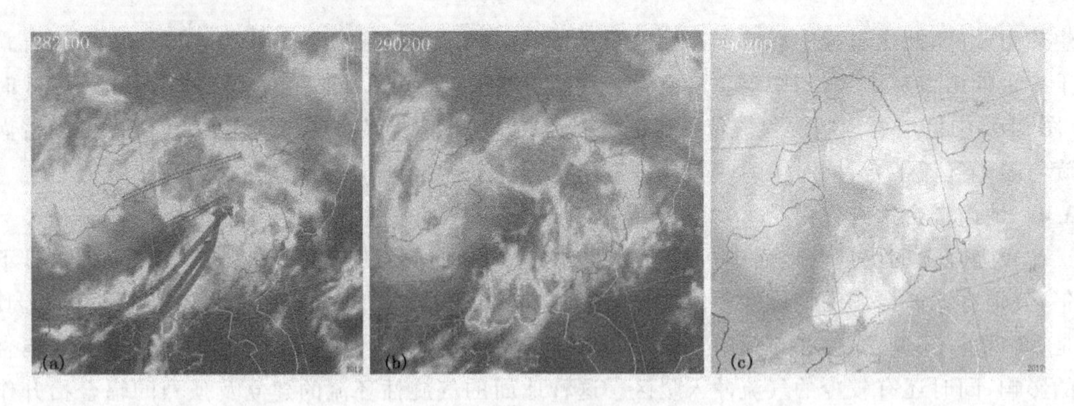

图 4　卫星云图特征

（a. 28 日 21 时红外云图，b. 29 日 02 时红外云图，c. 29 日 02 时水汽图像）

匀，对流云团嵌入在宽广的层云云系（图 5c），云体降水效率高，造成该地区的短时强降水，绥化、庆安、肇东 29 日 11—17 时的累积降水量分别为 73.8、67.3 和 59.9 mm。水汽图像上（图 5d），可见一水汽深厚，边界清晰的椭圆形对流云团，在其西侧和南侧有较暗的区域，说明有干空气卷入云区。

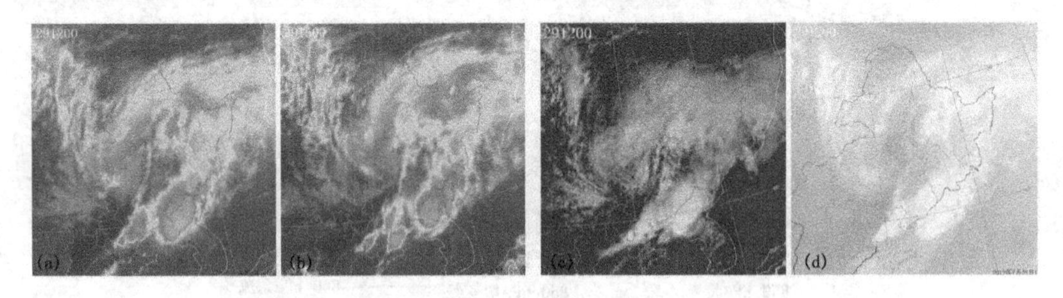

图 5　卫星云图特征

（a. 29 日 12 时红外云图，b. 29 日 15 时红外云图，c. 29 日 12 时可见光云图，d. 29 日 12 时水汽图像）

5　结论

（1）本次过程主要是河套低压北上，暖锋影响产生的区域性暴雨天气，暖锋锋生及午后对流的触发造成短时降水强度增大，具有明显的中尺度特征。较强降雨的出现与地面中尺度气旋性环流形成与加强密切相关。

（2）高、低空急流耦合作用为暴雨提供了重要的动力条件，低空急流不仅为暴雨天气提供充足的水汽条件，还使锋区加强北移，有利于暖锋锋生。

（3）降水短时强度大和大气的不稳定度及不稳定能量的累积及触发密切联系。干冷空气输送对于增强暖锋降水起到重要作用。

（4）卫星云图上表现为长时间维持的宽广暖锋云带，伴随对流云发展，使降水效率增大，引起本次较强降水。

参考文献

[1]　暖锋锋生前产生降水的天气形势个例分析. 中国科技信息，2008(8)：18.

［2］ 丁一汇.暴雨和中尺度气象学问题.气象学报,1994,**52**(3):275-283.
［3］ 陶诗言等.中国之暴雨.北京:科学出版社,1980.
［4］ 毛冬艳,乔林,陈涛等.2004年7月10日北京暴雨的中尺度分析.气象,2005,**319**(5):42-46.
［5］ 陈红专,汤剑平.一次突发性特大暴雨的中尺度分析和诊断.气象科学,2009,**29**(6):797-803.
［6］ 毕宝贵,刘月巍,李泽椿.2002年6月8—9日陕南大暴雨系统的中尺度分析.大气科学,2004,**28**(5):747-761.
［7］ 于德华,王树雄.2007年8月大连地区一次暴雨过程特征分析.气象与环境学报,2008,**24**(6):19-23.
［8］ 徐双柱,沈玉伟,王仁乔等.长江中游一次大暴雨的中尺度分析.2005,**31**(9):24-29.
［9］ 马鸿青,丁治英,张会等.2009年5月冀中南一次春季大暴雨成因分析.气象与环境学报,2011,**27**(5):32-36.
［10］ 胡中明,张智勇,王晓明等.吉林省一次区域性暴雨天气过程的TBB图像特征分析.暴雨灾害,2007,**26**(2):130-133.

2012 年 9 月 11 日重庆暴雨成因分析

张焱　邓承之　潘颖　李晶

（重庆市气象台，重庆 401147）

摘　要

利用 NCEP 1°×1°逐日再分析资料、常规观测资料、自动站资料和气象卫星观测资料，对 2011 年 9 月 11 日重庆一次区域性暴雨天气过程进行诊断分析。结果表明：此次暴雨是由高空低槽、西南低涡和冷空气共同作用形成的。西南低涡在 10 日夜间先快速发展然后强度又迅速减弱，与 850 hPa 低涡东北方向的冷平流输送和 500 hPa 槽后负涡度平流输送有关。西南低空急流的位置偏东，距离低涡中心位置较远，也是低涡强度得不到进一步发展的原因。数值模式降雨预报中，WRF 模式对雨带特征的预报要优于日本、T639 和德国模式。

关键词：暴雨　西南涡　诊断分析

引言

暴雨是重庆地区主要的灾害性天气之一，常给人民生命财产、工农业生产带来严重危害。大量研究成果[1]为认识重庆地区暴雨的形成机理、寻找预报着眼点提供了非常有价值的参考依据。然而，每一次暴雨天气过程的天气尺度环流背景、中尺度强迫源都有所不同，对暴雨事件的强度和落区预报仍是当前天气预报中的难点。

2012 年 9 月 10 日夜间至 12 日上午，重庆出现了一次大范围暴雨天气过程，全市普降暴雨到大暴雨。此次区域暴雨天气过程影响范围广，持续时间长，为 2012 年范围最大的一次暴雨天气过程。

1　天气过程概述

9 月 10 日 20 时—12 日 14 时，重庆市 30 个区县的 1033 个雨量站累积降水量超过 50 mm，其中 22 个区县的 212 个雨量站超过 100 mm，最大雨量出现在酉阳的车田（167.5 mm）（图 1a）。

从永川朱沱、市区铁山坪、武隆青木池、巫溪西流溪、酉阳车田这五个达准大暴雨的区域站逐时雨量来看（图 1b），此次过程多为较平稳的系统性降水，小时雨量多在 10 mm 以下，最大小时雨量出现在酉阳车田，1 小时雨量 41.1 mm，总体来看本次过程对流性降水强度较弱。

2　环流背景分析

2.1　垂直运动

2012 年 9 月 11 日暴雨是在高空冷槽后部的冷平流与副热带高压（副高）外围暖湿平流相互交汇下发生的（图略）。对流层中低层的西南低涡系统为暴雨发生提供了良好的动力抬升条件，西南气流与偏北气流在对流层中低层形成的辐合与南亚高压前部的高空辐散在垂直方向

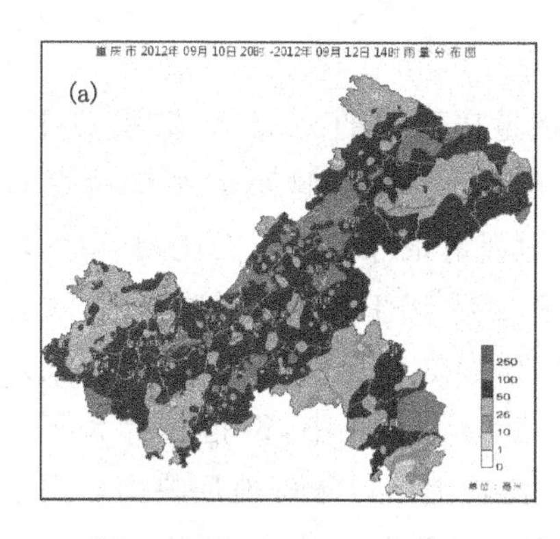

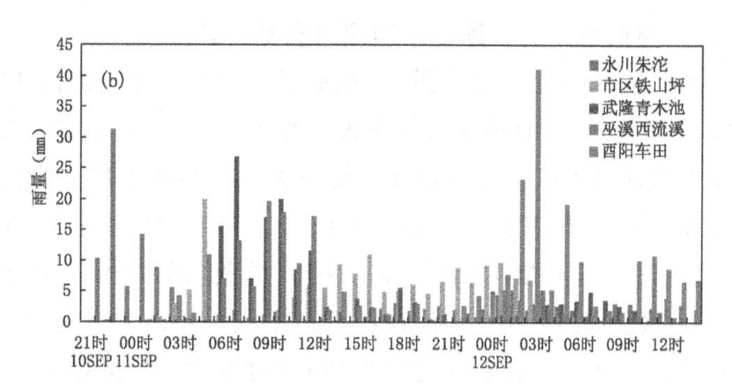

图 1　2012 年 9 月 10 日 20 时—12 日 14 时累计雨量(a)与永川朱沱、市区铁山坪、武隆青木池、巫溪西流溪、酉阳车田逐时雨量变化(b)(单位:mm)

上形成耦合,使重庆地区上空的垂直上升运动得到维持。利用 NECP 1°×1°再分析资料计算的垂直速度表明,在暴雨发生过程中,重庆地区 (30°N, 107°E)上空为持续的垂直上升运动(图 2a)。而散度场上,对流层中低层 700 hPa 以下均为散度负值区,表明对流层中低层的辐合一直存在,10 日 20 时—11 日 20 时 500 hPa 以上的对流层中高层则一直维持着辐散的形势。11 日 08 时,850 hPa 出现辐合中心,中心强度小于$-30\times10^{-5}\,s^{-1}$,辐散中心位于 400 hPa,中心值强度大于 $40\times10^{-5}\,s^{-1}$,低层辐合与高层辐散的抽吸作用使得从 925 hPa 到 400 hPa 一直维持着强的垂直上升运动,中心值小于-2 Pa/s,之后垂直上升运动减弱,到了 12 日 02 时,垂直上升运动再次加强。高低空配置形势满足重庆地区出现暴雨的天气形势。

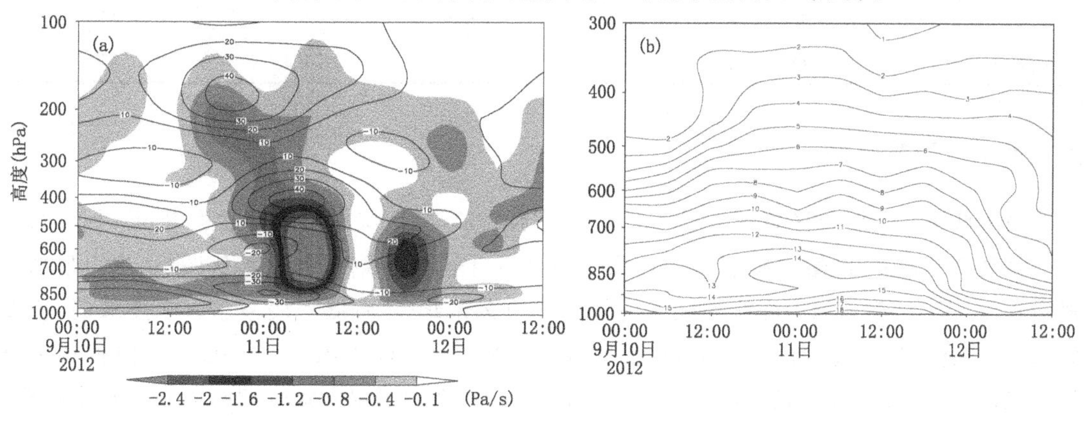

图 2　10 日 08 时—12 日 20 时(30°N,107°E)垂直速度(阴影)和散度(实线)时间-高度剖面(a)和(30°N,107°E)比湿时间-高度剖面(b)(单位:g/kg)

2.2　水汽条件

此次暴雨过程中副高外围的偏南气流将来自南海洋面上的水汽源源不断地输送到重庆上空,在重庆的中部和东南部形成水汽辐合中心(图略)。从 NECP 1°×1°再分析资料诊断的重庆地区(30°N, 107°E)比湿随时间的分布可看到(图 2b),10 日 20 时—12 日 02 时对流层低层增湿非常明显,边界层内比湿超过 18 g/kg,表明低空急流对中层水汽增大与积累有决定性影响。正是这种源源不断的水汽输送,一方面使重庆地区维持高能的状态,具备了对流发展的必然条件,另一方面提供了暴雨所需的水汽,对云团的形成和维持起着很重要的作用。

2.3 与此前两次暴雨过程物理量条件对比

此次暴雨过程范围虽广，但强度并不大，与此前出现在重庆西部的2012年7月21日、2012年8月30日两次大暴雨天气相比，在累计雨量和小时雨量上均弱于这两次过程，尤其是在重庆西部地区。为对这3次暴雨天气开始前重庆上空的物理量条件做一个对比，利用沙坪坝探空资料(57516站)，选取2012年7月21日、8月30日和9月10日20时的K指数、Si指数、对流有效位能(CAPE)、对流抑制能量(CIN)和850 hPa比湿进行比较(表1)。经比较发现，3次暴雨过程开始前重庆上空的大气层结均处于不稳定的状态之中，K指数都大于了38℃。但从对流有效位能(CAPE)和对流抑制能量(CIN)的比较上可以很好地反映出3次过程在对流天气强度上的差异：2012年9月11日暴雨发生前的对流有效位能为3 J/kg，而2012年7月21日过程则达到了3202.6 J/kg；2012年9月11日的对流抑制能量达到了479.4 J/kg明显高于其他2次暴雨过程。过小的对流有效位能和过大的对流抑制能量使得对流在重庆西部得不到充分的发展，是此次过程中西部地区降水量较前两次过程弱的重要原因之一。对850 hPa比湿的比较发现，2012年9月11日过程前的比湿为13 g/kg小于2012年8月30日的15 g/kg和2012年7月21日的16 g/kg，反映出2012年9月11日过程的大气含水量低于前两次过程，也是其降水相对较弱的原因。

表1　2012年9月11日暴雨与前2次暴雨物理量比较

	K指数(℃)	Si指数	CAPE(J/kg)	CIN(J/kg)	850 hPa比湿(g/kg)
9月10日20时	40	0.7	3.0	479.4	13
8月30日20时	38	0.29	0	0	15
7月21日20时	44	−2	3202.6	73.6	16

3　西南涡活动特征

西南低涡的发展和移动决定了降水的强度与落区。从此次暴雨天气过程中850 hPa西南涡的移动路径来看(图略)，10日20时，西南涡在四川东南生成发展，给重庆荣昌、永川带来了强降水，11日02时低涡中心北跳至潼南与遂宁的交界处；之后低涡缓慢东移强度减弱，较强降水出现在低涡前部的切变中，到11日20时，低涡移至垫江境内；12日02—20时低涡中心位置快速南移，02－14时低涡向重庆东南部移动，造成酉阳出现大暴雨，20时，低涡移出重庆，重庆地区的降水天气基本结束。

虽然此次暴雨过程中低层的西南低涡环流明显，但从10日20时—11日05时红外云图的演变(图5)上可以看到，西南涡在10日夜间出现了先快速发展然后又迅速衰减的过程。10日20—23时重庆西部的低涡云系在发展，从椭圆形的云团发展成为一个近似圆形的中尺度对流复合体(MCC)，云团覆盖了重庆西部和四川东南部地区，这一时段也是此次暴雨过程中降水强度最强的时段，强降水出现在云顶温度梯度最大的地方；而到了11日02时，重庆西部的MCC出现了明显的减弱，西南涡在向北移动的过程中并没有得到发展，重庆西部的对流性降水减弱；11日05时，重庆上空的MCC基本消亡，只是在贵州北部有相对零散的对流云发展。

在对此次过程的预报中，考虑到10日夜间低涡将在重庆西北部维持，我们预计重庆西北部的普遍雨量会在100 mm以上，最大雨量将超过150 mm，但实际上重庆西北部并未出现强

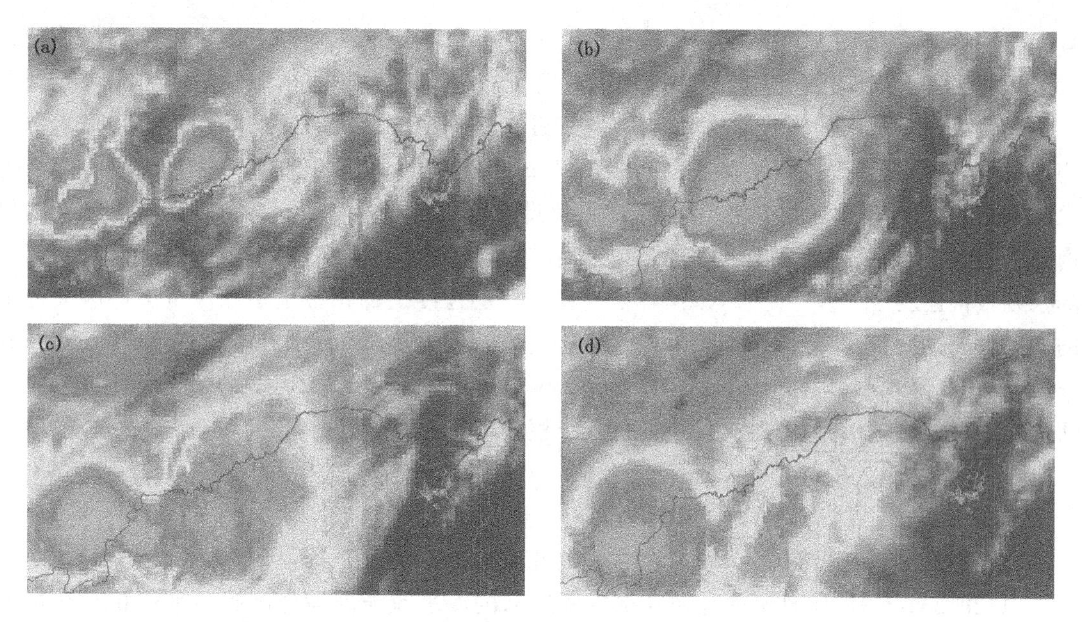

图 3　红外云图演变特征(a. 10 日 20 时,b. 10 日 23 时,c. 11 日 02 时,d. 11 日 05 时)

降水,预报值较实况明显偏大。造成西南低涡在北移过程中减弱的原因是什么?通过分析 850 hPa 的温度平流(图 4a)可以发现,11 日 02 时低涡的东北方向为冷平流,当冷空气从东或东北部侵入低涡时会使西南涡的气旋式环流减弱,并使低涡填塞。11 日 08 时的环流系统配置(图 4b)显示,500 hPa 的低槽位置超前于 850 hPa 的低涡,低涡处于槽后负涡度平流区,在槽后负涡度平流的作用下低涡中心的涡度值将减小。同时西南低空急流的位置偏东,距离低涡中心位置较远,也是低涡强度得不到发展的原因。

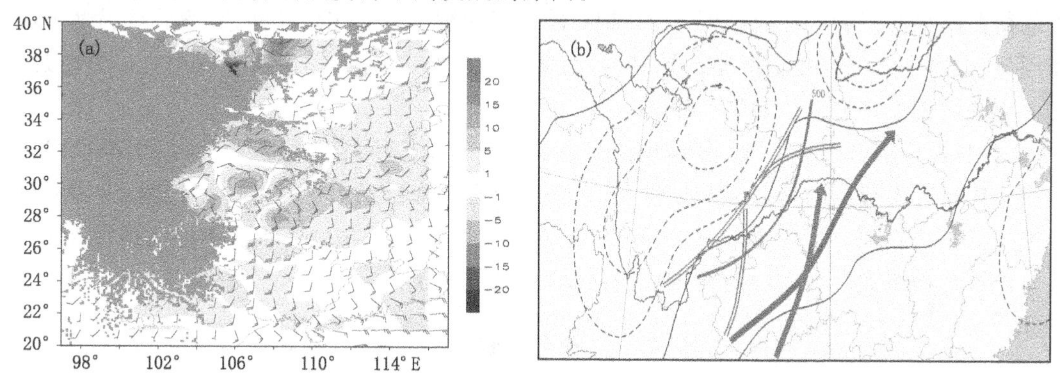

图 4　(a)11 日 02 时 850 hPa 风场和温度平流,(b)11 日 08 时天气形势(虚线为 500 hPa 涡度平流)

4　数值预报模式降水能力检验

为考察各个数值预报模式对此次暴雨过程雨量的预报能力,对比分析 9 月 10 日 20 时—12 日 20 时实况降水量与日本、T213、T639、德国模式和重庆运行 WRF 预报结果,其中模式的起报时间分别为 9 日 20 时和 10 时 08 时(图略)。此次暴雨过程,雨带大体呈东北一西南向,有两个暴雨中心,一个位于四川南部的宜宾地区,另一个暴雨中心包括了重庆东北偏南的地区、重庆酉阳以及湖北西南部的大部分地区。从各个模式的降雨预报来看,日本模式 T213 9

日20时起报的预报在四川东北部的达州报了150 mm以上的降水中心，重庆范围雨量普遍在50 mm以上，与实况相比，降水中心位置预报偏西；10日08时预报的雨量中心向东调整到重庆的东北部偏南和中部偏北的地区，与实况接近。德国模式两个时次的降水预报其降水中心均预报得偏西，但在重庆西北部报出了小于25 mm的降水，这与实况基本一致。T639两个时次的预报落区较实况偏北，降水中心的量级超过175 mm，比实况偏大。WRF预报出了四川南部的降水中心，但对重庆地区的雨量预报而言，重庆西部的降水预报明显偏强，而东南部的降水则报得偏弱了一些。综合来看，各个模式在一定程度上都预报出了此次重庆地区大范围的暴雨天气过程，但在降雨中心和降雨量级上与实况存在偏差，特别日本模式T213、T639和WRF模式在降水中心的量级上都报得偏强。重庆本地的运行WRF模式对此次过程东北—西南向的雨带特征描绘得较好，优于前述几个模式。

5 小结和预报着眼点

综合以上分析，得到本次暴雨天气过程的几点结论：

(1)2012年9月11日暴雨是在高空冷槽后部的冷平流与副高外围暖湿平流相互交汇下发生的。对流层中低层的西南低涡系统为暴雨发生提供了良好的动力抬升条件，西南气流与偏北气流在对流层中低层形成的辐合与南亚高压前部的高空辐散在垂直方向上形成耦合，使重庆地区上空的垂直上升运动得到维持。

(2)过小的对流有效位能和过大的对流抑制能量使得对流在重庆西部得不到充分发展，是此次过程中西部地区降水强度较2012年7月21日、2012年8月30日两次暴雨过程弱的重要原因之一。

(3)西南涡在10日夜间先快速发展然后强度又迅速减弱。分析发现低涡东北方向的冷平流使得西南涡的气旋式环流减弱。500 hPa的低槽超前于850 hPa低涡，在槽后负涡度平流的作用下，低涡中心的涡度值减小。同时，西南低空急流的位置偏东，距离低涡中心位置较远，也是低涡强度得不到进一步发展的原因。

(4)日本模式T213、T639、德国模式和重庆运行WRF预报模式在一定程度上都预报出了此次重庆地区大范围的暴雨天气过程，但在降雨中心和降雨量级上与实况存在偏差，特别是日本模式T213、T639和WRF模式在降水中心的量级上都报得偏强。重庆本地的运行WRF模式对此次过程东北—西南向的雨带特征描绘得较好，优于前述几个模式的。

参考文献

[1] 刘德，张亚萍，陈贵川，刘毅. 重庆市天气预报技术手册. 北京：气象出版社，2012，92-150.

2012年7月21日北京特大暴雨中尺度涡(MCV)的数值研究

赵宇

(南京信息工程大学,南京 210044)

摘　要

利用常规观测资料、FY-2E卫星TBB资料以及NCEP再分析资料对2012年7月21—22日发生在北京地区的大暴雨过程进行了诊断分析和模拟研究。结果表明:冷锋云系前部暖区中发展的强中尺度对流系统(MCS)和中尺度涡旋(MCV)是该暴雨的直接制造者。强降水发生在MCV的东南部,MCV的形成促进MCS的发展,导致强降水持续时间较长。涡度方程的收支诊断表明:MCV的形成主要是由于低层的涡度制造、水平涡度向垂直涡度的转化及来自中低层涡度的垂直输送。倾斜项无论是对低涡的生成和强降水的维持与减弱都起重要作用。

关键词:中尺度对流系统(MCS)　中尺度涡(MCV)　涡度收支　倾斜项

引言

2012年7月21日白天到夜间,华北北部地区出现了暴雨到大暴雨天气。7月21日08时—22日08时,华北地区有103个县(市)的雨量超过50 mm,其中48个县(市)雨量超过100 mm,9个县(市)雨量超过250 mm,3个县(市)的雨量超过300 mm,降水中心位于北京市郊,固安和门头沟的雨量分别达364.4和305.2 mm,北京市区的平均降水量为160.2 mm(图1)。北京及其周边地区遭遇61a来最强暴雨及洪涝灾害,81人因暴雨而死亡,经济损失达116.4亿元。

这次暴雨过程发生在冷锋前部暖区中,降水强度之大,灾害之严重都是近年北方地区较为罕见的[1,2],引起了气象工作者的广泛关注[3-5]。中尺度对流系统(MCS)和中尺度涡(MCV)是暴雨的直接制造者,此次大暴雨过程中形成了类似中尺度对流复合体的强MCS,导致北京一带强降水。MCS是如何组织并发展为强MCS的?本文利用观测和中尺度数值模拟资料,研究造成该暴雨的MCS和MCV的关系及MCV的结构演变及其形成机理。

1　暴雨过程中尺度对流系统和中尺度涡的活动

分析FY-2E卫星逐时云顶黑体亮温(TBB)的演变表明,华北北部东北一西南向冷锋云系前部暖区中不断有对流云团生成、发展。21日08—12时,冷锋前部为大片TBB＜－32℃的区域,其中嵌有分散的TBB＜－52℃的云区。13时开始对流区中出现范围很小的TBB＜－64℃的区域。18时,华北北部的几个小的单体合并成为一个MCS,TBB＜－64℃的区域明显增大,随后云顶亮温TBB小于－64℃的区域范围扩大,逐渐形成了以该对流云团为主体的近椭圆形的β中尺度对流云团,边界光滑,结构密实,出现TBB＜－70℃的区域。20时,云团基本满足Madox定义的MCC开始阶段,之后该MCS继续发展,22日04时TBB＜－70℃的面积最大,为MCS的强盛阶段,然后该云团主体略向东移,TBB＜－64℃的面积逐渐缩小,并逐渐移出华北地区。上述冷锋云系前部的对流云团及夜间形成的巨大 MCS 是造成该暴雨过程的主要中尺度系统。

2 中尺度流场分析

采用中尺度模式 WRF3.4 对该暴雨过程进行数值模拟。模拟采用双向双重嵌套，模拟区域格距分别为 30 和 10 km，积分的初始时刻为 2012 年 7 月 21 日 08 时，积分 24 h。

细网格模拟的 21 日 08 时—22 日 08 时华北地区降水的走向、范围和量级(图 1b)与实况(图 1a)基本一致。模式较好地模拟出了阻高、低涡、西风槽等天气系统及其演变。下面主要利用模拟结果做进一步的分析。

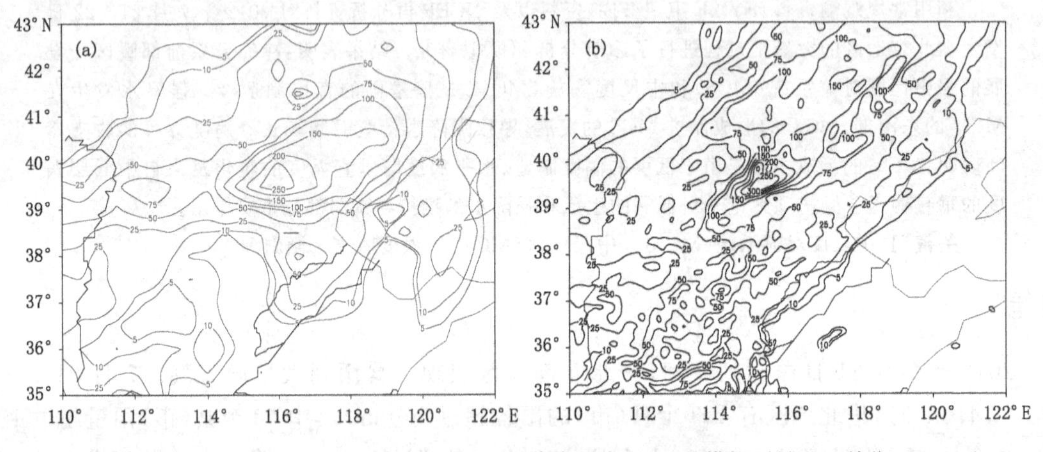

图 1 2012 年 7 月 21 日 08 时—22 日 08 时降水量实况(a)及模拟雨量(b)(单位：mm；等值线：5、10、25、50、75、100、125、150、200)

从模式输出的 700 hPa 流场及相应时次 1 h 降水的演变可以看到，过程初期，850 和 700 hPa 上河套北部为一低涡，降水产生在低涡中心附近，最大雨强为 10 mm/h。低涡向东北方向移动，并在低涡的南部形成新的气旋性环流，该环流只维持 2 个时次就减弱消失，原来的低涡中心也逐渐减弱，强降水一直产生在低涡的东南象限，最大雨强为 40～50 mm/h。21 日 17 时形成一个新的闭合环流的雏形(图 2)，18 时形成了完整的闭合环流，这就是 MCV，与 MCS 的合并相对应，MCV 直到 22 日 08 时都一直存在，并向东北方向移动。在 MCV 发展过程中，强降水产生在 MCV 的东南部。MCV 形成后，MCS 明显发展，相应的雨强明显增大，模拟的 21 日 19 时雨强达 70 mm/h，模拟的 21 日 20 时—22 日 00 时的最大雨强都为 80 mm/h，22 日 01 时开始雨强减弱为 50 mm/h，强降水仍位于低涡的东南部，22 日 05 时强降水位于低涡的东部，雨强为 30～40 mm/h。850 hPa 流场与 700 hPa 类似，21 日 17 时就形成了闭合环流，比 700 hPa 早 1 h。MCV 存在于中对流层 850—650 hPa，900 hPa 以下为山脉，看不到环流，600 hPa 为一个短波槽叠加在对流层低层的低涡上。500 hPa 上没有中尺度低涡，北部低涡处为弱的气旋性弯曲，南部低涡处为辐散场(图略)。可见，对流的发展导致 MCV 的形成，降水的蒸发冷却在低层形成冷堆以及降水释放的潜热都有利于 MCV 的形成[6]。MCV 的形成使得 MCS 的发展具有组织性，MCV 形成后，强降水维持了较长时间。

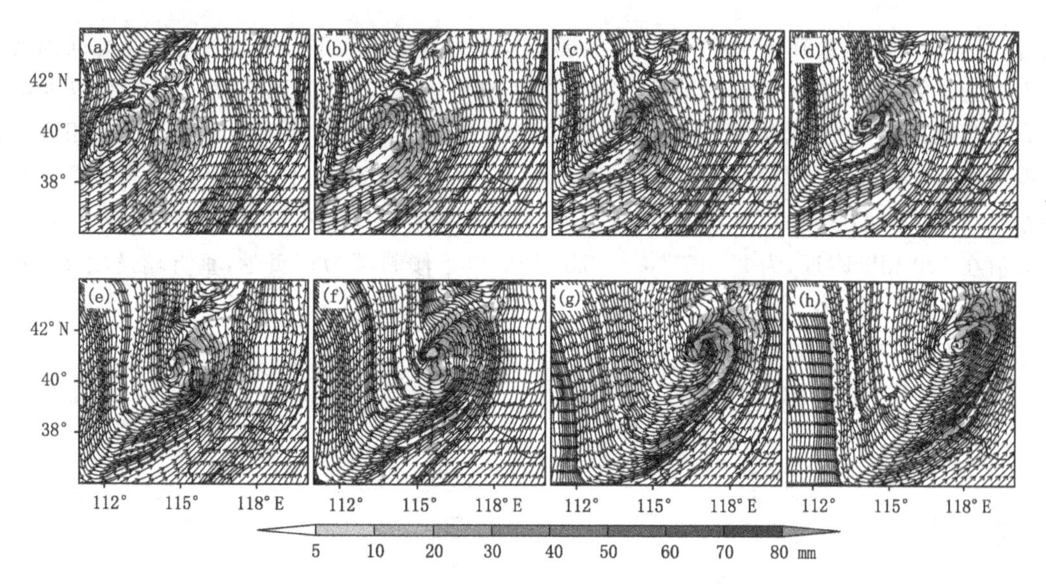

图 2　(a—h)模式模拟的 7 月 21 日 17 时—22 日 08 时 700 hPa 流场及相应时次 1 h 降水量(阴影)分布

3　MCV 的演变和涡度收支诊断

3.1　MCV 的演变

MCV 的发展就是涡度的产生过程,因此,计算了 MCV 所在区域(37°—43°N, 111°—120°E)平均的涡度随时间的演变。分析了 21 日 15—22 日 08 时区域平均的涡度廓线的分布(略)。在模拟时段内 MCV 一直维持,没有进入消亡阶段,因此,按照 MCV 环流的发展和平均涡度强度,MCV 可以分为三个阶段:MCV 开始阶段(21 日 15—18 时,其中 21 日 18 时为形成时)、形成后降雨加强阶段(21 日 18 时—22 日 01 时)以及降水减弱阶段(22 日 01—08 时)。下面分别对上述阶段进行研究。

3.2　涡度方程各项的演变特征

通过计算涡度方程的各项,来研究各时段涡度生成和发展的物理过程。

不考虑摩擦和积云对涡度垂直输送效应,p 坐标系中的涡度方程为:

$$\frac{\partial \zeta}{\partial t} = -\left[\left(u\frac{\partial \zeta}{\partial x} + v\frac{\partial \zeta}{\partial y} + v\frac{\partial f}{\partial y}\right)\right] - \omega\frac{\partial \zeta}{\partial p} - (\zeta + f)\left(\frac{\partial u}{\partial x} + \frac{\partial v}{\partial y}\right) + \left(\frac{\partial \omega}{\partial y}\frac{\partial u}{\partial p} - \frac{\partial \omega}{\partial x}\frac{\partial v}{\partial p}\right)$$

其中,f 为柯氏力,ζ 为相对涡度。方程中左边为相对涡度的局地变化项;右边第一项为相对涡度水平平流项,它是由于相对涡度的水平分布不均匀所引起的;第二项为相对涡度的铅直输送项,它代表非均匀涡度场中,由于垂直运动引起的相对涡度的重新分布所造成的涡度的局地变化;第三项为散度项,它表示由于水平辐合(辐散)引起垂直涡度的增加(减小);第四项为倾斜项,它表明当有水平涡度存在时,由于垂直运动的水平分布不均匀而引起涡度铅直分量的变化。方程右边所有项的累加代表了相对涡度的局地变化。计算了中尺度低涡所在区域(37°—43°N,111°—120°E)平均的涡度方程各项来诊断涡度的来源。

3.2.1　开始阶段

MCV 形成前,21 日 16 时(图 3a),对流层 550 hPa 以下涡度的局地变化为较明显的正值,400 hPa 以上为负涡度变化,550—400 hPa 涡度的趋势为 0。对流层低层正涡度的来源主要是辐合项、倾斜项和垂直输送项；中高层正涡度的来源为水平平流项。垂直输送项从地面到高层基本都为正值，倾斜项在925 hPa以下为负贡献，925—700 hPa为正贡献，650 hPa以下辐合项为正贡献，水平平流项为负贡献，650 hPa以上水平平流项和散度项的贡献与低层相反。正的涡度局地变化表明气旋性涡度随时间明显增大，这与该时次中尺度低涡开始强烈发展非常一致。21日18时(图3b)，MCV形成时，最明显的变化是整个对流层涡度的局地变化为正值，最大值在800 hPa附近，为$2\times10^{-8}s^{-2}$。750 hPa以下倾斜项为正贡献，垂直输送项在850—750 hPa为负贡献。

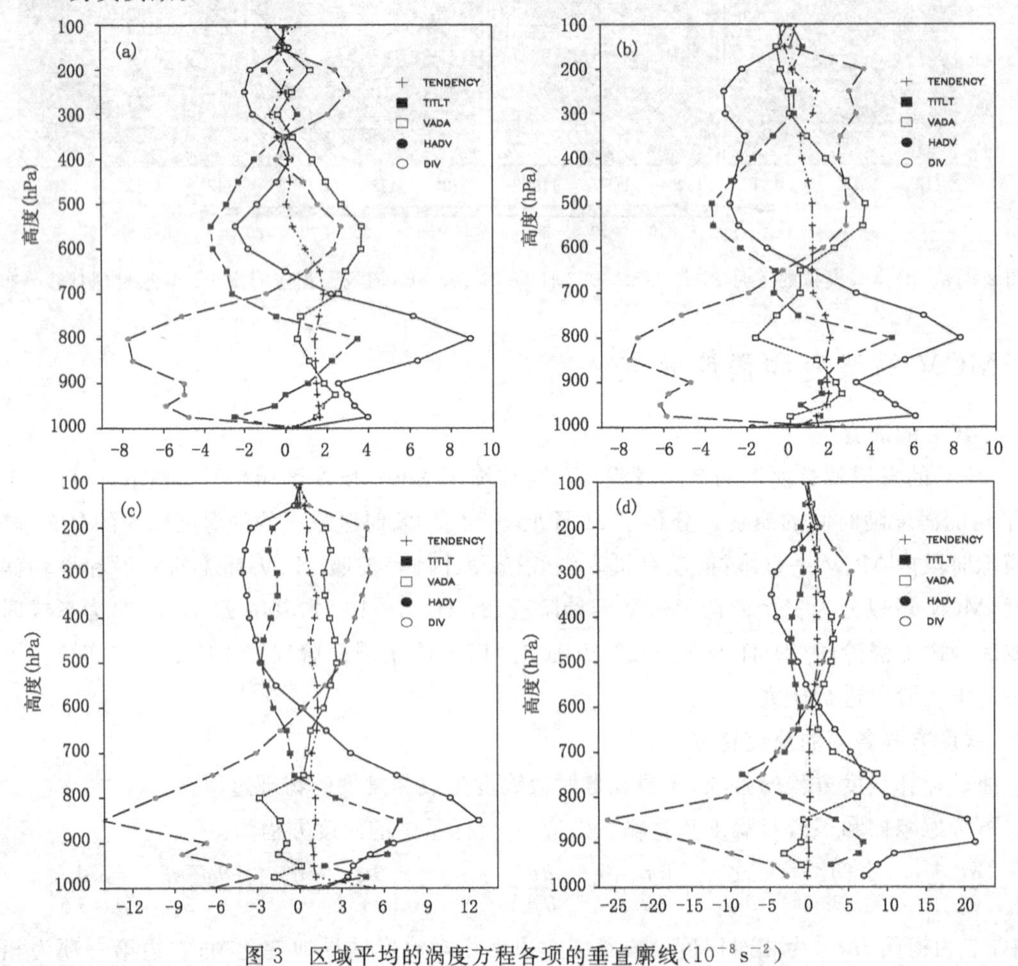

图3 区域平均的涡度方程各项的垂直廓线($10^{-8}s^{-2}$)

(a.21日16时，b.21日18时，c.21日20时，d.22日05时)

3.2.2 降雨加强阶段

MCV形成后，强降雨时段的21日20时(图3c)，整个对流层涡度的局地变化仍为正值，但强度减弱明显，最大值约为$1\times10^{-8}s^{-2}$。750 hPa以下倾斜项为正贡献，垂直输送项为负贡献，表明MCV形成后，对流层低层正涡度的来源主要为辐合项和倾斜项，辐合项和倾斜项的强度明显加强，且随时间增大明显，辐合项和倾斜项最大值都在850 hPa附近，分别为12×10^{-8}和$7\times10^{-8}s^{-2}$，到22日04时增大到20×10^{-8}和$12\times10^{-8}s^{-2}$，因为在这一时段垂直输送项为负，抵消了一部分正贡献。因此，MCV形成后涡度的局地变化逐渐减小，但在强降雨时段涡度的局地变化仍为正值，中高层涡度的垂直输送也逐渐减小。

3.2.3 降雨减弱阶段

降雨减弱时段的22日05时(图3d),整个对流层涡度的局地变化为0,涡度不再增大。主要变化是涡度倾斜项的正贡献下降到850 hPa以下,850—600 hPa倾斜项的负贡献明显增强,其他项的贡献变化不大,因此导致涡度不再增大,上升运动减弱,导致降水减弱。

从以上分析可知,在对流层低层,散度项、垂直输送项和倾斜项是正涡度的主要贡献者,MCV形成前925 hPa以下倾斜项为负贡献,整层垂直输送项都为正贡献;MCV形成后,750 hPa以下倾斜项为正贡献,垂直输送项750 hPa以下转为负贡献。强降水维持阶段,对流层涡度的局地变化基本为正值,而降雨减弱阶段整个对流层涡度的局地变化减弱为0,这主要是由于对流层低层涡度倾斜项的正贡献的层次厚度减小,对流层中层倾斜项的负贡献明显增强导致的净结果。倾斜项无论是对低涡的生成和强降水的维持与减弱,水平涡度向垂直涡度的转化都有某种指示意义,高松[7]在研究造成华南暴雨的MCC时也强调了水平涡度向垂直涡度的转化。

4 结论

(1)冷锋云系前部暖区中发展的强中尺度对流系统(MCS)和中层涡旋(MCV)是暴雨的直接制造者。

(2)涡度方程的收支诊断表明,对流层低层,散度项、垂直输送项和倾斜项是正涡度的主要贡献者,MCV形成前925 hPa以下倾斜项为负贡献,整层垂直输送项都为正贡献;MCV形成后,750 hPa以下倾斜项为正贡献,垂直输送项750 hPa以下逐渐转为负贡献。强降水维持阶段,对流层涡度的局地变化基本为正值,而降雨减弱阶段整个对流层涡度的局地变化减弱为0。

(3)MCV的形成主要是由于低层的涡度制造、水平涡度向垂直涡度的转化及来自中低层涡度的垂直输送。倾斜项无论是对MCV的生成和及其形成后强降水的维持、减弱都起重要作用。

参考文献

[1] 湛芸,孙军,徐堵等.北京7·21特大暴雨极端性分析及思考:(一)观测分析及思考.气象,2012,**38**(10):1255-1266.

[2] 孙军,湛芸,杨舒楠等.北京7·21特大暴雨极端性分析及思考:(二)极端性降水成因初探及思考.气象,2012,**38**(10):1267-1277.

[3] 孙继松,何娜,王国荣等."7·21"北京大暴雨系统的结构演变特征及成因初探.暴雨灾害,2012,**31**(3):218-225.

[4] 方翀,毛冬艳,张小雯等.2012年7月21日北京地区特大暴雨中尺度对流条件和特征初步分析.气象,2012,**38**(10):1278-1287.

[5] 俞小鼎. 2012年7月21日北京特大暴雨成因分析.气象, 2012,**38**(11):1313-1329.

[6] 寿绍文, 励申申, 寿亦萱等.中尺度气象学.北京:气象出版社, 2009:329.

[7] 高松.一次南方暴雨过程的中尺度对流系统发展演变机制研究.南京信息工程大学.2012:87.

第二部分　台风、暴雪、强对流

吉林东南部山区两场雨转暴雪天气过程的对比分析

蔡雪薇[1]　白佳蕴[2]

（1.国家气象中心，北京 100081；2.吉林省白山市气象局，白山 134300）

摘　要

利用MICAPS常规资料、探空资料和雷达风廓线资料，选取2012年11月5—6日、11月11—12日两次发生在吉林东南部山区的雨转暴雪天气过程进行分析。得出以下结论：两次过程的强降水性质分别为锢囚锋区降水和地面气旋的暖区降水；长白山区地形抬升作用有利于强降水的产生，当天气系统从不同路径进入山区，强降水的位置不同；充足的水汽是强降水发生的重要条件之一，两次过程的水汽分别来自东南风带来的海上暖湿气流和槽前西南急流的水汽输送；雨转雪和纯雪持续的主要原因是系统带来的冷空气降温，气温的日变化可以促进雨转雪的发生；通过雷达垂直风廓线产品资料，可看到降水时精细化的高空风演变，进而判断雨雪转换的条件和暴雪发生的原因。

关键词：雨转雪　暴雪　雷达风廓线　探空资料　地面温度

引言

冬季降水相态主要包括雨、雨夹雪、雪、冰粒等。由降水产生的气象灾害为纯雪暴雪和雨或雨夹雪转暴雪。东北地区的降雪日数和强度都较其他地区多，且地形复杂，降水分布不均。董啸等[1]通过对近50 a观测资料的分析得出，东北地区的暴雪主要区域之一就是东南部长白山区，且时段分布在春、秋两季。近10a来，中国预报技术人员对冬季降水过程有较多的研究，也提出了一些雨雪识别判据[2,3]。目前吉林省的降水相态判据为当 $T_{850}>0$℃时为雨，当 $T_{850}<0$℃时，且 T_{2m}（距地面2 m温度）<1℃为雪，$1℃<T_{2m}<3℃$为雨夹雪。

近年来，探空资料和雷达资料等也被应用在冬季暴雪过程的分析中[4-7]。孙欣等[8]利用探空资料和多普勒雷达风廓线资料对东北一次大暴雪过程进行了天气学分析。

更多的研究针对于平原地区，对于吉林东南部长白山区带来的抬升作用考虑较少，而往往在山区会形成强降雪过程。本文选取2012年11月5—6日和11月11—12日两次雨转暴雪过程，试图通过对探空资料和雷达风廓线资料的运用，来分析雨转雪的机制和产生暴雪的原因。

1　降水实况

两次雨转雪的降水过程实况如下（图略）：以吉林省东南部22站为例进行分析，其中通化、白山各 6 个站，延边 10 个站。过程一出现在 4 日白天至 6 日夜间，过程降水量为 3.3－29.7 mm，主要降水时段为 5 日白天，其中有 2 站产生了暴雪天气(东岗、长白)，最大降雪量出现在东岗，为 14.2 mm，雪深达 9.8 cm。过程二出现在 10 日夜间至 14 日夜间，过程降水量在 5.7～26.9 mm，主要降水时段为 11 日白天至夜间，产生了 3 站次的暴雪(白山、江源)。最大降雪量出现在江源区，为 12.5 mm，雪深 14.0 cm。通化、延边的多数站点降水量均较大，但均以降雨为主。

2 天气系统分析

5 日降水过程是在 500 hPa 上中高纬度呈现“两脊一槽”的形势下产生的(图 1)。高层切断低压从华北地区缓慢东移北上，形成发展成熟的高空冷涡，东北部逐渐影响吉林省东南部，850 hPa 上，吉林省东南部受偏东气流影响，带来丰富水汽，对应地面气旋已锢囚，吉林省东南部位于云图中的逗点云系头部，有利于降水产生；6 日高空冷涡维持在吉林省东南部，强度减弱，对应在 850 hPa 上低涡南压，白山受东北气流控制，冷式切变转竖，地面气旋也移出吉林，强降雪过程趋于结束。

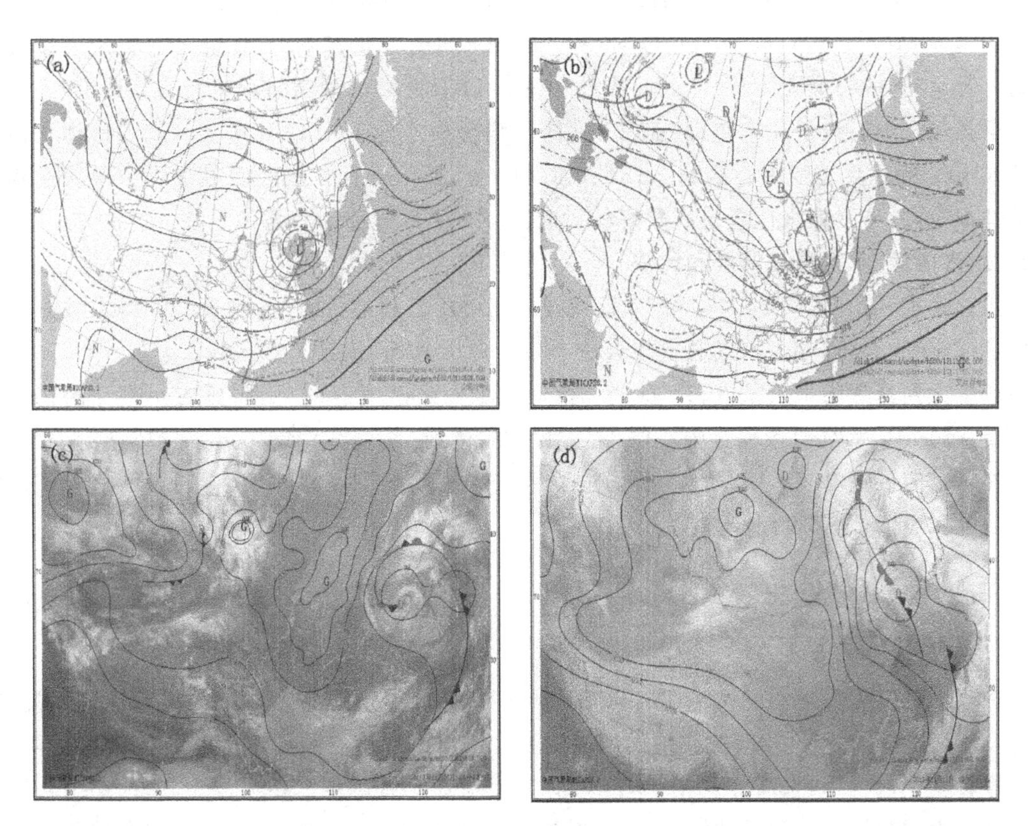

图 1　11 月 5 日 08 时(a)和 11 日 08 时(b)500 hPa 温压场配置，
11 月 5 日 08 时(c)和 11 月 11 日 08 时(d)平面气压场和红外云图复合

在 11 日的降水过程中，500 hPa 上中高纬度呈现“一槽一脊”的形势。前期在内蒙古中部形成高空冷涡，温压场配置有利于低槽东移发展，850 hPa 上低涡东移至吉林，白山受槽前较强西南暖湿气流控制，为水汽输送创造条件，并有利于辐合上升运动，地面上蒙古气旋与北上的江淮气旋两者合并东移发展，强降水时段为暖区降水；到 12 日 08 时，高空冷涡移出吉林，白山位于槽后受偏北气流控制，地面气旋形成锢囚并移出吉林，受后期分裂的小股冷空气补充影响（副冷锋）和地形抬升作用，弱降雪过程仍持续至 13 日，此时为冷区降水。

3 物理量分析

3.1 动力条件

3.1.1 地形抬升作用

吉林东南部的长白山区为东北一西南走向，以白山为例，其位于长白山西坡，横跨山区南北，当系统通过不同的路径进入时，影响区域不同。5 日过程白山位于地面气旋北侧，低层受东南和偏东气流的影响，山南为迎风坡，上升运动强，对比实况可以发现，暴雪出现在山区的中南部，降水强度明显大于山北；11 日过程，地面气旋从吉林西部沿长白山一带东移，西坡成为迎风坡，辐合上升运动较强烈，在实况降水中也可看出白山西部降水明显强于南部。

3.1.2 辐合作用与垂直速度

5 日过程 08—20 时 850 hPa 辐合中心位于白山中北部达到 $-5\times10^{-5}\,s^{-1}$，500 hPa 辐散中心达到 $2\times10^{-5}\,s^{-1}$，有利于上升运动；从 700 hPa 垂直速度来看，5 日全天吉林东南部维持着弱上升运动，中心最大为 -4×10^{-2} Pa/s 左右。11 日开始的降雪过程也具有大致的特点，08 时低层强辐合中心位于辽宁东部，到 20 时低层辐合中心达到 $-16\times10^{-5}\cdot s^{-1}$，移到长白山区，700 hPa 的垂直速度中心达到 -184×10^{-2} Pa/s，上升运动的强度明显加强。两次过程动力条件都较好，与强降水位置也有较好的对应，其中 11 日过程动力条件更好。

3.2 水汽条件（水汽通量散度和比湿）

两次降水开始前，5 日 08 时和 11 日 08 时，比湿均已超过 3 g/kg；5 日 20 时，吉林东南部均超过 3.6 g/kg，850 hPa 水汽通量辐合中心位于白山北部，达到 $-20\times10^{-8}\,g/(cm^2/hPa\cdot s)$，具备产生大到暴雪的水汽条件；11 日 20 时，通化和白山湿度有所下降，延吉一带比湿仍超过 4 g/kg，850 hPa 水汽通量辐合中心位于白山东部，达到 $-30\times10^{-8}\,g/(cm^2\cdot hPa\cdot s)$，相比较可知强降水的位置略有差别，且 11 日的过程水汽通量散度条件略好于 5 日过程，这与实况的降水强度和位置都有较好地对应。

4 雨转雪机制讨论

4.1 地面温度分析

选取 5 日过程降暴雪的站点（长白、东岗）和 11 日过程暴雪站点（白山）地面观测气温、降水量及气压进行分析（图 2），关注地面温度的变化。5 日两站点的温度较前日均大幅下降，且无明显日变化，长白和东岗分别在 08 和 11 时前后开始小幅降温。由实况可知，两站雨转雪的时间分别为 10 时 40 分和 14 时 07 分，此时地面温度分别为 0.3 和 0.8℃；说明在转雪前地面开始出现由弱冷空气卷入暖气团带来的降温，导致雨雪相态发生变化。11 日过程前期白山站的气温存在日变化，在 14 时前后地面温度最高，之后下降，且此时系统开始过境，气压升高，实况雨转雪的时间为 15 时 38 分，此时地面温度为 0.6℃；表明锋后冷空气和午后的降温共同作用使雨雪相态转换，气温的日变化可以促进雨雪转换。综上可知，两次过程雨转雪和纯雪相态维持的主要原因是由冷空气带来的降温，气温日变化的作用可以使雨转雪的时间提前。

4.2 探空资料运用

探空资料可以用于分析云中水滴的相态变化，选取白山市临江站的探空资料（如图3），对发生雨转雪过程的温、湿度变化进行分析。

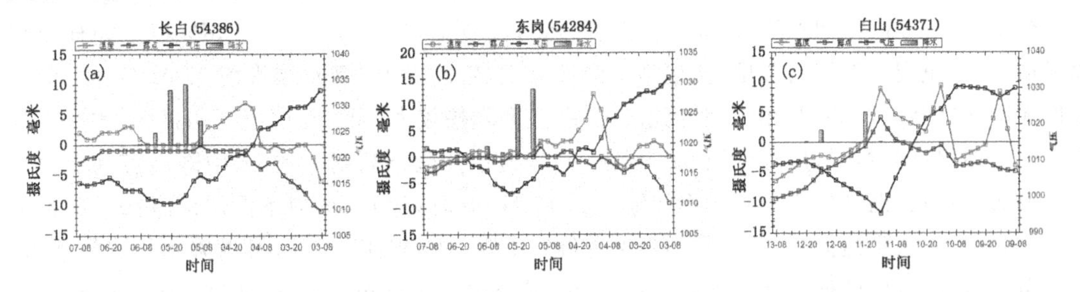

图2 11月5日过程长白(a)、东岗(b)和11月11日过程白山(c)地面温度、降水量和气压变化

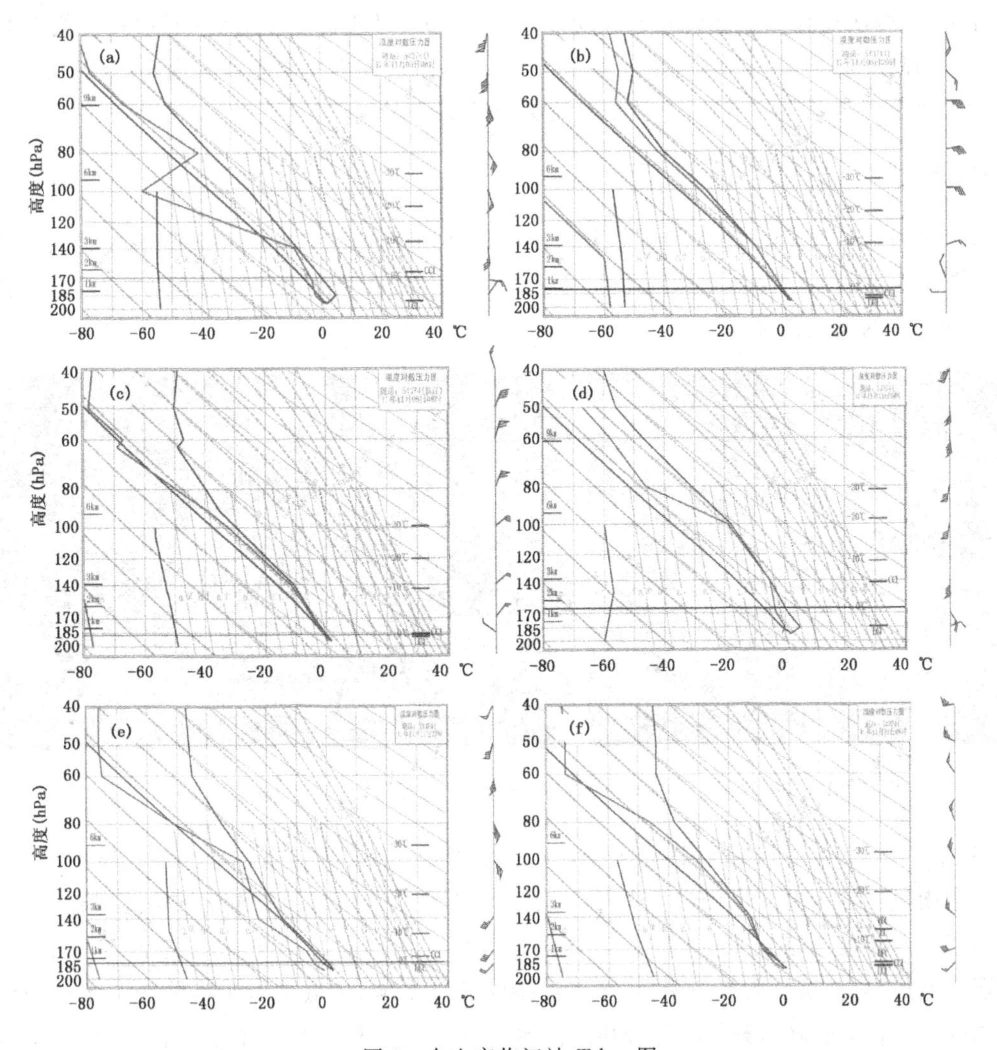

图3 白山市临江站 T-lg$p$ 图

(5日08时(a)和20时(b)、6日08时(c)、11日08时(d)和20时(e)、12日08时(f))

5日08时低层925 hPa以下出现辐射逆温，近地面层水汽较好；700－500 hPa为干冷空气，低层700 hPa以下则为暖湿空气。到5日20时，整层空气接近饱和，有利于降水的发生。与08时相比，各层降温不明显，0℃层下降到925 hPa以下，与地面距离降低，但仍未低于抬升凝结高度，云内温度降低幅度较小，地面温度为2℃，冷空气在低层较弱，临江站未产生降雪。

分析11日08时—12日08时的探空资料，可以看出，11日08时925 hPa以下同样出现辐射逆温；对流层中低层为湿层，其他高度湿度相对较小。到强降水结束前11日20时，湿度条件无明显好转。与08时相比，对流层中低层温度降幅较大，而低层降温不明显，说明冷空气在对流层中层；同时，0℃层降低至925 hPa以下，与抬升凝结高度一致，云中降温有利于冰粒子的形成，但地面温度较高不利于雨转雪。到12日08时，500 hPa以下湿层深厚；0℃层下降明显，高层西北风到达低层，抬升凝结高度也继续下降，地面温度－1℃，此时降水相态为纯雪。湿度条件虽较好，但已处于锋后冷空气控制下，强降水趋于结束。11日过程发生的雨转暴雪是由前期的暖区降水转为冷区降水，冷锋后的降温是雨转雪和后期纯雪维持的主要原因之一。

综上，就两次过程探空资料的分析，可以发现：(1)雨转雪的发生需要0℃层高度低于1 km和抬升凝结高度低于0℃层，当地面温度小于1℃时，可能使雨雪相态发生变化。(2)大到暴雪发生的重要条件是湿层的增厚，尤其是对流层中低层的湿层。

5 强降水时段高空风演变

速度方位显示风廓线(VWP)表示各高度上的平均风向风速，它是多普勒天气雷达二级导出产品[9]。本文利用白山站雷达的垂直风廓线产品追踪这两次雨转雪过程(图4)，分析雨转雪及大到暴雪的发生条件。

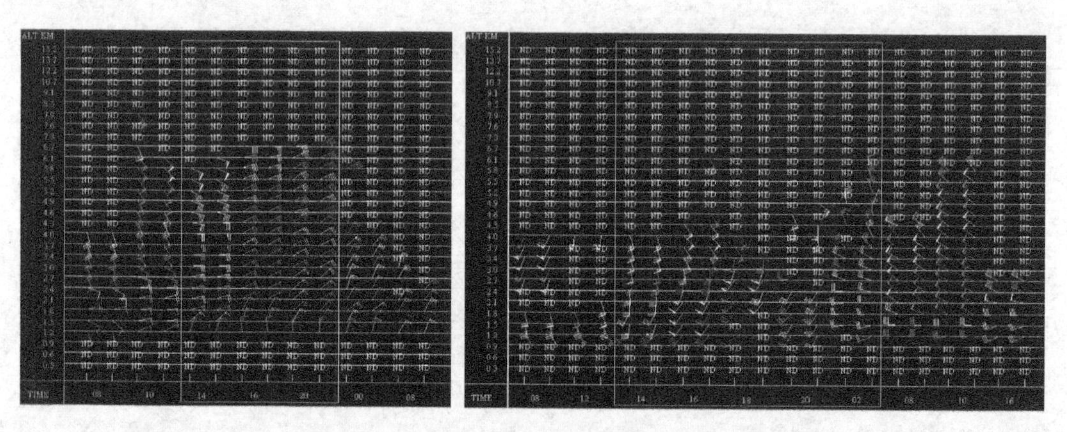

图4　5日08时—6日08时(a)和11日08时－12日08时(b)雷达风廓线资料

11月5—6日的降水为锢囚锋区降水，5日08时在2 km附近存在强的垂直风切变，2 km以下由东南风逆转为东北风，有弱冷平流，2 km以上由东北风顺转成东南风为暖平流，弱冷平流导致了地面温度的略微下降。10时起受地面气旋东移影响，白山位于气旋北侧，2 km以下转为弱东北风，到高层顺转成东南风，整层维持弱的暖平流，中低层偏东风输送了水汽使湿区厚度增加到6 km，强降水开始。这种稳定的风场形势一直维持到16时，此后，至02时随着气旋继续东移，白山上空6 km以下为一致的东北风，1.5 km以下已转为弱的北风控制，带来小幅度降温，促进雨向雪转化。到6日02时，系统逐渐移出白山，整层受东北风控制，湿度变小。

与6日08时探空资料的各层温度对比可知，中高层已经小幅降温，与风场变化较一致。

从11日08时的风廓线可看出，近地面层为弱东南风，随高度升高，转为西南风，有弱暖平流；850—700 hPa为干区。14—17时为主要的强降水时段和雨转雪的转折点，14时前后系统继续北上东移，湿层厚度增大，低层受槽前西南暖湿气流控制，高空仍为东南风控制，对流层中低层附近风随高度逆转，有弱冷平流出现。到16时，2 km以下的风速增强超过16 m/s，成为西南急流，加速低层辐合上升并带来大量水汽，有利于强降水；此时冷空气未到达边界层，而是傍晚时地面温度的降低，促进了雨雪的转换。17时后低层西南风逐渐减小，降水减弱；弱冷平流带来的降温在20时的探空资料中也有所体现。12日02时后，高空槽过境，白山在500 hPa开始受槽后西北气流控制，低层仍有弱西南风提供水汽，产生冷区降水；到08时整层几乎被西北风控制，降温明显，强降雪趋于结束。

可以通过雷达垂直风廓线产品较直观地反映产生降水时高空风的变化，通过时空分辨率更高的风场了解系统垂直方向的结构、湿层厚度、冷暖平流以及槽过境的转折点，进而判断雨雪转换和暴雪发生的条件。

6 小结

利用实况观测资料、探空资料和雷达风廓线资料对2012年11月5—6日和11月11—12日的雨转大到暴雪的过程进行分析，得到以下结论：

两次降水过程影响系统均为高空冷涡和地面气旋，但系统发展的强度、位置以及降水性质有所差别。5日过程为地面锢囚锋附近的降水；11日过程为地面气旋的锋面降水，前期受西南气流控制为暖区降水，锋面过境后受地形影响仍有冷区降水。

受长白山“东北一西南”走向的地形作用影响，当系统从不同路径经过长白山区时，造成强降水的迎风坡位置不同；从西北路径到达山区时，长白山西麓为迎风坡，从海上经西南路径到达长白山区时，山南为迎风坡。

充足的水汽条件是暴雪产生的重要原因之一。5日锢囚锋区的降水由对流层低层偏东南风和偏东风带来海上的暖湿气流供应水汽；11日的强降水过程为地面气旋过境带来的暖区降水，对流层低层受槽前西南气流控制，带来充足的水汽。

造成两次雨转雪过程和纯雪维持的原因是冷空气带来的降温，地面温度的日变化可以促进和提前雨转雪的时间。雨转雪过程需要在0℃层高度低于1 km，且抬升凝结高度低于0℃层高度的情况下产生，地面温度的降低更重要，当地面温度低于1℃时，有利于雨转雪的发生。

可以通过雷达垂直风廓线产品分析产生降水时高空风的变化，通过时空分辨率更高的风场了解系统垂直方向的结构、湿层厚度、冷暖平流以及槽过境的转折点，进而判断雨雪转换和暴雪发生的条件。

参考文献

[1] 董啸，周顺武，胡中明等. 近50年来东北地区暴雪时空分布特征. 气象，2010，**36**(12)：74-79.

[2] 许爱华，乔林，詹丰兴等. 2005年3月一次寒潮天气过程的诊断分析. 气象，2006**32**(3)：49-55.

[3] 郑婧，许爱华，许彬. 2008年江西省冻雨和暴雪过程对比分析. 气象与减灾研究，2008，**31**(2)：29-35.

[4] 孙晶，王鹏云，李想等. 北方两次不同类型降雪过程的微物理模拟研究. 气象学报，2010，**65**(1)：29-44.

[5] 王亮，王春明．一次雨夹雪转暴雪天气过程的微物理模拟研究．气象与环境学报，2010，**26**(2)：31-39.
[6] 蒋义芳，吴海英，王卫芳等．暴雪过程中多普勒雷达速度产品分析．气象科学，2010，**30**(4)：542-547.
[7] 王清川，寿绍文，霍东升．河北省廊坊市一次初冬雨转暴雪天气过程分析．干旱气象，2011，**29**(1)：63-68.
[8] 孙欣，蔡芗宁，陈传雷等．"070304"东北特大暴雪的分析．气象，2011，**37**(7)：863-870.
[9] 俞小鼎，姚秀萍，熊廷南等．多普勒天气雷达原理与业务应用．北京：气象出版社，2006：217-218.

2012年上海机场两次春季雷暴过程分析

曹晴

（民航华东空管局气象中心，上海 200335）

摘 要

利用中尺度WRF模式模拟了上海地区2012年2月14日及22日的两次雷暴过程。这两次过程是上海地区春季出现雷暴的典型天气过程，浅层冷空气侵入型及静止锋附近雷暴型。通过对模式输出物理量诊断分析，比较了两次过程的异同点。结果显示：温度平流的配置一方面是对流发展的触发条件，另外，又为对流的发展提供了能量的累积，层结稳定度的变化、底层水汽的变化、地面温度的变化、涡度的垂直配置以及能量场指数均对春季雷暴的可能性及强度有指示意义。

关键词：雷暴 春季 中尺度数值模拟 WRF模式

引言

雷暴是对流旺盛的天气系统，它们所产生的天气现象叫做“对流性天气”[1]，这类天气现象对航空器的影响最为严重，因此，做好雷暴预报和预警工作是航空气象预报的主要方面之一，而初雷的预报是其中的难点。上海地区初雷一般在春季发生，春季雷暴的特点不同于夏季雷暴，系统性不强并且发生突然，多为静止锋附近雷暴。另外，夜间云顶辐射降温也能引起突发性的雷暴。

根据机场气候资料表明，上海虹桥机场地区的初雷发生在2—4月，常常出现在夜间，并且持续时间一般为2 h。中外对于夏季雷暴的研究很多，而对春季雷暴的研究较少[2,3]。本文对2012年二次春季雷暴过程进行数值模拟和物理量分析，揭示初雷发生的因子，用于提高初雷预报的准确率，保障飞行安全。

1 天气背景

1.1 实况简介

2012年2月14日为上海地区的初雷日，虹桥机场周边有闻雷，浦东机场21：20－23：00（北京时，下同）观测到有雷暴。2012年2月22日虹桥15时15－30分和浦东15时30分－16时、18时44分－19时、21时20分两机场均观测到雷暴。两次雷暴过程持续时间都较短，并伴有弱阵性降水。

1.2 形势场分析

14日08时地面图上（图略），上海已经转为高压前部控制。浅层（图略）冷锋锋区位于山东以北，上海处于弱暖脊中，切变在苏皖中部一带并伴有较强的中低空急流。高层（图略）横槽位置偏北，孟湾附近为高压环流，水汽通道主要来自南海及北部湾。晚上20时（图略）冷空气以东路从海上扩散至苏皖南部，冷暖空气在长江流域交汇，高层南支槽的径向度略有加大，21

时前后上海地区对流发生。22 日 08 时地面图上(图略),上海处于低压倒槽顶部,浅层(图略)冷空气较 14 日过程偏北偏西,位于内蒙古一河套一线,同样也伴有一支较强的中低空急流,高层南支槽的径向度大于 14 日。高、低、空三层的槽线相对垂直,因此冷锋的移动速度较快,14 时地面实况冷空气前锋到达山西一河北附近,15 时前后上海地区对流发生。

1.3 层结稳定度分析

图 1 分别为 14 日 08 时及 22 日 08 时上海地区的温度一对数压力图,14 日 08 时(图 1a)从温度随高度分布上来看,近地面 925—850 hPa 有明显逆温,有利于不稳定能量的累积。从风向随高度分布上来看 1000 hPa 附近为西北风,随着高度的升高至 850 hPa 及以上风向逐渐逆转为西南风。因此,从实况探空上判断近地层开始有冷空气的侵入。从露点随高度分布上看,700 hPa 以下水汽非常充沛,并且在近地面 925－850 hPa 也存在一个随高度递增的变化。因此,从 14 日逆温层性质上判断应属于典型的锋面逆温型。而 22 日 08 时(图 1b)同样也在 925－850 hPa 存在逆温,但是斜率小于 14 日,并且从风向随高度的分布看,近地层风向是顺转的。从露点随高度分布来看,水汽随高度升高一致递减。单从 SI 指数上看,两次过程均大于 3℃,雷暴发生的可能性较小。

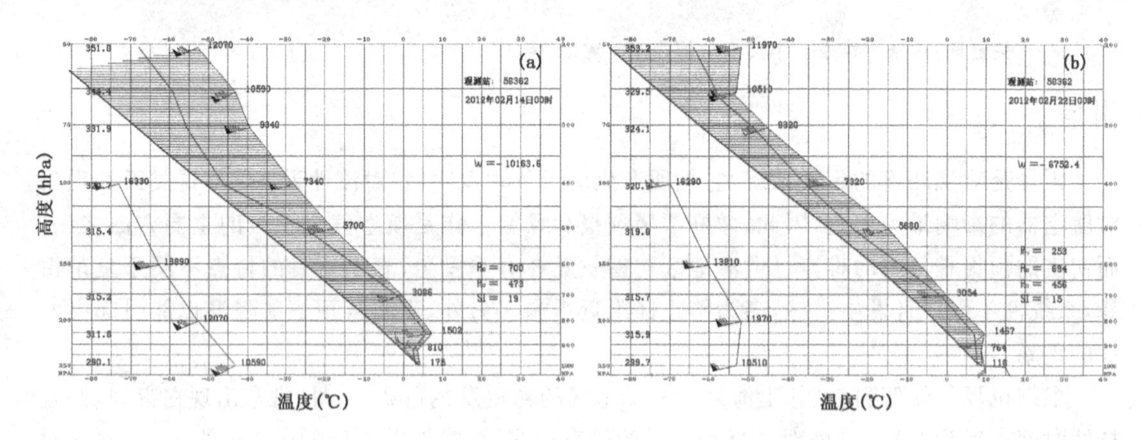

图 1　14 日 08 时(a) 22 日 08 时(b)温度一对数压力图

1.4 实况地面要素变化

从虹桥机场气候资料来看[5],温度在 5℃以上就有发生雷暴的可能性,8～20℃为春季雷暴的多发区间。14 日及 22 日虹桥机场 24 小时地面温度的时间序列,14 日虹桥机场地面最高温度为 8℃,22 日地面最高温度为 12℃。浦东机场 14 日地面最高温度为 7℃,22 日地面最高温度为 12℃(图略)。因此,从当天的地面温度变化来看,两次过程已经具备了对流发生的温度条件。

2 资料及方法

分别对 14 日及 22 日这两次春季雷暴过程使用了中尺度模式 WRF V3.0[6],采用双重双向嵌套方案。模拟,区域 1 格距为 15 km,水平格点数为 101×101,区域 2 格距为 5 km,格点数为 151×151。区域 1 的积云对流参数化方案采用 Kain-Kritsh 方案,区域 2 关闭积云对流参数化方案。区域 1 和区域 2 的微物理过程选用较为成熟的 LIN 方案,边界层方案选用 YSU 方案,陆面过程选用 Noah 陆面过程方案,长波辐射方案选用 RRTM 方案,短波辐射方案选用

Dudhia 方案。模式初始场采用了 NECP 1°×1°一日四次的再分析资料。

3　数值模拟与分析

上海地区春季雷暴发生要考虑温度变化，水汽条件，层结条件及抬升力条件，以下分别从这几个方面对两次春季雷暴过程的模拟结果进行诊断分析。

3.1　地面温度变化

对二次过程地面温度作图显示(图 2)，14 日的最高温度为 8.8℃，出现在 11 时。22 日地面最高温度为 13.5℃，出现在 16 时。温度的变化趋势与实况是吻合的，模式对过程的模拟基本准确。

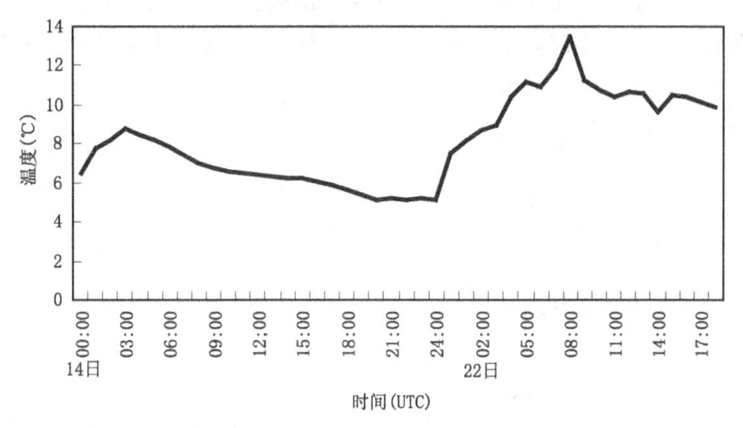

图 2　模拟 14 日及 22 日地面温度的时间序列

3.2　层结条件

图 3 是 14 日 20 时(图 3a)及 22 日 13 时(图 3b)的模拟温度一对数压力图，从 14 日 08 时开始至雷暴发生前在 950—800 hPa 维持有逆温层，并且从中低层风向随高度的分布来看有逆转的趋势，温度及露点曲线呈"喇叭口"形状。22 日 13 时 850 hPa 以下也有明显的逆温结构，浅层湿度场明显增大，550 hPa 以下接近饱和，浅层风向随高度的分布以顺时针转为主。因此，仅从水汽条件来看，22 日这次过程持续时间和强度都大于 14 日。

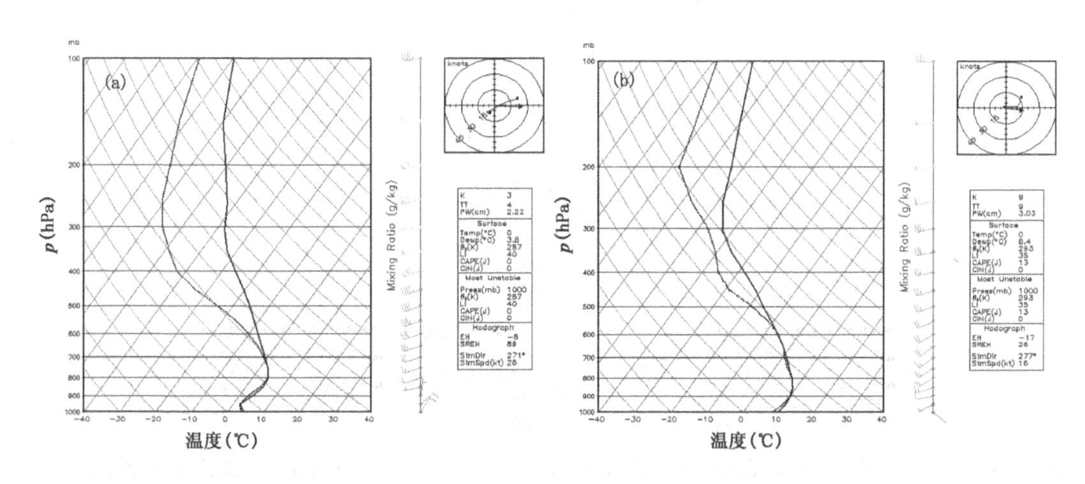

图 3　模拟 14 日 20 时(a)及 22 日 13 时(b)温度一对数压力图

3.3 温度平流

温度平流是判断层结稳定度的一个重要条件，并且冷暖平流的强弱也是未来系统强度和移向的依据。图 4a 为 14 日 17 时 950 hPa 高度温度平流的水平剖面，近地层受下垫面影响较大，但仍能看出上海地区有一明显的冷平流中心，强度为 20×10^{-5} K/s，环境风场为东北风。图 4b 为 20 时 850 hPa 高度温度平流的水平剖面，从江西－浙江一带东移北抬的暖平流伸至上海地区，风向以西南偏西风为主，偏南分量不大，上海的暖平流中心强度在 10×10^{-5} K/s 以上，并且上海北部沿海有小股冷空气以东路南下。21 时 20 分浦东机场雷暴开始，雷暴结束后上海地区暖平流明显减弱，850 hPa 转受冷平流的控制。因此，分析上、下层温度平流及风向的配置，认为 14 日这次过程近地层冷空气垫迫使低层较强的暖平流沿冷空气垫爬升是产生对流天气的动力条件。15 日 03 时后(图略)冷平流主体南下，整层均转为受冷平流的控制。图

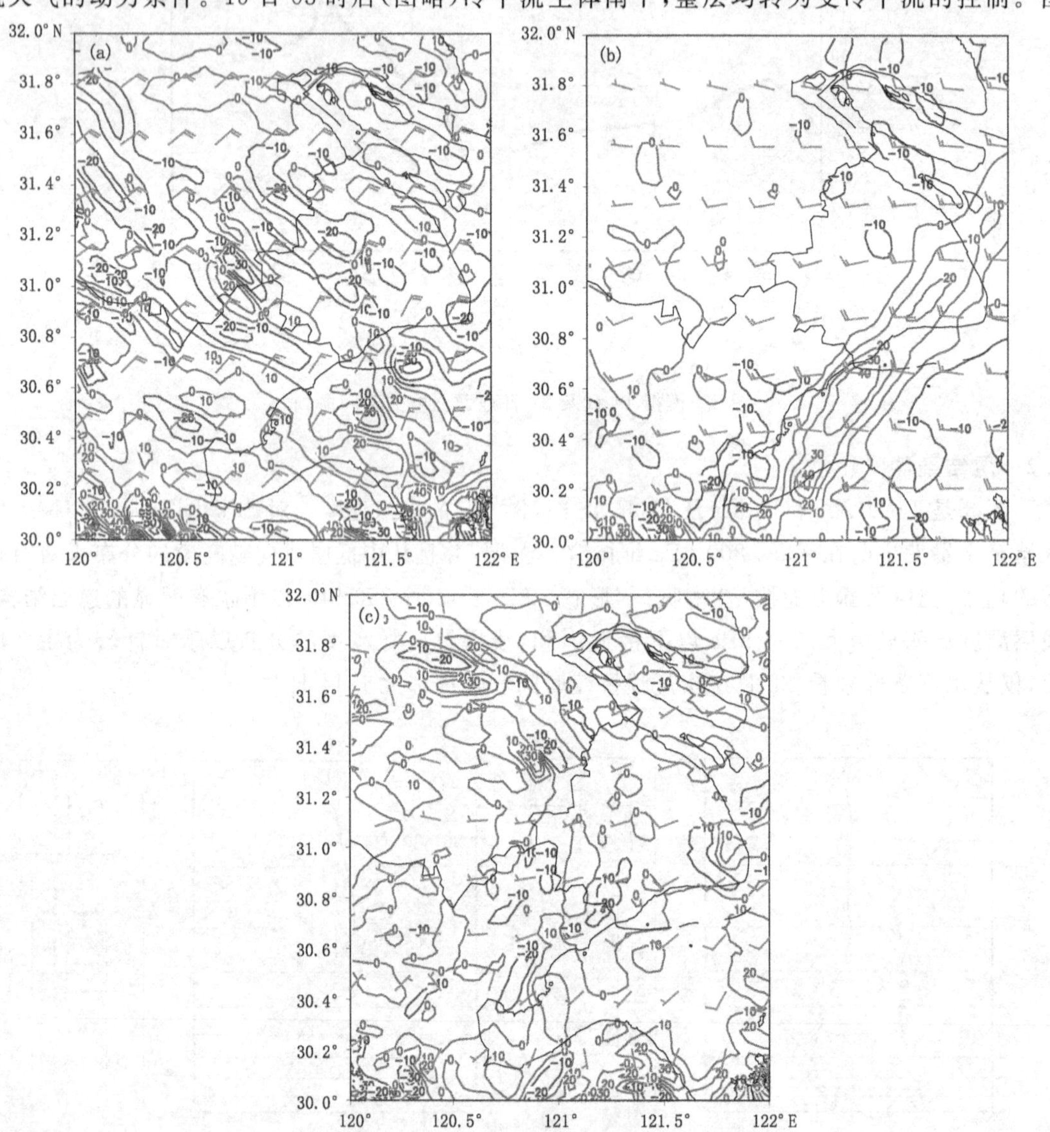

图 4　(a)14 日 17 点 950 hPa 高度温度平流水平剖面，(b)14 日 20 时 850 hPa 高度温度平流水平剖面，(c)22 日 15 时 950 hPa 高度温度平流水平剖面

4c 为 22 日 15 时雷暴发生前 950 hPa 高度温度平流的水平剖面，可以看到包括 15 时前(图略)上海大部分地区近地层都无明显平流变化，而 16 时 850 hPa 则处于强盛的暖区控制中，暖平流中心强度在 40×10^{-5}K/s 以上，并且伴有一支较强的西南急流带，加强了低层暖平流的输送，雷暴发生后暖平流强度逐渐减弱。浅层 19 时后西南风偏南分量逐渐减小为偏西风为主，21 时后风向转为北风，上海地区转为受冷区的控制。另外，从风向随高度的分布上来看也无明显平流的变化。

3.4 水汽条件分析

浅层的水汽条件也影响到层结稳定度的变化，并且充沛的水汽是形成雷暴的重要条件之一，从沿 121.3364°E 的模拟相对湿度的垂直经向剖面，可以看到 14 日 08 时开始高层位于浙江北部附近的干区逐渐北上(图略)，20 时前后干区移至上海地区，从 14 日 20 时沿 121.3364°E 的模拟相对湿度的垂直经向剖面图中(图略)，可以看到上海虹桥机场(31.198°N，121.3364°E)地区在 700 hPa 以下至地面相对湿度均大于 90%，500 hPa 以上为相对的干区。因此，浅层有暖湿平流的加强，有利于雷暴的发生。22 日 15 时沿 121.3364°E 的模拟相对湿度的垂直经向剖面上(图略)，同样虹桥机场在雷暴发生前高层有干区靠近形成“上干下湿”的不稳定结构，配合浅层的西南气流的加强应当要考虑雷雨发生的可能性。

3.5 动力条件分析

从 14 日 20 时垂直涡度的分布来看(图略)，300 hPa 以下虹桥机场处于弱正涡度区中，高度及强度均较弱。而从 22 日 15 时垂直涡度的分布来看(图略)，在对流发生前 6 小时，强上升运动中心在 500 hPa 左右，随后上升运动进一步发展，到了 15 时最强涡度中心到了 40×10^{-5} s^{-1}，顶高发展至 200 hPa，上升运动明显强于 14 日，从观测实况看，22 日这次过程从强度或持续时间都大于 14 日。

散度场的垂直配置对于系统未来强度变化有一定指示意义，从 14 日 21 时及 22 日 15 时沿 121.3364°E 散度场水平剖面(图略)上看，上海地区 14 日整层辐合程度都较弱，仅在近地层 950 hPa 有一辐合中心，强度为 $5\times10^{-5}s^{-1}$，高层 300 hPa 为辐散场。22 日 15 时上海地区在 700 hPa 以下为辐合场，中心强度为 $10\times10^{-5}s^{-1}$，高层 300 hPa 为辐散场。比较二次过程的散度场配置，22 日大气抽吸作用比 14 日强。

3.6 能量条件分析

假相当位温是把温度、气压、湿度包括在一起的一个综合物理量。从 14 日及 22 日过程在 950 hPa 和 85 hPa 上假相当位温的分布(图略)。14 日从 950 hPa 上来看，在雷暴发生前能量稳定在 293 K 左右，雷暴发生后能量迅速减小。而 850 hPa 上看到前期能量已经有减小的趋势，到了 06 时，维持稳定在 308 K 左右，对流发生后又一次减小。22 日整体上看，各层的能量均要大于 14 日，950 hPa 的能量峰值在 313 K 左右，850 hPa 的能量峰值在 320 K 左右，并且 950 hPa 上高值区与雷暴发生的时段吻合，对预计雷暴的发生及持续时段有较好的指示意义。

K 指数能够在一定程度上表示大气的稳定程度，值越大对流不稳定度越强，根据经验公式 $K=(T_{850}-T_{500})+[T_{d850}-(T-T_d)_{700}]$，表 1 给出了 14 日及 22 日模拟的 K 指数列表，14 日对流发生前后 K 指数均在 20－25℃，有雷雨的可能性。22 日对流发生前后 K 指数在 30～35℃，一般认为 K 指数在 34℃以上雷雨的可能性较大，因此从指数上看 22 日的对流强度以及可能性要大于 14 日。TT(总指数)也用于表征大气不稳定度，根据经验公式 $TT=T_{850}+T_{d850}$

$-2T_{500}$，表 2 给出了 14 日及 22 日模拟的 TT(总指数)列表，14 日对流发生时总指数为 39℃，22 日对流发生时的总指数强于 14 日，为 50℃。从能量指数上来看 14 日过程都比较弱，指数仅能作为其参考的一个方面，而 22 日这次过程的特征与夏季的热力性对流特点类似，指数有较大的参考意义。

表 1　14 日及 22 日 K 指数列表(单位:℃)

14 日	14 时	15 时	16 时	17 时	18 时	19 时	20 时	21 时
	22.34	23.18	23.57	23.08	22.83	23.01	23.56	23.61
22 日	10 时	11 时	12 时	13 时	14 时	15 时	16 时	17 时
	33.36	33.60	34.23	33.11	33.73	34.09	34.11	33.49

表 2　14 日及 22 日 TT(总指数)列表(单位:℃)

14 日	14 时	15 时	16 时	17 时	18 时	19 时	20 时	21 时
	39.13	39.41	38.98	38.12	37.81	38.13	39.14	39.89
22 日	10 时	11 时	12 时	13 时	14 时	15 时	16 时	17 时
	48.84	49.29	50.28	49.35	49.23	50.49	50.46	49.89

4　结论

利用中尺度数值模式 WRF 对 2012 年 2 月 14 和 22 日上海地区两次雷暴天气过程进行数值模拟及诊断分析。结果表明:两次春季雷暴过程均是在比较有利的天气背景条件下发生的，高空东移小槽、中低层切变线和地面冷锋是其主要的影响系统。

(1)中低层较强的暖湿气流沿低层冷空气垫爬升是产生 14 日春季雷暴过程的动力条件，浅层的西南气流提供了水汽条件，同时夜间云顶辐射降温也有一定的作用。而 22 日的雷暴过程是基于静止锋附近的辐合抬升作用配合西南急流的共同影响。

(2)通过对输出物理量诊断分析表明，地面温度的变化、浅层暖湿气流、风向的垂直结构配合、水汽场的配置对于判断春季雷暴有重要作用。

(3)通过对二次过程的动力条件分析表明，上升运动的高度及强度对于春季雷暴的预报有一定的指示意义，春季雷暴散度的垂直结构符合低层辐合高层辐散的特征，但是底层的辐合场较弱。

(4)对能量指数的计算结果表明，预报春季雷暴时指数仅能作为其参考的一个方面，春季雷暴的强度一般较弱，实际工作中还应结合浅层物理量的配置。

参考文献

[1]　朱乾根，林锦瑞，寿绍文等.天气学原理和方法.北京:气象出版社.

[2]　彭小燕，丁爱萍，雷正翠等. 2010 年冬季江苏一次雷暴天气过程综合分析//第 28 届中国气象学会年会——S3 天气预报灾害天气研究与预报;2011.

[3]　苏丽楠，付强，窦利军.首都机场初雷统计分析//2008 年北京气象学会科技优秀论文集.2008.

[4]　景元书，申双和，李明.江苏省雷暴气候特征分析.灾害学，2000，(1).

[5]　梅珏，陈博.上海虹桥机场初雷日气象条件的特征分析//第 26 届中国气象学会年会航空与航天气象技术交流会分会场论文集.2009.

[6]　章国材.美国 WRF 模式的进展和应用前景.气象，2005，**30**(12):27-31.

台风“海葵”和冷锋共同作用产生的一次暴雨过程研究

陈淑琴　陈梅汀

（浙江省舟山市气象局，丹山 316021）

摘　要

为了研究中低纬度系统共同作用产生强降水的机制，通过探测资料、NCEP再分析资料以及卫星云图、雷达资料对台风“海葵”与冷锋共同作用在江苏北部响水县产生的强降水过程进行诊断分析。分析结果认为这次暴雨产生的原因有：(1)水汽主要由台风环流的偏南气流输送，700 hPa水汽通量辐合中心与暴雨的落区和时间都对应得很好。(2)中纬度西风系统与低纬度东风系统结合，等温线梯度加大，风向辐合，产生锋生作用。同时，高层冷平流、低层暖平流，使不稳定性加大，对流发展，雨强加大。(3)中纬度西风系统与低纬度东风系统相遇，势力相当，使得强降水云团长时间在同一地方维持，造成局地强降水。(4)雷达速度图上显示的两个系统中的正负大风核相遇，形成中尺度的气旋性辐合中心是局地性强降水产生的关键原因。

关键词：台风　残留低压　冷锋　暴雨

引言

台风造成的暴雨区有四块[1]，第三块是台风外围伸向北方的倒槽区，第四块是远离台风的北方中纬度西风槽前。台风登陆后，其倒槽经常会产生暴雨，如果有冷空气与倒槽结合，雨量会大大增大，这样的例子很多。项素清[2]及陈小芸[3]分析发现，冷空气侵入热带低压环流残体触发不稳定能量释放，导致中小尺度系统发展。台风“罗莎”[4]对上海造成的降水，冷空气侵入时间与上海降水开始时间非常吻合，干冷空气南下和台风外围暖湿气流北上使辐合加强，为激发台风外围中尺度对流云团提供了动力抬升机制。但台风与冷锋共同作用产生暴雨的机制仍值得进一步深入研究。2012年8月8日台风“海葵”在浙江登陆后进入安徽，在华东地区产生了长时间的大暴雨，尤其是江苏连云港的响水县，4 h雨量超过400 mm，降水强度非常罕见，降水时段非常集中，局地性也很强，强降水主要集中在响水县，周围县区都没有这么大的降水，这样强的暴雨产生机制及其时间和空间上的分布特点都值得研究。

1　天气概况

台风“海葵”2012年8月8日03时20分在宁波象山鹤浦镇登陆，登陆时中心最大风力14级(42 m/s)，中心气压为960 hPa。登陆后朝西北方向移动，先后经过宁波、绍兴、杭州、湖州，于8日夜里进入安徽东南部，强度逐渐减弱，8日04时减弱为弱台风、8日16时减弱为强热带风暴、8日21时减弱为热带风暴，9日12时变为热带低压，中心一直在安徽南部，中央气象台9日20时停止编号，但“海葵”仍为一个较强的低压，10日在安徽、江西、江苏产生了大暴雨。日降水量最大的站不在“海葵”登陆点的附近(象山272 mm)，也不是“海葵”中心维持时间最长的安徽附近，而是在江苏北部的响水县，10日08时—11日08时24 h降水量达487 mm，主要集中在10日09—13时，10时的1小时雨量达115 mm。但强降水的范围不大，24 h降水量达400 mm的只有一个响水站，其周围降水量迅速减小。

2 天气形势

根据高空探测资料，2012年10日08时，“海葵”减弱后的残留低压，中心在安徽南部，500 hPa在低压环流的南部和北部各有一明显的切变线，北面从朝鲜半岛到江苏北部有一支西风槽，700 hPa低压北侧的倒槽切变线朝东北方向伸展，从安徽北部伸展到江苏北部(图1a)，850 hPa与700 hPa类似，倒槽切变线从安徽北部伸展到江苏北部，但在浙北沿海有一暖中心，中心值为22℃，江苏省的等温线比较密集，而且有南到东南急流，风向与等温线近乎垂直，有较强的暖平流输送。江苏北部高空是西风槽影响，低层受台风残留低压的倒槽切变线影响，正好是西风槽和东风系统交汇处。下面用NCEP再分析资料计算出物理量进行诊断分析。

2.1 水汽条件分析

2012年8月10日08时700 hPa水汽通量图(图1a)上，江苏地区的水汽主要还是来源于台风残留低压东面的偏南气流，北面来的水汽通量很小，在江苏北部有一个水汽通量辐合中心，达-2 g/(s·hPa·cm^2)。到14时(图1b)，华东地区的水汽通量明显减小，江苏北部的水汽通量散度变成了正值，虽然这时从环流形势看没有大的变化，倒槽切变线仍在，但雨势明显减弱。700 hPa水汽通量散度中心与暴雨的落区和时间都对应得很好。

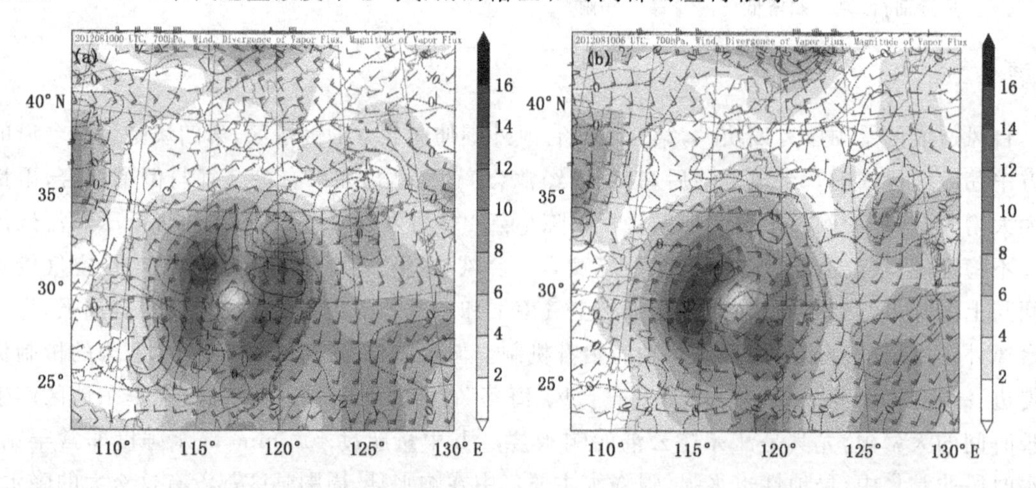

图1 2012年8月10日08时(a)和14时(b)700 hPa各时段的风、水汽通量散度、水汽通量大小的分布(黑色线：水汽通量散度，单位：g/(s·hPa·cm^2) 阴影；水汽通量大小 单位：(g/kg)·(m/s))

2.2 动力条件分析

江苏北部地区低层受台风残留低压上的倒槽切变线影响，高空受西风槽影响，整层的动力条件比较好。雨量中心响水县大约位于(34°N，119°E)，用NCEP再分析资料计算θ_e、风矢量和MPV1沿119°E的分布(图2)。响水县附近500 hPa以下有明显的风切变，响水以北主要为偏北风，响水县以南为偏南风。35°N以北，500—700 hPa有干冷空气向南方向伸展，而在低层850 hPa以下，39°N以南，有暖湿空气向北方向伸展，θ_e的等值线都非常陡，近乎垂直。文献[5]指出，在湿位涡守恒的制约下，由于相当位温面的倾斜，大气水平风垂直切变能够导致垂直涡度显著发展，倾斜越大，气旋性涡度越剧烈，这种涡度的增长称为倾斜涡度发展。从

MPV1 的分布看，暴雨区 600 hPa 以下 MPV1 都为负值，表明低层大气是不稳定的，有利于上升运动。台风环流的倒槽切变线是低层辐合上升的动力机制，台风环流中的东南气流和中纬度西风槽带来的干冷平流共同作用，使得垂直涡度发展，温度梯度加大，产生锋生作用，同时也产生了对流不稳定，从而使上升运动长时间维持，产生暴雨。

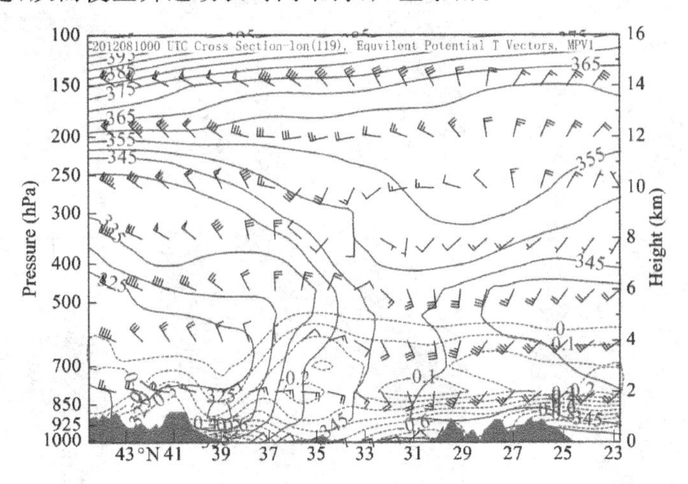

图 2　2012 年 8 月 10 日 08 时 θ_e(单位：K)、风矢量和 MPV1(单位：PVU，只显示负值)沿 119°E 的分布(小三角形为响水所在位置)

3　卫星和雷达资料分析

9 日 11 时的卫星云图(图 3a)显示，“海葵”作为热带风暴的最后一个时次，中心在安徽南部，其螺旋结构还是非常完好，中心眼区也清晰可见，在东面海上还有热带云团汇入其中，在其北方可以看到一条弧形的高空槽云系，正快速东移。12 时“海葵”变为热带低压，但结构仍维持较好的螺旋状，其东北象限暴发了对流云团，16 时(图 3b)变为一个很强的中尺度对流云团，热带低压的螺旋结构受到破坏。高空槽云系继续东移，与热带低压外围的东南气流相遇，在山东半岛也有对流云团开始发展。然后，热带低压东北象限的对流云团朝偏北方向移动(图 3c)，有所减弱，期间热带低压停止编号，变为残留低压，西风槽云系继续东移，其尾部与残留低压东北象限的云团相接，10 日 02 时(图 3d)在江苏、山东交界处的沿海(35°N，120°E)附近产生了一个很小的云团，这个对流云团呈暴发性地增长，10 日 08 时(图 3e)，变为一个直径约 400 km 的中尺度云团，然后范围进一步扩大，强度加强，直到 14 时(图 3f)，位置少动，一直维持在江苏东北部地区。由于东风系统和中纬度西风系统相遇，使得对流云团强烈发展，并且在同一个地方停滞少动。

从云图上看，江苏北部的这个对流云团范围比较大，但是强烈的降水范围却比较小，这其中的原因要从雷达回波中去分析。从连云港的雷达回波上可以清楚地看到两种云系交汇后发展以及在苏北产生大暴雨的过程。10 日 01 时，苏北沿海有少量的降水，在山东半岛附近有较多的冷锋降水，02 时以后，北方的降水强回波逐渐向南传播，连云港的西面回波逐渐发展加强，与原来连云港的西面回波连在一起，形成一条东西向带状回波，其北面原来的冷锋云系逐渐减弱消失。同时，在连云港的南面，有一些零散的弱降水，朝北到西北方向移动，这些弱降水与连云港的带状回波相遇后，加强发展，使这条带状回波不断发展壮大。到 08 时，形成一条宽

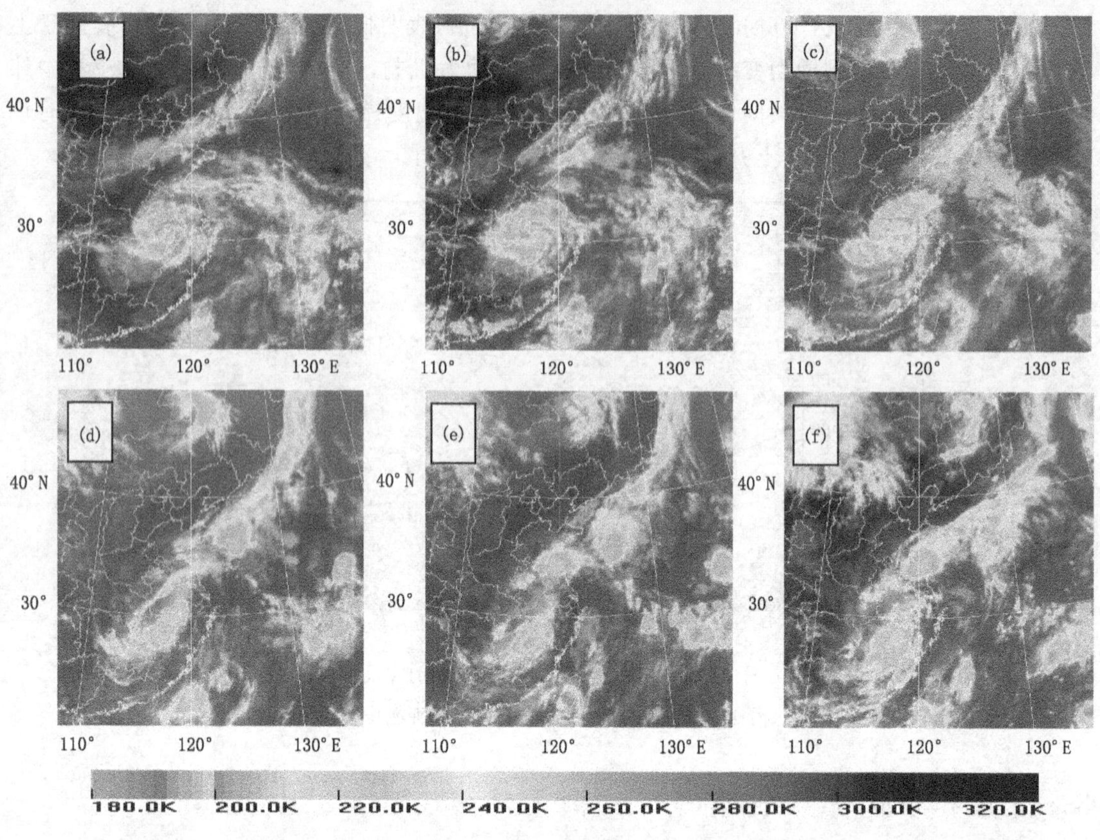

图 3　2012 年 8 月 9—10 日 FY－2E 红外云图

(a. 9 日 11 时，b. 9 日 16 时，c. 9 日 22 时，d. 10 日 04 时，e. 10 日 08 时，f. 10 日 14 时)

约 50 km，长约 400 km 的强回波带，在响水附近形成了一个较大范围超过 50 dBZ 的强中心，组合反射率达 55 dBZ。以后这条回波带移动非常缓慢，强中心一直维持在响水附近，南面仍不断有一些零散的降水回波靠近汇合，直到下午开始减弱。

为什么强回波中心一直维持在响水附近，从雷达径向速度产品中可以分析其原因。10 日 08 时 38 分(图 4)，从径向速度 0 线的折角可以看出冷锋前沿已经到达响水，锋后是范围比较大的正速度区，锋前是台风“海葵”残涡倒槽的东南气流形成的降水云系，“海葵”虽已减弱为热带低压，但其倒槽区的东南气流仍比较强盛，在响水的东面有一个小范围的大风核。因两股气流相遇，冷锋南下的速度非常缓慢。随着时间的推移，东南气流中的大风核范围越来越大，速度值也在增大，10 时 52 分大风核中出现速度模糊，也就是说，风速在 27 m/s 以上，并且大风核逐渐朝西移，与冷锋的距离越来越近。11 时 35 分东南急流中的大风核与冷锋中的大风核距离靠得很近，形成了一个中尺度的气旋性辐合中心，其中心点就是响水县所在的位置，低层气旋性辐合可以造成上升运动，同进也能使水汽辐合起来，这就能解释为什么最强的降水在响水县，而且特别强的降水范围不大。12 时 12 分东南急流减弱，大风核的中心值减小。13 时 13 分东南急流进一步减弱，响水附近气旋性基本消失，只有弱的辐合，这时的降水也明显减弱。两个系统中的正、负大风核相遇产生的气旋性辐合中心与强降水的落区和时间的节点都对应得比较好。

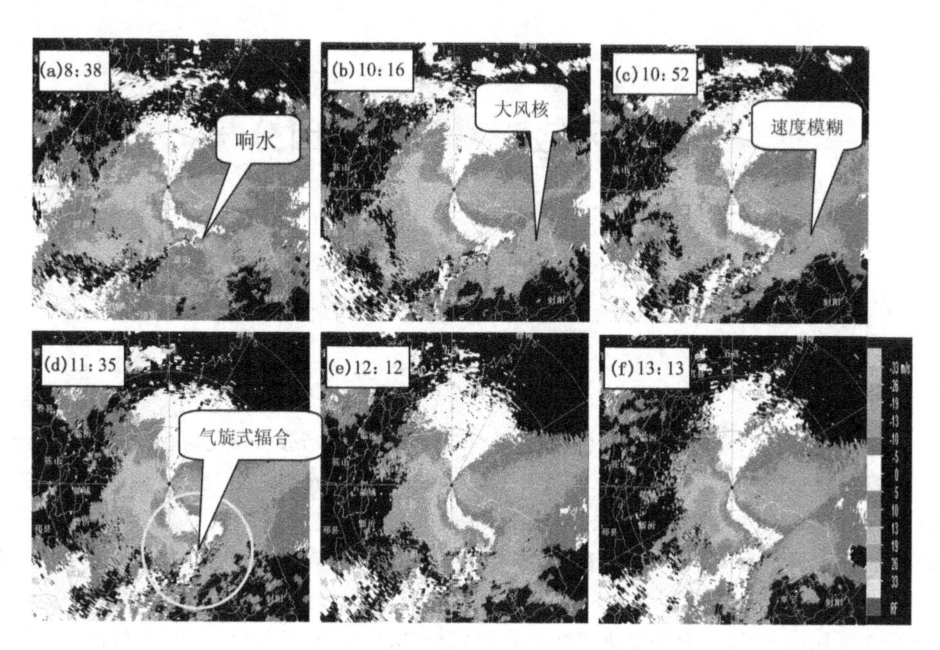

图 4　2012 年 8 月 10 日 08 时 38 分时 13 分(a—f)连云港雷达站 1.5°仰角的径向速度

4　结论

通过诊断分析，这次局地性的强降水产生原因有：

(1)水汽主要由台风环流的偏南气流输送，700 hPa 水汽通量辐合中心与暴雨的落区和时间都对应得很好。

(2)中纬度西风系统与低纬度东风系统结合，等温线梯度加大，风向辐合，产生锋生作用。同时，高层冷平流、低层暖平流，使不稳定性增大，对流发展，雨强加大。

(3)中纬度西风系统与低纬度东风系统相遇，势力相当，使得强降水云团长时间在同一地方维持，造成局地强降水。

(4)雷达速度图上显示的两个系统中的正、负大风核相遇，形成中尺度的气旋性辐合中心是局地性强降水产生的关键原因。

参考文献

[1]　陈联寿，徐祥德，罗哲贤等. 热带气旋动力学引论. 北京：气象出版社，2002：211-236.

[2]　项素清. 热带低压环流引发的中尺度特大暴雨过程分析. 气象科技，2003，**31**(1)：88-41.

[3]　陈小芸，黄姚钦，炎利军. 台风倒槽局地性强降雨分析. 气象科技，2004，**32**(2)：71-75.

[4]　刘晓波，邹兰军，夏立. 台风罗莎引发上海暴雨大风的特点及成因. 气象，2008，**34**(12)：72-78.

[5]　吴国雄，蔡雅萍，唐晓菁. 湿位涡和倾斜涡度发展. 气象学报，1995，**53**(4)：387-405.

一次台风远距离暴雨成因分析

丛春华[1]　陈联寿[2]　李英[2]

(1.山东省气象台 济南 250031；2.中国气象科学研究院 北京 100081)

摘　要

2005年8月4日夜间，山东和辽宁发生暴雨天气。通过诊断分析发现远在台湾附近的台风"麦莎"为此次暴雨输送了丰富水汽，西风槽为暴雨提供了天气尺度动力背景。有无台风的数值敏感性实验结果证明，台风的远距离水汽输送对暴雨的发生很重要。无台风敏感性实验中，远距离降水明显减弱。西风槽的数值敏感性实验结果显示，西风槽强度的加强一方面加强了台风向中纬度地区的水汽输送，一方面加强槽前动力辐合上升运动，使得雨量大增，西风槽的强弱与远距离降水强度呈正相关。诊断分析和数值模式敏感性实验结果表明，台风远距离暴雨是台风与中纬度西风槽相互作用的产物。

关键词：台风　远距离暴雨　西风槽　中低纬系统相互作用

引言

早在20世纪80年代，中国气象学家就注意到了台风远距离降水现象[1,2]。大量观测事实和研究结果表明：台风在有利的大气环流背景下与中纬度系统发生相互作用可使得中纬度地区的暴雨增幅且影响范围大、持续时间长，日降水量和过程降水量往往不小于台风环流主体所经之地的雨量，而成为中纬度地区夏季暴雨的重要形势之一。侯建忠等[3]在统计中发现位于青藏高原东北侧的陕西极端暴雨事件87%是西风带槽与远距离台风相互作用的结果。孙健华等[4]统计研究发现台风与西风槽远距离相互作用是华北大暴雨的主要形式之一。朱洪岩等[5]研究结果显示，9406号台风的强度变化直接影响了水汽在中纬度地区的辐散、辐合。孟智勇等[6]提出增强的台风是通过与中纬度槽的相互作用造成降水区中尺度动能的增加，从而造成降水的增大。Wang等[7]发现台风通过外围水汽输送来影响日本南部远距离暴雨。Russ等[8]指出在初始场中去除与台风相连的高水汽羽，可使得远距离降水量减少33%。

本文主要将天气诊断分析和数值试验结合，研究"麦莎"远距离暴雨的物理机制。

1　远距离暴雨分布及特征

"麦莎"(0509)是近年来对中国东部沿海和华东地区影响严重的台风之一，也是2005年致灾面积最大，造成经济损失最重的一个台风。"麦莎"对山东的影响过程比较复杂，既有远距离的影响，又有台风北上变性过程中对山东的直接影响。

1.1　远距离暴雨的分布

"麦莎"对山东远距离影响主要发生在8月4日夜间至5日白天，强降水的时间主要集中在4日18时—5日06时(北京时)，强降水落区为山东半岛和辽东半岛(图1c)，其中山东的栖霞站12 h降水超过100 mm。

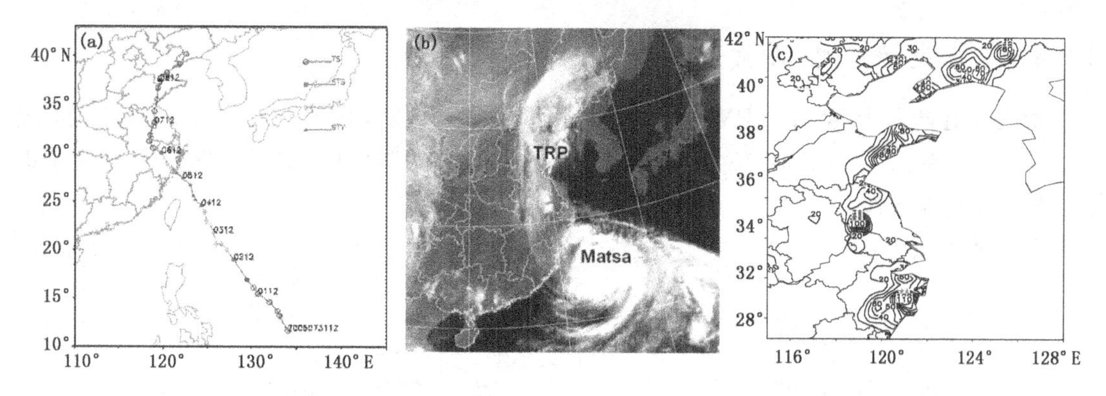

图 1 (a)“麦莎”路径图(强度参见图例),(b)2005 年 8 月 4 日 22 时的 FY-2C 红外云图,(c)8 月 4 日 18 时—5 日 06 时降水实况(单位:mm)

1.2 远距离暴雨中尺度特征

“麦莎”远距离暴雨具有明显的中尺度特征,在红外云图上反应比较清晰。云图(图 1b)显示,造成山东和辽宁两省的远距离暴雨是由数个镶嵌在西风槽前大尺度云带内的更小尺度对流云团造成的。4 日 20 时山东半岛南部沿海发展起来两个 β 中尺度对流云团,对流云团一边迅速发展一边向北移动,途径山东半岛、黄海北部和辽东半岛,给所经之地带来丰富的降水。5 日 02 时山东半岛南部沿海又有一 β 中尺度对流云团发展向东北移,山东再次发生明显的降水天气。正是不断有中尺度对流系统被触发、发展和移动,在远距离降水时段内形成类似“列车效应”的持续强降水,累积雨量形成暴雨。

2 远距离暴雨成因分析

2.1 水汽条件分析

“麦莎”远距离暴雨水汽输送最大值出现在 925 hPa 等压面。4 日 12 时,台风东侧的水汽通道直指山东,鲁东南和山东半岛地区被大于 6×10^6 g/(s · hPa · cm)的水汽通量高值区所覆盖,山东半岛东部的水汽通量值更是高达 16×10^6 g/(s · hPa · cm)。4 日 18 时和 5 日 00 时强的水汽输送一直持续。

水汽通量整层积分表现出与低层水汽输送相似的特征。4 日 12 时,大于 6×10^6 g/(s · cm)水汽输送带抵达山东半岛。4 日 18 时,该水汽输送带进一步向北推,且强度加强。

远距离暴雨发生前,925 hPa 等压面上的水汽通量散度辐合中心 4 日 18 时位于渤海海峡和黄海北部,中心值达 -3.5×10^{-5} g/(s · hPa · cm^2)以上。5 日 00 时迅速加强,辐合值中心达 -6.5×10^{-5} g/(s · hPa · cm^2)以上,如此强的辐合中心往往与强的中尺度对流活动相联系,水汽通量辐合中心与远距离暴雨落区相对应。

2.2 大气动力条件分析

850—700 hPa 等压面上,鲁、辽的北部存在一个东北－西南走向的辐合线,此辐合线与 4 日 18 时中层的辐合区是对应的。而高空的强辐散区与高空急流相联系。200 hPa 高空急流核心向东北传的过程中,远距离暴雨区处于高空急流出口区的右后方,该处也正是强辐散中心区,高空强辐散场的“抽吸效应”有利于垂直运动的发展和加强。

3 数值预报敏感性实验

所用数值模式为 WRF-ARW 3.1 版，采用两重嵌套，模式水平方向分辨率为 30 和 10 km，垂直方向为 27 层，积分步长为 120 min。采用 NCEP－FNL 1°×1°再分析资料，作为模式的初始场和边界条件。

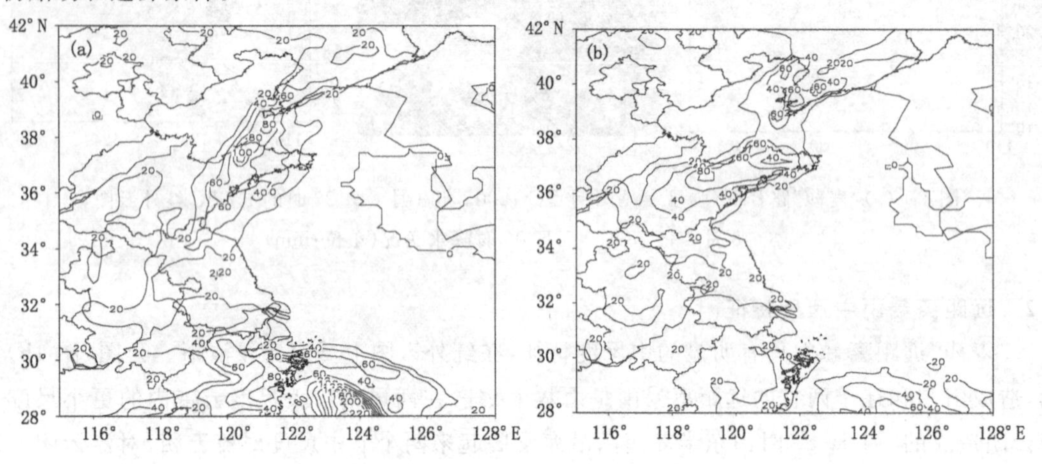

图 2 4 日 18 时—5 日 18 时(24 h)降水量(a. 控制试验；b. 去除台风，单位：mm)

3.1 控制实验

图 1c 为 4 日 18 时至 5 日 06 时的降水观测实况，山东半岛东部的暴雨中心为 80 mm(栖霞测站 12 h 降水实况超过 100 mm)，青岛附近也有大于 50 mm 的暴雨中心。控制试验相应 12 h 累积降水带覆盖山东半岛东部至辽东半岛西部一带区域，降水中心位于山东半岛东部，中心值为 100 mm，较好再现了山东和辽东半岛地区远距离降水的落区和强度。

3.2 去除台风敏感性实验

利用 TC bogus 方案从 NCEP 1°×1°再分析资料场中去除台风环流，作为模式的初始场和边界条件来研究台风的存在对远距离暴雨的可能影响。

控制试验降水结果显示(图 2a)，台风远距离降水主要分布在山东半岛和辽东半岛一带，超过 40 mm 的降水中心集中在山东半岛东部和辽东半岛的西北一带，强降水中心位于山东半岛东部，超过 100 mm。去除台风后，中纬度地区降水强度明显减弱(图 2b)，山东半岛东部以及渤海海峡的强降水中心减少了 50 多毫米，青岛附近的降水中心则减弱了 30 mm。可见，“麦莎”对山东半岛地区的降水有明显的增幅作用，去除台风影响，中纬度地区的降水明显减少。

就整层水汽通量积分而言，去除台风后，与控制试验的结果相比，虽然也有水汽通量抵达山东和辽东半岛，但来自低纬度的水汽通量强度明显减弱，水汽通量纬向梯度非常小，水汽输送“后劲”不足。表明，山东半岛的暴雨与“麦莎”的存在及其远距离水汽输送有着密切的联系，台风东侧低空急流是中纬度暴雨区水汽输送的主要通道。

3.3 西风槽强弱敏感性实验

利用卢咸池等[9]提出的 Legendre 滤波方法来构建不同强度的西风槽。这里纬向取 6 波截断。本文参数 s 分别取 0.5、0.75、1.5 和 1.75。

控制实验和各敏感性试验的500 hPa初始温度场和位势高度场对比显示(图略),西风槽的强弱除了在等位势场上有反映外,温度上也有变化。弱槽的初始500 hPa等压面上的温度较实况500 hPa温度升高了1～2℃,槽附近的冷空气有所减弱。而强槽的500 hPa等压面上的温度较实况相应层次的温度降低了2～3℃,西风槽附件的冷空气有所增强。

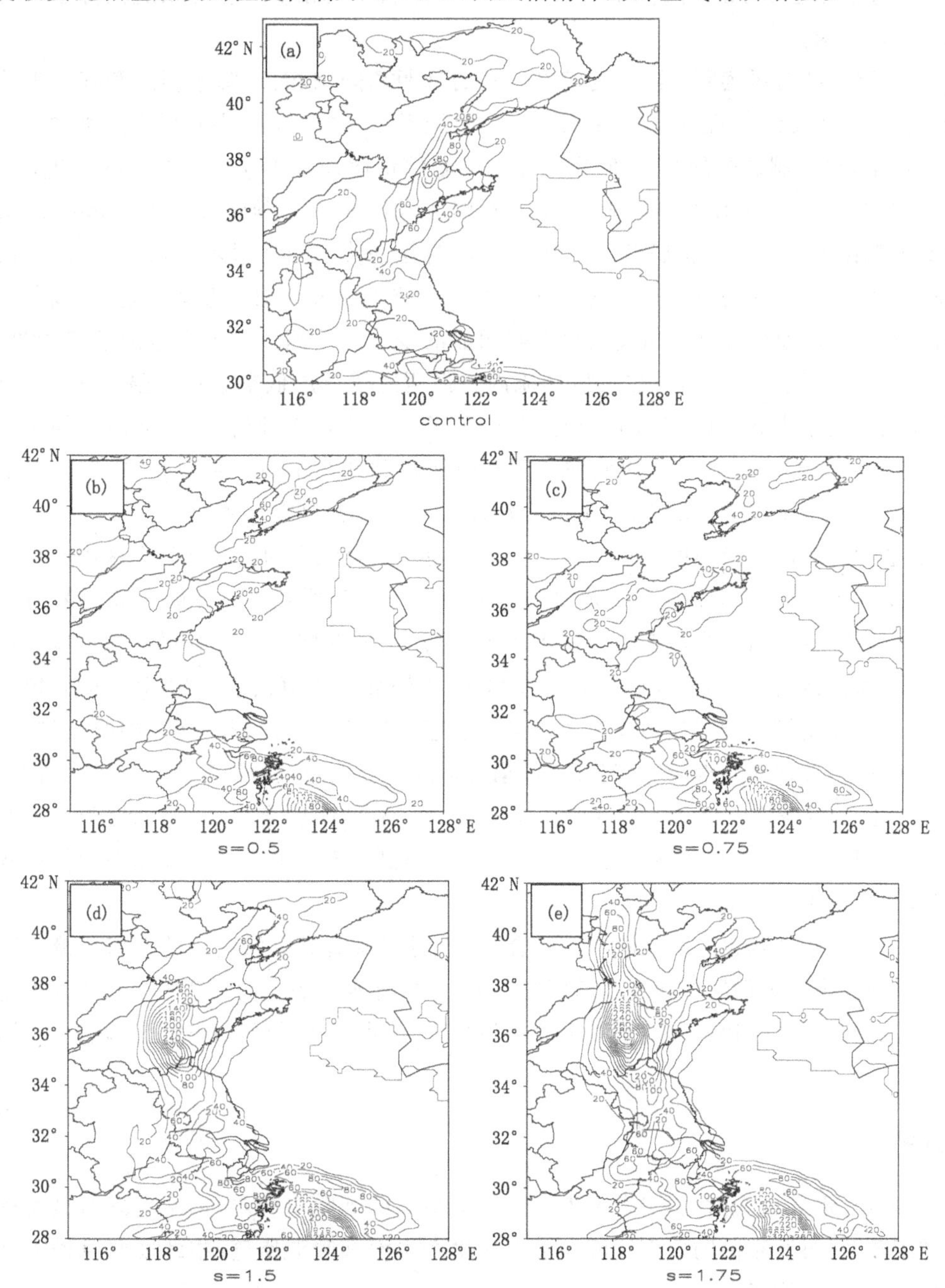

图3 控制试验和各敏感性试验24 h累积降水量

(a.控制试验,b. s=0.5,c. s=0.75,d. s=1.5,e. s=1.75,等值线;单位:mm)

图3为控制试验和敏感性试验4日18时至5日18时的24 h累积降水量分布。可以看出,西风槽强度的变化引起了远距离降水落区及强度的显著变化。弱槽试验的24小时累积降

水远远小于控制试验(图 3a);s=0.5 时(图 3b),山东半岛大部分地区 24 小时累积降水仅为 20 mm,降水中心较控制试验的降水中心值减少了 80 多毫米;s=0.75 时(图 3c),24 小时累积降水较 s=0.5 时的 24 小时累积降水有所增加,降水中心位于山东半岛东部,中心雨量为 40 mm 左右,仍然远远小于控制试验的 24 小时累积降水,中心雨量较控制试验的降水中心雨量减少了 60 多毫米。

强槽试验组的台风远距离降水与控制试验的远距离降水相比,降水强度和落区上均发生显著的变化。s=1.5 时(图 3d),远距离降水中心位于山东中部,24 小时累积降水的中心值在 240 mm 以上,较控制试验的 24 小时累积降水中心雨量增加了 140 mm,100 mm 以上的强降水范围也大大扩展。s=1.75 时(图 3e),24 小时累积降水中心雨量高达 300 mm,雨量超过 100 mm 的范围进一步向北扩展到河北省。24 小时累积降水对比显示,台风远距离暴雨的落区和强度对西风槽的强弱有着高度的敏感性,降水量与西风槽的强度呈现一定的正相关。

西风槽强度的改变在低层风场中也引起明显的变化。弱西风槽低空东南急流明显减弱,大于 12 m/s 的大风速带仅出现在台风环流内。强西风槽低层低空急流加强,5 日 00 时低空急流北端到达山东半岛,风速为 16 m/s。当 s=1.75 时,4 日 18 时低空急流向北伸至山东半岛东部,5 日 00 时低空急流继续向北伸展至渤海海峡和辽东半岛一带地区,急流北端最大风速达 21 m/s。急流的西侧和北侧存在非常大的风速梯度,风速辐合明显。

低层散度场对西风槽强度变化的响应主要表现为辐合强度的改变和辐合区中心位置的变化。控制实验中,850 hPa 辐合带呈东北－西南向,5 日 03 时辐合中心最大散度值为 $-25\times10^{-5}s^{-1}$,大值带位于山东半岛东部和渤海海峡附近,与实测降水中心有很好的对应。弱西风槽 850 hPa 辐合强度明显减弱,s=0.5,5 日 03 时的辐合中心值仅为 $-4\times10^{-5}s^{-1}$,控制试验中的强辐合带在弱槽试验中变为辐散区。强槽敏感性试验输出的辐合区范围明显扩大,辐合带覆盖山东中东部地区及渤海大部分海区,辐合强度也较控制试验的辐合强度大大加强。s=1.75 时,辐合带覆盖鲁中至渤海一带地区,5 日 03 时,有两个辐合中心,分别位于鲁中和渤海湾附近,至 5 日 06 时,鲁中地区的辐合中心快速增强到 $-60\times10^{-5}s^{-1}$,如此强的低层辐合必定会带来强烈的上升运动和水汽凝结。

高空风场及辐散场也有类似响应。综合分析,弱西风槽对应低层弱的东南急流和高空弱的急流,散度场表现为低层弱辐合及高层弱辐散,导致降水减弱。而强西风槽对应强低空急流和高空急流以及低层强辐合和高空强辐散,有利于低层水汽向暴雨区的输送和辐合上升,降水显著增强。

4 小结

(1)"麦莎"远在台湾附近,引发了山东及辽东半岛的远距离降水,远距离暴雨具有中尺度特征。"麦莎"通过其东侧的偏南气流向暴雨区输送水汽和暖湿空气,中纬度西风槽为暴雨的发生提供了天气尺度背景。

(2)"麦莎"是远距离暴雨发生的重要因子之一,去除"麦莎",自低纬度至中纬度地区的水汽通道减弱,远距离降雨量明显减小。

(3)西风槽影响着远距离降水的强度和落区,强西风槽更有利于"麦莎"东侧的水汽向远距离暴雨区输送和积聚,强槽对应强降水,弱槽对应弱降水,远距离的降水量与西风槽的强度存在一定的正相关。

(4)台风远距离暴雨是台风与中纬度槽相互作用的产物。

参考文献

[1] 陈联寿. 西太平洋台风概论. 北京：科学出版社，1979：8.

[2] 蒋尚城. 远距离台风影响西风带特大暴雨的过程模式. 气象学报，1983，**41**(2)：147-158.

[3] 侯建忠，王川，鲁渊平等. 台风活动与陕西极端暴雨的相关特征分析. 热带气象学报，2006，**22**(2)：203-208.

[4] 孙建华，张小玲，卫捷，等. 20世纪90年代华北大暴雨过程特征的分析研究. 气候与环境研究，2005，**10**(3)：492-506.

[5] 朱洪岩，陈联寿，徐祥德. 中低纬度环流系统的相互作用及其暴雨特征的模拟研究. 大气科学，2000，**24**：669-675.

[6] 孟智勇，徐祥德，陈联寿. 9406号台风与中纬度系统相互作用的中尺度特征. 气象学报，2002，**60**(1)：31-38.

[7] Wang，Y.，Y. Wang，and H. Fudeyasu，2009：The role of Typhoon Songda (2004) in producing distantly located heavy rainfall in Japan. *Mon. Wea. Rev.*，**137**，3699-3716.

[8] Russ，S.，Thomas，G.，and Jr.. 2010：Distant effects of a recurving tropical cyclone on rainfall in a midlatitude convective system：A high-impact predecessor rain event. *Mon. Wea. Rev.*，**138**.

[9] 卢咸池，何斌. 初值格谱变换的分析与比较. 计算物理，1992，**9**(4)：768-770.

SWAN 雷达产品在甘肃河东地区冰雹短时临近预报中的应用

傅朝　刘维成　宋琳琳

（兰州中心气象台，兰州 730020）

摘　要

选取 2011 年 7 月发生在甘肃省河东地区的 7 次冰雹个例，综合分析 SWAN 系统输出的雷达产品资料的主要特征，提取冰雹天气的雷达产品资料的指标，根据这些指标利用 SWAN 系统外推算法资料生成冰雹临近预报产品。通过 2012 年甘肃河东地区的 2 次冰雹天气过程对与其同时的临近预报产品检验结果表明，预报效果良好，具有较高的业务应用价值。

关键词：甘肃河东地区　SWAN 雷达产品　冰雹临近预报产品

引言

强对流天气临近预报是指对未来几小时之内（一般指 0～2 h）的对流天气系统及其所伴随的灾害性天气的发生、发展、演变和消亡的预报[1]。本文中，甘肃河东地区泛指甘肃黄河以东地区，该地区由于复杂的下垫面状况，即便在相同的大气气候背景下，局地天气现象也各有不同，陈乾等[2]指出：雹暴天气系统的发生源地和冰雹移动路径与中尺度地形密切相关。早在 20 世纪 80 年代，白肇烨等[3]、刘德祥等[4]利用大气分析、统计分析对西北降雹的气候特征、时空分布、区域降雹的环流形势、利于降雹的局地条件等做了重要的工作，为甘肃省冰雹短期预报天气学概念模型提供了理论基础。进入 21 世纪，随着中国发展新一代多普勒天气雷达观测网建设的稳步进行，应用雷达资料对中尺度系统的云物理学及其动力机制研究取得了许多重要的研究成果。在甘肃冰雹天气研究方面，渠永兴[5]分析了甘肃省冰雹云的温度结构，利用雷达 PPI 回波对冰雹云进行分类，并分别做了天气动力学分析；吴爱敏等[6]根据多普勒雷达各仰角反射率因子、组合反射率因子建立了冰雹预报概念模型，并分析了冰雹天气的雷达 VWP 产品资料的前兆特征；付双喜等[7]、李国昌等[8]通过兰州雷达 VIL 产品的生成技术及其估测误差分析，结合甘肃中部地区降雹实测资料，提出 VIL 识别冰雹云的判别指标；刘治国等[9]进一步分析了 VIL 演变对冰雹天气发生的指示意义。与此同时，冰雹天气中尺度数值模拟方面也完成了一些有益的工作，康凤琴等[10]用三维分档模式模拟冰雹形成和增长的微物理过程，发现中尺度水分和动力条件决定了冰雹云的强度和冰雹的大小，微物理过程决定了冰雹云的消亡，潜热释放延长了降雹的时间。这一时期，在科研、业务人员的共同努力下，甘肃省基于雷达基数据、PUP 产品和数值预报的省、市级短临预报系统纷纷建立[11,12]，这些系统基本实现了冰雹天气系统的快速识别，但明显的缺陷就是没有成熟的外推技术支撑，这一缺陷在全国各地的冰雹临近预报中都普遍存在。为了改变这个现状，2007—2010 年中国气象局开始大力建设并

资助项目：西北东部短历时强降水和冰雹天气的预报预警关键技术集成应用（CMAGJ2013Z09）和中国气象局预报员专项（CMAYBY2012－063）。

在全国推广强对流天气临近预报业务系统SWAN[13]，在临近预报中实现回波特征追踪(TITAN)[14]和交叉相关(TREC)等较成熟的外推算法。目前可应用的雷达资料较以前大大丰富，因此，应用SWAN雷达产品资料，进一步分析雷达资料与冰雹天气发生的关系，建立预警阈值和综合指标是一项非常重要的工作。以下将上述工作的要点进行阐述。

1 历史资料

收集了2011年7月甘肃省河东地区SWAN雷达资料较为完备的7次单站降雹天气过程的资料，包括：SWAN系统输出的河东地区3部雷达反射率因子三维拼图、组合反射率因子(CR)、回波顶高(ET)和垂直液体水含量(VIL)等4类实时监测产品及每6 min一次的逐时反射率因子外推产品。

1.1 资料的预处理

以2个时次(08时、20时，北京时，下同)的探空资料标识温度层(0、-10、-20、-30和-40℃等)对应的海拔高度，通过SWAN系统读取各个高度上雷达回波反射率因子在降雹前后随时间变化的数值；并计算出混合相态冰雹增长层(0～10℃)和冰雹增长层[15](-10～-30℃)的厚度。

1.2 雷达资料的选取说明

文献[6-9]指出上述4类雷达产品特征与甘肃河东地区冰雹天气具有很好的相关性。在实际业务中SWAN雷达产品提供了高空间分辨率(0.01°×0.01°)和高频次(6 min)更新，另外，利用目前最为成熟的外推算法，SWAN系统还提供了风暴强度、路径和特征层反射率因子0-1 h预报产品。

2 SWAN雷达产品资料指标和冰雹临近预报产品

分别分析了7次个例中上述4类雷达产品特征在降雹前后随时间变化的情况，结果表明，各温度层高度的反射率因子及其随时间变化与冰雹天气的关系最为显著。

2.1 各特征温度层雷达回波反射率因子在降雹前后随时间变化

通过SWAN系统获取0、-10、-20、-30和-40℃温度层高度的雷达回波反射率因子在降雹前后随时间的变化，结果如图1所示。

可以发现一个明显的特征：降雹前0、-10及-20℃层高度的雷达回波反射率因子均有显著增强，降雹发生在反射率因子峰值后呈下降趋势的临近时刻。-30℃层及-40℃层对这一特征无明显对应。

从这7次个例降雹前各温度层高度上反射率因子的峰值(表1)可以看到，0、-10及-20℃层均基本在50 dBZ以上，7次过程中最大值为69.6 dBZ(7月18日，镇宁，-10℃层)，最小值为49 dBZ(7月14日，张家川，-20℃层)，降雹开始后反射率因子快速下降。7次过程中冰雹直径较大的三次过程为第4、6、7个过程，最大直径分别为30、50和50 mm，而这三次过程的最大反射率因子均超过了60 dBZ(其中第7次过程温度层面上R_{max}=59.5 dBZ，但其组合反射率超过60 dBZ)。冰雹增长层顶-30℃高度的反射率因子均在40 dBZ以上。

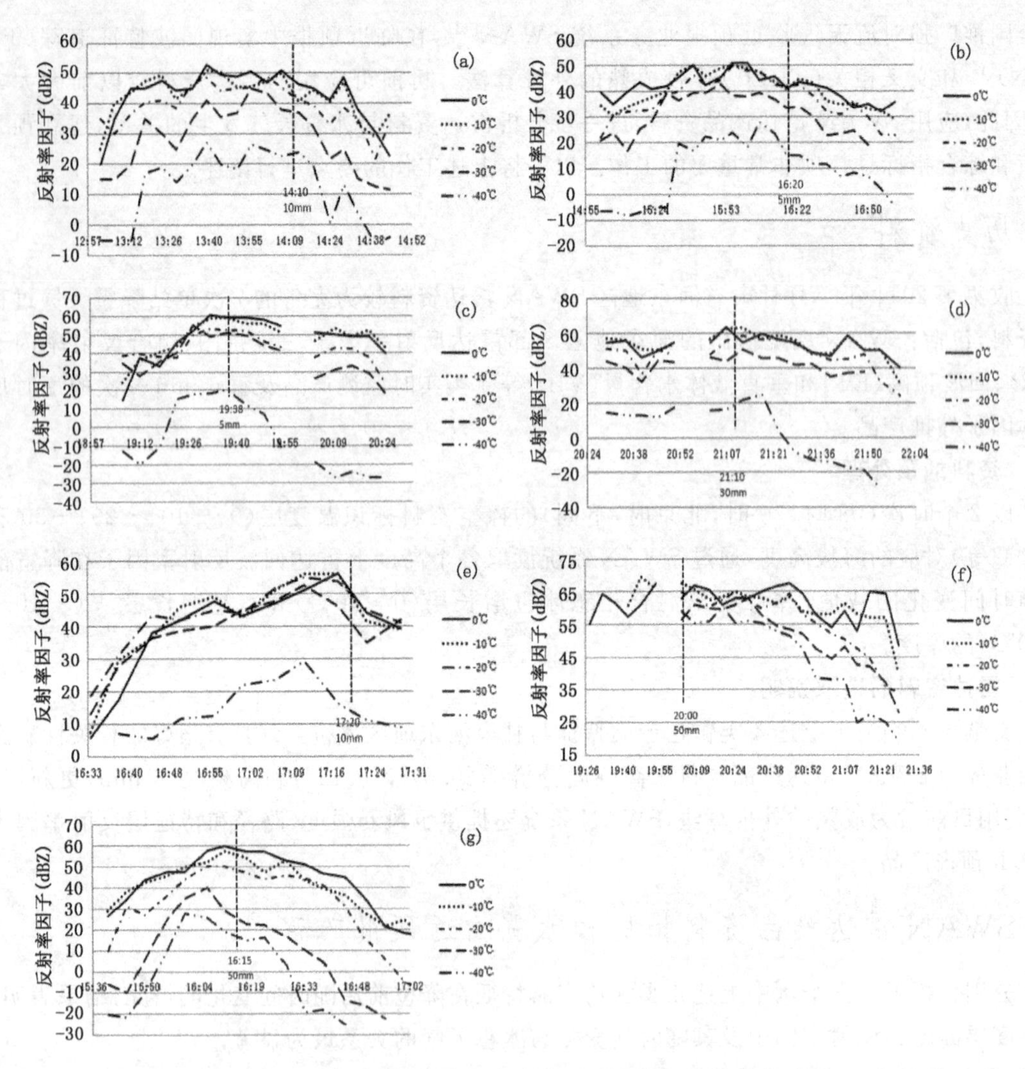

图 1　各温度层高度的雷达回波反射率因子随时间变化与降雹时间、冰雹直径

（冰雹个例，a. 20110714. 张家川，b. 2011071414 庄浪，c. 20110716 华亭，d. 20110716 日正宁，

e. 20110717 泾川，f. 20110718 镇宁，g. 20110726 秦安）

表 1　7 次冰雹个例中各温度层高度上降雹前反射率因子最大值(单位:dBZ)

个例	1	2	3	4	5	6	7
0℃	53	51	61	63	56	67.5	57
−10℃	51	50	59.5	63.5	56	69.5	59.5
−20℃	49	50	53	58.5	55	65	50
−30℃	45	44.5	55	51	52.5	63	40
−40℃	27	28	20.5	24.5	29	60.5	28

注：个例 1—7 分别对应 20110714 张家川、20110714 庄浪、20110716 华亭、20110716 正宁、20110717 泾川、20110718 镇宁、20110726 秦安的冰雹过程。

2.2 垂直液态水含量、回波顶高和组合反射率的变化

通过对降雹前后 SWAN 雷达产品中回波顶高、垂直液态水含量、组合反射率等 3 个产品数据统计分析后表明(图 2),在降雹前后的数值变化中,组合反射率因子反映出与 0、−10 及 −20℃层回波强度几乎相同的特征,在降雹前的十几分钟跃增至 50 dBZ 以上,最高的可超过 65 dBZ;在降雹前垂直液态水含量基本保持增大趋势,但增大的程度有较大差别,最大可增大至 45 kg/m^2,但如 14 日庄浪和张家川的降雹过程则液态水含量只有 15 kg/m^2,回波顶高在降雹临近时刻均超过 13 km,最大为 17 km(冰雹直径 50 mm)。

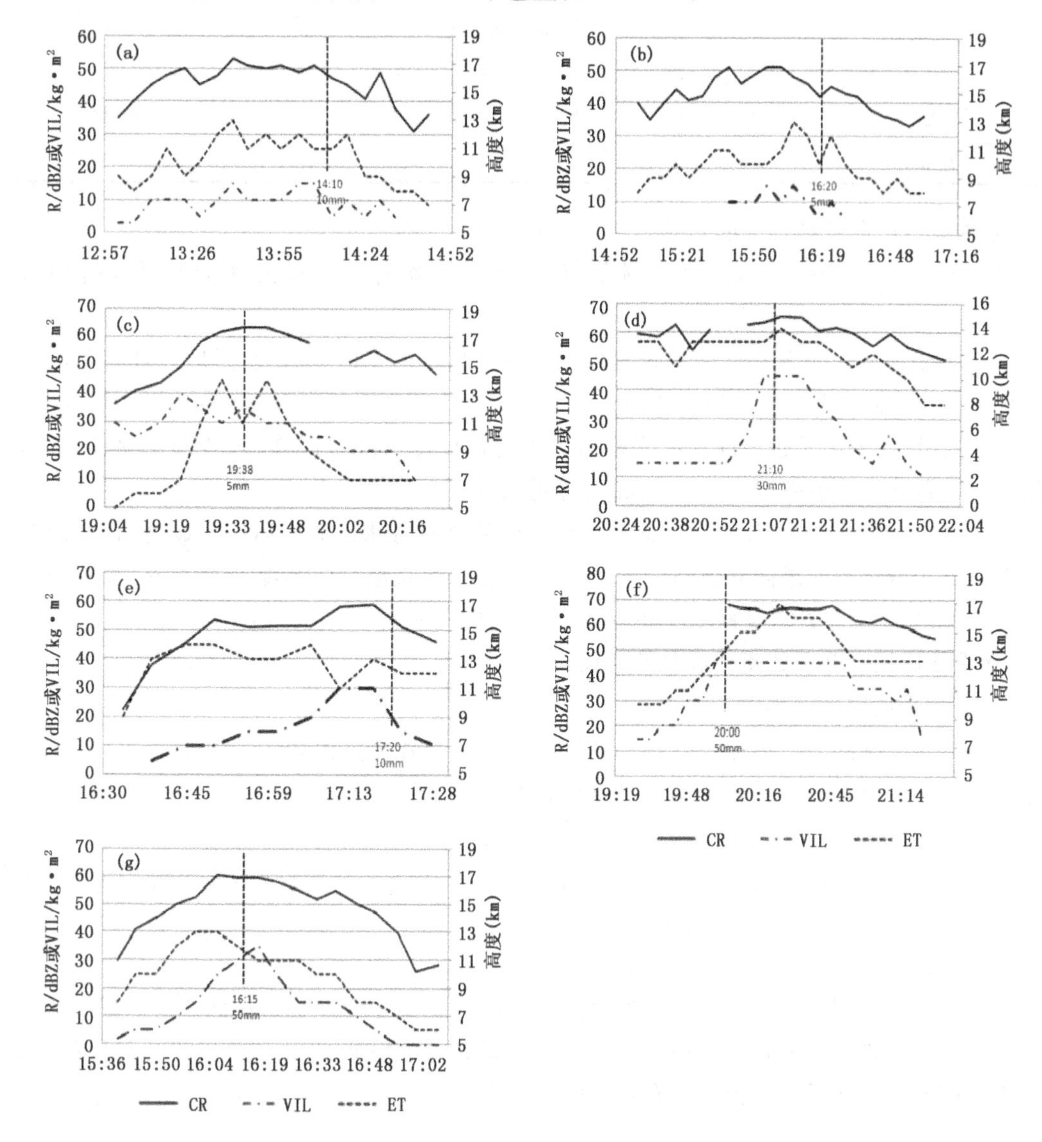

图 2 雷达组合反射率、垂直液态水含量及回波顶高随时间变化

(a. 20110714 张家川,b. 20110714 庄浪,c. 20110716 华亭,d. 20110716 正宁,e. 20110717 泾川,f. 20110718 镇宁,g. 20110726 秦安)

表 2 汇总了 4 个降雹日中雷达产品的极值,与冰雹增长层的厚度和冰雹直径进行对比,可以看到,7 月 14 日的冰雹增长层与其他个例相比显著偏薄,其液态水含量非常有限(15 kg/m^2),

当天的冰雹直径也较小；其余三次过程均具备较厚的增长层，液态水含量高(>35 kg/m^2)，特别是 7 月 18 日过程，达到了 45 kg/m^2 的垂直液态水含量且保持时间较长；且当天的回波顶高达到了 17 km，远高于其他几次过程，其冰雹直径达到了 50 mm，另一站点为 70 mm，这些或表明好的水汽条件及较深厚的混合相态冰雹增长层有利于大冰雹的产生。

表 2　4 个冰雹日 SWAN 雷达产品数据极值和冰雹直径及冰雹增长层(0～－10℃)厚度

资料\个例日期	7.14	7.16	7.18	7.26
0～－10℃厚度(m)	2282	2909	2889	2996
CR	52	65.5	68	60.5
VIL	15	45	45	35
ET	13	14	17	13
D(mm)	8	17	60	50

2.3　冰雹雷达产品资料指标的总结

利用 SWAN 处理的雷达产品资料分析 2011 年 7 次单站冰雹天气个例可以得到以下指标：

(1) 降雹前 0、－10 和－20℃特征温度层面的反射率因子值有增大趋势，并且均要增大至 50 dBZ 以上，同时位于冰雹增长层顶的－30℃层高度上反射率因子≥40 dBZ。

(2)组合反射率因子也有同样有降雹前增大的特征，组合反射率因子≥50 dBZ、冰雹增长层顶－30℃高度上反射率因子≥40 dBZ 为降雹指标。

(3)SWAN 的回波顶高、垂直液态水含量等产品资料对冰雹的指标不明显，但在 1 或 2 指标条件满足的情况下如果回波顶高≥13 km、混合相态冰雹增长层厚度≥3000 m、垂直液态水含量≥35 kg/m^2 可作为降直径 20～30 mm 大冰雹的指标。

2.4　冰雹临近预报产品的生成和初步检验

2.4.1　*产品生成方法及格式*

根据 2.3 总结的预报指标，利用 SWAN 雷达产品和外推算法 0～1 h 预报产品，开发冰雹临近预报产品生成系统。系统工作主要流程如下：

2.4.2　*产品使用说明*

冰雹临近预报产品生成系统每 0.5 h 启动运行一次。可添加到 SWAN 或 MICAPS3 系统的监视文件列表中，实现自动调阅、报警。

2.4.3　*2012 年 2 次个例临近预报效果检验*

利用 2012 年 5 月 10 日甘肃中部强对流天气过程和 2012 年 6 月 20 日甘肃中东部区域性强对流天气过程进行了冰雹临近预报产品检验。通过冰雹临近预报产品与实况对比(图略)，结果表明两次过程冰雹落区预报具有较高的命中率。

3　讨论

(1)利用 SWAN 系统雷达产品不仅可以实现冰雹系统的快速识别，通过 SWAN 系统的外推算法产品可大大提高冰雹临近预报能力。

(2)文中所用个例偏少，需通过今后观测网的进一步发展积累足够的资料样本，提高预报模型的客观性。

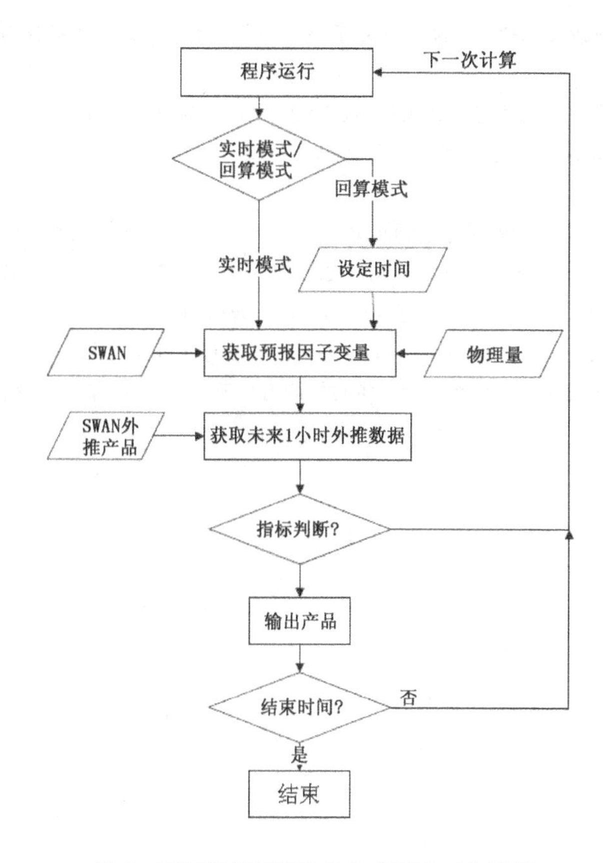

图 3　冰雹临近预报产品生成系统工作流程

(3)文献[7—9]中提到，垂直液态水(VIL)无论作为冰雹系统的识别和降雹时间甚至是冰雹直径都有较显著的指标对应，但本研究中未能总结出较好的指标对应关系。这一方面与应用个例偏少有关，另一方面也说明了 SWAN 垂直液态水含量产品需要进一步的校验。

(4)SWAN 系统有比较成熟的外推算法，但预报雷暴发生和消亡的能力较差[1]，因此，发展区域中尺度数值模式，才能有效地解决这一问题。

参考文献

[1] 陈明轩，俞小鼎，谭晓光等. 对流天气临近预报技术的发展与研究进展. 应用气象学报，2004，**15**(6)：755.

[2] 陈乾，朱阳生. 甘肃雹暴分类及其诊断分析. 北京：气象出版社，1983. 15-24.

[3] 白肇烨，徐国昌. 中国西北天气. 北京：气象出版社，1988. 258-262，270-271，278，283-292，294，302，305，309-310，369.

[4] 刘德祥，白虎志，董安祥. 中国西北地区冰雹的气候特征及异常研究. 高原气象，2004，**23**(6)：795-803.

[5] 渠永新. 甘肃省冰雹云研究. 干旱气象，2004，**22**(1)：82-83.

[6] 吴爱敏. 雷暴天气的多普勒雷达 VWP 资料特征分析. 干旱气象，2009，**27**(2)：177-180.

[7] 付双喜，安林，康凤琴. VIL 在识别冰雹云中的应用及估测误差分析. 高原气象，2004，**23**(6)：810-814.

[8] 李国昌，李照荣，李宝梓. 冰雹过程中闪电演变和雷达回波特征的综合分析. 干旱气象，2005，**23**(3)：26-29.

[9] 刘治国，陶健红，杨建才．2008．冰雹云和雷雨云单体 VIL 演变特征对比分析．高原气象，**27**(6)：1363-1374.

[10] 康凤琴，张强．青藏高原东北边缘冰雹为物理过程模拟研究．高原气象，2004，**23**(6)：735-742.

[11] 王遂缠，李照荣，付双喜等．西北地区冰雹监测、预警及防雹指挥业务系统．干旱气象，2007，**25**(4)：80-84.

[12] 王学良，傅朝，乔艳君，等．兰州市冰雹预报方法研究及系统介绍．干旱气象，2004，**22**(3)：63-67.

[13] 郑永光，张小玲，周庆亮等．强对流天气短时临近预报业务技术进展与挑战．气象，2010，**36**(7)：33-42.

[14] Dixon M, and Wiener G. TITAN: Thunderstorm identification, tracking, analysis, and nowcasting-A Radar based Methodology. *J Atmos Oceanic Technology*, 1993, **10**: 785-797.

[15] 吴剑坤，俞小鼎．强冰雹天气的多普勒天气雷达探测与预警技术综述．干旱气象，2009，**27**(3)：198-199.

2012年4月10—13日混合性强对流天气环境场配置条件分析

黄美金　刘爱鸣　夏丽花　何小宁　曾瑾瑜

（福建省气象台，福州 351100）

摘　要

对2012年4月10—13日发生在福建省中北部的一次持续性混合强对流天气进行分析。结果表明：此次天气过程冰雹为主要的致灾因子，伴有大风、短时强降水。主要影响系统有短波槽、切变线、地面冷锋、中空急流。在极为有利的高低空系统配置下，地面高温、高湿，较大的温度垂直递减率，冷暖空气剧烈交绥，发展出了飑线和超级单体等强致灾性中尺度对流系统。2000 J/kg以上大的对流有效位能、中等强度风垂直切变、合适的0℃层、−20℃层高度，有利产生冰雹。山脉地形和中空冷平流降低了0℃层高度，有利冰雹的生长。整层可降水量(PWAT)在38～46 kg/m^2、700 hPa的露点达4℃，比湿7 g/kg左右是4月中旬混合对流的一个预报参考指标之一。

关键词：混合性对流　中空急流　冷锋切变　环境场配置

引言

2012年4月10—13日福建省中北部地区出现强雷电、短时强降水、雷雨大风和冰雹等强对流天气(图1)。本次过程为混合性对流天气，冰雹为主要的致灾因子。

10日傍晚至夜间，福建省西北部部分县市出现局地性强对流天气，10日的雷雨大风范围最大，局地伴有冰雹、短时强降水；11日中午开始持续至12日凌晨，福建省中北部多地出现较大范围的强对流天气，冰雹为主要的致灾因子，局地伴有大风、短时强降水；12日午后起至夜里，内陆短时强降水特征较为明显、局地伴有大风、冰雹。

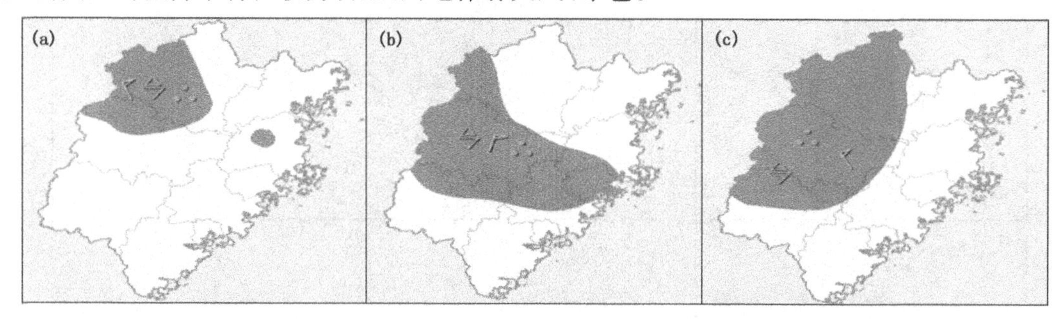

图1　4月10—13日福建省冰雹、大风、强降水分布(a.10日，b.11日，c.12日)

此次强对流天气过程具有影响范围大、持续时间长、风雹灾害重等特点。

影响范围大。此次过程为2012年以来影响范围最大的强对流天气过程，三明、南平、龙岩、福州、泉州和莆田6市共有25个县、市的部分乡镇出现冰雹。

持续时间长。由于北方冷空气缓慢渗透南下，与南方暖湿气流交绥持续时间长，造成强对流天气持续出现，整个过程影响时间长达3 d。

风雹灾害重。虽然此次强对流天气过程给福建省多地带来短时强降水，但致灾因子主要是冰雹、大风。其中11日14时08分三明市的尤溪出现直径达30 mm冰雹，18时34分永安降雹并伴有10级(27.5 m/s)以上的短时大风。大风、冰雹造成部分房屋倒塌、烟田等农作物受灾严重，其中三明市的尤溪县冰雹堆积厚度10～15 cm，山上成片直径约20 cm的树木被大风拦腰折断，成片的厂房、多处民房屋顶瓦片被冰雹砸碎或被大风掀走，仅三明市的尤溪县直接经济损失就超过3亿元。

1 环流背景分析

4月10—13日，乌拉尔山附近高压脊稳定，其东侧不断有短波槽东移，引导冷空气南下；南支槽稳定，副高强度偏强，副高北侧的西南暖湿气流活跃；同时江南和华南等地位于明显的高空辐散区内，与低空急流左前侧相耦合，非常有利于强上升运动的维持。10日开始，高空短波槽自西向东移动，槽前中空有急流形成和加强，为飑线和超级单体风暴等强致灾性中尺度对流系统提供了必要的水汽、能量条件和强风垂直切变环境。随着底层冷空气继续南下，与副高北侧的西南暖湿气流交汇，激发不稳定能量释放，引发了福建省的强对流天气。10日随着冷锋的东移入海，夜里地面冷空气沿东路扩散南下影响福建省，冷暖空气在福建省西北部交汇；11日冷空气继续扩散南下，锋面南压到福建省中部，福建省中部出现冰雹、短时强降水、雷雨大风等强对流天气；12日西南低压倒槽发展加强，河套以西又有一股冷空气从西路南下，冷暖空气在江南交汇，福建省处暖区内，午后内陆对流发展，20时锋面南压到福建省西北部，福建省西北部降水明显加强。

2 环境场配置条件分析

4月10—13日冰雹暴雨天气过程是在冷锋、切变线影响下，发生在中空急流附近的强对流天气。下面就此次过程的特点和影响系统作具体分析(图2)。

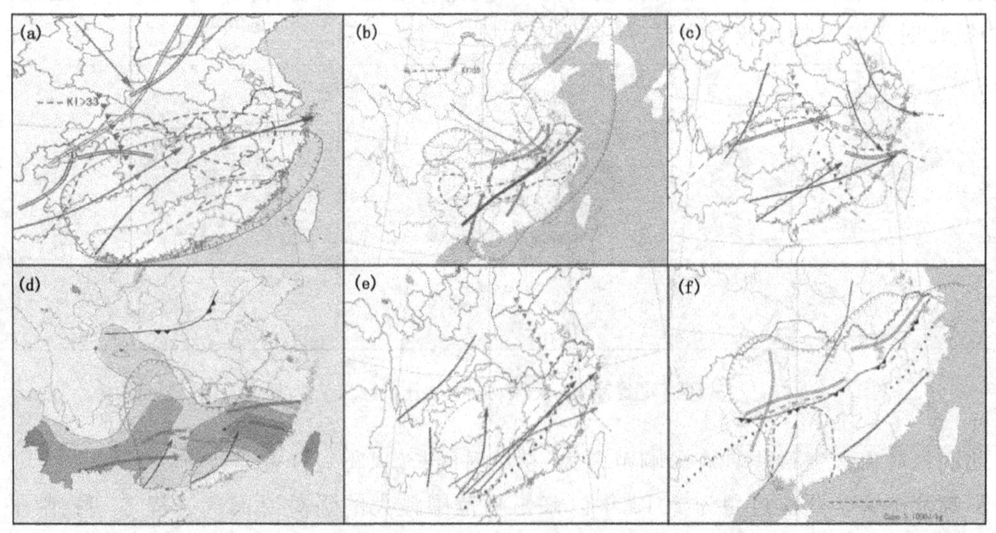

图2 4月10—12日环境场配置

(a.10日08时，b.10日20时，c.11日08时，d.11日20时，e.12日08时，f.12日20时)

2.1 4月10日中尺度环境场分析及主要天气特点

10日高空槽东移南压且槽经向度大，系统移速快，福建省处在槽前且中低空西南急流强盛，500 hPa 最大风速 20～22 m/s，850 hPa 最大风速 12～20 m/s，925 hPa 辐合线位于江南中部，动力抬升条件好；福建省西北部风垂直切变较大；中低层干冷空气沿东路扩散南下触发了地面辐合线附近的不稳定能量释放，发生飑线天气。

2.2 4月11日中尺度环境场分析及主要天气特点

11日福建省中北部高空辐散比10日增强，福建省位于850 hPa 低涡切变南侧，随着冷切变线逐渐东移，夜里925 hPa 华南暖切变线发展东伸，低层西南急流略南移减弱，但500 hPa 急流依然维持，福建省中部风垂直切变大；地面冷高压从西北向东南移动，其前部有锋面配合，随着锋面系统南压到福建省中部，地面弱冷空气沿东路扩散下来，同时江南到华南地面倒槽明显；受低空切变线靠近、干线触发和中层西南急流影响，在地面辐合线附近出现了剧烈的对流天气，且对流维持时间较长。

2.3 4月12日中尺度环境场分析及主要天气特点

12日南支浅槽快速东移，低层低涡逐渐东移至江西西部，切变线东移北抬，低层西南急流重新建立，内陆有风速辐合，地面低压倒槽发展；河套以西又有一股冷空气从西路南下，江南静止锋形成；福建省内陆处于地面倒槽南侧暖区内和低涡切变线南侧，内陆风垂直切变大。

2.4 地面加密资料和当地要素变化的分析

10日16时54分沙县地面气温上升至32℃以上，11日泉州沿海午后最高气温普遍在29℃以上，泉州山区安溪的最高气温达31.4℃，地面高温且处于中尺度低压中。10日夜间到11日冷空气沿东路扩散南下影响福建省，11日14—15时，福州市区气温从29℃下降到24℃，降温速度每10 min下降约1℃。23时—23时20分邵武站飑线过境，气压陡升2 hPa、气温骤降3℃，出现冰雹、大风天气。12日白天地面气温没有明显下降，仍较高，夜里到13日冷空气沿中偏西路南下影响福建省。从10—12日逐日14时地面3 h变压场、温度场上看，强天气发生地升温、降压明显，3 h负变压超过3 hPa，地面气温超过29℃，同时比湿 Q＞13 g/kg，即地面处于高温、高湿环境中。同时降雹前均有干线或地面辐合线的存在，受干线或地面辐合线触发，在其附近有对流回波加强发展。

3 物理量配置

3.1 强对流天气分类物理量指标

对4月10—13日短时强降水物理量特征量进行分析，整层可降水量(PWAT）＞38 kg/m^2，局地达到46 kg/m^2，850与500 hPa 温差($T_{850}-T_{500}$)达到25－26℃、最大抬升指数(BLI)小于－5。分析雷雨大风物理量特征值，除了要考虑 $T_{850}-T_{500}$、BLI外，还要考虑风的垂直切变，本过程0～6 km 风垂直切变(SHR0－6)在15～20 m/s，为中等强度以上风的垂直切变。冰雹特征量除了考虑PWAT、$T_{850}-T_{500}$、BLI、SHR0－6外，过程中合适的0℃层高度3.8～4.2 km、2000～3000 J/kg 对流有效位能(CAPE)也是降雹的重要特征量。

3.2 0℃和－20℃层的高度

雹暴的发生要求环境的0℃和－20℃层的高度不宜太低或太高，0℃层高度太低时，只能形成小雹粒；0℃层过高时不能形成降雹，冰雹在下落过程中融化成雨。10日0℃层高度3.8

km、-20℃层高度5.8 km，但0℃和-20℃层高度差只有2 km。11日0℃层高度4.2 km、-20℃层高度7.3 km，均比10日有所升高，且0℃和-20℃层高度差≥2.8 km；当天对流回波顶高超过12 km，45 dBZ以上强回波顶高达到10 km，超过-20℃层高度，因此11日闽中等地尤其是山区仍下较大冰雹。

4 混合性对流天气探讨

从临近雷达资料上看，10、11日具有典型的冰雹回波结构特征。10日17时44分福州市的闽侯、11日14时04分三明市的尤溪和16时18—48分永春、仙游等地都出现长钉长达50～80 km的"三体散射"现象，是降冰雹乃至大冰雹的重要特征，此次过程中冰雹回波不仅具有50～65 dBZ较高的反射率因子值，径向速度图上，回波在辐合线附近或前方触发新生，在逆风区或中气旋中得到快速发展。作垂直剖面后可见，强回波核在-20℃等温线以上，且具有回波墙、悬垂、穹窿结构和弱回波区等典型冰雹的结构特征。12日冰雹回波的垂直结构不如10和11日典型。10日夜里，受东北—西南向带状回波快速东移南压影响，闽北出现大范围的大风天气。11日16时11分邵武站有"弓"形回波经过，0.5°仰角径向速度图上低层径向大风核大于24 m/s，3～6 km中层径向辐合大于25 m/s，有利于地面出现大风。

尽管过程中冰雹、大风较为明显，但天气现象还是以冰雹、大风、短时强降水三者相伴出现为主。本次过程整层可降水量(PWAT)在38～46 kg/m^2、700 hPa的露点达4℃，比湿7 g/kg左右，是4月中旬混合对流的一个参考预报指标。

雷雨大风或冰雹除了有较大的温度直减率$T_{850}-T_{500}>25$℃、0～6 km风垂直切变达到15 m/s以上的中等强度风垂直切变外，中层比较干燥，上干下湿对雷雨大风较有利，合适0℃层的高度(3.8～4.2 km)，大的对流有效位能(>2000 J/kg)，地面高温、高湿(温度>25～32℃、比湿>13 g/kg)对冰雹形成较有利。本次过程，温度直减率不太大，不太容易出现大冰雹；低层湿度较大，中层不太干，也不利于出现雷雨大风的形成。

本次过程等露点线与风向交角较大，低层比湿(q)>13 g/kg，整层可降水量超过38 kg/m^2，局地达到46 kg/m^2，中低层湿度大、湿层较厚，$T_{850}-T_{500}>25$℃，地面高温、高湿，最大抬升指数(BLI)小于-5，是强降水的有利条件。但不利的是整层可降水量一般，且系统移速较快、上干下湿，不太容易形成大的累积降水量。

5 结论

(1) 此次天气过程冰雹为主要的致灾因子，伴有大风、短时强降水，为混合性对流。主要影响系统有短波槽、低层切变线、地面冷锋、中空急流和风速辐合；地面高温、高湿，较大的温度垂直递减率，冷暖空气剧烈交绥，在极为有利的高低空系统配置下，受干线或地面辐合线触发，发展出了飑线和超级单体等强致灾性中尺度对流系统。

(2) 2000 J/kg以上的CAPE值、中等强度垂直风切变、合适的0和-20℃层高度，有利产生冰雹。探空曲线重构对判断午后和傍晚发生强天气可能性具有更好的指示性。

(3)整层可降水量(PWAT)在38～46 kg/m^2、700 hPa的露点达4℃或比湿7 g/kg左右，是4月中旬混合对流的一个预报参考指标之一。

(4)从临近预报上来看10和11日具有"三体散射"等典型的冰雹回波结构特征和带状、弓状等大风回波结构特征。

台湾及台湾海峡地形对福建台风突发性暴雨影响的分析

林毅　林青　刘爱鸣　江晓南

（福建省气象台，福州 350001）

引言

对 2011 年热带气旋“南玛都”登陆后在福建莆田引发特大暴雨的分析发现，特大暴雨的发生除了有利的环流背景条件，还与台湾岛地形的影响有一定的关系。本文旨在通过对“南玛都”、“龙王”台风突发性大暴雨成因的综合分析和数值模拟实验，探讨台湾岛及台湾海峡地形对福建沿海台风突发性大暴雨产生和影响的作用机制。

1　福建沿海台风突发性大暴雨的特征分析

1.1　资料的处理

对于台风突发性暴雨，尤以短时间出现强降水灾害严重。因此，本文主要选取 3 h 雨量大于 100 mm 的台风暴雨过程，以此作为台风突发性暴雨的个例。研究这些个例中，台湾及台湾海峡的地形因素对暴雨的发生有哪些影响作用。

应用 1991—2011 年福建省经过审核的完整的逐时降水资料，普查 7－9 月台风季中福建沿海地区 3 h 雨量大于 100 mm 的台风突发性暴雨个例。

1.2　台风突发性暴雨个例普查分析

1991—2011 年 7—9 月，福建沿海地区出现 40 次 3 h 雨量大于 100 mm 的台风突发性大暴雨天气过程。这些突发性大暴雨出现在登陆福建台风影响的有 27 例，登陆广东影响的有 5 例，另 8 例为西行台风倒槽或台风转向北上辐合带北抬的影响。在 27 例登陆福建台风影响的突发性大暴雨中 12 例出现在登陆前后的 5 h 内，15 例出现在登陆 10 h 后。从这些数据可以看到，登陆福建的台风出现突发性大暴雨的个例，大半是出现在台风登陆福建后。福建沿海突发性暴雨发生时，以热带气旋中心位于福建的西侧内陆地区居多。这种暴雨突发性强，预报难度大。

1.3　突发性大暴雨的形势场特征

分析这 40 例福建台风突发性大暴雨的 850 hPa 形势场特征，主要归纳为三种类型（图 1）：南风加强型、气流交汇型和暖湿切变加强型。这些形势场的特征显示出了台湾岛和台湾海峡的地形因素对突发性暴雨的发生可能产生的影响作用。因为狭长的台湾海峡对于低层气流在海峡中起一个加速的“狭管效应”，在“南风加强型”下，这种“狭管地形”使得海峡内偏南风加大，低空急流的强度变化对福建沿海的暴雨落区及强度有很大的影响，海峡中南风气流的加强有利福建沿海台风降水加强。在“气流交汇型”条件下，形成南、北两支气流在福建沿海的汇合，这两支气流通常具有冷暖不同的性质，易于在气流的汇合区形成强的对流不稳定，触发大暴雨的发生。在“暖湿切变加强型”条件下，台湾地形有利在台风环流东侧形成气流绕岛的分支,形成偏南和偏东气流在福建中北部沿海的汇合区,有利于在气流辐合区激发中尺度系统的发展。

需指出的是,这些突发性大暴雨的个例,在高层的形势场上都具有很强的辐散条件。除南风加强型外,均可分析到中高层有弱冷空气影响。台湾岛和台湾海峡的地形作用,只是在有利的低层形势场下,进一步放大和加强了这种有利暴雨发生的热力和动力条件,触发并促使台风暴雨增幅。

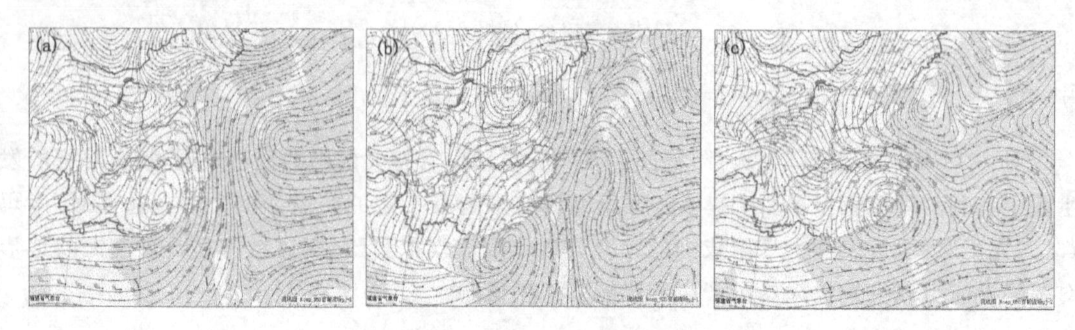

图 1　有利台风突发性大暴雨的形势场

(a. 南风加强型,b. 气流交汇型,c. 暖湿切变加强型)

2　台湾及台湾海峡地形对台风突发性暴雨影响的典型个例分析

通过对"龙王"和"南玛都"台风在福建沿海引发的突发性大暴雨个例分析,揭示台湾及台湾海峡的地形对突发性大暴雨的发生和影响。

2.1　"龙王"台风

2005 年 10 月 2 日,龙王台风登陆福建时,在台风中心北侧的福州地区出现了突发性大暴雨,最大 1 h 降水极值达 152 mm。

分析 10 月 2 日"龙王"台风进入台湾海峡后的低层流场和温度场(图 2),台风东侧的气流由于受到台湾岛地形的影响分成两支冷、暖气流在福州地区再次交汇,正是这两支气流在福州地区的再次交汇导致强对流云团的形成,它通过两方面起作用。

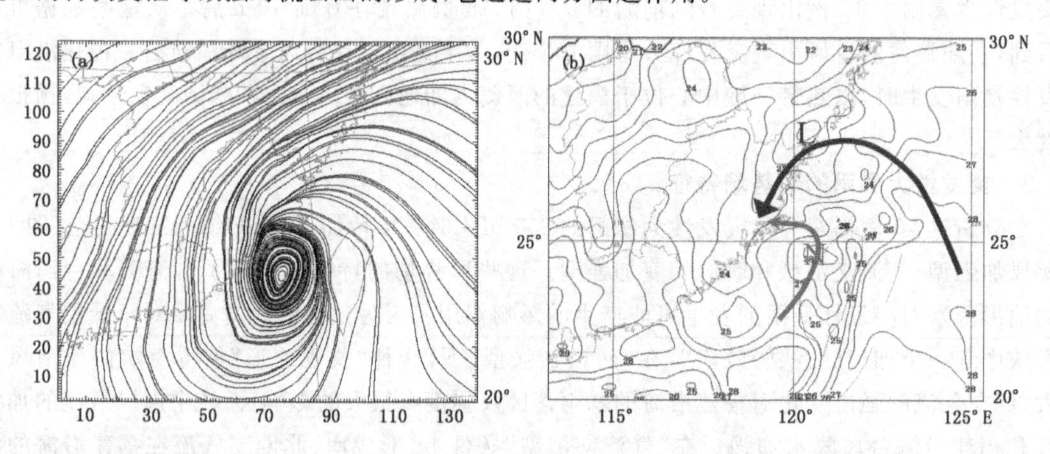

图 2　2005 年 10 月 2 日 20 时 925 hPa 流场(a)和 100 hPa 温度分布(b)(单位℃)

首先,这两支气流的汇合在中低层形成了极强的气流辐合区。低层暴雨区的水汽通量散度的中心值1000 hPa达-192×10^{-8} g/(s·cm^2·hPa),925 hPa达-176×10^{-8} g/(s·cm^2·hPa)(图略),气流的汇合为强对流云团的发展提供了充沛的水汽条件和辐合上升动力,特大暴雨就是在两支气流的强辐合区上形成、发展的。

其次,形成了有利于对流发展的大气不稳定层结。从图2b可以看到,有冷空气自低层从福建沿海南侵,福建东北部地区为气温低值区,而在台湾海峡东岸由于高层越过台湾中央山脉偏东气流的下沉增温效应,形成气温高值区,导致在福建中北部沿海与台湾岛西岸之间形成强的温度梯度,这样绕过台湾岛的北支偏东气流经过闽北地区后属性发生变化,气流携带的空气温度低,起了输送冷空气的作用,当其与台湾海峡西侧的携带大量水汽的暖湿偏东气流相汇时,就如两支属性不同的冷暖气流相汇,极大地增强了气流汇合区的大气层结不稳定度,激发强对流发展。强降水发生时,伴随着强烈的电闪雷鸣,充分表明大气层结的极不稳定,激发强烈的对流运动发展。

2.2 "南玛都"台风

2011年8月31日09时10分"南玛都"在福建惠安登陆后,减弱的低压中心移到福建西南部时,9月1日凌晨开始在"南玛都"低压环流东侧的福建中南部沿海地区的莆田市出现突发性暴雨,1 h极值达99.9 mm。

从地面风场分析,8月31日夜里,"南玛都"低压环流的偏东侧的南风加强,在南风加强的过程中,在莆田沿海的北侧风向出现逆转,北风呈逐渐向南压的趋势,在莆田地区出现偏东北风、偏东风和偏南风的风场辐合区,伴随辐合区的形成,在辐合区激发中尺度对流云团发展(图略),气流的汇合为强对流云团的发展提供了充沛的水汽汇集和辐合上升动力,且地面风场辐合区稳定少动维持数小时,使得中尺度雨团少动,造成局地特大暴雨。

利用0.5°×0.5°的NCEP FNL分析场资料分析发现,台湾岛东北部的地形低压与莆田的地面风场辐合区的形成和维持有直接的关系。

从8月31日20时起,在强的西南气流作用下,在台湾岛东北面背风坡有地形低压形成(图3),地形低压形成后逐渐北移,由于这个地形低压的形成和存在,使福建北部沿海的风场出现变化,风向由偏南风转向偏东风,继而转为东北风。从而在莆田沿海形成了偏南风与东北风交汇的辐合区。在台湾地形低压维持期间,福建北部沿海一直为偏北风,使莆田沿海维持偏

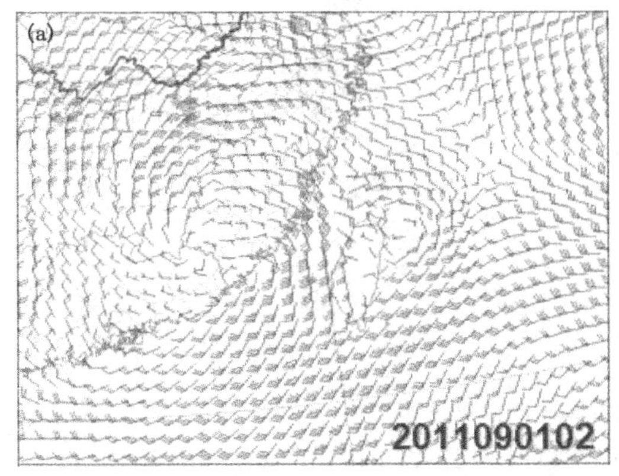

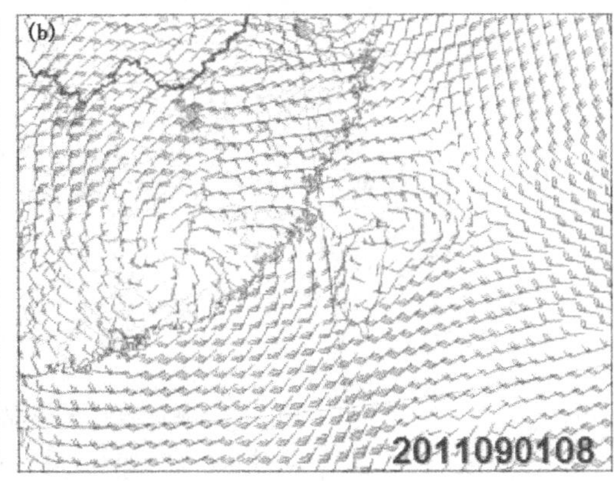

图3 2011年9月1日02时(a)和08时(b)925 hPa流场

南风和东北风的气流交汇辐合区，这两支气流的汇合，在低层形成中尺度的辐合区，加强了暴雨区的水汽供应。可见，台湾岛的地形低压的发展，引起福建北部沿海风场的变化，在莆田沿海出现偏南风和东北风两支气流的辐合，形成了引发暴雨的地面中尺度辐合区，是这场暴雨发生的重要因素。

3 数值模拟分析

分别选取“龙王”、“南玛都”和“圣帕”台风进行数值模拟，探寻台湾及台湾海峡地形对台风突发性大暴雨的影响机制和作用。

采用 WRFV3.1 对台风进行模拟，为了考察台湾岛地形对台风突发性暴雨的作用，设计了一组通过改变台湾岛高度的地形敏感性试验。

(1)控制试验(CTL)：不做任何改变的数值模拟。

(2)台湾岛地形去掉试验(NT)：同控制试验相比，只是从地形数据集读取 10′的地形后，把台湾岛地形高度减少为 0，其他同控制试验。

通过对几个台风个例的数值模拟，得到以下分析结果：

3.1 “龙王”台风

模拟“龙王”台风 10 月 2 日夜间的暴雨过程。结果表明：若没有台湾岛地形的影响，台风结构更为紧密，流场气旋性流入分布均匀，降水主要集中在台风中心附近，而在控制试验中，台风在穿越台湾的过程中受地形作用影响结构有所改变，台风的眼区有所放大，结构相对松散，特别是 2 日 20 时台风中心东侧环流由于台湾地形的阻挡流线出现分支，在台风中心北面的福建中部沿海形成了一支来自台湾海峡的偏东南气流和另一支绕过台湾岛北部的偏东北气流的汇合区，在两支气流的汇合点对应降水高值区，6 h 降水量达 120 mm，而无地形的情况下，台风中心北面 6 h 降水值仅 40 mm 左右(图略)。

控制试验较之无地形的试验，在台湾岛西北侧的偏东气流的下风方，出现明显的温度高值区，在福建中北部沿海形成较大的温度梯度，并有指向沿海的暖源输送，这种热力场分布有利于加强福建沿海气流汇合区的冷暖空气交汇，有助对流的发展。

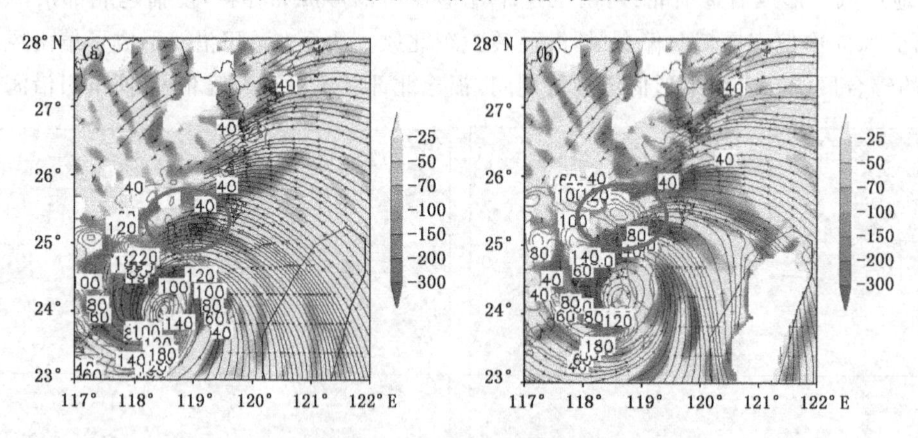

图 4 控制试验与去掉地形试验的温度分布对比

(a. 去地形后 2 日 20 时 850 hPa 流场，填色表示 850 hPa 温度(单位：℃)；b. 控制实验)

在 925 hPa 位涡分布场上，在控制试验中有来自台湾岛北部流向福建中部沿海的正位涡输送带，而无地形的正位涡区仅在台风涡旋中心附近(图略)。

本过程模拟表明，由于台湾岛地形作用，台风穿越台湾岛后结构有所改变，并在台风环流东侧形成气流的分支；在海峡内，台风中心东侧气流的偏南风加大，以及福建中北部沿海较大的温度梯度，台湾地形对台风环流结构变化的影响形成有利触发“龙王”台风突发性暴雨的发生、发展的热力和动力条件。

3.2 “南玛都”台风

对“南玛都”台风模拟结果显示，控制试验对福建中部沿海的暴雨带，虽然强度有所偏弱，但强降水中心基本模拟出来，中心值在 160～170 mm，无台湾岛地形的模拟试验的降水结果要比控制试验偏小，中心值仅为 80～90 mm。

9 月 1 日 02 时的 925 hPa 的流场(图略)显示出二者的差异，无台湾岛地形的试验中指向福建沿海的流场为较均匀一致的偏东南气流，没有风向辐合，而有台湾岛地形下，在台湾岛北侧有地形低压的形成，使得指向福建沿海的气流在福建中部沿海出现来自海峡的东南风和过台湾岛北部的东到东北风的气流辐合，在福建沿海形成辐合区。从模拟结果来看本次台风过程中沿海强降水与台湾地形作用有一定联系，台湾地形低压以及台湾岛所形成的绕流导致福建沿海低层辐合加强，触发了中尺度对流云团的形成和发展，在一定程度决定和影响降水的落区和量级。

3.3 “圣帕”台风

圣帕台风 2007 年 8 月 18 日 18 时在福建惠安县登陆后，减弱为低压西北行进入江西，20—21 日在福建沿海出现强降水，整个雨带沿海岸线呈东北—西南走向。这里主要着眼于台湾地形对福建沿海降水的影响，初始时刻为 2007 年 8 月 19 日 00 时，比较两个试验结果(图略)，沿海降水带分布都是呈现东北—西南走向，去掉地形以后的结果比控制试验降水弱。

福建沿海低层流场(图略)主要以西南到偏南风为主，从辐合场来看，闽浙交界沿海存在一条西北—东南走向辐合带，台湾地形对于低层气流在海峡中主要起一个加速的“狭管效应”，从模拟结果来看地形的改变主要影响西南气流的强弱，对沿海降水带的走向并无明显作用。福建台风暴雨历史个例表明，低空急流的强度变化对福建沿海的暴雨落区及强度有很大的影响，穿越台湾海峡的南风加强是导致福建沿海台风暴雨加强的重要因素。模拟结果体现出台湾岛地形对这种动力配置体现在狭管地形对西南气流的加速在一定程度上影响降水量级。

4 讨论与小结

上述个例的模拟试验表明，台湾岛及台湾海峡地形对福建台风暴雨的分布和强度会产生影响，在有利的环境条件下，会对台风暴雨产生增幅作用，导致突发性暴雨的发生。其导致福建台风暴雨增幅作用的主要机制有以下几个方面：

(1)台湾地形对于低层气流在海峡中起一个加速的“狭管效应”，这种“狭管地形”使得海峡内偏南风增大。

(2)台湾地形有利于台风环流东侧形成气流绕岛的分支，形成偏南和偏东气流在福建中北部沿海的汇合，有利于在气流辐合区激发中尺度系统的发展。

(3)较强的偏东和偏南气流在台湾岛的地形作用下，会在台湾岛的西北部形成热源区，加大福建中北部沿海区域的温度梯度，伴随绕岛气流在福建沿海形成暖湿气流的输送和辐合，形成有利于触发对流系统发生、发展的热力和动力条件。

参考文献

[1] 陈联寿.登陆热带气旋暴雨的研究和预报//第十四届全国热带气旋科学讨论会论文摘要集.2007,3-7.

[2] 陈联寿,丁一汇.西太平洋热带气旋概论.北京:科学出版社,1979:440-473.

[3] 陈久康,丁治英.高低空急流与台风环流耦合下的中尺度暴雨系统.应用气象学报,2000,**11**(3):271-281.

[4] 林毅,刘铭,刘爱鸣,等.台风龙王中尺度暴雨成因分析.气象,2007,**33**(2):22-28.

[5] 郑庆林,吴军,蒋平.我国东南海岸线分布对9216号台风暴雨增幅影响的数值研究.热带气象学报,1996,**12**(4):304-313.

[6] 郑锋.一次热带风暴外围特大暴雨分析.气象,2005,**31**(4):77-80.

[7] 孙建华,赵思雄.登陆台风引发的暴雨过程之诊断研究.大气科学,2000,**24**(2):223-237.

[8] 程正泉,陈联寿,李英.登陆台风降水的大尺度环流诊断分析.气象学报,2009,**67**(5):840-850.

一次外来飑线过程的中小尺度系统活动特征分析

马中元[1]　苏俐敏[2]　谌芸[3]　阮征[4]　彭王敏子[1]　陈胜东[1]

(1 江西省气象科学研究所,南昌 330046;2 江西省宜春市气象局,宜春 336000;
3 国家气象中心,北京 100081;4 中国气象局气象科学研究院,北京 100081)

摘　要

使用常规天气、灾情、自动站、卫星云团、雷达回波和风廓线雷达等资料,采用统计对比分析和特征提取等方法,对2012年4月10日外来飑线天气系统进行分析和研究。结果表明:①外来飑线是由若干个倾斜深厚对流单体所组成,具有紧密排列的回波带结构。②云图上表现为中尺度对流系统(MCS)结构,受到MCS降水冷却和西南倒槽东伸与午后增温的共同影响,形成温度锋区,在锋区合适的地形条件下产生对流风暴。③飑线形成前期,MCS南侧出现多条平行短带“梳状”回波特征,并在其南端不断产生对流单体回波,最后发展成飑线回波带;随着午后地面气温升高,飑线移动前方不断产生具有“前伸”、TBSS和假象回波结构的超级单体回波。④5 min风廓线雷达资料在前期阶段,能够准确观测到西南急流的演变情况,包括急流中的某些脉动;当飑线系统临近时,受飑线中尺度环流的影响,飑线移动前方具有较强的上升运动,且伸展高度可以达到6000 m,但垂直风速、Cn^2 和信噪比都比较小;当飑线系统过境时,具有很强的水平风切变,由于强降水的下曳作用,垂直风速、Cn^2 和SNR都明显加大;飑线系统过境后,恢复到前期阶段。

关键词:飑线回波形成与演变　局地雹云结构　风廓线特征

引言

江西强对流天气的主体是致灾大风天气,几乎在所有强对流天气过程中都会出现不同形式的大风天气。每年因大风造成的农作物倒伏、房屋倒塌和江河翻船,以及强雷电、短时强降水、冰雹和龙卷等灾害,造成十分巨大的国民经济损失。因此,深入研究这些中小尺度灾害天气的活动特征十分必要。在这些灾害天气系统中,飑线系统的影响排在第一位,尤其是在春季,几乎所有重大强对流天气过程都与飑线系统活动有关。影响江西的飑线系统多数是由省外(湖南、湖北)产生,且有规律移入江西的点状或带状回波系统,因此,称为“外来飑线回波系统”,它是造成江西强对流天气的主要回波系统[1,2]。这种飑线回波结构在中国其他地区也存在,例如:2005年7月31日河北强飑线过程、2002年5月27日安徽强超级单体过程等。不少学者使用常规天气资料和多普勒天气雷达等资料,对飑线系统进行了深入分析,取得许多研究

资助项目:2012年公益性行业(气象)科研专项《强对流天气短期概率预报技术研究》(GYHY201206004)、中国气象局气象关键技术集成与应用项目《风廓线雷达数据算法研究及业务产品开发》(CMAGJ2013M74)、中国气象科学研究院灾害天气国家重点实验室2012年开放课题《南方短时强降水中β尺度结构与形成机理研究》(2012LASW－B01)、2012年开放课题南京雷达气象与强天气开放实验室2012年研究基金《风廓线雷达数据质量控制与产品服务平台研究》(BJG201205)。

成果[3-14]，这些研究成果为深入分析和研究飑线系统奠定了基础。

本文使用常规天气、灾情、自动气象站、FY－2E云图、雷达回波和风廓线产品等资料，采用统计对比分析和特征提取等方法，对2012年4月10日飑线过程进行分析，试图揭示外来飑线中尺度系统活动特征，为加深对飑线结构特征的理解和改进飑线短临预报方法奠定基础，最后在讨论中提出一种外来飑线产生前期云系变化概念模型。

1 灾情实况与天气背景

1.1 灾情实况

2012年4月10日08时—11日08时江西境内出现10站次雷雨大风；2站冰雹（进贤、永丰）；1站≥30 mm/h强降水（横峰），24站≥25 mm，4站≥50 mm降水；闪电达14401次，其中正闪数653次，负闪数13748次，最大正闪强度133.9 kA，平均18.5 kA，最大负闪强度－49.6 kA，平均－6.2 kA。通过查询区域自动站记录，江西还有83个乡镇出现93次雷雨大风，其中临川金巢区20时40分出现34.7 m/s雷雨大风，广丰洋口20时19分出现40.7 m/s雷雨大风，有多站次出现≥10 mm/(10 min)超短时强降水[15,16]。

1.2 天气背景

4月10日外来飑线系统是由地面西南倒槽发展、500 hPa高空小槽引导、低空急流和高空急流等多因素共同作用下产生的。

2 飑线形成过程与前期回波特征

在中尺度系统中，雷暴是有组织的一个整体，具有共同的低空暖湿空气入流、高空云砧外流和地面下沉气流的出流。卫星云图上，圆形或椭圆形的雷暴群被定义为中尺度对流复合体(MCC)或中尺度对流系统(MCS)，有一个很清晰的卷云罩，它的云顶温度低，边缘很整齐，是MCC(MCS)雷暴群在高空外流汇合而形成的[17~23]。

2.1 飑线云团形成过程

FY－2E红外云图上（图略），12时在湖北境内是MCS云团，其南沿在29°N附近（湖南北部边界），MCS南侧是大片晴空区。13－15时，MCS在东移过程中维持并逐步减弱，MCS南侧晴空区内云系开始不断增多，并且逐步呈东北－西南走向排列，15时生成积云线。这种狭窄积云线是MCS冷出流边界与温度锋区所致产生的[24]。16时在湖南东北部，MCS南端与积云线相接处，发展成为飑线。17－19时，北部MCS不断东移、减弱、分裂；南部对流云团不断发展、合并、强盛，造成江西大范围出现雷雨大风、冰雹、强降水和强雷电等危险天气。

2.2 温度锋区的形成

温度锋区的形成主要与MCS降水冷却降温、东伸的西南倒槽和午后太阳辐射地面增温作用，以及有利的地形条件抬升作用等因素有关。

2.3 MCS雷达回波特征

MCS雷达回波主要特征：在MCS南侧是中尺度对流回波系统，而北侧是大范围伸展的云系[25]。图1中12时云图，MCS南侧十分平直，几乎沿纬线走向，MCS南面是湖南境内的大范围晴空区。12时24分—29分雷达回波图给出了MCS内部的回波细微结构（图略）。可以看出，主要对流回波集中在MCS的西南侧，中心强度在50～55 dBZ，最高回波顶高(ET)在8～9

km,最大垂直液态水含量(VIL)在 40～45 kg/m^2。回波垂直剖面(RHI)发展高度都不高,大多数在 6～8 km,表明 MCS 强度中等,主要以降水为主。

2.4 飑线回波演变

江西及周边 16 部天气雷达回波拼图(CR 产品,图略),4 月 10 日 12 时,MCS 回波发展,在 MCS 回波带南侧(湖南和江西)是大范围晴空区。13 时,MCS 局部出现比较少见的"梳纹"状回波,晴空区里没有降水回波。14 时,在江西中部晴空区内首先出现由于温度锋区触发产生的局地雹云回波,并影响江西东北部地区。15 时,江西中部局地雹云回波快速发展,并排列成短带;在吉安和萍乡地区开始有新的局地雹云发展,与此同时,湖南境内距离 MCS 回波带的南端 50 km 处开始产生对流回波单体。16 时,MCS 回波带南端与湖南新生对流回波单体不断合并和发展壮大,最后演变成为飑线回波带[26];江西中部和东北部地区不断有新生局地雹云生成、发展、强盛。17 时,湖南生成的飑线回波带移入江西境内,移速加快,强度加强;飑线回波带前方不断有新生雹云产生[27]。18－19 时,飑线回波带快速侵入江西,回波强度≥65 dBZ,开始造成江西大范围危险天气;飑线前部雹云分成两个部分,一部分新生、发展、强盛,一部分不断合并、发展,也是造成冰雹和雷雨大风的主要系统。与此同时,湖南西部有雹云回波群发展。

由此可见,从飑线回波的形成过程上分析,有几点比较重要。一是晴空区不断产生新的对流单体回波,一些发展旺盛的对流单体还是造成冰雹和雷雨大风的主要系统;二是合并造成回波发展旺盛形成回波带,最大回波强度超过 65 dBZ;三是在温度锋区和地形抬升作用下容易产生对流回波单体。

3 雹云回波特征

3.1 吉安永丰超级单体雹云回波

3.1.1 雹云"前伸"回波结构

随着排列紧密的飑线回波带移入江西境内,午后地面温度不断升高和西南倒槽东伸影响,在江西局地有利地形条件下(莲花境内),16 时 26 分之后不断产生对流回波单体,表明山地的抬升作用十分明显[28]。一些对流回波单体发展十分旺盛,强度可以超过 65 dBz,回波顶高(ET)≥12 km,垂直液态水含量(VIL)≥60 kg/m^2,具有典型局地雹云特征,即超级单体回波结构和"前伸"回波结构[29](图 1①②③)。历史资料分析表明,这种"前伸"回波的伸展长度往往三倍于超级单体回波面积,最典型的就是沿着飑线走向(近似平行),会连续不断产生雹云,并且有组织地排列成行。有时这种局地雹云会成群出现,形成雹云回波群结构。

3.1.2 雹云 TBSS 回波结构

图 1 中三体散射长钉(TBSS)回波特征十分明显,表明超级单体回波①(永丰雹云)强度十分强,形成三体散射现象。从 TBSS 形成过程上分析(图略),18 时 27 分南昌雷达观测到局地雹云超级单体和"前伸"回波结构,18 时 34 分开始出现超级单体 TBSS 回波结构,19 时开始影响永丰,19 时 14 分出现 28 m/s 雷雨大风和 8 mm 冰雹等强对流天气,19 时 40 分超级单体 TBSS 特征消失。永丰雹云回波还出现了中气旋、正负速度对等典型回波特征(图略)。

由此可见,TBSS 回波特征是 18 时 34—40 分形成,19 时 14 分永丰出现冰雹和雷雨大风,出现时间超前降雹时间 34～40 min,具有预报指示意义。随后永丰雹云在继续向东移动中经

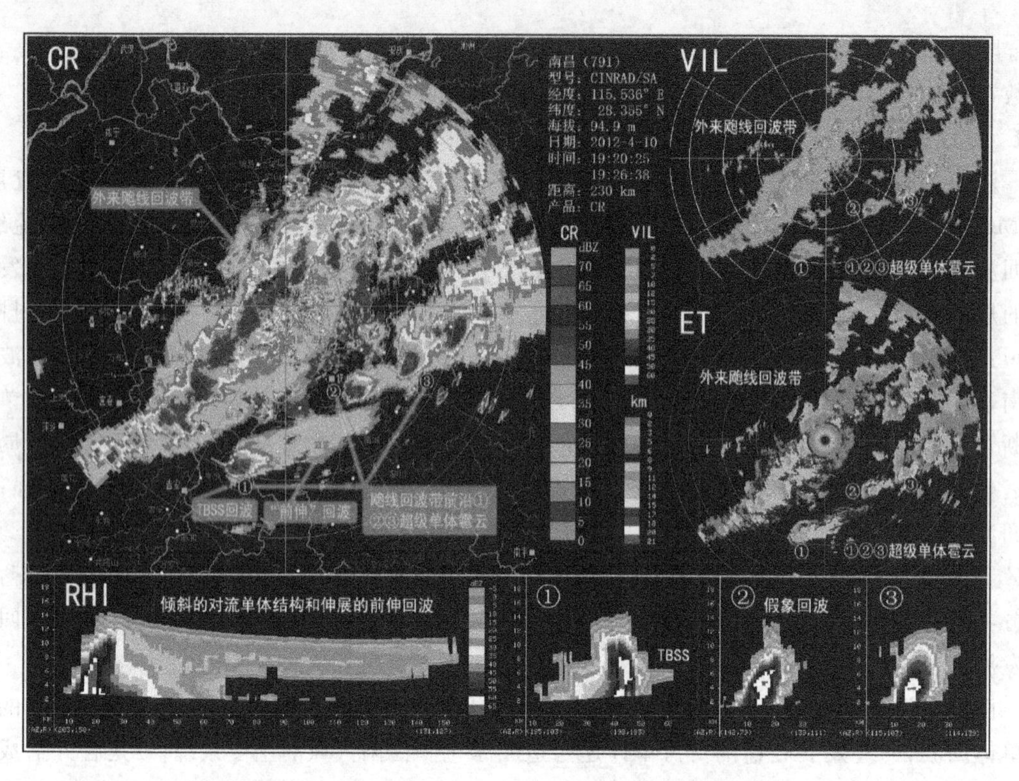

图1 2012年4月10日19时20分雹云回波特征图(南昌雷达)

过乐安南部后，转向110°移动路经南丰等地，23时20分之后才逐渐减弱消散。永丰雹云从16时26分(莲花境内)开始产生，至23时20分之后才消散，整个雹云过程历时7 h，维持时间之长在雹云生命史中罕见！

3.1.3 雹云回波垂直结构

图1下RHI给出了永丰雹云①和其他雹云②、③的垂直回波结构，可以看出，永丰雹云回波垂直结构表现为倾斜的对流单体和伸展的回波结构，雹云回波强度在60～65 dBZ，强回波顶高达到8 km，由于高空风比较大，雹云的云砧随高空风伸展到下游，在12～14 km高度形成“前伸”回波。沿径向垂直扫描，永丰雹云①观测到明显的TBSS回波结构。抚州雹云②观测到假象(虚假尖顶)回波结构。

由此可见，这类雹云的共同点是：具有倾斜的超级单体和“前伸”回波结构、强回波(60 dBZ)顶高达到8 km、会出现TBSS和假象回波结构。

3.2 萍乡上栗超级单体雹云回波

萍乡上栗超级单体雹云回波是发生在飑线回波带南端，并非是飑线回波带前沿。飑线回波带南端是对流最为活跃区域，成群的对流单体不断产生和发展，一些发展强盛的超级单体或复合体回波，沿途造成多站雷雨大风、冰雹、强雷电和强降水等强对流天气。萍乡上栗超级单体雹云回波强度达到65 dBZ，垂直液态水含量(VIL)≥60 kg/m^2，回波顶高(ET)≥15 km，强回波(65 dBZ)顶高达到11 km，具有倾斜回波结构(图2)。这种雹云结构除产生雷雨大风、冰雹之外，强雷电的危害也很大[30,31]。

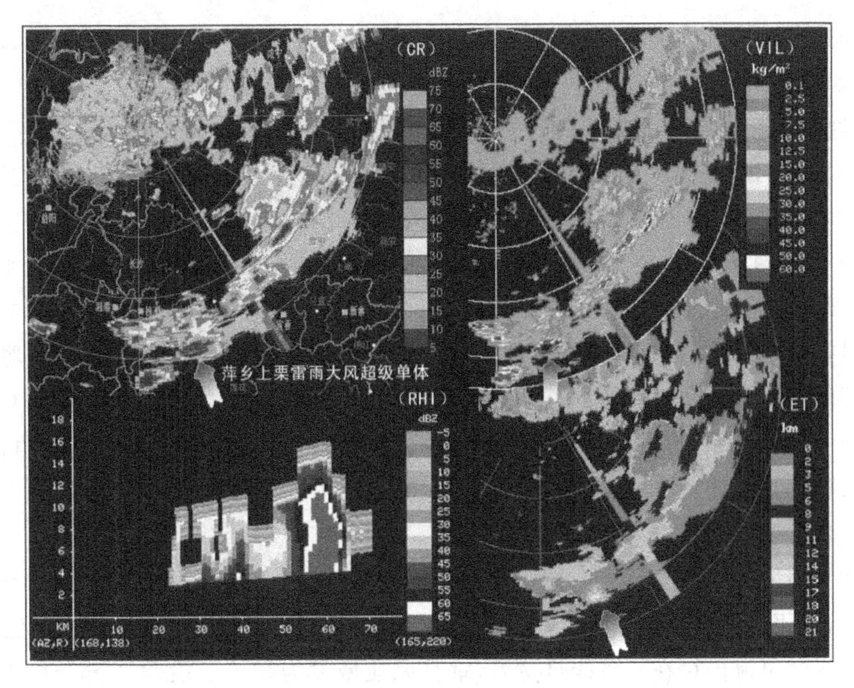

图 2　2012 年 4 月 10 日 17 时萍乡上栗超级单体雷达回波特征图(岳阳雷达)

4　飑线风廓线特征

4.1　前期阶段特征

4 月 10 日 16 时 26 分(图 3a),飑线在湖南境内(外来飑线),距宜春 120 km。16 时 25 分—17 时 55 分是飑线前期阶段,1300～3000 m 高空维持着≥12 m/s 的西南大风区,表明 850 和 700 hPa 有较强西南急流存在,其中西南急流的部分时段还存在≥20 m/s 脉动大风(图 4 略)。前期阶段,垂直风速很小(≤2 m/s),正负值速度交替出现;Cn^2 在－21～－19 $m^{-2/3}$。径向速度和速度谱宽也很小,基本上维持背离雷达方向的负速度,其中含少量朝向雷达方向的正速度;信噪比在 0～20 dB。

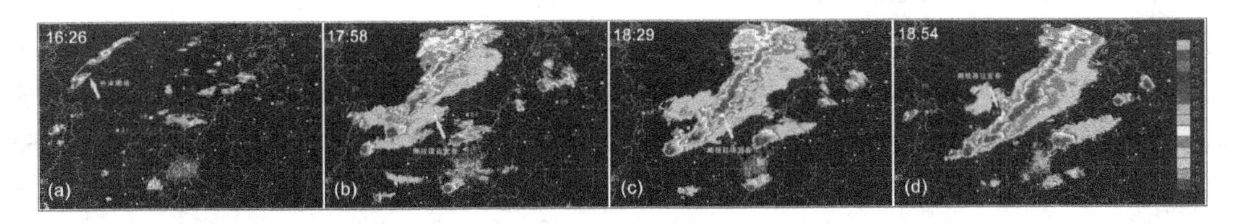

图 3　2012 年 4 月 10 日飑线四个阶段雷达回波图(吉安雷达 CR 产品)

4.2　飑线影响阶段特征

4 月 10 日 17 时 58 分(图 3b),飑线移入江西境内,在铜鼓、万载、萍乡一线,距离宜春不足 30 km。18 时 18 时 30 分,受到飑线外部环流影响,水平风的高度达到 6000 m,整层转为西风,风速加大到≥20 m/s(红色区),表明受到飑线对流风暴环流的影响。影响阶段,垂直风速仍较小(≤2 m/s),但基本上是正值向下速度;Cn^2 仍维持在－21～－19 $m^{-2/3}$,正值速度所占比例增多。径向速度和速度谱宽突然加大，保持一致背离雷达方向的负速度(即上升运动)；信噪比在10～20 dB。

4.3 飑线过境阶段特征

4月10日18时29分(图3c)，飑线逼近，开始影响宜春。18时35分—19时是飑线过境强降水阶段，水平风的高度由3700 m逐步增高到6000 m，风向由西—西西南—西—西北，风速在≥20～16 m/s，这时正是飑线系统过境产生强降水的时刻，存在很强水平风切变。值得注意的是：在强降水阶段，部分风廓线数据出现“空洞”，究其原因：一方面是强降水影响风廓线雷达接收信号，导致信号饱和所致；另一方面是信号可信度不足造成的数据缺失。飑线过境阶段，由于强降水的下降作用，垂直风速明显加大，出现≥8 m/s的正值即向下速度；Cn^2 也明显加大，在-18～-15 $m^{-2/3}$。径向速度和速度谱宽突然转向，出现朝向雷达方向的正速度(即下沉运动)；信噪比在40～60 dB。

4.4 飑线过境后阶段特征

4月10日18时54分(图3d)，飑线移出宜春，降水基本结束。19时05分—20时是飑线过境后阶段，水平风明显下降至3200 m以下，但高空维持≥12 m/s的西南西大风区，表明850和700 hPa西南急流仍存在。飑线过境后，垂直风速恢复为初始阶段(≤2 m/s)，正负值速度交替出现；Cn^2 在-21～-19 $^{-2/3}$。径向速度和速度谱宽恢复到前期阶段的状态，基本上维持背离雷达方向的负速度及少量朝向雷达方向的正速度；信噪比在0～20 bB。

5 结果与讨论

(1)这次外来飑线系统是由地面西南倒槽发展，500 hPa高空小槽引导，低空急流和高空急流等天气因素共同作用下产生的，午后增温形成的温度锋区和局部山地抬升作用，也是飑线和超级单体雹云形成的触发机制[32]。

(2)飑线生成前期，云图上在湖北境内是MCS云团，其南沿在29°N附近(湖南北部边界)并向偏东方向移动，MCS南侧是大片晴空区，受到MCS降水冷却和西南倒槽东伸与午后增温的共同影响，形成温度锋区，然后逐渐在锋区上生成由MCS冷出流边界与温度锋区所致产生的积云线，并在南侧有利地形条件下不断产生对流回波。

(3)飑线形成前期，MCS南侧出现多条平行短带“梳状”回波特征，并在其南端(云图积云线位置上)不断产生对流单体回波，最后发展成由若干个倾斜深厚对流单体所组成，具有紧密排列的飑线回波带结构。随着午后地面温度升高，飑线移动前方不断产生具有“前伸”、TBSS和假象回波结构的超级单体回波，超级单体强度≥60 dBZ，ET≥15 km，VIL≥50 kg/m^2，具有超强量级。

(4)在飑线还没有影响之前，5 min风廓线雷达资料能够准确观测到西南急流的演变情况，包括急流中的某些脉动；当飑线系统临近时，受飑线中尺度环流的影响，飑线移动前方具有较强的上升运动，且伸展高度可以达到6000 m，但垂直风速、Cn^2 和信噪比都比较小；当飑线系统过境时，具有很强的水平风切变，由于强降水的下曳作用，垂直风速、Cn^2 和SNR都明显加大；飑线系统过境后，恢复到初始阶段。因此，受飑线中尺度环流的影响，风廓线雷达能提前30 min有所反映，这为提前预报飑线天气过境创造了条件。

参考文献

[1] 马中元,叶小峰,张瑛等.江西三类致灾大风天气活动与回波特征分析.气象,2011,**37**(9):1108-1117.

[2] 马中元,张幼兰,应冬梅等.江西省强对流天气的雷达气候统计//运用雷达作强对流天气短时预报研究文集.北京:气象出版社,1990:79-84.

[3] 慕熙昱,党人庆,陈秋萍等.一次飑线过程的雷达回波分析与数值模拟.应用气象学报,2007,**18**(1):42-49.

[4] 王彦,吕江津,王庆元等.一次雷暴大风的中尺度结构特征分析.气象,2006,**32**(2):75-80.

[5] 何彩芬,姚秀萍,胡春蕾等.一次台风前部龙卷的多普勒天气雷达分析.应用气象学报,2006,**17**(3):370-375.

[6] 殷占福,郑国光.一次强风暴三维结构的观测分析.气象,2006,**32**(9):9-16.

[7] 刘娟,朱君鉴,魏德斌等.070703天长超级单体龙卷的多普勒雷达典型特征.气象,2009,**35**(10):32-39.

[8] 俞小鼎,张爱民,郑媛媛等.一次系列下击暴流事件的多普勒天气雷达分析.应用气象学报,2006,**17**(4):385-393.

[9] 吴芳芳,王慧,韦莹莹等.一次强雷暴阵风锋和下击暴流的多普勒雷达特征.气象,2009,**35**(1):55-64.

[10] 阮征,葛润生,吴志根等.风廓线仪探测降水云体结构方法的研究.应用气象学报,2002,**13**(3):330-338.

[11] 阮征,何平,葛润生.风廓线雷达对大气折射率结构常数的探测研究.大气科学,2008,**32**(1):133-140.

[12] 张京英,漆梁波,王庆华.用雷达风廓线产品分析一次暴雨与高低空急流的关系.气象,2005,**31**(12):41-45.

[13] 王秀玲,郑秉浩,陈昱.一次全区暴雨中风廓线雷达特征.广东气象,2009,**31**(3):29-31.

[14] 万蓉,周志敏,崔春光等.风廓线雷达资料与探空资料的对比分析.暴雨灾害,2011,**30**(2):130-136.

[15] 苏俐敏,马中元,钱焕荣等.宜春短时强降水的单站要素统计和分析.气象水文海洋仪器,2013,**30**(1):62-65.

[16] 苏俐敏,马中元,胡佳军.雷达回波和自动站降水资料的统计与对比分析.气象水文海洋仪器,2012,**29**(4):29-32.

[17] Maddox R A. (1980) Mesoscale convective complexes. *Bull. Amer. Meteorol. Soc.*, **61**, 1374-1387.

[18] Cotton W R, McAnelly R L,田生春.中纬度α中尺度对流复合体的β中尺度的发展.气象科技,1986,(1):15-21.

[19] 陶诗言.天气学的新进展.北京:气象出版社,1986:99-119.

[20] Maddox R A. (1983) Large-scale meteorological conditions associated with midlatitude, mesoscale convective complexes. *Mon. Wea. Rev.*, **111**, 1475-1493.

[21] Browning K A, Hill F F. Mesoscale analysis of a polar trough interacting with a polar front. *Quart. J. Roy. Mrtrorol. Soc.*, 1985, **111**: 445-462.

[22] 方宗义.气象卫星资料分析应用文集.北京:气象出版社,1985,55-62.

[23] Fujita T T. In "Nowcasting: mesoscale observation and short-range prediction", Proceedings of a Sympoisum at the IAMAP General Assembly, 25-28 August 1981, European Space Agency, 3-10.

[24] 曹艳华,马中元,叶小峰等.江西外来飑线常见卫星云图特征.自然灾害学报,2009,**19**(4):54-59.

[25] 马中元,许爱华,贺志明等.九江地区一次无降水致灾大风天气过程分析.气象与减灾研究,2009,**32**(3):52-56.

[26] 马中元,张幼兰,叶瑞珠等.雷达带状回波的几种演变形式.江西气象科技,1988,**11**(4):28-29,36.

[27] 马中元.飑、飑线与雹云.江西气象科技,1984,**7**(3):67-70.

[28] 马晓琳,马中元,黄水林等.庐山夏季强降水与台风活动关系分析.暴雨灾害,2011,**30**(2):177-181.

[29] 马中元，张幼兰，林景辉.赣中暖区雹云的几种类型.江西气象科技，1989，**12**(1)：37-40.
[30] 马中元，许爱华，陈云辉等.江西灾害性强雷电天气的雷达回波特征分析.自然灾害学报，2009，**18**(5)：16-23.
[31] 许爱华，马中元，郭艳."7·17"庐山雷击事件分析.气象，2004，**30**(6)：35-39.
[32] 马中元，张瑛，马晓琳等.对流风暴的触发系统与机制探讨.自然灾害学报，2010，**19**(3)：19-26.

2012年2月27日广西高架雷暴冰雹过程分析

农孟松　赖珍权　梁俊聪　董良淼　刘国忠

（广西壮族自治区气象台，南宁 530022）

摘　要

利用常规观测资料和雷达资料，对2012年早春广西高架强雷暴冰雹天气过程进行分析，得出以下结论：(1)冰雹伴随雷暴发生在地面锋后约1000 km，边界层为冷高压控制。850 hPa风速较小，700 hPa以上层有强急流，850－700 hPa有强的风垂直切变，500 hPa高空冷槽东移为对流的发生提供触发条件。(2)冰雹发生在850 hPa切变线南北两侧约200 km范围，等压面锋区强度大；高空槽前负变温使700－500 hPa垂直方向温度差大，导致层结对流不稳定性加大。当500 hPa低槽移至强锋区上空时，锋面坡度变陡，上升运动加强，不稳定增大，使得冰胚在对流层中层增长而形成冰雹。(3)风暴追踪信息显示风暴生成高度高，在垂直方向上倾斜增长；质心均在5～6 km高，风暴生成后，随着时间的推移逐渐向低层发展，最大反射率因子以及液态含水量均不大，具有明显高架雷暴特征。

关键词：高架雷暴　冰雹　高空冷槽　垂直温度递减率

引言

冰雹是广西晚冬、春、初夏季出现的一种灾害性天气，它往往给农业、交通、电力部门和人民生活带来较大的影响。近几年由于冰雹造成的灾害越来越严重，引起社会高度关注，因而对冰雹动力条件研究逐渐开展起来。谢义明等[1]江苏2002年一次强对流天气物理机制分析，认为高空急流显著加强引发低层锋区增强，加速低层锋区南压是其触发因素；低层的对流不稳定和中层的条件性对称不稳定叠加是其不稳定机制；而强的垂直风切变则使得强对流风暴得以维持和加强。王晓玲等[2]研究春季冰雹触发条件，地面干线及锋面是不稳定能量释放的主要触发条件。另外，在冰雹发生的气候背景、数值模拟等方面也有许多研究，多侧重于环流形势、水汽和动力条件方面[3-5]，对锋面后部（高架雷暴）冰雹的研究较少。高架雷暴是在大气边界层以上被触发的，地面附近通常为稳定的冷空气，有明显的逆温，来自地面的气块很难穿越逆温层而获得浮力，而逆温层之上的气块绝热上升获得浮力导致雷暴产生[6]。目前对高架雷暴引发的冰雹过程研究仍较少，且预报难度较大。

2012年2月27日下午至上半夜，广西出现了一次因高架雷暴引起的冰雹强对流天气过程。这次强对流天气主要发生在广西东北部，其中全州、兴安、灌阳、桂林等14站出现冰雹，测站观测记录中，冰雹直径最大为8 mm，最小3 mm，南宁市市区也出现了冰雹，但站点无观测记录。此次冰雹过程伴随55站出现雷暴。这次强对流天气发生在早春季节，冰雹尺度较小，没有造成较大危害，但影响范围比较大。

利用常规观测资料和非常规资料，对高架雷暴冰雹发生环境的温、湿、风垂直结构、触发条件、中尺度系统及雷达资料特征分析，希望为这一类天气的临近预警提供有价值的思路。

1 天气系统特征分析

在地面图上，从2012年2月24日开始，北方强冷空气从东路南下影响广西，受冷空气不断补充影响，27日08时(北京时，下同)，高压中心位于山东半岛，地面静止锋在海南岛三亚以南，广西大部分地区出现了小雨。温度：东北部在2～4℃，其他大部分地区5～8℃，接近当年的最低温度。气压场上，广西大部分地区的海平面气压在1020～1026 hPa，从中、下午开始，广西北部地区有雷雨出现，雷雨向东传播，雷雨带呈东北－西南走向，在广西境内长：宽为400～250 km，最北端位于桂林市，最南端延伸至南宁市。冰雹主要出现在广西东北部地区，位于冷锋北部约1000 km处，有13个测站观测到冰雹，时间从10时到20时，冰雹直径在3～8 mm。20时的地面图上，地面温度仍然很低，湖南南部、广东北部也有雷暴出现，但范围不及广西大。广西西北部、南宁市南部—玉林—贵港—梧州等地区以南一线也出现了阵雨，雨量为小到中雨，没有雷电。

27日08时(图1a)，925 hPa广西为东北气流控制，850 hPa切变线位于广西中部—广东北部，广西北部受高压底部偏东气流控制，桂林探空站风速为4 m/s，南部受偏南急流控制，梧州探空站风速为14 m/s，广西东部存在强的风向、风速辐合，斜压性明显；广西上空有4根间隔4℃的等温线，北海与桂林的温差达13℃；温度露点差1～2℃，空气接近于饱和。700 hPa低槽位于四川东部至云南西北部，西南急流轴穿过广西北部，风速≥22 m/s。500 hPa高原东部低槽位于四川东部至贵州西部，≥32 m/s的西南急流穿越广西北部；河池以东大部分地区有明显的负变温，24 h变温≤－6℃，其中桂林24 h降温达－9℃，桂林700 hPa温度为3℃，与500 hPa温差为19℃；200 hPa广西位于急流轴入口区右侧的强辐散区中，有利于垂直上升运动。

20时(图1b)，850 hPa切变线西段少变，东段北抬到湖南南部—江西南部，华南沿海的偏南急流加强，冰雹出现在切变线附近南北两侧约200 km范围。700和500 hPa急流轴南压到广西中部，24 h负变温区也扩展到广西大部分地区。

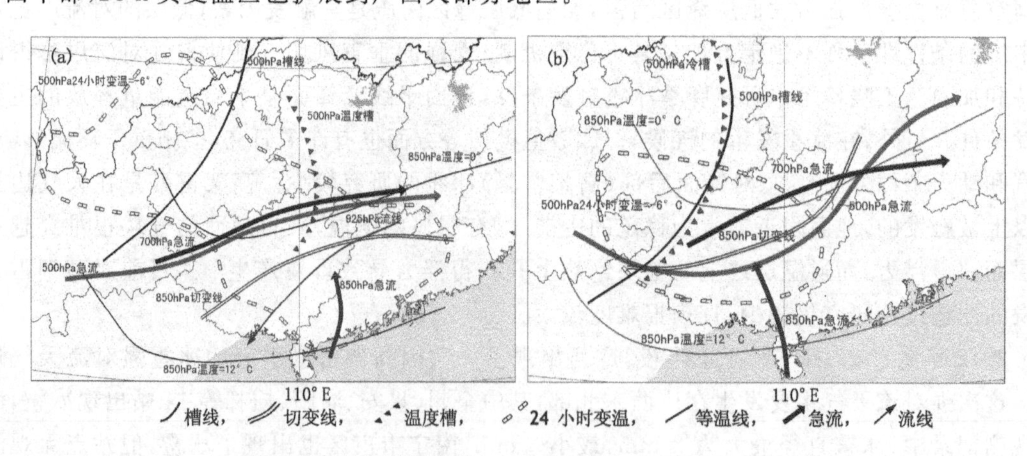

图1 中尺度系统分析(a.27日08时，b.27日20时)

由以上分析可知，冰雹发生在地面冷锋后约1000 km处，边界层以下为东北气流控制，850 hPa上有切变线和明显温度锋区，强斜压性为对流发展提供抬升条件；700 hPa以上有强急流穿过；500 hPa有明显的负变温，槽前负变温使得垂直温度递减率加大，从而加大了对流性不稳定，这是高架雷暴产生的一个重要条件；对流层顶急流轴入口区右侧的强辐散加强了垂直上升运动。

2 T-lg$p$ 图分析

图 2a 为 2012 年 2 月 27 日 08 时桂林探空站 T-lg$p$ 图。从图中可见，对流有效位能仅为 10 J/kg。884—752 hPa 有一明显逆温层，逆温达到 9℃，地面到 850 hPa 风向随高度逆转，有冷平流，受冷空气控制；700—400 hPa 风向随高度顺转，有暖平流输送。925—500 hPa 桂林上空温度露点差为 1～2℃，环境大气基本处于饱和状态。由于逆温层非常强和深厚，逆温层以上部分暖湿，层结接近湿绝热，对状态曲线进行订正，假定气块从最强逆温层顶 752 hPa 开始绝热上升，从图 2b 可见，订正后的对流有效位能亦很小，主要集中在－10～－20℃高度。垂直方向的风向，桂林近地层为东北风，850 hPa 为东北风 3 m/s，700 hPa 逆转为西南风，风速陡增至 26 m/s，500 hPa 为 32 m/s，400 hPa 以上为西南风(48 m/s)。700 hPa 以上存在强急流，850—700 hPa 的风垂直切变达 23 m/s，如此强的风垂直切变有利于对流风暴的发生和维持。可见，本次冰雹过程，有较小的对流有效位能与很强的风垂直切变配合，对应着范围大和小冰雹天气出现。

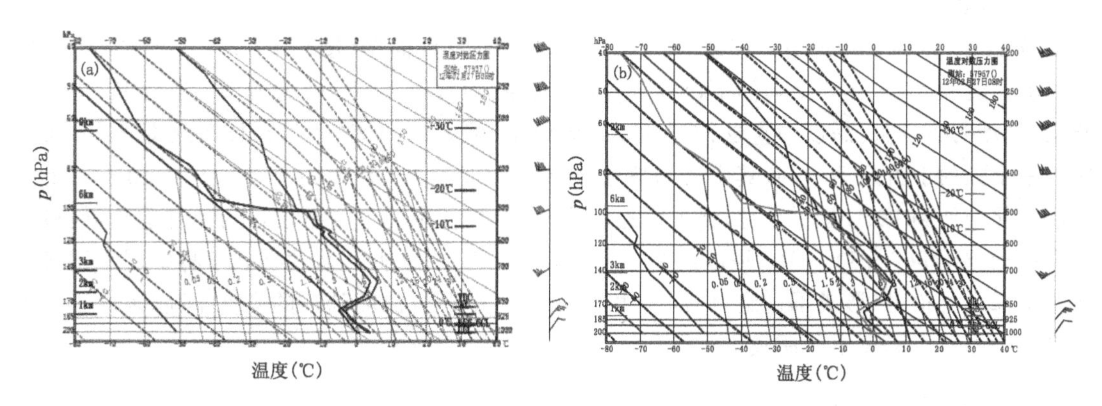

图 2　27 日 08 时(a)桂林温度—对数压力图，(b)假定气块从最强逆温层顶绝热上升的桂林温度—对数压力图

08 时桂林站探空有三个 0℃层，955、850 和 670 hPa，最高 0℃层高度为 3356 m，－20℃层高度 6540 m，0℃到－20℃层之间的冻结层厚度有 3.2 km。与春末夏初广西冰雹相比，0℃和－20℃层高度偏低，但冻结层厚度比平均值(2.6～3.0 km)略显得要厚。值得注意的是，在最高 0℃层以下，670—850 hPa，有约 1.8 km 厚的融化层，它的存在使冰胚在下降过程中融化，可能是导致小冰雹的原因之一。

订正后的自由对流高度从 1002.9 hPa 抬升至 500 hPa，预示着需要有外力做功克服一定的负浮力，气块才可以依靠热浮力绝热上升。

通过以上分析，此次过程边界层附近为冷平流控制，中低层有明显的逆温，逆温层以上为暖平流控制，层结接近饱和；中低层有强风垂直切变，有利于对流风暴生长和维持；有较厚的冻结层厚度，0℃层以下有较厚的融化层和小的对流有效位能可能是导致小冰雹的主要原因。

3　对流触发条件及物理量分析

3.1　高原槽前负变温且东移加深

27日08时，500 hPa青藏高原东部低槽位于四川东部至贵州西部，冷温槽落后于高度槽约10个经度，高度槽将要加深发展。最大24 h负变温桂林达到－9℃，河池－6℃，南宁－4℃，梧州－4℃，槽前负变温加大了垂直温度递减率，使层结对流不稳定加大。20时，高空槽东移加深，急流轴贯穿广西中东部。当500 hPa低槽移至强锋区上空时，锋面坡度变陡，上升运动加强，不稳定增大，使得冰胚在对流层中层增长而形成冰雹。

3.2　高空槽前正涡度平流

27日20时沿110°E涡度平流的垂直剖面图(图略)上，25°—26°N，850 hPa以下有弱的正涡度平流，而700 hPa为负的涡度平流，700 hPa以上，正涡度平流急剧增大，500 hPa有大值中心，正涡度平流随高度增大，根据准地转ω方程，700 hPa以上有垂直上升运动发生。而700 hPa以下层有下沉运动。从以上分析可知，虽然700 hPa以下层结为稳定层结，但700 hPa以上有强劲的西南暖湿气流输送，加上500 hPa负变温的叠加，导致层结对流不稳定增大；高原槽前有正涡度平流导致强烈上升运动，从而触发对流的发生、发展。

3.3　垂直速度

27日14时沿110°E垂直速度ω和垂直流场的垂直剖面图(图略)上，21°—27°N，边界层为下沉气流控制，存在3个弱的下沉运动中心；而在700 hPa以上，转为偏南气流控制，从24°N开始，气流明显加大，高度一直延伸到300 hPa以上，强劲的偏南气流，在桂东北即24°—26°N造成一个强的上升运动中心，其中心高度位于600～500 hPa，强度为-70×10^{-3} hPa/s，上升运动向北伸展到300 hPa；20时，强上升运动中心东移，桂东北上空整层仍为上升运动，但最大上升运动位于600～500 hPa，强度约为-45×10^{-3} hPa/s；强上升运动有利于将中层暖湿气流在低层锋区上抬升，形成不稳定，但同时也可看到，强上升气流能到达的高度不高，是由于正涡度平流中心所在高度不高所致。

4　对流云团活动

在沿110°E TBB值的经向剖面图(图略)上，对流主要发生在25°—26°N，27日12时开始发展，14时有最大值，之后稍减弱，18时又再次发展并北抬到湖南南部一带，22时减弱消亡。整个强对流发生时段里，TBB值均较小，最大约为－25～－30℃，说明云顶较低，对流伸展高度不高，这可能是垂直上升运动中心偏低，强上升气流所能到达的高度不高所致。

高架雷暴的可能触发机制：中层强西南暖湿气流在低层强锋区上，高空槽前负变温使得中层垂直温度递减率加大，层结对流不稳定加强，锋面坡度变陡，当500 hPa低槽移至强锋区上空时，上升运动加强，使得冰胚在对流层中层增长而形成冰雹。强的风垂直切变有利于对流风暴的发展和维持。小的对流有效位能，最高0℃以下有较厚的融化层及强上升运动所到达的高度较低，是落到地面冰雹直径较小的主要原因。

5　雷达资料分析

5.1　基本反射率

27日中午，桂林周边的回波开始加强发展。14时01分(图略)，桂林市南部的阳朔、荔浦、平乐为较完整的块状回波，而在桂林的北面和西面，则以零散回波为主。而后，南部的块状回波逐渐东移减弱，西面以及北面的零散回波则逐渐加强、发展和合并，至15时合并为东北一西南走向的带状回波，带状回波强度为35～45 dBZ，局部达到50 dBZ，造成桂林、灵川、临桂一带冰雹的产生。此时的环境风场，高层为偏西南风，回波主要往西南方向发展，两者夹角较大，回波随时间缓慢南压，同时在其南侧及后部不断有新回波生成。16时（图略），在带状回波的南侧，即柳州附近，又有新的回波生成，回波生成时呈零散的块状，反射率因子强度不强，强度为10～15 dBZ；随着时间推移，零散的块状回波逐渐相互连接，呈长条状，且反射率强度有所加强，强度达到20～30 dBZ。新生成的回波不断合并至带状回波之中，形成更大范围的回波群，导致桂东北大范围冰雹天气的发生。回波持续至21时左右，才逐渐消散。此次过程冰雹单体夹杂在大片层状云回波中，最大反射率因子50 dBZ左右。

5.2 基本径向速度

从桂林及柳州多普勒雷达的基本径向速度图可以看出，本次过程的环境风场，其基本径向速度呈现出明显的高低空不连续性，在2 km以下，东北面为负值区，西南面为正值区，0线呈现出西北一东南走向，由此可见，低层（即2 km以下）为明显的偏东北气流控制，而在2 km以上，正、负径向速度则与2 km以下完全相反，东北面为正值区，西南面为负值区。在2 km高度附近，高、低空的风场在此处出现极大的不连续性，以雷达为圆心，出现一环形的0径向速度线。同时在2 km以上的高度层，出现明显的速度模糊，表明此处有显著的西南急流，径向速度值超过30 m/s（图略）。相应地，在风廓线产品上，也可看到相同的特征，即在2 km以上，存在着一支强盛的西南急流（图略）。

分析对应冰雹出现时刻的基本径向速度图，并未发现明显的逆风区，可能是由于强大的环境风场，以及冰雹云强度不大而共同造成的。

5.3 风暴单体垂直结构

桂林冰雹出现时间在16时36分，直径8 mm，通过对降雹前风暴单体追踪，16时12分在雷达站西264°追踪到单体在1.5°仰角基本反射率最大达到50 dBZ，抬高仰角到2.4°、3.4°，35～45 dBZ的较强回波面积扩大，且向东南方向倾斜。从雷达站沿264°做基本反射率和基本速度的垂直剖面（图3），随着高度上升对流风暴单体呈明显的向偏东方向倾斜，主要是由于2 km以上风垂直切变很大造成的；从基本速度上可见，风暴的入流也是偏西气流，而且风速很大，甚至在4.5 km左右高度出现速度模糊。50 dBz反射率因子高度在3 km附近，可见冰雹

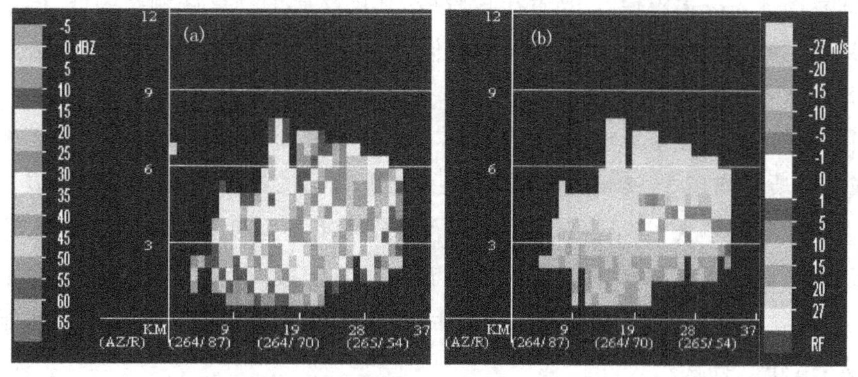

图3　2月27日16时12分桂林雷达剖面（a.基本反射率，b.基本速度）

的高度和强度都不大；30 dBZ 回波伸展到 7 km 以上，超过探空 −20℃ 层的高度，大量冰晶生成是导致大片雷暴产生的主要原因。

5.4 基本谱宽

本次过程，由于基本反射率以及基本径向速度所呈现出来的冰雹云的特征并不明显，冰雹云并非独立的超级单体，而是夹杂在大范围的雷暴群中，所以谱宽值的分析显得特别重要。虽然本次过程冰雹云的回波强度较弱，但是依靠基本谱宽值仍可识别到相对较强的回波块（图略），如融水的冰雹云，在基本反射率上并不存在强回波，但在基本谱宽上，可以看到，沿着径向在最大反射率的后部，出现了相对较大的谱宽值，这是由于此处辐合、辐散和反气旋结构比周围回波要明显，识别出来的谱宽值比其他地方要大。

5.5 风暴追踪信息

从风暴追踪信息可发现，柳州几个雷暴的风暴追踪信息存在着十分相似的特征，首先是雷暴生成高度较高。追踪编号为 H5 和 Y5 的两个风暴，发现其生成阶段，风暴底高度约 5 km，风暴顶为 7 km 左右，风暴质心均在 6 km，随着发展，风暴底以及风暴质心逐渐降低。其次是风暴整体的垂直积分液态含水量较低（在 10 kg/m^2 以下），但是在降雹的前 2～3 个体扫中，液态含水量的值还是有一定程度的增长。第三是最大反射率强度并非十分强，主要在 50～55 dBZ（图 4a、4b）。

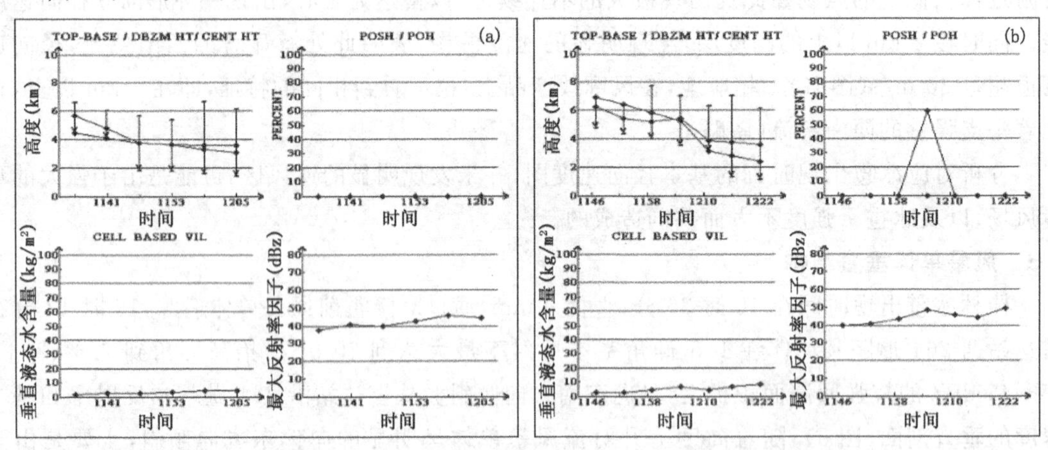

图 4　2 月 27 日桂林雷达风暴追踪信息（a. 编号 H5，b. 编号 Y5）

对比桂林的冰雹云追踪信息，风暴生成阶段，其风暴底的高度较柳州的低，但是风暴质心仍处于 5 km 高度，与柳州的风暴信息十分相似。另外，其液态含水量也较低，最大反射率强度也与柳州的冰雹云相当。

从上述风暴追踪信息可看出，此次过程具有十分明显的高架雷暴特征。风暴生成高度很高，其生成时的质心均在 5～6 km，风暴生成后，随着时间的推移逐渐向低层发展。风暴的垂直积分液态含水量均不大（10 kg/m^2 以下），最大反射率的强度相对于经典的冰雹云也略小（50～55 dBZ）。这是由于冰雹体积较小，雷达识别出来的最大反射率以及液态含水量均不会特别强，但是冰雹毕竟是固体，其相态已经产生了变化，所以在液态含水量上依然能看到一定程度的增大，但并不明显。

识别此类冰雹云的着眼点。对于典型的冰雹云，其多普勒雷达回波特征十分明显，主要表现在以下几个方面：一是十分强的基本反射率，且对应着明显的三体散射特征；二是在基本径向速度图上能看到气旋性辐合，甚至中气旋，垂直剖面上能看到明显的一支上升气流，对应着基本反射率上的有界弱回波区；三是垂直积分液态含水量在降雹前的几个体扫会出现明显的跃增。本次冰雹过程，由于冰雹体积小，雷达并没有识别出上述的大多数特征，识别此类冰雹云，需要基本谱宽值帮助。

6 对比分析

为了对近年冬末到初春季节广西冰雹个例的影响系统和温、湿、风结构特征做进一步了解，表1统计了2001年—2012年1月1日—3月10日广西冰雹过程中的风垂直切变、垂直温度差和温度露点差的情况。将地面有无冷空气影响分为：锋后冰雹(高架雷暴冰雹)类、高压后部偏南气流冰雹类和锋面过境或锋面前暖区冰雹类。通过对比，得出以下结论：

(1)早春冰雹多发生在广西东北部和西北部，有明显的地域特征。冰雹直径均在20 mm以下，锋前冰雹和高压后部冰雹在16 mm以下，高架雷暴冰雹直径3～8 mm。

(2)早春冰雹均发生在中层急流轴下方，高架雷暴冰雹和锋面冰雹均伴有低层切变线和高空槽东移影响。高架雷暴冰雹落在切变线两侧约200 km范围。出海高压后部冰雹低层有偏南风速辐合，中层为强劲偏南急流控制。

(3)高架雷暴冰雹由于850 hPa以下层为冷平流控制，700 hPa以上有强劲的偏南急流输送，850－700 hPa风垂直切变很强，均在20 m/s以上，而锋面冰雹和出海高压后部冰雹对流层低层均为偏南急流控制，风垂直切变很小(10 m/s以下)。

表1 广西早春冰雹影响系统及温、湿结构统计(2001－2012年1月1日－3月10日)

类别	日期	垂直风切变(m/s)(850－700 hPa)	$\triangle T$(℃)(700－500 hPa)	$\triangle T$(℃)(850－700 hPa)	T_d(℃) 500 hPa	700 hPa	850 hPa
高架雷暴	20020125	22	17	16	1	1	1
	20120227	22	19	23	5	2	2
	20090303	20	19	20	2	1	1
高压后部	20070215	6	16	28	2	3	2
	20120303	6	18	27	4	2	2
锋面过境或锋前	20030211	10	18	26	8	8	2
	20100301	4	22	30	28	16	2
	20050215	0	16	25	11	6	1

(4)8次冰雹过程前500 hPa温度在－10～－16℃(500 hP温度气候平均：桂林－9℃，百色－8℃，南宁－7℃)，并24 h有2～9℃降温，由于中层降温而导致垂直温度递减率加大，层结不稳定加大；700～500 hPa垂直温度差：高架雷暴冰雹在17～19℃，比其他类要大1～2℃；但850～700 hPa垂直温度差区别比较明显，高架雷暴冰雹在16－23℃，而其他两类冰雹则在25～30℃。

(5)高架雷暴冰雹和高压后部冰雹中低层温度露点差均在4℃以下，湿层较深厚，伸展到500 hPa；而锋面冰雹只有850 hPa温度露点差小于4℃，700 hPa以上层温度露点差大于8℃，湿度呈“上干下湿”结构。

7 小结

(1)冰雹发生在地面冷锋后约1000 km处,边界层以下为东北气流控制,850 hPa上有切变线和明显温度锋区,强斜压性为对流发展提供抬升条件,冰雹发生在850 hPa切变线南北两侧约200 km范围;700 hPa以上有强急流穿过;500 hPa有明显的负变温,槽前负变温使得垂直温度递减率加大,从而加大了对流性不稳定,这是高架雷暴产生的主要条件。

(2)边界层附近为冷平流控制,中低层有明显的逆温,逆温层以上转为暖平流,层结接近饱和;中、低层有强风垂直切变,有利于对流风暴生长和维持;较厚的冻结层厚度对冰雹增长有利。小的对流有效位能,最高0℃以下有较厚的融化层及强上升运动所到达的高度较低,是落到地面冰雹直径较小的主要原因。

(3)高架雷暴的可能触发机制:中层强西南暖湿气流在低层强锋区上,高空槽前负变温使得中层垂直温度递减率加大,层结对流不稳定加强,锋面坡度变陡,当500 hPa低槽移至强锋区上空时,上升运动加强,使得冰胚在对流层中层增长而形成冰雹。

(4)雷达资料显示,过程中冰雹单体夹杂在大片层状云回波中,最大反射率因子50 dBZ左右;速度图中无明显的气旋性辐合;由于冰雹直径小,垂直液态水含量不高,但有一定的增长。中低层强垂直风切变,使风暴在垂直方向上倾斜增长。回波顶高度超过−20℃高度,有大量冰晶产生而导致大范围的雷暴出现。

(5)风暴追踪信息显示风暴生成高度高,质心均在5～6 km,风暴生成后,随着时间的推移逐渐向低层发展,最大反射率因子以及液态含水量均不大,具有明显高架雷暴特征。

参考文献

[1] 谢义明,解令运,沙维茹,等.江苏中部一次强对流天气的物理机制分析.气象科学,2008,**28**(2):212-216.

[2] 王晓玲,龙利民,王珊珊.一次春季冰雹过程的成因分析.暴雨灾害,2010,**29**(2):160-165.

[3] 纪文君,张羽.雷州半岛强对流及触发机制分析.海洋气象,2005,**22**(3):1-4.

[4] 谢梦莉,黄京平,俞炳等.一次罕见的飑线天气过程分析.气象,2002,**28**(7):51-54.

[5] 周后福,郭品文,翟菁.两类强对流天气过程的模式模拟及其比较.热带气象学报,2010,**26**(3):379-384.

[6] 俞小鼎.2010.强对流天气临近预报.北京:气象出版社,99-100.

2011年“梅花”台风对辽宁降水的影响分析

孙欣　陆井龙　韩江文

（沈阳中心气象台，沈阳 110016）

摘　要

利用NCEP再分析资料、常规观测及卫星云图等资料，分析了台风“梅花”路径、结构和降水变化的原因，并对“梅花”的物理量特征进行了诊断分析。结果表明：副热带高压外围引导气流较强时，台风沿引导气流方向行进，引导气流较弱时，台风受高空槽的吸引，移动路径产生向西的分量；中低层冷空气的侵入，使台风自上而下为暖心、不对称结构受到破坏，呈现上暖下冷的稳定结构，趋于向温带气旋变性。“梅花”影响辽宁前期，主要受台风外围气流影响，水汽层厚度浅薄，但维持时间长，产生的累计雨量较大；后期台风残余云系，在冷空气的作用下，冷暖空气交界处激发出整层上升运动，同时受台风外围水汽、偏南季风水汽共同作用水汽厚度增大，更充沛的水汽来源为更强降水提供了有利的水汽条件，在辽宁中南部产生暴雨—大暴雨天气。

关键词：台风路径　台风变性　降水　诊断分析

引言

热带气旋每年都会给沿海国家带来严重的灾害，因此，各国气象工作者对热带气旋的路径、强度、维持机制及其相应的风雨影响做了大量研究。影响热带气旋移动路径的因素较多，经研究表明，台风周围大尺度环境基本气流对台风运动起主要作用[1-3]。台风运动方向和移速的突变大多与大尺度环流系统（副热带高压、热带辐合带（ITCZ）、赤道缓冲带（buffer belt）、季风等）的调整、进退和强弱密切相关；台风周围天气尺度系统（如双台风、高空冷涡、东风波、西风槽或冷锋等）对台风运动也有重要的作用，这种作用会产生台风运动的突然西折、北翘、打转和摆动运动；台风附近的中小尺度环流系统也会明显影响台风的运动，当中尺度系统位于台风环流东北象限时，会引起台风的摆动运动，并使路径西折；位于台风环流西北或西南象限时，使台风路径偏东。热带气旋变性过程较为复杂，因此目前国际上对热带气旋变性还没有一个具体明确的定义。Klein等[4]通过对西北太平洋30个变性TC的研究，将热带气旋的变性过程分为变性和再发展两个阶段，并提出一个概念模型。中国很多学者也研究了副热带高压、锋面系统、中高纬度冷空气对台风变性的作用。通过计算湿位涡和非地转湿Q矢量等对登陆台风Winnie（9711）变性加强过程中环流内的锋生现象进行了诊断分析[5,6]；一些学者[7-9]则研究了中高纬度冷空气和副热带高压对热带气旋变性的影响。而关于热带气旋暴雨的影响，主要分为台风环流本身的暴雨区和台风远距离暴雨[10]，程正泉等[11]、徐文慧等[12]研究了台风特大暴雨与中小尺度系统的关系，指出中小尺度系统往往是台风暴雨中的主角，特别是台风向中纬度地区的能量频散，还能激发中纬度的中小尺度系统。此类中、小尺度系统产生的降水，往往比台风本身环流的降水大得多，直接影响到台风暴雨的强度和分布。一些研究表明[13,14]：台风和季风环流的相互作用对其降水会产生很大影响，当台风的残涡与南海吹到大陆的西南季风涌卷合在一起时，残涡将获得大量水汽和潜热，残涡将会在陆上维持较长时间不消并下较大暴雨。通过诊断分析指出[15,16]，台风残留低压、副高边缘的暖湿气流和北方的弱冷空气共同作用，有利于产生大暴雨天气。

2011 年第 9 号超强台风“梅花”于 7 月 28 日 14 时在西北太平洋洋面上生成，先向偏北方向移动，8 月 2 日晚上开始转向偏西方向，向中国东部沿海靠近后，一路北上，历时 9 d 于 8 月 6 日进入辽宁影响 48 h(27°N 以北)，7 日 20 时首先对大连造成风雨影响，之后一路向北移动，逐渐靠近辽宁省，转为北偏东方向，后于 8 日 18 时 30 分前后在朝鲜西北部沿海登陆，之后进入中国东北地区减弱消失。“梅花”登陆后，受其残余云系影响，营口、丹东等地区出现局部暴雨、大暴雨天气，至 10 日 08 时“梅花”影响结束，整个过程历时 60 h。

受“梅花”影响，8 月 7 日 20 时至 10 日 08 时过程降水量≥50 mm 的有 359 个站，≥100 mm 的有 95 个站，≥150 mm 的有 12 个站，最大降水中心位于营口市盖州小石棚(267.5 mm)。据统计，本次过程 1、6 h 最大降雨量均出现在盖州小石棚，分别为 66.9 和 214.5 mm。

本文对“梅花”台风移动路径、北上变性后对辽宁的降水影响及其残余云系与冷空气再度结合对辽宁地区产生罕见的滞后影响等预报中遇到的疑难问题进行分析总结。

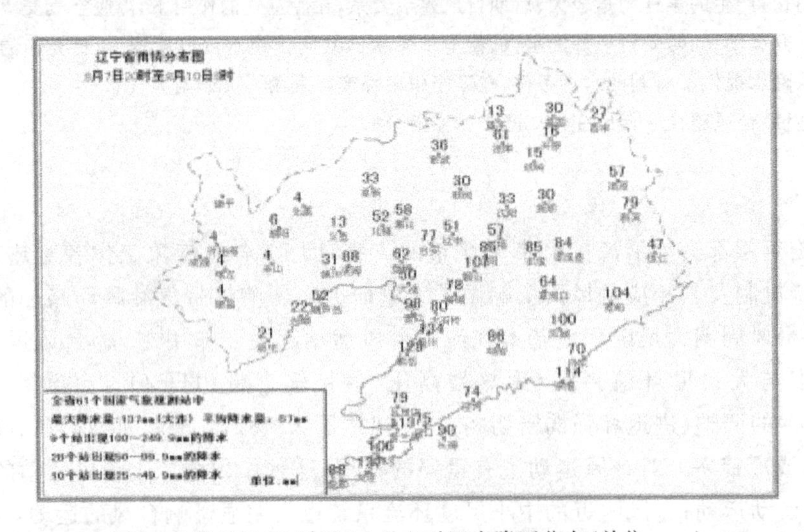

图 1　8 月 7 日 20 时至 10 日 8 时辽宁降雨分布(单位：mm)

1　西太平洋副热带高压演变与台风路径分析

从 500 hPa 西太平洋副热带高压(副高)5880 gpm 等值线演变图可以看到(图 2)，6 日 08 时—7 日 00 时副高呈带状，脊线呈东西向，台风在东南气流的引导下向西北方向移动，7 日 00—14 时副高稳定维持，呈三角形状的块状。脊线为北部西北—东南向、南部西南—东北向两条，台风位于三角形副热带高压两个西脊点之间的南北向边西侧，在偏南气流的引导下，台风向正北方向移动；7 日 14 时—8 日 04 时副高西脊点东撤，其引导气流减弱。同时内蒙古东部经北京到山东西部一线的高空槽吸引台风西北偏北移动；8 日 04—16 时登陆阶段，北部西北—东南副高脊线向东退逐渐转为南北向，南部西南—东北向脊线迅速西伸，副热带高压逐渐演变为带状、单脊线，脊线为东北—西南向，其外围引导气流由北北东逐渐转为东北向。

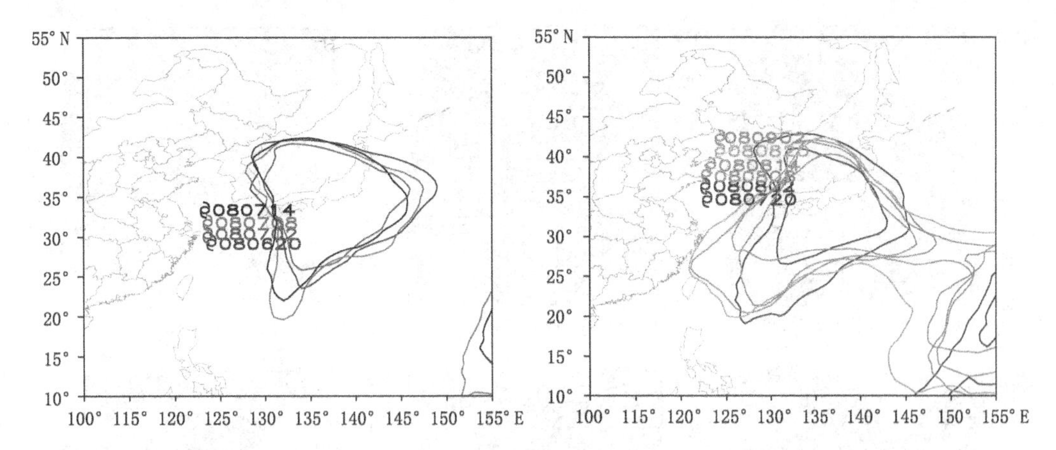

图 2　6 日 20 时—7 日 14 时(a)、7 日 20 时—9 日 02 时(b)500 hPa 副热带高压特征等高线 5880 gpm 演变

"梅花"进入台风影响辽宁 48 h 关键区后，6 日 08 时—7 日 14 时和 8 日 04 时—16 时副热带高压外围引导气流较强，"梅花"沿引导气流引导方向移动，7 日 14 时—8 日 04 时副热带高压引导气流较弱，同时受高空槽的吸引，"梅花"向西北偏北方向移动。

2　台风结构与台风变性分析

6 日 08 时—7 日 20 时，台风涡旋中心对应高温度中心，其右前方的东南风风力明显大于左前方的东北风，云图上反应为台风西北侧云系少而弱。台风为自上而下为暖心、不对称结构。8 日 08 时 850 hPa 上内蒙古东部经北京到山东西部一线的高空槽冷空气侵入台风中，在变温场上有 0～−1℃的变温，使台风中心呈现上暖下冷结构，这时台风已经开始向温带气旋转变，受弱的冷空气的激发，台风仍然维持强热带风暴强度。8 日 14—20 时上、下层风涡旋中心已明显脱离高温度中心，台风的强度减弱为热带风暴，这时已由正压的热带气旋转变为斜压的温带气旋，东北象限的东北风较前期明显减弱，致使云图上反映为较弱且稀疏的螺旋云带(图 3)。

3　冷空气与台风暖湿空气相互作用产生的风雨影响

3.1　第一阶段台风外围云系影响

7 日 20 时—8 日 14 时，辽宁南部地区云顶黑体亮温(TBB)强度维持在 235 K。上下一致暖心结构的"梅花"台风在江苏以东洋面山东成山头以东到朝鲜以西一带活动，强热带风暴强度的台风外围对流云系及大风圈影响辽东半岛；8 日 14 时之后由于弱冷空气的中低层入侵，台风开始变性，西北部的云系范围扩大，呈现为稀疏的螺旋云带。在 7 日 20 时大连站 T-lg$p$ 图上，整层处于暖平流、水汽饱和状态，风随高度顺时针旋转 90°，对流层中下层最大风速位于 500 hPa，上下风速差达 20 m/s，K 指数为 32，对流有效位能达 376.7 J/kg，有一定的不稳定能量区，造成大连地区持续出现对流降水，累计雨量达暴雨到大暴雨强度；8 日 14 时—9 日 02 时台风经历了东北上，在中朝边界附近登陆，再经过辽宁东部地区。这期间进入冷海区的台风，由于冷空气的中低层侵入变性为温带气旋，强度减弱为热带风暴，加上登陆后地面的摩擦、夜间日变化的作用，台风路经地的风力迅速减小仅为 3～4 级。8 日 08 时的大连站 T-lg$p$ 图上，500 hPa 以下为水汽饱和层，850—500 hPa 为冷平流，整层的最大风速达 20 m/s，位于 850

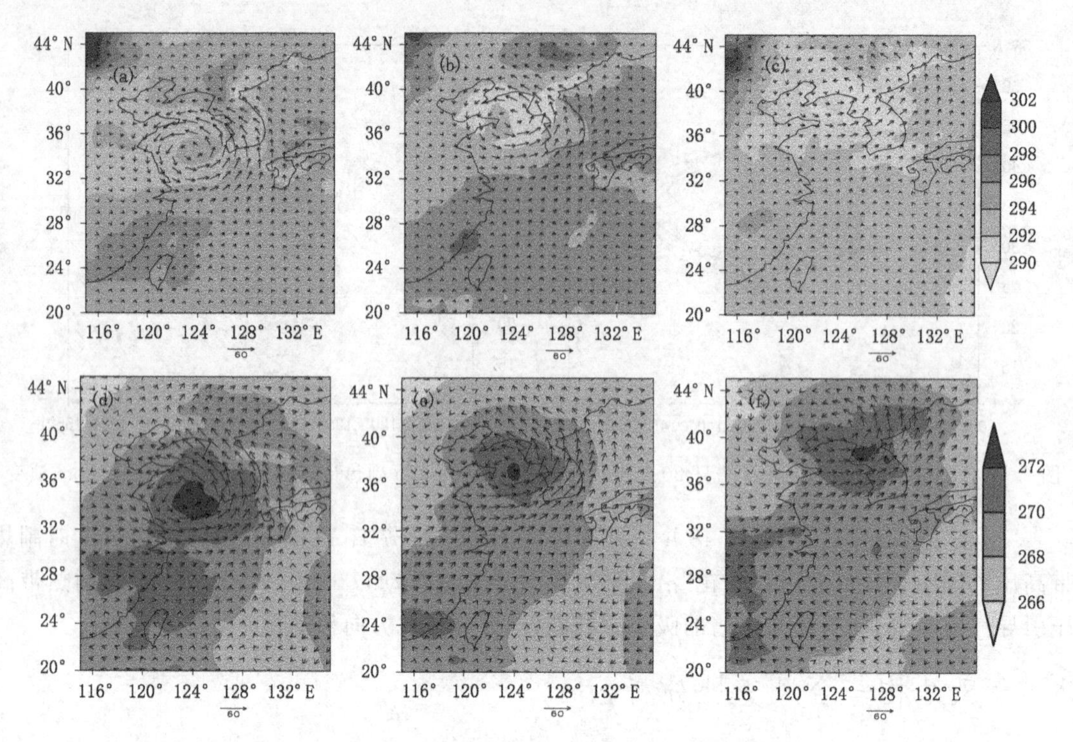

图 3　7 日 20 时，8 日 08 时，8 日 20 时 850 hPa(a、b、c)和 500 hPa(d、e、f)温度场(单位：K)和风场(单位：m/s)

hPa，对流有效位能值为0 J/kg，整层大气处于稳定状态。导致台风在接近及经过辽宁阶段，螺旋云带稀疏并不断旋转，降水极不均匀。虽然辽宁大部分地区都产生了降水，但降水量仅 1～45 mm。

可见，在 7 日夜间－9 日 02 时大气层结由对流不稳定变为稳定状态，7 日夜间不稳定较强降水出现在中空急流附近的辽宁南部。8 日白天－9 日 02 时虽然有较强的低空急流，但稳定的大气层结中，减弱变性的热带气旋产生的稳定降水强度较小。

3.2　第二阶段台风残留云系与冷空气结合

3.2.1　冷空气中层入侵

8 日 20 时 700 hPa 上，内蒙古东部经北京到山东西部一线的高空槽与台风合并，台风演变为位于辽宁丹东地区的低涡中心。同时位于贝加尔湖东部的高空槽冷空气，沿其南部高压脊前偏北气流南下，使低涡后部冷空气得以补充加强，低涡西部的偏北风增大到 16 m/s，并存在－7℃的变温。变性的低涡前部“梅花”台风残存的暖湿空气卷入低涡后部。冷暖空气在辽宁中南部交绥。

3.2.2　层结不稳定产生

8 日 20 时锦州、沈阳两站上空垂直风切变为 8 m/s，但锦州低层的偏北风更强为 18 m/s。锦州呈现 600 hPa 上下各存在下湿上干的结构，对流有效位能值为 1160.5 J/kg；沈阳整层温度露点差小于 2℃，对流有效位能 709.8 J/kg。从两站垂直风切变、低层的偏北风、下湿上干的结构、对流有效位能值对比来看，两站都存在不稳定的层结，中层冷空气的入侵在锦州(40°N)产生的不稳定强于沈阳(42°N)，有利于对流天气产生。

4　物理量诊断分析

4.1　动力条件

7日20时—8日20时台风中心的东侧127°E附近表现为低层辐合、高层辐散的整层上升运动区，最强垂直上升运动中心位于中层达−1.8 Pa/s 。而在台风中心西侧7日20时上空700 hPa上下各有一对辐合、辐散中心及上升运动中心，下层的上升运动中心较强为−1.8 Pa/s，8日02—08时上升运动中心逐渐减弱消失。8日14时台风中心西部上空700 hPa上下各有一对辐合、辐散中心及上升运动中心再次出现，8日20时西侧的122°E附近200～400 hPa为较强辐散区，其以下为辐合区，形成上升运动强度达−6 Pa/s的整层上升运动区。也就是说，台风变性前东西两侧各存在一强上升运动中心，变性后强辐合上升主要出现在台风的东部，而西部由于冷空气的侵入，又在冷暖空气交界处激发出整层的上升运动区。

4.2　热力条件

7日20时—8日08时台风中心整层为暖平流，只是中心强度由10^{-4}K/s逐渐减小为5×10^{-5}K/s。8日14时900 hPa以下西侧冷平流向东扩展，基本占据台风中心的位置。8日14—20时低层东西两侧冷平流合并，冷平流顶部逐渐抬升到700 hPa。这从另一个侧面反映了中低层冷空气的侵入。

7日20时—8日08时台风路经东海北部，整层暖心结构暖平流的强度有所降低，台风强度随之下降，其外围云系影响辽宁产生对流性降水，累积降水量达暴雨到大暴雨。8日14—20时台风内部为上暖下冷的稳定结构，其外围云系影响辽宁产生稳定性降水，累积降水量为小—大雨。

4.3　水汽条件

7日20时—8日20时辽宁处于台风的西北象限，辽宁南部为偏北气流，台风外围水汽输送到辽宁，14 g/kg的比湿层仅在900 hPa以下，提供的水汽虽然浅薄，但维持时间较长，产生了较大的累计雨量。9日02—08时辽宁以南地区转为偏南风，不但有台风外围水汽输送，还有偏南季风水汽的加入，14 g/kg的比湿层随之增厚到850 hPa。9日02—08时有更加充沛的水汽来源，为该期间更强降水提供了有利的水汽条件。

5　小结

(1)副热带高压引导气流较强时，台风沿引导气流引导方向行进；副热带高压引导气流较弱，同时受高空槽的吸引时，台风移动路径转为西北偏北方向。

(2)台风自上而下为暖心、不对称结构，一旦有冷空气在中低层侵入，台风中心呈现上暖下冷的稳定结构，台风趋于向温带气旋变性。

(3)中空侵入的冷空气与变性的低涡前部卷入暖湿空气在辽宁中南部交绥产生暴雨—大暴雨天气。

(4)“梅花”影响辽宁前期，主要受台风外围气流影响，水汽厚度浅薄，但维持时间长，产生的累计雨量较大。后期台风残余云系，在冷空气的作用下，激发出冷暖空气交界处的整层上升运动区，同时受台风外围水汽、偏南季风水汽共同作用水汽厚度增大，更充沛的水汽来源为更强降水提供了有利的水汽条件。

参考文献

[1] 陈联寿.热带气旋研究和业务预报技术的发展. 应用气象学报，2006,**17**(6)：673-681.

[2] 雷小途，陈联寿.大尺度环境场对热带气旋影响的动力分析. 气象学报，2001,**59**(4)：429-439.

[3] 林爱兰，万齐林，梁建茵.热带西南季风对 0214 号热带气旋"黄蜂"的影响. 气象学报，2000,**62**(6)：41-50.

[4] Klein P M，Harr P A，Elsberry R L. Extratropical transition of western North Pacific tropical cyclones：an overview and conceptual model of the transformation stage. *Wea. Forecasting*，2000，**15**(4)：373-395.

[5] 李英，陈联寿，雷小途. Winnie(1997)和 Bilis(2000)变性过程的湿位涡分析. 热带气象学报，2005,**21**(2)：142-152.

[6] 李英，陈联寿，雷小途.变性台风 Winnie(9711)环流中的锋生现象. 大气科学，2008,**32**(3)：629-639.

[7] 季亮，费建芳.副热带高压对登陆台风等熵面位涡演变影响的数值模拟研究. 大气科学，2009,**33**(6)：1297-1308.

[8] 李侃,徐海明. 中国大陆上变性加强热带气旋的诊断分析. 气象科学,2011,**31**(6):677-686.

[9] 尹尽勇，李泽椿，杜秉玉. 9617 号热带风暴 Tom 变性过程数值模拟分析. 气象，2009,**35**(8)：16-26.

[10] Chen Lianshou，Li Ying，CHEN Zhengquan. An overview of research and forecasting on rainfall associated with Landfalling tropical cyclones. *Adv. Atmos. Sci*. 2010,**27**(5)：967-976.

[11] 程正泉，陈联寿，徐祥德.近 10 年中国台风暴雨研究进展. 气象，2005,**31**(12)：3-9.

[12] 徐文慧，倪允琪，汪小康. 登陆台风内中尺度强对流系统演变机制的湿位涡分析. 气象学报,2010,**68**(1)：88-101.

[13] 陈联寿.热带气象灾害及其研究进展. 气象，2010,**36**(7)：101-110.

[14] 周泓,金少华,尤红.台风"灿都"造成云南强降水过程的水汽螺旋度诊断分析. 气象科学,2012,**32**(3)：339-346.

[15] 杜惠良，黄新晴，冯晓伟.弱冷空气与台风残留低压相互作用对一次大暴雨过程的影响. 气象，2011,**37**(7)：847-856.

[16] 孙欣,陈传雷.环高"热带风暴登陆后路径分析及其对辽宁暴雨影响. 气象科学,2009,**29**(4):536-540.

高湿强垂直风切变环境下一次夜间弓形回波分析

陶岚[1]　袁招洪[2]　戴建华[1]

(1.上海中心气象台,上海 200030; 2.上海市气象局,上海 200030)

摘　要

2012年7月13日夜间—14日凌晨,受一个由单体雷暴合并发展而来的弓形回波的影响,上海出现了15～28 mm/h的短时强降水和7—9级雷雨大风天气。利用常规天气资料,结合青浦、南汇多普勒雷达和自动气象站等资料,以及WRF模拟的结果分析表明:在高空槽前,低空切变线南侧的天气背景下,弓形回波在整层湿度和风垂直切变较大的环境中由两个雷暴单体合并而来,较强的后侧入流急流在其形成和发展中起到了关键的作用;阵风锋将低层暖湿空气抬升和输送,使其持续发展。WRF模拟结果显示雷暴中层来源于副热带高压的相对干暖的空气可能夹卷其中,加强了下沉气流的强度。此次弓形回波呈现出后侧入流缺口和前侧的突起,其快速移动造成了上海宝山、浦东凌桥出现了7级西南大风,吴淞口出现了26 m/s的西南阵风。

关键词:弓形回波　阵风锋　后侧入流急流

引言

2012年7月13日夜间—14日凌晨,受一个由多单体雷暴合并发展而来的弓形回波的影响,上海的西部和中北部地区出现了15～28 mm/h(7个自动站)的短时强降水和7～9级雷雨大风(17个自动站)天气。此次影响上海的弓形回波系统产生于暖湿环境中,中低层温度递减率接近于湿绝热,边界层稳定,与大多数弓形回波产生的天气背景有较大差异。本文利用常规天气资料,结合青浦、南汇多普勒雷达和自动气象站等资料,并配合中尺度数值模式WRF的数值模拟,对此次夜间弓形回波生成、变化及产生大风的机制进行了分析。

1　天气形势背景和不稳定条件分析

1.1　天气形势背景分析

2012年7月13日20时,500 hPa中高纬度为两槽一脊形势,中纬度地区陕西东部和河南交界处有一个低涡中心,高空槽从低涡中心向南伸展到贵州中部;副热带高压的脊线在24°N左右,上海、安徽南部和浙江北部以南的华东大部分地区位于西太平洋副热带高压边缘地带,位于湿度锋区中,以西南偏西气流为主;700和850 hPa江苏北部到安徽中部有偏东气流和西南气流的切变线,850 hPa切变线南侧的西南气流较强,形成了一支西南急流,急流轴位于湖南怀化—湖北武汉—安徽安庆一线;地面图上,华东大部分地区位于低压槽区内。自动站网显示上海地区地面风较弱,以偏东风1—2级为主,没有明显的辐合和温、湿度锋区。

1.2　不稳定条件分析

7月13日20时安徽安庆、浙江杭州和上海宝山探空显示,由于露点较高,三站K指数都是高值(表1)。1000—700 hPa的温度递减率分别为0.50、0.60和0.57℃/ km,对流有效位能(CAPE)分别为373、268和424 J/kg，属于较低水平。由于雷暴发生在夜间，没有白天升温的加热作用，因此，强对流发生时中低空的温度递减率和CAPE值不会有明显的变化。此外，三站的低层垂直风切变都较大，有利于弓形回波的发展、加强[1]。

由于杭州站位于副热带高压边缘，中层环境大气相对较干，而安庆和宝山则是整层湿度较大，因此，杭州站得到的DCAPE和下沉气流最大速度最大(表1)。因此，当存在较为有利的辐合抬升条件时，安徽安庆到上海一线的地区可能出现短时强降水或雷雨大风等强对流天气。

表1　7月13日20时安徽安庆、浙江杭州和上海宝山的对流参数

对流参数	安庆	杭州	上海
CAPE(J/kg)	373	268	424
K(℃)	43.0	35	37
Li(℃)	−3.1	−0.8	−1.8
DCAPE(J/kg)	210	443	227
W_{max}(m/s)	10.24	14.89	10.65
0～3 km W_{sr}(m/s)	13.37	12.45	16.02

2　弓形回波雷达回波特征

2.1　多单体风暴到弓形回波的演变

23时48分，在2.4°仰面青浦雷达径向速度图上首先观测到多单体风暴26 m/s的后侧入流急流[2-4]，高度大约在3.8 km；到14日00时2.4°径向速度图上，后侧入流急流已达到40 m/s(出现了速度模糊)，其核心就在回波向前突出的地方。00时06分，2.4°和3.4°仰面径向速度图上(图1c、d)后侧入流急流的速度都达到了40 m/s，高度在1.8～4.2 km。后侧入流急流使得中层气流加速进入对流体，导致在系统中心部位的对流单体更快速地向前运动，有助于弓形回波的形成[5]。此时，回波最大反射率因子达到60 dBZ，南北尺度约50 km，前侧有较大的反射率因子梯度，过回波顶点做垂直剖面，在弓形回波的入流一侧存在弱回波区(WER)(图1b白色椭圆处)，回波顶位于WER之上，这些都是弓形回波共同的特征。垂直方向上强回波(>35 dBZ)的高度在6～7 km，回波顶高达到12 km。此时，多单体风暴发展为弓形回波。

2.2　弓形回波的强盛阶段特征

00时48分，弓形回波前沿到达上海最西部(青浦商埸)。14日01时06分，低层反射率因子图上弓形回波最前沿的弱窄带回波显得清晰起来(阵风锋，图2a、b)。一方面，由于阵风锋远离雷暴，将环境中的暖湿空气推离雷暴，切断了雷暴的水汽供应，雷暴逐渐减弱；另一方面，由于雷暴的减弱，阵风锋才在低层反射率因子图上显现出来。同时，阵风锋的北侧还与弓形回波的北端相连，并不断将其前侧低层的暖湿空气抬升，并输送到弓形回波中去；南汇1.5°径向速度图上弓形回波的后侧急流有所增强，出现了40 m/s的入流急流，并持续了3个体扫。

01时48分(图2d)，相较前一时刻，回波形态呈现出向外突起，突起的顶点在宝山顾村附近，同时低层反射率因子上可见后侧入流缺口，由于弓形回波位于南汇雷达的西北侧，而后侧入流缺口指向东北方，与该处的径向方向基本垂直，因此没有观测到后侧入流缺口对应的速度大值区。此时，采用青浦雷达进行观测分析，发现从01时12分开始，2.4°仰角上观测到弓形回波47 m/s的后侧入流系统，此后该急流的面积不断增大，到01时48分达到最大，而低层

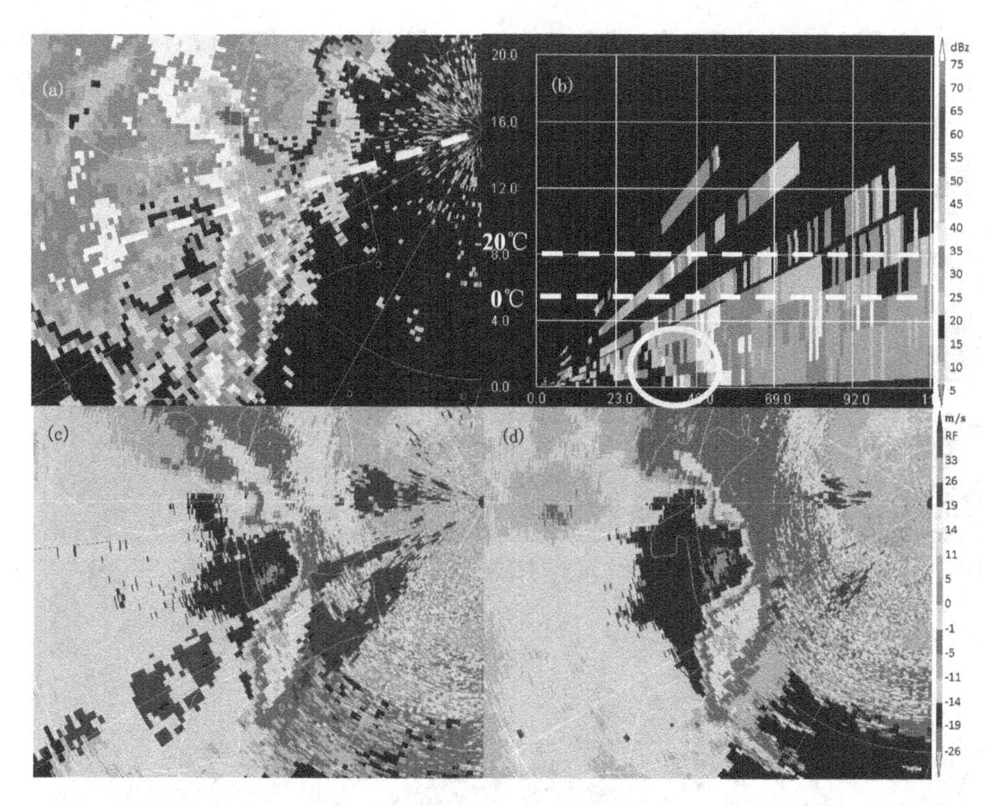

图1　7月14日00时06分青浦雷达1.5°反射率因子图(a)，过(a)图白色虚线的反射率因子垂直界面(b)和，2.4°(c)，3.4°(d)径向速度

0.5°速度图上有26 m/s的出流，而2.4°(图2f)和3.4°速度图上的出流达到了47 m/s。弓形回波的突起造成了上海宝山(01时46分)、浦东凌桥(01时48分)出现了7级西南大风，01时49分，吴淞口出现了26 m/s的西南阵风。这与Przybylinski等[6]提出的“弱回波通道”的出现或许意味着下击暴流风和可能的下击暴流导致的龙卷的观点一致。

此次弓形回波过程中，虽然在中低层有较强的反射率因子，但是回波顶高不高，且强回波主要集中在6 km以下，由于垂直累积液态水含量(VIL)和整层的反射率因子有关，因此，VIL值的不大，始终在25～30 kg/m^2(由于弓形回波移速较快，可能会有所低估)，这与文献[7,8]中弓形回波的VIL大值有一定的区别。此外，由于强回波主要集中在6 km以下，冰相粒子较少，闪电活动也较弱。

3　WRF模式模拟结果分析

WRF模式模拟的结果显示，21时前，在中低层切变线南侧西南偏西的急流轴上(长江中下游安徽南部一线)，不断有雷暴新生，并向东北东方向移动，这与安徽合肥雷达显示的实况较为一致。雷暴在东北偏东移动过程中，不断生消，7月14日00时50分(图3a)，多单体风暴经过太湖，1时50分即将进入上海(图3b)。该多单体风暴进入上海前后演变为弓形回波(图3c、d)，自西向东影响了上海大部分地区。与实况相比，回波整体移动略偏南，由于没有同化雷达资料，模拟的弓形回波生成和发展的时间均比实况偏晚。

分析雷暴进入上海时的环境场发现(图略)，500 hPa附近有相对干区在雷暴东移的过程中向北推进，由于安徽南部到上海一线位于副热带高压边缘，因此相对干区应为副热带高压的干暖空气，这与20时杭州探空显示的中层有相对干区的实况较为符合。此外，模式预报的探空显示，在弓形回波进入上海前，上海仍然是整层高湿的环境背景。

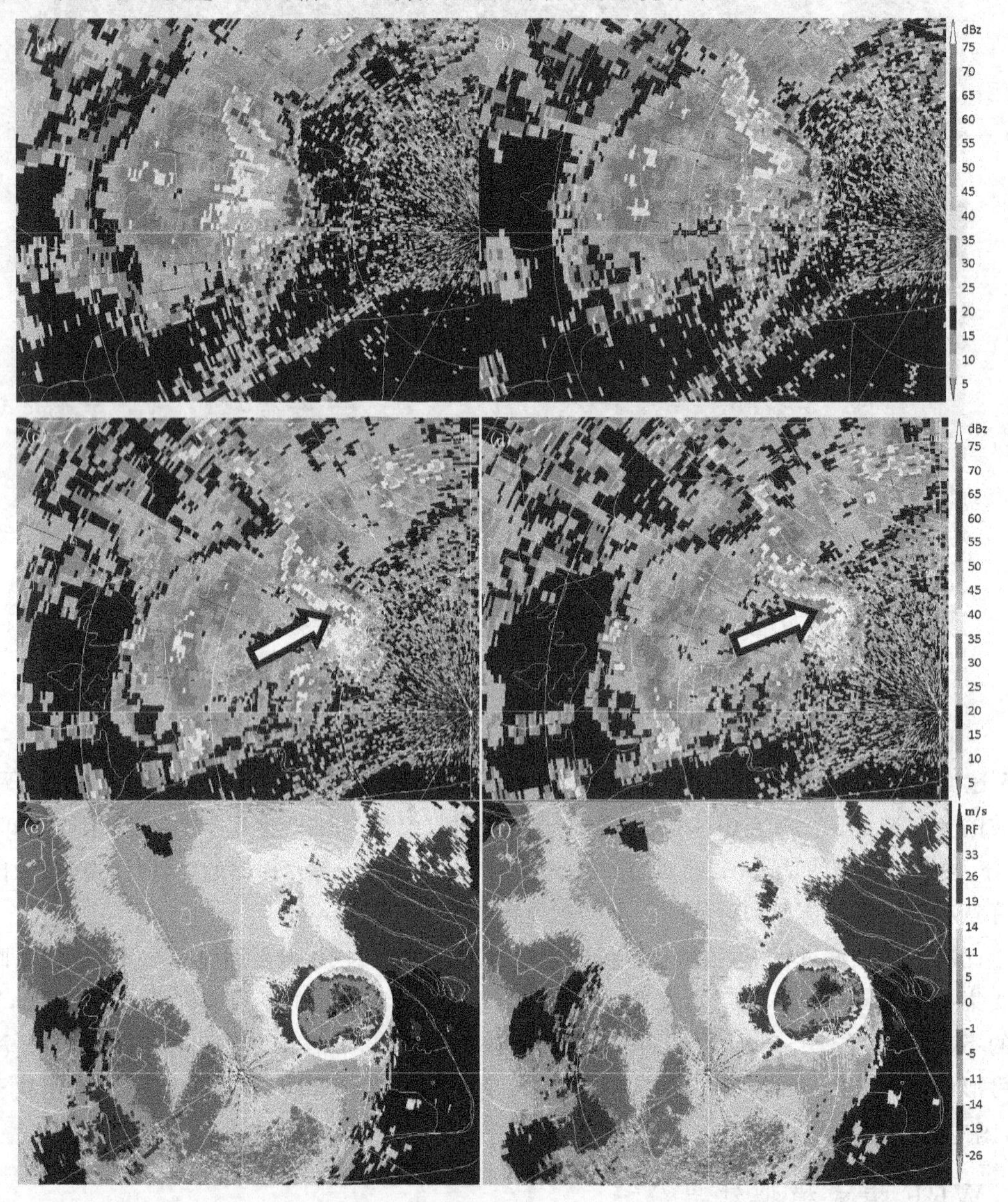

图2　7月14日01时06分(a)，01时24分(b)，01时42分(c)，01时48分(d)南汇雷达0.5°反射率因子和01时42分(e)和01时48分(f)青浦雷达2.4°径向速度图

图4是弓形回波的反射率因子和沿移动方向的垂直剖面图。弓形回波前侧观测到了阵风锋，阵风锋将其前侧的暖湿气流抬升，使得弓形回波的发展维持；后侧可见由冷池产生的雷暴高压。实况和模拟均表明，雷暴高压和周围地面的气压差仅2～3 hPa，冷池和周围地面温差仅2～3℃，即由温度梯度造成的冷池密度流并不强。因为中低空温度递减率仅接近湿绝热，由水凝物粒子蒸发、融化等产生的下沉气流负浮力不强，因此，冷池也不强。

后侧入流急流是此次过程中的一个重要特征。由于CAPE的值位于较低水平，冷池强度中等，后侧入流急流持续较强的原因之一是由于弓形回波整体发展的高度不高，在同样的雷暴顶辐散和底部下沉气流辐散情况下，雷暴后侧中层的补偿气流就强，从而加剧了后侧入流急流。此外，在实际的移动中，由于叠加了约为50 km/h的东东北移动分量(图4c)，后侧入流急流的值持续较强。较强的后侧入流急流可在其发展过程中提供了中层的干冷空气和风暴尺度的下沉气流[9]。

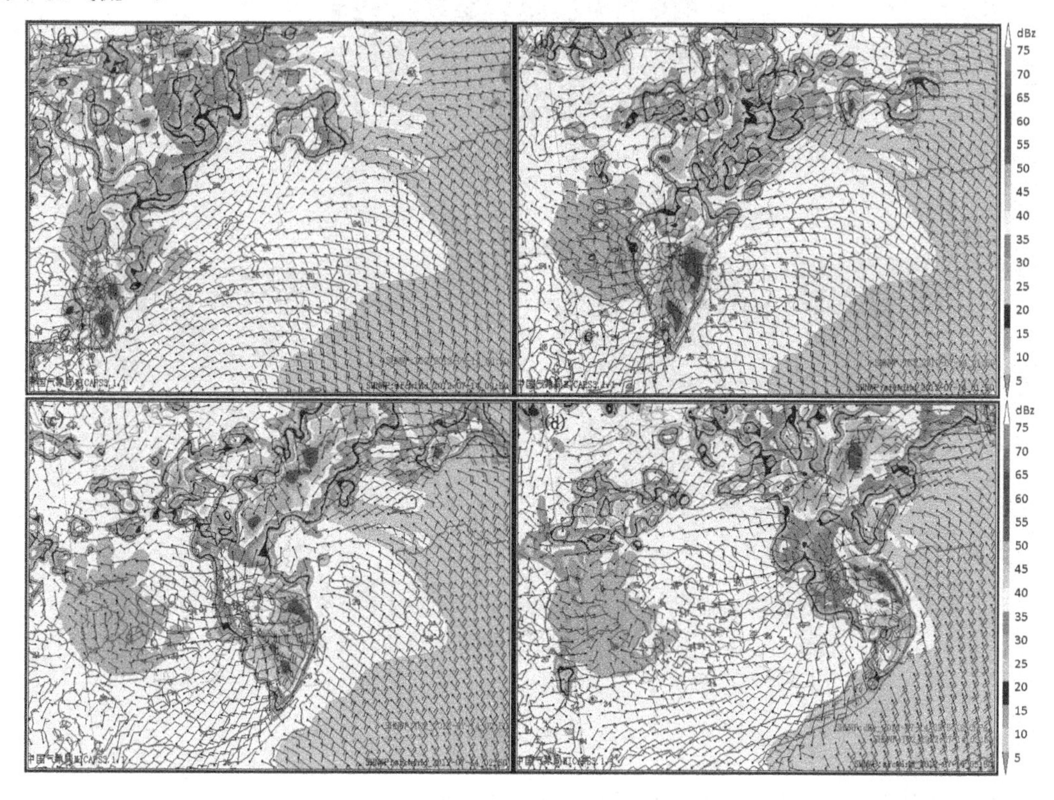

图3 WRF 3 km网格7月14日00时50分(a)、01时50分(b)、02时50分(c)和03时50分(d)数值模拟结果(风矢为地面10 m风(m/s)，实线为地面温度(℃)，等值线为850 hPa反射率因子(dBZ))

4 小结

此次夜间弓形回波天气过程呈现出以下特点：

(1)有别于典型的弓形回波。由于发生在夜间，没有低层升温加热的作用，上海地区CAPE值在424 J/kg。虽然最大反射率因子达到了60 dBZ，但是宝山探空的平衡高度仅在12 km左右，回波顶高高度不高(12 km)，且强反射率因子核心的高度集中在6 km以下，VIL值始终在25～30 kg/m^2，闪电活动不够密集，由于回波移速较快(50 km/h)，没有观测到明显的中层径向辐合。

(2)由于0～3 km的风垂直切变较大(16 m/s)，以及持续较强的后侧入流急流和弓形回波南侧来自副热带高压的干暖空气夹卷入其中，加强了此次夜间弓形回波的下沉气流，再叠加50 km/h的东北偏东的移动速度，导致了此次上海的大风过程。

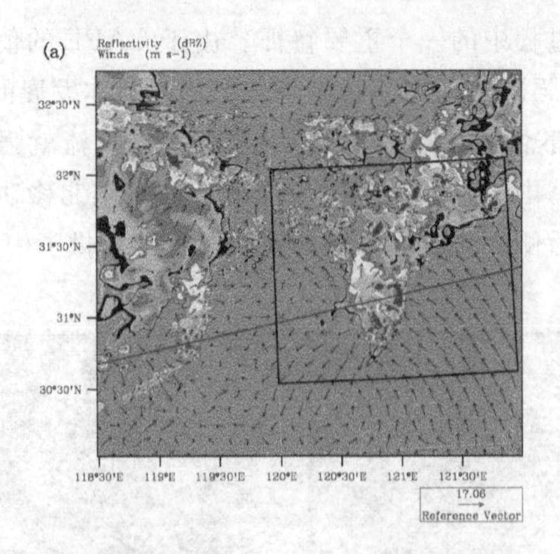

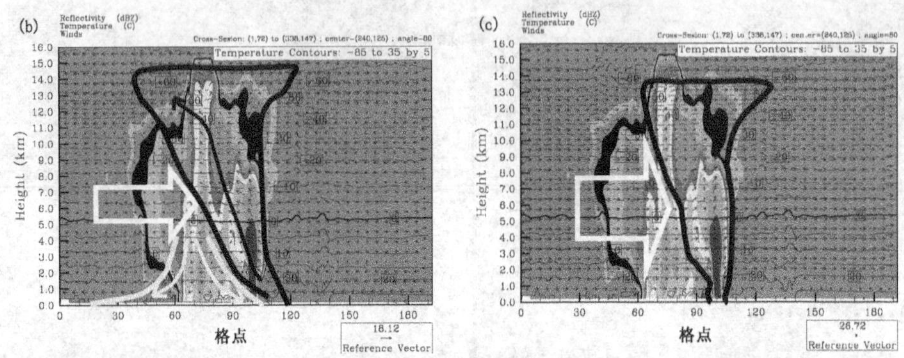

图 4 WRF 模式模拟 7 月 14 日 02 时 20 分弓形回波反射率因子(a),垂直剖面叠加以雷暴为坐标的垂直速度(b)和垂直剖面叠加绝对垂直速度(c)

参考文献

[1] Weisman M L. The genesis of severe, long-lived bow echoes. *J. Atmos. Sci.*,1993,**50**: 645-670.

[2] Lemone M A. Momentum transport by a line of cumulonimbus. *J Atmos Sci*. 1983,**40**: 1815-1834.

[3] Lemone M A, Barnes G M, Zipser E J. Momentum Flux by Lines of Cumulonimbus over the Tropical Oceans. *J. Atmos. Sci*,1984,**41**: 1914-1932.

[4] Weisman M L. The role of convectively generated rear-inflow jets in the evolution of long-lived mesoconvective systems. *J. Atmos. Sci.*,1991, **49**: 1826-1847.

[5] Fujita T T. Manual of downburst identification for project NIMROD. Satellite and meteorology paper No. 156. Dept. of Geophysical Sciences,Univ. of Chicago. 1978,104.

[6] Przybylinski R W, Gery W J. The reliability of the bow echo as an important severe weather signature// *Preprints. 13th Conf. on Severe Local Storms*. Tulsa. OK. Amer., Meteor Soc. 1983;270-273.

[7] 毕旭,罗慧,刘勇.陕西中部一次下击暴流的多普勒雷达回波特征. 气象,2007,**33** (1): 70-75.

[8] 吴涛,张火平,吴翠红. 一次初夏强对流天气的弓形回波特征分析. 暴雨灾害,2009,**28**(4): 306-312.

[9] Smull B F, Houze R A. Rear inflow in squall lines with trailing stratiform precipitation. *Mon. Wea. Rev.*, 1987,**115**: 2869-2889.

东北冷涡背景下两次龙卷过程成因的对比分析

王宁[1]　王婷婷[1]　张硕[1]　杨秀峰[2]

(1.吉林省气象台,长春 130062;2.长春市气象局,长春 130062)

摘　要

通过分析 2012 年 6 月 12 日发生在吉林省白城市洮北区(简称“612 龙卷”)和 2012 年 7 月 1 日发生在大安市月亮泡镇(简称“701 龙卷”)的两次龙卷过程、结果表明:(1)两次过程都发生在高空冷涡与低空槽线(或切变线)相配合的上冷下暖的不稳定层结及地面较暖湿的环境之中,同时低层(0~1 km)的风垂直切变较强(均$\geqslant 4.0\times10^{-3}\,s^{-1}$),抬升凝结高度较低(均$\leqslant$1 km),且龙卷发生前对流有效位能较大。(2)在雷达回波特征方面,两次龙卷过程均属于低质心的对流系统,径向速度图上均可探测到龙卷涡旋特征(简称“TVS”)。不同之处在于:612 龙卷天气是发生在以 TVS 为主的尺度较小且垂直涡度较大(约 3~4 个中气旋单位)的强对流风暴中,持续时间较短,回波逐渐演变成“S”型,并伴有“V”型缺口,中心最强值达到 61 dBZ;701 龙卷过程发生在一个较强的中气旋与多个更小尺度 TVS 共存的强对流回波带中,持续时间较长,回波类似冷锋结构,最强值为 46 dBZ。

关键词:龙卷　大气对流参数　中气旋　龙卷涡旋特征

引言

龙卷是从雷暴云向下伸展并接触下垫面高速旋转的漏斗状云柱,常与雷雨大风、短时强降水或冰雹等相伴出现,是强对流天气最强烈的表现形式之一。由于龙卷属于小尺度涡旋,它具有突发性强、生命史短、变化急剧、垂直运动强等重要特征,即使使用加密观测资料,也难以捕捉到龙卷的小尺度过程,预报难度极大,常常造成重大人员伤亡和财产损失。因此,一直以来成为广大气象工作者关注和研究的重点之一。比较而言,中国东部地区是龙卷的多发地,余小鼎、郑媛媛、姚叶青等对安徽几次较典型的龙卷进行了较为细致深入的分析,得出一些有实际应用价值的预报、预警指标,何彩芬、蒋义芳等对台风前部龙卷的环境场和多普勒天气雷达进行了分析,还有气象学者从龙卷的诱发原因、维持和加强机制、数值模拟等方面展开相关研究,并有一些科研成果相继问世。

在北方,龙卷发生概率相对较少,特别是吉林省的白城地区,素有“十年九旱”之称,龙卷发生的概率更是微乎其微,然而在 2012 年初夏,白城地区相继遭受两次龙卷的袭击,本文从龙卷产生的大尺度环流背景、形成龙卷的物理条件及雷达回波特征等方面对这两次龙卷过程进行对比分析,以期为龙卷的监测和预报提供重要依据,做到及早预警,减轻灾害造成的损失。

1　天气实况分析

受高空冷涡影响,2012 年 6 月 12 日 16 时 20 分,吉林省白城市洮北区遭受百年不遇的龙卷风袭击(简称“612 龙卷”),瞬间风力达 23.4 m/s,风区直径超 1 km,前后共持续 10 min,并伴有雷阵雨，局部地方出现短时雷雨大风或冰雹，在龙卷出现的前一天，同样观测到了雷雨大风和冰雹等强对流天气。相隔不到 20 d，2012 年 7 月 1 日大安市大部分乡镇出现阵雨、雷阵雨天气，其中大安市红岗子乡、月亮泡镇等乡镇于当天 16 时 10 分前后出现龙卷天气（简称“701 龙卷”）。月亮泡镇于 16 时 00 分测得瞬时极大风速为 27 m/s，龙卷风前后共持续约 30 min。图 1 给出两次龙卷过程气象要素的逐时变化曲线，可以看到：两次龙卷发生时，风、温、压、湿的变化趋势基本一致，即风速突增、气温陡降（1 h 降温≥2℃）、气压陡升、湿度适中并伴有阵性降水。不同之处在于：701 龙卷略强于 612 龙卷，持续时间也稍长一些，龙卷过后出现了中尺度雨团活动（1 h 雨量≥10 mm）。

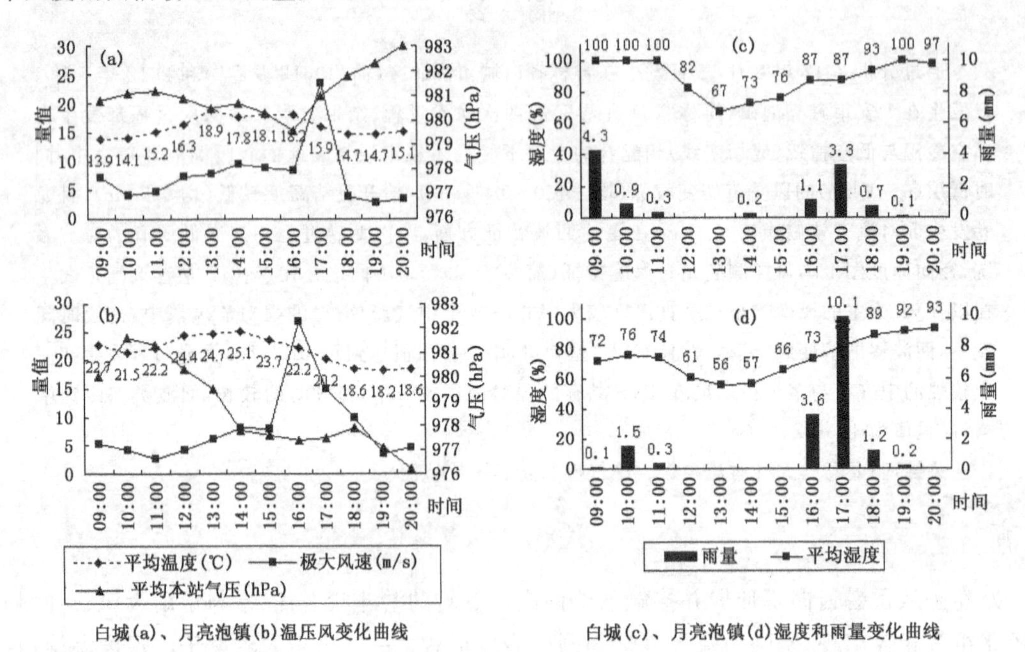

图 1　白城(a)、月亮泡镇(b)温、压、风及白城(c)、月亮泡镇(d)湿度和降水量

据当地民政部门统计，两次龙卷均造成人员伤亡、大棚损毁、树木折断、农作物受灾甚至绝收，直接经济损失过千万元。根据 Fujita 龙卷划分等级及现场的受灾情况，可以判断两次龙卷均为 F1 级以下的弱龙卷。

2　大尺度环流特征

两次龙卷过程的影响系统均为高空冷涡，龙卷发生当日，500 hPa 冷涡处于成熟阶段，温压场基本重合，底部有一支偏西风急流带指向吉林省，风速为 16～20 m/s，冷空气从西北部开始侵入吉林省，冷涡中心强度较强，均在 560 dagpm 以下；对应 850 hPa，均有高空槽或切变存在，温压场斜压性较强，龙卷发生在槽前的暖区里，分析较近的两个探空站索伦和齐齐哈尔，850 与 500 hPa 的温度差为 26～30℃，大气上冷下暖，形成不稳定层结，有利于强对流天气的产生（图 2a、b）。

对应地面图上，影响系统略有不同，6 月 12 日 14 时，地面为一低压倒槽，龙卷发生在地面暖式切变线附近，7 月 1 日 14 时，地面为一气旋，龙卷发生在地面冷锋前部的暖区中，两次龙卷发生时，均伴有雷阵雨天气，白城地区大部分测站地面温度露点差约为 3～5℃，这种低层暖湿的环境场极有利于龙卷天气的发生(图 2 c、d)。

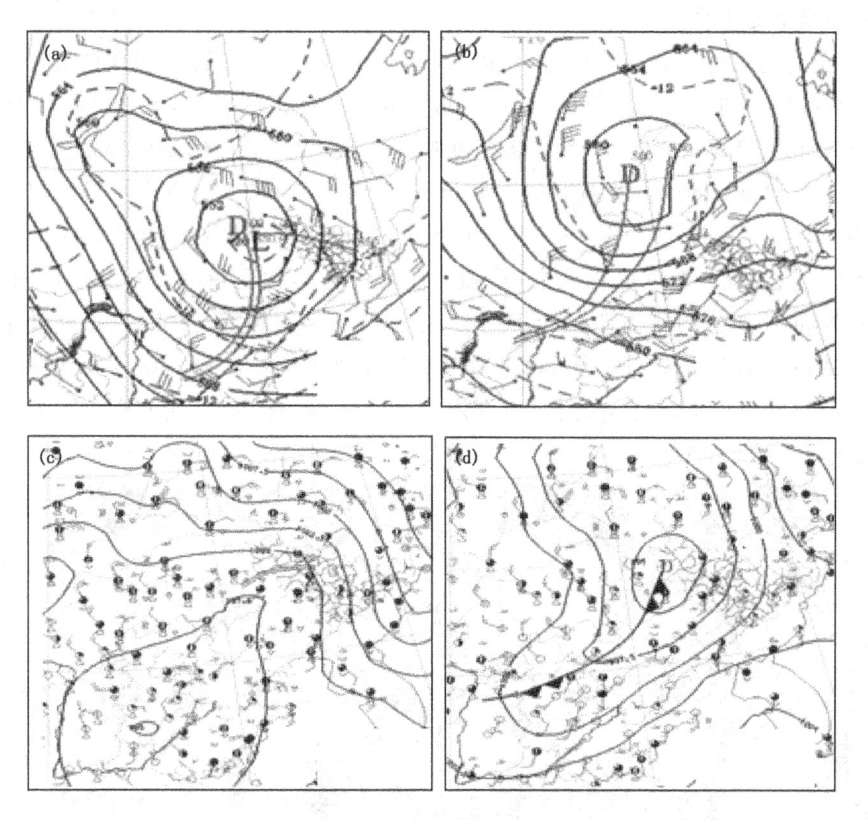

图 2　2012 年 6 月 12 日 08 时(a)和 7 月 1 日 08 时(b)500 hPa 温压场与 850 hPa 风场配置图以及 2012 年 6 月 12 日 14 时(c)和 7 月 1 日 14 时(d)地面形势场

3　两次龙卷过程大气对流参数的对比分析

选取离龙卷发生地较近的上游探空站(索伦站和齐齐哈尔站)作为代表站，分别计算大气 CAPE(对流有效位能)、垂直风切变和抬升凝结高度，分析龙卷发生前的大气状况。从中可以看出：612 龙卷发生的前一天，由于已经出现雷雨、短时大风和冰雹等强对流天气而导致能量释放，所以代表站索伦的 CAPE 值较小，为 374 J/kg，而 701 龙卷过后产生了降水，所以龙卷发生前，对流有效位能较大，其上游代表站齐齐哈尔 CAPE 值达到 1449 J/kg。分别计算两个代表站 0～6 km 算术平均风垂直切变$(V_6-V_0)/6000$ 和 0～1 km 算术平均风垂直切变$(V_1-V_0)/1000$，612 龙卷发生前，0－6 km 和 0－1 km 的垂直风切变分别为 $1.3\times10^{-3}s^{-1}$ 和 $6.0\times10^{-3}s^{-1}$，701 龙卷为 $2.3\times10^{-3}s^{-1}$ 和 $4.0\times10^{-3}s^{-1}$，可以看到，两次龙卷过程 0～1 km 的垂直风切变均比较强，另外，两次龙卷的抬升凝结高度分别为 926 和 963 m，均小于 1000 m，这与有关研究结果是一致的，即龙卷产生于较大的对流有效位能、较强的低层垂直风切变和较低的抬升凝结高度环境之中。

4　雷达回波特征分析

4.1　回波强度演变特征

从612龙卷的雷达回波强度图上，可以看到：2012年6月12日下午在白城南部开始出现絮状回波，并缓慢的向北移动，期间有一些分散的对流单体不断合并，到15时45分(图3a)在白城西部30 km处形成一条近似南北方向的强回波带，回波带长约60 km，宽约10 km，上面有多个强对流单体纵向排列，最强中心约53 dBZ。同时在白城东南方向16 km处有一近似团状的强回波，最强中心约51 dBZ，不断移向白城站，并与西部的带状回波逐渐靠近，16时16分(图3b)两个对流系统合并形成强回波带，强回波带在北移过程中缓慢转为东西向，并且逐渐演变成“S”型，说明风暴内气旋性旋转特别强，中心强度加强至54 dBZ，在强回波带后方开始出现“V”型缺口，16时27分(图3c)，回波带对流组织化进一步加强，中心强度加强至61 dBZ，其后面的“V”型缺口也有所北抬，此时市区观测到了龙卷，16时42分(图3d)，强回波带继续北移，强度有所减弱。

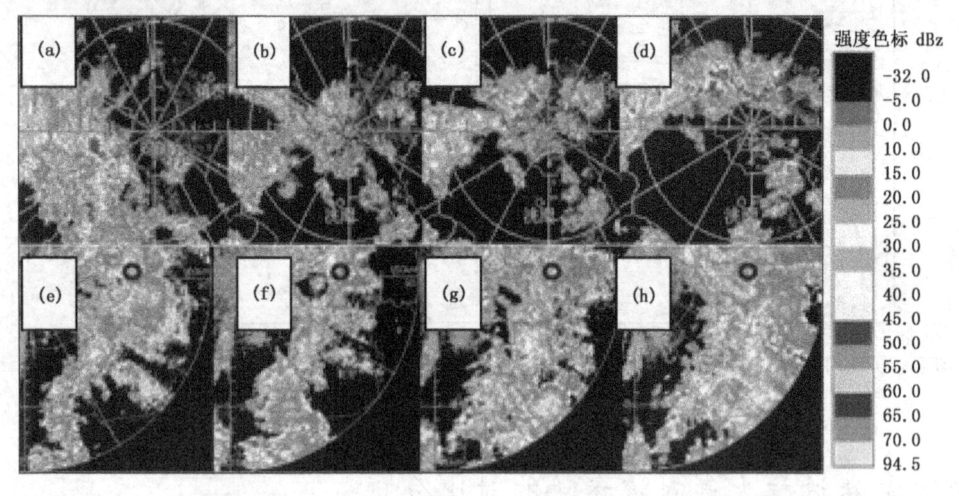

图3　2012年6月12日1.5°仰角的反射率因子15时45分(a)、16时16分(b)、16时27分(c)、16时42分(d)和2012年7月1日0.5°仰角的反射率因子15时31分(e)、15时41分(f)、16时02分(g)、16时23分(h)

701龙卷回波演变及形态不同于612龙卷。2012年7月1日下午，在白城西南方向有一中尺度对流回波带随地面冷锋缓慢东移，其后部不断有对流单体补充合并，强度不断加强。15时31分(图3e)，回波带移至白城东南方向，近似南北方向，回波带宽约30 km，长度大于100 km，上面有若干个对流单体排列紧密，最强回波50 dBZ，类似冷锋结构，并且逐渐断裂为南北两支，北支逐渐移向龙卷发生地，15时41分(图3f)北支回波继续缓慢东移，强度略有减弱，中心强度约为46 dBZ，16时02分(图3g)，北支回波带移至月亮泡镇附近，强度变化不大，中心强度仍维持在46 dBZ左右，此时该地观测到了龙卷，16时23分(图3h)，回波有所减弱，中心强度约为43 dBZ，但龙卷发生地的西部有一些强度为50 dBZ的对流单体不断补充东移，致使龙卷得以维持。

这两次龙卷母体的回波强度特征是明显不同的：612龙卷产生于一条带状回波与一近似团状回波合并加强后的强回波带中，并逐渐演变成“S”型，中心最强值达到61 dBZ；701龙卷产生于类似冷锋结构并断裂北移的一支回波带中，龙卷母体的强度与冷锋上降水回波基本相同，最强值为 46 dBZ。

过强回波中心做垂直剖面，可知：两次龙卷天气强回波高度都较低，≥45 dBZ 的强核高度均在 6 km 以下，属于低质心的对流系统，与冰雹天气强回波高度有明显的不同。

4.2 回波速度特征分析

分析两次龙卷过程多普勒雷达径向速度场，6 月 12 日雷达没有识别出中气旋产品，而 7 月 1 日雷达在月亮泡镇附近识别出中气旋，从 15 时 31 分生成到 16 时 02 分，共持续了 6 个体扫，15 时 41 分中气旋最强，从径向速度图上可以看到明显的正负速度对（图 4），最大正速度和最小负速度分别为 20.4 和 −24.6 m/s，相距约 5 km，根据垂直涡度计算公式即 $2\times(V_{max}-V_{min})/D$，（其中 D 为最大正速度和最小负速度之间的距离），可得垂直涡度约为 $1.8\times10^{-2}\ s^{-1}$。

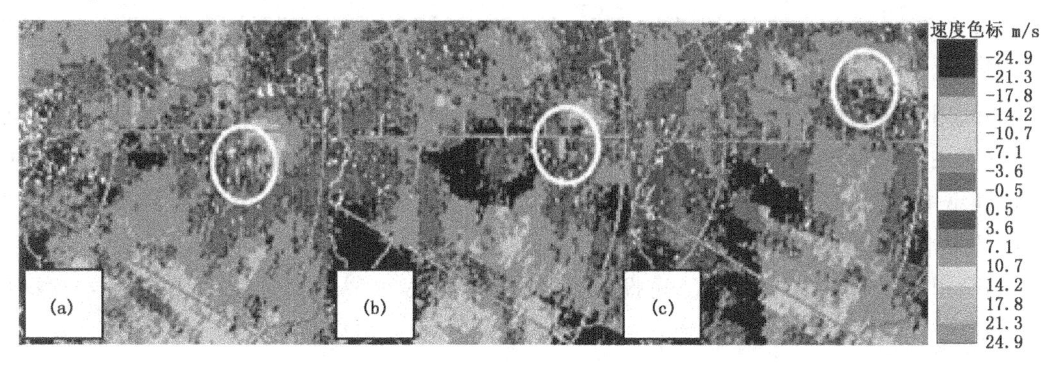

图 4 2012 年 7 月 1 日 0.5 度仰角的反射率因子多普勒经向速度

(a. 15 时 31 分，b. 15 时 41 分，(c)16 时 02 分)

4.3 雷达导出产品的综合分析

在多普勒雷达导出产品中，中气旋识别、龙卷涡旋特征、风暴结构等是龙卷形成的重要标志。1978 年 Brown 等在研究强风暴的雷达资料中，发现了一个可能伴随龙卷过程的比中气旋尺度更小的多普勒雷达速度场涡旋特征，它们被称为龙卷涡旋特征。TVS 表现为径向速度图上沿方位角方向两个紧挨着的像素之间的强烈速度切变，其尺度通常在 2 km 以下。

分析两次龙卷发生时的雷达导出产品可知：612 龙卷发生时，雷达始终没有识别出中气旋，15 时 14 分开始在白城西南约 20 多千米处识别出一个 TVS，并不断向北移动，共持续了 6 个体扫，15 时 55 分，对应径向速度图上的同一地点可探测到正、负速度对，最大正速度和最小负速度分别为 15.6 和 −22.7 m/s，正负速度对相距约 2 km，经计算可得垂直涡度为 $3.83\times10^{-2}\ s^{-1}$。16 时 01 分在白城市西侧 20 多千米处又识别出新的 TVS，维持两个体扫，对应径向速度图上 16 时 16 分可以探测到正、负速度对，最大正速度和最小负速度分别为 15.1 和 −21.4 m/s，相距约 2 km，垂直涡度达到 $3.65\times10^{-2}\ s^{-1}$。先后观测到的 TVS 较龙卷发生时间提前约 66 和 19 min，对预警有一定的指示作用，但其位置较龙卷发生地点偏西偏南，存在一定偏差。由此可见，612 龙卷天气是发生在以 TVS 为主的尺度较小且垂直涡度较大的强对流风暴中，持续时间较短（图略）。

701 龙卷发生时，在对流回波带上可识别出中气旋和多个 TVS，并不断生消。对应径向速度图上中气旋的位置，15 时 37 分识别出中气旋，维持 2 个体扫，在同一时间，雷达图上可识别出多个 TVS,由于龙卷发生地点离雷达相距较远,约为 90 km,且 TVS 包裹在一个较强的中气旋内,所以无法识别出正、负速度对的具体数值,此次龙卷发生在一个较强的中气旋与多个更小尺度 TVS 共存的强对流回波带中,持续时间较长(图略)。

5 小结

(1)两次龙卷发生时,大尺度环境背景场及大气对流参数较为相似;但在雷达特征方面有差异。

(2)在雷达强度方面,两次龙卷过程的回波强核中心均超过 45 dBZ,且都出现在雷达可探测的最低高度上,612 龙卷产生于一条带状回波与一近似团状回波合并加强后的强回波带中,并逐渐演变成“S”型,并伴有“V”型缺口,中心最强值达到 61 dBZ;701 龙卷产生于类似冷锋结构并断裂北移的一支回波带中,龙卷母体的强度与冷锋上降水回波基本相同,最强值为 46 dBZ。

(3)利用多普勒雷达导出产品并结合径向速度图,均可探测到 TVS。612 龙卷天气发生在以 TVS 为主的尺度较小且垂直涡度较大的强对流风暴中,持续时间较短;而 701 龙卷过程中还可识别出中气旋,因此,701 龙卷发生在一个较强的中气旋与多个更小尺度 TVS 共存的强对流回波带中,持续时间较长。

(4)利用多普勒雷达导出产品,可提前识别出中气旋及龙卷涡旋特征,这对于龙卷预报预警有一定的应用价值。

北京“6·23”短时强降水过程中的冷空气活动及其作用

吴庆梅[1]　张胜军[2]　王国荣[1]　赵玮[1]

(1.北京市气象台，北京 100089；2.中国气象科学研究院，北京 100081)

摘　要

利用常规观测资料、1°×1°NCEP再分析资料、微波辐射计及风廓线雷达等特种仪器加密观测资料，对2011年6月23日北京地区发生的一次强对流降水过程中的冷空气活动及其作用进行了分析。结果表明：高层干冷空气活动使得北京地区干冷中心垂直置于暖湿中心之上，极大地降低了大气不稳定从而对系统有激发和促进作用；微波辐射计与风廓线雷达能够实时追踪干侵入过程中温度、湿度和风场的强度、高度变化，对短时临近预报有较好的指示意义；由于东部回流冷空气的南压，低层倒槽暖湿系统发展，同时由于回流冷空气的阻挡作用，在东西方向上北京地区低层暖湿高能舌呈准静止状态，有利于降水的维持和加强。

关键词：干侵入　回流　特种观测资料

引言

Browning把从对流层顶附近下沉至低层的干空气称为干侵入，认为干侵入由对流层顶附近下传能导致位势不稳定产生，有利于龙卷、飑线的形成、发展，促进对流性降水发生。杨贵明等利用水汽图像、等熵气流、位涡等分析了淮河流域强降水过程中的干侵入特征，认为干侵入对强降水起激发作用，对短时预报有一定的指示意义。易笑园等利用多种物理参量对北方一次强雨雪过程的水汽来源和干冷空气活动及其作用进行了分析。研究表明，干冷空气在不同高度、不同路径活动，扮演着多种角色。由于北京特殊的地形，在高层环流平直的条件下，低层冷空气会沿着东北平原南下西进，形成所谓的回流，有关回流对冬季降雪的影响和作用有过很多研究，但回流在夏季强对流天气中的作用方面的研究甚少。

北京近年来建成了先进加密观测网，其中微波辐射计和风廓线雷达能提供精细的温度、湿度和风的观测资料，能够实时监测不同高度冷空气活动。本文利用常规观测资料、1°×1° NCEP再分析资料、微波辐射计及风廓线雷达等特种加密观测资料，对2011年6月23日北京地区发生的一次强对流降水过程中中高层干冷空气和回流冷空气进行了详细分析，希望进一步弄清冷空气在北京强对流天气中的作用，并试图通过特种观测仪器对干侵入的追踪来实现对强对流天气的短时临近预报。

1　天气概况及环流背景

2011年6月23日15—18时，北京地区出现了罕见的突发性局地强降水，降水分布不均且雨量大、雨势猛，50 mm以上降水区主要在北京西南部及城区(图1a)，石景山区模式口自动站降水量最大达213.4 mm，该站点16—17时雨量达到128.9 mm。降水造成全市29处立交桥区积水，其中22处造成道路中断，北京首都国际机场进出港共取消航班144架次，由于雷击，电网共发生故障134次，并导致6处泵站断电。

23日08时500 hPa天气图上(图1b)，中高纬度表现为两槽一脊，北京地区受宽广的南支槽北端的槽后西北气流影响，西北气流中存在较明显的风速和风向的切变；同时在鄂霍茨克海附近存在深厚的冷涡系统，冷涡后部的横槽影响中国东北地区。相应850 hPa图上在河套北部有闭合的气旋系统发展，气旋对应的风速较小(图略)。08时地面图上(图4a)，闭合倒槽系统在北京西部发展，北京地区处在倒槽前部位置。

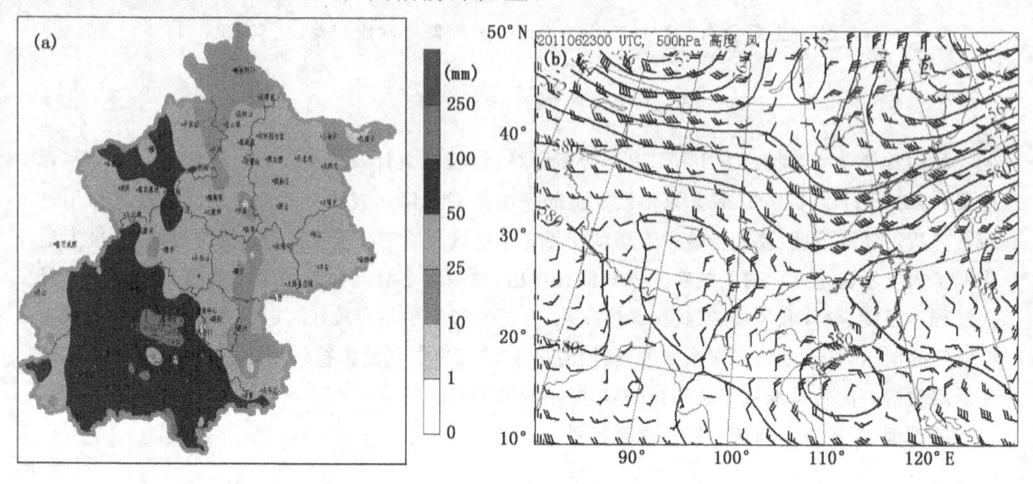

图1 (a)降水量分布，(b) 500 hPa位势高度场风矢量

2 对流层中高层冷空气活动及其作用

08时500 hPa常规观测表明，中高层受槽后西北气流影响，北京地区存在明显的干冷空气活动——即干侵入(图2a)，沿河北东北部、北京西部至山西中部存在一条干线，在干线前部为温度露点差小于5°C的显著湿区，与干线西部对应的为显著干区，干区温度露点差均在20℃以上，北京地区的温度露点差达到了42℃，同时与干区配合有20 m/s的西北急流，急流携带弱冷空气南下，08—14时北京地区500 hPa温度下降1°C左右。水汽云图(图2b)上与干冷空气对应有明显的暗区，北京处于暗区前界，在115°E以西存在相对更暗区域，预示干侵入将加强。

水汽含量剖面图能在一定程度上反映干冷空气活动高度，08时沿40°N的纬向剖面表明，113°E左右在500 hPa高度上有与q_s(比湿)的低槽伴随的324 K低值中心自西向东移动，14时低槽有所加深并到达116°E北京地区。沿116°E剖面图表明对流层中高层有q_s的低槽与低值区自北向南影响，08时q_s低槽与325 K的低值中心位于42°N附近，14时q_s低槽显著加深并闭合南压至39°N北京地区附近，同时向低层下传至800 hPa高度，q_s最小值在500 hPa高度上达到0.5 g/kg，与低槽对应的325 K低值区范围加大。由此看见，对流发生前500 hPa附近有干冷空气自西北方向影响北京地区。

在中干层有干冷空气活动的同时，由剖面图同样可以看到低层暖湿发展强盛，从图2e看出08时北京地区800 hPa高度以下在山前地区形成了舌状高值区，中心值在339K以上，同时在高度以上；随高层干冷空气的东移南下，14时高层干冷中心与低层暖湿中心基本垂直，低层高值中心与高层低值中心位于相同的经度上。在这样的垂直配置下大气处于高度的不稳定状

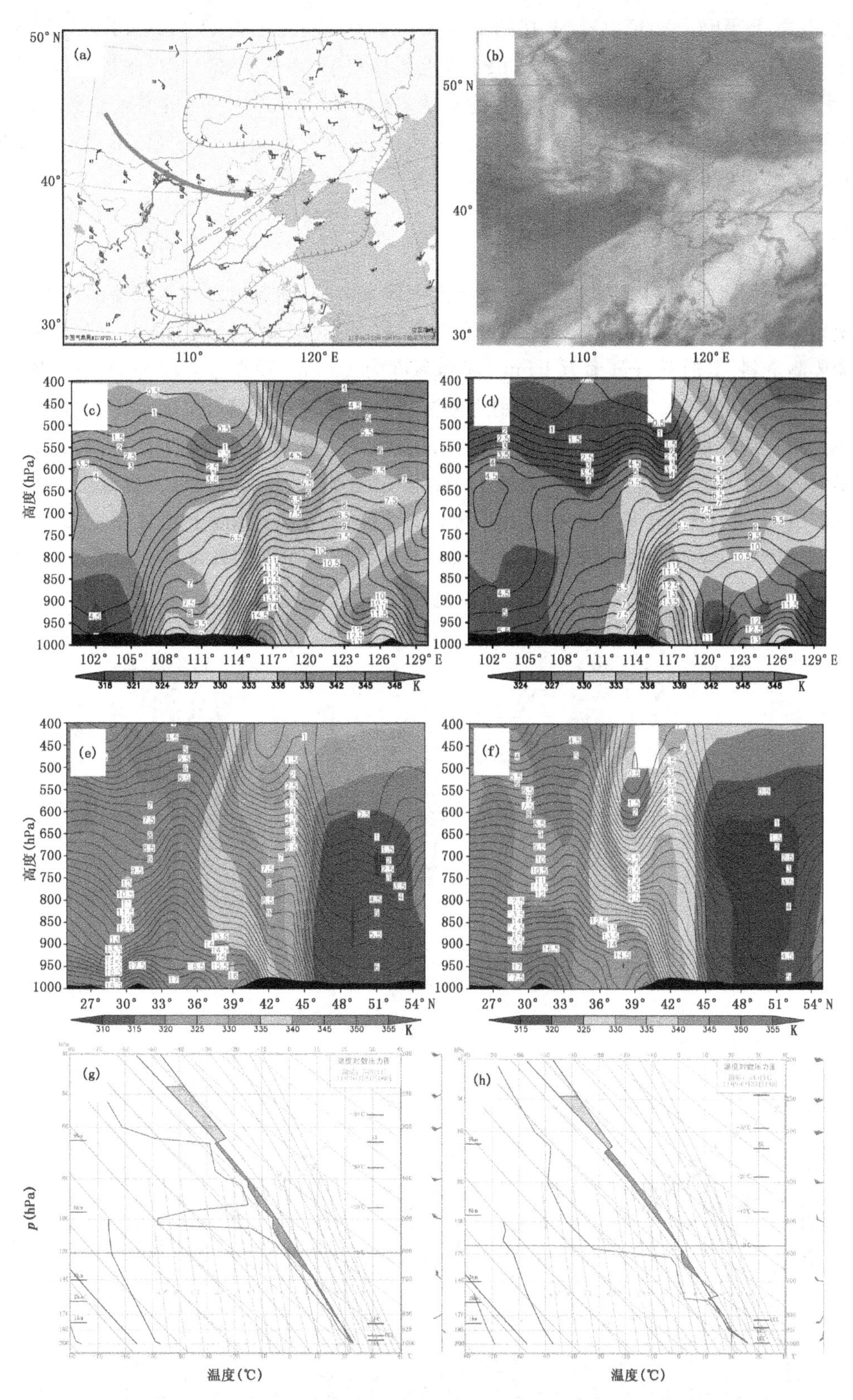

图 2 (a)23 日 08 时 500 hPa 风场和相对湿度,(b)08 时水汽云团,c、d、e、f 分别为比湿 23 日 08 和 14 时沿 40°N 和 116°E 剖面图,g、h 为 08 和 14 时探空

态，由探空曲线（图 2g、h）可以看到，伴随干侵入 500 hPa 的北风由 08 时的 14 m/s 增大至 14 时的 20 m/s，达到急流强度，14 时 600 hPa 以上明显变干，而低层 850 hPa 附近及以下进一步增湿，使得探空曲线的喇叭形开口结构更为清楚，14 时 500 与 850 hPa 的温差达到－16.7 K，为强对流的产生提供了充分的不稳定条件。由此，干冷空气活动使得大气的不稳定程度加强，为强对流的产生提供了有利条件。

3 特种观测仪器对干冷空气的监测

以往对干侵入的识别追踪主要是通过水汽图像来实现，随着特种观测仪器的出现，对干侵入的识别追踪将变得更客观和直接。北京车道沟站的微波辐射计提供了高时空分辨率的温度和湿度监测资料，其时间分辨率为 1 min，探测高度为 10 km，垂直分辨率为 250 m，其成功追踪到了此次干侵入过程。图 3a、b、c 分别为微波辐射计观测到的相对湿度、水汽含量以及亮温时序图。相对湿度的变化（图 3a）表明，6－7 km 高度上变化最为显著，23 日 04 时后干冷空气逐渐影响，相对湿度明显下降，08 时后有一个突降过程，同时，5.5 km 以及更低层也出现了相对湿度的下降，但 4.5 km 及其以下变化不大，12 时后 6－7 km 高度上相对湿度降至最低（不足 25%），说明干冷空气影响达到最强，7 km 及其以上的变化趋势与 6－7 km 一致，但变化

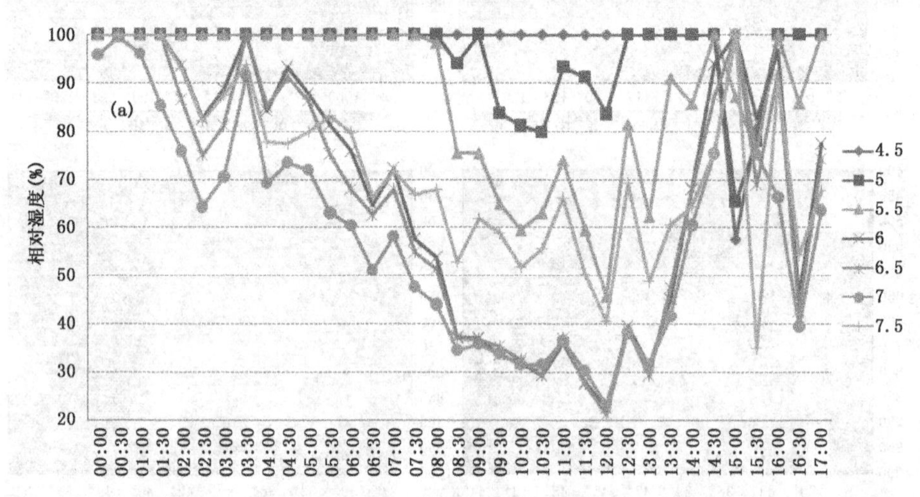

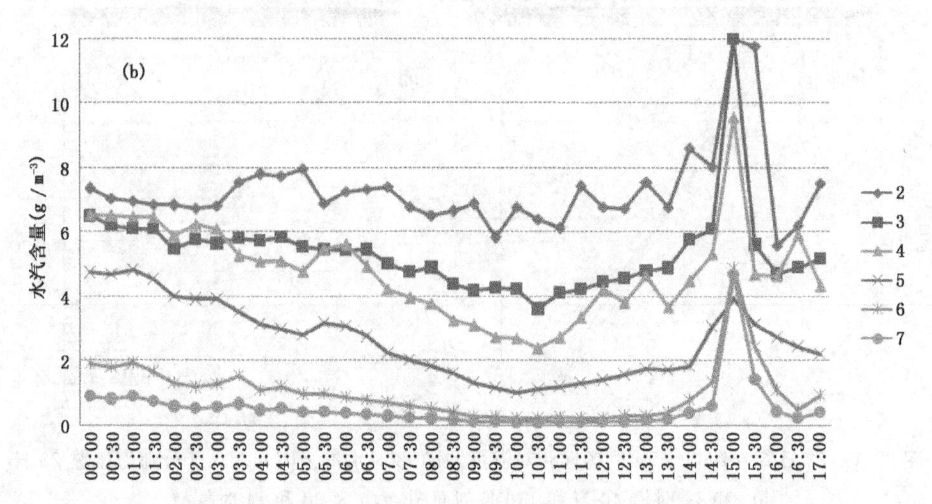

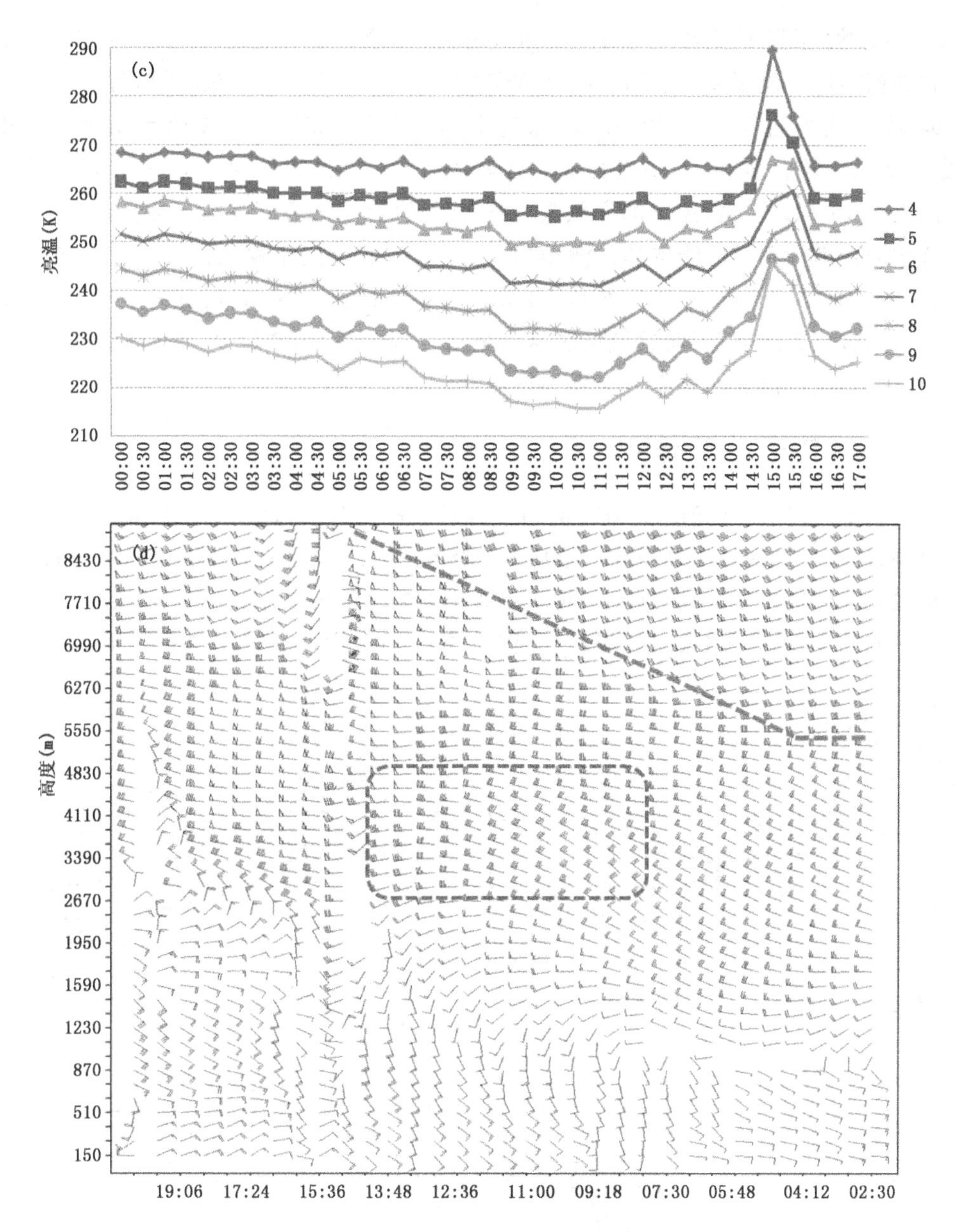

图 3　a、b、c 分别为微波辐射计观测到的相对湿度、水汽含量以及亮温时序，(d)风廓线时序

幅度逐渐变弱。水汽含量的监测总体趋势与相对湿度类似但略有不同(图 3b)，其 3～5 km 高度上的变化最为显著，在 10 时 30 分其水汽含量达到最低，这与低层的水汽含量明显高于高层，同时温度较高有关。这样两者相结合有利于更清晰地看到高低层的水汽变化情况。

在干冷空气侵入过程中，微波辐射计监测的亮温也有明显变化(图 3c)，从 04 时至 08 时 30 分，4～10 km 高度上亮温呈缓慢下降，7～10 km 的变化相对显著，与湿度变化一致的是在 08 时 30 分以后温度有小的突变，11 时 30 分前后温度最低值，干侵入过程中 7－10 km 亮温变化达到 10 K，比常规观测到的 08－14 时的降温明显得多。

位于北京延庆站的风廓线雷达能提供单站 1200 m 高度上逐 6 min 的风场观资料，其垂直分辨率在 2000 m 高度以下为 120 m，2000 m 以上为 240 m。图 3d 为 23 日 02 时 30 分—21 时

00 分的风场时序，根据需要取时间间隔为 30 min，高度取为 9000 m。06 时之前 5500 m 高度上为一致的西南风气流影响，风速较强，达到了急流的强度；在中低层为 10 m/s 左右的西北风控制。06 时 30 分左右开始，5700—7000 m 高度上自低层向高层上出现西南风向西北风的转变(粗虚线所示)，随后 08 时 30 分前后 3～6 km 以下出现西北风的明显加强(矩形区域)，西北风很快加大至 16 m/s 左右，风场的变化与微波辐射计的温、湿观测基本一致。

综合微波辐射计和风廓线雷达监测，可以清楚地看到这次干侵入的主要层次在 6 km 以上，并逐渐向低层扩散影响，最低影响到 3 km 左右高度，从开始影响到最强经历了 8 h 左右，温度和湿度均有显著降低，中低层风场明显加强；在中高层干冷空气达到最强的同时，造成本次降水的飑线系统在河北和内蒙古交界处被触发。

4 回流冷空气活动及作用

在高层有干冷侵入的同时，08 时地面图上有两股冷空气靠近北京地区(图 4a)，一股位于蒙古中西部，这股常见的冷空气与高空槽后西北下沉气流有关，本文将不作详细分析；另一股位于北京东北部即回流冷空气，以往对回流的关注更多的是冬季降雪天气，有关回流对夏季对流天气的研究较少，因此，将重点分析这股回流冷空气对此次强对流天气的影响。

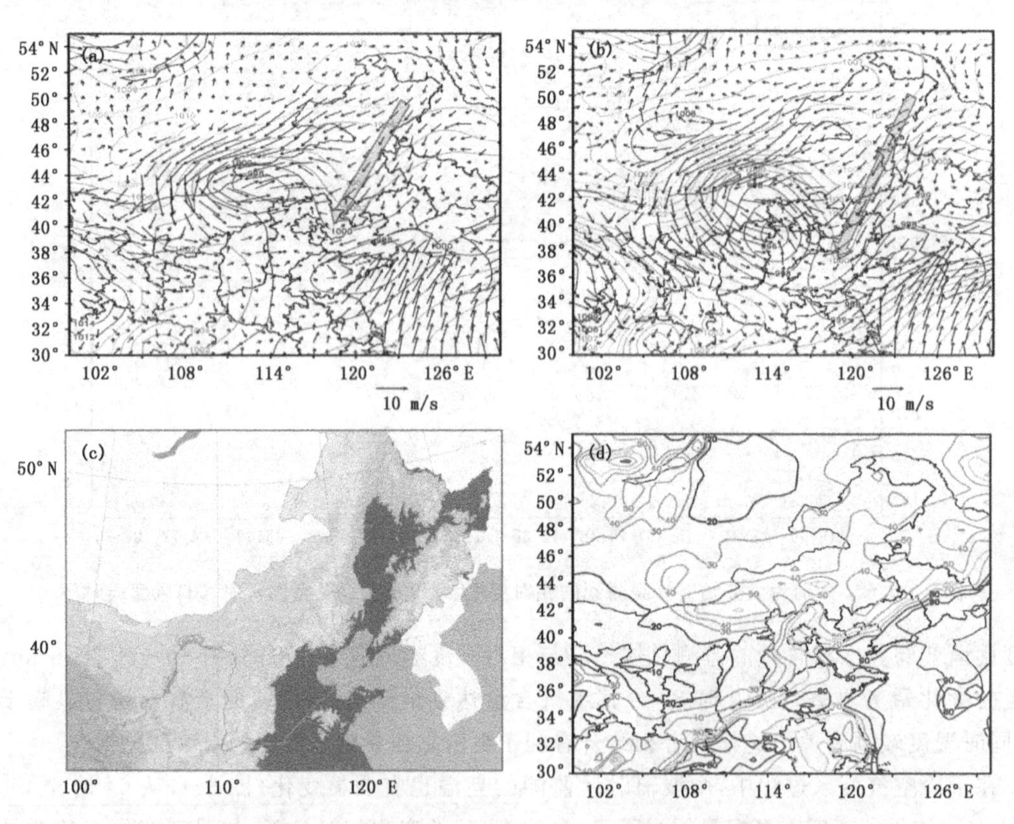

图 4 (a)08 时和(b)14 时海平面气压场和地面风场，(c)地形图，(d)地面相对湿度等值线

图 4a 表明，与回流冷空气对应的东北气流沿东北平原南下影响北京东部地区，冷空气主体沿北京东部南下的速度较快，从风速与等压线的配置看，1000 hPa 等压线可作是其前沿，14 时该支冷空气略有东移并进一步南压(图 4b)，1000 hPa 等压线南压 2 个纬度以上。从前面的

形势分析可以看出，这股回流冷空气与东北冷涡对应，由于冷涡底部高空西风带气流平直，冷空气从低层以渗透形式影响北京东部地区。垂直方向上回流冷空气仅限于低层且坡度很小，在 850 hPa 高度上存在与地面对应的东北气流，但位置明显北移，而 700 hPa 及其更高层表现为偏西气流(图略)；水平方向上地面东北气流与地形有很好的配合(图 4c)，沿大兴安岭，燕山山脉渗透影响北京东部地区。

尽管高层干冷空气活动和地面气旋后部冷空气都会对气旋倒槽有一定的促进作用，回流冷空气在北京东部的显著南压无疑也会使倒槽加深。08 时至 14 时(图 4a、b)倒槽系统明显发展加强，14 时中心气压由 998 hPa 降至 996 hPa，闭合等值线的数量增加，同时倒槽前部东南风增大。

由于回流冷空气在东部的阻挡会使得系统东移速度减慢，对流影响时间增长。图 2d 表明由于东部冷空气的影响，120°E 左右形成了低值中心，同时由于西部冷空气造成的低值区逐渐靠近，14 时北京地区低层暖湿高能舌表现为准静止；14 时地面相对湿度场上(图 4d)，湿舌中心在北京地区形成，北京东南部湿度更大，在 90%以上，并形成了向北京地区伸展的形势，在东南风增大的情况下，低层高能舌将在原地不断发展加强。

5 小结

通过对高低层冷空气影响的分析，初步得出如下结论：

(1)地面倒槽和 850 hPa 气旋使得北京地区低层处于高能舌控制中，高层冷空气活动使得干冷中心垂直置于暖湿中心之上，有利于对流降水的产生。

(2)微波辐射计与风廓线雷达能够实时追踪干侵入过程中温度、湿度和风场的强度及高度变化，对短时临近预报有较好的指示意义。

(3)由于东部回流冷空气的阻挡，北京地区低层暖湿高能舌呈准静止状态，同时回流冷空气在一定程度上促进了气旋倒槽发展，有利于降水的维持和加强。

2012年4月广东风暴分裂左移和飑线右移超级单体冰雹云结构特征和环境条件分析

伍志方[1]　庞古乾[1]　叶爱芬[1]　贺汉青[2]

(1.广东省气象台,广州 510080；2.梅州雷达站,梅州 514021)

摘　要

2012年4月开汛后广东省接连出现强对流天气,尤其是冰雹天气更是超过历史同期平均次数。利用常规天气观测资料和雷达、自动站等非常规资料对广东首次观测到的左移超级单体风暴和飑线中右移超级单体冰雹过程进行了详细分析。结果表明:2012年4月广东上空低空西南风一直比较强盛,500 hPa多波动,切变线、锋面和地面辐合线触发产生了系列强对流。由局地强烈加热造成的"热雷暴"发展成的风暴单体分裂出左移超级单体风暴,具有反中气旋、弱回波区和旁瓣回波位于其左侧等特点。

关键词:风暴分裂　左移超级单体　飑线　冰雹

引言

2012年4月5—6日广东省出现较大范围大雨到暴雨降水过程,根据开汛标准,广东省4月6日正式进入汛期。自此开始了频密的雷雨大风、冰雹、龙卷和短时强降水等强对流天气过程,其频数之高为历史上少有,尤其是冰雹天气超过了历史同期平均次数。据广东省气象台统计,4月30 d中有15 d强对流天气记录,其中4月5—20日16 d中,除4月7日和11日2 d无强对流记录外,14 d都不同程度地发生了不同种类的强对流天气,更有连续10 d每天至少有一个地点发生强对流。4月份广东省冰雹出现了15日次,比历史同期平均11次多了4个日次,在广东强对流历史上很少见。

本文选取2012年4月10日广东首次观测到的左移超级单体风暴产生冰雹、雷雨大风和短时强降水的过程和4月12日范围较大的飑线中右移超级单体冰雹天气过程,对其环境条件和雷达回波结构进行比较分析。

1　环境条件分析

1.1　2012年4月广东环流特点

入汛以来,高空维持西风急流,低空西南气流强盛。以清远探空站为例,从2012年4月风随高度时间的分布(图略)可以看到:低空西南风强盛,尤其是700 hPa一直维持西－西南急流;700－500 hPa波动较多,但由于副高较强,高空槽基本未移出广东;几乎每次锋面和850 hPa切变线南下,都会触发强对流的发生;但4月10日却是个例外,没有很明显的系统影响,因此,局地日变化就显得十分重要。

1.2　风暴分裂左移超级单体冰雹的环境条件

2012年4月10日17时06分广东省梅州市梅县南口镇出现了冰雹和雷雨大风天气,冰雹直径 2 cm 左右，持续了 10 min，同时梅州时遥测站还记录到 17.3 m/s 的阵风；同日 17 时 36 分梅县雁洋镇自动站记录到 29.8 m/s 瞬时风速；在此之前的 16—17 时梅州地区兴宁市水口镇和坭坡自动站分别记录到 25.0 和 21.0 mm 的短时强降水。

1.2.1 天气背景

由中尺度分析综合图(图 1a)可见，08—20 时 500 hPa 小槽自梧州与清远之间快速东移至河源与汕头之间；08—20 时小槽前均有 −1℃降温，一方面表示槽不可能加深，另一方面说明在小槽移过河源与梅州时带来了弱冷空气；但由于冷空气比较浅薄，小槽过境河源时带来弱冷空气很快被填塞。因此，20 时河源未出现明显降温。

1.2.2 不稳定条件

从中尺度分析综合图(图 1a)可以看到，低层 925 hPa 08 时温度脊在沿海，但河源和汕头均有 2.0℃的升温；14 时梅州地面 24 h 气温升高 10—11℃，气压下降 4 hPa，为广东省升温降压最大的区域，表明 10 日白天河源—梅州低层加热十分明显，尤其是梅州；17 时地面暖脊自广州从化向东北方向伸展至梅州，因此当 08—20 时 500 hPa 小槽过境河源—梅州时，带来的弱冷空气叠加在低层经过明显加热的暖气团上，形成短暂强不稳定，有利于小范围短时间强对流的发生。从梅州单站温、压、湿三线图(图略)也可见，10 日 17 时气压急剧下降到 999.2 hPa，24 h 变压 5.0 hPa，气温也急剧上升到 29.3℃，24 h 变温高达 9.1℃，分别达到近几日降压和升温的最大值，呈明显喇叭口状，十分有利于强对流天气的发生。

从 850 和 700 hPa 与 500 hPa 的垂直温度递减率($dT_{850-500}$和 $dT_{700-500}$)08—20 时的变化也证实这一点，08 时 $dT_{850-500}\geqslant$25℃大值中心在清远附近，河源却是 22℃的低值中心，但 $dT_{700-500}\geqslant$16℃大值中心却是在河源和汕头，清远反而是 14℃的低值中心，说明 08 时清远附近低层不稳定，但高层相对稳定；而河源—梅州—汕头则是高层已经不稳定，低层相对稳定，尤其是河源低层更稳定，因此，08 时清远—河源—梅州等地发生强对流的条件并不充分；由于白天加热升温，至 20 时，$dT_{850-500}\geqslant$25℃大值中心已经移至河源—梅州—汕头，表明傍晚时河源—梅州—汕头变得整层都十分不稳定，已具备发生强对流的充分条件。

1.2.3 水汽条件

08 时 925—850 hPa 除雷州半岛外，广东大部处于 $T-T_d\leqslant$2℃的湿区中；700 hPa 西南急流占据广东中北部，梅州处于急流轴左前方抬升作用区。

1.2.4 触发机制

14 时，在河源与梅州中西部之间地面出现了一条辐合短线，17 时移动到梅州中部偏东，过程中略有加强，形成东北—西南向的辐合短线。辐合短线触发了对流单体；对流单体沿该辐合线自西南向东北移动至上述具备了一定的水汽、较深厚的层结不稳定和较强抬升作用等有利于单体发展充分条件的狭小区域时，对流单体将得到明显发展。事实上，15 时左右在河源与梅州中西部之间，辐合短线触发了几个小对流单体，沿辐合线移至有利于对流发展的狭小区域时，这些对流单体迅速发展成超级单体。

1.2.5 风切变与超级单体的运动

利用梅州雷达风廓线资料(VAD)，绘制了 17 时 12 分风切变矢端图(图 1b)，可见 0～4 km 风切变矢量随高度反时针旋转。根据 Klemp1987 年模式研究结果，表明动力作用诱发的非静力平衡垂直气压梯度力能使得由分裂产生的唯一主上升气流左侧的上升气流得以加强。

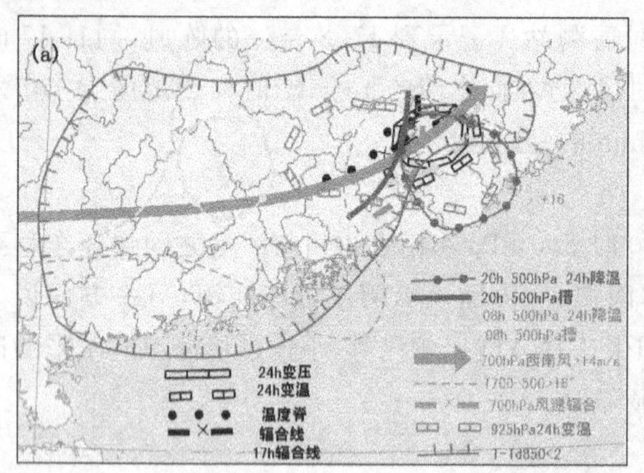

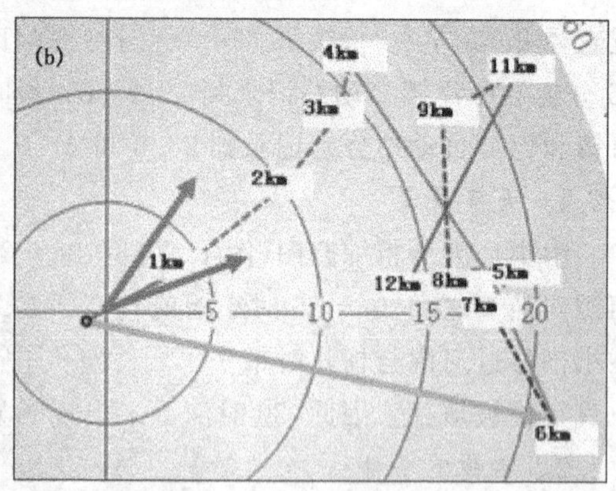

图1　中尺度分析综合图和风切变矢端图

(a. 2012 年 4 月 10 日 08－20 时中尺度分析综合图；b. 风切变矢端图(其中橘黄色粗线为 0～6 km 风切变矢，红色粗线为风暴承载层平均风，绿色粗线为超级单体移动)

又根据 Rotunno 和 Klemp(1982 年)的理论分析，垂直气压梯度力是由低层到中层的风切变矢量方向发生变化而产生的。因此，当风暴发生分裂时，分裂的风暴中左移风暴的上升气流得以加强，左移风暴进一步发展；但分裂风暴中右移风暴时上升气流减弱，将抑制右移风暴的进一步发展。事实也是如此，回波演变图(图)中当单体 A 分裂成单体 B 与单体 C 后，左移的单体 C 继续发展成为完全独立的超级单体，约 30 min 后产生了 29.8 m/s 的大风；而右移的单体 B 则很快减弱。

1.3　飑线中右移超级单体冰雹的环境条件

2012 年 4 月 12 日午后开始，受暖湿气流影响，清远、韶关出现了强对流和暴雨天气，其中 17 时 18 分和 18 时 25 分清远清新山坑镇、山塘镇和花都梯面分别出现了 2 cm 左右大小的冰雹，持续大约 2 min；清远观测站 17 时 38 分记录到 31.1 m/s(11 级)的最大阵风；清远清城区 17－18 时降水量高达 84.1 mm。

1.3.1　天气背景

2012 年 4 月 12 日 08—20 时 500 hPa 中高纬度呈两槽一脊形势(图 2)，不断分裂出小槽快速东移南下，南支槽东移至黔桂中西部，其北侧基本上与高空小槽衔接，广东省处于槽前西南气流中；850 hPa 切变线由长江上游快速南下至南岭；地面较强冷空气从甘肃南部迅速南下，17 时锋面到达湖南中部，在南岭北部短暂堆积后，02－05 时越过南岭迅速南下到沿海。

1.3.2　不稳定条件

从中尺度分析综合图(图 2)可见，08 时广东省西部 700 与 500 hPa 的垂直温度递减率 T_{75} 已高达 16℃，20 时随着高空槽东移逼近，温度冷槽先于高空小槽南侵，使西北部的 T_{75} 上升至 18℃；850 hPa 上，西南急流向南摆动，带来暖湿西南气流，增高了所经地区的温度，使得整个中北部(包括粤西北)850 与 500 hPa 的垂直温度递减率 T_{85} 也明显上升至 26℃，表明粤西北属于强不稳定区域；此外，由于 925 hPa 上沿广西中部至广东西北部存在暖脊，500 hPa 强降温区叠加其上，造成西北部强烈不稳定。

1.3.3　水汽条件

08 时，广东西部和东北部低层(700 hPa)以下湿度大，温度露点差小于 2℃；随着 700 hPa

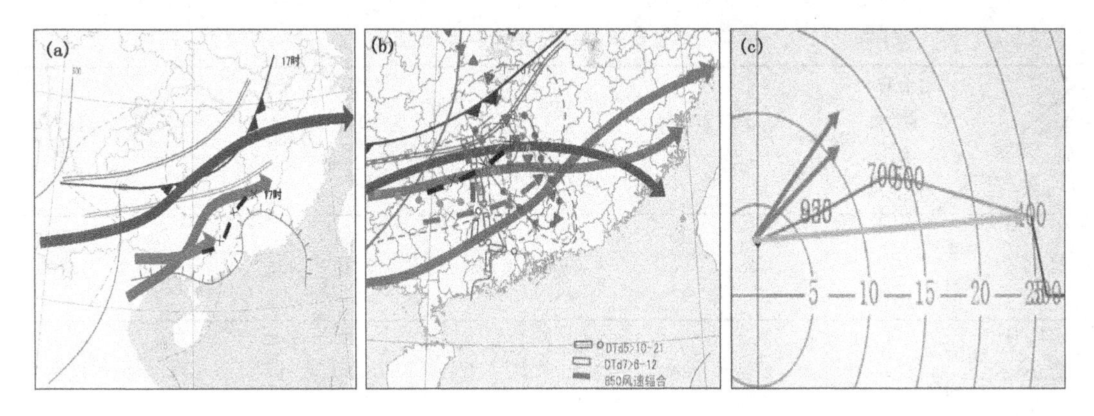

图 2　2012 年 4 月 12 日中尺度分析综合图

西南急流南下，700 hPa 上西北部的湿度明显上升，温度露点差还小于 2℃；500 hPa 西南急流向东扩展经过粤西北部，可见湿层明显增厚；同时 850 和 500 hPa 上在清远附近还形成了西南风速辐合，925 hPa 湿轴也向该区域伸展，表明低层大量水汽不断向清远附近输送并在此积聚，为清远大暴雨提供了优质的水汽条件，同时，满足冰雹生长所需的水汽条件。

1.3.4　*触发机制*

除了大尺度的高空槽、切变线、锋面的南下提供了良好的动力抬升作用外，17 时左右西北部出现了地面辐合线，地面辐合线及其附近易触发新生单体；同时 700 hPa 上两广交界的中部偏西至粤西北之间还出现了干线，沿干线及其附近也易触发新生单体；二者交界处则更容易触发对流单体。事实上傍晚和夜间新生单体正是从地面辐合线和干线及其交界附近生成后，在 500—850 hPa 西南气流引导下向东北偏东方向移动，造成了冰雹、雷雨大风等强对流和短时暴雨天气。

1.3.5　*风切变与风暴右移运动*

08 时(图 2c)和 20 时(图略)风切变矢量随高度都是顺时针旋转，而飑线中超级单体则是向风暴承载层平均风的右侧移动。广东省大多数有组织风暴的风切变矢量随高度变化都是如此，但与上述风暴分裂中左移超级单体完全相反。

1.4　单站探空要素和垂直切变

将出现大于 1 cm 以上冰雹的当日邻近探空站和临近时次的探空资料计算得到的物理量要素和垂直风切变列于表 1，其中冰雹出现在午后的探空资料，用当天 14 时的地面温度进行了订正。

分析表 1 可以看到，4 月 10 日抬升凝结高度(LCL)比 12 日的高，表明需要较强的外力抬升作用才能形成对流泡。CAPE 和平衡高度(EL)则是 4 月 12 日大和高，表明一旦形成对流泡后，在强热力作用下，上升速度将会迅速增大，对流泡将会发展十分旺盛。尽管 4 月 12 日高、低层风垂直切变较小，相对广东大多数强对流的风垂直切变而言，也属于较低的，一般来说不利于冰雹、雷雨大风的形成；但因其 CAPE 高达 2122 J/kg，表明由于强热力作用使得垂直上升气流速度较强，有利于形成对流旺盛的强单体；同时 0℃层高度较低，甚至低于清远 4 月 0℃层平均高度 300 m，过冷水所在的负温区厚度却是相对厚，表明在强上升气流作用下，小冰粒子也能在较深厚的、丰富的过冷水中长成较大冰粒子，而较低的 0℃层使得冰粒子在下落融化过程中损失较小，地面也可见较大冰雹。

表 1　雹日单站探空要素和垂直切变

时间＼探空		抬升凝结高度 (hPa)	平衡高度 (hPa)	CAPE (J/kg)	K (℃)	0—6 km 切变 ($10^{-3}s^{-3}$)	0—2 km 切变 ($10^{-3}s^{-3}$)	IQ (g/kg)	MDPI	Swiss (℃)	0℃层 (m)	−20℃h (m)
4月10月 17时06分 梅州	河源 08时	852	242	758	30	2.71	3.43	3740	1.3	3.5	4495	7679
4月12日 17时08分 清远	清远 08时	909	234	2122	34	1.87	1.39	4534	1	0	4273	7649

2　风暴结构特征

2.1　左移超级单体的演变和结构特征

梅州冰雹和雷雨大风是由左移超级单体风暴产生的，这在广东省内属首次发现，在中国也比较罕见。左移超级单体风暴则是由局地热雷暴发展而成的强对流风暴分裂出来的。强对流风暴经历了风暴初生、风暴分裂和分裂后独立三个主要阶段(图 3)。

2.1.1　风暴初生阶段

15 时 30 分—16 时 18 分(图 3b 和 c)，沿地面辐合线新生两个弱对流泡，并迅速发展成积雨云单体；在 700 hPa 西南气流引导下向东北方向移动，同时这两个对流单体合并成一个单体 A，继续随引导气流向东北方向移动，强度逐渐加强至 63 dBZ。

2.1.2　风暴分裂阶段

16 时 24 分起(图 3d 和 e)，单体 A 内部开始分裂，形成两个强中心，南侧强中心 B(简称单体 B)强度继续加强至 70 dBZ，北侧强中心 C(简称单体 C)维持在 63 dBZ，二者仍然在引导气流作用下向东北方向移动。16 时 42 分，强中心 C 开始明显向初始移动方向的左侧偏移(图 3d)，强度开始明显增强，逐渐成为左移单体风暴。单体 B 则沿着初始移动方向的右侧移动，强度也继续增强，最强达到 73 dBZ 后，右移单体风暴 B 强度开始减弱。分裂后期单体 C 发展更加旺盛，垂直累积液态水含量和回波顶高(图 3h 和 i)前者大于后者，因此前者于 17 时 06 分前后产生了冰雹；二者在强度高于 65 dBZ 时都出现了旁瓣弱回波和三体散射，三体散射的位置均在强中心后侧；但旁瓣回波的位置则完全不同，分别在右移单体风暴 B 的右侧和左移单体风暴 C 的左侧。

2.1.3　风暴分裂后独立演变阶段

17 时 12 分，后单体 B 和 C 完全分离，成为两个完全独立的风暴单体(图 3f 和 g)。在右移风暴单体 B 西侧，东移的地面辐合线不断触发新生对流泡，且未合并入单体 B，而是几个新生单体发展成熟后再合并，形成一个相对较强、较大的单体，分食单体 B 的水汽和能量，使得单体 B 迅速减弱至几近消散。

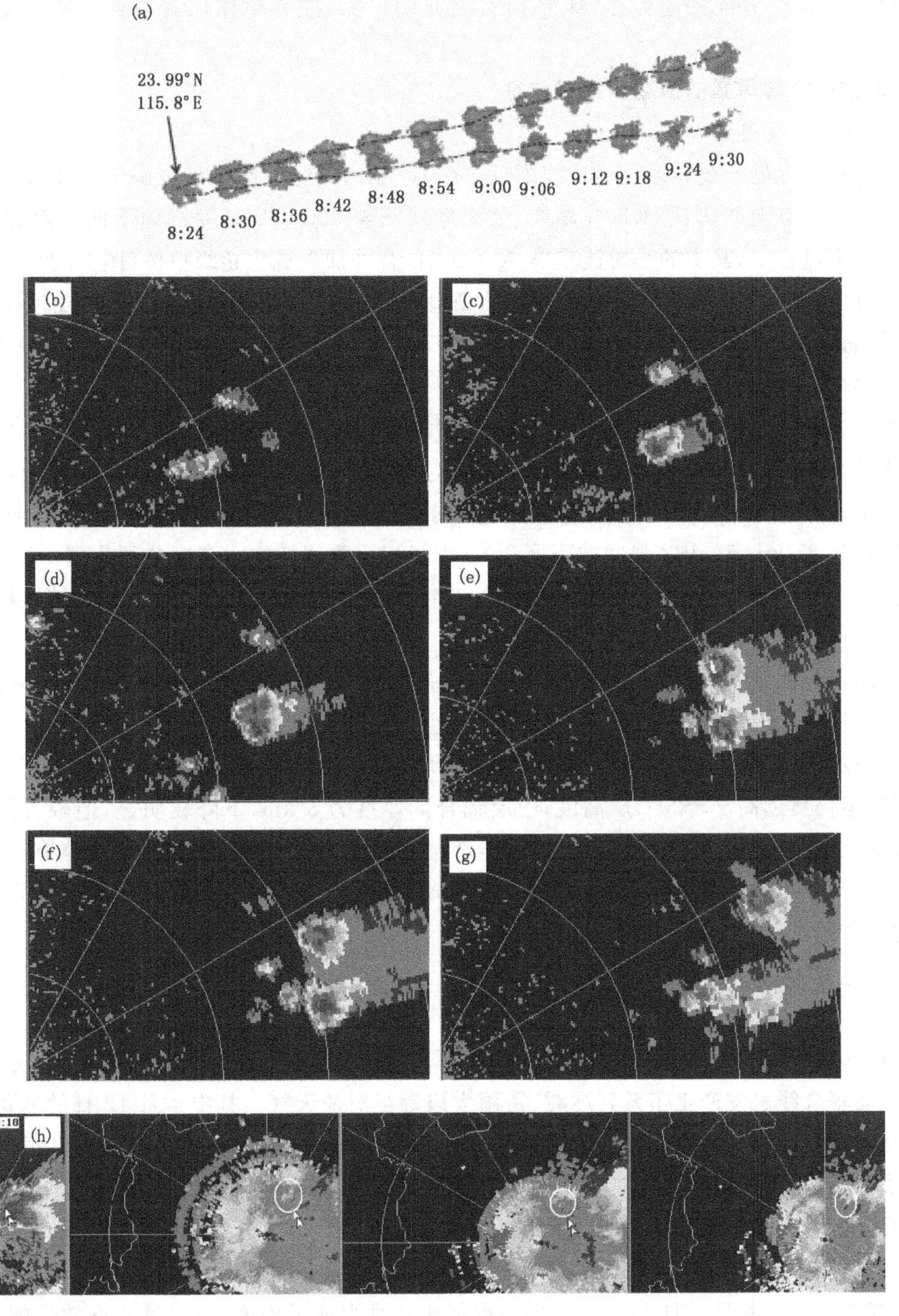

图 3　左移超级单体反射率因子演变和径向速度随高度分布

(a)风暴路径和分裂演变过程图,(b)15:36;(c) 16:12;(d)16:24;(e) 17:06;(f) 17:12;(g) 17:30 雷达回波;(h)径向速度随高度分布图(时间:2012 年 4 月 10 日 17 时 18 分,图中自左向右依次为:仰角 14.5°反射率因子,仰角分别为 9.9°、14.5°、19.5°风暴相对径向速度)

左移风暴单体 C 由于风垂直切变矢量随高度逆转加强的风暴左侧上升气流而得到进一步发展,成为超级单体。从反射率因子图可见(图 3 h 径向速度),左移超级单体风暴 C 的弱回波区位于其移动方向的左侧;从风暴相对径向图可见,左移单体风暴内部的中气旋为反中气旋。

2.2 飑线中右移风暴的演变和结构特征

2.2.1 回波演变过程

在两广交界处干线和地面辐合线附近不断有小对流单体新生,在 500—850 hPa 西南气流引导下向东北方向移动,逐渐形成飑线,整个飑线随着 850 hPa 切变线南下向东南方向移动。在东移南下过程中,其中的小对流单体 A、B、C、D 合并加强成为超级单体(图 3a 和 b),并向东北偏东方向移动,于 17 时 18 分造成清远清新直径 2 cm 左右的冰雹,18 时 06 分前后再次造成花都梯面镇直径 2 cm 左右的冰雹。

2.2.2 冰雹回波结构特征

由图 3c—d 可见,冰雹回波单体成熟时,超级单体穹窿结构清晰,有界弱回波区位于超级单体移动方向的右后侧,自下而上强回波中心向右倾斜,即高层的强回波中心位于有界弱回波区的顶上;强度十分强,强回波后的三体散射"长钉"延伸了 30 km 以上;回波发展十分旺盛,回波顶高达 21 km,50 dBZ 强回波高度和 65 dBZ 以上强回波中心高度分别达到 14 和 11 km,远远高出−20℃层高度(分别高出 6.4 和 3.4 km),表明上升气流十分强盛,能够维持冰粒子在过冷水中反复生长。

中层辐合深厚,厚度约 7 km(图 4d),辐合强度强,尽管其后侧已出现较强下击暴流,造成地面 11 级阵风,但由于深厚而强的中层辐合,使得上升气流得以维持或略减弱。由图 4e 和 f 可见,回波顶高和强回波高度以及强回波中心高度分别为 19、13.5 和 10.2 km,都有不同程度的下降,但仍然远高于−20℃层高度;中层辐合的厚度为 3 km,下降较明显,但辐合强度基本维持,变化不大,表明上升气流仍然旺盛,能够维持超级单体的强度或使其强度略有减弱,仍然能够造成较强冰雹等强对流天气。结果约 30 min 后移动到花都梯面时又一次产生了直径约 2 cm 的冰雹。

3 结语

(1)2012 年 4 月广东上空,在持续高空西风急流和强盛低空西南风的环境下,切变线、锋面和地面辐合线触发产生了系列冰雹、雷雨大风等强对流天气。其中 4 月 12 日的冰雹天气过程就是由切变线和较强冷空气南下造成的;4 月 10 日的冰雹天气过程却是在没有很明显的天气系统影响下,由局地强烈加热生成的"热雷暴"发展成超级单体风暴造成的;二者都是在 700 hPa 干线和地面辐合线附近及其二者交汇处易触发新生单体。

(2)两次冰雹天气发生当天,0℃层高度约 4.2～4.5 km,过冷水层厚度超过 3.0 km,有利于冰雹的生成;尤其是 4 月 12 日 0℃层高度低于 4 月当地平均值,加上对流有效位能很大,抵消了高低层风垂直切变量较小而不利于强风暴形成的因素。

(3)风切变矢量随高度的变化决定了风暴的发展和移动方向,4 月 10 日风切变矢量随高度反时针变化,使得风暴分裂后,左移风暴得以发展成超级单体产生冰雹;4 月 12 日风切变矢量随高度顺时针变化,有利于有组织风暴—即飑线的形成,并使得飑线中超级单体向承载层平均风的右侧运动,产生了冰雹、雷雨大风和短时强降水。

(4)风暴单体分裂出的左移超级单体风暴,具有反中气旋、弱回波区和旁瓣回波位于其左

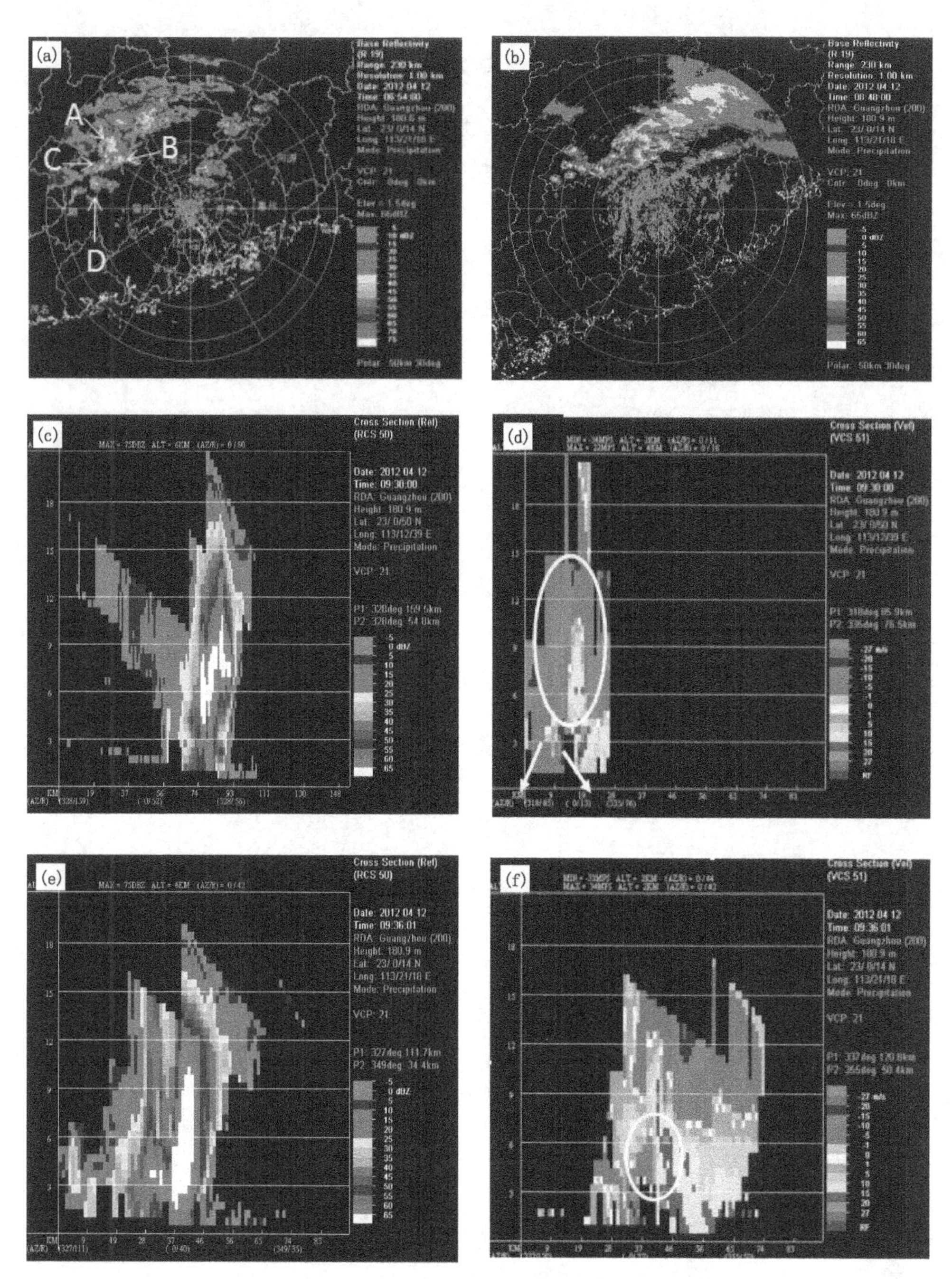

图4　2012年4月12日17—18时回波演变和结构

(a)14时54分反射率因子,(b)16时48分反射率因子,(c)17时30分反射率因子垂直剖面,(d)17时30分径向速度垂直剖面,(e)17时36分反射率因子垂直剖面图,(f)17时36分径向速度垂直剖面

侧等特点;而飑线中的右移超级单体弱回波区和中气旋位于回波移动方向的右侧,三体散射"长钉"长度和中层辐合厚度都很大,后侧强下击暴流产生了31.1 m/s地面强风;二者强回波顶高均超过−20℃层高度,是判断强冰雹的重要指标之一。

参考文献

[1] 苗爱梅,贾立冬,李清华.解析一次超级单体风暴过程的维持机理.自然灾害学报,2007,16(5):74-78.

[2] 俞小鼎,姚秀萍,熊廷南等.多普勒天气雷达原理与业务应用.北京:气象出版社,2006:124-127.

地形辐合线在河北强天气中的作用

张迎新　秦宝国　裴宇杰　李宗涛

（河北省气象台，石家庄 050021）

摘　要

使用地面自动站逐时资料统计了太行山东麓地形辐合线的生消规律；并结合石家庄多普勒雷达资料统计了回波过山后加强、减弱、无明显变化的个例。初步得出：地形辐合线只在弱天气系统影响时起作用。分析了地形辐合线在2011年7月26日河北中南部地区的飑线过程的作用。

关键词：地形辐合线　飑线　多普勒雷达　日变化规律

引言

随着探测手段的加强，探测资料种类增多，资料的时空分辨率不断提高。在日常业务中，分析发现太行山东麓由于山谷风的原因地面常常出现辐合线，这种辐合线具有明显的日变化。而强天气时有发生的，那么地形辐合线到底在强天气过程中起何作用呢？

对地形在强天气中的作用有过许多研究，郭虎等[1]对2006年7月9日夜间发生在北京西郊香山附近的局地大暴雨天气进行分析发现：山前近地面地形辐合扰动，向上传播，引发边界层扰动的动力过程是香山大暴雨落区形成的主要动力源，而来自东南方向近地面层的暖湿平流为大暴雨提供了有效的水汽和能量。早在20世纪90年代，国际上就已注意到边界层辐合线在强天气中的作用，如边界层辐合线在雷暴天气的触发、组织和维持的整个生命史中的作用[2,3]。为揭示太行山地形辐合线在河北强天气中的作用，提高精细化天气预报的准确率，应重点分析太行山东麓地形辐合线的生消规律，并进一步研究地形辐合线在强天气中的作用。

1　太行山东麓地形辐合线的生消规律

山谷风是由于山谷与其附近空气之间的热力差异而引起的。白天风从山谷吹向山坡，这种风称“谷风”；到夜晚，风从山坡吹向山谷称“山风”。山风和谷风总称为山谷风。地形辐合线就是由于山谷风的存在而形成的。

使用2009—2011年地面自动站逐时资料统计得出了太行山东麓地形辐合线的生消规律。20时开始山区站转山风（偏北风），偏北风与偏南风的地形辐合线形成，然后此辐合线随时间向东移动，03—06时基本稳定在距山体60～80 km的位置（图1）。07—09时继续向东移动，但辐合线的强度减弱，直到10时辐合线消失。12时开始在石家庄及以南的太行山东麓常出现偏南风与东到东北的辐合线，一般出现在12—18时，稳定少动。基于雷达资料的四维变分反演资料分析可知，此辐合线高度一般不超过900 m（图略）。

2　地形辐合线在强天气过程中的作用

使用2010—2011年雷达资料，统计了回波过山后加强、减弱、无明显变化的个例。共27

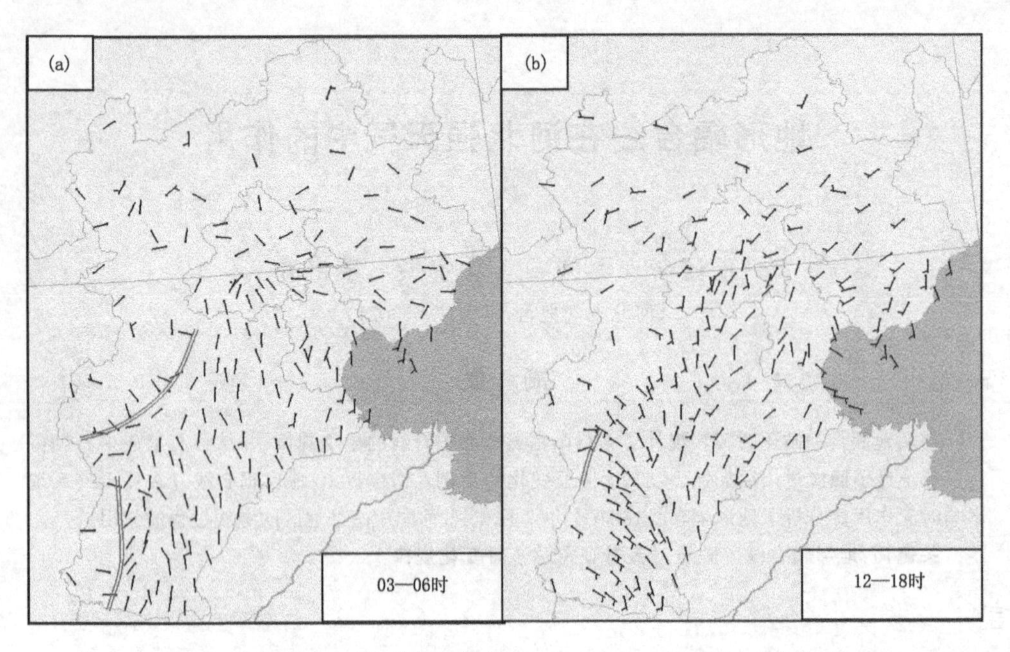

图 1 (a)03—06 时地形辐合线位置,(b)12—18 时地形辐合线位置

个个例,21 个个例地面有辐合线。但与统计相同的地形辐合线上加强或有回波生成的个例只有 6 个(2 例下午,4 例傍晚到夜间;2 例西北一东南向,2 例西南一东北向,1 例北南向,1 例西东向),几乎是处于弱系统下(只有一个系统明显)。

初步得出:地形辐合线只在弱天气系统影响时起作用,在强天气系统影响时,地形辐合线的作用不明显。

3 个例分析

分析发生于 2011 年 7 月 26 日 19—23 时太行山东麓的一次飑线过程。此次飑线自西向东影响河北中南部,造成了最大小时降雨量 53 mm 的区域短时强降水天气,并伴有雷暴大风(满城 22 m/s)、冰雹(石家庄 17 mm)。

从雷达监测分析,26 日 18—19 时,回波在河北、山西交界处维持 1 h 基本没动,并且在下太行山前没有明显阵风锋;19 时 12 分,飑线雷达回波带下山增强且呈线状回波带,在平山附近的浅山区可见弱的阵风锋;19 时 30 分,回波前侧出现阵风锋,且与主体回波平行移动,距离很近(图略);从自动站逐 5 min 流场分析,19 时地面辐合线出现在太行山区(图略),19 时 30 分山区的风速加大(图 2),雷暴加强发展,且雷暴前出现了阵风锋。并在东移过程中加强,带来短历时强降水、大风、冰雹天气(图略)。

本次河北飑线的成因:26 日白天对流层低层短时间内的强烈增湿与高空冷平流的共同作用,使得华北平原迅速积累了不稳定能量和水汽。由于来自华北西部东北一西南向的小槽自西北向东南移动,触发了山西的普通雷暴对流系统,傍晚时分对流系统向东越过太行山时与太行山东麓的地形辐合线叠加,进入华北平原后开始强烈发展,华北平原低空盛行的东南气流使雷暴出流的阵风锋辐合线进一步加强,最终在河北中部形成了高度组织化的飑线中尺度对流系统。地形辐合线(东南风与山区偏北风的切变)在此次飑线过程的形成中起加强作用,而来

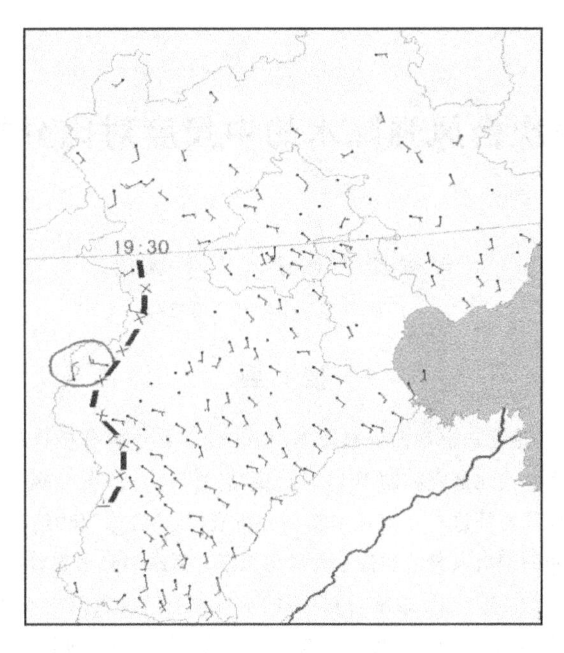

图 2　2011 年 7 月 26 日 19 时 30 分地面天气图

自东南方向近地面层的暖湿平流为强天气区提供了有效的水汽和能量。

4　结论与讨论

通过以上统计分析发现：

地形辐合线较弱，只在弱天气系统影响时起作用。其水平范围在 60～80 km，垂直高度 900 m 左右，且随高度向山体倾斜。出现时间主要在夜间 20 时—次日 09 时，白天出现在 12—18 时。地形辐合线只在弱天气系统影响时起作用。而在强天气系统影响时，由于地形辐合线的强度弱，在强天气中的作用不大。

由于太行山东麓垂直探测资料时空分辨率较低，所得结论是基于雷达产品反演资料值得再推敲，随着石家庄风廓线雷达的安装，对地形辐合线的认识将会更清楚。另外，从统计看，与其他辐合线（海陆风、出流边界等）不同的是，没有发现地形辐合线单独激发出对流，这可能与其温湿条件等有关，这还有待于进一步研究。

参考文献

[1]　郭虎，段丽，杨波等. 0679 香山局地大暴雨的中小尺度天气分析. 应用气象学报，2008，**19**(3)，265-275.

[2]　James W Wilson，Wendy E. Schreiber. Initiation of covective storms at radar—observed boundary—layer convergence lines. *Mon. Wea. Rev.*，1986，**114**：2516-2535.

[3]　James W. Wilson，Daniel L. Megenhardt Thunderstorm initiation，organization，and lifetime associated with Florida boundary layer convergence lines. *Mon. Wea. Rev.*，1997，**125**：1507-1525.

两次台风强降水的中尺度对比分析

赵金彪　韩慎友　李佳颖

（广西气象台，南宁 530022）

摘　要

利用多普勒雷达和地面加密观测资料及 NCEP 1°×1°格点再分析资料，采用中尺度滤波技术，对进入北部湾并在越南北部登陆的1213号台风"启德"和1117号台风"纳沙"的水汽辐合、雷达回波、中尺度地面风场特征进行了对比分析。分析表明："启德"和"纳沙"台风在越南北部登陆影响过程中，其东侧的偏南风急流和偏东南风急流带对后续强降水起着极其重要的作用，水汽通量散度辐合主要出现在850 hPa以下，边界层的水汽通量散度负值中心对强降水落区有较好的指示作用。台风前部的多普勒雷达螺旋回波中心强度一般为30～45 dBZ，台风在越南北部登陆后其后部的螺旋雨带回波强度45～55 dBZ，具有中尺度强回波带状特征。台风强降水与近地面层的中尺度气旋性扰动和中尺度辐合气流有关，强降雨区落在同时刻中尺度涡旋或辐合线附近，十万大山迎风地形的强迫抬升和强迫辐合可使台风降水明显增多。冷空气侵入台风外围，加剧了动力和热力不稳定，使近地面层气流出现多个分支，有利于形成中尺度涡旋和气流汇合带，是强降水形成的重要因素。

关键词：强降水　水汽辐合　多普勒雷达　中尺度滤波

引　言

目前，中外学者在台风远距离暴雨、螺旋雨带形成、下垫面特征对暴雨的影响及暴雨突然增幅等方面的研究已取得了长足的进步[1~3]，但对台风暴雨的预报尤其是台风登陆区暴雨强度及分布的预报仍很困难。究其原因，主要是影响台风暴雨的机理十分复杂，不仅涉及台风路径、强度、移速、本身结构，还和台风环流与下垫面、不同纬度尺度环流系统的相互作用有关[4]。

2012年第13号台风"启德"和2011年第17号台风"纳沙"都是在19°N以北至湛江以西登陆进入北部湾并在越南北部再次登陆西行的西太平洋台风，为广西I类登陆台风。受这类台风影响时，广西内陆始终处于台风的北—东北侧，是东南风急流和东北风切变维持时间较长的区域，往往集中了对流不稳定、低层辐合、冷暖平流交汇，常有中小尺度扰动生成，暴雨的时空分布差异较大，预报诊断技术难度也较大。本文在分析台风低空急流和水汽辐合演变背景下，对比分析中尺度地面流场与雷达回波降水的关系，探讨此类台风暴雨过程的中尺度现象及预报诊断思路。

1　台风路径和降水实况

"启德"于2012年8月13日08时在菲律宾以东洋面生成，15日傍晚进入南海东北部海

资助项目：广西科学研究与技术开发计划项目（桂科攻 10123009－8）、广西自然科学基金项目（2011GXNSFN018011）。

面，17 日 12 时 30 分前后以台风强度在湛江麻章区湖光镇登陆，14 时 30 分前后移入北部湾北部海面，21 时前后在中越边境的交界处沿海地区再次以台风强度登陆并继续西行，18 日 14 时在越南东北部地区逐渐减弱为热带低压，17 时对其停止编号。“纳沙”于 2011 年 9 月 24 日 08 时在西北太平洋洋面生成，27 日 07 时前后在菲律宾吕宋岛东部沿海登陆并且强度减弱，进入南海，后于 29 日 07 时再次加强为强台风并于 14 时 30 分前后在海南文昌市翁田镇沿海登陆，29 日 21 时 15 分前后在广东徐闻角尾乡以台风强度再次登陆，30 日 05 时在北部湾海面减弱为强热带风暴，30 日 11 时 30 分前后在越南北部广宁沿海登陆，登陆后向西偏南方向移动，于 30 日 20 时减弱为热带低压。“启德”和“纳沙”都具有路径较稳定、移速快、风雨大等特点，其中“启德”在南海北部及北部湾海面的平均移动时速达到了 25～30 km，路径更偏北接近广西沿岸，而“纳沙”的平均移动时速在 21 km 左右，在海南文昌市登陆时风速强度达到了 42 m/s，进入北部湾后强度减弱并逐渐折向西偏南方向，移动速度稍慢。

从降水分布图(图 1)上看，“启德”带来的强降水主要出现在桂西南和沿海地区，其中超过 200 mm 的强降水出现在沿海地区，防城港市区累计雨量达 605.5 mm。“纳沙”带来的暴雨影响范围更广，超过 200 mm 的强降水中心分布在沿海到南宁市北部一带，其中上思、宾阳两县的雨量自动观测值最大分别为 713.2 和 504.5 mm。从逐时的降水演变(图略)来看，“启德”的强降雨时段主要出现在 8 月 17 日 14 时至 18 日 08 时和 19 日 02—08 时，最大雨强为 109.7 mm/h；“纳沙”强降雨时段主要出现在 9 月 30 日 02—20 时、10 月 1 日 02—08 时和 10 月 2 日 02—14 时，最大小时雨量为 82.5 mm。可见“启德”和“纳沙”特大暴雨中心降水强度强且集中，持续时间长，具有明显的中尺度特征。

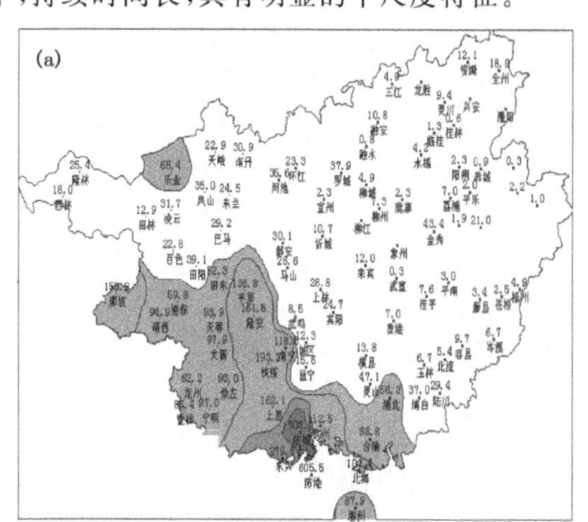

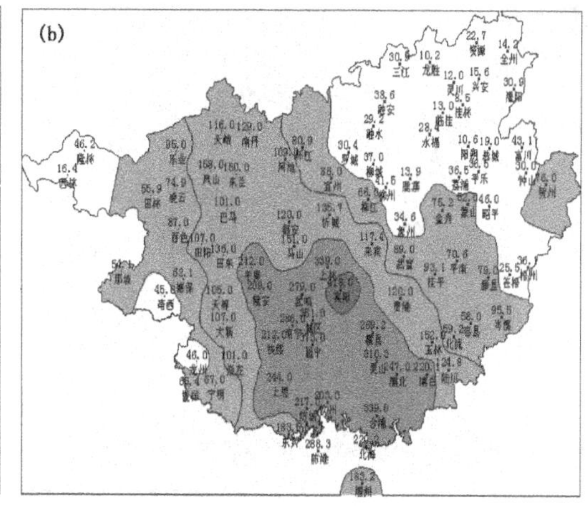

图 1 “启德”(a，2012 年 8 月 17 日 08 时—19 日 08 时)和“纳沙”(b，2011 年 9 月 29 日 20 时—10 月 2 日 20 时)台风累计降水分布(单位：mm)

2 低空急流与水汽辐合对比分析

两个台风在进入南海后，副高 588 dagpm 线南落，东南急流逐渐加强，并将洋面丰沛的水汽输送到广西内陆，为大暴雨提供充足和持续的水汽条件。分析“启德”进入北部湾至越南北部登陆前后的 850 hPa 低空环流，在台风低压环流的北部一直维持偏东风低空急流，中心区风速≥32 m/s。8 月 18 日 02—08 时“启德”在越南北部登陆后其东北侧仍维持≥24 m/s 的偏东南急流，并覆盖广西西部，易造成强降水。“纳沙”在越南北部登陆前其西北部维持强盛的东北气流，中心区风速≥35 m/s，登陆后东北急流有所减弱但风速仍≥28 m/s，明显大于台风东侧的偏南气流，主要是有冷空气从云贵高原侵入，气压梯度力加大造成东北气流加强，也有利于台风环流维持并折向西偏南移动。“纳沙”在越南北部登陆后，9 月 30 日 20 时桂中仍维持≥24 m/s 的偏东南急流，10 月 1 日 08 时在桂中仍维持≥16 m/s 的偏南急流，与强降水区相对应。

水汽能否在某地集中起来对强降水有重要作用。分析各时次的水汽通量散度沿强降雨中心的垂直剖面图可以发现，两个台风有个共同的显著特征：水汽通量散度辐合主要出现在 850 hPa 以下，辐合中心基本位于 1000—950 hPa（图略）。分析 1000 hPa 流场、水汽通量散度场和 6 h 降水区，“启德”从北部湾西行期间其东北侧的东南气流与东北气流辐合区也逐渐西移，水汽通量散度辐合大值区在桂南沿海，8 月 17 日 20 时水汽通量散度中心出现在防城港附近，强度达 -22×10^{-6} g/(s·hPa·cm^2)，登陆后由于地形影响水汽辐合逐渐减弱，但桂西南和沿海水汽通量散度值仍 ≤ -18×10^{-6} g/(s·hPa·cm^2)（图 2a），强降水也主要出现在这一地区。9 月 30 日 08 时“纳沙”还在北部湾活动，其东北侧的桂东南地区出现明显的东南气流与东北气流辐合区，水汽通量散度中心值 ≤ -24×10^{-6} g/(s·hPa·cm^2)，此后随“纳沙”西行，水汽辐合区逐渐西移并向北扩展到桂西北地区，南宁市附近有水汽通量散度中心值 ≤ -12×10^{-6} g/(s·hPa·cm^2)。10 月 1 日 02—08 时桂南有偏北气流和偏南气流或东北气流与东南气流的辐合线在摆动，从图 2b 上看，最强水汽辐合出现在北海到南宁市东部一带，水汽通量散度值 ≤ -12×10^{-6} g/(s·hPa·cm^2)，与同时段的降雨实况有很好对应。以上分析表明，这两次台风过程中，边界层的水汽通量散度负值中心对强降水落区有较好的指示作用。

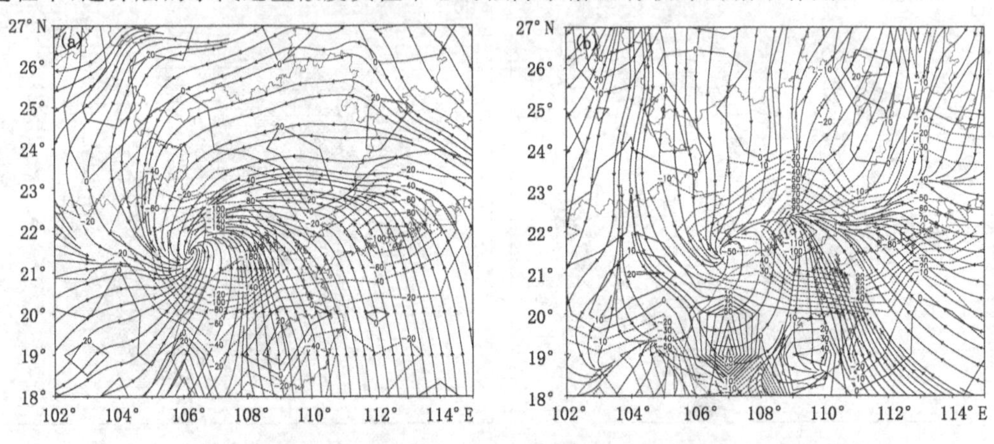

图 2　2012 年 8 月 18 日 02 时(a)和 2011 年 10 月 1 日 02 时(b)1000 hPa 流场与水汽通量散度(虚线，单位：10^{-7} g/(s·hPa·cm^2))叠加

3　多普勒雷达回波特征对比

利用广西 7 部多普勒雷达拼图资料和地面自动站逐时雨量来分析雷达回波强度与中尺度降水变化（图略）。“启德”台风在靠近湛江沿海登陆时其前部的螺旋回波带已经开始影响桂西南和沿海地区。17 日 15 时条状回波西移至南宁南部，此后继续西北抬，并减弱，而至登陆时沿海地区持续受靠近台风中心的螺旋短带状回波所覆盖，回波强度在 30～45 dBZ，期间桂南

和沿海地区的中尺度雨带呈随强回波移动逐渐西移，降水强度 10～30 mm/h。“启德”在越南北部登陆后由于偏东南气流加强，其后部的螺旋回波带上对流得到发展增强，逐渐演变形成从北部湾海面至南宁西南部一条狭长的对流回波带，这条强回波带位置少动，持续时间久，强度在 45～55 dBZ，降水强度达 30～109 mm/h，最强降水出现在防城港市附近。

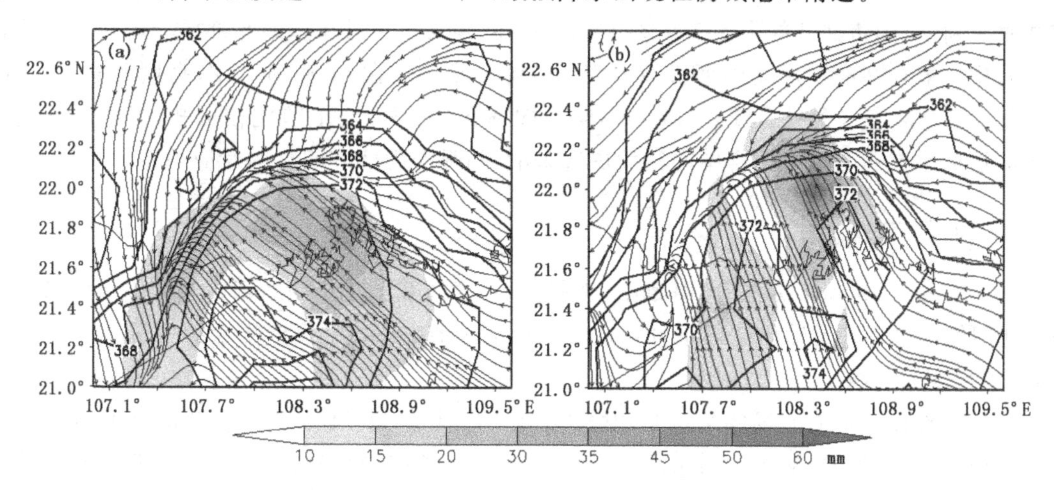

图 3　2012 年 8 月 17 日 21 时(a)和 18 日 02 时(b)地面风场低通滤波、假相当位温（虚线，单位：K）和 1 h 雨量（阴影≥10 mm）叠加

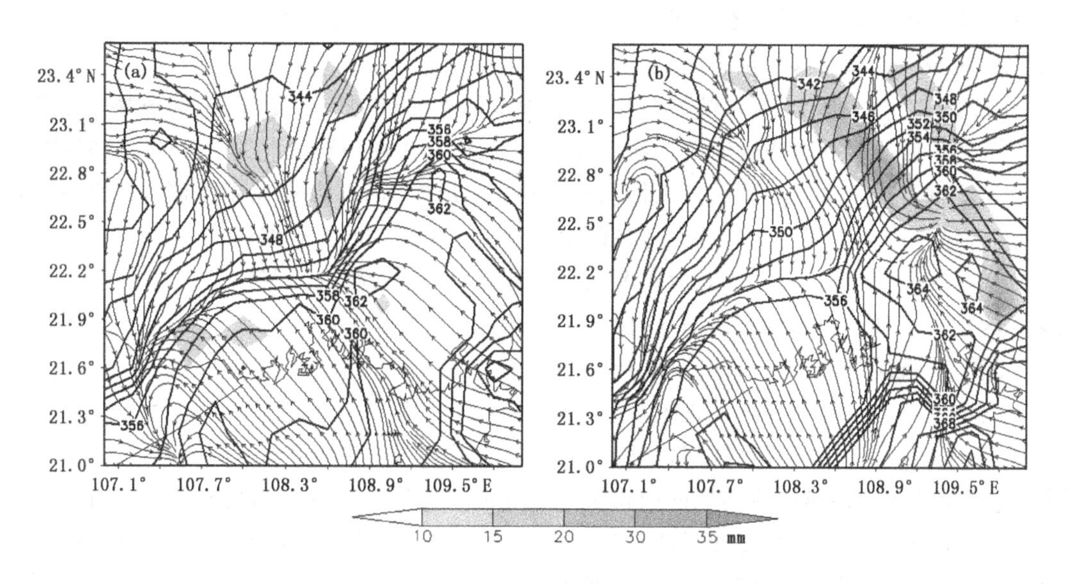

图 4　2011 年 9 月 30 日 14 时(a)和 20 时(b)地面风场低通滤波、假相当位温（虚线，单位：K）和 1 h 雨量（阴影≥10 mm）的叠加

“纳沙”螺旋雨带的回波演变与“启德”有类似特征，只是其螺旋雨带伸展范围更宽，靠近海沿岸的回波强度更强一些。9 月 30 日 14 时北部湾东部沿海地区到桂中开始发展出南北向长条状的强回波带，23 时强回波带明显增强，对流中心回波强度≥55 dBZ，回波顶高达到 12 km 以上，而垂直积分液态水含量超过 25 kg/m^2，雨量强度≥70 mm/h，此后这条强回波带在北海到南宁东北部一线持续维持并向东摆动，降雨的累积效应非常明显，造成这一带的强暴雨。10

月 1 日 20 时北部湾西部沿海到桂西也开始出现南北向的长回波带(图略),到 2 日 02 时明显增强,强回波中心在防城港市附近向北推进,造成该地区再次强降水的发生。

由以上分析可知,台风在北部湾海面西行中其前部的雷达回波表现为螺旋回波带,回波强度一般为 30～45 dBZ,高度 8～10 km,台风螺旋雨带的整体走向通常与雨带内回波单体的走向相垂直,台风雨带回波的强度变化不大,维持时间较长。台风在越南北部登陆后其后部的螺旋雨带中一般存在有中尺度强回波带状特征,其强度一般在 45～55 dBZ,高度可达 12～14 km,垂直积分液态水含量超过 25 kg/m^2,降水效率高。另外,与上节比较可知,强回波带就是在边界层的水汽通量散度辐合中心区发展起来的,与强降雨区有明显的对应关系。

4　地面中尺度分析

在 Shuman-Shapiro 方法[5,6]基础上,选择 25 点滤波算子对自动站资料进行中尺度滤波分析,利用细网格高分辨输出结果来分析地面中尺度扰动变化与中尺度降水的关系。

4.1　中尺度辐合线

连续跟踪逐时地面风场低通滤波,发现“启德”台风 17 日 14—19 时在北部湾海面西行中其东北侧存在明显的东南气流与东北气流的辐合线并逐渐扫过桂南沿海,1 h 强降雨区出现在辐合线的前方。如图 3 所示,“启德”台风在靠近越南北部及登陆后 8 h 内,辐合线基本停滞在十万大山山脉一带摆动,强降雨区主要出现在位于山脉南侧的防城港市,可见迎风坡上有利于暴雨发生。此后,辐合线北抬减弱,并发展出一个中尺度的气旋性涡旋环流,强降水区逐渐北移到崇左至南宁市西部一带。

29 日 21 时—30 日 12 时,“纳沙”台风在北部湾海面西行到登陆期间,地面风场东南气流与东北气流辐合线从桂东南逐渐向西向北移动,强雨区分布在辐合线北侧。30 日 20 时(图 4)在南宁东南部形成一个中尺度的气旋性涡旋扰动,扰动中心西部存在偏南气流与偏北气流的汇合线,环流中心到北部湾东部近海存在西南气流与东南气流的汇合线,而环流中心北部存在偏东气流与偏北气流的汇合线,此后逐渐演变为南北向长辐合带并维持到第二天上午,与多普勒雷达速度图上的 0 速度线走向对应(图略)。

4.2　地面温、湿度场分析

地面假相当位温综合反映了地面温度、湿度状况,由此可分析地面冷暖空气的活动和相互作用情况。从图 3 可见,“启德”带来的高能区自北部湾向西北伸展,由于北部偏东北下沉气流影响,沿十万大山山脉一线的地面假相当位温等值线密集、梯度明显,使暖湿气流在这一带强迫上升、不稳定能量释放,促使对流不断加强。从 30 日 14 时地面假相当位温分布图(图 4)上可以看出,地面有冷空气从桂西北渗透南下,等位温密集线压在来宾、南宁至崇左一带呈东北—西南向,风场辐合线与等位温密集线基本重合,即加剧了这一地区动力和热力不稳定,导致强降水发生。

以上分析表明,台风中尺度暴雨与近地面层中尺度气旋性扰动和中尺度辐合气流有密切关系。“启德”和“纳沙”台风在北部湾西行时,桂南近地面气流都存在东南气流与东北气流的汇合。另外,“纳沙”由于有冷空气的入侵,加剧了动力和热力不稳定,使近地面层气流出现多个分支,有利于形成中尺度涡旋和气流汇合带,是强降雨形成的重要因素。

5 结论

通过中尺度滤波分离技术，对进入北部湾并在越南北部登陆的1213号台风“启德”和1117号台风“纳沙”的水汽辐合、雷达回波、中尺度地面风场进行对比分析，主要得到如下结论：

(1)台风在越南北部登陆影响过程中，其东侧的偏南风急流和偏东南风急流带来的水汽和能量输入，对台风后续暴雨起着极其重要的作用。水汽通量散度辐合主要出现在850 hPa以下，边界层的水汽通量散度负值中心对强降水落区有较好的指示作用。

(2)台风前部的多普勒雷达螺旋回波中心强度一般为30～45 dBZ，高度8～10 km，雨带的整体走向与雨带内回波单体的走向垂直。台风在越南北部登陆后其后部的螺旋雨带中存在中尺度强回波带状特征，强度45～55 dBZ，高度12～14 km；强回波带主要在边界层的水汽通量散度辐合中心区发展。

(3)台风强降水与近地面层的中尺度气旋性扰动和中尺度辐合气流有关，强降雨落区在同时刻中尺度涡旋或辐合线附近。十万大山迎风地形的强迫抬升和强迫辐合可使台风降水明显增大。

(4) 冷空气侵入台风外围，加剧了动力和热力不稳定，使近地面层气流出现多个分支，有利于形成中尺度涡旋和气流汇合带，是暴雨形成的重要因素。

参考文献

[1] 何小娟，丁治英. 广西北部湾地区台风暴雨的统计特征. 气象研究与应用，2007，**28**(2)：31-35.

[2] 郑庆林，吴军，蒋平. 我国东南海岸线分布对9216号台风暴雨增幅影响的数值研究. 热带气象学报，1996，**12**(4)：304-313.

[3] 高国栋，陆渝蓉，李永康等. 水分过程对台风暴雨的影响. 北京：气象出版社，1996：10-14.

[4] 程正泉，陈联寿，徐祥德. 近30年中国台风暴雨研究的进展. 气象，2005，**31**(12)：1-7.

[5] 夏大庆，等. 气象场的几种中尺度分离算子及其比较. 大气科学，1983，**7**：303-311.

[6] 寿绍文，励申申，姚秀萍. 中尺度气象学. 北京：气象出版社，2003：253-259.

登陆海南文昌热带气旋的天气气候特征

郑艳　符式红　陈有龙

（海南省气象台，海口 570203）

摘　要

对1950—2011年登陆海南文昌热带气旋的时空分布和降水分布特征进行统计，并利用NCEP 2.5°×2.5°再分析资料对不同类型热带气旋天气背景进行对比分析。结果表明：登陆文昌的热带气旋主要集中在6—11月，其中9月最多，年代际分布为20世纪70年代最多，90年代最少；海南岛热带气旋暴雨强度与热带气旋登陆强度、影响时间呈正相关，地形增幅明显；西行进北部湾台风和热带风暴类水汽来自于孟加拉湾和西北太平洋，热带风暴类较台风类孟加拉湾的西南风速小6～8 m/s，西北太平洋的东南风速二者基本相当，南亚高压中心偏东24个经距左右并且冷空气更活跃；西北行进北部湾台风和热带风暴类水汽来自于孟加拉湾和中国南海，热带风暴类较台风类孟加拉湾的西南风速和南海的偏南风速均小2～6 m/s，南亚高压中心偏东4～6个经距，二者冷空气均不活跃。

关键词：热带气旋　气候特征　天气背景

引言

近年来多位专家和学者[1~6]对登陆和影响中国的热带气旋（TC）的气候特征进行了深入分析。海南省是中国受TC影响最严重的省份之一，平均每年影响的个数为7～8个，其中有2～3个登陆。普查1950—2011年《台风年鉴》[7,8]及“海南热带气旋降水预报业务系统”，62 a间登陆海南岛的145个TC中有48个在文昌登陆（包括在海口－文昌或文昌－琼海交界登陆的TC，下同），文昌市是海南岛TC登陆最多的市县。本文对登陆海南文昌TC的时空分布和降水分布特征进行统计，并利用NCEP 2.5°×2.5°再分析资料对TC的天气背景进行分析。

1　登陆文昌TC时空分布特征

1.1　登陆文昌TC月分布特征

1950—2011年在文昌登陆的TC主要集中在6—11月，即夏、秋两季，其中9月登陆文昌的TC最多，约占总数33.3%，8月次之，占总数25%，4月仅有1个样本，5月份、12月至次年3月没有TC登陆文昌。从登陆文昌时TC的强度来看，台风及其以上级别（统称TY，下同）最多，约占总数39.6%，热带风暴、强热带风暴（统称TS，下同）和热带低压（TD，下同）样本个数相当，分别为14和15个。

不同强度TC登陆文昌的月分布特征分析表明，TY和TS 9月最多，分别为7个和5个样本，TD在8月最多，为6个样本。5月、12月至次年3月没有TY登陆文昌，与登陆文昌的TC

资助项目：中国气象局预报员专项（CMAYBY2013－053）资助。

月分布一致；登陆文昌的TS集中在6—10月，11月至次年5月没有TS登陆；登陆文昌的TD集中在6—11月，12月至次年5月没有TD登陆。

1.2 登陆文昌TC年代际分布特征

从1950—2011年登陆文昌TC年代际分布对比来看，20世纪70年代最多，约占总数22.9%；50年代次之，为10个样本；90年代最少，仅有2个样本，进入2000年以后，登陆文昌的TC个数显著增加。

不同强度TC登陆文昌的年代际分布特征：50—80年代均有4个TY登陆文昌，90年代没有TY登陆文昌；70年代和21世纪最初10年登陆文昌TS最多，也是4个，80年代次之，为3个，60年代没有TS登陆文昌；50年代登陆文昌TD最多，为5个，以后缓慢递减。

2 登陆文昌TC海南岛降水分布特征

根据登陆文昌TC的强度和登陆前后的移动路径将48个样本分为8类：西行进北部湾TY类；西行进北部湾TS类；西北行进北部湾TY类；西北行进北部湾TS类；北上不进北部湾TC类；西(或西北)行进北部湾TD类；陆地消失不进北部湾TD类；异常路径TC类。下面分别对上述8类TC造成海南岛降水分布特征进行分析。

2.1 西行进北部湾TY类分类标准及海南岛降水分布特征

西行进北部湾TY类分类标准：TC以台风或以上级别(风力≥12级)登陆海南文昌，登陆后偏西行进入北部湾海面，在北部湾海面时TC位于18°～21°N。

西行进北部湾TY类海南岛最大过程降雨量分布特征：降雨量分布自西北向东南先递增再递减。最大降雨量分布呈东北一西南向，极值中心位于乐东，达612.6 mm，保亭最小仅为48.5 mm。

2.2 西行进北部湾TS类分类标准及海南岛降水分布特征

西行进北部湾TS类分类标准：TC以热带风暴或强热带风暴(风力8～11级)登陆海南文昌，登陆后偏西行进入北部湾海面，在北部湾海面时TC位于18°～21°N。

西行进北部湾TS类海南岛最大过程降雨量分布特征：最大降雨量分布自西北向东南递减，昌江最大达342.5 mm，保亭最小为77 mm。

2.3 西北行进北部湾TY类分类标准及海南岛降水分布特征

西北行进北部湾TY类分类标准：TC以台风或以上级别(风力≥12级)登陆海南文昌，登陆后西北行进入北部湾海面，在北部湾海面时TC位于20°N以北。

西北行进北部湾TY类海南岛最大过程降雨量分布特征：降雨量分布自东南向西北递增，昌江最大为517.4 mm，保亭最小为134.4 mm。

2.4 西北行进北部湾TS类分类标准及海南岛降水分布特征

西北行进北部湾TS类分类标准：TC以热带风暴或强热带风暴(风力8～11级)登陆海南文昌，登陆后西北行进入北部湾海面，在北部湾海面时TC位于20°N以北。

西北行进北部湾TS类海南岛最大过程降雨量分布特征：降雨量分布北大南小，极值区位于西部，昌江最大达到468.4 mm，三亚最小仅为63 mm。

2.5 北上不进北部湾TC类分类标准及海南岛降水分布特征

北上不进北部湾TC类分类标准：TC以热带风暴或以上级别(风力≥8级)登陆海南文

昌，登陆后北上不进北部湾海面。

北上不进北部湾 TC 类海南岛最大过程降雨量分布特征：降雨量分布自北向南先递增再递减，万宁最大为 417.5 mm，乐东最小为 85.7 mm。

2.6 西(或西北)行进北部湾 TD 类分类标准及海南岛降水分布特征

西(或西北)行进北部湾 TD 类分类标准：TC 以热带低压(风力 6～7 级)登陆海南文昌，登陆后西(或西北)进入北部湾海面。

西(或西北)行进北部湾 TD 类海南岛最大过程降雨量分布特征：降雨量分布自东北向西南递减，海口最大为 424.5 mm，乐东最小为 43.6 mm。

2.7 陆地消失不进北部湾 TD 类分类标准及海南岛降水分布特征

陆地消失不进北部湾 TD 类分类标准：TC 以热带低压(风力 6～7 级)登陆海南文昌，登陆后迅速减弱消失，不进北部湾海面。

陆地消失不进北部湾 TD 类仅有两个样本，而 5320 号 TC 海南岛没有雨量观测记录，因此，此类最大过程降雨量均为 6539 号 TC 的雨量，其分布特征：降雨量分布自东北向西南递减，文昌最大为 272.6 mm，乐东最小仅有 0.3 mm。

2.8 异常路径 TC 类分类标准及海南岛降水分布特征

异常路径 TC 类分类标准：TC 在登陆海南文昌前后路径曲折多变。

异常路径 TC 类海南岛最大过程降雨量分布特征：降雨量分布北大南小，西大东小，过程降雨量大，昌江最大达到 1271.1 mm，保亭最小为 300.5 mm。

3 不同类型登陆文昌 TC 的天气背景分析

由于热带低压本身环流偏弱，引导气流往往不明显，造成其定位存在一定的误差；而异常路径 TC 影响系统较为复杂，不存在一定的共性。因此，我们选取第 2 节中所述 8 类登陆文昌 TC 中的前 5 类，即西行进北部湾 TY 类、西行进北部湾 TS 类、西北行进北部湾 TY 类、西北行进北部湾 TS 类和北上不进北部湾 TC 类做平均场，进行天气形势对比分析，以期找出不同类型 TC 背景场特征。

3.1 西行进北部湾 TY 类天气形势分析

西行进北部湾 TY 类(图 1)500 hPa 副热带高压(副高)脊线位于 28°N 附近，584 dagpm 线呈带状控制江淮以南至两广北部，西脊点位于 92°E 附近，TC 外围其北侧的偏东风速最大(18～24 m/s)，位于副高南侧的 TC 稳定西行。200 hPa 南亚高压中心位于 92°E 附近的青藏高原南部，脊线在 28°～30°N，TC 位于南亚高压东部脊下方，高层抽吸、流出明显，有利于强度加强或维持。850 hPa 来自于孟加拉湾的西南暖湿气流旺盛，风速超过 20 m/s，沿着副高南缘的来自于西北太平洋东南暖湿气流风速在 12～18 m/s；925 hPa 上述两条水汽输送带也很旺盛，风速与 850 hPa 相当，低层充沛的水汽输送使得 TC 强度增强或维持。1000 hPa 冷空气主体偏北偏弱，长江以南有弱冷平流扩散至华南北部，吹 4～8 m/s 的东北东风，弱冷空气交绥有利于 TC 强度增强或维持。

3.2 西行进北部湾 TS 类天气形势分析

西行进北部湾 TS 类(图 2)500 hPa 副高脊线位于 27°N 附近，586 dagpm 线呈带状控制江淮以南至两广中部，西脊点位于 92°E 附近，TC 外围其北侧的偏东风速最大，达到 18～

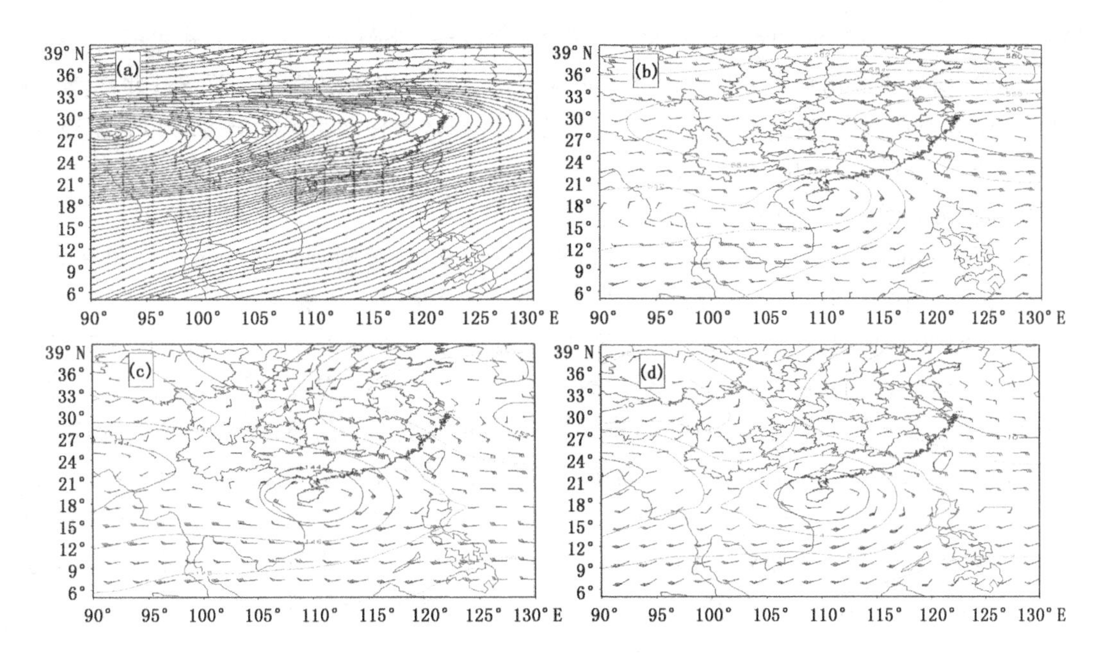

图 1　西行进北部湾 TY 类 200 hPa 平均流场(a)和 500 hPa(b)、850 hPa(c)、1000 hPa(d)平均风场和高度场

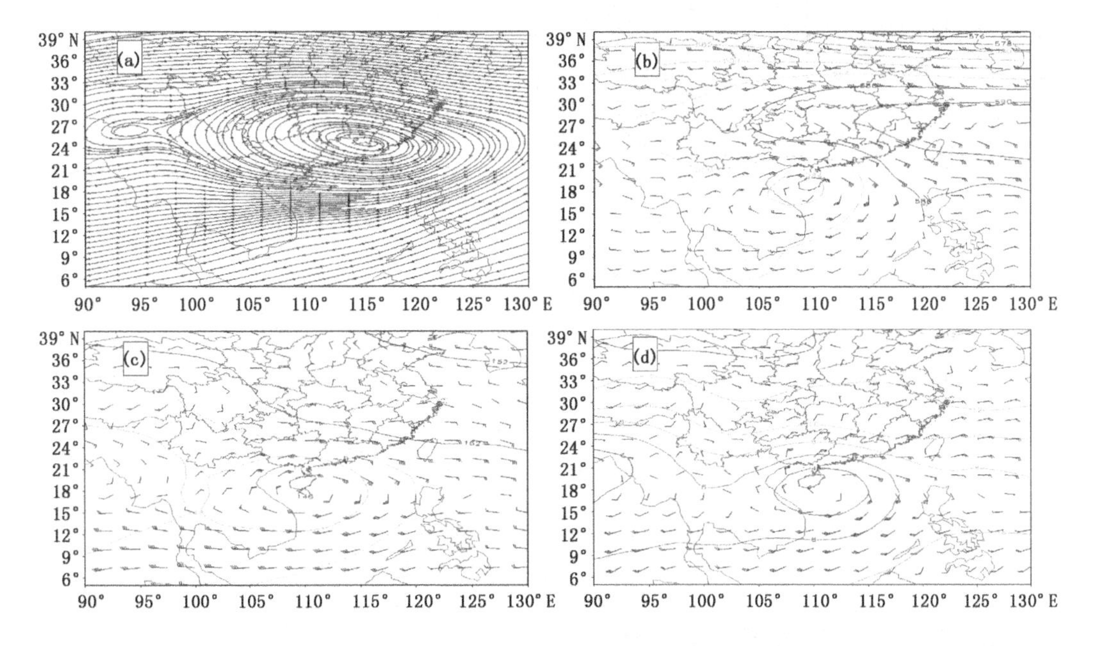

图 2　西行进北部湾 TS 类 200 hPa 平均流场(a)和 500 hPa(b)、850 hPa(c)、1000 hPa(d)平均风场和高度场

20 m/s，位于副高南侧的 TC 稳定西行。1000 hPa 40°N 以南至两广北部中国大部分地区受冷高压控制，江淮以南至两广地区吹偏北风或东北风，冷空气活跃，有利于 TC 偏西行，较强冷空气渗透使得 TC 强度减弱。200 hPa 南亚高压中心位于 116°E 附近的华南北部，脊线在 24°～26°N，TC 位于南亚高压中心南侧，为一致的偏东气流，高层抽吸、流出较弱，强度将逐渐减弱。

850 hPa 来自于孟加拉湾的西南暖湿气流较登陆西行进北部湾 TY 类明显减弱，风速为 16 m/s左右，沿着副高南缘的来自于西北太平洋东南暖湿气流风速较登陆西行进北部湾 TY 类相当或略有增强，最大达到 20 m/s；925 hPa 上述两条水汽输送带风速与 850 hPa 相当，低层较为充沛的水汽输送有利于 TC 强度维持。

3.3 西北行进北部湾 TY 类天气形势分析

西北行进北部湾 TY 类(图 3)500 hPa 副高脊线位于 27°N 附近，586 dagpm 线呈块状控制江淮以南至菲律宾，584 dagpm 线西脊点位于 95°E 附近，TC 外围南到东南风速(最大 28 m/s)明显大于偏东风速(最大 20 m/s)，引导 TC 西北行。1000 hPa 40°N 以南中国大陆没有冷空气影响，华东和华中地区受弱高压脊控制，江淮以南至两广北部吹偏东风或东南风，有利于 TC 西北行。200 hPa 南亚高压中心位于 90°N 以西的青藏高原南部，脊线在 29°E 附近，TC 位于南亚高压东部脊下方，高层抽吸、流出明显，有利于强度增强或维持。850 hPa 来自于孟湾的西南暖湿气流旺盛，风速在 20 m/s 左右，沿着副高西缘的来自于南海偏南气流风速在 18 m/s 以上，两支气流汇合最大风速达到 28 m/s；925 hPa 上述两条水汽输送带也很旺盛，风速与 850 hPa 相当或略偏强，低层充沛的水汽输送使得 TC 强度加强或维持。

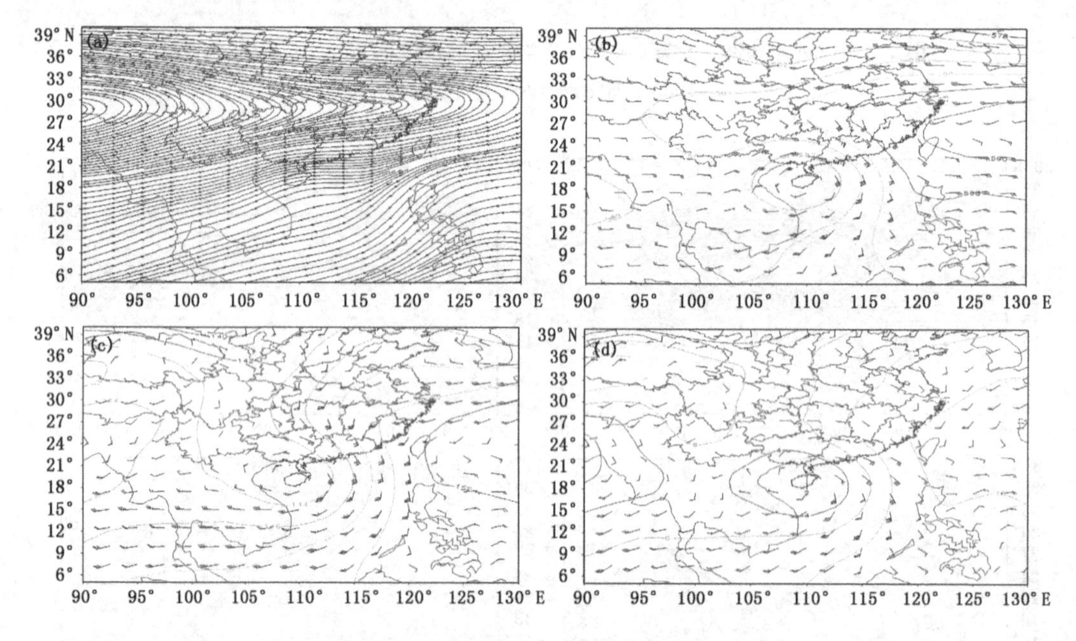

图 3 西北行进北部湾 TY 类 200 hPa 平均流场(a)和 500 hPa(b)、850 hPa(c)、1000 hPa(d)平均风场和高度场

3.4 西北行进北部湾 TS 类天气形势分析

西北行进北部湾 TS 类(图 4)500 hPa 副高脊线位于 28°N 附近，586 dagpm 线呈块状控制江淮以南至菲律宾大部分地区，西脊点位于 105°E 附近，TC 外围东南风速和偏东风速相当，为 16～18 m/s，TC 在本身内力作用下向西北行。1000 hPa 冷空气主体位于中国西北地区，江淮以南至两广北部受弱的倒槽控制，吹偏东风，有利于 TC 西北行。200 hPa 南亚高压中心较登陆西北行进北部湾 TY 类偏东，位于 94°E 附近的青藏高原东部，脊线在 30°N 附近，TC 位于南亚高压东部脊下方，高层抽吸、流出减弱，不利于强度加强或维持。850 hPa 来自于孟加拉

湾的西南暖湿气流和沿着副高西缘的来自于中国南海的偏南气流风速相当，但与登陆西北行进北部湾 TY 类相比较明显较弱(16～20 m/s)；925 hPa 上述两条水汽输送带风速与 850 hPa 相当或略偏强，低层较为充沛的水汽输送使得 TC 强度维持。

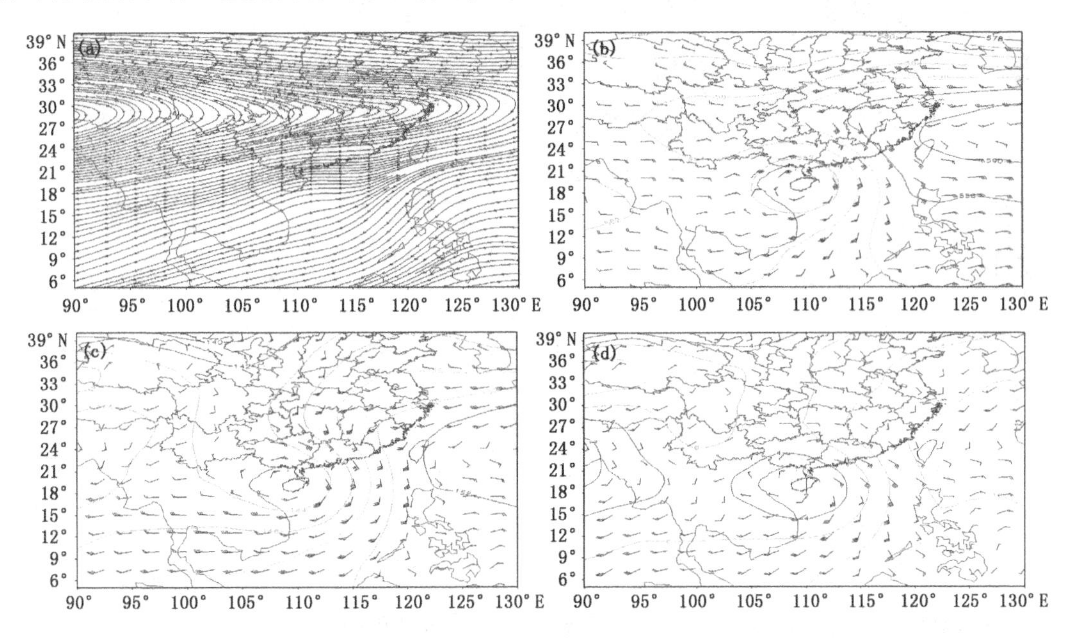

图 4　西北行进北部湾 TS 类 200 hPa 平均流场(a)和 500 hPa(b)、850 hPa(c)、1000 hPa(d)平均风场和高度场

3.5　北上不进北部湾 TC 类天气形势分析

北上不进北部湾 TC 类(图 5)500 hPa 副高脊线位于 19°N 附近，586 dagpm 线呈块状控制南海东部至菲律宾以东西北太平洋，青藏高原槽位于四川中部至云南中西部，TC 外围偏南风强盛，最大风速为 28 m/s，位于副高西侧的 TC 北上。200 hPa 南亚高压中心位于 120°E 附近的菲律宾北部近海，脊线在 19°N 附近，TC 位于南亚高压西部脊上方，高层抽吸、流出明显，有利于强度加强或维持。850 hPa 西南季风尚未爆发，来自于孟加拉湾的西南气流明显偏弱，但沿着副高西缘的来自于南海偏南气流旺盛，风速在 18～24 m/s，冷高压中心偏东偏北，位于黄海附近，冷高压南侧来自于西北太平洋偏东气流与南海的水汽输送带汇合，TC 北侧偏东风速在 20～26 m/s；925 hPa 上述两条水汽输送带风速与 850 hPa 相当或略偏弱，低层充沛的水汽输送使得 TC 强度增强或维持。1000 hPa 冷空气主体偏北偏东，位于黄海东部，冷平流东路扩散至华南，长江以南至华南北部吹一致的东北东风，弱冷空气交绥有利于 TC 强度增强或维持。

4　小结

(1)登陆文昌的 TC 主要集中在 6—11 月，其中 9 月最多，5 月、12 月至次年 3 月没有 TC 登陆文昌；台风及其以上级别最多，强热带风暴、热带风暴和热带低压样本个数相当。登陆文昌的 TC 20 世纪 70 年代最多，50 年代次之，90 年代最少，进入 21 世纪以后，登陆文昌的 TC 个数显著增多。

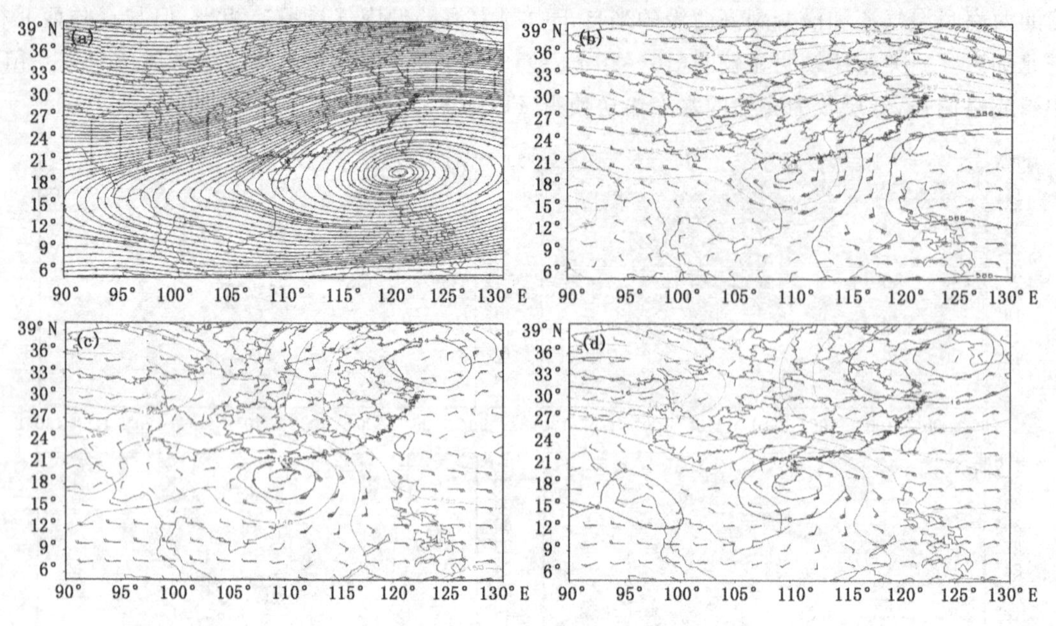

图 5　北上不进北部湾 TC 类 200 hPa 平均流场(a)和 500 hPa(b)、850 hPa(c)、1000 hPa(d)平均风场和高度场

(2)海南岛 TC 暴雨强度与 TC 登陆强度及影响时间呈正相关。

(3)登陆文昌 TC 过程降雨量分布与海南岛地形密切相关。西(或西北)行进北部湾 TD 类海南岛过程降雨量极值区位于北部地区,其余进入北部湾 TC 类(共 5 类)均位于西部地区;TC 在 20°N 以北时(西北行)降水极值区位于昌江或儋州,在 18°～21°N 时(西行)降水极值区略偏南,位于昌江或乐东。

(4)西行进北部湾 TY 和 TS 类,副高均呈带状分布,副高脊线和 TC 中心相隔 7～9 个纬距;低层水汽输送带主要有两条——孟加拉湾和西北太平洋,来自于孟加拉湾的西南风速 TY 类比 TS 类大 6～8 m/s,而来自于西北太平洋的东南风速二者基本相当;南亚高压中心 TY 类位于青藏高原南部,TS 类位于华南东北部,较 TY 类偏东 24 个经距左右;TS 类较 TY 类冷空气更活跃。

(5)西北行进北部湾 TY 和 TS 类,副高南缘控制菲律宾大部分区域,副高脊线和 TC 中心相隔 7～9 个纬距;低层水汽输送带主要有两条——孟加拉湾和中国南海,来自于孟加拉湾的西南风速和中国南海的偏南风速 TY 类比 TS 类大 2～6 m/s;南亚高压中心 TY 类位于青藏高原南部,TS 类位于青藏高原东部,较 TY 类偏东 4～6 个经距;TY 和 TS 类江淮以南都没有冷空气活动。

(6)北上不进北部湾 TC 类,副高呈块状分布,TC 中心位于副高西侧,与脊线纬度相当;低层水汽输送带主要有两条——中国南海和西北太平洋,来自于南海的偏南风速比西北太平洋的东南风速大 4～6 m/s;南亚高压中心位于菲律宾北部近海,TC 位于南亚高压西部脊上方;冷空气主体偏东,冷平流扩散至华南。

参考文献

[1]　朱业,丁骏,卢美等.1949—2009 年登陆和影响浙江的热带气旋分析.海洋预报,2012,**29**(2):8-13.

[2] 张丽玲,黄卫.影响普宁市热带气旋的气候特征.广东气象,2010,**32**(5):26-28.
[3] 胡娅敏,宋丽莉,刘爱君等.近58年登陆我国热带气旋的气候特征分析.中山大学学报:自然科学版,2008,**47**(5):116-121.
[4] 王晓芳,李红莉,王金兰.登陆我国热带气旋的气候特征.暴雨灾害,2007,**26**(3):251-255.
[5] 罗伯良,张超.登陆热带气旋影响湖南并造成强降水的气候特征.广东气象,2008,**30**(4):12-14.
[6] 王同美,温之平,李彦等.登陆广东热带气旋统计及个例的对比分析.中山大学学报:自然科学版,2003,**42**(5):97-100.
[7] 国家气象局.台风年鉴.北京:气象出版社,1950-1988.
[8] 中国气象局.热带气旋年鉴.北京:气象出版社,1989-2011.

双台风“天秤”和“布拉万”相互作用的诊断分析

朱智慧　黄宁立

（上海海洋气象台，上海 201300）

摘　要

利用常规观测资料和 NCAR/NCEP FNL 资料，对 1214 号台风“天秤”和 1215 号台风“布拉万”的相互作用进行了诊断分析。在“天秤”的回旋打转过程中，通过引入兰金涡理论模型，对“藤原效应”引起的双台风 12 h 角变化进行量化分析，可以看出，“天秤”和“布拉万”之间的“藤原效应”对“天秤”的转向起了决定性的作用，环境场的引导作用较小。通过对台风进行受力分析，可以发现，总压力对“天秤”的回旋打转影响较小，而对“布拉万”的移动路径影响显著。“布拉万”强度更强、个头更大，是双台风发生“藤原效应”的主要因素。

关键词：“天秤”　“布拉万”　相互作用　诊断分析

引言

2012 年第 14 号热带风暴“天秤”于 8 月 19 日 11 时在西北太平洋生成，20 日 05 时加强为台风，23 日 11 时加强为超强台风，并于 24 日 05 时在台湾岛登陆，24 日 10 时减弱为台风，之后在中国南海东北部缓慢西移，并在 26 日 08 时之后，转为东行，28 日在台湾岛以东洋面上北上，在 28 日 20 时减弱为强热带风暴。2012 年第 15 号热带风暴“布拉万”于 20 日 14 时在西北太平洋洋面上生成，生成后向西北偏西方向移动，强度不断加强，22 日 05 时发展为台风，24 日 02 时加强为强台风，并转向西北方向移动，25 日 17 时进一步加强为超强台风，于 26 日夜里进入东海，强度缓慢减弱，28 日 20 时“布拉万”在朝鲜西部近海减弱为强热带风暴。

回顾“天秤”和“布拉万”从生成到消亡的过程，可以发现双台风效应的存在，导致“天秤”后期路径多变，成为当时预报的难点。因此，对“天秤”和“布拉万”的相互作用进行诊断分析，认清双台风作用的内在机制，将有助于我们更好地进行双台风路径预报。

早在 20 世纪初期，日本气象学家藤原就对双涡旋相互作用的问题进行了研究，并提出了著名的“藤原效应”[1,2]。Haurwitz[3] 通过将台风的风速分布假定为兰金涡，从理论上计算了双台风的互旋角速度。Brand[4] 和王作述等[5] 对发生在西北太平洋上的双台风个例进行统计分析，研究了双台风的相互旋转、相互靠近现象。包澄澜等[6] 分析了藤原效应与环境流场对双台风互旋的影响，提出双台风的运动除了藤原效应的互旋作用以外，还有环境流场的引导作用。董克勤等[7] 研究指出只有当滤掉环境流场的影响之后才能决定真实的藤原效应。本文参考已有研究成果，对“天秤”和“布拉万”的双台风作用进行了量化分析，得到的结果可以为双台风路径预报提供参考。

1 资料与方法

1.1 资料

本文使用的资料有两种：

(1)MICAPS 常规观测资料、台风路径和强度资料。

(2)NECP/ NCAR 一天 4 次的 FNL 分析资料。时间为 2012 年 8 月 20 日 00 时(UTC)到 2012 年 8 月 30 日 00 时，网格距 $1^\circ \times 1^\circ$。

1.2 台风受力分析

引起台风加速运动的主要因子有地转偏向力、总压力(大型气压梯度力)和内力。实践表明，地转偏向力的作用很小，因此可略去。在计算中，取台风的 7 级风圈半径代表台风漩涡的半径 r_0，$Z=8$ km 代表台风漩涡的高度，其他参数的计算方法依照参考文献[8]。

1.3 双台风牵引力计算方法

双台风的牵引作用除了与距离有关外，还与台风的强度、尺度有关。根据陈世松[8]的研究，设所讨论的双台风为西台风和东台风，其强度以中心气压 P_{cW} 和 P_{cE} 表示，其尺度以 1000 hPa 闭合等压线的直径 R_W 和 R_E 表示，两个台风中心距离以 L 表示，直径和距离单位为 km，则两个台风之间的牵引力可以表示为：

$$F=\frac{[(1000-P_{cW})+(1000-P_{cE})](R_W+R_E)}{L^2}$$

式中，F 为无量纲，为方便简称为引力。当台风中心气压 $P_c \geqslant 1000$ hPa 时，直径为 0，$F=0$。当 L 无限增大时，$F=0$。

2 “天秤”和“布拉万”路径特点分析

从图 1 中可以看到，1214 号台风“天秤”的移动路径可以分为三个阶段：(1)第一阶段，向偏北和偏西方向移动，“天秤”于 19 日生成之后，就在副热带高压、气流的引导下，先向偏北方向移动，21 日后缓慢西行。25 日 08 时之前，“天秤”受环境场的影响较为明显。(2)第二阶段：由于双台风作用，在南海东北部回旋打转。25 日 08 时至 28 日 08 时“天秤”和“布拉万”的双台风作用开始明显，“天秤”在南海东北部回旋打转，并在 26 日 08 时之后转为偏东路径，28 日 08 时之后在台湾岛以东洋面继续北上。(3)第三阶段：加速向东北偏北方向移动。随着“布拉万”的北上，双台风之间作用迅速减弱，“天秤”主要在副热带高压西侧引导气流和中纬度西风槽的共同影响下，向东北偏北方向移动。

3 “天秤”和“布拉万”之间“藤原效应”的量化分析

从图 2 中可以看到，25 日 08 时之前，“天秤”和“布拉万”的中心连线在 12 h 内没有出现夹角，说明两个台风没有发生明显的互旋，25 日 08 时之后，两者的中心连线 12 h 内开始出现夹角，一直到 27 日 20 时，这种连线的夹角都很明显，这说明，这段时间内，“天秤”和“布拉万”产生了明显的互旋作用，为了更加清晰地分析这一阶段的双台风互旋现象，对两个台风的中心距离和中心连线 12 h 角度变化量进行计算，结果如表 1 所示。

从表 1 中可以看到，在“天秤”和“布拉万”的互旋阶段，双台风的距离基本在 1200～1500

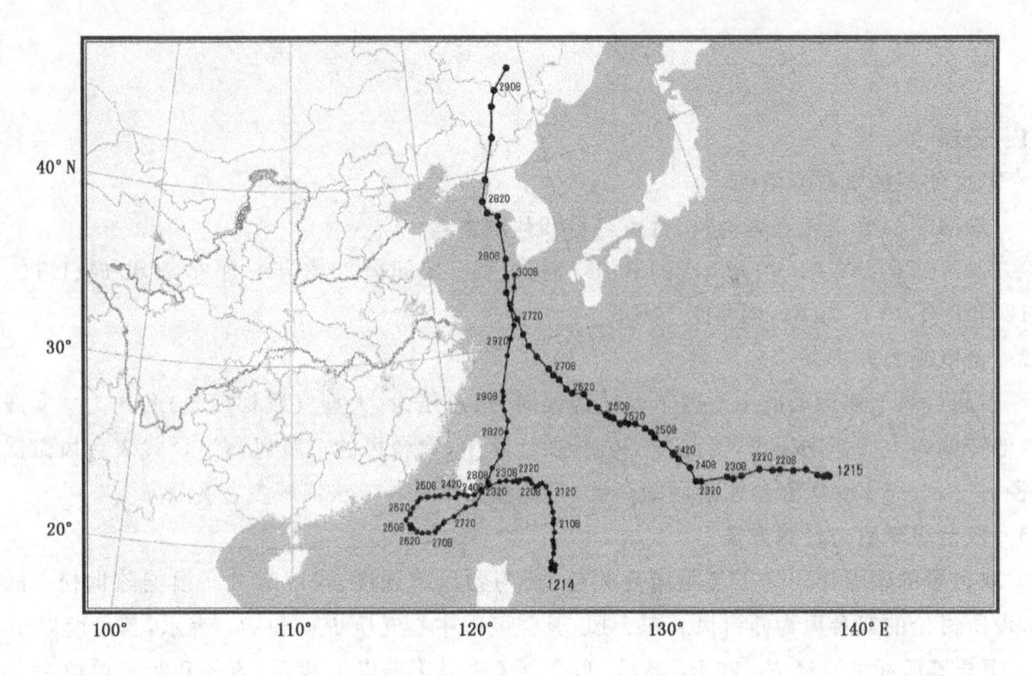

图 1　台风"天秤"和"布拉万"路径图

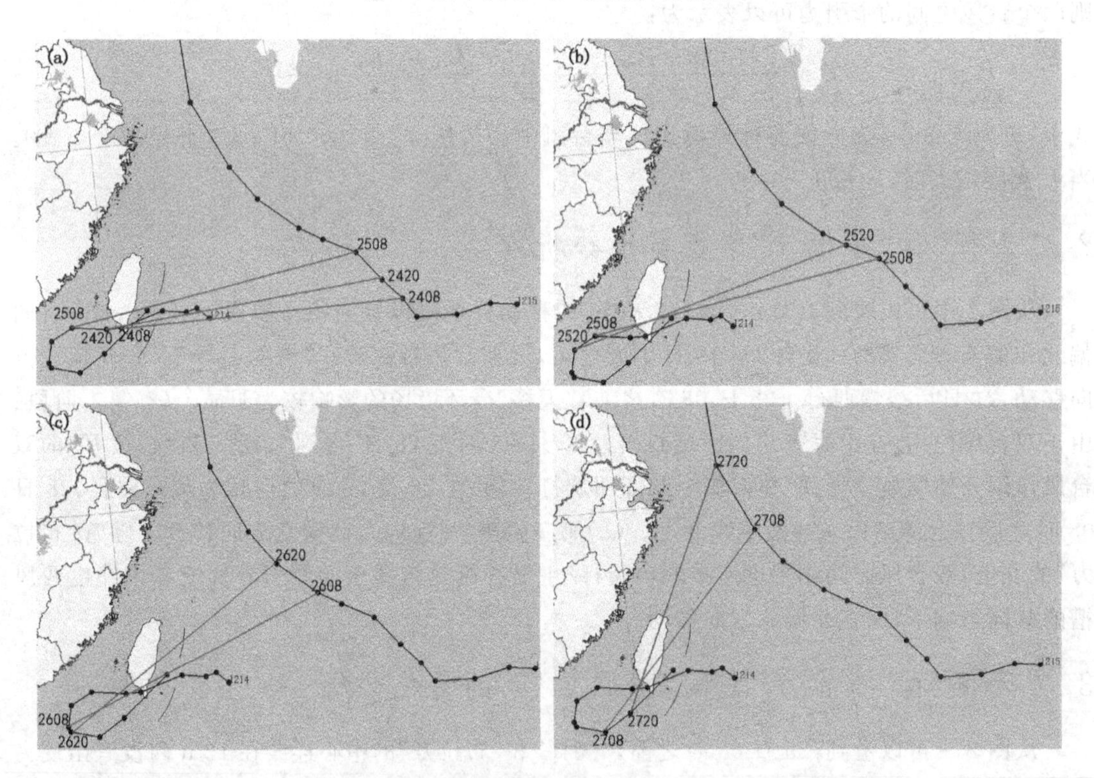

图 2　(a～d)"天秤"和"布拉万"中心连线(24 日 08 时—27 日 20 时)

km 之间,有利于双台风藤原效应的出现。根据包澄澜等[6]的研究,当 $\Delta\theta/12\ \mathrm{h}\geqslant 10^{\circ}$时,就可以认为双台风发生了明显的互旋,从表 1 中可以看到,25 日 08 时—28 日 08 时,"天秤"和"布拉万"的中心连线 12 h 角变化量都在 10°以上,这进一步说明,两者发生了明显的互旋,尤其是在

27 日,“天秤”和“布拉万”距离最近,这一天的 12 h 角度变化也最大。

表 1 “天秤”和“布拉万”距离及中心连线 12 h 角度变化量

时间	双台风距离(单位:km)	$\Delta\theta$/12 h(单位:度)
25 日 08 时	1419.3	
20 时	1398.9	12
26 日 08 时	1368.2	12
20 时	1280.6	13
27 日 08 时	1215.3	15
20 时	1273.9	17
28 日 08 时	1391.6	11

但是,上述 $\Delta\theta$/12 h 包含有环境流场的作用,不能认为是单纯双台风的相互作用,因此,引入理论模型分别计算单纯双台风的“藤原效应”造成的互旋角和由环境流场引导造成的互旋角将有助于我们认清两者的作用。取兰金涡假设:把台风分为内核和外围两部分。内核半径为 r_m ,在 $r < r_m$ 的核区,风速分布满足 $V/r =$ 常数;在 $r > r_m$ 的外围区,满足 $V_r =$ 常数,并设台风 1 的最大风速为 V_{m1} ,台风 2 的最大风速为 V_{m2} ,单纯由藤原效应引起的互旋角速度为:

$$\Delta\theta_F = \frac{(r_{m1}V_{m1} + r_{m2}V_{m2})}{d^2}$$

式中,r_{m1} 和 r_{m2} 为两个台风各个时次 700 hPa 上最大风速半径,V_{m1} 和 V_{m2} 分别为 700 hPa 最大风速。

表 2 “藤原效应”引起的“天秤”和“布拉万” 12 h 角度变化量及其与实测值的比较

时间	$\Delta\theta_F$/12 h(单位:度)	$\Delta\theta - \Delta\theta_F$
25 日 08 时		
20 时	9.9	2.1
26 日 08 时	9.5	2.5
20 时	12.4	0.6
27 日 08 时	14.0	1.0
20 时	16.2	0.8

从表 2 中可以看到,从 25 日 08 时—27 日 20 时,“藤原效应”引起的“天秤”和“布拉万”12 h 角度变化量与实测 12 h 角度变化量十分接近,平均误差仅为 1.4°,最大也只有 2.5°,这说明在“天秤”路径回旋打转阶段,双台风之间的“藤原效应”起了决定性作用,环境流场引导作用较小。

4 “天秤”和“布拉万”受力分析

从图 3a 中可以看到,“天秤”受的总压力数值最大,在 23 日 08 时—28 日 08 时受力方向都是西北向,所受内力很小,因此,总的合力的方向也维持西北向,但是从“天秤”的移向分析来看,23 日 08 时之前,“天秤”移向与合力方向具有较为一致的变化,其后,逐渐由西南转到东南、东北向,这表明,环境场的大型气压梯度力(即环境场的引导作用)没有主导“天秤”的移动,

"天秤"受到双台风"藤原效应"的影响更显著。从移速分析来看,"天秤"在双台风相互作用期间移速很慢,为 8 km/h 左右。从图 3b 可以看到,"布拉万"所受总压力在 23 日 08 时—28 日 08 时也主要是西北向,所受内力也很小,总的合力方向维持西北向。"布拉万"的移向在整个过程中基本为西北向,与总压力的方向基本一致,说明"布拉万"受环境场的引导作用明显,此外,从图 3b 中可以看到,25 日 20 时之后,"布拉万"受到的总压力开始明显增大,26 日 20 时之后其移速也开始明显增大,这就导致"布拉万"和"天秤"距离拉大,双台风作用逐渐趋于结束。

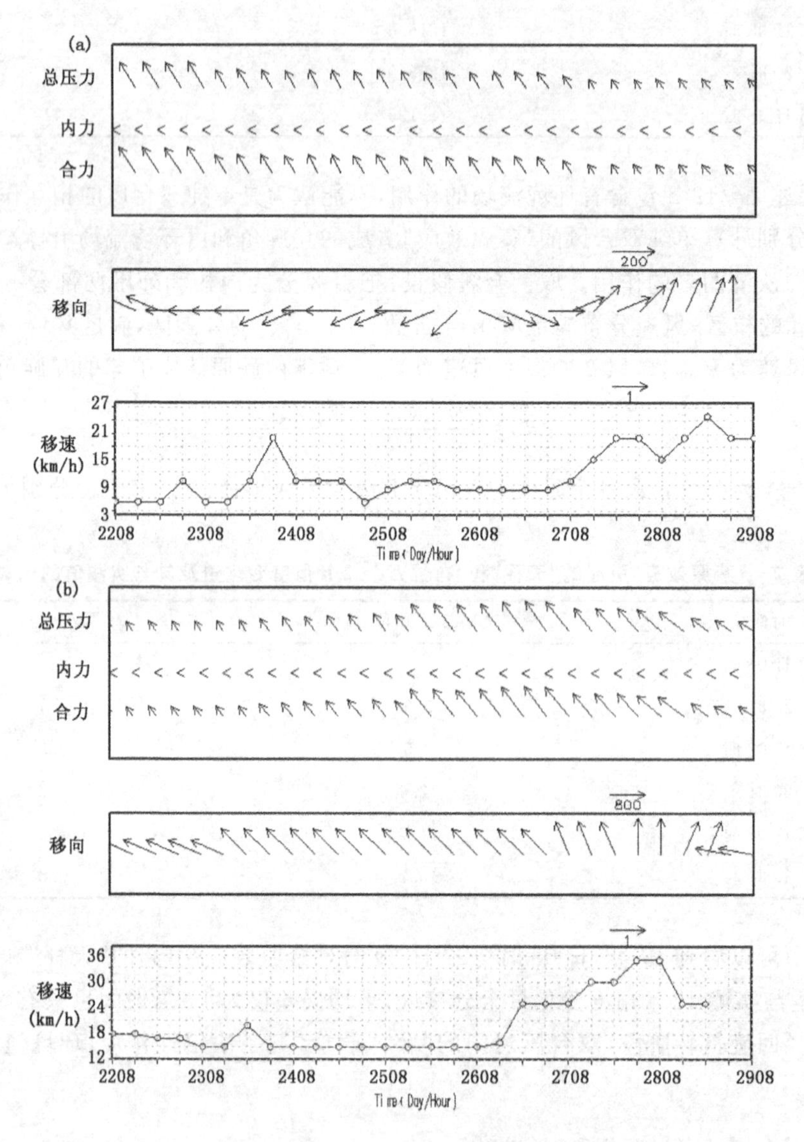

图 3 "天秤"(a)和"布拉万"(b)受力、移向、移速分析

5 "天秤"和"布拉万"之间牵引作用分析

从图 4 中可以看到,25 日 08 时之前,双台风引力 F 值基本小于 10,双台风的牵引作用不明显;25 日 20 时—27 日 20 时这段时间,$F \geqslant 10$,双台风开始有引力作用,当引力 F 从 26 日 08

时的37突增到26日20时的63时，“天秤”路径出现向右转的突变。分析两个台风的气压变化可以看出，在“天秤”和“布拉万”互旋最明显阶段，两个台风的中心气压都达到了一个低值区，尤其是台风“布拉万”达到了其生命史中的最低气压，于是，在双台风极强的牵引力作用下，“天秤”的路径发生了突变。此外，“天秤”个头较小，生成时7级大风半径只有180 km，最大时为250 km，相比于“布拉万”320—400 km的7级大风半径，“天秤”是个名副其实的小个头。可以看出，“布拉万”的牵引作用对“天秤”的转向起了关键的作用。

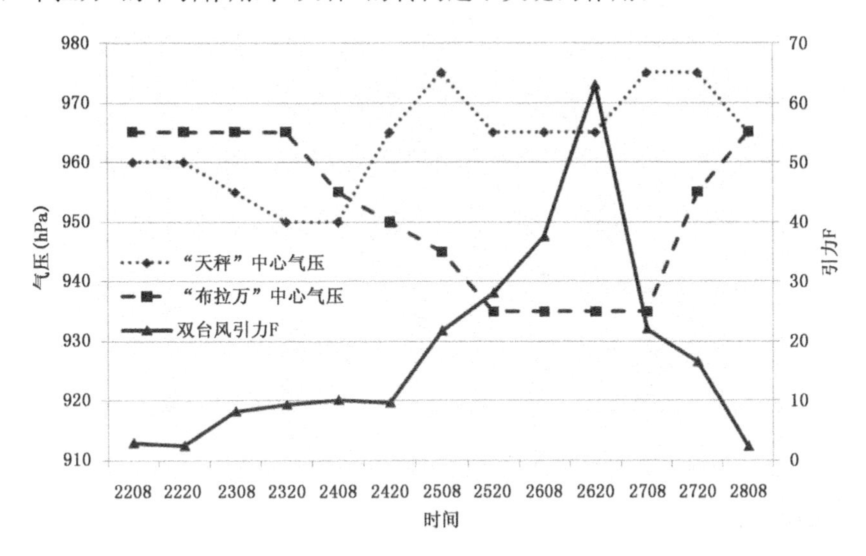

图4 “天秤”和“布拉万”中心气压以及双台风引力时间变化曲线

6 结论

(1)“天秤”的移动路径可分为3个阶段：第一阶段，在副热带高压引导下，向偏北、偏西方向移动；第二阶段，与“布拉万”产生藤原效应，在中国南海东北部回旋打转；第三阶段，在副热带高压和西风槽的共同影响下，向北偏东方向移动。

(2)在第二阶段的回旋打转过程中，25日08时之后，“天秤”和“布拉万”中心连线的12h角变化大于10°，说明在这段时间，双台风作用比较明显。通过引入兰金涡理论模型，对“藤原效应”引起的双台风12 h角变化进行量化分析，可以看出，“天秤”和“布拉万”之间的“藤原效应”对“天秤”的转向起了决定性的作用，环境场的引导作用较小。

(3)“布拉万”强度更强、个头更大，是双台风发生“藤原效应”的主要因素。

参考文献

[1] Fujiwhara S. The natural tendency towards sy mmetry of motion and its application as a principle in meteorology. *Quart J. Roy. Meteor Soc*. 1921,**47**(200): 287-293.

[2] Fujiwhara S. Short note on the behavior of two vortices. *Proc. Phys. Math Soc. Japan*. 1930,**13**: 106-110.

[3] Haurwitz B. The motion of binary tropical cyclones. *Arch. Met. Geophy*. Bioklimat, 1951,**4**:73-86.

[4] Brand S. Interaction of binary tropical cyclones of the western north pacific ocean. *J. Appl. Meteor.*, 1970,**9**(3): 433-441.

[5] 王作述，傅秀琴. 双台风相互作用及对它们移动的影响. 大气科学，1983,**7**(3)：269-276.
[6] 包澄澜,阮均石,朱跃建. 藤原效应与环境流场对双台风互旋的影响. 科学通报,1985,**10**:766-768.
[7] Dong K Q, Neumann C J. On the relative motion of binary tropical cyclones. *Mon. Wea. Rev.* 1983, **111**:945-953.
[8] 陈世松. 双台风引力和移动预报指标. 广西气象，1980,**2**:34-37.

第三部分 预报技术方法及其他灾害性天气

2011年梅雨特征及数值模式预报的检验和应用分析

范爱芬 娄小芬 徐燚

（浙江省气象台，杭州 310017）

摘 要

2011年长江中下游地区出现了自1999年以来最典型的梅雨降水，其梅雨环流形势与传统的典型梅雨不完全相同。本研究从东亚季风环流系统的相互配置和冷暖空气的相互作用入手，分析2011年的梅雨异常特征。结果表明：2011年梅雨带在长江以南地区直接建立；梅雨期间欧亚中高纬度无阻塞高压，冷空气由较常年偏强的东北冷涡和咸海冷涡引导南下。500 hPa西风低槽数次东移至长江中下游地区并发展，伴随低空急流的爆发，造成大范围的强烈上升运动和水汽的强烈辐合，致使该地区连续出现暴雨过程。中期数值模式预报的检验和应用分析表明，EC模式较其他模式有一定优势。对同一时刻的降雨量预报应用不同起报时间的多个预报平均优于单一起报时间的预报。

关键词：梅雨 季风环流系统 西风低槽 低空急流 数值模式预报的检验和应用

引言

2011年6月，长江中下游地区出现了自1999年以来最典型的梅雨降水。由于湖北、湖南、江西、安徽、江苏和浙江六省1—5月降水量明显偏少，6月突然的持续强降雨导致部分地区出现旱涝急转，灾害严重。以浙江省为例：6月3日前，全省平均降雨量仅281 mm，破60 a来同期最少记录；6月3日后，从前期的干旱少雨期迅速转入梅雨降水集中期。6月3—19日浙中北地区普遍出现400～600 mm的降水。6月21日09时36分（北京时）开始，新安江水库12 a来首次开闸泄洪，以降低水位至汛限水位。由于前期严重干旱，5月下旬到6月初全省上下正全身投入在如火如荼的抗旱中，气象部门对后期降水的预报至关重要。

已有大量的研究表明，东亚季风环流系统成员的位置和强度变化对入、出梅时间及梅雨强度和落区有重要影响[1~7]。本文从东亚季风环流系统主要成员的相互配置入手，对2011年梅雨洪涝的环流特征展开分析。并从业务预报的需要出发，对EC、T639和JMA等中期数值模式预报进行检验和应用分析。

张庆云等[1]研究表明，东亚夏季梅雨期异常的降水与中高纬度阻塞型的建立密切相关。

资助项目：中国气象局预报员专项项目（CMAYBY2012-023）。

毛文书等[4]研究也表明，江淮流域丰梅年，中层 500 hPa 表现为乌拉尔山高压脊强度增强，鄂霍茨克海阻塞高压强度增强。长江流域发生特大洪涝的 1998、1999 年梅雨期间，也出现了典型的双阻形势[8,9]。而 2011 年长江流域梅雨期间，欧亚中高纬度基本无阻塞高压。西太平洋副热带高压和西南季风的强度与位置是影响梅雨强度和位置的另一重要因子。本研究通过分析冷、暖空气的来源、强度和相互作用及水汽输送的变化，对 2011 年梅雨洪涝的成因作进一步的分析研究。

1 梅雨带的建立和维持

陶诗言等[7]指出，东亚梅雨的开始和结束与亚洲上空西风急流的季节变化密切相关。2011 年 5 月中下旬，华南无季风雨带存在。进入 6 月，200 hPa 南亚高压开始强烈发展，并向东伸展，6 月 3 日脊线位置迅速北抬到 20°N 以北，6 月 4 日 12520 gpm 线向东到达 120°E，正是南亚高压的显著北抬和东伸，导致青藏高原西风快速北撤，有利于低层西南季风的快速北推。同时，6 月 3 日低层索马里越赤道气流突然暴发，印度赤道西风随之快速加强北推，至中南半岛转为西南风；中层西太平洋副热带高压突然加强西伸，并异常北跳，5880 gpm 线西脊点达 110°E 以西，副高脊线位于 20°N，副高南侧的偏东风加强西伸，至南海转为偏南风，与来自印度和孟加拉湾的西南风汇合北上，这一西南气流向北一直到达长江中下游地区；与北方南下到此的冷空气交汇，梅雨带在长江以南地区直接建立。不同于常年梅雨带由华南季风雨带向北推进而发生。

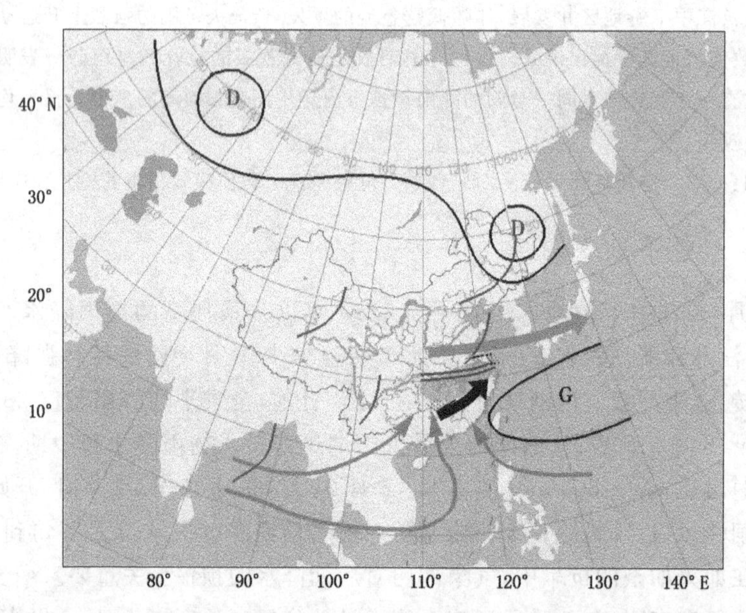

图 1　2011 年 6 月 3—19 日季风环流系统和长江流域累计雨量配置

梅雨带建立后，副热带高压以西进东撤活动为主，平均西伸脊点在 121°—122°E；南北方向则少动，副高脊线基本稳定在 22°N，强度偏强。这样的副高位置和强度极有利于梅雨锋在长江中下游地区维持(图 1)。副高前缘强大的西南气流，携带充沛的水汽和能量，与到达长江流域的冷空气相互作用，给这一地区先后造成五次连续暴雨过程。其中末次暴雨过程位于长江以北，强度相对较弱，长江中下游地区的洪涝主要由前四次连续暴雨过程造成，本文重点就这四次连续暴雨过程的成因展开讨论。

2 梅雨期间强降雨成因分析

2011年梅雨期连续暴雨过程是在高空西风急流、中低空西南季风急流、西太平洋副热带高压和中高纬度冷涡的恰当配置下，冷暖空气在长江流域对峙，由500 hPa低槽东移发展，西南风急流和偏东风急流同时爆发而发生。

2.1 南亚高压及其北侧的偏西风急流

梅雨期间，200 hPa南亚高压完整庞大，东西向带状分布，其位置从青藏高原向东一直延伸至长江流域，高压中心位于90°E以东，其北侧的西风急流位于30°—40°N。中国东南部地区为南亚高压东伸脊控制，110°—130°E平均脊线在20°—25°N摆动，其北侧的偏西风急流最强，中心风速超过48 m/s，与其前方的西北气流之间构成的强高空辐散有利于长江流域梅雨暴雨过程的持续出现。实况长江中下游的暴雨过程与此处西风急流的加强相对应。暴雨带位于高空偏西风急流的右侧，与王小曼等[10]的研究结果基本一致；强降雨中心位于高空辐散中心附近，与斯公望等[11]的研究一致(图略)。

2.2 西太平洋副高的活动和低层西南季风的水汽输送

由图1可知：2011年梅雨期间，副高强大，南北方向稳定少动，东西方向西进东撤明显。副高的西进和东撤决定了梅雨锋的水汽输送和来源。梅雨初期，副高强大偏西，水汽输送主要来自孟加拉湾的西南季风输送(图2a)；梅雨中后期，副高依然强大，但位置偏东，水汽输送来自孟加拉湾、中国南海和西太平洋，其中来自孟加拉湾的西风或经中南半岛转为西南风直接向梅雨锋输送水汽；或至中国南海、菲律宾与副高南侧的东南风汇合，通过热带气旋的发生、发展向梅雨锋输送更为强盛的水汽和能量(图2b)。

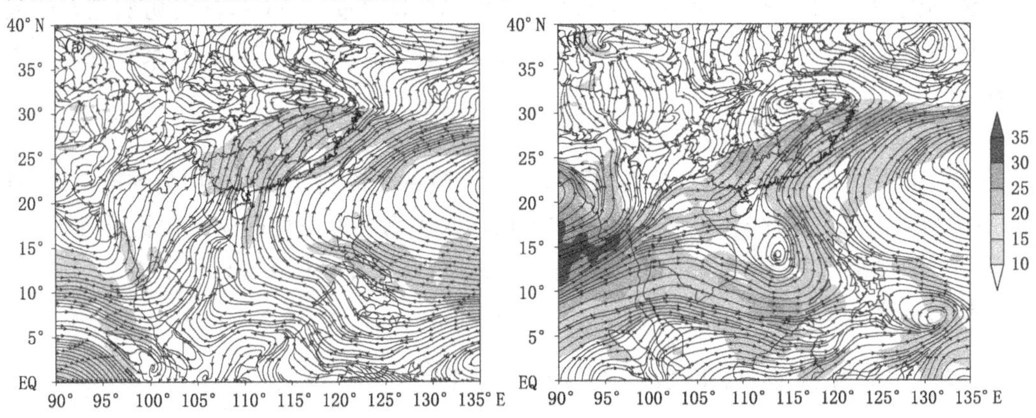

图2 梅雨期暴雨过程的850 hPa流线和水汽通量

(a. 6月4日，b. 6月15)

2.3 冷暖空气的相互作用和西风低槽、西南低涡的东移发展及低层西南风急流和偏东风急流的爆发

由图3可以看到，2011年6月4—7、9—11、14—15和18—19日四次连续暴雨过程都是在西南季风北涌和北方冷空气南下过程中，冷暖空气(以经向风表示：蓝虚线为北风，红虚线为南

风)在长江中下游地区相互对峙下发生。每一次暴雨过程均对应低层西南急流的暴发(12～18 m/s)和切变线北侧东南偏东风急流的暴发(12～16 m/s),暴雨带位于水汽强幅合区。雨强的加强与强大的水汽输送及深厚的垂直运动一致(图 4)。

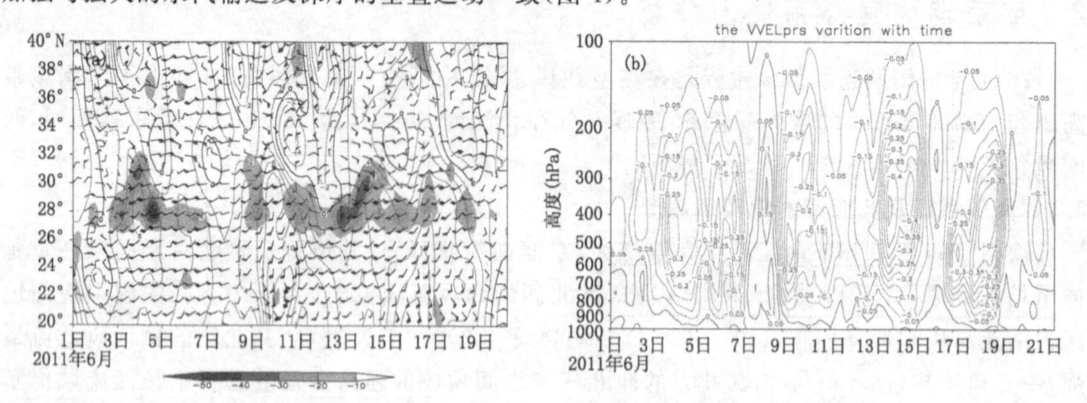

图 3 (a) 6 月 1—21 日沿 118°E 850 hPa 风场、经向风(虚线)和水汽通量幅合(填色)的纬度一时间演变,(b)6 月 1—21 日(116°—120°E, 27°—32°N)区域平均垂直速度随高度逐 6 h 沿变

2.3.1 中高纬度南下的冷空气活动

2011 年的梅雨形势不同于传统的典型梅雨,其 500 hPa 欧亚中高纬度阻塞不明显,维持两槽一脊形势,两槽内分别有东北冷涡和咸海冷涡稳定维持。中高纬度南下的冷空气主要由它们引导南下(图 1)。一方面,咸海冷涡不断分裂低槽,经高原东部东移;另一方面东北冷涡不断分裂低槽,携带冷空气南下,与东移到长江中下游地区的西风低槽相遇,使其加强发展(图略)。同时低层西南低涡沿切变线东移,在切变两侧冷暖空气的相互作用下,同步发展。路径相近的多次西风低槽和西南低涡沿切变线东移到长江中下游地区,并加强发展,槽前西南暖湿气流急剧加强,850 和 500 hPa 西南急流分别达 12～18 和超过 20 m/s,低层切变北侧的偏东风急流同时暴发在 12～16 m/s,造成大范围的上升运动和水汽辐合(图 3),致使该地区出现梅雨洪涝。

2.3.2 中高层向下传输的干冷空气

姚秀萍等[12]和张志刚等[13]研究均表明中国梅雨期的干冷空气来源于中高纬度和中高层。2011 年的梅雨期也是如此。6 月 3—19 日共出现四次中高层冷空气的向下传输过程(图略),与中高纬度的冷空气南下时间完全一致,中高纬度和中高层冷空气在长江中下游上空的重叠,使该地域的冷空气更加活跃。

3 中期数值预报模式的检验和应用分析

EC、T639 和 JMA 模式对 2011 年入梅环流形势和梅雨期强降水的主要影响系统副高和低槽、低涡等提前 3～5 d 基本报出,相比较而言,EC 模式更为稳定,对业务预报有参考价值的预报时效更长。如 EC 和 T639 模式对梅雨期副高的预报总体偏东偏弱,偶尔偏西偏强;其 96—168 h 预报均有较好的参考意义,其中对 5880 gpm 线的北界预报明显优于西脊点的预报,但 T639 的预报误差较 EC 模式要大(图略)。除了形势预报外,EC 细网格模式的降水预报较其他模式有更大优势。

浙江省于 2011 年夏季开始获得 EC 细网格模式的预报。我们将浙江梅雨五个指标站杭州、嘉兴、鄞县、金华、嵊州的实况单站日降雨量与 EC(0.25°×0.25°)、JMA(1.25°×1.25°)、T639(1°×1°)数值模式 24—240 h 各时效的预报结果进行对比，发现 EC 细网格模式的可用预报时效最长，日降雨量预报在 96 h(图 4a)之内都有参考意义，但 120 h(图 4b)以后误差明显增大。而日本和 T639 的降水预报一般 72 h 起，效果就不好，96 h 基本无参考意义(图略)。

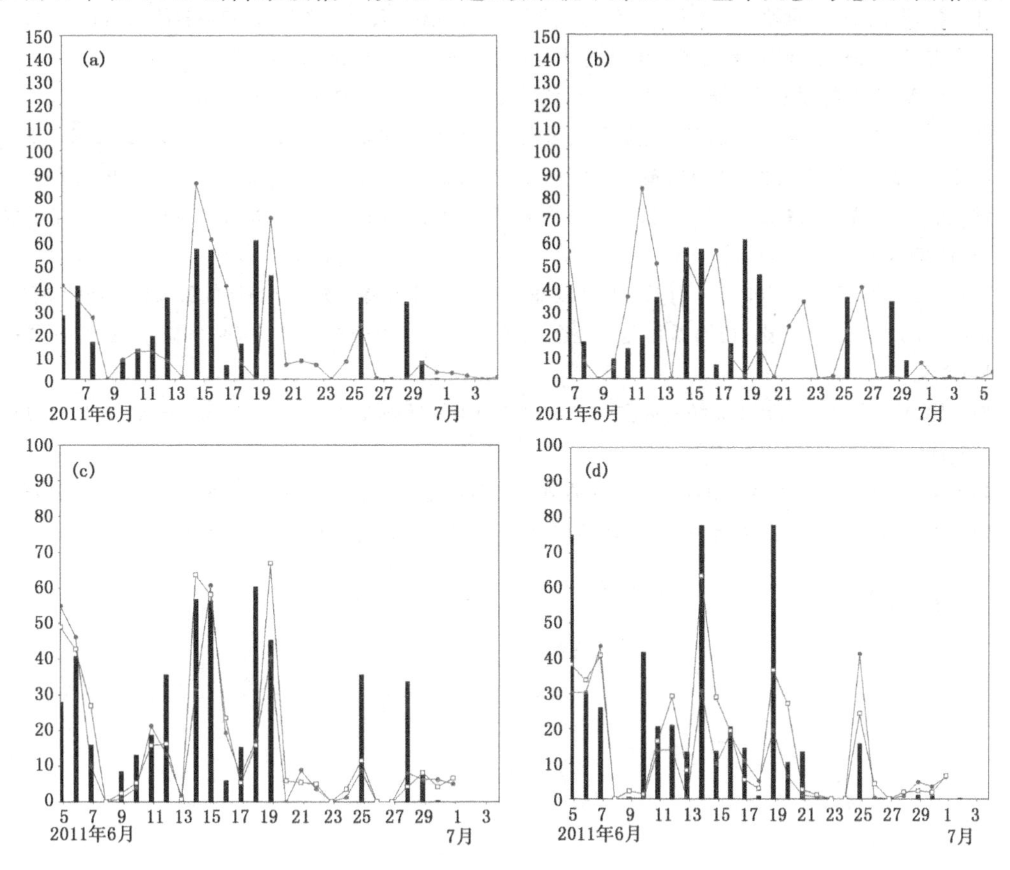

图 4　杭州实况雨量与 EC 模式 96 h (a)和 120 h (b)预报雨量对比；杭州(c)、鄞县(d)实况雨量与 EC 模式 24～96 h 多时效的平均预报雨量(红)及 24 h 单时效预报雨量(蓝)对比

4　结论

2011 年长江中下游地区出现了自 1999 年以来最典型的梅雨降水，其梅雨环流形势与传统的典型梅雨不完全相同。其中咸海冷涡和东北冷涡的作用至关重要。正是这东、西两个较常年偏强的稳定冷涡，在高空与南亚高压相对峙，使南亚高压北侧的偏西风急流加强；在中层，使长江中下游地区在中高纬度无阻塞高压下，依然遭遇较强冷空气的持续影响；在低层，形成西南风与偏东风之间的稳定切变线。这样的环流配置有利于西风低槽的东移发展及低层西南和偏东风急流的爆发。而梅雨锋的水汽来源因副高位置的不同而不同。

中期数值模式预报的检验和应用分析表明，EC 模式较其他模式有更大优势。2011 年梅雨期间，EC 细网格模式(0.25°×0.25°)的日降雨量预报在 96 h 之内都有一定参考意义。通过对不同预报时效的降雨预报进行平均后，发现预报效果有明显改善，这对未来的业务预报和数值预报的释用研究有指导意义。

参考文献

[1] 张庆云,陶诗言. 亚洲中高纬度环流对东亚夏季降水的影响. 气象学报,1998,**56**(2):199-210.

[2] 陈隆勋等. 夏季的季风环流. 大气科学,1979,**3**(1):79-88.

[3] 沈如桂,罗绍华,陈隆勋. 盛夏季风环流与我国降水的关系. 云南大学学报(自然科学版),1982,(2).

[4] 毛文书,王谦谦,李国平. 江淮梅雨异常的大气环流特征. 高原气象,2008,**27**(6):1267-1274.

[5] 丁一汇等. 东亚梅雨系统的天气一气候学研究. 大气科学,2007,**31**(6):1083-1100.

[6] 黄荣辉,黄刚. 东亚夏季风的研究进展及其需进一步研究的问题. 大气科学,1999,**23**(2):129-139.

[7] 陶诗言,赵煜佳,陈晓敏. 东亚的梅雨期与亚洲上空环流变化的关系. 气象学报,1958,**29**:119-134.

[8] 姚文清,徐祥德,张雪金. 1998 年长江流域梅雨期暴雨过程的水汽输送特征. 南京气象学院学报,**26**(4):496-503.

[9] 隆霄,程麟生,王文. 1999 年 6 月长江中下游梅雨暴雨的环流特征分析. 高原气象,**26**(3):563-571.

[10] 王小曼,丁治英,张兴强. 梅雨暴雨与高空急流的统计与动力分析. 南京气象学院学报,2002,**25**(1):111-117.

[11] 斯公望,杜立群. 南亚高压北缘的高空气流发散与梅雨锋暴雨发展的关系. 杭州大学学报,1987,**14**(2):233-243.

[12] 姚秀萍,于玉斌. 2003 年梅雨期干冷空气的活动及其对梅雨降水的作用. 大气科学,2005,(6):973-984.

[13] 张志刚,金荣花,牛若芸等. 干冷空气活动对 2008 年梅雨降水的作用. 气象, 2009,(4):25-33.

武汉地区连续两次严重雾霾天气特征分析

郭英莲　王继竹　刘希文

（武汉中心气象台，武汉 430074）

摘　要

利用环境污染物监测资料、气象实况资料、MODIS火点监测和气溶胶光学厚度资料，以及轨迹模拟模式等，对发生在2012年6月11－12日和15日的武汉地区连续两次严重雾霾天气的区域输送、相对湿度变化、水平流场、大气垂直运动以及层结等特征进行详细的分析。结果表明，此次过程主要为地面秸秆燃烧形成的污染物随700 hPa以下的水平气流进入武汉地区，在近似均压的环境场中，受局地适宜的湿度、近地层上升下沉运动的合理配置，以及低层逆温层结的抑制作用，形成了雾霾天气。水平流场转变、气流抬升增强、相对湿度减小、下沉气流及地、逆温层顶下降及干暖盖指数增大均有利于能见度逐渐转好。过程Ⅰ与过程Ⅱ之间能见度好转与相对湿度减小有关。

关键词：秸秆燃烧　雾霾　污染源分析　天气特征

引言

近年来，随着都市化进程的快速发展，人类活动向大气中排放的污染物大量增加，导致都市灰霾天气增多[1]。吴兑等[1]指出20世纪80年代以后中国霾日明显增多。饶晓琴等[2]、史军等[3]、颜鹏等[4]、魏文秀等[5]、孙燕等[6]、吕梦瑶等[7]、靳利梅等[8]、吴兑等[9-11]针对中国东部沿海以及北京等发达城市的雾霾特征从各个方面进行了详细的分析，但是目前针对中国中部地区的雾霾研究较少。一方面，已有研究表明，近几年中国中部地区霾天气也很频繁[12]，另一方面中部地区来自各个方向的影响气流众多，极易受到东部、北部等霾高发区的气溶胶输送影响。因此，中部地区霾天气的研究和预报同样有着重要的意义。

2012年6月11—12日和15日湖北东部发生了严重的雾霾天气，短时间内连续两次雾霾天气的出现，由于没有提前的预报和预警，在11日一度讹传有化工厂爆炸，造成了较大范围的恐慌。此次过程主要为山东、江苏、安徽、河南等地秸秆燃烧造成的污染物随气流输送到湖北东部（武汉地区）造成的能见度下降。孙燕等[6]、张红等[13]对秸秆燃烧造成的霾天气的研究，大部分为单次过程，而本文研究的过程为短时间内先后出现的两次过程。基于已有研究成果，对此次2012年6月武汉地区雾霾过程的区域输送特征、局地湿度分布特征、垂直运动特征、层结特征进行了详细的分析，并试图通过分析找出此次过程的气象要素指标，为今后区域输送性雾霾天气的分析和预报提供参考。

1　雾霾过程特征

1.1　空气污染指数及污染物浓度

2012年6月11—12日和15日，湖北东部短时间内连续两次出现严重雾霾天气。从武汉市江夏气象观测站地面能见度的时间序列(图 1)可以看出,从 6 月 11 日 11 时开始能见度低于 3 km,一直持续到 12 日 14 时(以下简称过程 I)。第二次能见度低于 3 km 的低谷在 15 日 08 时到 16 日 05 时(以下简称过程 II),最低能见度为 1.2 km(鄂州),高于过程 I 的能见度。从空气污染指数(API)的时间分布(图略)也可以看出,武汉出现两次污染高峰,分别于 12 日达到 233 和 16 日达到 139。高于同时间合肥和南京的空气污染指数。分析武汉东湖梨园站的污染物浓度资料(图 1)可以发现,对应两次低能见度时段均出现了可吸入颗粒物浓度的高峰。二氧化硫、二氧化氮两项空气污染物浓度偏弱,且高峰滞后于低能见度的出现[14]。由此可见,PM_{10}的突然增多是造成两次雾霾天气能见度下降的重要原因之一。

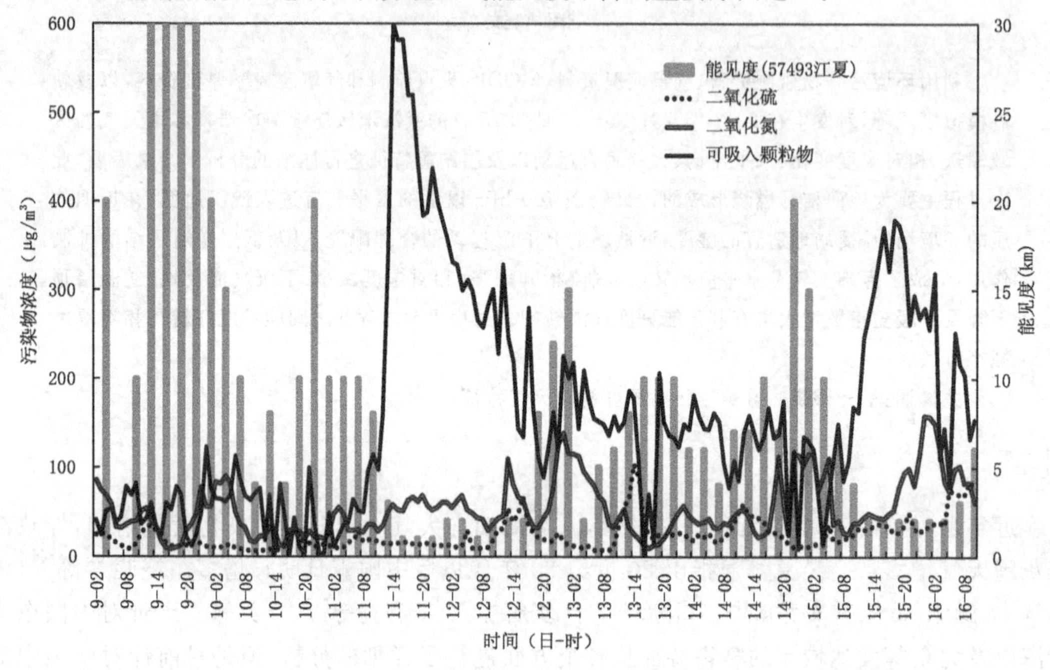

图 1　2012 年 6 月 9—16 日武汉(东湖梨园)污染物浓度(单位:μg/m³)及武汉江夏能见度(单位:km)

1.2　区域输送特征

前文指出过程 I 中 PM_{10}的突然增多说明武汉地区有污染物输入。从逐 3 h 一次的地面能见度观测资料(图略)可以发现,6 月 9 日 08 时之前,安徽省北部、江苏省中北部以及山东省南部地区已经出现低于 5 km 能见度烟、霾天气。10 日 14 时开始低于 5 km 的烟霾区域逐渐向西扩展到河南北部区域,到 10 日 20 时原来低层 850 hPa 的偏西北风转为偏东北风,烟霾区转向南扩展到河南中南部区域。受弱冷空气影响,10 日 20 时在湖北南部、湖南北部出现短时弱降水。到 11 日 08 时,能见度低于 5 km 的区域从东北方向进入湖北省,与 850 hPa 流场一致,且与湖北东部地形存在较好的一致性。11 日 14 时,700 hPa 切变线已经南移出湖北地区,但低能见度区域仅局限在安徽中部到湖北东北部的区域内。12 日 20 时以后,850 hPa 风场在湖北中东部出现明显的反气旋环流,且进入湖北的气流转为偏南风,来自低能见度区的气流减少,实况显示湖北、安徽能见度好转,主体低能见度区南移。14 日 08 时以后,再次有弱冷空气从北路扩散南下,14 日 17—23 时,鄂东南及江西、湖南交界处出现短时降雨天气,前期短时降水的出现可能有利于雾霾天气的发生[6]。15 日 08 时再次出现从江苏北部到湖北东部的东北一西南向轻雾区，但能见度较过程 I 偏高。700 hPa 以下气流均为从安徽、江苏到湖北东部的东北偏北风。14 时雾霾天气区域从江苏北部经安徽中北部、湖北东部、湖南、江西一直扩展到广西、广东，但低于 5 km 能见度的区域到湖北长江一线为止，与 11 日的过程相同。16 日 08 时以后，安徽、江苏上空的气流转为偏西风，武汉地区能见度已经转好，但湖北东部上空霾和轻雾天气现象一直持续到 16 日 20 时。

从美国 NASA 的 MODIS 极轨卫星火点监测图片（图略）可以发现，从 6 月 9 日开始在山东、江苏、安徽、河南境内已经有大量的火点存在，一直持续到 16 日，14 日开始火点数量略有减少，对应 15 日 PM_{10} 浓度显著低于 11 日。结合 6 月为麦收季节，农村大量燃烧秸秆，产生烟等空气污染物，随气流输送到武汉地区，造成了此次连续雾霾天气。

2 气象条件分析

2.1 湿度特征

前文分析指出，此两段雾霾天气过程前均出现了弱降水，孙燕等[6]研究认为，在未达到饱和情况下，适当增加湿度有利于霾的形成，且吸湿粒子吸湿凝结增大会使得能见度更加恶化。分析武汉江夏站的能见度和地面相对湿度的关系（图 2a）发现，雾霾天气中能见度最低时段的相对湿度均存在先增加后减小的一个波峰过程，而在低于 3 km 的能见度出现之前均对应一个相对湿度的波谷。13—14 日雾霾天气消失的时段内，相对湿度与能见度呈负相关[15]。由于相对湿度受辐射、城市热岛等影响存在一定日变化。因此，将相对湿度减去对应时刻 09—17 日相对湿度的平均值，消除日变化影响。图 2b 为相对湿度和温度露点差均减去日变化后的时间序列，6 月 11—12 和 15 日两次雾霾过程发生时空气相对湿度略高于平均值 10%左右，但比前一日出现降水时相对湿度均低 10%。过程 I 出现前的相对湿度减去日变化数值表现为急剧下降，而过程 II 出现前的相对湿度减去日变化数值表现为降水结束后的先下降后缓慢上升。两次过程之间的能见度增大时段，存在显著的相对湿度下降。由此得出，雾霾过程的出现均对应相对湿度减去日变化的小幅增加，且高于对应时刻多日平均值。当雾霾过程的相对湿度出现一个波峰然后逐渐下降时，能见度将趋于好转[2]。相对湿度与能见度呈负相关。

对应武汉站高空的相对湿度场（图 3a）表现为，过程 I 中 800 hPa 以下相对湿度从 11 日到 12 日增加，12 日到 13 日受高层下传干空气影响迅速减小到 20%左右。过程 II 中 700 hPa 以下相对湿度基本稳定在 50%～60%，16 日 20 时后减小到 40%以下。中低层相对湿度的变化与地面相对湿度的变化基本一致。同时，过程 I 的结束与空中相对湿度减小也有关[16]。选取美国 Terra 卫星遥感 MODIS 气溶胶光学厚度的资料（图略）进行分析，可以看出 13 日能见度高于 5 km 时武汉地区上空的气溶胶光学厚度仍达到了最高值 1.0，与 11 和 15 日出现霾过程的气溶胶光学厚度相当。说明气溶胶污染物一直存在于武汉地区上空。过程 II 中，武汉上空相对湿度从 20%左右增大到 60%左右，聚集在武汉地区的气溶胶粒子再度吸湿增长，散射增强，导致能见度下降。

2.2 流场特征

前文区域输送特征指出，此次雾霾天气的发生与外来污染物输送有关。从再分析资料武汉站的高空风场时序（图 3b）也可以看出，10 日 02 时 700 hPa 风向由西南风转为偏东风，到 11 日 08 时过程 I 开始前 3 小时转为东北偏北风，700 hPa 风速最大达到 12 m/s。12 日 20 时能

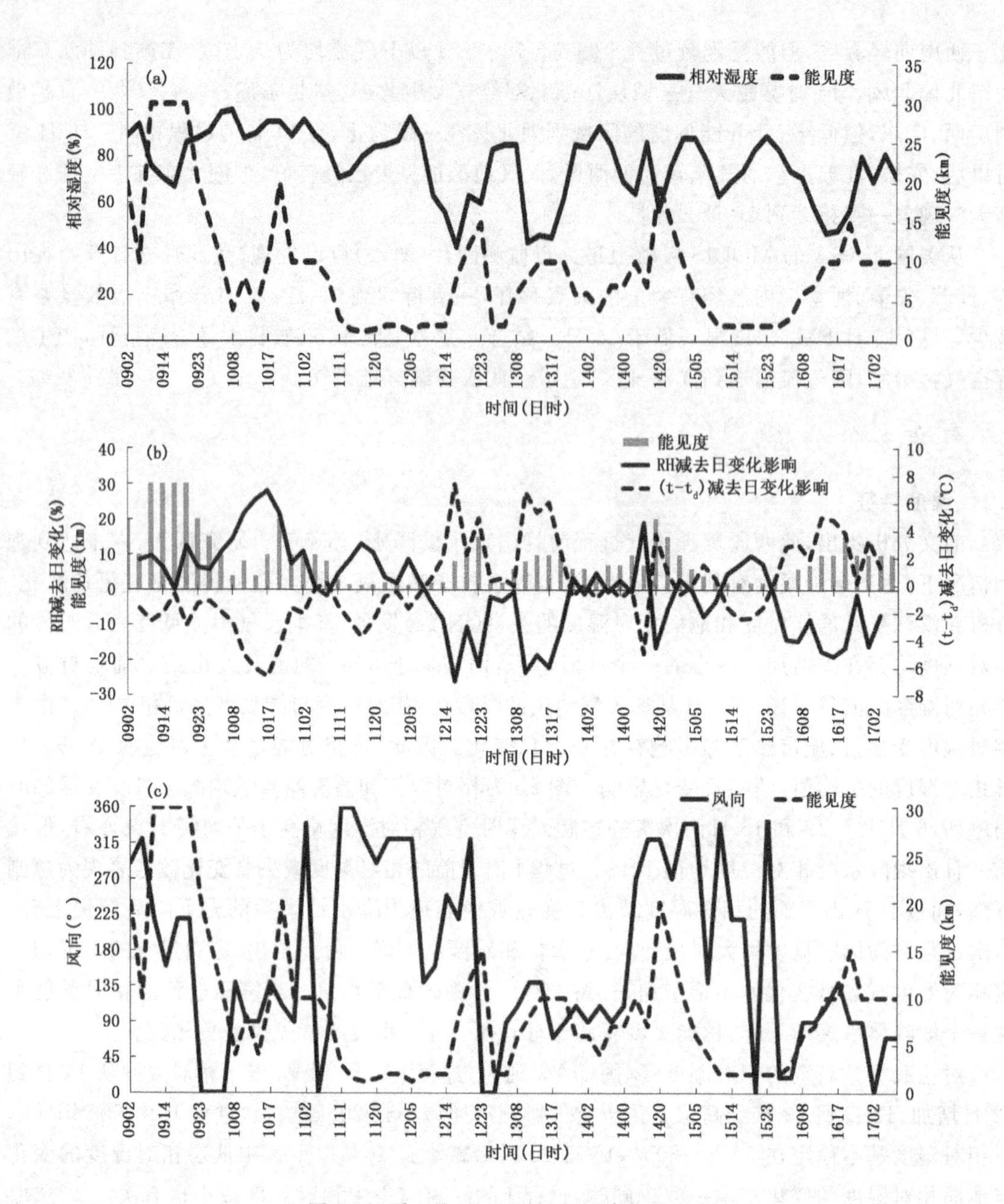

图 2　江夏 6 月 9—17 日地面要素和能见度

见度开始好转时，风向转为东偏东南风。过程 II 开始前的 12 小时(14 日 20 时)风向再次由偏南风转为东北风，700 hPa 风速约为 8 m/s。后期雾霾天气逐渐消失，对应 700 hPa 风向从 16 日 08 时开始逐渐转为偏南风，850 hPa 以下逐渐转为偏东风。两次过程发生时均对应中低层出现偏北风。低层风向的转变与能见度的对应关系说明水平风场对污染物的输送起着重要的作用。

污染物水平输送的过程中要在一个地方聚集还需要下沉运动和维持条件。从再分析资料垂直速度的变化图(图 3b)可以看出，过程 I 和过程 II 中 950—700 hPa 均对应 0～0.4 Pa/s 的弱下沉气流(正值为下沉)，有利于气溶胶粒子从高空沉降到近地面附近，而图中 900 hPa 以下

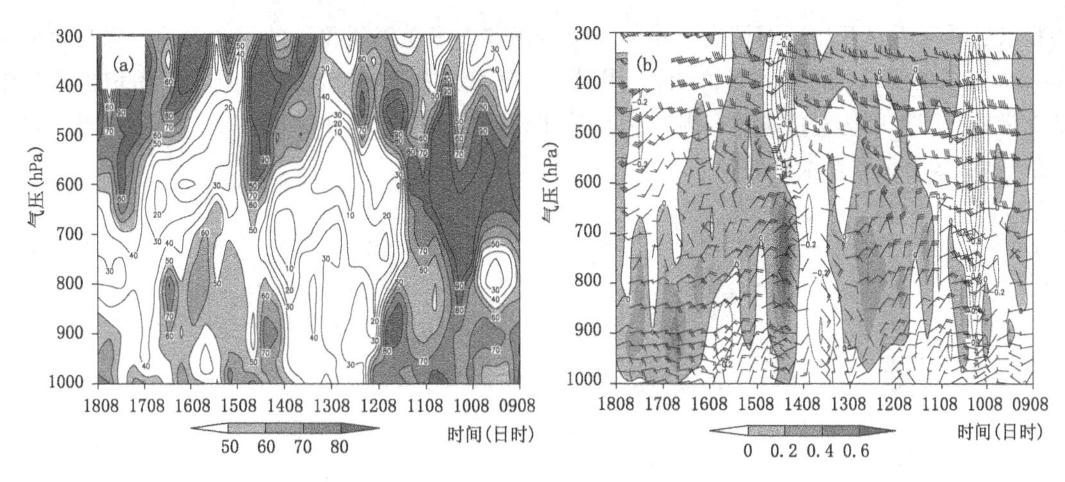

图 3　6 月 9—18 日江夏的(a)相对湿度(单位:%),(b)水平风场(单位:m/s)和垂直速度(单位:Pa/s)

的近地面对应弱的上升运动(<－0.2 Pa/s),下沉和上升运动的对峙使气溶胶粒子在近地面上空维持。过程 I 之后出现整层的弱上升运动,有利于污染物输送到高层,从而使低层能见度有所好转。过程 II 之后(16 日 14 时)下沉气流到达地面,有利于气溶胶粒子沉降到地面(即空中污染物浓度降低),能见度好转。

利用 HYSPLIT 轨迹模式以及 GDAS 再分析资料模拟的 11 日 11 时和 15 日 08 时武汉(江夏)污染物的后向轨迹(图略)也可以发现,影响武汉能见度的污染源主要来自东北方向,且污染近地层(高度 500 m 左右)的污染物来源主要来自 1500 m 以下的污染物水平输送。过程 II 的 24 h 输送距离比过程 I 的要短,与水平风速偏小密切相关。另外,过程 II 的后向轨迹在 24 h 后趋向于转回武汉地区,与前文分析两次过程中气溶胶粒子始终存在于武汉地区上空一致。

分析 6 月 9—17 日海平面气压、地面风速与能见度没有明显的对应关系,整体雾霾区基本位于地面均压场中,地面风速始终维持在 4 m/s 以下,但是地面风向与能见度对应较好。如图 2c 所示,风向 270～360°(即西北风)与低于 5 km 能见度存在明显的对应关系,且对应风向比低能见度早 3—6 h 出现。从地面风场(图略)也可以看出地面西北风有利于污染物从低层经大别山西部的山谷进入武汉,而下游刚好受幕阜山的阻挡。

2.3　层结特征

大气层结的稳定程度是雾霾天气形成和维持的重要条件之一[16-18]。分析武汉站探空资料可以发现,6 月 9—16 日除了 11 日 20 时和 16 日 20 时武汉站低层不存在逆温,其他时刻均有逆温层的存在。说明武汉附近大气底层基本处于层结稳定的状态,不利于空气的垂直对流,与前文垂直运动分析结果一致。从 T-lg$p$ 图的对流抑制能(CIN)来看,两次过程均随着雾霾过程的出现 CIN 逐渐增大。从 CIN 与能见度的对应关系(图略)也可以看出,雾霾天气的出现伴随着 CIN 的逐渐增大。CIN 的增大又有利于污染物的持续聚集。由于气溶胶粒子可以改变贴地逆温层结构,使逆温层顶降低[19],因此,从图 4 中可以发现,从 11 日 08 时开始,逆温层高度逐渐下降,到 12 日 20 时达到最低,对应逆温层降到最低时能见度好转。过程 II 同样存在逆温层高度的下降。伴随逆温层顶的下降,逆温层顶的温度逐渐升高,这与污染物浓度增大,吸收长波辐射[20],造成近地层温度升高有关。两次过程均在逆温层顶下降且温度超过

30℃以后雾霾天气开始减弱消失。由于干暖盖指数表示逆温层顶处的饱和湿球位温与地面至50 hPa气层的湿球位温平均值之差[17]，因此，干暖盖指数高应该对应能见度开始增大。从干暖盖指数与能见度的对应关系(图略)可以看出，确实分别在12日08时和16日08时出现干暖盖峰值后，能见度逐渐好转。

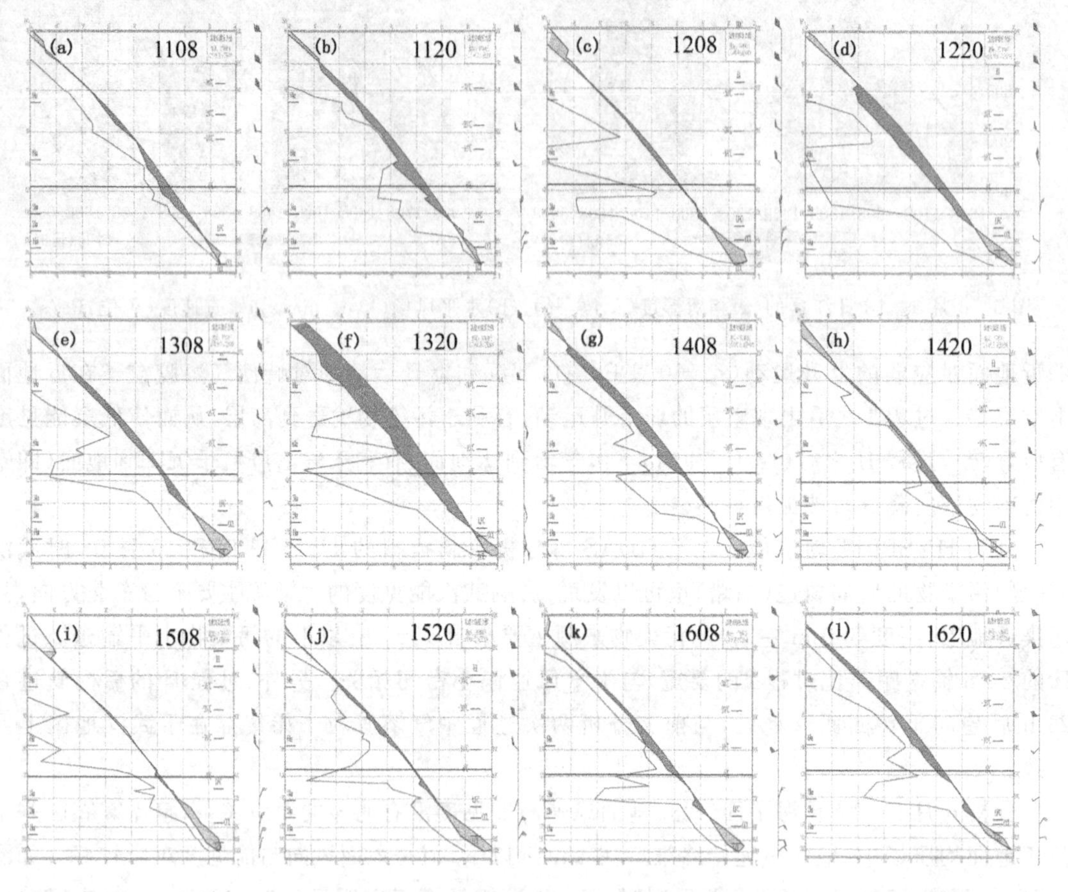

图4　6月11日08时—16日20时武汉站 T-lg$p$ 演变

3　结论

综上对气象要素的分析，可以得出，此次过程的气象要素指标：当地面相对湿度减去日变化高于平均值10%时有利于雾霾天气的出现，当900—700 hPa相对湿度在50%～60%时有利于雾霾天气的出现，当相对湿度明显降低时，有利于雾霾天气的消失。当850—700 hPa气流经过污染源区时其下游在有利的垂直运动条件和地形条件下会出现雾霾天气，雾霾天气的出现滞后流场条件满足3 h以上，与水平风速大小有一定关系。雾霾天气的出现在近地层需要有弱的上升气流和下沉气流的对峙，即900 hPa以下有弱上升运动(<−0.2 Pa/s)，700～900 hPa有弱下沉运动(0～0.4 Pa/s)。当下沉气流及地或低层以上升气流为主时霾天气逐渐减弱消失。盆地地形会延缓低层污染物的扩散。CIN的增加有利于雾霾的维持，逆温层顶下降和干暖盖指数增大可以指示雾霾的消散。

分析武汉连续两次严重雾霾天气的特征从中得出：2012年6月11—16日先后出现两次

雾霾天气的过程为安徽、江苏、河南等地燃烧秸秆等形成的污染物随中低层 700～850 hPa 气流进入武汉地区，在近似均压的环境场中，受局地适宜的相对湿度、弱下沉气流与近地层弱上升气流的对峙，以及低层稳定层结的对流抑制，在武汉地区聚集，出现了过程 I。随后水平流场转变，上升气流有所加强，相对湿度减小，气溶胶粒子脱水使能见度增大，但污染物仍然存在。当水平风场再次转变为来自污染源，相对湿度也增大到适宜的数值，且近地层存在稳定的垂直运动配置和层结条件，过程 II 出现。随着下沉气流及地、空气变干，气溶胶粒子沉降至地面，污染物浓度下降，能见度逐渐转好。过程 II 比过程 I 持续时间短与来自安徽、江苏的污染源减少、低层风向转变快、近地层下沉气流增强均有一定的关系。

本文仅是对个别过程的分析得到的，仍难全部反映雾霾天气的特征。雾霾天气微观监测资料的不足也导致很多问题无法解决，例如，此次 11 日的过程实际出现了刺鼻的气味，但污染物浓度资料却显示其反映性气体的浓度变化不大。

参考文献

[1] 吴兑，吴晓京，李菲等. 1951—2005 年中国大陆霾的时空变化. 气象学报，2010，**68**(5)：680-688.

[2] 饶晓琴，李峰，周宁芳等. 我国中东部一次大范围霾天气的分析. 气象，2008，**34**(5)：89-96.

[3] 史军，崔林丽，贺千山等. 华东雾和霾日数的变化特征及成因分析. 地理学报，2010，**65**(5)：533-542.

[4] 颜鹏，刘桂清，周秀骥等. 上甸子秋冬季雾霾期间气溶胶的光学特性. 应用气象学报，2010，**21**(3)：257-265.

[5] 魏文秀，张欣，田国强. 河北霾分布与地形和风速关系分析. 自然灾害学报，2010，**19**(1)：49-52.

[6] 孙燕，张备，严文莲等. 南京及周边地区一次严重烟霾天气的分析. 高原气象，2010，**29**(3)：794-800.

[7] 吕梦瑶，刘红年，张宁等. 南京市灰霾影响因子的数值模拟. 高原气象，2011，**30**(4)：929-941.

[8] 靳利梅，史军. 上海雾和霾日数的气候特征及变化规律. 高原气象，2008，**27**(增刊)：138-143.

[9] 吴兑，毕雪岩，邓雪娇等. 珠江三角洲大气灰霾导致能见度下降问题研究. 气象学报，2006，**64**(4)：510-517.

[10] 吴兑，毕雪岩，邓雪娇等. 珠江三角洲气溶胶云造成的严重灰霾天气. 自然灾害学报，2006，**15**(6)：77-83.

[11] 吴兑，廖国莲，邓雪娇等. 珠江三角洲霾天气的近地层输送条件研究. 应用气象学报，2008，**19**(1)：1-9.

[12] 胡亚坦，周自江. 中国霾天气的气候特征分析. 气象，2009，**35**(7)：73-78.

[13] 张红，邱明燕，黄勇. 一次由秸秆燃烧引起的霾天气分析. 气象，2008，**34**(11)：96-100.

[14] 张小曳. 大气成分和大气环境. 北京：气象出版社，2010：1-16.

[15] 龚识懿，冯加良. 上海地区大气相对湿度与 PM_{10} 浓度和大气能见度的相关性分析. 环境科学研究，2012，**25**(6)：628-632.

[16] 秦瑜，赵春生. 大气化学基础. 北京：气象出版社，2003：128-135.

[17] 朱佳雷，王体健，邢莉等. 江苏省一次重霾污染天气的特征和机理分析. 中国环境科学，2011，**31**(12)：1943-1950.

[18] 刘健文，郭虎，李耀东等. 天气分析预报物理量计算基础. 北京：气象出版社，2005，137pp.

[19] 刘熙明，胡非，邹海波等. 北京地区一次典型大雾天气过程的边界层特征分析. 高原气象，2010，**29**(5)：1174-1182.

[20] 李子华，杨军，石春娥等. 地区性浓雾物理. 北京：气象出版社，2008，**9**：124-135.

[21] 江玉华，王强，张宏升等. 在北京气象塔上测量城市边界层辐射特征. 高原气象，2010，**29**(4)：918-928.

广东低温阴雨的低频振荡及环流特征

纪忠萍[1]　谷德军[2]　舒锋敏[1]

(1.广州中心气象台,广州 510080;2.中国气象局广州热带海洋气象研究所,广州 510080)

摘　要

为了做好广东2—3月低温阴雨的中期与延伸期预报,分析了1953—2011年广州低温阴雨年景变化与广东低温阴雨年景变化的关系,并采用小波分析、相关分析等方法分析了12月—次年4月广州逐日气温的低频振荡及与低温阴雨的关系。结果表明,广州低温阴雨的年景变化与广东省年景一致的相同率达94.9%(56/59)。低温阴雨轻度年份,12月—次年4月广州逐日气温主要存在8.0~18.3 d显著周期,而中等及严重年份主要存在10.1~28.4 d及30~89.6 d的振荡。2—3月长低温阴雨主要与18 d以上的周期振荡有关,尤其与45 d以上的季节内振荡强度变化密切相关。利用典型个例的合成分析,建立了长低温阴雨30~64 d季节内振荡的天气概念模型,它们反映了长低温阴雨从回暖—降温—开始—维持—结束期的大气环流演变特征,其中"乌拉尔山—贝加尔湖以西的阻塞高压"可作为广东出现长低温阴雨的500 hPa前兆信号。

关键词:低温阴雨　低频振荡　环流特征

引言

低温阴雨是广东省的主要灾害性天气之一,它是指每年的2—3月,在北方冷空气南下过程中,常与北上的暖空气形成对峙局面,出现长时间的低温并伴有连绵阴雨、少日照的天气。

中国在春季低温阴雨的环流特征及与大气低频振荡的关系研究方面早已开展,有关华南低温阴雨的气候变化特征及其环流特征、预测模型已有一些研究,关于低温阴雨的天气分析及中短期预报也有一些研究,然而较全面地研究近几十年华南尤其是广东低温阴雨与低频振荡的关系及其不同位相的环流演变特征的研究仍较少见。

1　广东低温阴雨的年景变化

根据广东低温阴雨的年景规定,确定1953年以来广东各部及全省低温阴雨的强度(表略)。可见,近59 a来,以广州为代表站的中部低温阴雨的年景除1958、1961、1996年与全省年景不一致外,其余56 a均一致,年景相同率达94.9%(56/59),因此,可用广州低温阴雨的年景变化来代表广东省低温阴雨的年景变化。

另外,为了说明广州逐日资料对于整个华南的代表性,我们又计算了1961—2010年逐年2—3月广州逐日气温与华南三省(区)(广东、广西、海南)49站2—3月逐日气温的相关系数(N=50),然后再进行历年平均(图略)。可见,广州2—3月逐日气温与广东—广西西部的相

资助项目:公益性行业(气象)专项(GYHY201006018)、广东省气象局科研课题(2008B03)、广东省科技计划项目"广东冬半年气温的延伸期天气预报方法及ISO监测"。

关系数在0.9以上，与广西其余站的相关系数均在0.7以上，与海南北部的相关系数在0.7以上，与海南中南部的相关系数在0.5—0.7，它们均远超过0.001的显著性水平检验。另外，由于华南低温阴雨过程出现次数的地区分布总趋势为自北向南减少，而在海南的东方—乐东—琼海一线以南（即海南的中南部）基本无出现。因此，广州2—3月逐日气温的变化与华南三省（区）逐日气温的变化基本一致，也可以较好地反映华南低温阴雨的变化。

2 广东低温阴雨与低频振荡的关系

2.1 广东逐日气温的低频振荡与低温阴雨的关系

为了更好地了解广东逐日气温的低频振荡与低温阴雨的关系，对广州1952—2011年逐年12月—次年4月逐日气温距平序列进行小波分析，可得到轻度低温阴雨年份，12月—次年4月广州逐日气温主要存在8.0～18.3 d显著周期振荡，而中等及严重低温阴雨年份，主要存在10.1～28.0 d及30～89.6 d的周期振荡。

2.2 2—3月最长一段低温阴雨与低频振荡的关系

通过分析历年2—3月广州最长一段低温阴雨≥11.0 d在小波分析图中对应的主要周期振荡，可得到11 d以上的长低温阴雨主要与18～28 d及30～64 d的振荡有关。

为了进一步了解广州逐日气温不同频率范围低频振荡强度的年际变化与2—3月最长一段低温阴雨天数的关系，我们又计算了上述1953—2011年逐年12月—次年4月广州逐日气温不同频率的小波功率谱的年际变化与2—3月最长一段低温阴雨天数的相关系数（图略），可得到2—3月最长一段低温阴雨天数与45 d以上的季节内振荡强度变化具有显著的正相关，与2—8 d的准单周振荡强度变化具有明显的反相关。另外还可见，2—3月最长一段低温阴雨天数与17 d以上的周期振荡强度变化具有正相关，与17 d以下的振荡强度变化具有负相关，这与我们前面的统计结果“11 d以上的长低温阴雨主要与18～28 d及30～64 d的振荡有关”一致。因此，2—3月长低温阴雨主要与18 d以上的周期振荡有关，尤其与45 d以上的季节内振荡强度变化密切相关。

3 长低温阴雨季节内振荡的天气概念模型

为了在实际业务预报中更好地结合数值预报产品做好广东省长低温阴雨的中期与延伸期预报，选取长低温阴雨年最长一段低温阴雨对应的周期在30 d以上且30～90 d振荡滤波曲线中波峰与波谷的振幅≥1倍标准差的6个典型个例，将每个循环分为9个位相，位相3表示波峰，位相7表示波谷，1、5、9为转换位相，位相9同位相1。对所选取的6个典型个例30～90 d振荡不同位相对应日期的500 hPa高度场、850 hPa风场、地面气压场分别进行合成，可得到图2—4（图4略），建立了长低温阴雨年30～64 d季节内振荡的天气概念模型，了解长低温阴雨从酝酿—开始—维持—结束的大气环流演变特征。

可见，低温阴雨开始前的回暖期（位相2～3），500 hPa高度场上（图1），从位相2～3，随着欧洲高压脊的东移，乌拉尔山—贝加尔湖以西转为明显的高压脊控制，中高纬度欧亚转为明显的两槽一脊型，欧洲转为明显的低槽控制，鄂霍茨克海附近的低涡减弱北抬；亚洲中低纬度环流相对平直，江南—华南由平直的西风气流转为弱脊控制并出现明显的正距平。850 hPa风场上（图2），从位相2～3，江南—华南上空由出海高压环流转为从青藏高原南下及经中南半岛—中国南海转向的偏西—西南气流控制。海平面气压场上，从位相 2～3，蒙古高压逐渐加强东移南压，冷高压中心强度最强在 1037.5 hPa 以上，华南由出海高压转为弱的低槽控制，冷空气堆积在江南—南岭以北。

低温阴雨开始前的降温期（位相 4），中高纬度欧亚维持两槽一脊型，乌拉尔山—贝加尔湖以西维持明显的阻塞高压控制，鄂霍茨克海附近的低槽或低涡明显加深南压，中纬度从巴尔喀什湖—30°N 以北的中国中东部地区仍为高压脊控制。由于中高纬度盛行经向环流，有利于较强冷空气沿着高压脊前南下影响广东。低纬度为平直强盛而多波动的副热带锋区，由于锋区上不断有小波动东移，华南转为平直多波动的西风气流并为 －1 dagpm 的高度负距平控制。850 hPa 风场上，中国长江以南—南海转为一致的东北风。海平面气压场上，蒙古高压强度加强，中心强度达 1040 hPa 以上，中国东部—中国南海均转为庞大的冷高压脊控制，较强冷空气南下影响到广东—中国南海。经统计，长低温阴雨开始前，从位相 3 到位相 4，均伴有 1 次中等或强冷空气南下影响广东，是导致长低温阴雨开始前强降温的直接原因。

低温阴雨开始时（位相 5），500 hPa 高度场上，中高纬度欧亚仍维持两槽一脊型，乌拉尔山—贝加尔湖以西的阻塞高压及鄂霍茨克海附近的低槽或低涡仍维持，中纬度从巴尔喀什湖—贝加尔湖以南转为横槽控制，中国华北—长江流域仍为弱的高压脊控制，有利于冷空气的补充南下影响广东。低纬度仍为平直多波动的副热带锋区，华南的位势高度场继续降低并转为－2～－3 dagpm 的高度负距平。850 hPa 风场上，强盛的西南暖湿气流控制江南，切变线也北推到江南。海平面气压场上，蒙古高压强度继续加强，中心强度达 1042.5 hPa 以上，中国东部—中国南海仍为庞大的冷高压脊控制，冷空气不断补充南下影响广东—中国南海。由于 500 hPa 华南上空多波动，850 hPa 冷暖气流交汇在江南，地面有弱冷空气的补充，低温阴雨天气开始。郑芙蓉[1]对 1965—1996 年广东江门地区低温阴雨与冷空气活动的统计也表明，有相当多长过程的低温阴雨，往往是一次冷空气南下后不断地有新的冷空气补充影响的结果。另外，从前面的分析可知，从低温阴雨开始前的回暖期—降温期—开始时，乌拉尔山—贝加尔湖以西一直维持明显的阻塞高压，这与前人[2-3]总结广东或广西出现长低温阴雨的 500 hPa 前兆信号一致。杨贵名等[4]、高安宁等[5]对 2008 年初中国低温雨雪冰冻天气持续性成因的分析也表明，“乌拉尔山—贝加尔湖以西的阻塞高压”是 2008 年初中国低温雨雪冰冻天气持续的主要成因之一。以上说明可把“乌拉尔山—贝加尔湖以西的阻塞高压”作为广东出现长低温阴雨的 500 hPa 前兆信号。

低温阴雨维持期（位相 6～8），中高纬度乌拉尔山—贝加尔湖以西的阻塞高压减弱崩溃，但仍为明显的高压脊及正距平控制，使得海平面气压场上巴尔喀什湖—贝加尔湖的冷高压强度虽有所减弱，但仍维持在 1037.5 hPa 以上。中纬度中国中东部地区仍维持高压脊控制，有利于冷空气不断补充南下。低纬度仍为平直强盛而多波动的副热带锋区，华南位势高度场维持显著的－2～－4 dagpm 的高度负距平。850 hPa 风场上，切变线徘徊在江南—华南沿海。海平面气压场上，蒙古高压强度虽有所减弱，但中心强度仍在 1037.5 hPa 以上，中国东部—中国南海仍为庞大的冷高压脊控制，由于 500 hPa 华南上空环流平直多波动，850 hPa 冷暖气流交汇在江南—华南，地面弱冷空气不断补充南下影响，导致广东低温阴雨天气的持续。

低温阴雨结束期（位相 9），高纬度从喀拉海—鄂霍茨克海转为明显的低槽控制，乌拉尔山—贝加尔湖以北转为弱的低槽控制，中纬度中国中东部地区虽仍为弱脊控制，低纬度的副热

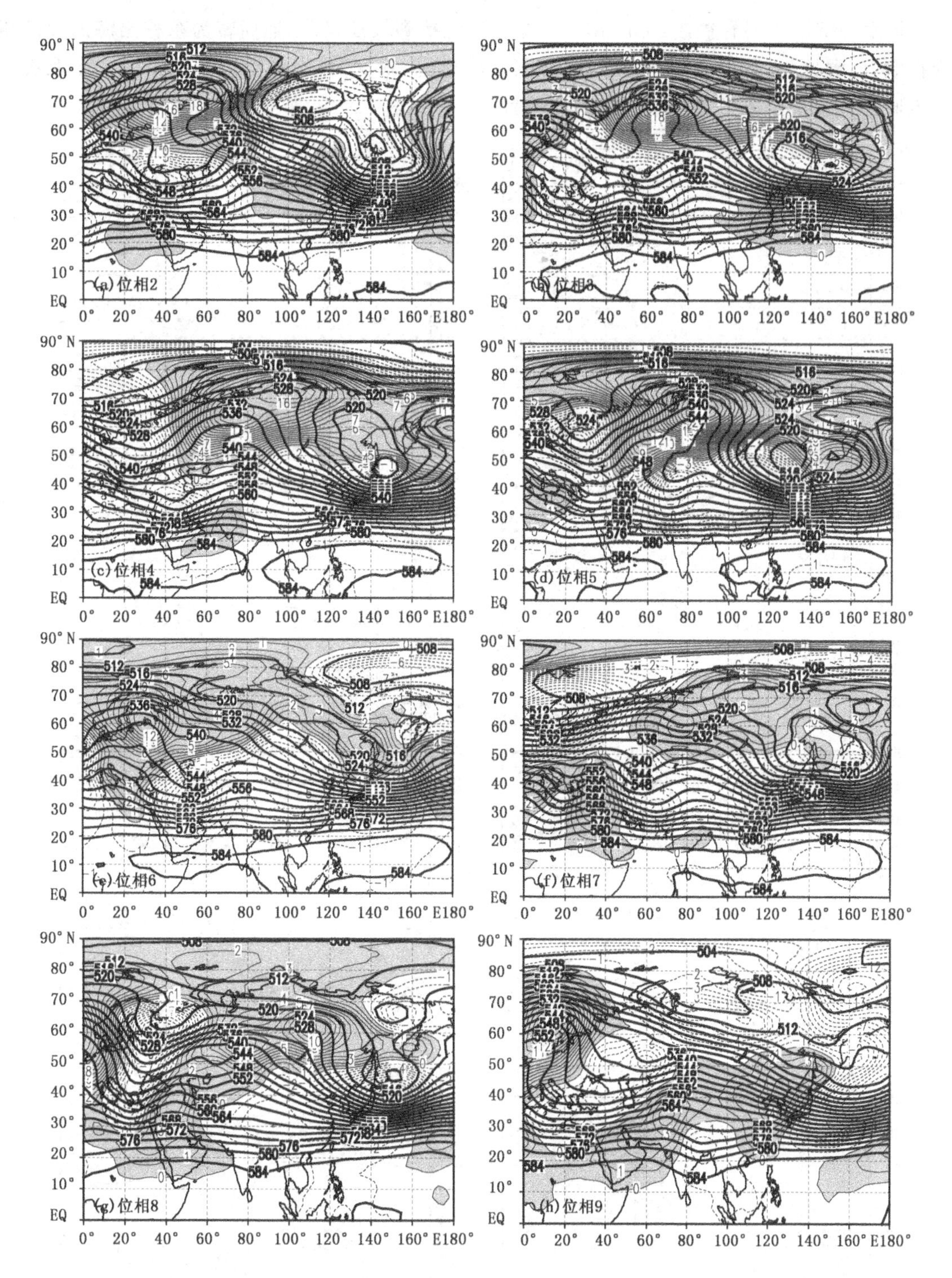

图 1　长低温阴雨季节内振荡的 500 hPa 高度场位相 2～9(a—h)的合成场(粗线)及距平场(细线)分布(单位:dagpm,阴影区表示正距平)

带锋区明显减弱,华南上空转为弱脊控制。850 hPa 风场上,暖湿气流北抬到长江以北,广东上空逐渐转为高压出海后部的西南风控制;地面上蒙古高压强度明显减弱,中心强度在 1027.5 hPa 左右。华南为由东海出海的弱冷高压脊控制,广东转为均压场控制。由于 500

hPa 华南上空转为弱脊控制，850 hPa 暖湿气流北抬到长江以北，地面转为东移出海的冷高压脊控制，气温回升，低温阴雨结束。这与郑芙蓉[1]统计得到“华南低温阴雨的结束大多取决于南方暖湿气流的加强，冷空气东移变性”一致。

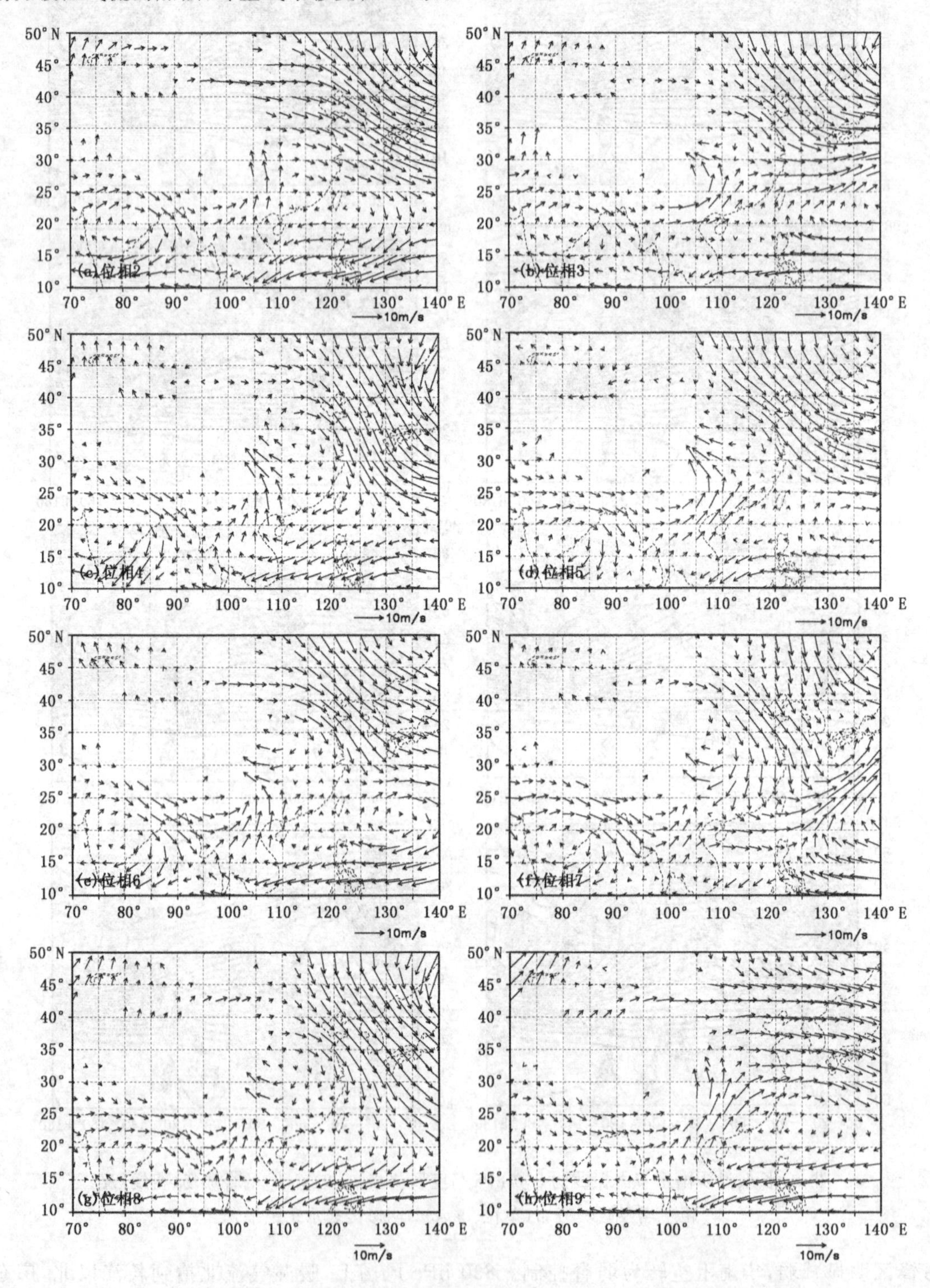

图 2　长低温阴雨季节内振荡的 850 hPa 风场位相 2～9(a～h)的合成场分布(单位：m/s)

4 结论

(1)广州低温阴雨的年景变化与广东省年景一致的相同率达94.9%(56/59),可用广州低温阴雨的年景变化来代表广东省低温阴雨的年景变化。广州2—3月逐日气温的变化与华南逐日气温的变化基本一致,可以较好地反映华南低温阴雨的变化。

(2)轻度低温阴雨年份,12月—次年4月广州逐日气温主要存在8.0～18.3 d显著周期振荡,而中等及严重年份,主要存在10.1～28.4 d及30～89.6 d的周期振荡。2—3月长低温阴雨主要与18 d以上的周期振荡有关,尤其与45 d以上的季节内振荡强度变化密切相关。

(3)利用典型个例的合成分析,建立了长低温阴雨30～64 d季节内振荡的天气概念模型,它们反映了长低温阴雨从回暖—降温—开始—维持—结束期的大气环流演变特征。其中从回暖—降温—开始期,500 hPa高度场上乌拉尔山—贝加尔湖以西一直维持明显的阻塞高压,华南上空从回暖期的弱脊转为平直而多波动的西风气流且为明显的高度负距平控制,地面上蒙古高压逐渐加强南压,华南由弱低槽逐渐转为庞大的冷高压脊控制,较强冷空气南下并有弱冷空气的不断补充,导致低温阴雨开始前的强降温及低温阴雨开始;当乌拉尔山—贝加尔湖以西的阻塞高压减弱崩溃但仍为高压脊控制,华南上空环流仍平直多波动,地面上弱冷空气不断补充南下,低温阴雨维持;当500 hPa乌拉尔山—贝加尔湖以北转为弱低槽控制,华南上空转为弱脊控制,地面转为东移出海的弱脊控制,气温回升,低温阴雨结束。

(4)"乌拉尔山—贝加尔湖以西的阻塞高压"可作为预报广东出现长低温阴雨的500 hPa前兆信号。当此前兆信号稳定维持,且华南转为平直而多波动的西风气流,地面上蒙古高压逐渐加强南压,可预报广东出现长低温阴雨。

以上所建立的长低温阴雨30～64 d季节内振荡的天气概念模型及其前兆信号,可为广东长低温阴雨的中期与延伸期预报提供参考。

参考文献

[1] 郑芙蓉.江门地区低温阴雨与冷空气活动的统计分析.广东气象,1998,(1):16-18.

[2] 刘天祥.预报乌高型低温阴雨过程的指标.气象,1979,**2**:4-5.

[3] 罗桂湘,覃天信.广西长低温阴雨环流特征及中期预报专家系统.广西气象,1998,**19**(1):8-11.

[4] 杨贵名,孔期,毛冬艳等.2008年初"低温雨雪冰冻"灾害天气的持续性原因分析.气象学报,2008,**66**(5):836-849.

[5] 高安宁,陈见,李生艳等.2008年华南西部罕见低温冷害天气成因分析.热带气象学报,2009,**25**(1):110-116.

基于雷达的降雪定量估测方法

蒋大凯　才奎志

（辽宁省气象灾害监测预警中心，沈阳 110016）

摘　要

从降雪预警业务实际出发，设计了基于最优化法的雷达估测降雪方法，对 2007 年 3 月 4 日特大暴雪过程开展雷达降雪估测实验，并分析估测结果的误差。针对温度变化、雪花末速度、与雷达的距离远近和计算方法等方面的误差因素制定了 3 种改进方案。改进后的估测降雪量与实况降雪量的相关系数提高到 0.66（超过 99%信度检验），平均相对误差降低至 48.74%，对于 0.3 mm/h 的较弱降雪和 5 mm/h 以上的强降雪均具有估测能力。其中距离雷达 50～100 km 的样本估测降雪量与实况降雪量的相关系数达到 0.82。在 3 种改进方案中，考虑降雪末速度影响的改进效果不明显，这可能与本次暴雪过程回波较均匀有关；按雷达与样本距离分类进行雷达降雪估测的效果最明显，不仅可以增加相似程度，还减小了雷达近距离高估和远距离低估的误差；而算法的改进则进一步提高估测精度。本次雷达降雪估测对于 1.6～2.5 mm/h 的较强降雪和 2.6 mm/h 以上的强降雪平均相对误差较小，分别为 31%和 27%，但雷达降雪估测高估了 1.5 mm/h 以下的降雪，而低估 2.6 mm/h 以上的强降雪，这一方面说明雷达回波对于降雪强弱变化不很敏感，另一方面在业务实际工作中有可能利用这种一致性的误差进行订正，以提高降雪估测精度。

关键词：天气预报　雷达降雪估测　最优化法　相关系数　相对误差

引言

暴雪是社会关注较多的灾害性天气。中国气象局 16 号令《气象灾害预警信号发布与传播办法》中的“气象灾害预警信号及防御指南”规定，12 h 降雪强度达到 4 mm 以上时需要发布暴雪预警信号，即 0.3 mm/h 以上的降雪强度即达到气象灾害的标准。目前，冬季自动站无法提供 1 h 降雪量，只有人工观测提供部分站 3 h 或 6 h 累计降雪量，无法满足降雪预警业务需要。近年来，随着中国气象探测站网的建设，多普勒雷达可以覆盖东部大多数省份，多普勒雷达产品可以在短时间内提供大范围的降水信息，因此，可以利用新一代多普勒雷达产品并结合常规观测资料研究雷达定量降雪估测技术，以满足降雪预警业务的需要。

国际很多学者对于雷达定量估测暴雪技术方面进行了一些研究，Faisal S. Boudala 等[1]利用层状云中的冰粒子谱，研究了冰水含量和降水比率与对应的温度和雷达反射率因子的数据检索算法式。Matthew S. Wandishin 等[2]做出不同降水类型的短期效果预报，可以预测雨和雪，而对于冰粒的预报技巧几乎为 0，其优点是可以区分不同的降水类型。Gray 和 Male 等[3]针对不同温度、不同形态的降雪总结降雪 $Z-I$ 关系式。中国学者应用雷达进行定量降雨估计方面的研究较多[4,5]，对于雷达定量估测降雪方面的分析较少。匡顺四等[6]曾经利用卡尔曼滤波方法对石家庄暴雪过程进行雷达降雪估测，表明卡尔曼滤波降雪估测法适合于大范围降雪，不适合短时局地性的降雪估测。蒋大凯等[7]分析了东北南部强降雪天气的多普勒雷达产品特征，认为1 h降雪量与降雪回波呈正相关，强降雪回波强度一般在30 dBZ以下；张培昌等[8]在雷达气象学中指出对一般降雪回波的$Z-I$关系式b值取1.6，a值取1000－1500。本文根据实际业务需求，应用最优化方法进行雷达定量降雪估测，并对于2007年3月4日东北南部特大暴雪过程进行降雪估测实验，通过误差分析，订正雷达降雪估测方案，逐步建立适合辽宁的$Z-I$关系式，为业务上及时准确发布暴雪的预警信息提供技术支持。

1 数据资料

应用的资料为2007年3月4日12—19时辽宁历史罕见特大暴雪天气过程中营口CINRAD－SC型多普勒雷达产品中基本反射率因子、1 h的加密雪量观测资料、常规观测资料以及2007－2009年德国OTT公司生产的粒子激光探测仪(Parsivel)的降水滴谱资料。

2 雷达降雪估测方案的设计

Faisal S. Boudala等[1]研究表明，雷达降雪估测$Z-I$关系式中系数a的值在160～3300，指数b的值在1.5～2.2。而这些变化与许多参数有关，如晶体结构、雪花结冰与聚集程度、结霜的程度、雪花湿度、密度、降落的末速度及雪花的大小分布变化等[9]。Wilson等[10]发现不同类型的暴雪，与用雪量计测得的降雪量相比，基于雷达估计的降雪量存在较大变化。Fujiyoshi等[11]的研究发现，对于20 dBz的雷达反射率因子，降雪率的大小从0.03 mm/h变化到3 mm/h，他们将这种变化归因于雪花晶体类型不同所造成的。

由此可见，每次降雪过程中各个不同时段的$Z-I$关系式都有可能发生变化，不可能确定一种适用于每个降雪过程的$Z-I$关系式。那么如何设计在业务中应用的雷达降雪估测方案呢？根据目前实际降雪预警业务现状，降雪实况为每小时的人工观测降雪量，而雷达每6 min完成一次体扫。这样可以在每一次降雪过程中建立1 h各站降雪量与雷达回波关系，用来估测下个小时的降雪量。其前提条件是假设1 h内影响降雪估测的晶体结构、雪花结冰与聚集程度等因素不变，这样可以利用最优化处理法，先假定一个$Z-I$关系式，然后每小时都修改这一关系式，以使雷达回波估算的每小时降雪量H_i和每小时的实况降雪量G_i的一致性达到最好，而一致性好坏的程度取决于判别函数[8]，我们选定的判别函数为：

$$CTF_2 = \mathrm{Min}\left\{\sum_{i=1}^{N}\left[(H_i-G_i)^2+(H_i-G_i)\right]\right\}$$

其中，$\sum(H_i-G_i)^2$项为偏差平方和，反映$Z-I$关系式非线性影响。应用上面判别函数，不断修正$Z-I$关系式中的系数a、b，直到CTF_2最小，这时由a、b所确定的$Z-I$关系式是最优的[12,13]。

3 个例应用

应用2007年3月4日特大暴风雪过程中12—19时的营口CINRAD－SC型多普勒雷达0.5°仰角探测到的观测站上空回波强度平均值，考虑到业务上使用PUP产品的分辨率为4个库以及观测站条件等因素，我们使用观测站上空5×5个库数(约3～22 km^2)的回波强度平均值作为每个观测站的回波强度值，结合地面逐时加密降雪观测数据，采用最优方法计算$Z-I$关系式。考虑到雷达使用0.5°仰角探测可能会受到阻挡，分析营口雷达周围环境，其西北方向到东南方向均无明显的地物阻挡，我们选用的距离雷达一定距离（最近 29.4 km，其上空雷达扫描区域高度为 289 m）而且在雷达站西北方向到东南方向的观测站进行雷达降雪估测对比，本次估测只考虑纯粹降雪的样本。根据业务实际情况，用上一时刻的最优 $Z-I$ 关系式代入到当前时刻计算估测降雪量，与逐时观测实况降雪量进行对比（表 1），共有 20 个观测站的 63 个逐时估测降雪量的样本。a 变化范围在 10—109、b 变化范围在 1.5—2.9，表 1 中 a、b 值为 14—19 时 6 个时次的平均，估测降雪量与实况降雪量的相关系数为 0.52（超过 99%信度检验）。63 个样本的平均绝对误差为 0.96 mm/h，平均误差为－0.06 mm/h，表明降雪估测值与实况值相比高估和低估程度基本相当。雷达气象学[8]中指出，雷达定量估测降水的相对误差，一般不少于 50%，考虑到本次过程实况平均降雪量为 2.24 mm/h，远小于雷达估测降雨时的小时降雨量，而雷达定量估测降雪量的平均相对误差为 62.43%，表明基于最优化方法的雷达估测降雪技术在业务上是可行的。

表 1　利用最优化法进行逐时降雪估测相关系数及误差

样本数（个）	a 平均值	b 平均值	相关系数	平均绝对误差（mm/h）	平均误差（mm/h）	平均相对误差
63	32	2.4	0.52	0.96	－0.06	62.43%

图 1 中横坐标为每个站逐时降雪量，其中盖州、大洼、海城距离雷达站 50 km 以内，为29～44 km，共 10 个样本，其降雪趋势和实况大体相似，但有 7 个样本高估了降雪量，7 个样本误差较大（1—2.2 mm/h）；盘锦、鞍山、台安、辽阳县、岫岩、辽阳市距离雷达站为 73～97 km，有 19 个样本，降雪趋势和实况符合较好，但估测降雪量波动幅度相比实况略小，估测降雪量与实况降雪量的误差超过 1 mm/h 有 8 个样本，其中有 14 个样本高估了降雪量，最大误差也达到 2.1 mm/h；辽中、灯塔、草河口、苏家屯、本溪距离雷达站在 101～146 km，有 18 个样本，降雪趋势和实况符合程度相对较差，有 13 个样本低估了降雪，10 个样本误差超过了 1 mm/h，其中本溪站最大误差达到 2.7 mm/h。新民、沈阳、阜新、新城子、彰武、抚顺距离雷达站为 153～204 km，有 16 个样本，降雪趋势和实况相似，有 8 个样本低估了降雪，3 个样本误差超过 1 mm/h，其中抚顺站最大误差达到 2.3 mm/h。

根据以上分析，从总体相关程度上看，雷达估测降雪量基本反映了降雪趋势，距离雷达

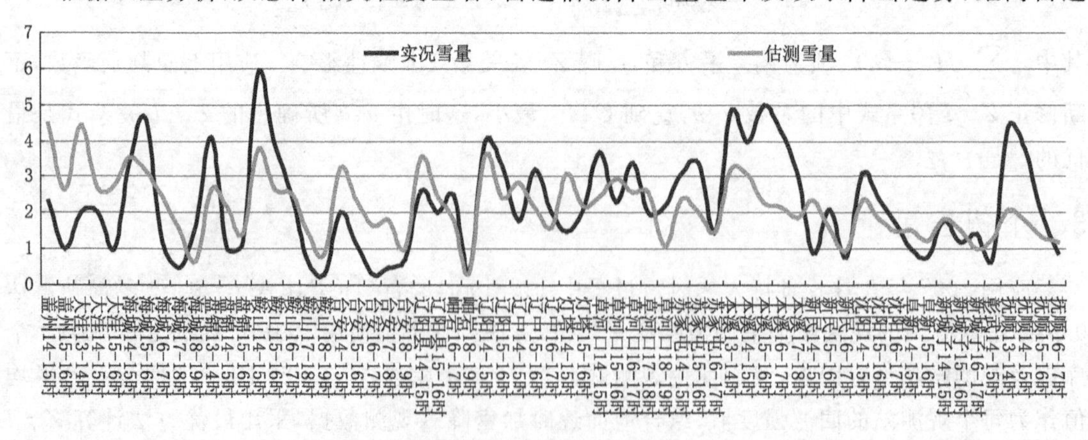

图 1　最优化法估测降雪量与实况降雪量的比较

50～100 km 的样本降雪估计的趋势和实况符合相对最好，且最大误差最小。距离雷达近的样本(100 km 以内)有 72％高估了降雪量，远的样本(100～204 km)有 62％低估了降雪量。有很多样本的估测降雪量与实况降雪量的相关不强，误差仍然较大，共有 28 个样本误差超过了 1 mm/h，占总样本总数的 44％，其中 7 个样本超过了 2 mm/h，最大误差达到 2.7 mm/h。那么误差来源是什么，如何降低误差？下面分析误差产生可能的原因以及改进方法。

4 误差分析

根据雷达气象学[8]，反射率因子 Z 积分形式为

$$Z=\int_0^{\infty}N(D)D^6\mathrm{d}D \tag{1}$$

降水强度 I 的积分形式为

$$I=\int_0^{\infty}N(D)\ \frac{1}{6}\pi\rho D^3 v(D)\mathrm{d}D \tag{2}$$

其中，D 为雪花直径，$N(D)$ 为雪花数量，v 为雪花下落末速度，ρ 为雪花密度。分析式(1)、(2)中各项影响。

4.1 温度影响

俞小鼎等[14]指出对于 10 cm 波长的多普勒雷达，在瑞利散射范围内，水球的后向散射是同体积冰晶的 5 倍左右。通常雪比雨的反射率低得多，但处于融化的雪花或冰晶，冰雪混合物的反射率会出现异常增大，会影响降雪估测结果。由此可见，当雷达扫描区域内温度如果在 0℃附近时，那么水成物包括雪花、冰晶、冰(雪)混合物、过冷却水等，雷达降雪估测误差会很大。即使对于纯雪，根据式(1)、(2)，降水量 I 也受雪花密度和直径影响，这与温度变化和雪花结晶结构有关[8]。分析 4 日 8—20 时沈阳、大连、丹东探空和 4 日 12—19 时地面各站逐时气温资料，本溪和草河口地面温度从 0～2℃下降到－4～－6℃，地面变温率达到 1～2℃/h，这样由温度变化引起雪花密度和直径可能发生较大变化；而其他站从地面到高空温度在－4℃以下，其雷达扫描区域(300－1700 m)温度均在－5℃以下，平均地面变温率在 0.2～0.3℃/h 以下。可以认为在这次降雪过程中，除了本溪和草河口站的样本，其他样本从地面到高空雷达扫描区域的温度变化不显著，在 1 h 内雪花密度和直径不发生较大变化。

4.2 雪花的末速度及平流风影响

根据式(2)，降雪的末速度对于降雪估测有影响。统计分析 2007—2009 年的降雪过程中位于辽阳的粒子激光探测仪(Parsivel)的降水滴谱资料(2893836 个样本)，发现降雪粒子的平均末速度为 1.78 m/s(图略)。如果水平风场的风速较大，观测站的降雪实际上是由上游地区上空的降雪漂移所造成的，那么使用观测站上空的雷达回波强度就会影响到降雪估测结果。通过计算，从雷达探测区域到观测站雪花下落的时间在 2～16 min(表略)，距离雷达 100 km 的观测点，以 0.5°仰角进行扫描，雪花下落速度为 1.78 m/s，实况水平风速为 8～12 m/s，水平漂移的距离为 4～6 km。另外，由于这个时间差使雷达回波强度变化早于地面降雪量的变化，距离雷达较远的观测站要相差 2－3 个体扫时间(13～16 min)，因此，在雷达降雪估测中应该调整雷达回波强度的时间与降雪相对应。

4.3 与雷达距离的影响

雷达回波是一个锥面扫射体，距离雷达越远，扫描的高度就越高，不同高度的回波强度存在差异。用越接近地面的雷达回波强度估测降水效果越好，低仰角探测到的回波强度最接近降水实况[15]。雷达气象学[8]中提到，由于冰晶或雪片下落速度很小，在下落过程中可能会发生凝结增长，使反射率因子(Z)向下增长率为 3～5 dB/km，造成反射率因子随距离的增大而减小。在前面的分析中也发现本次过程中观测站距离雷达较远时，估测值偏低。因此对于雷达距离不同的观测站应当分别计算各自的 $Z-I$ 关系式进行降雪估测。

4.4 算法订正

实况是每小时加密观测的降雪量，雷达每 6 min 完成 1 次体扫，根据 $Z-I$ 关系式可得到一次 6 min 的估测降雪量，要统一成每小时的降雪估测再进行比较。目前的算法是把每小时回波强度求平均，再利用 $Z-I$ 关系式进行降雪估测。而雷达回波强度与降水强度并不是线性关系，简单求和会增大误差，因此应该先用 6 min 回波强度来估计 6 min 降雪量，再累积成 1 h 降雪量。梁建茵等[16]在利用雨量计资料对雷达降水估计校准时也发现先将回波强度转换为降水强度再进行累积，精度会提高。

5 利用改进的 $Z-I$ 关系式进行估测

根据以上分析，制定以下 3 种改进方案：

方案 1：根据降雪粒子平均下落末速度和每个站逐时风向风速资料计算降雪粒子水平漂移距离和下落时间(表 2)，订正每个站用于估测降雪的雷达回波扫描区域，并根据降雪粒子的下落时间应用相对应时段的雷达回波强度。

方案 2：参考表 2 按照观测站和雷达距离分为 4 类，分别为：距离雷达 29～44 km 的观测站，包括盖州、大洼、海城；距离雷达站 73～97 km 的观测站，包括盘锦、鞍山、台安、辽阳县、岫岩、辽阳市；距离雷达站 101～146 km 的观测站，包括辽中、灯塔、草河口、苏家屯、本溪；距离雷达站 153～204 km 的观测站，包括新民、沈阳、阜新、新城子、彰武、抚顺。按照以上 4 类距离所包括的观测站分别计算 $Z-I$ 关系式，估测降雪量。

方案 3：修改算法，雷达回波强度与降水强度并不是线性关系，先利用 $Z-I$ 关系式求出 6 min 降雪量，再累积成 1 h 降雪量进行降雪估测对比。

为了方便比较，暂保留草河口、本溪站的样本，并将改进前的最优化估测方法按照样本距离雷达的远近也按照同等标准分为 4 类，分别计算相关系数、平均相对误差、平均绝对误差和平均误差，进行对比。改进后的估测结果见表 2 和图 2。

当仅使用方案 1 时，包括所有样本的降雪估测量与实况降雪量的相关系数为 0.52，同原方案相比改进不明显，相应平均绝对误差、平均相对误差、平均误差也没有明显变化。在使用按方案 1 基础上，应用方案 2，即分距离估测降雪。发现相关性明显改善，达到 0.63，平均相对误差由 63.09%减小到 50.52%，平均绝对误差亦由 0.96 mm/h 减小到 0.84 mm/h。同时使用 3 种方案时发现，所有样本估测降雪量与实况降雪量的相关系数进一步提高，达到 0.66，其平均相对误差下降到 50%以内，达到 48.74%，平均绝对误差亦再次减少。

表 2　利用改进的最优化进行逐时降雪估测的相关系数及误差

	无订正	方案 1	方案 1+方案 2	方案 1+方案 2+方案 3
		所有样本		
相关系数	0.52	0.52	0.63	0.66
平均相对误差	62.43%	63.09%	50.52%	48.74%
平均绝对误差	0.96	0.96	0.84	0.79
平均误差	−0.06	−0.04	−0.04	−0.05
		0～50 km		
相关系数	0.43	0.40	0.45	0.50
平均相对误差	99.73%	99.12%	57.67%	52.08%
平均绝对误差	1.35	1.36	0.98	0.89
平均误差	0.88	0.85	0.04	−0.03
		50～100 km		
相关系数	0.78	0.79	0.78	0.82
平均相对误差	84.05%	86.33%	67.52%	65.94%
平均绝对误差	0.87	0.87	0.80	0.71
平均误差	0.14	0.22	0.28	0.29
		100～150 km		
相关系数	0.24	0.22	0.06	0.09
平均相对误差	36.14%	36.75%	38.17%	37.44%
平均绝对误差	1.07	1.07	1.03	1.02
平均误差	−0.64	−0.60	−0.34	−0.36
		150～200 km		
相关系数	0.56	0.63	0.69	0.72
平均相对误差	43.02%	42.62%	39.75%	38.95%
平均绝对误差	0.71	0.71	0.57	0.56
平均误差	−0.23	−0.27	−0.11	−0.11

分析距离雷达站不同距离的样本估测情况，50～100 km 的样本估测降雪量与实况降雪量的相关系数最高，经过 3 种方案订正后达到了 0.82；150～200 km 的样本估测降雪量与实况降雪量的相关系数从 0.56 提高到 0.72，效果最为明显；而 100～150 km 的样本估测降雪量与实况降雪量的相关系数经过订正后没有提高，仅为 0.09，且平均绝对误差也最大，达到 1.02 mm/h，这可能与本溪和草河口站的样本有关，后面还将讨论；其他样本的平均绝对误差在经过 3 种订正后明显下降，下降幅度为 0.15～0.46 mm/h，150～200 km 的样本平均绝对误差最小，达到 0.56 mm/h，而 0～50 km 的样本相对误差下降幅度最大(47.7%)。距离雷达 100 km 以外的样本平均误差为负，表明雷达对于远距离的回波明显低估；而 50～100 km 的样本估测结果平均误差为 0.29 mm/h，表明估测降雪量比实况偏大。

比较这 3 种改进方案，方案 1 只提高了 150～200 km 的样本估测雪量与实际雪量的相关系数，其他方面无明显效果；方案 2 改善了 0～50 和 150～200 km 的样本估测雪量与实际雪量的相关系数，降低了0～50、50～100和150～200 km的样本平均绝对误差和相对误差，并减小了0～50、100～150和150～200 km平均误差的绝对值，即有效地减小了雷达估计降雪中近距离高估和远距离低估的误差；方案3则进一步提升了大多数样本的估测精度。分析本次过程雷达回波特征，为大面积均匀回波，所以方案1改进幅度不明显，方案2的效果表明雷达降雪估测结果对于样本和雷达的距离非常敏感，而方案3可以进一步增加相似程度并减小误差。

分析图2，采取3种改进方案后明显改善了降雪估测结果，距离雷达站29～44 km的10个样本有7个样本的误差明显降低，盖州和大洼站降低了50%以上，海城站2 mm/h以下的降雪有改善。在距离雷达站73～97 km的19个样本中，有13个样本的误差得到改善，其中鞍山站在本次过程中出现了降雪量的最大和最小值，分别为5.9和0.3 mm/h，估测结果分别为4.2和0.4 mm/h，表明雷达降雪估测技术对于5 mm/h以上的强降雪和0.5 mm/h以下的弱降雪都具有估测能力。在距离雷达站101～146 km的18个样本中，11个样本的误差降低，其中本溪站5个样本的降雪估计均低估了降雪，平均误差达到－1.5 mm/h，最大误差为－2.75 mm/h，为本次降雪估计样本中最大误差；草河口站的5个样本平均绝对误差也达到0.77 mm/h。前文提到本溪和草河口站温度变化较大，会影响估测结果。对比这两个站的改进前后的估测情况，这10个样本的雷达估计降雪量与实况降雪量基本呈负相关，而且经过3种方案订正后仍无明显改进，从另一方面验证了温度变化对于降雪估测的影响。距离雷达站153～204 km的16个样本中，有8个样本的误差得到降低，其中抚顺站13—14时降雪量为4.4 mm，最开始降雪估测值为2.09 mm，改进后降雪估测值为4.01 mm，为本次过程改进幅度最大的样本。经过3种订正方案，并除去本溪、草河口站后，误差超过1 mm/h的样本减少了13个，还剩15个，占总样本总数的28%，误差超过2 mm/h的样本减少了4个，还有3个样本，最大误差也减小到2.4 mm/h。

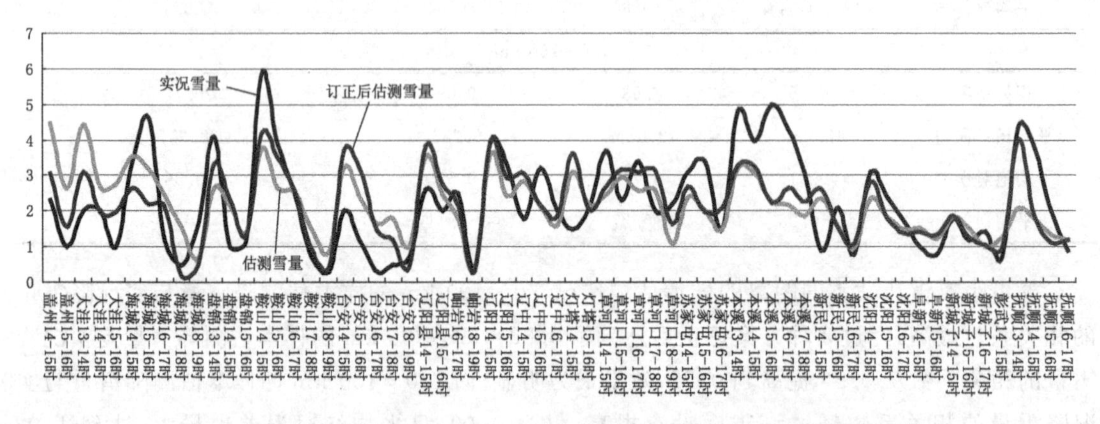

图2　最优化法估测降雪量、订正后最优化法估测降雪量与实况降雪量比较

6　结论与讨论

在强降雪预警业务工作中，根据中国气象局16号令《气象灾害预警信号发布与传播办法》中的"气象灾害预警信号及防御指南"规定，6 h降雪在15 mm以上时发布暴雪红色预警信号，大致对应2.5 mm/h以上的降雪强度；暴雪橙色预警信号对应平均1.6～2.5 mm/h的降雪强度；暴雪蓝色和黄色预警信号对应0.3～1.5 mm/h的降雪强度。下面讨论在降雪预警实际业

务应用中不同降雪量级的雷达估测效果(表 3),1.6～2.5 mm/h 的降雪估测平均绝对误差最小,为 0.65 mm/h,0.3～1.5 和 2.6～5.9 mm/h 的降雪估测平均误差分别达到 0.58 和 −0.93 mm/h,1.6～2.5 mm/h 和 2.6～5.9 mm/h 的降雪平均相对误差比较小,分别为 31% 和 27%。结合图 3,0.3～1.5 mm/h 的样本降雪估测误差以正误差为主,而 2.6 mm/h 以上的样本降雪估测误差为一致的负误差,而且降雪量级越大,误差越大,即在本次过程中,雷达降雪估测总是高估相对弱的降雪而低估相对强的降雪,这一方面说明雷达回波对于降雪强弱变化不很敏感,雷达降雪估测技术难度较大,另一方面在业务应用实际工作中可以利用这种一致性的误差进行订正,以提高降雪估测精度。

表 3 分量级降雪估测的平均绝对误差、误差和相对误差

降雪强度	样本数(个)	平均绝对误差(mm/h)	平均误差(mm/h)	平均相对误差
0.3～1.5 mm/h	23	0.67	0.58	75%
1.6～2.5 mm/h	19	0.65	0.16	31%
2.6～5.9 mm/h	21	1.05	−0.93	27%

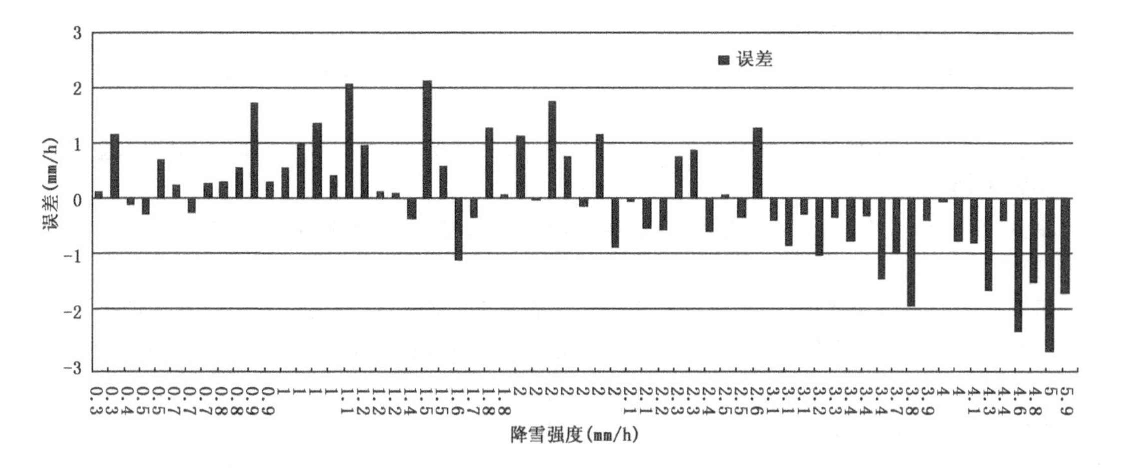

图 3 分量级降雪估测结果的误差分布

本文从强降雪预警业务实际出发,设计了基于最优化法的雷达估测降雪方法,并对 2007 年 3 月 4 日特大暴雪过程开展雷达降雪估测实验。结果表明:最优化法雷达降雪估测技术能较好地反映降雪趋势,其估测降雪量与实况降雪量的相关系数为 0.52(超过 99%信度检验),平均相对误差为 62.43%,表明基于最优化方法的雷达估测降雪技术在业务上是可行的。

通过分析雷达降雪估测的误差,提出温度变化、雪花末速度、与雷达的距离远近和计算方法等方面的因素可能会影响估测结果。针对以上原因,制定了 3 种改进方案,改进后的估测降雪量与实况降雪量的相关系数提高到 0.66,平均相对误差降低至 48.74%,对于 0.3 mm/h 以下的弱降雪和 5 mm/h 以上的强降雪均具有估测能力。其中距离雷达 50～100 km 的样本估测降雪量与实况降雪量的相关系数最高,达到 0.82,150～200 km 的样本平均绝对误差最小。雷达降雪估测低估了距离雷达 100 km 以外的样本,而高估了 50～100 km 的样本,在业务中应用时应注意订正。

在 3 种改进方案中,考虑降雪末速度影响的改进效果不大,这可能与本次特大暴雪过程的回波较均匀有关;按雷达与样本距离分类进行雷达降雪估测的效果最明显,不仅可以增加相似程度,还减小了雷达估计降雪中近距离高估和远距离低估的误差;而算法的改进则进一步提高估测精度。

目前在业务上降雪的 1 h 实况只靠加密人工观测获得,可以进行降雪估测的样本还比较少,本次进行雷达降雪估测个例为特大暴雪过程,而且只考虑了纯粹降雪的样本,其得到的结论还需更多的降雪过程验证。

致谢:本文写作过程中得到俞小鼎教授的帮助和指导,特此致谢!

参考文献

[1] Faisal S. Boudala, George A. Isaac, David Hudak. Ice water content and precipitation rate as a function of equivalent radar reflectivity and temperature based on in situ observations. *J. Geophys. Res.*, 2006, **111**: D11202.

[2] Matthew S Wandishin, Michael E Baldwin, Steven L, *et al*. Short-range ensemble forecasts of precipitation type. 2005, **20**, 609-626.

[3] Gray D M, Male D H, *Handbook of Snow: Principles, Processes, Management and Use*. Pergamon Press, 1981, 776 pp.

[4] 冀春晓,陈联寿,徐祥德等. 多普勒雷达资料动态定量估测台风小时降水量的研究. 热带气象学报, 2008, **24**(2): 147-155.

[5] 马慧,万齐林,陈子通等. 基于 *Z*−*I* 关系和变分校正法改进雷达估测降水. 热带气象学报, 2008, **24**(5): 546-549.

[6] 匡顺四,王丽荣,张秉祥等. 2009 年石家庄暴雪过程降雪雷达估测. 气象科技, 2011, **39**(3): 327-330.

[7] 蒋大凯,王冀,韩江文等. 东北南部强降雪天气的多普勒雷达产品特征. 资源科学, 2010, **32**(8): 1471-1477.

[8] 张培昌,杜秉玉,戴铁丕. 雷达气象学. 北京: 气象出版社, 2001: 177-217.

[9] Roy Rasmussen, Steve Vasiloff, Frank Hage, *et al*. Snow nowcasting using a real-time correlationof radar reflectivity with snow gauge accumulation. *J. Appl Meteor.*, 2003, **42**: 20-36.

[10] Wilson J W. Measurement of snowfall by radar during the IFGL // *Preprints*, 16*th Conf. on Radar Meteorology*, Houston, TX, Amer. Meteor. Soc., 1975, 508-513.

[11] Fujiyoshi Y, Endoh T, Yamada T, *et al*. Determination of a Z-R relationship for snowfall using a radar and sensitive snow gauges. *J. Appl. Meteor.*, 1990, **29**, 147-152.

[12] 张培昌,戴铁丕. 最优化法求 *Z*−*I* 关系及其在测定降水量中的精度. 气象科学, 1992, **12**(3): 333-338.

[13] 郑媛媛,谢亦峰,吴林林. 多普勒雷达定量估测降水的三种方法比较试验. 热带气象学报, 2004, **20**(2): 192-197.

[14] 俞小鼎,姚秀萍,熊廷南等. 多普勒天气雷达原理及业务应用. 北京: 气象出版社, 2005: 19-195.

[15] 黄勇,叶金印,陈光舟. 基于误差分析的雷达估测降水集成方法. 大气与环境光学学报, 2010, **5**(5): 342-349.

[16] 梁建茵,胡胜. 雷达回波强度拼图的定量估测降水及其效果检验. 热带气象学报, 2011, **27**(1): 1-10.

西南区域精细化要素预报系统设计及实现

康岚　罗可生　陈朝平　冯汉中　但波　龙柯吉

（四川省气象台，成都 610071）

摘　要

利用“概念模型”释用方法分别建立了温度、降雨量、云量的客观预报模型，进而建成了集保存、制作、查询、检验功能为一体的西南区域精细化要素预报系统并投入业务运行。建立的释用模型不依赖历史资料，适用于任意模式输出产品；建成的预报系统分站点和网格点两种方式一日两次输出精细化指导预报产品，实现了对任意点的要素预报；系统能以多种方式查询西南区域各种实况及模式产品资料，能对任意时段的各种预报产品进行检验比较，生成的衍生产品可用于天气分析和预报会商。

关键词：精细化要素预报系统　概念模型　制作　查询　检验

引言

数值预报是现代天气预报的基础。目前数值预报产品越来越丰富，产品的时间、空间分辨率也越来越高。利用数值预报产品，通过可行的释用技术方法，自动生成精细化要素预报产品[1-3]，为预报员提供客观化指导产品成为我们的必然选择，也是未来天气预报制作的发展方向。

通过多年的试验和验证，建立了集资料保存、预报制作、结果查询、质量检验功能为一体的西南区域精细化要素客观预报系统。下面对该系统的技术方法及实现功能进行介绍。

1　释用模型的构建

目前常用的数值产品释用技术方法有 MOS 法、PP 法、人工智能法等[4-7]，这些方法都是针对单一预报对象建立方程，且随着资料的更新，方程需要重构。

我们基于多年的试验，建立了有别于传统统计释用方法的概念模型释用方法。概念模型思路源于天气预报经验，认为某一时次的地面气象要素与同一时刻不同垂直层次的不同要素和相同要素间有相互内在的某种联系。我们将这种联系利用数值预报产品进行客观描述，进而建立释用概念模型。

1.1　地面温度预报释用模型

降温（升温）天气过程的预报经验概念模型由以下三个条件组成：

（1）冷（暖）空气的强度。

（2）冷（暖）空气是否具有进入预报区域的能力。

（3）冷（暖）空气进入预报区域后是否有锋生现象出现。

天气预报实践表明：由于四川盆地的地形作用，判断冷（暖）空气的强度和冷（暖）空气进入盆地的能力的层次不在地面，而在 850—700 hPa 层，判断锋生则主要以 500 hPa 层上高原是否有波动东移。

概念模型带有明显的天气预报经验的特征，不同预报员应用该概念模型可能会得到有差异的预报结论。如何才能得到客观的预报结果呢？

经过试验比较，对干绝热热力方程、状态方程和静力方程进行推导和简化，获得简化后的方程为

$$\Delta T_0 = \frac{1}{C_p \rho_0}\Delta p_0 + \frac{1}{C_p}\Delta H_2 + \Delta T_1 \tag{1}$$

式(1)中下标的0、2、1分别代表地面、500和850 hPa，ΔT、Δp、ΔH 分别代表温度、气压、位势高度24 h变量。

则地面层的温度值可用下式求得：

$$T_0 = T_0{}' + \Delta T_0 \tag{2}$$

式(2)中，T_0、ΔT_0 分别为预报时次的地面温度及地面24 h变温，$T_0{}'$为前24 h对应时次的地面温度。

式(1)和(2)就构成精细化预报系统中地面温度预报释用方程。方程右端的各变量的值可使用数值产品或实况值代入。

式(1)反映了海平面(地面)层上的温度变化与海平面(地面)气压、850 hPa温度变化和500 hPa高度变化成正比。这与降温(升温)天气过程的预报经验概念模型所表述的相同。

通过上述释用过程，建立了地面温度预报释用模型。那么，基于四川盆地预报经验建立的释用模型是否适用于西南地区？鉴于西南地区复杂的地形特征以及目前模式产品较高的时空分辨率，模型中 ΔT_1 代表层次由精细化地形资料确定。下面通过实际观测值对模型的可用性进行检验。

将相应层次的要素观测值代入方程，计算出地面温度和实际地面温度值进行比较。图1是2012年10月1—31日利用西南地区20个探空站观测资料计算出的地面温度与实际地面温度的平均绝对误差。结果显示，计算出的平均绝对误差有75%的观测站在1℃以内，25%的观测站在1～2℃。检验表明，地面温度预报释用模型具有较高的可用性。

由于数值模式产品时间和空间分辨率都大幅度提高，对 ΔH_2 代表层次的选取也可以通过精细化地形资料进行确定。

1.2 降水量预报释用模型建立

首先采用多模式集成获取预报降水量，再采用预报经验对集成降水量进行增减的方法确定最终降水结果。

采用基于TS评分、BS评分、算术平均、格点最大、多数表决、概率匹配6种降水集成方法对多模式降水进行集成试验，以确立最终的降水集成方式。

试验发现：各种集成方法各个时效各个等级降水预报准确率普遍优于单模式预报结果；格点最大的降水集成结果的TS评分最好，但空报率也最大；降水格点平均在小到中雨量级上准确率高，但在大雨到暴雨量级准确率较差；多数表决法和概率匹配法既能保证较大的准确率又能保证较低的空报率，并且概率匹配法的空报率在各个量级上都最小；基于TS和BS评分确定各成员权重方法存在对历史资料的依赖，运用于业务适用性差。基于试验结果，也便于业务

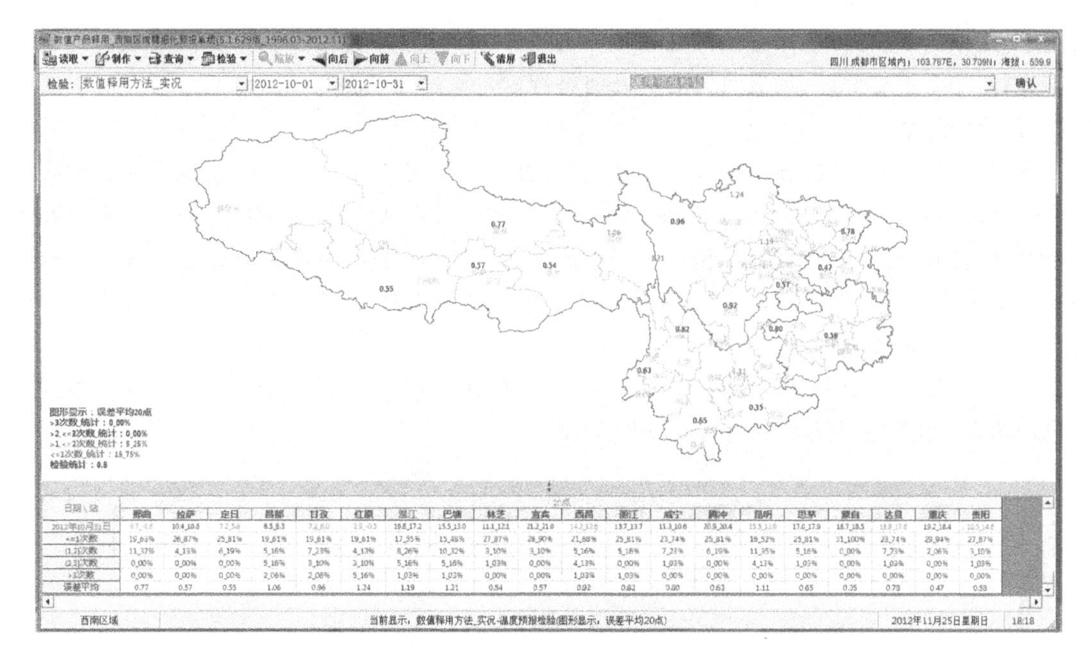

图 1　2012 年 10 月 1—31 日地面温度释用模型误差检验

运行，我们在系统中使用多数表决法来进行多模式的降水集成。

在降水量集成的基础上，基于预报经验思路，使用相对湿度作为衰减因子进行雨量衰减。

1.3　总云量预报释用模型建立

采用预报经验概念模型方法(思路)，利用单站探空资料的 500～925 hPa 层次的相对湿度与总云量的统计关系，建立总云量预报释用模型。

2　精细化预报系统建设的思路

建设精细化预报系统的思路是：基于释用模型，结合站点(或格点)的海拔高度，建立客观修正方法，形成适用于任意站点(或格点)的通用预报模型，最终达到要素预报的定点定量化；定时的实现则直接采用数值模式的预报时次，即依据数值预报模式输出的时刻值，基于释用模型方法，得出这一时刻的气象要素预报值。

由于西南地区地形复杂，高差悬殊，为适应精细化预报的需要，建立了分辨率为 210 m 的西南区域数字化地形，为精细化到站点(或格点)的预报奠定基础。

当然，预报是否准确直接依赖于数值预报产品的准确率，也依赖于概念模型的客观描述。

3　精细化预报系统建立及功能介绍

基于 VB6 编程语言和释用模型，建立了集资料保存、预报制作、结果查询、质量检验功能为一体的西南区域精细化要素客观预报系统，系统按西南区域、省、市、县 4 级构建，按各地的需要可适时更换预报区域。下面对系统功能分模块进行简单介绍。

3.1　资料读取、保存模块

为提高对接收数据的处理效率，我们按照服务器性能分别采用多线程处理方式，分布于不同的服务器上进行分步式运行建立资料处理流程，有效地解决了运算量大和对数据时效性高的需求，并根据系统需求，保存西南区域范围内各种模式产品、实况资料。资料处理流程既可自动运行，亦可手动处理，确保对资料的及时补存。

3.2 预报制作模块

释用数据源为各种数值预报模式产品；释用方式可采用单模式产品释用、欧洲集合预报产品释用及多模式释用集成；可选定数值模式实现西南区域精细化预报产品定时输出，也可在系统中手动选择数值预报产品制作精细化预报产品；产品输出格式为城镇精细化预报产品规定格式。基于系统的参数配置，可制作站点（或网格点）的预报产品，预报时次：72 h 内间隔 3 h，72～168 h 内间隔 6 h。

图 2a、b 是基于 2012 年 11 月 18 日 20 时的 NCEP、Japan 05、EC 025、T639028 四模式产品释用集合制作的站点和网格点城镇天气预报。

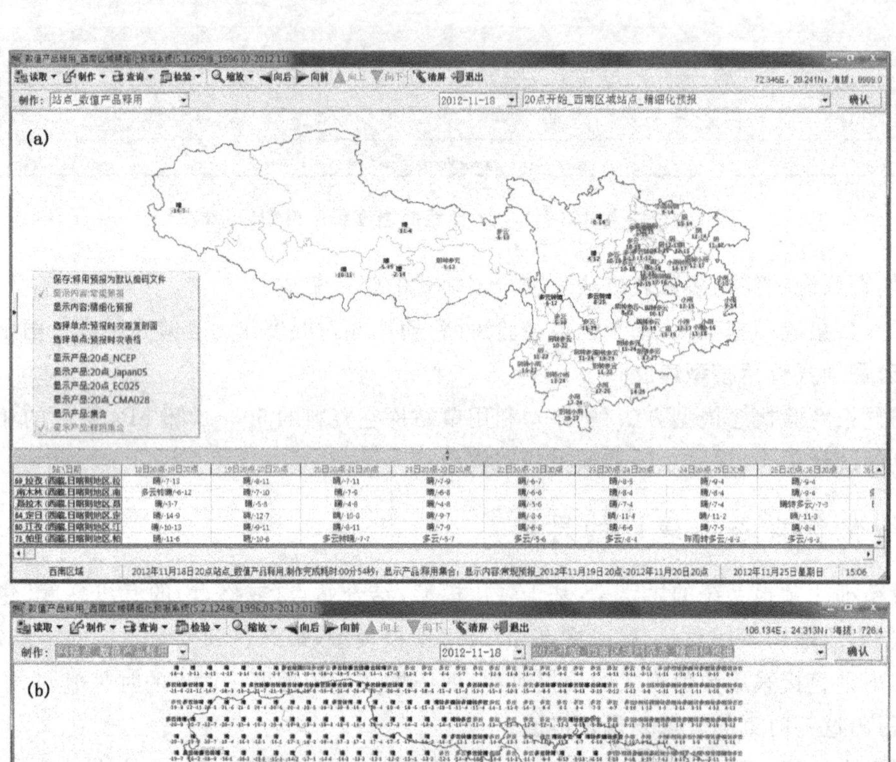

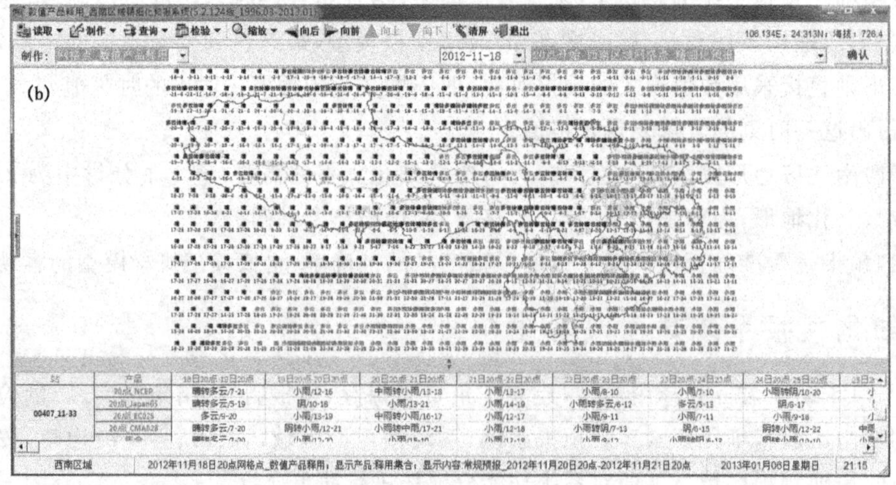

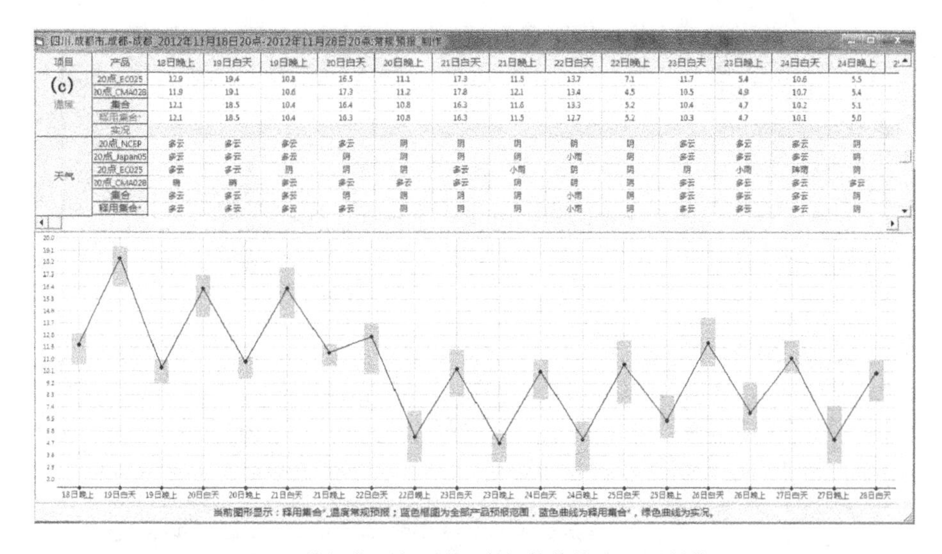

四川.成都市.成都-成都_2012年11月18日20点-2012年11月28日20点:常规预报_制作

项目	产品	18日晚上	19日白天	19日晚上	20日白天	20日晚上	21日白天	21日晚上	22日白天	22日晚上	23日白天	23日晚上	24日白天	24日晚上
(c) 温度	20点_EC025	12.9	19.4	10.8	16.5	11.1	17.3	11.5	13.7	7.1	11.7	5.4	10.6	5.5
	20点_CMA028	11.9	19.1	10.6	17.3	11.2	17.8	12.1	13.4	4.5	10.5	4.9	10.7	5.4
	集合	12.1	18.5	10.4	16.4	10.8	16.3	11.6	13.3	5.2	10.4	4.7	10.2	5.1
	释用集合*	12.1	18.5	10.4	16.3	10.8	16.3	11.5	12.7	5.2	10.3	4.7	10.1	5.0
	实况													
天气	20点_NCEP	多云	多云	多云	多云	阴	阴	阴	阴	阴	多云	多云	多云	阴
	20点_Japan05	多云	多云	多云	阴	阴	阴	阴	小雨	阴	多云	多云	多云	阴
	20点_EC025	多云	多云	阴	阴	阴	多云	小雨	阴	阴	阴	小雨	阵雨	阴
	20点_CMA028	晴	晴	多云	多云	多云	多云	阴	阴	阴	多云	多云	多云	多云
	集合	多云	多云	多云	阴	阴	阴	阴	小雨	阴	多云	多云	多云	阴
	释用集合*	多云	多云	多云	多云	阴	阴	阴	小雨	阴	多云	多云	多云	阴

图 2　精细化预报系统_常规数值模式释用制作

(a. 站点精细化预报，b. 网格点精细化预报，c. 单点 240 h 预报表格与曲线)

制作完成后，可选择单点做预报时次垂直剖面(图略)，描述预报时次垂直空间各等压面层的高度、温度、湿度等要素的分布，也可用表格与曲线(图 2c)方式查询单点未来 240 h 的预报内容，色框显示多个释用模式的预报范围。

3.3　资料查询模块

基于系统可查询：精细化预报产品、地面观测实况、探空观测实况、数值模式产品(包括欧洲集合预报产品)等。能以站点、网格点、填色、垂直剖面、时间序列等多种方式进行显示，方便预报员使用。

图 3a 是系统查询 2012 年 11 月 18 日 20 时开始的精细化站点预报，图形显示各站 18 日 23 时的温度，表格显示 18 日 23 时的要素预报。点击不同制作方式和不同要素，图形作相应变化。

L 波段是秒级单位的观测资料。系统实现了对西南区域 L 波段探空资料的及时展示，弥补了现有业务系统缺乏展示精细化探空资料的缺陷。通过系统能及时获取间隔 25 hPa 的气压、温度、湿度、风层结曲线，及时计算出相应等压面上的相对垂直运动及其 24 h 变量。图 3b 显示了 L 波段探空资料 500 hPa 层相对垂直运动及其 24 h 变量。

本系统开发了针对多个模式产品的集中显示功能，既可以用于单点显示，也可以用于任意区域的平均显示(图 3c)，增加了气象台现有多个业务模式雨量集成预报结果(图略)，能在预报分析及与各级台站预报会商中发挥作用。

3.4　检验模块

检验模块分为：精细化预报产品检验、数值模式产品检验、释用预报模型误差检验。

系统可对中央气象台下发指导产品、系统释用产品、市级台站上传的精细化预报产品进行对比检验，可检验项目有温度、雨量、云量。检验时段可在一天到一年内任意选择，检验区域可选择。温度检验采用每小时一次的自动站温度实况，降水量、云量采用标准报文的内容。检验结果用表格和图形显示。温度检验采用统计预报温度与实况温度的绝对误差站次数，降水量检验采用 TS 评分。总云量采用四川省气象台自建的方法：预报云量与实况云量的绝对误差

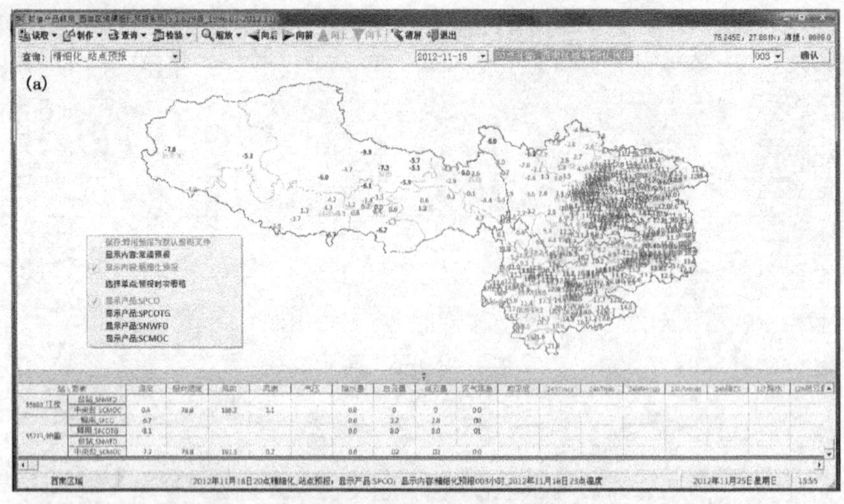

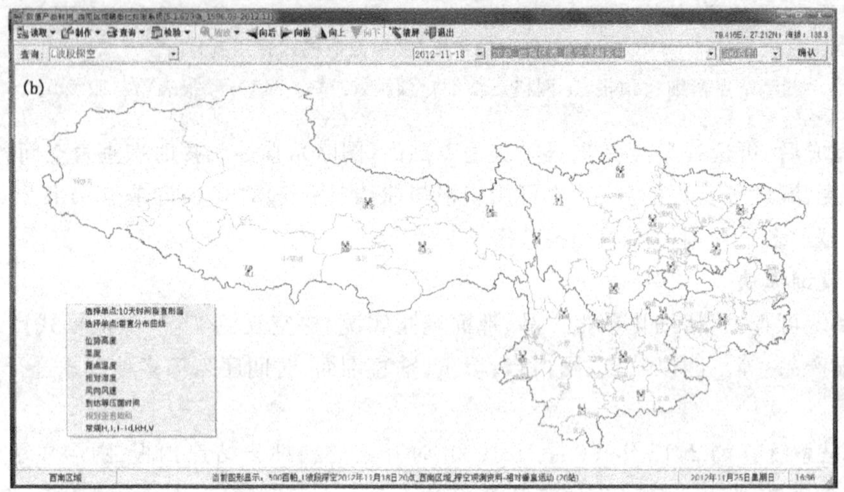

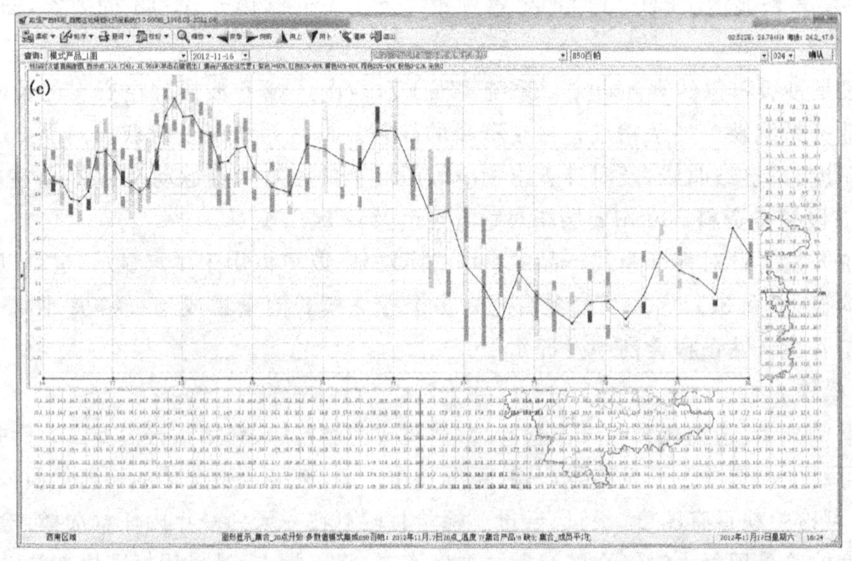

图 3 (a)查询精细化站点预报显示界面 (b)L 波段探空查询－500 hPa 相对垂直运动及 24 h 变量 (c)所有模式任意区域的 850 hPa 温度集中显示

按表1计算。另外，系统按等压面、地面、降水三类分别对数值预报产品进行检验，便于快速了解模式性能。

表1 云量检验对照表

误差(%)	<10	10～20	20～30	30～40	40～50	50～60	60～70	70～80	80～90	90～100	=100
得分	100	90	80	70	60	50	40	30	20	10	0

通过对系统制作、中央台气象下发、市州台上传的2012年6月15日20时—2012年12月31日20时各精细化产品 T_{max}、T_{min}、12 h降水、12 h晴雨检验比较显示(表略)：本系统释用制作的最高气温产品明显高于中央气象台下发的指导产品，最低气温产品48～120 h略低于中央气象台指导产品，其余时段高于中央气象台指导产品。晴雨预报准确率及降水TS评分高于中央气象台指导产品。系统释用制作产品和预报员水平大致相当，部分高于预报员水平。

4 小结

(1)基于预报经验"概念模型"建立的要素释用模型适用于任意数值模式输出产品，可实现对任意点的精细化要素预报，克服了传统数值预报产品释用方法需要不断更新历史资料，针对具体预报点不断更新预报方程的缺陷。

(2)基于概念模型方法建成的集制作、查询、检验功能为一体的西南区域精细化要素预报系统，实现了对站点(或网格点)温度、雨量、云量等要素的客观定量预报。检验表明，基于概念模型释用的精细化预报产品质量部分高于中央气象台下发产品和预报员水平，有实际业务应用价值。

(3)系统能以多种方式查询西南区域各种实况观测资料以及各种模式产品资料，方便预报分析和天气会商。

(4)基于系统，能检验任意时段模式产品和实况之间的误差，能比较各种方式制作的精细化预报产品误差。

定量诊断2011年河南省秋季连阴雨天气

孔海江

（河南省气象台，郑州 450003）

摘　要

利用NCEP/NCAR再分析资料和改进的局地经向环流线性模式，定量诊断了2011年9月5—19日河南省秋季连阴雨天气的形成机理。结果表明：(1)潜热加热、平均经向温度平流、纬向西风动量平流和平均纬向温度平流是导致2011年9月河南省秋季连阴雨天气发生的主要物理过程。(2)预报连阴雨开始和发展趋势可关注潜热加热、平均纬向温度平流和平均经向温度平流三种物理过程。(3)预报连阴雨持续可主要关注平均西风动量的纬向平流、平均纬向温度平流和平均经向温度平流三种物理过程。

关键词：秋季连阴雨　局地经向环流　诊断分析

引言

连阴雨作为影响农业生产的主要农业气象灾害，20世纪70年代的研究认为，连阴雨天气是大气超长波活动的产物。20世纪90年代开始的一系列研究从大气环流特征方面研究了长江中下游春季连阴雨天气的演变规律。最近的研究总结了北方出现连阴雨天气的异常环流特征及其可能原因。陈桂兴等2007年利用局地经向环流线性模式，定量诊断了2003年黄淮秋汛的形成机理，得到了一些在短期预报中有意义的结论。

上述研究大多是利用观测资料或再分析资料所做的诊断分析，而针对连阴雨天气的形成机理的研究较少。因此，有必要对连阴雨天气的形成机理做进一步的研究。

1　资料与方法

1.1　资料

定量诊断分析选用2011年8月1日至10月30日共92 d的NCEP/NCAR逐日再分析资料。文中选取的模拟区域为(5°～60°N，107.5°～120°E)。

1.2　局地经向环流诊断模式简介

袁卓建等1998年将全球纬向平均的经向环流理论推广到研究局地经向环流演变机制，推导出一个地球P坐标系的局地经向环流诊断方程。该方程包括的热力因子有感热和潜热输送、长短波辐射、水平温度平流和温度层结调整过程。动力因子有气压梯度力、惯性力，摩擦力以及科氏力。除此之外，方程还包括了静力、惯性和斜压稳定度的影响。根据线性叠加原理，可分别研究各种热力和动力过程，定量地讨论各种过程对局地经向环流演变的作用和贡献。该方法主要用于诊断东亚季风区的天气、气候的形成机理。其数学模型的理论推导参见有关文献。

资助项目：中国气象局预报员专项(CMAYBY2012—035)。

2 2011年9月5—19日河南省连阴雨过程概述

2011年9月5—19日河南省出现了一次长达15 d的连阴雨天气。2011年9月河南省区域平均的累计降水量为1961年以来历史同期的第三位，同时在降水相对集中的9月中旬，比历史同期偏多4倍以上，为1961年以来的历史同期最大值。降水从东南向西北递增(图略)，豫西大部分地区的降水超过了300 mm，降水量最大出现在宜阳，累计降水量为364 mm。共有30%的测站的降水为建站以来的同期最大值。整个连阴雨过程分为3次降水过程，时间分别为9月5—9、11—15和17—19日。

连阴雨期间东亚大气环流持续异常(图略)，巴尔喀什湖以北地区高压脊持续维持，大兴安岭以西的中蒙边界有一低槽。外兴安岭到蒙古国一带持续维持负距平。日本、经朝鲜半岛到江淮流域一带维持正距平。副高异常偏西、偏北。

3 利用局地经向环流模式定量诊断2011年河南省秋季连阴雨的形成机理

东亚季风区天气、气候变化与局地经向环流(热带季风和副热带季风环流)紧密联系，并且造成东亚季风区降水的水汽输送以经向为主。因此，可以用局地经向环流模式进行定量诊断分析。

3.1 经向环流强度表征

利用局地经向环流模式定量诊断一般选用500 hPa垂直速度来表示经向环流的强度。对于秋季连阴雨天气来讲，由于季节的原因，其降水强度、对流高度与盛夏相比相对偏弱、偏低。本研究计算了2011年9月连阴雨期间700和500 hPa的垂直速度与同期河南省区域平均降水量的相关系数发现，700 hPa垂直速度与降水量的相关系数较大(图略)。因此，本研究选用700 hPa垂直速度来表示经向环流的强度。

3.2 2011年9月5—19日平均的垂直速度及其主要因子的贡献

为找出导致2011年河南省秋季连阴雨发生的主要物理过程，利用陈桂兴等2005年提出的各因子对经向环流演变的贡献百分比公式，得到在2011年8月1日至10月31日潜热加热所激发的贡献最大(图略)，而且潜热加热激发的垂直速度从低纬度到高纬度有一个明显减小趋势，这与各纬度的气候条件相对应。平均经向温度平流所激发的贡献占15%以上，另有一成左右是由平均西风动量纬向平流激发所造成的。平均纬向温度平流所激发的贡献占了将近6%。这四种因子对垂直速度的贡献合计占了78%。模式的边界效应(即开边界条件)和其他13个因子单独对此次连阴雨天气过程上升运动的贡献都小于5%，不再详细讨论。因此，潜热加热、平均经向温度平流、平均纬向温度平流和平均西风动量的纬向平流是导致此次连阴雨天气的经向环流上升运动演变的主要物理因子。对这次连阴雨天气过程的定量诊断分析，也应主要针对这四种物理因子的分析为主。

下面具体分析这四种因子的贡献。图1是与2011年9月5—19日连阴雨过程对应的经向环流垂直分量在经向和垂直方向上的分布。其中，图1a是所有因子和开边界共同激发的垂直速度，在10°—55°N形成两个闭合经向环流，分别在10°—20°N和26°—36°N上升，在20°—26°N和36°—50°N下沉(20°—26°N的下沉区对应副高的位置)，垂直速度略向北倾斜。图1b

是潜热加热所激发，由图 1b 可以看出，潜热加热激发的上升运动大值区在 500 hPa 以下。而由平均经向温度平流（图 1c 所示）和西风动量的纬向平流（图 1d 所示）所激发的上升运动的大值区在 500 hPa 以上。单纯由水汽凝结释放潜热造成的上升运动，是造成此次连阴雨天气发生的主要物理过程（潜热释放占全部因子贡献的 46.54%）。由于副热带高压位置比常年同期偏北 5 个纬度（图略），副高北部是冷性低槽，造成南北经向温度梯度加大，与已有研究相比，由平均经向温度平流的激发作用也增大。因此，副热带高压位置持续异常造成的平均经向温度

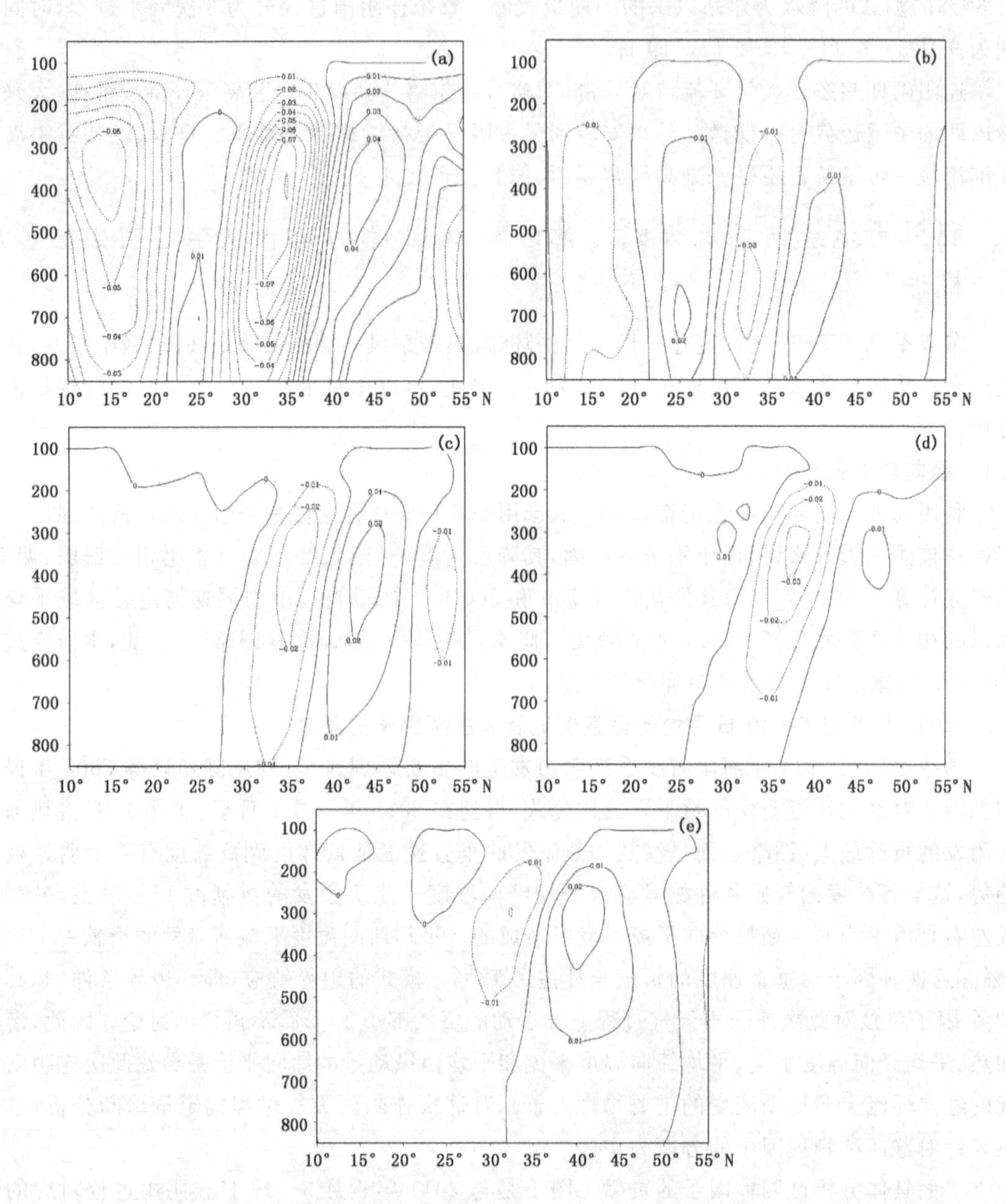

图 1　与 2011 年 9 月 5—19 日连阴雨过程对应的经向环流垂直分量在经向和垂直方向上的分布（单位：hPa/s；a. 所有因子和开边界所激发，b. 由潜热加热所激发，c. 平均经向温度平流所激发，d. 纬向西风动量平流，e. 平均纬向温度平流所激发）

平流是此次连阴雨过程的又一重要因素。2011 年 9 月 5—19 日，由于高空西风急流持续异常，并且河南省位于高空西风急流入口区，由高空西风急流持续异常造成的纬向西风动量平流也是造成此次连阴雨天气发生的物理因子。

3.3 主要因子所代表的天气形势及河南省秋季连阴雨预报着眼点探讨

前面指出，2011 河南省秋季连阴雨的发生不仅与中高纬度上升运动的向南传播有关，还与上升运动在河南省区域内的加强相联系(图 1)。因此，通过分析主要因子和其代表的天气形势及其对上升运动经向传播及加强的贡献，来探讨河南省秋季连阴雨的预报着眼点。

3.3.1 预报连阴雨开始和发展的因子

如果某个物理因子所激发的上升运动主要出现在降水开始前(降水期间)，其局地变化超前(同步或滞后)于总体上升运动和降水，则该因子有利于天气过程的启动(增强或持续)。找到有利于天气过程启动(增强或持续)的主要因子，可作为预报该类天气的预报着眼点。

先看潜热加热，潜热加热作为产生上升运动主要的物理因子，在连阴雨过程开始前 3 d(图 2a)，在 30°—34°N 有潜热加热激发的垂直运动向南传播。

潜热加热为连阴雨的开始酝酿条件，同时还在连阴雨过程开始前 2 d，在 17°—20°N 和

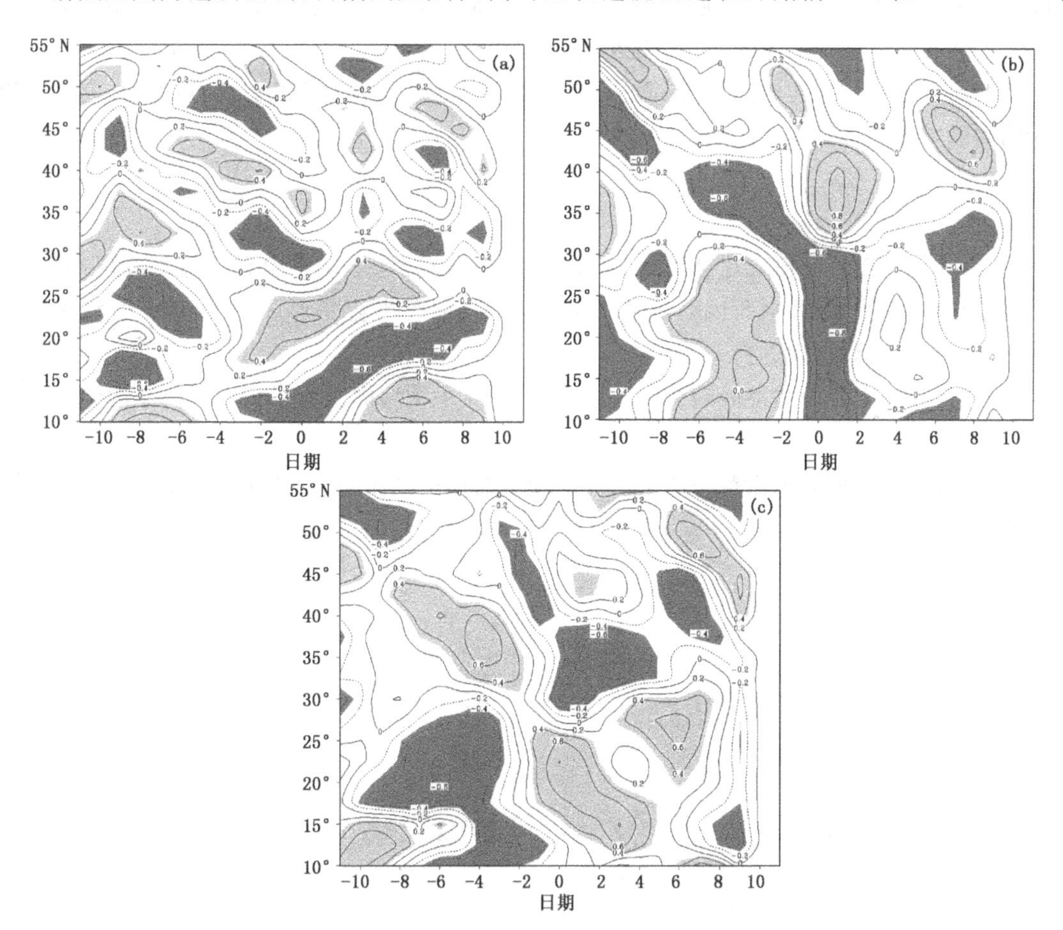

图 2 三种因子所激发的垂直速度(31°—36°N 的平均)与同期河南省区域平均逐日降水量的超前滞后相关(阴影表示通过 α=0.05 显著性检验的区域)(a. 潜热加热所激发，b. 平均纬向温度平流所激发，c. 平均经向温度平流所激发)

10°—13°N 分别激发出下沉气流和上升气流，分别对应副高的下沉区和中国南海的对流。由它激发的下沉和上升运动向北传播。造成了副高持续偏北的环流形势。

前面指出，平均纬向温度平流和平均经向温度平流也是造成连阴雨发生的物理过程。先讨论平均纬向温度平流，连阴雨过程前 6 d，在 35°—40°N 激发出的经向环流上升支，并在连阴雨开始前 3 d 向南传播到河南省，造成河南省连阴雨的开始(图 2b)。

再讨论平均经向温度平流，连阴雨过程前 3 d，在 45°—50°N 激发出经向环流上升支，向南传播到河南省，导致河南省连阴雨的开始(图 2c)。

3.3.2 预报连阴雨持续的参考因子

第 2 节指出，平均西风动量的纬向平流是造成连阴雨发生的主要物理过程。由于平均西风动量的纬向平流激发的上升运动(图 3 略)从 6 日开始持续到 14 日，在 15 日有个间断，16—19 日再次持续。由平均西风动量的纬向平流激发的上升运动与降水的相关滞后 3—4 d，说明平均西风动量的纬向平流对于连阴雨的增强和持续有一定的作用。由西风急流的纬度—时间剖面图(图略)也可以看出，西风急流在 9 月 5 日明显增强，并且南压至 40°N 附近，维持在这个纬度，15 日前后急流轴北抬，对应连阴雨出现 1 d 的间歇，此后急流轴南压并加强，阴雨天气再次持续。随着急流轴的南压至 37°N 附近，连阴雨结束。

从前面所述平均纬向温度平流(图 2a)和平均经向温度平流(图 2b)也可以看出，它们分别对连阴雨的增强和持续有一定的作用。

4 结论

(1)用局地经向环流模式定量诊断 2011 年 9 月河南省秋季连阴雨天气过程发现，潜热加热、平均经向温度平流、纬向西风动量平流和平均纬向温度平流是形成 2011 年 9 月河南省秋季连阴雨天气的主要物理过程。

(2)预报连阴雨开始和发展趋势可关注潜热加热、平均纬向温度平流和平均经向温度平流三种物理过程。

(3)预报连阴雨持续可主要关注平均西风动量的纬向平流、平均纬向温度平流和平均经向温度平流三种物理过程。

2011年冬季辽东半岛低温过程的大尺度特征分析

梁军[1]　张胜军[2]　黄振[1]　隋洪起[1]　张黎红[1]

(1.大连市气象台,大连 116001;2.中国气象科学研究院灾害天气国家重点实验室,北京 100081)

摘　要

利用GTS1型数字式探空仪和常规气象观测资料及NCEP/NCAR再分析资料,对辽东半岛地区2011年冬季的4次低温过程进行了诊断分析,研究了半岛地区低温发生的天气尺度背景及冷空气的分布特征。结果表明:(1)四次低温过程的大尺度环流特征相似,即乌拉尔山东侧有阻塞高压脊,东北地区有冷涡,冷温槽转竖最终导致气温下降。(2)半岛地区最强冷空气出现在低温前的6 h,在对流层低层形成了逆温特征,向北后倾的倾斜锋区的加强和维持有利于产生较低的地面(表)温度。逆温层的高度、强度、厚度不同,地面(表)温度的下降幅度不同。逆温层的冷层较高较厚,不利于地面温度的下降。冷层在925 hPa,其下的温度越低越有利于低温的形成。逆温过程主要为下沉逆温和辐射逆温。(3)辽东半岛北部地区的冷空气侵入始终贯穿在降温过程中,主要表现为两种形式。低层的冷空气主要表现为由北向南的侵入,中高层则为自上而下的延伸。干冷空气的侵入对锋区的形成和移动具有重要作用。冷空气所经下垫面不同,降温幅度不同。

关键词:关键词　低温　阻塞脊　逆温层　大尺度环流

引言

辽东半岛冬季气温的变化与北半球中高纬度的大陆地区一样,自1976年以来呈迅速增暖趋势。但冬季极端低温的极端性和发生概率却有所增大,而临海的辽东半岛由于受海洋气候的影响,濒海城市的气温与同纬度内陆地区不同,这进一步加大了预报难度。影响中国东北地区冬季气温的因子不同的时间尺度贡献不同。无论是年际变化的主要影响因子西伯利亚高压和年代际变化的主要影响因子北极涛动受海温强迫的信号都比较弱,所以冬季气温特别是极端气温的预报仍较困难。因此,与社会生活密切相关的阶段性的低温冷(冻)害仍然是天气研究和预报的重点与难点。东北地区强冷空气爆发通常经历3个阶段,乌拉尔山东侧阻塞高压脊的建立、阻塞高压脊下游的横槽转竖、东亚大槽的重建。当冷空气向东南扩散时总是伴随着蒙古高压的东移南下。干冷空气对气旋的发展及暴雨的触发作用已有不少的研究,但辽东半岛冬季低温期间干冷空气有怎样的分布特征,目前有针对性的研究并不多。

2011年冬季,中国大部分地区气温异常偏低,为1986年以来最低值。辽东半岛南部地区也出现了四次低温过程,其中有两次局部地区气温突破同期历史极值。对这四次最低气温的预报,中外数值预报的误差都较大,预报结果的不一致更增加了预报难度。怎样预报此类最低气温是预报员最感困难的问题之一。

本文利用NCEP/NCAR再分析资料、常规观测资料、GTS1型数字式探空仪探测资料和

资助项目:大连市科技计划项目(2009E12SF167)。

大连地区逐时自动气象站资料，以大连站的降温过程为例，分析了低温期间干空气侵入的大尺度环流特征，进一步了解此类低温过程及冬季低温冷(冻)害的预报和防范提供参考依据。

1 降温及高压概况

2011年12月28日20时至29日08时(北京时，下同)、2012年1月5日20时至6日08时、10日20时至11日08时和20日20时至21日08时辽东半岛南部地区出现四次低温过程，其中2011年12月29日和2012年1月21日的最低气温24 h分别下降8.8和10.2℃，大连东部地区的最低气温出现历史同期极值。

分析降温期间大连本站的最低气温、海平面气压及伴随冷空气向南暴发的蒙古高压的中心气压发现(图略)，每次降温过程都对应着蒙古高压和本站气压的增强，最低气温滞后于蒙古高压中心强度峰值3～12 h，超前于本站气压强度峰值0～6 h。

四次低温过程均由蒙古高压引发。降温前，蒙古高压从蒙古国东南部逐渐伸向内蒙古西北部地区。降温期间(图略)，蒙古高压中心有的在华北西北部地区东北移，有的自华北西北部地区东南下。无论蒙古高压的中心位置怎样移动，在吉林中南部至辽宁中北部地区均出现一个次高压环流，这个次高压所携带的冷空气自对流层以下的低层向东南扩散，形成对流层低层逆温区的次冻层，有利于气温的迅速下降。

2 天气尺度特征

2.1 500 hPa高度场和温度场特征

四次降温过程的大气环流形势相似。前三次降温前500 hPa等压面上40°N以北的中高纬度地区为两槽一脊的形势，乌拉尔西侧为大槽，西伯利亚至贝加尔湖地区为高压脊，高压脊西侧或北侧有低于－40℃的冷中心，以短波槽的形式向高压脊靠近。中国东北地区至鄂霍茨克海附近为冷涡，冷中心均低于－44℃；第四次降温前，40°N以北虽为两槽一脊的形势，但阻塞高压脊的位置和强度与前三次明显不同，位置偏西(高脊西侧在40°E附近)，强度最强(高压脊中心超过560 dagpm)，阻塞高压脊的东南面为横槽。第一次降温期间(2011年12月28日20时至29日08时)，随着短波槽向东北偏东移动，贝加尔湖西部地区的高压脊减弱，高压脊向其东北方向伸展，有利于东北冷涡的逆转，引导干冷空气进入辽东半岛(图1a)。第二次降温期间(2012年1月5日20时至6日08时)，冷空气自西伯利亚东移进入高压脊西侧，高压脊减弱，逐渐与北地群岛附近的高压脊主体脱离，脊前的西北气流引导北冰洋拉普捷夫海附近的冷空气经贝加尔湖地区向东南扩散至内蒙古中东部后侵入辽东半岛(图1b)。第三次降温期间(2012年1月10日20时至11日08时)，欧洲上空的短波槽侵入乌拉尔阻塞高压，阻塞高压强度虽略有减弱但位置稳定少动，极地冷空气与鄂霍茨克海逆转的冷空气沿高压脊前分别下滑至华北和东北地区，华北冷空气的东南移动导致了辽东半岛的降温(图1c)。第四次降温期间(2012年1月20日20时至21日08时)，乌拉尔山阻塞高压脊由于新地岛东移冷涡的作用，向西伯利亚至贝加尔湖地区纬向伸展，脊前偏东气流将极地冷空气输送至巴尔喀什湖地区，横槽发展加强为冷涡，冷空气东移至华北北部。与此同时，东北冷涡也沿阻塞高压脊前逆转，向南扩散影响辽东半岛(图1d)。

乌拉尔东侧阻塞高压的维持有利于极地冷空气向南扩散补充到中国东北地区，而中国北地区堆积的冷空气强度决定了辽东半岛降温的幅度。分析中国东北地区冷空气堆(大连和锡

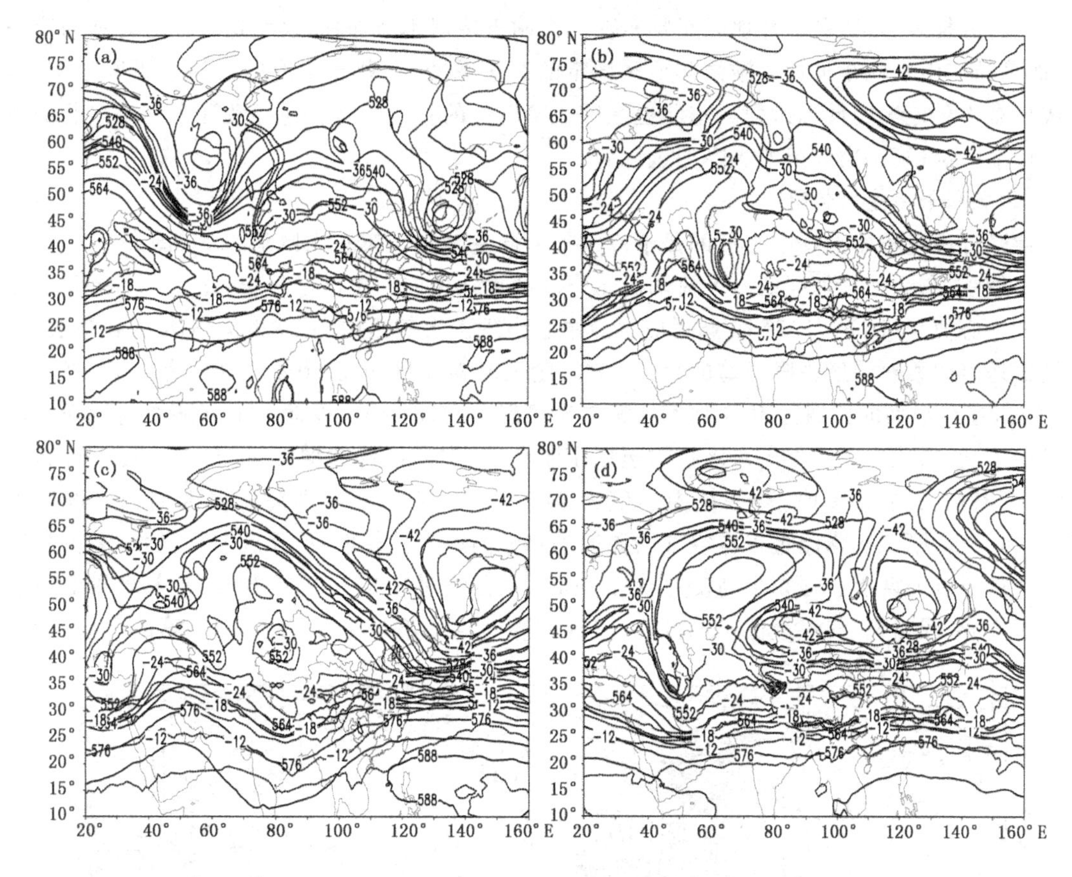

图 1　2011 年 12 月 29 日 08 时(a)、2012 年 1 月 6 日 08 时(b)、11 日 08 时(c)和 21 日 08 时(d) 500 hPa 高度场(实线,单位:dagpm)和温度场(虚线,单位:℃)

林浩特连线东北方向 16 个探空站的温度平均值,简称冷堆)发现(表 1),第一次降温初期,500 hPa 上冷堆温度维持在−34.3℃,850 和 925 hPa 上冷堆温度不断降低;降温期间,500 和 850 hPa 上冷堆温度略有回升,925 hPa 上冷堆温度持续下降,29 日 07 时气温达到最低为−11.5℃。第二、三次降温初期中低层及边界层冷堆强度变化与第一次相似,强降温期间只有边界层冷堆继续降低,气温分别于 6 日 07 时和 11 日 08 时达到最低,为−9.2 和−12.0℃。第四次降温初期和降温期间,各层冷堆都持续下降,尤以边界层冷堆下降最快,21 日 08 时气温达到最低(−15.1℃)。

表 1　东北地区冷空气堆温度变化

日期	冷空气堆温度(℃)			日期	冷空气堆温度(℃)		
	500 hPa	850 hPa	925 hPa		500 hPa	850 hPa	925 hPa
2011 年 12 月 28 日 08 时	−34.3	−16.7	−14.5	2012 年 1 月 10 日 08 时	−38.6	−20.2	−17.9
2011 年 12 月 28 日 20 时	−34.3	−18.3	−17.2	2012 年 1 月 10 日 20 时	−38.8	−22.8	−18.4
2011 年 12 月 29 日 08 时	−33.5	−17.6	−19.6	2012 年 1 月 11 日 08 时	−36.8	−21.3	−21.8
2012 年 1 月 5 日 08 时	−35.3	−16.6	−15.5	2012 年 1 月 20 日 08 时	−36.7	−17.4	−15.9
2012 年 1 月 5 日 20 时	−36.8	−17.9	−15.4	2012 年 1 月 20 日 20 时	−38.2	−20.2	−18.1
2012 年 1 月 6 日 08 时	−36.0	−17.6	−16.8	2012 年 1 月 21 日 08 时	−40.0	−23.5	−22.5

上述分析表明，我国东北地区至鄂霍茨克海附近冷涡不断加强，表明这一地区有强的冷平流，而乌拉尔山东侧至贝加尔湖西侧地区稳定的高压系统，有利于干冷空气持续不断地南下，造成辽东半岛地区的低温过程。东北地区回流冷空气的直接影响容易导致辽东半岛东北部地区的极端低温（第一次和第四次降温过程）。

2.2 风场和干冷空气特征

伴随低温过程影响辽东半岛的是干冷空气的向南输送。第一次降温期间（图 2a），蒙古高压东移加强，东北地区加强的冷平流随高压脊前的偏北风向南扩散至辽宁，辽东半岛东北部冷平流的中心值超过 56×10^{-5} K/s，对应强冷中心出现了次高压中心（图略），气温达到最低，冷空气输送带的相对湿度由降温前的超过 60%（定义相对湿度小于 60%的区域为干区）降为不足 30%，辽东半岛的低温区不足 15%。第二次降温期间（图 2b），极地冷平流随脊前加强的偏北风南下，经内蒙古中东部向东南扩散至辽东半岛，蒙古高压持续增强，辽宁东北部出现高压环流（图略）。气温最低时，冷平流中心值为 24×10^{-5} K/s。辽东半岛低温区的相对湿度为 20%～40%。第三次降温过程冷空气的源地和路径与第二次相似，但强度明显增强，蒙古高压中心气压超过前两次。辽东半岛冷平流最强时，中心值超过 64×10^{-5} K/s，其东北部出现了次高压中心（图略）。气温最低时，北风大值区的相对湿度不足 15%（图 2c）。第四次降温前，

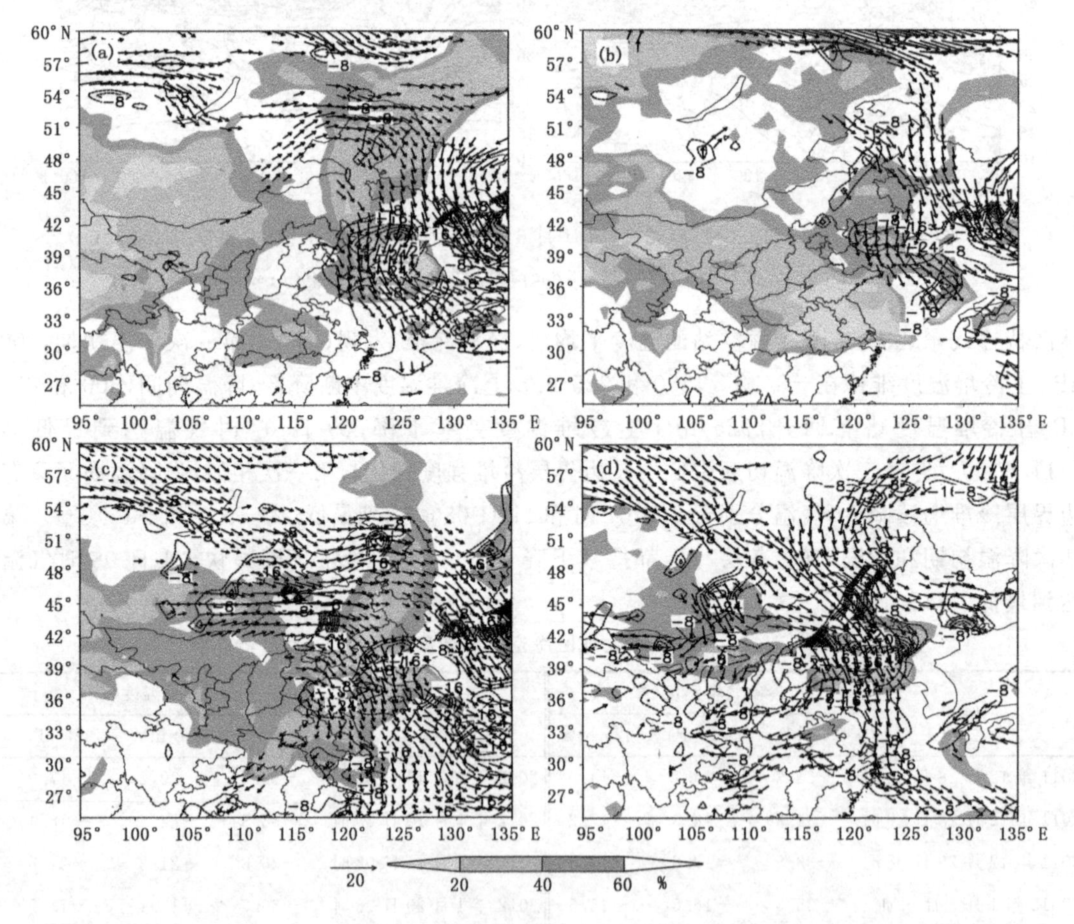

图 2　2011 年 12 月 29 日 08 时 (a)、2012 年 1 月 6 日 08 时 (b)、11 日 08 时 (c)及 21 日 08 时 (d) 850 hPa 风场(≥8 m/s，矢量)、温度平流（虚线，单位：K/d）和≤60%的相对湿度场(阴影)

华北北部至内蒙古中东部地区和辽宁中南部地区存在两个冷平流中心，西部的冷中心值是东部的 2 倍，蒙古高压中心气压超过 1052 hPa。降温期间（图 2d），冷平流分别从贝加尔湖和雅库茨克海附近沿西北风和东北偏北风向南扩散至华北中北部和辽东半岛地区，该区域冷平流中心值超过 64×10^{-5} K/s，蒙古高压强度维持（图略）。气温最低时，相对湿度不足 15%。

上述分析表明，蒙古高压的维持和中国东北地区次高压的生成与干冷空气的侵入密切相关，干冷空气的向南扩散有利于辽东半岛低温的形成。

3 低温期间的结构特征

3.1 低温期间的要素特征

分析大连 GTS1 型数字式探空仪探测资料发现，第一次降温开始时（12 月 28 日 20 时），对流层中层干区内的风速明显增大，且由偏西风转为西北风，500—1000 m（950—850 hPa）转为东北风，风速在 12～15 m/s，干冷空气自对流层顶层向下延伸至边界层（图 3a）。气温最低时（12 月 29 日 07 时），500 m（950 hPa）以下的大气已建立逆温层。降温期间辽东半岛南部有阵雪，湿度随高度增加而减小，逆温过程以下沉逆温为主。第二次降温开始时（1 月 5 日 20 时），对流层低层由偏西风转为西北风，但湿度加大，暖湿空气与其上干冷空气的叠置使低层大气趋于不稳定，在干冷空气的下沉运动中，500 m 以下的大气由于辐射、下沉和湍流形成逆温区，气温逐渐降至最低（1 月 6 日 07 时），此时 750 m（925 hPa）以下的西北风转为东北风（图 3b）。第三次降温前，大连上空低层已为西北风，干冷空气自对流层顶层向下延伸，下沉压缩增温，在 750 m 高度形成明显的逆温结构，降温期间，2000—3000 m（800—700 hPa）高度的风速增加了 5 m/s（图 3c）。第四次降温前，大连上空低层已为偏北风。降温期间，干冷空气自上而下以楔子状倾斜插入边界层，与对流层中层的暖舌形成强锋区，在 500 m 高度内形成温度和湿度均随高度升高而增加的强逆温结构，暖层下冷层的最低气温低于－19℃。降温期间 3000—4000 m（700—600 hPa）高度的风速增大了 7～11 m/s，750 m 的风速增大了 9 m/s（图 3d）。

由大连低温期间的要素分布可以看出，辐射降温、干冷空气下降的压缩增温、锋面及湍流的作用，易在对流层低层形成逆温结构，逆温层冷层的强度越强，高度越低，厚度越厚，气温越低。对流层低层特别是边界层的偏北大风（风速≥12 m/s）和强锋区也直接影响降温的幅度。

3.2 辐射冷却作用

夜间近地面的晴空辐射对辽东半岛气温的降低具有十分重要的作用。地面以辐射形式损失能量，同时也接收外来的辐射能量，收入部分和支出部分的差值称为净辐射。辐射平衡方程为：

$$B = Q_{sg} - (I\uparrow - I\downarrow)$$

式中，Q_{sg} 为地面吸收的短波辐射，$I\uparrow$ 为地表向上的长波辐射通量，$I\downarrow$ 是到达地表的大气向下的长波辐射通量，其中（$I\uparrow - I\downarrow$）称为地面有效辐射。$B>0$，下垫面由辐射交换获得热量升温；$B<0$，下垫面由辐射交换损失热量降温。

由于夜间短波辐射 $Q_{sg}=0$，净辐射 $B=-(I\uparrow - I\downarrow)$。通常夜间大气的温度总是低于地面温度，$B<0$，长波辐射交换使得地面失去热量降温。

辽东半岛四次降温期间的地面净辐射均小于 0（图略），但变化过程不尽相同。第一次和

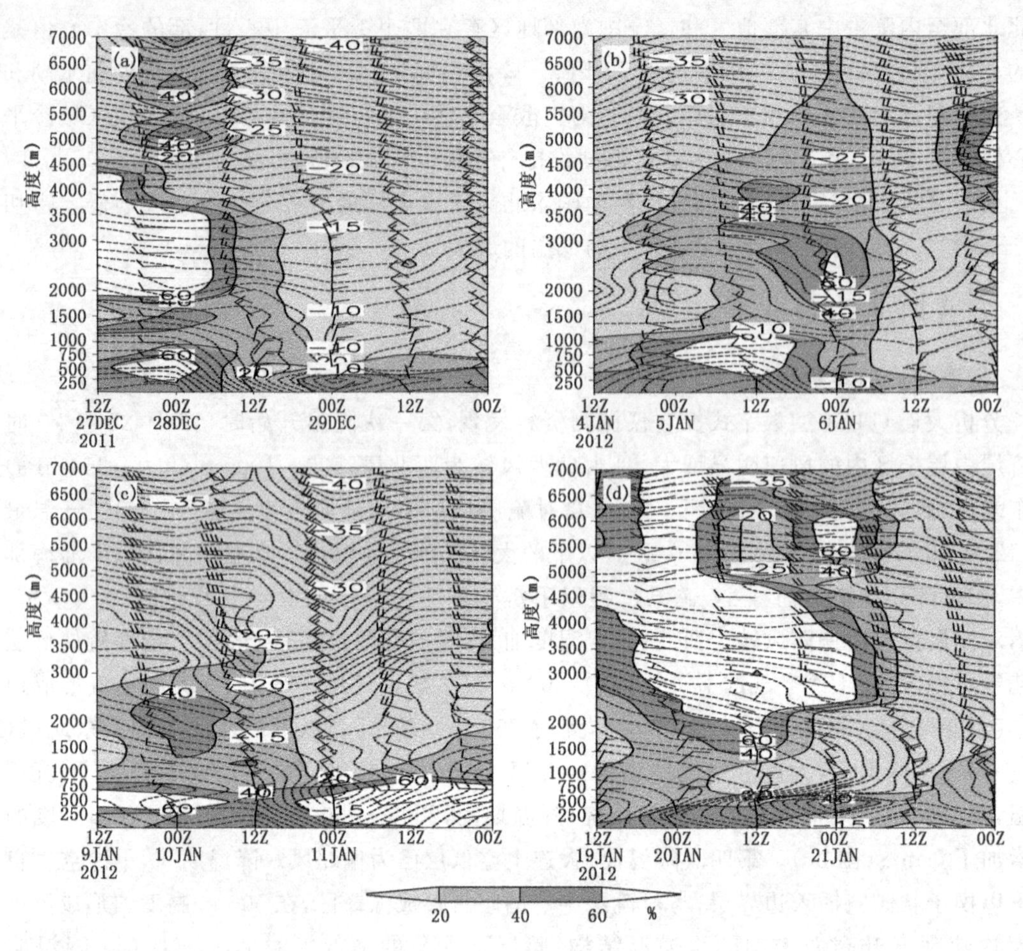

图 3　2011 年 12 月 27 日 20 时—30 日 08 时(a)、2012 年 1 月 4 日 20 时—7 日 08 时(b)、9 日 20 时—12 日 08 时(c)及 19 日 20 时—22 日 08 时(d)大连的风场、温度场(虚线，单位：℃)和相对湿度场(≤60%，阴影)的时间剖面

第四次降温期间，辽东半岛南部地区的净辐射通量分别由 $-115\ W/m^2$ 和 $-80\ W/m^2$ 升至 -95 和 $-70\ W/m^2$，辐射冷却作用减弱；冷平流却由 -16×10^{-5} 和 -24×10^{-5} K/s 分别降至 -24×10^{-5} 和 -56×10^{-5} K/s 以下。第二次和第三次降温期间，半岛南部地区的净辐射通量分别由 -95 和 $-105\ W/m^2$ 降至 -125 和 $-130\ W/m^2$，辐射冷却作用逐渐加强。与此同时，冷平流也分别由 -8×10^{-5} 和 -24×10^{-5} K/s 降至 -16×10^{-5} 和 -40×10^{-5} K/s 以下。第一次辐射冷却作用减弱，冷平流下降幅度为 8×10^{-5} K/s，第三次辐射冷却作用加强，冷平流下降幅度为第一次的 2 倍，但两次的最低气温接近，且第一次局地出现极端低温，这跟冷空气经过的下垫面密切相关。10 月后至翌年的 3 月，大连近海的暖水域使地表向上的长波辐射通量增大，华北冷空气流经渤海暖下垫面到达辽东半岛时，虽有降温过程，但不易出现极端低温。而自东北地区向西南扩散至辽东半岛的冷空气，经过陆地冷下垫面，近地层降温幅度增大(第一和第四次边界层气温下降 5～7℃)，易出现极端低温。

3.3　低温的成因

前面的分析表明，辽东半岛第一、四次和第二、三次降温期间的冷空气路径类似，第一和第三次的最低气温接近，所以在下面的讨论中，以第一和第三次降温过程为例，分析低温的成因。

分析降温期间的经向环流（流线，由风速的南北分量和垂直环流合成）和经向风可以看出，第一次降温期间，辽东半岛上空（图 4a 中粗横线区域）700 hPa 以下始终为下沉气流，不断将中层的冷空气携带至低层。同时，其北侧 50°N 附近的下沉气流将冷空气向下输送至 850 hPa 后向南扩展，在辽东半岛和 43°N 附近 850 hPa 以下的下沉运动加强，北部的下沉运动区与地面图上辽东半岛东北部的次高压相对应。辽东半岛边界层以下 θ_e 密集区由陡立转为向北倾斜（图 4c），低层干冷空气的快速南移下沉使 950 hPa 以下形成逆温层，且维持着 -48×10^{-5} K/s 的冷平流中心，逆温区冷层温度为－10～－13℃。低温期间辽东半岛中高层锋区的向南移动较之低层相对缓慢，表明对流层中高层的干冷空气主要是自对流层顶向下的伸展，而低层的干冷空气主要是由北向南的快速扩散；辽东半岛的北风区始终与北部的高空强北风区相连。

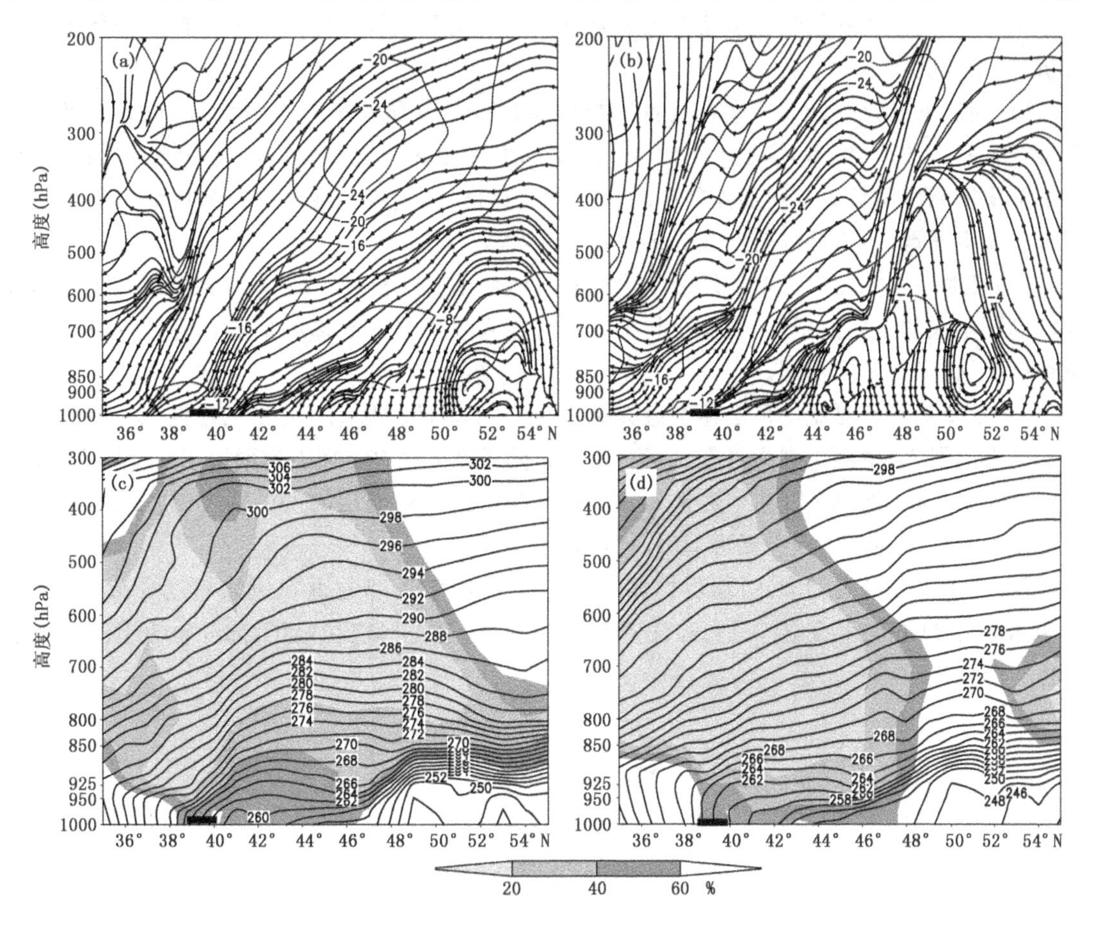

图 4　沿 121.6°E 的经向环流（流线）和经向风的经向垂直剖面（a、b，单位：m/s，实线：南风，虚线：北风）、相对湿度（≤60%，阴影）和相当位温的经向垂直剖面（c、d，实线，单位：K）（a、c. 2011 年 12 月 29 日 08 时，b、d. 2012 年 1 月 11 日 08 时）

第三次降温期间，辽东半岛整层的下沉运动区出现断裂（图 4b），其北侧 48°N 附近的下沉气流将冷空气向下输送至 700 hPa 后向南扩展，辽东半岛北部 43°N 附近 700 hPa 以下的下沉运动加强，同样有次高压生成。冷空气自低层向南扩散，辽东半岛 925 hPa 以下 θ_e 密集区由垂直逐渐向北倾斜（图 4d），形成逆温层，其冷平流中心为 -40×10^{-5} K/s，逆温区冷层温度为－

10～－17℃。低温期间辽东半岛中高层锋区向南移动快于低层，表明高层强冷空气向半岛南部的低空加强延伸，低层冷空气自北向南扩散缓慢。

上述分析表明，低温期间，辽东半岛对流层中低层始终为下沉气流，低层北风风速超过 8 m/s。干冷空气自对流层中高层向下向南伸展至辽东半岛低层，中高层的干冷空气主要表现在自上而下的延伸，低层的则为自上而下以楔形向南侵入，这也是逆温结构形成的主要原因。逆温过程主要为下沉逆温和辐射逆温。低层冷空气快于高层向南扩散，逆温区的高度和冷层温度越低，越有利于辽东半岛锋区的加强和极端低温的形成。最低气温出现前 24 h 的干冷空气既可位于对流层中高层，也可出现在低层，前 6 h 的干冷空气主要位于低层。

4 小结和讨论

本文对 2011 年冬季辽东半岛四次低温过程的环流背景和冷空气的分布特征进行了诊断分析，结果表明：

(1)四次低温过程的大尺度环流特征相似，500 hPa 等压面上 40°N 以北的中高纬度地区为“两槽一脊”的形势。乌拉尔山东侧至贝加尔湖西侧地区存在稳定的高压系统，中国东北地区至鄂霍茨克海附近有不断加强的冷涡，高压东侧的偏北气流引导干冷空气持续不断地南下侵入辽东半岛地区，为低温的形成提供有利的环境场。

(2)极地和华北北部至东北地区冷平流的向南输送，是蒙古高压发展加强和辽东半岛东北部次高压生成的主要因子，蒙古高压和次高压直接导致了辽东半岛的低温过程。冷空气所经下垫面不同，降温幅度不同。

(3)干冷空气自对流层顶延伸至边界层，主要表现为两种形式。低层的冷空气主要表现为由北向南的侵入，中高层则为自上而下的延伸。低层冷空气自上而下楔形快速向南侵入，在其下形成逆温结构，加剧了辽东半岛地面(表)温度的下降。逆温层冷层的强度、高度、厚度决定了降温的幅度。逆温过程主要为下沉逆温和辐射逆温。

(4)辽东半岛低温期间，对流层中低层始终为下沉气流，低层北风风速超过 8 m/s。最低气温出现前 24 h 的干冷空气既可位于对流层中高层，也可出现在低层，前 6 h 的干冷空气主要位于低层。

高分辨率数值预报产品在暴雨精细化预报中的应用

刘勇　郭大梅　姚静　李明　屈丽玮

（陕西省气象台，西安 710015）

摘　要

利用欧洲中心高分辨数值预报产品提供的细网格气象要素场，采用"配料法"，对陕西暴雨精细化预报进行解释应用，在预报时效 72 h 内，提供网格点间距为 0.25°×0.25°，时间间隔为 3、6、12 和 24 h 的强降水预报产品。该产品对陕西暴雨的精细化预报具有一定的指导意义。

关键词：高分辨率数值预报产品　配料法　暴雨　精细化

引言

"配料法"是一种基于暴雨和强对流天气发生物理机制的具有逻辑性的方法，将基础研究结果应用于预报业务中。它最早是由 Doswell 于 1996 年提出的对于强降水的一种新的预报方法，认为造成洪水的强降水的前提是有持续的高降水率和湿空气迅速上升。

本文采用的暴雨预报方法是"配料法"，但是使用的数值预报产品是目前形势场预报质量较高的欧洲中心高分辨数值预报产品，空间和时间分辨率基本可以满足暴雨预报的精细化要求，提供了比较可靠的质量保障。由于高质量、高分辨率的数值预报产品可以满足"配料法"对配料的各种需求，因此对暴雨落区、时间、大小的预报也能够满足部分暴雨预报的精细化要求，对提高暴雨预报准确率具有一定的参考价值。

1　"配料法"的基本原理

Doswell 最初提出"配料法"是为了强调一种主观的预报方法，即通过分析输出的各种物理量特征，并对这些物理量按照"配料法"所需要的水汽条件、不稳定能量和抬升条件进行分类，通过划定危险区，从而人为做出暴雨落区预报。1996 年 Doswell 提出了强降水的一种新的预报方法，通过式(1)表达

$$R = Eqw \tag{1}$$

式中，R 是单位时间的降水量，q 是比湿，w 是上升速度，E 是比例系数。

上式表明，强降水是由持续强降水率引起，而强降水率又是由含有充足水汽空气的快速上升和降水效率所决定。

2　"配料"的选择和预报方法

无论是天气学方法，还是"配料法"，降水量都与整层比湿、垂直速度有关，同时还与降水效率有关。因此，得到本文所用的计算降水量公式：

$$R = Eqw_a \tag{2}$$

式中,R 单位时间内单位面积上的总降水量,q 是整层比湿,w_a 是整层的最大垂直速度,E 是比例系数或者降水效率。

由于欧洲中心高分辨数值预报产品提供了 72 h 内间隔 3 h 的整层比湿、垂直速度,因此,可以认为 3 h 之间的气象要素的变化是线性的,通过内插的方法计算出每小时的整层比湿、垂直速度,然后计算每小时的降水量。3 h 降水量公式为

$$R_3 = R_t + R_{t+1} + R_{t+2} \tag{3}$$

式中,R_3 代表 t 时间到 $t+2$ 时间的 3 h 降水量,R_t 代表 t 时间的 1 h 降水量,R_{t+1} 代表 t 到 $t+1$ 的 1 h 降水量,R_{t+2} 代表 $t+1$ 到 $t+2$ 的 1 h 降水量。

依次类推,可以计算出 6、12 和 24 h 的降水量。实际上,因为计算出了 72 h 内的每小时的降水量,所以可以计算出任意时段的降水量。

根据欧洲中心高分辨数值预报产品提供的物理量,选择每个格点的整层比湿和最大垂直速度计算降水量,确定比例系数或降水效率。每天两次计算出格点 72 h 内每一小时的降水量,统计出 3、6、12 和 24 h 格点的降水量。

3 预报效果分析

下面针对陕西多次强降水的整个过程进行详细的分析,通过对欧洲中心高分辨数值预报产品和“配料法”相结合的强降水预报产品与实况的对比分析,可以证实本文采用的暴雨预报方法是可行的,预报结果可信。由于预报内容分辨率较高,实况降水资料包括 99 个地面观测站和 1360 个自动气象站逐时降水资料。

3.1 3 h 降水分析

2012 年 8 月 30 日—9 月 1 日陕西中南部出现了一次区域性暴雨过程,是 2012 年最大的一次降水过程,后面要陆续分析到这次降水预报产品。从 8 月 30 日 08 时起报的 3 h 强降水预报产品来看,从 30 日 20 时开始到 31 日 20 时主要在陕西西部的汉中地区有强降水发生。31 日 08—11 时的 3 h 降水预报图,预报汉中部分地方有 20～40 mm 短时暴雨,实际预报时效为 24～27 h。降水实况为:汉中地区有 20 个自动站出现 20 mm 以上降水,最大降水量为 54 mm。虽然汉中地区的预报还比较准确,但是出现在陕南东部的强降水没有被预报出来,说明数值预报产品有局限性。在第二个预报时次,8 月 31 日 11—14 时的 3 h 强降水预报图表明,汉中部分地方仍然有 20～50 mm 的短时暴雨。降水实况是汉中地区有 26 个自动站 3 h 降水量超过 20 mm,最大 40 mm。在预报时效超过 24 h 以后,3 h 强降水预报的大小、落区与实况比较接近,具有参考价值。但是对陕南东部的局地强降水仍然没有预报出来。

3.2 6 h 降水分析

2012 年 8 月 30 日 08 时起报,预报 8 月 31 日 20 时至 9 月 1 日 02 时的 6 h 强降水,实际预报时效 36～42 h 的预报图上,汉中部分地方有 25～80 mm 的强降水。实际情况是汉中地区有 25 个自动站降水超过 25 mm,其中 7 站超过 40 mm,最大 69 mm。虽然预报时效比较长,但是 6 h 强降水的强度、落区与实况比较吻合。2012 年 8 月 30 日 08 时起报,预报 9 月 1 日 14 时至 9 月 1 日 20 时的 6 h 降水预报图上在陕南的汉中、安康地区局部地区有 25～60 mm 的强降水。降水实况是汉中、安康有 63 个自动站降水超过 25 mm,其中有 12 个自动站降水超过 40 mm,最大为 52 mm。预报降水的强度与实况一致,但是强降水落区稍有偏差,预报强降水

的落区比实况稍偏西。证明能够预测52～60 h的强降水，而且数值非常接近。

3.3 12 h降水分析

2012年8月29日20时起报，预报8月31日20时至9月1日08时的12 h强降水，实际预报时效48～60 h的预报图上，在陕北榆林西部、关中西部、陕南西部有40～100 mm的强降水，特别是汉中大部分地区有50～100 mm的强降水。实际情况是在上述地区有100个自动站的降水超过40 mm，汉中地区都出现了区域性暴雨天气，局地大暴雨，最大降水为133 mm。汉中地区有40个自动站降水超过50 mm，其中1站超过100 mm。预报时效仍然较长，但是12 h强降水的强度、落区与实况比较吻合。陕北强降水系统比实况稍微晚一点，但是整个强降水系统预报的还是非常准确。

2012年7月20日08时起报，预报7月20日20时至7月21日08时的12 h降水的预报图上在陕北榆林、陕南汉中局部地区有40～80 mm的强降水。降水实况是榆林、汉中有53个自动站降水超过40 mm，其中有4个自动站降水超过100 mm，分别位于榆林北部和汉中西部，最大为171 mm。预报降水的强度与实况有较大差别，主要是体现在汉中局地强降水。榆林地区的强降水，预报系统比实况偏晚，但是强降水还是预报出来了。汉中局地强降水比预报的偏强，说明数值预报产品对汉中降水系统预报得比较弱。

3.4 24 h降水分析

2012年8月29日20时起报，预报8月30日20时至8月31日20时的24 h强降水，实际预报时效12～36 h的预报图上，关中南部、陕南汉中、安康地区有50～200 mm的强降水，特别是汉中大部分地区超过了90 mm，局地最大为200 mm。实际情况是，在上述地区有275个自动站的降水超过50 mm，汉中地区有28个自动站的降水超过100 mm，最大降水为167 mm。这次降水过程的预报时效短，24 h强降水的强度、落区与实况比较一致，特别是汉中的区域性大暴雨天气准确地预报出来。另外，关中南部、陕南东部的区域性大到暴雨天气也准确地预报出来了。

最后一个例子是2012年7月25日08时起报，预报7月27日20时至7月28日20时的24 h强降水，实际预报时效60～84 h。预报图上，在陕北榆林地区局地有50～100 mm的强降水。实际情况是，在榆林地区有36个自动站的降水超过50 mm，2个自动站的降水超过100 mm，最大降水为113 mm。这次降水过程的预报时效很长，24 h强降水的强度、落区与实况虽然有些偏差，但是榆林局地大暴雨天气准确地预报出来。这次72 h的暴雨预报的范围稍小，落区比实况偏北。

4 结论与讨论

采用“配料法”，对欧洲中心高分辨数值预报产品进行解释应用，对72 h内的暴雨的精细化预报方法进行初步的尝试，通过2012年汛期的试验，证明“配料法”和高质量、高分辨率的数值预报产品相结合，可以对一部分暴雨进行精细化预报，对3、6、12和24 h的暴雨预报具有一定的指导意义。或者对72 h内任意时段的强降水预报都有一定的指导意义。

徐淮北部一次局地恶劣能见度天气成因分析

吕新刚[1]　舒颖[2]

（1.济南军区空军气象中心，济南 250002；2.总参气象水文中心，北京 100081）

摘　要

2012 年 4 月 17 日，徐州机场经历了一次罕见的局地性恶劣能见度天气过程。利用 NCEP 1°×1°再分析格点数值产品对这次局地低能见度天气成因从大尺度背景、动力和热力机制等方面进行了分析。研究发现，近地层偏东风水汽输送带为低能见度的维持提供了水汽基础；而造成低能见度"局地性"的原因有三点：一是前一日弱冷锋过境造成深厚的逆温层，当日地面升温缓慢使得逆温层维持时间长；二是徐州上空中低层存在一支中尺度下沉气流，该下沉区恰好位于近地层大湿度区的上方，所形成的干暖盖效应加剧近地面逆温，进一步抑制了近地面水汽的扩散；三是 850 hPa 徐州附近存在中尺度鞍形场，对水汽的辐合较为有利。

关键词：低能见度　逆温层　中尺度下沉气流　地面水汽输送

引言

地面恶劣能见度经常与大气污染相联系，同时对交通运输、特别是飞机的起降有很大影响，对人民生活、军队（特别是空军航空兵）行动有重要影响。气象学者对雾或轻雾造成的恶劣能见度机制做过不少研究。李子华等[1]研究了 1996 年南京连续浓雾发生、发展过程中的大气边界层结构特征。何立富等[2]、喻谦花等[3]分别选取华北平原和河南中东部的一次典型大雾过程进行了成因分析。吴彬贵等[4]侧重水汽输送及逆温特征两个因子，分析了华北中南部一次持续性浓雾天气过程的生消机制。毛冬艳和杨贵名[5]总结了华北平原雾发生的气象条件，认为近地面弱风、较高的相对湿度和适宜的近地面气温（3～9℃）是雾发生的有利条件。

经验表明，由（轻）雾、烟等天气现象造成的地面恶劣能见度经常发生在低空持续回暖、地面均压场或者地面冷锋前等天气形势下，这种形势造成的恶劣能见度往往是成片、大面积的。然而，2012 年 4 月 17 日，在高空槽后偏北气流、地面冷锋后的环流形势下，徐州机场却经历了一次罕见的局地性低能见度天气过程；受轻雾影响，机场地面能见度全天基本维持在 2～3 km，对飞行活动造成一定影响；而周边机场的能见度大多达到 8 km 以上（图 1）。从雾发生的气候规律来看，此次低能见度过程也较为特殊。徐州市的恶劣能见度多出现在冬半年，4 月一般属于能见度较好的月份[6]。本文对此次特殊的局地低能见度天气成因进行探讨，以期对单站能见度的预报提供参考。

1　天气过程概述

2012 年 4 月 16 日午后至傍晚，徐淮地区经历了一次北路弱冷锋过程。在锋后冷空气控制下，徐淮地区能见度大多相继转好。连云港和徐州的能见度分别于北京时间 16 日 13 时和 22 时转好到 4 km 以上。受夜间晴空辐射降温影响，次日（17 日）清晨，徐州能见度下降至 2～

3 km,连云港机场 08 时之前的能见度一直低于徐州,徘徊在 2 km 上下。随着日出后地面升温和逆温层的破坏,徐淮大部地区的能见度很快转好,连云港和济宁等机场能见度在 09 时后迅速攀升到 6 km 以上。周边其他多数机场的能见度变化趋势也是类似的,这符合能见度日变化的一般规律。然而,唯独徐州站的能见度始终不够理想,11 时以后能见度甚至一度转差;除了 10—11 时短暂达到 4 km 以外,整个昼间基本维持在 2～3 km,与周边机场形成强烈反差(图 1)。

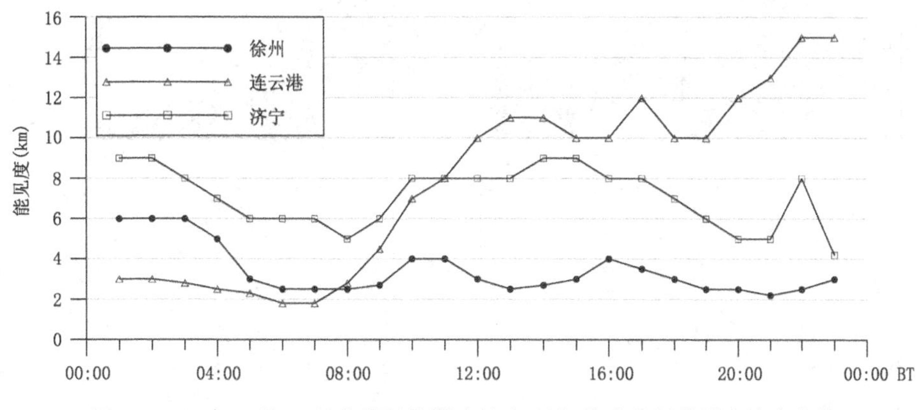

图 1　2012 年 4 月 17 日徐州以及周边的连云港、济宁机场能见度演变曲线

分析天气图发现,17 日昼间,整个徐淮地区 500 hPa 为西北气流主导,中低空受高压脊控制,地面处于高压后部。根据经验,在此环流背景下,徐州机场春季的能见度一般不会太差;特别是在周边连云港、济宁、商丘等机场能见度均较好的形势下,徐州局地性的全天低能见度现象较为罕见。

2　资料与环流背景

2.1　资料

本文主要使用了徐州以及附近机场气象台的常规地面观测资料和 NCEP 全球 1°×1° 再分析格点数值产品。NCEP 格点资料的时间间隔为 6 h,垂直方向上自 1000 hPa 至 10 hPa 共 26 层等压面。根据 NCEP 提供的产品,我们进一步计算了露点温度、假相当位温、水汽通量、垂直速度等物理量用于分析。

2.2　环流背景

图 2 中黑色实线表示等高线(单位:dagpm),阴影部分表示温度露点差不大于 4℃的地区,从 4 月 16 日 20 时至 17 日 08 时,徐淮地区的空、地天气形势变化不大,表现为:500 hPa 高空为高压脊前较为强盛的西北干冷气流所控制;850 hPa 位于弱高压环流控制中(图 2);16 日 20 时 700 hPa 有一干的浅槽过境,对天气影响不大(图略)。地面高压中心 16 日 20 时位于山东半岛,此后逐渐向东南方向移至黄海,徐淮地区一直位于高压底后部,吹东一东南风(图 2d)。

17 日 08 时的湿度区位于蚌埠一盐城以南(图 2d)。为了更清晰地揭示徐州上空的环流演变,我们绘制了徐州单站温度和风的时间一高度演变图(图 3)。从中可清楚地看到 16 日 12 时(世界时)开始,近地面风场的变为较强的东南风,有利于当面海上湿空气的向陆地输送。下一节将详细给出湿度场分析。

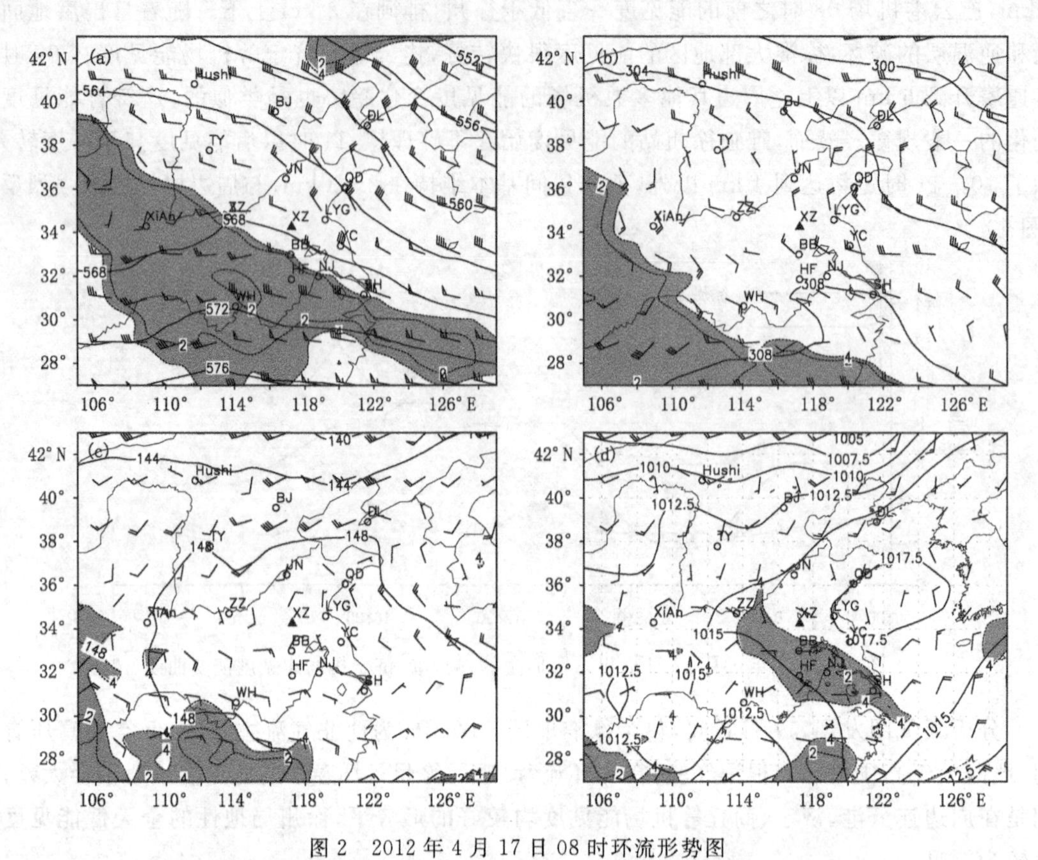

图 2　2012 年 4 月 17 日 08 时环流形势图

(a. 500 hPa，b. 700 hPa，c. 850 hPa，d. 地面；黑色三角代表徐州站，下同)

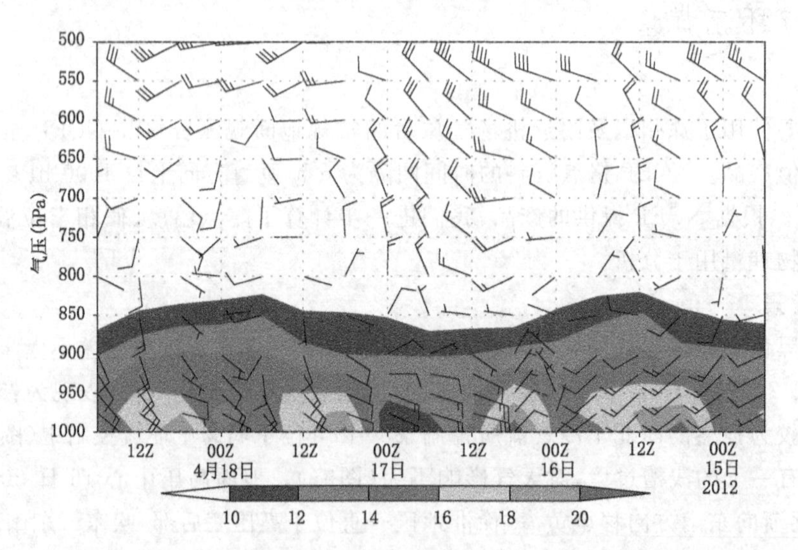

图 3　徐州上空温度和风的时间—高度演变(彩色填充区代表对流层低层的温度；

单位：℃，只绘了 10℃以上范围)

3 热力和动力因子分析

3.1 湿度场分析

以上的环流形势分析表明，大尺度近地层偏东气流可为徐淮地区提供水汽输送。进一步，本节计算了 1000 和 975 hPa 的水汽通量场(图 4)

$$\boldsymbol{F}_H = \mathbf{V}q/g$$

其中，$\boldsymbol{F}_H$ 代表水汽通量，V、q、g 分别代表水平风场、比湿和重力加速度。

首先观察水汽通量的矢量场。17 日 02—08 时，徐淮地区近地层的水汽通量输送态势维持少变，形成一个大约以青岛为中心的反气旋式水汽输送带，大值区位于徐淮—鲁西南地区。从空间上看，975 hPa 的水汽通量明显大于 1000 hPa，这可能得益于空中较大的风速；从时间上看，虽然水汽通量矢量的方向基本不变，但 1000 hPa 徐州附近 08 时的水汽通量相比于 02 时有明显减小(图 4a、c)，说明 08 时有大量水汽在该区域停滞堆积。

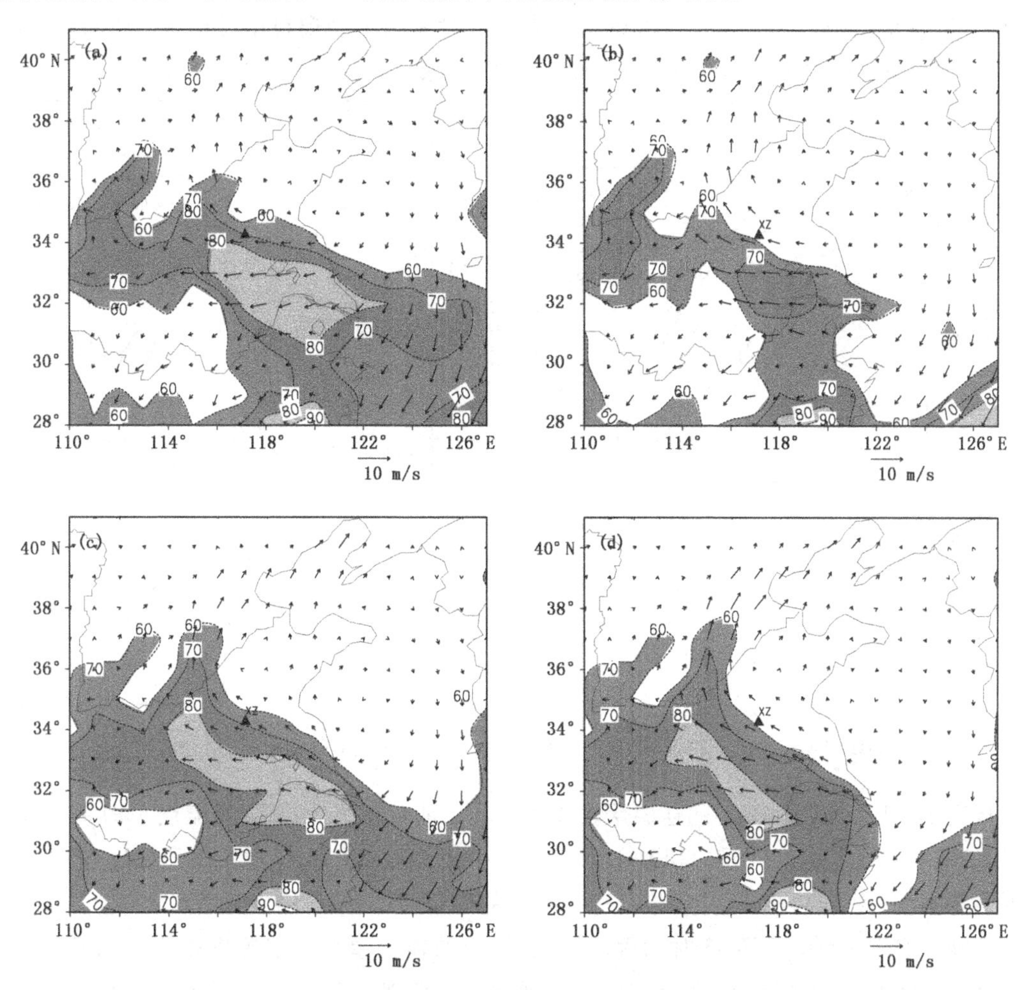

图 4　近地层水汽通量和相对湿度分布(a. 4 月 17 日 02 时地面，b. 4 月 17 日 02 时 975 hPa，c. 4 月 17 日 08 时地面，d. 4 月 17 日 08 时 975 hPa；黑色箭头表示水汽通量矢量(单位：g/(cm · hPa · s))，彩色填充表示相对湿度在大于 60% 的区域)

再看湿度场。不论是17日02时还是08时，相对湿度的垂直分布自上而下呈递增趋势(图4)。在975 hPa，徐州位于60%湿度区边缘，而在1000 hPa徐州位于70%湿度区之内。显然，水汽在近地层的聚集对恶劣能见度的形成是有利的。

地面观测资料显示(图6b)，徐州机场17日的相对湿度全天都在70%以上，明显高出连云港、济宁、商丘等周边机场，可见较大的湿度确实是造成徐州局地低能见度的基础性原因。

3.2 温度场分析

4月17日，徐州能见度持续低迷的一个重要原因是，当日凌晨到上午一直存在深厚的逆温层(图5)，而且逆温层的破坏非常缓慢。与逆温层对应的稳定层结使得近地层水汽难以与自由大气发生垂直交换，抑制了能见度的好转。我们还计算了假相当位温的垂直分布廓线(图略)，其态势与逆温分布类似，说明低空的层结是相当稳定的。

强逆温的形成与16日午后的弱冷锋过程过境密切相关。其一，近地层冷气团的到来，使得徐州当日基础气温较低；其二，锋后的天气形势造成徐州站夜间晴空少云，地面辐射降温作用显著，进一步加剧了降温幅度。这在温度演变的时序图上表现得格外明显(图3)：17日08时，近地面1000 hPa的气温比16日08时低5.3℃之多，比18日08时也要低4.3℃。

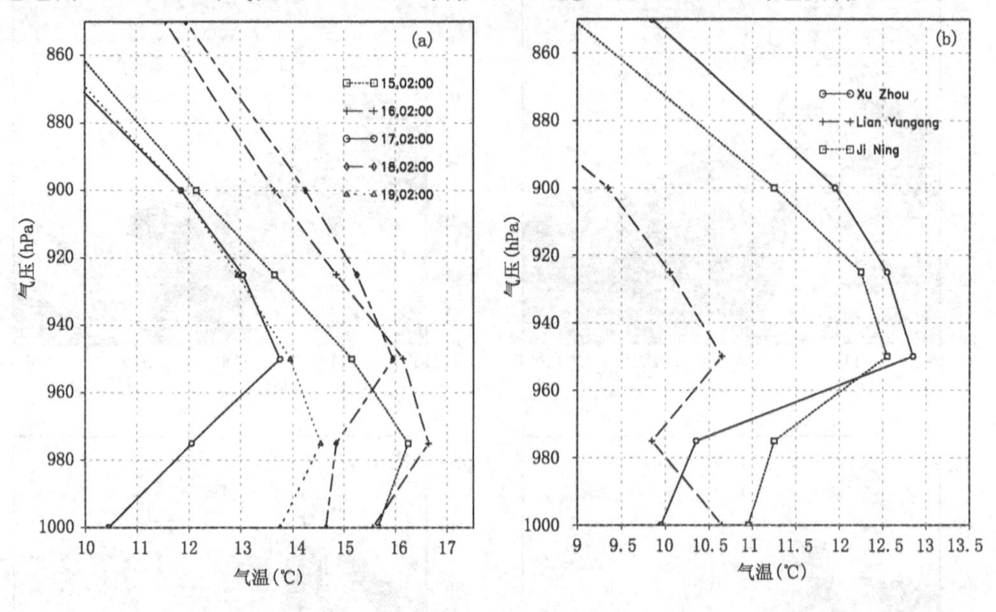

图5 气温垂直剖面图

(a. 2012年4月15—19日02时，徐州站；b. 17日08时，徐州、连云港和济宁站)

从图5a可见，17日02时的逆温层较前两日和后两日均强大得多，逆温层顶即950 hPa温度(13.7℃)与地面温度(9.5℃)相差4.2℃(图5a)；且直至08时，该逆温层的强度和垂直厚度基本维持不变(图5b)；相比之下，连云港和济宁的逆温层于08时已经显著减弱了。

从观测实况来看，17日06时以后，徐州和周边的连云港和济宁等机场均开始升温，但徐州的升温过程是最为缓慢的(图6a)，使得其逆温层最晚被破坏。综合看来，徐州站近地层深厚的逆温层和缓慢的升温过程，均利于低能见度的维持。

3.3 动力条件

微风经常被认为是形成恶劣能见度的重要动力因子。4月17日徐州机场08－18时的地

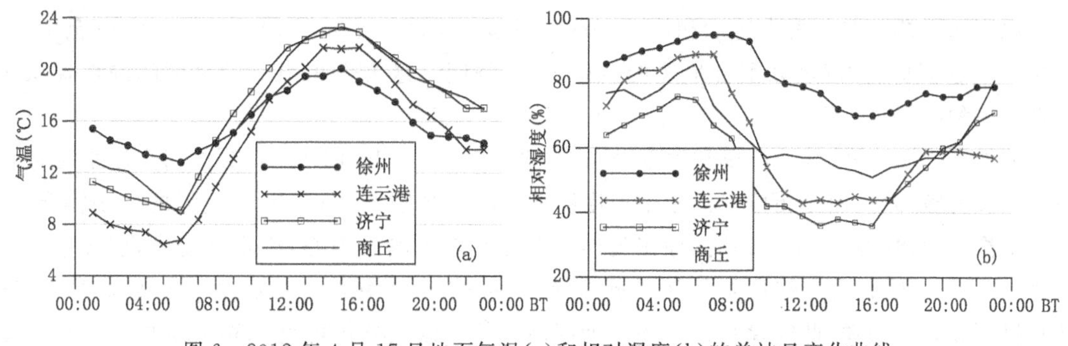

图 6　2012 年 4 月 17 日地面气温(a)和相对湿度(b)的单站日变化曲线

面风为 3～4 m/s 的南东风，风速和风向比较有利于水汽的输送，同时风速也不至于太大以至于将雾吹散。上文分析已指出，徐州站 850 hPa 以下的水平风场自 16 日 20 时起由偏北风转为持续的偏东风，为徐州地区带来充沛的水汽(图 3)。前一日(16 日)10－18 时的地面 5～8 m/s 的东风，16－17 时阵风达 11 m/s，风速明显较 17 日大，为第二日低能见度的形成提供了水汽条件。

除了水平风以外，垂直运动也是一个重要动力因子。分析发现，徐州上空存在对能见度有重要影响的垂向中尺度环流结构(图 7)。17 日 08 时，徐州站上空约 750 hPa 附近出现一个强的下沉运动中心，该下沉区一直向下延伸至 950 hPa 以下的近地面层。值得注意的是，该下沉区恰好位于水汽通量大值区的顶部(图 7a)。这样的中尺度垂向环流结构，与深厚的逆温层相结合，宛如一个相对干燥、温暖的盖子"罩"在了近地层水汽的上方，加剧了逆温层的"干暖盖"效应，使得近地层水汽很难向上扩散，有效抑制了能见度的好转。相比之下，连云港站尽管距离海洋更近，但其水汽条件并不充分，同时其上空的下沉运动微弱(图 7a)；相应地，其能见度明显比徐州要好。

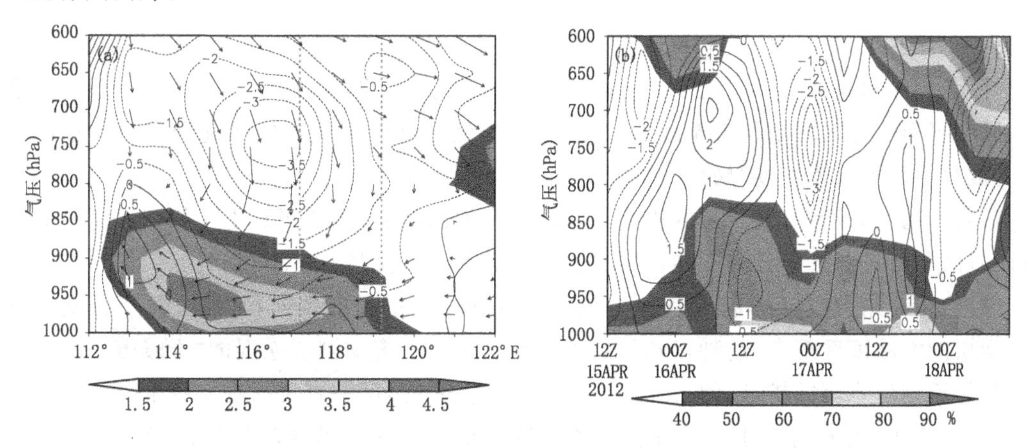

图 7　垂直运动和湿度的垂直配合

(a. 2012 年 4 月 17 日 08 时沿 34°N 的垂直运动和水汽通量的垂直剖面，b. 徐州站垂直速度和相对湿度的时间－高度演变图(横轴为世界时)，图 a 中，填色区表示水汽通量大小(g/(cm·hPa·s))，等值线表示垂直速度(cm/s，虚线代表负值，对应下沉运动)，黑色箭头表征纬向剖面上的 $u-w$ 风矢量，其中 w 放大 300 倍；沿 117.2°E 和 119.2°E 两条灰色点线分别表示徐州和连云港所在的经度；图 b 中，填色区域表示相对湿度(%)，等值线表示垂直速度(单位：cm/s，负值为虚线)

观察徐州站上空的垂直运动和湿度的时间演变(图 7b)，不难发现从 15 日 20 时至 18 日 20 时，下沉运动与大湿度区配合最好的就是 17 日昼间。这为徐州当日能见度的局地性低迷提供了一种解释。

另外，从 850 hPa 水平流场和涡度分布图(图 8)可以看出，16 日 20 时徐州上游地区存在一个中尺度鞍形场，而徐州恰好位于中尺度鞍形场的膨胀轴上(图 8a)，有较强的风场辐合，有利于水汽在徐州附近聚集。同时，徐州与连云港之间有正涡度中心，产生负变高，引导鞍形场东移；17 日 02 时中尺度鞍形场位于徐州和连云港之间，其中心与正涡度中心基本重合(图 8b)，鞍形场开始减弱，此时徐州位于正涡度区域边缘。以上分析可见，850 hPa 中尺度鞍形场的存在也有利于水汽在徐州附近的辐合。

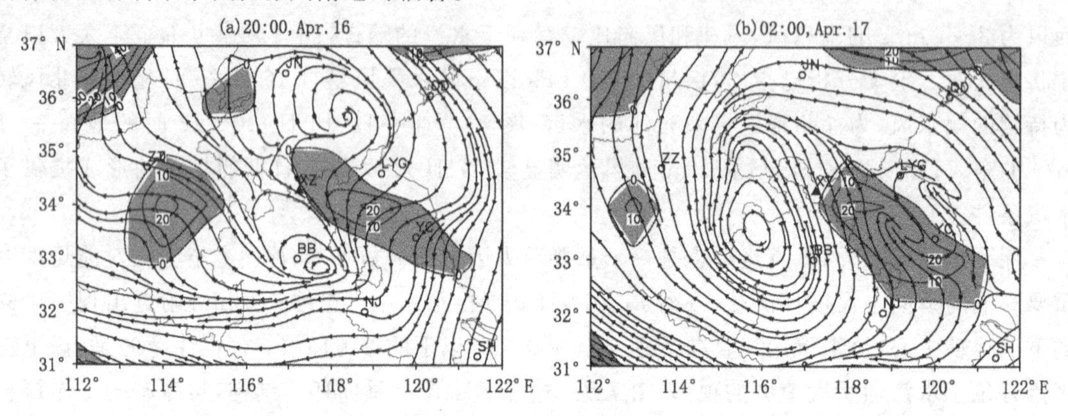

图 8　850 hPa 流场和涡度分布(a. 4 月 16 日 20 时，b. 4 月 17 日 02 时；带箭头的黑线表示 850 hPa 流线，色块区域表示水平涡度的正值区(10^{-6} m^2/s^2))

4　结论

利用 NCEP 1°×1° 再分析格点数值产品，从大尺度环流、动力、热力机制等方面对 2012 年 4 月 17 日徐州局地恶劣能见度天气的成因进行了分析。首先，徐淮北部地区近地层较强的偏东风将当面海上的湿空气带至陆地，为大范围的低能见度天气提供了充沛水汽。在此基础上，造成徐州机场低能见度“局地性”的原因有三方面：

(1)前一日弱冷锋过境带来的夜间晴空辐射和地面低温，造成当日上午徐州站深厚的逆温层；而昼间局地升温缓慢导致了逆温层迟迟未能破坏，稳定层结维持时间长。

(2)徐州本站上空，自 750 hPa 至近地面层存在一支中尺度垂向环流，且其下沉支恰好与近地面层的大湿度区配合，这种特殊的局地中尺度垂向环流加剧了逆温的“干暖盖”效应，进一步阻断了近地层水汽的扩散，使得徐州机场 17 日的相对湿度一直维持在 70%以上。

(3)850 hPa 存在有利于水汽辐合的中尺度鞍形场。这也是这次局地低能见度天气环流形势的一个重要特征。

参考文献

[1]　李子华，黄建平，周毓荃. 1996 年南京连续 5 天浓雾的物理结构特征. 气象学报，1999，**57**(5)：622-631.

[2]　何立富，陈涛，毛卫星. 华北平原一次持续性大雾过程的成因分析. 热带气象学报，2006，**22**(4)：

340-350.
[3] 喻谦花，邵宇翔，齐伊玲. 2012年河南省中东部一次大雾成因分析. 气象与环境科学，2012,**35**(4):27-32.
[4] 吴彬贵，张宏升，汪靖等. 一次持续性浓雾天气过程的水汽输送及逆温特征分析. 高原气象，2009,**28**(2):258-267.
[5] 毛冬艳，杨贵名. 华北平原雾发生的气象条件. 气象，2006,**32**(1):78-83.
[6] 彭明艳，赵杰，张方方等. 徐州市的大雾及其预报方法初探. 安徽农业科学，2012,**40**(33):16270-16376.

宁夏短时临近灾害性天气监测预警平台简介

马金仁[1,2] 纪晓玲[1,2] 邵建[4] 贾宏元[1,2] 郑鹏辉[2] 穆建华[3]

(1. 宁夏气象防灾减灾重点实验室,银川 750002; 2. 宁夏气象台,银川 750002;
3. 宁夏气象科学研究所,银川 750002; 4. 同心县气象局,同心 751300)

摘 要

从平台设计思路、结构特点、各模块主要功能等对宁夏短时临近灾害性天气监测预警平台作一简单介绍。该平台根据宁夏气象业务发展和防灾、减灾实际工作需要而研发,评估、优化、更新、整合了已有研究成果,融合多种探测资料与方法,突出短时临近灾害性天气实时监测预警和多模式预报产品检验评估与综合集成预报技术,建成以集成预报、国家指导预报、中尺度数值预报等定量预报产品为基础,集"实时监测预警与综合分析、强对流灾害天气预测方法、检验评估与集成预报、预报预警快速制作分发"等为一体的业务平台。增强了多源、海量气象信息的综合应用能力和短时临近灾害性天气监测、预警联防能力,提高了短临预报业务工作的效率和监测预警的时效性,为防灾、减灾、抢险提供可靠的监测预警技术支撑。

关键词:监测警戒 多模式预报 检验评估 动态集成 精细化 平台

引言

据统计,因气象灾害所造成的经济损失占到全国各类灾害损失的70%以上[1,2]。宁夏地处青藏高原边缘,是冰雹、暴雨、雷电等灾害性天气多发区之一,在全球气候变暖背景下,极端天气气候事件频繁出现[3],暴雨洪涝发生频率逐年上升[4~7]。随着社会经济的不断发展,同等强度的灾害性天气所造成的直接经济损失将会越来越大,对灾害性、高影响天气的监测、预报、预警能力提出了越来越高的要求。

"十五"、"十一五"期间,随着自动气象站、闪电定位仪和银川、固原新一代天气雷达等现代天气探测网的逐步建立和不断完善,宁夏气象台综合应用多源高频次天气探测数据,通过自主开发和引进,逐步建成了短时灾害性天气监测预警业务系统、定量降水估测预报系统、预报预警制作系统、暴雨等高影响天气预报预警系统等,初步建立起中尺度灾害性天气监测预警系统和短时灾害性天气预报业务流程,提高了中小尺度灾害性天气监测预警能力,在近些年灾害性天气短时监测预警应用中取得良好效果。然而,这些系统基本上以解决现行业务中存在问题和需求进行开发建设,缺少科学合理的顶层设计和总体规划,系统零散,兼容性、集约化程度不高,导致移植和推广局限性很大,且系统间无法有效衔接,预报员开展预报业务时必须在各业务系统间频繁切换,增加了业务人员工作量,严重影响了工作效率。

《国务院关于加快气象事业发展的若干意见》明确指出:"要完善气象预报预测系统。"《天气研究计划》、《现代天气业务发展指导意见》对短时临近预报业务系统的发展提出了总体规

资助项目:中国气象局气象关键技术集成与应用项目"宁夏短临灾害性天气监测预警技术集成(CMAGJ2012M53)"。

划。根据规划和需求，在继承宁夏气象台短时临近预报业务多年工作成果的基础上，围绕提高灾害性天气监测预警能力和联防服务水平，增强预警的时效性和提前量，建立短时临近灾害性天气监测预警平台，是实现资源集约化，稳定与提高短时临近灾害性天气监测预警水平的必要手段。

1 设计思路

平台紧扣宁夏短时临近预报业务发展和服务需求，总结、吸收了区内外已有业务系统的优点[8~12]，通过评估、优化、更新、整合已有研究成果，融合多种探测资料与方法，开展宁夏短时临近灾害天气监测预警技术研究，按照“宁夏短时临近预报业务流程”(图 1)，突出短时临近灾害性天气实时监测预警和多模式预报产品检验评估与综合集成预报技术，建成以集成预报、国家指导预报、中尺度数值预报等定量化预报产品为基础，集“实时监测预警与综合分析、强对流灾害天气预报方法、检验评估与集成预报、预报预警快速制作分发”等为一体的业务平台，体现逐级指导与订正反馈的原则，增强多源、海量气象信息的综合应用能力，增强灾害性天气监测预警和联防能力，提高短时临近预报业务工作效率和监测预警的时效性、提前量，提高专业化、定量化和精细化预报水平。

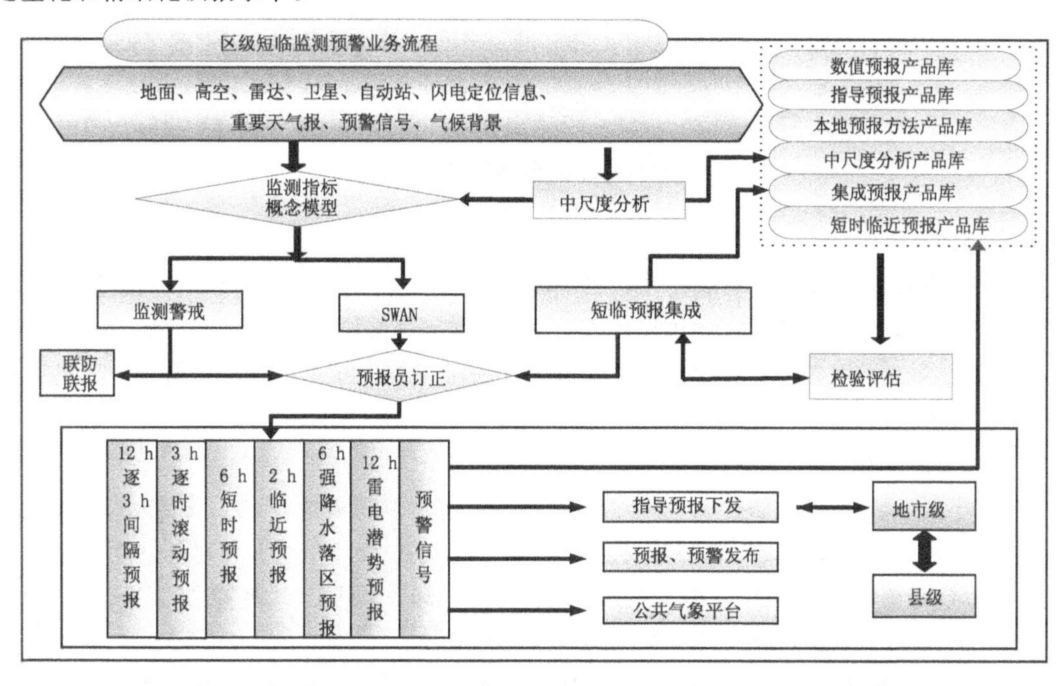

图 1 宁夏短时临近预报业务流程

2 平台结构特点与主要模块功能

平台基于 B/S+C/S 开发模式，采取模块化设计集成方案，以服务区级短时临近预报业务为主线，依托中国气象局推广应用的短时临近预报业务 SWAN 系统，突出强对流天气和气象灾害实时监测警戒、中尺度产品分析应用及检验评估与集成，开展短时临近精细化预报、预警和强对流天气落区预报，实现从监测、预警、分析、检验、集成到精细化快速制作分发等功能。

平台主要分为关注重点、实时监测警戒、综合资料分析、短时临近灾害天气预报、多模式预报检验评估与综合集成、预报预警快速制作分发、知识培训等模块(图 2)。各模块主要功能如下:

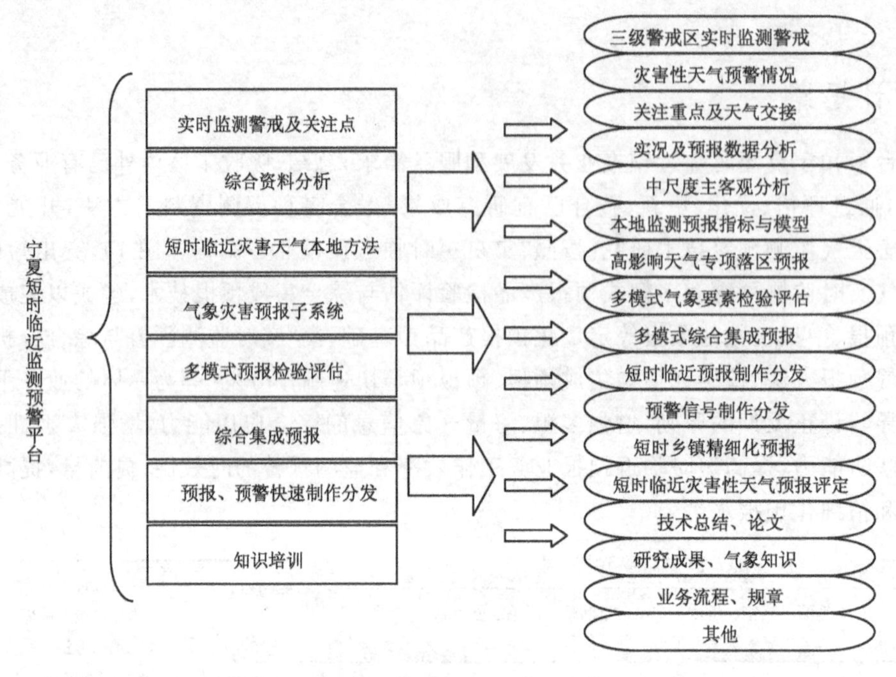

图 2　宁夏短时临近监测预警平台结构

2.1　关注重点

该模块主要包括:最新短时临近预报结果、逐时区域自动站实况滚动显示、灾害性天气实时监测警戒和预判结果、警戒区内预警信号和重点关注天气交接等,预报员可了解当前短时临近监测情况、最新的灾害性天气预报情况、宁夏周边地区灾害性天气实时情况等,直观、迅速地掌握最关键天气信息。

2.2　实时监测警戒

根据宁夏地域特点、灾害性天气特点、预报时效和监测联防需要,设置了三级、二级和一级三个级别的短时临近灾害天气监测警戒区,即灾害性天气在 12、6 和 3 h 内可能移动并影响到宁夏的区域,每个区域的范围:三级警戒区(100°—112°E,30°—45°N);二级警戒区(102°—110°E,33°—42°N);一级警戒区(105°—108°E、36°—39°N)(图 3)。

基于三级警戒区和雷达、自动气象站、闪电定位仪、重要天气报、预警信号等综合监测资料,自主研发了基于 GSM MODEM 的实时监测警戒与多方式(视频、音频、短信等)报警系统,实现了三级监测警戒区短时临近灾害性天气实时监测警戒多重功能:一是自动提取各警戒区多种监测信息,依据监测、预警指标和阈值,实时提醒,加强上下游监测警戒与联防服务;二是基于 SWAN 产品的雷达回波强度、高度、液态水含量等特征参数,自动根据指标判断强对流天气发生的可能性;三是根据自动站逐时降水和累计降水量,综合地质灾害、暴雨山洪气象条件等级预报指标和阈值,判断地质灾害、暴雨山洪发生的可能性,并实时预警;四是提供了强对流天气雷达回波形态比对;五是实时显示当前时段内全区月、旬、候、日或任意时段的降水极端状

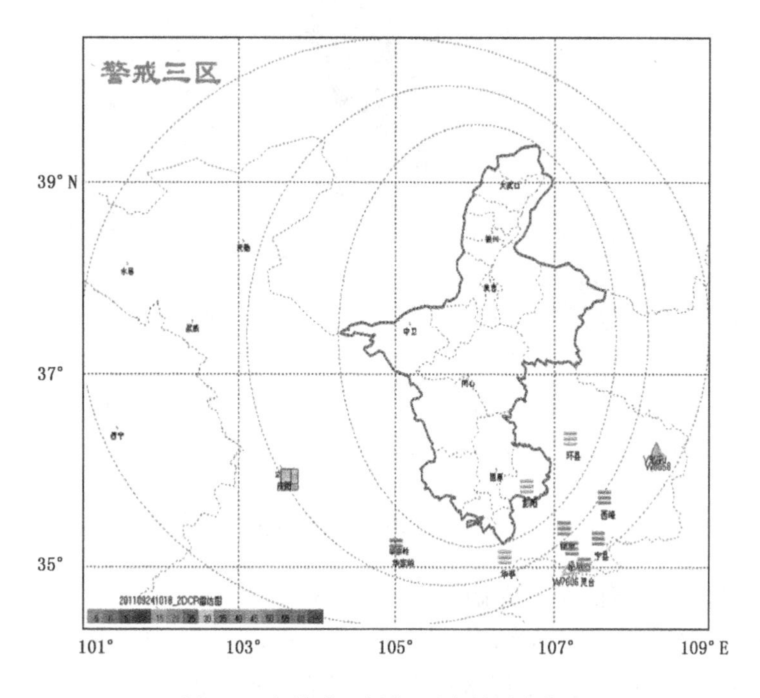

图 3　三级警戒区划分(图中椭圆虚线)

况,接近预警标准或突破极值时提醒预报员。

2.3　综合资料分析

该模块主要包括:卫星雷达、自动站、高空等压面图及地面图等观测分析资料;宁夏中尺度主客观分析产品;宁夏指标站对流指数及西北地区对流指数分析产品;相关数值预报所有物理量预报场;中央气象台强对流天气指导产品、西北地区及宁夏中短期指导预报产品等,均编制专门程序通过 MICAPS 自动出图。

其中,宁夏中尺度客观分析实现了高空槽、温度槽、湿舌、急流轴等主要天气系统的自动识别分析功能。

2.4　短时临近灾害天气预报方法

对已有的短时临近灾害天气预报业务系统评估、整合、完善、更新,开发服务器端自动运行的短时临近灾害天气与气象灾害专项预报模块,并根据业务需求,设置运行时段。包括:

强对流天气监测预警指标和概念模型:在对宁夏冰雹、暴雨、雷暴、对流性大风等强对流天气个例分析研究的基础上,进行筛选、归纳、整理和总结,形成客观定量化的短时临监近测预警指标和雷达回波形态,建立灾害性天气短时临近监测预警模型。

强对流天气落区预报:冰雹、雷暴主要依据宁夏监测预报指标和概念模型,自动判断水汽、抬升、层结等条件,基于数值预报进行强对流天气落区预报。暴雨通过自动计算相关预报因子,采用极值判断法、相关后极值法等方法进行暴雨落区预报,其输出结果如图 4 所示。

地质灾害预报:主要根据逐时、24 h、7 d 无间断降水日累计雨量与地质灾害的关系,基于最优集成预报进行地质灾害易发区等级预报。

暴雨山洪预报:依据贺兰山暴雨与山洪相关分析,初步确定了宁夏暴雨山洪发生的气象条

图4　暴雨落区预报系统

件,开展了基于最优集成预报进行暴雨山洪等级预报。

中尺度数值模式本地化应用:WRF－3 km、WRF－9 km、WRF－RUC的本地化应用;全区乡镇逐时精细化预报和不同时次降水集合预报产品;利用2009—2010年天气实况与WRF产品通过统计检验和相关分析,初步建立了宁夏对流凝结层气压、对流凝结层气温、沙氏指数、大气可降水量、对流有效位能等5种特征物理参数产品本地化指标。

2.5　多模式要素预报检验评估和自动集成

在对T213、T639、欧洲中心、英国、日本、中尺度数值预报WRF等数值预报及其释用产品、中国气象局指导预报、本地预报方法等产品检验评估的基础上,根据0～12 h逐3 h间隔全预报要素检验结果,每日计算近10天动态评估成绩,并以此为权重依据,利用择优权重法和最优组合法等技术方法进行预报自动集成,形成0～12 h 3 h间隔的落区预报和分县预报。检验评估与集成均在后台运行,其结果均以图表方式在平台中展示,供业务人员及时调阅、应用。并包括以下功能:

(1)各类预报产品和实况资料的自动入库。建立预报质量评估数据库;各类预报产品和实况资料的自动入库;设置预报产品和实况资料人工更新入库控件,实现对指定时段内预报、实况资料更新入库。

(2)预报质量查询功能。任意预报、任意时段、任意区域、任意人员、集体的预报质量查询、显示、输出等功能。

(3)预报质量对比分析功能。任意时段、任意区域、任意人员、任意集体的多种预报产品质量对比分析(图略)。

(4)报表数据生成。按宁夏气象局《短临预报和灾害天气预报质量评定办法》和业务需求,生成集体、个人质量及预报质量公示等报表所需数据。

(5)实现了短时临近灾害性天气初评估。根据实时观测资料自动判断灾害性天气的发生,将关键要素存入数据库。制作短时临近预报时,将灾害性天气预报存入数据库。利用数据库的运算功能生成短时临近灾害性天气评估数据。

2.6 预报预警快速制作

该模块主要包括：短时预报、临近预报、雷电预报等常规短临预报、预警信号、乡镇精细化预报的制作分发等。包括 0～2、0～6、0～12 h 短时临近预报、山洪预报；0～12 h 雷电潜势预报；0～6 h 降水落区预报等(图略)。

预警信号制作主要是按预报员的选择准确调用相应预警信号标准模板，提高了制作效率。

利用该模块制作短时预报时，根据预报结论，通过阈值自动判断，达到预警标准时，及时提醒预报员制作预警信号、临近预报等。

制作 3 h 间隔的乡镇精细化预报时，主要是基于集成预报、国家级指导预报、T639MOS 精细化要素预报和本地中尺度数值预报等预报产品，预报员根据自己应用经验及评估结果，任意选择一种产品作为预报蓝本，结合实时监测资料快速修订乡镇精细化预报，实现了乡镇精细化预报的快速制作分发。

2.7 知识培训

该模块主要包括：业务流程、预报员手册、技术总结、科研成果、培训教材、气象知识、规章制度等，业务人员可随时方便地从平台上进行调阅、学习。

3 业务试用效果

宁夏短时临近监测预警平台，面向实际业务工作需要而研制，本着边开发、边改进、边运行、边完善的原则进行，经过不同开发阶段，分期投入业务。自 2011 年 7 月投入业务试用以来，在宁夏短时临近灾害性天气监测预警中发挥了重要作用。利用该系统，宁夏气象台先后对“2011 年 7 月 27 日白天到 28 日夜间海原及其以南大部分地区大到暴雨”、“2011 年 8 月 21、25 日前后强对流天气”、“2012 年 6 月 27 日 、7 月 13 日、7 月 29 日等强降水天气”、“2012 年 8 月 25 日强雷暴天气”等灾害性天气做出了较准确的监测预警预报，为 2012 年黄河防汛抢险、防灾减灾提供了科学决策依据。

通过对 2011 年 8 月 12 h 常规要素集成预报准确率进行评定，发现：最低气温预报准确率全区大部分在 70%或其以上(六盘山站除外)，陶乐、银川、韦州、麻黄山四站达到了 93%；最高气温除西吉为 61%外，其余各站均不低于 74%；风速平均绝对误差除六盘山站大于2.6 m/s，其他各站均小于 2 m/s；一般性降水中部干旱带超过 90%，北部大部分站点在 60%或其以上，南部山区准确率较差，这可能与南部山区的地形有关。

4 讨论

宁夏短时临近监测预警平台，实现了多源气象资料的综合应用和快捷调阅分析，增强了准确、高效、快捷的灾害性天气反应能力，为预报员提供了一个全面、高效、科学、集约的监测预报服务平台，在一定程度上提高了灾害性天气定量化监测预警水平，增强中小尺度灾害性、突发性天气的预警、预报能力，为宁夏防雹增雨体系建设、人工影响局部天气效果检验以及南部山区水利资源综合开发利用和控制水库蓄放等提供了气象保障，为党政和防汛部门指挥减灾抢险提供了可靠的监测、预测手段。从目前运行状况来看，系统性能稳定，运行效果良好，为宁夏短时临近灾害性天气监测、预警、联防、检验评估等业务的正常开展奠定了基础。

但由于研发时间及人力等方面限制，该平台仍存在不足，如集成预报方法相对简单[13]、预报检验项目较少、灾害性天气监测警戒模块系统资源占用率过高、知识库中天气技术总结少等均需要在以后的业务应用过程中不断改进完善；平台所应用的科研成果还需进一步研究，如2012年6月27日上午，宁夏全区出现明显降水，北部部分站点及中部地区降短时暴雨，暴雨落区预报系统预报出该时段宁夏中北部有暴雨，但预报落区较实况稍偏北(图4)。这就需要进一步改进完善灾害性天气落区预报方法及理论以提高预报精准度。

参考文献

[1] 温克刚，丁一汇，李维京. 中国气象灾害大典(综合卷). 北京：气象出版社，2008.

[2] 冯建民，梁旭，丁建军等. 宁夏自然灾害综合分区与评价. 安徽农业科学，2011，**39**(7)：3981-3983.

[3] 丁永红，王文，陈晓光等. 宁夏近44年暴雨气候特征和变化规律分析. 高原气象，2007，**26**(3)：630-635.

[4] 林而达，许吟隆，蒋金荷等. 气候变化国家评估报告(Ⅱ)：气候变化的影响与适应. 气候变化研究进展，2006，**2**(2)：51-56.

[5] 高歌，赵珊珊，李莹. 近十年来我国主要气象灾害特点及影响. 中国减灾，2012，**2**(上)：15-17.

[6] 谭方颖，王建林，宋迎波. 华北平原气候变暖对气象灾害发生趋势的影响. 自然灾害学报，2010，**19**(5)：125-131.

[7] 王正旺，刘小卫，赵秀敏. 山西东南部气候变暖与某些灾害天气的演变特征分析. 中国农学通报 2011，**27**(23)：269-275.

[8] 沙莎，邱新法，何永健. 基于GIS的自动气象站数据系统的研发. 干旱气象，2011，**29**(3)：372-376.

[9] 罗琦，韩茜，李文莉等. 基于WEBGIS的气象科学数据查询显示系统的设计与实现. 干旱气象，2010，**28**(4)：494-498.

[10] 王勇，李晓霞，李晓苹. 兰州铁路防洪指挥气象预警服务系统. 干旱气象，2009，**27**(4)：415-418.

[11] 孙林花，李仲龙，孙润等. 基于元数据技术的气象数据收发全网监控系统. 干旱气象，2009，**27**(3)：294-297.

[12] 段文广，安林，魏敏. 利用多普勒天气雷达资料建立灾害性天气的监测和预警系统. 干旱气象，2009，**27**(1)：82-87.

[13] 李倩，胡邦辉，王学忠等. 基于BP人工神经网络的区域温度多模式集成预报试验. 干旱气象，2011，**29**(2)：231-250.

热岛与海风环流相互作用对珠三角城市午后强降水影响的观测和模拟研究

蒙伟光[1]　郑艳萍[2]　张艳霞[1]　蒋德海[1]　袁金南[1]　罗聪[3]

(1.中国气象局广州热带海洋气象研究所/区域数值天气预报重点实验室,广州 510080;
2.广东省气象局信息中心,广州 510080;3.广州市气象局气象台,广州 510080)

摘　要

应用加密观测资料及具有云分辨尺度的CR-WRF模式及其耦合的城市冠层模式,分析和模拟研究了2011年6月21日午后广州发生的一次强降水过程。观测资料分析表明,对流由海风引发首先出现在珠江口沿海,之后随着海风向内陆深入并与珠三角中心城区热岛环流相互作用,引起对流发展,强度增强,并带来短时强降水。模拟结果反映出城市地表影响引起的热岛效应及其与海风环流相互作用可导致广州中心城市区降水增多近30%。而无城市地表影响时,海风可更早影响到市区并到达以北地区而造成降水落区偏北。机理分析表明,城市热岛在边界层形成"干暖盖"对流稳定结构,使对流系统一旦发展起来后表现更为激烈,其在边界层形成的外流及热岛入流共同对海风形成阻挡,导致广州中心城区南侧降水增强。

关键词:关键词　城市热岛　海风环流　强降水　数值模拟

引言

下垫面不均匀对低层大气环流及强天气事件发生所产生的影响日益受到人们重视,尤其是针对城市发展引起地表性质改变所带来的天气学效应,已成为最近二三十年的一个研究热点[1]。其中,由于"城市热岛(UHI)"效应是城市影响最为直接的一种表现,受到了广泛研究。由于许多的大城市都位于沿海的缘故,城市热岛环流与海风环流的相互作用也成了这方面研究的一项重要内容。目前对这一问题的研究和认识多是基于理想化的数值模拟试验[2-6],具体针对沿海城市环境中强对流天气发展演变的研究仍比较少见,尤其是针对城市热岛及海风环流相互作用影响方面。

位于华南沿海的珠三角地区,城市化已引起区域内下垫面性质发生很大改变,影响到了对流降水天气的形成、发展过程[7-9],而且由于区域内同时受到城市热岛、海洋边界层、海陆风环流等复杂环境因素影响,对流系统的发展演变迅速,对流天气的临近预报面临着更大的挑战。针对这一地区城市热岛与海陆风环流的相互作用及其可能对对流发展的影响进行研究,对深入理解该地区对流天气形成及临近预报技术发展有重要意义。本文选取2011年6月21日午后形成于珠三角广州市的一次强降水过程开展这方面的研究。首先应用区域内可获取的地面加密观测及雷达观测资料对强降水对流系统发展过程的观测事实进行分析,然后利用具有云分辨尺度的CR-WRF模式并耦合城市冠层模式,通过对有无城市地表影响两个试验模拟结果

资助项目:国家自然科学基金项目(41105006)、公益性行业(气象)科研专项(GYHY200906026)。

的对比分析，研究城市热岛与海风环流相互作用可能对强降水对流系统发展的影响。

1　2011年6月21日午后强降水过程的观测特征

1.1　强降水过程概况

2011年6月21日广州地区的强降水发生在南海受热带气旋影响的环流背景中。21日08时热带气旋“海马”位于距珠三角约500 km的中国南海洋面上，副热带高压中心位于140°E以东的西太平洋，中国东部大陆受高压脊影响，珠三角则受“海马”外围偏东气流影响，气压场相对均匀。受“海马”外围下沉气流影响，广东省中北部包括广州市连日都出现了高温天气，21日广州市花都站气温最高达36.5℃，21日午后广州市发生的短时强降水过程是连日受高温影响后发生的一次强降水天气，降水历时短、强度强、局地特征明显，最大雨强超过50 mm/h。图1给出的是当日14—20时6 h的累积雨量图和强降水中心测站的小时雨强演变。

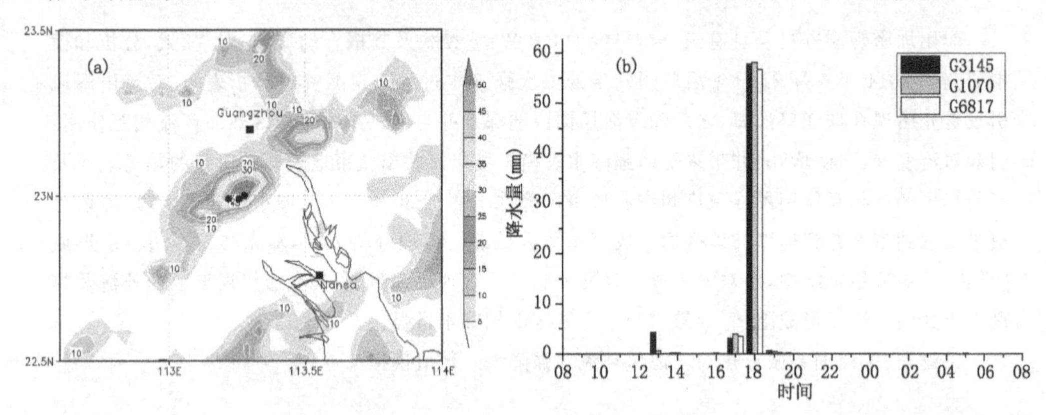

图1　2011年6月21日14—20时6 h累积雨量分布(a,mm)和降水中心附近站点逐时降雨量(b,mm)

1.2　大尺度环境条件

实际分析资料反映出午后发生强降水的广州地区，主要是受副热带高压脊和热带气旋之间偏东气流的影响。14时后，随着热带气旋“海马”缓慢向北移动，副热带高压脊逐渐东退，其东侧环境场大气变得极不稳定，位于华南中东部沿海及以北地区，NCEP再分析资料反映出有LI和对流有效位能(CAPE)的大值分布区，LI中心最大值超过－5℃，CAPE值在2500 J/kg以上，两者主要的重叠区位于江西省中南部地区。事实上，随后的6 h江西中南部及粤北地区发生了较大范围的降水，与大尺度环境场的影响关系更为直接。

与之相比，珠三角地区对流降水的发生条件并不是最充分。但可注意到这一地区位于不稳定能量高值区下游，随着热带气旋“海马”缓慢北移造成东风加强，有利的环流条件可从上游为该地区带来更多的不稳定能量，而且区域内受城市陆面及海陆风环流影响等，也可为对流的启动、发展提供触发条件。午后珠三角广州市局地强降水天气正是在这种情况下发生的(图略)。

1.3　城市热岛、海风及对流回波观测特征

观测分析反映出，强降水发生前广州市地面温度普偏高于周边。16时高温区主要位于珠三角及其西部地区，此时由于广州市西部及西南部已有一些局地降水发生，广州地区的高温区表现为东北—西南带状分布，最高气温超过35℃。17时(图2a)广州市高温继续维持，可能与

周边局部地区降水发生引起降温也有关系，以广州市为中心形成了一个明显的、小范围的城市热岛，中心最高温度达 35℃，与周边温差达到 3～4℃。从叠加的地面观测风场分布可以看到，热岛南面有明显的风场辐合。除了热岛本身引起的辐合之外，图中可以明显看出来自珠江口一带的偏南海风对这一区域辐合流场的形成有很大贡献。

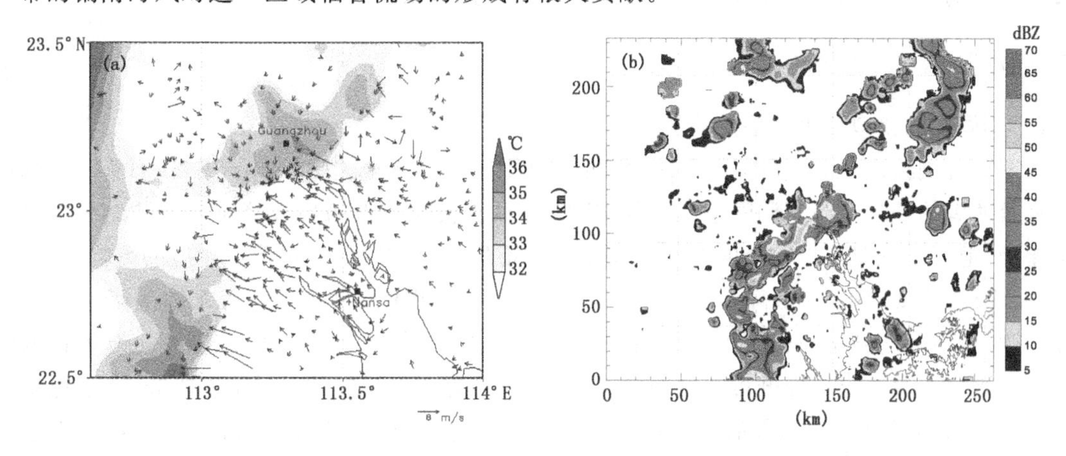

图 2　2011 年 6 月 21 日 17 时地面自动站观测的地面温度和风场(a)和 17 时 30 分广州雷达观测到的降水回波反射率(b)

位于珠江口南沙区地面自动气象站的观测风场反映出，从 20 日开始由于背景流场较弱，珠江口沿岸海陆风表现明显，11 时之前主要表现为受陆风影响，风向东北偏东，11 时以后转为受偏南海风影响，并可一直持续到夜间和次日凌晨。期间风速均较弱，多数为 2 m/s 左右，最大不超过 5 m/s。21 日可能受热带气旋向北移动，尤其是午后副热带高压东退、珠三角地区转为受增强偏北风环流影响，背景风场的掩盖致使海陆风的日变化变得不明显。但仍可发现 15 时之后至傍晚时段，有偏东南风和南风的活动，16 时风速还曾一度增强至 9 m/s(图略)。除受海风影响之外，风速的增强可能与此时由于对流降水发生而引起地面气流向外的流出也有关系。

图 2b 为广州雷达在 17 时 30 分观测到的降水回波，与前面几个观测时间相比，在珠江口沿海一带首先出现的强降水回波逐渐向内陆发展，并变得更具有组织性。如此时的回波区在广州市主城区南部表现为呈东北—西南走向的强回波带，强度超过 50 dBZ。

2　模式和对比试验设计

模拟研究采用的数值模式为具有云分辨尺度的 WRF 模式，此外为描述城市环境的影响，还应用了 WRF 模式耦合的单层城市冠层模式。试验设计采用两重嵌套，内外区域的水平分辨率分别为 1.67 km(D02)和 5 km(D01)，格点数分别为 259×217 和 217×191，垂直分层均为 40 层。试验中采用了一个可反映气溶胶对云物理过程和降水影响的新的云微物理过程方案[10]，其他物理过程方案中，长波辐射采用 RRTM 方案，短波辐射为 Dudhia 方案，陆面过程为 Noah LSM 方案，边界层过程为 MYJ(Mellor-Yamada-Janjic)方案，外层采用了 Kain-Fritsch 积云对流方案，内层不用对流参数化方案。模式的初始场和侧边界场都由间隔 6 h 的 NCEP 1°×1°再分析资料提供。模拟时间从 2011 年 6 月 21 日 08 时开始，积分 24 h。

城市下垫面土地利用数据由 2009 年 Landsat-TM 卫星图像反演得到，而模式原有的 USGS 30′土地利用数据，由于其反映的珠三角地区的城市范围很小，直接被用于无城市影响试验中。开展的 2 个对比试验分别称为 URBAN（有城市地表影响试验）和 NOURBAN（无城市地表影响试验），两者的差异仅区别于不同土地利用数据的应用。

3 模拟结果分析和讨论

3.1 不同试验模拟降水结果的差异

图 3 分别给出了 D02 区域 URBAN 和 NOURBAN 试验模拟的 6 h（6 月 21 日 14—20 时）降水及两者的差异。与观测降水（图 1a）相比较，尽管模式模拟的最大降水与观测结果仍有一定差距，但两个试验模拟结果的对比反映出了城市地表对于对流降水形成发展的影响。

URBAN 试验中，模拟降水的分布与实际降水更为相似，除了广州市东侧的降水中心之外，广州主城区南部也模拟出了呈带状分布的降水中心（图 3a），而 NOURBAN 试验模拟的强降水区则主要集中出现在城市东部及北部（图 3b）。两者之间的差异分布（图 3c）清楚地反映出 URBAN 试验在城市南部的上游地区带来更多的降水，增多超过 15 mm，占到过程雨量的 30%左右。而在城市东部及北部，降水则相对减少。

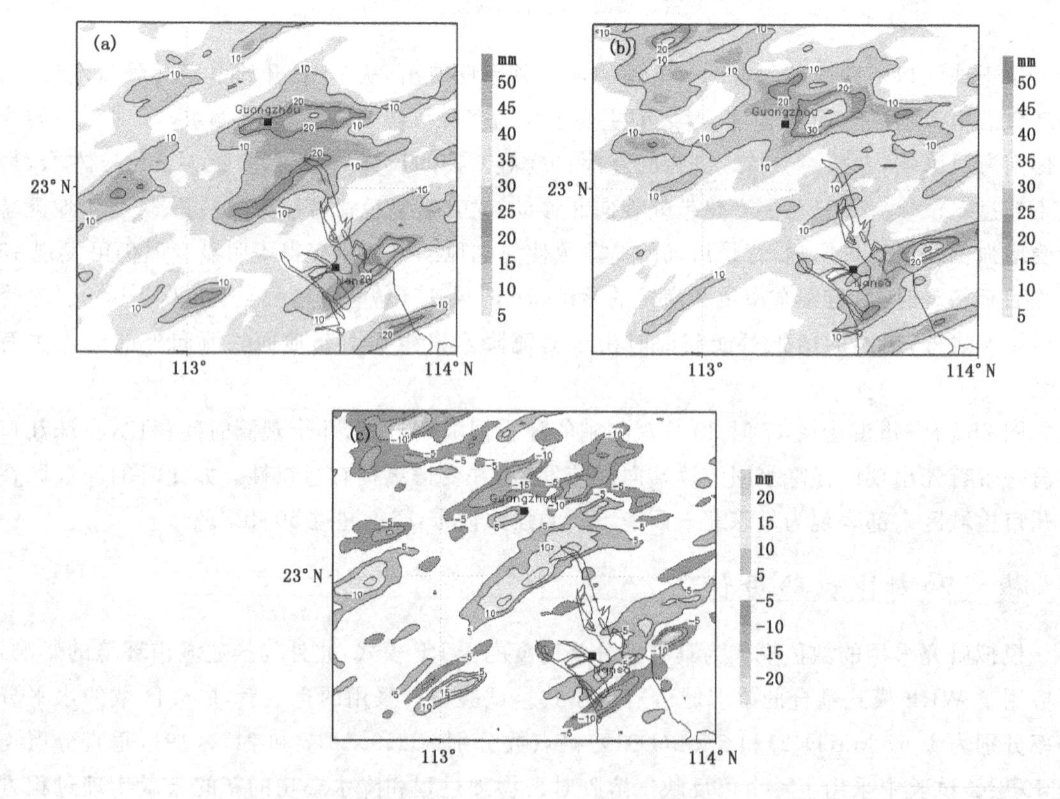

图 3 两个试验模拟 6 h（6 月 21 日 14—20 时）累积雨量的分布及差异。

（a. URBAN 试验，b. NOURBAN 试验，c. 两者的差异；单位：mm）

3.2 模拟的海风环流演变及其与热岛环流相互作用对降水影响的分析

降水增多集中在市区上游而不是下游地区，与对流降水发生后引起的边界层外流与热岛入流一起对海风形成阻挡有关。尽管模拟的边界层外流没有观测的强，但与观测相似，模拟的地面风场从强降雨区向外流出明显，向南的流出遭遇海风而在城市上游地区形成了新的辐合，这是造成城市区南部降水增多的重要影响因素。

图 4 给出的是两个试验结果 3 km 高度以下经广州主城区的径向环流剖面图，图中填色区为垂直上升运动的大小。对比发现，可能由于 URBAN 试验模拟热岛强度更强的缘故，初始阶段(15 时，图 4a、e)海风向内陆推进速度更快一些，并与市区向南的气流形成了更强的辐合。如图 4a 中，上升运动发展位置更加偏北、强度也更强，整个海风环流垂直结构也表现得更为深厚。但随着对流系统进一步向北推进，比较图 4b、f(16 时)可以看到，尽管两个试验都模拟出了对流降水系统中下沉运动的发展，但 URBAN 模拟的下沉气流相对更强，并在下沉过程中表现出有更明显的向南分量。其结果是到了 17 时，URBAN 试验强的上升运动区与前一时次相比位置向南回落，这应该与下沉气流在低层向南流出并与海风辐合引起新的对流发展有关系。而 NOURBAN 试验中，由于模拟的下沉运动相对较弱、而且其在低层的向外流出主要表现为向北，结果引起海风移向内陆的速度加大，对流发展更加集中偏向于城市市区的下游方向(图 4g)。

进一步的分析表明，URBAN 试验模拟的下沉气流相对更强，与城市热岛在边界层形成“干暖盖”对流稳定性有关系。“干暖盖”的形成可抑制对流不稳定能量过早释放，从而使得对流系统一旦发展起来后表现更为激烈，并在边界层形成更强的外流。图 5 给出的是两个试验

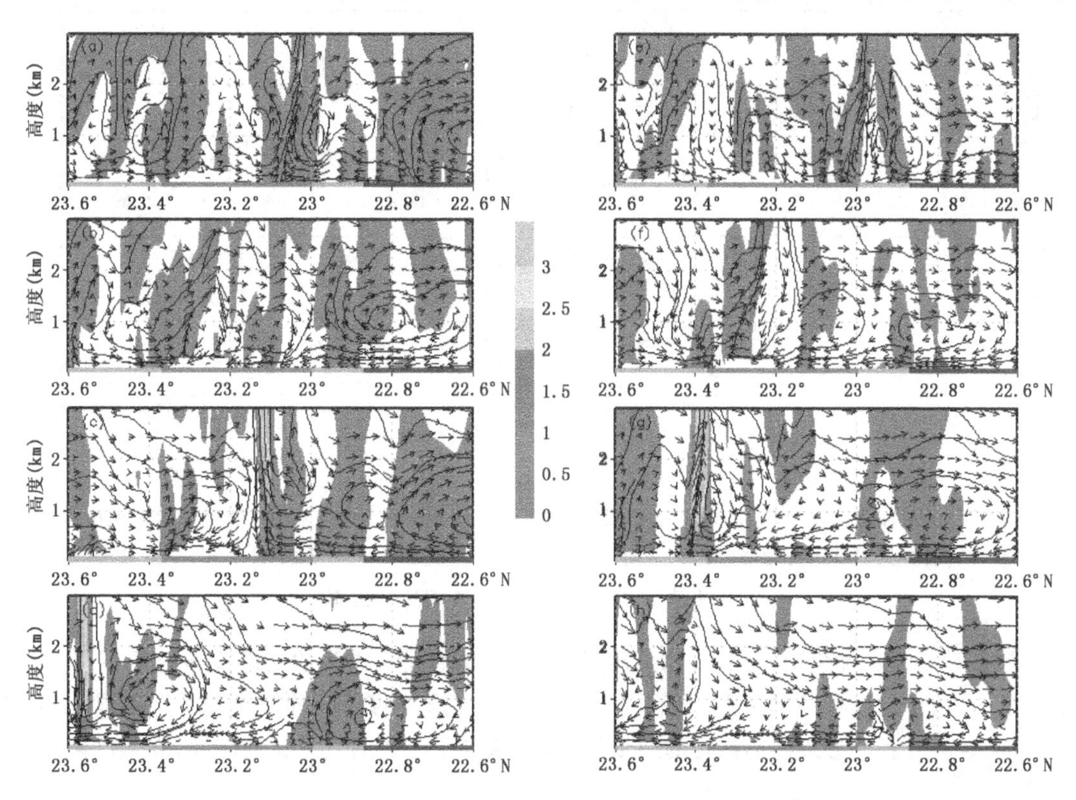

图 4　不同试验模拟的经广州主城区 3 km 高度以下的径向环流垂直剖面

(a—d：URBAN；e—h：NOURBAN；图中填色区为上升运动区(m/s)；

a、e：15 时；b、f：16 时；c、g：17 时；d、h：18 时)

模拟强降水发生前后位温、混合比以及相当位温在城市区近地面层 3 km 以下垂直分布的对比。总体上看,3 km 以下低层大气处在一种条件不稳定环境中,但在边界层内,强对流降水发生前,两者之间有差异。强降水发生之前(图 5a～c),URBAN 试验模拟的近地面位温比 NOURBAN 的略高,而且在城市边界层中上层还模拟出一个对流相对稳定的层次。在 0.5—1.2 km 高度层上,这里位温随高度变化相对较小,是午后城市边界层内湍流引起垂直混合作用增强带来的一种效应。同时看到,URBAN 试验模拟的水汽混合比在城市上空 0.5 km 高度附近表现为一个相对低值区,是城市植被少、蒸发蒸腾弱产生的作用。其结果从相应高度至 1.2 km 左右高度层次上相当位温 θ_e 随高度增大,表现为一种对流稳定的层结。正是这样一种稳定层结对对流不稳定能量过早释放起到的抑制作用,使对流一旦发展起来后表现得更为激烈。实际模拟结果表明,在接下来的 18 时,URBAN 试验在相应位置上模拟的降水强度达到 10 mm 左右,而 NOURBAN 试验模拟的降水强度仅为 2 mm 左右。

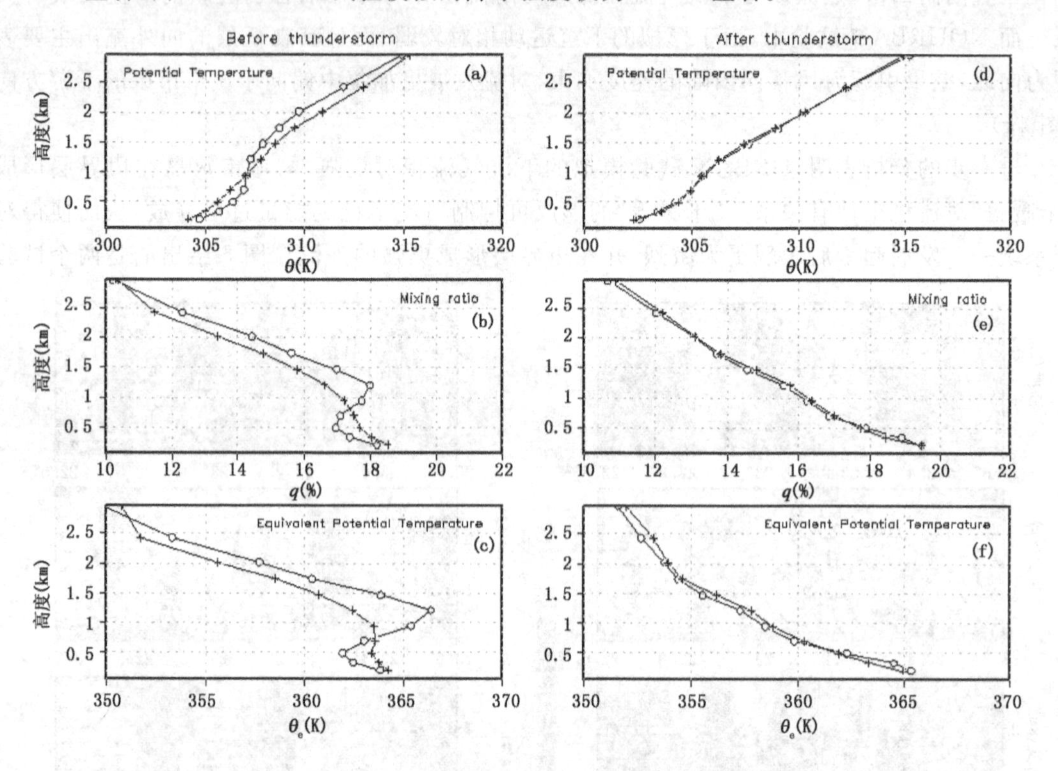

图 5　强对流降水发生前(17 时,"空心圆"符号线)后(20 时,"叉号"符号线),两个试验对城市区低层要素随高度变化模拟结果的对比,a—c. URBAN, d—f. NOURBAN; a、d:位温,K; b、e:水汽混合比,g・kg^{-1};c、f:相当位温,K)

与强对流降水发生前不同,降水发生过后,两个试验模拟得到的结果差异变很小,3 km 以下高度内,两个试验模拟的位温、水汽混合比和相当位温等随高度的变化趋势已非常相近(图 5d～f),尽管仍表现为条件不稳定的层结结构,但缺少了必要的上升运动触发,降水已停止。

4　总结

地面加密风场观测及雷达回波资料分析表明,2011 年 6 月 21 日午后由海风引发的对流首先出现在珠江口沿海，之后随着海风向内陆深入并与珠三角中心城区热岛环流相互作用，引起对流发展，强度增强，为广州市带来了一次累积雨量近 60 mm 的短时强降水过程。在对观测资料进行分析基础上，应用具有云分辨尺度的 CR-WRF 模式并耦合城市冠层模式，模拟研究了珠三角城市地表对海风环流及其与城市热岛相互作用对强降水对流系统发展的影响。结果反映出城市地表影响引起的热岛效应及其与海风环流相互作用可导致广州中心城市区降水增多近 30％。而无城市地表影响时，海风可更早影响到城市区并到达以北地区而造成降水落区偏北。机理分析表明，城市热岛在边界层形成“干暖盖”对流稳定性，使对流系统一旦发展起来后表现更为激烈，其在边界层形成的外流及热岛入流共同对海风形成阻挡，导致广州中心城区南侧降水增强。

参考文献

[1] Shepherd, J. M., 2005: A review of current investigations of urban-induced rainfall and recommendations for the future. *Earth Interactions*, **9**: 1-27.

[2] Yoshikado, H., 1992: Numerical study of the daytime urban effect and its interaction with the sea breeze. *J. Appl. Meteor.*, **31**: 1146-1164.

[3] Yoshikado, H., 1994: Interaction of the sea breeze with urban heat islands of different sizes and locations. *J. Meteor. Soc. Japan*, **72**: 139-143.

[4] Sarkar, A., R. S. Saraswat, and A. Chandrasekar, 1998: Numerical study of the effects of urban heat island on the characteristic features of the sea breeze circulation. *Proc. Indian Acad. Sci., Earth Planet. Sci.*, **107**: 127-137.

[5] Freitas, E. D., C. M. Rozoff, W. R. Cotton, and P. L. Silva Dias, 2007: Interactions of an urban heat island and sea-breeze circulations during winter over the metropolitan area of Sao Paulo, Brazil. *Bound.-Layer Meteor.*, **122**: 43-65.

[6] Kusaka, H., F. Kimura, H. Hirakuchi, and M. Mizutori, 2000: The effects of land-use alteration on the sea breeze and daytime heat island in the Tokyo metropolitan area. *J. Meteor. Soc. Japan*, **78**: 405-420.

[7] 蒙伟光，闫敬华，扈海波. 2007：城市化对珠江三角洲强雷暴天气的可能影响. 大气科学，**31**：364-372.

[8] 蒙伟光，李昊睿，张艳霞，等. 2012：珠三角城市环境对对流降水影响的模拟研究. 大气科学，**36**：1063－1076，doi：10.3878/j.issn.10006－9895.2012.10205.

[9] Meng W. G., Yan, J. H., Hu, H. B., 2007: Urban effects and summer thunderstorms in a tropical cyclone affected situation over Gunagzhou city. *Science in China Series D: Earth Sciences*, **50**: 1867-1876.

[10] Li, G., Wang, Y., and Zhang, R. 2008: Implementation of a twomoment bulk microphysics scheme to the WRF model to investigate aerosol-cloud interaction, *J. Geophys. Res.*, **113**, D15211, doi:10.1029/2007jd009361.

1999 年以来安徽短期分县预报质量评估及分析

王东勇[1]　刘高平[1]　鲍文中[2]　张苏[2]

(1.安徽省气象台,合肥 230031; 2.安徽省气象局,合肥 230031)

摘　要

1999 年,在中国气象局推动下,中国各省正式开展以县为单位的要素预报,到目前已经有 14 年。该项工作大大推动了气象预报的定点、定量工作;也推动了预报产品从定性预报到定量预报。该文总结了 1999 年以来安徽省短期分县天气预报质量的演变。预报结果虽然是预报员的主观预报,但它也反映了经验预报和数值预报应用的现状。

检验结果表明,十多年来降水和气温的预报准确率都有不同程度的提高,特别是气温预报的水平进步明显,对于降水过程的预见期有所提前,目前 48～72 h 预报无论是晴雨还是各量级降水已经达到 10 年前 24～48 h 预报水平,但 0～24 h 各类预报水平提高缓慢。另外,对于区域性暴雨预报水平有所提高,但针对分散的局地暴雨预报水平进步并不明显。

关键词:预报准确率　要素预报　质量评估

引言

预报产品的检验一直是中外气象工作者关注的问题,同时也是衡量预报产品(包括预报员主观和各种客观预报产品)的预报能力和水平的依据。David 等[1]分析了 1961—1993 年 33 a 定量降水预报,预报准确率是稳定提高的,特别是较长时效的预报提高明显,与我们分析的结论较为一致。林明智等[2]对中央气象台预报 1988—1993 年降水进行了初步分析,得出有无降水、小雨、中雨的预报有一定提高,而暴雨及其以上量级降水技巧水平提高不明显。近年来,天气预报已经从传统的天气学知识结合预报员的经验、指标方法,逐步过渡到了以数值天气预报为基础的,综合利用多种探测资料和预报技术方法,结合预报员的实践经验,最终得出定量化预报产品。也就是说,天气预报产品质量的提高包含了多种因素,各种数值预报产品的广泛应用在其中发挥了重要作用。矫梅燕[3]分析了提高预报准确率的几个问题,从业务技术角度提出细化岗位分工,强调数值预报模式与各类方法的结合等。预报的检验和评估是每年必须完成的任务之一,包括 ECMWF 的年度报告[4]。另外,关于预报产品检验很多同志都有总结分析[5~16],但多数是 1 a 或短时间序列的分析。

长期以来,预报评定方法本身也存在一些问题和争议,如张强等[17]指出,晴雨预报评分与单站无降水频次正相关,而气温预报评分采用绝对标准值,评分结果与气温日变化呈明显负相关。本文采用的评分仍沿用中国目前常用的方案,一般定量降水评分采用 TS 评分。对于极端气温预报,直接评估站点预报与实际观测绝对误差,再统计绝对误差在 1℃或 2℃之内的站点数与总预报站数的百分比。评分结果受不同年份预报难度存在一定程度差异,因而采用 3 a 动态平均来分析,避免偶然性。另外,采用通常评价办法,结果可方便与其他同行的工作作对比。

1 资料的应用和分析

评定资料采用安徽省所辖所有台站人工观测。利用安徽省所辖79县、市测站的观测资料,预报产品采用每日制作的72 h内分县预报产品。资料为1999—2011年安徽境内所有台站观测和预报。

图1a是2000—2010年晴雨预报滑动平均结果,由图可见,24和48 h均有所增长,但并不显著。而72 h增长明显,从开始的72.5分,提高到83.7分。2010年预报已经和10年前48 h(83.4分)水平相当,晴雨预报的预见期提前约1 d。

图1b是2000—2010年小雨预报滑动平均结果,由图可见,24和48 h均有所增长。72 h增长明显,从开始的30.1分,提高到43.1分。2010年预报已经超过10年前48 h(40.9分)水平。

图1c是2000—2010年中雨预报滑动平均结果,由图可见各时次预报均有所增长,72 h增长明显,从开始的10.3分,提高到18.5分。2010年预报已经大幅超过10年前48 h(15.4分)水平。

图1d是2000—2010年大雨预报滑动平均结果,由图可见各时次预报均有明显增长,72 h增幅最大,几乎是直线上涨,从开始的1.3分,提高到12.1分。2010年预报已经超过10年前48 h(11.3分)水平。

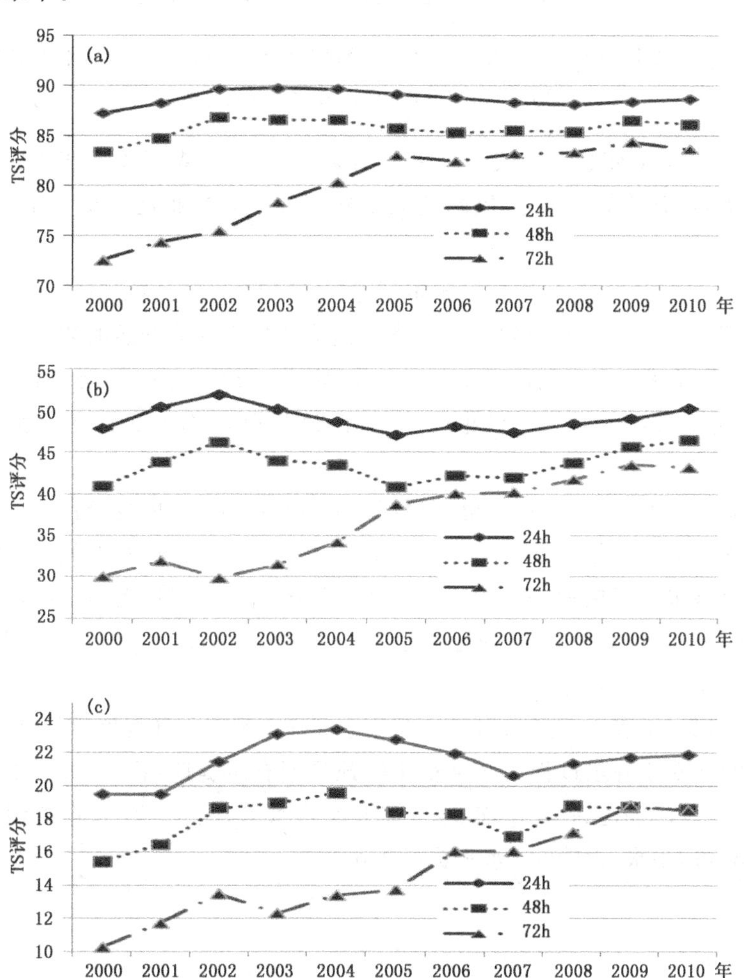

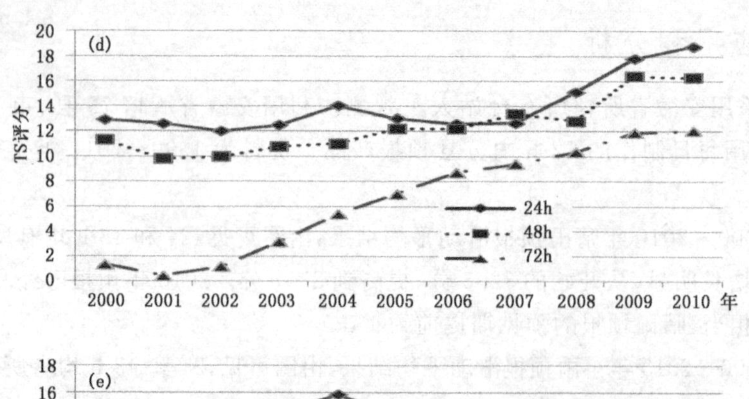

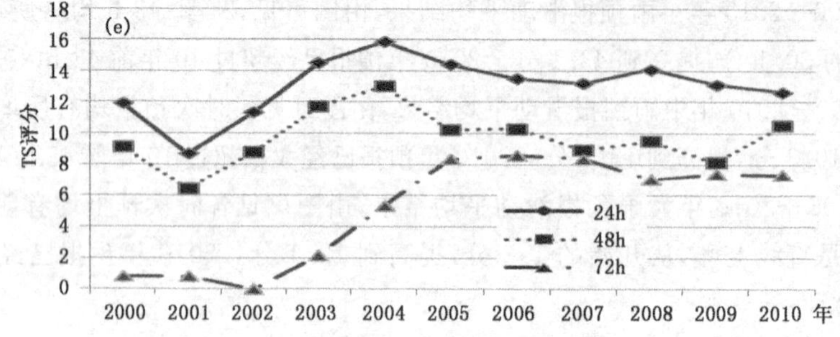

图 1　24～72 h 2000—2010 年预报 TS 评分结果(每年为前后 3 a 资料平均结果；a. 晴雨，b. 小雨，c. 中雨，d. 大雨，e. 暴雨)

图 1e 是 2000—2010 年暴雨预报滑动平均结果，由图可见各时次预报 TS 评分均有所增长，72 h 增幅最大，从开始的 0.8 分，提高到 7.3 分。2010 年预报已经接近 10 年前 48 h(9.1 分)水平。

图 2a、b 分别是 2000—2010 年高温预报误差在 1℃和 2℃之内百分比。两者图形极为相似，各时次预报 TS 评分均有明显增长，72 h 增幅最大，1℃之内从开始的 26.0 分，提高到 46.1 分。2010 年预报已经超过 10 年前 24 h(44.6 分)水平。2℃之内 1℃类似的从开始的 41.8 分，提高到 68.7 分。2010 年预报已经超过 10 年前 24 h(66.5 分)水平，提高水平极为显著，大约 5 a 水平提高 1 d。

图 3a，b 分别是 2000—2010 年低温预报误差在 1℃和 2℃之内百分比。两者图形也极为相似，各时次预报 TS 评分均有明显增长，72 h 增幅最大，1℃之内的从开始的 51.3 分，提高到 61.8 分。2010 年预报已经接近 10 年前 24 h(63.7 分)水平。2℃之内 1℃类似的从开始的 61.8 分，提高到 75.3 分。2010 年预报已经超过 10 年前 24 h(73.9 分)水平，提高水平极为显著，也是大约 5 a 水平提高 1 d。

从以上分析可见，十多年来降水和气温的预报准确率都有不同程度的提高，特别是气温预报的水平进步明显，对于降水过程和气温变化的预见期有所提前，目前 48～72 h 预报无论是晴雨还是各量级降水已经达到 10 年前 24～48 h 预报水平，但 0～24 h 各类预报水平提高缓慢。对于极端温度的预报，大约 5 a 水平提高 1 d。

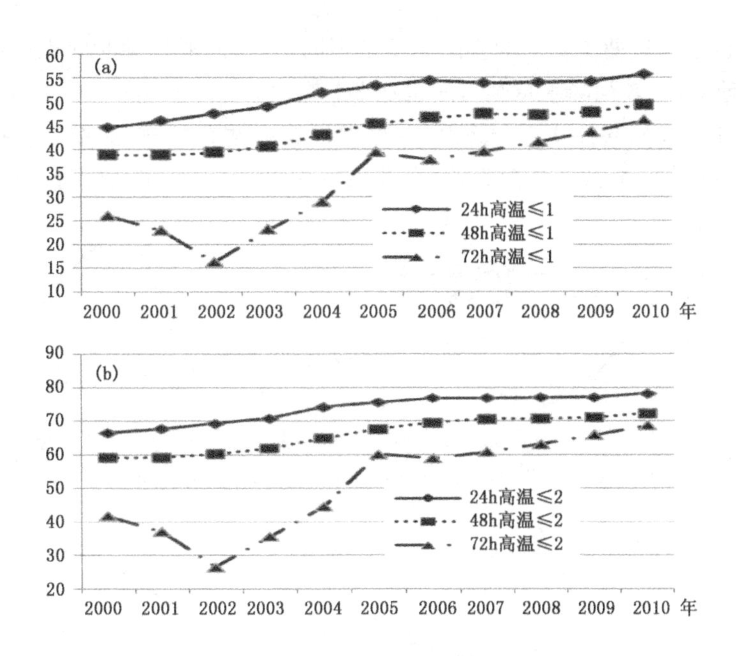

图 2　24～72 h 2000—2010 年高温预报误差百分比(每年为前后 3 a 资料平均结果)
(a. 1℃之内，b. 2℃之内)

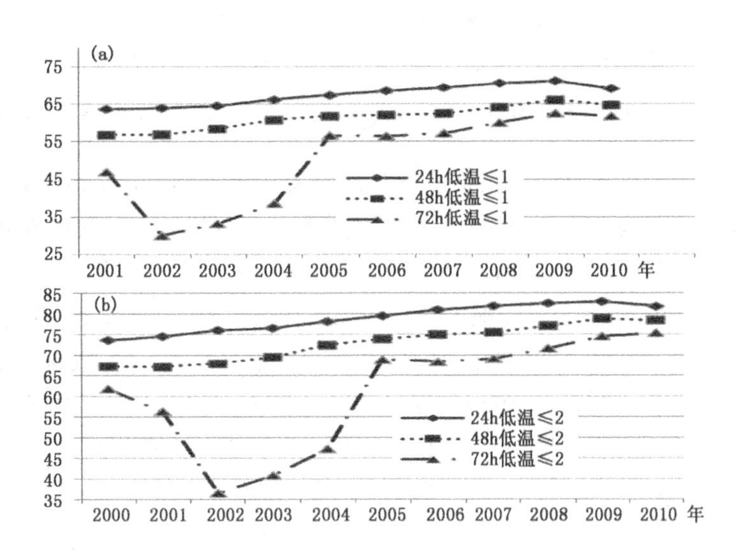

图 3　24～72 h 2000—2010 年低温预报误差百分比(每年为前后 3 a 资料平均结果)
(a. 1℃之内，b. 2℃之内)

2　存在的问题与分析

从以上分析可见，尽管降水预报水平有一定提高，但 24 h 内水平提高不明显，包括晴雨预报和暴雨等，特别是暴雨预报与国际上也有较大差距。为了进一步分析，对暴雨实况进行了分类研究，将每天暴雨分为区域性暴雨和分散性暴雨，即将每次出现 2 个或其以上相邻测站同时出现暴雨，定义为区域性暴雨，反之仅仅 1 个孤立测站出现暴雨而周围相邻的台站均没有暴雨，则定义为分散性暴雨。安徽省测站的平均间距在 50 km 左右，这里区域性暴雨空间尺度一般在50 km以上。这两类暴雨的空间尺度是不同的，它们的持续时间也是不同，根据统计，暴雨一般是局地对流，较强降水持续时间也在3 h之内。

1999—2011年安徽共计675个暴雨日(全省任意测站有暴雨，这里不包括无人值守的自动站)，其中有269个为分散性暴雨日，占全部暴雨日39.9%，区域性暴雨占60.1%。

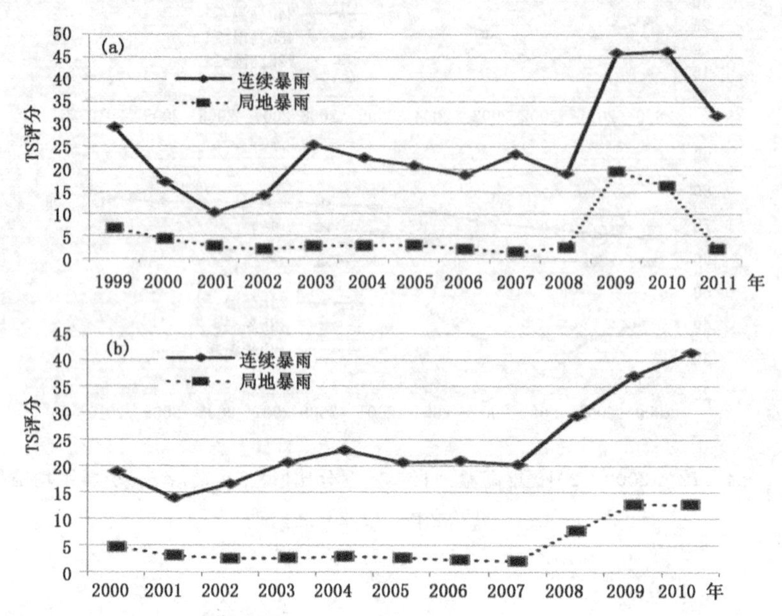

图4 (a)1999—2011年两类暴雨的TS评分，(b)3 a滑动平均结果TS评分

从图4a和b可见，两类暴雨的预报能力和水平有较大差别，可见2011和1999年分散性暴雨的预报能力几乎没有变化，也没有多少预报能力水平也较低。而区域性暴雨预报存在较大年际变化，多雨年，以及降水集中的年份TS评分也显著高于少雨年，另外2009和2010年虽然TS评分有较大提高，但同时伴随了大量的大雨空报。图4b为每3 a的动态滑动平均，可以看出总体是上升的，对于区域性暴雨是有较高的预报水平和能力的，也是逐步上升的。要总体提高暴雨的预报水平，如何提高中小尺度暴雨的预报是问题的关键。传统的经验预报和仅仅利用天气尺度的观测资料，难以提高暴雨的预报水平。进一步充分利用加密观测资料、高时空分辨率的卫星、雷达资料，以及快速循环同化的数值模式资料将有助于提高中小尺度天气的预报能力和水平。

3 小结

以上分析检验表明，十多年来降水和气温的预报准确率都有不同程度的提高，特别是气温预报的水平进步明显，对于降水过程的预见期有所提前，目前48～72 h预报无论是晴雨还是各量级降水已经达到10年前24～48 h预报水平，但0～24 h各类预报水平提高缓慢。另外，对于区域性暴雨预报水平有所上升，但针对分散的局地暴雨预报水平进步并不明显。

现有的预报评分也存在一定问题，不同类型天气的预报，其预报难度存在较大差异，简单分析TS评分存在一定不合理性，即使除去气候概率的影响，这一问题仍然存在。气温的预报也存在类似问题，温度起伏较大的天气和气温日变化明显的区域，预报难度也明显不同。

致谢:安徽省气象信息中心提供了1999—2011年安徽省79县、市降水和温度极值资料。

参考文献

[1] David A Olson, Norman W Junker, Brian Korty. Evaluation of 33 years of quantitative precipitation forecasting at the NMC. *Wea. Forecasting*, 1995, **10**:498-511.

[2] 林明智,毕宝贵,乔林. 中央气象台短期降雨预报水平初步分析. 应用气象学报,1995,(4):392-399.

[3] 矫梅燕. 关于提高天气预报准确率的几个问题. 气象,2007,(11):3-8.

[4] ECMWF. Annual Report. 2011.

[5] 王雨、闫之辉. 2004年汛期(5—9月)主客观降水预报检验. 热带气象学报, 2006,(4):331-339.

[6] 陈敏等. 2006年汛期北京地区中尺度数值业务降水预报检验. 暴雨灾害, 2007,(2):109-117.

[7] 王超. 2007年3—5月T213与ECMWF及日本模式中期预报性能检验. 气象, 2007,(8):112-117.

[8] 蔡芗宁. 2011年3—5月T639、ECMWF及日本模式中期预报性能检验. 气象, 2011,(8):1026-1030.

[9] 吴蓁等. T213与AREM模式分级降水预报对比检验. 气象与环境科学, 2008,(3):1-4.

[10] 公颖,李俊,鞠晓慧. 2009年我国汛期降水形势总结与三个常用模式预报效果检验. 热带气象学报, 2011,(6):823-833.

[11] 张宁娜等. 2010年国内外3种数值预报在东北地区的预报检验. 气象与环境学报, 2012,(2):28-33.

[12] 周慧等. T639模式对2008年长江流域重大灾害性降水天气过程预报性能的检验分析. 气象, 2010,(9):60-67.

[13] 张朝林等. "00.7"北京特大暴雨模拟中气象资料同化作用的评估. 气象学报, 2005,(6):922-932.

[14] 张云荣,钟琦. ECMWF预报系统对2010年夏极端天气事件的预报检验. 气象科技进展, 2011,(2):59.

[15] 王雨,李莉. GRAPES_Meso V3.0模式预报效果检验. 应用气象学报, 2010,(5):524-534.

[16] 尤凤春等. MODE方法在降水预报检验中的应用分析. 气象, 2011,(12):1498-1503.

[17] 张强等. 晴雨(雪)和气温预报评分方法的初步研究. 应用气象学报,2009,(6):292-298.

中尺度天气图分析技术在2011年中国南方4次强降水过程中的应用

许爱华[1]　谌芸[2]

(1.江西省气象台，南昌 330046；2.国家气象中心，北京 100081)

摘　要

利用探空资料，对2011年6月中国南方梅雨期间强降水过程中4次12 h最强降水时段的环境场进行中尺度天气图分析，得到了有利于梅雨锋附近的强降水的预报着眼点：700 hPa以下西南(偏南)急流汇合区，地面气压槽中低于日变化的3 h变压低值区(中心)也是强降水易发区，多数情况下锋面可以作为强降水南界，但当925hPa暖切变位于地面锋面南侧(附近)，强降水发生在锋前暖区，10 m/s以上西南急流所能到达的纬度可作为南界。500 hPa槽前≥18 m/s中层西南急流轴一般可作为50 mm以上的强降水区域的北界，但当925 hPa切变位置与中层西南急流位置重叠或位于其北侧时，则以700 hPa切变为北边界。这些判据将对模式降水中心有一定订正作用。

关键词：强降水　中尺度天气图分析　急流　落区预报　订正

引言

中尺度天气是指水平尺度几十千米至几百千米，时间尺度几小时到几十小时的天气现象[1]，按其性质分为中尺度对流性天气和中尺度稳定性天气。中尺度对流性天气包括雷暴、短历时强降雨、冰雹、雷暴大风、龙卷以及下击暴流等[2]。熊秋芬等[3]给出了美国空军全球天气预报中心(AFGWC)环境应用部(EAB)的前首席科学家Miller先生的强天气定义，包括龙卷、冰雹、雷暴大风，12 h 2英寸(50.8mm)以上强降水。可见12 h 50 mm以上的短历时暴雨可以作为中尺度对流性天气或强天气进行研究。近年来，张小玲等[4]详细介绍了在国家气象中心强对流业务预报中应用的中尺度天气的天气图分析技术(以下简称中尺度天气图分析技术)。中尺度天气图分析的核心思想是通过从地面到高空的天气系统的配置分析中尺度天气系统发生、发展的最有利环境条件，包括水平方向和垂直方向的动力和热力不稳定、湿度等。并列举了利用中尺度分析技术较好地预报了强对流天气的潜势的例子。

中尺度天气图分析技术在短历时暴雨预报中如何应用？本文针对2011年6月3—20日中国南方4次大范围的暴雨过程中最强降水时段，基于实况探空资料，采用中尺度天气图分析技术，分析有利暴雨中尺度系统发生、发展环境场条件，探讨12 h 50 mm以上强降水落区和强度的预报的一些着眼点，寻找能订正数值预报模式输出的强降水落区预报有效办法，为提高短历时强降水的预报水平提供帮助。

资助项目：公益性行业(气象)科研专项(GYHY201206004)、国家自然科学基金面上项目(41175048)、中国气象局预报员专项(CMAYBY2012－030)以及全国强对流预报专家团队项目。

1 2011 年中国南方 4 次强降水过程概述

2011 年 6 月 3—20 日中国南方出现了 4 次大范围的暴雨过程：3—7、9—12、13—15 和 17—19 日长江中下游和江南中北部累积雨量普遍在 250 mm 以上，其中江西北部、浙江北部、安徽沿江江南、湖北东南部普遍在 400 mm 以上，安徽的黄山、祁门、休宁、歙县，江西德兴，浙江衢州超过 700 mm，以黄山 799 mm 为最大。连续强降水造成中国南方旱涝急转，部分地区出现了严重的洪涝灾害。

表 1 2011 年 6 月 3—20 日 4 次过程的强降水情况

过程日期 （过程序号）	过程雨量 ≥100 mm 站数	过程雨量 ≥200 mm 站数	过程最大降水/ 日最大降水(mm)量 及站名	最强 12 h 降雨时段： 100 mm 以上站数/ 最大降水量(mm)
(1)4 日 08 时—7 日 08 时	65	14	290/184 江西余江	4 日 20 时—5 日 08 时 7/169
(2)9 日 08 时—12 日 08 时	41	5	272/281 湖北通城	9 日 20 时—10 日 08 时 7/256
(3)13 日 08 时—16 日 08 时	87	24	380/264 江西鄱阳	14 日 20 时—15 日 08 时 19/232
(4)17 日 08 时—20 日 08 时	110	3	276/205 浙江衢县	18 日 08 时—18 日 20 时 12/166

表 1 是 4 次降水过程最强 3 d 累积降水量、日最大降水和 20—08 时或 08—20 时逐 12 h 最强降水时段的情况（根据国家气象站降水统计结果）。综合过程雨量、大暴雨站数及单日最大降水来看，以过程 3 最强。前 3 个 12 h 最大降水均是发生最大日降水同一地点，即最大日降水基本上是在 12 h 内降下的，过程 4 中 18 日 20 时—19 日 20 时最大日降水 205 mm 中的 140 mm 下在了 18 日 20 时—19 日 20 时的 12 小时内。从灾情分析中发现，第 2 到第 4 过程 12 h 强降水中心及附近地区有严重的洪涝灾害，造成了重大的人员伤亡和财产损失，因此，加强 12 h 内强降水落区预报，提高强降水的短时预警能力和水平，非常有必要。

本文选取了表 1 中 4 个 12 h 大范围 50 mm 以上强降水时段（也是严重致灾的时段）来进行中尺度天气图分析，并重点通过中尺度天气图分析方法对 4 次降水过程中 12 h 50 mm 以上强降水落区与天气系统关系进行讨论。从天气系统及物理量配置找出一些产生短时强降水典型条件。

2 中尺度天气图分析技术在 4 次强降水过程中的应用

倪允琪等[5]提出了基于多种实时观测资料的梅雨锋暴雨的多尺度物理模型，建立了梅雨锋暴雨的天气学模型。张小玲等[6]、尹洁等[7]、周宏伟等(2011)等对中国梅雨锋暴雨多尺度天气系统相互作用给出较详细分析。姚晨等[8]对滁州地区特大暴雨发生的形势和条件进行了详细分析。但是在稳定的长江流域梅雨形势下，梅雨锋暴雨特别是 12 h 50 mm 以上强降水具体发生在天气系统的什么部位？用什么手段能找准强降水发生的落区，还是需要预报员不断总结和提炼。这里我们尝试在分析行星尺度环流背景基础上，通过中尺度天气图分析方法分析天气尺度环境场对产生暴雨的作用，提高暴雨预报的水平。

2.1 中尺度天气系统发展的形势配置与强降水落区关系分析

图 1～4 是采用中尺度天气图分析技术得到 的 4 日 20 时、9 日 20 时、14 日 20 时、18 日 20 时综合图，图中阴影区和深阴影区分别是 12 h 雨量 50～99.9 mm 和 100 mm 以上暴雨到大暴

雨落区(以下统称强降水落区)。图中显示,4 日 20 时—5 日 08 时、9 日 20 时—10 日 08 时、14 日 20 时—15 日 08 时,18 日 08—20 时 4 个强降水时段中过程的影响系统有短波槽、切变线、低空急流、低涡、地面辐合线(锋面),但是从天气系统配置上还是有一定差别或特殊性。以下通过中尺度天气图分析方法对 4 次降水过程中 12 h 50 mm 以上强降水落区与天气系统关系进行讨论。

2.1.1 6 月 4 日 20 时—5 日 08 时短时强降水时段的中尺度天气图分析

从图 1 我们可以看到,这次过程的影响系统有高空低槽、中低层切变线、冷锋。当 850 hPa 或 925 hPa 为“人”字形切变时,12 h 50 mm 以上强降水区域发生在:(1)500 hPa≥20 m/s 急流轴到地面锋面附近,(2)700 hPa≥16 m/s 急流轴南北 100 km 内,(3)850 hPa 冷式切变的东侧,(4)850 与 700 hPa 急流轴相交点以西。(5)在 850 hPa 比湿≥14 g/kg 湿舌的轴线附近。12 h 100 mm 以上强降水区域发生在 925～700 hPa 三支西南急流的轴线交汇地附近,925～850 hPa 急流轴左前侧和 700hPa 急流轴的附近,925 hPa 切变的东南侧。

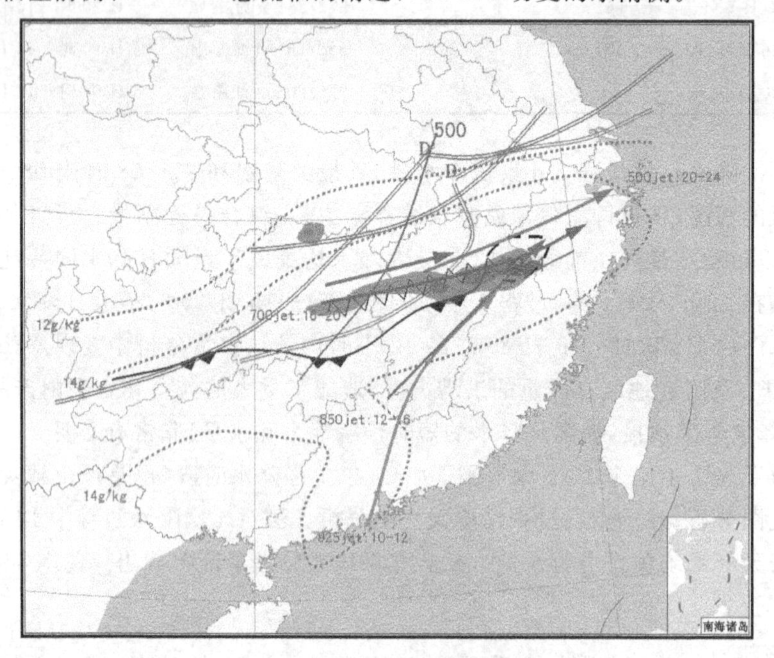

图 1 2011 年 6 月 4 日 20 时天气系统配置

从这次过程天气系统配置分析我们可以看到,12 h 50 mm 以上强降水并不是发生在 850 或 700 hPa 切变和低涡中心附近,而是在低涡南部 200～300 km;并和急流位置、925 hPa 切变线密切相关。

2.1.2 6 月 9 日 20 时—10 日 08 时短时强降水时段的中尺度天气图分析

2011 年 6 月 9 日 20 时至 10 日 08 时湖南中北部,湖北东南部、江西北部、贵州南部,广西西北部出现了 12 h 50 mm 以上强降水,尤其是鄂湘赣交界地区出现了特大暴雨,湖北通城 12 h 256 mm,湖南洞庭湖区的岳阳市 12 h 雨量超过 200 mm,江西修水县 7 个乡镇 6 h 降雨 150 mm 以上,修水县县城 06—09 时 3 h 降水达 120 mm。特大暴雨引发这些地区山洪、泥石流,造成重大人员伤亡。

图 2 是采用中尺度图的天气分析方法对 9 日 20 时天气系统配置的分析结果,显示了大暴

雨到特大暴雨发生前 12 小时有利的动力强迫和热力条件:(1)弱气旋波生成,冷锋前部湘东北地区出现了异常 Δp_3 低值中心－0.1 hPa,(通常 20 时变压是 925－700 hPa 低空急流在鄂、湘、赣交界处汇合形成了明显的辐合区。(2)较强风垂直切变(925 hPa 东南风 6 m/s 转为 850 hPa 西南风 20 m/s)和涡度平流。(3)特大暴雨区上空比湿达到 17 g/kg。(4)9 日 20 时武汉探空显示对流有效位能(CAPE)为 1531 J/kg(在锋面逆温上做订正 CAPE 可达 2000J/kg 以上)。

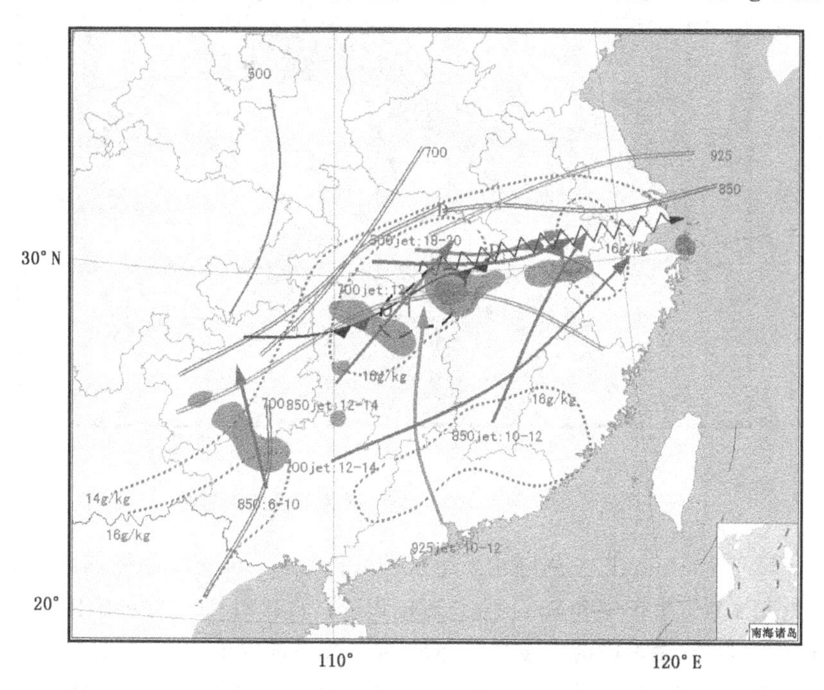

图 2　2011 年 6 月 9 日 20 时天气系统配置

从图 2 我们可以看到，当 925 hPa 暖切变与地面锋面紧邻或在地面锋面南侧时，12 h 50 mm 以上强降水出现在地面(气旋波)锋面附近到锋前暖区,强降水的区域可以由以下条件来确定:(1)500 hPa ≥18 m/s 急流轴以南 200 km 内,即 500 hPa 急流轴可以作为强降水北界;(2)925 hPa ≥10 m/s 西南急流北侧,即 10 m/s 西南急流所能到达最北的纬度可以作为强降水南界。(3)在 850 hPa 比湿≥14 g/kg 的湿舌内。12 h 100 mm 以上强降水区域发生在 925－700 hPa 三支西南急流的轴线汇合地、925 hPa 西南急流前端、地面异常小的或负变压中心 100 km 区域内。

2.1.3　6 月 14 日 20 时—15 日 08 时短时强降水时段的中尺度天气图分析

2011 年 6 月 14 日 20 时至 15 日 08 时在安徽南部、浙江北部、江西北部、湖南中东部出现了最大范围的 12 h 50 mm 以上强降水,江西北部到浙江西北部有大范围的 100 mm 以上的强降水,江西东北部的鄱阳县 12 h 降水 232 mm。图 4 是采用中尺度天气图分析方法对 14 日 20 时天气系统的配置进行分析的结果,显示了从大暴雨到特大暴雨发生前 12 h 有利的动力强迫和热力条件,和尹洁等[7]分析的特大暴雨过程的天气系统的配置是一致的。

从图 3 我们可以看到当 850 或 925 hPa 为“人”字形切变,12 h 50 mm 以上强降水区域发生在:(1)500 hPa≥20 m/s 急流轴到地面锋面附近;(2)700 hPa≥16 m/s 急流轴南北 100 km 内;(3)850 hPa 切变的东侧和南侧;(4)850 与 700 hPa 急流相交点以西;(5)850 hPa 比湿≥14

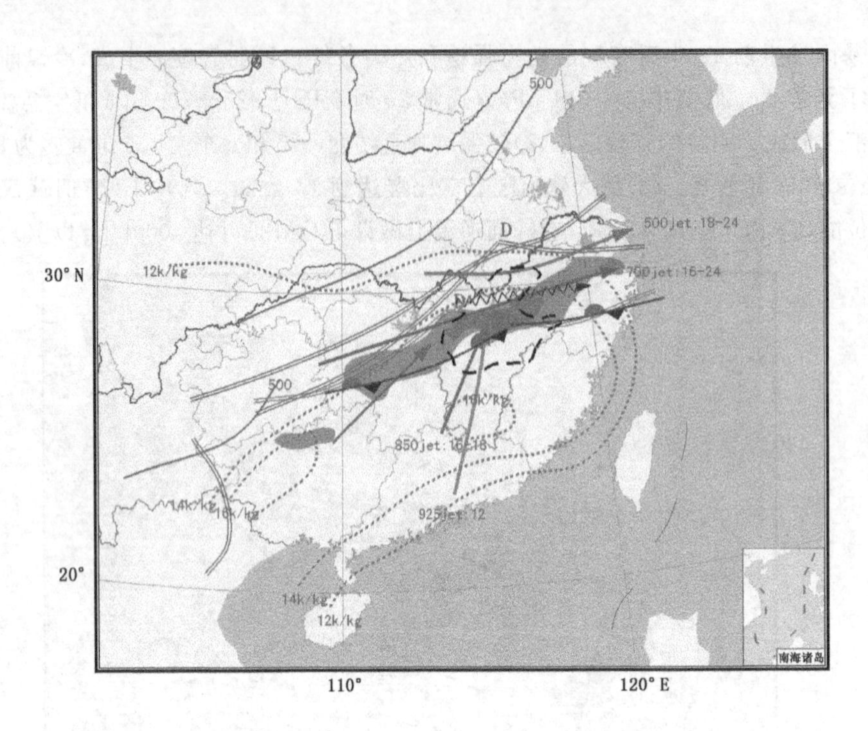

图 3　2011 年 6 月 14 日 20 时天气系统配置图

g/kg 湿舌中。12 h 100 mm 以上强降水发生区域:(1)925－700 hPa 三支西南急流轴线交汇地附近,925～850 hPa 急流轴前端和 700 hPa 急流轴附近;(2)925 hPa 切变的附近。(3)地面倒槽中异常小的变压中心附近(图 3 中的黑虚线)。Δp_3 明显低于日变化,且负变压区范围大,赣北均处于 $\Delta p_3 \leqslant 0$ 区域内,在南昌县低值中心达到－1.3 hPa(之后 12 小时南昌县雨量 117 mm)。

2.1.4　6 月 18 日 08 时—18 日 20 时短时强降水时段的中尺度天气图分析

18 日 08—20 时在湖北东部、安徽南部、江苏南部、湖南西北部大范围的 12 h 50 mm 以上强降雨,湖北东部和安徽南部的部分地区 100 mm,武汉市最大达到 166 mm,6 h 降雨 149 mm,城区不少地方溃涝积水,全城交通几近瘫痪。图 5 是采用中尺度天气图分析方法对 18 日 08 时天气系统的配置进行分析的结果,图 4 显示了大暴雨发生前 12 h 有利的动力强迫和湿度条件:地面静止锋及其附近异常低变压区、低涡、925—850 hPa 近似重合的切变、中低层 16～20 m/s 的西南急流。

从图 4 可以看这次 12 h 50 mm 以上强降水发生的区域在:(1)700 hPa 切变南侧,(2)地面锋附近及北侧;(3) 西界为 850 hPa 冷式切变;(4)东界是 850 hPa 与 700 hPa 急流相交处所在经度;(5)强降水出现在 850 hPa 比湿舌北缘 12～15 g/kg 区域中。强降水北界与前 3 个个例不同,500 hPa 急流轴与 700 hPa 急流轴、850 hPa 切变线、925 hPa 切变线等多条特征线重叠,这些特征线正好位于强降水上空,表明系统垂直结构陡直或前倾时,这时如果 500 hPa 大风轴作为强降水北界,就会使强降水带变窄,导致漏报。因此,这种情况下可能以 700 hPa 切变南侧作为北界更合适。

12 h 100 mm 以上强降水区域与前 3 个个例相似,也发生在:(1)925—700 hPa 三支西南急流轴线交汇地区,925—850 hPa 急流轴前端和 700 hPa 急流轴附近(最靠近切变线的一条≥12 m/s 的西南急流);(2)925 hPa 切变的附近;(3)地面倒槽中异常小的变压中心附近(图 4 中

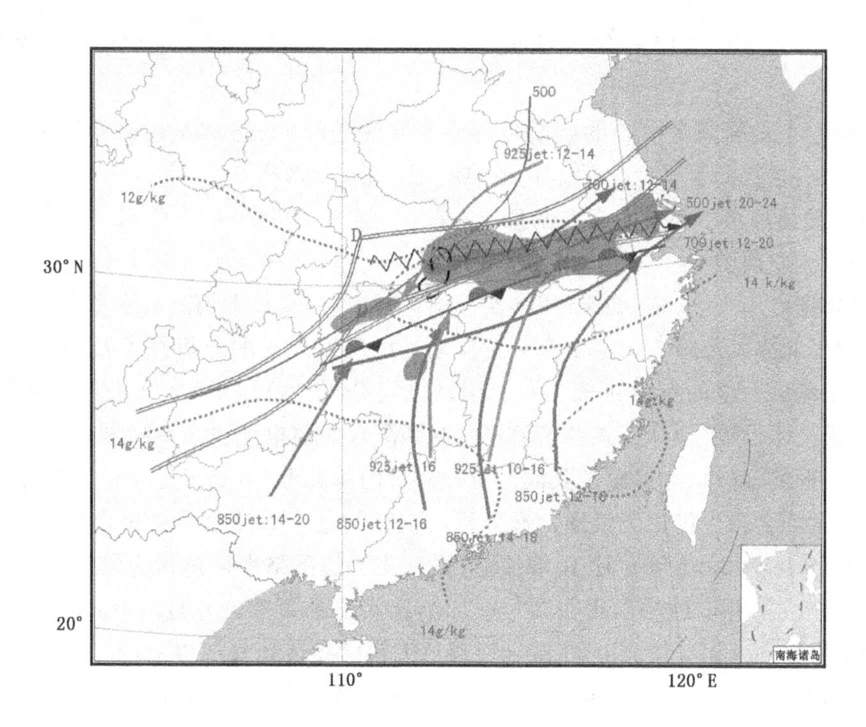

图 4　2011 年 6 月 18 日 8 时天气系统配置图

的黑虚线)。

3　结论与讨论

从上述分析来看,基于实况探空的中尺度天气分析技术(思想)对于中国夏季梅雨锋上大范围降水过程中 12 h 50 mm 以上短时强降水发生条件和落区分析是一个有效的方法,有时可用于修正模式对强降水落区预报的误差,特别是对强雨带北界的订正。

梅雨期间,在长江中下游到江南中北部地区,12 h 50 mm 以上的强降水产生的条件:地面低压倒槽和静止锋,中低层 32°—28°N 有切变线和低压环流,925—700 hPa 25°—32°N 西南到偏南急流,其中 925—700 hPa 急流核大于 10、14 和 16 m/s。对短时强降水落区分析判断主要有以下几个着眼点:

(1)700 hPa 以下急流汇合区。

(2)925 hPa 暖切变位于地面锋面南侧(附近),易形成锋前暖区暴雨,强降水发生在 10 m/s以上西南急流的北侧,即 925 hPa≥ 10 m/s 偏南风能到达的纬度可作为暖区暴雨的南界。

(3)500 hPa 槽前不小于 18 m/s 中层西南急流轴,可作为 50 mm 以上的强降水区域的北界;当 925 hPa 切变位置与中层西南急流位置重叠或偏北时,则以 700 hPa 切变为北边界。这时强降水会位于 500 hPa 槽前急流轴正下方。

(4)700 hPa 西南急流轴和 200 hPa 辐散区下方。

(5)地面锋面(辐合线)附近低于日变化的区域,08 和 20 时 $\Delta p_3 \leqslant 0.5$,多数 $\Delta p_3 \leqslant 0$。

(6)850 hPa 四川盆地以东有东北一西南向冷式(或人字)切变时,其所在经度一般作为强降水西边界;但当 500 hPa 低槽比冷式切变位置偏东,即为前倾结构时,且槽后有较大范围的 10 m/s 以上西北气流时,500 hPa 低槽可作为强降水西边界。

(7)850 和 700 hPa≥12 m/s 急流或延长线的最东部的交汇位置，可以作为东边界的参考。

100 mm 以上的强降水中心的判断可以参考 3 个条件：一是 925—700 hPa 的西南（或东南）急流交汇处，二是低于日变化的 3 h 小的变压中心，三是当 925—850 hPa 为冷式切变时，100 mm 以上的强降水中心发生在西南急流左前侧，当为暖切变时，强降水中心在偏南急流的前部和东南急流左前侧。

将这些判据应用于 2010—2012 年多次暴雨过程中，并与日本模式或欧洲模式输出降水比较，在强雨带南北界以及降水中心上有订正作用。中尺度天气图分析技术及预报思路是订正模式对强降水落区预报的有效手段之一。但从上述分析也可以看到，暴雨范围有较多空报。随着数值预报技术发展，全球模式和区域模式对强降水的预报能力在不断提高，预报员在对数值模式的天气形势、降水、物理量及其演变特征分析的基础上，结合实况探空分析，再利用上述预报着眼点，可能会减少仅用天气图定性分析的空报问题。另外也可尝试应用于中期强降水预报落区的订正。以 2011 年 6 月 10 日 08 时欧洲中心细网格中期预报为例（图略），模式预报了 14 日 08 时—15 日 08 时暴雨带在 30°N 以北，比实况暴雨带偏北近 200 km。而根据对 14 日 20 时的预报场 500 hPa 槽前≥20 m/s 西南急流轴已经达到长江以南的江西北部－浙江西北部一带的信息，可以将暴雨带向南订正，因此，梅雨锋上强降水预报着眼点具有一定的普适性。

参考文献

[1] 寿绍文，励申申，姚秀萍．中尺度气象学．北京：气象出版社，2003，1.

[2] 陆汉城．中尺度天气原理和预报．北京：气象出版社，2000，9.

[3] 熊秋芬，章丽娜．强天气预报员手册．全国气象部门预报员轮训系列教材．2009.

[4] 张小玲，张涛，刘鑫华．中尺度天气的高空地面图综合分析．气象，2010，**36**(7)：143-150.

[5] 倪允琪，周秀骥．我国长江中下游梅雨锋暴雨研究进展．气象，2005，**31**(1)：9-12.

[6] 张小玲，陶诗言，张顺利．梅雨锋的三类暴雨．大气科学，2004，**28**(2)：188-205.

[7] 尹洁，郑婧，张瑛等．一次梅雨锋特大暴雨过程分析及数值模拟．气象，2011，**37**(7)：827-837.

[8] 姚晨，张雪晨，毛冬艳．滁州地区不同类型特大暴雨过程的对比分析．气象，2010，**36**(11)：18-25.

云贵高原东段山地MCC的普查和降水特征

杨静　杜小玲　罗喜平　齐大鹏

（贵州省气象台，550002）

摘　要

利用2006—2010年夏季风云静止气象卫星平均相当黑体亮温（TBB）资料，高空及地面天气观测资料及贵州省85个气象站降水资料和2010年乡镇加密观测自动站逐时降水数据，普查了云贵高原东段山地中尺度对流复合体，统计分析了中尺度对流复合体（MCC）的时空特征、强度特征、生命史、移动路径及其降水分布和强度特征。结果表明，夏季云贵高原东段山地MCC主要出现在5—7月，MCC形成时间在19时至次日03时，生命史普遍在8 h以上；发展为MCC的初生对流云团主要生成于13—18时，初生源地在贵州西部（103°—105.5°E，25°—27°N）区域，贵州西部边缘涡是造成对流云团频繁生成的直接影响系统；山地MCC内部最大降水区主要集中在MCC形成中心的西北和东北象限，且距MCC形成中心3个经纬度范围内。

关键词：云贵高原山地　MCC　普查

引言

贵州地处云贵高原东斜坡上，山地和丘陵占贵州省总面积的97%。一些研究也针对贵州中尺度对流复合体（MCC）引发的暴雨展开。井喜等[1]对2007年6月8—9日广西、贵州由MCC引发的致洪暴雨过程进行了大尺度环境场和物理量的诊断，对MCC的活动、雷达特征、MCC的发生发展条件进行了分析。李登文等[2]对类似于MCC特征的中尺度对流云团引发的贵州南部突发性大暴雨2006年6月13日过程进行了分析；乔林等[3]利用中尺度数值模式WRF也对该次中尺度暴雨过程进行了模拟诊断。段旭等[4]也针对云贵高原MCC暴雨开展了研究。上述研究还仅针对贵州暴雨个例MCC。作为MCC的多发区，MCC是在云贵高原东段的贵州山地何处发源？移动路径如何？是否与贵州特殊的地形特征有关？MCC在山地产生的降水又具有怎样的特征。本文针对在云贵高原东段山地上生成和发展的MCC对流云团进行研究，试图揭示这些特征，为由此诱发的云贵高原山地暴雨预报提供支持。

1　资料来源、研究区域和标准

所用资料为：（1）2006—2009年5—8月FY-2C静止气象卫星逐时平均相当黑体亮温（TBB）资料，水平分辨率为1°×1°；（2）2010年5—8月FY-2E静止气象卫星逐时平均相当黑体亮温（TBB）资料，水平分辨率为1°×1°；（3）高空及地面天气观测资料；（4）贵州省2006—2010年85个气象站降水资料及贵州省2010年乡镇加密观测自动站逐时降水数据。

资助项目：国家自然科学基金（40965004，41065003）、贵州省科技厅基金黔科合J字[2010]2059号、中国气象局公益性行业专项（GYHY20100603）。

主要研究区域：云贵高原东段—即(23°—29°N,102°—110°E)。

1980 年 Maddox 首次提出 MCC 定义标准[5]。之后 Augustine 等[6]研究表明，TBB≤−52℃的冷云罩面积达到 Maddox 标准而 TBB≤−32℃的冷云罩面积达不到标准的 MCC 个例极少，为简化 MCC 的普查，修改了定义，去掉 TBB 值≤−32℃的冷云罩面积。本文所统计的 MCC 标准采用 Augustine 修改的定义，新修改的定义尺度上要求 TBB≤−52℃的连续冷云区面积＞50000 km^2；生成起始时为第一次满足尺度定义的时刻；生命期要求满足尺度定义的时间≥6 h；同时要求连续冷云罩(TBB≤−52℃)的最大面积在最大空间范围时椭圆率≥0.7；消亡时刻为尺度定义不再满足的时刻。

2 中尺度对流复合体统计特征分析

2.1 月频次分布

普查 2006—2010 年夏季(5−8 月)云贵高原东段山地生成和影响的 MCC 显示(图略)，5 a 中共有 25 个 MCC 生成。2006 年夏季有 5 个 MCC 生成和影响；2007 年出现了 8 个 MCC；2008 年有 5 个 MCC；2009 年仅为 2 个 MCC；2010 年又出现了 5 个 MCC。6 月为 MCC 的多发时段，5 a 中共有 18 个 MCC 出现，占 5 a 夏季总数的 70%，5 月和 7 月分别有 4 个和 3 个 MCC 出现，8 月没有典型的 MCC 出现。

2.2 生命史和强度

以普查到的 MCC 云团起源时所生成的 β 中尺度对流云团的生成时间为其对流云团的生成时间，据此取样来统计发展为 MCC 的初生对流云团的生成时间(图略)。可见，发展成 MCC 的初生对流云团从 13 时(北京时，下同)开始生成，多集中在 13—18 时，这期间生成的初生对流云团占总数的 90%。另外，统计得到当对流云团生成后，到其发展为 MCC 云团普遍需要 5—8 h，也即是满足 MCC 定义的形成时间主要在 19 时—次日 03 时，其中形成时间在 19 时—次日凌晨即前半夜的有 21 个，占 MCC 总数的 81%。

表 1 为 MCC 的统计特征。从表 1 可见，云贵高原东段山地的这些 MCC 生命史大多较长，普遍在 8 h 以上，生命史在 8 h 以上的占 80%，最长的维持了 31 h，出现在 2010 年 6 月 19 日 00 时至 20 日 07 时。MCC 鼎盛时的最低 TBB 在−76～−93℃，大多能低至−80℃，有 12 例最低低于−90℃，仅 2 例分别为−78℃和−76℃。统计表明，MCC 鼎盛时出现在 01—06 时，出现在 01—02 时个例，占统计个例的 56%；鼎盛时出现在 03—06 时的有 11 个，占统计个例的 44%。从空间尺度上，鼎盛时 TBB≤−52℃冷云罩面积有 12 例在(10～20)×10^4 km^2，有 8 例在(5～9)×10^4 km^2，有 5 例在(20～30)×10^4 km^2。在其达到鼎盛后约 3～5 h MCC 开始减弱，虽然从尺度上依然满足 MCC 的定义，但边缘开始松散，偏心率下降，形状上多表现为线性。

2.3 源地和发展路径

图 1 为形成 MCC 的 β 中尺度初生对流云团的中心位置的分布。图 2 显示这些 β 中尺度对流云团是在云贵高原东段山地生成，多数在贵州西部生成。(25°—27°N,103°—105.5°E)区域是对流云团生成的主要源地。其中贵州毕节市和六盘水市是对流云团起源较集中的地区。通常几个初生的对流云团生成后，发展、合并，加强而形成一个 MCC。

表 1 云贵高原东段山地 MCC 个例统计(2006—2010 年夏季)

序号	个例（年月日）	生命史（h）	形成时间（北京时）	鼎盛时 时间	鼎盛时 ≤−52℃冷云罩面积（×10^4 km^2）	最低 TBB（℃）	主要影响地区
01	060604	13	6 月 3 日 20 时	6 月 4 日 01 时	12.8	−78	贵州南部、广西北部
02	060606	11	6 月 5 日 23 时	6 月 6 日 01 时	10.1	−81	贵州南部、广西北部
03	060629	14	6 月 28 日 19 时	6 月 29 日 01 时	12.9	−76	贵州
04	060707	10	7 月 7 日 00 时	7 月 7 日 05 时	16.4	−80	贵州、重庆
05	060708	15	7 月 7 日 19 时	7 月 8 日 01 时	14.5	−83	贵州西南、广西西北
06	070524	7	5 月 24 日 03 时	5 月 24 日 06 时	8.7	−84	贵州、湘西北、重庆东南
07	070601	6	6 月 1 日 01 时	6 月 1 日 02 时	6.8	−85	贵州西部和南部、广西北部
08	070604	9	6 月 3 日 22 时	6 月 4 日 02 时	15.1	−93	贵州
09	070607	16	6 月 6 日 20 时	6 月 7 日 06 时	15.5	−88	贵州南部、广西
10	070608	15	6 月 7 日 23 时	6 月 8 日 05 时	14.2	−93	贵州南部、广西
11	070609	26	6 月 8 日 19 时	6 月 9 日 01 时	29.0	−93	贵州南部、广西
12	070623	7	6 月 23 日 02 时	6 月 23 日 02 时	6.0	−93	贵州
13	070625	8	6 月 25 日 00 时	6 月 25 日 02 时	8.2	−93	贵州南部、云南东南部
14	080527	6	5 月 26 日 23 时	5 月 27 日 01 时	7.9	−80	贵州
15	080528	10	5 月 27 日 22 时	5 月 28 日 01 时	16.2	−91	贵州南部、广西中北部
16	080530	7	5 月 30 日 01 时	5 月 30 日 04 时	8.2	−84	贵州西南部、云南东部
17	080608	8	6 月 7 日 19 时	6 月 8 日 01 时	5.4	−85	贵州南部、广西西北部
18	080701	13	6 月 30 日 21 时	7 月 1 日 01 时	31.2	−93	贵州、四川东南部
19	090608	19	6 月 8 日 00 时	6 月 8 日 05 时	13.4	−81	贵州北部、重庆、湖南北部
20	090609	17	6 月 8 日 20 时	6 月 9 日 03 时	23.6	−90	贵州南部、广西中北部
21	100601	15	6 月 1 日 00 时	6 月 1 日 04 时	15.7	−85	贵州南部、广西
22	100617	13	6 月 16 日 23 时	6 月 17 日 01 时	9.6	−92	贵州、广西北部
23	100619	31	6 月 19 日 00 时	6 月 19 日 06 时	30.4	−93	贵州、重庆南部、湖南
24	100620	20	6 月 19 日 19 时	6 月 20 日 05 时	43.2	−93	贵州南部、广西
25	100628	12	6 月 28 日 01 时	6 月 28 日 05 时	18.7	−93	贵州西部、云南东部、广西西北

为了研究初生对流云团发展为 MCC 的发展路径和特点，取满足 MCC 定义的形成时及鼎盛时最低 TBB 位置为该时刻 MCC 中心位置。图 2 给出了表 1 所示的 25 个个例 MCC 形成时及鼎盛时的中心位置。结合初生对流云团的位置(图 2)分析显示，云南东部边缘和贵州西部初生对流云团生成后，其发展为 MCC，有两条发展路径，一是对流云团南压，主要在贵州南部(个别在广西北部)发展为 MCC，MCC 形成后位置较为稳定，移动缓慢，鼎盛时 MCC 中心略南压，或进入广西北部，之后对流云团可能影响广东。二是贵州西部的对流云团与四川东南部对流云团合并，在贵州北部形成 MCC，MCC 形成时中心位置主要在贵州北部，再缓慢向东移动，鼎盛时 MCC 中心位于贵州东北部，影响贵州及湖南。而第一条路径则是 MCC 对流云团发展的主要路径，占个例总数的 85%。比较图 2a、b 可见，云贵高原东段 MCC 形成后到其发展基本都是在原地发展加强，移动缓慢。

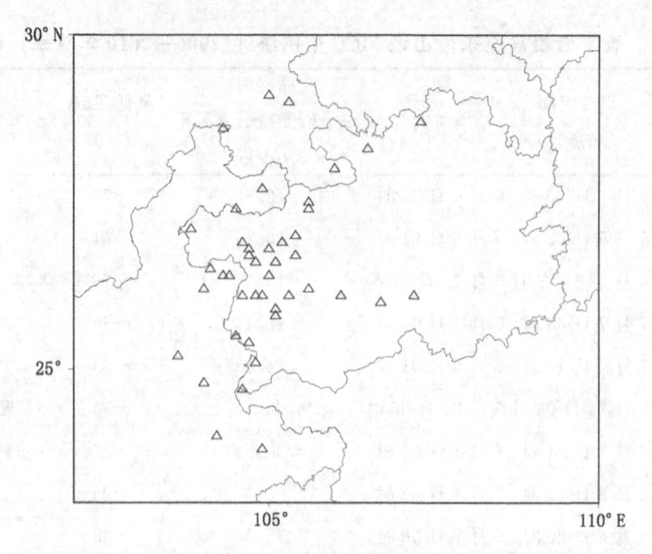

图 1　形成 MCC 的初生对流云团中心位置分布

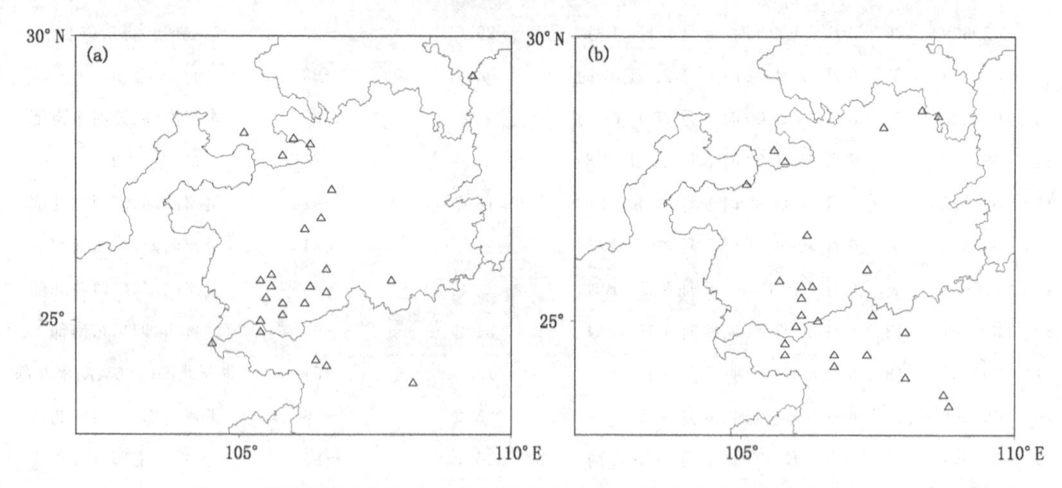

图 2　不同时期 MCC 中心位置分布(a. MCC 形成时，b. MCC 鼎盛时)

3　MCC 初生对流云团源地原因初步分析

前面分析指出(25°—27°N，103°—105.5°E)区域是 MCC 初生对流云团生成的主要源地。为探讨该区域对流云团多发的原因，分析对流云团初生时(或初生前后)地面天气图(14 和 20 时)。分析发现，MCC 初生对流云团生成当日 14 时地面天气图上云贵高原为低压控制。在对流云团初生时或初生前地面天气图上能分析出低涡(风场的辐合)或辐合线。20 个个例云南东部一贵州西部有低涡或辐合线出现，占统计总数的 80%；另外 5 个个例辐合线出现在四川南部—贵州北部。图 4 为贵州西部形成 MCC 的对流云团初期 17 时地面风的合成。地面合成分析流场显示，在云南宣威至贵州西部的毕节市和六盘水市之间形成中尺度低涡。将地面天气图上出现在云南宣威—贵州西部 105°E 附近的中尺度低涡定义为贵州西部边缘涡。结合地形分析发现，该地区处于云贵高原东斜坡上海拔高度在 1800—2500 m，而贵州中东部的海拔高度大部分都在 600—1300 m，地面低涡系统与地形可能有一定的关系。有待今后进一步分析。综合分析图 1 和图 3 表明，地面上 104°—105°E 的贵州西部边缘涡是造成云贵间

103°—105.5°E 附近对流云团频繁生成的直接影响系统。

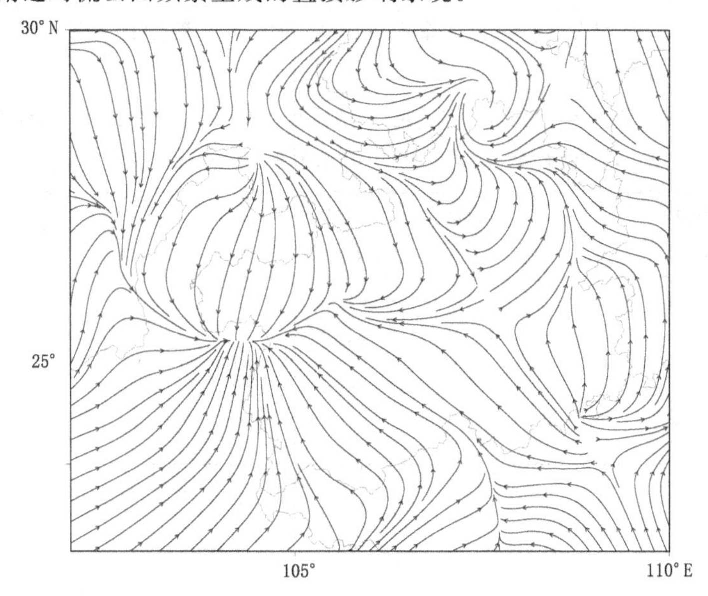

图 3　贵州西部形成 MCC 的对流云团初期地面风的合成

（合成个例为云南东部—贵州西部有低涡或辐合线出现的 20 个个例，时间为 17 时）

4　云贵高原东段 MCC 降水特征分析

表 1 表明，云贵高原东部的 MCC 绝大部分在 20 时或之后形成（仅两例在 19 时形成），生命史大部分在 24 h 以内（仅两例超过 24 h）。而日常预报业务一般以当日 20 时—次日 20 时 24 h 雨量为预报时效，因此为方便比较，本节统一采用当日 20 时—次日 20 时 24 h 总雨量作为 MCC 个例的过程雨量。

表 2 为 MCC 个例中云贵高原东段山地（云南东部边缘及贵州）过程最大雨量及中心点最大雨强的统计。2006—2009 年为县站雨量，2010 年为县站及乡镇自动站雨量。从表 2 可见，云贵高原东段生成的 MCC 系统影响下，2006—2009 年 MCC 过程贵州县站出现降水量≥50 mm 的站次不少于 10 站的个例有 9 个，2010 年加入乡镇自动站雨量后，降水量≥50 mm 的站次有 4 个个例超过 100 个站点。MCC 过程最大雨量仅 4 个例为 80～100 mm（县站雨量），其余均能达到大暴雨以上量级。2006—2009 年县站降水量统计，最大雨量达 158.5 mm，2010 年由县站和乡镇降水量统计，最大雨量为 6 月 28 日 MCC 个例的 302.8 mm。由表 2 分析 25 次个例的中心雨量（过程最大雨量）站点的小时雨量，其最大雨量大部分出现在夜间（仅一例出现在上午），有 23 次 1 h 最大雨量超过 20 mm，占总数的 92%，22 次 1 h 最大雨量超过 30 mm，占总数的 88%，9 次 1 h 最大雨量超过 50 mm，占总数的 36%，有 2 次 1 h 最大雨量超过 80 mm，分别为 89.7 和 83.7 mm，出现在 04—05 时。

为反映 MCC 降水强度的空间分布特征，分别以 MCC 云团形成时及鼎盛时的中心位置为中心点，用每次 MCC 降水过程的最大雨量站点的经纬度，制作相对位置图（图 4a、b），发现强降水区主要出现在距 MCC 形成时和鼎盛时的中心位置 3 个经纬度范围内。以 MCC 形成时为中心点（图 4a），强降水中心最集中出现在 MCC 形成中心的偏北地区，即 MCC 形成中心的西北象限和东北象限。以MCC鼎盛时为中心点(图4b),强降水中心集中出现在MCC的成熟中心1个经纬度范围内以及距中心3个经纬度范围的西北象限内。这可能与MCC降水云团主要在贵州西部生成发展有关。

表2 云贵高原东段贵州山地MCC雨量统计(统计时段:20时—次日20时,雨量单位:mm)

(2006—2009年为县站雨量,2010年为县站和乡镇自动站雨量)

序号	个例(年月日)	过程最大雨量(mm)	中心点最大雨强		暴雨站次	大暴雨站次
			雨强(mm/h)	时间		
01	060604	98.0	34.2	01时	8	0
02	060606	135.8	55.6	06时	16	1
03	060629	146.3	47.2	00时	8	3
04	060707	103.9	39.3	10时	9	2
05	060708	84.6	40.6	01时	8	0
06	070524	124.4	41.1	05时	15	1
07	070601	100.6	36.3	01时	9	1
08	070604	101.5	89.7	04时	8	1
09	070607	114.0	28.0	02时	1	1
10	070608	108.1	35.5	02时	5	1
11	070609	158.5	53.9	01时	6	2
12	070623	114.1	17.0	06时	10	2
13	070625	122.2	43.7	05时	7	3
14	080527	127.8	47.3	03时	6	1
15	080528	147.4	50.0	00时	4	2
16	080530	149.1	74.2	02时	12	4
17	080608	118.8	42.1	03时	12	1
18	080701	86.3	35.0	23时	7	0
19	090608	82.7	19.1	03时	5	0
20	090609	124.1	57.5	23时	7	2
21	100601	174.4	60.5	00时	124	21
22	100617	126.5	42.8	22时	242	24
23	100619	194.9	83.7	05时	211	52
24	100620	118.3	49.1	22时	74	2
25	100628	302.8	83.0	23时	208	74

5 结论

通过对2006—2010年在云贵高原东段贵州山地上生成和影响的MCC的时空分布、形成特点、移动路径和降水特征的统计和分析,得到如下主要结论:

(1)夏季云贵高原东段山地MCC主要出现在5—7月。MCC的形成时间在19时至次日03时,生命史普遍在8 h以上,鼎盛时最低云顶亮温一般能低于−80℃,出现在01—06时。

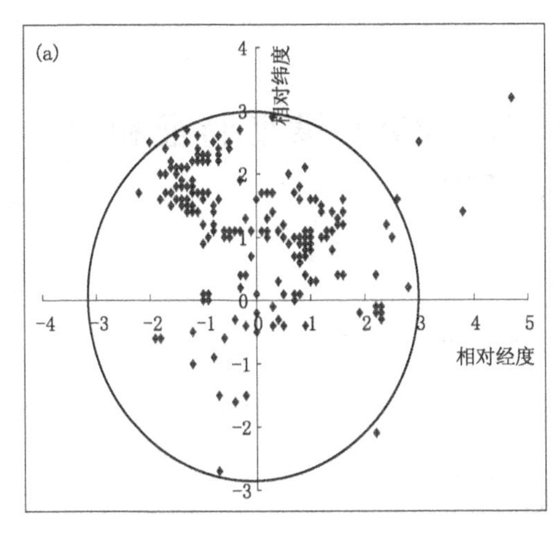

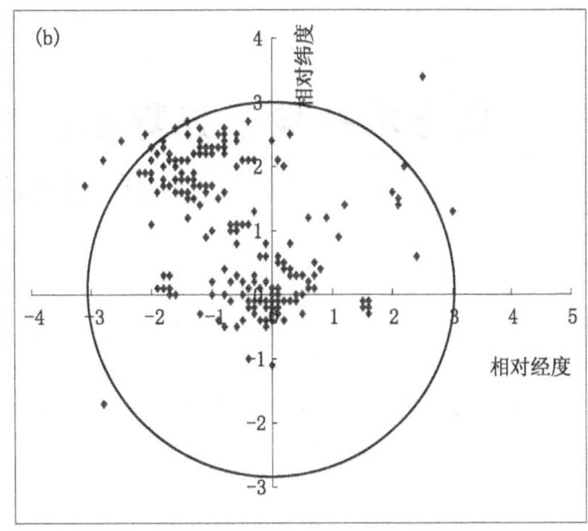

图 4　贵州 MCC 降水中心相对位置
（a. 与 MCC 形成时相比较，b. 与 MCC 鼎盛时相比较）

(2)发展为 MCC 的初生对流云团主要生成在 13—18 时，初生源地在贵州西部(25°—27°N，103°—105.5°E)，其中贵州毕节市和六盘水市是对流云团起源集中地区。贵州西部边缘涡是造成对流云团频繁生成的直接影响系统。初生对流云团发展为 MCC 的发展路径主要是向南，在贵州南部发展为 MCC。

(3)云贵高原山地 MCC 云团降水中心主要集中出现在 MCC 形成中心的西北象限和东北象限，距 MCC 形成中心 3 个经纬度范围内，距 MCC 成熟中心 1 个经纬度区域内及距成熟中心 3 个经纬度范围的西北象限。

参考文献

[1] 井喜，陈见，胡春娟等. 2009. 广西和贵州 MCC 暴雨过程综合分析. 高原气象，**28**(2)：335-351.

[2] 李登文，杨静，乔琪. 2008. 2006－06－13 贵州省望谟县大暴雨的诊断分析. 南京气象学院学报，**31**(4)：511-519.

[3] 乔林，陈涛，路秀娟. 2009. 黔西南一次中尺度暴雨的数值模拟诊断研究. 大气科学，**33**(3)：537-550.

[4] 段旭，李英. 2001. 低纬高原地区一次中尺度对流复合体个例研究. 大气科学，**25**(5)：676-682.

[5] Augustine J A, Howard K W. 1988. Mesoscale convective complexes over the United States during 1985. *Mon. Wea. Rev.*, **116**：685-701.

[6] Augustine J A, Howard K W. 1991. Mesoscale convective complexes over the United States during 1986 and 1987. *Mon. Wea. Rev.*, **119** (7)：1575-1589.

乌鲁木齐夏季强降水过程 GPS-PWV 演变特征和预报指标研究

杨莲梅[1]　王世杰[1]　史玉光[2]　赵玲[1]

(1.中国气象局乌鲁木齐沙漠气象研究所,乌鲁木齐 830002; 2.山东省气象局,济南 250031)

摘　要

利用乌鲁木齐 GPS 观测站数据,通过 GAMIT 软件处理反演得到 1 h 间隔的 GPS 遥测大气可降水量(GPS-PWV),结合乌鲁木齐自动气象站逐时降水资料,分析了夏季 10 次中雨以上降水过程的 GPS-PWV 演变特征。结果表明:乌鲁木齐地区的强降水过程中 GPS-PWV 呈明显的 1～3 d 的增湿过程和 1～2 次跃变过程,且降水时 GPS-PWV 几乎为气候平均值的 2 倍左右,其跃变过程与降水发生和结束有较好的相关,可以为干旱区降水短期预报提供一个明确的水汽演变指标。

关键词:乌鲁木齐　强降水　GPS 遥测大气可降水量(GPS-PWV)

引言

水汽是生成云和降水的必要条件,对天气和气候的变化有重要影响。地基 GPS 遥感大气水汽技术是 20 世纪 90 年代发展起来的一种全新的大气观测手段。利用连续、高时空分辨率的大气可降水量资料进行局地降水预报,对于突发性强降水的短时临近预报及精细化预报具有重要意义。如李延兴等[1]利用 GPS 暴雨观测试验证明了大气可降水量与降水过程的密切相关;杨引明等[2]分析了长江三角洲地区大气可降水量的气候特征,得出该地区大气可降水量的分布特征和季节变化,以及大气可降水量与梅雨期强降水量的关系;刘旭春等[3]分析了哈尔滨 6 月大气可降水量,认为如果大气可降水量高于 25 mm,且伴随着 5 mm 以上的跳跃,则发生降水的几率约为 50%;姚建群等[4]对一次大到暴雨过程个例进行分析,得出大气可降水量出现 50 mm 的时间与实际降水有较好的对应关系;陈娇娜等[5]对成都地区的华西秋雨进行分析,得出降水总是发生在 GPS 水汽高值与温度露点差低值的阶段,两者有较好的对应关系,其上升阶段和高值期与温度露点差的低值区间相对应;曹云昌等[6]在研究中采用 2 h GPS 遥感的大气可降水量增量为 5 mm 作为阈值,得出在大气可降水量迅速增加后 4 h 内出现降水。GPS 遥感大气可降水量还可精确地描述可降水量日变化特征[7]。这些研究表明,GPS 反演的水汽能较好地反映降水过程中水汽演变特征,且水汽前期演变对降水产生具有一定的指示意义。

新疆地处亚欧大陆腹地的中纬度地区,为大陆性干旱与半干旱气候区,水汽匮乏,降水变

资助项目:科技部公益性行业科研专项(GYHY201006012)、国家自然基金项目(41075049)、中央级科研院所基本科研业务费专项(IDM200802)、中国气象局沙漠气象研究基金(Sqj2008001)。

率大。已有大量研究对新疆降水量特征和变化进行分析[8-17]，而水汽是影响干旱区暴雨形成的关键因素之一，由于观测手段和资料的限制，对新疆上空水汽精细化特征认识还很薄弱，尤其对降水过程中客观、定量的水汽演变过程理解有限，往往使得降水预报定时、定点、定量预报出现很大偏差，随着GPS水汽观测技术的发展，为新疆强降水过程水汽研究提供了科学基础，本文通过分析乌鲁木齐地区10次强降水天气的GPS-PWV演变特征，并总结一些共有的特征以期为短时临近预报提供物理意义清晰的预报指标。

1　资料

2003年中国气象局乌鲁木齐沙漠气象研究所和美国UCAR(University Corporation for Atmospheric Research)开展了GPS大气可降水量探测的国家合作项目。乌鲁木齐站作为基准站，在负责本站GPS资料的收集、整理、传输的同时共享SuomiNet其他观测点的数据。乌鲁木齐站是SuomiNet的站点之一，也是IGS(International GPS Service)的跟踪站点之一，具体解算方法见文献[18]。赵玲等[17]利用GAMIT软件处理反演得到1 h间隔的GPS遥测大气可降水量(GPS-PWV)，并利用探空观测资料计算大气可降水量与GPS-PWV进行了对比分析，结果表明两者之间误差在2 mm以内，表明GPS-PWV具有较高的准确性和精度，认为在当前的观测条件和允许精度下，地基GPS技术可以作为一项新的有效手段描述水汽变化的细节。

本文利用乌鲁木齐GPS-PWV和乌鲁木齐自动气象站逐时降水资料，选取2004、2006、2007年5—8月乌鲁木齐中雨以上量级的降水过程，剔除由于仪器检修和缺测的GPS水汽资料，分析10次强降水过程的GPS-PWV演变特征及其与降水的关系。

2　强降水过程GPS遥测大气可降水量演变特征和指标

利用乌鲁木齐1976—2007年探空逐日观测资料计算得出5、6、7、8月的气候平均PWV分别为13.10、18.22、21.74和18.82 mm[19]，没有降水时，可降水量是一个比较稳定的物理量，变化较小。已有研究指出从夏季平均可降水量角度来分析[20]，可粗略地把夏季25 mm可降水量线视为东亚及南亚夏季风推进的北界，夏季中国季风影响区可降水量为25～60 mm，乌鲁木齐夏季7月可降水量最大为21.74 mm，从大气可降水量角度看乌鲁木齐不受东亚及南亚夏季风的直接影响，为非季风气候。由于国家降水量级标准不适合干旱、半干旱气候背景的新疆地区，新疆气象学者从多年预报、服务实践和概率统计方法提出了适合新疆气候特点的降水量级标准[21-23]，降水量6.1～12.0 mm为中雨，12.1～24.0 mm为大雨，>24.0 mm为暴雨，>48.0 mm为大暴雨。由于5—8月气候背景和PWV有较大差异，下面分月进行暴雨过程GPS-PWV(以下简称PWV)特征分析。

2.1　5月降水过程GPS遥测大气可降水量演变特征

结合PWV和降水量资料，乌鲁木齐2004、2006、2007年5月强降水天气过程有4次:2次大雨和2次暴雨，这里逐一进行分析。2004年5月8日06—15时(北京时，下同)乌鲁木齐地区出现一次大雨天气过程，9 h降水量达15.2 mm。此次天气过程是由中亚低槽系统自西向东快速东移进入新疆造成天山山区及其北麓大范围大雨过程，降水从西向东持续时间约为2 d。从图1a可见降水发生前PWV有3个阶段变化，6日16时以前PWV在气候平均值附近变化缓慢，16 时开始有弱增湿过程，PWV 维持在 15～19 mm 持续约 20 h，7 日 14 时(降水发生前 16 h)开始 PWV 有一个急剧增大的过程，至 7 日 18 时达 23.24 mm，4 h 水汽增量达 6.13 mm，变化量为气候月平均的 46.8%，干旱区大雨发生前 PWV 发生第一次显著增大过程，然后 PWV 维持在 22 mm 以上，表明此阶段存在水汽的累积过程，这个过程为 8 h，至 8 日 01 时(降水发生前 5 h)PWV 又发生一次急剧连续增大过程，由 21.76 mm 增大到最高 27.3 mm，5 h 水汽增量 5.54 mm，变化量为气候月平均的 43.3%，随即 PWV 达到最大并开始产生降水，随着降水的持续，大气可降水量仍维持在高值(22～27 mm)，当急剧下降至 20.06 mm 以下时降水结束，之后 PWV 下降到气候月平均水平之下并维持较低水平。

2004 年 5 月 22 日 03—23 时乌鲁木齐地区出现一次降水量达 18.5 mm 的大雨天气过程，此次过程是副热带锋区上中亚低槽东移造成的天山以北地区大范围降水天气，持续时间约 2 d。图 1b 表明在降水前 PWV 也出现 3 个阶段变化，19 日 10 时前 PWV 在气候平均值以下变化缓慢，从 19 日 10 时至 21 日 00 时 PWV 出现缓慢持续的增湿过程，PWV 在 15～21.45 mm，从 21 日 00 时 PWV 发生急剧增大过程，2 h 水汽增量达 6.62 mm，02 时 PWV 达 24.97 mm，之后 PWV 维持在 25 mm 以上，表明此阶段为水汽的累积过程，这一过程约 19 h，至 21 日 21 时(降水前 6 h)PWV 又出现一次急剧连续增大过程，由 25.12 mm 增大到最高 31.38 mm，6 h 水汽增量达 6.26 mm，PWV 达到最大值时开始降水，随着降水的持续 PWV 有所降低但仍维持较高水体，当急速连续下降到 20 mm 以下时降水结束。

2006 年 5 月 18 日 03—19 时乌鲁木齐地区出现了 46.6 mm 降水量的暴雨过程，降水发生前新疆为高压脊控制，大气干燥，里、咸海平均低槽内先分裂一个短波沿副热带锋区快速东移使得新疆脊减弱，然后又分裂一个短波沿强副热带锋区东移进入新疆造成乌鲁木齐局地暴雨过程，从影响系统看很难分析出暴雨的发生和落区。由图 1c，降水前 PWV 发生 2 次阶段性变化，16 日 16 时由于高压脊控制 PWV 在气候平均值以下空气较干，尤其 16 日 08 时 PWV 仅 7.1 mm，由于短波系统东移影响新疆此时开始 PWV 有一个快速的连续增大过程到达气候平均态附近，至 16 日 19 时达 17.12 mm，然后维持气候值以上 3 mm 左右状态，17 日 17 时 PWV 开始出现急剧持续增大过程，这是水汽持续输送和累积过程，至 18 日 05 时 PWV 达 29.87 mm，9 h 增量 15 mm，尤其 18 日 01—04 时水汽增量达 6.1 mm，此时开始产生暴雨过程，雨强非常大，开始降水第 1 小时、第 2 小时降水量分别达 7.1 和 13.4 mm，这种雨强在新疆是罕见的，之后随着降水的持续 PWV 维持在高值区，随着其急剧减弱至 18 mm 以下，18 日 10 时第一阶段主要暴雨过程结束，随后 PWV 又一次迅速增强，又出现短时中量降水。可见短波系统影响下水汽累积和聚集时间相对较短，水汽变化速度较快，这也是局地暴雨难预报的原因之一。

2007 年 5 月 8 日 18 时—9 日 10 时乌鲁木齐地区出现了 46 mm 的暴雨天气过程，这是由中亚长波槽东移所造成天山山区大范围大雨过程，在此前该低槽内分裂短波系统快速东移造成 7 日 09—13 时 5.8 mm 的小量降水，低槽主体过境时造成暴雨过程。图 1d 表明 6 日 15 时开始 PWV 出现一次剧烈的持续增大过程，至 7 日 06 时达最大值 27.46 mm，2 h 后产生小量的降水，水汽只是降水产生的必要条件之一，还必须配合相应的动力条件，此阶段虽然水汽条件较好，但由于新疆高压脊太强，动力条件配合不佳，因此，降水量较小。随着降水结束 PWV 减弱到气候值附近，8 日 01 时 PWV 为 13.1 mm，此后开始出现一次快速增加过程，至 8 日 11

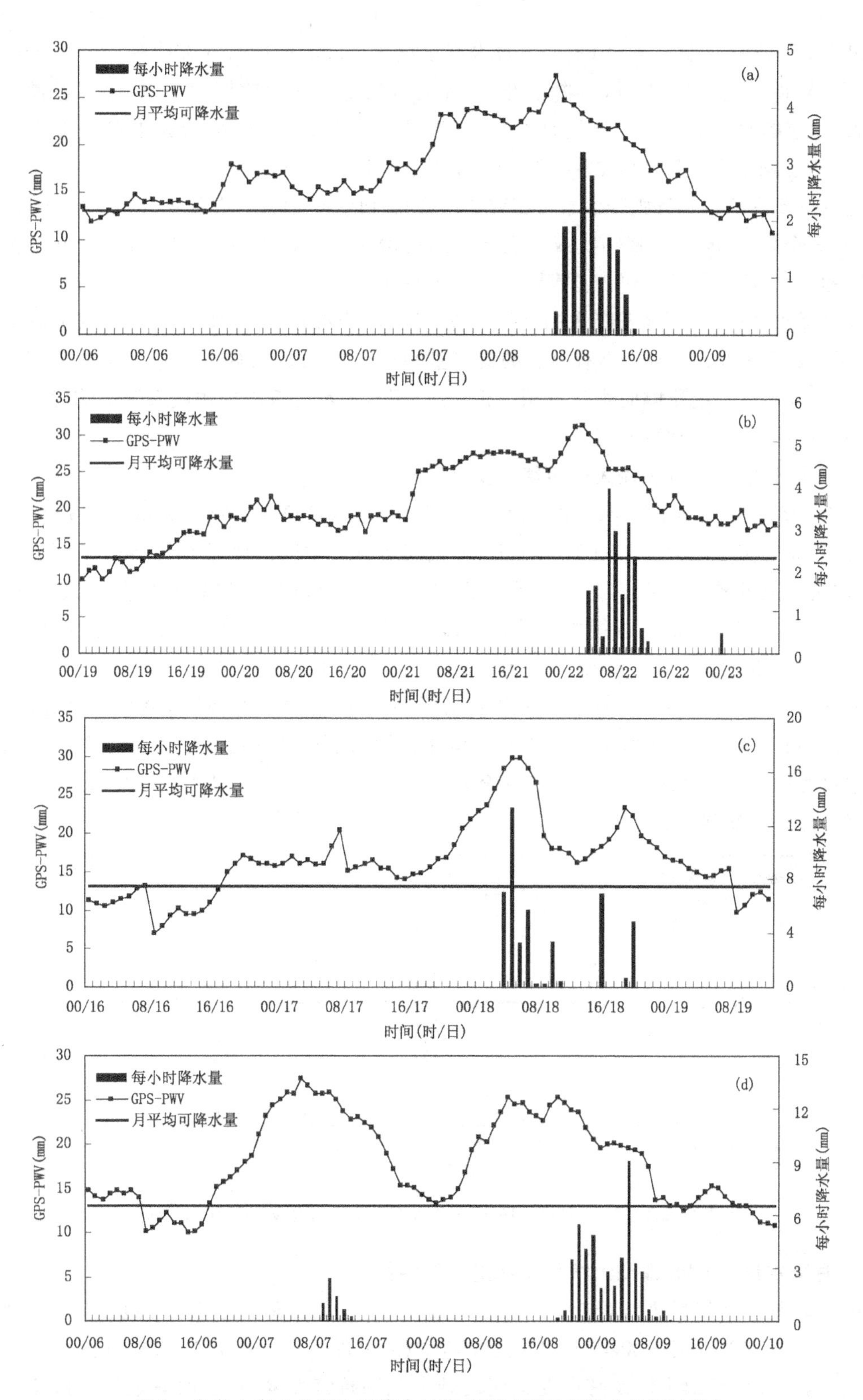

图 1　乌鲁木齐 5 月四次强降水过程 GPS-PWV 和降水量逐时变化

(a. 2004 年 5 月 6 日 00 时—9 日 00 时, b. 2004 年 5 月 19 日 00 时—23 日 00 时, c. 2006 年 5 月 16 日 00 时—19 日 00 时, d. 2007 年 5 月 6 日 00 时—10 日 00 时)

时达最高25.33 mm,其中8日08—11时水汽增量达5 mm,此后水汽维持在22～26 mm,8日18时PWV再次达到25.33 mm,降水开始,此时水汽量虽然比前期稍弱,但中亚低槽主体进入新疆,相应的水汽辐合和垂直运动配合较佳,则造成暴雨天气,随着暴雨过程降水的持续PWV开始急剧下降,当PWV减小到18 mm以下时降水结束。

通过对5月乌鲁木齐强降水过程PWV演变特征的分析得出:在降水开始前1～2 d,水汽会有2～3个阶段变化,出现一次或二次水汽急剧增大过程,发生降水时的PWV几乎为气候平均值的2倍,降水前几小时内PWV会有一次跃变过程,3 h水汽增量超过5 mm,当PWV达最大时降水开始发生,随着降水的持续PWV减弱,当减小到约18～20 mm以下时降水结束,干旱区暴雨发生时PWV具有显著的提前量和跃变性,由于影响系统不同水汽累积时间有所差异,天气尺度系统影响时水汽累积过程相对较长,而尺度较小的短波系统影响时水汽累积过程相对短些,跃变过程更剧烈。

2.2　6月降水过程GPS遥测大气可降水量演变特征

乌鲁木齐6月气候平均可降水量为18.22 mm,结合乌鲁木齐站6月的降水资料和GPS水汽资料,2006年6月15日03时—16日10时乌鲁木齐地区出现了13.2 mm的间歇性大雨过程,这是中亚低槽东移造成新疆大范围强降水过程。从图2可以看出,降水发生前13 h PWV在该月气候平均值附近缓慢变化,14日15时开始PWV出现一次迅速的持续增大过程,15日14时达最大35.09 mm,几乎为气候平均值的2倍,其中14日23时—15日02时3 h水汽增量达6.08 mm,水汽跃变后降水开始出现,此后随着降水的持续PWV维持在高位,当其逐渐减弱到30 mm以下时主要降水时段结束,此后间隔17 h后又出现了小雨。可见干旱区降水过程中PWV变化非常剧烈,有一个非常明显的水汽增大过程,GPS水汽能为干旱区暴雨预报提供一个非常好的参考。

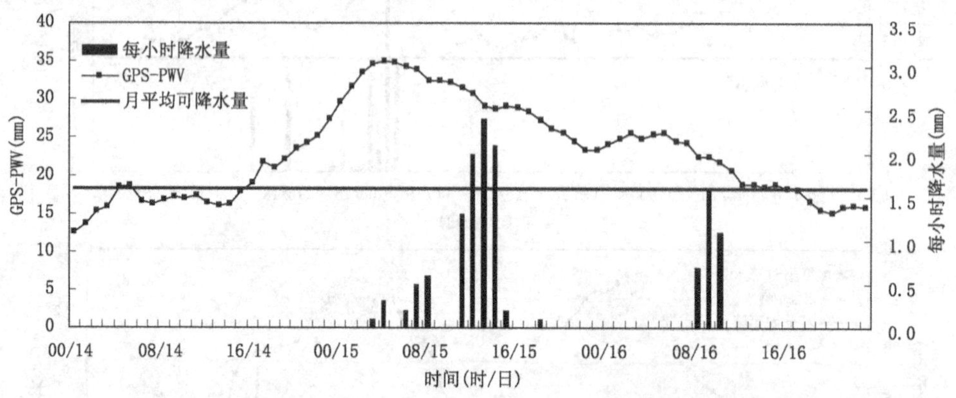

图2　2006年6月14—16日乌鲁木齐站GPS-PWV和降水量演变

2.3　7月降水过程GPS遥测大气可降水量演变特征

乌鲁木齐7月气候平均PWV为21.74 mm,是一年中最大的月份,也是新疆的盛夏。2004年7月19日00时—20日10时乌鲁木齐地区出现了降水量达59.1 mm的持续性大暴雨天气,此次过程天山山区及其以北地区出现大范围持续性暴雨,自西向东降水持续时间较长,约为3 d,18日天山西部就开始有降水出现,影响系统为中亚低涡,该系统维持时间长,由于低涡前为湿润西南气流,整个天山及其北部上空从16日开始明显增湿。由图3a可知,17

日 20 时以前乌鲁木齐 PWV 在 26～32 mm，远比气候平均状态湿润，此后 PWV 有一次快速增强过程，至 18 日 01 时达 38.09 mm，5 h PWV 增量达 6.6 mm，此阶段 PWV 为 34～38 mm，表明水汽有一个累积过程，18 日 14 时 PWV 又发生一次急剧增大过程，至 23 时达 42 mm，约为气候平均值的 2 倍，5 h PWV 增量达 8 mm，此时开始了持续 34 h 的大暴雨天气，暴雨持续阶段 PWV 一直维持在 37～42 mm，随着 PWV 急剧下降到 30 mm 以下暴雨天气结束，表明持续性大暴雨过程前 3 天就有明显水汽增加，前 1 天左右水汽有急剧增强，水汽聚集时间较上述其它短时暴雨过程长。

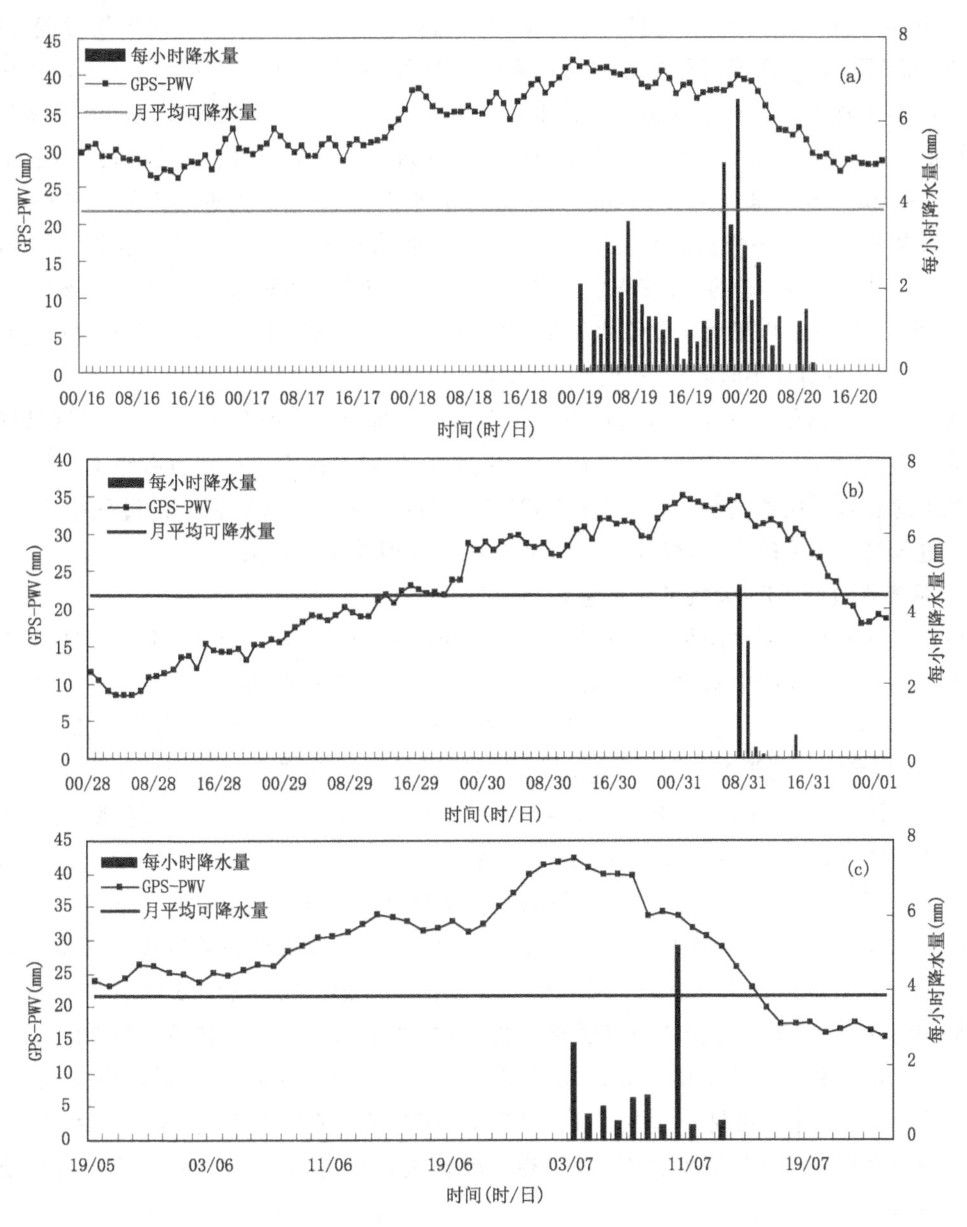

图 3　乌鲁木齐站 7 月三次降水过程 GPS-PWV 和降水量演变

（a. 2004 年 7 月 16—20 日，b. 2004 年 7 月 28—31 日，c. 2006 年 7 月 5—7 日）

2004年7月31日07—14时乌鲁木齐地区出现一次降水量为8.7 mm的中雨天气过程，这是一次中亚低涡主体西退同时分裂短波东移影响新疆弱降水的过程。降水前3天新疆为高压脊控制大气非常干燥，PWV仅为8 mm左右(图3b)，约为气候平均的37%，随着中亚低涡南伸其前部至新疆北部出现较湿润的西南气流，则乌鲁木齐从28日开始出现一个水汽持续增大过程，至29日11时达到气候平均状况，29日20时开始PWV出现快速增大，3 h增量达6.9 mm，然后PWV开始一个较缓慢上升过程，31日07时达最大34.76 mm，约为气候值的1.6倍，降水开始，当PWV减弱到30 mm以下时降水结束。

2006年7月7日03—13时乌鲁木齐地区出现降水量13.5 mm的大雨天气过程，这是一次副热带锋区上短波系统东移造成的局地强降水过程，5日弱短波东移增湿了天山山区附近的大气，7日一次短波快速东移造成乌鲁木齐大雨。从图3c可以看出，降水前1天PWV在气候平均值以上2—5 mm附近缓慢变化，6日07时开始出现一个较明显的增大过程，至6日14时达33.9 mm，7 h增量约为7.74 mm，随后的6 h水汽在32 mm附近的高值区维持，6日20时开始，PWV发生了一个急剧增大过程，至7日03时达最大42.3 mm，7 h增量11.1 mm，其中6日21时—7日02时的3 h PWV增量达9.3 mm，随着PWV增长到最大时降水开始，当PWV减弱到30 mm以下时主要降水结束，可见虽然是短波系统影响，但水汽的增长过程也有20 h，且降水开始前几小时内水汽增大变化剧烈。

通过对7月乌鲁木齐强降水过程中大气可降水量演变特征的分析表明：干旱区持续性大暴雨的发生，水汽有一个长时间(约3 d)的累积过程，短时暴雨水汽聚集也有约1 d的过程，且暴雨发生前总有一次急剧跃变，3～5 h PWV变量超过7 mm，PWV在暴雨过程中变化很大，往往超过气候平均值的1倍，当其减小到30 mm以下时降水会结束。

2.4 8月降水过程GPS大气可降水量演变特征

乌鲁木齐8月气候平均可降水量为18.82 mm，2004年8月20日18时—21日06时乌鲁木齐出现了8.2 mm的中雨过程，这是一次极锋锋区上长波槽东移影响新疆地区的弱降水过程，由于长波槽主体偏北，其东移造成乌鲁木齐局地中雨过程。如图4a所示，19日00时以前PWV在气候平均值附近变化缓慢，此后出现一个持续较快的增大过程，19日06时达26.24 mm，5 h增量为4.7 mm，此后PWV有一个持续缓慢的增大过程，20日15时(降水前3 h)发生一次急速增强，大气可降水量由30.43 mm增大至35.03 mm，3 h水汽增量4.6 mm，最大PWV约为气候平均值的2倍，此时开始降水，随着降水持续PWV维持在30～35 mm，PWV急速减小到30 mm以下时降水停止。2006年8月17日中亚低槽东移造成了新疆弱降水过程，17日14—20时乌鲁木齐地区出现了6.2 mm中雨。如图4b所示，16日10时PWV位于气候平均值附近，13时开始呈现持续缓慢增长过程，至17日15时达到最大值33.12 mm，降水开始于PWV最大值前1 h，随着降水的持续PWV维持30 mm以上，但PWV减小到30 mm以下时降水结束。可见8月中雨过程发生前1 d左右PWV会出现缓慢持续增大过程，与其他月强降水相比，PWV跃变性弱些，但持续增长过程显著，降水时PWV约达气候值2倍左右。

3 小结与讨论

通过上述分析，乌鲁木齐地区出现强降水时都会发生一个PWV显著持续增大过程，该过

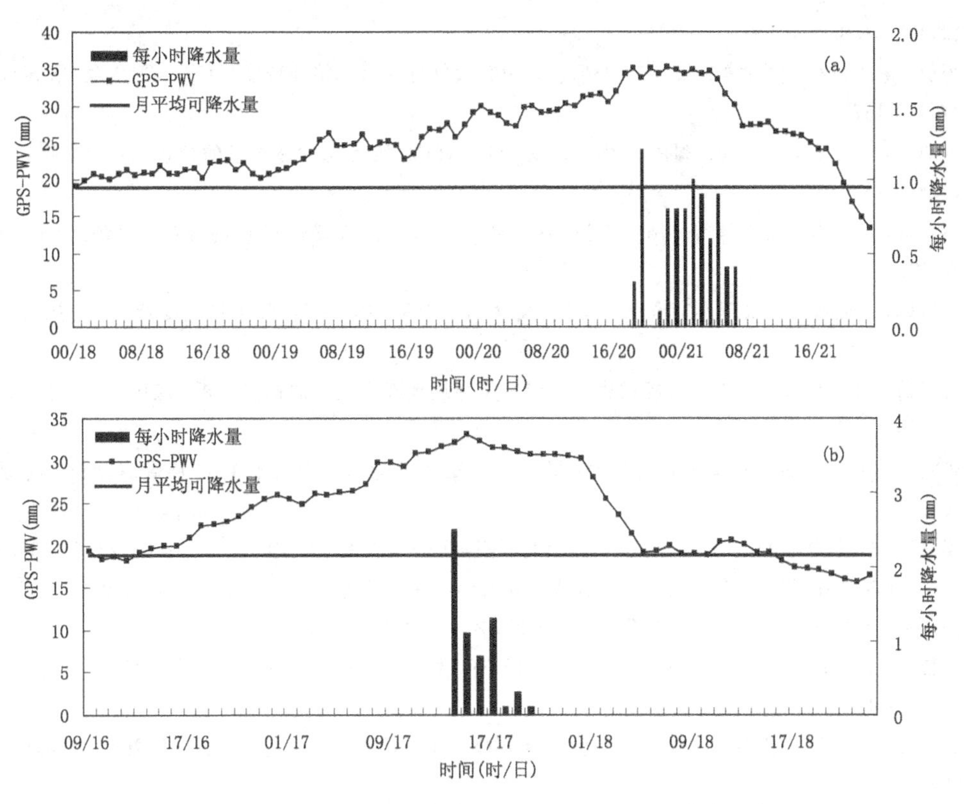

图 4 乌鲁木齐站 8 月二次中雨过程 GPS-PWV 和降水量演变
(a. 2004 年 8 月 18—21 日，b. 2006 年 8 月 16—18 日)

程较长，约为 1～3 d，随着影响系统不同，水汽的增长时间有所不同，持续性大暴雨过程的水汽累积过程能长达 3 d，干旱区降水前的水汽积累很重要，也较为显著，大雨以上过程时会出现 1—2 次跃变过程，且降水开始前 10 h 之内出现 PWV 在 3～5 h 内增长 7 mm 以上的急升，降水往往随即出现在大气可降水量的急速增加过程之后，且降水多发生在 PWV 最大值前后 1—2 h，随着降水持续，PWV 维持在较高范围，降水时的最大 PWV 能达到各月气候平均值的 2 倍左右，由于 5—8 月 PWV 气候值有较大差异，5 月强降水时最大 PWV 在 25～29 mm，当其下降到 18～20 mm 时降水结束，6 月强降水时最大 PWV 约为 35 mm，当其下降到 30 mm 时大雨结束，7、8 月强降水时最大 PWV 分别在 35～42 mm 和 33～35 mm，当其下降到 30 mm 以下时降水结束，虽然无降水时 PWV 是一个变化不大的量，但干旱区强降水时 PWV 却变化剧烈，表明水汽出现一个由小到大的增长过程显著，由于干旱区水汽缺乏，这种水汽显著增大过程为降水的发生提供了一个清晰的前期信号。

本文仅利用乌鲁木齐站的 GPS 水汽和降水资料初步分析了强降水过程中水汽的演变特征，水汽只是产生降水的一个必要条件之一，在降水短时临近预报实际业务中，必须配合动力、热力、不稳定条件分析 GPS 水汽变化，还应结合雷达、卫星探测资料以及数值预报产品进行综合分析，以利于对降水发生、发展、减弱的全过程做出准确预报[5]。

参考文献

[1] 李延兴，徐宝祥，胡新康等. 应用地基 GPS 技术遥感大气柱水汽量的实验研究. 应用气象学报，2001，

12(1):61-68.

[2] 杨引明，朱雪松，刘敏等. 长江三角洲地区GPS大气可降水量统计特征分析. 高原气象(增刊)，2008，**27**:150-157.

[3] 刘旭春，王艳秋，张正禄. 利用GPS技术遥感哈尔滨地区大气可降水量的分析. 测绘通报，2006,**14**(4):10-16.

[4] 姚建群，丁金彩，王坚捍等. 用GPS可降水量资料对一次大暴雨过程的分析. 气象，2005,**31**(4):48-52.

[5] 陈娇娜，李国平，黄文诗等. 华西秋雨天气过程中GPS遥感大气可降水量演变特征. 应用气象学报，2009,**20**(6):753-760.

[6] 曹云昌，方宗义，夏青. GPS遥感的大气可降水量与局地降水关系的初步分析. 应用气象学报，2005,**16**(1):54-59.

[7] 梁宏，刘晶淼，陈跃. 地基GPS遥感的祁连山区夏季可降水量日变化特征及成因分析. 高原气象，2010,**29**(3): 726-736.

[8] 姜逢清，朱诚，胡汝骥. 1960—1997年新疆北部降水序列趋势探测. 地理科学，2002,**21**(6): 669-672.

[9] 薛燕，韩萍，冯国华. 半个世纪以来新疆降水和气温的变化趋势. 干旱区研究，2003,**20**(2):127-130.

[10] 杨莲梅. 新疆极端降水的气候变化. 地理学报，2003,**58**(4):577-583.

[11] 施雅风，沈永平，李栋梁等. 中国西北气候由暖干向暖湿转型的特征和趋势探讨. 第四纪研究，2003,**23**(2):152-164.

[12] 黄玉霞，李栋梁，王宝鉴等. 西北地区近40年年降水异常的时空特征分析. 高原气象，2004,**23**(2):245-252.

[13] 秦爱民，钱维宏. 近41年中国不同季节降水气候分区及趋势. 高原气象，2006,**25**(3): 495-502.

[14] 戴新刚，李维京，马柱国. 近十几年新疆水汽源地变化特征. 自然科学进展，2006,**16**(12): 1651-1656.

[15] 史玉光，孙照渤. 新疆水汽输送的气候特征及其变化. 高原气象. 2008,**27**(2):310-319.

[16] 辛渝，陈洪武，张广兴等. 新疆年降水量的时空变化特征. 高原气象，2008,**27**(5):993-1003.

[17] 史玉光，孙照渤，杨青. 新疆区域面雨量分布特征及其变化规律. 应用气象学报，2008,(3):326-332.

[18] 赵玲，梁宏，崔彩霞. 乌鲁木齐地基GPS数据的解算和应用. 干旱区研究，2006,**23**(4): 654-657.

[19] 赵玲，安沙舟，杨莲梅等. 1976—2007年乌鲁木齐可降水量及其降水转化率. 干旱区研究，2010,**27**(3): 433-437.

[20] 蔡英，钱正安，吴统文等. 青藏高原及周围地区大气可降水量的分布、变化与各地多变的降水气候. 高原气象，2004,**23**(1):1-10.

[21] 张家宝，苏起元，孙沈清等. 新疆短期天气预报指导手册. 乌鲁木齐:新疆人民出版社，1986,456pp.

[22] 张家宝，邓子风. 新疆降水概论. 北京:气象出版社，1987,400pp.

[23] 肖开提·多莱特. 新疆降水量级标准的划分. 新疆气象，2005,**28**(3):7-8.

河南省雾、霾形成和持续的气象要素异同点分析

张霞　吕林宜　李周　董俊玲

（河南省气象台，郑州 450003）

摘　要

利用地面观测资料、高空探测资料以及 NCEP/NCAR 再分析资料，分析了 2013 年 1 月 5—31 日河南省持续性雾、霾天气的特点和环流背景，诊断分析了 5—16 日影响最严重时段雾、霾的水汽、动力等条件，并采用郑州站的地面和探空资料分析了雾、霾生消前后地面要素的差异。结果表明，(1)500 hPa 锋区偏北，中纬度环流平直，多短波槽活动影响河南，地面气压场弱，风速小是这次雾、霾天气形成和持续的环流背景；(2)地面风力＜4 m/s 时利于雾、霾的形成和维持，风力增大至 6－8 m/s 时，雾明显减弱消散，而霾稍有减弱但不能完全消散；(3)霾生成前，边界层到对流层中下层，湿度随高度升高而增大，850 hPa 以下相对湿度＜30%，而 850—600 hPa 相对湿度则在 50%～70%，雾生成前，近地层湿度逐渐增大，925 hPa 相对湿度＞50%、1000 hPa＞70%，而 700 和 850 hPa 的相对湿度一般＜20%；(4)霾发生前，850 hPa 以下，涡度为负值，呈辐散，700—500 hPa 则为辐合，边界层至对流层中层为一致的下沉运动，雾产生的前一天，近地层有弱上升运动，并有弱辐合；(5)逆温层的形成和持续存在，是雾、霾生成和维持的条件之一，逆温层厚度仅在 925 hPa，强度较弱时，易出现霾且持续，但能见度＜1 km 的雾则不易生成；当逆温层厚度达 850 hPa 且稳定持续时，凌晨到上午易形成能见度＜1 km 的雾。

关键词：雾霾　湿度垂直分布　动力条件　地面要素特征

引言

雾是由大量悬浮在近地面空气中的微小水滴或冰晶组成的气溶胶系统，是近地面层空气中水汽凝结（或凝华）的产物，霾，也称灰霾（烟霞），是由悬浮在大气中的机动车尾气、烟尘微粒、硫酸、硝酸等粒子组成。雾与霾主要区别是发生霾时相对湿度不大，而雾中的相对湿度是饱和的。由于霾成分中含有的微小有害气体颗粒可通过呼吸系统吸入人体，雾滴具有较强的吸附性，持续的大雾常使污染物积聚，让雾的有害成分大增，因此雾和霾不仅对交通运输、航海航空、军事活动等有严重影响，还常诱发呼吸道疾病和心脑血管疾病，对人体健康危害较大，严重的甚至导致死亡。

近年来，在雾、霾的气候变化特征、天气学特点、生消等物理过程及模拟等方面都有一定的研究[1-5]。王丽萍[6]等利用全中国 604 站近 40 a 地面观测资料，分析了中国雾的地理分布，指出中国的雾主要有六个区域：长江中游区、海岸区、云贵高原区、陇东—陕西区、淮河流域、天山及其北疆区。张恒德等[7]对 2009 年 1 月底至 2 月上旬中国华东地区大范围持续性雾的形成原因、环流背景及环境场条件等进行了分析，对大雾持续过程中的上升运动、辐合辐散等条件作了诊断，并与 2008 年 1 月该地区的雾、霾天气过程进行了对比分析，得出了有预报参考价值的结论。饶晓琴等[8]分析了中国中东部一次大范围霾天气过程，指出了此次霾形成的环流条

件、形成和维持机制。石春娥等[9]利用三维雾模式模拟了重庆冬季雾的形成、发展和演变过程。毛冬艳等[10]通过研究给出了华北平原12月大雾的气象条件。吴兑等[11]从云雾滴特征、能见度和相对湿度方面讨论了大城市雾与霾的区别。赵桂香等[12]对发生在山西的持续性雾、霾天气进行多物理量诊断,给出了雾、霾天气的判断指标和气象要素的不同特征。以上研究成果为雾、霾天气的预报和研究提供了重要参考。

河南省地处中原,是全中国重要交通枢纽,冬季雾、霾是该省主要的灾害性天气之一,有气象工作者对河南雾的气候特征、环流背景等方面做过一些分析[13,14],但对于持续性雾的维持机制、雾和霾形成和持续时环境场和气象要素变化的异同点等方面研究成果较为少见。本文选取2013年1月河南省大范围持续的雾、霾天气过程,从环流形势、物理量场分布、气象要素变化等方面进行深入分析,并以省会郑州作为代表站,揭示雾和霾形成、维持、消散等不同阶段气象要素变化的异同点,总结出其预报着眼点,以供预报业务参考。

1 雾、霾过程实况

2013年1月,河南省出现了持续性的雾、霾天气,对交通运输、人民生活均造成严重的影响,引起社会各界的广泛关注。31 d内出现区域性雾达17 d,出现了7 d较大范围的霾,省会郑州市霾的日数更是多达19 d。表1统计了2013年1月以来逐日出现雾、浓雾(能见度<500 m)和霾的总站数,根据每日出现雾、霾的站数变化将本次过程划分为三个阶段:8—16日、20—24日、26—31日,第一时段雾和霾的范围大、影响程度最重,第三时段次之,第二时段的影响范围和影响程度均相对稍轻。雾影响最严重的几天为:1月10、11、14、27、28和29日,这几天全省121站中分别有50%以上的测站出现了能见度<1 km的雾,且能见度<500 m雾的站数达全省总测站的30%,尤其是1月14日凌晨到上午,全省121站中共有120站出现雾,其中88站的能见度在500 m以下;霾影响最重的是8—12日。

这次雾、霾过程的特点:持续时间长、影响范围广、且多数时间能见度的日变化不显著,午后能见度亦无明显好转,因此造成的危害较大。

2 天气形势分析

1月2日冷空气影响过后,4日起至16日(图2a),亚欧环流呈现两槽一脊型,两个大槽分别位于日本海和巴尔喀什湖附近,乌拉尔山为高压脊,锋区偏北,冷空气活动在40°N以北地区,中纬度环流平直,多短波槽东移,河南省受偏西或西南气流影响,850 hPa上,西南地区有暖脊发展,向河南输送暖平流,10—15日(图2b),持续受温度脊控制,低层暖湿气流发展,导致低层水汽增大,为雾的产生和持续提供了湿度条件,同时低层增温、而地面早晚气温较低,地面与对流层低层之间形成较为深厚而稳定的逆温层,使得稳定的大气层结条件持续。对应地面气压场上,4—16日,河南省基本处于均压场或回流底部、或者受暖低压控制。以上大气环流条件导致河南出现大范围的雾,而稳定的大气层结使得大气中的污染物无法扩散,从而污染较重的城市持续出现较为严重的霾。8和12日分别有两次弱冷空气分别自中路和西路南下、东移影响,但冷空气势力偏弱,且又是扩散南下,风速小,其强度不足以彻底破坏逆温层,因此对雾、霾的消散作用不大,12日午后至13日,雾有短暂间歇,但14日,随着850 hPa河套温度脊发展,0℃线的明显北推,凌晨河南省的大雾再次加强,范围扩大至全省。16日夜里起,一股较

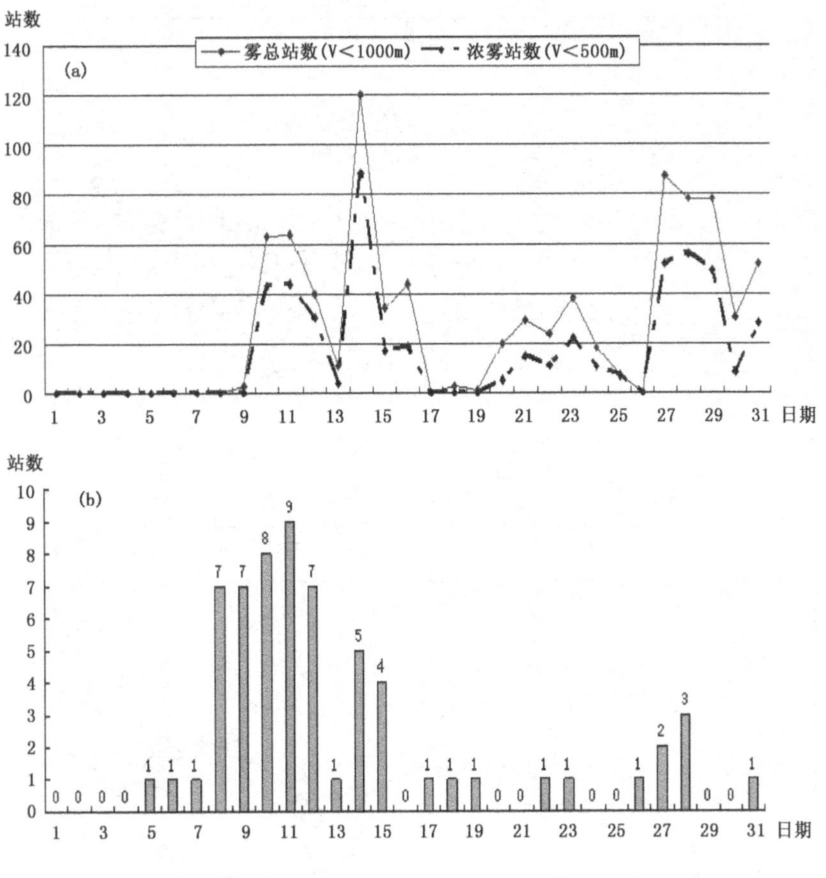

图 1　河南省 2013 年 1 月逐日雾(a)和霾(b)站数图

强冷空气自中路南下影响河南，受其影响，河南省自北向南风速增大，17 日夜间，中心强度为 1040 hPa 的冷高压中心南压控制河南，低层冷空气从内蒙古南下侵入河南，逆温层遭到破坏，850 hPa 温度累计下降了 5～10℃，且 0℃线由河南北部南压至江南，之后 19 日夜至 20 日，河南出现了大范围的雨转雪过程，空气进一步得到净化，持续多日的大雾和霾得以结束。

继 16—17 日冷空气影响过后，地面气压场再度转为回流底部或均压场，19—20 日雨雪过后，500 hPa 上，乌拉尔山高压脊稳定，河南受高压脊前偏西或弱西北气流控制，天气晴好，夜间辐射冷却导致近地层湿度增大，河南省北中部部分地区出现了辐射雾。但雾的范围不及中旬的大。24 日受西路冷空气影响，河南省的雾很快减弱。

27 日 20 时，低层 700 hPa 上，河南转受河套脊后西南气流影响，低层湿度再次增大，且之后到月底，河南低层受西南气流和西北气流交替影响，850 hPa 上河套温度脊不断加强控制河南，地面至对流层低层的逆温层再次建立，使得低层水汽条件持续较好，对应的地面场上，气压梯度小，风速小，大气扩散能力弱，河南的雾、霾再次发展并持续。至 2 月 2—3 日，低槽东移，西南暖湿气流发展，在地面冷空气南下配合下，全省出现了明显的降雪过程，持续近一周的大雾天气结束。

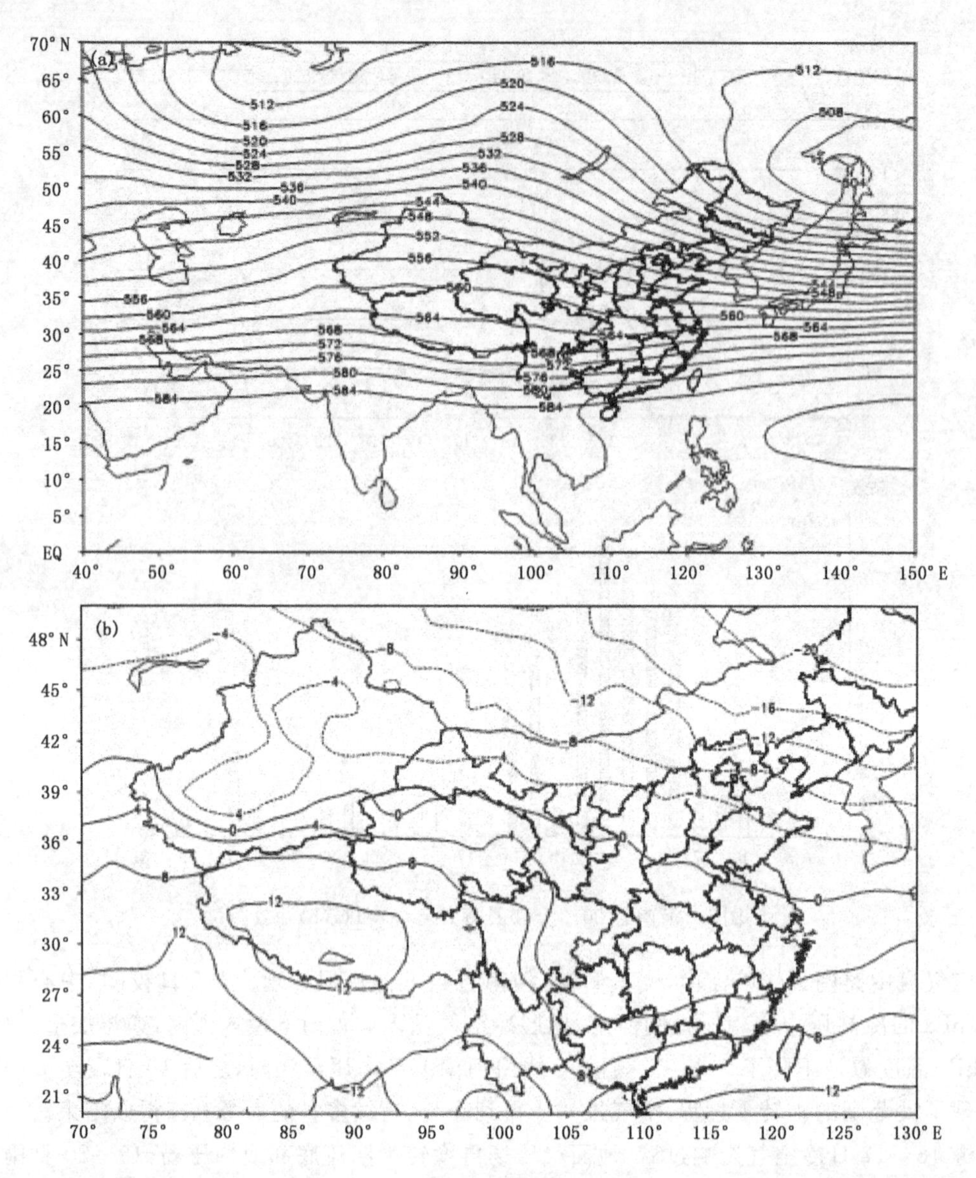

图 2　2013 年 1 月 5—16 日 20 时 500 hPa 平均高度场(a,dagpm)和 10—15 日 850 hPa 平均温度场(b,℃)

3　雾霾形成和维持的物理量特征分析

雾、霾的形成需要有一定的动力、水汽及稳定度条件,与大气的风场、湿度场、温度场及逆温层等有着密切关系。下文以雾和霾都较为严重的 8—16 日为例,利用 10 m 高度风的变化和散度、涡度、垂直速度、湿度垂直分布等物理量进行诊断,讨论雾、霾生消及维持时物理量的特征。

3.1　10 m 高度风分析

风速对雾、霾的生成和消散有一定影响。本次过程前,继 1 月 2 日冷空气影响过后,地面气压场很快减弱,风速较小,全省地面风速 3—4 日均在 1～2 m/s(图略),较小的风速不利于大气的垂直交换和污染物的水平流动,从而形成霾。8 日,受一股弱的东路冷空气影响,地面东风分量增大至 3～4 m/s，使得地面降温的同时，近地层湿度增大，导致 10 日起河南省大范围出现雾。11 日中午起，河南省中西部地区的地面西北风一度增大至 6～8 m/s，该区域前期持续的雾和霾很快减弱消散，但这次冷空气弱变性快，风速很快减小至 4 m/s 以下，13 日，由于低层南风增大，暖湿气流导致低层湿度增大，雾、霾再度出现。

3.2 湿度条件分析

图 3 是 4 和 13 日 20 时过 34°N 相对湿度的垂直分布，可以看到，霾生成前一日 20 时，边界层到对流层中下层，湿度是随高度增大的，850 hPa 以下相对湿度＜30%，特别是近地层 1000 至 925 hPa，相对湿度小，大气干燥，而 850—600 hPa 相对湿度则在 50%～70%，这样的湿度垂直分布，使得近地层干燥不易出现雾，而对流层中层湿度相对较大，易有中、高云覆盖，导致污染物难以向垂直方向扩散，从而形成霾。

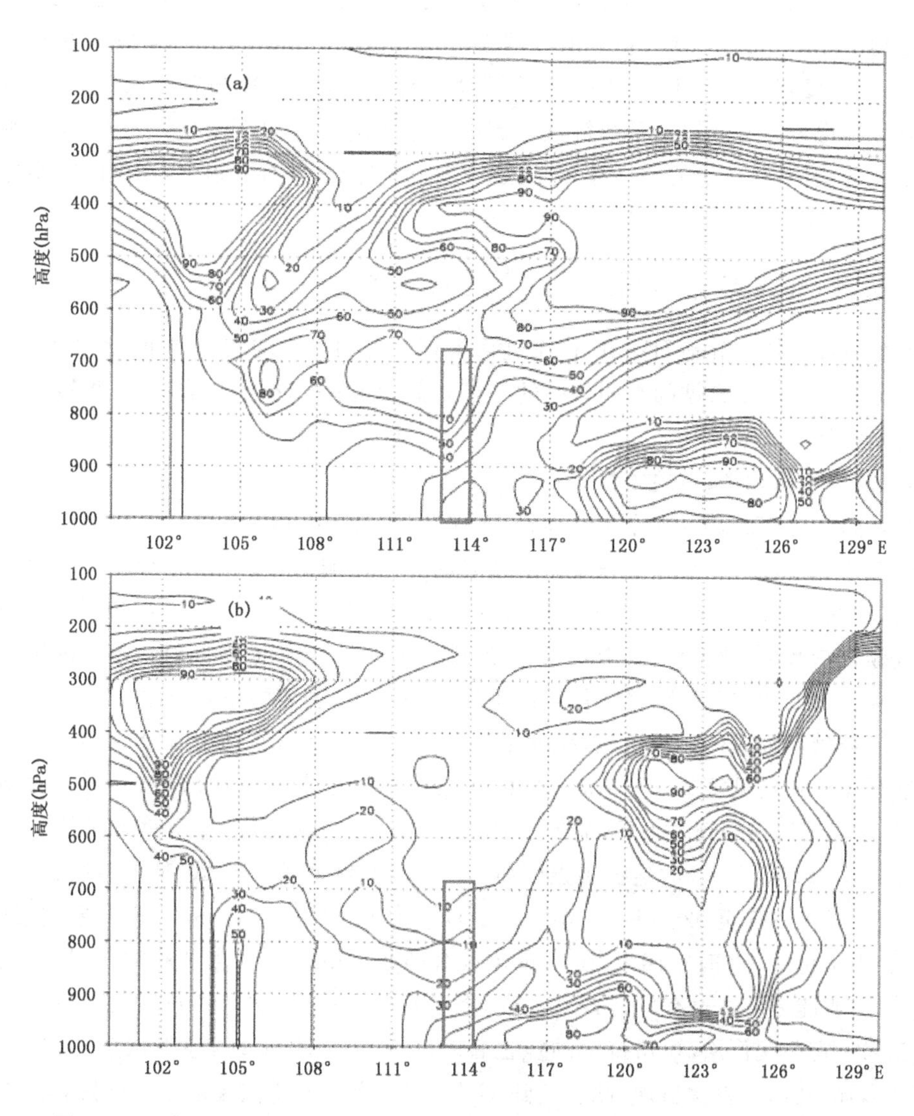

图 3　2013 年 1 月 4 日 20 时(a)和 13 日 20 时(b)过 34°N 相对湿度垂直剖面(%)

雾生成前，湿度的垂直分布表现出与霾不同的垂直特征，首先是近地层湿度逐渐增大，边界层有一层大的湿度层覆盖，由边界层向上至对流层中下层，湿度随高度减小，1000 和 925 hPa 的湿度较霾出现前有明显增大，一般雾区的湿度 925 hPa＞50％、1000 hPa＞70％，而 700 和 850 hPa 的相对湿度则较霾出现前明显偏小(一般＜20％)，这样的湿度分布，利于晴空下辐射冷却形成辐射雾。分析发现，雾的持续时间与湿层的厚度有密切关系，如果 925 和 1000 hPa 的湿度均较大时，大雾持续时间较长，不易散去。而当 1000 hPa 湿度大(＞80％)而 925 hPa 湿度＜30％时，湿层薄而大雾消散快。如果 1000—700 hPa 湿度均较大时(＞80％)，则云厚或有降水，大雾出现的可能性小。

3.3 动力条件特征

霾发生前，边界层至对流层低层 850 hPa，涡度为负值，呈辐散，700—500 hPa 则为辐合，大气处于稳定状态，垂直速度场上也反映出边界层至对流层中层为一致的下沉运动，边界层的悬浮颗粒物不能向上交换，导致在近地层积聚而形成霾。6 日后，850 hPa 以下开始有弱的上升运动，垂直速度在－2～0 Pa/s，弱的上升运动可使近地层辐射冷却后的水汽上下交换，使湿层增厚，同时，也可以使低层由于暖湿气流影响而增大的湿度向下交换，6—8 日，近地层湿度呈逐渐增大的趋势，雾产生的前一天，近地层有弱上升运动，并有弱辐合，水汽的交换导致近地层湿层增厚，为雾的产生提供了良好的水汽条件。

4 雾、霾生消的单站气象要素异同点分析

郑州站有高空探测和地面观测，这次过程中雾和霾的影响均较为严重，因此以郑州为例，讨论 1 月雾、霾生消、维持期间郑州单站的气象要素变化特征，分析其异同点，提取有预报指示意义的要素特征。

4.1 逆温层的变化与雾、霾的关系

利用郑州探空探测资料制作 1 月逐日 08 和 20 时的 850 hPa/925 hPa 与地面温度差曲线图(图 4)，5 日 08 时后，郑州上空开始出现逆温层，5—31 日共 26 d，其中仅有 4 d 逆温层被破坏，其他时段均有不同厚度和强度的逆温层存在于郑州上空，逆温层的存在，使低空形成暖区，便于大气颗粒物和水汽在近地层聚积，从而形成一定厚度的雾和霾，同时逆温层的维持使得近地层水汽和污染物的扩散受阻，使得雾、霾维持。5—7 日，逆温层顶基本在 925 hPa，且存在于 08 时，20 时被破坏，次日 08 时重建，强度不强，925 hPa 与地面温度差最大时为 4℃，这期间，郑州市区开始出现能见度为 2～3 km 的霾，8 日，郑州上空逆温层增厚，逆温层顶到达 850 hPa 高度，郑州市区霾持续并加重，能见度降至 1 km，10—16 日，逆温层稳定维持且大部分时间维持在 850 hPa 高度，08 时逆温层强度为 2－7℃，平均为 4.1℃，20 时逆温层较 08 时强度弱(个别时段高度下降至 925 hPa)(为 2～5℃)，平均为 1℃。14 日 08 时逆温层达最强，温差达 7℃，郑州市 14 日 08 时—16 日 20 时能见度维持在 1 km 以下，直到冷空入侵，逆温层暂时被破坏，郑州的能见度才略有好转；19 日夜，降水开始，逆温层被彻底破坏，雾结束，由于降雪对空气起到一定净化作用，郑州持续的霾也暂时结束。23 日 08 时，逆温层重建，且逆温层顶达 850 hPa，郑州雾、霾再次出现，此后直到 31 日，郑州上空的逆温层都稳定维持，雾、霾天气也逐渐加重，28 日郑州逆温层达到最强，850 hPa 与地面温差达 7℃，27 日 20 时起—29 日 14 时郑州的能见度一直维持在 2 km 以下(28 日白天一度曾低于 500 m)。

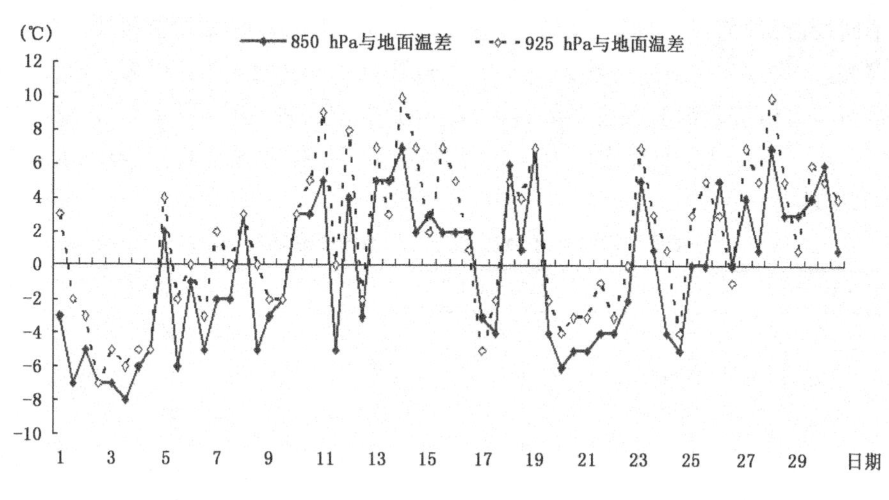

图 4　2013 年 1 月 1—30 日郑州站 850 hPa/925 hPa 与地面温度差

4.2　雾、霾生消和维持的地面要素场特征

4.2.1　温、压、湿、风的差异

郑州市区 10 日凌晨开始出现雾，12 和 13 日以轻雾为主，14—16 日雾、霾共存，17—19 日有霾无雾，22—23 日以雾、霾共存但湿度大以雾为主，24 日雾、霾均散去。雾和霾的预报难点在于生成和消散时间的预报，为研究雾和霾生成和消散前后地面气象要素的变化及二者的差异，选取郑州站仅有霾无雾的 5—9、17—19 日和以雾影响为主的 10—11、14、22—23 日，分析雾、霾生成和消散前后温度、湿度、气压、风向风速的变化特征。

表 1 给出了雾生成前一天 20 时和消散当日 20 时地面气象要素的变化，分析可知，雾和霾生成和消散时地面气象要素特征有共性也有一定差异。大雾出现前一天 20 时，气压场呈减弱趋势，一般 $\Delta p_{24}<0$ hPa，湿度明显增大，温度有小幅下降，说明有弱的冷平流入侵，前一天 20 时地面温度露点差一般<5℃，温度有小幅度下降，风向一般为 0°—90°或由 135°—225°方向的风转为 0°—90°方向的风，风速<4 m/s。大雾消散前一天 20 时，气压呈明显增强趋势，$\Delta p_{24}>5$ hPa，湿度明显减小，地面温度露点差一般>10℃，风速增大，地面风速>4 m/s。说明在气压场减弱，风速小，湿度大的条件下，大雾易生成，而随着冷空气侵入，风速增大，湿度下降，大雾将消散。

表 1　2013 年 1 月雾出现前后地面要素场特征

雾出现日期		Δp_{24}（hPa）	ΔT_{24}（℃）	$T-T_d$（℃）	风向	风速(m/s)
10	9 日 20 时	−0.3	−2	8	E	1
	12 日 20 时	−6.2	2	17	NE	4
14	13 日 20 时	6.1	−8	6	E	2
	14 日 20 时	8.8	−2	2	NE	4
22—23	21 日 20 时	1.5	1	4	NE	2
	22 日 20 时	−1.7	−2	2	E	2
	23 日 20 时	−10.3	7	4	SE	2
	24 日 20 时	5.8	2	20	W	4

霾则不同，霾出现前，气压也呈减弱趋势，温度升高，但湿度小，地面温度露点差＞10℃，风向可为任意角度，风力较小；霾消散的气象条件与雾有相同之处，二者均为气压增高，风速增大，但湿度变化不同，雾消散时湿度明显减小，霾消散时，遇强冷空气侵入时，湿度同雾的变化相同，而若冷空气势力偏弱或降水过后，随着湿度的增大，霾可与雾共存，当湿度达到一定程度，则以雾的影响为主。

表 2　2013 年 1 月霾出现前后地面要素场特征

雾出现日期		Δp_{24} (hPa)	ΔT_{24} (℃)	$T-T_d$ (℃)	风向	风速(m/s)
5—9	4 日 20 时	−11.1	1	17	SE	4
	5 日 20 时	0	2	15	E	2
	6 日 20 时	−3.5	1	14	W	2
	7 日 20 时	−1.5	−1	10	C	0
	8 日 20 时	5.9	1	11	NE	2
	9 日 20 时	−0.3	−2	8	E	1
17—19	16 日 20 时	8.8	−1	3	NE	4
	17 日 20 时	2.4	3	8	E	2
	18 日 20 时	−12.1	2	8	S	2
	19 日 20 时	1.0	1	7	E	2
	20 日 20 时	1.3	−3	2	NE	2

4.2.2　云、降水与能见度关系

冬季的雾多生成于 05 时后，以 07—08 时最浓，能见度最低，雾出现前一天夜间，多为晴空，总云量最多＜3 成，低云量无或＜3 成；降水过后，天气转晴或者总云量仍在 9 成以上，则次日清晨易出现大雾。霾一般出现在 11 时之后，以 14—20 时最多，霾出现前一天或多天无降水，夜间有中高云覆盖，总云量＞5 成，前一天 20 时风速小，当有降水发生后，次日霾将明显减弱或消散。

4.2.3　雾、霾的相互影响

2013 年 1 月长时间持续的低能见度过程期间，雾和霾在大多数时段是共存的，其间凌晨至上午时段，以雾的影响为主，而午后则以霾的影响为主。当受霾影响时，能见度在前一天 20 时已低于 2 km，次日若湿度增大，则出现浓雾的可能性更大；而当浓雾出现后，如果无明显冷空气侵入，或无明显升温条件，则雾不能完全消散，能见度的好转幅度小，午后湿度虽下降至 80%以下，但能见度仍持续较低，霾的影响加重。因此，在长时间内冷空气活动偏弱、气压场稳定的环流形势下，雾和霾将相互作用，相互依存，导致能见度持续较低，空气污染加剧，从而对交通、人体健康等产生重大影响。

5　结论

通过诊断分析发现，雾、霾的生成、消散和维持有相同的环流背景，但各气象要素又有不尽相同的变化特征。

(1)500 hPa 锋区偏北，中纬度环流平直，多短波槽活动影响河南，地面气压场弱，风速小是这次雾、霾天气形成和持续的环流背景。

(2)风速对雾、霾的生成和消散有一定影响。风速在1～2 m/s，利于形成霾。当地面风速为3～4 m/s，且东风分量较大时，更易形成雾；风速增大至6～8 m/s时，雾很快消散，而霾稍有减弱但不能完全消散。

(3)雾、霾生成时湿度的垂直分布具有不同特征。霾生成前，边界层到对流层中下层，湿度随高度升高而增大，850 hPa以下相对湿度＜30%，而850—600 hPa相对湿度则在50%～70%；雾生成前，近地层湿度逐渐增大，925 hPa相对湿度＞50%、1000 hPa＞70%，而700和850 hPa的相对湿度一般＜20%；如果925 hPa和1000 hPa的湿度均较大时，大雾持续时间较长，不易散去。而当1000 hPa湿度大(＞80%)，而925 hPa湿度＜30%时，湿层薄而大雾消散快。

(4)雾、霾生成时大气的动力条件也有所不同。霾发生前，850 hPa以下，涡度为负值，呈辐散，700—500 hPa则为辐合，边界层至对流层中层为一致的下沉运动；雾产生的前一天，近地层有弱上升运动，并有弱辐合，有利于近地层水汽交换，从而使湿层增厚形成雾。

(5)逆温层的形成和持续存在，是雾、霾生成和维持的条件之一，逆温层厚度仅在925 hPa，强度较弱时，易出现霾且持续，但能见度＜1 km的雾则不易生成；当逆温层厚度达850 hPa且稳定持续时，凌晨到上午易形成能见度＜1 km的雾。

(6)地面的气象要素如温度、气压、云量、云状、降水等对雾和霾的生消和维持有不同影响。雾一般生成于05时后，以07—08时最浓，因此，雾出现前一天夜间，多为晴空，总云量最多＜3成，低云量无或＜3成；而霾出现前一天或多天无降水，夜间有中高云覆盖，总云量＞5成。降水过后利于雾的形成，对霾的减弱消散有利。在一定的环流背景下，雾和霾将相互作用，相互依存，导致能见度持续较低。

参考文献

[1] 李子华. 中国近40年来雾的研究. 气象学报，2001，**59**(5)：616-623.
[2] 伍红雨，杜尧东，何健等. 华南霾日和雾日的气候特征及变化. 气象，2011，**37**(5)：607-614.
[3] 蔡子颖，韩素芹，吴彬贵等. 天津一次雾过程的边界层特征研究. 气象，2012，**38**(9)：1103-1109.
[4] 周贺玲，李丽萍，乐章燕等. 河北省雾的气候特征及趋势研究. 气象，2011，**37**(4)：462-467.
[5] 姚青，韩素芹，蔡子颖. 天津一次持续低能见度事件的影响因素分析. 气象，2012，**38**(6)：688-694.
[6] 王丽萍，陈少勇，董安祥. 中国雾区的分布及其季节变化. 地理学报，2005，**60**(4)：689-697.
[7] 张恒德，饶晓琴，乔林. 一次华东地区大范围持续雾过程的诊断分析. 高原气象，2011，**30**(5)：1255-1260.
[8] 饶晓琴，李峰，周宁芳等. 我国中东部一次大范围霾天气的分析. 气象，2008，**34**(6)：89-96.
[9] 石春娥，杨军，孙学金等. 重庆雾的三维数值模拟. 南京气象学院学报，1997，**20**(3)：308-317.
[10] 毛冬艳，杨贵名. 华北平原雾发生的气象条件. 气象，2006，**3**(1)：78-83.
[11] 吴兑. 大城市区域霾与雾天气的区别和灰霾天气预警信号的发布. 环境科学与技术，2008，**31**(9)：1-7.
[12] 赵桂香，杜莉，卫丽萍等. 一次持续性区域雾霾天气的综合分析. 干旱区研究，2011，**28**(5)：5871-878.
[13] 喻谦花，邵宇翔，齐伊玲. 2012年河南省中东部一次大雾成因分析. 气象与环境科学，2012，**35**(4)：27-32.
[14] 谷秀杰，王友贺，张永涛等. 郑州市大雾气候特点及一次个例分析. 气象与环境科学，2009，**32**(4)：40-43.

昆明机场2013年1月3日锋面雾和低云过程分析

赵德显　田子彦　窦体正

（民航云南空管分局，昆明 650200）

摘　要

2013年1月3日昆明长水机场发生了持续约19 h的大雾过程，当天航班大面积受到影响造成后续两天的运输紧张。利用NCEP再分析资料对要素场和物理量场，结合风廓线雷达资料和自动气象站观测资料对此次大雾的过程和特点进行了分析，结果表明：冷空气影响之后的降温作用造成能见度逐渐下降，同时由于机场东、西两面山脉的阻挡作用扩散条件差，南支槽前的水汽补充和冷暖势力的势均力敌以及长时间伴随低云的保温保湿作用是此次大雾长时间维持的主要因素，13小时前后的小阵雨也是大雾长时间维持的重要条件之一。

关键词：锋面雾　南支槽　准静止锋

引言

雾是近地面大气中悬浮有大量小水滴或冰晶微粒而使水平能见度降到1 km以内的一种灾害性天气现象，是近地面空气由于降温或水汽含量增大而达到饱和，水汽凝结或凝华而形成的。雾不仅对城市环境和交通安全有很大影响，还对航空飞行安全和民航经济效益也有很大影响。陆瀛洲[1]曾对1978—1990年国际民航事故气象原因进行了分类统计，结果表明：低能见度在所有因素中所占比例最高，达到49%，所以对雾的相关研究也越发显得重要，针对锋面雾的相关研究中国已经开展了很多，杨静等[2]通过统计分析指出，和云贵准静止结合的锋面雾较多出现在锋后。静止锋厚度薄、锋区狭窄，锋区附近存在高比湿，锋面降水形成的雨雾有助于加重锋面雾的持续和强度；另外，特殊的山地地形也是导致锋面雾长时间维持的原因。王鑫等[3]指出锋后雾和低云是同冷锋相结合，准确预报锋面过境时间，是锋后雾或低云预报的前提。史月琴等[4]通过一次山地浓雾数值模拟指出，强冷空气的入侵，使地面气温下降，低层的偏北气流与高层的偏南暖湿上升气流配合，形成强烈的锋面逆温层，逆温层的长期存在与充足的水汽供应，促进了浓雾的发展与维持；杨军等[5]分析了深厚浓雾过程的边界层结构特征和生消物理机制，结果表明：由低空冷平流作用形成的上层低云阻碍下层雾顶辐射降温，使贴地强逆温结构始终维持。因此，雾的探测和研究对于认清雾的形成机制，提高雾的预报准确率，保障飞行和交通安全都有十分重要的意义。本文利用常规资料、NCEP再分析资料、自动气象站观测数据、风廓线雷达数据对2013年1月3日持续锋面雾进行分析，探讨此次锋面雾和低云过程的形成条件和特征。

1　大雾过程和昆明机场地理位置简述

2013年1月3日03时（北京时，下同）强冷空气抵达本场，能见度也随之逐渐降低，风速17时之后逐渐减小，期间一直维持在4～7 m/s，之后在4日05时转为弱西南风，期间都维持在 3 m/s 以下。主导能见度在 08 时降至 3 km，10 时 14 分降到 900 m，之后由于受 12 时 03—40 分小阵雨影响，11 时下降至 600 m，15 时再下降到 300 m，从 4 日 02 时起能见度逐渐上升，05 时 20 分上升至 1 km 以上，而与雾相伴随的低云则是从 09 时由 2 成的 120 m 低云至 20 时低云云量上升到 5 成，云高下降到 60 m，一直维持到 4 日 08 时才减少为 2 成(民航气象云量采用天空八等分制)。此次过程持续时间约 19 h，为昆明机场历史上持续时间最长的雾，造成了 436 架航班取消，10 架返航，54 架备降，直接导致了 4 和 5 日航班量的骤然增多和机场服务人力物力方面的紧张。

昆明长水机场位于(25.1°N，102.9°E)，位于昆明和嵩明之间，昆明城区平均海拔为 1897 m，长水机场的海拔约为 2100 m，从城区到机场为缓慢爬坡的地势，机场 3 km 外东西向均有同机场东北一西南走向一致的绵延山脉。

2 2013 年 1 月 3 日锋面雾过程分析

2.1 大雾过程分析

雾的一般分类：(1)按形成过程的不同，可分为辐射雾、平流雾、上坡雾、蒸发雾；(2)按雾形成的天气学分类法可将雾分为气团雾和锋面雾两类，其中准静止锋、冷锋前面或低压槽中的偏南风流场利于暖湿空气的输送，往往会有平流雾出现。综合当天的实况和风廓线雷达资料可以分成四个主要阶段(图 1)：(Ⅰ)10 时 14 分—14 时，冷锋过境后造成了锋后雾和低云，从图 1 中的温度变化趋势来看，中午冷空气的降温作用强于太阳辐射的升温作用，同时又有午后小阵雨的蒸发补充，由于山谷地形扩散能力差造成了午后能见度的持续下降；(Ⅱ)14—20 时：太阳辐射升温和上游的暖平流造成暖气团势力加强，冷锋减弱为准静止锋并逐渐从安宁一楚雄一线后退至昆明主城区，近地面层依然为东北风，槽前西南气流水汽持续输送和锋面逆温层高度逐渐降低引起的低云云高持续降低，这些因素决定了大雾的持续；(Ⅲ)20 时至次日 05 时 20 分，近地层冷空气主体已经东退(图 5)，但残留的弱冷空气仍然存在，暖湿气流经过冷下垫面的平流雾维持着这个阶段的大雾和低云；(Ⅳ)05 时 20 分—09 时，暖气团控制之后湍流作用明

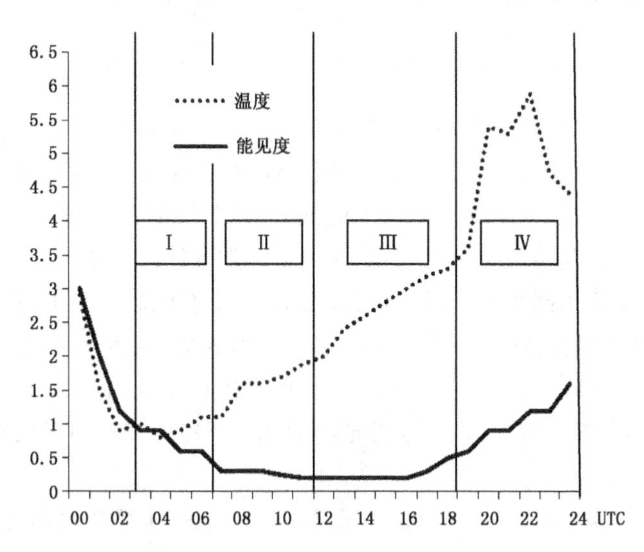

图 1　1 月 3 日温度(短虚线，单位：℃)和能见度(粗实线，单位：km)时间序列变化图

显，主导能见度转好，但仍有大量低云活动以及由其引起的跑道视程降低影响到了部分航班起降。

2.2 天气形势分析

从图2中看出，2013年1月3日08时700 hPa南支槽位于96°E，槽底位于20°N，之后缓慢向东移动，20时槽线移至98°E，槽前的滇中及以东地区相对湿度一直维持在90%以上，大雾期间滇中和滇南地区中低层一直维持槽前西南急流控制形势，槽的深度足以携带大量孟加拉湾暖湿水汽到云南省，槽前源源不断的水汽输送是大雾得以持续的主要原因之一。700 hPa 0℃等温线(实况高空图略)从08时位于昆明的西南向20时的东北方昭通移动，说明随着南支槽的西南暖湿气流东移加强，冷气团势力逐渐向东退去，冷锋减弱为准静止锋，这在地面图中也有对应，08时锋面已经抵达楚雄，14时在原地减弱为准静止锋，20时退至昆明，4日08时锋面退至曲靖。

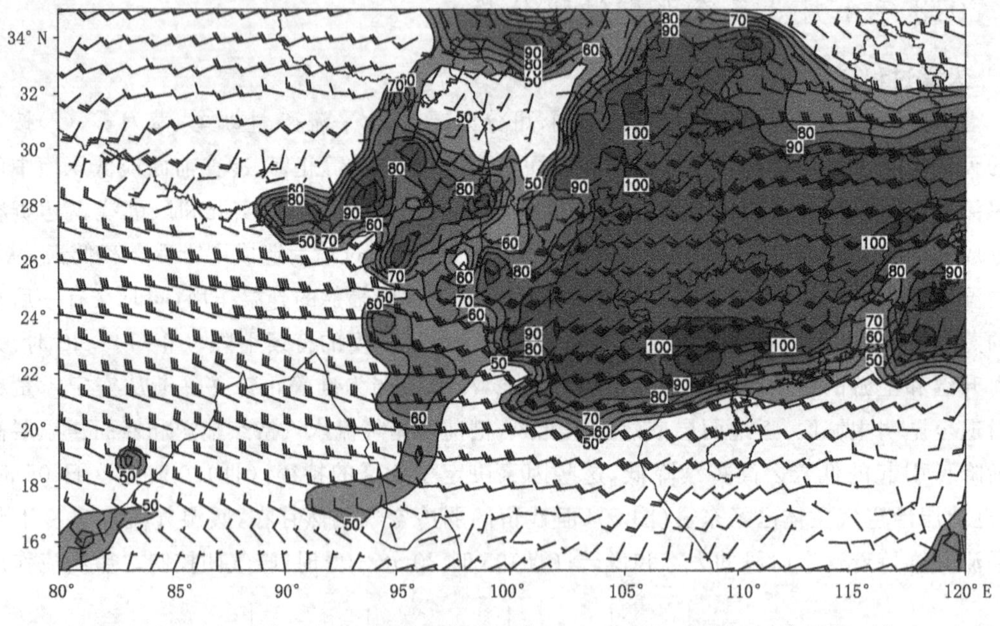

图2 2013年1月3日20时风场(单位:m/s)和相对湿度(阴影≥50%，单位:%)

从1月3日08时探空图(图略)来看，饱和层位于650 hPa以下，说明低层水汽充足，同时在距地面2～2.5 km处有逆温层存在，深厚的逆温层存在导致了日出之后层结不会被过早破坏，使得水汽一直保留在低层，同时逆温层下的低云阻挡了部分太阳短波辐射，抑制了下层大气的辐射升温，形成长时间逆温结构的存在，这也是大雾维持的主要原因之一，从20时的探空图来看，逆温层高度下降了到1.5～2 km，低云云高也随之下降，低云的平流作用让低层水汽得到补偿，直至05时转风之后从地面到高空都为西南气流，湍流运动明显，逆温层结遭到破坏，能见度逐渐转好。从探空图上观察到20时800 hPa以上为西南风到偏西风，而此时的自动气象站观测系统上仍然是东北风，所以近地面的残余弱冷空气有利于大雾的维持。

2.3 物理量场分析

从3日20时相对湿度沿102°E垂直剖面图(图3)来看，本场从地面到700 hPa高度上的湿度为90%～100%，而600 hPa以上大部分都低于50%，当日其他时次基本类似，这说明了暖湿气流主要影响低层，高空的气流比较干燥，所以如果没有发展很深的南支槽，也就没有充足的水汽输送。南支槽的水汽输送主要影响的是滇西南至滇东北一带区域，而从影响云南的锋面走向来看，由于冷空气降温而造成的相对湿度增大的区域为滇中以东的锋后一带，从图4中看出，3日20时700 hPa水汽通量也可以得到证实，受南支槽影响，滇西、滇西南水汽通量数值为5～10 g/(cm·hPa·s)；而滇中及以东地区受南支槽和冷空气共同影响，水汽通量则达到了10～20 g/(cm·hPa·s)。

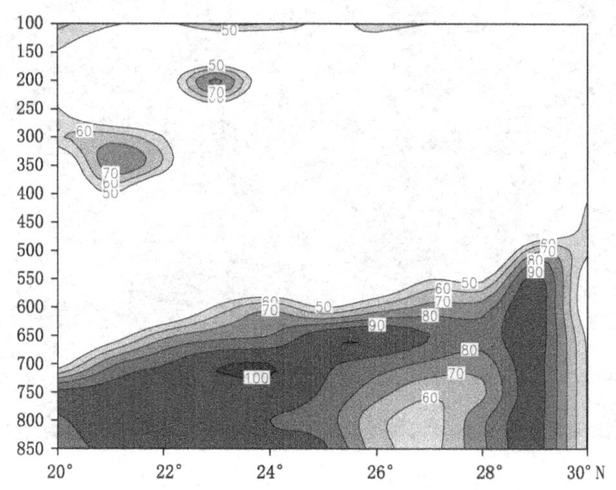

图3　3日20时相对湿度≥50%沿102°E垂直剖面(单位：%)

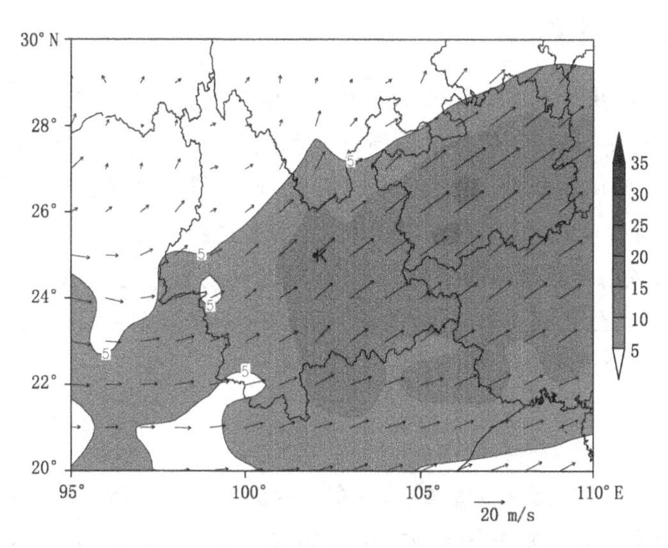

图4　3日20时700 hPa水汽通量(阴影，单位：g/(cm·hPa·s))和风场

2.4　风廓线雷达监测分析

从图5中可以发现，3日08—15时距地面500 m以下主要由强盛的东北风控制，之后减弱为东南风一直维持到12时前后锋面主体退去，也反映了锋面逆温08—12时的逐渐降低，而结合自动气象站观测数据来看，直到21时前后风向才转向西南，这可能是由于白天受地形环流影响，夜间受山风影响，在12时—次日05时为系统风向和局地环流共同影响阶段，05时之后完全由系统风向占主导。

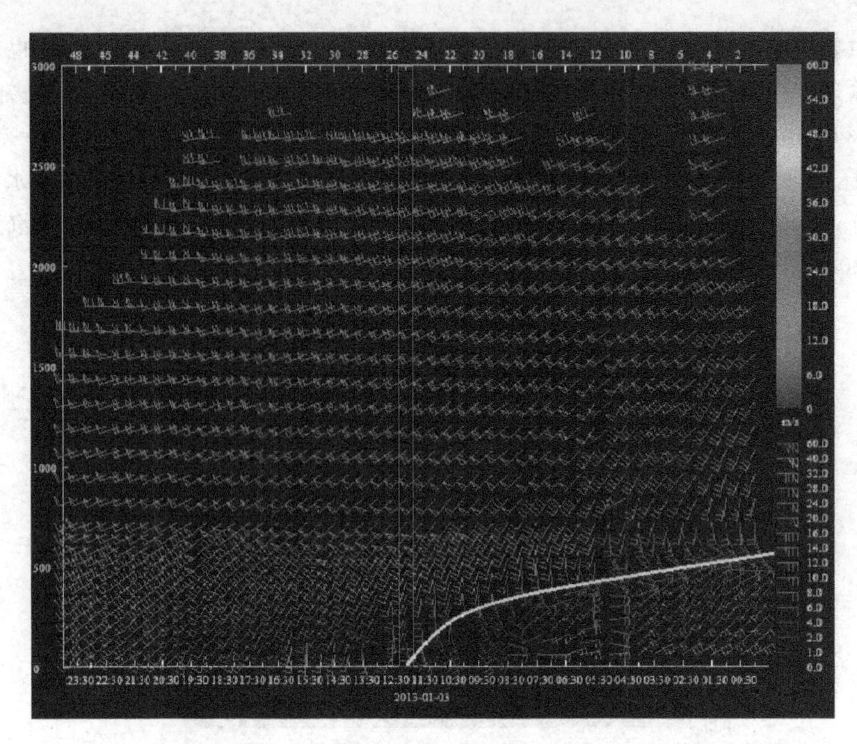

图 5　2013 年 1 月 23 日雷达风廓线

3　航空气象保障服务

当天值班预报员接班后没有预料到小阵雨的发生而根据经验于 10 时 46 分发布第一份机场警报预计到 14 时转好，造成了第一次误判；14 时根据风廓线雷达上逆温层高度的降低和锋面东退趋势发布第二份机场警报，预计到 20 时转好，此时没有考虑到锋面退后近地面弱冷空气长时间维持的滞后效应，造成了第二次误判；之后通过持续监测气象要素和天气形势的变化，同时考虑到当天辐射增温最强的时段 15—16 时已经过去而逆温层结仍未破坏，决定将大雾消散和低云消除时间延迟到 4 日 09 时前后，于是在 16 时之前修订了机场预报，并于 16 时 24 分发布第二份机场警报的修订报。

4　小结和结论

昆明长水机场位置较老机场位置偏东，受东西两面山脉的阻挡而扩散能力很差，锋面过境之后冷却降温，若高空有西南暖湿气流或东南暖湿气流提供水汽，易形成锋面雾，对 1 月 3 日典型的南支槽配合锋面的大雾过程进行了分析，得到如下结论：

(1)冷锋过境之后，冷空气使得南支槽前西南急流输送的水汽冷却饱和，同时准静止锋稳定少动、锋面逆温和不利的扩散条件造成了大雾长时间地维持，分析冷暖平流和锋面位置的变化很关键。

(2)上层低云抑制下层大雾顶的辐射升温，造成长时间逆温结构的存在，南支槽前源源不断的暖湿气流水汽输送是此次大雾维持长时间的主要因素。

(3)稳定层结下降水引起的雨雾也有利于大雾长时间维持。

(4)风廓线雷达和自动气象站观测系统的监测中有很好的指示作用,低层风向的转变可以为锋面雾消散提供重要参考。

(5)大雾消散之后需要注意低云本身及其引起的短时跑道视程的变化。

参考文献

[1] 陆瀛洲.高空高速飞行气象条件.北京:气象出版社,1994,153-155.

[2] 杨静,汪超,彭芳,李登文. 低纬山区一次持续锋面雾特征探讨.气象科技,2011,**39**(4):445-452.

[3] 王鑫,刘妍芳.大连机场锋后雾或低云生成消散要素分析.空中交通管理,2011,**5**:32,41.

[4] 史月琴,邓雪娇,胡志晋等.一次山地浓雾的三维数值研究.热带气象学报,2006,**22**(4):351-359.

[5] 杨军,王蕾,刘端阳等.一次深厚浓雾过程的边界层特征和生消物理机制.气象学报,2010,**68**(6):998-1006.

第四部分　气候监测预测

多种东亚冬季风指数及其与中国东部气候关系的比较

张自银[1,2]　龚道溢[1]　胡淼[1]　雷杨娜[3]

（1. 北京师范大学地表过程与资源生态国家重点实验室，北京 100875；
2. 北京市气候中心，北京 100089；3. 陕西省气候中心，西安 710014）

摘　要

利用 NCEP/NCAR 再分析资料及气温和降水观测资料，对比分析了 12 种不同定义的东亚冬季风(EAWM)指数及其与中国东部冬季温度和降水的关系。结果显示，多数东亚冬季风指数具有较好的一致性，同时也存在差异，体现了不同定义的指数反映东亚冬季风整体和局部特征的侧重点有所不同。有 10 个东亚冬季风指数均反映出近 60 年东亚冬季风呈减弱趋势，尤其是近 30 年最为明显，平均减弱速率达 $-0.25\sigma/10$ a，各指数均有强烈的年际变率和年代际波动。有 10 个(8 个)东亚冬季风指数与中国东部冬季温度(降水)第 1 模态呈显著负相关；其中西伯利亚高压指数对冬季温度年际变率方差解释率最高(53.3%)，而对降水年际变率方差解释率最高的是对流层中高层东亚经向风指数 (50.4%)。此外，不同东亚冬季风指数与温度和降水的对应关系在厄尔尼诺状态、拉尼娜状态有不同的变化，表明在利用单个东亚冬季风指数监测冬季气候时，要考虑到各个指数在 ENSO 不同状态下具有的价值参考不同。

关键词：东亚冬季风　年际变率　中国东部　温度

引言

东亚冬季风(EAWM)是东亚季风系统的重要组成部分，是北半球冬季最活跃和影响中国冬季气候最重要的环流系统之一，中国科学家历来都很重视对冬季风活动规律的认识，并致力于提高对其变化的预测水平[1~7]。强东亚冬季风会给中国带来低温冷害、寒潮活动频繁等灾害性天气，相反弱冬季风常导致暖冬事件发生，从而对人们的生产、生活环境产生深刻影响[8,9]。此外，东亚冬季风的强弱对同期和后期海气系统及区域气候都有着显著作用[10~15]，冬季风的发展变化也对夏季风具有指示意义[16]。

气候系统的年际及年代际变率是国际气候学研究的热点问题，也是气候变化与可预测性研究计划(CLIVAR) 的重要研究内容之一，东亚冬季风的年际—年代际变率及其成因是中国气象学家非常关注的科学问题。已有研究发现东亚冬季风自 20 世纪 80 年代以后呈明显减弱

资助项目：地表过程与资源生态国家重点实验室开放基金资助项目(2010-KF-06)、中国气象局气候变化专项(CCSF-09-01)及国家科技支撑计划课题(2007BAC29B02；2009BAC51B05)。

趋势[11,17-20]。年代际气候变化是年际气候变化的重要背景，同时也是叠加在更长期气候变化趋势上的扰动。然而值得注意的是，在全球气候增暖和东亚冬季风呈持续减弱趋势的大背景下，不能忽视冬季风强烈年际变率增大的可能性及其可能带来的严重灾害，例如，2007/2008年冬季中国南方发生罕见的低温、雨雪、冰冻灾害天气与东亚冬季风环流系统的年际变率异常有着密切的关系[9,21-23]；此外，2008年北半球平均气温的偏低，以及2009/2010年冬季北半球大范围持续的寒冬降雪过程，也都与东亚季风系统的年际变率异常有关[24,25]。

要更好地理解东亚冬季风变率特征和长期趋势及其对中国的气候影响，首先需要有能够刻画东亚冬季风活动强弱的指数。目前已经有不少学者从不同的角度定义了东亚冬季风指数[26]。东亚冬季风是一个十分复杂的系统，不同角度的定义可能反映了构成或影响东亚冬季风的不同因素。本文的目的，首先对已有的部分东亚冬季风指数进行对比分析，了解各个指数之间的异同性、线性趋势和变率特征；然后对比分析各个冬季风指数与中国东部冬季温度和降水的对应关系，并进一步考察在赤道中东太平洋海温偏暖(厄尔尼诺状态)、偏冷(拉尼娜状态)时，不同东亚冬季风指数与中国东部冬季气候关系的稳定性特征。

1 资料与方法

所用资料主要有：NCEP/NCAR[27]再分析资料，包括逐月海平面气压场(SLP)，近地面(10 m、1000 hPa)经向风场(V)，温度场(T_s)，850 hPa矢量风场(U、V)，500 hPa位势高度场(H)，300和200 hPa纬向风场(U)，以及中国大陆地区160个气象站逐月气温和降水观测资料。为了消除随着纬度增大格点面积减小的影响，所有格点资料在应用之前均进行了处理，即对原数据乘上格点中心纬度余弦值。本文中的冬季是指当年12月和次年1和2月共3个月的平均，例如，2000年冬季是指2000年12月—2001年2月平均。

所用到的分析方法主要有相关分析，回归分析，经验正交函数分析(EOF)、多变量经验正交函数分析(MV-EOF)及要素场的合成分析等，时间序列分析中还用到Butterworth滤波和功率谱分析等。

2 东亚冬季风指数对比

2.1 东亚冬季风指数简述

目前，中外科学家也已经在如何定量描述东亚冬季风强度变化方面开展了诸多有价值的研究工作。王宁[26]对先前的研究工作进行了较全面的分析总结，将东亚冬季风指数的定义归纳为海陆差异类、高压特征类、风场特征类、环流特征类和综合类5类，其基本体现了东亚冬季风系统从近地面到对流层中高层各个子系统的主要环流特征。Gao Hui[28]也对几个具有代表性的东亚冬季风指数定义进行了对比分析。表1是本文中所分析的12个东亚冬季风指数，对部分定义做了“×(－1)”的订正，以便使各指数具有统一的意义，即数值越大反映冬季风越强；相反，数值越小表示冬季风越弱。这里从近地面到对流层顶，将主要的东亚冬季风指数再做一个简要的认识。

郭其蕴[4]较早地利用东西向(110°E与160°E)海平面气压差描述东亚冬季风强度，之后施能等[11]、徐建军等[17]、Wu Bingyi等[29]利用类似的思路定义了东亚冬季风指数，其差别在于后几个是利用标准化后的东西向海平面气压差来定义，以消除不同格点海平面气压均方差不均匀的影响，并且把南北跨度定义在20°—50°N。该类指数抓住了冬季风地面环流构成的最主要特征，沿110°E与160°E两经度上的气压差反映了海陆热力性质差异所导致的海陆之间气压带和盛行风的季节性变化，体现了季风概念的基本特征。西伯利亚高压是冬季控制亚洲大陆近地面大气环流及气候要素的最重要环流系统，其强弱及位置变化对东亚地区及中国冬季气温的变化有重要影响，因此，龚道溢等[30]直接将西伯利亚高压指数用来描述东亚冬季风的强弱。西伯利亚高压强弱直接影响东亚地区寒潮爆发等冷空气活动，因此，对中国及毗邻地区冬季气温有着较高的解释率[20,30]。此外，刘实[7]利用西伯利亚高压和澳大利亚低压区域的平均海平面气压差来定义东亚冬季风强度，该指数是将东亚季风系统和澳大利亚季风系统的大气活动中心结合起来反映因海陆分布差异造成的东亚冬季风现象，并指出该指数与东北大部分地区和西北大部分地区冬季气温的关系密切。

表1　东亚冬季风指数列表

指数	变量	表达式	订正	参考文献
I_1	SLP	SLP(40°—60°N, 70°—120°E)	NO	龚道溢等[20]
I_2	SLP	SLP (20°—60°N, 110°E)－SLP(20°—60°N, 160°E)	NO	施能等[11]
I_3	SLP	SLP (45°—70°N, 80°—110°E)－SLP (0°—30°S, 110°—180°E)	NO	刘实等[7]
I_4	$V_{10\ m}$	V(20°—60°N, 120°—140°E)&(10°—25°N, 110°—130°E)	NO	Chen 等[31]
I_5	$V_{1000\ hPa}$	V (10°—30°N, 115°—130°E)	×(－1)	梁红丽等[32]
I_6	$U\&V_{850\ hPa}$	U&V (25°—50°N, 115°—145°E)	NO	王会军等[8]
I_7	$H_{500\ hPa}$	H(35°—40°N, 110°—130°E)	×(－1)	崔晓鹏等[18]
I_8	$H_{500\ hPa}$	H (30°—45°N, 125°—145°E)	×(－1)	孙淑清等[10]
I_9	$H_{500\ hPa}$	H (45°—55°N, 75°—85°E)－H (30°—40°N, 130°—140°E)	×(－1)	张自银等[21]
I_{10}	$U_{300\ hPa}$	U (27.5°—37.5°N, 110°—170°E)－U(50°—60°N, 80°—140°E)	NO	Jhun 等[33]
I_{11}	$U_{200\ hPa}$	{[U (30°—35°N, 90°—160°E)－U (50°—60°N, 70°—170°E)]＋[U (30°—35°N, 90°—160°E)－U (5°S—10°N, 90°—160°E)]}/2	NO	Li 等[34]
I_{12}	$U_{850\&200\ hPa}$ & SLP	(U850hPa－U200hPa)(0°—10°N, 100°—130°E)＋(SLP (10°—50°N, 160°E)－SLP (10°—50°N, 110°E))	×(－1)	祝从文等[35]

冬季东亚地区近地面至对流层中下层为盛行偏北风，Chen 等[31]利用(20°—60°N，120°—140°E)和(10°—25°N，110°—130°E)范围内地面经向风平均值(V)定义冬季风指数。类似地，梁红丽等[32]利用(10°—30°N，115°—130°E)范围内1000 hPa上平均经向风定义东亚冬季风指数，Ji等[36]将(10°—30°N，115°—130°E)区域内1000 hPa上平均经向风定义为东亚冬季风指数。而王会军等[8]将(25°—50°N，115°—145°E)范围内850 hPa上平均的矢量风场(U、V)定义为东亚冬季风指数。此外布和朝鲁和纪立人[13]、乔云亭等[37]也定义了类似的冬季风指数，只是区域范围和风场选取上存在差别。这些从风场特征角度出发定义的冬季风指数，主要考虑了西伯利亚高压所产生的北风分量的变率，直观地强调了东亚冬季风强弱对低空或近地面风场的影响，因此对中国冬季气温变化也有着较好的体现。

孙淑清等[10]利用(30°—45°N，125°—145°E)区域内500 hPa位势高度场平均值定义为东亚冬季风指数，随后崔晓鹏等[18]、晏红明等[38]、曾琮等[39]采用了类似的方法定义了东亚冬季风指数并应用于诸多方面的研究，只是所选范围上略有差别。张自银等[21]利用500 hPa位势高度场上(45°—55°N,75°—85°E)与(30°—40°N,130°—140°E)两个区域内高度场平均值之差来描述东亚地区冬季经向风强度,其结果表明该经向风指数对中国南方冬季降水变化具有较高的解释率。该类定义的核心主要是500 hPa位势高度场上东亚大槽的变化,东亚大槽的强弱变化与东亚冬季风强度有密切关系,东亚大槽的加深能诱导地面蒙古冷高压冷空气的向南爆发。在对流层上层,Jhun等[33]将(27.5°—37.5°N,110°—170°E)与(50°—60°N,80°—140°E)两区域内300 hPa标准化的纬向风之差定义为东亚冬季风指数,该指数反映了对流层高层与西风急流相对应的经向风切变。类似地,最近Li Yueqing等[34]利用200 hPa纬向风场上几个选定区域((30°—35°N,90°—160°E),(50°—60°N,70°—170°E),(5°S—10°N,90°—160°E))构建了一个新的东亚冬季风指数。这两个指数均通过对流层上层风切变强弱变化来反映东亚冬季风的强度,该类指数强调了冬季风活动的高空动力学特征。此外,穆明权等[40]尝试同时利用海平面气压、近地面气温和经向风、500 hPa位势高度来描述东亚冬季风的年际变率活动;祝从文等[35]将东西向海平面气压差与低纬度高、低层纬向风切变相结合,定义了东亚季风指数用来反映东亚地区冬、夏季风的变化,是一个较为综合性的东亚季风指数。

2.2 单个东亚冬季风指数与东亚冬季风系统

东亚冬季风是一个复杂的气候系统,其组成成分众多,从地面到高空主要环流要素有:海平面气压场上主要表现为西伯利亚高压和阿留申低压两大活动中心,近地面至对流层中下层为盛行偏北风气流,在500 hPa位势高度场上有明显的东亚大槽活动,在对流层中上层为西风气流所控制。整体上来看,冬季风系统从地面到对流层顶具有很强的斜压性结构,表现为很强的风垂直切变和冷平流活动。各要素彼此之间的相互联系、相互影响,共同构成了东亚冬季风的复杂性。不同角度定义的东亚冬季风指数可能只反映了东亚冬季风系统的某一方面。

Wang Bin[41]和Wang Bin等[42]利用多变量经验正交函数分析方法(MV-EOF)研究了东亚夏季风系统各要素的整体性特征,这里利用该方法来简要考察东亚冬季风系统主要组成要素的协同变化关系。具体做法是,对表面温度场(T_s)、海平面气压场(SLP)、850 hPa风场(U_{850},V_{850})、500 hPa位势高度场(H_{500})以及200 hPa纬向风场(U_{200})共6个要素场做MV-EOF分解,分析区域是(20°—60°N,90°—150°E),分析时段是1948/1949～2010/2011年的冬季。结果表明,前4模态方差贡献率分别为23.2%、15.3%、10.2%和9.1%,图1为各要素前两个主要空间模态分布。MV-EOF分解第1模态可以视为最典型东亚冬季风系统各要素空间配置形态,反映了东亚冬季风整体性的最典型特征。由图1a、b可以看出,对流层中高层U_{200}场上东亚急流加强、H_{500}场上东亚大槽加深,伴随着中高层的流场特征,近地面850 hPa风场上盛行偏北风,西伯利亚—蒙古高压偏强,对应的东亚大部分地区温度偏低,而在鄂霍茨克海及孟加拉湾地区温度偏高,总体上从西南至东北呈"+、−、+"的"三极"形态,其中东海、黄海、朝鲜半岛、日本及其以南太平洋海域为低温中心。MV-EOF分解第1模态所表现的各要素场的空间配置,与Yang Song等[43]指出的当东亚急流偏强时东亚大槽加深,有利于低层冷空气南下导致南方低温的现象一致。MV-EOF分解第2模态(图1c、d)与第1模态有着明显差别,在对流层高层U_{200}风场上,相对于气候态的东亚急流分布[44],其强度偏弱、位置偏南,伴随着对流层中层在贝加尔湖上空有明显的异常阻塞活动,近地面层异常北风且从东北向西南部延伸,导致中国西南地区及孟加拉湾东北部地区降温明显。MV-EOF分解的第3、4模态各要素场空间分布也各不相同(图略)。总之,东亚冬季风各构成要素之间有着密切的协同变化关系，同时又有着各自特征，各要素时空变化关系复杂。前 4 个主模态（累积方差贡献率达 57.8%）基本能表征东亚冬季风系统变率的综合特征，其中第 1 模态是对最典型东亚冬季风特征的反映。

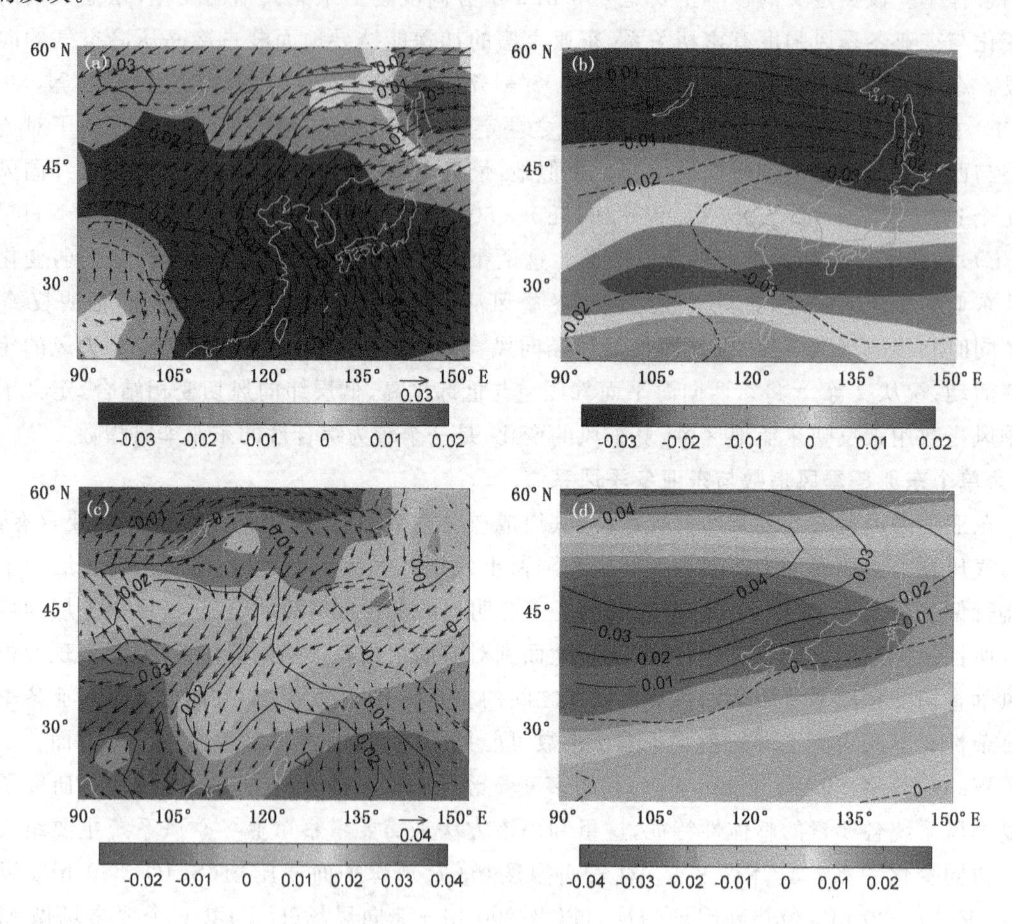

图 1　东亚冬季风 MV-EOF 分解第 1 模态（a、b）及第 2 模态（c、d）
（图 a、c 中，阴影为表面温度场，等值线为海平面气压场，矢量为 850h Pa 水平风场；
图 b、d 中，阴影为 200 hPa 纬向风场，等值线为 500 hPa 位势高度场）

表 2 给出了 12 个东亚冬季风指数同东亚冬季风 MV-EOF 分解前 4 模态时间系数（PC1、PC2、PC3、PC4）的相关系数。统计表明，12 个东亚冬季风指数与 PC1 均为正相关，相关系数最大、最小和平均值分别为 0.91（$I._{8}$）、0.13（$I._{6}$）和 0.64；与 PC2 相关系数变化范围为 -0.37（$I._{3}$）～0.6（$I._{12}$），平均值为 0.08；与 PC3 相关系数变化范围为 -0.36（$I._{1}$）～0.51（$I._{6}$），平均值为 0.20；与 PC4 相关系数变化范围为 -0.38（$I._{8}$）～0.39（$I._{1}$），平均值为 -0.07。可以看出，不同定义的东亚冬季风指数与各主成分相关系数均有差异。除 $I._{6}$ 和 $I._{12}$ 外，其余 10 个指数均与 PC1 达到了 0.1% 的显著性水平，而 $I._{12}$ 与 PC2 相关系数达 0.60（0.1% 显著性水平），同时 $I._{3}$ 与 PC3、PC4 均达到 1% 显著负相关。结合各指数同时与 6 个要素场的相关系数分布（图略），可以看出不同定义的东亚冬季风指数对东亚冬季风系统整体性及其各构成要素时空变率的刻画能力是不同的，各指数在反映东亚冬季风系统的整体性、某一个或几个方面时所具有的优势是不同的，因此需要针对不同的研究内容选用不同的定义。值得强调的是，本文的目

的不是要新建一个指数，但是MV-EOF分解的第1模态体现了最典型的东亚冬季风特征，其时间系数PC1(记为MV-PC1)在一定程度上反映了典型东亚冬季风系统的逐年变率，因此，在后面部分分析中也把MV-PC1作为一个参考性指数进行对比。

表2　各东亚冬季风指数与MV-EOF分解前4个模态时间系数的相关系数

	I.1	I.2	I.3	I.4	I.5	I.6	I.7	I.8	I.9	I.10	I.11	I.12
PC1	0.68	0.73	0.66	0.71	0.64	0.13	0.89	0.91	0.66	0.78	0.72	0.21
PC2	−0.01	0.33	−0.37	0.20	0.16	−0.02	−0.14	−0.03	0.43	−0.05	−0.23	0.60
PC3	0.51	0.49	0.31	0.32	0.25	−0.36	−0.19	−0.01	0.12	0.42	0.39	0.16
PC4	0.39	−0.08	0.28	−0.03	0.22	−0.34	−0.32	−0.38	−0.17	−0.34	−0.06	0.01

*注：自由度为58，5%、1%、0.1%显著性水平的相关系数阈值分别是0.25、0.33、0.41。

2.3　近60年东亚冬季风变率与趋势分析

图2是基于NCEP/NCAR再分析资料得到的12个东亚冬季风指数，同时也给出了东亚冬季风6个要素场MV-EOF分解第1模态的时间序列MV-PC1。由图可知，近60年各个东亚冬季风指数均表现出明显的年际变率和年代际波动特征，利用功率谱分析方法考察了各个指数的变率周期情况(图略)，结果表明，尽管各个东亚冬季风指数突出的年际、年代际变率周期都不一致，但整体上来看，较突出的年际周期主要集中在2～4 a、5～8 a，而较突出的年代际周期有准13.3 a、准20 a。各个东亚冬季风指数之间既有相同的变化，同时又有不一致的地方，例如多数东亚冬季风指数都反映出20世纪80年代后期以来以负位相为主，同时多数指数也反映出了1962、1967、1997、2005年等异常强、弱冬季风年份。用相关系数来判断各个东亚冬季风指数之间的一致性程度，结果如表3所示。所分析的12个东亚冬季风指数之间的66个相关系数中，正相关系数有58个，变化范围为[0.01, 0.97]，平均值为0.51，负相关系数有6个，另有2个相关系数为0。各个东亚冬季风指数之间相关系数>0.33(1%显著水平)的有46个。各个指数与MV-PC1的相关性在上一节已经讨论过了，这里不再赘述。总体上来看，

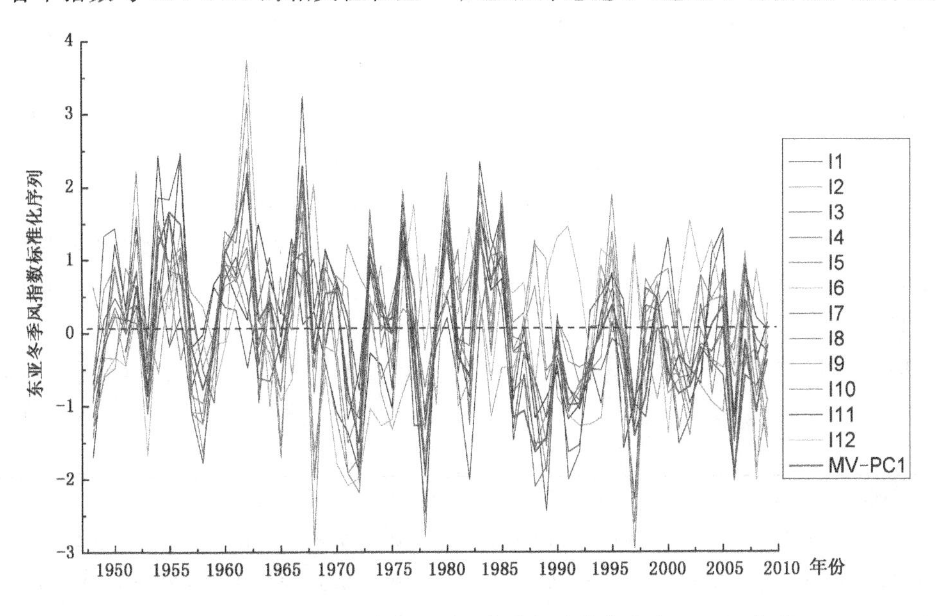

图2　12种不同定义的东亚冬季风指数标准化值及MV-PC1序列

12 个东亚冬季风指数之间具有较好的一致性变率，但同时也存在较大差异，反映了不同定义的指数对东亚冬季风系统整体性、某一方面或某几个方面的描述能力是有差别的。

表 3 中还给出了各个东亚冬季风指数不同时段的线性趋势。在整个时段(1948—2009 年)有 10 个东亚冬季风指数表现为减弱趋势，减弱速率变化范围为－0.01 σ/10 a 至－0.23 σ/10 a，平均为－0.13 σ/10 a，同时有一个指数表现为增强趋势(I.$_{12}$)，另有一个指数长期趋势为 0(I.$_{10}$)。整体上来看，大多数东亚冬季风指数都反映出过去近 60 年东亚冬季风活动呈减弱趋势。同时还计算了各个东亚冬季风指数在 1971—2000、1980—2009、2000—2009 年等 3 个时段的线性趋势，其中 1971—2000 年有 6 个东亚冬季风指数呈减弱趋势，减弱速率变化范围为－0.11 σ/10 a～－0.4 σ/10 a，平均速率为－0.22 σ/10 a，同时也有 6 个指数表现出增加趋势，增加速率为 0.03σ/10 a～0.35 σ/10 a，平均速率为 0.1 σ/10 a。1980～2009 年有 11 个东亚冬季风指数呈减弱趋势，减弱速率变化范围为－0.01 σ/10 a～－0.51 σ/10 a，平均为－0.25 σ/10 a，另有一个指数(I.$_{3}$)表现出增加趋势。而近 10 年(2000—2009 年)，分别有 5 个东亚冬季风指数表现出增强趋势和有 7 个指数呈减弱趋势，增强速率变化范围为 0.45 σ/10 a～1.28 σ/10 a，平均增加速率为 0.96 σ/10 a，减弱速率的变化范围为－0.14 σ/10 a～－1.04 σ/10 a，平均减弱速率为－0.64 σ/10 a。此外，还计算了 MV-PC1 的线性趋势，其线性趋势同多数东亚冬季风指数一样，过去 60 年整体上呈明显减弱趋势为－0.24 σ/10 a，1971—2000 和 1980—2009 年也呈明显减弱趋势，分别为－0.19 σ/10 a 和－0.26 σ/10 a，而近 10 年没有明显的线性趋势(0.001 σ/10 a)。综合来看，大多数东亚冬季风指数都反映了自 20 世纪 50 年代以来东亚冬季风活动的长期减弱趋势，尤其是近 29 年(1981—2009 年)最为明显(平均速率为

表 3　东亚冬季风指数之间的相关系数及线性趋势(单位:σ/10 a)

		I.$_{1}$	I.$_{2}$	I.$_{3}$	I.$_{4}$	I.$_{5}$	I.$_{6}$	I.$_{7}$	I.$_{8}$	I.$_{9}$	I.$_{10}$	I.$_{11}$	I.$_{12}$
相关系数	I.$_{1}$	1.00	0.71	0.74	0.55	0.47	0.01	0.44	0.49	0.34	0.63	0.53	0.31
	I.$_{2}$		1.00	0.48	0.76	0.66	−0.08	0.51	0.68	0.63	0.73	0.64	0.51
	I.$_{3}$			1.00	0.59	0.55	0.02	0.49	0.47	0.14	0.48	0.54	−0.17
	I.$_{4}$				1.00	0.97	0.00	0.55	0.64	0.56	0.61	0.62	0.12
	I.$_{5}$					1.00	0.02	0.54	0.58	0.52	0.54	0.55	0.05
	I.$_{6}$						1.00	0.22	0.06	0.00	−0.16	−0.07	−0.15
	I.$_{7}$							1.00	0.88	0.60	0.66	0.60	0.09
	I.$_{8}$								1.00	0.78	0.76	0.76	0.20
	I.$_{9}$									1.00	0.62	0.53	0.38
	I.$_{10}$										1.00	0.87	0.31
	I.$_{11}$											1.00	−0.01
	I.$_{12}$												1.00
线性趋势	1948—2009 年	−0.15	−0.09	−0.19	−0.12	−0.13	−0.19	−0.23	−0.13	−0.06	0.00	−0.01	0.14
	1971—2000 年	0.04	0.20	−0.11	−0.14	−0.26	−0.22	−0.40	−0.19	0.03	0.04	0.06	0.35
	1980—2009 年	−0.01	−0.16	0.23	−0.23	−0.33	−0.10	−0.51	−0.41	−0.34	−0.29	−0.13	−0.21
	2000—2009 年	0.79	−0.55	0.45	1.07	1.28	1.19	−0.22	−0.91	−0.14	−0.95	−0.65	−1.04

−0.25 σ/10 a)。而近10年东亚冬季风指数的变化趋势中，有5个指数为强烈的增强趋势(平均速率为0.96 σ/10 a)，同时有7个指数为减弱趋势(平均速率为−0.64 σ/10 a)。值得注意的是，增强趋势的东亚冬季风指数主要为海面平气压、近地面风场定义的，而减弱趋势的东亚冬季风指数主要为500 hPa高度场、对流层顶纬向风场定义的(I_2除外)，即大致可以概括为近地面要素场定义的东亚冬季风指数近10年表现为强烈的增强趋势，而对流层中高层要素定义的东亚冬季风指数近10年依然表现为明显的减弱趋势。这是否反映了近10年来东亚冬季风系统中对流层中高层要素为持续减弱趋势的同时，近地面要素发生了增强的变化趋势？有趣的是，可视为反映东亚冬季风整体性演变特征的MV-PC1序列近10年的线性趋势基本为0，这是否是因为冬季风系统近地面层增强而高层减弱的中和效应？对这些现象及其成因机制还有待进一步研究。

3 东亚冬季风指数与中国东部冬季温度和降水

3.1 近60年中国东部冬季温度和降水时空变化特征分析

之所以非常重视东亚冬季风的变化，是因为其与中国及周边地区的气候变率有着密切的联系[2,4,36,37]，这里重点分析各个东亚冬季风指数对中国东部地区冬季温度和降水的对应关系，并考察当ENSO系统处于冷、暖状态时，各东亚冬季风指数与中国东部地区冬季温度和降水的对应关系是否稳定。

图3a～c为中国东部(105°E以东)120站冬季温度距平EOF分解的前3模态，分析时段为1951/1952～2009/2010年，共59个冬季，图3d～f为冬季降水量距平EOF分解的前3模态。可以看出温度EOF1(记为T-EOF1，方差贡献率为67.0%)反映了中国东部冬季温度变化的整体一致性(图3a)，其对应的第1主分量PC1(记为T-PC1，图4a)呈明显增温趋势(T-PC1与东部120站平均冬季温度序列相关系数为0.99，而近60年中国东部120站平均的温度序列增温速率为0.34℃/10 a)，这个EOF模态可能反映了全球变暖对中国东部整体的一致性影响。温度EOF2 (T-EOF2，方差贡献率13.6%)表现为东北地区与我国东部南方的强烈对比(图3b)，该模态即表现为当东北地区偏冷(暖)时我国南方偏暖(冷)，其对应的第2主分量PC2(T-PC2，图4b)也呈增温趋势，可能说明了近60年来冬季气温变化出现该模态的概率也有增温趋势。温度EOF3 (T-EOF3，方差贡献率4.1%)表现为东北、中原和东南沿岸地区的“−、+、−”分布格局(图3c)，其对应的时间系数PC3(T-PC3，图4c)有弱降低趋势。降水的前3模态也具有类似特征，降水EOF1(P-EOF1，方差贡献率28.9%)也反映了冬季降水的一致性(图3d)，即整个中国东部冬季降水偏多或偏少，其对应的第1主分量PC1(P-PC1，图4d)整体的长期趋势不明显(降水第1模态时间系数PC1与东部120站标准化降水序列平均值相关系数为0.97)，可以看出其自20世纪80年代中期以来P-PC1年际变率增强。降水EOF2(P-EOF2，方差贡献率10.8%)也表现为长江流域以南和以北的强烈对比(图3e)，降水EOF3(P-EOF3，方差贡献率8.2%)华南、长江中下游、华北东北地区的“+、−、+”分布格局(图3f)，降水的第2、3主分量长期趋势均很弱(图4e、f)。总之，温度和降水的第1模态反映了整体性变化特征，而第2、3模态则是对温度、降水区域性变化特征的反映。下面通过相关和回归分析来考察12个东亚冬季风指数对中国东部冬季温度和降水变化的对应关系。

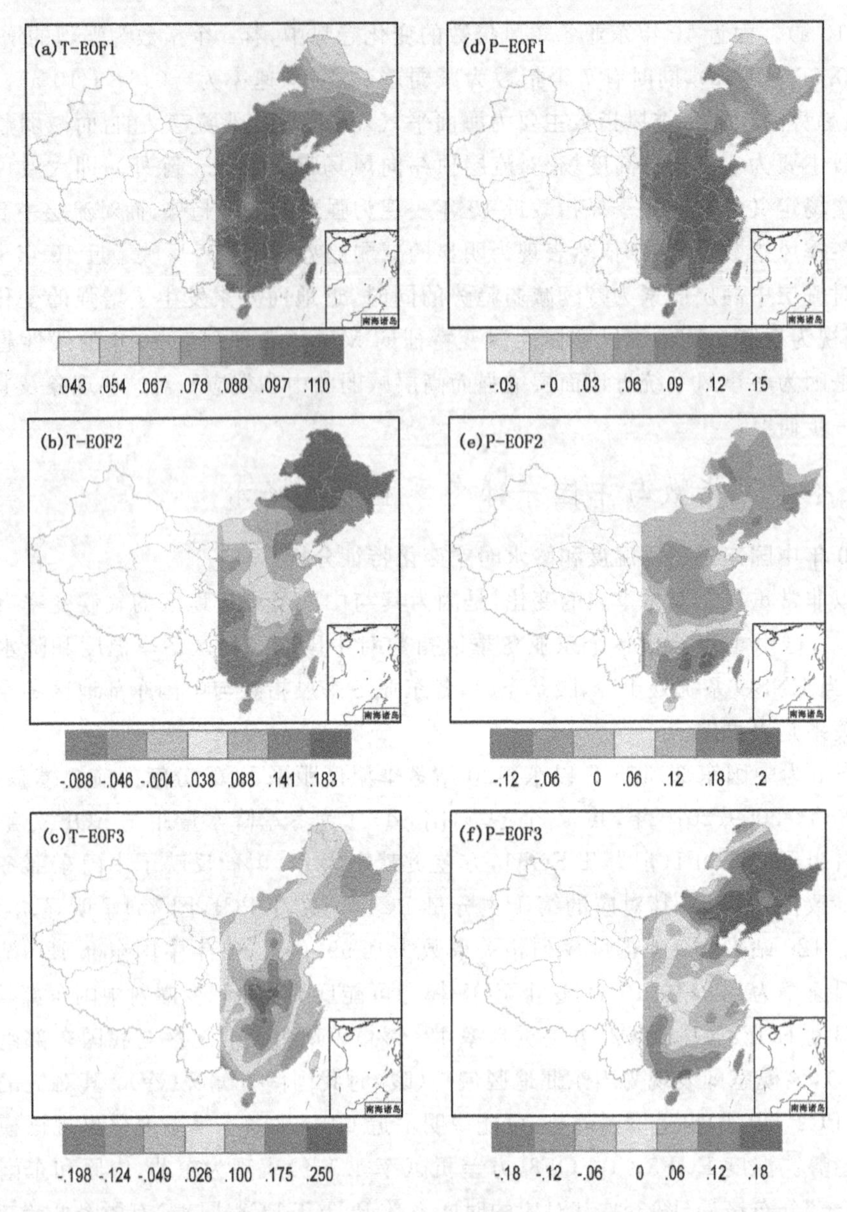

图 3　中国东部冬季平均温度(a－c)、降水量(d－f)EOF 分解前 3 模态

3.2　东亚冬季风指数与中国东部冬季温度和降水

表 4 是 1951/1952～2009/2010 年共 59 个冬季的各东亚冬季风指数与中国东部冬季温度和降水前三模态时间序列的相关系数列表。为了减少序列中长期趋势和年代际周期对相关性的影响，同时计算了东亚冬季风指数与温度、降水序列之间短于 10 a 的高频相关系数(即反映了年际变率的对应关系)如表中方括号内所示。

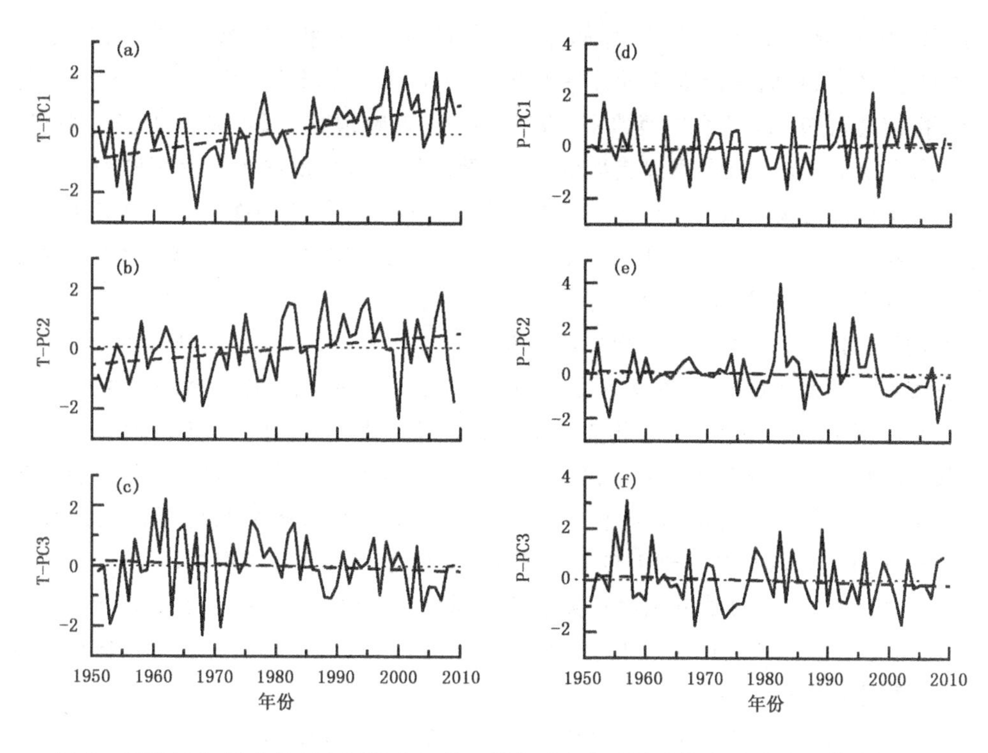

图 4　温度(左)、降水量(右)EOF 分解前 3 模态对应的时间系数(短虚线为整体趋势线)

表 4　东亚冬季风指数与中国东部冬季温度和降水相关系数

	温度			降水		
	T-PC1	T-PC2	T-PC3	P-PC1	P-PC2	P-PC3
I.$_{1}$	−0.62 [−0.73]	−0.10 [0.01]	−0.02 [−0.06]	−0.21 [−0.17]	0.00 [0.07]	−0.07 [−0.32]
I.$_{2}$	−0.46 [−0.64]	0.17 [0.18]	0.29 [0.32]	−0.47 [−0.51]	0.08 [0.08]	−0.10 [−0.18]
I.$_{3}$	−0.57 [−0.54]	−0.25 [−0.05]	−0.07 [0.00]	−0.24 [−0.29]	−0.28 [−0.23]	−0.03 [−0.16]
I.$_{4}$	−0.53 [−0.51]	0.26 [0.34]	0.24 [0.28]	−0.54 [−0.58]	−0.06 [−0.15]	−0.03 [−0.05]
I.$_{5}$	−0.52 [−0.44]	0.26 [0.38]	0.25 [0.30]	−0.55 [−0.60]	−0.12 [−0.22]	−0.01 [−0.03]
I.$_{6}$	−0.18 [0.01]	−0.14 [0.04]	−0.04 [−0.15]	−0.07 [0.02]	−0.10 [−0.09]	0.11 [0.04]
I.$_{7}$	−0.74 [−0.63]	−0.07 [0.12]	0.50 [0.53]	−0.51 [−0.46]	0.20 [0.09]	0.19 [0.18]
I.$_{8}$	−0.52 [−0.46]	−0.07 [−0.02]	0.63 [0.61]	−0.67 [−0.62]	0.15 [−0.02]	0.04 [0.02]
I.$_{9}$	−0.17 [−0.16]	0.15 [0.20]	0.74 [0.76]	−0.69 [−0.71]	0.15 [0.03]	0.17 [0.16]
I.$_{10}$	−0.53 [−0.63]	0.01 [0.04]	0.35 [0.34]	−0.46 [−0.41]	0.19 [0.12]	−0.06 [−0.09]
I.$_{11}$	−0.40 [−0.44]	0.01 [0.04]	0.35 [0.34]	−0.55 [−0.52]	0.02 [−0.13]	−0.18 [−0.20]
I.$_{12}$	−0.10 [−0.48]	0.30 [0.16]	0.14 [0.16]	−0.04 [−0.09]	0.24 [0.39]	0.10 [0.02]
MV-PC1	−0.72 [−0.69]	−0.07 [0.06]	0.39 [0.38]	−0.49 [−0.45]	0.07 [−0.02]	0.09 [0.02]

* 注:方括号内为＜10 a 的高频相关系数;自由度为 58.5%、1%、0.1%显著性水平的相关系数阈值分别是 0.25、0.33、0.41。

由表 4 可知,所分析的 12 个东亚冬季风指数与中国东部冬季温度第 1 模态所对应的时间序列 T-PC1 均为负相关,负相关表示当东亚冬季风增强(减弱)时,对应着中国东部冬季温度整体偏低(偏高)。与 T-PC1 原始相关系数和高频相关系数均达到 0.1%显著性水平(即$|r|>0.41$)的东亚冬季风指数有 9 个,分别是 I.$_{1}$、I.$_{2}$、I.$_{3}$、I.$_{4}$、I.$_{5}$、I.$_{7}$、I.$_{8}$、I.$_{10}$ 和 I.$_{11}$(其原始相关

系数为－0.40，接近－0.41）。其中，原始相关系数最高的 I_7（相关系数为－0.74），其次为 I_1（相关系数为－0.62），而年际变率的高频相关系数中，I_7 略低为－0.63，I_1 相关性增强为－0.73。由前文可知，I_1 是利用西伯利亚高压强度来反映东亚冬季风强弱的，I_7 是利用 500 hPa 位势高度场来刻画东亚冬季风指数的，可以看出经过区域挑选的地面西伯利亚高压指数和 500 hPa 位势高度场指数均对中国东部地区冬季温度第 1 模态的逐年变化具有很高的方差解释率。在年际变率尺度上，I_1 单个指数对 T-PC1 的方差解释率达 53.3%，其余 8 个东亚冬季风指数对 T-PC1 的方差解释率基本在 25%～40%。I_6、I_9 和 I_{12} 三个指数与 T-PC1 的相关性较低，但同时注意到，I_{12} 与 T-PC1 的高频相关也达到－0.48（0.1%显著水平）。与温度 PC2 具有较高相关系数的东亚冬季风指数为 I_3、I_4、I_5 和 I_{12}，其中高频相关较一致的是 I_4、I_5。与温度 PC3 达 0.1%显著相关的东亚冬季风指数有 I_7、I_8 和 I_9，而且三者的原始相关系数和高频相关系数基本一致，表明该 3 个东亚冬季风指数与中国东部冬季温度出现第 3 模态的对应关系密切而稳定，其中相关性最高的为 I_9，原始相关和高频相关系数分别为 0.74、0.76。同时，考察了 MV-PC1 与东部温度前 3 模态时间系数的相关，可以看出 MV-PC1 与 T-PC1 呈显著负相关，原始和高频相关系数分别为－0.72、－0.69；与 T-PC3 也达到了显著的正相关，而与 T-PC2 相关性接近于 0。可以看出 MV-PC1 对中国东部温度整体变率具有较高的方差解释率（51.8%、47.6%）。

类似地，所分析的 12 个东亚冬季风指数与中国东部冬季降水第 1 模态所对应时间序列 P-PC1 也基本为负相关，其统计意义是当东亚冬季风增强（减弱）时，对应着中国东部冬季降水整体偏少（偏多）。与 P-PC1 原始相关系数和高频相关系数均达到 0.1%显著性水平的东亚冬季风指数有 8 个，分别是 I_2、I_4、I_5、I_7、I_8、I_9、I_{10} 和 I_{11}。其中，不管是原始相关系数还是年际尺度的高频相关系数，相关性最高的均为 I_9，原始和高频相关系数分别为－0.69、－0.71；其次为 I_8，原始和高频相关系数分别为－0.67、－0.62。其余 6 个东亚冬季风指数与 P-PC1 的相关系数大致在－0.45～－0.55。在年际变率尺度上，I_9 单个指数对冬季 P-PC1 的方差解释率达 50.4%，其余 7 个 EAWM 指数对 P-PC1 的方差解释率基本在 20%～38%东亚冬季风。与降水 P-PC2 具有较好相关性的是 I_3 和 I_{12}，原始和高频相关系数达到或接近 5%显著性水平。与降水 P-PC3 相关较高的是 I_7 和 I_{11}，但均未通过 5%显著性水平检验。MV-PC1 与 P-PC1 的原始相关和高频相关均达到 0.1%显著性水平，但明显弱于与 T-PC1 的相关；与 P-PC2、P-PC3 的相关性均很弱。

综合来看，同时与 T-PC1 和 P-PC1 均达到或接近 0.1%显著性水平的东亚冬季风指数有 I_2、I_4、I_5、I_7、I_8、I_{10}、I_{11} 共 7 个，而与 P-PC1 关系最密切的指数 I_9 与 T-PC1 相关性很弱，与 T-PC1 年际变率相关最密切的指数 I_1 与 P-PC1 相关性也很弱。此外，MV-PC1 与 T-PC1 具有较高的相关性，而与 P-PC1 虽然也达到显著相关，但相对于其他指数来看不具有明显的优势。

3.3 厄尔尼诺/拉尼娜状态时东亚冬季风指数与中国东部冬季气候

ENSO（厄尔尼诺/南方涛动）是全球性的年际气候变化的重要信号，已有研究表明 ENSO 的发生与东亚冬季风异常存在着相互影响关系，强（弱）东亚冬季风对厄尔尼诺（拉尼娜）有激发作用，而厄尔尼诺（拉尼娜）事件将减弱（增强）东亚冬季风[12,40]。那么东亚冬季风与中国东部冬季气候的关系是否稳定？各个东亚冬季风指数与冬季温度、降水的相关性在厄尔尼诺状态和拉尼娜状态是否一致？为了弄清这些问题，以 Niño3.4 区海温为 ENSO 指标，把 Niño3.4 区冬季（12 月—2 月）平均海温偏暖（距平＞0℃）的年份定义为厄尔尼诺状态（并不一定是一次厄尔尼诺事件，这里是为了增加样本量），偏冷（距平＜0℃）的年份定义为拉尼娜状态，并对应的把全部东亚冬季风指数和温度降水序列均分成厄尔尼诺状态组和拉尼娜状态组进行相关性分析，厄尔尼诺状态组和拉尼娜状态组的样本数分别为 28、30。

表 5 是厄尔尼诺、拉尼娜状态时各东亚冬季风指数与中国东部冬季温度前 3 模态时间系数的相关系数表，表 6 是厄尔尼诺、拉尼娜状态时各东亚冬季风指数与中国东部冬季降水前 3 模态时间系数的相关系数表。这里重点讨论经过高频滤波后的高频相关系数，即年际尺度上（＜10 a）东亚冬季风与中国东部冬季温度、降水主要模态的对应关系。由表 5 可以看出，多数东亚冬季风指数在厄尔尼诺状态、拉尼娜状态时与 T-PC1 相关系数没有明显的改变，但 I.$_{4}$、I.$_{5}$、I.$_{11}$、I.$_{12}$与 T-PC1 的相关性在拉尼娜状态时要明显高于厄尔尼诺状态时，这表明在拉尼娜状态时，I.$_{4}$、I.$_{5}$、I.$_{11}$、I.$_{12}$等指数所描述的东亚冬季风与东部冬季温度的对应关系明显增强。东亚冬季风指数与 T-PC2 的相关性，拉尼娜状态比厄尔尼诺状态明显增强的有 I.$_{2}$、I.$_{4}$、I.$_{5}$，明显减弱的有 I.$_{6}$、I.$_{7}$、I.$_{8}$、I.$_{11}$；与 T-PC3 的相关性，I.$_{5}$、I.$_{6}$、I.$_{10}$等 3 个指数在厄尔尼诺状态时明显比拉尼娜状态偏强，I.$_{3}$ 则明显减弱。MV-PC1 同多数东亚冬季风指数一样，与 T-PC1 的相关性在厄尔尼诺状态或拉尼娜状态下没有明显的变化，都是显著负相关，表明 MV-PC1 与中国东部冬季温度对应关系整体上是比较稳定的。

表 5 厄尔尼诺/拉尼娜状态时东亚冬季风指数与冬季温度相关系数

	厄尔尼诺状态			拉尼娜状态		
	T-PC1	T-PC2	T-PC3	T-PC1	T-PC2	T-PC3
I.$_{1}$	−0.73 [−0.78]	−0.24 [−0.07]	−0.01 [0.02]	−0.53 [−0.70]	−0.02 [0.16]	−0.10 [−0.17]
I.$_{2}$	−0.32 [−0.51]	0.01 [−0.06]	0.29 [0.32]	−0.51 [−0.66]	0.27 [0.43]	0.25 [0.15]
I.$_{3}$	−0.62 [−0.61]	−0.41[−0.15]	−0.10 [−0.10]	−0.53 [−0.55]	−0.26 [−0.17]	−0.28 [−0.18]
I.$_{4}$	−0.31 [−0.39]	0.05 [0.16]	0.22 [0.19]	−0.71 [−0.68]	0.45 [0.55]	0.14 [0.11]
I.$_{5}$	−0.29 [−0.30]	0.00 [0.17]	0.28 [0.24]	−0.71 [−0.61]	0.47 [0.60]	0.13 [0.13]
I.$_{6}$	−0.16 [0.15]	−0.38 [−0.16]	−0.38 [−0.49]	−0.17 [0.02]	0.03 [0.02]	0.18 [0.09]
I.$_{7}$	−0.74 [−0.66]	−0.21 [0.13]	0.54 [0.50]	−0.73 [−0.59]	−0.04 [−0.03]	0.46 [0.52]
I.$_{8}$	−0.49 [−0.47]	−0.28 [−0.21]	0.62 [0.59]	−0.49 [−0.41]	−0.01 [0.08]	0.66 [0.63]
I.$_{9}$	−0.02 [−0.02]	0.20 [0.25]	0.74 [0.86]	−0.18 [−0.12]	0.05 [0.13]	0.74 [0.71]
I.$_{10}$	−0.51[−0.64]	−0.05 [0.07]	0.45 [0.38]	−0.51 [−0.66]	0.00 [0.04]	0.22 [0.15]
I.$_{11}$	−0.36 [−0.33]	−0.30 [−0.18]	0.36 [0.29]	−0.36 [−0.51]	0.05 [0.04]	0.28 [0.24]
I.$_{12}$	0.09 [−0.45]	0.46 [0.06]	0.21 [0.33]	−0.35 [−0.55]	0.22 [0.42]	0.18 [0.06]
MV-PC1	−0.71 [−0.70]	−0.30 [−0.14]	0.36 [0.34]	−0.73 [−0.67]	0.00 [0.15]	0.37 [0.38]

* 注：厄尔尼诺状态组的自由度为 27，其 5%、1%、0.1%显著性水平的相关系数阈值分别是 0.37、0.47、0.58，拉尼娜状态组的自由度为 29，其 5%、1%、0.1%显著性水平的相关系数阈值分别是 0.35、0.45、0.56。

同样，考察东亚冬季风指数与 P-PC1 的相关系数，厄尔尼诺状态比拉尼娜状态相关性明显增强的东亚冬季风指数有 I.$_{3}$、I.$_{4}$、I.$_{5}$、I.$_{10}$、I.$_{11}$，而 I.$_{9}$、I.$_{12}$指数的相关性则明显减弱。值得注意的是，I.$_{6}$ 与 P-PC1 在厄尔尼诺状态时为显著正相关，原始和高频相关系数为 0.35（5%

显著水平)、0.49(1%显著水平);而在拉尼娜状态时为明显的负相关,原始和高频相关系数为−0.35(5%显著水平)、−0.28;所以在全部时段的相关很弱(−0.07 [0.02]),说明在ENSO不同状态时,该指数强弱与东部冬季降水变率的对应关系基本相反。MV-PC1与P-PC1的相关性在厄尔尼诺状态、拉尼娜状态下没有明显差异,而MV-PC1与P-PC2在拉尼娜状态下相关性明显增强,接近1%显著性水平。

表6 厄尔尼诺/拉尼娜状态时东亚冬季风指数与冬季降水相关系数

	厄尔尼诺状态			拉尼娜状态		
	P-PC1	P-PC2	P-PC3	P-PC1	P-PC2	P-PC3
I_1	−0.16 [−0.18]	0.05 [0.13]	−0.05 [−0.12]	−0.16 [−0.11]	0.03 [0.40]	−0.11 [−0.41]
I_2	−0.41 [−0.49]	0.05 [0.03]	−0.07 [−0.05]	−0.43 [−0.37]	0.29 [0.45]	−0.17 [−0.38]
I_3	−0.25 [−0.26]	−0.28 [−0.24]	−0.20 [−0.30]	0.12 [0.16]	−0.05 [0.44]	0.11 [−0.01]
I_4	−0.46 [−0.50]	−0.12 [−0.14]	0.07 [−0.02]	−0.39 [−0.30]	0.38 [0.45]	−0.23 [−0.41]
I_5	−0.52 [−0.54]	−0.21 [−0.23]	0.11 [−0.01]	−0.36 [−0.29]	0.32 [0.31]	−0.21 [−0.46]
I_6	0.35 [0.49]	−0.06 [0.03]	−0.01 [−0.11]	−0.36 [−0.28]	−0.09 [−0.30]	0.20 [0.21]
I_7	−0.52 [−0.42]	0.28 [0.34]	0.11 [0.32]	−0.42 [−0.40]	0.40 [0.34]	0.25 [0.27]
I_8	−0.66 [−0.61]	0.14 [0.11]	−0.07 [0.16]	−0.61 [−0.59]	0.47 [0.42]	0.09 [0.05]
I_9	−0.54 [−0.63]	0.25 [0.23]	0.32 [0.38]	−0.76 [−0.77]	0.24 [0.11]	0.03 [−0.04]
I_{10}	−0.58 [−0.51]	0.21 [0.23]	−0.05 [0.10]	−0.25 [−0.22]	0.38 [0.43]	−0.11 [−0.18]
I_{11}	−0.66 [−0.65]	−0.01 [−0.04]	−0.30 [−0.15]	−0.29 [−0.27]	0.35 [0.37]	−0.13 [−0.18]
I_{12}	0.04 [−0.01]	0.24 [0.29]	0.14 [0.16]	−0.35 [−0.32]	0.14 [0.36]	0.10 [−0.06]
MV-PC1	−0.44 [−0.38]	0.08 [0.09]	−0.01 [0.15]	−0.41 [−0.40]	0.35 [0.44]	0.14 [0.05]

* 注:厄尔尼诺状态组的自由度为27,其5%、1%、0.1%显著性水平的相关系数阈值分别是0.37、0.47、0.58,拉尼娜状态组的自由度为29,其5%、1%、0.1%显著性水平的相关系数阈值分别是0.35、0.45、0.56。

综合表4、表5和表6,分别给出全部时段(A)、厄尔尼诺状态(E)和拉尼娜状态年际变率尺度上与温度和降水前3模态有显著相关(0.1%显著水平)的东亚冬季风指数,如表7所示。有10个东亚冬季风指数与T-PC1达到0.1%显著性相关,拉尼娜状态时有8个东亚冬季风指数,而厄尔尼诺状态明显减少,仅有4个东亚冬季风指数达到0.1%显著性水平。I_1、I_3、I_7和I_{10}与T-PC1在厄尔尼诺状态、拉尼娜状态都达到显著相关,表明这4个指数与中国东部冬季温度的对应关系比较稳定。同时,不管是厄尔尼诺状态还是拉尼娜状态,还是整个时段,都是I_1与T-PC1的相关系数最高,说明在所分析的12个东亚冬季风指数中,西伯利亚高压是影响中国东部冬季温度年际变率的最密切因子。与T-PC2显著相关的东亚冬季风指数较少,仅在拉尼娜状态有两个指数,即I_4、I_5;整个时段与T-PC3显著相关的东亚冬季风指数有3个,即I_7、I_8、I_9,同时I_8和I_9不管是厄尔尼诺状态还是拉尼娜状态均与T-PC3有显著相关,其中相关性最高的是I_9。而MV-PC1,与T-PC1在整个时段、厄尔尼诺、拉尼娜状态下均具有显著高负相关,表明其同中国东部冬季温度对应关系的稳定性。

在整个时段,与P-PC1达0.1%显著性相关的有8个东亚冬季风指数,厄尔尼诺状态、拉尼娜状态分别有3个、2个,其中整个时段和拉尼娜状态下,与P-PC1相关系数最高的是I_9(−0.71、−0.77),在厄尔尼诺状态下与P-PC1相关系数最高的是I_{11}(−0.65),同时I_9在厄尔尼诺状态下与 P-PC1 也呈显著高负相关(−0.63)。表明经过区域挑选的 500 hPa 位势高度场构建的东亚对流层中高层经向风指数(I_9)与中国东部冬季降水年际变率具有较稳定的对应关系;高空动力学特征的东亚冬季风指数(I_{11})与东部冬季降水的对应关系在厄尔尼诺状态时最密切,而在拉尼娜状态则不显著。整个时段和厄尔尼诺、拉尼娜状态下,12 个东亚冬季风指数均没有与 P-PC2、P-PC3 达到 0.1%显著性水平相关。而 MV-PC1,与 P-PC1 在整个时段、厄尔尼诺、拉尼娜状态相关性没有明显改变;而与 P-PC2 在拉尼娜状态时相关性有显著提高。

总体上来看,所分析的 12 个东亚冬季风指数与中国东部冬季温度和降水前 3 模态所对应的时间系数在厄尔尼诺状态、拉尼娜状态时的差别,可能反映了用于描述东亚冬季风的不同要素在 ENSO 冷、暖不同状态时,其对中国东部冬季温度和降水的不同作用过程。因此,利用单个东亚冬季风指数在监测冬季气候时,要考虑到 ENSO 不同状态下各个指数可能存在的不同指示意义。

表 7 年际尺度上与温度、降水达 0.1%显著性相关的东亚冬季风指数

		PC1	PC2	PC3
温度	全部	I_1、I_2、I_3、I_4、I_5、I_7、I_8、I_{10}、I_{11}、I_{12}	—	I_7、I_8、I_9
	厄尔尼诺	I_1、I_3、I_7、I_{10}	—	I_8、I_9
	拉尼娜	I_1、I_2、I_3、I_4、I_5、I_7、I_{10}、I_{12}	I_4、I_5	I_8、I_9
降水	全部	I_2、I_4、I_5、I_7、I_8、I_9、I_{10}、I_{11}	—	—
	厄尔尼诺	I_8、I_9、I_{11}	—	—
	拉尼娜	I_8、I_9	—	—

* 注:阴影标示的是每组中相关系数最高的;"—"表示该组没有达到 0.1%显著性相关的指数。

4 结论与讨论

利用 NECP/NCAR 再分析资料对比分析了 12 种不同定义的东亚冬季风指数及其与中国东部冬季温度和降水的对应关系,并进一步考察了赤道中东太平洋海温在偏暖(厄尔尼诺状态)、偏冷(拉尼娜状态)时东亚冬季风指数与东部温度和降水对应关系的稳定性。同时利用多变量经验正交函数方法(MV-EOF)对东亚冬季风主要构成要素进行分解,以考察不同定义的指数对东亚冬季风整体性特征和局部性特征的刻画能力。

结果表明,所分析的 12 个东亚冬季风指数中大多数具有较好的一致性变率,但也存在明显的差异,与 MV-EOF 分解的前 4 模态时间系数对比,反映出各种不同定义的指数所反映的东亚冬季风整体性、某一个或某几个要素的侧重点是不同的。12 个东亚冬季风中有 10 个都反映出过去 60 年东亚冬季风的明显减弱趋势,尤其是最近 30 年,平均减弱速率为 −0.25 σ/10 a;同时,也有部分指数显示出近 10 年东亚冬季风有明显增强趋势,其中主要为基于近地面要素定义的指数。不同定义的东亚冬季风指数都具有强烈的年际变率和年代际波动,其中较突出的年际变率周期主要集中在准 2~准 4a、准 5~准 8 a,而准 13.3 a、准 20 a 为较突出的年代际周期。

12 个东亚冬季风指数中,有 10 个(8 个)指数与中国东部冬季温度(降水)第 1 模态时间系数年际变率呈显著负相关，达0.1%显著性水平。其中，西伯利亚高压指数($I._1$)和对流层中高层东亚经向风指数($I._9$)分别与中国东部冬季温度、降水的关系最为密切，单个西伯利亚高压指数能解释东部冬季温度年际变率方差的53.3%，而对流层中高层东亚经向风指数能解释冬季降水年际变率方差的50.4%。不同定义的东亚冬季风指数与中国东部冬季温度和降水的对应关系在厄尔尼诺状态、拉尼娜状态有所差异，所以在利用东亚冬季风指数监测冬季气候时，要考虑到各个指数在厄尔尼诺状态、拉尼娜状态具有的不同指示意义。

本文分析的多数东亚冬季风指数都表现出近60年来的整体减弱趋势，同时又有部分指数显示了近10年来有明显增强趋势，但未能就这种变化趋势的成因做深入分析。过去60年东亚冬季风整体的减弱趋势是对全球增暖现象的响应，还是其自身的长期演化规律？部分指数所反映的近10年来东亚冬季风增强趋势，是其自身强烈年际一年代际变率的反映，还是全球增暖背景下东亚冬季风系统中部分要素发生变化的体现？对这些问题，还需要广大学术同行们做更多的研究。

参考文献

[1] Chang C P, Lau K M. Short-term planetary-scale interaction over the tropics and the midlatitudes during northern winter. Part I: Contrast between active and inactive periods. *Mon. Wea. Revi.*, 1982, **110**(8): 933-946.

[2] Lau K M, Li M T. The monsoon of East Asia and its global associations-A survey. *Bull. Amer. Meteor. Soc.*, 1984, **65**(2): 114-125.

[3] Ding Y H, Krishnamurti T N. Heat budget of the Siberian high and the winter monsoon. *Mon. Wea. Revi.*, 1987, **115**(10): 2428-2449.

[4] 郭其蕴. 东亚冬季风的变化与中国气温异常的关系. 应用气象学报, 1994, **5**(2): 218-224.

[5] Zhang Y, Sperber K, Boyle J. Climatology and interannual variation of the East Asian winter monsoon: Results from the 1979-95 NCEP/NCAR reanalysis. *Mon. Wea. Revi.*, 1997, **125**(10): 2605-2619.

[6] 陶诗言, 张庆云. 亚洲冬夏季风对ENSO事件的响应. 大气科学, 1998, **22**(4): 399-704.

[7] 刘实, 布和朝鲁, 陶诗言等. 东亚冬季风强度的统计预测方法研究. 大气科学, 2010, **34**(1): 35-44.

[8] 王会军, 姜大膀. 一个新的东亚冬季风强度指数及其强弱变化之大气环流场差异. 第四纪研究, 2004, **24**(1): 19-27.

[9] 王绍武. 中国冷冬的气候特征. 气候变化研究进展, 2008, **4**(2): 68-72.

[10] 孙淑清, 孙柏民. 东亚冬季风环流异常与中国江淮流域夏季旱涝天气的关系. 气象学报, 1995, **53**(4): 440-450.

[11] 施能, 鲁建军, 朱乾根等. 东亚冬、夏季风百年强度指数及其气候变化. 南京气象学院学报, 1996, **19**(2): 168-177.

[12] 李崇银, 穆明权. 异常东亚冬季风激发ENSO的数值模拟研究. 大气科学, 1998, **22**(4): 481-490.

[13] 布和朝鲁, 纪立人. 东亚冬季风活动异常与热带太平洋海温异常. 科学通报, 1999, **44**(3): 252-259.

[14] Huang R H, ChenW, Yan B L, *et al.* Recent advances in studies of the interaction between the East Asian winter ands summer monsoon and ENSO cycle. *Adv. Atmos. Sci.*, 2004, **21**(3): 407-424.

[15] 普业, 裴顺强, 李崇银等. 异常东亚冬季风对赤道西太平洋纬向风异常的影响. 大气科学, 2006, **30**(1): 69-79.

[16] Webster P J, Magana V O, Palmer T N, *et al.* Monsoons: processes, predictability, and the prospects

for prediction. *J. Geophys. Res.*, 1998, **103**(14): 451-510.

[17] 徐建军,朱乾根,周铁汉. 近百年东亚冬季风的突变性和周期性. 应用气象学报, 1999, **10**(1): 1-8.

[18] 崔晓鹏, 孙照渤. 东亚冬季风强度指数及其变化的分析. 南京气象学院学报, 1999, **22**(3): 321-325.

[19] Wang H J. The weakening of the Asian monsoon circulation after the end of 1970's. *Adv. Atmos. Sci.*, 2001, **18**(3): 376-386.

[20] 龚道溢, 朱锦红, 王绍武. 西伯利亚高压对亚洲大陆的气候影响分析. 高原气象, 2002, **21**(1): 8-14.

[21] 张自银, 龚道溢, 郭栋等. 我国南方冬季异常低温和异常降水事件分析. 地理学报, 2008, **63**(19): 899-912.

[22] 王遵娅, 张强, 陈峪等. 2008 年初我国低温雨雪冰冻灾害的气候特征. 气候变化进展, 2008, **4**(2): 63-67.

[23] 陶诗言, 卫捷. 2008 年 1 月我国南方严重冰雪灾害过程分析. 气候与环境研究, 2008, **13**(4): 337-350.

[24] Perlwitz J, Hoerling M, Eischeid J, *et al*. A strong bout of natural cooling in 2008. *Geophys. Res. Let.*, 2009, 36, L23706, doi:10.1029/2009GL041188.

[25] Easterling D R, Wehner M F. Is the climate warming or cooling?. *Geophys. Res. Let.*, 2009, 36, L08706, doi:10.1029/2009GL037810.

[26] 王宁. 东亚冬季风指数研究进展. 地理科学, 2007, **27**(增刊): 103-110.

[27] Kislter R, Kalnay E, Collins W, *et al*. The NCEP-NCAR 50-year reanalysis: Monthly means CD-ROM and documentation. *Bull. Ameri. Meteoro. Soc.*, 2001, **82**(2): 247-267.

[28] Gao H. Comparison of East Asian winter monsoon indices. *Adv. Geosciences*, 2007, **10**: 31-37.

[29] Wu B Y, Wang J. Possible impacts of winter Arctic Oscillation on Siberian high, the East Asian winter monsoon and sea-ice extent. *Adv. Atmos. Sci.*, 2002, **19**(2): 297-320.

[30] 龚道溢, 王绍武. 西伯利亚高压的长期变化及全球变暖可能影响的研究. 地理学报, 1999, **54**(2): 125-133.

[31] Chen W, Graf H F, Huang R H. The interannual variability of East Asian winter monsoon and its relation to the summer monsoon. *Adv. Atmos. Sci.*, 2000, **17**(1): 48-60.

[32] 梁红丽,肖子牛,晏红明. 孟加拉湾冬季风及其与亚洲夏季气候的关系. 热带气象学报, 2004, **20**(5): 537-547.

[33] Jhun J, Lee E. A new East Asian winter monsoon index and associated characteristics of the winter monsoon. *J. Climate*, 2004, **17**(4): 711-726.

[34] Li Y Q, Yang S. A dynamical index for the East Asian winter monsoon. *J. Climate*, 2010, **23**(15): 4225-4262.

[35] 祝从文,何金海,吴国雄. 东亚季风指数及其与大尺度热力环流年际变化关系. 气象学报, 2000, **58**(4): 391-402.

[36] Ji L R, Sun S Q, Arpe K, *et al*. Model study on the interannual variability of Asian winter monsoon and it s influence. *Adv. Atmos. Sci.*, 1997, **14**(1): 1-22.

[37] 乔云亭, 陈烈庭, 张庆云. 东亚季风指数的定义及其与中国气候的关系. 大气科学, 2002, **26**(1): 69-82.

[38] 晏红明, 段玮, 肖子牛. 东亚冬季风与中国夏季气候变化. 热带气象学报, 2003, **19**(4): 367-376.

[39] 曾琮, 胡斯团, 梁建茵等. 东亚冬季风异常与广东前汛期旱涝关系的初步分析. 应用气象学报, 2005, **16**(5): 87-96.

[40] 穆明权,李崇银. 东亚冬季风年际变化的 ENSO 信息 I. 观测资料分析. 大气科学, 1999, **23**(3):

276-285.

[41] Wang B. The vertical structure and development of the ENSO anomaly mode during 1979—1989. *J. Atmos. Sci.*, 1992, **49**(8): 698-712.

[42] Wang B, Wu Z W, Li J P, et al. How to measure the strength of the East Asian summer monsoon. *J. Climate*, 2008, **21**(17): 4449-4463.

[43] Yang S, Lau K M, Kim K M. Variations of the East Asian Jet Stream and Asian-Pacific-American winter climate anomalies. *J. Climate*, 2002, **15**(3): 306-325.

[44] 任国玉，张爱英，王颖等. 我国高空风速的气候学特征. 地理研究，2009，**28**(6): 1583-1592.

内蒙古东部牧区极端降雪变化特征及成因

王冀[1]　李喜仓[2]　杨晶[2]

（1.北京市气候中心，北京 100089；2.内蒙古自治区气候中心，呼和浩特 010051）

摘　要

利用内蒙古牧区34个地面气象站1961—2010年冬季降雪资料和NCEP再分析资料，利用趋势分析、合成分析等方法探讨了内蒙古牧区极端降雪时空变化特征和形成机制，得出如下结论：内蒙古牧区极端降雪量呈自西向东逐渐增多趋势，近20 a变化表明内蒙古东部牧区极端降雪量呈显著增加趋势。500 hPa高度场上呈“（乌拉尔山高压）＋（贝加尔湖低槽）－（白令海阻高）＋”分布型时，冷空气易传输并堆积至内蒙古东北部牧区，有利于极端降雪发生。内蒙古东部牧区极端降雪发生时的主要水汽来源于北冰洋地区。罗斯贝波动持续东传有利于乌拉尔山高压、贝加尔湖低压和白令海高压的形成和维持。

关键词：内蒙古东部牧区　极端降雪　海温　罗斯贝波动

引言

内蒙古自治区是中国最大的畜牧业生产基地，全区草地面积7880.58×10^4 hm^2，占全国草地面积的20.06%[1]。内蒙古地区草地生态较为脆弱，自然灾害频频发生，其中雪灾就是制约内蒙古牧业发展的主要因素。1977年10月26—29日内蒙古地区的大暴雪天气过程，导致特大白灾，全区死亡牲畜300多万头（只），仅锡林郭勒盟就死亡215万头（只）。2012年11月初的强降雪造成31个旗县的30万人受灾，9941 hm^2 农作物受灾，870 hm^2 绝收，死亡牲畜6140头（只）。在过去50 a，内蒙古畜牧业共遭受较大的自然灾害17次，累计死亡牲畜8760万头，其中近1/3是雪灾造成的。

强降雪是导致雪灾的主要原因，而对于强降雪研究中外已经有一些成果。国际上的成果主要集中在对强暴风雪个例的研究，如：1979年美国总统日暴雪和1987年俄克拉荷马州的雪暴，并提出锋生强迫是强降雪天气发生的一个主要动力强迫因素[2~4]。中国对于强降雪的研究也很多成果[5~11]，这些工作分析了强降雪事件发生时局地的天气形势以及动力和热力等条件，明确了条件对称不稳定等在暴风雪形成中的重要作用。对于内蒙古强降雪也有很多成果，康玲等[12]划分5种内蒙古大（暴）雪形成的环流形势，归纳3条水汽路径。宫德吉等[13]认为内蒙古的降雪呈东多西少、山区多平地少的特征，低空急流在内蒙古冬春季大（暴）雪形成中起着重要作用。

上述工作中大多数是针对暴雪产生天气学特征及其触发机制的研究，对内蒙古主要注重于其雪灾分布的气候特点来展开研究，而对于产生极端降雪的环流背景及主要影响因子缺乏分析，因此，本文定义极端降雪的指数，并对影响内蒙古牧区极端降雪的因子进行详尽分析，期望能够揭示出一些规律，以提高内蒙古冬季极端降雪预测的能力。

1 资料和方法

1.1 资料

本文中的牧区是根据内蒙古自治区气象局1998年编制的《内蒙古气候图集》中"农、林、牧业气候区划"图对牧区的划分，选取34个地面气象站1961—2010年冬季逐日降雪资料。格点资料为1948—2010年NCAR/ NCEP 2.5°×2.5°月平均再分析高度场、风场、比湿、地面气压以及NOAA重构的2°×2°海表温度资料。

1.2 极端降雪事件的定义和分析方法

根据每一个测站的日降水量定义不同台站极端降水事件的阈值[14]。其具体方法是：把1971—2000年逐年日降雪量按升序排列，将第95个百分位值的30 a平均值定义为极端降雪事件的阈值，当某站某日降雪量超过了该站极端降雪事件的阈值时，就定义为该日该站出现极端降雪事件。对于极端降雪事件阈值的确定，本文参照Bonsal等[15]方法，如果某个气象要素有n个值，将这n个值按升序排列某个值小于$x_1, x_2, \cdots, x_m, \cdots, x_n$或等于$x_m$的概率。

$$P=(m-0.31)/(n+0.38) \tag{1}$$

式中，m为x_m的序号，n为某个气象要素值的个数，如果有100个值，那么第95个百分位上的值为排序后的x_{95}（$P=94.3\%$）和x_{96}（$P=95.3\%$）的线性插值。

对于内蒙古极端降雪的时空变化规律采用了线性趋势、小波周期分析方法，对于形成机理的分析则采用了合成分析方法。

2 内蒙古牧区极端强降雪的时空变化特征分析

图1为内蒙古牧区极端降雪的多年平均和长期变化趋势的空间分布，内蒙古牧区的极端降雪量呈自西向东逐渐增多(图1a)，内蒙古中东部为极端降雪量的高值区，中心位于西乌旗，为17.41 mm。内蒙古牧区大部分地区极端降雪呈下降趋势，下降最明显的地区在正镶白旗，为−2.66 mm/10 a(通过了95%的信度检验)，极端降雪增大最显著的地区在海拉尔，为2.01 mm/10 a(没有通过95%的信度检验)。

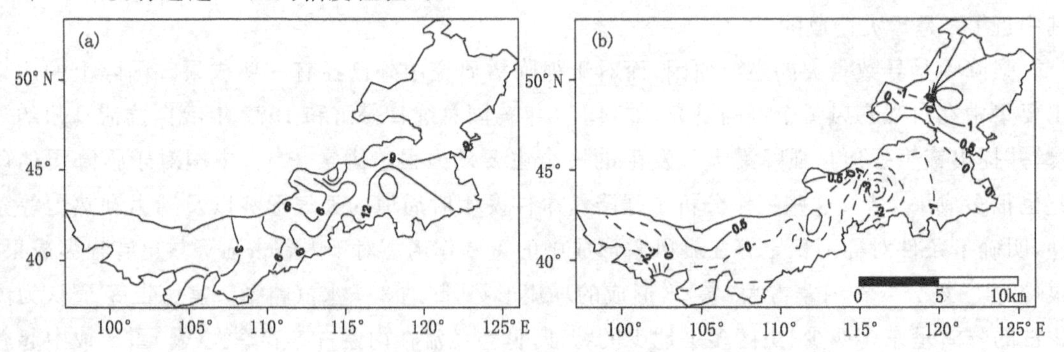

图1 内蒙古牧区极端降雪量(a)多年平均(1961—2010年)(单位：mm)和(b)长期变化趋势(单位：mm/a)空间分布

宫德吉等[1,13]的研究中发现，不同地形的降雪和积雪量有所不同，不同地形极端降雪变化特点也需要进一步分析，内蒙古绝大多数处于高原地带，东部的呼伦贝尔、乌珠穆沁等东部地区海拔相对较低，西部和南部的海拔偏高，乌兰察布高原海拔最高。将内蒙古牧区不同海拔高度的极端降雪资料按照500～1000 m,(以下简称低海拔地区)、1000 m以上两个区域(简称高海拔地区)来分析。

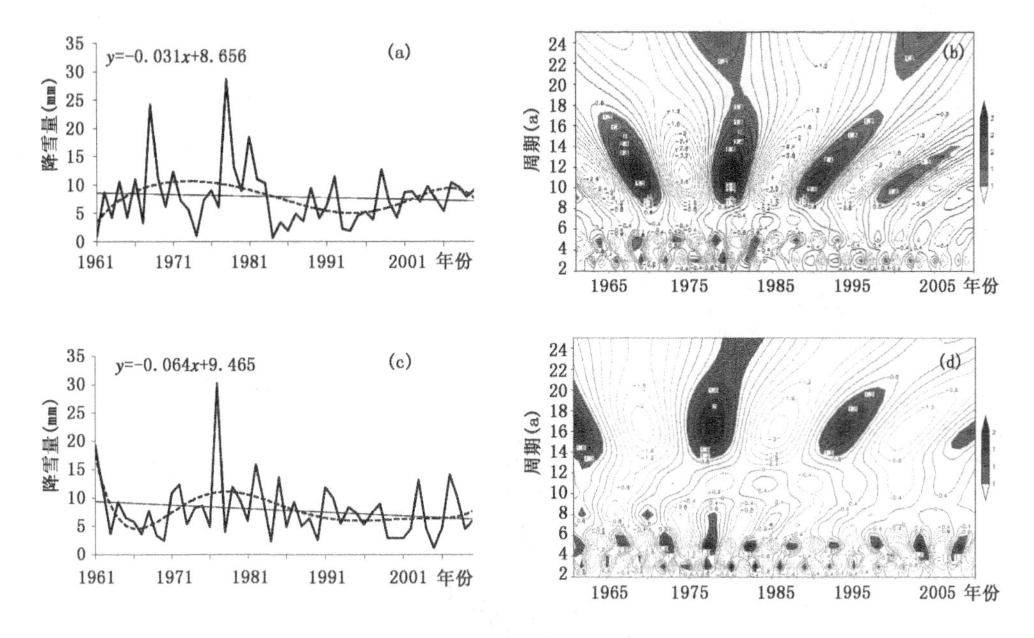

图2 不同海拔高度内蒙古牧区极端降雪量

(a)长期变化趋势曲线;(b)小波实部;(c)低海拔地区;(d)高海拔地区

由图2看出,内蒙古牧区不同海拔高度上的极端降雪量呈一致的下降趋势,其中高海拔地区极端降雪量的下降趋势最为明显,为0.64 mm/10 a(未通过0.05显著性检验),从年代际变化上看,不同海拔高度上极端降雪变化的时段并不完全一致。近20 a的变化发现(1990年之后),低海拔地区近20 a来极端降雪显著增加,增加趋势为2.1 mm/10 a(通过0.05显著性检验),而高海拔地区则呈微弱的减少趋势,为－0.21 mm/10 a(未通过0.05显著性检验)。周期分析的结果表明,年代际尺度上低海拔地区存在12 a左右的长周期,高海拔地区则存在16 a左右的周期,年际变化上发现高海拔地区始终存在着3、5 a的短周期,而低海拔地区在1985年前存在与高海拔同样的变化周期,而在1985年之后则仅存在3 a的短周期。

3 影响内蒙古东部极端降雪的环流背景分析

由上面的分析发现,在内蒙古东部低海拔牧区极端降雪事件显著增加,成为近年来内蒙古主要受灾地区之一,对近期该地区分析更多地集中于极端降水[16～18],因此,有必要对该地区极端降雪事件形成的原因进行探讨,将内蒙古东北部牧区极端降雪资料(降雪量)进行标准化分析,定义绝对值超过1σ为异常年,分别选取1961、1974、1984、1986、1993、1994年作为极端降雪偏少年,1968、1971、1978、1979、1981、1998作为极端降雪偏多年。

由500 hPa极端降雪偏多年合成距平图(图3a)上发现,在白令海和阿留申群岛附近存在着明显的正距平,中心值为50 gpm,在新西伯利亚至贝加尔湖地区则存在明显的负距平,乌拉尔山地区有正距平存在。欧亚中高纬度地区高度场呈“＋ － ＋”分布,东亚大槽加强,内蒙古东部地区受较强西北冷空气控制,这一点从风场合成图和距平图上(图略)均可看出。白令海

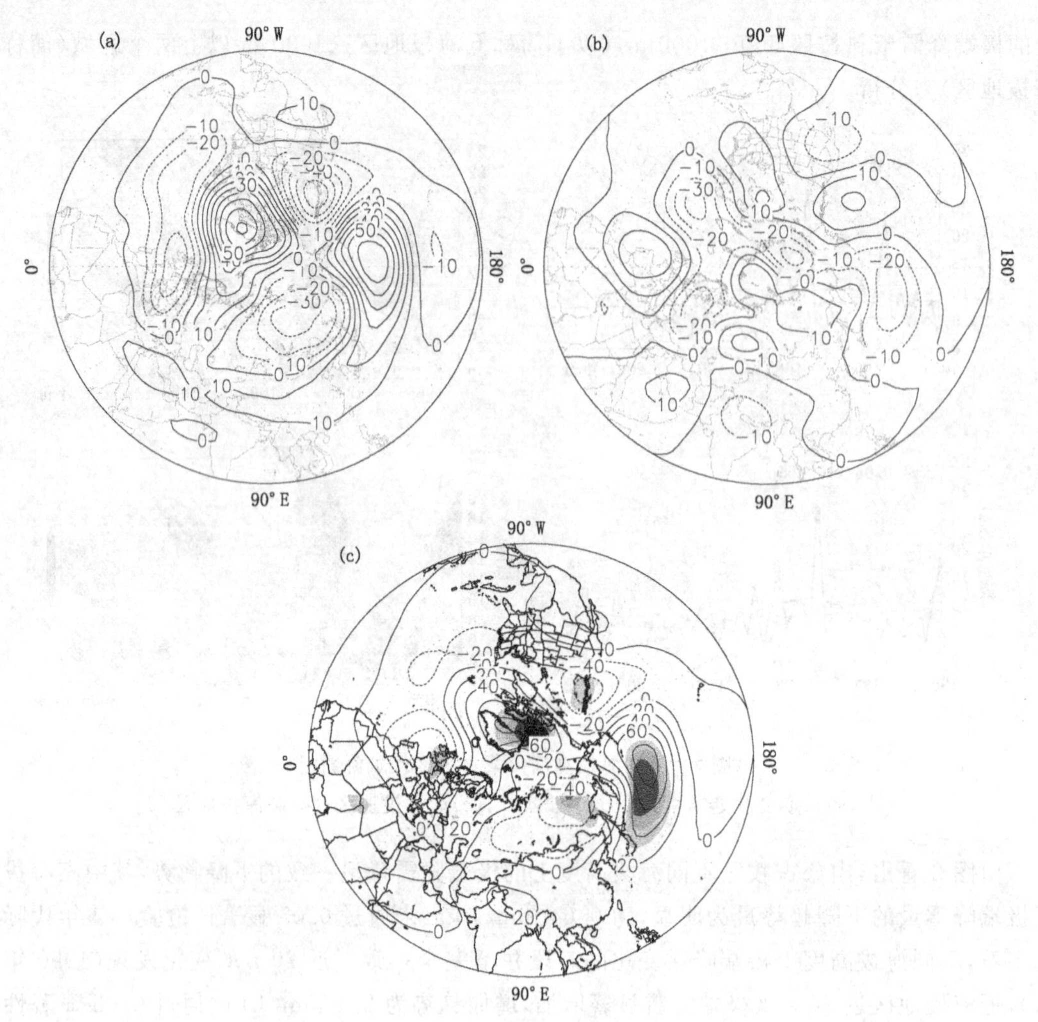

图 3　内蒙古东部牧区极端降雪偏多年冬季 500 hPa 高度场偏多年(a)、偏少年(b)距平和两者差值(c)
(图中阴影部分为通过 0.05 显著性检验区域,单位:gpm)

附近的高度正距平表明有阻塞高压的建立,使内蒙古东北部地区的冷空气不断堆积并滞留。而从极端降雪偏少年合成距平图和距平图上(图 3b)均可看出,内蒙古和东北地区上空为高度正距平控制,而在北太平洋上为高度的负距平中心,冷空气活动较弱,不利于极端降雪的产生。从偏多和偏少年的差值图(图 3c)发现,在内蒙古东北部、北太平洋、北大西洋上空存在着明显的具有统计意义的距平中心。

4　影响内蒙古东部极端降雪物理量场变化的特征分析

4.1　影响内蒙古东部极端降雪的水汽通量分析

为了分析影响内蒙古东部降雪的水汽输送情况,引入水汽通量矢量 Q[19,20],并计算极端降雪偏多年水汽通量的合成和距平值。由内蒙古东部牧区极端降雪偏多年水汽通量的合成图(图 4a)上可以看到,在内蒙古东部的阿尔山地区以西有水汽输送通量的大值中心存在,水汽输送方向为偏东,距平图上同样发现了这个特点,另外,存在着从贝加尔湖地区不断东南输送的水汽。这种水汽输送路径是由于贝加尔湖低槽的维持引导北冰洋上空水汽不断输入内蒙古东部地区,该水汽输送路径为中国东北地区(包括内蒙古东部)最主要的路径,尤其在冬季所占的百分比超过 60%[21]。

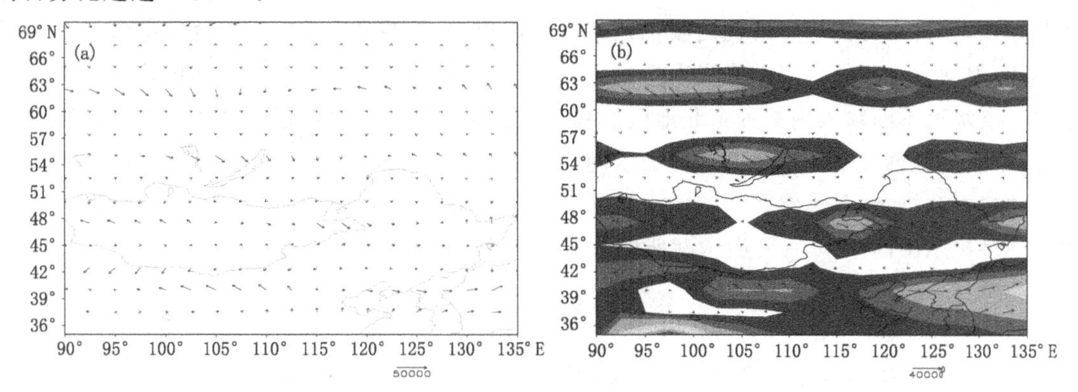

图 4　内蒙古极端强降雪偏多年冬季水汽通量合成(a)和距平场(b)

4.2　影响内蒙古东部牧区极端降雪罗斯贝波传播特征

由内蒙古牧区极端降雪偏多年环流的变化特征发现,欧亚中高纬度地区的高度场呈"+ − +"型波列分布,这种波列的维持可能与能量的传播有关。为此,我们计算了 Nakamura 等[22,23]提出的波作用通量($T-N$)来探讨罗斯贝波的传播特征。

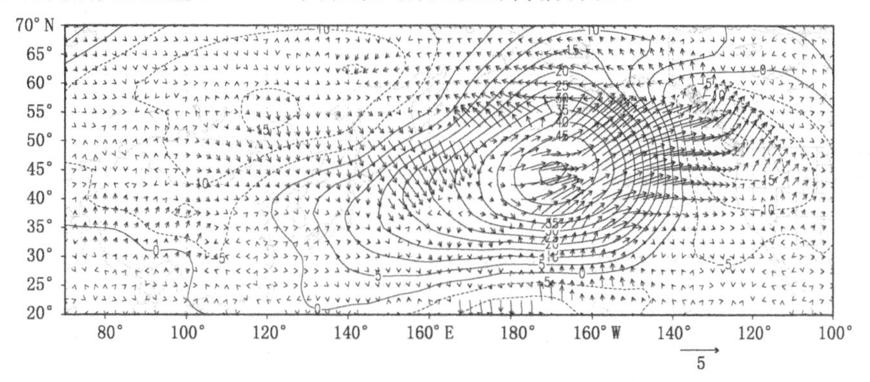

图 5　内蒙古东部牧区极端强降雪偏多年冬季 $T-N$ 通量合成(m^2/s^2)

由图 5 发现在乌拉尔山地区存在着 $T-N$ 波作用通量异常的正值中心并向东传,容易在该地区引起正位势高度异常的出现和维持,罗斯贝波持续东传过程中在贝加尔湖以东地区加强并传播至北太平洋海面上,表明来自上游的罗斯贝波传播有利于白令海地区高压形成和维持。

5　结论

利用内蒙古牧区 34 个地面气象站近 50 a 冬季逐日降雪资料,采用百分位阈值方法计算了极端降雪指数,并利用多种统计方法分析并讨论了内蒙古东部牧区极端降雪时空变化特征及形成机理,得出结论:

(1)内蒙古牧区极端降雪量呈自西向东逐渐增多,其中内蒙古中东部为降雪的大值区。内蒙古大部分地区极端降雪呈下降趋势。内蒙古高海拔地区极端降雪的下降趋势更为明显。由近 20 年的变化上看,低海拔地区(内蒙古东部牧区)极端降雪呈显著增大趋势。

(2)内蒙古东部牧区极端降雪偏多年,在欧亚大陆上空高度场呈"＋ － ＋"分布,500 hPa高度场上贝加尔湖附近存在明显的负距平中心引导北方冷空气南下东移,白令海地区有阻塞高度存在,使得东移的冷空气在内蒙古东部不断堆积,为极端降雪的发生提供冷空气。

(3)内蒙古东部牧区极端降雪发生时主要水汽来源于欧亚大陆,贝加尔湖低槽维持引导北冰洋上空水汽不断输入内蒙古东北地区。乌拉尔山附近形成波作用通量的辐合引起高压脊的维持,罗斯贝波继续东传过程中在贝加尔湖附近加强并传播至白令海附近,有利于白令海阻塞高压的建立和维持,并最终在欧亚的中高纬度地区形成有利于内蒙古东部牧区极端降雪产生的"＋(乌拉尔山高压) －(贝加尔湖低槽) ＋(白令海阻高)"型波列。

参考文献

[1] 宫德吉,李彰俊.内蒙古大(暴)雪与白灾的气候学特征.气象,2000,**26**(12):24-28.

[2] Frederick Sanders,F Lance. Bosart mesoscale structure in the Megalopolitan Snowstorm of 11－12 February 1983. Part I: Frontogenetical forcing and symmet ric instability. *J. Atmos. Sci.*, 1985, **4**: 1050-1061.

[3] Frederick Sanders. Frontogenesis and symmet ric instability in a major New England snowstorm. *Mon. Wea. Rev.*,1986,**114**:1847-1862.

[4] James T, Moore,D Pamela et al. The role of frontogenetical forcing and conditional symmetric instability in the midwestsnowstorm of 30－31 January 1982. *Mon Wea Rev*,1983,**111**:2016-2023.

[5] 王文辉,徐祥德.锡盟大雪过程和"77·10"暴雪分析.气象学报,1979,**37**(3):80-86.

[6] 张小玲,程麟生."96·1"暴雪期中尺度切变线发生发展的动力诊断Ⅰ:涡度和涡度变率诊断.高原气象,2000,**19**:285-294.

[7] 张小玲,程麟生."96·1"暴雪期中尺度切变线发生发展的动力诊断Ⅱ:散度和散度变率诊断.高原气象,2000,**19**:459-466.

[8] 隆霄,程麟生."95·1"高原暴雪及其中尺度系统发展和演变的非静力模式模拟.兰州大学学报:自然科学版,2001,**37**(2):141-148.

[9] 刘宁微."2003·3"辽宁暴雪及其中尺度系统发展和演变.南京气象学院学报,2006,**29**(1):129-135.

[10] 迟竹萍,龚佃利.山东一次连续性降雪过程云微物理参数数值模拟研究.气象,2006,**32**(7):25-32.

[11] 王建忠,丁一汇.一次华北强降雪过程的湿对称不稳定性研究.气象学报,1995,**53**(4):451-459.

[12] 康玲,李彰俊,祁伏裕等.内蒙古大、暴雪环流类型及物理场特征.内蒙古气象,2000,(3):13-18.

[13] 宫德吉,李彰俊.内蒙古暴风雪灾害及其形成过程.气象,2001,**27**(8):19-23.

[14] 翟盘茂,潘晓华.中国北方近50年温度和降水极端事件变化.地理学报,2003,**58**(增):1-10.

[15] Bonsal B R,Zhang X B,Vincent L A,*et al*. Characteristic of daily and ext reme temperature over Canada. *J Climate*,2001,**14**(5):1959-1976.

[16] 杨素英,孙凤华,马建中.增暖背景下中国东北地区极端降水事件的演变特征.地理科学,2008,**28**(2):224-228.

[17] 张耀存,张录军.东北气候和生态过渡区近50年来降水和温度概率分布特征变化.地理科学,2005,**25**(5):561-566.

[18] 唐蕴,王浩,闫登华等.近50年来东北地区降水的时空分异研究.地理科学,2005,**25**(2):172-176.

[19] 田红,郭品文,陆维松.夏季水汽输送特征及其与中国降水异常的关系.南京气象学院学报,2002,**25**(4):497-502.

[20] 张人禾.El-Nino盛期印度夏季风水汽输送在我国华北地区夏季降水异常中的作用.高原气象,1999,**18**

(4):567-574.

[21] 崔玉琴.东北地区上空水汽平衡状况及其源地.地理科学,1995,**15**(1):81-87.

[22] Nakamura H. Rotational evolution of potential vorticity associated wit h a strong blocking flow configuration over Europe. *Geophys. Res. Lett.* ,1994,**21**:2003-2006.

[23] Nakamura H,Nakamura M,Anderson J L. The role of high and low frequency dynamics in the blocking formation. *Mon. Wea. Rev*,1997,**125**:2074-2093.

天津市春季短期气候预测方法探讨

何丽烨

（天津市气候中心，天津 300074）

摘　要

在回顾天津市2012年春季气候预测及实况的基础上，分析了预测的成功与不足。结果表明：2012年春季，天津地区气候异常事件的发生概率较高。赤道中东太平洋海温和西太平洋副高异常信号较弱，可能导致气候预测结果出现偏差；近30年气候平均值的使用增大了气温变化趋势判断难度；东亚槽位置、强度因子和北半球极涡中心强度指数对春季各月气温、降水的预测有较好的指示作用；当环流因子的前期特征与气候要素具有显著的持续一致相关时，可加大其对预测结论的权重。利用该思路对2012年5月气候趋势进行二次预测得到了较好的预测效果。

关键词：短期气候预测　气候异常　大气环流因子

引言

天津市位于东亚季风区，气候年际变化较大，其春季作为承接冬夏两季的过渡季节，正值季风转换期，季内以冷暖多变为主要气候特点。1951年以来，天津春季出现的极端最低气温为－22.3℃，而极端最高气温达39.5℃；降水也呈现出较大的年际波动，天津全市春季降水量在1998年最多，达164.0 mm；而最少仅为15.2 mm。

由于天津地处中纬度地区，部分外强迫因子的年际变率信号对大气环流的影响在中高纬度较小，因此，可能大大削弱天津地区的气候可预测度[1]。加之近年来极端天气气候事件频发，也给短期气候预测带来更大的不确定性。本文利用中国国家气候中心提供的环流特征量资料和天津市13个地面气象台站1961—2011年逐月气温、降水资料，以2012年春季气候预测为例，分析预测的成功与不足之处，在总结预测经验和方法的同时，探讨气候预测中有待深入研究的问题，以期为提高短期气候预测水平和增强气候预测能力提供参考。

1　预测与实况

2012年春季天津全市平均气温为14.2℃，较常年同期偏高0.8℃。季内，3月气温较常年偏低，4、5月显著偏高。春季降水量为68.5 mm，较常年同期偏少2.7 mm。其中，3月降水较常年偏少，4月降水显著偏多，5月显著偏少。

从预测和实况的对比来看(表1)，2012年春季季节气候趋势预测较为准确。季内，3月和5月降水总体趋势把握较准确，4月则对降水趋势估计不足；气温预测与实况结果差异较大，仅5月趋势预测正确。

表 1　天津市 2012 年春季(3—5 月)及季内各月气候趋势预测质量检验

	月气温趋势预测检验		月降水趋势预测检验	
	预测	实况	预测	实况
春季(3—5 月)	正常略高	正常略高	正常略少	正常略少
3 月	正常略高	正常略低	正常略少	北部偏多,中南部和东部偏少
4 月	正常略低	北部和中南部偏高,东部正常略高	正常略少	特多
5 月	正常略高	北部和中南部特高,东部偏高	正常略少	北部偏多,中南部和东部特少

分析春季 3 个月(按照每月 3 个评分台站结果统计)月平均气温和降水量实况后发现,月平均气温为异常量级($\Delta T \leqslant -1.0$ 或 $\Delta T \geqslant 1.0$,ΔT 为气温距平)的概率达 55.6%,其中特别异常量级($\Delta T \leqslant -2.0$ 或 $\Delta T \geqslant 2.0$)占 22.2%;而月降水量出现异常量级($\Delta R \leqslant -20\%$或 $\Delta R \geqslant 20\%$,ΔR 为降水距平百分率)的概率甚至达到 100%,特别异常量级($\Delta R \leqslant -50\%$或 $\Delta R \geqslant 50\%$)占 55.6%。异常或特别异常气候概率的增加,无疑加大了气候预测难度。

2　气候背景

在气候变暖背景下,天津市春季及季内各月气温也均呈现增加趋势。其中,3 月气温增幅最大,达 0.6℃/10 a。从近 10 年的变化趋势来看,3 月气温变化平缓,4 月气温在波动中略有下降,5 月气温有明显上升(图 1)。

2012 年 1 月,1981—2010 年气候平均值(世界气象组织规定,从 1901 年开始,每隔 30 a 的平均值为世界各国统一的标准气候常年平均值)开始使用,与 1971—2000 年气候平均值相比,春季及季内各月的气温平均值均有所升高,平均增幅为 0.5℃。随着气温平均值的升高,春季各月出现气温偏低的概率相对增大。在近 30 a 的 3—5 月,因以 1981—2010 年气温平均值为标准而使月平均气温距平由正转负的年份所占比例分别为 20%、10%和 23.3%,出现气温偏低的月平均概率也由原来的 26.7%增大到约 44%,这与气温偏高出现的概率几乎不分伯仲(图 1)。可见,在进行短期气候预测时,以往因处于气候偏暖背景下各月气温普遍高于常年气温平均值的预测思路已然碰壁。尤其是在 3 月,正值冬春过渡时期,气温趋势则更难把握,且其近 30 a 的气温方差达 2.6,为 3 个月中最大,因此,出现气温异常的可能性也较大。

相对气温而言,降水的年际、年代际变化规律并不十分明显,因此,对降水趋势的预测也更多依赖于与其具有显著相关关系的下垫面和大气环流因子的异常特征。

3　春季主要气候影响因子分析

3.1　外强迫信号——海温

发生在热带太平洋海域的厄尔尼诺/拉尼娜现象是目前公认的影响全球大气环流和气候的强信号[2-4],其作为重要的外强迫因子也是中国短期气候预测的一个重要物理基础。

2012 年 1—3 月的监测结果表明,赤道中东太平洋拉尼娜事件自 2011 年 9 月爆发,在当年 12 月至 2012 年 1 月达到鼎盛期,进入 2012 年 2 月后明显减弱,并于 3 月结束。此次拉尼娜事件属极弱强度,预计未来 4—8 月热带太平洋海温将处于正常状态。

根据前期赤道中东太平洋海表温度特征,选取历史相似年进行合成分析,预计天津地区 3

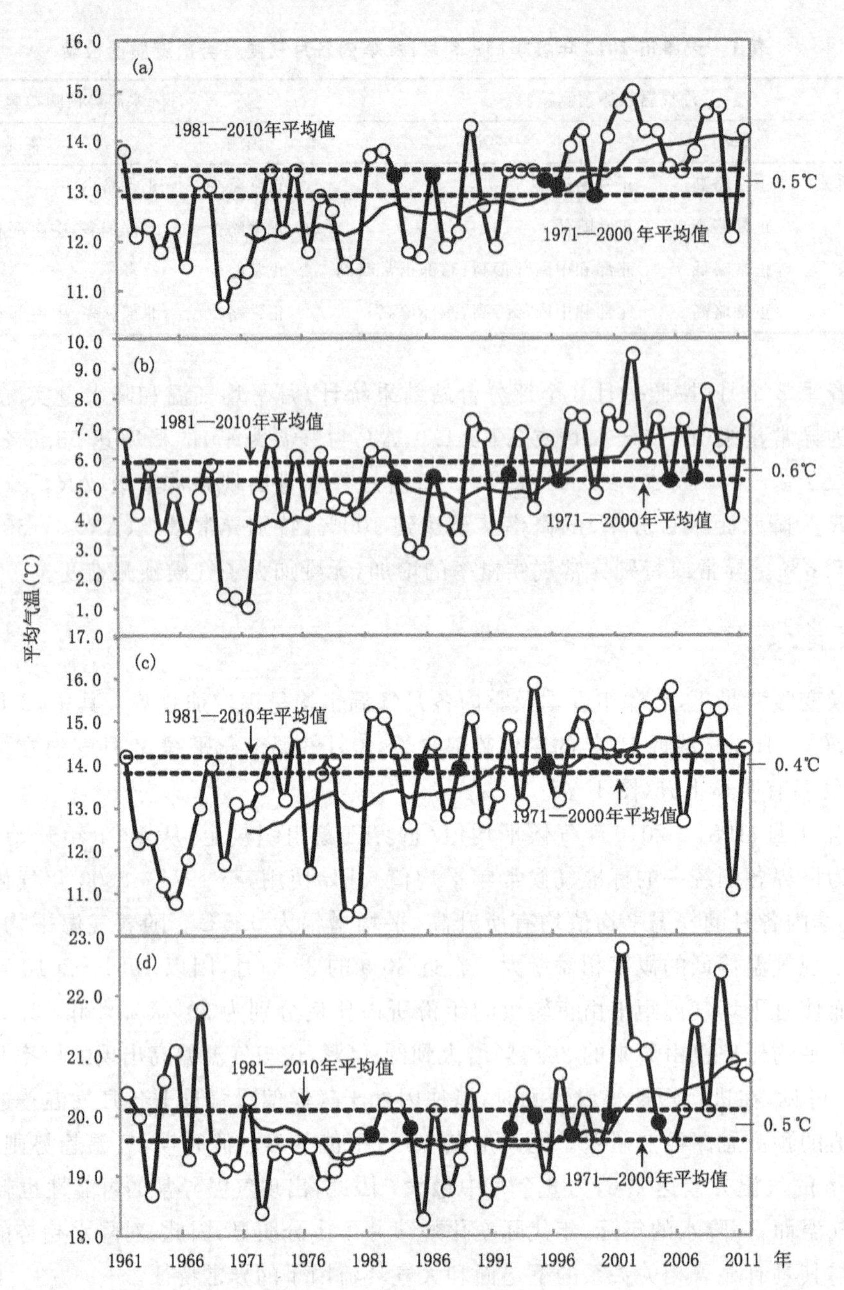

图 1　天津市 1961—2011 年春季(a)及季内各月(b. 3 月，c. 4 月，d. 5 月)平均气温变化

(图中细实线为 11 a 滑动平均；右侧数值表示 1981—2010 年较 1971—2000 年平均气温变化值；黑色实心圆表示使用 1981—2010 年气温平均值后气温距平由正转负的年份)

月、4 月气温偏低，5 月气温偏高；3—5 月降水均偏少。

3.2　大气环流因子及前期气候异常

2012 年 1—3 月，西太平洋副热带高压面积明显偏小，强度偏弱。1 月，其脊线位置略偏南，西伸脊点位置异常偏东。2—3 月，西太平洋地区无明显副热带高压体。据此前期特征选取历史相似年进行合成分析，预计天津地区 3 月、4 月气温以偏低为主，5 月气温偏高；3 月降水北部和中南部偏多，东部偏少，4 月、5 月降水偏少。

2011年11月和2012年2月，东亚槽位置均偏东，11月指数与天津市3月降水量呈显著（通过95%的置信度水平，下同）负相关（本文相关系数均为1981—2010年序列计算所得），有利于预测天津市3月降水偏少；2月指数与4月气温呈显著正相关，有利于预测4月气温偏高。2012年2月，东亚槽强度偏弱，其指数与5月降水量呈显著正相关，有利于预测5月降水偏少。

2012年1月，北半球极涡中心强度偏强，南方涛动指数偏强，其与天津市4月气温分别呈显著正相关和负相关，有利于预测4月气温偏高，降水偏少。

根据天津市2011/2012年冬季降水量异常偏少及2012年2—3月中旬气温偏低的前期气候特征，选取历史相似年进行合成分析，预计4月气温偏低，降水偏少。

4 春季各月气候预测小结与思考

2012年春季气候趋势预测中，对3月气温和4月气温、降水趋势预测错误。究其原因，考虑1981—2010年气候平均值的使用，使得春季月平均气温偏低的概率增大，除5月气温近年来处于明显升高背景下，出现偏低的可能性较小外，3月和4月的气温变化趋势都较难判断。2012年3—5月，赤道中东太平洋拉尼娜事件几近结束，海温恢复正常状态，此时下垫面的外强迫较弱，统计或模式的预测都可能出现错误[5]。且拉尼娜对大气环流的影响尽管比较广泛但主要限于热带，在中高纬度地区则影响较小[1]，西太平洋副热带高压此时的异常信号也较弱，这些因素都可能造成预测与实况不符。而在进行短期气候预测时，历史相似年的选取有很大程度的主观性，并非完全客观，也可能是导致预测出现偏差的一个中间环节。

比较表2中给出的2012年春季各月气候预测主要依据的预测准确性，认为东亚槽位置和强度因子在春季各月气温、降水趋势预测中体现出较高的准确性，北半球极涡中心强度指数也对4月气温趋势预测有较好的指示作用。这些因子能否在今后的春季预测中持续有效地提供有利于正确把握气候趋势的信息还需进一步关注。

与此同时，在进行短期气候预测时发现，当环流因子的前期特征与气温或降水等气候要素有显著的持续一致相关（气候要素与前期5～6个月环流因子的相关系数符号一致，且其中有连续或间隔的显著相关）时，可加大此类环流因子的综合预测结果在趋势预测中的权重。利用该思路对2012年5月的气候趋势进行二次预测，结果表明，筛选出的环流因子对5月气候趋势的预测较为准确。但在3和4月，这种其前期特征与气候要素具有显著的持续一致相关的环流因子甚少或无，这种情况下，利用该思路进行气候预测的效果就不十分明显。

2012年4月下旬，天津全市普降大雨，其中静海和北辰达到暴雨量级。4月气候趋势预测错误表现出对这样的强降水天气过程把握不足。目前，天津市延伸期降水天气过程预测主要适用于5—10月，预测中雨及其以上量级的降水天气过程。而自2008年以来，天津市区有4 a（2008、2009、2011、2012年）均在4月出现了日降水量≥25 mm的大雨天气。因此，在注重提高延伸期天气过程预测准确率的同时，是否应结合近年来强降水发生时段的变化，对延伸期降水过程的预测进行调整也需要研究和思考。

表 2　2012 年春季各月气候预测主要依据的预测准确性及二次预测结果

			3 月预测		4 月预测		5 月预测	
			气温	降水	气温	降水	气温	降水
预测主要依据	赤道中东太平洋海温		−	−	−	−	+	−
	西太平洋副高		−	北中+东−	−	−	+	−
	东亚槽	位置		−	+			
		强度						−
	北半球极涡中心强度				+			
	南方涛动指数					−		
	前期气候异常				−	−		
	月动力延伸模式		+	−	+	+	−	+
	动力产品释用		+	北中+东−	+	−	+	−
二次预测	以 5 月为例	南海副高脊线					+	
		南海副高北界					+	
		南海副高面积指数						−
		南海副高强度指数						−
		西太副高西伸脊点						−

注:表中+、−分别表示预测趋势为正、负距平,灰色表格表示趋势预测错误。二次预测中给出的为部分有代表性的环流因子。

2012 年 5 月,天津市平均气温较常年同期偏高 2.0℃,达特别异常量级。其中,月内上旬气温较常年偏高 4.1℃,列历史同期第一位(自 1951 年起)。虽然 5 月气温趋势预测准确,但在预测量级上明显过于保守。近年来,诸如此类的异常气候事件频繁发生,这对短期气候预测也提出了更高的要求,在准确把握气候趋势的同时,如何准确估计气候异常量级也是今后有待深入研究和探讨的问题。

参考文献

[1]　王会军. 试论短期气候预测的不确定性. 气候与环境研究,1997,**2**(4):333-338.

[2]　魏凤英. 2011. 我国短期气候预测的物理基础及其预测思路. 应用气象学报,**22**(1):1-11.

[3]　Rasmusson E M, Wallace J M. 1983. Meteorogical aspects of ElNino/Southern Oscillation. *Science*, **222**:1195-1202.

[4]　Yulaeva K, Wallace J M. 1994. The signature of ENSO in global temperature and precipitation field derived from the microwave sounding unit. *J Climate*, **7**:1719-1736.

[5]　卫捷,孙建华,陶诗言等. 2005 年夏季中国东部气候异常分析—中国科学院大气物理研究所短期气候预测检验. 气候与环境研究,2006,**11**(2):155-168.

使用最新模式预估产品分析河北省冬季气温变化趋势

史湘军　关阳

（河北省气候中心，石家庄 050021）

摘　要

使用国家气候中心最近发布的气候变化模式预估数据，分析河北省冬季气温的未来变化趋势。模式结果显示，近几年河北省冬季气温偏低概率较大，冬季气温的震动幅度加大。从长期来看，冬季气温仍然呈现上升趋势，至21世纪中叶，河北省冬季气温将上升2℃左右，北部地区气温上升幅度略高于中南部。

关键词：冬季气温　气候变化　模式预估

引言

近些年来，全球变暖背景下未来区域气候变化的预估引起了中外气候学家及各级政府的高度关注。中国科学家利用气候模式数值试验结果对中国气候变化趋势开展了大量预估工作[1-5]。然而，目前还没有针对河北省冬季气温的气候变化研究工作。

对未来几年至几十年气候变化趋势的预估，关系到制定应对气候变化的政策和措施[6]。已有观测事实表明，近些年来气候变暖对农牧业、生态系统、水资源以及能源消耗等方面都有重要影响[7-9]。然而，在全球气候变暖大背景下，河北省冬季气温在近几年却呈现下降趋势。故此，有必要研究近几年的冬季气温下降趋势是否还会持续下去？为河北省制定应对气候变化政策提供参考依据。

1　数据资料及模式评估

实际观测数据为河北省142个气象站的观测资料。模式模拟数据来自中国国家气候中心2012年12月发布的“气候变化预估数据集”中的区域模式产品部分。区域气候模式采用RegCM4.0，单向嵌套BCC_CSM1.1全球气候系统模式输出结果。未来气体排放采用可能性最大的假设情景。整理后的区域模式预估产品的分辨率为0.5°×0.5°。

图1给出了模式模拟和实际观测的河北省常年（1981—2010年）冬季气温。由图可见，模式能够很好地模拟出河北省冬季气温北低南高的区域分布形式；模拟的各个气温等级区域与实际观测也基本一致。这些对比表明，模式对河北省冬季气温有较好的模拟能力，可以使用模式预估结果分析冬季气温未来变化趋势。

2　近几年河北省冬季气温偏低概率较大

图2给出了模式模拟的2012—2015年冬季气温。模式成功地预测出了2012年河北省冬季气温较常年（图2a）偏低。在2012—2015年这4 a中，2012和2013年模式预估冬季气温较

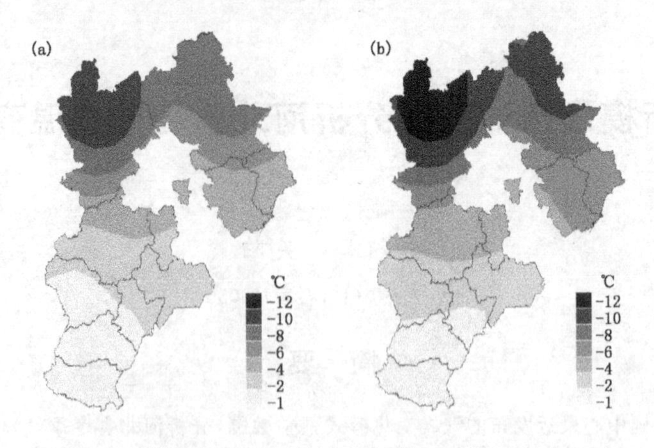

图 1　实际观测(a)和模式模拟(b)的河北省年冬季气温

常年明显偏低,2014 年冬季气温明显偏高,2015 年冬季气温略低于常年。模式预估结果表明近几年河北省冬季气温偏低概率较大。

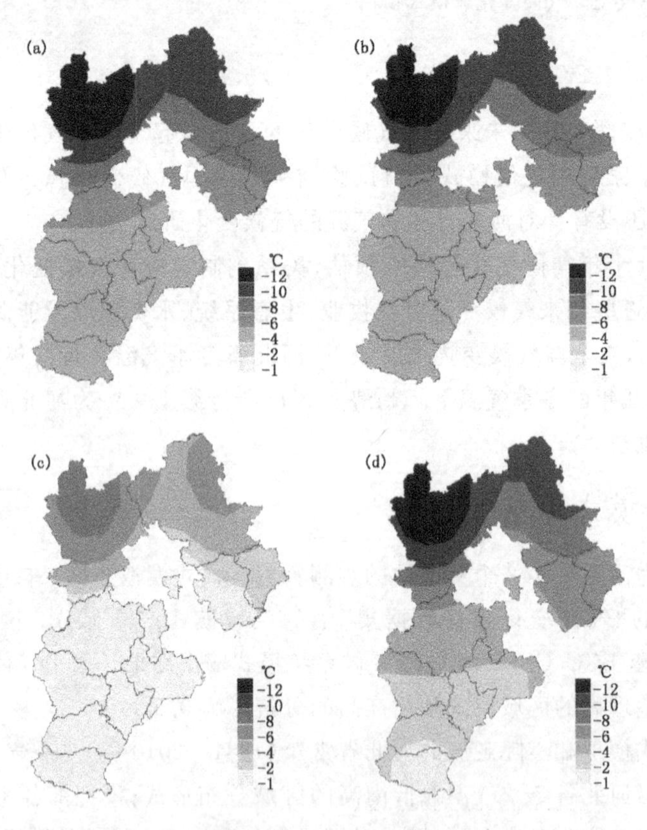

图 2　模式模拟的河北省 2012—2015 年冬季气温
(a. 2012 年;b. 2013 年;c. 2014 年;d. 2015 年)

3　河北省冬季气温增高的长期趋势没有改变

观测资料显示,从 20 世纪 70 年代开始,河北省冬季气温总体呈现上升趋势。2007 年以来，气温变化趋势转为下降（图3）。模式模拟的冬季气温年际变化曲线与实际观测比较吻合。再次表明，模式产品具有一定的可信度，够能使用这套模式产品分析冬季气温的未来变化趋势。从长期模式预估数据来看，河北省冬季气温仍呈现升高趋势，冬季气温的振动幅度呈现增大趋势。在未来几十年中，在气候变暖的背景下，暖冬会越来越暖，冷冬也依然寒冷。

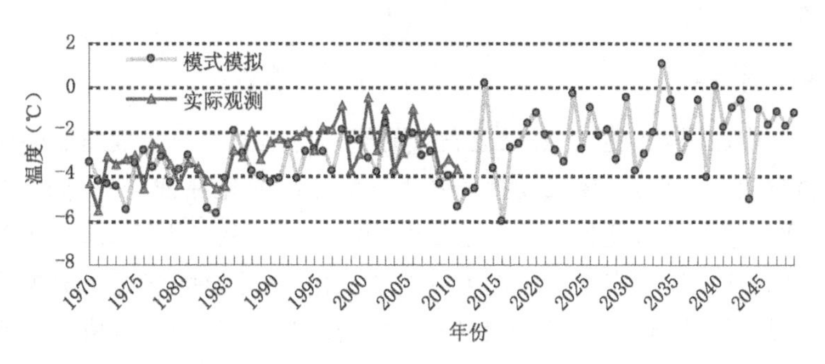

图3 河北省冬季气温曲线

模式结果显示（图4），在2010—2019年这10 a中，河北省中南部冬季气温较常年偏低；21世纪20年代，全省冬季气温偏高1.0℃左右；30年代，全省冬季气温持续升高，北部地区气温偏高1.5～2.1℃，南部地区偏高0.9～1.5℃；至21世纪中叶，河北省冬季气温偏高2℃左右，北部地区气温上升幅度略高于中南部地区。

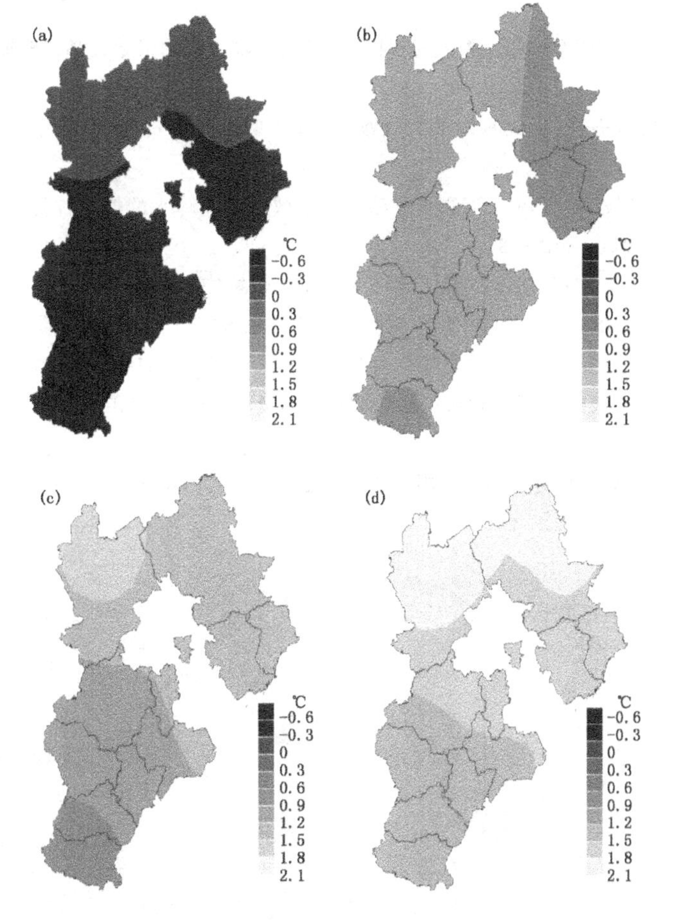

图4 模式模拟2010—2049年4个年代的气温距平

（a. 2010—2019年；b. 2020—2029年；c. 2030—2039年；d. 2040—2049年）

4 小结

中国国家气候中心最近发布的气候变化模式预估数据能够较好地模拟河北省常年冬季气温空间分布形式，模式模拟的冬季气温年际变化曲线与实际观测也比较吻合。模式预估产品表明，近几年河北省冬季气温偏低概率较大。从长期来看，冬季气温仍然呈现上升趋势，至21世纪中叶，河北省冬季气温上升2℃左右，北部地区气温上升幅度略高于中南部。此外，冬季气温的振动幅度呈现增大趋势，暖冬会越来越暖，冷冬也依然寒冷。虽然冬季气温在近几十年呈现变暖趋势，但是，政府部门仍需要重视冷冬的影响。例如，建议农业部门依据当年冬季气温预测种植抗寒或抗旱的冬小麦品种。

致谢：感谢国家气候中心提供的区域气候模式中国区域未来气候变化模拟结果。感谢国家气候中心石英博士对模式产品的详细讲解。

参考文献

[1] 丁一汇，任国玉，石广玉等. 气候变化国家评估报告(I)：中国气候变化的历史和未来趋势. 气候变化研究进展，2006，**2**(1)：3-10.

[2] 江志红，张霞，王冀. IPCC—AR4模式对中国21世纪气候变化的情景预估. 地理研究，2008，**27**(4)：787-798.

[3] 张天宇，王勇，程炳岩等. 21世纪重庆最大连续5d降水的预估分析. 气候变化研究进展，2009，**5**(3)：139-144.

[4] 郝振纯，鞠琴，余钟波等. IPCC4气候模式对长江流域气温和降水的模拟性能评估及未来情景预估. 第四纪研究，2010，**30**(1)：127-137.

[5] 温华洋，田红，卢燕宇. 安徽省21世纪气候变化预估. 安徽农业科学，2010，**38**(13)：6771-6777.

[6] 中国国家发展和改革委员会. 2007. 中国应对气候变化国家方案.

[7] 于成龙，李帅，刘丹. 气候变化对黑龙江省生态地理区域界限的影响. 林业科学，2009，**45**(1)：8-13.

[8] 郝立生，闵锦忠，刘克岩. 气候变化对河北省水资源总量的影响. 河北师范大学学报，2010，**34**(4)：491-496.

[9] 吴普特，赵西宁. 气候变化对中国农业用水和粮食生产的影响. 农业工程学报，2010，**26**(2)：2-6.

延伸期天气过程异常相似释用预测方法

史印山　周须文　史湘军

（河北省气候中心，石家庄 050021）

摘　要

应用1970—2011年河北省142个站的逐日降水和气温资料、NCEP/NCAR再分析500 hPa月平均高度资料和国家气候中心500 hPa动力延伸预报产品，基于环流异常相似方法制作延伸期重要天气过程。大于1倍标准差作为判断异常的标准，欧式距离系数作为相似指标，寻找500 hPa环流异常分布的相似年份，从而实现对天气过程的预测。对该预测方法在2007—2011年业务应用的预测结果进行了评分检验，结果表明：该预测方法对河北省和中南部区域的降水过程有较高的预测能力，对河北北部、东部的降水过程预测效果较差；对7、8月的降水过程预测效果明显好于其他月份；对系统性降水过程的预测能力高于对流性的降水过程。该方法对延伸期重要天气过程的预测具有一定的参考价值。

关键词：延伸期　重要过程　预测方法　评分检验

引言

随着中国经济的快速发展，高影响天气引发的气象灾害越来越严重，政府和公众迫切需要气象部门提供具有一定短、中期预报特点的延伸期（10～30 d）预报。而大气可预报理论研究表明，逐日天气可预报时效的理论上限为2周，目前数值预报方法对10～30 d时间尺度的预报技巧仍然很低[1]，对于10 d以上的天气过程预报，还缺少客观预报方法来提供科技支撑。因此，延伸期天气过程预测一直是气象科学领域的研究难点，气候预测业务部门急需探索具有一定预报技巧的延伸期天气过程预测方法。

《现代气候业务发展指导意见》中明确指出，要开展延伸期1个月尺度内强降水、强变温（高温、强冷空气）等重要天气的过程预测。这对延伸期预报的发展起到了推动作用，延伸期预报研究工作有所活跃，丁瑞强等[2,3]对天气的可预报性有了初步的研究结果。陈丽娟等[4]对T63模式月动力延伸预报高度场进行了改进试验，顾伟宗等[5]把月动力延伸预报最优信息应用到中国降水尺度的预测模型中；信飞等[6]把自回归统计模型在延伸期预报中进行应用，孙国武等[7,8]应用低频天气图的方法制作延伸期的天气过程预报，史湘军等[9]应用降水、降温过程相似年的统计预测方法制作10～30 d延伸期重要天气过程预报。他们用不同的方法对延伸期的预报进行了探索。河北省在延伸期预报方面也做了大量工作，对模式预报产品进行了多年的释用，利用统计[10]和动力模式结合的方法对延伸期天气过程预报进行了有意义的探索和业务实践。为制作延伸期天气过程预测提供了客观依据，实现了中期预报和月、季趋势预报业务的有机衔接。

1　资料的选取及处理方法

1.1　资料的选取

目前，延伸期重要天气过程主要预报降水和气温两种天气过程。所用资料为河北省1970—2011年142个站的逐日降水和气温资料、逐月NCEP/NCAR再分析500 hPa月平均高度资料和国家气候中心500 hPa旬平均动力延伸预报产品。

1.2　资料的处理

1.2.1　区域的划分

河北省处于中高纬度地区，地域辽阔、地形复杂，气温变化和降水分布都具有明显的地域特点。不同区域的降水、降温天气过程是由不同环流背景所引起的，为了根据环流异常特点更准确地预测出延伸期的重要天气过程，应用经验正交函数(EOF)分解法对河北省降水、气温分布进行了分析，结合河北省重要天气过程(降水、降温)的特点和预报经验，将河北省的预报范围分为北部、东部、中南部和河北省全省，这样对不同区域的过程预测更具针对性。河北省有11个地级市，142个常规气象站，具体的区域划分为，北部包括：张家口、承德、唐山、秦皇岛；中南部包括：廊坊、沧州、衡水、保定、石家庄、邢台、邯郸；东部包括：唐山、秦皇岛、沧州、衡水。

1.2.2　天气过程和等级的划分

为了便于对重要天气过程的统计和预测，消除降水的空间分布不均匀性和偶然因素引起的资料错误，将降水和降温过程按区域和等级进行统计。

(1)降水过程等级的划分：当某一区域出现降水，各站的降水量均不超过1 mm或≥1 mm的降水站数少于该区域的1/3时，认为该地区无降水过程，降水过程等级编码为0。当降水量≥1 mm的站数超过该区域站数的1/3时，降水过程等级编码为1。降水量≥10 mm的站数超过该区域站数的1/3时，降水过程等级编码为2。降水量≥25 mm的站数超过该区域站数的1/3时，降水过程等级编码为3。当某一区域出现降水量≥50 mm站数超过3个站时，降水过程等级编码为4。当发生的天气是降雪时，按降雪量的等级进行编码(表1)。

表1　降水过程等级编码标准

等级	降水量(mm)	降雪量(mm)
0	$R<1$	$R<0.1$
1	$1\leqslant R$	$0.1\leqslant R$
2	$10\leqslant R$	$2.5\leqslant R$
3	$25\leqslant R$	$5\leqslant R$
4	$50\leqslant R$	$10\leqslant R$

(2)降温等级的划分：当某一区域有1/4站日平均气温下降4℃以上时算作降温日。降温等级及其编码如下：

一般降温4.0～7.9℃，编码为1；

较强降温8.0～9.9℃，编码为2；

剧烈降温≥10.0℃，编码为3；

1.2.3　模式预测产品资料的处理

首先应用NCEP/NCAR再分析500 hPa月平均高度资料对中国国家气候中心500 hPa

月平均动力延伸预报产品资料进行检验，分析该预报产品的平均误差和标准误差。通过对平均误差的分析可以了解数值预报产品的系统误差分布情况，以便在预报产品应用时进行修订，以提高模式预报产品的准确度。通过标准误差的分析可了解模式输出产品的准确度，在模式产品的应用中予以考虑和适当修正。图1是该预报产品1、4、7、10月（分别代表冬季、春季、夏季和秋季）沿纬圈的标准误差平均，可以看出：7月标准误差最小，1月标准误差最大，4和10月比较相近。说明该预测产品夏季的准确度明显好于其他季节，冬季的准确度最小。标准误差在经向上有明显的不同，55°N以北标准误差较大，除7月外，标准误差都在50 dagpm以上，55°N以南标准误差随纬度降低减小，到20°N以南标准误差减小到10 dagpm左右。

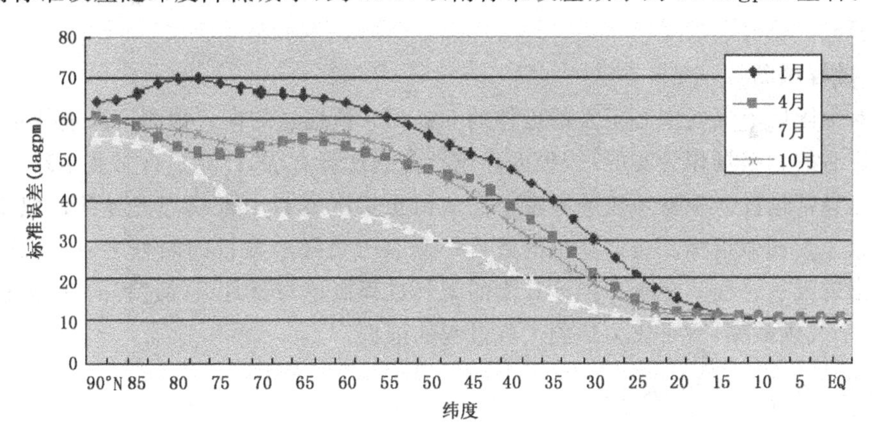

图1　500 hPa月平均动力延伸预报产品沿纬圈的标准误差平均图

2　预测方法

2.1　预测方法的指导思想

大气环流的异常发展必将引起天气气候的异常表现，反之，天气气候的异常表现必定有其特定的环流背景；相似的异常环流背景场也将引发相似的天气气候事件。预报延伸期重要天气过程可从寻找环流背景的异常点入手，把国家气候中心500 hPa候平均动力延伸预报产品适当订正后作为实况产品，寻找环流背景异常点，根据其异常点寻找异常环流背景的相似年，根据相似年的重要天气过程来制作延伸期重要天气过程的预报。

2.2　预测方法的可行性

河北省具有足够长的500 hPa北半球的高度场资料，为计算500 hPa北半球平均高度场和寻找环流异常提供了条件。整理了有记录以来河北省逐月的重要天气过程，为预报延伸期天气过程进行了资料储备。目前，中国国家气候中心下发的未来1～4旬的500 hPa动力延伸预报产品，提供了制作延伸期重要天气过程的环流场背景资料。

2.3　环流异常的确定方法

按世界气象组织定义，气候异常为25 a以上仅出现一次左右的稀少的气象现象，或者气象要素呈正态分布时偏离平均值，超过2倍标准差的现象。对于环流异常，我们延用这一定义，如果某一格点高度值偏离该格点高度平均值2倍标准差以上，认为该格点高度异常。连续多格点高度的异常，即为环流异常。

对于实际业务中重要天气过程所表现的环流异常，远不如气候环流异常那么明显，如果按照严格环流异常的定义去计算，找出的环流异常点比较少，根据异常点找相似年也较困难。因此，在实际的预测业务中，我们做了修改，把高度值偏离平均值大于标准差的点认为是异常点，即当第 i 个格点的高度场资料 H_i 满足

$$H_i > \overline{H}_i + \sigma_i \quad 或 \quad H_i < \overline{H}_i - \sigma_i$$

则认为该点高度值异常。由此可以计算出逐年、逐月高度场异常分布情况。若某月历年环流异常的点数为 $D_1, D_2, \cdots\cdots, D_n$，类似，定义

$$S = \overline{D} + \sigma$$

其中，$\overline{D}$ 为历年异常点数的平均值，σ 为标准差。若某月高度场的异常点数 $D_i > S$，则认为该月份环流异常。

2.4　天气过程预测

首先对中国国家气候中心下发的延伸期 500 hPa 预报场的模式预测产品进行系统误差订正。把订正后的预报场作为实况场，根据环流异常的计算方法，计算出该月北半球 500 hPa 高度场的环流异常情况。根据环流的异常情况从历史实况资料中查找环流异常相似年，采用欧氏距离系数作为相似指标。相似年份的数目一般取历史样本数目的四分之一，计算这些相似年份逐日出现天气过程的概率。把计算出的天气过程概率与该月天气过程的气候概率进行比较，如果大于气候概率，就可作为预测天气过程的依据。

3　降水过程的预报检验

该预测方法于 2007 年开始在预测业务中应用。参考辽宁省和上市短期气候预测重要天气过程的评定方法，对 2007—2011 年 5—10 月的降水过程分两种情况（降水量≥1 mm，降水量≥10 mm）进行预报技巧评分。

3.1　评分方法

预报评分是以观测实况为依据，检验对月内降水过程的预报能力，逐降水过程得分按表 2 计算。

表 2　预报时间得分表

Δt	0	1 d	2 d
得分	100	80	0

其中：Δt 为实际降水过程与预测降水过程的偏差天数

月内过程的预报评分公式为

$$P = \sum_{i=1}^{Na} P_I / (N_a + N_b - N_c)$$

其中，P_i 为月内第 i 次降水过程的得分。N_a 为实际降水过程次数，降水过程指预测区域内至少有 1/3 常规地面气象站日雨量达到规定降水量以上量级，降水过程的次数以天为单位统计。N_b 为预测过程次数，即为预测规定量级过程的次数。如果预测的降水过程中，实际降水有 2 天达到了规定降水量级标准则记为两次。N_c 为降水过程预测正确次数，降水过程出现在预测的时段内，或预测时段的前一天或后一天均记为正确。

3.2　评定结果

根据上述评分方法，我们分区域逐月进行了评定，结果见表 3。

表 3　2007—2011 年 5—10 月过程降水评分

降水量级		≥2.5 mm	≥10 mm
分区域评定	河北省	53.9	26.4
	中南部	51.6	29.0
	东部	50.9	14.5
	北部	44.2	19.3
分月评定	5	38.1	12.5
	6	45.0	16.9
	7	56.9	47.9
	8	60.7	40.5
	9	45.3	12.5
	10	52.0	0.0

由表 3 可以看出，河北省的降水过程预测相对较好，分区域预测结果为：中南部区域和东部区域的预测结果较好，而北部区域预测结果较差。说明降水范围越大，500 hPa 的环流异常越明显。对于中雨以上的降水过程，中南部区域明显好于北部区域和东部区域，这可能是由于北部区域多山地、东部区域为沿海，局地环境因素对降水产生的影响较明显，增大了降水强度，而环流背景异常表现得不明显，造成强降水过程的漏报。从分月的降水过程预测结果可以看出，该预测方法对 7、8 月的小雨以上的降水过程评分达到了 60%左右，中雨以上的降水过程超过 40%，明显好于其他月份；对初夏和初秋的预测效果较差。这一方面与动力延伸预报场的准确度有关，由对 500 hPa 月平均动力延伸预报产品资料进行检验结果可知(图 1)，7、8 月份的标准误差明显小于其他月份，准确度较高，500 hPa 环流场与实际环流背景场更接近。另外，7、8 月是河北省主汛期，降水范围大、过程强，因而环流背景场表现得比较明显。总之，异常环流相似释用方法是制作月内延伸期重要天气过程的一种客观方法，在业务工作中具有一定的参考价值。

4　小结

(1)该预测方法对大范围降水过程有较好的预测能力，对小范围的降水过程容易漏报。

(2)该方法对 7、8 月的系统性降水过程预测效果较好，对对流性降水过程预测能力较差。

(3)该预测方法在实际应用中发现预测效果不太稳定，如 2008 年的过程预测明显好于 2009 年的过程预测。其原因有待认真分析。

(4)延伸期 500 hPa 预报场的模式预测产品准确率直接影响月内重要过程的准确率。

(5)环流异常相似释用方法是对延伸期重要天气过程预测的一种探索，虽然预测准确率总体比较低，但对延伸期重要天气过程的预测具有参考价值。

参考文献

[1]　丑纪范.大气科学中的非线性与复杂性.北京：气象出版社，2004：144-166.

[2]　丁瑞强，李建平.非线性误差增长理论及可预报性研究.大气科学，2007，**31**：571-576.

[3]　丁瑞强，李建平.天气可预报性的时空分布.气象学报，2009，**67**(3)：343-354.

[4] 陈丽娟，陈伯民，张培群等. T63 模式月动力延伸期预报高度场的改进试验. 应用气象学报，2005，**16**(增刊)：92-96.
[5] 顾伟宗，陈丽娟，张培群等. 基于月动力延伸预报最优信息的中国降水尺度预测模型应用. 气象学报，2009，**67**(2)：280-287.
[6] 信飞，孙国武，陈伯民. 自回归统计模型在延伸期预报中的应用. 高原气象，2008，**27**(增刊)：69-75.
[7] 孙国武，信飞，陈伯民等. 低频天气图预报方法. 高原气象，2008，**27**(增刊)：64-68.
[8] 孙国武，信飞，孔燕春等. 大气低频震荡与延伸期预报. 高原气象，2008，**27**(增刊)：64-68.
[9] 史湘军，史印山，池俊成等. 10-30 天延伸期重要天气过程的相似年统计预测方法. 河北气象，2012，(1)：1-4.
[10] 孔玉寿，钱建明，臧增亮. 统计天气预报原理和方法. 北京：气象出版社，2011：429-435.

1961—2012年山西雾、霾的气候特征及变化分析

王咏梅[1]　武捷[2]　褚红瑞[1]　王少俊[3]

(1.山西省运城市气象局,运城 044000;2.山西省气象信息中心,太原 030002;3.山西省气象局,太原 030002)

摘　要

利用1961—2012年山西71个台站雾、霾天气现象观测资料和逐日气温等资料,研究山西雾霾日数的变化特征。结果表明:雾多发区在中南部,北部雾日则较少。烟霾日数高值区出现在以大同、太原、临汾为中心线的带状区域,东部、西部地区烟霾日数较少。从季节分布来看,雾日数峰值出现在9月份,谷值在5月份出现;霾和烟幕日数的峰值出现在12月和1月,谷值在8、9月出现。近50年以来,雾日有较弱的增多趋势,21世纪表现为减少趋势;霾日数为单调的显著增多趋势;烟幕日数也为显著增多趋势,20世纪90年代后期以前为增多,之后转为减少。厄尔尼诺事件发生年往往烟霾日数较多。冬季气温偏高可导致烟霾天气增多,气候变暖对烟霾天气的影响不容置疑。

关键词:雾霾　烟幕　厄尔尼诺事件　气候变暖

引言

2013年1月以来,中国中东部大部分地区频繁出现大范围雾、霾天气,造成不少城市重度空气污染,给人们生产、生活带来非常不利的影响,引起了社会各界对大气污染的高度重视。对于雾、霾天气不少气象学者做过研究,其中主要包括对中国[1~8]及不同区域[9~24]雾、霾的气候特征及成因分析。关于山西的雾、霾情况,一些研究[1~3]发现,1950—2001年山西平均年大雾日数:大部分地区在15 d以下、中部为15～30 d;大雾日数变化趋势,中、南部增多、北部减少;1961—2005年山西大部分地区年平均霾日数为10～20 d,局部高达30 d,是全国霾高发区。

山西是以煤炭为主要经济资源的省份,空气污染问题历来突出。近年来,随着城市化进程和当地经济的迅速发展,雾、霾天气经常发生,致使城市空气污染加剧,已经给一些地区的人们带来严重不良影响。那么,山西的雾、霾天气究竟有着怎样的区域分布和变化?是否日趋严重?非常有必要针对这些问题进行分析。另外,虽然对山西雾、霾已有一些研究成果,但在山西不少地方,还经常出现烟幕,也会严重影响视程和空气质量,可以说烟幕污染是山西的区域特点,而对于山西烟幕的研究却从来没有。本文使用最新的气象观测资料,分析雾、霾日数的时空变化特征及其成因,对霾、烟幕定量化的研究结论可使人们更加充分地了解当前山西空气污染的状况,对当地政府举措及预报预警、防灾减灾具有重要意义。

1　资料和方法

所用台站资料为山西省气象局信息中心整理的全省1961—2012年逐日雾、霾、烟幕天气现象和日平均气温资料。考虑到建站年代不同,时间序列长度不一致和资料连续性等因素,最

后选取71个站进行时空特征和变化趋势分析。ENSO事件资料由中国国家气候中心提供。

使用Kendall-Tau非参数方法进行雾、霾日数趋势变化分析和显著性检验（显著性水平$\alpha=0.001$）。用相关法分析了烟、霾日数与气温的关系。

雾、霾、烟幕日数的统计：如果当天有雾、霾、烟幕①发生，则定义为1个雾、霾、烟幕日，在此基础上统计月、年日数。根据中国气象局《地面气象观测规范》[26]定义雾、霾、烟幕现象，不再赘述。

2 结果分析

2.1 时空分布特征

2.1.1 年均日数空间分布

山西多年平均雾、霾日数呈现明显的地域差异（图1）。年平均雾日数分布（图1a）为，中、南部大部分地区较多，北部较少。北部大部分地区年均雾日数不足5 d，其余全省大部分地区在5～20 d，中、南部的东部地区在20 d以上，五台山雾日最多，全年平均为174 d。中、南部水汽较充足，容易满足雾的形成条件，而西、北部干燥，不容易出现雾。五台山之所以雾日多，是因为五台山海拔高度在2 km以上，平地上经常看到的云在高山上即为雾，所以，五台山雾日会很多。霾日数的空间分布（图1b）为，北部、西部大部分地区和东部的部分地区霾日最少，不足5 d，其余大部地区在5～40 d，而在中部的太谷、汾阳和南部的侯马为霾的多发区，年均霾日超过70 d，侯马甚至达125 d。高歌[3]曾统计出1971—2000年山西南部平均年霾日数在30～50 d，而本研究发现山西中、南部局部地区霾日数要多得多，这是由于所取站点不同、资料年代不同等造成的，本文对山西雾霾的分析更精细。烟幕日数则（图1c）是北部大部分地区和中、南部个别地区为高值区，而在中、南部大部分地区为低值区。烟幕日数的分布更具区域差异，集中分布在厂矿较多的城区，大同、太原和临汾年均烟幕日数在100 d以上，太原甚至达139 d，而东部和南部的部分地区平均年烟幕日数不足1 d，区域差别非常大。烟幕形成主要是燃煤排放所致，因此，烟幕日数高值区分布在厂矿、生活燃煤较多的城区。将霾和烟幕合起来能更好表征空气质量，烟霾日数以大同、太原和临汾一线为高值区，太原年均烟霾日数高达198 d。而东部、西部烟霾日数较少，部分地区年均烟霾日数在5 d以下（图1d）。

2.1.2 雾、霾日数月际变化

图2为雾、霾日数的月际变化，全省雾、霾年平均日数为，雾12个、霾17个、烟幕15个、烟霾合计32个。无论是雾，还是霾、烟幕均表现出明显的季节变化，雾日数峰值在9月，谷值出现在5月，这是因为山西9月空气比较湿润，加之凌晨往往是气温较低且风速低，利于雾的形成，而5月则是干燥、多风，不易形成雾。雾的多发期为7—12月，1—6月则为少发期。霾和烟幕日数的峰值出现在12月和1月，谷值在8、9月，这是因为8、9月雨水较多，对空气中的污染物颗粒起到冲刷稀释作用，较少出现烟霾现象，而12月和1月为采暖期，大量的烟尘颗粒物排入大气，同时，近地层逆温和小（静）风抑制了污染物扩散，加上空气干燥，非常容易造成烟霾。比较霾和烟幕日数变化，可发现，烟幕日数在全年大多数月份都比霾日数要少，只在冬季12月至次年2月比霾日数多，进一步说明，冬季采暖期燃煤排放是造成烟霾尤其是烟幕的主

①本文将雾、霾及烟幕统称为雾霾；烟霾指烟幕和霾。

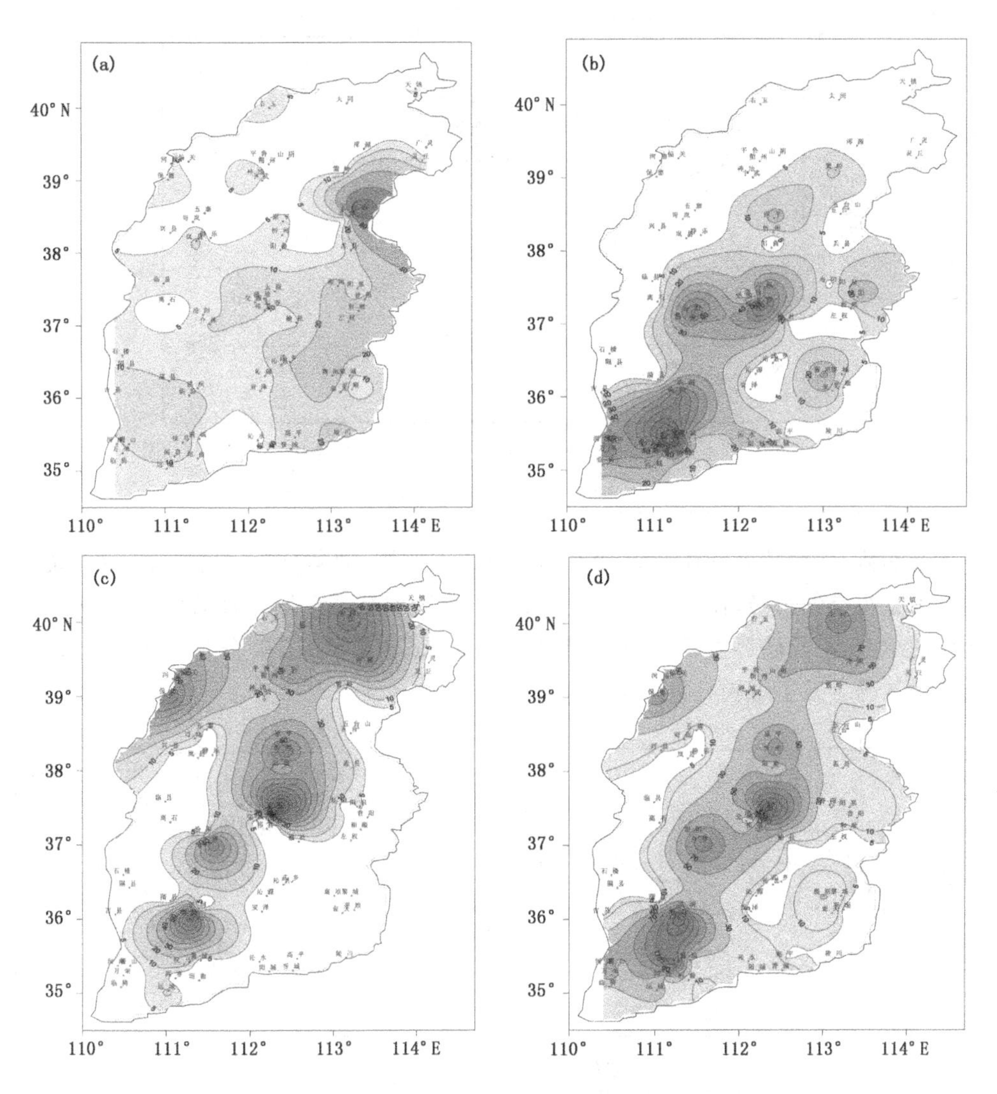

图 1 年均雾霾日数的空间分布

（a. 雾，b. 霾，c. 烟幕，d. 烟霾）

要原因。

2.2 雾、霾日数变化趋势分析

2.2.1 全省年均雾、霾日数变化趋势分析

图 3 为雾、霾日数逐年变化曲线，可看到，几种现象均呈现出增多趋势，除了雾日数的增多趋势不是很明显，霾和烟幕日数均有明显的增多趋势，这可能是因为无论是雾还是烟霾的形成，都需要有空气中的凝结核，而在早些时候，经济发展和城市化进度比较缓慢，空气污染不严重，空气中的凝结核较少，不容易形成雾、霾天气。雾日数（图 3a）有微弱的上升趋势，上升速率仅为 0.04 d/a。二阶多项式表现出雾日数 20 世纪 60、70 年代为上升趋势，进入 21 世纪则为下降趋势。霾日数（图 3b）为显著上升趋势，上升速率为 0.7 d/a。霾日数的二阶多项式曲线接近趋势线，各个年代都为单调的上升趋势。烟幕日数（图 3c）也为显著上升趋势，上升速率为 0.3 d/a。二阶多项式曲线反映出烟幕日数的上升趋势为抛物线形变化，即 90 年代后期

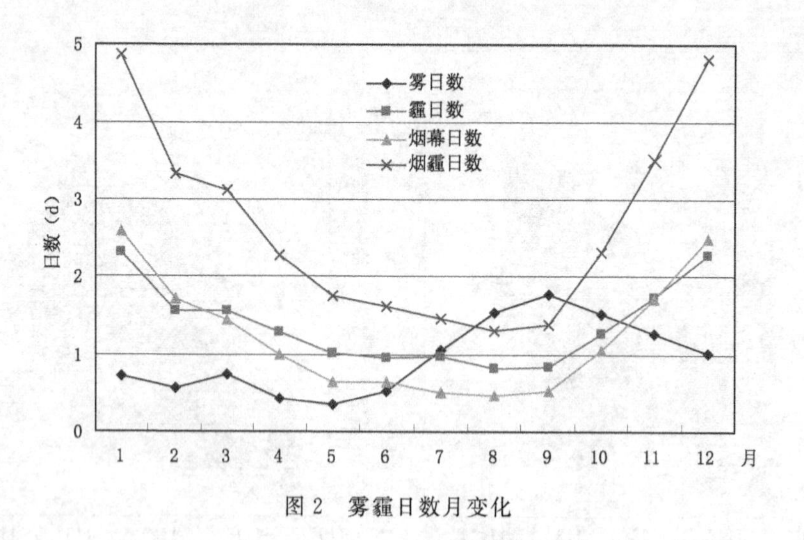

图 2　雾霾日数月变化

以前为上升趋势，然后转为下降趋势，尤其是 2008 年开始，烟幕日数下降明显，这可能与人们近些年逐渐重视空气污染，控制燃煤排放，加强环境治理有关。烟霾日数（图 3d）为霾和烟幕日数变化的综合，上升趋势显著，上升速率为 1 d/a。城市扩大、工矿企业发展、人口增多及车辆的大量增加等导致了烟霾日数增多。

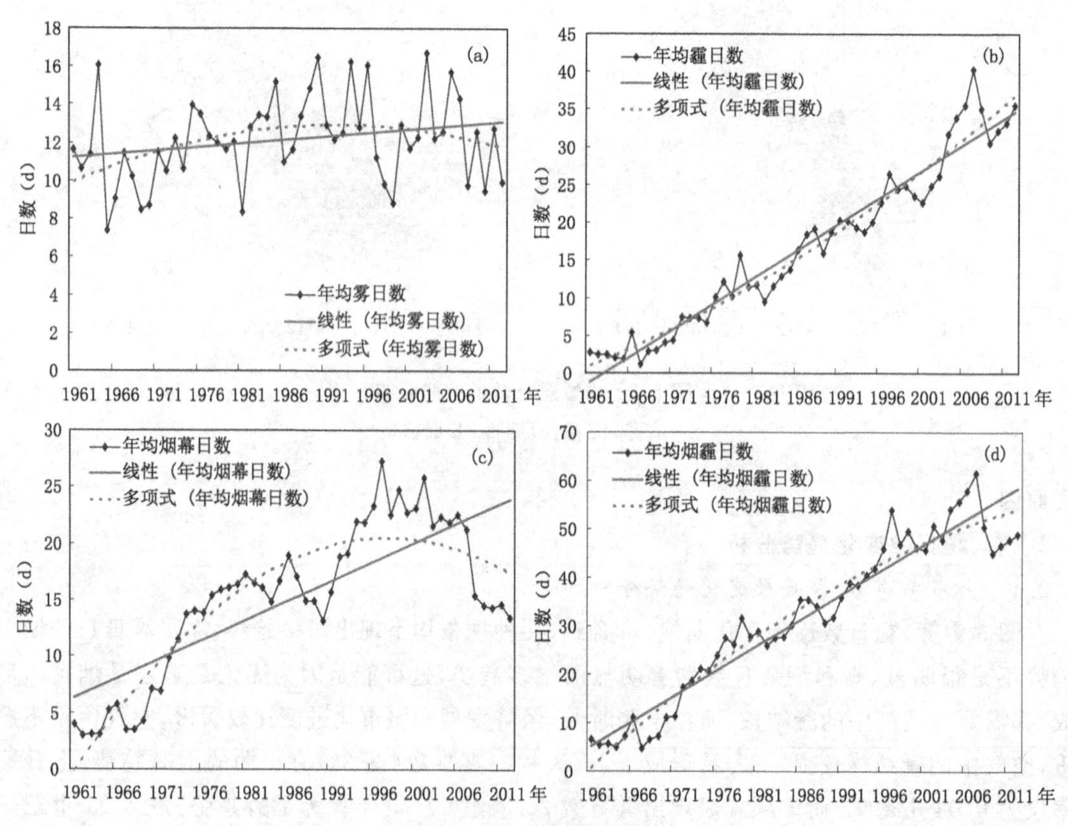

图 3　年均雾霾日数历年演变
（a. 雾，b. 霾，c. 烟幕，d. 烟霾）

2.2.2 雾、霾日数变化趋势的空间分布

由近50年雾、霾日数变化趋势空间分布可见(图略):雾日数增多和减少的台站数几乎一样多,雾日减少的地区大多分布在东北部和西部大部分地区,减少趋势基本为1 d/a,而在南部大部分地区和中、北部的部分地区则为增多趋势,但这种趋势不是很明显,每年增多不足1 d。本研究结论和刘小宁等[1]、王丽萍等[2]对山西大雾日数的研究结论大体一致,即北部减少,中、南部增多。显著性检验表明,只有部分地区雾日数变化趋势显著。关于霾日数变化,虽然全省平均(图2b)为显著增多趋势,空间分布表明,霾日数变化趋势有明显的地域差异,即北部为减少,南部则为增多。北部减少趋势为每年减少不足1 d,而南部地区的增多趋势就明显得多,大部分地区每年增多1~2 d,部分地区超过4 d,侯马甚至达7.6 d。增多地区中的大部分趋势为显著的,而在减少的地区当中,只有部分是显著的。从烟幕日数趋势分布图上可看到,山西省大部分地区烟幕日数为增多趋势,这些地区主要分布在中部和南部,大部分地区增多趋势每年不足1 d,只有少部分地区每年增多在2~5 d。另外,有部分地区烟幕日数为减少趋势,但很弱,每年减少不足0.5 d。仅有一半地区烟幕日数变化趋势显著。将霾和烟幕日数合起来分析,大部分地区为增多趋势,多数分布在中、南部,一般为每年增多1~4 d,个别在4~8 d,少部分地区为减少趋势,主要分布在北部和西部,每年减少不超过0.5 d。

2.3 烟、霾的成因分析

2.3.1 与厄尔尼诺事件的关系

挑选烟霾日数最多的几年(1997、2002、2004、2005、2006和2007年),这几年山西省平均烟霾日数均超过50 d,为1961年以来最多的几年。可以看到,除了1997年,其余几年都在21世纪。张运英等[17]研究指出,华南雾霾天气与厄尔尼诺事件有一定关系。本文发现,山西出现严重雾、霾天气的年份与厄尔尼诺事件也有很好的对应关系。雾、霾日数最多的6 a里,有4 a(1997、2002、2006和2007年)出现在厄尔尼诺发生年(根据国家气候中心定义的ENSO事件),其余两年(2004和2005年)虽达不到厄尔尼诺事件定义标准,但Nino3区海温也是高出平均值。这几次厄尔尼诺事件强盛月份均在当年12月,前面分析指出,山西烟霾天气多数出现在冬季12月和1月,表明山西烟霾的形成与厄尔尼诺事件有密切联系。其影响机制为:发生在秋冬季的赤道中东太平洋海水的异常偏暖,通过海—气相互作用,在东亚季风区反馈出冬季风较弱等的环流异常,从而影响当地天气气候,出现利于烟霾形成的天气条件。

2.3.2 气候变暖的影响

有研究[2,15]指出气候变暖对雾霾形成有一定影响。从前面3.1.2节分析可知,山西烟霾多出现在冬季,计算历年烟霾日数与山西冬季气温的相关系数为0.6,说明二者之间有较好的对应关系,即当冬季气温偏高时,烟霾日数则偏多。进一步分析山西烟霾日数和冬季气温距平的变化曲线(图4),可以看到,近50年二者均为明显的增加趋势。多项式分析显示,二者的年代际变化大体一致,基本出现同位相的上升和下降趋势,比如,20世纪60年代前期二者均为下降,之后的30余年间,二者大的趋势都为上升,到了2005年前后,二者又都同时下降。在烟霾日数最多的6 a里,只有2005年冬季气温略偏低,其余几年冬季气温均偏高,说明冬季气温异常对烟霾的形成有不可忽视的作用,气候变暖对山西烟霾现象的增多有很大影响。

3 小结

山西雾多发区分布在水汽较多的中南部,而干燥的北部雾日则较少。烟霾日数高值区分

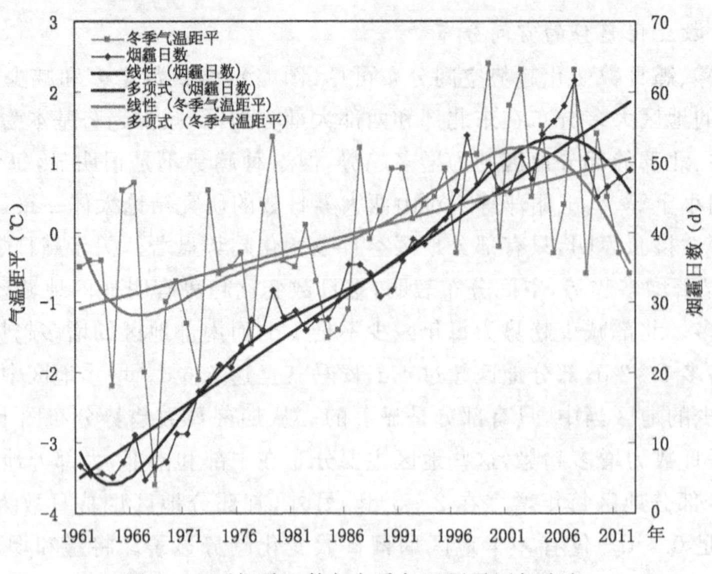

图 4　山西烟霾日数与冬季气温距平历年演变

布在以大同、太原、临汾为轴线的区域，这些地区经济较发达、厂矿较多；东、西部地区烟霾日数较少。雾日数峰值出现在 9 月，谷值在 5 月出现；霾和烟幕日数的峰值出现在 12 月和 1 月，谷值在 8、9 月出现。

1961 年以来，山西雾、霾日数呈现增多趋势，雾日增加趋势较弱，20 世纪 60、70 年代为上升趋势，进入 21 世纪则为下降趋势；霾日数为显著上升趋势；烟幕日数也为显著上升趋势，但 90 年代后期以前为增多，之后转为下降趋势。烟幕是山西空气污染的重要原因，但近年来，随着人们对空气污染的重视，经过对燃煤排放的控制和治理，烟幕现象有所减少。

厄尔尼诺年对应山西烟霾日数较多；冬季气温偏高可导致烟霾天气增多。除了这些天气因素以外，城市化及人类活动造成的大气污染物排放增多也是烟霾出现频率增多的主要原因。面对雾霾天气增多、空气污染加剧的严峻形势，加强空气污染的治理，进一步采取减排控制措施已刻不容缓。

参考文献

[1]　刘小宁，张洪政，李庆祥等. 我国大雾的气候特征及变化初步解释. 应用气象学报，2005，**16**(2)：220-230.

[2]　王丽萍，陈少勇，董安祥. 气候变暖对中国大雾的影响. 地理学报，2006，**61**(5)：527-536.

[3]　高歌. 1961—2005 年中国霾日气候特征及变化分析. 地理学报，2008，**63**(7)：761-768.

[4]　林建，杨贵名，毛冬艳. 我国大雾的时空分布特征及其发生的环流形势. 气候与环境研究，2008，**13**(2)：171-181.

[5]　陈潇潇，郭品文，罗勇. 中国不同等级雾日的气候特征. 气候变化研究进展，2008，**4**(2)：106-110.

[6]　王丽萍，陈少勇，董安祥. 中国雾区的分布及其季节变化. 地理学报，2005，**60**(4)：689-697.

[7]　孙丹，朱彬，杜吴鹏. 我国大陆地区浓雾发生频数的时空分布研究. 热带气象学报，2008，**24**(5)：497-501.

[8]　李子华. 2001，中国近 40 年来雾的研究. 气象学报，**59**(5)：616-624.

[9]　刘爱君，杜尧东，王慧英. 广州灰霾天气的气候特征分析. 气象，2004，**30**(2)：68-71.

[10]　廖玉芳，吴贤云，潘志祥等. 1961—2006 年湖南省霾现象的变化特征. 气候变化研究进展，2007，**3**(5)：

260-265.

[11] 史军，崔林丽，贺千山.华东雾和霾日数的变化特征及成因分析.地理学报.2010,**65**(5):533-541.

[12] 伍红雨,杜尧东,何健.华南霾日和雾日的气候特征及变化.气象，2011,**37**(5):607-614.

[13] 王建国，王业宏，盛春岩等. 济南市霾气候特征分析及其与地面形势的关系.热带气象学报，2008,**24**(3)：303-306.

[14] 周自江,朱燕君,姚志国.四川盆地区域性浓雾序列及其年际和年代际变化. 应用气象学报，2006,**17**(5):567-573.

[15] 周月华，王海军，吴义城. 增暖背景下武汉地区雾的变化特征. 气象科技，2005,**33**(6)：509-512.

[16] 叶光营,吴毅伟,刘必桔.福州区域雾霾天气时空分布特征分析.环境科学与技术,2010,**33**(10):114-119.

[17] 张运英,黄菲,杜鹃.广东雾霾天气能见度时空特征分析——年际年代际变化.热带地理,2009,**29**(4):324-328.

[18] 刘宁微,马雁军,刘晓梅.沈阳地区霾与雾的观测研究.环境科学学报,2011, **31**(5):1064-1069.

[19] 靳利梅,史军. 上海雾和霾日数的气候特征及变化规律.高原气象，2008,**27**(增刊):138-143.

[20] 郑峰,颜琼丹,吴贤笃.温州地区雾霾气候特征及其预报.气象科技，2011,**39**(6):791-795.

[21] 黄玉仁，黄玉生，李子华等. 生态环境变化对雾的影响. 气象科学，2000,**20**(2)：129-135.

[22] 宋娟,程婷,谢志清. 江苏省快速城市化进程对雾霾日时空变化的影响. 气象科学，2012,**32**(3):275-281.

[23] 石春娥，杨军，邱明燕等. 从雾的气候变化看城市发展对雾的影响.气候与环境研究，2008,**13**(3):327-336.

[24] 田小毅 吴建军 严明良.高速公路低能见度浓雾监测预报中的几点新进展.气象科学，2009,**29**(3):414-420.

[25] 中国气象局. 地面气象观测规范. 北京：气象出版社，2003.21-27.

影响中国东北地区夏季低温的主要因子及其相互关系

赵连伟[1] 李辑[2] 房一禾[1] 孙秀博[1] 张蕊[3]

(1.沈阳区域气候中心,沈阳 110016;2.辽宁省气象科学研究所,沈阳 110016;3.陵区气象局,沈阳 10168)

摘 要

利用东北地区 26 个测站的 1951—2011 年月平均的气温资料,分析了中国东北地区夏季低温的主要影响因子。结果表明:影响东北夏季低温的因素包括:大气环流、东亚夏季风、厄尔尼诺事件、太平洋年代际振荡以及太阳活动等。而太阳活动、厄尔尼诺事件和太平洋年代际振荡是影响东北夏季低温的主要因素。1977 年以前处于太平洋年代际振荡冷位相期,容易发生东部型的厄尔尼诺事件,当东部型厄尔尼诺事件发生时,往往造成东北夏季低温。1978—2005 年处于太平洋年代际振荡暖位相期,容易发生中部型的厄尔尼诺事件,当中部型厄尔尼诺事件发生时,东北夏季低温趋势明显减弱。总体来看,厄尔尼诺对东北夏季低温有重要影响,但二者的关系非常复杂。几种因子相互作用,共同对东北夏季低温产生影响。

关键词:夏季低温 厄尔尼诺事件 太平洋年代际振荡冷位相 太阳活动

引言

中国东北地区地处中高纬度亚欧大陆东岸的季风区,在中国属于纬度高、气候脆弱的地区。众所周知,中国东北地区夏季低温冷害是中国东北地区农业生产的主要灾害性天气气候事件。中国许多专家对东北夏季低温的相关内容展开了大量的研究工作并得到了有意义的成果[1-4]。

以往对于东北夏季低温的研究较多。综合来看,东北夏季低温的影响因素主要包括:大气环流、厄尔尼诺事件、太平洋年代际振荡、海冰和积雪以及太阳活动等。环流因子方面,汪秀清等[5]在研究东北夏季低温的长期预报时指出:东北地区低温冷害年,北半球极涡偏强,前期春季极涡偏于北美,在 45°—70°N 为大范围负距平区所控制,即中纬度地区为长波槽主导。孙力等[6]指出:东北冷涡持续性活动是导致东北地区夏季低温的一个十分关键的因子,冷涡与东北夏季气温呈反相关分布。此外,东北冷涡活跃与东亚阻塞高压势力偏强、西太平洋副热带高压(副高)位置偏南等大尺度环流背景相联系。海温方面:有学者[7]认为:东北地区夏季低温与"厄尔尼诺"的关系复杂。李菲等[8]的研究结果表明:太平洋年代际振荡冷位相下,东北夏季气温与赤道中东太平洋负相关显著,与黑潮延伸区呈现明显的正相关;太平洋年代际振荡暖位相下,黑潮区域正相关增大,赤道中东太平洋区域负相关减弱。符淙斌[9]分析了北半球冬春冰雪面积变化与中国东北地区夏季低温的关系,指出:当冬春北半球积雪面积和大西洋海冰面积增大时,夏季东北地区温度偏低;反之,东北夏季温度就偏高。太阳活动方面,张寿荣等[10]指出:当太阳黑子相对数处于峰顶(极大值)时,气温为正距平;当太阳黑子相对数处于谷底(极小

资助项目:中国气象局,东北地区夏季低温预测技术改进、集成及业务应用,CMAGJ2011M14。

值)以及谷底区域时,气温为负距平。综合分析后,我们认为太阳活动、厄尔尼诺事件和太平洋年代际振荡是影响东北夏季低温的主要因素。

以往对于东北夏季低温影响因子的研究,主要集中在个别因子的影响,然而综合各类影响因子共同分析东北夏季低温的研究较少。本文综合了太阳活动、太平洋年代际振荡和厄尔尼诺事件,对东北夏季低温问题展开讨论。并在此基础上,分析了这些因子之间的相互作用。为东北夏季低温的预测提供了一定依据。

1 资料和方法

所用要素资料为:东北地区 26 个测站的 1951—2011 年月平均的气温资料,来源于沈阳区域气候中心;500 hPa 高度场和海温场资料 1951—2011 年逐月平均资料,来源于美国 NOAA。

分析方法主要采用了合成分析、相关分析等统计分析方法。

2 太阳活动对东北夏季低温的影响

2.1 太阳黑子低谷年东北夏季低温的统计特征

太阳黑子活动具有 11 a 变化周期,对东北夏季气温有显著的影响,我们统计了 1951 年以来太阳黑子低谷年与东北夏季气温距平情况(表 1)。6 个太阳黑子低谷年中,有 5 a 发生了东北夏季低温(平均气温距平≤−0.5℃),另外 1 a 东北夏季平均气温也略偏低。因此,太阳活动是东北夏季低温的重要因子,一般在太阳黑子低谷年,易发生东北夏季气温偏低。

表 1 太阳黑子低谷年及东北夏季气温距平(单位:℃)

太阳黑子低谷年	1954	1964	1976	1986	1996	2009
辽宁夏季气温 ΔT	−0.7	−0.8	−1.2	−0.5	−0.2	−0.5

将 1951 年以来太阳黑子低谷年(1954、1964、1976、1986、1996 和 2009 年)的东北夏季气温距平进行合成,可以看出:在太阳黑子低谷年东北大部分地区气温偏低 0.8℃以上,其中黑龙江省北部、吉林省偏东部和辽宁省西北部偏低较为明显(图 1)。即在太阳黑子低谷年,易发生东北夏季气温偏低的规律在东北地区普遍适用。

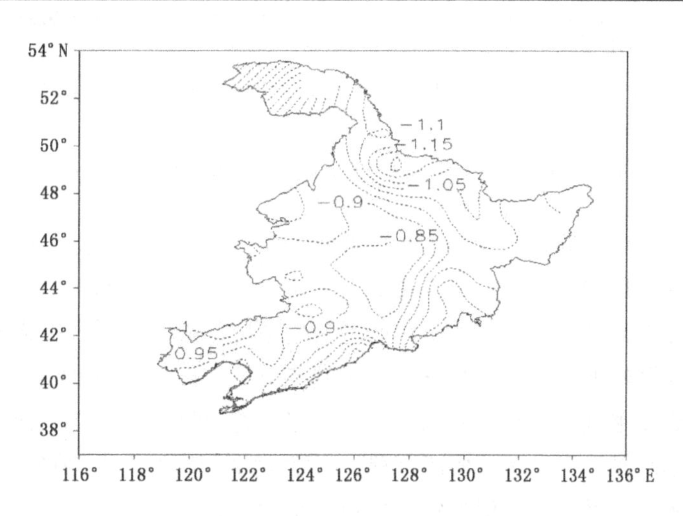

图 1 太阳黑子低谷年东北夏季气温距平合成场(单位:℃)

2.2 太阳黑子低谷年与东北夏季低温年的环流特征对比

将1951年以来太阳黑子低谷年(1954、1964、1976、1986、1996和2009年)的夏季500 hPa高度场进行合成(图2a),与东北夏季气温最低5 a(1957、1969、1972、1976和1983年)的夏季500 hPa高度合成场(图2b)进行对比可以看出:在太阳黑子低谷年,500 hPa高度场在欧亚大陆表现为3槽2脊形势,大陆两端和乌拉尔山以东地区为槽区,极地为明显的负距平区。从极地向东北地区呈现"－ ＋ －"的波列分布特征。在东北夏季低温年,500 hPa高度场在欧亚大陆表现为2槽2脊形势,大陆西端为脊区,大陆东端为槽区,极地也为明显的负距平区。从极地向东北地区依然呈现出"－ ＋ －"的波列分布特征。即太阳黑子低谷年容易造成500 hPa高度场从极地向东北地区呈现"－ ＋ －"的波列分布特征,这是有利于东北夏季低温的环流形势。

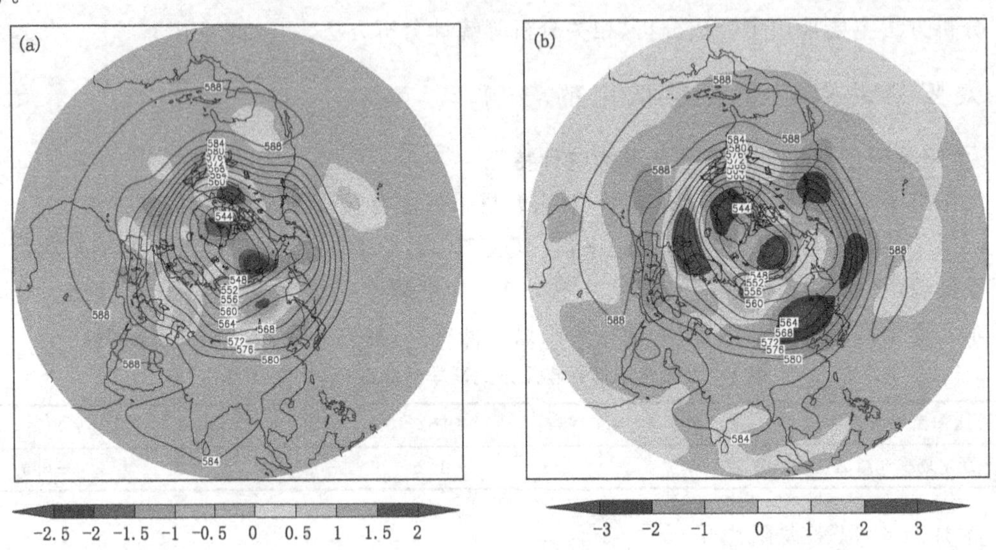

图2 太阳黑子低谷年夏季500 hPa合成场(a)和东北夏季低温年夏季500 hPa合成场(b)(单位:dagpm)

3 厄尔尼诺事件对东北夏季低温的影响

厄尔尼诺事件与东北夏季低温存在密切的联系。叶更新[11]发现:东北夏季低温冷害的发生与厄尔尼诺的类型有关。也有研究指出:在20世纪50年代以后的30 a里,东北地区夏季异常低温与赤道东太平洋海温变化是反位相的[12,13]。李尚峰等[14]对东北典型冷、暖夏年的北太平洋地区海气系统季节演变做了合成分析,分析发现在赤道中东太平洋区域,冷夏年从春季到夏季该区域对应的厄尔尼诺位相显著加强,而暖夏年该区域对应的拉尼娜位相,从春季到夏季却是一个显著减弱的过程。20世纪80年代以前,一般认为厄尔尼诺事件发生后,容易发生东北夏季低温。但近年来这种关系被打破了。

孙建奇等提出:分析东北夏季气温内容前,需要把东北地区分为南北两个变化特征不同的区域。并指出:东北北部在1988年发生了突变,突变前,主要影响因素为厄尔尼诺,突变后,厄尔尼诺的影响有所减弱。汪宏宇等[16]对东北和华北东部气温异常特征及其成因进行过分析,结果表明:20世纪90年代前厄尔尼诺时期东北地区夏季常出现低温,但90年代后这种关系有所改变。

以上研究表明厄尔尼诺对东北夏季低温具有重要影响，但东北夏季低温与“厄尔尼诺”的关系非常复杂。为了进一步厘清厄尔尼诺事件与东北夏季低温的关系，我们重新定义了厄尔尼诺（拉尼娜）年；按不同时段分析二者之间的关系；考虑不同厄尔尼诺类型对东北夏季低温的影响等。

3.1 厄尔尼诺（拉尼娜）年定义

采用美国 NOAA 提供的逐月 ENSO 监测资料，重新定义厄尔尼诺（拉尼娜）年。若 9 月（含 9 月）前发生厄尔尼诺（拉尼娜）事件，则当年记为厄尔尼诺（拉尼娜）年，记为 E0（L0）。若 9 月后发生厄尔尼诺（拉尼娜）事件，则次年记为厄尔尼诺（拉尼娜）年，记为 E0（L0）。若厄尔尼诺（拉尼娜）事件持续到某年 5 月以后，此年也记为厄尔尼诺（拉尼娜）年，记为 E1（L1）、E2（L2）等，依此类推。

根据中国国家气候中心对厄尔尼诺（拉尼娜）事件爆发类型的定义——厄尔尼诺事件发展到盛期时最大海温正距平主要分布在赤道东太平洋及靠近南美沿岸，也即是 Nino3 区，定义为东部型；最大海温正距平主要分布在赤道中太平洋日界线附近，也即是 Nino4 区，归类为中部型；最大海温正距平的分布介于这两者之间，基本位于 Nino3.4 区，定义为混合型。重新定义后得到厄尔尼诺（拉尼娜）年表（表 2）。

表 2　厄尔尼诺（拉尼娜）年表

厄尔尼诺年			拉尼娜年	
起始时间	终止时间	类型	起始时间	终止时间
1951 年 7 月	1952 年 1 月	东部型	1954 年 5 月	1956 年 12 月
1953 年 1 月	1954 年 2 月	东部型	1964 年 5 月	1965 年 1 月
1957 年 4 月	1958 年 7 月	东部型	1970 年 7 月	1972 年 1 月
1963 年 6 月	1964 年 2 月	东部型	1973 年 5 月	1974 年 7 月
1965 年 5 月	1966 年 4 月	东部型	1974 年 9 月	1976 年 4 月
1968 年 8 月	1970 年 1 月	中部型	1984 年 10 月	1985 年 9 月
1972 年 5 月	1973 年 3 月	东部型	1988 年 5 月	1989 年 5 月
1976 年 9 月	1977 年 2 月	东部型	1995 年 9 月	1996 年 3 月
1982 年 5 月	1983 年 6 月	中部型	1998 年 7 月	2001 年 3 月
1986 年 8 月	1988 年 2 月	中部型	2007 年 8 月	2008 年 6 月
1991 年 5 月	1992 年 6 月	中部型	2010 年 7 月	2011 年 4 月
1994 年 9 月	1995 年 3 月	中部型		
1997 年 5 月	1998 年 4 月	混合型		
2002 年 5 月	2003 年 2 月	中部型		
2004 年 7 月	2005 年 1 月	中部型		
2009 年 7 月	2010 年 4 月	混合型		

3.2 厄尔尼诺事件对东北夏季低温影响的年代际变化

我们分别计算了 1961—1990、1971—2000、1981—2010 年 3 个时段东北夏季气温与太平洋海温场的相关场（图 3），了解其阶段性变化特征。可以看出：正相关区位于西太平洋，而且是依次增强的趋势。说明西太平洋海温场对东北夏季气温的影响在增强。负相关区位于东太平洋，1961—1990 年相关性最好，1971—2000 年相关性明显下降、1981—2010 年相关性也是下降趋势，但比 1971—2000 年这个阶段又有了加强的趋势。说明东太平洋海温场对东北夏季气温的影响经历了从减弱到逐渐增强的过程。这从另一个侧面证明了东北夏季气温与厄尔尼诺事件反相关关系的减弱趋势。

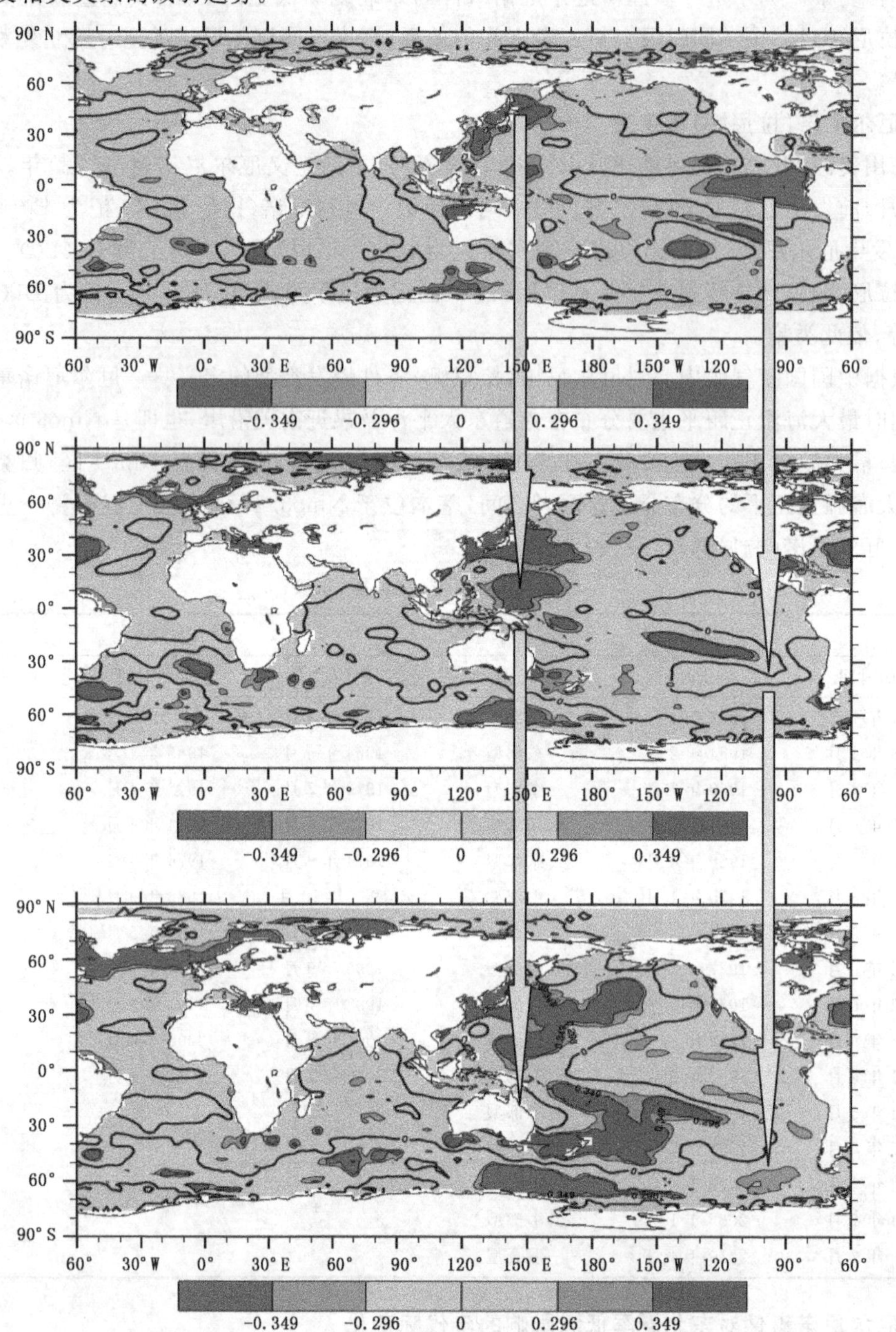

图 3 东北夏季气温与太平洋海温场高相关区的年代际变化

(a. 1961—1990 年相关场，b. 1971—2000 年相关场，c. 1981—2010 年相关场)

我们将 1951 年以来所有厄尔尼诺年对应的东北夏季气温距平以表 3 来对比。可以看出：在 1992 年以前的 16 个厄尔尼诺年中，只有 1 a(1982 年)东北夏季气温偏高，其他年份东北夏季气温都偏低或接近常年。二者之间的反相关关系很明确。但 1994 年以后的 5 个厄尔尼诺年中，其中 4 a 东北夏季气温偏高，只有 1 a(2009 年)东北夏季气温偏低。二者之间的反相关关系不存在了。值得注意的是 2009 年的厄尔尼诺年是太平洋年代际振荡转为冷位相后的第一个厄尔尼诺年，二者之间又体现出了反相关关系。是否预示着未来的发展趋势？

表 3　不同太平洋年代际振荡位相下厄尔尼诺分型特征及对东北夏季气温的影响(单位:0.1℃)

厄尔尼诺年	东北夏季气温距平(℃)	分型	PDO 位相
1951	1	东部型(E0)	
1953	0	东部型(E0)	
1957	−11	东部型(E0)	
1958	1	东部型(E1)	
1963	1	东部型(E0)	
1965	−5	东部型(E0)	冷位相
1968	−1	中部型(E0)	
1969	−10	中部型(E1)	
1972	−9	东部型(E0)	
1976	−12	东部型(E0)	
1982	9	中部型(E0)	
1983	−9	中部型(E1)	
1986	−5	中部型(E0)	暖位相
1987	−4	中部型(E1)	
1991	1	中部型(E0)	
1992	−6	中部型(E1)	
1994	14	中部型(E0)	
1997	13	混合型(E0)	
2002	1	中部型(E0)	
2004	7	中部型(E0)	
2009	−5	混合型(E0)	冷位相

4　不同太平洋年代际振荡位相对厄尔尼诺事件与东北夏季低温关系的调制作用

4.1　不同太平洋年代际振荡位相下厄尔尼诺事件分型对东北夏季低温的影响

为什么东北夏季气温与厄尔尼诺事件反相关关系发生了变化呢？是厄尔尼诺事件本身发生了某种变化？还是存在另外的因素制约了二者的关系？我们以厄尔尼诺事件的发生型和太平洋年代际振荡位相变化来对照东北夏季气温距平(表 3)。发现一个比较有意思的情况。20 世纪 70 年代以前，厄尔尼诺事件主要是东部型，并对应着太平洋年代际振荡冷位相。20 世纪 80 年代至 2000 年代中期，厄尔尼诺事件多是中部型，并对应着太平洋年代际振荡暖位相。即：在太平洋年代际振荡冷位相期间，容易发生东部型的厄尔尼诺事件，与东北夏季低温对应关系较好。而在太平洋年代际振荡暖位相期间，容易发生中部型或东、中部型的厄尔尼诺事件，东北夏季低温趋势明显减弱。可以认为太平洋年代际振荡位相对东北夏季气温与厄尔尼诺事件相关关系具有调制作用。这与朱益民等研究结论“90 年代后，ENSO 对于东北夏季低温的影响出现了变化，这种变化可能就源于太平洋年代际振荡对 ENSO 在影响东北夏季低温的调制作用”(朱益民等，2003)是一致的。

4.2 不同太平洋年代际振荡位相影响东北夏季低温的可能原因

为了分析在不同太平洋年代际振荡位相下为什么厄尔尼诺事件对东北夏季低温的影响结果存在差异进一步分析了不同太平洋年代际振荡位相下厄尔尼诺年夏季的 500 hPa 合成场，在太平洋年代际振荡冷位相下厄尔尼诺年夏季的 500 hPa 合成场上(图 4a)，极地地区为正距平区，中高纬度为大范围的负距平区，东北地区被负距平区所控制，表现为典型的北极涛动负位相特征。而在太平洋年代际振荡暖位相期间正好相反(图 4 右)，极地地区为负距平区，欧亚中高纬度为正距平区，东北地区被正距平区所控制，表现为明显的北极涛动正位相特征。在夏季北极涛动模态中可以体现东亚夏季风的存在，当夏季北极涛动指数偏大(小)，东亚夏季风偏弱(强)时，中高纬度的纬向风增强(减弱)，经向风减弱(增强)，使得中国华北、东北地区气温偏高(低)。这与邓伟涛等[17]的研究结论是吻合的。

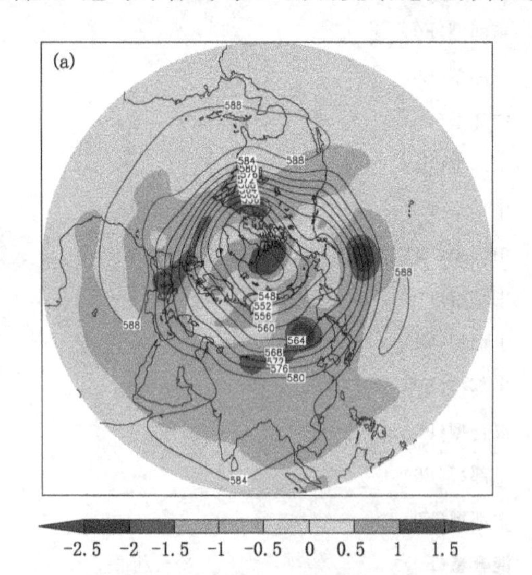

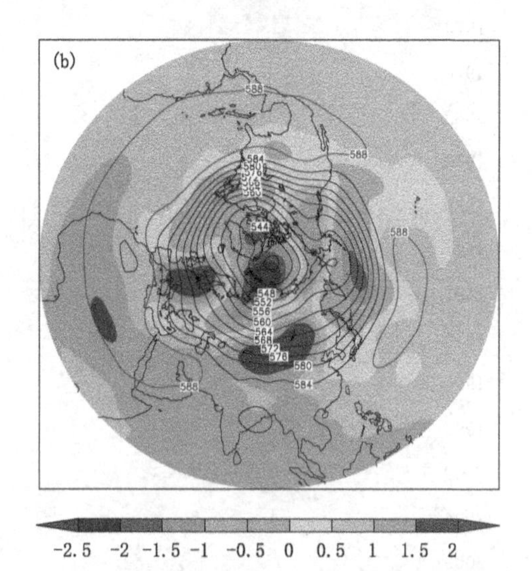

图 4 不同太平洋年代际振荡位相下厄尔尼诺年夏季 500 hPa 合成场(a. 冷位相，b. 暖位相)

4.3 影响东北夏季低温因子的相互作用

根据上面的分析，把影响东北夏季低温的主要因子：厄尔尼诺事件、太阳活动、太平洋年代际振荡在一张图上显示(图略)，反映出各因子的影响以及相互影响关系。1977 年以前处于太平洋年代际振荡冷位相期，容易发生东部型的厄尔尼诺事件，当厄尔尼诺事件发生时，往往造成东北夏季低温。1978—2005 年处于太平洋年代际振荡暖位相期，容易发生中部型的厄尔尼诺事件，当厄尔尼诺事件发生时，东北夏季低温趋势明显减弱。2006 年以后再次进入太平洋年代际振荡冷位相期，东北夏季气温与中东太平洋海温的反相关关系又得到体现。总体来看，厄尔尼诺对东北夏季低温有重要影响，但二者的关系非常复杂。几种因子相互作用，共同对东北夏季低温产生影响。

5 结论

(1)太阳活动是东北夏季低温的重要因子,一般在太阳黑子低谷年,易发生东北夏季气温偏低。太阳黑子低谷年容易造成500 hPa高度场从极地向东北地区呈现"－ ＋ －"的波列分布特征,这是有利于东北夏季低温的环流形势。

(2)厄尔尼诺对东北夏季低温具有重要影响,但东北夏季低温与"厄尔尼诺"的关系非常复杂。

(3)东北夏季气温与太平洋海温场的相关存在阶段性变化特征:正相关区位于西太平洋,而且是依次增强的趋势。说明西太平洋海温场对东北夏季气温的影响在增强。负相关区位于东太平洋,东太平洋海温场对东北夏季气温的影响经历了从减弱到逐渐增强的过程。这从另一个侧面证明了东北夏季气温与厄尔尼诺事件反相关关系的减弱趋势。

(4)在太平洋年代际振荡冷位相期间,容易发生东部型的厄尔尼诺事件,与东北夏季低温对应关系较好。而在太平洋年代际振荡暖位相期间,容易发生中部型或东、中部型的厄尔尼诺事件,东北夏季低温趋势明显减弱。

(5)在太平洋年代际振荡冷位相下厄尔尼诺年夏季,极地地区为正距平区,中高纬度为大范围的负距平区,东北地区被负距平区所控制,表现为典型的北极涛动负位相特征。而在太平洋年代际振荡暖位相期间正好相反,表现为明显的北极涛动正位相特征。

(6)总体来看,厄尔尼诺对东北夏季低温有重要影响,但二者的关系非常复杂。几种因子相互作用,共同对东北夏季低温产生影响

参考文献

[1] "东北低温长期预报方法和理论的研究"课题技术组.对东北夏季低温长期预报问题的初步认识//东北夏季低温长期预报文集.北京:气象出版社,1983:1-8.

[2] 东北低温协作组.东北地区冷夏季热夏季长期预报的初步研究.气象学报,1979,**37**(3):44-58.

[3] 徐瑞珍,张先恭.我国东部地区夏季气温场与500毫巴高度场的关系//东北夏季低温长期预报文集.北京:气象出版社,1983,127-134.

[4] 刘育生,智景和,周珍华.东北夏季气温的周期变化规律及低温的群发性//东北夏季低温长期预报文集.北京:气象出版社,1983:17-21.

[5] 汪秀清,马树庆,袭祝香等.东北区夏季低温冷害的长期预报.自然灾害学报,2006,**15**(3):42-45.

[6] 孙力,安刚,廉毅等.夏季东北冷涡持续性活动及其大气环流异常特征的分析.气象学报,2000,**58**(6):704-714.

[7] 刘传凤,高波.东北夏季低温冷害气候特征分析.吉林气象,1999(01):2-6.

[8] 李菲,李辑,管兆勇.我国东北夏季气温年代际变化特征及与太平洋海温异常关系的研究.气象与环境学报,2010,**26**(3):19-26.

[9] 符淙斌.北半球冬春冰雪面积变化与我国东北地区夏季低温的关系.气象学报,1980,**38**(2):187-192.

[10] 张寿荣,胡跃文,王济华.太阳黑子相对数与毕节地区夏季气温的长期预测.广西气象,2005,**26**(增刊):163-165.

[11] 叶更新.行星运动与厄尔尼诺、东北夏季低温冷害.气象,1998,**24**(3):9-12.

[12] 曾昭美,章名立.热带东太平洋关键区海温与中国东北地区气温的关系.大气科学,1987,**11**(4):382-389.

[13] 王绍武，朱宏. 东亚的夏季低温与厄尔尼诺. 科学通报，1985，(17)：1323-1325.

[14] 李尚锋，沈柏竹，廉毅等. 东北典型冷、暖夏年的北太平洋地区海-气系统季节演变合成分析. 吉林大学学报，2010，**40**(增刊)：127-132.

[15] 孙建奇，王会军. 东北夏季气温变异的区域差异及其与大气环流和海表温度的关系. 地球物理学报，2006，**49**(3)：662-671.

[16] 汪宏宇，龚强，孙凤华等. 东北和华北东部气温异常特征及其成因的初步分析. 高原气象，2005，**24**(6)：1024-1033.

[17] 邓伟涛，孙照渤. 夏季AO与我国气温的年代际变化分析∥第二届长三角气象科技论坛论文集，2005：410-414.

东北冬季气温年际、年代际影响因子的比较

房一禾[1]　周放[2]　张运福[1]　赵梓淇[3]　沈秋宇[4]　王乙舒[5]　王春学[6]

(1. 沈阳区域气候中心,沈阳 110016；2. 南京信息工程大学气象灾害教育部重点实验室,南京 210044；
3. 中国气象局沈阳大气环境研究所,沈阳 110016；4. 辽宁省气象局,沈阳 110016；
5. 锦州市义县气象局,锦州 121100；6. 四川省气候中心,成都 610000)

摘　要

采用1961—2012年东北三省53站月平均气温资料及NCEP/NCAR再分析资料。分析东北冬季气温变化特征。利用奇异值分解(SVD)法得出影响东北冬季气温的主要因子。分别从年际和年代际尺度上,用偏相关法分析了各因子对东北冬季气温独立的影响。结果表明:东北冬季气温以全区一致异常为主,气温显著上升;东北冬季气温主要影响因子是北极涛动、西伯利亚高压和东亚冬季风;年际尺度上,北极涛动和东亚冬季风适合描述东北中、北部的冬季气温。西伯利亚高压与东北南部冬季气温关系密切;年代际尺度上,北极涛动适合描述东北冬季气温。

关键词:东北　冬季气温　年际　年代际　偏相关系数

引言

近百年来,地球气候正在经历一次以全球变暖为主要特征的显著变化。这使得气候变化问题越来越受到政府和公众的瞩目。中国学者对冬季气温展开过大量的工作[1-7]。上述研究表明,冬季气温在四季中上升趋势最明显,东北地区又是冬季升温最显著的地区之一。所以,研究东北地区冬季气温变化有助于理解气候增暖本质。冬季严重的灾害性气候主要与气温有关,气温的变化又与农业生产和人民的生活息息相关。因此,对于东北冬季气温的预测就十分关键,研究东北冬季气温影响因子的重要性就不言而喻了。前人对于东北冬季气温的影响因子展开过大量研究,有学者[8]对东北冬季气温研究进展进行过综述,指出:北极涛动、西伯利亚高压、东亚冬季风等是影响东北冬季气温年际变化的主要因子。还有研究[9]指出:不同年代际背景下,与北极涛动相关联的中高纬度大气环流异常的明显变化是AO与东北冬季气温关系发生年代际变化的原因。此外,其他学者对气温方面的研究也得到了有意义的成果[10-19]。

前人对东北冬季气温影响因子的研究较多,但把年际和年代际时间尺度综合研究的较少,而年际和年代际尺度的影响因子会有差异,且有些影响因子会随年代的变迁,影响效果产生变化[18]。因此,有必要把这两个时间尺度的影响因子分开研究。此外,由于各影响因子间可能存在某种程度的联系,若单独取某一个因子,研究其与东北冬季气温的关系,可能是不全面的。所以,研究某个因子对某气候要素的影响时,应排除其他影响因子对该要素的影响。因此,本文从年际和年代际两个时间尺度上,通过奇异值分解方法寻找东北冬季气温在大气圈中的影响因子,并利用偏相关分析方法讨论不同因子对东北冬季气温独立的影响。

资助项目:公益性行业(气象)科研专项“近百年全球陆地气候变化监测技术与应用”(GYHY201206012)资助。

1 资料与方法

采用由沈阳区域气候中心提供的1961—2012年辽宁省53站冬季12月至翌年2月月平均气温资料，1961—2012年NCEP/NCAR再分析的月平均高度场、风场和海平面气压场资料。并主要利用奇异值分解(Singular Value Decomposition，以后简称SVD)、高斯滤波、相关分析和偏相关分析方法，对研究内容进行分析[20,21]。

2 结果分析

2.1 东北冬季气温变化特征

为分析东北冬季气温变化的异常特征，对1961—2011年的东北冬季气温标准化距平场(年际时间尺度)进行经济正交函数分析，得到空间载荷向量和时间变化特征。

首先计算了东北53站冬季平均气温经验正交函数分析的第一载荷向量以及与之对应的第一标准化时间系数(以后简称t1，图略)。第1模态方差贡献率约为82.6%，满足North提出的误差估计[22]，能反映东北冬季气温时空变化的主要特征。其主要特征是全区均为一致的正值。第一模态的标准化时间系数在1961—2011年波动中上升，滑动平均曲线在20世纪80年代中期由负值转变为正值，经计算，上升趋势通过95%信度的显著性检验。年代际时间尺度的空间型和第一标准化时间系数(以后简称t1s)与年际时间尺度的情况十分相似(图略)。

因此，年际和年代际时间尺度上，东北冬季气温具有全区一致的偏低或偏高的异常特征，且时间系数总体上呈显著上升趋势，这与全球气候变暖的背景吻合。

2.2 东北冬季气温与环流场的关系

为了寻找东北冬季气温的影响因子，下面对东北冬季气温与海平面气压场、500 hPa位势高度场以及500 hPa风场的关系进行了奇异值分析。

(1)东北冬季气温与海平面气压场的关系。图1中，解释方差为92.71%。两个场的时间系数的相关系数为0.79，通过0.01的显著性检验，时间系数序列见图1c。由海平面气压场的异类相关型(图1a)可见，极地地区为显著的负相关区，中纬度地区为显著的正相关区。这种分布形态和北极涛动的正位相吻合，而且西伯利亚地区的显著负相关区(中心相关系数值为−0.7)也说明西伯利亚高压和东北冬季气温可能存在一定关系。东北冬季气温的异类相关图(图1b)中，全区均为显著正相关，且两个场的时间系数为正。说明，当出现图2a的相关分布型，即极地显著负相关，中纬度地区显著正相关，对应北极涛动显著正位相且西伯利亚高压显著负异常时，东北冬季气温全区一致显著偏高。这与实际北极涛动和西伯利亚高压与东北冬季气温的关系一致。说明北极涛动和西伯利亚高压可能是东北冬季气温的影响因子。

注意到，西伯利亚地区显著相关区的位置大致在(45°—70°N，80°—110°E)。本文把西伯利亚高压指数I_{eawn}定义为(45°—70°N，80°—110°E)区域冬季平均的海平面气压距平的标准化序列，北极涛动指数则选取由NOAA提供的冬季平均的北极涛动指数I_{AO}。

(2)东北冬季气温与500 hPa位势高度场的关系(图略)。奇异值分解方法计算的解释方差为90.14%。两个场时间系数的相关系数为0.79，通过0.01的显著性检验。左场，极地地区为显著负相关区，中纬度地区为显著正相关。这种分布形态与北极涛动正位相吻合，是北极涛动在海平面和500 hPa高度两个层次上的反映。同样说明，北极涛动可能是东北冬季气温

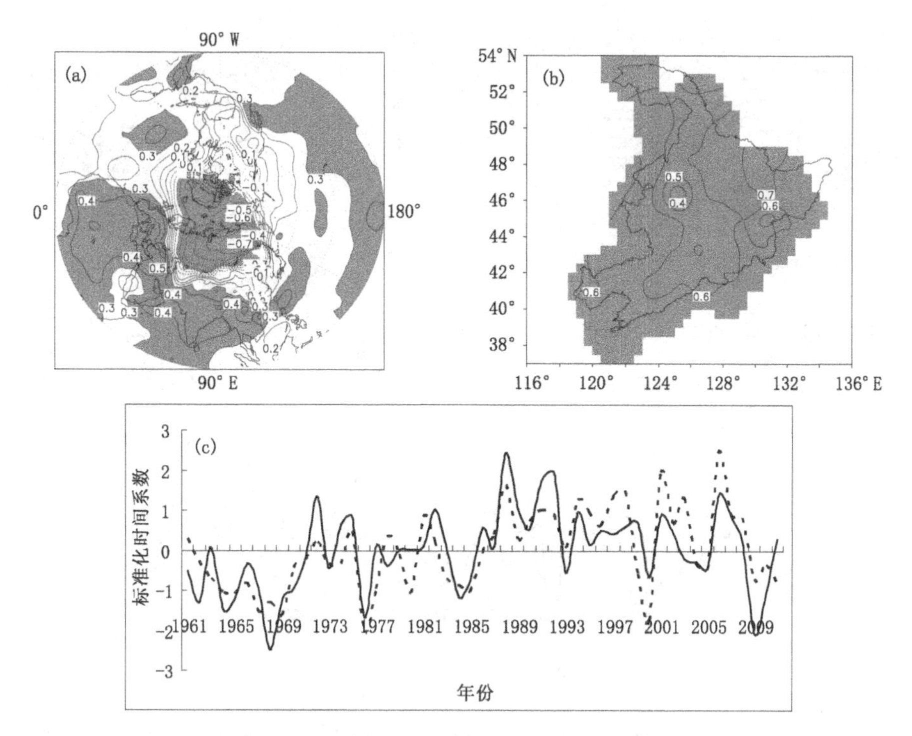

图 1 海平面气压场(a)与东北冬季气温(b)的奇异值分解第一模态异类相关分布及对应时间系数(c)

（实线:海平面气压场时间系数;虚线:东北冬季气温场时间系数,阴影区表示通过 0.05 的显著性检验）

的影响因子。

(3)东北冬季气温与 500 hPa 风场的关系。图 2 中,解释方差为 84.46%。两个场时间系数的相关系数为 0.78,通过 0.01 显著性检验,时间系数序列见图 2c。由 500 hPa 风场异类相关型(图 2a)可见,东北地区上空为一个气旋式环流控制。图 2b 中,全区均为显著正相关,两个场的时间系数为正。这说明当出现图 2a 的相关分布型时,即东北及其附近地区上空为一个气旋控制,东北冬季气温全区一致显著偏高。

同时注意到:图中的两个显著相关区域恰好与朱艳峰[23]定义的东亚冬季风指数(以后称 I_{zyf})的两个纬向风区域比较吻合。因此,I_{zyf} 可能是东北冬季气温的一个影响因子。

综上所述,北极涛动、西伯利亚高压和东亚冬季风,这 3 个大气圈中的影响因子可能是影响东北冬季气温的主要因子。而且这 3 个影响因子恰与刘实等[8]对东北冬季气温进行综述时提到的三个影响因子吻合。因此,本文主要分析这 3 个影响因子与东北冬季气温的关系。

2.3 各因子与东北冬季气温的关系

由于各影响因子之间存在一定的相关,一个因子对气候要素的影响可能是通过与之相关较强的其他因子实现的。因此,如果单纯取其中一个因子,直接计算其与东北冬季气温的相关系数,则这个相关系数可能包含与该因子相关较强的其他因子的贡献,即该相关系数可能是虚假的。所以,研究某个因子对某气候要素的影响时,应该采用偏相关分析法排除其他影响因子对该要素的影响。表 1、2 说明了计算偏相关系数的必要性。

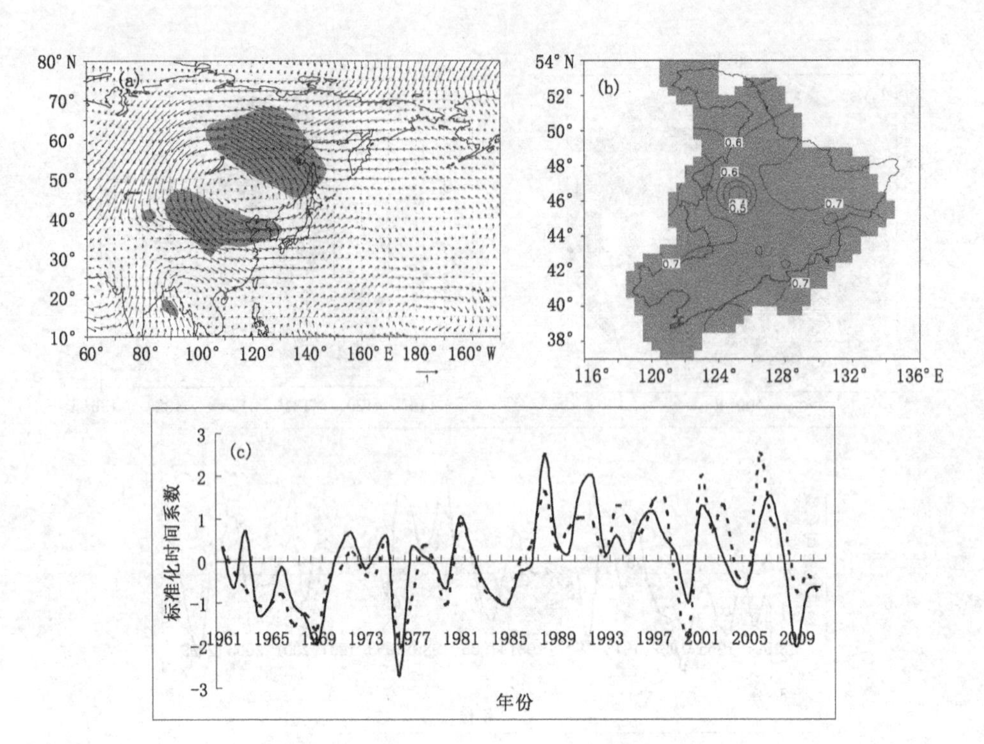

图 2　500 hPa 风场(a)与东北冬季气温(b)的奇异值分解第一模态异类相关分布及对应得时间系数(c)
(实线:500 hPa 风场时间系数;虚线:东北冬季气温场时间系数;阴影区表示通过 0.05 的显著性检验)

表 1　年际尺度各因子与 t1 及各因子之间的相关系数

相关系数绝对值	I_{AO}	I_{eawn}	I_{zyf}
t1	0.58 *	0.65 *	0.53 *
I_{AO}	1	0.44 *	0.08
I_{eawn}		1	0.73 *
I_{zyf}			1

* 表示通过 0.05 的显著性检验。

表 2　年代际尺度各因子与 t1s 及各因子间的相关系数

相关系数绝对值	I_{AO}	I_{eawn}	I_{zyf}
t1s	0.57 *	0.43 *	0.46 *
I_{AO}	1	0.70 *	0.56 *
I_{eawn}		1	0.78 *
I_{zyf}			1

* 表示通过 0.05 的显著性检验。

由表 1、2 可知,年际和年代际时间尺度上,各因子与时间系数序列的相关系数都能通过 0.05 的显著性检验。但各因子之间的相关系数也大都能通过检验,说明各因子与东北冬季气温的相关系数不可信。

此外,还分别计算了北极涛动指数、西伯利亚高压指数和朱艳峰[23]定义的东亚冬季风指数在年际和年代际两个时间尺度上与东北 53 站冬季气温相关系数的分布情况,从相关系数分布图(图略)可知,两个时间尺度上,三者与东北冬季气温在全区均存在显著的相关。显然,这种相关系数分布情况也是不可信的。

(1)年际时间尺度上,由各因子与东北冬季气温偏相关关系(图 3)可见,I_{AO}排除 I_{zyf}以及 I_{zyf}排除 I_{AO}后,与东北冬季气温的相关系数在全区都通过 0.05 的显著性检验。I_{AO}排除 I_{eawn}以及 I_{zyf}排除 I_{eawn}后,与东北冬季气温相关系数在东北南部地区没有通过显著性检验。I_{eawn}排除 I_{AO}和 I_{zyf}后,与东北冬季气温的相关系数都是在东北南部通过 0.05 的显著性检验。可见,东北南部地区冬季气温主要受西伯利亚高压影响,其他两个因子对南部的作用可能是通过西伯利亚高压影响实现的。这说明:在年际时间尺度上,I_{AO}和 I_{zyf}可能更适合描述东北中部和北部的冬季气温。而 I_{eawn}可能更适合描述东北南部的冬季气温。

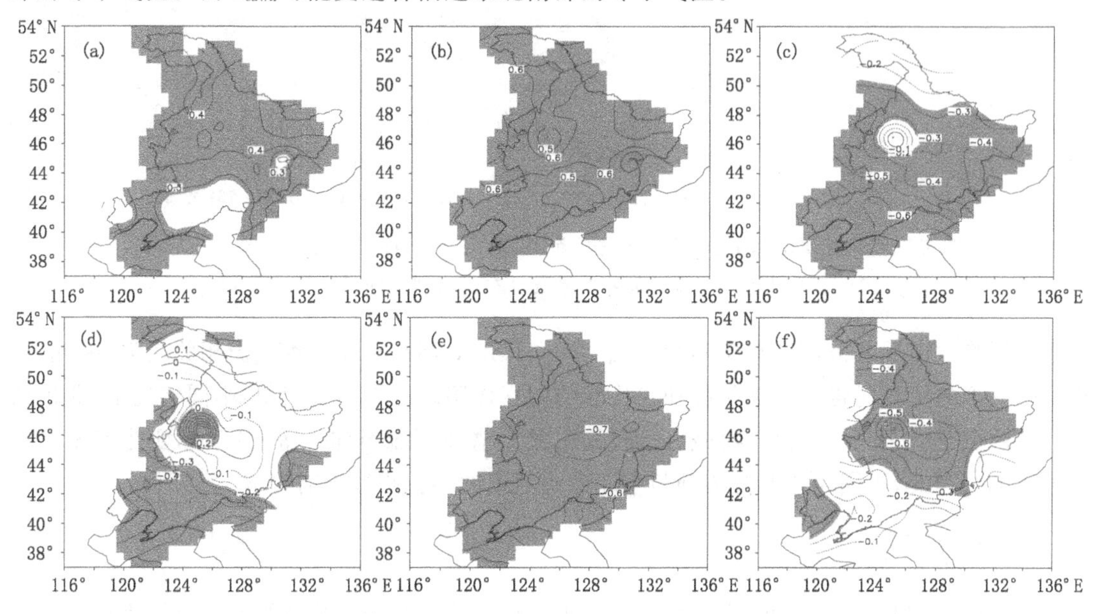

图 3　I_{AO}排除 I_{eawn}和 I_{zyf}(a、b);I_{eawn}排除 I_{AO}和 I_{zyf}(c、d);I_{zyf}排除 I_{AO}和 I_{eawn}(e、f)后与东北冬季气温的偏相关系数分布(年际时间尺度)

(2)年代际时间尺度上,各因子与东北冬季气温的偏相关关系:在分析年代际尺度上各因子与东北冬季气温的关系之前,首先对东北地区 53 站气温以及 3 个影响因子指数序列进行高斯九点滤波,得到年代际变化分量。

由图 4 可见,在年代际时间尺度上,I_{AO}不论排除 I_{eawn}还是排除 I_{zyf}后,与东北冬季气温的相关系数在全区均通过 0.05 的显著性检验。而 I_{eawn}和 I_{zyf}只要排除其他任何一个因子的影响后,与东北冬季气温的相关系数在东北全区都不能通过显著性检验。说明在年代际时间尺度上,北极涛动对东北冬季气温的影响是独立的,而西伯利亚高压和东亚冬季风并不是东北冬季气温主要的影响因子。因此,在年代际时间尺度上,I_{AO}可能更适合描述东北冬季气温的变化。而 I_{eawn}和 I_{zyf}都不适合描述东北冬季气温。

以往,一些学者对以上 3 个因子影响东北冬季气温的机理进行过分析。朱艳峰[23]定义的东亚冬季风指数是通过影响东亚大槽的强度和东亚对流层中层高—低纬之间的纬向风经向切变的强度,改变冷空气南侵程度,从而影响气温;西伯利亚高压是通过影响南下冷空气的强度,影响气温;北极涛动通过影响西伯利亚高压、东亚大槽和环流的经向(纬向)型发展,从而对气

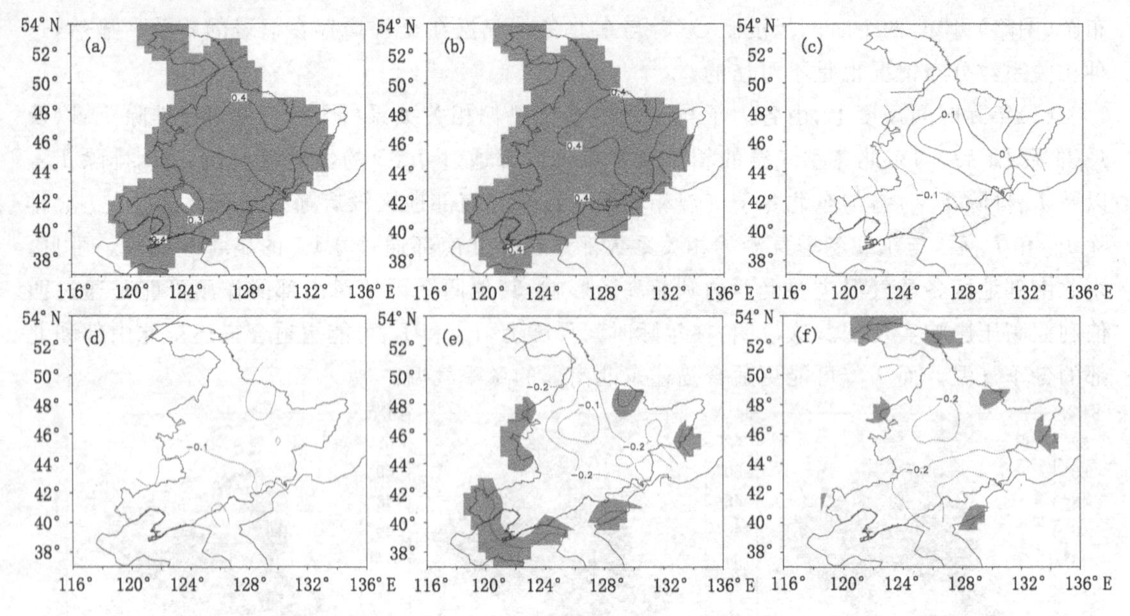

图 4 I_{AO}排除 I_{eawn}和 I_{zyf}(a、b)；I_{eawn}排除 I_{AO}和 I_{zyf}(c、d)；I_{zyf}排除 I_{AO}和 I_{eawn}后与东北冬季气温的偏相关系数分布(年代际时间尺度)

温产生影响。由于北极涛动在年际和年代际时间尺度上都与东北冬季气温相关较强,因此,分析影响气温的机理时也要考虑年际和年代际的相互作用。有学者曾指出:不同年代中,北极涛动的年际变化对于大气环流(西伯利亚高压、东亚大槽和环流经向性等)的年际变化有不同程度的影响。因此,不同年代北极涛动与东北冬季气温的相关程度会有差异。

3 结论与讨论

(1)在年际和年代际时间尺度上,东北冬季气温经验正交函数分解第一模态均表现为全区一致的异常偏高或偏低的特征,时间系数上升趋势显著。

(2)采用奇异值分解方法分析东北冬季气温与大气环流场的关系,得出:东北冬季气温主要的影响因子包括北极涛动、西伯利亚高压和东亚冬季风。

(3)在年际时间尺度上,北极涛动和东亚冬季风可能更适合描述东北中部和北部冬季气温的变化。西伯利亚高压可能更适合描述东北南部冬季气温的变化。

(4)在年代际时间尺度上,只有北极涛动与东北冬季气温偏相关显著,因此,只有北极涛动可能适合描述东北冬季气温的变化。

本研究的主要目的是找出东北冬季气温在大气圈内的主要影响因子,并揭示这些影响因子在不同时间尺度上对东北冬季气温的影响,与以往只注重分析年际尺度的影响因子和认为某个因子(如西伯利亚高压)就是东北冬季气温的影响因子等思维定势相区别。更多的大气圈以外的影响因子分析和影响机理方面的内容是我们今后工作的重点[9]。

参考文献

[1] 丁一汇,戴晓苏.中国近百年来的温度变化.气象,1994,**20**(12):19-26.

[2] 林学椿,于淑秋.近40年我国气候趋势.气象,1990,**16**(10):16-21.

[3] 张晶晶，陈爽，赵昕奕. 近50年中国气温变化的区域差异及其与全球气候变化的联系. 干旱区资源与环境，2006，(4)：1v6.

[4] 黄琦. 中国冬季气温的年际变化. 山东气象，2007，**27**(2)：5-8.

[5] 刘宣飞，朱乾根. 中国气温与全球气温变化的关系. 南京气象学院学报，1998，(3)：390-397.

[6] 朱艳峰，谭桂蓉，王永光. 中国冬季气温变化的空间模态及其与大尺度环流异常的联系. 气候变化研究进展，2007，(5)：266-270.

[7] 康丽华，陈文，王林等. 我国冬季气温的年际变化及其与大气环流和海温异常的关系. 气候与环境研究，2009，**14**(1)：45-53.

[8] 刘实，闫敏华，隋波. 东北三省冬季气温变化的有关研究进展. 气候变化研究进展，2009，**5**(6)：357-361.

[9] 庞子琴，郭品文. 不同年代际背景下 AO 与冬季中国东北气温的关系. 大气科学学报，2010，**33**(4)：469-476.

[10] 胡秀玲，刘宣飞. 东北地区冬季气温与北极涛动年代际关系研究. 南京气象学院学报，2005，**28**(5)：640-645.

[11] 杨素英，王谦谦，孙凤华. 中国东北南部冬季气温异常及其大气环流特征变化. 应用气象学报，2005，**16**(3)：334-345.

[12] 高峰，隋波，孙鸿雁等. 1951—2008年东北地区冬季气温变化及环流场特征. 气象与环境学报，2011，**27**(4)：12-16.

[13] 孙凤华. 东北冬季气温异常与全球前期海温的关系及可预测件分析. 安徽农业科学，2009，**37**：17806-17809.

[14] 薛红喜，孟丹，吴东丽等. 1959—2009年宁夏极端温度阈值变化及其与 AO 指数相关分析. 地理科学，2012，**32**(3)：380-385.

[15] 贾文雄. 近50年来祁连山及河西走廊极端气温的季节变化特征. 地理科学，2012，**32**(11)：1377-1383.

[16] 赵连伟，金巍，张运福等. 辽宁冬季气温时空分布特征及其预测概念模型. 气象与环境学报，2009，**25**(1)：19-22.

[17] 张立伟，宋春英，延军平. 秦岭南北年极端气温的时空变化趋势研究. 地理科学，2012，**31**(8)：1007-1011.

[18] 朱益民，杨修群. 太平洋年代际振荡与中国气候变率的联系. 气象学报，2003，**61**(6)：641-654.

[19] 阎琦，崔锦，吴艳青. 1951—2005年鞍山冬季气温变化分析. 气象与环境学报，2008，**24**(4)：53-55.

[20] 郑祚芳. 北京极端气温变化特征及其对城市化的响应. 地理科学，2011，**32**(4)：459-463.

[21] 吴洪宝，吴蕾. 气候变率诊断和预测方法. 北京：气象出版社，2005：103-136.

[22] 李勇，陆日宇，何金海. 影响我国冬季温度的若干气候因子. 大气科学，2007，**31**(3)：505-514.

[23] 魏凤英. 现代气候统计诊断与预测技术. 北京：气象出版社，1999：115-122.

[24] 朱艳峰. 一个适用于描述中国大陆冬季气温变化的东亚冬季风指数. 气象学报，2008，**66**(5)：781-788.

江苏秋季干旱成因分析

陶玫　项瑛　蒋薇

（江苏省气候中心，南京 210008）

摘　要

江苏秋季干旱化趋势明显加重。加之20世纪90年代起秋季气温持续偏高，蒸发量偏大，使得秋季干旱进一步加重。秋旱已经对江苏的农业和经济产生了较严重的影响。本文利用1961—2011年秋季降水资料对江苏近50多年秋季旱涝进行年代际分析。分析表明：近十几年来江苏秋季干旱明显，尤其自1995年起的十多年里大多数年份江苏秋季降水都出现持续偏少。分析江苏秋季严重干旱的大尺度环流形势背景，并与历年出现的旱、涝年份环流特征进行了对比分析。结果表明，自20世纪90年代起至今，(1)西太平洋副热带高压持续偏北偏强，西脊点异常偏西。(2)欧亚中高纬度盛行纬向环流，亚洲极涡面积指数开始转为下降趋势。(3)秋季气温持续偏高，土壤中水分蒸发量加大。以上三种原因是江苏秋季干旱少雨的主要原因。

关键词：秋旱　副热带高压　亚洲极涡面积指数　水分蒸发量

引言

近十几年来江苏秋季干旱明显，但对江苏秋季干旱发生原因研究较少。王秀文等[1]研究表明，副热带高压（副高）持续偏北偏强，西脊点异常偏西是淮河流域干旱少雨的主要原因。副高变化与区域旱涝有很大关系[2,3]，其脊线位置的突变可使中国夏季的旱涝分布型发生显著变化。有研究[4]认为旱年欧亚中高纬度地区以纬向环流为主。国际上相关研究[5]发现，干旱部分是由于大尺度大气环流异常遥相关作用，而局地热力、水分和动力异常对干旱的发生和维持也起重要作用。本文进一步揭示江苏秋季干旱化发展趋势的空间分布（1961—2011年），着重从对副高活动进行相关分析。分析了江苏秋旱年中高纬度环流演变及亚洲极涡面积和强度指数的变化情况。同时分析了江苏秋季气温显著偏高和蒸发量加大对干旱化趋势的影响。

1　资料

选用1961—2011年9月1月—11月30日江苏60站共46 a的降水资料，74项中的西太平洋副高指数（强度、面积、脊线、北界及西伸极点）、亚洲极涡面积、强度指数、南京地区1984—2011年秋季大型蒸发量（1984年以前江苏省使用的是小型蒸发量）。

2　江苏省秋季干旱的气候特征

江苏省干旱一年四季均可能发生，但出现频次最多、危害最大的则是秋季发生的干旱。自1961年以来江苏省共出现秋涝年10次（降水距平百分率$P_a \geqslant 30‰$），秋季特涝年5次（降水距平百分率$P_a \geqslant 50‰$）（分19961、1962、1975、1984、1985年），都出现在90年代以前。而秋旱年9次（降水距平百分率$P_a \leqslant -30‰$），其中秋季特旱年3次（降水距平百分率$P_a \leqslant -50‰$），

(1995、1998、2001 年)(图 1)。江苏秋季降水具有明显的年代际变化特征。20 世纪 60 年代初期江苏降水偏多,从 60 年代中期到 70 年代中秋季降水偏少,70 年代中期到 80 年代后江苏秋季降水偏多明显,90 年代以后仅 4 a 秋季降水距平百分率为正距平,其余年份为秋季降水偏少,特旱 3 a 均出现在 20 世纪 90 年代以后, 江苏秋季干旱趋势明显加剧。

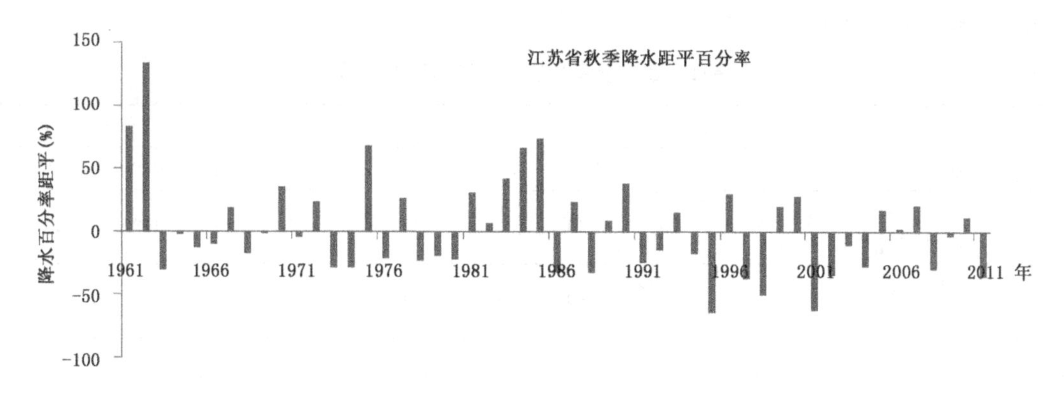

图 1　江苏 1960—2011 年 9—11 月降水百分率距平分布

3　江苏秋旱年欧亚上空盛行纬向环流

图 2 是亚洲纬向环流指数 1951—2011 年的时间序列分布。1951—2011 年亚洲纬向环流指数年代际变化趋势为,20 世纪 50 年代亚洲纬向环流指数为正距平,60 年代到 70 年代正负距平交替出现,在此段秋季降水正负距平也交替出现,80 年代距平多为负距平,对应秋季降水偏多,进入 90 年代至今亚洲纬向环流指数距平一直维持上升趋势,秋季降水持续偏少,尤其是 1995 年起的十多年里大多数年份江苏秋季降水都出现持续偏少。秋季干旱化的趋势明显加重。秋季降水与亚洲纬向环流指数有很强的负相关。中高纬度盛行纬向气流,西风风速较强,且冷空气活动偏北。强的西风气流阻挡了冷空气南下, 这样不利于冷暖空气的纬际交换,冷暖空气不能在江苏一带地区交汇,是造成江苏秋旱时期持续无雨或少雨干旱时间长的原因之一。

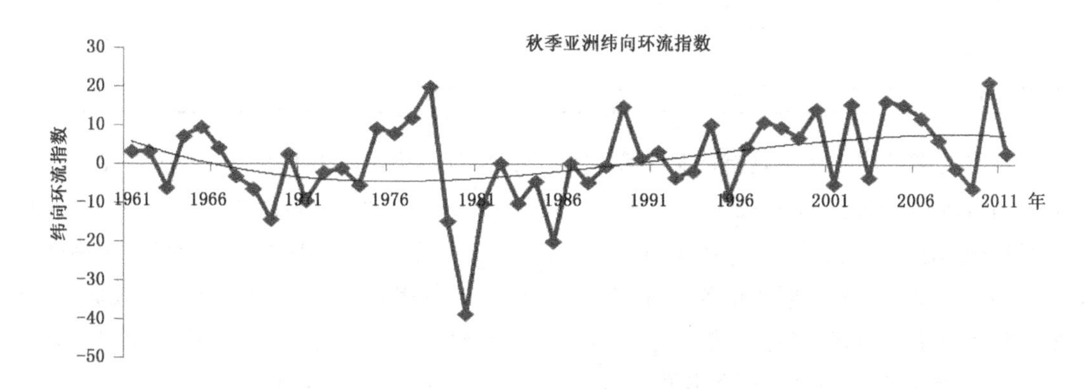

图 2　1951—2011 年亚洲纬向环流指数时序分布

对江苏秋季特涝和秋季特旱年份 9—10 月平均亚洲纬向环流指数、亚洲极涡面积指数、副高西伸点进行对比分析(表 1)。分析表明:秋旱年亚洲纬向环流指数大于涝年,中高纬度地区上空盛行纬向气流，西风风速较强，强的西风气流阻挡了冷空气南下。陶诗言等[6]曾经指出：西风带40°—50°N一带西风加强是江淮流域持久性干旱环流特征之一。亚洲极涡面积指数旱年小于涝年，在旱年亚洲区域极涡势力范围小、强度弱，使得中高纬度地区没有明显的槽脊活动。秋旱年副高西伸点小于97°E(偏西)，而秋涝年大于102°E(偏东)。从以上三种指数分析，秋涝年和秋旱年完全相反。

表1　江苏秋季特涝和特旱年环流指数

	秋涝年					秋旱年		
年份	1961	1962	1975	1984	1985	1995	1998	2001
9—10月平均亚洲纬向环流指数	138	134	143	126	117	149	193	147
9—10月平均亚洲极涡面积指数	180	182	188	188	181	179	164	176
9—10月平均副高西伸点	109	102	123	110	114	92	90	97

4　西太平洋副热带高压

西太平洋副高作为东亚季风环流系统的重要成员，它与中国雨带的形成有密切的关系，副高变化与区域旱涝有很大关系。西太平洋副高是影响江苏省降水的主要系统之一，降水的年际和年代际变化与西太平洋副高脊线位置、强度、面积、西伸极点的年际和年代际变化密切相关，对江苏秋季降水的多少也至关重要，它的位置、强度可以造成江苏省秋季降水的异常分布。表2给出了江苏9—10月副高西伸极点。从表中可以看出1961—2011年9—10月副高平均西伸点在100°E以西的有年份13 a，其中有10 a江苏秋季降水偏少，2 a正常，2 a偏多。其中最旱的3 a(1995、1998和2001年)副高西伸点均明显偏西。秋季副高西伸点偏西，易造成江苏秋季偏旱。

表2　1960—2011年9—10月副高西伸脊点平均在100°E以西的年份

年份	1963	1965	1979	1981	1987	1994	1995	1997	1998	2001	2003	2004	2006	2009	2010
秋季平均降水量	少	少	少	多	多	少	少	少	少	少	少	少	正常	少	正常
9—10月副高西伸点(°E)	96	98	97	97	97	92	92	95	90	97	92	95	95	95	92

副高强度指数的变化也具有明显的年代际变化特征(图略)，20世纪60—70年代中期副高强度指数较弱，多数年份都处于负距平，70年代中期—90年代正、负距平交替出现，90年代起—2011年副高强度指数多数年份较强，其中1995年最强，1995年秋季出现特旱。副高强度指数的年代际变化与秋季降水的年代际变化具有较好的负相关，副高强度指数处于较弱期，江苏秋季降水偏多，副高强度指数较强期，江苏秋季降水偏少。本文对9月副高脊线位置进行统计(略)表明，副高脊线持续偏强的年份，江苏秋季干旱少雨的年份不到一半，而涝年副高位置基本正常。这说明江苏秋旱的决定因素不仅是副高脊线位置，而与副高的强度、西伸点位置有着更密切的关系。秋季副高位置明显偏西，且强度偏强，江苏旱区长时间处在高压控制之下，致使水汽不能向江苏地区输送，这是造成江苏地区秋旱天气的主要原因之一。

5 气温和蒸发量

影响江苏秋季干旱强度的气候因素主要是降水、气温和蒸发。其中降水量的减少是造成干旱的最主要原因。另外，气候变暖加大了蒸发量，使干旱更加严重。然而，影响地面蒸发的因素及过程十分复杂。降水、气温、湿度、风、日照等气象条件都会影响地面蒸发量，土壤性质和干湿状况及地表植被也对蒸发量有一定影响[7]。始于20世纪80年代的全球增暖，已经引起某些区域气候特征的改变。随着增暖进程的延续，江苏地区秋季干旱趋于严重，90年代以来，江苏秋季的降水量减少呈明显加剧的态势。从图3可以看出，从20世纪90年代开始江苏秋季气温时呈显著的上升趋势。1993—2011年秋季气温距平均为正，气候变暖的趋势越来越明显。蒸发量也随着气温的升高明显增大，尤其是2000年以后两者都呈正距平，降水距平百分率多为负距平。

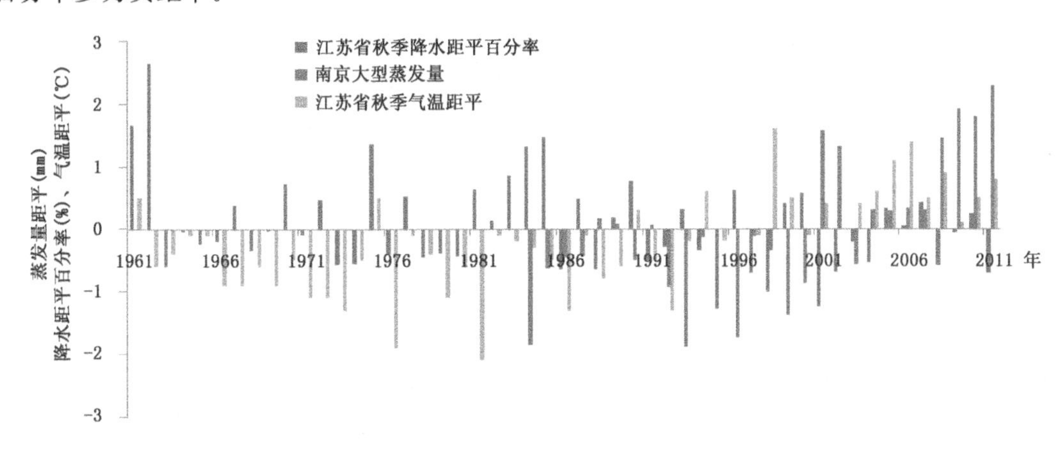

图3 江苏秋季降水距平百分率、气温距平和南京蒸发量时序分布

6 结论

(1)在西北气流控制下可以造成秋旱，而更多的年份亚洲中高纬度地区盛行纬向风，西风风速较大，强的西风气流阻挡了冷空气南下。不利于冷暖空气的纬际交换，冷暖空气不能在江苏一带地区交汇，是造成江苏秋旱持续无雨或少雨干旱时间长的一种原因。在秋旱年亚洲极涡面积指数和太平洋极涡强度指数明显偏弱。

(2)副高位置明显偏西，且强度偏强，江苏旱区长时间处在高压控制之下，致使水汽不能向江苏地区输送，这是造成江苏地区秋旱天气的主要原因之一。

(3)降水量的减少是造成干旱的最主要原因，气温持续偏高，加大了土壤水分蒸发量，使干旱进一步加剧。

参考文献

[1] 王秀文. 江淮流域秋季干旱少雨的成因分析. 气象，28(10).

[2] 谭桂蓉等. 华北夏季旱涝与同期500 hPa高度异常. 南京气象学院学报，2003，**26**：532-537.

[3] 梁建茵，吴尚森. 广东省汛期旱涝成因和前期影响因子探讨. 热带气象学报，2001，**17**：97-108.

[4] 彭加毅，孙照渤. 70年代末大气环流及中国旱涝分布的突变. 南京气象学院学报，1999，**22**：300-304.

[5] Chang Fong, chiau, Smith Eric A. Hydrological and dynamical characteristics of summertime droughts over U. S. Great Plains. J. Climate, 2001, **14**:2296-2316.
[6] 陶诗言,徐淑英. 夏季江淮流域持久性旱涝现象的环流特征. 气象学报 1962,(1).
[7] 魏凤英. 华北地区干旱强度的表征形式及其气候变异. 自然灾害学报,13(2).

长江中下游地区典型旱涝急转气候特征研究

程智　丁小俊　徐敏　罗连升

（安徽省气候中心，合肥 230031）

摘　要

为了研究长江中下游的旱涝急转气候特征，利用标准化降水指数和灾情资料挑选出了1960—2011年长江中下游各水资源二级分区的典型旱涝急转事件，在此基础上分析其时空分布特征、各区频次和强度的差异，以及旱涝急转期间的大气环流形势。结果表明，长江中下游在这52 a中共有5 a出现了典型的旱涝急转事件，约10 a一遇；其中下游干流的旱涝急转事件强度指数更大、涝期降水量更大。旱涝急转前后的大气环流发生了明显的调整，200 hPa高度场上的南亚地区、东亚高纬度地区和850 hPa风场上的东亚副热带地区存在显著的差异。

关键词：旱涝急转　长江中下游　SPI指数

引言

长江中下游地区位于中国东部季风区，受每年季风爆发时间和强度不同的影响，降水年内分布不均、年际差异很大[1-2]，容易引发旱涝灾害。从气候平均来看，5—8月这4个月降水量占到了年总降水量的一半以上，若前期降水持续偏少产生干旱，而后期环流调整，导致暴发多场暴雨过程，则容易发生旱涝急转。2003年江淮流域发生了严重的旱涝急转灾害，2011年也有发生，这就越来越引起人们对这一灾害的重视。王胜等[3]利用旬降水距平百分率定义了一种旱涝急转指标，即整个流域超过半数站降水距平百分率小于－50%（大于50%）为旱（涝）期，并在此基础上分析了旱涝急转的空间分布分布特征。张屏等[4]利用一组经验降水阈值指数定义了一个针对于安徽省淮北地区的旱涝急转指数，并分析了其季节演变特征。吴志伟等[5]通过比较7、8月降水与5、6月降水的差异定义了一个旱涝急转指数，并对长江流域降水的旱涝急转特征进行了分析。以上研究使得人们对旱涝急转这一现象有了一定的认识，但仍有很多需要深入研究的问题，从指数定义来看，以上研究利用旬、月降水资料进行分析，因此，判断出来的旱、涝期只能精确到旬、月尺度，且针对全流域平均进行研究可能会忽略一些区域性的事件，需要对流域进行分区；此外，从气候特征来看，尚需对旱涝急转事件的时空分布和环流调整特征进行更深入的分析，而这些就是本研究的内容。

1　资料与方法

1.1　资料

降水资料采用1960—2011年长江中下游地区74个气象台站的逐日降水资料。考虑到降水空间分布的差异，很多年份长江中下游地区存在旱涝并存的特点，如2003年夏季长江中下游的主要多雨区位于沿江江北地区，江南偏少，2008年也存在类似的问题，降水偏多最明显的区域在鄱阳湖流域（国家气候中心网站降水监测专区，http://cmdp.ncc.cma.gov.cn/Monitoring/moni_info. php? catId=47)，因此，若全流域平均来进行分析，会平滑掉区域性的旱涝急转事件，因此需要提高空间分辨率。按照水资源二级分区将长江中下游地区分为5个分区，其中，1区为下游三角洲平原区；2区为下游干流区间，即安徽省沿江江南；3区为中游干流及汉江水系，即湖北大部分地区；4区为洞庭湖水系，即湖南大部分地区；5区为鄱阳湖水系，即江西大部分地区。

历史气象灾情记录来自于中国气象局整编的《中国气象灾害大典》[6]中的上海、江苏、安徽、湖南、湖北和湖南6卷，该大典对新中国成立以来每年的旱涝灾情都有翔实的记录。

环流资料为NCEP/NCAR再分析资料，包括1960—2011年逐日850 hPa纬向风、经向风及500 hPa位势高度。

1.2 方法

为判断旱、涝阶段，本文采用标准化降水指数(以下简称SPI)作为诊断量。SPI能够客观地反映旱涝强度，使得用同一旱涝指标反映不同时间尺度和区域的旱涝状况成为可能，因而目前在气象、水文和农业上得到广泛的应用。SPI的计算公式见文献[7-9]，用其判别旱涝的指标为SPI≤−0.5为旱，SPI≥0.5为涝，−0.5<SPI<0.5为正常状态。

对各区平均4—8月逐日SPI旱涝指数进行考察，若前期有连续20 d以上的监测结果显示为旱，由于强降水爆发，指数在10 d以内迅速由旱转涝，且指数显示为涝超过20 d，则初步选为一次旱涝急转事件。图1为其中4个初选事件的SPI曲线叠加日降水量的演变，降水量用实柱表示，SPI指数用曲线表示，可以看出，1980年3区(中游干流，图1a)在5月下旬之前，由于降水量持续偏少，SPI持续低于−0.5，表明持续干旱，而从5月下旬后期开始，由于降水

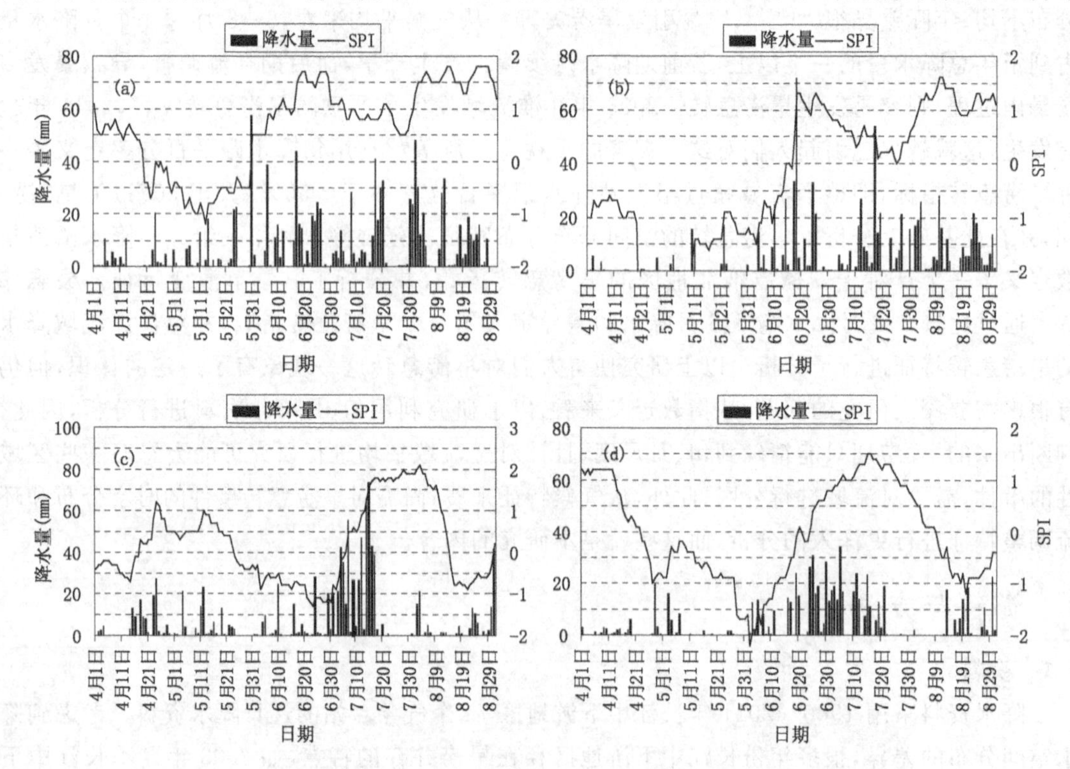

图1 1980年3区(a)、2011年1区(b)、1969年2区(c)和1996年1区(d)的逐日降水量(实柱)和SPI值(曲线)

迅速增多，SPI迅速由－0.5以下的偏旱状态转为0.5以上的偏涝状态；2011年2区（下游干流，图1b）SPI也存在类似的变化，由于前期偏旱、6月中旬开始降水猛增，SPI指数也发生了剧烈的转折。从粗选的结果可以看出，每次旱涝急转事件发生的时间是不同的，如1980年3区为5月下旬（图1a），1969年2区为7月上旬（图1c），若简单地比较7—8月和5—6月降水差异来定义指数，则很难细致地描绘这些过程，甚至在求月降水平均时会平滑掉这一降水剧烈变化的特征。逐日SPI曲线提高了时间分辨率，直观和定量地反映出了降水骤增的过程，可以较为细致地初选出一些可能的旱涝急转事件。

在利用SPI指数进行初选考察的基础上，利用历史灾情记录进行筛选，保留既能通过指数挑选，又能找到旱期、涝期灾情记录的事件，这些事件为最终挑选出来的旱涝急转事件。利用上述标准进行挑选，最终挑选出了8次旱涝急转事件（表1），1区1996年（图1d）和4区1990年（图略）也符合初选标准，但由于没有灾情记录相匹配，故严格起见，没有将其作为最终挑选出来的旱涝急转事件。

为了比较各分区之间旱涝急转强度的差异，在挑选出旱涝急转事件的基础上，用SPI指数定义了一种旱涝急转事件的强度指数，具体如下

$$I=\frac{\sum_{k=1}^{20}SPI_{(t2+k-1)}-\sum_{k=1}^{10}SPI_{(t1-k+1)}}{30}$$

式中，SPI为逐日标准化旱涝指数，t1为旱期最后一天，t2为涝期第一天。

为了讨论旱涝急转期间的环流特征，本文通过差值合成分析比较了旱期和涝期环流的差异，在差值场上超过0.05 t检验的区域为达到的显著性差异区。此外，考虑到不同事件的出现月份有差异，需要对环流作去除季节趋势的处理，为此在应用环流资料之前首先计算了4—8月逐日环流资料的气候平均场（1971—2000年），并用回归方程对每个格点的逐日资料进行线性拟合以消除季节倾向。

2 旱涝急转事件的时空分布特征

表1列出了最终挑选出来的各分区的典型旱涝急转事件，可以看出，1960—2011年共有5 a出现了典型的旱涝急转事件，约10 a一遇；各区域总共有8次旱涝急转事件，其中1区和2区次数最多，各有3次，其余各区很少，因此，旱涝急转事件的高发区位于下游干流区和下游三角洲平原区。

从表1中还可以看出，长江中下游地区典型旱涝急转事件在20世纪60年代和80年代各发生过1次，70年代和90年代没有发生过，自2001年以来发生频率大大增高，有3 a发生了旱涝急转事件，因此对于这一灾害需要给予更大的关注。

表1 各区旱涝急转事件的年份和最大3、5和10 d降水量

（分别用R_3、R_5和R_{10}表示）以及强度指数

区域	年份	R_3(mm)	R_5(mm)	R_{10}(mm)	强度指数
1区	1969	77	120	161	0.9
1区	2003	85	102	194	1.1
1区	2011	84	109	180	1.0

续表

区域	年份	R_3(mm)	R_5(mm)	R_{10}(mm)	强度指数
1区平均	—	(82)	(110)	(178)	(1.0)
2区	1969	182	232	348	1.3
2区	2003	123	154	242	1.2
2区	2011	110	134	180	1.0
1区平均	—	(138)	(173)	(257)	(1.2)
3区	1980	102	140	170	0.8
5区	2008	120	169	235	0.9

3 旱涝急转事件的强度和降水阈值

表1列出了每次旱涝急转事件的强度指数,可以看出指数最大的事件为2区1969年(1.3),其次为2区的2003年(1.2)和1区的2003年(1.1),其余事件均≤1.0,就各区平均的旱涝急转强度来看,也是2区最强(1.2),1区其次(1.0)。

从涝期降水强度的大小也可以看出各区旱涝急转事件的差异,分别计算了每次事件涝期里连续3、5和10 d最大降水量,在表1中以R_3、R_5和R_{10}表示,可以得出如下结论:

(1)降水强度最强的事件为2区1969年,其3、5和10 d最大降水量分别为182、232和348 mm,均列各区首位;为进一步考察各区雨强的差异,将表1中这些不同历时的降水量进行区域平均(表1中括号内的值),结果也表明2区各事件的平均雨强也是最大的。结合前面的频次分析不难看出,2区的典型旱涝急转事件发生频次最多,强度最强,因此,该区是长江中下游旱涝急转灾害风险最大的地区。

(2)从表1中这些旱涝急转事件的强降水量中,还可以初步归纳出降水阈值作为业务中提前判断旱涝急转出现的方案,即在前期持续干旱满足文中旱期定义(SPI指数小于-0.5连续20 d以上且出现干旱灾情)的基础上,根据面雨量的天气预报,若未来3 d或5 d或10 d某区降水量超过阈值,则该区有可能发生一次旱涝急转事件。目前中央气象台中期预报的时效为未来10 d,因此,可以尝试利用这一指标展望未来旱涝急转事件的可能性;在已知降水量的前提下,也可作为实时监测评价的指标。通过对表1的分析可以看出,这一阈值可以定义为:若3 d降水量超过80 mm或5 d降水量超过120 mm或10天降水量超过180 mm,则该区有一次旱涝急转事件。

4 环流特征分析

为了分析旱涝急转的环流特征并提取出一些可用于预报的信息,在每个发生旱涝急转的年份中分别挑选出少雨阶段后期和多雨阶段前期(各15 d)进行环流平均。此外,考虑到不同事件的发生月份有所差异,按照前述方法对环流场做了去季节趋势的处理,图1为少雨时段后期(以下简称为T1位相)、多雨时段前期(以下简称为T2位相)的环流平均场和差值合成分析场,可以看出:

(1)T1位相的850 hPa风场(图2b)上,东亚沿海副热带地区为气旋性异常控制,表明副热带高压偏弱,长江中下游地区低层维持偏北风,水汽条件较差,因此,降水偏少;在200 hPa

距平场上(图 2a),高纬度的 20°—60°E 为负异常中心,中纬度贝加尔湖与巴尔喀什湖之间的区域(80°—110°E)为正异常中心,中国华北北部、东北南部到日本南部的地区为负异常中心,日本以东地区为正异常中心,这样的环流配置表明乌拉尔阻塞高压不明显,高纬阻塞位于贝加尔湖与巴尔喀什湖之间的地区,东北冷涡偏强,东亚中高纬经向度较大,具备冷空气条件,但南方水汽条件不好,图 2b 的 850 hPa 平均场反映了这一点,江南地区盛行偏北气流。上述特点可以作为旱涝急转的环流异常信号之一,进入 5 月后,需要关注东亚中高纬度的环流经向度,若环流呈西高东低的分布,则需要做好防御旱涝急转的准备。这与罗连升等的结论是较为一致的,她比较了 4 个 6 月江南降水异常偏多的年份和 5 个异常偏少的年份,发现 6 月多雨年前期 5 月东亚经向度都较大,而少雨年则维持纬向型环流。

(2)图 2c 为多雨位相上的 200 hPa 距平场,可以看出,多雨位相欧亚中纬度高度场明显增大,尤其是在伊朗附近有一处正异常中心,有利于伊朗高压偏强,此外,在东西伯利亚地区也有

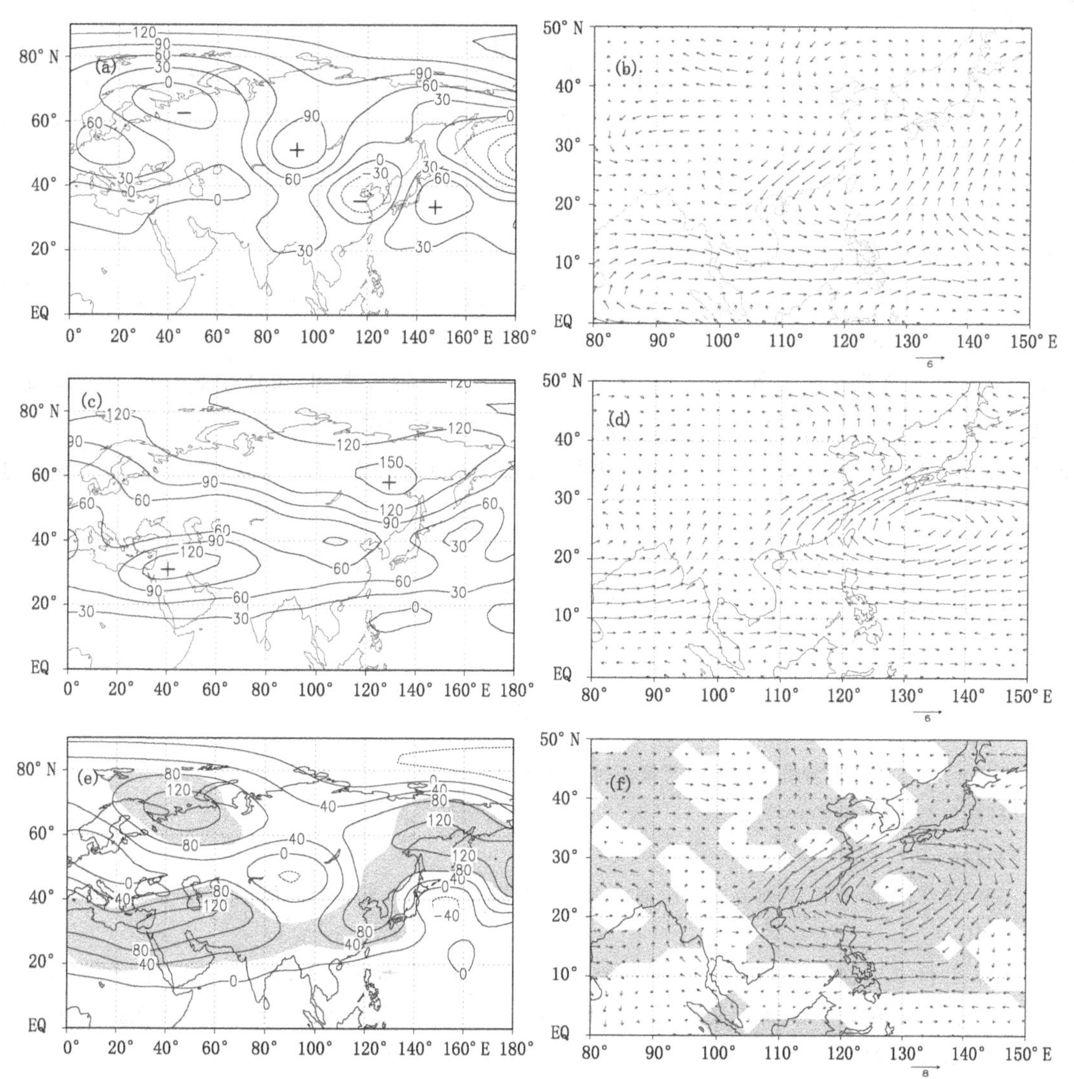

图 2 旱涝急转事件首场少雨位相(a、b)、多雨位相(c、d)环流平均场和差值合成分析场(e、f)
(a、c、e 为 500 hPa 高度场,单位 gpm,b、d、f 为 850 hPa 风速场,单位 m/s)

一处正异常中心，有利于东亚高纬度阻塞高压的维持。在低层 850 hPa 上，东亚副热带地区具有明显的反气旋式异常，其主体西侧有较强的西南风异常，表明暖湿气流活跃，为长江中下游的强降水提供了较好的水汽条件。以上天气系统的配合，是与梅雨期的典型形势较为一致的，即中高纬度西风急流减弱北撤，南支西风急流消失，南亚高压北抬，西太平洋副热带高压脊线徘徊于 20°—26°N。

(3)图 2e 的 200 hPa 高度场和 850 hPa 风场差值合成图更清晰地反映了旱涝急转前后大气环流的差异，可以看出，通过 0.05 的显著差异大值区(阴影区)位于 200 hPa 高度场上 40°—60°E 的南亚地区、东亚高纬地区和 850 hPa 风场上东亚——西太平洋副热带地区，这与上面的分析是一致的，预报员可以在数值预报图中关注这些关键区未来是否发生上述调整来判断是否可能发生旱涝急转。

5 结论

利用标准化降水指数挑选出了 1960—2011 年中发生旱涝急转的年份，按照水资源二级分区将长江中下游地区划分为 5 个分区，在此基础上分析了流域各分区旱涝急转事件的时空分步和环流特征，结果表明：

(1)长江中下游地区在这 52 a 中共有 5 a 出现了典型的旱涝急转事件，约 10 a 一遇，其中下游干流区和下游三角洲区更出现了 3 次，其余地区仅 0～1 次。

(2)从定义的强度指数来看，下游干流区的旱涝急转强度最大；从涝期降水强度来看，下游干流区也是最强的。

(3)旱涝急转前后的大气环流发生了明显的调整。旱阶段末期，东亚中高纬度地区环流经向度大，冷空气活跃，但低纬度地区水汽输送条件不好；涝期东亚副热带地区具有明显的反气旋式异常，有利于副热带高压西伸加强，其主体西侧的西南暖湿气流活跃，为长江中下游的强降水提供了较好的水汽条件。

本文寻找出了一些引起旱涝急转的大气环流特征，但是需要指出的是，影响东亚大气环流和季风区降水的因子异常复杂，寻找出上述大气环流关键区发生调整的原因及前兆信号，是今后值得更深入研究的内容。

参考文献

[1] 张金才. 淮河流域洪涝机制和减灾对策探讨. 灾害学，1998，**13**(3)：38-42.

[2] 陈晓红，余金龙，邱学兴等. 2005 年 7 月 4—11 日淮河流域强降水过程的水汽收支分析. 气象，2007，**33**(4)：47-52.

[3] 王胜，田红，丁小俊等. 淮河流域主汛期降水气候特征及"旱涝急转"现象. 中国农业气象，2009，**30**(1)：31-34.

[4] 张屏，汪付华，吴忠连等. 淮北市旱涝急转型气候规律分析. 水利水电快报，2008，**29**(增刊)：139-151.

[5] 吴志伟，李建平，何金海. 大尺度大气环流异常与长江中下游夏季长周期旱涝急转. 科学通报，2006，**51**(14)：1717-1724.

[6] 《中国气象灾害大典》编委会. 中国气象灾害大典. 北京：气象出版社，2006.

[7] Seiter R. A.，Hayes M.，Bressan L. Using the standardized precipitation index for flood risk monitoring. *International Journal of Climatology*，2002，**22**(11)：1365-1376.

[8] Hayes M J, Svoboda M D, Wilhite D A, *et a*l. Monitoring the 1996 drought using the Standardized Precipitation Index. *Bull. Amer. Meteor. Soc.*, 1999, **80**: 429-438.

[9] 李伟光,陈汇林,朱乃海. 标准化降水指标在海南岛干旱监测中的应用分析. 中国农业生态学报,2009,**17**(1):178-182.

低频天气图方法在安徽省的适用性及应用试验

罗连升　程智　徐敏　丁小俊

（安徽省气候中心，合肥 230031）

摘　要

利用 NCEP/NCAR 再分析资料 2007—2012 年逐日 700 hPa 风场和同一时段安徽省 77 个站降水资料。采用旋转经验正交函数（REOF）方法来确定汛期强降水区域并给出强降水过程标准。探讨低频天气图方法在安徽省汛期强降水过程的适用性。根据经验正交函数（EOF）分解前 4 个向量场各低频系统的配置情况及主要出现的位置，将影响安徽省汛期强降水的低频关键区分成 8 个。通过分析低频关键区低频天气系统（低频气旋和低频反气旋）的活动特征，建立低频系统与强降水过程的对应关系，通过低频系统的活动特征来预报强降水过程。在安徽省 2012 年 6—9 月强降水过程预报试验中，本地化低频天气图预报方法的预测效果较好，且预报时效为 10～30 d，可以在月内强降水过程预报中加以应用。

关键词：强降水过程　低频天气图　适用性　向量 EOF 分解

引言

目前中国气象部门常规的天气预报和预测业务包括 10 d 以内的短、中期预报和 30 d 以上的月、季尺度的短期气候预测，而 10～30 d 延伸期预报仍缺少客观的预报方法和工具。延伸期预报在预报内容方面与短中期逐日预报和短期气候预测不同，是衔接“天气”预报和“气候”预测之间的“时间缝隙”或“预报缝隙”。实现延伸期预报，意味着真正做到了“无缝隙预报”，这将为政府在防灾、减灾决策方面带来前瞻性和主动性。

自 Madden 和 Julian[1,2] 在 20 世纪 70 年代发现热带地区季节内振荡（MJO）以后，大气中普遍存在的季节内振荡现象逐渐被认识。后来人们开始利用这些信息制作两周及其以上时间尺度的降水预测[3~6]，取得了显著效果并在全球范围得到广泛应用。例如 Wheel 等利用逐日向外长波辐射（OLR）及 850 hPa 纬向风场来刻画 MJO 的强度、位相等特性，并用其制作澳大利亚夏季降水的延伸期趋势预测。丁一汇等将集合经验模态分解（EEMD）及多变量 EOF 等方法用于月内与季节内演变的延伸预报方法的研究，并基于 MJO 方法建立了长江下游降水量的延伸期预报模型。只是到现在，这类预报的对象还仅停留在降水的趋势上，尚未涉及降水过程[7]。

早在 20 世纪 90 年代初，孙国武等[8] 和章基嘉等[9] 就提出利用大气振荡解决延伸期过程预测的方法——低频天气图。同时，孙国武等[10] 又积极倡导低频天气图在业务预报中的应用。低频天气图方法在 2008—2012 年连续 5 a 在上海市气候中心进行业务化应用，发布了上海地区汛期（6—9 月）延伸期（10～30 d）尺度的强降水过程。5 a 的预测结果表明，低频天气图预报方法在上海地区汛期延伸期强降水过程的预测方面有较好的效果[11]。

本文在孙国武[10] 的基础上首先讨论低频天气图方法在安徽省汛期强降水过程的适用性，

然后再进行本地化应用，并在2012年汛期中投入业务试运行。研究结果表明，低频天气图方法适用于安徽省汛期强降水预测，本地化的低频天气图方法对安徽省汛期强降水过程具有一定的预报能力。

1　资料和方法

利用NCEP/NCAR再分析资料2007—2012年逐日700 hPa风场数据，空间分辨率为2.5°×2.5°。风场的分析范围为(0°—80°N，60°—160°E)。降水资料为安徽省77个气象站2007—2012年5—9月逐日降水量。

利用REOF方法对安徽省2007—2011年汛期5—9月中雨以上量级的日降水量进行分析，得到安徽省不同的降水区域。先用butterworth滤波器对2007年1月—2011年9月700 hPa风场进行30～50 d滤波，然后得出逐日低频700 hPa风场。利用向量经验正交函数展开(EOF)方法分析安徽省不同降水区域强降水日合成的低频700 hPa风场，根据EOF向量场低频系统的演变情况来确定低频关键区。

2　确定降水区域划分和强降水过程标准

由于安徽省汛期降水存在明显的区域差异，不同的区域强降水过程出现的时间也不尽相同，因此，有必要进行降水区域划分。对2007—2011年5 a中全省77个站超过三分之一站点达到中雨(≥10 mm)以上量级的降水日进行REOF分解，参考其前3个模态将安徽省分为淮北、江淮、江南三个区，这样三个区域再加上全省作为一个区域总共有四个区域(图略)。根据安徽省汛期的降水情况，确定安徽省强降水过程标准为：以各区域(全省、淮北、江淮和江南)三分之一以上站点日降水量达到大雨(≥25 mm)以上，即认为该地区当天为一个强降水日。表1是2007—2011年汛期(5—9月)强降水过程日数。由表1可见，这5 a汛期强降水日数为35～40 d，占汛期比例23%～26%。从5 a汛期各月4个区域累加的强降水日数来看，7月最多，其次是6月，最少的是9月。4个区域年平均强降水日数也是一样的结果，7月最多，为2.9 d，其次是6月为2.6 d，9月最少，为0.9 d。因此，我们在做月内强降水过程预测是，6和7月的强降水过程可以预测3次左右，5和9月强降水过程预测的次数可以相应地减少。

表1　2007—2011年汛期(5—9月)强降水过程日数(单位:d)

		5月	6月	7月	8月	9月	总天数	占汛期(153d)比例
4区总天数	2007年	4	6	14	8	5	37	24%
	2008年	7	8	6	13	1	35	23%
	2009年	7	10	15	6	2	40	26%
	2010年	3	6	15	5	9	38	25%
	2011年	3	21	8	6	1	39	25%
4区年平均天数		1.2	2.6	2.9	1.9	0.9	9.5	

表2是4个区域2007—2011年汛期强降水过程日数。从总天数来看，江南最多，有60 d，其次是江淮，从南到北依次递减，这跟安徽省汛期总降水量空间分布一致。每年各个区域强降水日数与该年汛期降水量空间分布基本一致，如2007年汛期淮河大水，而江南降水偏少，相应

地强降水日数淮北最多，达16 d之多，比其他年份多出8～10 d，而江南强降水日数为9 d，比淮北少7 d，同时也为5 a来最少；2011年汛期淮北降水偏少、而江南降水异常偏多，相应地淮北强降水日数为6 d，而江南则有17 d之多，比淮北多出11 d，同时也是5 a来最多。

表2　4个区域2007—2011年汛期强降水过程日数(单位：d)

区域	2007年	2008年	2009年	2010年	2011年	总天数
全省	5	9	9	9	6	38
淮北	16	8	8	6	6	44
江淮	7	8	9	13	10	47
江南	9	10	14	10	17	60

3　低频天气图在安徽省汛期强降水的适用性

在应用低频天气图之前，本研究先分析低频天气图方法在安徽省汛期降水的适用性情况。图1是2007—2011年汛期(5—9月)安徽省38个强降水日700 hPa低频流场(图1a)与未滤波前实况流场(图1b)的合成。在低频图上(图1a)，沿着110°—130°E经度上从中国东南沿海—江淮到华北—东北地区为低频反气旋—气旋—反气旋的经向波列，其中在中国东南沿海和东北地区分别为低频反气旋，江淮到华北为低频气旋。在这样的低频系统配置下，东南沿海低频反气旋西侧的低频西南气流和从中南半岛东传的低频偏南气流汇合然后向北输送到华东地区，与低频气旋西侧的低频偏北气流在安徽省附近汇合。在未滤波的实况流场图上(图1b)，沿着110°—130°E经度上存在着与低频图的相同的经向波列，低频系统的配置基本一致，也是反映出北方冷空气和南方暖湿气流在安徽省汇合，从而造成强降水过程。

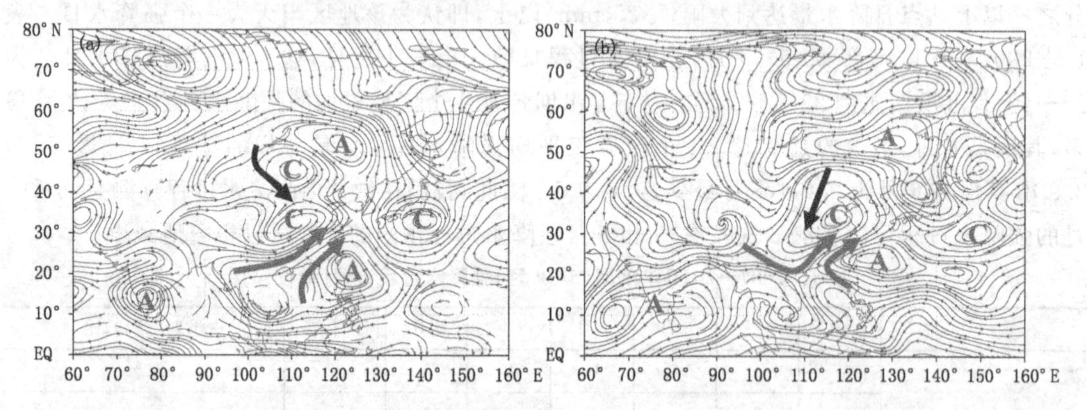

图1　2007—2011年汛期(5—9月)安徽省强降水日700 hPa低频流场(a)与实况流场(b)合成

由此可见，低频流场图上的低频系统与实况流场图上的环流系统是有联系的。低频气旋和低频反气旋所对应的恰好是实况天气图上的气旋和反气旋等大气环流系统。只不过比较起来，低频系统存在30～50 d的周期振荡，而且变化缓慢，持续性和连续性明显；而实况天气图的环流系统不具有低频系统的这些特性，因而不可能在30 d前做出大气环流系统的预报。这表明低频系统能反映大气环流系统的变化，这也意味着用低频系统有可能可以提前10～30 d预报出安徽省汛期强降水过程。因此，在理论上用低频天气图来预测安徽省汛期强降水过程应该是可行的。

4　低频天气图方法的安徽本地化应用

4.1　确定低频关键区

文中采用向量 EOF 方法对低频 700 hPa 风场进行环流分型，从而确定低频系统活动关键区。对各分区强降水日（表 2）合成低频 700 hPa 风场进行 EOF 分析。表 3 是 4 个区域 2007—2011 年汛期强降水日合成的 700 hPa 风场 EOF 前 10 个模态方差贡献。由表 3 可见，EOF1～4 的方差贡献占总方差的 47.0%～55.1%，而且 EOF1 及 EOF2 具有显著比重，其和达 30.1%～37.9%，尤其是淮北，EOF1 方差达 27%；4 个区域前两个模态方差贡献都在 30% 以上，是最主要的两个模态。为了节省篇幅，这里仅分析全省前 4 个模态向量场的低频系统变化情况。

表 3　4 个区域 2007—2011 年汛期强降水日合成的 700 hPa 风场 EOF 前 10 个模态方差贡献

区域/模态	EOF1	EOF2	EOF3	EOF4	EOF5	EOF6	EOF7	EOF8	EOF9	EOF10
全省	18.3	13.5	9.2	7.5	6.9	6.3	5.4	4.7	3.4	3.2
淮北	27.0	10.9	9.9	7.3	6.3	5.6	4.8	3.7	3.3	2.7
江淮	16.3	13.8	8.7	8.2	6.2	5.8	5.4	4.7	3.8	3.0
江南	18.3	12.6	9.2	7.5	6.9	5.3	5.2	4.2	3.9	3.0

图 2 是全省 2007—2011 年汛期（5—9 月）38 个强降水日合成的 700 hPa 低频风场 EOF 分解前 4 个模态。EOF1 模态的主要低频环流特征是在高纬度地区有一个以（70°N，100°E）为中心的低频反气旋，而在中纬度地区有两个分别以巴尔喀什湖北部地区（51°N，72°E）和蒙古国东部一中国东北地区（45°N，110°E）为中心的低频气旋，高纬度和中纬度地区不同的低频系统相互制约或加强，在副热带和热带地区，在阿拉伯海到印度半岛北部有个低频气旋，从南海到日本南部的西太平洋海域也是一个庞大的东北—西南向的低频气旋，这样从日本南部吹来的低频暖湿气流与从中纬度气旋南侧的低频北风在安徽省上空交汇。这一模态的方差贡献为 18.3%，是汛期影响安徽省强降水过程的最主要的低频环流模态。

EOF2 模态的主要低频环流特征在 120°E 附近从副热带到高纬度分别在 21°、40°和 60°N 有低频反气旋、低频反气旋和低频气旋，中国东海海域和中国东北地区分别为低频反气旋，贝加尔湖以北地区为低频气旋，此时孟加拉湾南部为一低频气旋，此气旋北侧的低频东风对东海低频反气旋起到约束或加强的作用。安徽省正好位于来源于东海低频反气旋北侧的低频西南气流与东北低频反气旋东南侧的低频东北气流的汇合处。这一模态的方差贡献为 13.5%，是汛期影响安徽省强降水过程的第二个主要的低频环流模态。

EOF3 模态的主要低频环流特征是在副热带地区从阿拉伯海到西太平洋有一个低频气旋带，这个低频气旋带把西太平洋低频反气旋北推到东海海域，反气旋西侧的低频偏北气流把海洋上的水汽向西输送华东地区，华东地区受低频气旋控制，中国东北地区为一低频反气旋。这一模态与安徽省受台风或热带风暴影响出现强降水的低频流场基本一致（图略），表明 EOF3 模态主要表现为安徽省受台风影响而出现强降水过程的低频环流模态。

EOF4 模态的主要低频环流特征是从阿拉伯海到印度北部为一个低频反气旋，从中国南海地区到东南海域也是一个低频反气旋，反气旋西北侧的西南气流能输送到华东地区，此时中

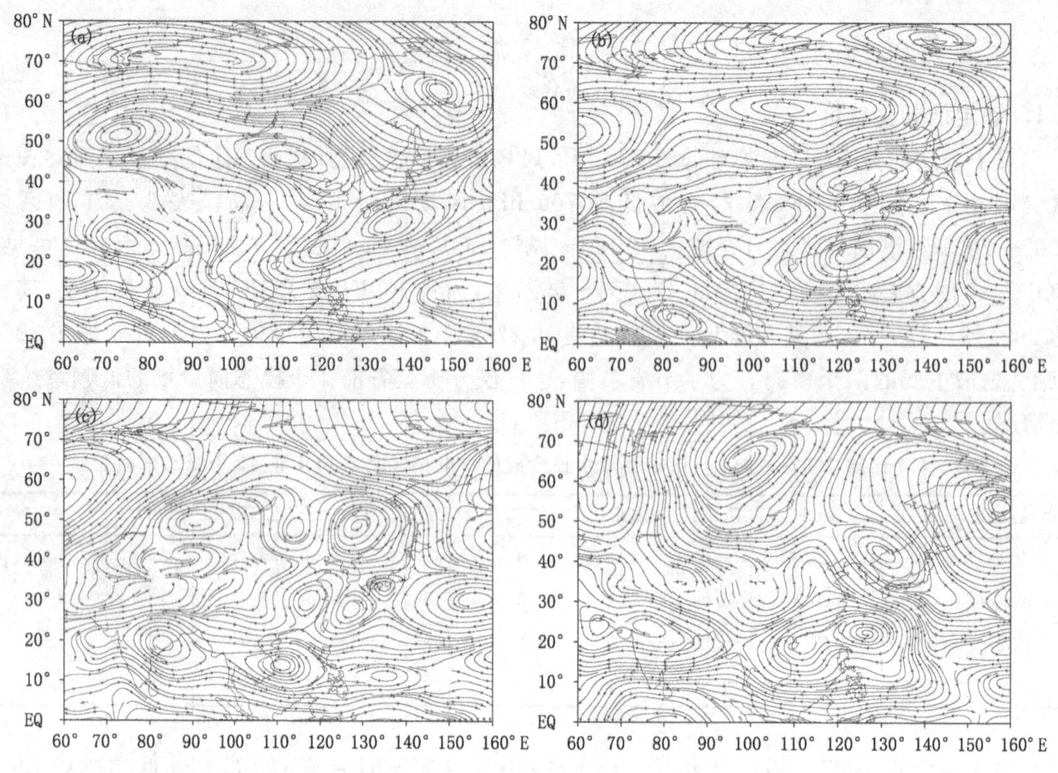

图 2 安徽全省汛期强降水日合成的低频 700 hPa 风场 EOF 前四个模态
(a. EOF1, b. EOF2, c. EOF3, d. EOF4)

国东北地区到日本海为一个低频气旋,其西侧的西北气流向南影响到华东地区,使得南北气流在安徽省附近汇合,导致安徽省出现强降水。

由以上分析可知,影响汛期安徽全省汛期强降水过程的主要特征是源于北方的低频气流和源于南方的低频气流在安徽省上空汇合。低频环流系统出现的主要位置有阿拉伯海—印度半岛—孟加拉湾一带、中国南海地区、西太平洋地区、中国东北地区、贝加尔湖附近地区和巴尔喀什湖附近地区。结合 EOF 前 4 个模态低频环流系统出现的主要位置及纬度的完整性和系统的完整性,把影响安徽省汛期强降水过程的低频关键区划分为 8 个区(图 3)。各区范围为,1 区:(0°—30°N,120°—160°E)(西太平洋地区),2 区:(0°—30°N,100°—120°E)(南海附近),3 区:(0°—30°N,60°—100°E)(阿拉伯海—印度半岛—孟加拉湾),4 区:(30°—60°N,120°—160°E)(中国东北—日本地区),5 区:(30°—60°N,90°—120°E)(贝加尔湖附近),6 区:(30°—60°N,60°—90°E)(巴尔喀什湖附近),7 区:(60°—80°N,120°—160°E)(鄂霍茨克海地区),8 区:(60°—80°N,60°—120°E)(高纬度地区)。其中 1~3 区表示南方系统,提供向北输送的低频暖湿气流;4~8 区为北方的系统,是提供南下的冷空气。

4.2 低频系统的周期计算

参考文献[11]中低频系统的周期计算,对 2007—2011 年 4—9 月逐日低频 700 hPa 风场上 8 个关键区内低频气旋(反气旋)起止时间和移动路径分布进行读数和整理,进而计算出每个区域内低频气旋和低频反气旋的周期特征。我们在统计时发现低频天气图上存在的小系统较多,这样可能会导致统计出的低频系统周期较短,因此,在统计周期前先对低频 700 hPa 风

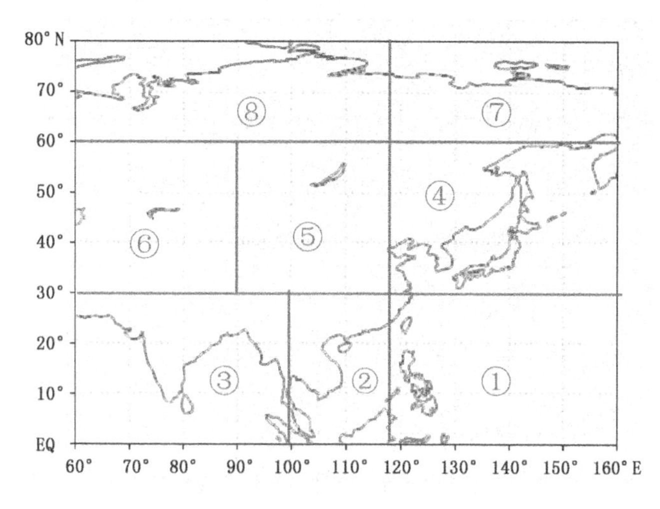

图 3　影响安徽省汛期强降水过程的 8 个低频关键区

场进行 9 点平滑，然后再统计每个关键区低频系统的周期。统计结果表明 1 区、3 区和 6 区的主要周期为 10～50 d，其他区域低频系统周期主要集中于 20～50 d(表 4 略)。1、3 和 6 区低频系统的周期包括 10～20 d 时间范围，这可能是跟这 3 个区域范围较大，出现的系统较为频繁有关。

4.3　建立汛期强降水过程的预报模型

根据表 2 各区强降水过程，分析低频天气图中与强降水过程相对应的各个关键区低频系统的配置情况，然后普查各区低频系统出现的频次并汇总，从而建立低频系统活动与强降水过程发生的对应关系，形成各预报区的预报模型(表 5)。表中 C、A 表示低频气旋和反气旋，数字表示系统生成的关键区编号。例如，当预报对象为江淮时，当 1、2、3 区南方系统有低频气旋或反气旋，北方系统 4、6 区有低频气旋或反气旋，5、7 区有低频气旋时，则将有强降水发生。

表 5　各降水区与各关键区低频系统的关系统计

预报区域	关键区北方系统	关键区南方系统
全省	(A6、C6)；(A4、C4)；C5；C7	(A3、C3)；(A1、C1)；A2
淮北	(A6、C6)；C4；A5；A8	(A3、C3)；(A1、C1)；(A2；C2)
江淮	(A6、C6)；(A4、C4)；C5；C7	(A3、C3)；(A1、C1)；(A2；C2)
江南	(A6、C6)；A4；(A7、C7)；C8	(A3、C3)；(A1、C1)；(A2；C2)

4.4　强降水过程的预报

根据低频系统的周期性、连续性和准定常性特征，预报各个区域的低频系统的演变，再根据低频系统与安徽省强降水过程的对应关系，预报强降水过程。在安徽省的本地化试验中，降水过程的预报时效为 10～30 d。以 2012 年 8 月 8—11 日强降水过程为例。

在 2012 年 6 月 20 日—7 月 5 日的逐日 700 hPa 低频流场上(以 6 月 25 日为例，图 4)，6 月 25 日在 1 区(西太平洋地区)出现低频反气旋和低频气旋，根据历史周期和最近周期外推 40 d，预计 8 月 5 日该地区将会再次出现低频反气旋或低频气旋；6 月 25 日在 3 区(孟加拉湾地区)出现低频反气旋，外推 40 d，预计 8 月 5 日该地区将会再次出现低频气旋；6 月 25 日在 4 区(东北地区)出现低频气旋，外推 40 d，预计 8 月 5 日该地区再次出现低频气旋；6 月 25 日在

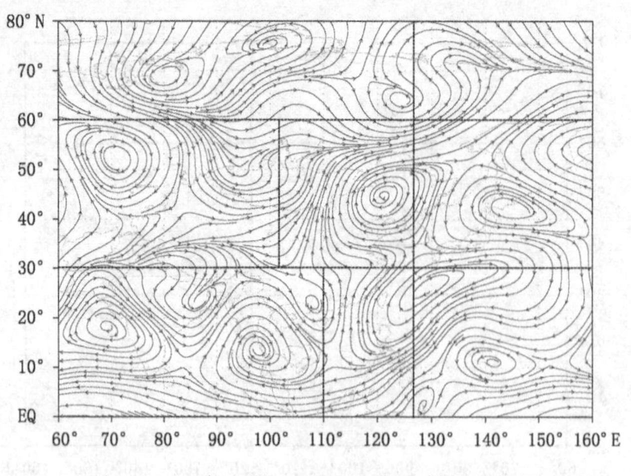

图 4　2012 年 6 月 25 日 700 hPa 低频天气图

5 区(蒙古地区)出现低频反气旋,外推 40 d,预计 8 月 5 日该地区再次出现低频反气旋。在这样的低频系统配置下,8 月上旬中后期将有偏北低频气流和偏南低频气流在安徽上空汇合从而导致强降水过程。

5　2012 年汛期月内重要降水过程预报试验和效果分析

2012 年 6 月中旬起安徽省利用本地化后的低频天气图方法在汛期(6—9 月)进行了业务试报。预报时效是 10～30 d,预报时间间隔大致是 1 旬。从 6 月中旬起每旬发布一次产品,汛期总共发布 9 期产品,总共预测强降水过程 14 次(表 6),特别指出的是发布两次预报降水时间重合,则视为一次,例如表 4 中 6 月 28 日发布的强降水过程在 7 月下旬中后期(7 月 26—30 日)和 7 月 20 日发布的强降水过程在 7 月下旬后期(7 月 26—31 日)重合,那么只能视为一次强降水过程。预报检验标准严格按照安徽省汛期强降水过程标准来执行,即预报强降水过程时段内降水实况至少有个区域(全省、淮北、江淮和江南)三分之一的站日雨量达到或超过 25 mm,则为预报正确,否则为空报或漏报。从 2012 年汛期强降水过程预报及其检验来看,预测强降水过程 14 次,报对 10 次,空报 3 次(全省均有降水,只是未达到强降水过程标准),漏报 1 次(表 4)。从检验结果来看,说明本地化的低频天气图方法对安徽省 2012 年汛期强降水过程的预测效果还是不错的。

表 6　安徽省 2012 年 6—9 月强降水过程预报

发布预报时间	预报降水时间	实际降水时段	安徽省降水情况
6 月 11 日	6 月下旬后期—7 月上旬前期(6 月 27 日—7 月 2 日)	6 月 26—27 日	淮河以南大一暴雨,局地大暴雨
	7 月上旬中后期(7 月 5—10 日)	7 月 5 日、7 日	沿淮淮北大一暴雨
6 月 20 日	7 月上旬前中期(7 月 2—7 日)	7 月 2—5 日、7 日	沿淮淮北大一暴雨,局地大暴雨
	7 月中旬中期(7 月 13—18 日)	7 月 13—14 日	全省大一暴雨,局地大暴雨
6 月 28 日	7 月中旬前中期(7 月 12—16 日)	7 月 13—14 日	全省大一暴雨,局地大暴雨
	7 月下旬中后期(7 月 26—30 日)	空报	全省小一大雨

续表

发布预报时间	预报降水时间	实际降水时段	安徽省降水情况
7月10日	7月中旬后期—下旬前期(7月18—23日)	空报	全省小一大雨
	8月上旬中后期(8月5—10日)	8月8—11日	全省大一暴雨，部分地区大暴雨
7月20日	7月下旬后期(7月26—31日)	空报	全省小一暴雨
	8月上旬中后期(8月5—10日)	8月8—11日	全省大一暴雨，部分地区大暴雨
7月28日	8月中旬前期(8月10—15日)	8月8—11日	全省大一暴雨，部分地区大暴雨
	8月下旬后期(8月26—31日)	8月26日	淮北大一暴雨
8月10日	8月下旬前期(8月19—24日)	8月20—21日	全省大一暴雨
	9月上旬中后期(9月4—9日)	9月8—9日	全省大一暴雨，局地大暴雨
	漏报	9月3日	江淮之间大一暴雨
8月20日	9月上旬中后期(9月4—9日)	9月8—9日	全省大一暴雨，局地大暴雨
8月28日	9月中旬前期(9月9—14日)	9月9日、11日	全省大一暴雨，局地大暴雨
	9月下旬前中期(9月22—27日)	空报	全省小一中雨

值得一提的是，大气低频信号对系统性降水和极端天气事件的反映是比较敏感的。如表4中，7月10日预报8月上旬中后期有次强降水过程，实况是8月8日起受台风“海葵”影响，8月8—11日出现了安徽省2012年汛期降水强度最大、持续时间最长、范围最广的一次强降水过程，沿淮及淮河以南地区累计降水量超过50 mm，大部分地区超过100 mm，安徽省石台和青阳极端3 d降水量(8—10日)达到极端降水气候事件标准，淮河以南部分地区受灾严重。低频提前图提前25 d成功预测出了这次强降水过程。又如在8月10日预报9月上旬将会有一次强降水过程，实况是9月8—9日出现一次强降水过程，其中青阳9日出现大暴雨，突破该站9月日降水量历史极值。从近5 a统计来看，9月出现强降水过程的天数为1 d(表1)，而低频天气图方法提前20 d成功报出2012年9月最强降水过程。

6 小结

(1)用REOF方法将安徽省汛期强降水分成4个区域。从近5 a 4个区域汛期强降水日数来，7月最多，其次是6月，9月最少。4个区域总强降水日数从南到北依次递减，与安徽省汛期降水量空间分布一致。各个区域每年强降水日数空间分布与该年汛期降水量空间分布基本一致。

(2)汛期强降水日的低频700 hPa流场合成与未滤波前的700 hPa流场实况系统配置较为相似，低频天气图上的低频气旋和低频反气旋所对应的恰好是实况天气图上的气旋和反气旋等大气环流系统。用低频天气图预报方法在理论上应该适用于预测安徽省汛期强降水过程。

(3)根据EOF前4个向量场各低频系统的配置情况及主要出现的位置，将影响安徽省汛期强降水的低频关键区分成8个。根据安徽省汛期强降水发生时，各个关键区内低频气旋和低频反气旋的演变规律，从中提炼对强降水有作用的低频系统的特征，建立了基于逐日低频天气图的汛期强降水预报模型，并结合各个关键区低频系统的移动周期，运用外推方法作未来

10～30 d 的强降水过程预测。

(4)将本地化的低频天气图预报方法用于预测安徽省 2012 年汛期强降水过程，取得了较好的预测效果。

由于本地化低频天气图预测方法业务试运行时间较短，需要在业务中继续应用检验其预报效果。今后的工作中将尝试从其他要素场比如高度场等来改进低频天气图预报方法的本地化。

参考文献

[1] Madden R A, Julian P R. Detection of a 40～50 day oscillation in the zonal wind in the tropical Pacific. *J. Atmos. Sci.*, 1971, **28**: 702-708.

[2] Madden R A, Julian P R. Description of global scale in the tropics with 40～50 day period. *J. Atmos. Sci.*, 1972, **29**: 1109-1123.

[3] 杨鉴初，归佩兰. 关于长期天气过程的划分. 气象，1979，**4**(6)：14-18.

[4] Maharij E A, Wheeler. Forecasting an index of the Madden-Oscillation. *Int. J. Climatol.* 2005, **25**: 1611-1618.

[5] Wheeler M C, Hendon H H. An all-season real-time multivariate MJO index: Development of an index for monitoring and prediction. *Mon. Wea. Rev.*, 2004, **132**: 1917-1932.

[6] 丁一汇，梁萍. 基于 MJO 的延伸预报. 气象，2010，**36**(7)：111-122.

[7] 孙国武，冯建英，陈伯民等. 大气低频振荡在延伸期预报中的应用进展. 气象科技进展，2012，**2**(1)：11-18.

[8] 孙国武，陈葆德. 青藏高原上空大气低频波的振荡及其经向传播. 大气科学，1988，**12**(3)：250-256.

[9] 章基嘉，孙国武，陈葆德. 青藏高原大气低频变化的研究. 北京：气象出版社. 1991.

[10] 孙国武，信飞，陈伯民等. 低频天气图预报方法. 高原气象，2008，**27**(增刊)：64-68.

[11] 信飞，李震坤，王超. 经验正交函数分解在上海地区低频天气方法中的应用. 气象科技进展，2013，**3**(1)：52-56.

2010年福建前汛期典型持续性暴雨过程的低频特征分析

陈彩珠[1] 高建芸[1] 周信禹[2] 游立军[1]

(1.福建省气候中心,福州 350001;2.福建省气象台,福州 350001)

摘 要

利用NCEP再分析资料和NOAA的逐日向外长波辐射(OLR)资料以及福建2010年逐日降水资料,通过对2010年福建省前汛期6月13—27日典型持续性暴雨过程的分析,揭示了持续性暴雨过程的大气低频特征以及持续性暴雨过程发生前的大气低频前兆信号。研究表明:(1)2010年福建前汛期降水具有显著的30～45 d的变化周期,呈现明显的少雨期和多雨期交替出现的干、湿窗口。(2)南亚高压、副热带高压(副高)、乌拉尔山高压、东亚大槽以及来自孟加拉湾和南海的水汽输送的低频变化造就了这次持续时间之长,强度之强皆为历史罕见的强降雨过程。(3)持续性暴雨过程伴随着一次明显的东亚夏季风涌,降水强度与大气低频振荡的强度密切相关。(4)低频系统具有明显的持续性和周期性,及时监测并掌握大气低频前兆信号的变化规律对后期持续性暴雨过程的延伸期预报具有十分重要的意义。

关键词:大气低频变化 典型持续性暴雨 前汛期 福建

引言

福建省地处中国华南沿海地区,受东亚季风影响降水充沛,降水主要集中在4—9月,其中在4—6月的前汛期是大范围洪涝灾害发生的阶段,引发洪涝的主要原因是持续性暴雨。2010年6月13—27日福建省发生了长达15 d的持续性暴雨过程,其影响范围之广、持续时间之长、强度之大,给福建省带来严重灾害,直接经济损失高达108.18亿元。据统计,福建省自20世纪90年代以来,前汛期持续性暴雨过程有明显增强的趋势,此类持续性高影响天气事件所导致的气象灾害也越来越重,因此,衔接天气预报和短期气候预测的10～30 d时间尺度的延伸期预报开始成为气象服务的主要关注热点。

大气季节内振荡(Intraseasonal Oscillation, ISO)一般指时间尺度大于7～10 d而小于90 d的大气振荡[1],作为高频天气变化的重要背景,季节内振荡是联系天气和气候的直接纽带,可作为开展延伸期预报的主要预报研究[2]。

20世纪80年代以来,中国学者对季节内振荡对天气气候的影响开展了诸多研究,南海夏季风季节内振荡有明显的北传现象并且可以影响到江淮地区[3];夏季风在北传过程中存在明显的准双周和季节内振荡现象,季风雨带的北进、停滞和中断等现象正是大气低频变化的表现[4,5]。近年来,澳大利亚、美国等有关学者关于热带Madden-Julian振荡(MJO)活动的监测和预报研究相当活跃[6,7],利用MJO开展延伸期预报,取得了较好效果。目前中国处在延伸期预报的理论研究与准业务试行阶段,关于延伸期预报方法的研究值得进一步的探索与研究[8-11]。

本文以2010年6月13—27日福建历史上罕见的典型持续性暴雨过程为研究对象,从大气季节内振荡特征的角度出发，揭示了持续性暴雨过程的大气低频特征以及持续性暴雨过程的前兆低频信号，为福建前汛期持续性暴雨过程的延伸期预报提供科学的参考依据。

1 资料与方法

应用2010年福建66个气象站逐日降水资料、NCEP再分析资料以及NCAR的逐日向外长波辐射(OLR)资料，采用了帽子小波分析、典型个例分析和合成分析等方法，使用Butterworth滤波器提取30～60 d季节内振荡(ISO)的低频信号。

2 2010年福建前汛期降水概况

为了对福建前汛期降水强度和空间分布有个定量化的表征，应用福建全省66个气象站降水资料，定义了一个暴雨综合指数(byzs)。该指数兼顾了降水范围以及强度，重点关注暴雨量级的降水，具体定义如下：

byzs＝2.0×特大暴雨站数＋1.5×大暴雨站数＋暴雨站数＋0.2×大雨站数＋0.04×中雨站数＋0.01×小雨站数

应用逐日的暴雨综合指数，进行帽子小波分析(图略)，2010年福建省前汛期于4月22日开始，6月28日结束，整个前汛期降水具有显著的30～45 d的变化周期，呈现明显“少雨期—多雨期—少雨期—多雨期”等干湿窗口交替出现的现象，且每个窗口维持时间大约15 d，前汛期最后一场长达15 d的持续性暴雨就是发生在最后的一个湿窗口期。

3 持续性暴雨过程的大气低频特征

此次暴雨过程为何持续如此之长的时间，是否与大气的低频变化有着密切的联系？为此我们绘制了30～60 d滤波的低频天气图，拟从大尺度环流系统的低频变化特征揭示持续性暴雨的发生原因。

3.1 高、低空低频系统的配置

3.1.1 200 hPa

低空辐合高空辐散是构成上升运动的充要条件。从30～60 d滤波后的200 hPa逐日散度场可见(图略)，暴雨发生前期，6月1—12日福建处在散度场的低频负值区，而持续性暴雨发生期间，福建上空为一个低频正辐散区所控制，对应200 hPa的高度场(图略)，暴雨发生前，南亚高压中心在中南半岛一带，持续性暴雨期间，南压高压中心相对稳定在孟缅一带，福建正好处在南亚高压东北侧强辐散区域；随着南亚高压中心向东北移动，27日起正值区减弱，转为负值区，强降雨明显减弱。由此可见，此次持续性暴雨过程与200 hPa南亚高压的低频变化密切相关，高空低频信号在持续性暴雨期间福建上空为低频正值区，有利于加强福建上空的辐散，为持续性暴雨的维持提供了有利的条件。

3.1.2 500 hPa

从持续性暴雨期500 hPa高度场30～60 d滤波合成图(图略)可以看出：在泰梅尔半岛、中国东北地区以及江南地区存在低频低压中心；在乌拉尔山—贝加尔湖西南侧以及西北太平洋存在低频高压中心。从500 hPa平均高度场合成图(图略)可知，持续性暴雨发生期极涡位于泰梅尔半岛，槽线从中心伸到巴尔喀什湖，与中国东北到华东槽形成阶梯形式，北槽槽后不断分裂冷空气从中纬度向东南传输，而在西北太平洋上存在的低频高压中心，对应着副高明显的北抬。可见，低频高低压中心的空间配置有利于产生暴雨的天气系统的维持，是造成这次持续性暴雨过程长时间维持的重要原因。

3.1.3　850 hPa

由 30～60 d 滤波后的 850 hPa 风场分析发现(图 1a)，持续性暴雨期间存在明显的低频气旋和反气旋中心。低频气旋中心始终处在福建上空、印度半岛西北部、孟加拉湾北部以及中南半岛东南部，低频反气旋中心位于乌拉尔山地区、西北太平洋上空以及索马里以东洋面上。福建上空 850 hPa 低频气旋中心的维持加强了低层辐合，而 500 hPa 低频低压的维持，使得冷空气不断南下，再加上高空低频辐散中心的维持，造就了这次持续时间之长为历史罕见的强降雨过程。

持续性暴雨期间有两支西南气流在福建上空交汇(图 1b)，并把大量水汽输送到这一带地区。一支是来自索马里附近的越赤道气流经孟加拉湾伸向华南江南，而索马里以东洋面上的低频反气旋、印度半岛西北部、孟加拉湾北部的低频气旋中心的存在加强了此支气流的水汽输送；另一支是越赤道气流经南海向大陆输送，中南半岛东南部低频气旋以及西北太平洋上空低频反气旋加强了该支气流的水汽输送。可见，水汽输送通道上低频气旋和反气旋中心的维持加强了水汽输送的持续性也是导致持续性暴雨维持的重要因素。

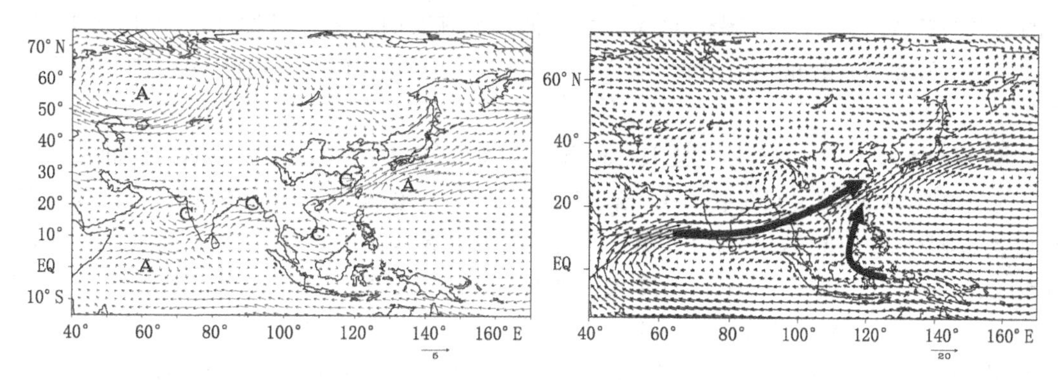

图 1 2010 年 6 月 13—27 日 850 hPa 风场合成

(a. 30～60 d 滤波场，b. 原始场)

3.2　OLR 场的低频特征

分析对流场的低频特征，由图 2a 可见，5 月下旬南海和菲律宾附近出现了低频对流系统，并明显地由南向北传播，于 6 月 13 日前后到达福建上空；从图 2b 可见 5—7 月福建上空(116°—120°E)对流存在着明显的 30～60 d 低频振荡，随时间呈现“－＋－＋－”的低频对流干湿位相交替，6 月 13—27 日福建发生持续性暴雨期间正好处于一次强湿位相内(即对流活跃期)，且从沿 27°N 的纬向 OLR 场的时空演变情况看，低频对流系统有随时间由东到西的传播过程。自 5 月下旬起，140°E 附近的对流活跃区逐渐向西传播，到 6 月第 2 候进入福建上空，且稳定维持了半个月，致使福建经历了一场长达 15 d 的持续性暴雨过程，直至 6 月 28 日福建转为低频干位相控制，即副热带高压加强西伸控制福建，持续性暴雨过程才得以结束。对流的低频变化实际上反映了东亚夏季风的季节内振荡，夏季风涌的存在对中国东部地区的大尺度降水起着调控作用[12,13]，此次持续性暴雨过程伴随着一次明显的季风涌。

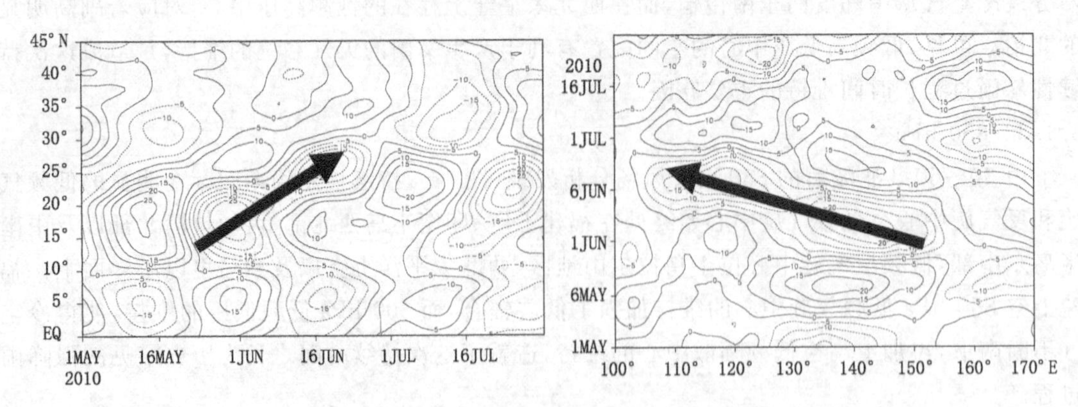

图 2 2010 年 30～60 d 滤波后的 OLR 场沿 120°E(a)纬度—时间演变
和沿 27°N(b)的经度—时间演变

4 持续性暴雨过程的前兆信号

从以上的分析,我们可以看到,2010 年 6 月 13—27 日这场持续性暴雨过程发生期间,大气环流存在着较强的低频变化信号。从绘制的低频天气图上可以看出低频系统与常规天气图上的天气系统虽有差别,但有密切联系。由于低频系统有明显的持续性和周期性,因此,如果能够掌握低频系统前期的演变规律,就有可能对持续性天气过程做出提前 10～30 d 的延伸期预报。

通过分析 2010 年 4—6 月的逐日 850 hPa 低频天气图,尤其是持续性暴雨期间低频气旋和反气旋出现的位置,我们选取了 4 个和持续性强降水过程配置较好的关键区,分别为南海—中南半岛地区(5°—15°N,100°—115°E)、印度半岛西北部地区(15°—25°N,65°—85°E)、乌拉尔山地区(50°—60°N,50°—70°E)和西北太平洋地区(25°—35°N,130°—150°E)。绘制 2010 年 4 月 1 日—6 月 30 日逐日暴雨综合指数及 4 个关键区 850 hPa 平均涡度的 30～60 d 低频变化曲线,由图 3 可见,与 4—6 月逐日降水匹配最好的是乌拉尔山关键区,不管是福建早春季(3—4 月)降水还是前汛期(5—6 月)降水,乌拉尔山地区涡度的低频变化与福建降水的低频周期对应很好,当乌拉尔山地区出现低频反气旋时,冷空气活动频繁,福建处于多雨期,当乌拉尔山地区出现低频气旋中心,冷空气较弱,福建处于少雨期。随着春季向前汛期的转换,大气环流进行了调整,降水性质也发生了变化,热带系统的作用也逐渐显现出来,由图中看出,其他 3 个关键区的低频信号在 5 月初有所加强,并与福建前汛期降水的低频变化周期趋于吻合,即当乌拉尔山地区、西北太平洋为低频反气旋控制,同时南海—中南半岛地区、印度半岛西北部地区为低频气旋控制,对应的天气系统是乌拉尔山附近的阻塞高压的增强以及西北太平洋上的副热带高压稳定维持,来自索马里的越赤道气流和经南海的越赤道气流的水汽输送得以维持,良好的低频系统配置,使得南北气流在福建上空持续交绥,导致了持续性暴雨过程的发生。

除了来自中高纬度和低纬的低频信号外,本区上空的低频信号也不容忽视。图 3 为福建上空 850 hPa 平均涡度和 200 hPa 平均散度的低频变化曲线,由图 4 可见,4 月 1 日—6 月 30 日,本区上空的低频信号与降水的低频变化的配合也非常好,反映的物理意义是产生局地暴雨所需的高低空辐合辐散配置。

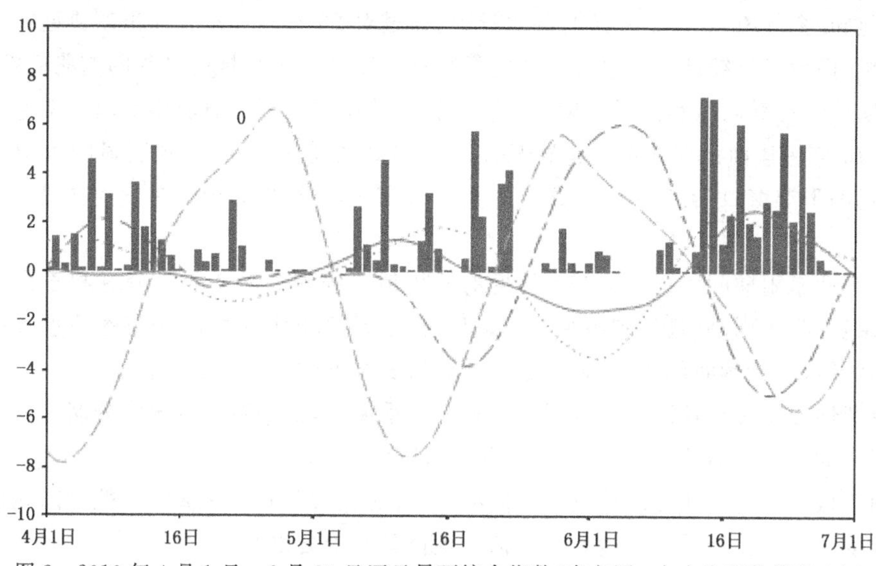

图 3　2010 年 4 月 1 日—6 月 30 日逐日暴雨综合指数(直方图，大小为原数值的 1/4)及其关键区 850 hPa 平均涡度的 30～60 d 低频波演变(实线：南海—中南半岛，点线：印度西北部，虚线：乌拉尔山地区，点画线：西北太平洋，单位：$10^{-6}s^{-1}$)

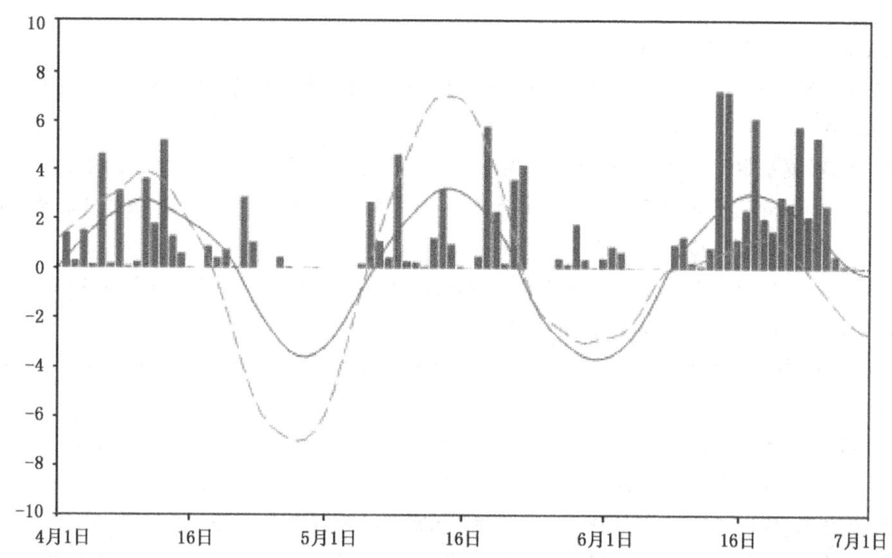

图 4　2010 年 4 月 1 日—6 月 30 日逐日福建暴雨综合指数(直方图，大小为原数值的 1/4)及其福建上空 850 hPa 平均涡度(实线，单位：10^{-6} s^{-1})和 200 hPa 平均散度(虚线，单位：$10^{-6}s^{-1}$)的 30～60 d 低频波演变

从低频周期来看，无论是 4 个关键区还是本区上空的低频信号，在持续性暴雨发生前的上一个相对多雨期(30 d 前)或少雨期(15 d 前)已有较明显的低频信号，如果能及时监测并掌握该前兆信号的低频变化规律，无疑对后期持续性暴雨的延伸期预报具有十分重要的意义。

5　结论

本文利用 NCEP 再分析资料和 NCAR 的逐日向外长波辐射(OLR)资料以及 OLR 逐日

资料和福建66个气象站2010年逐日降水资料，通过对2010年福建省前汛期典型持续性暴雨过程的分析，揭示了持续性暴雨过程的大气低频特征以及持续性暴雨过程的前兆低频信号，为福建前汛期持续性暴雨过程的延伸期预报提供科学的参考依据。研究得到以下结论：

(1)2010年福建前汛期降水具有显著的30～45 d的变化周期，呈现明显的少雨期和多雨期交替出现的干湿窗口，且每个窗口维持时间大约15 d，持续性暴雨就是发生在最后的一个湿窗口期。

(2)持续性暴雨期间中高纬度和低纬度的低频系统的配置和变化十分有利于暴雨的长时间维持。南亚高压、副高、乌拉尔山高压、东亚大槽以及来自孟加拉湾和南海的水汽输送的低频变化造就了这次持续时间之长，强度之强皆为历史罕见的强降雨过程。

(3)持续性暴雨过程伴随着一次明显的东亚夏季风涌，低频对流系统有着明显的北传和西传过程，降水的强度与对流活动30～60 d季节内振荡(ISO)强度有关。

(4)由于低频系统有明显的持续性和周期性，若能及时监测并掌握大气低频前兆信号的变化规律，无疑对后期持续性暴雨过程的延伸期预报具有十分重要的意义。

参考文献

[1] 刘一伶，琚建华，吕俊梅. 热带低频振荡与南海夏季风季节内振荡的关系. 科技创新导报，2009，(14)：230-242.

[2] 丁一汇，梁萍. 基于MJO的延伸期预报. 气象，2010，**36**(7)：111-122.

[3] 贺懿华，王晓玲，金琪. 南海热带对流季节内振荡对江淮流域旱涝影响的初步分析. 热带气象学报，2006，**22**(3)：259-264.

[4] 陶诗言，卫捷. 夏季中国南方流域性致洪暴雨与季风涌的关系. 气象，2007，**33**(03)：10-18.

[5] 何金海，Murakami T，Nakazawa T. 1979年夏季亚洲季风区域40—50天周期振荡的环流及其水汽输送场的变化. 南京气象学院学报，1984，(2)：163-175.

[6] Wheeler M C，Hendon H H. 2004. An all-season real-time multivariate MJO index：Development of an index for monitoring prediction. *Mon. Wea. Rev*，**132**：1917-1932.

[7] Maharaj E A，Wheeler M C. 2005. Forecasting an index of the Madden-oscillation. *Int. J. Climatol*，**25**：1611-1618.

[8] 孙国武，信飞，孔春燕等. 大气低频振荡与延伸期预报. 高原气象，2010，**29**(5)：1142-1147.

[9] 梁萍，丁一汇. 基于季节内振荡的延伸期预报. 大气科学. 2011，**36**(1)：102-116.

[10] 孙国武，冯建英，陈伯民等. 大气低频振荡在延伸期预报中的应用进展. 气象科技进展，2012，(1)：12-18.

[11] 陈丽娟，陈伯民，李维京等. T63模式月动力延伸预报高度场的改进实验. 应用气象学报，2005，**16**(增刊)：92-96.

[12] 琚建华，孙丹，吕俊梅. 东亚季风区大气季节内振荡经向与纬向传播特征分析. 大气科学，2008，(3)：523-529.

[13] 琚建华，孙丹，吕俊梅. 东亚季风涌对我国东部大尺度降水过程的影响分析. 大气科学，2007，(6)：1129-1139.

最优子集回归在福建省前汛期延伸期预测中的应用研究

何芬[1]　高建芸[1]　赖绍钧[2]　鲍瑞娟[1]

（1. 福建省气候中心，福州 350001；2. 福州市气象局，福州 350014）

摘　要

根据福建省前汛期降水的低频特点，利用 1961—2012 年 NCEP 逐日再分析资料，采用经验正交函数（EOF）分解提取出影响本地区降水的低频天气系统信号，结合最优子集回归统计方法，建立提前 3～12 候的降水预测模型，并对各模型的预测结果进行分析，结果表明，提前 3～7 候的预测效果比提前 8～12 候的效果好，提前 7 候可预测出前汛期低频降水的强弱演变规律，为实时延伸期预报业务提供了一条有效的途径。

关键词：前汛期　延伸期预报　经验正交函数分解　最优子集回归

引言

延伸期预报是指 10～30 d 的天气预报，介于中期预报（10 d 以下）和短期气候预测（月以上）之间，可以衔接天气预报和气候预测的“时间缝隙”。但就目前的现状而言，全球大气环流模式只能提供 7～10 d 的逐日数值预报产品，10～30 d 的预报仍有一定难度；传统的统计预报对这个时间区间的预报也有局限性。

自从 Madden 等[1,2]在 20 世纪 70 年代发现热带地区纬向风的 30～50 d 振荡以来，大气低频振荡越来越多地被应用到气象业务中。近年来，中国积极开展了延伸期预报工作并取得了许多有意义的成果。孙国武等[3~5]根据大气低频振荡原理，提出了“低频天气图”和“大气低频波”方法，但这些方法以外推为主，没有客观模型进行定性预测。因此，统计学方法也开始应用到延伸期预测中来，信飞等[6]利用自回归及多元回归等统计方法，建立 5—10 月的夏季低频（30～50 d）统计模型，用最近 5 候的分量预报未来 5 候，结果表明，该模型对未来 3～5 候长江中下游的预报结果有参考价值。梁萍等[7]研究表明，通过集合经验模态分解（EEMD）方法提取前期降水演变及影响因子的季节内振荡信号，采用最优子集回归统计学方法对梅雨区逐候降水量演变进行超前 30 d 预报是有可能的。

福建省地处中国东部东、西风交替影响的过渡区和温带、热带各类天气系统频繁活动和经常影响的地区，天气、气候灾害频发。根据福建省自然天气季节的划分，5—6 月为前汛期，这 2 个月的总雨量占年总量的 32％，各级政府、公众及众多行业对前汛期的预测非常关注，增加无“时间缝隙”的延伸期预报已十分迫切。

本文根据福建省前汛期降水低频变化的特点，提取其影响系统的低频信号，通过建立最优子集回归统计模型，对前汛期降水的延伸预报方法进行试验，为开展前汛期延伸预报业务提供思路和参考。

1 资料和方法

1.1 资料

所用资料包括:(1)福建省 66 个代表站 1961—2012 年的逐日降水资料;(2)1961—2012 年 NCEP 逐日再分析资料,其水平网格距为 2.5°×2.5°,主要要素为 500 hPa 高度场、850 hPa 风场、温度场和比湿场、200 hPa 高度场和风场以及 925 hPa 比湿场,比湿场的范围取(10°S—40°N,40°—140°E),其他要素场的范围取(0°—70°N,40°—160°E)。

梅雨是北方冷空气与来自低纬的暖湿气流交汇于南岭－武夷山一带形成的极锋性降水。这一时期的锋区很强,且位置又准定常地徘徊于华南北部,雨势较强,暴雨频繁。由于持续性暴雨过程期间暴雨落区随时间有一定变化,为了便于研究,我们应用福建全省 66 个气象站降水资料,确定一个暴雨综合指数(byzs),主要关注重点在暴雨量级的降水,使之既能反映出降水范围又能反映出降水的强度,具体定义为:

byzs＝2.0×特大暴雨站数＋1.5×大暴雨站数＋暴雨站数＋0.2×大雨站数＋0.04×中雨站数＋0.01×小雨站数

其中,权重系数的确定主要考虑降水强度和空间分布对暴雨综合指数影响的大小,根据福建前汛期降水特点而确定的。

将暴雨综合指数和各要素场的逐日资料处理为候平均资料,再利用 Butterworth 带通滤波器进行滤波[8],保留低频部分(30～60 d)。将各要素场进行经验正交函数(EOF)分解[9],提取与暴雨综合指数关系密切的分量,采用最优子集回归(Optimal Subset Reggression,OSR)方法,对近 5 年前汛期降水进行延伸期预测。

1.2 预测方法——最优子集回归

最优子集回归是从自变量所有可能的子集回归中以某种准则确定出一个最优回归方程的方法。所有可能的回归方法是由 Garside[10] 在 1965 年提出来的,之后,Furnival 等[11,12] 对这一方法进行了完善和修改。假设考虑有 m 个自变量的回归,由于每个自变量有在方程内或不在方程内两种状态存在,因此,m 个自变量的所有可能的自变量子集就有 2^m 个。除去方程一个自变量也不含的空集外,实际有 2^m-1 个变量子集。建立最优回归预测方程,就是要从所有可能的回归中确定出一个效果最优的子集回归。具体做法是:按照一定的目的和要求,选定一种变量选择的准则 s,每一个子集的回归都能计算出一个 s,共有 2^m-1 个 s 值。s 越小(或越大)对应的回归方程的效果就越好。在 2^m-1 个子集中,最小(或最大)值对应的回归为最优子集回归[13]。

选择合适的最优子集回归的识别原则,是建立最优回归预测模型的一个重要问题。不同的目的可以选择不同的识别准则。本文采用 CSC(Couple Score Criterion,CSC)准则,这是针对气候预测特点提出的一种考虑数量和趋势预测效果的双评分准则。

设 k 为任一子集回归中自变量个数,CSC_k 定义为:

$$CSC_k = S_1 + S_2 \tag{1}$$

其中:

$$S_1 = nR^2 = n(1-\frac{Q_k}{Q_y}) \tag{2}$$

$$S_2 = 2I = 2\Big[\sum_{i=1}^{I}\sum_{i=1}^{I} n_{ij}\ln n_{ij} + n\ln n - \Big(\sum_{i=1}^{I} n_{i.}\ln n_{i.} + \sum_{j=1}^{J} n_{.j}\ln n_{.j}\Big)\Big] \tag{3}$$

式中，S_1 表示数量评分，由于它是对具体测量数据和模型预测值之差的评定，故称为精评分；S_2 表示趋势评分，即粗评分。n 为样本长度，Q_k 为残差平方和，Q_y 为气候学预报，I 为气候趋势类别数，n_{ij} 为 i 类事件与 j 类估计事件的列联表中的个数，其中

$n_{.j} = \sum_{i=1}^{I} n_{ij}$，$n_{i.} = \sum_{j=1}^{J} n_{ij}$，当 CSC_k 达到最大，则其所对应的子集回归方程为

$$Y = \beta_0 + \beta_1 x_1 + \beta_2 x_2 + \cdots + \beta_k x_k \tag{4}$$

就是最优子集回归方程。

2 福建省前汛期降水的低频特征

图 1 为福建省前汛期平均逐日暴雨综合指数序列的小波变换平面图，横坐标为时间参数，纵坐标为频率参数，图中的数值为小波系数。由图 1 对应的福建省前汛期降水的周期变化来看，前汛期降水具有两个显著的低频变化特征，一是 25～30 d 的低频变化，主要经历 5 个降水集中时段，即 5 月第 2 候、5 月第 5 候、6 月第 1 候、6 月第 4 候和 6 月第 6 候；另一个是 55 d 左右的低频变化特征，其两个降水集中时段为 6 月第 3—4 候和 6 月第 2—4 候。这说明福建省前汛期降水具有强弱交替的特征，并且在 5 月第 4 候和 6 月第 4 候出现了两个低频信号的叠加，因此，就多年平均而言，这是福建省前汛期降水的两个高峰。

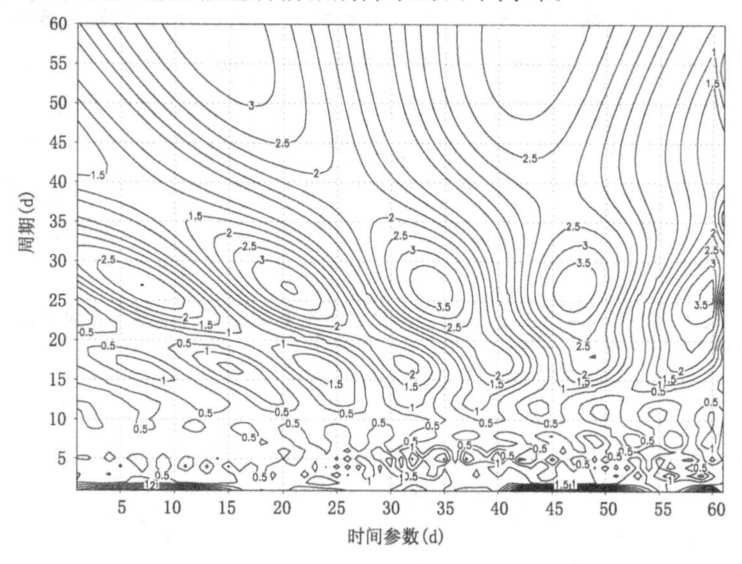

图 1　福建省前汛期暴雨综合指数的小波变化

3 预报量提取与最优子集回归模型预测结果

3.1 经验正交函数(EOF)分解

对滤波后的低频(30～60 d)要素场进行 EOF 分解，其目的是将要素场的空间部分和时间部分分离。表 1 为 EOF 分解后通过 North 准则检验的前 10 个主成分的累积贡献率。由表 1 可以看到，除了 200 hPa 纬向风仅有前 5 个主成分通过检验，925 hPa 比湿场和 850 hPa 纬向

风有仅有 6 个主成分通过检验外，其余各要素的前 10 个主成分均通过了检验。通过检验的各要素的累积贡献在 39.8%～88.1%，比湿场的比重较小，而高度场的比重较大。

表 1　EOF 分解前 10 个通过检验的主成分的方差贡献率

主成分	q_{850}	q_{925}	h_{500}	h_{200}	u_{850}	u_{200}	v_{850}	v_{200}	t_{850}
1	0.100	0.101	0.256	0.221	0.118	0.169	0.180	0.180	0.211
2	0.185	0.184	0.473	0.416	0.222	0.290	0.331	0.304	0.359
3	0.257	0.254	0.596	0.544	0.320	0.379	0.396	0.404	0.456
4	0.313	0.311	0.672	0.624	0.388	0.461	0.447	0.499	0.535
5	0.359	0.362	0.727	0.687	0.449	0.517	0.488	0.557	0.597
6	0.400	0.398	0.778	0.737	0.505	0.567	0.524		0.646
7	0.433		0.818	0.776	0.554	0.612			0.687
8	0.464		0.844	0.805	0.594	0.656			0.724
9	0.490		0.864	0.833	0.625	0.688			0.756
10	0.515		0.881	0.858	0.650	0.716			0.777

为了提取与福建省前汛期降水关系密切的低频分量，将各要素 EOF 分解后对应的时间系数与暴雨综合指数进行相关分析，表 2 给出了各要素的主成分与暴雨综合指数的相关系数，其中有 24 个相关系数超过了 0.005 的信度检验。

图 2a 给出了 850 hPa 经向风第 3 个主成分和纬向风第 5 个主成分合成的风场空间分布，在福建省上空为强劲的低频西南风，其主要来源有两支，一是西北太平洋上空的低频反气旋的西侧，另外，越赤道气流经印度洋—中南半岛也有弱的西南气流，这种形势有利于南方的水汽输送到福建省，为前汛期暴雨带来充沛的水汽条件。而从 200 hPa 经向风第 4 个主成分和纬向风第 3 个主成分合成的风场空间分布看(图 2b)，在 15°—40°N，自西向东为反气旋—气旋—反气旋—气旋的波列，在福建省上空附近为低频反气旋，这是一种明显的高空辐散形势，有利于动力抬升。

表 2　EOF 分解前 10 个通过检验的主成分与暴雨综合指数的相关系数

时间序列	q_{850}	q_{925}	h_{500}	h_{200}	u_{850}	u_{200}	v_{850}	v_{200}	t_{850}
1	0.096	−0.028	−0.003	−0.041	−0.068	**−0.155**	−0.042	−0.082	−0.030
2	**0.225**	0.035	−0.003	0.021	−0.022	**−0.135**	−0.058	0.037	0.020
3	−0.061	**0.232**	**−0.128**	−0.092	**0.185**	−0.052	−0.063	**−0.177**	−0.061
4	**0.180**	**−0.141**	−0.036	0.058	−0.074	**−0.201**	0.031	0.074	0.098
5	**0.115**	**−0.110**	−0.027	−0.074	−0.040	−0.015	**0.249**	0.057	0.019
6	**0.326**	**0.255**	−0.034	−0.006	−0.024	0.030	−0.100		**−0.146**
7	**0.129**		0.011	−0.030	**−0.128**	−0.061			0.101
8	**−0.160**		**−0.128**	0.014	−0.032	0.040			−0.057
9	−0.082		**0.198**	**0.170**	**−0.259**	0.043			−0.025
10	0.003		−0.064	0.034	−0.104	**−0.117**			−0.093

* 黑体表示超过 0.005 的信度检验。

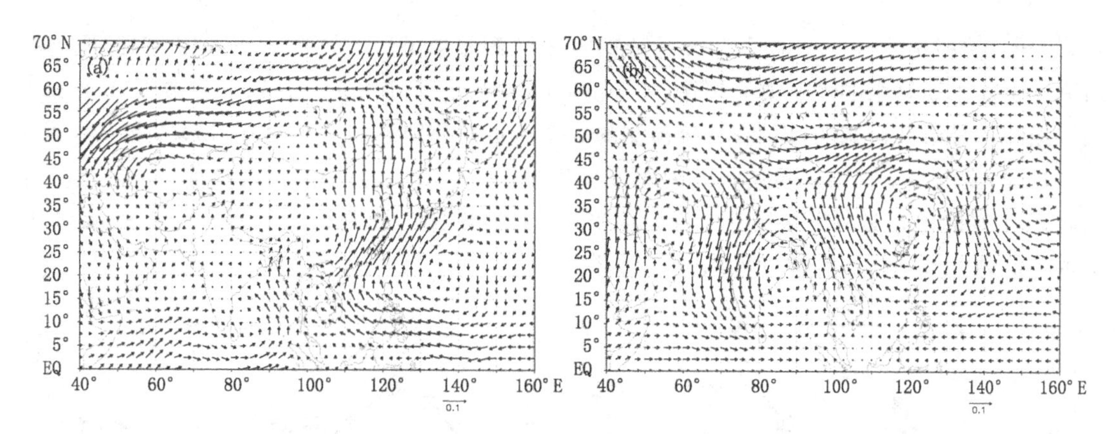

图 2 850 hPa 低频经向风第 3 个主成分和纬向风第 5 个主成分合成的风场(a)和 200 hPa 低频经向风第 4 个主成分和纬向风第 3 个主成分合成的风场(b)的空间分布

3.2 最优子集模型预测结果分析

将上节筛选出的显著相关的 24 个时间系数作为预报因子，用 1961—2007 年 5—6 月逐候要素提前 3～12 候分别建立最优子集预测模型，并对 2008—2012 年 5—6 月暴雨综合指数进行预报试验。从 2008—2012 年前汛期(5—6 月)逐候暴雨综合指数预报与实况的无偏相关系数图(图 3)看，2011 年的预测效果最好，提前 3～12 候的预测都是正相关；而 2008 年的预测效果较差，提前 4 候和 8～10 候的预测都是负相关。从 5 a 平均的相关系数看，不同预报时段的预测效果差别明显，提前 3～7 候的预报结果与实况的相关系数较提前 8～12 候明显偏大，前者相关系数平均为 0.506，超过 0.10 的信度检验，而后者平均仅为 0.118。提前 3～7 候的预报相关系数分别为 0.690(通过 0.01 信度检验)、0.450、0.420、0.439 和 0.534(通过 0.05 信度检验)，因此，就预报时效而言提前 7 候左右的预报与时间尺度更短的延伸期预报效果相当。除 2008 年提前 4 候外，近 5a 提前 3～7 候预报与实况基本呈正相关，正相关的比例为 34/35，超过 0.10 信度检验的比例为 15/35，正相关系数越高，说明与实况的一致性越好。

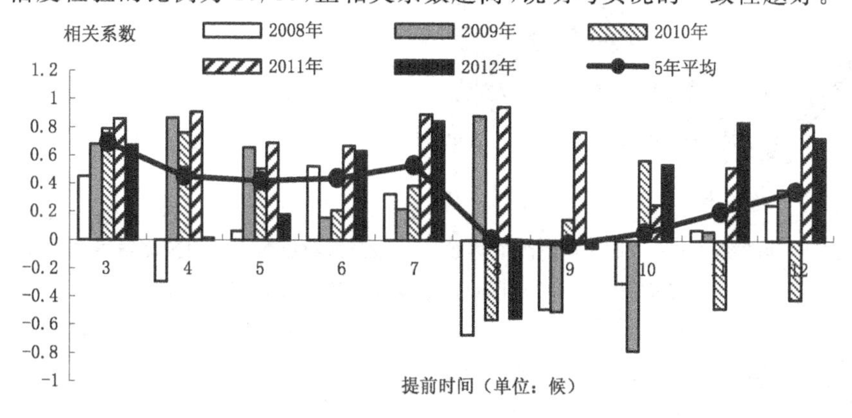

图 3 福建省 2008—2012 年前汛期(5—6 月)逐候暴雨综合指数预报与实况的无偏相关系数

图 4 为 2008—2012 年提前 7 候的预测结果，从预测与实况的逐候演变结果来看，二者在 2011 和 2012 年季节内变化一致性程度非常高，基本上把握到前汛期降水强弱转换的时间和高峰期，如 2012 年，预测出了前汛期降水在 5 月第 4 候迅速减弱，在 6 月第 2 候开始增强，6 月第 6 候又减弱(雨季结束)的变化规律，就强度而言，预测出了该年前汛期的两个集中时段：5

月第1—2候和6月第3—5候。2008—2010年的预测效果虽然不如2011—2012年好，但仍然预测出了前汛期降水的一些演变规律，如2008年，预测出了降水在5月第2候减弱，5月第5候增强和6月第5候减弱；而2010年预测的2个转折期分别为：6月第2候（减弱）和6月第4候（增强），实况是5月第6候减弱，6月第3候增强，有1～2候的偏差，但对提前7候的预测时效而言，1候的误差是可以接受的。近5年中，只有2009年的预测结果不太令人满意，其原因是否与低频信号的强弱有关，值得进一步研究。

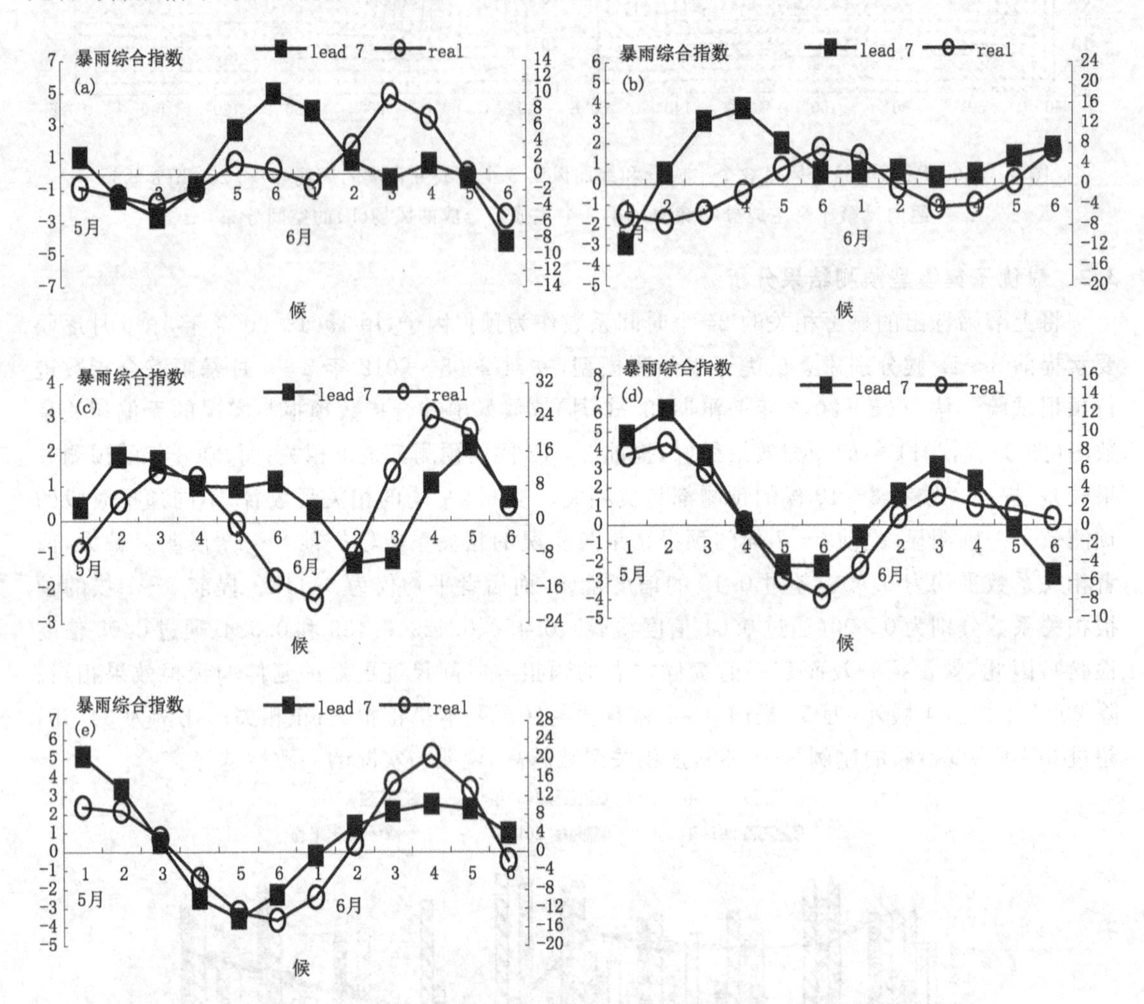

图4　福建省2008—2012年前汛期逐候暴雨综合指数提前7候的预测结果与实况

（a. 2008年，b. 2009年，c. 2010年，d. 2011年，e. 2012年）

4　结论与讨论

根据福建省前汛期暴雨综合指数的低频变化规律及大尺度大气环流的低频特征，提取与前汛期降水关系密切的影响因子，采用最优子集回归模型，开展前汛期降水的延伸期预报试验，并对试验结果进行了分析。

(1)考虑大尺度环流的低频特征，进行福建省前汛期的延伸期预测是可行的，近5 a的预测结果表明，提前7候对前汛期降水进行逐候预测，基本能把握到前汛期降水的强弱变化规律，从而为福建省前汛期降水集中期的延伸预报提供线索。预报试验表明，最优子集模型方法在实时的延伸预报中具有一定的应用和参考价值，提前 7 候的预测时效在实时延伸期预报业务中是有效的途径。

(2)用最优子集回归方法对各年的预报效果因年而异，预报效果不好的年份可能与低频信号的影响不明显有关，也可能是因为本研究所选择的大尺度环流因子有限，没能最大程度地反映前汛期降水的环流特征，需要采用更多的因子(如 MJO 等)和其他预测方法加以改进。

(3)本文仅对前汛期延伸预报进行初步探索，文中所用的个例也是有限的，试验所得结论有待于更多的预报试验加以验证。此外，文中的低频信号仅考虑了 30～60 d 的振荡，但事实上前汛期降水往往是多种信号的叠加(如准双周振荡与 30～60 d 振荡叠加)，因此，需要进行更深入的分析，对不同信号对预测的结果进行集成，以获得更好的结果。

参考文献

[1] Madden R A, Julian P R. Detection of a 40～50 day oscillation in the zonal wind in the tropical Pacific. *J Atmos Sci*. 1971, **28**: 702-708.

[2] Madden R A, Julian P R. Description of global scale in the tropics with 40～50 day period. *J Atmos Sci*. 1972, **29**: 1109-1123.

[3] 孙国武，信飞，陈伯民等. 低频天气图预报方法. 高原气象. 2008, 27(增刊): 64-68.

[4] 孙国武，信飞，孔春燕等. 大气低频振荡与延伸期预报. 高原气象. 2010, **29**(5): 1142-1147.

[5] 孙国武，孔春燕，信飞等. 天气关键区大气低频波延伸期预报方法. 高原气象. 2011, **30**(3): 594-599.

[6] 信飞，孙国武，陈伯民. 自回归统计模型在延伸期预报中的应用. 高原气象. 2008, **27**(增刊): 69-75.

[7] 梁萍，丁一汇. 基于季节内振荡的延伸预报试验. 大气科学. 2012, **36**(1): 102-116.

[8] 李崇银. 大气低频振荡. 北京：气象出版社, 1991: 15-18.

[9] 魏凤英. 现代气候统计诊断与预测技术(第二版). 北京：气象出版社, 2007: 106-113.

[10] Garside M J. Thebest sub-set in multiple regression analysis. *Applied Statistics*. 1965, **14**: 196-200.

[11] Furnival G M. All possible regressions with less computation. *Technometrics*. 1971, **13**: 403-408.

[12] Furnival G M, Wilson R W. Regression by leaps and bound. *Technometrics*. 1974, **16**: 499-511.

[13] 魏凤英. 现代气候统计诊断与预测技术(第二版). 北京：气象出版社, 2007: 220-226.

长江流域夏季旱涝年季风环流特征分析

张礼平

（武汉区域气候中心，武汉 430074）

摘　要

用经验正交函数（EOF）分解长江流域夏季（6—8 月）降水场，依据第 1 时间系数确定旱涝年。对 20 世纪 70 年代中期后的旱涝年高、低层风矢量合成分析，用 t 检验法检验旱涝年风矢量与常年差异的统计学意义。结果表明：气候突变后长江流域夏季降水与亚洲夏季风环流关系仍为涝年夏季风总体偏弱，旱年夏季风总体偏强。季风强度对长江流域夏季降水影响更多体现在热带季风。

20 世纪 60 年代始，东亚副热带季风和南亚季风同时持续减弱。西太平洋副热带高压强度和面积明显增长，70 年代后西伸脊点持续偏西。与其对应，60 年代始，夏季降水中国东部长江流域及其以南持续增多，其中 1971—2000 年气候态较 1961—1990 年长江中下游增多超过 1 成。

关键词：气候学　环流特征　亚澳季风　长江流域夏季旱涝

引言

季风是时间上盛行风向随季节明显变化，空间上风向或风速随高度明显变化的大尺度环流系统，主要分布在东半球的热带、副热带大陆和相邻的海洋地区，其中亚洲季风区和北澳季风区盛行风向随季节转换最为显著，通过南北半球高低层随季节转向的越赤道气流，亚洲季风和北澳季风紧密联系在一起，构成全球最大的季风系统，被并称为亚澳季风[1,2]。亚澳季风有很大的年际和年代际变化，与中国降水关系密切，相关研究有很长的历史，甚至可追溯到 20 世纪 30 年代[3]。

亚洲季风可分为东亚季风和南亚季风。长江流域大部分位于东亚季风区中的副热带季风区，为每年春到夏季东亚夏季风前沿由南向北推进的必经之地，亚澳季风的异常可直接导致长江流域夏季降水的异常。张礼平等[4]研究表明：亚洲冬季风偏弱（强），北澳夏季风偏弱（强）、北澳冬季风建立偏晚（早）、北澳冬季风偏弱（强），当年亚洲夏季风偏弱（强），有利于长江中游夏季降水偏多（少）。在长江流域夏季降水异常多和少的典型年，异常应比一般年有更突出的特征。黄荣辉等[5,6]分析了 1980 年以来发生在长江流域的洪涝，认为长江流域严重洪涝一般发生在亚洲季风偏弱时；分析了热带西太平洋暖池的热状态及其上空的对流活动对东亚夏季气候异常的影响，认为热带西太平洋暖池偏暖时，西太平洋副热带高压的位置偏北，中国江淮流域夏季降水偏少。张琼等[7]研究表明：长江流域涝年夏季对流层高、低层副热带高压偏南、偏强；黄燕燕等[8]研究表明：夏季长江涝年南亚高压比旱年稍偏东、偏南，偏强，范围偏大。张庆云等[9]研究表明：长江流域涝年夏季东亚夏季风环流偏弱，西太平洋副热带高压偏南、偏西、偏强，旱年大致相反。

长江流域夏季旱、涝年季风环流特征许多结果由合成分析得到的，但并未进行相关统计学检验，有必要进行统计学检验，以明确不同区域的统计学意义。20 世纪 70 年代中期，海洋和大气发生了显著年代际气候突变[10]。气候突变后长江流域夏季降水与东亚夏季风环流关系会不会变化？亚澳季风有没有年代际变化？对长江流域夏季降水有没有影响？本文拟讨论20世纪70年代中期后长江流域夏季旱涝年的前期和同期季风环流特征，对合成结果进行统计学检验，验证气候突变后长江流域夏季降水与东亚夏季风环流的关系，以及亚澳季风年代际变化对长江流域夏季降水的可能影响，也为长江流域夏季旱涝气候趋势预测提供依据。

1 资料与方法

1.1 资料分析

长江流域夏季(6—8月)降水场取自中国国家气候中心中国大陆160个代表站中25°—34°N，100°E以东范围内59个测站6—8月总降水量资料，时间跨度1951—2010年。数据经距平处理后做EOF分解，第1模态可解释23%总方差，对应空间函数，除上游北部局部地区为负数，其他大部分均为正数，表明长江流域夏季降水主要空间变化除上游北部部分地区外，其他大部同步，其中干流的中游下段—下游上段变率最大(图1)。定义第1时间系数大于500为涝年，有1954、1969、1980、1983、1993、1996、1998、1999、2002年，共9a，小于－500为旱年，有1958、1959、1960、1961、1963、1966、1967、1971、1972、1976、1978、1981、1985、1990、2006年，共15a。

在20世纪70年代中期，海洋和大气发生了显著年代际气候突变，海洋方面太平洋年代际振荡(太平洋年代际振荡)[10]在70年代末以后主要表现为海表面温度(SST)北太平洋中部为负距平，印度洋、赤道东太平洋、北大西洋热带区到整个南大西洋为正距平，大气方面，80年代开始东亚夏季风和冬季西伯利亚高压出现明显减弱[11]，副高(西太平洋副热带高压简称，下同)明显偏强[12]。本文仅讨论气候突变后季风环流异常特征，即涝年1980、1983、1993、1996、1998、1999年，旱年1978、1981、1985、1990、2006年。由于2002年主要多雨带在长江以南，没有讨论。

月平均850、200 hPa风场资料取自NCEP/NCAR全球再分析资料，空间范围为(30°E—150°W，30°S—60°N)，水平分辨率2.5°×2.5°，时间跨度为1951—2010年。用850 hPa代表对流层低层，200 hPa代表对流层高层。副高特征量资料源自中国国家气候中心。

1.2 t统计检验法

假定总体服从正态分布，方差未知，t检验

$H_0 : a = a_0 \qquad H_1 : a \neq a_0$

当原假设H_0成立时，记

$$T = \sqrt{n-1}\,\frac{\bar{\xi} - a_0}{S} \sim t_{(n-1)}$$

即统计量T服从自由度为$n-1$的t分布。其中，n为考察样本个数，$\bar{\xi} = \frac{1}{n}\sum_{i=1}^{n}\xi_i$，$\xi_i = \sqrt{u_i^2 + v_i^2}\ (i = 1,2,\cdots,n)$，代表风速，$u$为风速在纬向的投影，$v$为风速在经向的投影。$S = \sqrt{S_u^2 + S_v^2}$，$S_u^2$和$S_v^2$分别为$u$和$v$的方差。t检验法综合考虑了总体平均差异和个体差异，只有考察样本组平均值与总体平均值的差异足够大，且考察样本间的差异足够小时，才能通过t检验。本文用t检验法检验长江流域夏季旱涝年风矢量与常年差异的统计学意义。

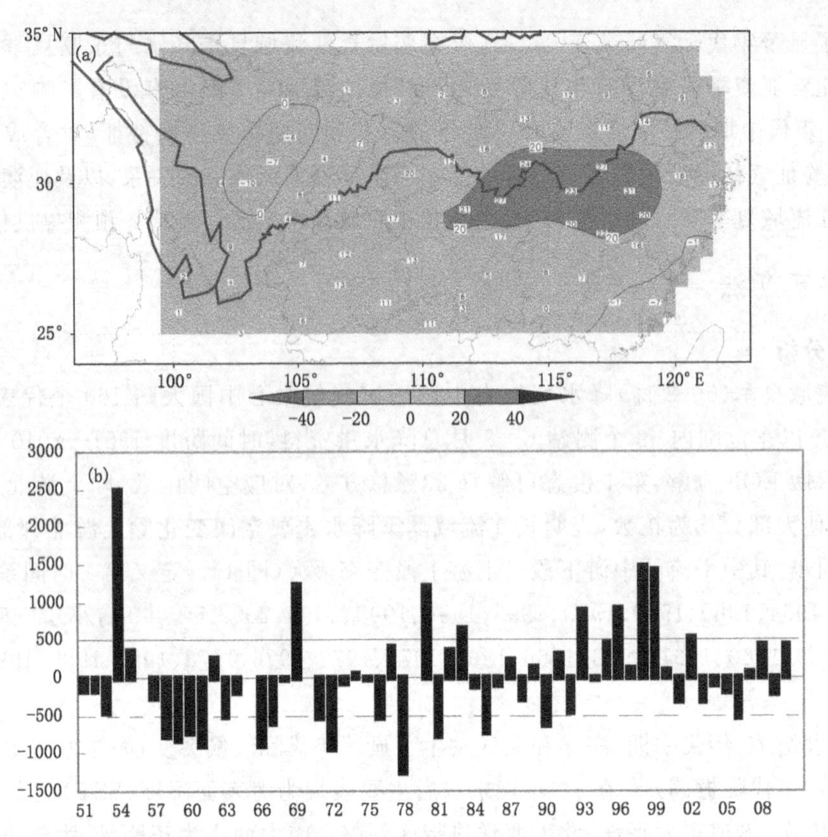

图 1　(a)长江流域夏季降水场 EOF 第 1 空间函数，数值扩大 100 倍，
(b)长江流域夏季降水场 EOF 第 1 时间系数(纵坐标为时间系数，柱形：时间系数，
横直线：500 线，横虚线：－500 线。横坐标为年份，略去前 2 位数值)

2　长江流域夏季旱涝年同期 200、850 hPa 风场异常特征

夏季 200 hPa 亚洲南部为强大的纬向带状南亚高压控制，中心大致位于(25°N，60°—80°E)，亚洲 30°N 以北盛行西风，20°N 以南盛行东风。850 hPa 南亚盛行西风，也即热带季风，在中国南海转向为西南风，东亚盛行西南风，也即副热带季风，西南风从中国南海向北延伸至约 45°N 亚洲大陆东部边缘(图 2)。

涝年 200 hPa 在南亚高压常年位置的东部为反气旋异常环流，北侧为气旋性异常环流，表明涝年南亚高压偏东，略偏南。与张琼等[7]和黄燕燕等[8]的研究结果基本一致。海洋大陆出现西南风异常，表明高层北半球向南半球越赤道气流减弱。根据下垫面热状况冷异常对应等压面厚度小，暖异常对应等压面厚度大，西太平洋赤道两侧对称出现的气旋性异常环流，表明西太平洋热状况为冷异常，与黄荣辉等[5]的研究结果一致。旱年 200 hPa 分别在南亚高压常年位置的西北、东北出现反气旋异常环流，东反气旋异常环流更显著，表明旱年南亚高压偏北，东西跨度更大，东端高压较西端加强更为明显。海洋大陆出现东东北风异常，表明高层赤道东风加强，北半球向南半球越赤道气流加强。与涝年正好相反，西太平洋赤道两侧对称出现反气旋性异常环流，表明西太平洋热状况为暖异常(图 3a、b)。

涝年，850 hPa 在亚洲大陆东部边缘到西北太平洋，从南到北、东西向空间跨度从大到小

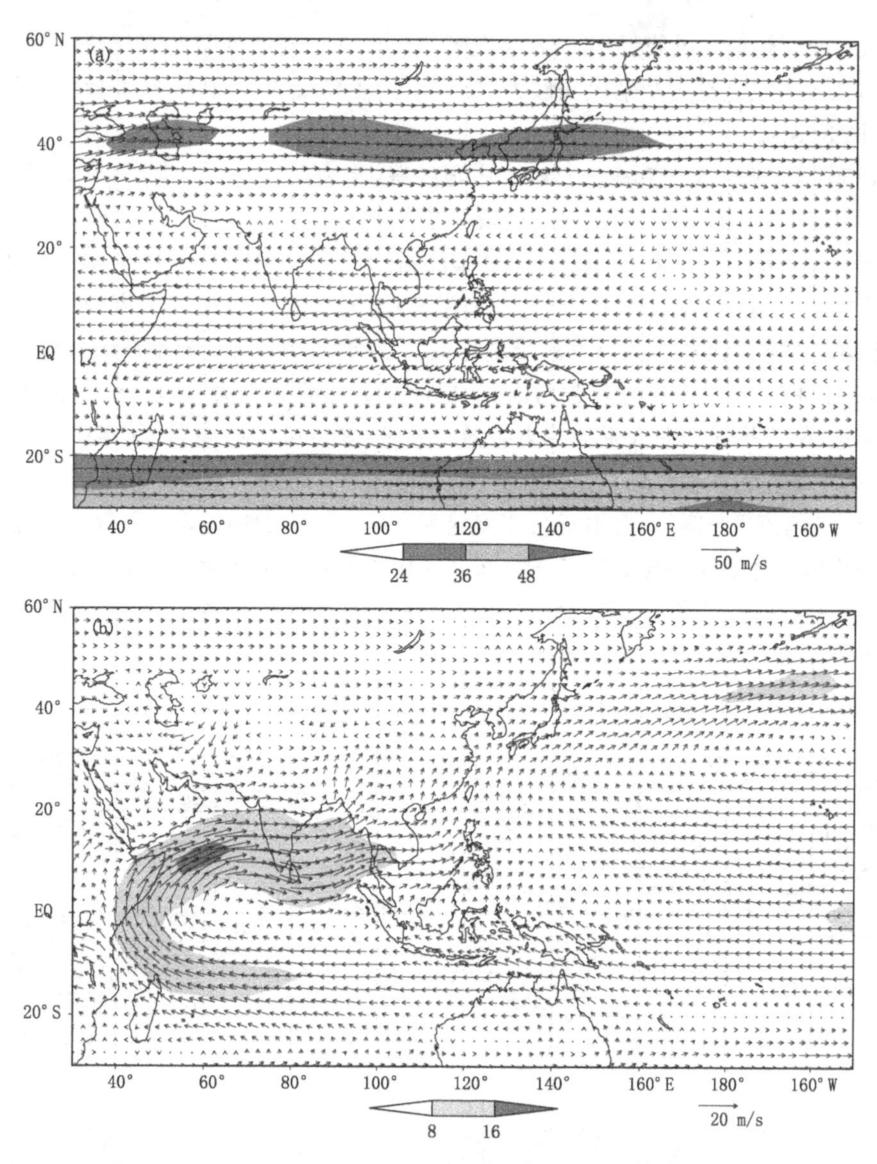

图 2 (a)夏季 200 hPa 1981—2010 年平均风场(阴影区风速≥24 m/s),
(b)夏季 850 hPa 1981—2010 年平均风场(阴影区风速≥8 m/s)

依次排列反气旋、气旋、反气旋异常环流,阿拉伯海—印度—孟加拉湾—中南半岛—中国南海—菲律宾及以东太平洋都为东风异常,长江中下游及其以南地区西南风异常,华北沿海及其以北地区北风异常,表明热带季风偏弱,而 20°—30°N 副热带季风偏强,30°N 以北的副热带季风偏弱(北方冷空气较强),东亚中高纬度阻塞高压活动频繁,副高强度大,位置偏南、偏西,暖湿气流向长江中下游的输送加强,提供更多的水汽,同时也造成对流不稳定,有利于形成强对流运动,产生更大降水。风场距平辐合带、西伸副高北侧的副热带锋区都正好位于长江流域上空,这是最有利于长江流域发生特大暴雨或连续性暴雨的大尺度环流。旱年正好大致相反,850 hPa 东亚从南到北依次排列气旋、反气旋、气旋异常环流,阿拉伯海—印度—孟加拉湾—中南半岛—中国南海—菲律宾及其以东太平洋都为西风异常,长江中下游及以其南地区东北风异常,华北沿海及其以北地区西南风异常,表明热带季风偏强,20°—30°N 的副热带季风偏弱,30°N 以北的副热带季风偏强(北方冷空气较弱),东亚中高纬度阻塞高压活动少,副高位置偏北、偏东,长江流域上空为距平风辐散场,交汇于长江流域的冷、暖空气都较弱,不利于强降水的发生(图 3c、d)。

涝年,850 hPa 从鄂霍茨克海—日本—中国渤海,菲律宾—中南半岛—中印半岛—阿拉伯半岛,仅在中国东南沿海中断,为大尺度的反气旋异常环流,对应 200 hPa 有一尺度相当的气旋异常环流。旱年大致与此相反,850 hPa 从阿拉伯半岛—印度半岛—中南半岛—菲律宾,中国渤海—日本—鄂霍茨克海,也仅在中国东南沿海中断,也可认为是大尺度的气旋异常环流,200 hPa 也有一对应尺度相当的反气旋异常环流。旱、涝年 200 hPa 异常环流尺度都与南亚高压相当(图 3)。依据大尺度热力异常与高、低层环流异常的对应关系,可认为:涝年亚洲大陆相对热带印度洋、太平洋和北太平洋热力差异冷异常,夏季风总体偏弱;旱年亚洲大陆相对热带印度洋、太平洋和北太平洋热力差异暖异常,夏季风总体偏强。从 500 hPa 温度距平旱涝年合成图也可得到证实(图略)。但由于长江流域夏季旱、涝极大地依赖于副高位置、强度,因而在中国东南沿海局部表现出与亚洲其他大部分区域季风的反向异常。热带辐合带(东亚季风槽)和副热带辐合带(梅雨锋)二者的强度及纬向风距平呈相反变化现象[13],实际上反映了副高地理位置异常对这两条辐合带的影响:副高偏西、偏南,有利于副热带辐合带加强,热带辐合带减弱;副高偏东、偏北,有利于副热带辐合带减弱,热带辐合带加强(图 3c、d)。

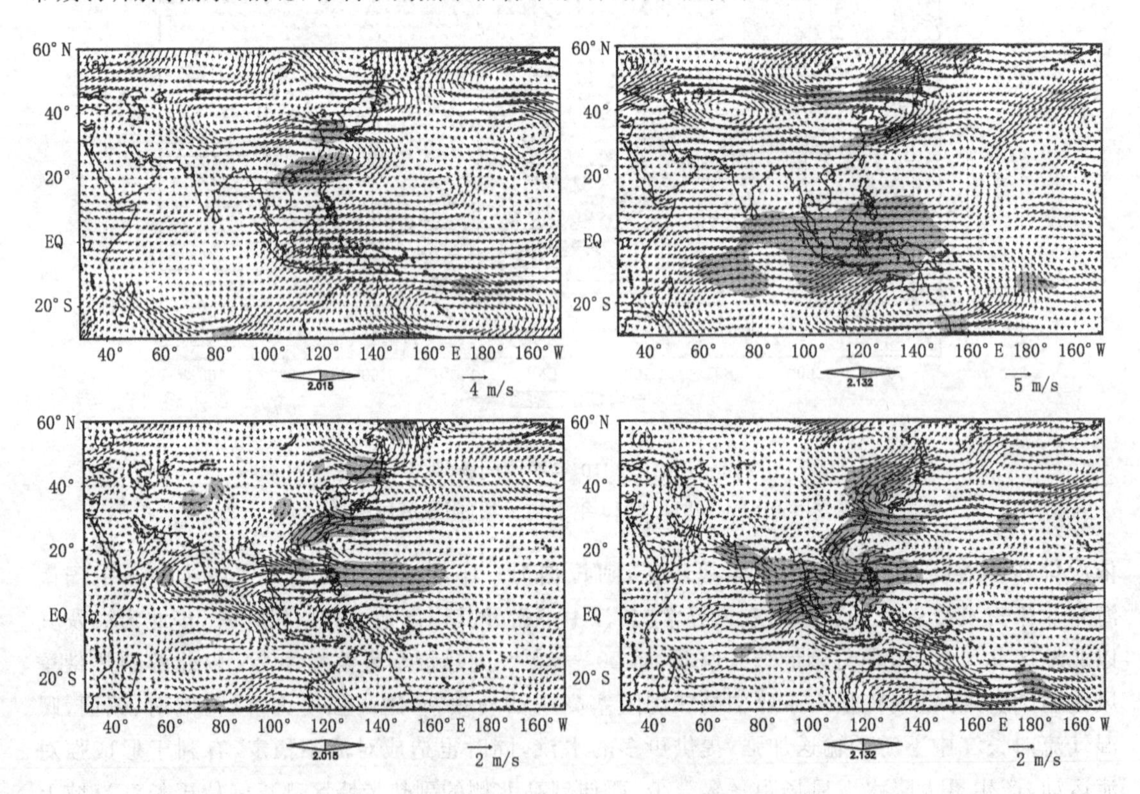

图 3 夏季 200 hPa 涝年(a)、旱年(b)、850 hPa 涝年(c)、旱年(d)距平合成矢量风场(多年平均基准为 1981—2010 年,下同。阴影表示 t 检验超过显著性水平 0.1 区域)

3 长江流流域夏季旱涝年前期200、850 hPa风场异常特征

3.1 1月200、850 hPa风场

1月为北半球冬季，200 hPa南亚高压中心位于菲律宾以东太平洋上空，副热带西风急流位于日本以南。850 hPa蒙古高压控制东亚大陆，阿留申低压控制北太平洋，东亚大陆边缘盛行北风，南亚盛行东风，即东亚冬季风。1月为南半球夏季，北澳盛行西风，即北澳夏季风(图略)。

涝年，200 hPa阿拉伯半岛—印度半岛为反气旋性异常环流，中东太平洋赤道两侧各有一气旋性异常环流——阿留申反气旋性异常环流，赤道180°E以东东风异常。850 hPa西太平洋赤道两侧各有一反气旋性异常环流——阿留申反气旋性异常环流，赤道160°E以东西风异常。旱年200 hPa阿拉伯半岛—印度半岛为气旋性异常环流、西北太平洋反气旋性异常环流，阿留申气旋性异常环流、赤道180°E以东西风异常。涝年，850 hPa存在阿留申气旋性异常环流，赤道180°E以东东风异常。表明涝年阿留申低压减弱，西南亚为暖异常，北太平洋为冷异常，沃克环流减弱；旱年，大致与此相反，阿留申低压加强，西南亚为冷异常，北太平洋为暖异常，沃克环流加强(图4)。与张礼平等[4]研究基本一致。

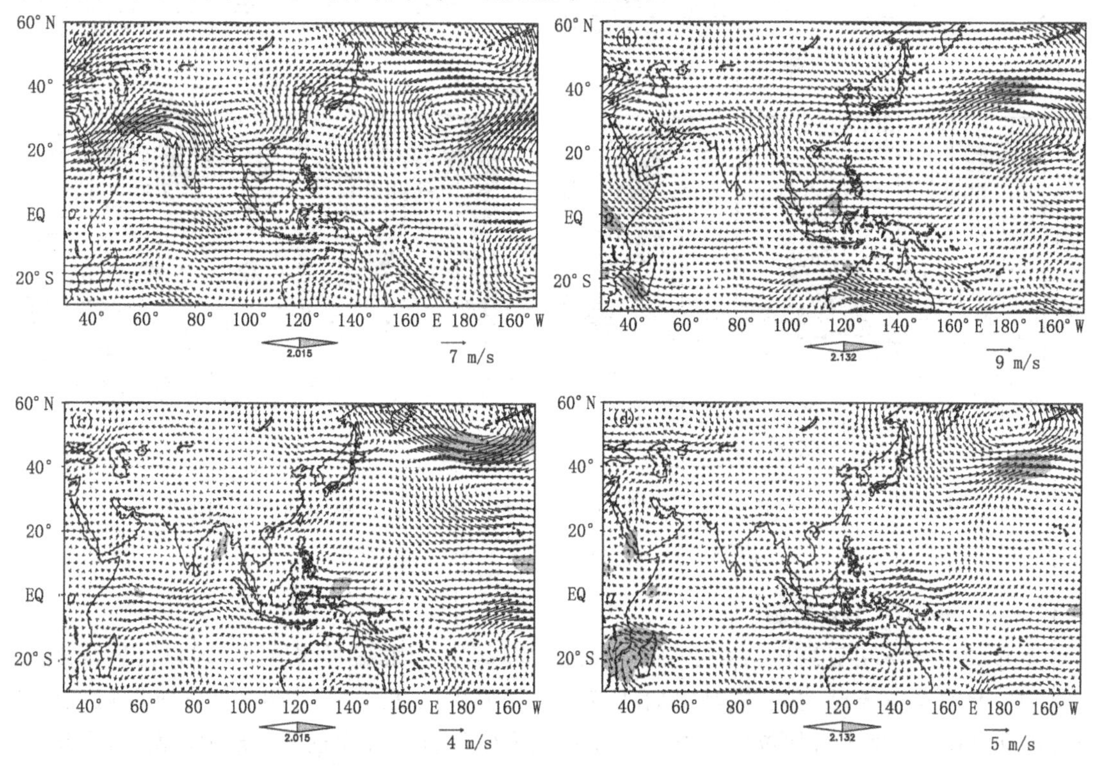

图4 1月200 hPa涝年(a)、旱年(b)、850 hPa涝年(c)、旱年(d)距平矢量风场

(阴影表示t检验超过显著性水平0.1区域)

3.2 4月200、850 hPa风场

4月200 hPa南亚高压中心已移至菲律宾，亚洲15°N以北盛行西风，5°N以南盛行东风。4月为季节转换期，850 hPa印度洋赤道北侧开始出现西风，北澳冬季风和索马里向北越赤道

气流已初步建立，但未与印度洋赤道西风气流连通。副高西伸脊控制中国南海，南海季风还未爆发(图略)。

涝年，200 hPa 西太平洋赤道两侧各有一气旋性异常环流，日界线以东赤道两侧各有一反气旋性异常环流，赤道 170°E 以东为东风异常。850 hPa 西太平洋赤道两侧各有一反气旋性异常环流，赤道 170°E 以东为西风异常。旱年，200 hPa 西太平洋赤道两侧各有一反气旋性异常环流，日界线附近赤道两侧各有一气旋性异常环流，赤道 170°E 以东为西风异常。涝年 850 hPa 西太平洋赤道两侧各有一气旋性异常环流，赤道 170°E 以东为东风异常。表明涝年热带西太平洋热状况为冷异常，沃克环流减弱；旱年热带西太平洋为暖异常，沃克环流加强(图 5)。

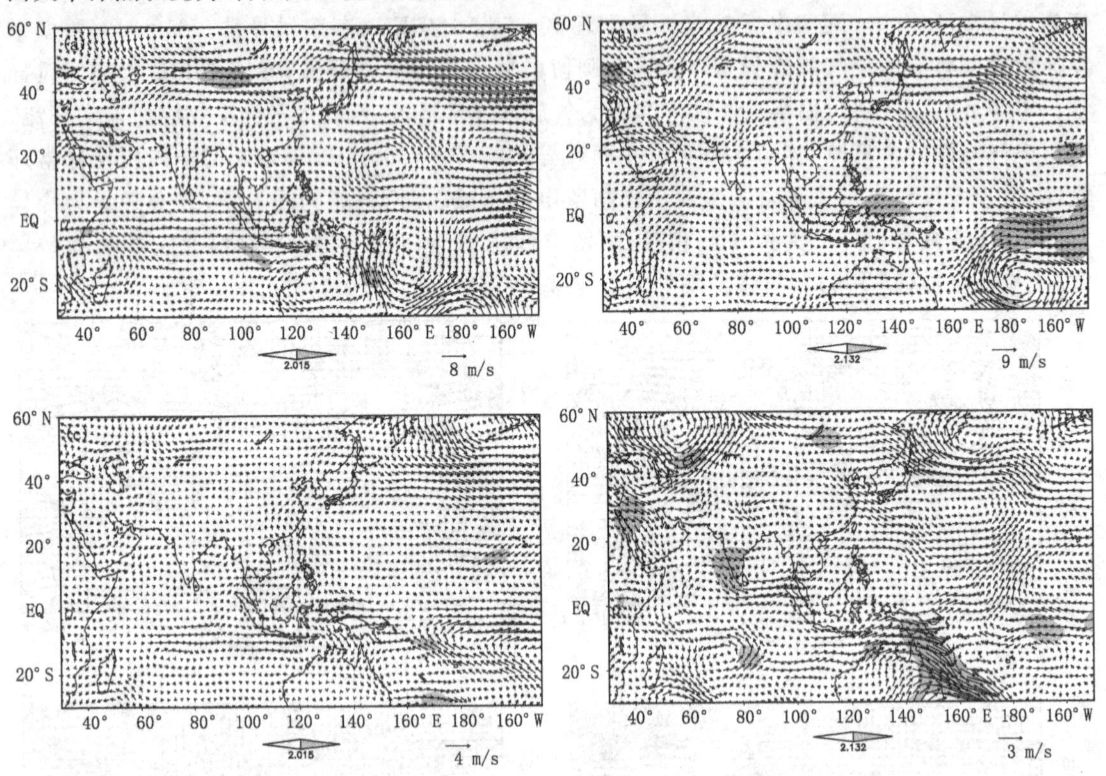

图 5　4 月 200 hPa 涝年(a)、旱年(b)、850 hPa 涝年(c)、旱年(d)距平矢量风场
(阴影表示 t 检验超过显著性水平 0.1 区域)

3.3　5 月 200、850 hPa 风场

5 月，200 hPa 南亚高压已登上中南半岛，亚洲 20°N 以北盛行西风，15°N 以南盛行东风。850 hPa 北澳冬季风已建立，索马里向北越赤道气流也已建立，并与印度洋赤道西风气流连通，阿拉伯海—印度—孟加拉湾—中南半岛盛行西风，副高西伸脊逐渐退出中国南海(图略)。

5 月毗邻夏季，旱与涝的异常更清晰。涝年，200 hPa 15°—40°N 阿拉伯半岛—北太平洋有一东西走向带状气旋性异常环流，其中，伊朗高原异常环流最明显。澳大利亚有气旋性异常环流，赤道 160°E 以东为东风异常。与 200 hPa 对应，850 hPa 15°—40°N 有一东西走向带状反气旋性异常环流，其中阿拉伯海、日本东南西北太平洋相对明显。澳大利亚—中国东部沿海为反气旋性异常环流，赤道 170°E 以东为西风异常。表明涝年伊朗高原、20°—40°N 西北太平洋、澳大利亚等热状况为冷异常，南亚高压北上迟缓，沃克环流减弱(图 6)。

旱年 200 hPa 20°—60°N 有一东西走向带状反气旋性异常环流，其中伊朗高原最明显。北澳有反气旋性异常环流，赤道 170°E 以东为西风异常。与 200 hPa 对应，850 hPa 伊朗高原—印度、北澳各有一气旋性异常环流。赤道 160°E 以东为东风异常。表明旱年伊朗高原、20°—60°N 西北太平洋、北澳等热状况为暖异常，沃克环流加强（图 6）。

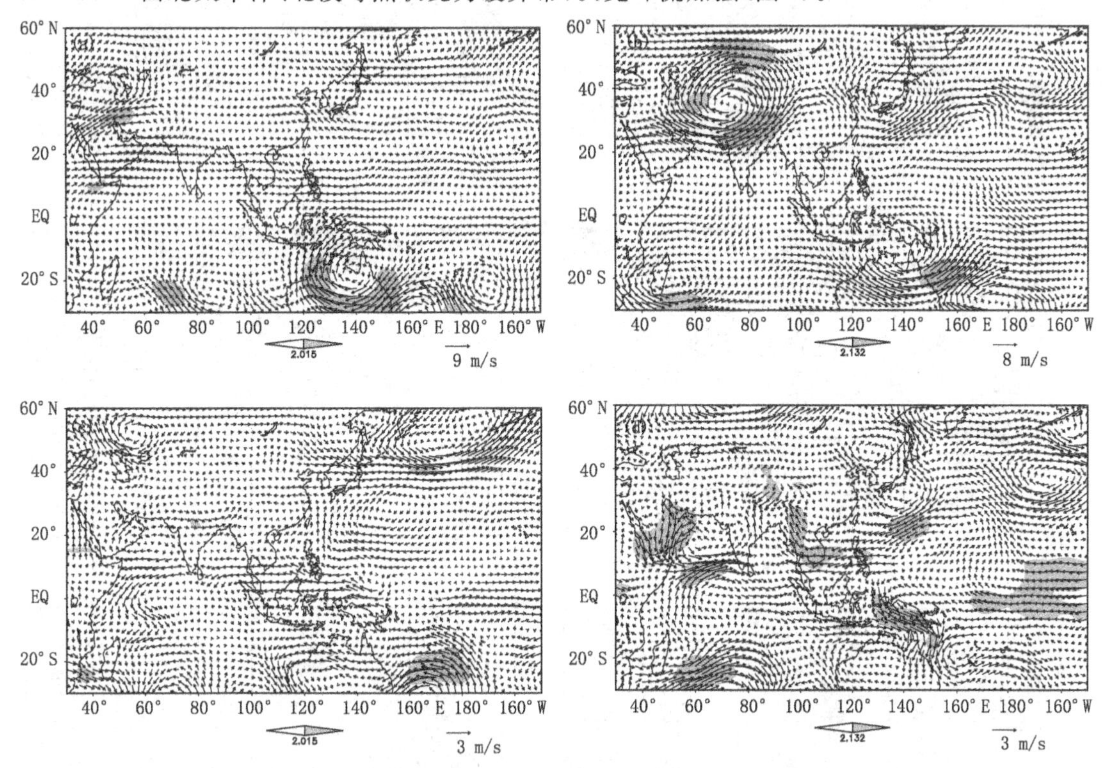

图 6　5 月 200 hPa 涝年(a)、旱年(b)、850 hPa 涝年(c)、旱年(d)距平矢量风场

（阴影表示 t 检验超过显著性水平 0.1 区域）

4　夏季风环流年代际变化对中国东部降水影响

按世界气象组织规定，30a 的平均为气候态。我们已先后用过 1951—1980、1961—1990 和 1971—2000 年的平均为气候态，现应使用 1981—2010 年的平均为气候态。

夏季 200 hPa 1961—1990 年较前气候态，热带非洲—北印度洋—海洋大陆、中国南海西风加强，亚洲大陆东部中高纬度气旋环流加强。1971—2000 和 1981—2010 年均较前气候态北印度洋西风加强的范围往西退缩，亚洲大陆东部中高纬度气旋环流持续加强，但位置往西南方向移动。1971—2000 年较前气候态亚洲大陆东南边缘—西北太平洋反气旋环流加强。表明 20 世纪 50 年代始，南亚高压南部的东风持续减弱，60 年代始，南亚高压西部减弱，东部加强（图 7 a、b、c）。

夏季，850 hPa 1961—1990 年较前气候态日本以南的西北太平洋气旋环流加强。60 年代始，亚洲大陆东部边缘北风均较前气候态稳步趋于加强。中南半岛—孟加拉湾—印度—阿拉伯海 1971—2000 和 1981—2010 年均较前气候态东风加强。表明 20 世纪 50 年代始，东亚副热带季风减弱，60 年代开始东亚副热带季风和南亚季风同时持续减弱。1961—1990 年较前气候态，副高变为偏东，随后的气候态变化不明显（图 7 d、e、f）。

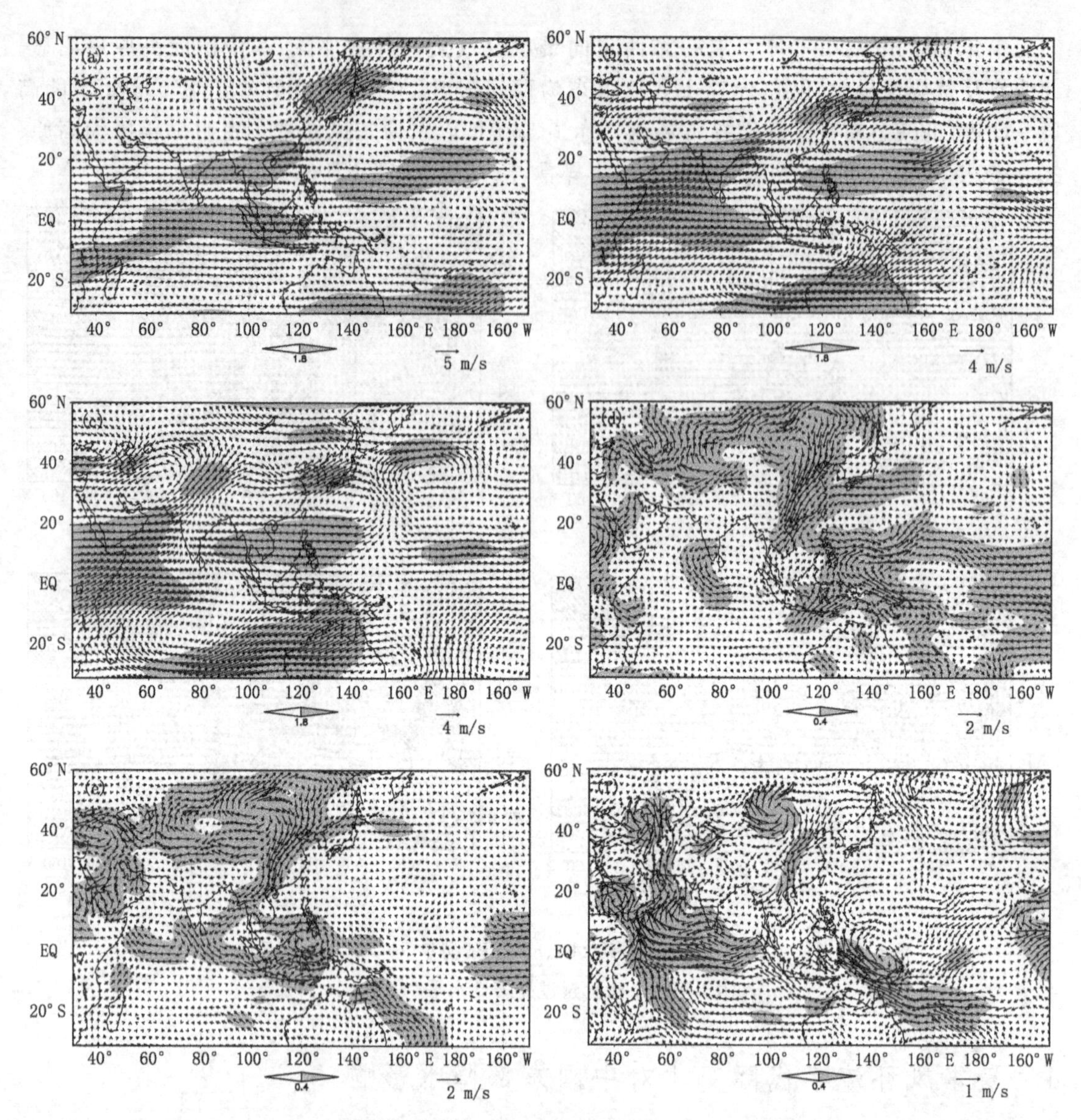

图 7　(a)夏季 200 hPa 风场 1961—1990 年气候态与 1951—1980 年气候态之差,(b)夏季 200 hPa 风场 1971—2000 年气候态与 1961—1990 年气候态之差,(c)夏季 200 hPa 风场 1981—2010 年气候态与 1971—2000 年气候态之差,(阴影表示风速差值大于 1.8 m/s 区域),(d)夏季 850 hPa 风场 1961—1990 年气候态与 1951—1980 年气候态之差,(e)夏季 850 hPa 风场 1971—2000 年气候态与 1961—1990 年气候态之差,(f)夏季 850 hPa 风场 1981—2010 年气候态与 1971—2000 年气候态之差(阴影表示风速差值大于 0.4 m/s 区域)

副高是亚洲夏季风系统的一个重要成员,从经历的 4 个气候态可看出,夏季副高强度、面积年代际变化显著,两者均稳步明显增长。西伸脊点 1961—1990 年较前气候态偏东,1971—2000 和 1981—2010 年均较前气候态偏西。脊线位置 1951—1980 年最北,1961—1990 年较前气候态偏南,然后又缓慢北抬(表 1)。

与夏季风环流年代际变化对应,中国东部夏季降水 1961—1990 年较前气候态东北部增多,其他大部分地区(包括长江流域)减少,后 2 气候态(60 年代始)均较前气候态长江流域及其以南的中国东部大部分地区持续增多，1971—2000年气候态较1961—1990年长江中下游增多1成以上。年代际变化也佐证了底层季风减弱(特别是热带季风减弱)、副高偏西，高层南亚高压西部减弱东部加强确实有利于长江流域夏季降水偏多(图8)。

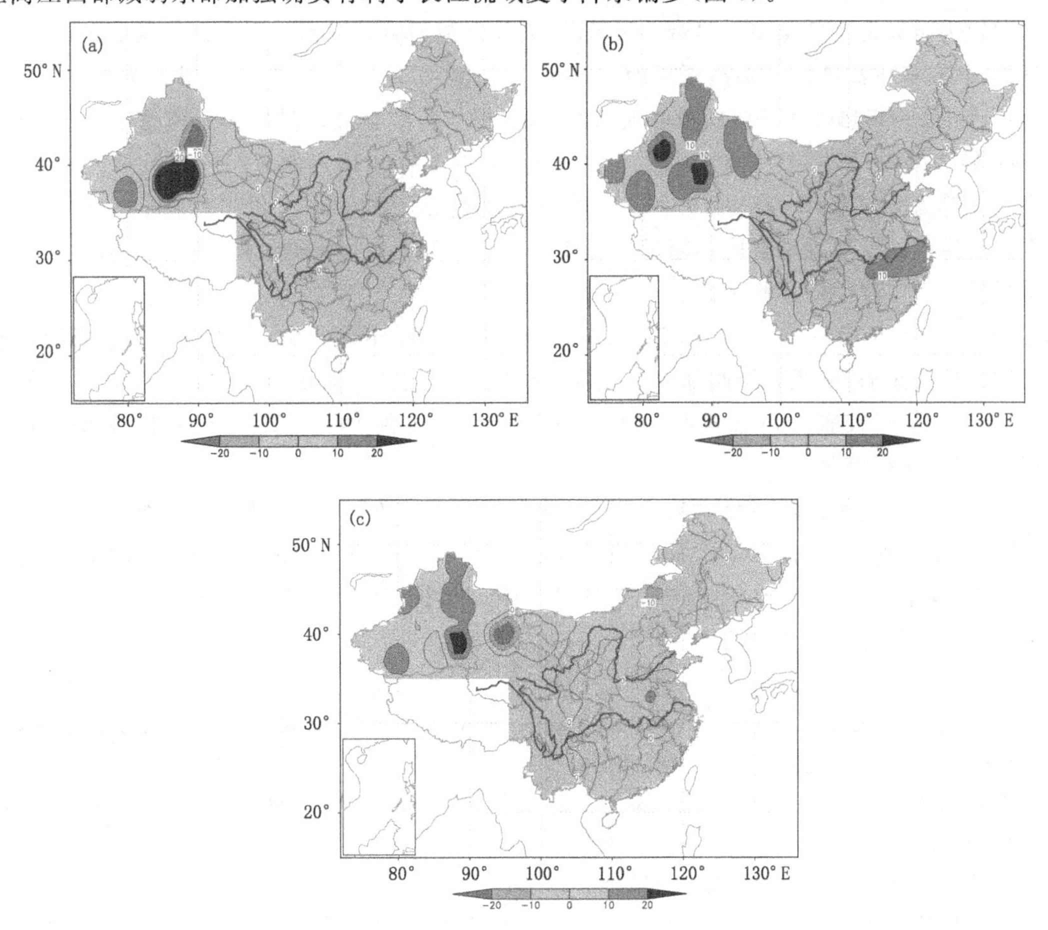

图8 (a)夏季中国大陆降水场(1961—1990年气候态－1951—1980年气候态)×100/1961—1990年气候态，(b)夏季中国大陆降水场(1971—2000年气候态－1961—1990年气候态)×100/1971—2000年气候态，(c)夏季中国大陆降水场(1981—2010年气候态－1971—2000年气候态)×100/1981—2010年气候态

表1 夏季副高特征量年代际变化

	强度	面积	西伸脊点(°E)	脊线位置(°N)
1951—1980年	32.9	18.5	121.2	24.7
1961—1990年	34.9	19.8	122.6	24.1
1971—2000年	41.2	21.7	121.8	24.2
1981—2010年	51.2	25.8	117.9	24.3

5 结语

20世纪70年代中期气候突变后，长江流域夏季降水与亚洲夏季风环流关系仍为涝年夏季风总体偏弱，旱年夏季风总体偏强。季风强度对长江流域夏季降水影响更多地体现在热带

季风。距平合成场超过统计显著性水平的范围同期旱年最大，其次为同期的涝年。高层涝年南亚高压偏东，北半球向南半球越赤道气流减弱，西太平洋热状况为冷异常。旱年南亚高压偏北，东西跨度偏大，东端高压较西端加强更为明显。北半球向南半球越赤道气流偏强，西太平洋热状况为暖异常。低层涝年热带季风偏弱，而长江中下游及以南的副热带季风偏强，北方冷空气偏强，东亚中高纬度阻塞高压活动频繁，副高强度大，位置偏南、偏西。旱年相反。

1—5 月，涝年热带太平洋沃克环流持续偏弱；旱年持续偏强。涝年 1 月阿留申低压偏弱，4—5 月转为偏强，旱年 1 月偏强，4 月转为偏弱。5 月涝年伊朗高原、20°—40°N 西北太平洋、澳大利亚等为冷异常，南亚高压北上迟缓；旱年伊朗高原、20°—60°N 西北太平洋、北澳等为暖异常。旱涝年的前期距平合成场超过显著性水平范围都不大，用前期季风环流预测长江流域夏季旱涝有一定程度的不确定性。

20 世纪 50 年代始，南亚高压南部的东风持续减弱，60 年代开始，东亚副热带季风和南亚季风同时持续减弱，南亚高压西部减弱，东部加强。副高强度、面积均稳步明显增长。西伸脊点 1961—1990 年较前气候态偏东，后持续偏西。脊线位置 1951—1980 年最北，1961—1990 年偏南，然后又缓慢北抬。

与夏季风环流年代际变化对应，中国东部夏季降水 1961—1990 年较前气候态东北部增多，其他大部分地区(包括长江流域)减少，60 年代始，长江流域及以南的中国东部大部分地区持续增多，其中 1971—2000 年气候态较 1961—1990 年长江中下游降水增多 1 成以上。

参考文献

[1] Yasunari T, Seki Y. Role of the Asian monsoon on the interannual variability of the global climate system. *J. Meteor. Soc. Japan*, 1992, **70**: 177-189.

[2] Manton M, McBride J. Recent research on the Australian monsoon. *J. Meteor. Soc. Japan*, 1992, **70**: 275-285.

[3] 竺可桢. 东南季风与中国之雨量. 地理学报, 1934, **1**: 1-26.

[4] 张礼平, 张乐飞, 曾凡平. 亚澳季风与长江中游夏季降水的关联. 热带气象学报, 2011, **27**(2): 189-201.

[5] 黄荣辉, 顾雷, 陈际龙等. 东亚季风系统的时空变化及其对我国气候异常影响的最近研究进展. 大气科学, 2008, **32**(4): 691-719.

[6] 黄荣辉, 孙凤英. 热带西太平洋暖池的热状态及其上空的对流活动对东亚夏季气候异常的影响; 大气科学, 1994, **18**(2): 141-151.

[7] 张琼, 吴国雄. 长江流域大范围旱涝与南亚高压的关系. 气象学报, 2001, **59**(5): 569-577.

[8] 黄燕燕, 钱永甫. 长江流域、华北降水特征与南亚高压的关系分析. 高原气象, 2004, **23**(1): 68-74.

[9] 张庆云, 陶诗言, 张顺利. 夏季长江流域暴雨洪涝灾害的天气气候条件. 大气科学, 2003, **27**(6): 1018-1030.

[10] Mantua N J, Hare S R, Zhang Y, *et al*. A Pacific interadecadal climate oscillation with impacts on salmon production. *Bull. Amer. Meteor. Soc.*, 1997, **78**, 1069-1079.

[11] 王绍武. 现代气候学研究进展. 北京: 气象出版社, 2001: 341-363.

[12] 龚道溢, 何学兆. 西太平洋副热带高压的年代际变化及其气候影响. 地理学报, 2002, **57**(2): 185-193.

[13] 张庆云, 陶诗言. 夏季东亚热带和副热带季风与中国东部汛期降水. 应用气象学报, 1998, **9**(增刊): 17-23.

MJO信号在广西极端降水气候预测中应用研究

覃卫坚[1,2]　李栋梁[2]　何洁琳[1]

(1.广西壮族自治区气候中心,南宁 5300221;2.南京信息工程大学大气科学学院,南京 210044)

摘　要

广西降水与MJO有一定的对应关系,尤其是在春夏季,当较长时间持续性强降水过程要来临前,100°E以西位相的MJO指数正负波动大,具有明显的向东传播,降水前期广西附近区域MJO指数一般为正指数,降水过程中指数为负,持续性强降水结束后,MJO向东传播的现象减弱。广西夏季降水在第2—5位相存在着明显波列变化特征,第2位相时偏多→第3位相时偏少→第4位相时偏多→第5位相时大部分偏少。广西降水与赤道MJO对流和中纬度季节内振荡有密切的关系,赤道地区MJO对流强度偏强,向北传播时广西降水偏多,赤道地区MJO对流强度偏弱时广西降水偏少。

关键词:热带季节内振荡(MJO)　副热带高压　哈得来环流　广西降水

前言

热带季节内振荡(MJO)是大气中最显著的一种振荡现象,为气候变率的重要分量,也是从短期天气变化到季节变化、年际变化、年代际变化整个大气多尺度振荡链条中的重要一环,它既是高频天气变化直接背景,又是月季气候主要分量,它是“天气—气候界面”,是天气与气候联系的直接纽带,是引起中期天气以及月尺度天气过程主要因子之一,对应的环流低频系统变化反映了未来几周内大尺度天气系统生消、维持和衰减的循环过程,对月季尺度气候预测有很好的指示意义。近年来,国内外一些学者对MJO在延伸期预报中的应用研究相当活跃,如Wheeler等[1]利用MJO所在8个位相的周期和强度变化来预报澳大利亚夏季降水的中长期预报;Jones等[2]根据热带季节内对流的异常,设计统计预报模型,推断未来4—5候的低频要素场的预报;丁一汇等[3]指出MJO是季节内尺度变化,比高频的天气扰动具有更长的可预报性,是改进东亚地区延伸预报的重要途径。

广西地处低纬度地区,南部濒临热带海洋,受热带季节内振荡(MJO)影响显著,如广西2009—2010年夏秋冬春持续干旱灾害的其中一个重要原因是印度洋MJO的活动影响减弱了孟加拉湾水汽向广西输送;王黎娟等[4]在研究2001年台风“榴莲”降水过程中,指出低纬度夏季风MJO处于极端活跃位相时,低纬低频西风偏北及低频水汽向北输送至广西南部,有利于低层辐合并提供充足水汽,对“榴莲”台风暴雨增幅起重要作用;陶诗言等[5]、琚建华等[6-7]研究指出来自赤道MJO引起南海地区西风的加强,触发中国南部大陆出现季风涌,造成南方暴雨发生;鲍名[8]研究华南持续性暴雨过程成因时指出,2005年6月17—24日华南持续性暴雨过程与热带西太平洋对流的10～25 d低频振荡西传有关。因此,MJO在广西天气气候演

资助项目:广西科学基金资助项目(桂科青0991060)、中国气象局气候变化专项(CCSF—09—03)。

变中扮演着重要的角色，对广西阶段性、持续性、频发性高影响天气事件具有重要的影响作用，因此，MJO 的研究对改进广西极端降水的气候预测具有重要的意义。

1 资料与方法

采用的降水资料来自于 1978—2010 年广西 90 个地面气象观测站的日降水资料。表征 MJO 对流的向外长波辐射（Outgoing Long-wave Radiation，简称 OLR）取自于 NOAA 的 OLR 日资料。MJO 指数取自于 NOAA CPC 的季节内振荡指数，总共有 10 个位相（分别位于 20°E、70°E、80°E、100°E、120°E、140°E、160°E、120°W、40°W、10°W）。

2 广西降水与前期各位相 MJO 指数的关系

广西降水与 MJO 的关系如何呢？首先利用简单的统计方法来计算广西各月降水与前期各位相 MJO 指数的相关系数，从相关情况来看，各月降水与前期各位相的 MJO 指数相关程度不同，春夏季它们的相关更稳定些，在其他季节相关较弱，且不稳定，有时为正，有时为负。一般 4—8 月降水与前 10～20 d 非洲大陆区域的 MJO 指数成正比，高相关区域随时间向东移动，直到 120°E 区域，同时还与前 20～30 d 120°E 区域的 MJO 指数成反比，相关区域随时间向东移动。1—3 月降水与前 20 d 印度洋西部区域的 MJO 指数成反比，随时间东移到 120°E，同时与前 30 d 120°E 区域的 MJO 指数成正比，相关区域随时间东移。9—12 月降水一般与前 30 d 赤道东半球各位相的 MJO 指数成正比，而且高相关区域随时间由西向东移动。总的来看，在各个月中 6 月降水与 MJO 前一月各位相的指数相关最强（通过了 95％显著性检验），如图 1a 所示，6 月降水在 5 月上旬以后与赤道西印度洋区域的 MJO 指数成正相关，而且通过了 95％相关显著性检验，相关显著区域随时间向东移动，5 月底高相关区域到达西太平洋地区；同时与赤道东南亚岛国附近区域 MJO 指数成反相关，且相关显著，相关显著区域随着时间向东移动。

由以上分析可见，广西降水与 MJO 有着密切的关系，而且在不同的月份和不同位相它们的关系程度不同，在夏季开始时(6 月)相关达到了峰值。图 1b 和 c 分别为 2005 和 2008 年的降水、MJO 指数分布图，这 2a 均为夏季降水异常偏多年，尤其降水集中在 6 月份，从图中可看出 100°E 以西位相的 MJO 指数在强降水之前都有比较大的波动，5 月为正指数，6 月转为强的负指数，同时 6 月的降水达到了最大值，为异常偏多；MJO 指数的波动在强降水之前有明显的向东移动，即 100°E 位相滞后于 70°E 位相，70°E 位相滞后于 20°E 位相，这种指数波动的向东移动在强降水以后减弱，变得不明显。图 1d 为 1989 年的降水、MJO 指数分布图，该年夏季降水异常偏少，从图中可以看出，MJO 指数波动明显比降水偏多年的弱，波动向东移动的趋势不明显。由此可见，广西降水与 MJO 有一定的对应关系，尤其在春夏季，当较长时间持续强降水过程来临前，100°E 以西位相的 MJO 指数正负波动大，具有明显的向东传播，降水前期一般为正指数，降水过程中指数为负，持续强降水结束后向东传播的现象减弱。

3 MJO 纬向活动及其对广西降水的影响

对 OLR 资料滤波后，得到各时期 MJO 对流在各区域的活动次数，结果表明：总的来看，各位相出现次数分布呈波动分布，最高值在大陆或群岛附近地区，在海洋中部出现最少。其中

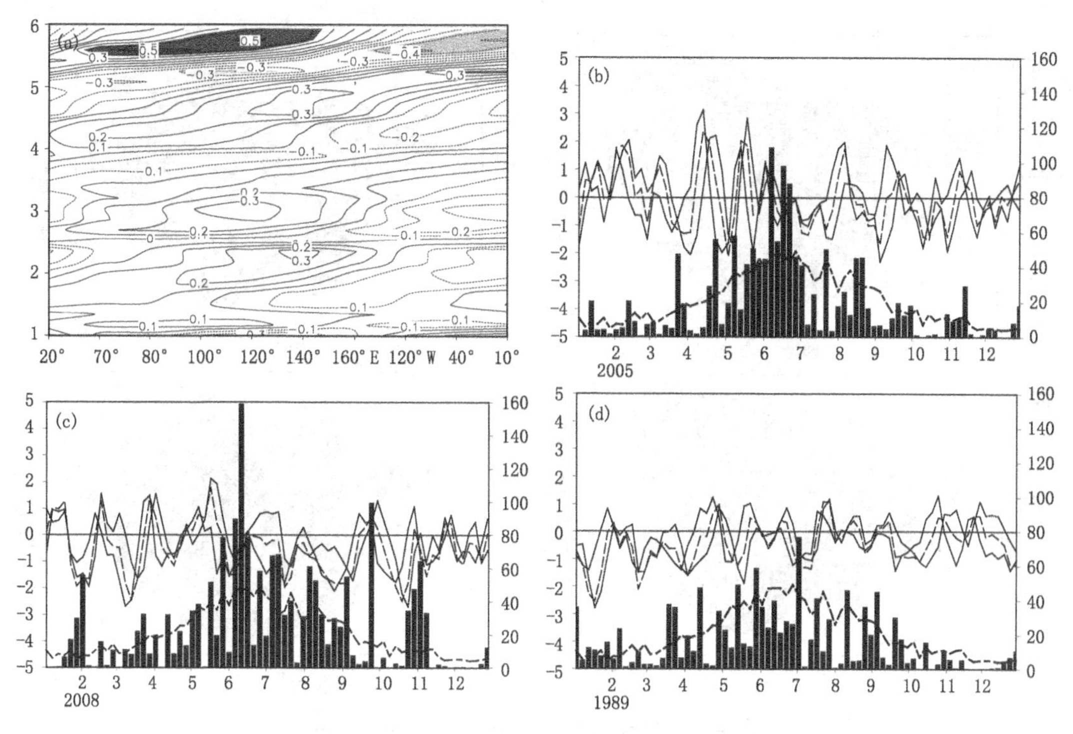

图1　6月降水与前期各位相 MJO 指数的相关系数图(a),6月降水异常偏多年(b)、(c)及降水异常偏少年(d)降水(柱图:候降水量;长短虚线:降水平均值)和 MJO 指数变化图(实线:20°E 位相;长虚线:70°E 位相;短虚线:100°E 位相)

MJO 对流在非洲大陆区域活动最频繁,占各位相总频数的 17.2%,其次为印度洋中西部地区,占总频数的 14.7%,向东减少,在印度洋中东部地区达到最少,仅占总数的 3.4%,然后向东增加,在印度尼西亚东部群岛地区达到另一个活动峰值,占各位相总频数的 11.8%,再向东逐渐减少,在东太平洋地区减到次低值,仅为 5.4%。离广西最近的 100°E 附近区域,MJO 对流出现次数占总频数的 6.4%。

利用合成方法统计 MJO 对流所处位相同期广西降水情况:当位于第 2(印度洋中西部)、4(苏门答腊岛)位相时,广西降水一致偏多;当位于第 3(印度洋中东部)、7(西太平洋)、8(东太平洋)、10(大西洋东部)位相时,广西降水一致偏少;当第 1(非洲大陆)、5(印度尼西亚东部群岛)、6(几内亚岛)、9(大西洋西部)位相时,广西降水为一半多一半少。在第 2—5 位相之间存在着第 2 位相时偏多→第 3 位相时偏少→第 4 位相时偏多→第 5 位相时大部偏少的明显波列变化特征。

4　MJO 经向活动对广西降水影响

OLR 资料经过 30～60 d 滤波后,在 100°—115°E 区域求平均,统计得到 MJO 对流随着经度和时间的变化(图 3)。图 3a 为 2005 年 MJO 对流活动分布,2005 年夏季降水异常偏多,尤其在 6 月,从图中可以看出,1 月开始 MJO 在赤道热带地区活动,强度很强,在高纬度地区季节内振荡比较弱,进入 4 月以后除了赤道热带地区有较强的 MJO 活动以外,在 40°N 中纬度地区有明显的季节内振荡波列,经中纬度季节内振荡在 5 月有向南移动的趋势,赤道热带地区

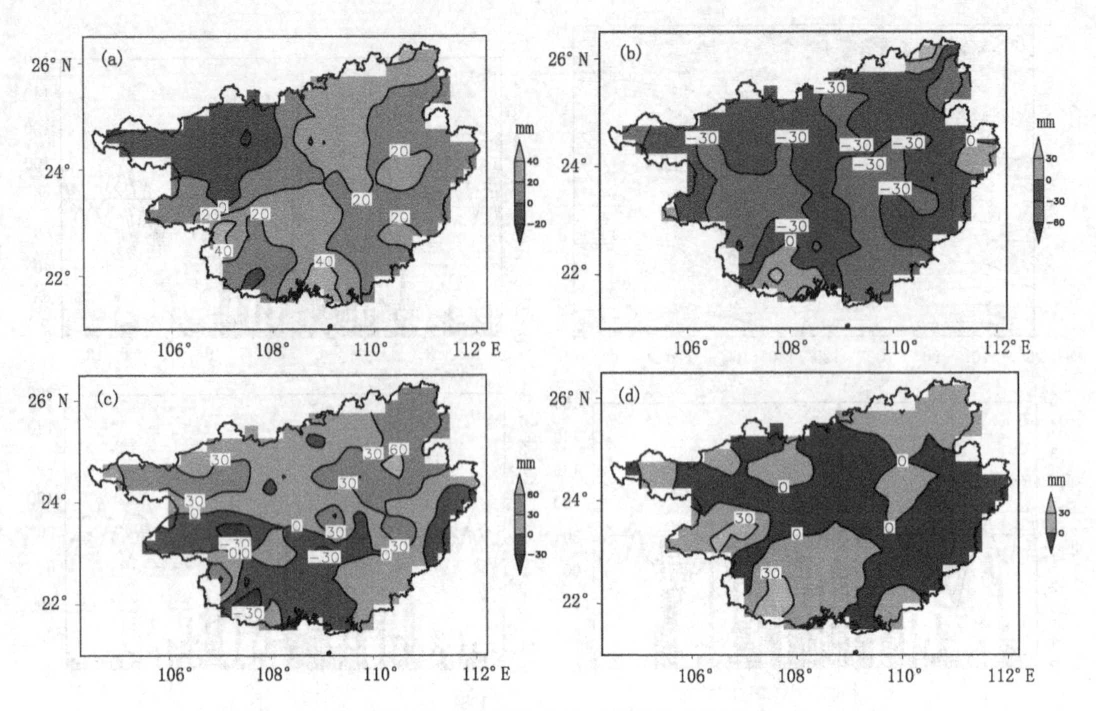

图 2　MJO 对流所处位相时广西降水距平值

（a. 第 2 位相，b. 第 3 位相，c. 第 4 位相，d. 第 5 位相）

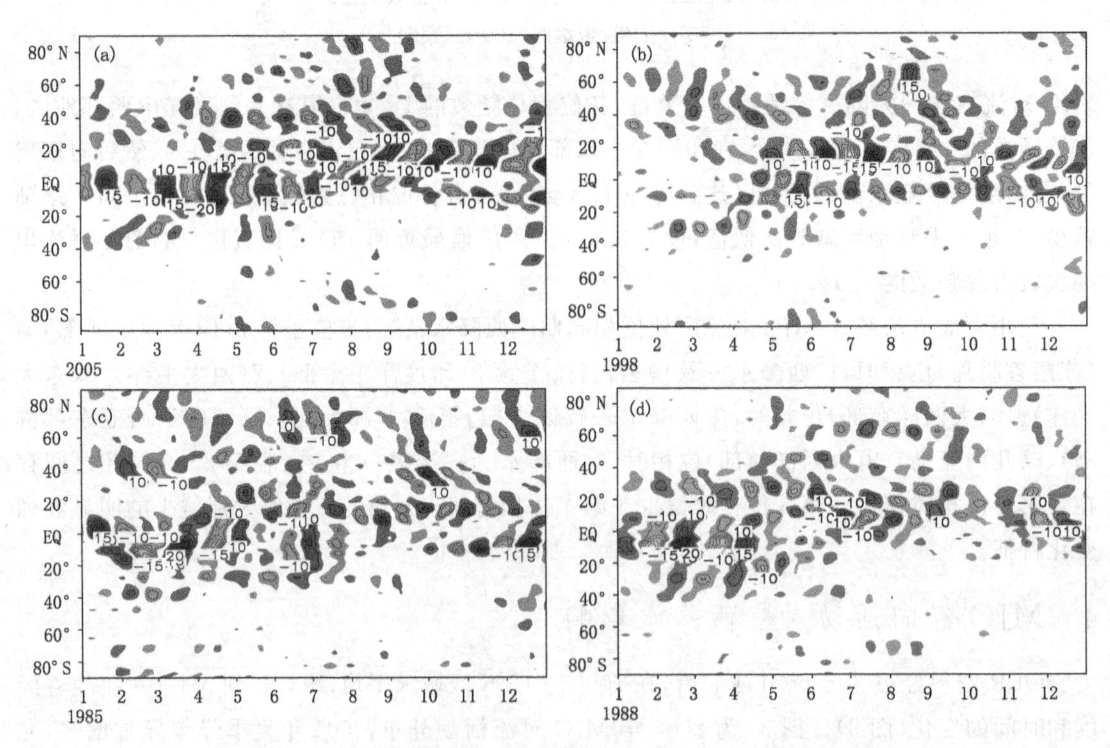

图 3　夏季降水偏多年（a、b）和偏少年（c、d）MJO 对流经向分布

（a. 2005 年，b. 1998 年，c. 1985 年，d. 1988 年）

MJO 对流向北活动，赤道热带地区和中纬度地区季节内振荡在 20°N 汇合，相会点正处于广西地区，因此广西降水异常偏多。图 3b 为 1998 年 MJO 对流活动分布，1998 年从 5 月开始降水异常偏多，持续偏多到 7 月。从图中可以看出中纬度 40°—60°N 区域从春季开始存在一个季节内振荡，赤道热带地区 MJO 对流从 4 月底开始活跃，强度增强，有明显的向北传播，传播到广西区域后减弱，夏季中纬度地区季节内振荡不明显，降水主要受赤道热带 MJO 对流影响。图 3c 为 1985 年 MJO 对流活动分布，1985 年夏季降水异常偏少，从图中可以看出，1—2 月赤道地区 MJO 对流有向南传播，3—4 月向北传播，但到了 20°N 后强度急剧变弱，5 月以后赤道地区 MJO 对流很弱，基本无向北传播的分量，中纬度基本没有季节内振荡出现，这些可能是降水偏少的原因。图 3d 为 1988 年 MJO 对流活动分布，1988 年 4—7 月降水异常偏少，从图上可以看出，1—4 月在赤道以南地区 MJO 对流比较强，5 月以后赤道地区 MJO 对流很弱，仅在 20°N 左右有个弱的季节内振荡的波列向南移动，广西地区难见到 MJO 对流的踪迹。由以上分析可以看出，广西降水与赤道 MJO 对流和中纬度季节内振荡有密切的关系，赤道地区 MJO 对流强度偏强，有向北传播时广西降水偏多，赤道地区 MJO 对流强度偏弱时广西降水偏少。

5 结论和讨论

通过以上分析得到以下结论：

(1)广西降水与 MJO 有一定的对应关系的，尤其是在春夏季，当较长时间持续强降水过程要来临前，100°E 以西位相的 MJO 指数正、负波动大，具有明显的向东传播，降水前期一般为正指数，降水过程中指数为负，持续强降水结束后向东传播的现象减弱。

(2)总的来看，MJO 在各位相出现次数分布呈波动分布，最多出现在大陆或群岛附近地区，在海洋中部出现最少。广西夏季降水在 MJO 第 2～5 位相之间存在着明显波列变化特征，第 2 位相时偏多→第 3 位相时偏少→第 4 位相时偏多→第 5 位相时大部分地区偏少的。

(3)广西降水与赤道 MJO 对流和中纬度季节内振荡有密切的关系，赤道地区 MJO 对流强度偏强，有向北传播时广西降水偏多，赤道地区 MJO 对流强度偏弱时广西降水偏少。

参考文献

[1] Wheeler M C, Hendon H H. An all seas on real time mult ivariate MJO index: evelopment of an index for monitoring and prediction. *Mon. Wea. Rev.*, 2004, **132**(8): 1917-1932.

[2] Jones C, Carvalho M V, Higgins R W, *et al*. A statistical forecast model of tropical intraseasonal convective anomalies. *J. Climate*, 2004, **17**(11): 2078-2094.

[3] 丁一汇，梁萍. 基于 MJO 的延伸预报. 气象，2010，**36**(7)：111-122.

[4] 王黎娟，卢珊，管兆勇等. 台风"榴莲"陆上维持及暴雨增幅的大尺度环流特征. 气候与环境研究，2010，**15**(4)：511-520.

[5] 陶诗言，卫捷. 夏季中国南方流域性致洪暴雨与季风涌的关系. 气象，2007，**33**(3)：10-18.

[6] 琚建华，赵而旭. 东亚夏季风区的低频振荡对长江中下游旱涝的影响. 热带气象学报，2005，**21**(2)：163-171.

[7] 琚建华，孙丹，吕俊梅. 东亚季风涌对我国东部大尺度降水过程的影响分析. 大气科学，2007，**31**(6)：1 029-1 039.

[8] 鲍名. 两次华南持续性暴雨过程中热带西太平洋对流异常作用的比较. 热带气象学报，2008，**24**(1)：

27-35.

[9] Zhang Lina, Wang Bizheng, Zeng Qingcun. Impact of the Madden-Julian Oscillationon Summer Rainfall in Southeast China. *J. Climate*, 2009, **22**: 201-216.

2012年海南省异常气候特征及成因分析

吴胜安　朱晶晶

（海南省气候中心，海口 570203）

摘　要

在对2012年海南省异常气候特征进行概况的基础上，分析了其可成能因。指出：2012年前期（1—3月）热带中太平洋海温偏低，导致热带中、西太平洋上空的沃克环流偏强，西太平洋和海南岛上空对流活动偏强，同时西北太平洋副热带高压偏弱、西脊点位置偏东，影响本岛的东南季风偏弱、西南季风偏强，从而使本岛降水量偏多偏强、降水量东贫西盈、热带气旋影响偏弱。

关键词：异常气候特征　成因分析　大气环流异常　海温异常

引言

与气候异常事件相伴随的是大气环流、海温的异常。张培群等[1]分析了2008年海洋和大气环流异常对中国气候的影响，指出2008年赤道中东太平洋总体处于冷水位相，受海洋异常强迫和海气相互作用影响导致的冬夏季风均偏强、春季后期至秋季亚洲中高纬度经向环流快速向纬向环流转换等异常特征是2008年中国气候异常的主要原因。杨素雨等[2]分析了2009年秋季云南降水极端偏少的显著异常气候特征，指出亚洲极涡、西太平洋副高、孟加拉湾地区对流中低层的异常反气旋环流等与云南秋季降水异常偏少有关。张健等[3]分析了2010年初夏黑龙江省出现两次异常高温的主要原因是中高纬度环流异常、欧亚地区以纬向环流为主、亚洲区极涡面积偏小、鄂霍茨克海没有建立稳定的阻塞形势，导致东北冷涡活动偏少。王遵娅等[4]分析了2011年夏季主要异常事件的成因，认为2011年夏季亚洲极涡偏弱偏小，欧亚中高纬度地区经向环流偏强，有利于冷空气南下；同时中纬度西太平洋地区海温持续偏低而激发反气旋性环流产生，造成西太平洋副高偏大偏强，冷暖气流在长江地区交汇造成降水显著偏多。

2012年影响海南或登陆的热带气旋个数偏少、影响偏弱；降水总量东部偏少、西部偏多，呈现异常的空间分布；降水量连续多月偏多或显著偏多，降水集中、非台风影响降水强度偏强。与这些异常气候特征相伴随的大气环流、海温状态的异常情况如何？后者又如何影响前者？分析以上异常气候的特征，讨论其可能成因，以期为进一步做好气候监测、预测工作提供参考和依据。

1　资料与方法

主要使用了海南岛18个市、县气象站的气温、降水观测资料，美国气象环境预报中心（NCEP）和美国国家大气研究中心（NCAR）联合制作的再分析数据集。本文中使用的气候平均值为1981—2010年平均，使用的诊断方法主要有相关分析。

2　2012年海南气候异常特征

2.1　上半年降水异常偏多偏强

1—6月，海南全省平均降水量为849.8 mm，较常年同期偏多40%，居1966年以来的第2位，仅次于1997年的960.2 mm。海南全省平均暴雨日3.94 d，较常年同期的2.28天明显偏多，突破历史极值(1997年3.83 d)，居1966年以来第1位(图1)。逐月来看，除2和3月降水略偏少外，其余各月均偏多，其中1月偏多近50%，4月偏多近90%，5、6月分别偏多42%和30%(图2)。

各月极值情况，海口4、5月降水量和昌江4月降水量超过历史同期极值；定安、儋州和昌江5月降水量超过历史同期极值；海口和儋州5月暴雨日数超过历史同期极值；海口和文昌1月、琼海3月、儋州4月的日最大降水量超过历史同期极值。

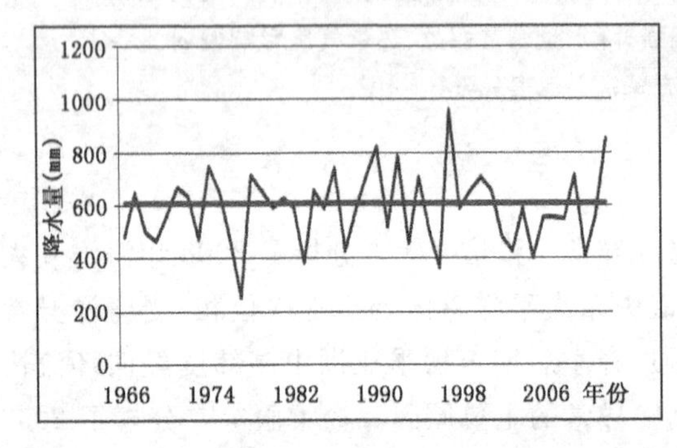

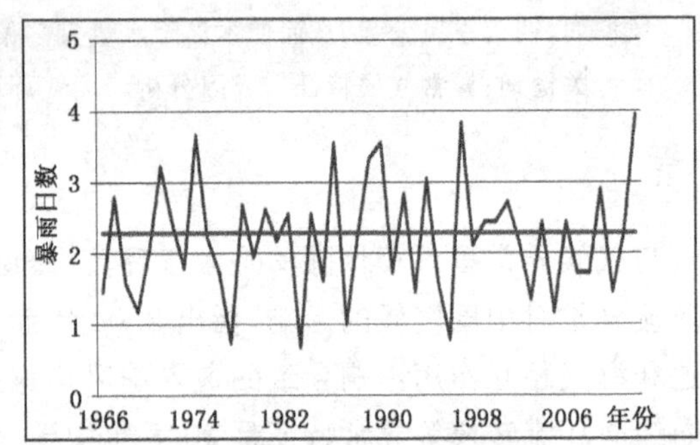

图1　1—6月全省平均降水量(a)、暴雨日数(b)历年值(折线)及与常年值(直线)的比较

5月中旬中期至6月中旬后期，是上半年降水集中期。期间热带辐合带非常活跃，热带云团、热带扰动等低值系统时常影响海南省，各地暴雨、大暴雨频繁出现。特别是5月16日—6月20日的强降水过程，全省平均降水量达498.4 mm，占2012年上半年总降水量的59%，占常年上半年总降水量的82%，比常年同期偏多83%。除万宁和保亭接近常年外，其余各地均不同程度偏多，有11个市、县偏多80%以上，7个市县偏多1倍以上。这次降雨过程范围广，单点强度大，据统计，出现4次或以上暴雨的有海口、定安、琼海、白沙和昌江5个市、县；出现大暴雨的有定安、儋州、琼海、文昌、白沙、东方和三亚7个市、县(表1)。

表1　5月15日—6月20日的暴雨或大暴雨次数

市县名	暴雨次数	大暴雨次数	市县名	暴雨次数	大暴雨次数
昌江	6	0	三亚	3	1
琼海	5	1	琼中	2	0
白沙	5	1	五指山	2	0
海口	4	0	临高	1	0
定安	4	1	万宁	1	0
儋州	3	2	屯昌	1	0
文昌	3	1	乐东	1	0
东方	3	1	陵水	1	0

2.2 总降水量东贫西盈

海南年降水量或各季降水量总体均呈现为东多西少的分布，意味着东部多雨水，西部则少雨水。年降水量东西差异悬殊，东半部的陵水可超过 2400 mm，而西部的东方不超过 1000 mm。2012 年的情形则大不相同，上半年全省各地降水量为 409.2 mm（临高）～1289.7（定安）mm，半数市县超过 900 mm，6 个市县超过 1000 mm。两个多雨中心，一个位于东北角，另一个位于常年降水较少的西部内陆。与常年相比，除临高、万宁和保亭接近常年或略偏少外，其余市县均偏多，有 8 个市县偏多 50%以上，主要分布在前述的多雨中心，其中昌江和东方偏多近 90%（图 2a）。如果说上半年东少西多的差异还不太显著的话，1—10 月的降水量东贫西盈的分布形态非常明显（见图 2b），东部沿海、中部山区东部偏少 1—2 成，西部大多地区偏多 2 成以上，东方偏多 66%。

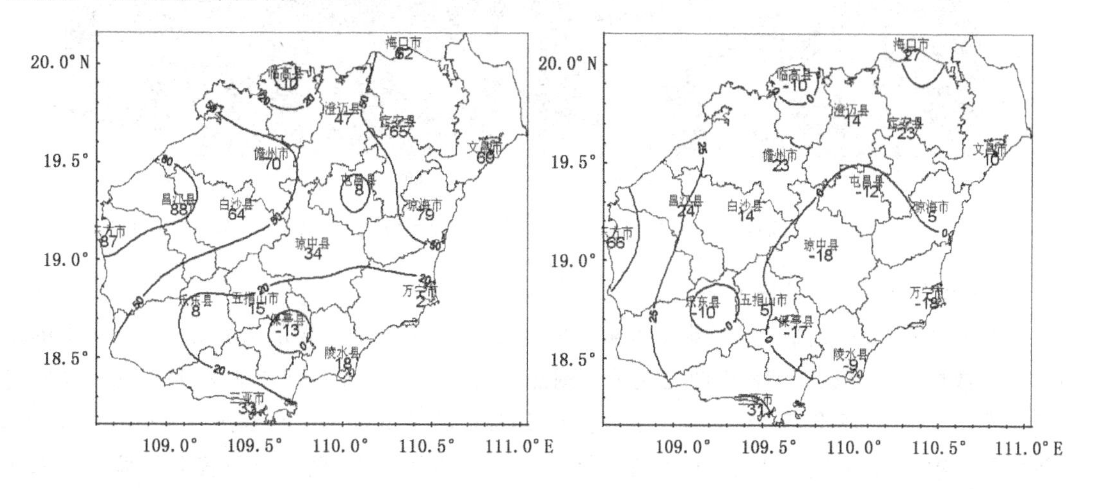

图 2　海南省 1 月 1 日—6 月 30 日(a)及 1 月 1 日—10 月 31 日(b)降水量距平百分率分布图(%)

2.3 热带气旋影响偏弱

2012 年影响海南的热带气旋活动偏弱。无台风登陆（或严重影响，即进入海南省规范的严重影响区域），较常年的 2 个显著偏少。历史上无台风登陆（或严重影响）海南岛的年份只出现了 4 次，分别是 1982、1997、1999 和 2004 年。影响个数为 4（“泰利”、“韦森特”、“启德”和“山神”），较常年的 7 个显著偏少，历史上少于 4 个台风影响的年份也只有 7a。与登陆和影响海南热带气旋异常偏少形成鲜明对比的是，西北太平洋台风活动较常年活跃，编号台风（热带风暴等级以上热带气旋）23 个，较常年 19 个偏多 4 个。

3　成因分析

3.1 大气环流异常

3.1.1　海南岛上空对流活动偏强

气候异常无疑与大气环流有关。降水异常偏多，意味着对流异常活跃。对外长波辐射（OLR）资料能较好地反映对流活动，OLR 值越低，表示对外长波辐射量越少，即该区对流活动越强。分析了 2012 年 5—8 月热带中、西太平洋上空的 OLR 距平值（图 3），发现该段时期西太平洋上空 OLR 值为负距平，而热带中太平洋上空则为正距平，意味着热带西太平洋上空对流活动较常年偏强，南海北部包括海南岛上空的对流活动也较常年偏强。海南岛上空对流活动偏强是 2012 年汛期前期(5—8 月)降水异常偏多的直接原因。

值得注意的是,当热带西太平洋上空 OLR 值为正距平时,热带中太平洋上空 OLR 值为负距平,主体区域位于(140°—180°W,2.5°—17.5°N)。这种异常分布指示的是:热带西太平洋上空的上升气流较常年偏强,热带中太平洋上空的下沉气流亦较常年偏强,两地之间形成一个类似于沃克环流的闭合的距平环流。也就是说,海南岛 5—8 月降水异常偏多与热带中、西太平洋的沃克环流偏强有关。

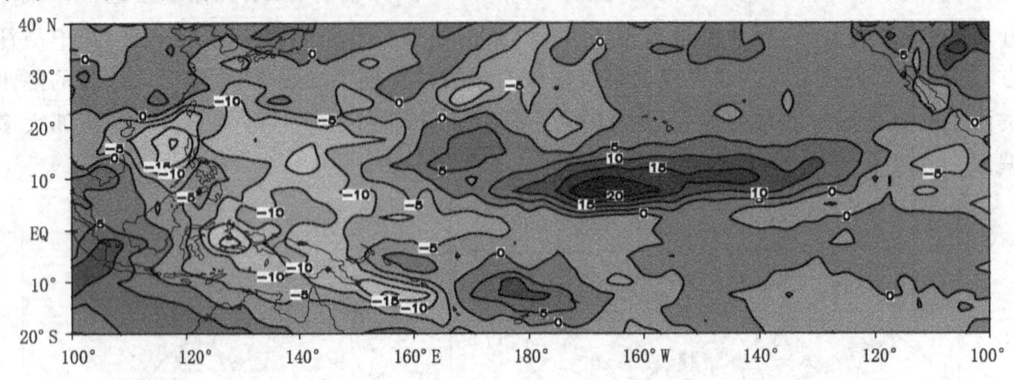

图 3 2012 年 5—8 月热带中、西太平洋上空 OLR 距平分布(浅色为负距平、深色为正距平)

3.1.2 西太平洋副热带高压偏弱

西北太平洋副热带高压是影响中国东部地区夏季气候非常重要的天气系统,对海南的影响同样非常重要。那么,2012 年西北太平洋副热带高压有何异常特征?其对海南气候异常有何影响呢?比较 2012 年 5—8 月西太平洋上空 500Pa 高度场与常年的差异可见(图 4a),2012 年西太平洋副热带高压(5880 gpm 线指示)明显偏弱,范围偏小,西脊点位置明显偏东。如用 5960 gpm 线指示副高活动的话,那其西脊点位置较常年偏东更为显著。当副高偏弱、副高西脊点偏东时,不利于西太平洋热带气旋生成后西行,导致到达海南岛附近的台风频次减少。这可能是 2012 年本岛热带气旋影响偏弱的重要原因。副高偏弱也反映在风场的异常上,图 4b 所示的是 2012 年 5—8 月 850 hPa 风速距平场,由图可见,南海北部为一气旋式的距平环流,

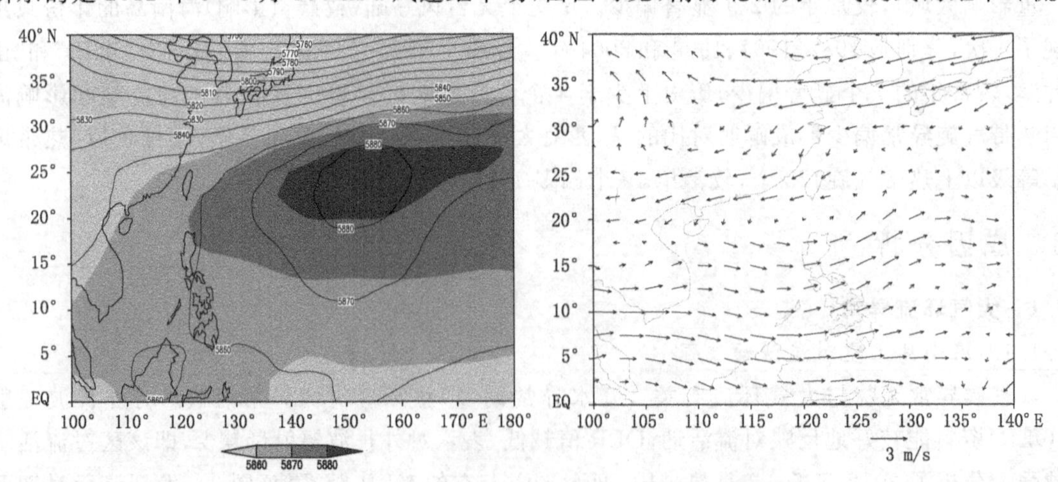

图 4 2012 年 5—8 月热带西太平洋上空 500 hPa 高度场
(a,阴影指示气候场,单位:gpm)和 850 hPa 风速距平场(b,单位:m/s)

海南岛正位于此距平环流圈的尾后部。显然这样的距平环流不利于台风的西行。

此外，西太平洋副热带偏弱亦利于海南岛上空对流活动活跃，从而导致降水偏多。同时，当副高偏弱、副高西脊点偏东，南海北部为气旋式的距平环流时，意味着影响本岛的东南季风偏弱，而西南季风偏强，即在本岛产生降水的水汽更多来自西南风。这种情形不利于海南岛东部降水，而利于海南岛西部降水，这正是 2012 年海南省降水东贫西盈的重要原因。

3.2　前期海温异常

海表温度异常与大气环流异常有着密不可分的联系，前期海温异常可通过感热潜热等过程加热其上空大气，从而使大气环流产生相应的异常。大气异常对海温异常有明显的滞后性。2012 年西太平洋副热带高压偏弱、对流活动偏强，热带中西太平洋上空沃克环流偏强所表现出来的大气环流异常与前期的海温异常之间是否存在联系？这种联系是什么？分析前期海表

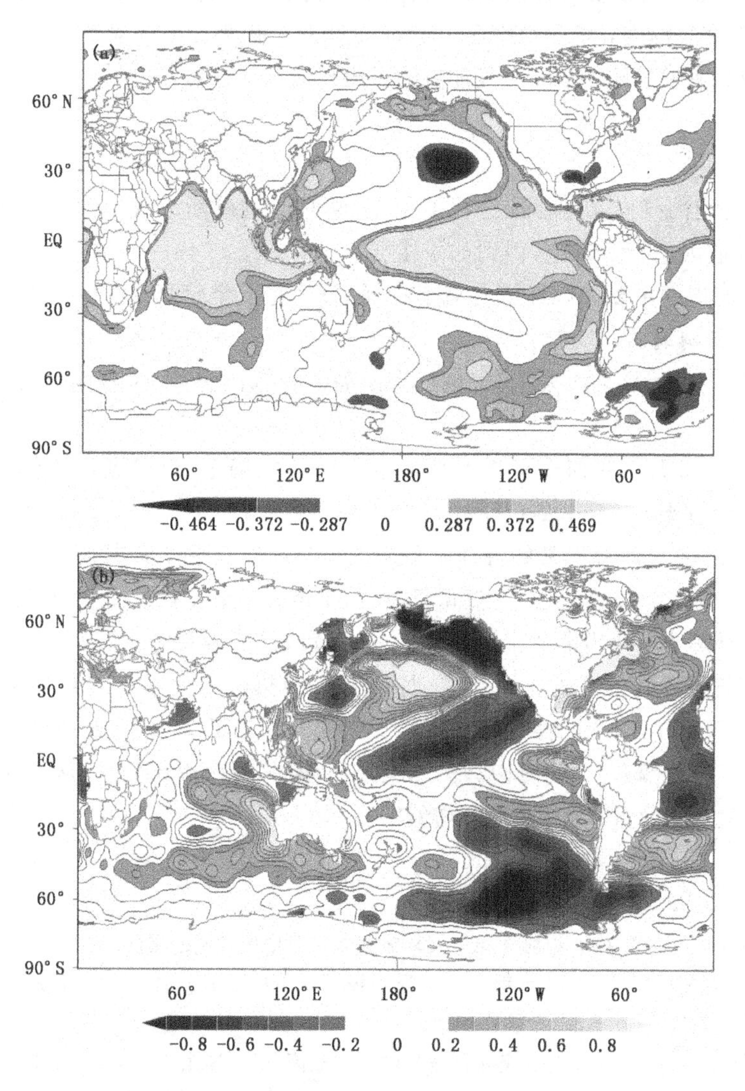

图 5　1951—2011 年西太平洋副高面积指数(5—8 月)与前期(1—4 月)海表温度变化的相关系数分布(a)及 2012 年 1—4 月海表温度距平分布(b，单位：℃)

温度与西太平洋副热带高压面积指数的相关可见(图5a)，显著正相关区在太平洋表现为以热带中东太平洋为主轴，两翼沿美洲大陆向高纬度南、北太平洋伸展的反"3"字形结构。此外在热带大西洋和热带印度洋也有大片的显著正相关区，这与热带海温变化的内在一致性有关。与副高面积指数显著负相关的区域主要位于中纬度北太平洋中东部。2012年前期的海温异常分布又是怎样的呢？图5b所示的是2012年1—3月的海表温度异常分布，由图可见，负距平主体区域与上述相关分布图中的东太平洋东部显著正相关区的反"3"字结构较为一致，而北太平洋的正距平主体区域又与相关分布图中的显著负相关区一致。显然，2012年前期的海温分布形态与显著相关系数分布的反相一致，即有利于5—8月西太平洋副高面积指数偏低，亦即意味着副高偏弱、副高西脊点位置偏东。由图中还可见，热带中、东太平洋的海表温度负距平区主体位于(140°—180°W，2.5°—17.5°N)，与前述OLR值为负距平主体区域一致，这进一步说明该区海表温度的异常偏低对热带中西太平洋沃克环流的加强、西太平洋上空对流活动加强有内在联系。因此，可以认为2012年前期海表温度异常是海南岛上空对流活动偏强、西太平洋副热带高压偏弱以及沃克环流偏强等造成海南省气候异常的大气环流因子出现异常的外在强迫。

4 结论

对2012年海南的气候异常特征进行了分析，同时通过诊断大气环流和海温的异常，对这些异常气候事件成因进行了讨论，得到如下主要结论

(1)2012年海南的主要气候异常有三个特征，分别是上半年降水偏多偏强、总降水量东贫西盈和热带气旋影响偏弱。

(2)2012年5—8月热带西太平洋(包括海南岛)上空对流活动明显偏强，而热带中太平洋上空则偏弱。

(3)2012年5—8月热带西太平洋副高热带高压面积偏小、西脊点位置偏东；南海北部为一明显气旋式的距平环流，海南岛位于此距平环流的尾部。

(4)2012年1—4月海温异常的分布特征有：热带中东太平洋海温偏低，中纬度北太平洋东部海温偏高，高纬度南、北太平洋海温偏低。2012年海温偏低(高)的主体区域同前期(1—4月)海温与后期西太平洋副热带高压面积指数的正(负)显著相关区一致。

(5)2012年气候异常的可成能因是：前期(1—3月)热带中太平洋海温偏低，导致热带中、西太平洋上空的沃克环流偏强，西太平洋和海南岛上空对流活动偏强，同时西北太平洋副热带高压偏弱、西脊点位置偏东，影响海南岛的东南季风偏弱、西南季风偏强，从而使海南岛降水量偏多偏强、降水量东贫西盈、热带气旋影响偏弱。

参考文献

[1] 张培群，贾少龙，王永光. 2008年海洋和大气环流异常及对中国气候的影响. 气象，2009，**35**(4)：112-117.

[2] 杨素雨，张秀年，杞明辉等. 2009年秋季云南降水极端偏少的显著异常气候特征分析. 云南大学学报，2011，**33**(3)：317-324.

[3] 张健，李永生，张夕迪. 2010年初夏黑龙江省异常气候成因分析. 黑龙江气象，2011，**28**(1)：9-10.

[4] 王遵娅，任福民，孙冷等. 2011年夏季气候异常及主要异常事件成因分析. 气象，2012，**38**(4)：448-455.

重庆春季连阴雨天气的变化特征及其影响因子分析

何慧根　唐红玉　李永华　王勇　刘晓冉

（重庆市气候中心，重庆 401147）

摘　要

利用1961—2012年3—5月NCEP再分析资料、NOAA的海表温度、重庆34个站气象资料和74项环流特征指数，对重庆春季连阴雨天气的时空变化特征及同期的大气环流、前期的前兆影响信号进行了分析，建立了预测概念模型。利用2011和2012年资料对模型进行了初步检验。结果表明：重庆春季连阴雨天气有多发的特征。春季3月最容易发生影响范围广，持续时间长的连阴雨，其次是5月。连阴雨天气明显的年份重庆受影响的站次较多，影响范围广，持续时间也较长。近年来连阴雨天气出现的站次和持续时间都有增加的趋势。城口、垫江、渝北、綦江和渝东南大部分地区容易出现连阴雨。冬季拉尼娜事件的发生，赤道150°E地区的OLR对流加强和鄂霍茨克海地区中高层大气高压脊的建立都有利于来年春季重庆连阴雨天气的发生。春季巴伦支海地区的500 hPa高度场，亚洲经向环流，西太平洋副热带高压的西伸脊点和北界位置对重庆的连阴雨天气影响较大。

关键词：连阴雨　气候特征　影响因子

引言

重庆位于四川盆地东部，三面环山，气候独特，属于亚热带湿润气候，同时重庆还是位于青藏高原东南麓的长江上游地区，地理位置特殊，既受东亚季风和印度季风的影响，还受青藏高原环流系统的影响，是一个典型的气候多变区。特殊的地理位置、相互交错的特殊地形使得重庆还是自然灾害高发的地区之一。近年来，重庆极端天气气候事件频繁发生，如1998年长江流域出现特大洪水[1]，2006年[2]和2011年[3]夏季的严重高温伏旱和2008年冬季的低温雨雪冰冻天气[4]等，给地方经济发展带来了巨大的损失，引起了社会各界的高度关注。重庆的气象灾害种类较多，发生频繁。连阴雨是一种大范围的天气过程，它的形成主要受大气环流的影响。它的特点是，无日照，且持续时间长，影响范围广，甚至会出现长时间的低温。春季和秋季重庆都容易出现连阴雨。春季连阴雨天气阻碍春播进程，对农业生产造成较大的影响，还会造成低能见度，影响交通运输等。有些年份由于雨量大，持续时间长，连阴雨天气会造成汛期提前，甚至还会造成洪涝和地质灾害，直接关系到工农业生产和人民的生命财产安全。

中国气象学家对各地的春季连阴雨天气作了广泛的研究。20世纪70年代中国科学院大气物理研究所对我国的春季连阴雨预报进行了研究[5]。冯明等[6]对湖北的连阴雨进行了分析，并指出影响湖北连阴雨天气的天气系统主要是北方冷空气的频繁活动。姜爱军等[7]利用连阴雨天气的持续天数、总降水量和总日照距平三个主要要素建立了江苏省的连阴雨灾害评估模型。“长江中下游连阴雨和连晴天气研究”课题组[8]研究表明，长江中下游的春季连晴连阴雨有准两周的显著周期。长江中下游春季连阴雨是哈得来环流受到破坏的结果，高湿的西南水汽不是来自于孟加拉湾，而是来自西太副高西侧的气流，来自于南海[9]。此时马斯克林高压还不强，其北侧 60°E 的越赤气流较弱，印度还是反气旋环流，从流场上无直接联系[8]。当南支西风、澳大利亚越过赤道的气流以及西太副高均处于低频振荡的增加位相且振幅达到这一时期最大时，长江下游容易出现全区域性的持续阴雨天气[10]。

三峡库区春季存在雨日多雨量小，降水强度小的特征，近 40 多年来春季的降水量存在减少的趋势，从而使连阴雨的气候特征发生着一定的变化[11]。作为三峡库区的主体，重庆春季连阴雨发生规律和预测技术还没有得到足够的重视。本文将统计重庆春季连阴雨的气候特征，并讨论同期的环流形势和前期的影响因子，以增加对重庆春季连阴雨的认识，为提早准确预测春季连阴雨的发生提供科学依据，为各级政府的防灾、减灾决策和农业生产提供保障。

1 资料来源和方法

所用资料主要包括：(1)重庆 34 个常规观测站 1961—2012 年 3—5 月的气温、降水和日照资料。(2)1961—2012 年 3—5 月美国 NCEP/NCAR 的 200 和 500 hPa 高度场及向外长波辐射(OLR)再分析资料。(3)1974—2012 年 NOAA 的月平均海表温度资料，网格距为 2.0°×2.0°。(4)西太副高各指数、亚洲经向环流指数、纬向环流指数等来自中国国家气候中心提供的 74 项环流特征指数。气候态采用 1981—2010 年的平均值。

根据 2008 年重庆市气象灾害标准，将连续≥6 d 阴雨且无日照，其中任意 4 d 白天雨量≥0.1 mm 定义为一次轻度连阴雨。如果连续 3 d 白天无降水则连阴雨终止。将连续≥10 d 阴雨且无日照，其中任意 7 d 白天雨量≥0.1 mm 定义为一次严重连阴雨为。如果连续 3 d 白天无降水则连阴雨终止。

2 春季连阴雨的变化特征

2.1 时间序列特征

邹旭恺等[11]研究表明，三峡库区春、秋季雨日多，雨量小，降水强度小，降水时间长，以连阴雨为主。并指出三峡库区连阴雨天气四季都有可能出现，但以 9、10 月发生最频繁，出现频率高达 82.9%，春季的连阴雨出现的频率也很高(达 75.6%)。

重庆春季连阴雨有多发的特征。从图 1 可知，3 月全市平均 6.5 站次，4 月平均 4.8 站次，5 月平均 5.3 站次。整个春季平均 17.8 站次，其中平均有 1.2 站次为跨月份时段的连阴雨，无法单月统计。由此可知，春季的连阴雨中，3 月出现站次最多，占整个春季的 36.5%，表明重庆春季连阴雨在 3 月更容易出现。连阴雨有明显的年代际变化特征。20 世纪 60 年代中期到 70 年代前期和 21 世纪最初 10 年，3 月的连阴雨站次有减少的趋势，20 世纪 80 年代后期到 90 年代有增多的趋势。21 世纪以来，3 月的连阴雨站次再次减少，但近两年又有增多的趋势。4 月的连阴雨站次则在 20 世纪 60 年代和 90 年代有增多的趋势，20 世纪 70—80 年代和 21 世纪最初 10 年持续时间有减少的趋势。5 月的连阴雨站次年代际变化不是很明显，波动较大。整个春季而言，20 世纪 60 年代中期至 80 年代前期连阴雨站次有减少的趋势，90 年代以后有增多的趋势。21 世纪世纪以来有减少趋势，但近几年再次进入增多的趋势。重庆的春季连阴雨的年代际变化趋势与三峡库区的变化基本一致。

结合图 1 和图 2 可知，重庆春季连阴雨天气不仅出现站次多，还有持续时间较长的特征。

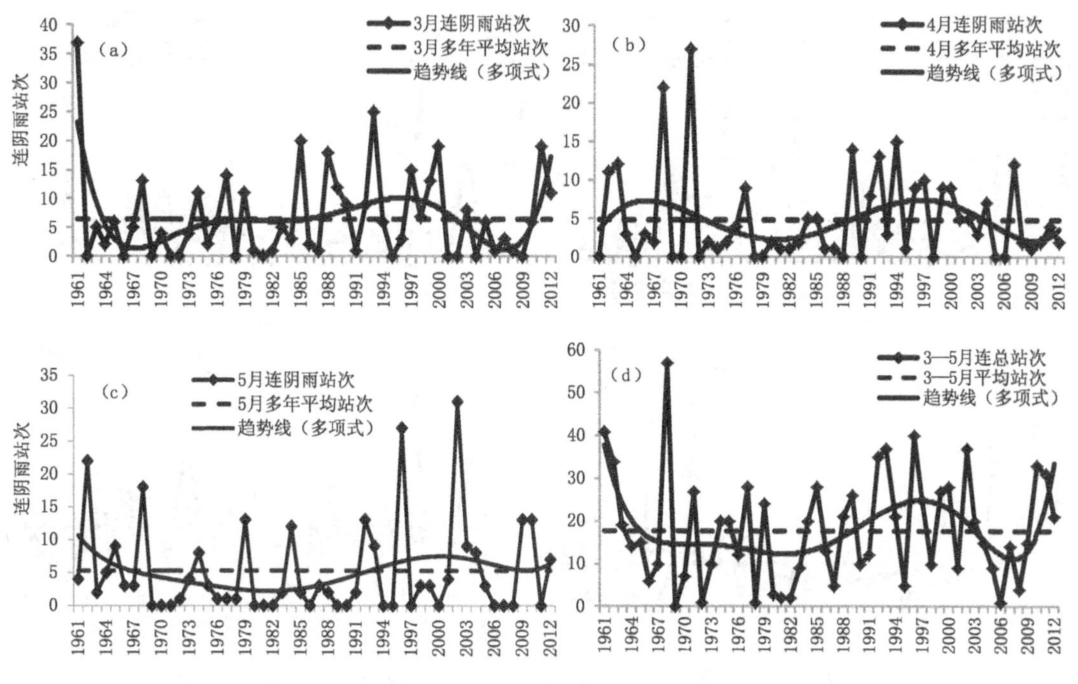

图1　春季(a.3月,b.4月,c.5月,d.春季)连阴雨站次随时间的变化

3月全市平均持续达60 d,占整个春季连阴雨天气持续日数的42.9%,其次是5月,平均为40 d,4月为33.2 d。整个春季达140.5 d,其中平均有7.3 d为跨月份时段的连阴雨,无法单月统计。由此可知,重庆春季连阴雨天气持续时间长,且3月持续时间最长。连阴雨天气的持续时间和出现站次的年代际变化趋势基本一致。20世纪60年代中期到70年代前期和21世纪最初10年3月的连阴雨持续时间有缩短的趋势,20世纪80年代后期到90年代有增多的趋势。4月在20世纪60年代和90年代持续时间有增长的趋势,20世纪70—80年代和21世纪最初10年持续时间有缩短的趋势。5月重庆的连阴雨天气持续时间年代际变化不明显,波动较大。整个春季而言,20世纪60年代中期至80年代前期连阴雨持续时间有缩短的趋势,20世纪90年代以后有增长的趋势。21世纪以来有缩短趋势,但近几年再次进入增长的趋势。

重庆春季连阴雨天气明显的年份,出现站次较多,且持续时间也较长。1961—2012年,3月连阴雨天气站次1961年最多,达37站次,也是持续时间最长的年份,累计达305天。出现站次较多的年份还有1985、1993和2011年,都超过了19站次,这些年份持续日数也较长,累计日数都在148 d以上。而1962、1966、1969、1971、1972、1978、1981、1995、2001、2002、2004和2009年3月都没出现连阴雨天气。4月的连阴雨天气站次1971年最多,达27站次,持续日数也最长,累计达197 d。出现站次较多的年份还有1968、1989和1994年,都超过了14站次,这几年累计持续日数均超过了100 d。1961、1965、1969、1970、1972、1978、1979、1988、1990、1998、2005和2006年4月都没出现连阴雨。5月连阴雨天气站次2002年最多,达31站次,而持续时间最长的是1996年,累计达243 d。出现站次较多的年份还有1962、1968、1996年,都超过了18站次。而持续日数较长的年份还有1962、1968和2002年,各年累计持续日数都超过了130 d。1969、1970、1971、1980、1981、1982、1986、1989、1990、1994、1995、1997、2000、2006、2007、2008、2011年5月都没出现连阴雨天气。就整个春季而言,1968年出现连阴雨天

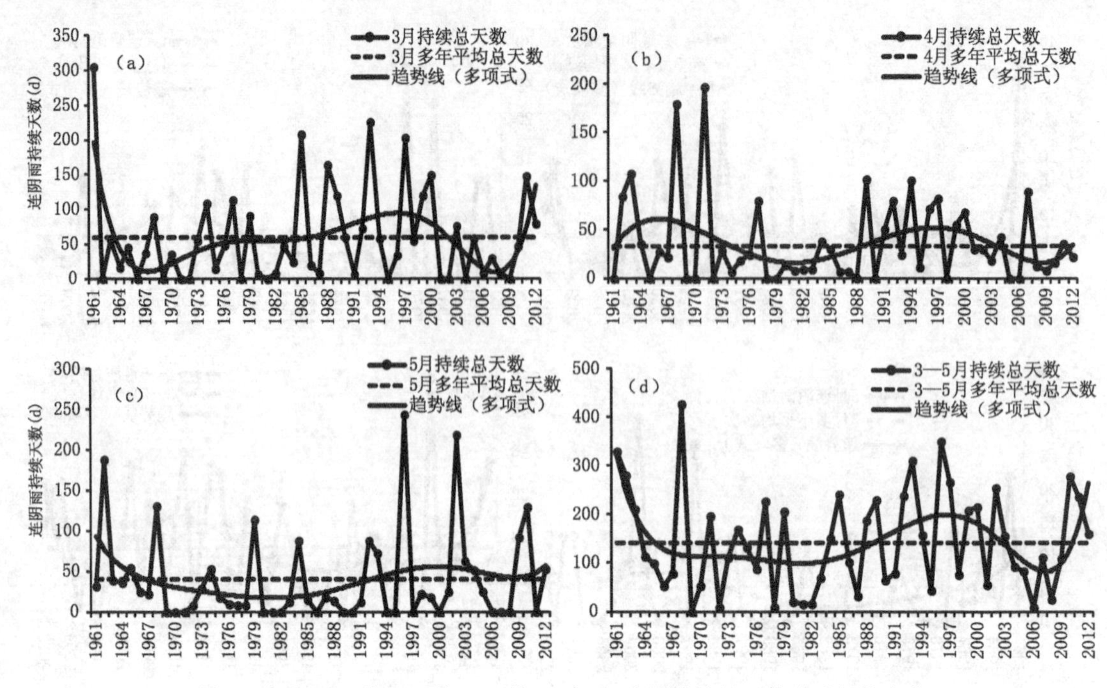

图 2 春季(a.3 月,b.4 月,c.5 月,d.春季)连阴持续总日数随时间的变化

气站次最多,达 57 站次,持续日数也最多,累计达 426 d。较多的年份还有 1961、1962、1992、1993、1996 和 2002 年,都超过了 35 站次,这些年份的连阴雨天气持续时间累计都超过了 250 d。1969 年春季没有出现连阴雨,1972、1978、2006 年春季都仅出现 1 站次,这几年累计持续日数均在 7 d 以内。总体表现出连阴雨较重时,连阴雨天气站次多,持续时间也长,无明显连阴雨天气时,连阴雨天气站次少,持续也短。

从表 1 可知,重庆春季各月连阴雨出现总站次和总持续时间的相关系数都在 0.98 以上,表现出很好的一致性。由此表明,重庆春季连阴雨明显的月份,出现站次多,影响范围广,且持续时间长。同时也表明,连阴雨出现的总站次或持续总日数都能反映重庆连阴雨的强弱。因此,后面将利用连阴雨出现的总站次与影响因子进行深入分析。

表 1 重庆春季连阴雨天气站次、持续总日数与同期气温的关系

	3 月总站次	3 月气温	4 月总站次	4 月气温	5 月总站次	5 月气温	3—5 月总站次	3—5 月气温
3 月持续总日数	0.98**	−0.43**						
4 月持续总日数			0.99**	−0.16				
5 月持续总日数					0.99**	−0.59**		
3—5 月持续总日数							0.98**	−0.39**

注:* 为通过 0.05 显著性检验,* * 为通过 0.01 显著性检验。

综上所述,重庆春季连阴雨天气有多发的特征。春季各月都有可能发生影响范围广,持续时间也较长的连阴雨天气,其中 3 月最容易出现,其次是 5 月。春季连阴雨的站次和持续时间存在一致的年代际变化特征,近年来连阴雨天气出现的站次和持续时间都有增多的趋势。作为三峡库区的主体,重庆的这种变化特征与三峡库区的变化基本一致。连阴雨天气明显的年份和月份重庆受影响的站次较多,影响范围广,持续时间也较长。连阴雨天气出现的总站次或持续总日数都能反映连阴雨的强弱。

2.2 空间分布特征

邹旭恺等[1]研究表明,三峡库区的全年连阴雨天气频次分布以中南部最多,西南部次之,北部和东北部最少。近 40 年来,库区的西部和南部地区全年连阴雨天气频次有微弱的减少趋势,但这种减少趋势主要是由秋季连阴雨天气频次减少造成的。

对重庆各地各年出现的连阴雨天气次数进行统计,并分别除以总年数,得到频数的空间分布如图 3 所示。从图 3a 可知,3 月的连阴雨频次超过 0.2 的地区主要分布在城口、垫江、渝北、綦江和渝东南大部分地区。从图 3b 可知,4 月的连阴雨天气频次较高地区出现在城口、垫江、涪陵和东南部地区。从图 3c 可知,5 月垫江、涪陵、綦江和渝东南大部分地区频次较高。就整个春季而言,城口、垫江、渝北、綦江和渝东南大部分地区的频次都超过了 0.6。由此表明,城口、垫江、渝北、綦江和渝东南大部分地区在春季各月相对更容易出现连阴雨天气。从各月的空间分布来看,东北部大部分地区和西部地区春季各个月连阴雨天气的频次都较少,东南部较多。3、4 月出现频次最高的地区都在东南部的秀山,都超过了 0.3,5 月出现在彭水。整

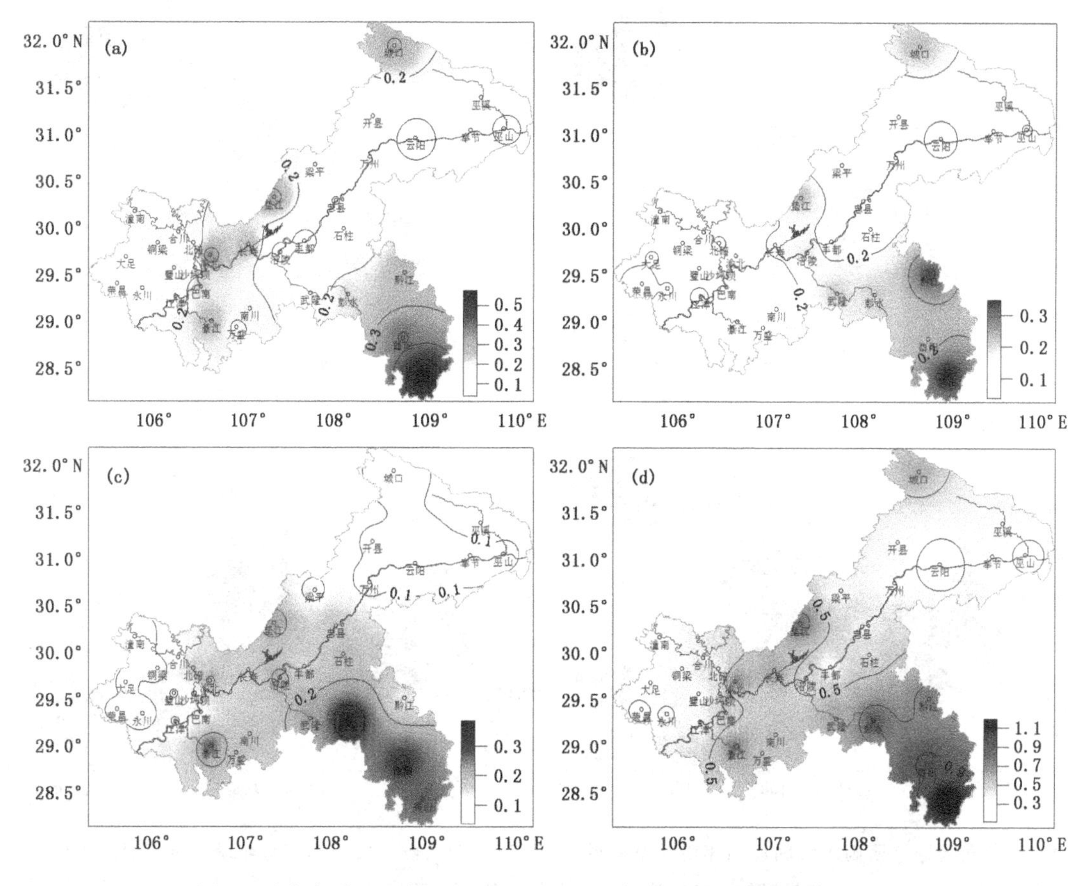

图 3 重庆春季(a. 3 月, b. 4 月, c. 5 月, d. 春季)连阴雨频次的空间分布

个春季而言，酉阳和秀山的频次都超过了 0.8，且秀山最高，达到了 1.19。由此表明，春季东南部不仅容易出现连阴雨天气，且在同一年份的春季酉阳和秀山还容易出现几次连阴雨天气。

3 与气温的关系

通过以上分析，选取连阴雨天气出现站次较多，且持续时间较长的 1961、1968、1993、1996 和 2002 年作为典型的春季连阴雨明显年份。1969 年没有出现连阴雨天气，1972、1978 和 2006 年都仅出现 1 个站次，累计持续日数在 7 d 以内。因此，选取这些年份为典型的不明显年份。对典型的连阴雨天气明显年份和连阴雨天气不明显年份的气温距平和气温距平出现的概率进行合成分析，结果如图 4 所示。从图 4a 可知，连阴雨天气明显的年份重庆各地的气温都偏低，且大部分地区偏低 0.5～0.8℃，全市平均偏低 0.7℃，东北部部分地区偏低超过 0.6℃，其中巫山和巫溪偏低幅度达到 1.8℃。从图 4b 可知，连阴雨天气明显的年份，气温偏低的概率也较大，大部分地区的概率在 75%～100%，其中有 9 个区县的气温偏低概率达 100%。从图 4c 可知，连阴雨天气不明显的年份全市各地气温都偏高 0.6～0.8℃，全市平均偏高 0.7℃。从图 4d 可知，连阴雨天气不明显的年份大部分地区偏高的概率在 80%～100%，其中有 18 个区县的气温偏高概率达到了 100%。综上所述，春季连阴雨天气明显的年份，重庆各地气温偏

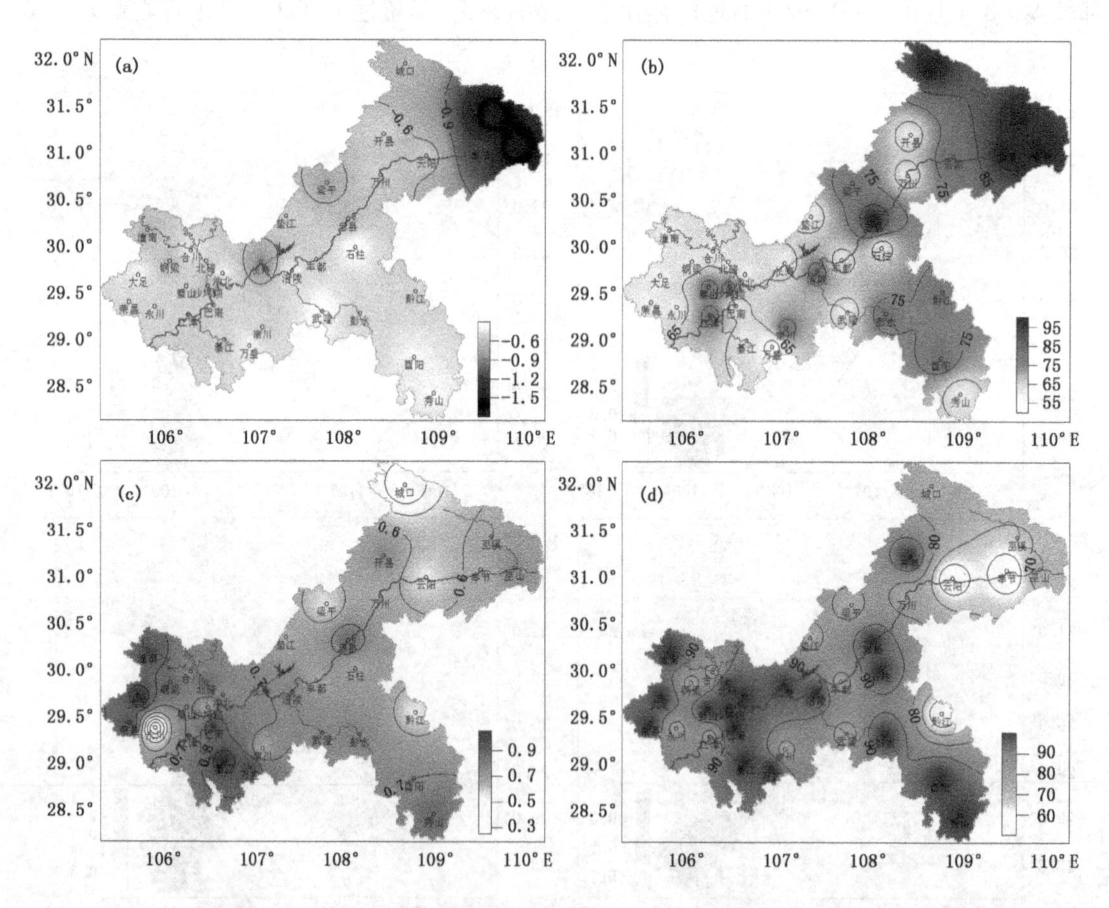

图 4 重庆春季连阴雨天气明显的年份气温距平(a)、气温偏低的概率(b)、不明显年份春季气温距平(c)和气温偏高的概率(d)，气温的单位：℃，概率的单位：%

低,且偏低概率大;不明显的年份重庆各地气温偏高,且偏高的概率大。

从表 1 可知,3 月、5 月和整个春季的连阴雨天气站次持续总日数与同期的气温相关系数都通过了 99%的显著性检验。由此表明,3 月、5 月和整个春季气温明显偏低的年份连阴雨天气明显,连阴雨站次多,持续时间也长;气温明显偏高的年份连阴雨不明显,连阴雨天气站次少,持续时间也短,甚至阴雨天气达不到连阴雨标准。

4 前期影响因子信号分析

4.1 前期海表温度

春季连阴雨是一种大尺度的天气现象,由大型的天气过程和环流系统支配。热带地区海温通过海—气相互作用,对连阴雨天气的形成有一定的影响。吴洪颜等[12]研究表明,江苏省春季连阴雨次数受 ENSO 现象的滞后影响非常显著。厄尔尼诺事件对江苏春季连阴雨发生次数呈正效应,拉尼娜事件对当年江苏春季连阴雨无显著影响。因此,挑选了最敏感区域和关键月份作为预报因子,利用逐步回归建立了预测模型,对江苏的连阴雨有一定预测性[13]。

对 1961—2012 年重庆春季出现的连阴雨天气站次与前期海温进行相关分析,从图 5a 可知,重庆春季连阴雨强弱与前期冬季的台湾以东地区海温、南海海温和赤道中东太平洋海温呈显著负相关。由此可知,当上述地区出现冷海温时,重庆春季容易出现明显连阴雨;当出现暖海温时,重庆春季连阴雨不明显。当冬季受拉尼娜事件影响时,赤道中东太平洋海温呈负距平,当出现厄尔尼诺事件时,赤道中东太平洋海温呈正距平。由此表明,冬季有厄尔尼诺事件发生时,来年春季重庆不容易出现明显连阴雨,当有拉尼娜事件发生时,来年春季重庆容易出

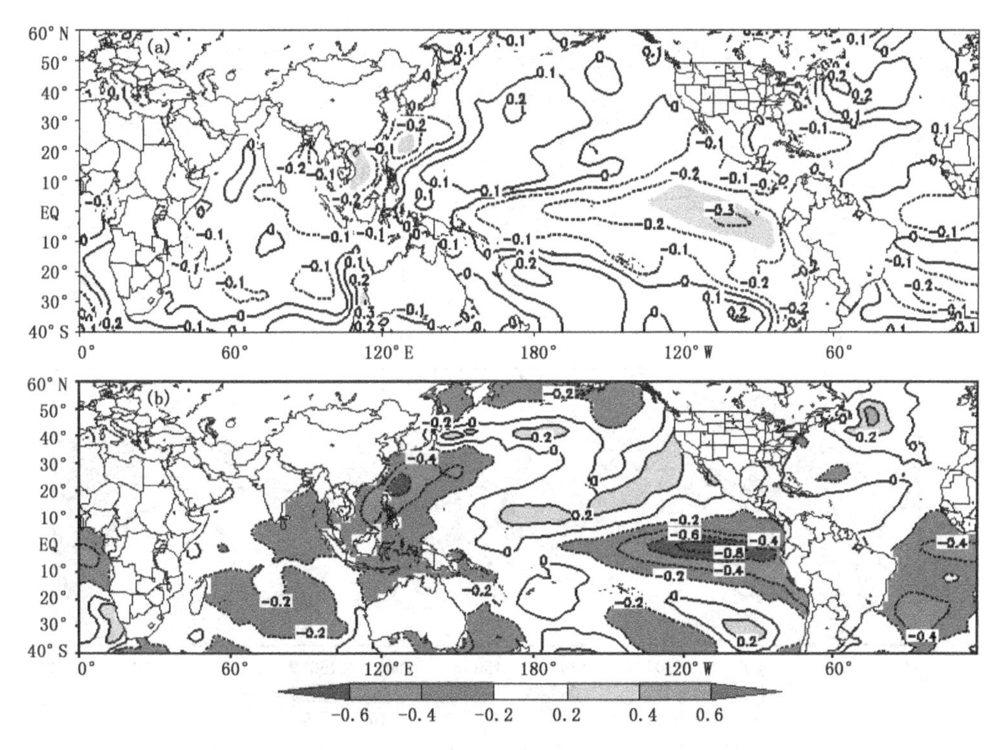

图 5　春季重庆连阴雨站次(持续日数)与冬季海温的关系(a)
(阴影区为通过 95%信度检验区域)和连阴雨明显的年份海温分布(b)

现明显连阴雨，且连阴雨出现的站次可能较多，持续时间较长。这一结果与厄尔尼诺年江苏[13]和长江中下游地区春季连阴雨明显[10]有明显差异。

从图 5b 可知，春季重庆连阴雨偏强的年份前期冬季赤道中东太平洋温偏低，南海及台湾附近地区海温都偏低。由此表明，前期冬季这几个区域的海温对春季重庆连阴雨有一定的指示性。

4.2 前期冬季 OLR

射出长波辐射(OLR)是指地球大气系统在大气层顶向外空辐射出去的热辐射能量密度。OLR 的大小主要取决于云顶温度和下垫面温度，在低纬度地区 OLR 主要反映热带地区天气系统和对流活动状况，尤其是对 ITCZ(热带辐合带)的活动状况，所以 OLR 被广泛应用于气候研究。

施宁等[14]分析了春季热带地区 OLR 的低频振荡与长江中下游连阴雨和连晴的关系，指出春季热带地区 OLR 存在 30 d 左右的低频振荡，热带 OLR 低频振荡的低值阶段由高向低转变的阶段，长江中下游地区多连阴雨发生和发展；而在高值阶段以及由低向高转变的阶段多连晴天气出现。OLR 负距平区表示该区域对流活动比较活跃。从图 6a 可知，春季重庆的连阴雨站次与前期冬季赤道 150°E 地区的 OLR 呈显著前期负相关。由此可知，当前期冬季赤道 150°E 地区的 OLR 呈负距平时，即前期冬季这个地区对流较强时，春季重庆容易出现明显连阴雨。从图 6b 可知，连阴雨明显的年份前期冬季，赤道赤道 150°E 地区的 OLR 为显著负距平，表明该地区的 OLR 反映的对流活动对重庆春季的连阴雨有前瞻性的指示意义。

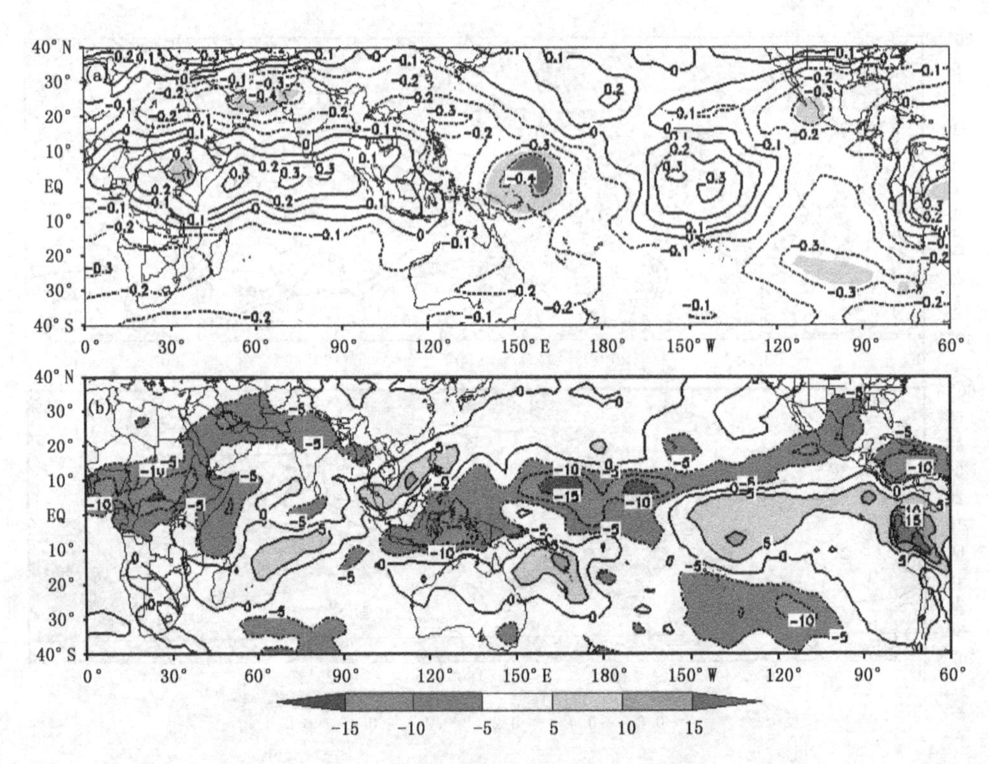

图 6 春季连阴雨站次(持续日数)与前期冬季 OLR 的关系(a)(浅色阴影区为通过 95%信度检验区域，深色阴影区为通过 99%信度检验区域)及连阴雨明显的年份前期冬季 OLR 分布(b)

4.3 前期大气环流

前期冬季的环流形式对重庆春季的连阴雨有一定的指示意义。从图7a和b可知，前期冬季200 hPa高度场上，重庆春季连阴雨的强弱与鄂霍茨克海地区高度场呈显著正相关。在500 hPa高度场上，不仅与鄂霍茨克海地区高度场呈显著正相关，与台湾岛及其邻近地区的高度场呈显著负相关。从图7c可知，连阴雨明显的年份200 hPa高度场呈北高南低型。西西伯利亚、贝加尔湖、东西伯利亚及鄂霍茨克海地区高度场偏高，中国大部分地区高度场偏低。中纬度经向环明显，容易引导冷空气南下影响中国。从图7d可知，500 hPa高度场与200 hPa高度场相似，欧亚大陆北高南低的环流形式和中纬度地区的经向环流，使冷空气入侵中国的频率增大。由此表明，当前期冬季环流场呈北高南低环流形式，经向环流明显，且中高层大气鄂霍茨克海地区高度场偏高时，来年春季重庆容易出现明显连阴雨天气，且受影响的区县较多，持续时间也较长。

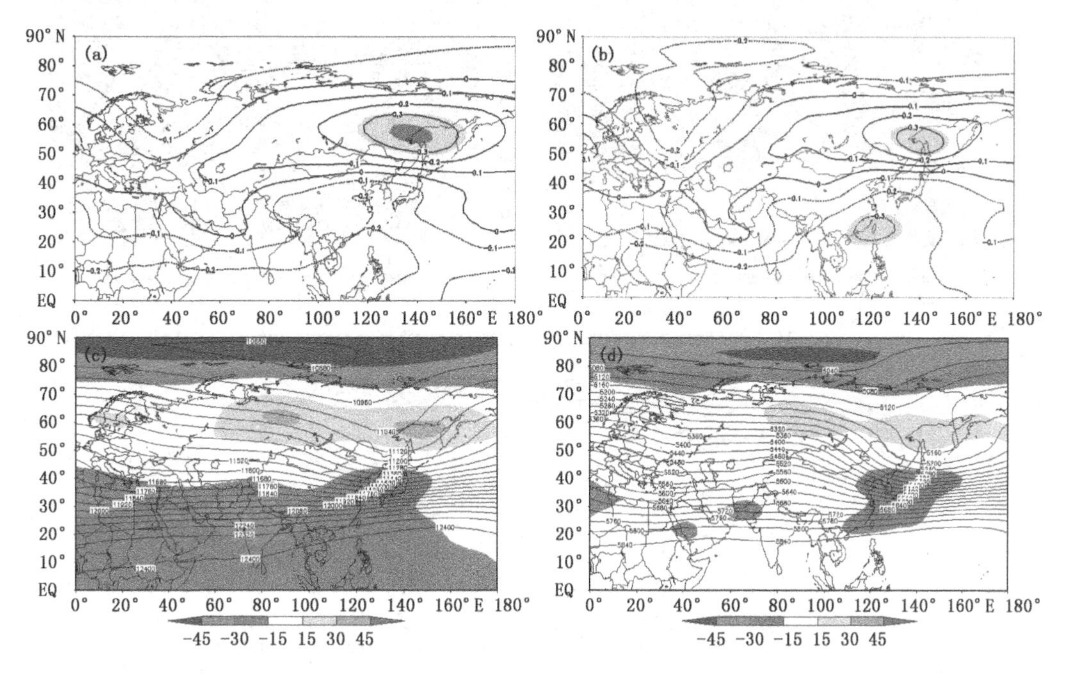

图7 春季连阴雨站次(持续日数)与前期冬季200 hPa(a)、500 hPa(b)高度场的相关系数及连阴雨明显年份前期200 hPa(c)和500 hPa(d)高度场

5 与同期环流场和环流因子的关系

5.1 与同期环流场的关系

对典型的连阴雨明显年份和不明显年份的500 hPa高度场进行合成分析，结果如图8所示。从图8a可知，连阴雨明显的年份亚洲中高纬度地区环流场呈西低东高型。西欧地区高度场偏高，新地岛至乌拉尔山地区有低涡发展，有利于亚洲中高纬度地区维持高指数环流。表现为巴尔喀什湖及新疆地区也受低压槽影响，高度场偏低，贝加尔湖及东西伯利亚地区高度场偏高。中高纬度的这种环流配置容易使得西北冷空气从中国新疆地区由北向南影响中国。冷空气频繁地入侵四川盆地与暖湿气流相互作用，重庆春季便产生连阴雨。

从图 8b 可知，连阴雨不明显年的环流形式与连阴雨明显的年份相反。亚洲中高纬度地区环流场呈西高东低型。新地岛地区高度场正常到略偏高，西欧地区、贝加尔湖及东西伯利亚地区高度场偏低，东亚大槽较强，且位置偏东，巴尔喀什湖及新疆地区由高压脊线控制。这样的环流形式不利于冷空气南下到中国南方地区。

对重庆春季连阴雨站次和持续时间与同期 500 hPa 高度场进行相关分析。从图 5c 的可知，重庆春季连阴雨强弱与北半球的巴伦支海地区的高度场呈显著负相关。表明该地区高度场偏低，重庆春季连阴雨比较明显，连阴雨站次多，持续时间长；该地区高度场偏高，重庆春季连阴雨不明显，连阴雨站次少，持续时间短，甚至不出现连阴雨天气。从图 8a 和 b 该地区高度场距平可知，重庆春季连阴雨明显时，巴伦支海地区的高度场偏低；不明显时，高度场偏高。再次表明了春季巴伦支海地区的高度场与重庆连阴雨存在较强的遥相关。

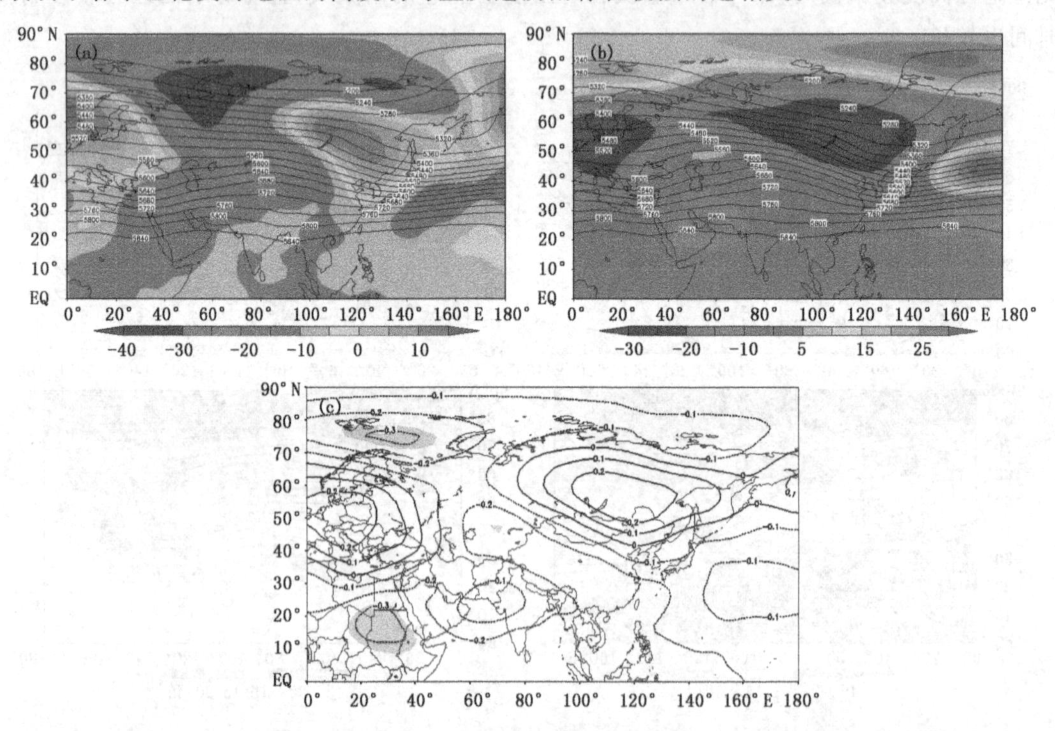

图 8　重庆春季连阴雨明显的年(a)和不明显年(b)的 500 hPa 高度场及距平、重庆春季连阴雨站次(持续时间)与同期的 500 hPa 高度场的相关系数(c)

5.2　与同期环流因子的关系

仇永炎等[9]研究指出，长江中下游地区的连晴和连阴雨与副热带急流、东亚哈得来环流，以及行星尺度辐散风场有关。春季西太副高西伸时，为了维持自身的存在，高层会强迫局地哈得来环流萎缩，切断两半球之间相互联系的辐散环流，从而使副热带高压急流减弱，长江中下游地区出现连阴雨天气。

从表 2 可知，重庆春季连阴雨明显的年份，西太副高面积明显偏小，强度明显偏弱，脊点明显偏东，脊线位置和北界都偏南；不明显的年份，西太副高面积指数和强度都接近于常年，脊点位于多年平均值以西，脊线和北界位置偏北。重庆位于内陆地区，春季西太副高主体还不是很强盛。因此，西太副高各指数中影响春季重庆连阴雨天气的主要还是西伸脊点的位置和北界位置的变化。由此可知，重庆春季的连阴雨与长江中下游地区的连阴雨时期西太副高配置有明显的差别。

表 2　重庆春季连阴雨强、弱年及 2011 和 2012 年西太副高各指数特征

	面积指数	强度指数	西伸脊点(°E)	脊线位置(°N)	北界指数
多年平均	16.49	28.71	108.31	14.26	19.09
连阴雨强年	12.60	21.73	116.20	13.80	18.07
连阴雨弱年	16.33	27.78	105.72	14.28	19.72
2011 年	11.67	17.00	121.67	15.67	18.67
2012 年	6.67	7.33	121.67	15.00	18.33

综上所述，欧亚地区中高纬度环流形势有利于冷空气南下，且亚洲地区经向环流明显，重庆春季容易出现连阴雨；当环流形势不利于冷空气南下，且亚洲地区纬向环流明显，重庆春季不容易出现连阴雨天气。春季巴伦支海地区的高度场与重庆连阴雨有较好的遥相关。各影响因子中影响春季重庆连阴雨的主要是西伸脊点的位置和北界位置的变化。

6　概念预测模型的建立及初步检验

6.1　概念预测模型

通过对同期环流形势、前期海温、前期冬季环流形势、前期冬季 OLR 与重庆春季连阴雨关系的分析，可得出重庆春季连阴雨的预测概念模型如图 9 所示。

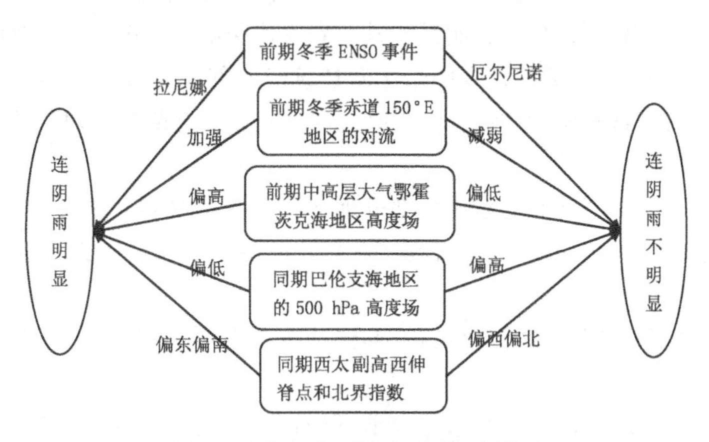

图 9　重庆春季连阴雨预测概念模型

6.2　初步检验

利用预测概念模型对 2011 和 2012 年重庆春季连阴雨进行初步检验。这两年分别有 22 个和 15 个区县分别出现 31 站次和 21 站次的连阴雨，持续日数累计分别为 235 和 160 d，出现站次和持续日数都超过了多年平均。2011 年属连阴雨偏强的年份，2012 年属略强的年份。这两年春季气温都偏高 0.1℃，属于正常的年景。这两年前期冬季都受拉尼娜影响，赤道中东太平洋海温都呈负距平。因此，拉尼娜事件对重庆春季的连阴雨也有一定的指示性。2011 和 2012 年前期冬季赤道 150°E 地区的 OLR 都呈负距平，即对流较强，表明来年春季重庆连阴雨较为明显。2011 年前期冬季的鄂霍茨克海地区高度场明显偏高，且中国大范围的高度场偏低，2012 年前期冬季的鄂霍茨克海地区高度场西高东低，对重庆春季的连阴雨无明显指示性。但这两年前期冬季风都异常偏强，500 hPa 高度场在中国出现大范围的偏低，总体呈北高南低的分布特征，有利于冷空气影响中国。强冬季风影响时间长，因此，冬季风对这两年的重庆连阴雨也有指示意义。结合这两年春季的环流场，可知亚洲地区高度场呈北高南低的环流特征(图略)。这两年春季的亚洲西风环流指数分别为－0.27 和－0.26，由此表明这两年春季亚洲中高纬度地区以经向环流为主，冷空气容易南下影响中国南方地区。与重庆春季连阴雨同期遥相关的巴伦支海地区的 500 hPa 高度场都偏低，指示重庆春季连阴雨明显。因此，同期的亚洲中高纬度地区环流分布特征对这两年重庆春季的连阴雨有一定的预测效果。从表 2 可知，2011 年春季西太副高呈面积偏小、强度偏弱，西伸脊点异常偏东，脊线位置偏北，北界略偏南的特征；2012 年西太副高面积异常偏小，强度异常偏弱，西伸脊点异常偏东，脊线偏北，北界略偏南。这两年的西太副高面积偏小、强度偏弱，西伸脊点偏东，北界偏南的特性与重庆连阴雨明显年的特征相吻合，因此，这两年的西太副高的总体特征对重庆的春季连阴雨也有一定的指示性。综上所述，利用最近的 2011 和 2012 的前期和同期气候信号对概念预测模型进行了检验，结果表明，概念预测模型对重庆的春季连阴雨有较好的预测性。

7 结论与讨论

对春季重庆连阴雨的时空分布特征进行了分析，讨论了春季连阴雨天气与同期的气温和大气环流场、前期的海温、大气环流和 OLR 的关系。得出以下主要结论：

(1)重庆春季连阴雨有多发的特征。春季各月都有可能发生影响范围广，持续时间较长的连阴雨天气，其中 3 月最容易出现，其次是 5 月。春季连阴雨的站次和持续时间存在一致的年代际变化特征，近年来连阴雨天气出现的站次和持续时间都有增多的趋势。连阴雨天气明显的年份重庆受影响的站次较多，影响范围广，持续时间也长。连阴雨出现的总站次或持续总日数都能反映重庆连阴雨的强弱。

(2)城口、垫江、渝北、綦江和渝东南大部分地区在春季各月相对更容易出现连阴雨天气。春季东南部不仅容易出现连阴雨天气，且在同一年份的春季酉阳和秀山还容易出现几次连阴雨天气。

(3)连阴雨天气明显的年份气温偏低，且偏低的概率大；连阴雨天气不明显的年份气温偏高，且偏高的概率大。

(4)冬季有厄尔尼诺事件发生时，来年春季重庆连阴雨天气不明显，当有拉尼娜事件发生时，来年春季重庆连阴雨天气明显。冬季赤道 150°E 地区的对流加强，来年春季重庆连阴雨天气明显。冬季 500 hPa 环流场呈北高南低环流形式，经向环流明显，且中高层大气鄂霍茨克海地区高度场偏高时，来年春季重庆连阴雨明显。

(5)春季巴伦支海地区的 500 hPa 高度场偏低，欧亚地区中高纬度环流形势有利于亚洲经向环流时，重庆连阴雨天气明显。西太副高各因子中影响春季重庆连阴雨天气的主要是西伸脊点的位置和北界位置的变化。

(6)经初步检验，重庆春季的连阴雨天气概念预测模型对重庆的春季连阴雨天气有较高的预测性。

参考文献

[1] 黄荣辉,徐予红,王鹏飞,等. 1998. 1998年长江流域特大洪涝特征及其成因探讨. 气候与环境研究 **3**(4):300-313.

[2] 李永华,徐海明,刘德. 2009. 2006年夏季西南地区东部特大干旱及其大气环流异常. 气象学报. **67**(1):122-132.

[3] 何慧根,董新宁,程炳岩,等. 2012. 2011年夏季重庆异常高温和干旱特征及成因分析. 气象(审稿中).

[4] 高辉,陈丽娟,贾小龙,等. 2008. 2008年1月我国大范围低温雨雪冰冻灾害分析Ⅱ. 成因分析. 气象,**34**(4):101-106.

[5] 李麦村,潘菊芳,田生春. 1977. 春季连续低温阴雨天气的预报方法. 北京:科学出版社. 1-92.

[6] 冯明,邓先瑞,吴宜进. 1996. 湖北省连阴雨的分析. 长江流域资源与环境. **5**(4):379-384.

[7] 姜爱军,田心如,王冰梅. 1997. 连阴雨灾害评估模型的研究. 灾害学. **12**(2):49-53.

[8] 朱盛明. 1991. 长江中下游春季连阴雨、连明天气研究. 气象. **17**(5):20-28.

[9] 仇永炎,熊文全,关于辉. 1993. 用综合平均法分析长江中下游春季连阴雨、连晴时期环流的若干问题. 气象科学. **13**(3):261-268.

[10] 施宁. 1991. 长江中下游春季连阴雨的低纬环流及期低频振荡背景. 气象科学. **11**(1):103-111.

[11] 邹旭恺,张强,叶殿秀. 2005. 长江三峡库区连阴雨的气候特征分析. 灾害学. **20**(1):84-89.

[12] 吴洪颜,武金岗,高苹. 2003. 江苏省春季连阴雨和太平洋海温的响应关系研究. 防灾减灾工程学报. **23**(4):78-82.

[13] 吴洪颜,武金岗,赵凯,等. 2004. 用海温作江苏省春季连阴雨的预报模型. 科技通报. **20**(6):512-516.

[14] 施宁,朱盛明. 1991. 春季热带地区OLR低频振荡及其与长江中下游连阴雨. 大气科学. **15**(2):53-62.

1月四川盆地气候分型及前期环流信号

杨小波　马振峰

（四川省气候中心，成都 610072）

摘　要

利用四川盆地气温、降水资料和 NCEP/NCAR 500 hPa 高度场再分析资料，分析了1月四川盆地暖湿、暖干、冷湿、冷干年同期环流特征。结果表明：1月暖型（冷型）环流对应乌拉尔山至贝加尔湖地区阻塞高压不明显（明显），西伯利亚高压偏弱（强），中高纬度地区盛行纬向（经向）环流；干型（湿型）环流对应青藏高原地区高度场偏高（低），南支槽偏弱（强）。暖干、冷湿型同期环流表现为南北气压场的差异，暖湿、冷干型同期环流表现为东西气压场的差异。差异 t 检验进一步表明，暖干（冷湿）型的前期环流表现出贝加尔湖为低压槽（高压脊），极涡偏强（弱）的特征，而暖湿（冷干）型的前期环流具有贝加尔湖为低压槽（高压脊），阿留申低压偏弱（强）的特征。

关键词：四川盆地　冷暖　干湿　环流型

引言

在全球气候变暖背景下，四川盆地也频繁出现异常冷冬事件。如 2008 年 1 月中下旬，四川盆地遭受大范围低温雨雪冰冻灾害，部分地区甚至出现了大雪或暴雪天气，此次过程持续时间长、降温幅度大，均为历史罕见，给盆地交通、电力、农业带来了极大危害[1]。

近年来，许多研究分析了中国冷暖冬的异常变化。如 2008 年 1 月中国南方低温雨雪冰冻天气，表现为极涡中心偏向于东半球，欧亚呈现出“北高南低”的环流特征[2]，而以上环流异常与拉尼娜事件密切相关[3]。孙丞虎等[4]分析了 2011/2012 年的冷冬异常，指出东亚冬季风偏强是造成中国气温偏低的主要原因。杨小波等[5]发现中国暖干（冷湿）型前期环流具有 EU（反 EU）遥相关特征，而暖湿（冷干）型前期环流具有反太平洋北美型（太平洋北美型）遥相关特征。

以往研究主要侧重于暖冬或冷冬的变化，但很少涉及四川盆地冬季气温和降水的整体配置情况，对冷暖干湿型前期环流特征的探讨也较少。针对以上问题，本文在综合考虑气温、降水整体配置的情况下，分析了1月四川盆地暖干、冷湿、暖湿、冷干年的同期环流特征，并在此基础上分析了 4 种环流型的前期 500 hPa 高度场显著差异区，以期得到对四川盆地气温、降水有重要影响的前期环流预测信号。

1　资料和方法

选取四川盆地的都江堰、绵阳、雅安、乐山、宜宾、阆中、巴中、达县、遂宁、南充、奉节、梁平、万县、重庆沙坪坝、叙永、酉阳 16 个台站 1961—2012 年 1 月气温、降水资料。同时采用 NCEP/NCAR 1960 年 11 月至 2012 年 1 月的逐日 500 hPa 高度场资料，分析 1 月四川盆地冷暖干湿年同期和前期环流特征。

为了准确获取1月四川盆地典型冷暖干湿型气候的具体年份，这里主要参考杨小波等[5]给出的方法，计算并得到1961—2012年1月四川盆地16个站气温、降水正距平站数序列，在去掉了该序列5 a以上年代际变化部分之后，得到1963—2010年气温、降水正距平站数新序列，并将此标准化之后的新序列记为S_1和S_2。以S_1+S_2、S_1-S_2的±2倍标准差大小为基准，将S_1+S_2大值定为暖湿年，小值定为冷干年；S_1-S_2大值定为暖干年，小值定为冷湿年。特别指出的是，这里滤掉5 a以上年代际变化部分，可以最大限度地消除气候变暖对S_1+S_2、S_1-S_2的影响，获得较为准确的冷暖干湿年份。随后利用合成分析方法，获得了暖干、冷湿、暖湿、冷干年的典型环流特征。最后，利用差异t检验方法，获得了典型环流年的前期和同期500 hPa高度场显著性差异区域。

2 同期环流特征

根据第1节介绍的方法，图1给出了S_1+S_2和S_1-S_2的时间序列。根据S_1+S_2(实线)大小，得到典型暖湿年为1965、1971、1991年，典型冷干年为1981和1992年。同理，根据S_1-S_2(虚线)大小，得到典型暖干年为1966、1972、1975、1982、1987、2003和2010年，典型冷湿年为1974、1983、1989、2000、2005和2008年。普查历年四川盆地气温、降水配置情况后发现，所选典型年份都能较好地反映出气温和降水实况特征，这也说明该方法是可靠的。

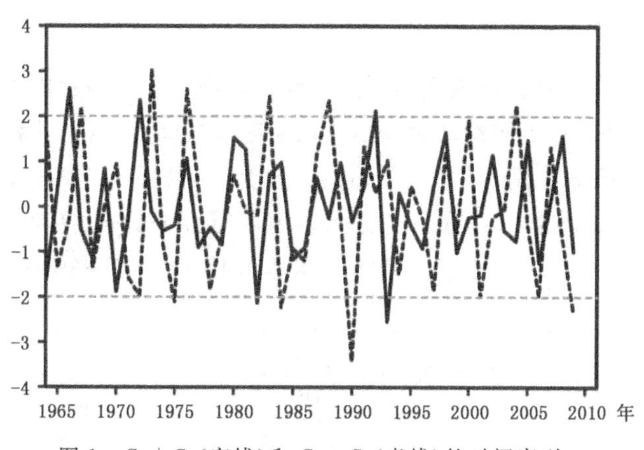

图1 S_1+S_2(实线)和S_1-S_2(虚线)的时间序列

为了得到4类环流型的显著性差异区域，图2给出了1月500 hPa高度场的t检验值分布。从暖干、冷湿环流差异场可以看出，显著正差异区位于伊朗高原至青藏高原地区，显著负差异区位于整个西伯利亚地区。表明暖干、冷湿型环流在欧亚中高纬度地区表现为南北气压场的差异。暖干(冷湿)型环流对应乌拉尔山至贝加尔湖为低压槽(高压脊)，西伯利亚高压偏弱(强)，青藏高原高度场偏高(低)，南支槽偏弱(强)，这直接造成四川盆地气温偏高(低)、降水偏少(多)。从暖湿、冷干环流差异场看到，显著正差异区主要位于中高纬度的北太平洋地区，显著负差异区主要位于西伯利亚地区。表明整个中高纬度地区呈现出东西气压场的差异，当为暖湿(冷干)型环流时，贝加尔湖为低压槽(高压脊)，西伯利亚高压偏弱(强)，阿留申低压偏弱(强)，东亚大槽槽线偏浅(深)，这直接造成盆地气温偏高(低)、降水偏多(少)。

从上面的分析可知，阿留申低压对四川盆地暖湿、冷干型气候有重要影响，但其是通过什么途径影响四川盆地呢？由于东亚冬季风是一个深厚的环流系统，强(弱)冬季风年对应低层

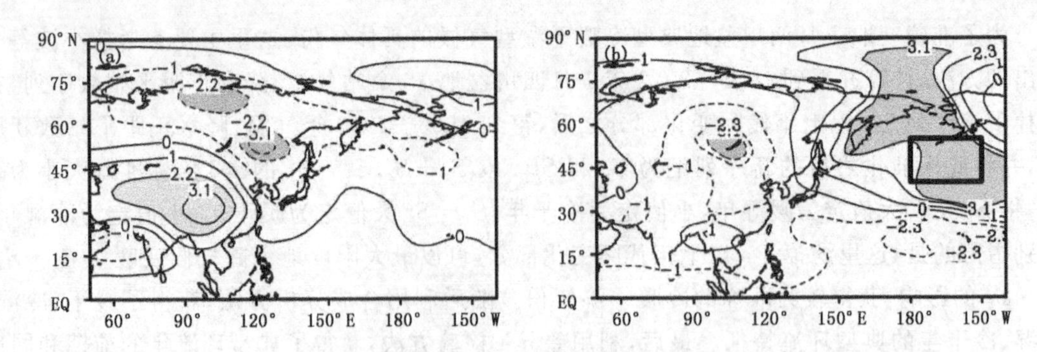

图 2　1 月 500 hPa 高度场的 t 检验值分布（阴影区为信度超过 95％的显著差异区）
（a. 暖干年平均与冷湿年平均偏差，b. 暖湿年平均与冷干年平均偏差）

西伯利亚高压偏强（弱），阿留申低压偏深（浅），高层副热带西风急流偏强（弱）[6]，此种异常将导致中国大部分地区气温偏低（高），降水偏少（多）[7]。结合前面分析可知，阿留申低压从侧面表征了东亚冬季风的强弱变化。阿留申低压减弱的同时，东亚冬季风也随之减弱，导致乌拉尔山地区不易形成阻塞高压，贝加尔湖地区为低压槽，东亚大槽槽线偏浅，同时高原高度场偏低，南支槽偏强，造成四川盆地出现暖湿型气候，反之亦然。

3　前期预报信号

前期大气环流演变发展会造成后期环流的异常，因此，为了揭示出对后期环流有预报指示意义的关键区，本研究利用不同滑动时段 500 hPa 逐日高度场资料，计算了暖干型与冷湿型的前期高度场偏差 t 检验分布值（图 3）。当超前时段为 11 月 1—30 日时，贝加尔湖至阿拉伯海高度场为负值显著性差异区，乌拉尔山地区为正值显著性差异区，表明乌拉尔山有阻塞高压，贝加尔湖为一低压槽。11 月 6 日—12 月 5 日基本维持 11 月 1—30 日的 t 检验值分布特征。

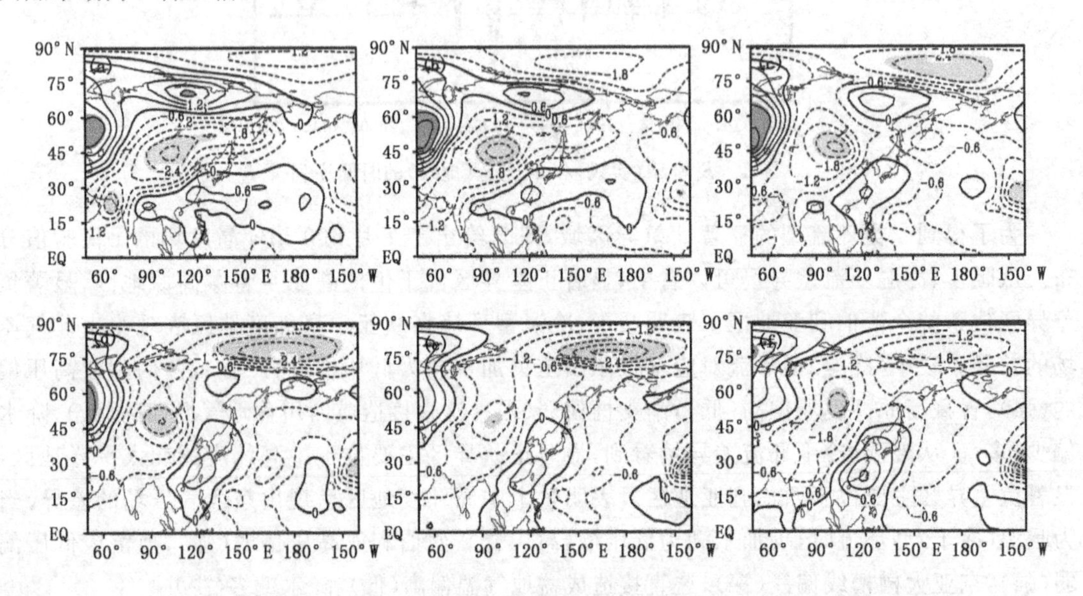

图 3　不同时段暖干年平均与冷湿年平均的前期 500 hPa 高度场偏差 t 检验值分布
（阴影区为信度超过 95％的显著差异区）

当超前时段为11月11日—12月10日时，乌拉尔山地区阻塞高压和贝加尔湖低压槽继续维持，同时，新西伯利亚群岛及其以东地区高度场出现负值显著性差异区，表明极涡偏强，中心略偏向于西半球。当超前时段为11月16日—12月15日和11月21日—12月20日时，基本维持11月11日—12月10日的环流特征，但乌拉尔山地区阻塞高压有减弱趋势，贝加尔湖至新西伯利亚群岛一线的负值区也完全打通。当超前时段为11月26日—12月25日时，极地负值区有所减弱，中南半岛至日本一线正值区有加强西伸趋势，已经出现类似“北低南高”的环流形式。

图4为暖湿型与冷干型的前期高度场偏差t检验分布。当超前时段为11月1—30日时，整个东亚—太平洋地区以30°N为界，以南为负值显著性差异区，以北为正值显著性差异区，表明阿留申低压和西风急流都有明显的减弱趋势。当超前时段为11月6日—12月5日和11月11日—12月10日时，正值显著性差异区北移到阿留申群岛附近。当超前时段为11月16日—12月15日时，基本维持前期的环流分布特征，但阿留申群岛的正值区有所减弱。11月21日—12月20日基本维持11月16日—12月15日的趋势，但阿留申群岛的正值显著性差异区又出现明显增强，青藏高原高度场明显偏低，同时中西伯利亚地区负值区有加强趋势。超前时段为11月26日—12月25日时，热带太平洋地区的负值显著性差异区明显减弱，青藏高原地区为不显著的负值区，贝加尔湖附近地区出现了负值显著性差异区，阿留申群岛正值显著性差异区明显扩大，中高纬度地区呈现出显著的“西低东高”特征。对比图5b可知，超前时段为11月26日—12月25日的环流场已经表现出暖湿、冷干型特征。

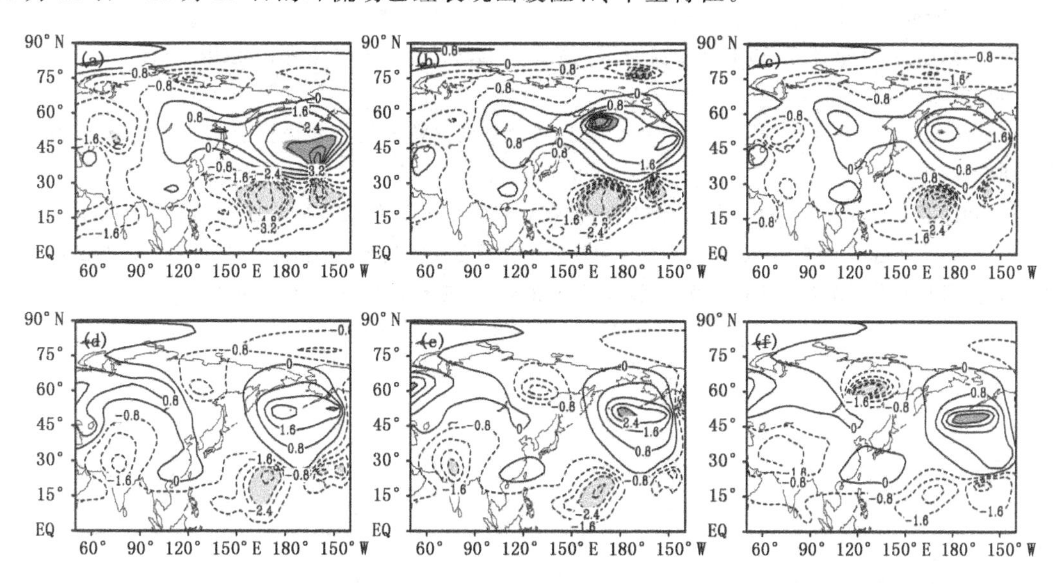

图4 不同时段暖湿年平均与冷干年平均的前期500 hPa高度场偏差t检验值分布

(a.11月1—30日，b.11月6日—12月5日，c.11月11日—12月10日，d.11月16日—12月15日，e.11月21日—12月20日，f.11月26日—12月25日)

(阴影区为信度超过95%的显著差异区)

4 小结和讨论

利用四川盆地气温、降水资料和NCEP/NCAR 500 hPa高度场再分析资料，分析了1月四川盆地暖湿、暖干、冷湿、冷干年同期环流特征，得到如下结论：

(1)1月暖型(冷型)环流对应乌拉尔山至贝加尔湖地区为低压槽(高压脊)，西伯利亚高压偏弱(强)，中高纬度地区盛行纬向(经向)环流，冷空气活动偏弱(强)；干型(湿型)环流对应青藏高原地区高度场偏高(低)，南支槽偏弱(强)。差异 t 检验表明，暖干、冷湿型环流表现为南北气压场的差异，而暖湿、冷干型环流表现为东西气压场的差异。

(2)差异 t 检验表明，超前时段为 11 月 16 日—12 月 15 日、11 月 21 日—12 月 20 日、11 月 26 日—12 月 25 日的差异场对暖干(冷湿)型环流有较好预报意义，表现为贝加尔湖地区为低压槽(高压脊)，极涡偏强(弱)。超前时段为 11 月 1—30 日、11 月 6 日—12 月 5 日、11 月 21 日—12 月 20 日和 11 月 26 日—12 月 25 日的差异场对暖湿(冷干)型环流有较好预报意义，表现为热带太平洋地区高度场偏低(高)，阿留申低压偏弱(强)，贝加尔湖为低压槽(高压脊)。

青藏高原及其邻近地区环流系统对四川盆地气候有重要影响，而进一步研究其影响机理有利于提高区域气候预测水平。气候异常信号在前期环流场上就有一定的体现，而充分利用大气环流持续性异常信号对提升延伸期一月内预报水平具有非常重要的现实意义。

参考文献

[1] 中国气象局成都区域气象中心编. 2008 年西南地区东部持续低温雨雪冰冻灾害机理研究和服务评估分析. 北京：气象出版社，2009：287pp.

[2] 杨贵名，孔期，毛冬艳等. 2008 年初“低温雨雪冰冻”灾害天气的持续性原因分析. 气象学报，2008，**66**(5)：836-849.

[3] 高辉，陈丽娟，贾小龙等. 2008 年 1 月我国大范围低温雨雪冰冻灾害分析Ⅱ：成因分析. 气象，2008，**34**(4)：101-106.

[4] 孙丞虎，任福民，周兵等. 2011/2012 年冬季我国异常低温特征及可能成因分析. 气象，2012，**38**(7)：884-889.

[5] 杨小波，王永光，梁潇云. 11 月气候异常型及前期环流信号. 应用气象学报，2011，**22**(3)：275-282.

[6] 朱艳峰. 一个适用于描述中国大陆冬季气温变化的东亚冬季风指数. 气象学报，2008，**66**(5)：781-788.

[7] 高辉. 东亚冬季风指数及其对东亚大气环流异常的表现. 气象学报，2007，**65**(2)：272-279.

基于集合 EMD 方法的贵阳市极端气温事件频数的主振荡模态分析

白慧[1]　陈贞宏[2]　付云鸿[3]

（1. 贵阳市气候中心 550002；2. 安顺市气象局 561000；3. 遵义市气象局 563000）

摘　要

采用每日最高（最低）气温的历史同期序列的分位数作为该日的极端阈值，运用改进的经验模态分解（empirical mode decomposition，EMD）方法对贵阳市 1981—2010 年每年发生的持续不少于 3 d（从第 4 天起允许间隔 1 天）极端气温频数进行了初步分析。结果表明，1981—2010 年贵阳市每年的持续极端高温频数和持续极端低温频数序列分别呈线性上升趋势和线性下降趋势；在 0.05 的显著性水平下，贵阳市代表站的持续极端高温频数序列与该地区的年平均气温序列呈显著正相关关系，而该地区的持续极端低温频数序列与年平均气温序列的负线性相关不显著；此外，这两个频数序列分别存在不同的振荡周期。从主周期看，贵阳市的持续极端高温频数和持续极端低温频数序列的变化分别表现为低频振荡和高频振荡。

关键词：极端气温　集合 EMD　周期

引言

近百年来，全球气候正经历一次以变暖为主要特征的显著变化。近年来，气温的升高不仅直接影响气温极端的变化，且导致高温干旱和暴雨洪涝等极端气候事件的发生频率与强度出现加剧的趋势。特别是 20 世纪 80 年代以来，受全球气候变化和人类活动的共同影响，全球范围内极端气候事件及其导致的灾害事件频发，呈现出强度大、频次高、影响范围广等特点。就贵州而言，近年来，频发的极端高温和极端低温雪凝天气[1-5]，已严重影响了经济社会的可持续发展，越来越引起各级政府的重视。因此，为了适应现代气候业务的发展，急需在现有观测数据的基础上运用新的数学物理方法对极端气候事件做出更好的统计特征分析，以加深对极端气候事件演化规律的认识。针对贵阳市极端气温事件的已有研究关注对象是年极端气温日数的趋势变化[6-7]，对于持续一段时间内均出现极端气温的情形的研究比较少见。本文以全球变暖为背景，采用与极端事件相关的代用气候指数来定义极端气温事件，即极端气温件是指某日最高气温（最低气温）超过（低于）了某个阈值[8]，但与以往研究所不同的是，本研究中阈值的确定是基于每日最高气温（最低气温）的历史同期序列（1981—2010 年）。另外，本文中所讲的“持续”是指连续不少于 3 d（从第 4 天起允许间隔 1 d）时段内发生极端气温的情形。本研究关注的就是每年内发生这种持续极端气温事件频数的周期变化。

本文的目的之一是分析持续极端气温事件发生频数的主要周期变化，以期寻求其内在变化规律。以往研究时间序列变化周期时，方法多采用 Fourier 变换、Winger 分布、小波变换等[9-12]。尽管这些方法对非平稳数据的分析做出了较大贡献，但它们大都以傅立叶变换为最终的理论依据，采用它们分析非平稳数据容易产生虚假频率等现象。1998 年 Huang 等[13]提出一种新的分析非平稳、非线性数据的时频分析方法——经验模态分解(empirical mode decomposition,EMD)方法。该方法可以揭示数据内在的物理变化规律,同时可给出数据的趋势变化。自EMD方法被提出以来,其在研究和应用领域都获得了广泛的关注。EMD方法是一种新的自适应方法,然而该算法也存在一些问题,例如模态混合[14-15]。针对该问题,Wu等[16]提出通过增加噪音,用实验集合的平均值定义真实的IMF分量,这样大大减少了模式混叠的现象。

本文以贵阳市为例,试图用改进的EMD方法分析该地区在1981—2010年发生的持续极端气温事件频数的主要变化周期。

1 定义、数据来源和方法

1.1 定义

为了理解和表述方便本文给出下列定义:(1)日高阈值:每日最高气温的历史同期序列的第95个百分位数。(2)日低阈值:每日最低气温的历史同期序列的第5个百分位数。(3)极端高温:若某日最高气温不低于该日的日高阈值,则称该日出现极端高温事件。(4)极端低温:若某日最低气温不高于该日的日低阈值,则称该日出现极端低温事件。(5)持续极端高温(FSEHT):若连续不少于3 d(从第4天起允许间隔1 d)出现了极端高温事件,则称发生一次持续极端高温事件。(6)持续极端低温(FSELT):若连续不少于3 d(从第4天起允许间隔1 d)出现极端低温事件,则称发生一次持续极端低温事件。(7)持续极端高温频数(FSEHT):1 a内发生的持续极端高温事件的频数。(8)持续极端低温频数(FSELT):1 a内发生的持续极端低温事件的频数。

1.2 数据来源

选取贵阳市1981—2010年日平均气温、日最高气温及日最低气温据资料作为代表站。考虑到阈值的确定是基于同期序列,本文将只针对1981—2010年每年发生的持续极端气温事件的频数进行分析。

1.3 方法

数据处理有4个步骤。第1步:求出每日的日高(低)阈值。第2步:判断每年的每一天是否发生极端高温(极端低温)事件。第3步:求出每年持续极端高温(持续极端低温)事件的发生频数。第4步:利用集合EMD方法对1981—2010年逐年持续极端高温(持续极端低温)事件频数做分解及合成,分析其在该地区的主要周期变化。

2 结果与分析

为寻求持续极端气温的变化特点,选取1981—2010年气象数据连续、完整的贵阳站作为代表站来进行分析,该地区1981—2010年的年平均气温基本在14.6～16.3℃,而年平均最高气温和最低气温分别在18.8～20.9℃和11.9～13.2℃(图略)。此外,3个序列均呈现出线性增高趋势,其中,年平均最高气温的增高速度最快,平均每100 a约上升3.2℃。本节将主要用改进的EMD方法对贵阳站持续极端气温频数序列进行分解,进而得到一系列的IMF元。然后通过对每个分解元进行过0点估计来得到原频数序列的一个周期[18],进而通过方差贡献率来分析持续极端气温频数的主要周期变化。此外,还将简要分析持续极端气温频数序列的线性趋势,及其与年平均气温序列的相关关系。

2.1 持续极端高温频数

图 2 给出了贵阳市 1981—2010 年每年发生的持续极端高温事件的频数序列与年平均气温序列的相关。从图 2 看,二者呈显著线性正相关,信度检验均达 0.05。这说明贵阳市的 FSEHT 受年平均气温的影响较大,若年平均气温升高,则 FSEHT 的值会增大;反之,FSEHT 的值减小。因而在全球变暖的大趋势下,贵阳市逐年的 FSEHT 呈现出增多的趋势。此外,贵阳站每年的 FSEHT 序列的上升趋势呈 3.0 次/100 a(图 1)。

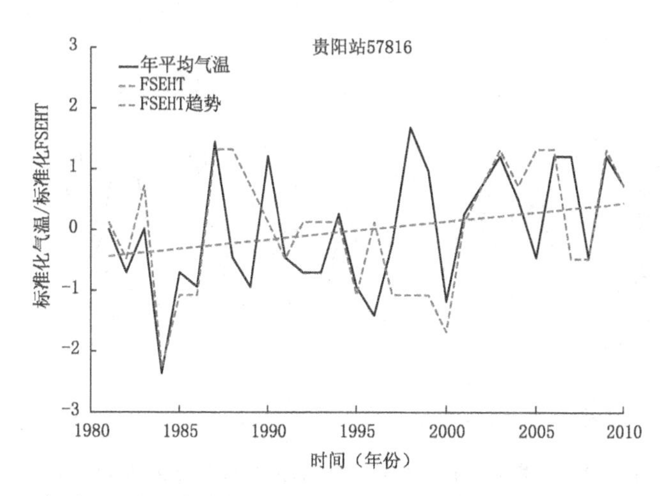

图 1 1981—2010 年贵阳站标准化年平均气温、标准化 FSEHT 和 FSEHT 线性趋势的逐年变化
(实折线:年平均气温;虚折线:FSEHT;虚直线:FSEHT 线性趋势)

为了进一步分析 FSEHT 序列的变化规律,采用 Wu 等[16]提出的改进 EMD 方法对该序列进行分解及合并(图 2)。从分解和合并的结果来看,原序列 FSEHT 的起伏变化很不规则,经 EMD 分解后得到的 IMF 分量呈现出围绕 0 均值线、局部极大值和极小值基本对称的振荡形式,它们的均值都为 0,不随时间变化,振幅和频率的变化较小,波形都比原序列规则、简单,直观上来看,它们的非平稳程度比原始信号序列降低了,C1 到 C3 及趋势项 R 振荡的尺度不同,并且在同一时间段内没有相同的频率及其变化。具体来看,贵阳站 FSEHT 序列的各 IMF 分量的振幅变化的量级,表现为 C2 的振幅变化较大,方差贡献为 33%,即代表站原序列的变

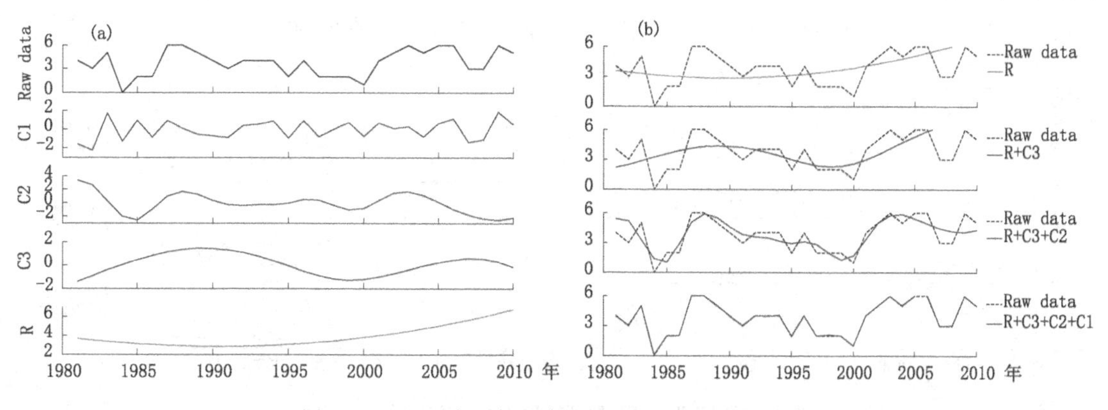

图 2 FSEHT 序列的集合 EMD 分解(a)和合成(b)

化主要由低频分量的振荡所决定。另外，代表站的趋势项 R 均表现出上升趋势，即近 30 年来贵阳市的 FSEHT 总体上呈增加趋势。

2.2 持续极端低温频数

考虑贵阳站持续极端低温频数(FSELT)序列与年平均气温序列的线性相关性。由图 3 可发现，两个序列存在一定的负线性相关，未通过 0.05 的信度检验。即若年平均气温升高，则 FSELT 的值会减小；反之，FSELT 的值增大。与 FSEHT 相反的是，在全球变暖的大趋势下，贵阳市逐年的 FSELT 呈现出减少的趋势，这一点在图 3 中得到体现，且其下降的线性趋势为 −5.1 次/100 a。

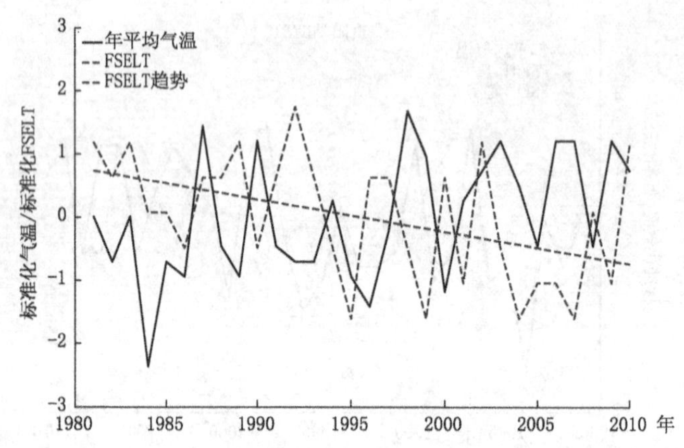

图 3　1981—2010 年贵阳站标准化年平均气温(实线)、标准化 FSELT(虚折线)和 FSELT 线性趋势(虚直线)的逐年变化

为了进一步分析 FSELT 序列的变化规律，采用 Deering 提出的改进 EMD 方法对该序列进行分解及合并(图 4)。从分解和合并的结果来看，原序列 FSELT 的起伏变化很不规则，经集合 EMD 分解后得到的 IMF 分量呈现出围绕 0 均值线局部极大值和极小值基本对称的振荡形式，它们的均值都为 0，不随时间变化，振幅和频率的变化较小，波形都比原序列规则、简单，直观上来看，它们的非平稳程度比原始信号序列降低了，C1 到 C3 及趋势项 R 振荡的尺度不同，并且在同一时间段内没有相同的频率及其变化。具体来看贵阳站 FSELT 序列的各 IMF 分量的振幅变化的量级，表现为 C1 的振幅变化较大，方差贡献为 41%，即代表站原序列的变

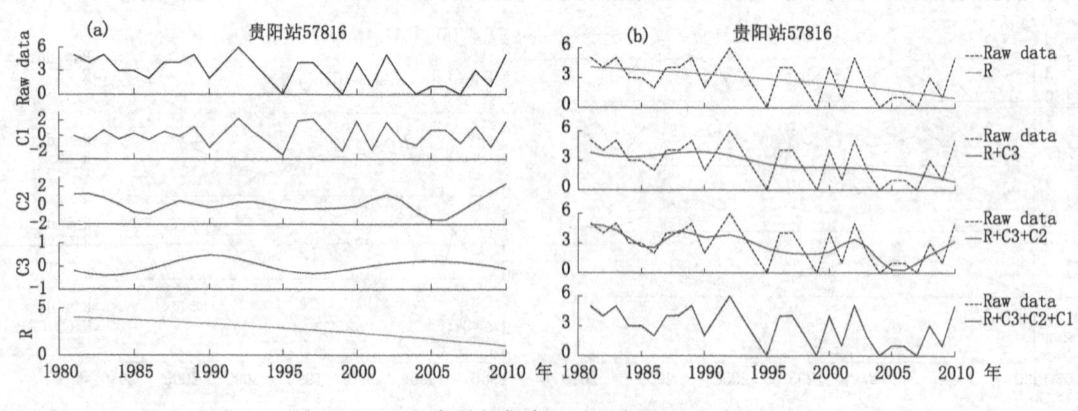

图 4　FSELT 序列的集合 EMD 分解(a)和合成(b)

化主要由最高频分量的振荡所决定。另外,代表站的趋势项 R 均表现出下降趋势,即近 30 年来贵阳市的 FSELT 总体上呈下降趋势。

3 结论与讨论

以贵阳市为例,对至今很少研究的持续极端事件进行了初步分析。文中基于贵阳站 1981—2010 年的逐日最高气温和最低气温数据,分别得到极端高温阈值序列和极端低温阈值序列,进而得到每年的持续极端高温和持续极端低温频数序列。针对这两个频数序列进行了初步分析,得到如下结论:

(1)1981—2010 年,贵阳站 FSEHT 序列的线性趋势均呈现出上升趋势(3.0 次/100 a)。而 FSELT 序列的线性趋势均呈下降趋势,为－5.1 次/100a。

(2)1981—2010 年贵阳市年平均气温的变化与贵阳站的 FSEHT 序列变化具有显著的正相关,而贵阳站的 FSELT 序列与年平均气温序列的线性负相关关系并不显著的(未通过 0.05 显著性检验)。

(3)通过利用集合 EMD 的分解和合成,贵阳站的 FSEHT 序列和 FSELT 序列振荡变化分别具有不同的周期振荡,前者表现出低频振荡特征、后者表现出高频振荡特征,同时分别伴随着上升和下降趋势。

参考文献

[1] 杜小玲,彭芳,武文辉. 贵州冻雨频发地带分布特征及成因分析. 气象, 2010, **36**(5): 92-97.

[2] 白慧, 吴战平, 龙俐等. 贵州省 2 次重凝冻过程初期低空逆温的三维特征分析. 云南大学学报, 2011, **33**(S1): 61-69.

[3] 王兴菊, 白慧, 陈贞宏. 2008 年和 2011 年年初贵州低温雨凇分析. 干旱气象, 2012, **30**(2): 237-243.

[4] 吴战平, 白慧, 严小冬. 贵州省夏旱的时空特点及成因分析. 云南大学学报, 2011, **33**(S2): 383-391.

[5] 池再香, 杜正静, 陈忠明. 2009—2010 年贵州秋、冬春季干旱气象要素与环流特征分析. 高原气象, 2012, **31**(1):176-184.

[6] 周成霞, 汤苾. 贵州省极端气温重现期研究. 贵州气象, 1997, **21**(1): 23-26.

[7] 陈贞宏, 杨忠明. 近 48 a 安顺市极端天气事件频率变化. 贵州气象, 2010, **34**(增刊): 95-97.

[8] 胡宜昌,董文杰,何勇. 21 世纪初极端天气气候事件研究进展. 地球科学进展,2007,**22**(10):1066-1075.

[9] 张贤达. 现代信号处理. 北京:清华大学出版社,2002.

[10] 刘莉红,郑祖光. 近百余年我国气温变化的突变点分析. 南京气象学院学报,2003,**26**(3):378-383.

[11] 樊高峰,苗长明. 用小波分析方法诊断杭州近 50 a 夏季气温变化. 气象科学,2008,**28**(4):431-434.

[12] 李永华,刘德,向波. 重庆市近 50a 来高温变化多时间尺度分析. 气象科学,2003,**23**(3):325-331.

[13] Huang N E, Shen Z, Long S R, *et al*. The empirical mode de-composition and the Hilbert spectrum for non-linear and non-stationary time series analysis. *Proc R Soc Land A*, 1998, **454**: 899-955.

[14] Huang N E, Wu M L, Long S R, *et al*. A confidence limit for the empirical mode decomposition and Hilbert spectral analysis. *Proc R Soc Land A*, 2003, 459(2037): 2317-2345.

[15] Huang N E, Zheng S., Long S R. A new view of nonlinear water wave: The Hilbert spectrum. *Ann Rev Fluid Mech*, 1999, **31**: 417-457.

[16] Wu Z, Huang N E. Ensemble empirical mode decomposition: A noise－assisted data analysis method. COLA Stu., 2005.

云南极端干旱年5月异常环流形势的研究

郑建萌[1]　张万诚[2]　马涛[2]　周建琴[1]

(1.云南省气候中心,昆明 650034；2.云南省气象科学研究所,昆明 650034)

摘　要

应用1961—2010年的NCEP/NCAR全球逐月平均再分析资料,对云南4次极端干旱年5月与多雨年5月的大气环流特征进行合成对比分析。结果表明,从高纬度到低纬度都存在显著差异。极端干旱年500 hPa欧亚中高纬度环流为"－ ＋ －"的距平分布,乌拉尔山为高压脊区,贝加尔湖和巴尔喀什湖之间有低槽,海平面气压距平场上亚洲大部分为负距平,影响云南的冷空气偏弱;而多雨年则相反,欧亚中高纬度为"＋ － ＋"的分布,乌拉尔山为槽区,巴尔喀什湖附近为高压脊区,海平面气压距平场上亚洲大部分为正距平,影响云南的冷空气偏强。低纬度地区的差异表现为低层极端干旱年西太平洋副热带高压偏强偏西,赤道西风向东向北推进受阻,孟加拉湾、中南半岛的西南季风暴发晚;而降水偏多年的环流形势则相反,西太平洋副热带高压偏弱偏东,索马里越赤道气流和赤道西风偏强,孟加拉湾、中南半岛的西南季风偏早。高层在两种情况下纬向风的距平呈相反的鞍形场分布,极端干旱年的分布对应南亚高压偏弱,而多雨年的分布对应南亚高压偏强。与多雨年对应云南上空为异常上升运动不同,极端干旱年北半球低纬度为大范围深厚的异常下沉运动。水汽的分析表明多雨年副高偏东,中南半岛、云南西南季风暴发早,云南以西南季风水汽输送为主,其水汽通量辐合较常年偏强,水汽含量比多年平均偏高;而极端干旱年副高偏西偏南,中南半岛、云南西南季风暴发晚,云南以西风带水汽输送为主,对应异常的水汽通量辐散,水汽含量较常年偏低。W－Y季风指数与5月降水有显著的正相关,并与5月的极端降水有很好的对应关系。

关键词:云南5月降水　极端干旱　大气环流特征　水汽输送　W－Y季风指数

引言

IPCC第四次气候变化评估报告指出,近一百年(1906—2005年)全球地面平均温度升高了0.74℃(IPCC,2007)。随着全球平均温度的上升,气候变率增大,随之而来的是极端天气气候事件的频繁发生,引发的自然灾害对经济、社会造成了严重的损失和影响。就干旱而言,近年来中国的重大干旱事件频繁发生。2006年夏季,四川、重庆遭受了有气象资料记录以来最严重的伏旱;2009/2010年,云南、贵州、广西部分地区出现了特大干旱;2011年长江中下游大范围的严重干旱。大量的研究表明,干旱成因是一个复杂的问题,它的产生受许多因素的影响,诸如大气环流异常、海温异常、季风等因素的变化都对旱涝有着重要的影响[1-19]。可见,已有的这些研究大多是针对中国华北、西北、川渝等地区。

云南地处低纬度高原,受南亚季风和东亚季风的共同影响,干湿季分明,11月至次年4月为干季,5—10月为雨季。因此,其干旱具有冬春干旱多而强、夏秋旱少而轻的特点,历史上云南的重大干旱主要是冬春初夏连旱。5月是云南干湿季转换的关键时期(在云南气候上被称为初夏)，雨季来临前气候干热，此时正值大春栽种期，农业生产需水量大。而库塘蓄水在经历了干季之后往往已不足，特别是在干旱的年份雨季早晚、5月降水的多少对生产生活影响极大。针对云南雨季开始和5月降水气象工作者做了许多工作[20-26]，这些工作虽然对认识云南雨季开始有很好的借鉴和参考作用，但其研究多是针对个例或侧重于某一因子的影响，对云南极端干旱的成因和物理机制则很少研究。由于大气环流的异常是造成天气气候异常的直接原因，其他因子都是通过引起大气环流的异常才对降水产生影响的，长时间持续的干旱与大尺度环流异常的维持密切相关。段旭等[27]确定1961/1963、1968/1969、1978/1979和2009/2010年为云南极端干旱年份，这4次干旱过程旱情都是开始于头年的秋季，一直到6月以后旱情才逐步缓解。针对这4次极端干旱年春季(3—4月)的环流特征已进行过分析[28]，本文对这4次干旱的初夏环流特征进行较为全面的分析，以期利用典型事例深入研究云南5月干旱的成因和物理机制。

1 资料与方法

本文所使用的资料包括两部分：

(1)1961—2010年NCEP/NCAR全球逐月高度、海平面气压、纬向风(u)、经向风(v)、垂直速度(ω)、比湿再分析资料，格距为2.5°×2.5°。

(2)1961—2010年云南122个站5月降水资料。

选取1961年以来5月降水偏多幅度最大的1978(距平百分率为50.9%，下同)，1990(80.6%)、2001(93.8%)，2002(55%)年进行合成对比分析。所用方法还有相关分析、统计检验，水汽输送通量矢量及散度计算方法等。另外，应用W－Y季风强度指数[29]探讨季风对降水的影响，其定义为(0°—20°N，40°—110°E)区域内850 hPa与200 hPa纬向风切变的标准化系列，即：

$$W-Y=u_{850}-u_{200} \tag{1}$$

2 5月极端干旱年与多雨年的大气环流特征

2.1 5月对流层大气环流特征

在极端干旱年5月的500 hPa高度合成场上(图略)，欧亚中高纬度为两槽一脊，贝加尔湖和巴尔喀什湖间有浅槽，乌拉尔山以西地区为高压脊区；高度距平场上(图1a)，欧亚中高纬度为“－＋－”的距平分布，欧洲西部为负距平，乌拉尔山为正距平，亚洲为大范围的负距平区，蒙古为－45 gpm的中心。在5月降水偏多年500 hPa高度合成图上(图略)，乌拉尔山至里海以西为深厚的低槽，贝加尔湖附近为高压脊区，孟加拉湾的南支槽显著，北非副高东伸到阿拉伯半岛东部；从高度距平场上可看出(图1b)，降水偏多年与干旱年相反，欧亚中高纬度为“＋－＋”的距平分布，欧洲西部为正距平，乌拉尔山为负距平，亚洲为大范围的正距平，贝加尔湖北部为45 gpm的中心，孟加拉湾、中南半岛为弱的负距平。在云南5月降水与500 hPa高度场的相关图上(图略)，与欧亚地区的相关呈“＋－＋”分布，欧洲西部为中心在相关系数超过0.4的正相关区，乌拉尔山以西的地区为相关系数小于－0.4的负相关区，贝加尔湖以西至鄂霍茨克海为相关系数超过0.3的大范围正相关区，均通过0.05的信度检验，这与干旱年和降水偏多年的距平分布一致。在海平面气压距平场上(图略)，干旱年极区大部分为正距平，在里海以东的亚洲地区为中心达－0.5 hPa的负距平区，而降水偏多年极区大部分为负距平，巴尔喀什湖以东 20°N 以北的亚洲地区为中心达 0.2 hPa 的正距平区。

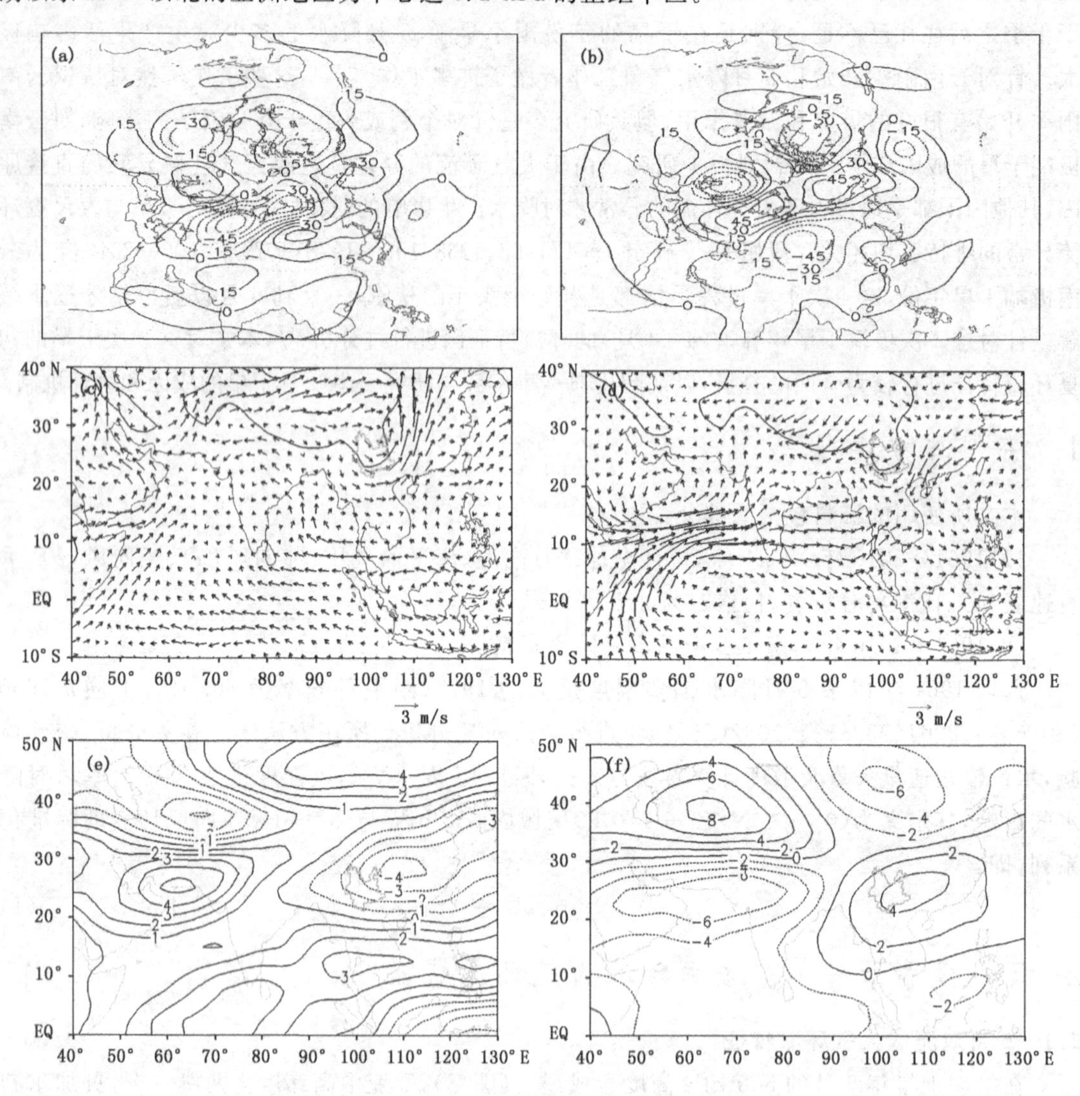

图 1　5 月极端干旱年和降水最多年的 500 hPa 高度距平场

(a、b，单位：dagpm)、850 hPa 矢量风距平场(c、d，单位：m/s)和 200 hPa 纬向风距平(e、f，单位：m/s)

多年平均情况表明，5 月孟加拉湾和中南半岛的夏季风已经暴发[30]，受这些地区夏季风暴发的影响，在 5 月中下旬云南受到西南季风的影响，大部分地区雨季开始。从干旱年的 5 月 850 hPa 矢量风距平场上可看出(图 1c)，孟加拉湾东部、中南半岛南部、南海为异常反气旋环流中心，表明西太平洋副高偏西偏南，在孟加拉湾东部以东的地区形成“高压坝”。因此，印度洋上的越赤道气流都为南风距平，索马里越赤道南风距平达到 1 m/s，但在西太平洋副高的作用下，赤道西风向东向北推进受阻，北半球印度洋中东部为东风距平，马来半岛以西洋面有 −1.5 m/s的东风距平中心。云南为西风和北风距平。在多雨年的 5 月，850 hPa 矢量风距平场上(图 1d)，赤道印度洋 65°E 以东为弱的北风距平，以西为中心达 2.5 m/s 的南风距平，说明越赤道气流异常强盛，其转向后的西风以 10°N 为轴在阿拉伯海、印度南部、孟加拉湾、中南半岛南部形成强的西风距平带，中南半岛西部为赤道西风北上后转向的异常东南气流，由此在孟加拉湾北部形成异常气旋环流。显然夏季风已推进到中南半岛西部这些地区。同时东南(华南和台湾)沿海有气旋性异常环流,表明西太平洋副高偏东偏弱,这有利于夏季风向东推进。在 200 hPa 矢量风场上,干旱年南亚高压偏南,而降水偏多年南亚高压偏西(图略)。对应纬向风距平场上(图 1e、f),干旱年和降水偏多年都为鞍形分布,但正负距平区相反,干旱年在里海向东至 80°E 以西的地区和 90°E 以东的中国南方大部分地区为东风距平,巴尔喀什湖及其以东的东亚地区、80°E 以西的南亚低纬度地区为西风距平,低纬度地区从阿拉伯海到中国南海为大范围的西风距平,即南亚高压南侧的东风偏弱,北侧的西风偏弱,说明南亚高压环流偏弱。而降水偏多年在里海及其以东地区和 90°E 以东的中国南部为西风距平(图 1f),巴尔喀什湖以东的地区和印度及以西的地区为东风距平,10°N 以南的地区印度洋至南海为大范围的东风距平,即南亚高压南侧的东风偏强,北侧的西风偏强,南亚高压环流偏强。干旱年印度西部的西风距平和云南的东风距平使高空有纬向风的辐合,不利于南亚高压的北上;而多雨年则相反,有纬向风的辐散,有利于南亚高压北上。因此,干旱年西太平洋副高偏强偏西,南亚高压偏南偏弱,南亚低纬度地区 850 hPa 的赤道西风弱,200 hPa 南亚高压南侧的东风也弱,造成南亚季风环流偏弱,夏季风暴发偏晚;而降水偏多年的环流则相反,西太平洋副高偏东偏弱,南亚高压偏西偏强,南亚季风环流偏强,夏季风暴发偏早。

以上分析说明 5 月干旱年与降水偏多年从高纬度到低纬度都有显著差异,在中高纬度存在西风带槽脊和高度距平的分布不同,低纬度地区的差异表现为孟加拉湾和中南半岛夏季风爆发的早晚不同。

2.2 干旱的垂直环流特征

对干旱年 5 月环流合成距平沿 100°E 作垂直剖面图,从图 2a 中可见,与 850 hPa 的低纬度异常反气旋环流对应,低纬度地区的异常上升运动出现在赤道以南,在 35°N 以南的北半球对流层为异常下沉运动,10°N 和 30°N 附近的下沉运动最强,上升运动仅出现在 20°N 的近地层。降水偏多年(图 2b),10°—30°N 对流层为异常上升运动,25°N 附近的上升运动最强,上升运动区从地面到达 200 hPa 以上。这表明在多雨年云南上空对流层为强烈的上升运动,而干旱年北半球低纬度地区对流层为大范围的深厚异常下沉运动,产生降水的动力条件不足,可见云南极端干旱年 5 月有大尺度环流异常的背景。

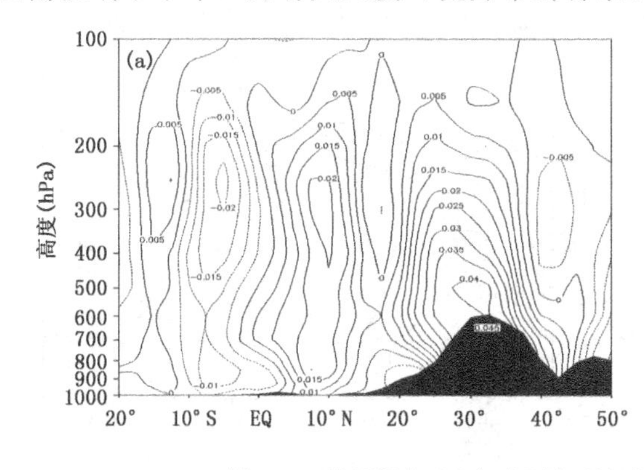

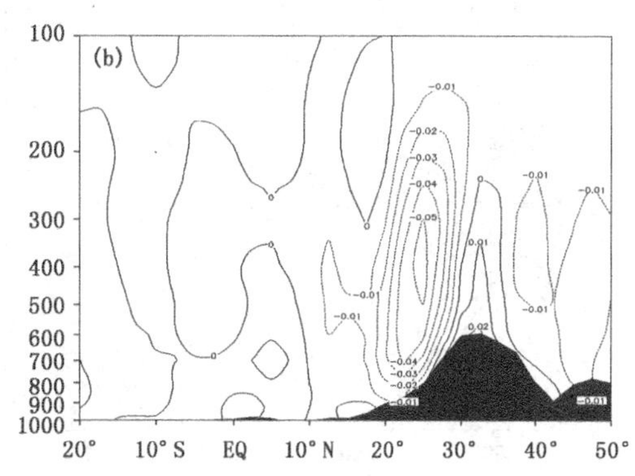

图 2 5 月干旱年(a)与多雨年(b)垂直速度合成距平沿 100°E 的剖面

2.3 水汽输送特征

由多年平均的 5 月水汽通量矢量图(图 3a)上可以看出,云南上空有三支水汽来源,一支来自中纬度的西风水汽输送，反映了南支西风对云南上空水汽的影响；另一支是来自孟加拉湾的西南风水汽输送，反映了南亚季风对云南的影响，在这支水汽输送的作用下云南大部分地区的水汽通量大于 150 kg/(m·s)；还有一支是西太平洋副热带高压东侧东南风水汽输送，在南海沿副高外围北上输送，由于副高的东西摆动，其外围的气流经常影响到云南的东南部。因此，在这支水汽输送的作用下云南东南部的水汽通量大于 200 kg/(m·s)。这 3 支水汽输送造成云南水汽输送从西北向东南呈增加的趋势，与此对应云南的雨季最先从东南边开始，呈向西北逐渐推进(开始)的趋势。

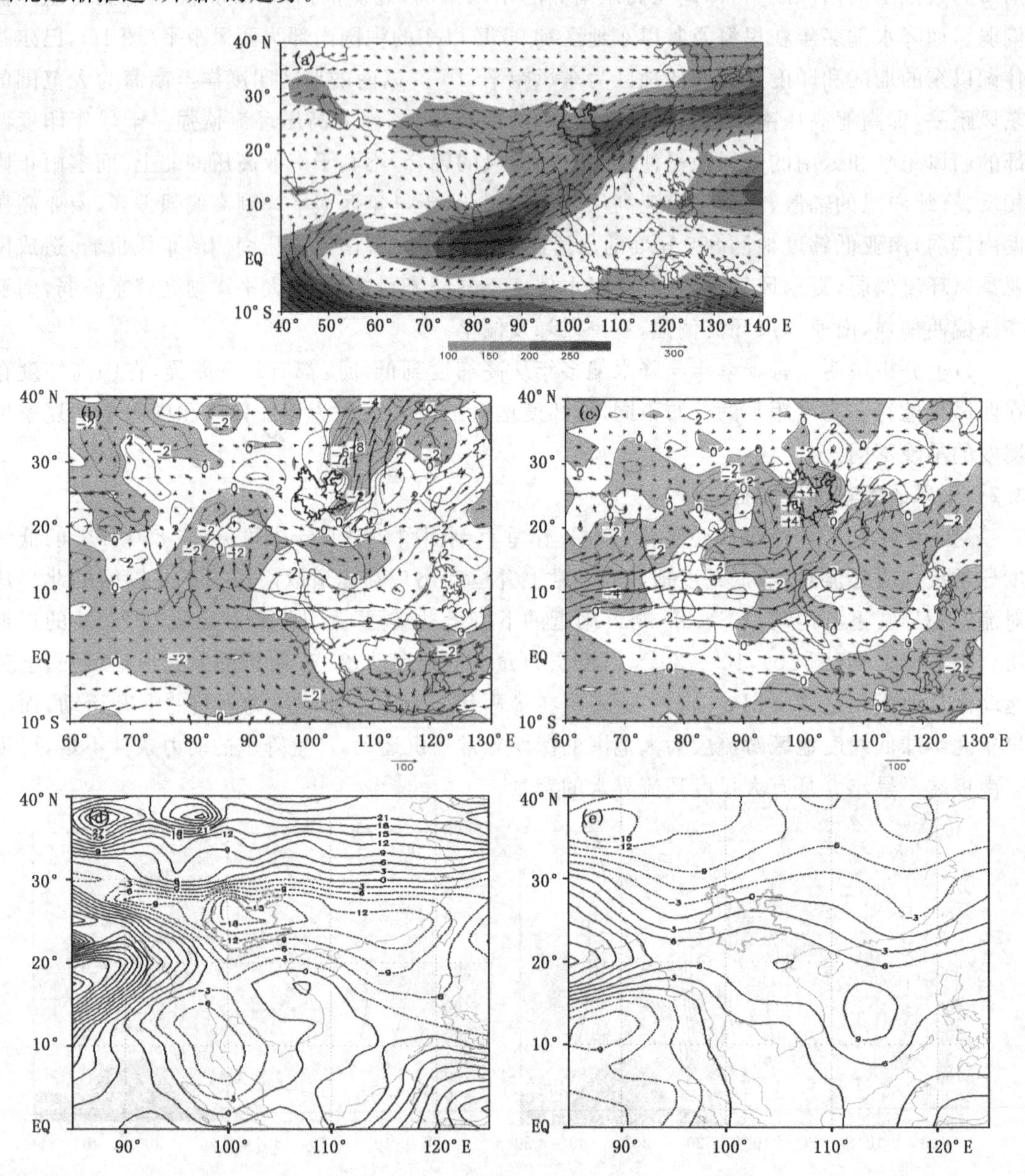

图 3　5 月多年平均的水汽通量矢量(a，单位：kg/(m·s))，干旱年(b)和多雨年(c)5 月整层水汽通量矢量和水汽通量散度距平(阴影区为辐合区，单位：10^{-5} kg/(m^2·s))、旱年(d)和多雨年(e)500 hPa 比湿距平百分率场(单位：%)

干旱年5月整层水汽通量距平和整层水汽通量散度距平场上(图3b),孟加拉湾至南海为反气旋式的异常水汽通量输送,中南半岛、云南大部分地区为异常西北水汽通量输送,孟加拉湾东部、中南半岛大部分地区、云南大部分地区为正的水汽通量散度距平,即水汽通量辐合较常年偏弱,说明西太平洋副高偏南偏西,西南季风水汽输送偏弱,孟加拉湾、中南半岛、云南西南季风暴发晚,云南以西风带的水汽输送为主。相应的500 hPa比湿合成距平场上(图3d),中南半岛大部分地区、中国南部都为负距平,云南为−18%的负距平中心,水汽含量比多年平均偏低,产生降水的水汽条件极差。5月多雨年(图3c),华南及其附近海域的气旋式异常水汽输送表明副高偏东,南亚地区赤道西风形成的水汽输送偏强,并在中南半岛北上后到达云南,孟加拉湾至中南半岛、云南为异常的西南风水汽输送,孟加拉湾、中南半岛、云南水汽通量散度距平为负值,云南大部分地区的值低于-4×10^{-5} kg/(m^2·s),即辐合较常年偏强,说明中南半岛、云南西南季风暴发早,西南季风输送的水汽偏强,云南以季风水汽输送为主。相应的500 hPa比湿合成距平场上(图3e),中南半岛、孟加拉湾北部至华南为正距平区,云南大部分地区的距平为0%~6%,即水汽含量比多年平均偏高,有利于降水的产生。

3 W—Y季风指数

W—Y季风指数表征南亚夏季风的强弱,负值表示季风偏弱,正值表示季风偏强。云南全省平均5月降水与W—Y季风指数的相关系数达0.631,通过了0.001的置信度检验。图4为降水距平百分率和季风指数的年际变化,可见5月降水与W—Y季风指数的年际变化较一致,符号一致率为35/50,降水偏少50%以上的有1963、1969、1979、1982、1983、1987、1997、2005年,8 a中W—Y指数都为负值,除1969年W—Y指数为−0.3外,其余7 a为−0.8~−2.4;降水偏多35%以上的有1978、1981、1990、1999、2001、2002、2004年,7年中只有1981年W—Y指数为负值,其他6 a W—Y指数为大的正值,其值在0.8~2.1。可见,W—Y季风指数与云南5月降水的极端事件有很好的对应关系。

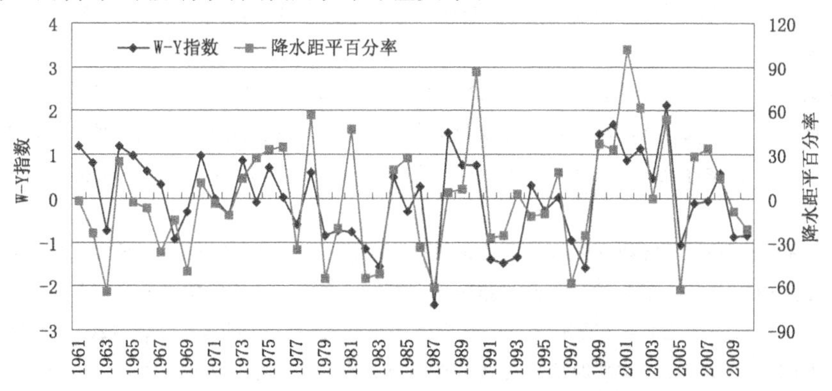

图4 W—Y季风指数与云南5月降水的年际变化

4 结论

(1)极端干旱年5月500 hPa欧亚中高纬度环流为“− + −”的距平分布,欧洲西部为低压槽区,乌拉尔山为高压脊区,贝加尔湖和巴尔喀什湖之间有低槽,海平面气压场上亚洲大部分地区为大范围负距平,影响云南的冷空气偏弱;而降水偏多年则相反,欧亚中高纬度为“+

—+”的分布，乌拉尔山为低压槽区，巴尔喀什湖附近为高压脊区，海平面气压场上亚洲大部分地区为正距平，影响云南的冷空气偏强。

(2)极端干旱年与降水偏多年5月在低纬度南亚地区环流的差异表现为南亚季风及西太平洋副高的不同。低层850 hPa干旱年西太平洋副高偏强、偏西、偏南，赤道西风向东向北推进受阻，孟加拉湾、中南半岛的西南季风暴发晚；而降水偏多年的环流形势则相反，西太平洋副高偏弱偏东，索马里越赤道气流和赤道西风偏强，孟加拉湾、中南半岛的西南季风偏早。高层200 hPa在两种情况下纬向风的距平呈相反的鞍形场分布，极端干旱年的分布对应南亚高压偏弱，而降水偏多年的分布对应南亚高压偏强。高低层的环流形势在极端干旱年对应南亚季风暴发晚，而降水偏多年对应南亚季风暴发早。

(3)与降水偏多年云南上空为异常上升运动不同，极端干旱年有大尺度环流异常的背景，北半球低纬度地区为大范围深厚的异常下沉运动。

(4)5月云南上空有三支水汽输送带，一支为中纬度的西风水汽输送，一支为来自印度洋、孟加拉湾的西南季风水汽输送；还有一支是西太平洋副热带高压东侧的东南风水汽输送。极端干旱年副高偏西偏南，孟加拉湾、中南半岛西南季风暴发晚，云南以西风带水汽输送为主，对应异常的水汽通量辐散，水汽含量较常年偏低。而降水偏多年孟加拉湾、中南半岛西南季风暴发早，云南以西南季风水汽输送为主，其水汽通量辐合较常年偏强，水汽含量比多年平均偏大。

(5)5月降水与W－Y季风指数有显著的正相关，并与5月的极端降水有很好的对应关系。

参考文献

[1] 叶笃正，黄荣辉等. 长江黄河流域旱涝规律和成因研究. 济南：山东科技出版社，1996：1-387.

[2] 黄荣辉，徐予红，周连童. 我国夏季降水的年代际变化及华北干旱化趋势. 高原气象，1999，**18**(4)：465-476.

[3] 钱正安，吴统文，宋敏红等. 干旱灾害和我国西北干旱气候的研究进展及问题. 地球科学进展，2001，**16**(1)：28-38.

[4] 张琼，吴国雄. 长江流域大范围旱涝与南亚高压的关系. 气象学报，2001，**59**(5)：569-577.

[5] 琚建华，吕俊梅，任菊章. 北极涛动年代际变化对华北地区干旱化的影响. 高原气象，2006，**25**(1)：74-81.

[6] 林爱兰，郑彬，谷德军等. 与广东持续性干旱事件有关的两类海温异常型. 高原气象，2009，**28**(5)：1189-1195.

[7] 丁一汇，张锦，宋亚芳. 天气和气候极端事件的变化及其与全球变暖的联系. 气象，2002，**28**(3)：3-7.

[8] 张存杰，谢金南，李栋梁. 东亚季风对西北地区干旱气候的影响. 高原气象，2002，**21**(2)：193-198.

[9] 马柱国，符淙斌. 1951—2004年我国北方干旱化的基本事实. 科学通报，2006，**51**(20)：2429-2439.

[10] 张鹏飞，李国平，尹建昌. 青藏高原西部地表热通量输送的低频特征. 高原气象，2009，**28**(3)：556-563.

[11] 宋正山，杨辉，张庆云. 华北地区水资源各分量的时空变化特征. 高原气象，1999，**18**(4)：552-556.

[12] 李耀辉，李栋梁，赵庆云. 中国西北地区秋季降水异常特征分析. 高原气象，2001，**20**(2)：158-164.

[13] 张强，赵映东，张存杰等. 西北干旱区水循环与水资源问题. 干旱气象，2008，(2)：55-62.

[14] 符睿，韦志刚，文军等. 西北干旱区地温差季节和年际变化特征的分析. 高原气象，2008，**27**(4)：844-851.

[15] 李跃清. 青藏高原地面加热及上空环流场与东侧旱涝预测的关系. 大气科学，2003，**27**(1)：107-114.

[16] 岑思弦，巩远发，秦宁生等. 2006年夏季川渝地区伏旱与低频大气热源的关系. 气象学报，2011，**69**(6)：1009-1019.

[17] 李国平,罗喜平,陈婷等. 高原低涡中涡旋波动特征的初步分析. 高原气象,2011,**30**(3):553-558.

[18] 齐冬梅,李跃清,陈永仁等. 近 50 年四川地区旱涝时空变化特征研究. 高原气象,2011,**30**(5):1170-1179.

[19] 陈丽华,周率,党建涛等. 2006 年盛夏川渝地区高温干旱气候形成的物理机制研究. 气象,2010,**36**(5):85-91.

[20] 解明恩,刘瑜. 1997 年的强 ENSO 事件. 热带气象学报,1998,**14**(2):186-192.

[21] 刘瑜,赵尔旭,黄玮等. 初夏孟加拉湾低压与云南雨季开始期. 高原气象,2007,**26**(3):572-578.

[22] 晏红明,段旭,程建刚. 2005 年春季云南异常干旱的成因分析. 热带气象学报,2007,**23**(3):300-304.

[23] 郑建萌,张万诚,兰兰. 大气环流对 2003 年云南 7 月高温天气的影响及预测. 气象,2005,**31**(增刊):109-112.

[24] 陈艳,丁一汇,肖子牛,等. 水汽输送对云南夏季风爆发及初夏降水异常的影响. 大气科学,2006,**30**(1):25-37.

[25] 郑建萌,朱红梅,曹杰. 云南 5 月雨量与全球海温的关系分析研究. 云南大学学报,2007,**29**(2):160-166.

[26] 张万诚,万云霞,任菊章等. 水汽输送异常对 2009 年秋、冬季云南降水的影响研究. 高原气象,2011,**30**(6):1534-154.

[27] 段旭,陶云,杜军等. 西南地区气候变化基本事实及极端气候事件. 北京:气象出版社,2011:148-157.

[28] 郑建萌,张万诚,万云霞等. 云南极端干旱年春季异常环流形势的对比分析. 2013,**32**(6):1665-1672.

[29] Webster P J, Yang S. Monsoon and ENSO: Selectively interactive system. *Quart J Roy Meteor Soc*, 1992,**118**:877-926.

[30] 丁一汇,马鹤年. 东亚季风的研究现状,亚洲季风研究的新进展. 北京:气象出版社,1996:1-14.

150天韵律方法月内过程预测系统简介及应用检验

林纾[1]　惠志红[2]　郭俊琴[1]　罗雪梅[2]　杨苏华[1]

(1.西北区域气候中心,兰州 730020;2.甘肃省气象信息与保障中心,兰州 730020)

摘　要

给出150天韵律方法做延伸期预报的原理和检验办法,经检验2002—2012年天气过程预测准确率定性评分为67.3分,空报率为5.9%,漏报率为26.8 %。介绍了150天韵律方法月内过程预测系统框架,分为系统介绍、NC数据处理、数据调用、分析与计算、制作预报结论、评估数据管理、产品分发和系统设置等八大功能模块。该系统可计算相似系数、历史概括率以及历史过程预测的“正确、空报、漏报”情况,提高了该方法定量化应用程度。

关键词:150天韵律方法　预测系统　应用检验

引言

气象部门的定位是科技型、基础性社会公益事业部门。长期以来对公众的公益服务更多的是3 d内的短期天气预报,21世纪以来中期预报也逐渐成为公益服务的内容。目前,在气象部门内部,不同时间尺度的预报分工明确。短期天气预报报具体天气,其时效为几小时～3 d,预报结果主要依托复杂的数值天气预报,再结合卫星云图、现代气象雷达等观测结果以及预报员经验修正获得;中期预报抓过程,其时效为4～10 d;短期气候预测报气候趋势,一般为月以上到年度尺度一些气象要素的趋势,并没有细化到将这些气象要素分解到具体的候、或旬的时间分布上或具体的天气过程。三种不同时效的预报就形成了旬尺度和月尺度之间约20 d时间尺度的预报空白点(称为11～30 d延伸期,以下简称延伸期),实践表明这样的预报时效不能满足社会经济发展的需求,客观上要求气象部门能提供延伸期预报,即预报、预测逐步实现无缝隙服务,月内过程预报无疑是实现无缝隙预报的重要一环。

然而,目前10 d以上的预报技巧十分有限,因此,发展延伸期预报已成为中外气象学界亟待解决的问题。尽管如此,已经有不少学者开始尝试延伸期预报的工作。如林纾[1-2]应用150天韵律方法对沙尘暴、低温连阴雨、主汛期降水、高温等做延伸期预测,指出该方法适用于中国35°N以北的北方地区,已在业务工作中应用了十余年;孙国武等[3-6]的低频天气图方法,很好地应用了天气学原理,根据不同地区低频的演变特点和关键区来预报未来的降水过程,并在上海世博会期间发挥了重要作用;覃志年等[7]将延伸期预测应用在广西6月区域性暴雨过程中,史印山等[8]则用相似释用方法制作小麦生育期逐旬气候预测,刘德等[9]应用BP神经网络方法试验了长期天气过程预报,钱维宏[10]则比较完整地阐述了中期－延伸期天气预报原理,这些基础性的工作都为今后延伸期预报的应用和发展打下了良好的基础。

早在2001年12月,西北区域气候中心已经开始应用150天韵律方法发布延伸期预报服务产品,2010年在上海市气候中心牵头的业务试点工作——“月内重要过程与趋势预测”工作的推动下,“150天韵律方法月内过程预测系统”与河北省气候中心的“异常相似释用预测方法”共同充实了“月内重要过程与趋势预测系统”。其中“150天韵律方法月内过程预测系统”模块是西北区域气候中心依据应用多年的150天韵律方法所建。本文着重介绍150天韵律方法原理、评估办法、系统架构和应用效果评估。

1 150天韵律方法原理

天气过程指天气系统及其相伴天气的发生、发展和消失的全部历程，包括寒潮、暴雪、强对流、暴雨、连阴雨等不同季节的多种天气现象[11-15]。从天气过程发生的频次分析，平均3～5 d一次天气过程；如果从气象资料统计的角度，通常统计逐日、候、旬、月、季和年等时段的气象要素，两者结合起来，以候尺度500 hPa平均位势高度场（以下简称候平均场）来表征关键区，既不会有过多的“杂音”也不会平滑掉太多的信息。

中国的短期天气预报基本考虑东北半球范围内各种气象要素的演变及变化，所以首先把东北半球500 hPa候平均场中高纬度分为若干个影响中国天气的关键区，如乌拉尔山区、贝加尔湖区、鄂霍茨克海区、中国西北、中国西南、中国东北、中国东南等，划出不同的关键区后，对关键区内网格点上的高度做算术平均，就产生该关键区逐年、逐候数据序列，对这些序列进行周期分析，可以发现这些区域大多有29～31候即准150 d的韵律[1-2]。以此为理论基础，就可以利用这种大气的准周期运动来推断未来的状况。确切地说，150 d韵律方法是以500 hPa候平均场的周期性来预测未来对应的候平均场，在这个候平均场上能够捕捉到天气过程具有的特征，这在表述上很繁冗，于是在本文中“拿来”中短期预报里常用的“天气过程”，对延伸期里候平均场对应的天气过程的预测简称为“过程预测”。

在不同月份或季节，找出如高温、强冷空气、强降水、低温、沙尘暴等各种天气类型典型的高度场形势，在做预报时，把预报场与典型场采用相似系数[16]进行比较，来定量地判断两个场的相似程度。相似系数由下式计算：

$$\cos\theta_{12} = \frac{\sum_{i=1}^{m} x_i y_i}{\sqrt{\sum_{i=1}^{m} x_i^2}\sqrt{\sum_{i=1}^{m} y_i^2}} \tag{1}$$

式(1)中，m是两个进行相似比较场的站点数或网格点数，$\cos\theta_{12}$就是两幅图相似程度的定量指标，称为相似系数。相似系数等于1.00为完全相同，相似系数为-1.00为完全相反，为0.0时表示完全不相似。正值越大越相似，负值越大越相反。理论上，预报场愈相似典型场，其结果也愈接近典型场。但场的相似得有一个界定，我们把m作为序列长度，$\cos\theta_{12}$相当于相关系数，把$\cos\theta_{12}$通过90%信度检验的值当作预报场与典型场是否相似的界定标准。

2 检验评估办法

假设通过90%信度检验的临界值为R，我们规定：①当间隔145 d或150 d或155 d的两个相似比较场的相似系数$\geq R$且对应有降水时，或相似系数$< R$且对应无降水时，我们称之为正确；②当相似系数$\geq R$但对应无降水时，我们称之为空报；③当相似系数$< R$，但对应有降水时，我们称之为漏报。

3 系统框架与功能

150 d 韵律方法月内过程预测系统分为系统介绍、NC 数据处理、数据调用、分析与计算、制作预报结论、评估数据管理、产品分发和系统设置等八大功能模块。

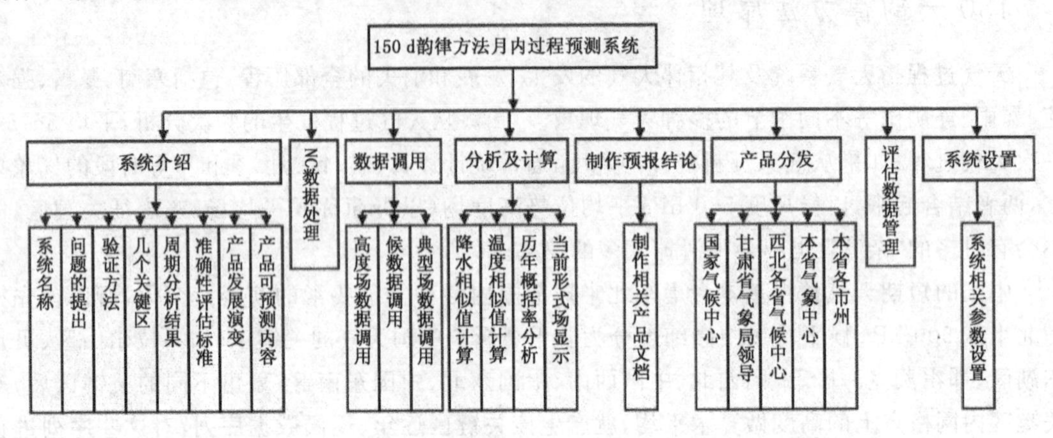

图 1　150 d 韵律方法月内过程预测系统框图

3.1　系统介绍

详细介绍了 150 d 韵律方法作月内过程预测问题的提出、验证方法、关键区的选取、周期分析的结果、评估标准、产品演变和可预报内容等所有内容，可以使初学者一目了然，便于学习和尽快掌握。

3.2　NC 数据处理

系统可自动将用户下载的 NCEP 资料进行存储、完成资料的解码、候平均和候距平资料的统计计算、资料入库处理等，并自动完成文件的命名，存入相应的资料目录。

3.3　数据调用

用户可按经纬度查询 0°～180°E、0°～90°N 范围内 500 hPa 位势高度逐日、逐候和典型场平均位势高度资料。

3.4　分析与计算

该部分是本系统的核心，用户通过年、月、旬的选择，可显示过程预测所需 500 hPa 候平均场和候平均场资料，也可通过"计算相似系数"功能计算出预报场与典型场的相似系数，并对比相似系数临界值，定量化了解相似程度；亦可看到近 40 年同期的历史概括率，为预报员提供客观的背景资料。同时系统为用户提供了历史过程预测回算的"正确、空报、漏报"的结果并进行显示，预报员可以直接根据候图和历史回报情况得出预报结论。

3.5　制作预报结论

该部分有预报产品的模版，预报员可根据预报结论在模板上进行编写、修改与保存。

3.6　评估数据管理

用户通过过程预测结果"评估数据录入"和"评估数据查询"功能的选择，实现对预测结果的评估管理。

3.7　产品分发

这部分有产品按单位分类及其邮箱，用户可根据系统提供的产品分发名单实现预测产品的分发功能，便于产品及时分发给相关业务和管理人员。

3.8 系统设置

可以设置系统的路径、资料库和产品存放的地址。

4 产品效果检验

业务产品发布的是应用150 d韵律方法，对甘肃、青海、陕西和宁夏四省（区）范围的延伸期预报，这里给出2011和2012年5—9月主要过程预测按照评估标准进行的检验结果（表1）。2011年降水过程预测评分为72.3，空报率为5.3%，漏报率为22.4%；2012年降水过程预测评分为66.9分，空报率为7.6%，漏报率为25.5%。

对2002—2012年天气过程预测准确率进行应用评估，定性评分为67.3分，空报率较小，为5.9%，漏报率相对较高，为26.8%。我们在表1中也看到，不同年份、不同时段准确率大有不同。

表1 西北四省(区)2011和2012年5—9月主要过程预测与趋势检验结果

预测时段	降水过程预测评分					
	2011年			2012年		
	准确	空报	漏报	准确	空报	漏报
2012年5月1日—2012年5月31日	50	6	44	70	8	22
2012年5月11日—2012年6月10日	90	0	10	85	5	10
2012年5月21日—2012年6月20日	90	2	8	60	9	31
2012年6月1日—2012年6月30日	90	5	5	80	0	20
2012年6月11日—2012年7月10日	50	12	38	40	10	50
2012年6月21日—2012年7月20日	100	0	0	50	15	35
2012年7月1日—2012年7月31日	90	0	10	100	0	0
2012年7月11日—2012年8月10日	80	9	11	85	0	15
2012年7月21日—2012年8月20日	50	22	28	85	3	12
2012年8月1日—2012年8月31日	100	0	0	50	8	42
2012年8月11日—2012年9月10日	100	0	0	65	13	22
2012年8月21日—2012年9月20日	0	10	90	25	19	56
2012年9月1日—2012年9月30日	50	3	47	75	9	16
平　均	72.3	5.3	22.4	66.9	7.6	25.5

5 小结

（1）通过150 d韵律方法原理的介绍，看到该方法有一定的理论基础，且业务化十余年，但还需进一步总结归纳不同季节、不同类型天气过程特点，不断提高延伸期预测准确率。

（2）作为气候业务试点工作的“月内重要过程与趋势预测系统”中的一个模块——“150 d韵律方法月内过程预测系统”，该系统可计算相似系数、历史概括率以及历史过程预测的“正确、空报、漏报”情况，提高了该方法定量化应用程度，同时也提高了工作效率，对这项工作近40年来历史的应用情况有了细致的了解，便于在今后的延伸期预报中更好地应用、改进和提高。

(3)应用 150 d 韵律方法，2002—2012 年天气过程预测准确率定性评分为 67.3 分，空报率较小，为 5.9%，漏报率相对较高，为 26.8%；同时也看到，不同年份、不同时段准确率较大有不同。

参考文献

[1] 林纾. 准 150 天韵律方法在过程预报中的应用研究. 中国沙漠，2005，(s)：78-81.

[2] 林纾. 季以上尺度预报春季区域性沙尘暴过程的方法研究. 中国沙漠，2006，(3)：478-483.

[3] 孙国武，信飞，陈伯民等. 低频天气图预报方法. 高原气象，2008，**27**(增刊)：64-68.

[4] 孙国武，信飞，孔春燕等. 大气低频振荡与延伸期预报. 高原气象，2010，**29**(5)：1141-1147.

[5] 孙国武，孔春燕，信飞等. 天气关键区大气低频波延伸期预报方法. 高原气象，2011，**30**(3)：594-599.

[6] 信飞，孙国武，陈伯民. 自回归统计模型在延伸期预报中的应用. 高原气象，2008，**27**(增刊)：69-75.

[7] 覃志年，李维京，何慧等. 广西 6 月区域性暴雨过程的延伸预测试验. 高原气象，2009，**28**(3)：688-693.

[8] 史印山，顾光芹. 用相似释用方法制作小麦生育期逐旬气候预测. 气象科技. 2012.

[9] 刘德，李晶，李永华等. BP 神经网络在长期天气过程预报中的应用试验. 气象科技，2006，**34**(3)：250-253.

[10] 钱维宏. 中期－延伸期天气预报原理. 北京：科学出版社，2012.

[11] 牛若芸，乔林，陈涛等. 2008 年 12 月 2—6 日寒潮天气过程分析. 气象，2009，**35**：74-82.

[12] 刘惠云，崔彩霞，李如琦. 新疆北部一次持续暴雪天气过程分析. 干旱区研究，2011，**28**(2)：282-287.

[13] 童哲堂，胡昌琼，汪高明等. 2008 年盛夏湖北一次连续性暴雨天气过程分析. 暴雨灾害，2010，**29**：186-192.

[14] 尤红，肖子牛，王刚平等. 低纬高原两次特殊灾害性强对流天气过程分析和比较. 暴雨灾害，2010，**29**：216-223.

[15] 潘旸，李建，廖捷等. 2009 年 2—3 月我国南方连阴雨天气过程分析. 气象，2010，**36**：39-46.

[16] 顾骏强，施能，薛根元. 近 40 年浙江省降水量、雨日的气候变化. 应用气象学报，2002，**13**(3)：322-329.

青海高原冬季持续低温集中程度的气候特征及其成因研究

申红艳[1,2]　王冀[3]　马明亮[2]　王振宇[1,2]　杨延华[1,2]

（1.青海省气候中心，西宁 810001；2.青海省防灾减灾重点实验室，西宁 810001；
3.北京市气候中心，北京 100089）

摘　要

采用青海高原37个台站1961—2010年逐日气温数据，着重讨论了持续不少于3 d的低温过程集中程度的变化特征及其发生机制。结果表明：低温集中度(LTCD)和集中期(LTCP)具有表征低温在时空场上非均匀性的较好分辨力；近50年青海高原冬季低温事件及其集中度均呈逐年明显减少趋势，集中期明显提前；利用旋转经验正交函数(REOF)结合CAST方法分区并探讨了影响青海不同区域低温集中度的主要环流系统及因子，发现影响柴达木盆地的主要系统为极涡和北大西洋涛动，而青海南部牧区主要是由于局地气候反馈机制影响；唐古拉地区的主要影响系统位于极区、乌拉尔山地区及东部鄂霍茨克海附近；与东部农业区的相关体现为自西向东呈"＋ － ＋"波列型分布，反映冷空气不断东移过程中受东部高压阻塞，在东部农业区堆积，形成冷空气过程从而造成该地区集中度偏高。

关键词：青海高原　低温过程集中度　低温过程集中期　环流系统

引言

近些年来地球气候正经历一次以"全球气候变暖"为主要特征的显著变化，暖冬成为关注的一个热点问题，但在暖冬里，寒冷的音符并未休止，冬季极端低温雨雪是近几年频发的气象灾害之一，如2004/2005年冬季的先暖后冷，特别是2008年1月中国南方大部分地区遭遇历史罕见的低温、雨雪、冰冻灾害，给交通、电力、经济等带来了巨大的损失，人们更是记忆犹新，因此对冬季气温异常的研究更加迫切。关于极端低温，中外学者做了大量的研究[1-10]，许多研究结果显示，中国最低气温增暖趋势比平均气温显著，极端低温事件有减少趋势，但随着经济的不断发展，各种设施建设的完善，偶尔发生的低温事件造成的危害、损失也会越来越大。

以往研究持续性低温事件大都以较长固定时间单位去度量极端气候事件实况分布特征及演变趋势，或者以年内日极端值为研究对象讨论极端气候事件特征，而极端天气气候持续时间往往不以较长时间单位截然分开，具有较强的时间非均匀分配特征[11]。如何有效提取持续低温过程时空非均匀分配特征是分析其变化规律的关键，在此借鉴多位学者对降水非均匀性的研究方法，如Zhang等[12]、杨远东等[13]、Charles等[16]把候降水量看作矢量提出一种度量降水年内非均匀分配的方法，很好地反映了年总降水量年内非均匀分配特性；张录军等[15]在长江

资助项目：国家公益性气象行业专项GYHY201106049、GYHY201106033、GYHY200906019及中国气象局气象关键技术集成与应用项目(CAMGJ2012M55)。

流域旱涝灾害研究方面利用降水集中度和集中期定量地表降水量在时空场上的非均匀性，提取出最大降水中心对应的时段，因此，比较理想地分析了旱涝灾害发生的基本特征及其形成机制；王冀等[16]利用集中度和集中期深入分析了东北地区冬季降雪的非均匀分布特征及其成因。本文借鉴上述文献的原理，参考王跃男等[11]提出的一种提取持续高温过程非均匀分配特性的方法，计算青海高原冬季持续低温过程集中度和集中期，来探讨青海省冬季持续低温过程时空非均匀分布特征及其成因，旨在揭示其发生规律和特点，以期为本地气候预测和服务提供参考依据，提高防灾减灾能力。

1　资料与方法

1.1　研究区资料

所用资料是青海省 37 个台站 1961—2010 年冬季逐日最低气温、日降雪量的观测资料。选站原则是：选取尽可能多的站点，测站具有一定代表性。

1.2　集中度和集中期的定义

(1)单站持续低温过程(事件)标准。将一次持续低温过程(事件)定义为：连续 3 d 的日最低气温低于 1971—2000 年平均值的第 10 个百分位值的过程。

(2)单站冬季持续低温过程集中度(LTCD)和集中期(LTCP)。

将冬季(12 月至次年 2 月)90(91)d 看作一个圆周(360°)，定义 12 月 1 日的日序为 1，方位角为 4°，次年 2 月 28(29)日矢量角为 360°，定义冬季逐日日最低气温向量(r_j,θ_j)，j 代表冬季的第 j 天，r_j 代表第 j 天的日平均气温标量大小，θ_j 为该日日序与方位角 4°的乘积，表示该日最低气温的矢量方向。将一次低温过程按照日最低气温矢量求和，得到的向量称为：一次持续低温过程集中矢量(tcd_i,tcp_i)

$$tcd_i = \sqrt{R_{xi}^2 + R_{yi}^2} \tag{1}$$

$$tcp_i = \arctan(\frac{R_{xi}}{R_{yi}}) \tag{2}$$

$$R_{xi} = \sum_{j=1}^{N} t_{ij} \cdot \sin\theta_j \qquad R_{yi} = \sum_{j=1}^{N} t_{ij} \cdot \cos\theta_j \tag{3}$$

式中，tcd_i 为第 i 次持续低温过程的集中矢量模，tcp_i 为第 i 次持续低温过程的集中矢量方向，t_{ij} 为第 j 日的最低气温标量大小，θ_j 为第 j 日的最低气温的矢量角度，N 为过程持续日数。

同样原理，将某年冬季 M 次持续低温过程集中矢量求和，和矢量模与相应的冬季日最低气温标量总和的比值定义为：冬季持续低温过程集中度 $LTCD$ ；和矢量方向角换算成冬季日序定义为：冬季持续低温过程集中期 $LTCP$ ，

$$LTCD = \frac{\sqrt{R_{xi}^2 + R_{yi}^2}}{|T_{sum}|} \times 100\% \tag{4}$$

$$LTCP = \arctan(\frac{R_x}{R_y})/4.0 \tag{5}$$

$$R_x = \sum_{i=1}^{M} tcd_i \cdot \sin tcp_i \qquad R_y = \sum_{i=1}^{M} tcd_i \cdot \cos tcp_i \tag{6}$$

式中，T_{sum} 为某年冬季日最低气温的标量总和。

$LTCD$ 用来表征某年冬季持续低温过程的集中程度，其值的大(小)表示持续低温过程较

集中(分散)。$LTCP$ 是某年冬季持续低温过程集中矢量的合成向量方位角对应的日序,近似表征冬季持续低温过程出现时段的中心日期,其值的大(小)表征冬季持续低温过程出现的日期较晚(早)。

2 结论

2.1 冬季持续低温事件及LCTD\LTCP的变化特征分析

2.1.1 冬季持续低温事件变化特征

在全球变暖的大背景下,青海地区近50年冬季气温是呈上升趋势,而低温事件的情况如何?图1a是冬季区域平均低温过程频次变化曲线,根据线性趋势可以看出,该频次呈逐年减少趋势,且通过99.9%信度的检验,20世纪60年代持续低温过程出现频次最高,全省平均31次,占总次数的43%,进入70年代后,低温频次逐渐递减,至21世纪最初10年减为最低值,仅5次。从标准差分布(图1b)可以看出,高值区集中在柴达木盆地中部,说明该地区低温事件年际变率较高。

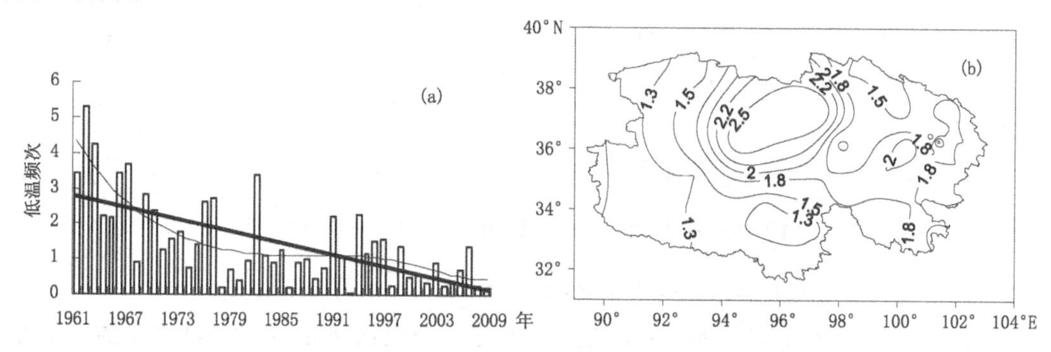

图1 青海高原冬季持续低温过程频次变化(a)及其标准差分布(b)

2.1.2 冬季持续低温过程集中度和集中期的时空变化特征

青海高原冬季持续低温集中度变化范围在4.7%~15.3%(图2a),区域平均低温过程集中度呈明显减小趋势,以0.591%/10 a的速率减小,通过59%的信度检验,说明青海高原冬季出现持续低温过程随时间逐渐明显分散,20世纪60年代集中度最高,平均值为11.1%,而20世纪80年代集中度普遍偏低,平均仅为4.7%,这与20世纪80年代本地区气候普遍转暖的事实一致。由集中期的逐年变化曲线(图2b)可知,集中期同样逐年递减,速率为2.2 d/(10 a),表明青海冬季低温过程逐渐提前。

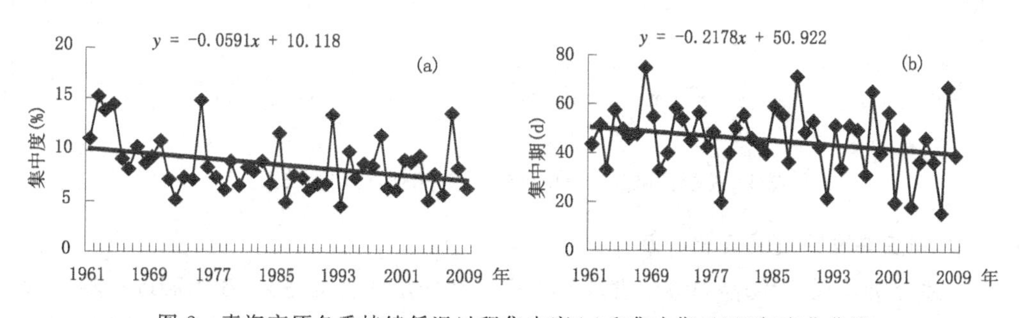

图2 青海高原冬季持续低温过程集中度(a)和集中期(b)逐年变化曲线

从空间分布的情况上看，青海高原地区冬季低温过程集中度表现出自西南向东北增大的总体趋势(图 3a)，柴达木盆地东部及东部农业区为集中度的高值区，在 9.5%以上；祁连山区及南部高原为低值区，五道梁为极小闭合区，仅 4.3%。说明当冬季持续低温过程出现时，柴达木盆地东部和东部农业区较集中，这与冬季影响青海省的两条典型冷空气路径比较相符，一是沿河西走廊的倒灌路径，会导致东部农业区出现降温过程，另一条是北路冷空气的侵入会直接引起柴达木盆地降温，另外，冬季这两个地区主要受西风气流波动的影响，因此，持续低温较集中；而影响祁连山区及南部高原降温的环流因子较多，除了高原冷高压系统的影响外，高空急流南压、西风带槽脊等也会引起冬季降温，因而集中度较低。

青海省大部分地区持续低温过程集中出现在 1 月中旬，环青海湖地区及沱沱河、杂多等地集中期相对较早，平均中心日期在 1 月 11—13 日，其余地区在 1 月 15—19 日(图 3b)。

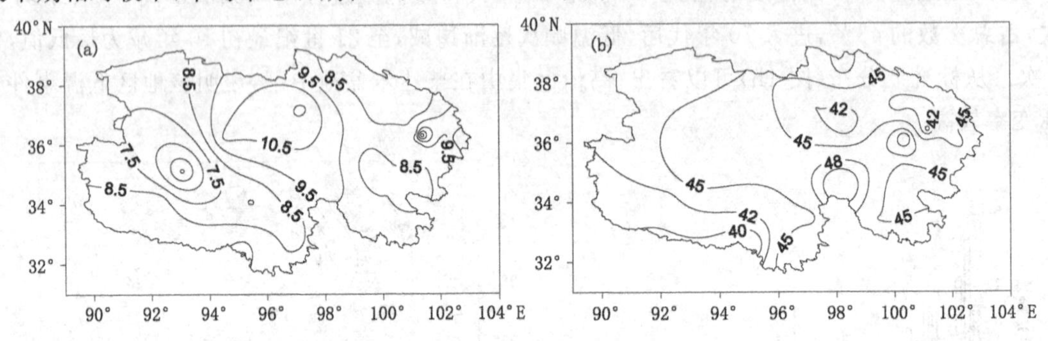

图 3　青海高原冬季持续低温过程集中度(a)和集中期(b)空间分布

2.1.3　低温过程集中度和集中期的周期变化分析

在此对青海省平均 LTCD 和 LTCP 进行了帽子小波变化分析，通过小波方差的变化可判断出序列的周期特征。由图 4 可以看出 LTCD 存在 6 a 和 16 a 左右的准周期变化，LTCP 存在明显的准 2 a、4 a 和 7 a 周期。

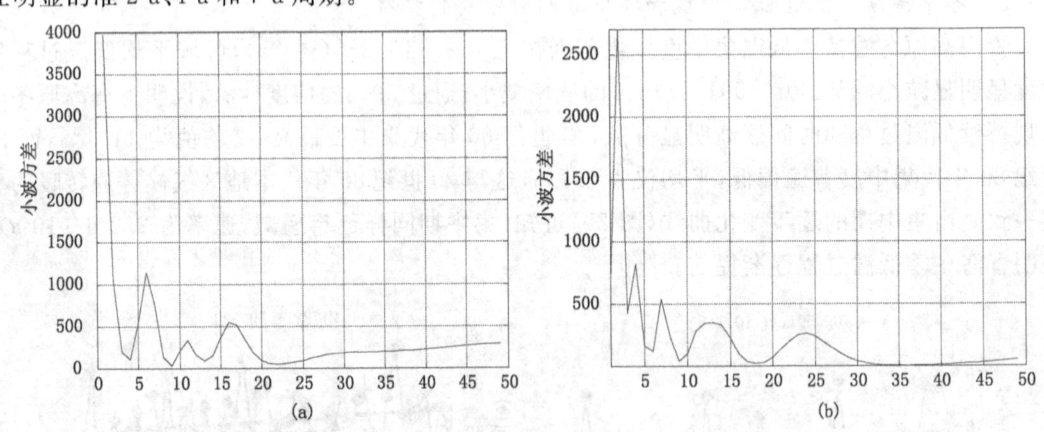

图 4　持续低温过程集中度(a)和集中期(b)的小波方差

2.1.4　不同区域集中度的变化特征

由上述分析发现，青海高原集中度及集中期存在一定的地区差异，在此需进一步分析不同区域低温过程集中度的变化特征，利用青海省 49 a 37 个站的集中度资料阵进行 REOF 展开，第一荷载场的高值区位于海西、海南及黄南藏州族自治辖区，荷载值基本在 0.5 以上，大柴旦站为最高荷载中心(0.80)；第二特征场的高荷载区位于玉树及果洛南部，高荷载中心为称多站；第三特征场高荷载区位于唐古拉山区，高荷载中心为沱沱河站；第四特征场高荷载区位于东部农业区，高荷载中心为湟源站；前 4 个主分量的累积方差贡献率为 61.5%。

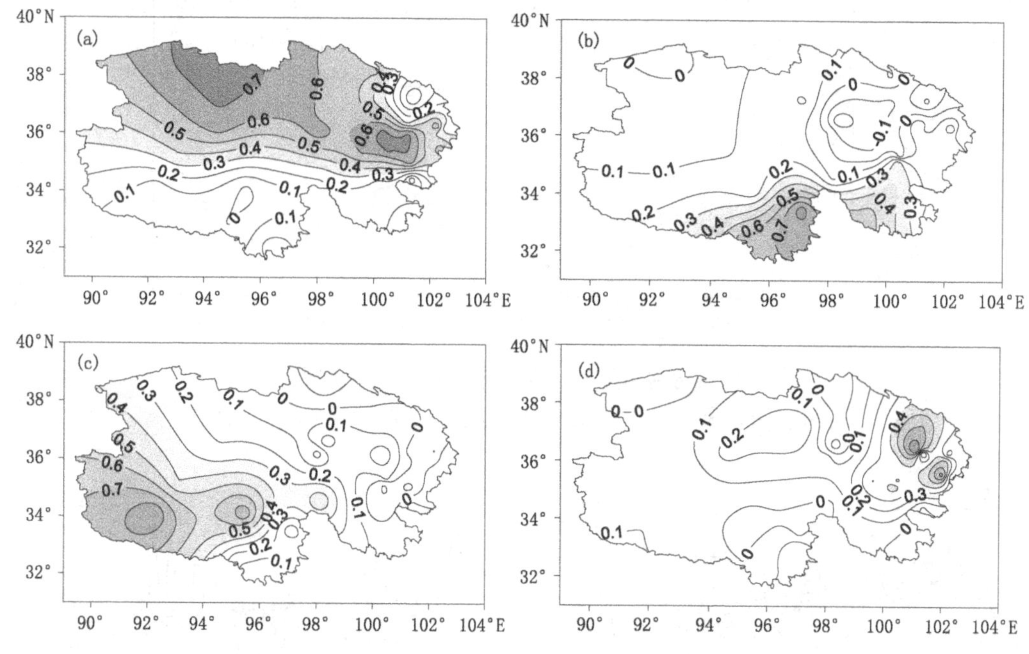

图 5　青海高原冬季持续低温过程集中度的前 4 个旋转载荷向量空间模态分布
(a.第一荷载向量场；b.第二荷载向量场；c.第三荷载向量场；d.第四荷载向量场)

虽然利用 REOF 方法反映出了高原不同区域的低温过程集中度的变化，但由于其自身的缺陷不能解释其数学物理意义。丁裕国等[17]提出了一种新的 CAST 与 REOF 相结合分型区划方法，可弥补 REOF 分区合理性验证的问题，因为 CAST 聚类是从统计学理论推导的具有显著性检验的聚类方法，另外，REOF 可克服选取聚类中心站点的不确定性缺憾，因而从理论上来讲，二者存在很好的互补性，结合使用是实现客观分区的理想方法。本文采用该方法对青海省低温集中度进一步分区，具体步骤可归纳为：(1) 对冬季低温过程集中度首先作 REOF，并以各特征向量荷载值的高值中心作为气候区划聚类的中心变量(如：第一特征向量的荷载高值中心是大柴旦站，荷载值为 0.80)；(2)其次根据与其相应的荷载场的荷载值大小，采用 CAST 的 χ^2 统计检验，按给定信度 95%确定接受或拒绝的变量逐步引入属于各自的区域，由此确定最终分区结果，将青海高原可大致分为如图 6 所示的 4 个区域，与 REOF 结果基本一致，但在某些边界站点的归属上更确定，更具客观依据。

图 7a～d 分别为前 4 个特征向量对应的时间系数，可反映各个分区冬季低温集中度的变化特征。由图 7a 可见，第一时间系数总体呈减少趋势，趋势峰值出现在 20 世纪 60 年代，表明 20 世纪 60 年代冬季是柴达木盆地持续降温比较集中的时段；第二时间系数同样呈减少趋势，趋势峰值出现在 20 世纪 90 年代，反映了青海南部牧区冬季持续低温过程集中度的变化趋势；而第三时间系数呈现明显增大趋势，趋势谷值出现在 20 世纪 60 年代，峰值在 20 世纪 90 年代且变化幅度较大，说明在研究时段唐古拉地区冬季持续低温过程呈逐渐升高趋势；代表东部农业区的第四时间系数总体趋势不明显，年代际变化也很平稳，但年际波动较大。

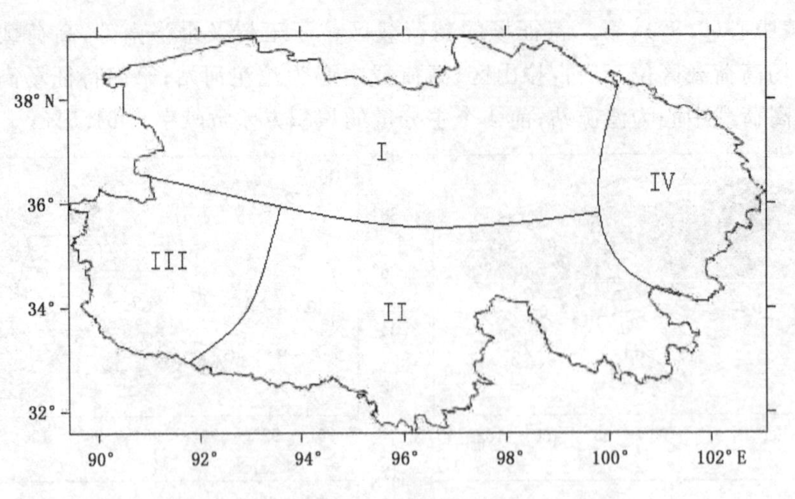

图 6　青海高原冬季持续低温过程集中度区划

（I:柴达木盆地区，II:青南牧区，III:唐古拉地区，IV:东部农业区）

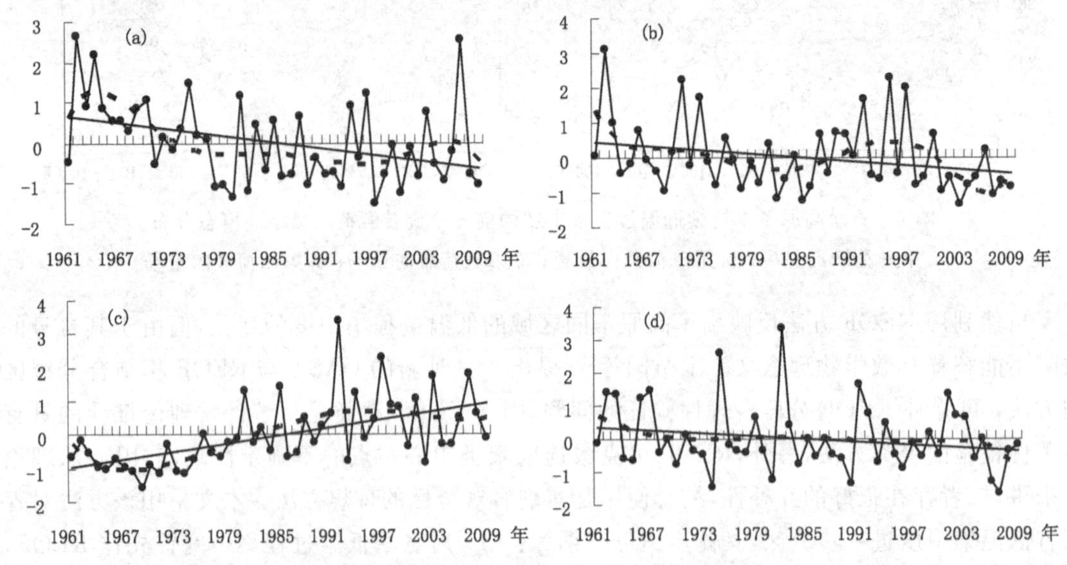

图 7　冬季持续低温过程集中度的前 4 个特征向量对应的时间系数

（a. 第一时间系数；b. 第二时间系数；c. 第三时间系数；d. 第四时间系数）

2.2　LTCD 和 LTCP 与冬季降雪量的关系

图 8 是 1961—2009 年冬季降雪量与持续低温过程集中度和集中期的相关系数空间分布，由图 8a 可知，青海持续低温过程的集中度在青南牧区与降雪量呈正相关，尤其在唐古拉地区（通过 0.05 的信度检验），表明在青南牧区，持续低温过程较集中时，冬季降雪量增大，由此可推断在该地区冬季雪灾与持续低温过程有关；而在北部大范围地区，持续低温过程的集中度与冬季降雪量呈负相关，其中显著相关的区域分布在柴达木盆地中东部及东部农业区，表明这些地区持续低温过程较分散时冬季降雪量偏多，反之亦然。针对南北部这种不同的情况，分析其原因，可能是由于南部冬季水汽条件相对北部较好，因为偏强的印缅槽及西伸的副高边缘都会给南部高原带来水汽，一旦有冷空气来袭，就可能有降雪天气出现，而北部冬季气候十分干燥，

本地水汽循环是一个主要来源，而较高气温则会加速水汽循环，从而导致降雪过程。持续低温集中期与冬季降雪量的相关未通过显著性检验，仅在长江源头（沱沱河站）为显著正相关，柴达木盆地东部的德令哈地区和龙羊峡水库周边地区为显著负相关区，其余各地均为弱的相关，但仍大致体现出南北部相反的特征。

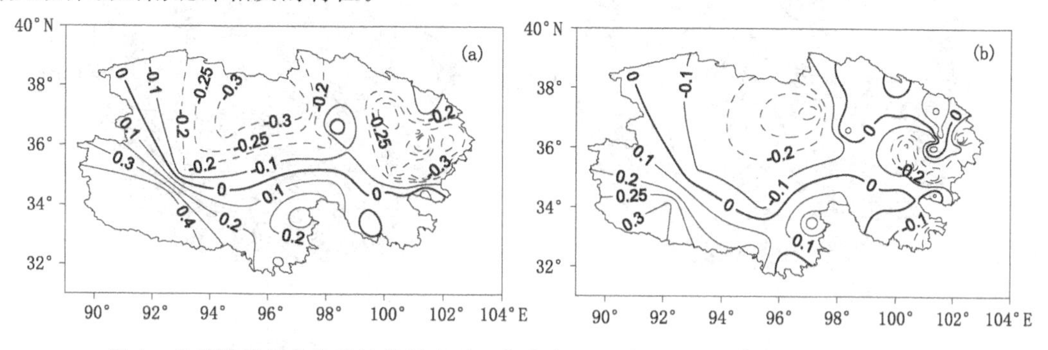

图8　冬季降雪量与冬季持续低温过程集中度(a)和集中期(b)的相关系数空间分布

2.3　影响冬季持续低温过程的环流背景分析

前文中发现青海不同区域的集中度具有明显的差异，同时集中度的变化对冬季降雪具有很好的指示作用，而影响集中度的环流系统尚需进一步分析。以往对集中度环流背景的研究一般是对于集中度偏高（低）的季节环流背景进行分析，在此分别对代表不同区域集中度的前四个模态的时间系数与北半球500 hPa高度场进行相关分析，进一步探明影响不同地区集中度变化的环流系统。

2.3.1　集中度与500 hPa高度场的相关分析

图9a代表了与柴达木盆地关系密切的环流场，可以发现影响该地区最为显著的区域位于极区和北大西洋，均通过了显著性检验，也反映出极涡强度偏强时，冷空气从青海北部直接南下入侵柴达木盆地，导致该地区低温过程集中度偏高；而与青南牧区相关（图9b）较好的区域主要位于新疆以西地区和极区，但未通过显著性检验，这说明该地区可能主要是由于局地气候反馈机制对集中度的影响较大，如积雪长时间不消融，会造成当地持续低温，正好印证了上节得出的该地区集中度与降雪量显著正相关的结论；唐古拉地区的集中度与极区、乌拉尔山地区及东部鄂霍茨克海附近的高度场均呈显著正相关（图9c）；与东部农业区的相关（图9d）体现为自西向东呈“＋　－　＋”类似波列型分布，其中在乌拉尔山地区为正相关分布，新疆以及以西地区为显著的负相关区，在中国东部有正相关分布，也可以反映出冷空气不断东移过程中受东部高压阻塞，在东部农业区堆积，形成冷空气过程从而造成该地区集中度偏高。

2.3.2　环流特征因子与集中度的关系分析

上述分析可以发现青海高原冬季气温与大尺度环流系统有着密切的关系，因此我们选取了与冬季气温关系密切的环流因子进行相关分析（表1），北大西洋涛动（NAO）、西藏高原B指数与冬季低温集中度呈明显负相关，而冬季500 hPa高度场遥相关型WP、东亚季风指数、高原热状况及贝加尔湖高压与集中度呈正相关，以上相关系数均通过了$\alpha=0.05$的显著性水平检验，这说明相关稳定、显著、物理意义明显。众多因子中，东亚季风指数和高原热状况与集中度的相关系数最为显著，这反映出在东亚冬季风偏强年，冷空气经向活动加强，而受到高原热力作用阻碍冷空气不易南下而堆积在中国西北地区，从而导致低温过程频发，2011/2012年

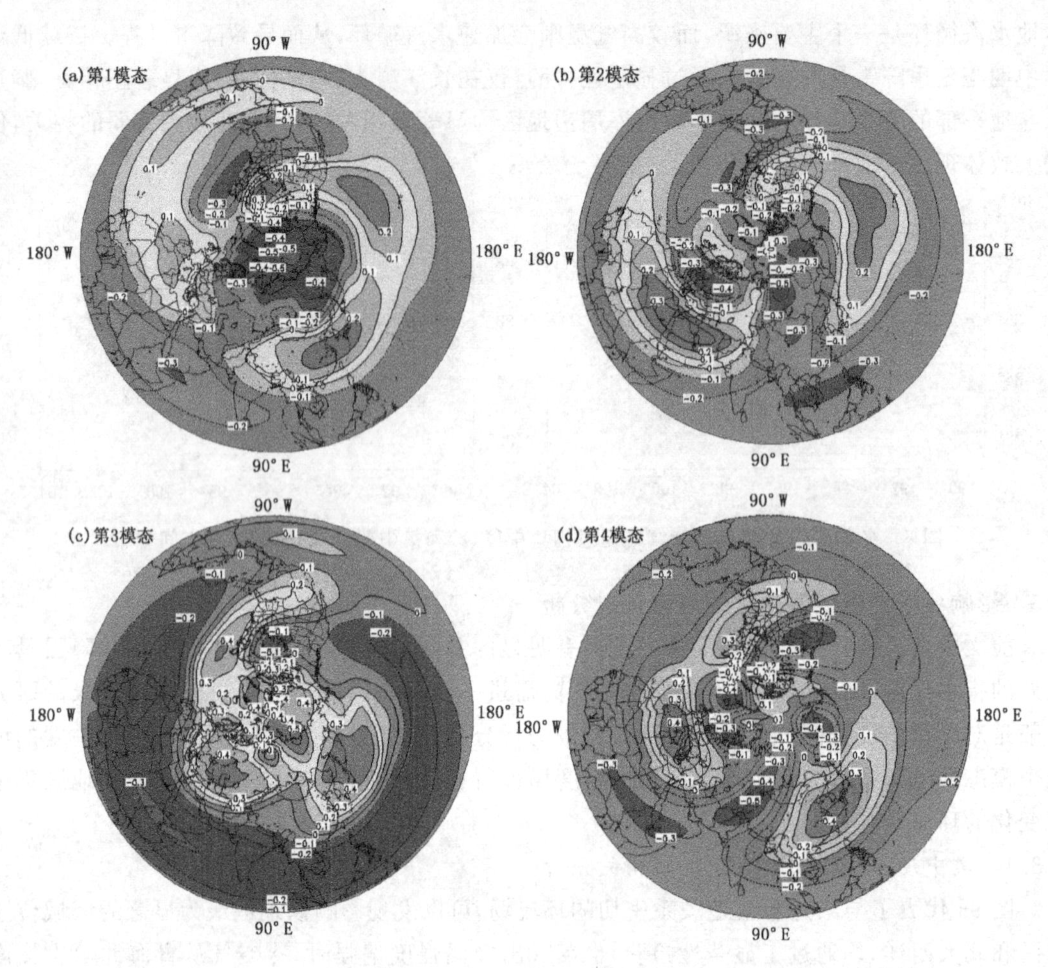

图 9　冬季北半球 500 hPa 高度场与集中度的前四个模态时间系数的相关系数分布
（a. 第一模态，b. 第二模态，c. 第三模态，d. 第四模态）

冬季气温偏低正是这个原因造成的。

进一步分析冬季东亚季风指数与前四个 LTCD 的旋转主分量的相关后发现，与第一主分量呈现较高的正相关，而与后三个主分量的相关性不明显，在此可明确东亚季风影响关键区为柴达木盆地，反映出当东亚季风偏强时，在近地层，蒙古以北的贝加尔湖地区会形成冷性高压，乌拉尔山地区易出现阻塞形势，从而使来自极区的冷空气自新疆沿西北路径南下直接影响青海北部的柴达木盆地，导致该地区可能出现持续低温。

表 1　青海省冬季持续低温过程集中度与同期部分环流因子的相关统计表

时段	NAO	WP	东亚季风指数	高原热状况	贝加尔湖高压	西藏高原指数（30°—40°N，75°—105°E）
1961—2009 年	−0.313	0.257	0.438	0.530	0.316	−0.267

3　结论与讨论

采用青海高原 37 个台站 1961—2010 年逐日气温数据，统计了青海冬季的持续低温过程，定义并计算了冬季持续低温的集中度和集中期指数，分析了冬季持续低温的集中度和集中期的时空变化特征及其发生机制，结果发现：

(1)青海高原近50年冬季低温过程和集中度均呈逐年减少趋势，20世纪60年代持续低温过程出现频次最高。集中期也是逐年递减，表明青海冬季低温过程逐渐提前。周期分析的结果发现LTCD存在6 a和16 a的准周期变化，LTCP存在明显的准2、4和7 a周期。从空间分布上发现，青海高原冬季低温过程集中度表现出西南(低)—东北(高)分布，柴达木盆地东部及海东地区为集中度的高值区域。青海持续低温过程集中出现在1月中旬，环青海湖地区及沱沱河、杂多等地集中期相对较早。冬季持续低温集中度对青海高原降雪具有较好指示作用。

(2)CAST与REOF相结合区划结果表明，青海高原持续低温集中度可以划分成柴达木盆地区、青南牧区、唐古拉地区、东部农业区四个区域。柴达木盆地和青南牧区持续低温集中度均呈减少趋势，柴达木盆地集中度峰值出现在20世纪60年代，青南牧区峰值出现在20世纪90年代。唐古拉地区低温过程集中度呈现明显增大趋势，20世纪60年代为低值区，峰值在20世纪90年代。

(3)通过分析青海不同分区集中度与北半球500 hPa高度场的相关后得出如下结论：影响柴达木盆地最为显著的区域位于极区和北大西洋，青南牧区相关性较好的区域位于新疆以西地区和极区，但不是非常显著，这可能主要是由于局地气候反馈机制对集中度的影响较大；唐古拉地区的集中度与极区、乌拉尔山地区及东部鄂霍茨克海附近的高度场均呈显著正相关；与东部农业区的相关体现为自西向东呈“＋ － ＋”类似波列型分布，其中在乌拉尔山地区为正相关分布，新疆及其以西地区为显著的负相关区，在中国东部有正相关分布。

(4)北大西洋涛动(NAO)、西藏高原B指数、冬季遥相关型(WP)、东亚季风指数、高原热状况及贝加尔湖高压与青海高原冬季LTCD具有明显的相关，并且东亚季风指数和高原热状况与集中度的相关系数最为显著，这反映出在东亚冬季风偏强年，冷空气经向活动加强，而受到高原热力作用阻碍冷空气不易南下堆积在中国西北地区，从而导致低温过程频发。

另外，城市化对判断持续低温事件会有一定的影响，如何考虑单站和区域平均持续低温变化趋势中的城市化影响，获得消除局地人为影响的持续低温事件变化趋势的估计值，是今后需要进一步探讨的重要问题。

参考文献

[1] Bonsal B R, Zhang X B, Vincent L A, *et al*. Characteristics of daily and extreme temperature over Canada. *J Climate*, 2001, **5**(14): 1959-1976.

[2] Manton M J, Della-Marta P M, Haylock M R, *et al*. Trend in extreme daily rainfall and temperature in Southeast Asia and the South Pacific: 1961—1998. *Int J Climate*, 2001, **21**: 269-284.

[3] 马柱国，符淙斌，任小波等. 中国北方年极端温度的变化趋势与区域增暖的联系. 地理学报，2003，**58**(增1)：11-20.

[4] Frich P, Alexander L V, Della-Marta P, *et al*. Observed coherent changes in climatic extremes during the second half of the 20th century. *Clim. Res*, 2001, **19**(3): 193-212.

[5] Zhai P M, Sun A J, Ren F M, *et al*. Change of climate extremes in China. *Climate Change*, 1999, **45**: 203-218.

[6] 于秀晶，李栋梁，胡靖彪. 吉林省近50年来气候的年代际变化特征及其突变分析. 冰川冻土，2011，**26**

(6):779-783.

[7] 任福民,翟盘茂. 1951—1990年中国极端温度变化分析.大气科学,1998,**22**(2):217-227.

[8] 杨金虎,沈永平,王鹏祥等.中国西北近45a来极端低温事件及其对区域增暖的响应.冰川冻土,2010,**29**(4):536-542.

[9] Chen L X, Shao Y N, Dong M, *et al*. Preliminary analysis of climatic Variation during the last 39 years in China. *Adv Atmos Sci*,1991,**8**(3):279-288.

[10] 吴志伟,朱筱英,孙瑞林. 近40年江苏省冬季气温异常的演变及其海气背景场特征. 南京气象学院学报,2001,**24**(4):581-586.

[11] 王跃男,何金海,姜爱军.江苏省夏季持续高温集中程度的气候特征研究. 热带气象学报,2009,**25**(1):97-102.

[12] Zhang Lujun,Qian Yongfu. Annual distribution features of the yearly precipitation in China and their interannual variations. *Acta Meteor Sinica*,2003,**17**(2):146-163.

[13] 杨远东.河川径流年内分配的计算方法.地理学报,1984,**39**(2):218-227.

[14] Charles G M . Seasonality of precipitation in the United States. *Annuals of the Association of American Geographers*,1970,**6**(3):593-597.

[15] 张录军,钱永甫.长江流域汛期降水集中程度和洪涝关系研究.地球物理学报,2003,**47**(4):622-630.

[16] 王冀,赵春雨,娄德君. 东北地区冬季降雪的集中度和集中期变化特征. 地理学报,2010,**65**(9):1069-1077.

[17] 丁裕国,张耀存,刘吉峰.一种新的气候分型区划方法.大气科学,2006,**31**(1):129-136.

[18] 刘玉莲,李栋梁. 哈尔滨气温增暖倾向和季节循环的年代际差异.冰川冻土,2010,**27**(5):660-665.

新疆石河子垦区气候变化分析及预测

王秀琴[1]　张山清[2]　段维[3]

（1.新疆石河子气象局，石河子 832000；2.新疆乌鲁木齐气象局，乌鲁木齐 830002；
3.新疆康地种业科技有限公司，乌鲁木齐 830011）

摘　要

根据1961－2008年历史气候资料，采用线性回归、帽子小波和Mann-Kendall突变检测等方法，对石河子垦区近48年的各气象要素、潜在蒸散量和地表干燥度等变化趋势和特征进行了分析及预测。结果表明：(1)近48年石河子垦区年平均气温、降水量和日照时数呈升高(增多)趋势，年平均风速呈减小的趋势；(2)潜在蒸散量与日照时数和平均风速呈极显著的正相关，与年降水量呈极显著的负相关；(3)突变检测表明，年平均气温、降水量分别在1970和1986年发生了突变性的升高；年平均风速、潜在蒸散量和地表干燥度分别于1973、1987和1986年发生了极显著的突变性减小；(4)各气候要素和潜在蒸散量、地表干燥度分别存在3～23 a不同时间尺度的周期性变化。(5)预计未来10 a，气温保持上升趋势，降水量呈偏少时期，日照时数转为相对偏少期，风速呈略增大趋势，潜在蒸散量呈略偏少阶段，石河子垦区将进入相对干燥阶段。

关键词：新疆石河子垦区　气候变化与预测　潜在蒸散量　地表干燥度

引言

近100 a(1906—2005年)全球地表平均气温上升了0.74℃，气候变暖已成为一个不争的事实[1,2]新疆的许多研究也表明，在全球变化背景下，过去的40多年里新疆的大部分地区因气温上升、降水增多而表现出不同程度的“暖湿化”趋势[3-8]。但事实上，对降水稀少，蒸发强烈，极度干旱的新疆来说，仅考虑温度、降水等单一气候要素的变化，难以客观地描述该地区气候的温、湿变化特征。因此，本文在对各气候要素变化趋势和变化特征分析的基础上，探讨能够综合体现温、湿气候条件和水分收支平衡特征的潜在蒸散量和地表干燥度[9]变化，对新疆生态环境的保护和农牧业生产的指导意义更为深远。因此，全面、客观地分析近半个世纪以来石河子垦区的气候变化趋势和变化规律，对适应气候变化，采取趋利避害的生态环境保护和农牧业生产管理技术措施，促进石河子垦区社会、经济的持续稳定发展具有重要意义。

1　材料与方法

1.1　站点的选取和资料的处理方法

选取石河子垦区的炮台、莫索湾、石河子市3个资料具有代表性的气象台站，针对1961—2008年逐年(月)气候资料进行气候要素变化趋势、特征以及潜在蒸散量和地表干燥度的计算和分析预测。并用3站各要素序列的算术平均值代表近48年垦区气候变化信息的时间序列。

1.2　气候变化趋势分析方法

通常用一次直线方程来描述气候要素的变化趋势[6]，即：

$$y(t) = at + b \tag{1}$$

其中，t 为年序，a 为线性方程的斜率，也就是气候要素的线性变化趋势和速率。a 为正(负)表示增加(减小)趋势，零表示无变化趋势，并将 $a \times 10$ a 定义为气候倾向率，单位为℃/(10 a)、mm/(10 a)或 h/(10 a)等，b 为常数，可通过最小二乘法求取。

1.3 潜在蒸散量和地表干燥度的计算

地表干燥度是表征一个地区气候干湿程度的重要指标，一般以潜在蒸散量与降水量的比值来表示。由于干燥度综合考虑了水分的收支和热量平衡，因此，具有较气温、降水、日照、风速等单一气候因子更优越的指示意义[9]。其表达式为

$$K = ET_O / P \tag{2}$$

其中，K 为干燥度；ET_O 为潜在蒸散量(mm)；P 为降水量(mm)。潜在蒸散量的计算方法很多[10]，其中 Penman-Monteith 公式由于具有较充分的理论依据，且计算精度较高，因此，1998 年联合国粮农组织(FAO)将该公式推荐为计算潜在蒸散量的标准方法[10-11]，近年来在世界各地得以广泛应用[10-14]，本文也利用该公式进行石河子垦区潜在蒸散量的计算和分析。

1.4 气候要素的周期性分析方法

近年来，小波分析在气候系统的多时间尺度分析研究中有较多应用[15-17]，本文采用帽子小波分析石河子垦区近 48 年年平均气温、降水量、日照时数、风速以及潜在蒸散量和地表干燥度等要素的特征尺度和变化周期。

1.5 气候要素的突变分析方法

检验气候突变的方法有多种，本研究采用检测范围宽、定量化程度高，且被广泛认为理论基础和应用效果均较好的 Mann-Kendall 方法[18,20]，对石河子垦区近 48 年气温、降水、日照时数、年平均风速、潜在蒸散量和地表干燥度等气候要素进行突变检测，具体方法见文献[18]。

2 结果与分析

2.1 各要素的年际和年代际变化

2.1.1 年平均气温

线性趋势分析表明，近 48 年，各站年平均气温均分别以 0.364℃/10 a～0.405℃/10 a 的倾向率上升，3 站平均上升倾向率为 0.393℃/10 a，明显大于近 40 年全国平均增温倾向率[19](0.04℃/10 a)，达到了 $\alpha=0.001$ 的极显著水平，48 年里石河子垦区年平均气温已升高了 1.9℃。

从气温的年代际变化来看也呈递增之势，其中，20 世纪 60 和 70 年代气温较低，分别为 6.5℃和 6.6℃，低于 48 年平均值(7.1℃)，80 年代以来气温明显上升，80 年代平均气温 7.1℃，较 70 年代上升了 0.5℃，90 年代较 80 年代又上升了 0.4℃，2001—2008 年平均气温较 90 年代再次升高了 0.6℃，达 8.1℃。

2.1.2 年降水量

石河子垦区 3 站的多年平均年降水量为 128.5～208.0 mm。近 48 年各站的年降水量分别以 10.34～11.856 mm/(10 a)的倾向率增多。3 站平均年降水量增多倾向率为 11.056 mm/(10 a)，达到了 $\alpha=0.01$ 的较显著水平，48 年里石河子垦区年降水量已增多了 53.1 mm，增多 20.3%。

从近48年垦区降水量的年代际变化来看，20世纪60年代和70年代相对较小，分别为150.8和140.3 mm，低于48年平均值(162.2 mm)，80年代以来降水有所增多，80和90年代分别为166.8和170.5 mm，2001—2008年平均年降水量上升到188.0 mm。

2.1.3 年日照时数

石河子垦区日照充足，年日照时数多在2700 h以上。近48年，除炮台站的年日照时数以－13.337 h/(10 a)的倾向率略减外，莫索湾、石河子两站分别以47.612 h/(10 a)和6.805 h/(10 a)的倾向率增多，3站平均以13.693 h/(10 a)的倾向率呈不显著的增加趋势。

石河子垦区日照的年代际变化也较为稳定，除20世纪80年代日照时数较少，为2678.6 h外，其他年代均在2800 h左右。

2.1.4 年平均风速

近48年，石河子垦区各站年平均风速均分别以－0.09～－0.153 m/(s·10 a)的倾向率减小。3站平均年均风速减小倾向率为－0.115 m/(s·10 a)，达到了α=0.001的极显著水平。48年里石河子垦区年平均风速已减小了0.6 m/s。从年平均风速的年代际变化来看，总体呈较明显的逐年代递减趋势，20世纪60年代平均风速最大，为1.9 m/s，之后的70年代至90年代依次降至1.7、1.5和1.5 m/s，2001—2008年年均风速最小，为1.4 m/s。

2.1.5 年潜在蒸散量

近48年，垦区3站年潜在蒸散量分别以－0.545～－13.4 mm/(10 a)的倾向率减少，3站平均以－5.8 mm/(10 a)的倾向率呈不显著的递减趋势，48年里石河子垦区平均年潜在蒸散量减少了27.8 mm。统计分析石河子垦区3站1961—2008年潜在蒸散量(样本数n=144)与各站同期年平均气温、降水量、日照时数和平均风速的相关关系，可以发现，潜在蒸散量与日照时数和平均风速分别以0.4633和0.6809的相关系数呈极显著(α=0.001)的正相关，与年降水量以－0.5881的相关系数呈极显著的负相关，但与年平均气温的相关性不显著。这说明，影响潜在蒸散量变化的气候因素是复杂多样的。近48年，尽管石河子垦区平均气温呈上升趋势，但由于风速减小以及降水量增大对潜在蒸散的减少作用补偿甚至超过了气温升高对潜在

表1 1961—2008年石河子垦区3站各气候要素平均值及变化倾向率

台站		炮台	莫索湾	石河子
气温	48年平均(℃)	7.1	6.8	7.5
	倾向率(℃/(10 a))	0.405	0.401	0.364
降水量	48年平均 (mm)	150.3	128.5	208.0
	倾向率(mm/(10 a))	10.34	10.919	11.856
日照时数	48年平均 (h)	2804	2799.9	2736.8
	倾向率(h/(10 a))	－13.337	47.612	6.805
平均风速	48年平均(m/s)	1.6	1.7	1.4
	倾向率(m/(s·10 a))	－0.153	－0.09	－0.102
潜在蒸散	48年平均 (mm)	1103.9	1111.7	1031.7
	倾向率(mm/(10 a))	－13.414	－3.446	－0.545
地表干燥度	48年平均	8.21	9.42	5.28
	倾向率(/(10 a))	－0.775	－0.697	－0.295

蒸散的增大作用，导致潜在蒸散量总体呈微弱的减小趋势。

2.1.6　年平均地表干燥度

受年降水量和潜在蒸散量变化的共同影响，近48年，石河子垦区各站地表干燥度分别以－0.295～－0.775/(10 a)的倾向率减小，3站平均以－0.501/(10 a)的倾向率呈显著性($\alpha=0.05$)递减趋势，48年里年平均地表干燥度已减小了2.4。

从地表干燥度的年代际变化来看，20世纪60和70年代干燥度分别为7.7和8.2，十分干燥；80年代和90年代均为6.9，2001—2008年平均为6.0，下降趋势明显。

综上所述，近48年石河子垦区气温升高，降水增多，风速减小，日照时数略增，潜在蒸散量和地表干燥度减小，气候呈较明显的“暖湿化”趋势。

表2　石河子垦区各气候要素年代际变化

时段	气温(℃)	降水(mm)	日照时数(h)	风速(m/s)	潜在蒸散量(mm)	干燥度
1961—1970年	6.5	150.8	2769.1	1.9	1085.6	7.7
1971—1980年	6.6	140.3	2822.2	1.7	1111.3	8.2
1981—1990年	7.1	166.8	2678.6	1.5	1058.7	6.9
1991—2000年	7.5	170.5	2781.4	1.5	1076.6	6.9
2001—2008年	8.1	188.0	2867.3	1.4	1079.5	6.0
48年平均	7.1	162.2	2780.2	1.6	1082.4	7.2

2.2　各要素周期变化分析

2.2.1　年平均气温

由近48年年平均气温帽子小波分析结果可见，9、15和23 a的振荡周期贯穿了气温变化的始终，其中，9 a周期更为明显。另外，1961—1970年和1970—1999年还分别存在3 a和准5 a的周期变化。受各尺度周期变化的综合影响，预计近期石河子垦区的气温仍将保持上升趋势。

2.2.2　年降水量

石河子垦区年降水量主要存在3、6和16 a的周期变化，其中，16 a的年代际尺度的周期更为明显。另外，1970—1987年还出现了8 a的周期。综合不同尺度周期变化规律，预计未来10 a将进入降水量总体偏少时期。

2.2.3　年日照时数

近48年，石河子垦区年日照时数主要存在3、6和24 a的变化周期，其中，24 a的周期更为明显，另外，自20世纪60年代中期至90年代初还出现了12a的周期变化。从日照时数小波变换结构看，未来10 a日照时数转为相对偏少期。

2.2.4　年平均风速

石河子垦区年平均风速主要存在16 a的年代际尺度变化周期。另外，1961—2002、1961—1995和1961—1972年还分别存在9、6和4 a的阶段性周期。从年平均风速小波变换结构看，未来10 a风速将略有增大。

2.2.5　年潜在蒸散量

石河子垦区年潜在蒸散量主要存在3～4、6～8和20 a的周期变化，其中，20 a的周期最明显。对比潜在蒸散量与各气候要素的小波变换结构可看出，潜在蒸散量与日照时数和风速基本相似，而与降水量的位相相反。从潜在蒸散量小波变换结构看，未来10 a潜在蒸散量为总体偏少阶段。

2.2.6　地表干燥度

石河子垦区地表干燥度主要存在16、6～8和3～5 a的周期变化，小波结构与气温、日照、风速和潜在蒸散量相似，而与降水量大体相反。从地表干燥度小波变换结构看，未来10 a将进入相对干燥阶段。

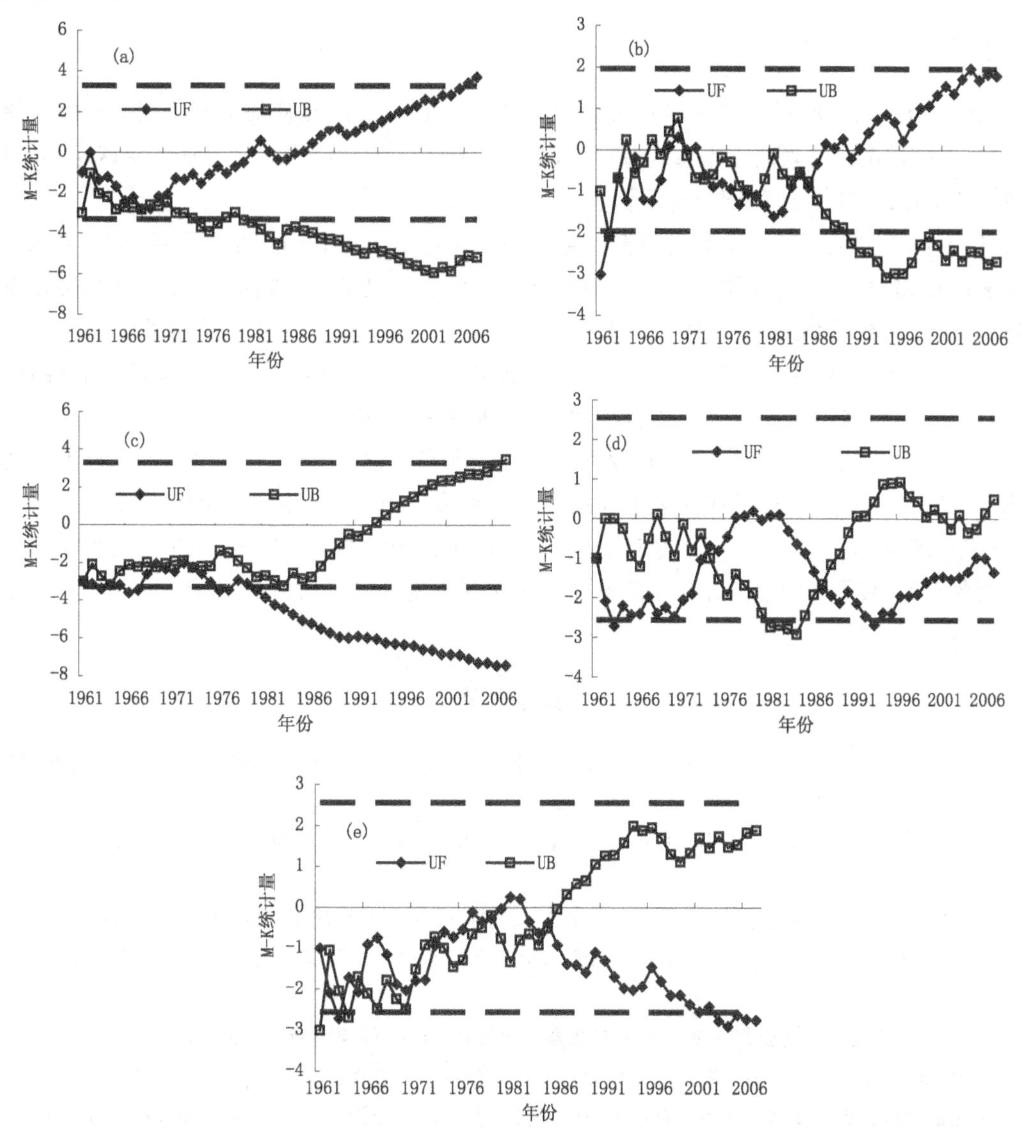

图1　石河子垦区年平均气温(a)、降水量(b)、平均风速(c)、潜在蒸散量(d)和地表干燥度(e)等要素的Mann-Kendall突变检测

2.3　各要素突变检测

利用Mann-Kendall方法分别对石河子垦区1961—2008年年平均气温、降水量、日照时数、风速、潜在蒸散量和地表干燥度等要素进行突变检测，结果表明：年平均气温在1970年发生了极显著($\alpha=0.001$)的突变性升高(图1中虚线为给定显著性的临界值，下同)；年降水量于1986年发生了显著($\alpha=0.05$)的突变性增多；年平均风速于1973年发生了极显著($\alpha=0.001$)

的突变性减小;但年日照时数的变化未达到突变标准(图略)。受上述各要素变化的综合影响,潜在蒸散量和地表干燥度分别于1987年和1986年发生了较显著($\alpha=0.01$)的突变性减小。综合气温、降水和地表干燥度的突变特征,可以认为,石河子垦区气候在1970年发生了突变性的"变暖",1986年发生了突变性的"变湿"。这与文献[20,21]提出的"西北地区气候在1987年前后发生了由暖干向暖湿转变"的论述基本一致。

3 结论

(1)近48年,石河子垦区年平均气温以0.393℃/(10 a)的线性倾向率上升,年降水量以10.036 mm/(10 a)的倾向率增多,年平均风速以−0.115 m/(s·10 a)的倾向率减小,年日照时数以13.693 h/(10 a)的倾向率增多。

(2)石河子垦区潜在蒸散量与日照时数和平均风速呈极显著的正相关关系,与年降水量呈极显著的负相关关系,与年平均气温相关不显著。尽管气温呈上升趋势,但由于风速减小和降水量增多对潜在蒸散的减小作用补偿了气温上升的影响,致使潜在蒸散量总体以−5.8 mm/(10 a)的倾向率减小,进而导致地表干燥度以−0.501/(10 a)的倾向率呈显著性递减。因此,近48年石河子垦区气候总体呈较明显的"暖湿化"趋势。

(3)年平均气温、降水量、日照时数和平均风速等气候要素具有3~23 a不同尺度的周期变化,受其影响,潜在蒸散量和地表干燥度也相应地表现出不同时间尺度的振荡周期。

(4)突变检测表明,石河子垦区年平均气温、降水量分别在1970和1986年发生了显著性的突变性升高,年平均风速、潜在蒸散量和地表干燥度分别于1973、1987和1986年发生了显著的突变性减小。

参考文献

[1] 秦大河,罗勇,陈振林等.气候变化科学的最新进展:IPCC第四次评估综合报告解析.气候变化研究进展,2007,**3**(6):10-14.

[2] 袁玉江,何清,魏文寿等.天山山区与南、北疆近40a来的年温度变化特征比较研究.中国沙漠,2003,**23**(5):521-526.

[3] 袁晴雪,魏文寿等.中国天山山区近40年的年气候变化.干旱区地理,2006,**28**(1):115-118.

[4] 普宗朝,张山清,李景林等.近36年新疆天山山区气候暖湿变化及其特征分析.干旱区地理,2008,**31**(3):409-415.

[5] 张家宝,史玉光等.新疆气候变化及短期气候预测研究.北京:气象出版社,2002,9-105.

[6] 程霞,李帅,师庆东等.阿勒泰地区气候生产力变化分析.干旱地区农业研究,2007,**25**(3),86-88.

[7] 范丽红,何清,崔彦军等.近40a石河子地区气候暖湿化特征分析.干旱气象,2006,**24**(1),14-17.

[8] Ma Zhuguo,Dan Li,Hu Yuewen,*et al*. The extreme dry/wet events in northern China during recent 100 years. *J. Geographical Sci.*,2004,**14**(3):275-281.

[9] 刘钰,Pereira L S, Teixeira J L等.参照腾发量的新定义及计算方法对比.水利学报,1997,(6):27-33.

[10] Allen R G,Pereira L S,Raes D, Smith M. Crop evapotranspiration Guidelines for computing crop water requirements. FAO Irrigation and Drainage 56. 1998.

[11] 毛飞,张光智,徐祥德.参考作物蒸散量的多种计算方法及其结果的比较.应用气象学报,2000,11(增刊):128-136.

[12] 高歌,陈德亮,任国玉等.1956—2000年中国潜在蒸散量变化趋势.地理研究,2006,**25**(3):378-387.

[13] 普宗朝，张山清，王胜兰等. 近36年新疆天山山区潜在蒸散量变化特征及其与南北疆的比较. 干旱区研究，2009，**26**(3)：424-432.

[14] 琚彤军，石辉，胡庆等. 延安市近50年来降水特征及趋势变化的小波分析研究. 干旱地区农业研究，2008，**26**(4)：230-235.

[15] 王希娟，唐红玉，张景华等. 近40年青海东部春季降水变化特征及小波分析. 干旱地区农业研究，2006，**24**(3)：21-25.

[16] 李远平，杨太保等. 柴达木盆地近50年来气温、降水的小波分析. 干旱区地理，2007，**30**(5)：708-713.

[17] 符淙斌，王强等. 气候突变的定义和检测方法. 大气科学，1992，**16**(6)：482-493.

[18] 陈隆勋，朱文琴，王文等. 中国近45年来气候变化的研究. 气象学报，1998，**56**(3)：257-271.

[19] 施雅风，沈永平，李栋梁等. 中国西北气候由暖干向暖湿转型的特征和趋势探讨. 第四纪研究，2003，**23**(2)，152-163.

[20] 施雅风，沈永平，胡汝骥等. 西北气候由暖干向暖湿转型的信号、影响和前景初步探讨. 冰川冻土，2002，**24**(3)：219-226.

气候信息交互显示与分析系统试用1.0版本(CIPAS)的建设及应用

邵鹏程　吴焕萍　刘秋锋　孙家民　张永强　刘北

(国家气候中心,北京 100081)

摘　要

从主要功能、国家级和省级应用、业务试运行存在的问题和改进措施等方面总结了CIPAS的建设情况以及在短期气候诊断预测业务中的应用。CIPAS主要功能包括多格式气象气候数据支持、可视化显示、图层管理、综合分析工具、交互编辑订正、输出、二次开发接口与版本定制等。CIPAS系统的交互产品制作、气候诊断分析等主要功能在全国汛期气候会商、月季气候预测业务中得到较好的应用。目前在业务试运行中的问题主要体现在数据资料、预测方法和本地化应用与扩展、运行维护等方面。

关键词:CIPAS功能　典型应用　存在问题　改进措施

引言

面向气候监测诊断、预测等基本业务,为满足国家级、省级气候业务部门不同层次用户的需求,按照"统一设计,有序、分步实施"的原则,采用自顶向下、分层设计、逐步求精的设计思路,通过2～3 a的努力逐步建立集约化的、功能齐全实用的、使用高效的、科学快捷的新一代气候监测、诊断、预测的气候业务系统,全力实现客观化的气候监测预测能力,并全面提高气候预测的可靠性。2011年完成了业务系统的详细需求分析与总体设计,开展气候信息交互显示与分系统(CIPAS)的集成开发,并在国家级业务部门进行试用。2012年发布两个试用版本(CIPAS1.0.0.0版和CIPAS1.0.0.5版),在全面开展国家级业务部门的业务试运行的同时,推进了CIPAS的省级业务单位的安装部署、业务试运行和本地化应用扩展,并组织了3次包括国家级和省级业务部门在内的业务人员培训。通过对省级业务单位试用CIPAS的调研,了解了CIPAS业务试运行的情况、系统存在的问题以及新的业务需求,有利于CIPAS的未来发展与完善。

1　CIPAS功能

后缩作为面向气候监测、气候诊断、气候预测业务支撑能力的专业化软件的基础。主要功能包括多格式气象气候数据支持、可视化显示、图层管理、综合分析工具、交互编辑订正、输出、二次开发接口与版本定制等,其系统流程如图1所示。

多源、多格式的各种气候资料接入显示与分析:支持MICAPS多类格式(如天气预报数据),GRIB1/2(如T639分析场和预报场),NetCDF(如NCEP再分析资料),CTL/GRD(如GrADS资料),AWX(如卫星资料),HDF5(如风云系列卫星资料),CIPAS站点、格点、交互文件(如FODAS、MODES预报数据),TXT文本文件(如站点)、数据库(如其支撑应用库),地理信息格式：Shape、grid、GeoTiff 影像。

气候信息综合叠加显示和基础地图管理：地面、高空等常规资料、模式资料、预报资料多方式综合叠加显示，显示方式涵盖站点图、等值线、色斑图、格点图、风场、流场、剖面图、曲线图等，地图缩小、地图放大、地图漫游、地图全屏、投影变换、空间显示范围与自定义区域设置、多窗口显示与联动、地图背景设置、地图模板管理等操作，支持新建、移动、删除、叠加、空间显示范围设置等图层操作。

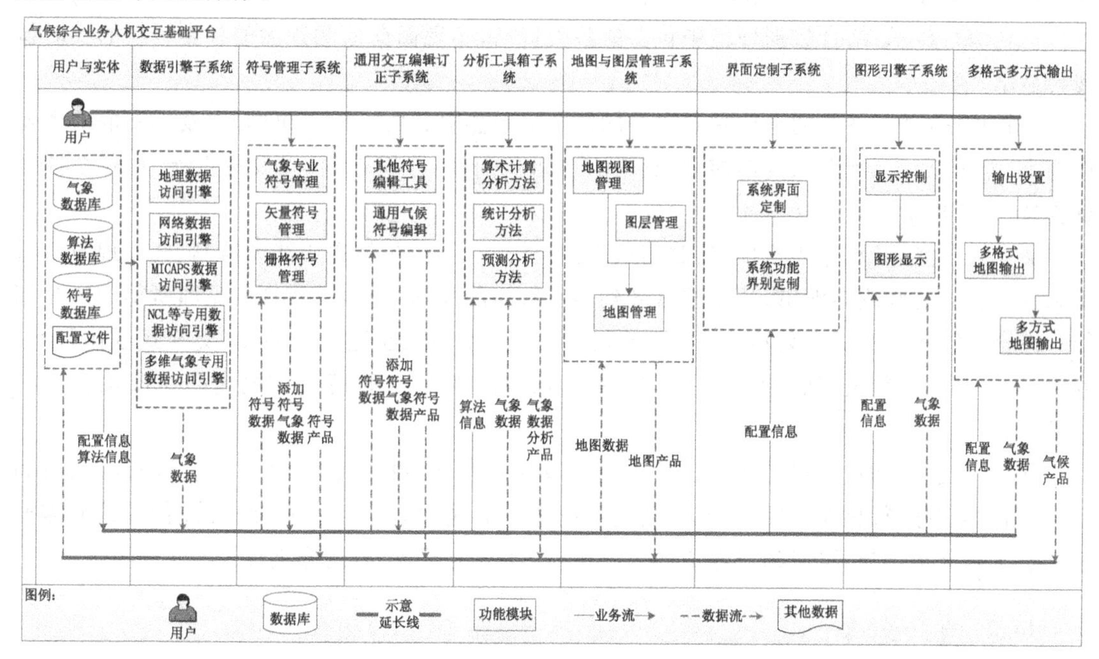

图 1　气候信息交互显示与分析系统(CIPAS)系统流程图

人机交互式预报产品生成与编辑：通用的等值线、线条、文字、落区(封闭多边形)绘制，支持常用天气现象的绘制。降水、温度等基本要素预报的快速绘制、气候常用灾害现象预报绘制。支持修改、移动、删除、后退撤销、前进重做等操作，实现了多类主观预报产品的交互制作与生成能力。

基本诊断分析工具箱：面向气候监测、诊断、预测等业务统计诊断工具箱。提供数据种类、时间、空间、层次、分析类型等参数的设置和分析结果的可视化与输出，并将支持工具扩展。主要工具：合成 t 检验分析、相关分析、EOF 分析、SVD 分析、线性回归分析、曲线分析、剖面图分析。站点资料支持地面观测资料 2400 站温度和降水。格点资料支持气温、位势高度、SST、土壤湿度、OLR、降水(CMAP、GPCP)、经向风、纬向风、矢量风、大气厚度、SLP。指数资料包括 74 项环流指数和自定义上传指数。面向气温、降水预报落区反演至站点的专用分析工具，实现不同时间尺度的滚动预报功能。

高质量的气候业务产品制图与多格式输出：制图窗口提供页面设置、图例样式设置、标题设置、图片插入、比例尺设置、经纬网设置、几何图形添加、图形布局(排列、顺序)、地图缩放、移动模板管理(保存、导入)。图像(COPY、PDF、PNG、JPG、BMP、TIFF 输出)，所见即所得打印。

2 CIPAS 典型应用

气候信息交互显示与分析系统逐步在气候监测、诊断和预测等方面发挥了支撑作用。2011 年,CIPAS 在国家气候中心进行试运行,2012 年完成了省级推广并组织了三次培训。在 2012 年全国汛期气候会商、月季气候预测业务中得到较好的应用,也逐步在省级业务单位月度会商等基础业务方面得到初步的应用。

资料综合显示:结合数据环境中包含的各类资料,实现面向监测预测的各类资料的实时调阅与显示;

资料订正:利用系统的全球站点资料的综合显示能力(站点图、色斑图)以及丰富的地图操作能力(缩小、放大、漫游)、查询能力(资料的空间查询、属性表查询)以及订正能力,对全球站点资料,进行质量控制。

交互式气温、降水等要素预报:利用通用预报交互工具,包括通用线条绘制、气候现象符号绘制以及相应的修改与编辑,从预报落区到站点数据的反演分析,并实现所见即所得的产品制作。结合系统提供的一系列功能,国家级业务单位如预测室通过气候调阅,交互式制作降水、温度等月、季距平预报,然后反演到站点,最后通过应用定制的模板可视化的生成预报业务产品。

交互式气候诊断:预报员通过工具箱中选择分析类型、数据源、时间尺度、空间范围、时间段、输出类型等进行相应诊断分析、并通过系统预设的显示方案可以直接出诊断产品,如需要进一步调整分析结果,可以通过相应的工具进行,如显示模版、填色分级等。

3 试用问题分析

2012 年对 CIPAS 的省级应用和本地化扩展进行调研,截至 2012 年 11 月 30 日,已经反馈回来的共有 26 个省(市)。目前在业务试运行中的问题与建议主要涵盖了数据资料、功能(预测方法)和本地化应用与扩展、运行维护等方面。

气候资料:资料数据的需求主要体现在站点资料上,全国所有省(市)要求下发 2400 站的站点资料,以便在本地化应用和各省(市)气候预测中能够使用。

系统功能:监测功能相对薄弱,并希望下一步逐步增加典型的预测方法和工具。

本地化扩展:希望地图更新到最新的地图信息,并为各省(市)定制好本地的地图、增加对本地区域站点进行更灵活的选择与定制能力;进一步指导省级数据入库;进一步简化二次开发接口,以便本地进行二次开发,增加本地特色的诊断分析工具。

未来发展:部分省份建议在条件许可下,系统的部分功能可建成 Web 版本,服务端在国家气候中心部署,设立专门省级用户访问方式。

安装部署:服务器安装与维护过程较为专业复杂,建议提供更为简捷的安装步骤,增加更多的用户配置设置及脚本设置,更流畅的计算操作,将所有配置信息写在一个配置文件中,减少出错,方便维护,即希望进一步提高 CIPAS 维护升级的简便性和可操作性。

运行维护管理:部分省级单位希望中国气象局相关管理部门下文系统安装部署由各省(市)信息中心技术人员参与并负责;并请信息中心帮助维护和运行。

4 结束语

针对上述存在的问题，主要采取以下应对措施：组织承建单位进一步修改存在问题，适时发布修订改进的小版本，并完善版本管理；充分利用好网络等通讯平台进行远程协助指导解决相应问题。对于存在问题较多的省份，适时到省级单位进行现场指导；资料下发等方面问题，将及时通报主管单位，请其协助解决；如有可能，建议在 2013 年初召开省级气候信息交互显示与分析平台建设研讨会，邀请部分省级业务专家与领导参加。

2012/2013 年冬季气候趋势预测总结

郑志海　王永光

（国家气候中心，北京 100081）

摘　要

对 2012/2013 年冬季温度预测效果进行了评估，对冬季气温的异常分布和季节内变化的预测均与实况一致，预测评分（PS 评分）达到了 96 分。给出了冬季的环流异常特征，重点总结了预测时考虑的前期关键外强迫因子对冬季气温的影响，预测时重点抓住了北极海冰异常偏少、大西洋三极子的正位相，以及热带印度洋 IOBW 等外强迫因子对冬季风的综合影响。结果表明，冬季环流中高纬度呈现"西高东低"的异常型分布，副高正常偏强，预测与实况较为一致。

1　2012/2013 年冬季预测效果评估

2012 年 11 月初，国家气候中心正式发布的"2012/2013 年冬季全国气候趋势预测综合意见"中指出（图 1 左）："我国气温呈现北方偏冷南方偏暖、前冬冷后冬暖的趋势，冷暖变化幅度较大，有可能出现区域性低温和阶段性强降温过程，但冷的程度比去年冬季轻。""内蒙古中部、辽宁大部、河北北部、山西北部、北京、天津等地偏低 1～2℃。全国其余地区气温接近常年同期或偏高，其中西藏中东部、四川西南部和云南大部偏高 1～2℃。"

从实况温度异常空间分布（图 1 右）可以看出，东北、内蒙古中东部、华北大部、黄淮、江淮、江汉、江南西部、新疆北部和中部、西藏西部部分地区气温偏低，其中东北、内蒙古东部、新疆北部等地区偏低 2～4℃，东北西部和内蒙古东部局部偏低 4℃以上；全国其余大部地区气温接近常年同期或偏高，其中云南大部和青海南部气温偏高 1～2℃。对比预测和实况可以看出，我国大部分地区冬季气温预测与实况非常一致，仅对山西、宁夏北部、内蒙古西部、陕西北部的预测与实况有所差异，温度的预测评分（PS 评分）为 96 分。

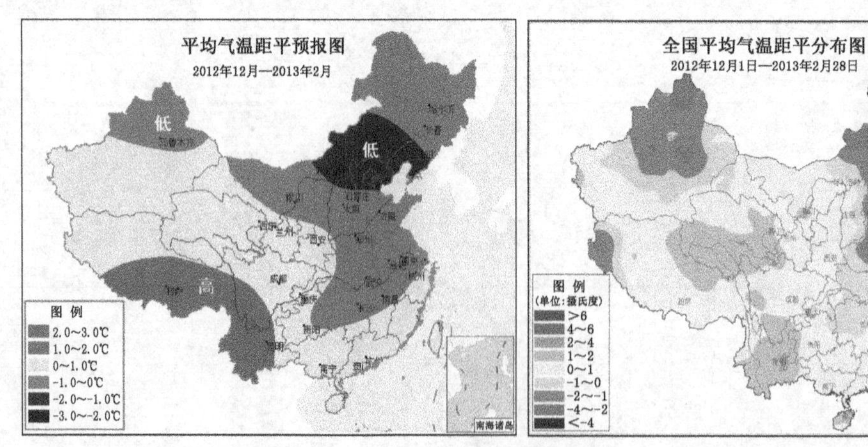

图 1　2012/2013 年冬季气温预测（左）与实况（右）对比

在冬季预测意见中，重点指出了我国气温呈现北方偏冷南方偏暖、前冬冷后冬暖的趋势，冷暖变化幅度较大，有可能出现区域性低温和阶段性强降温过程，但冷的程度比去年冬季轻。实况来看，季内，我国气温变化呈现前冬冷、后冬暖的阶段性变化特征，其中2012年12月上旬至2013年1月上旬，全国除西南地区略偏暖外，北方和中东大部气温偏低2～4℃，部分地区偏低达4℃以上。2013年1月中旬至2月下旬，全国除东北、华北平原和内蒙古东部偏冷外，其余大部地区气温以偏暖为主(图2)。对温度异常的空间分布和季节进程的预测与实况一致。

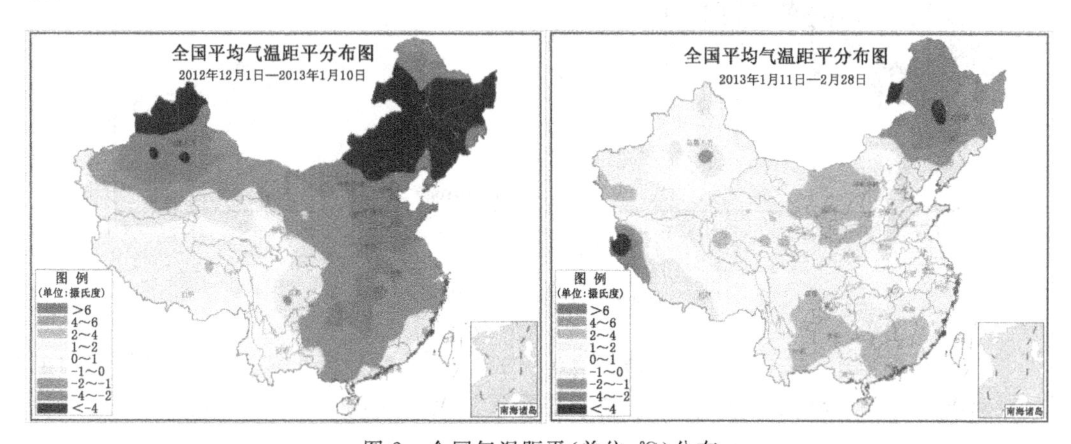

图2　全国气温距平(单位:℃)分布

(左) 2012年12月1日—2013年1月10日,(右)2013年1月11日—2月28日

2　2012/2013年冬季环流特征

北极涛动(AO)自入冬以来一直维持在负位相(图3)，有利于极地的冷空气向南侵袭影响我国。入冬以来，西伯利亚高压经历了先强后弱再强的强度变化(图4)。

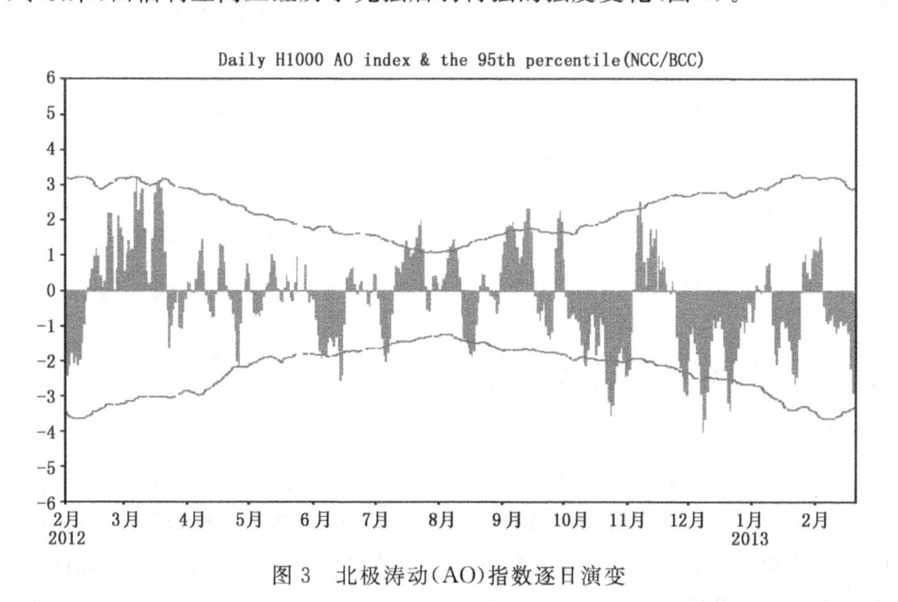

图3　北极涛动(AO)指数逐日演变

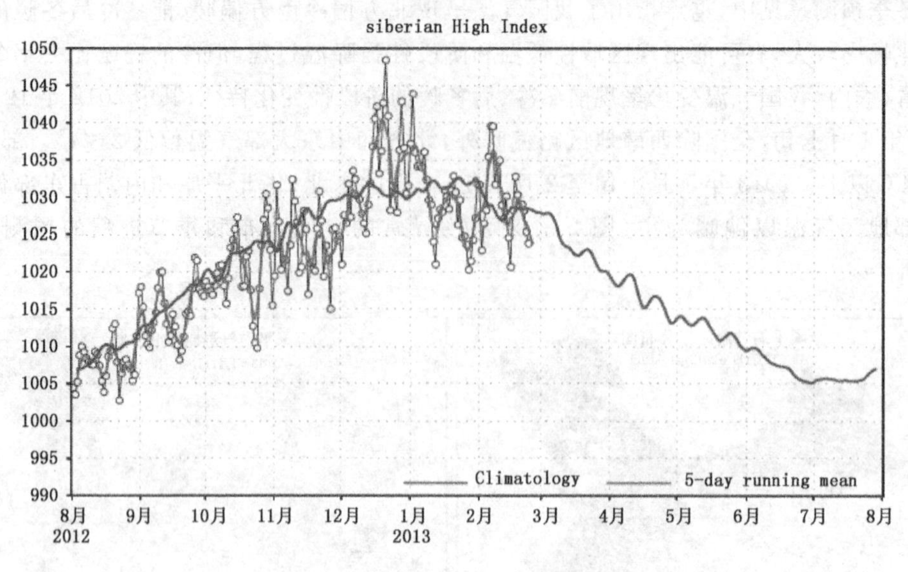

图 4　西伯利亚高压指数逐日变化

500 hPa 高度场上，欧亚大陆中高纬环流呈“两槽一脊”的环流形势(图 5)，乌拉尔山的高压脊持续偏强，而东亚槽也异常偏强，有利于冷空气沿高空槽南下(图 5)，导致我国东部长江以北地区的东北、华北、内蒙古东部以及黄淮地区气温偏低，而长江以南的大部分地区气温偏高。

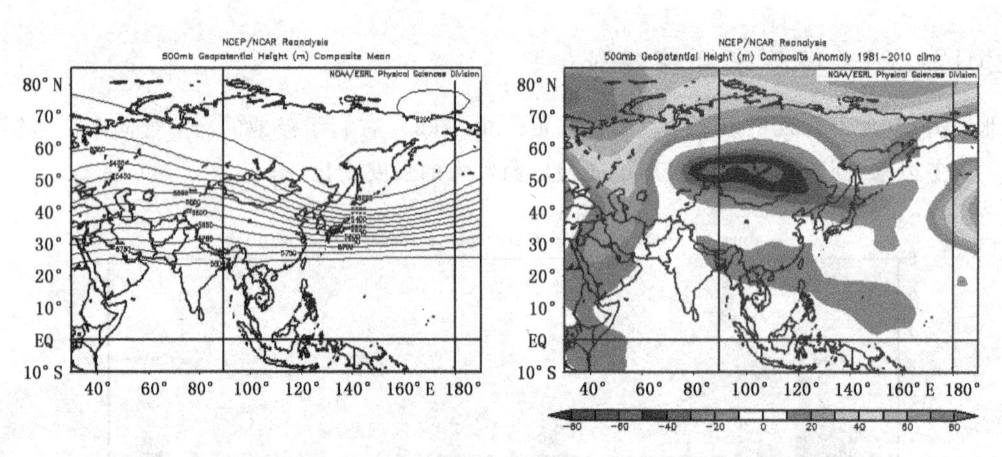

图 5　2012 年 12 月—2013 年 2 月 500 hPa 位势高度及其距平场(单位：dagpm)

3　2012/2013 年冬季气温预测的成功与不足

3.1　北极海冰

2012 年秋季，北极海冰覆盖面积持续异常偏小，偏小幅度超过气候态两倍标准差；其中 8 月中旬至 10 月中旬，海冰覆盖面积持续低于此前有观测资料以来海冰覆盖面积的最小纪录(2007 年同期海冰覆盖面积)。从海冰密集度距平分布来看，秋季北极大部分地区海冰密集度较常年同期明显偏少，巴伦支海北部、喀拉海、拉普捷夫海、楚科奇海、波弗特海和巴芬湾等海域海冰密集度较常年同期偏低 20％～60％，其中喀拉海北部和波弗特海偏低 60％以上。已有研究表明，9 月喀拉海、巴伦支海海区的海冰密集度与冬季风强度呈现显著负相关关系。因此异常偏少的海冰密集度是冬季风预测偏强的重要依据之一。喀拉海、巴伦支海海区的海冰密集度偏小的影响下，预计在冬季有利于西伯利亚高压偏强，在 500 hPa 高度场上会呈现“西高东低”的异常型分布，有利于乌山阻塞的维持，使得冷空气南下我国（图 6）。北极海冰异常偏少对中高纬度环流异常的影响预测和实况基本一致。

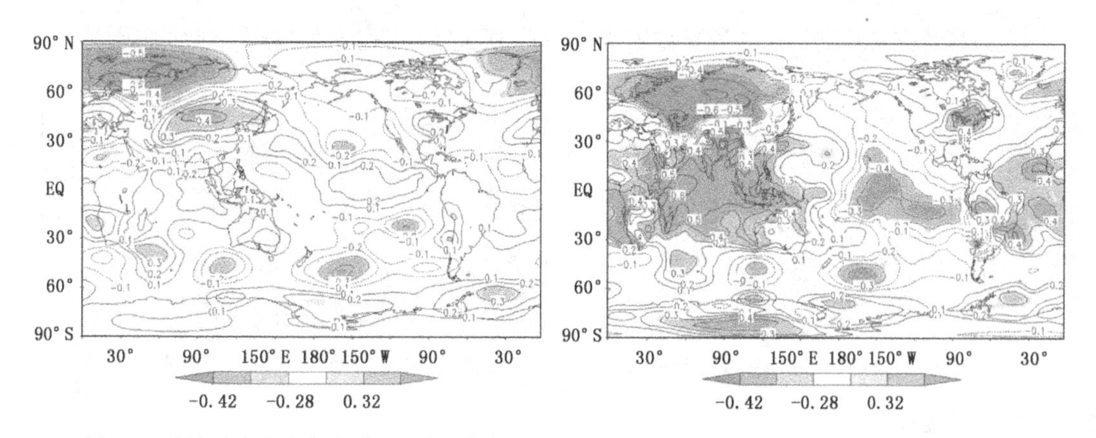

图 6　9 月海冰密集度与冬季（12 月至次年 2 月）500 hPa 高度场（左）和海平面气压场（右）相关（1980—2010 年，下同）

3.2　赤道中东太平洋海温

拉尼娜事件在 2012 年 3 月结束后，7 月和 8 月有个短暂的暖水波动，到 10 月，赤道中东太平洋的海温处于正常偏高的状态。经过 ENSO 专题会商预计 ENSO 处于正常偏暖的状态的可能性比较大，并持续到春季。但由于 ENSO 区海温异常信号较弱，在预测时并未做重点考虑。从目前的实况来看，2012/2013 年冬季赤道中东太平洋维持正常偏冷的海温分布，与当时的预计有所差异。较弱的赤道中东太平洋的海温异常信号，使得副高并没有明显的偏弱，而是处于正常略偏强的状态，副高的季节平均分布与实况基本一致。

3.3　印度洋海温

热带印度洋全区一致海温模态（IOBW）从 2012 年 4 月以来一直处于正位相，多家模式预计到冬季 IOBW 仍呈现正位相特征的可能性比较大。根据研究表明，IOBW 的正位相有利于副高偏强，使得南方暖系统的势力偏强，使得冷空气不易到达华南。IOBW 是当时判断中低纬度环流的异常分布用到的关键外强迫信息。从冬季的实况观测来看，IOBW 在整个冬季依然维持一个正位相的特征，副高也是呈现整体偏强的特点，而我国大范围华南和江南南部地区温度也偏高，预计与实况一致。

3.4　大西洋海温

2012 年秋季以来，北大西洋海温异常偏暖，大西洋三极子呈现正位相分布，一直持续到冬季。已有研究表明，大西洋海温，尤其是北大西洋海温与乌拉尔山的环流异常有显著的正相关关系。北大西洋海温偏高时，有利于乌拉尔山阻塞偏强，经向环流发展，有利于冷空气南下，使得我国东部地区气温偏低。图 7 给出了前期 10 月大西洋三极子指数与冬季 500 hPa 高度场的相关，从图中可以看出，当大西洋三极子处于正位相时，乌拉尔山的高压脊偏强，而东亚槽也异常偏强，冬季风偏强，有利于冷空气沿高空槽南下，导致我国东部长江以北地区的东北、华北、内蒙古东部以及黄淮地区气温偏低。已有研究表明，秋季北大西洋海温对前冬的乌山阻塞影响更为明显，因此它的异常是判断前冬冷后冬暖的依据之一。整体来看，对北大西洋海温对中高纬度环流系统的预测与实况较为一致。

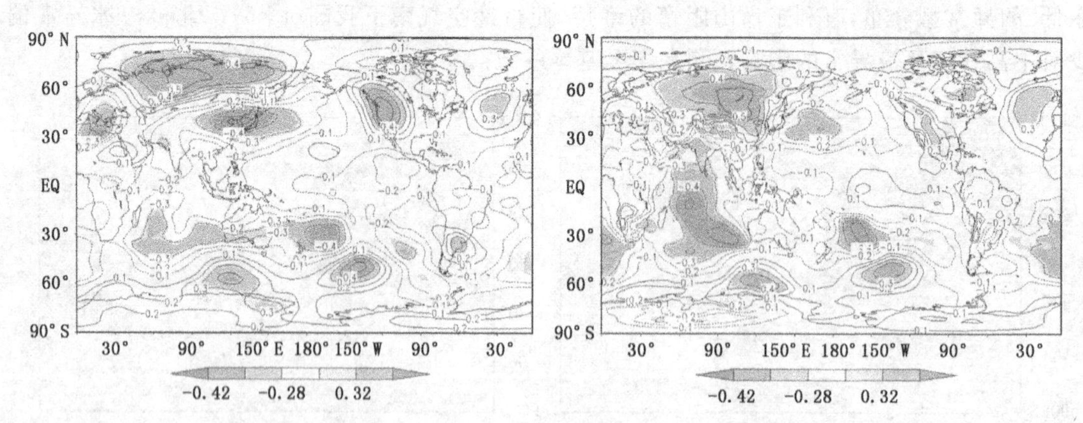

图 7　10 月大西洋三极子与冬季 500 hPa 高度场（左）和海平面气压场（右）相关

3.5　冬季气温模态

分析了我国冬季气温各个模态的空间分布，通过计算各个模态与前期关键外强迫的关系，判断今年出现第四模态的可能性比较大，该模态主要呈现东部地区和西部地区反相变化的特征，该模态对应的同期 500 hPa 高度场，在中高纬度地区呈现“西高东低”的异常型分布，在低纬度地区副高偏强，这样的环流分布型，有利于冷空气南下影响我国东部地区，同时副高偏强，使得华南和江南大部容易偏高，这种环流型与我们通过对外强迫的分析预计的环流分布型类

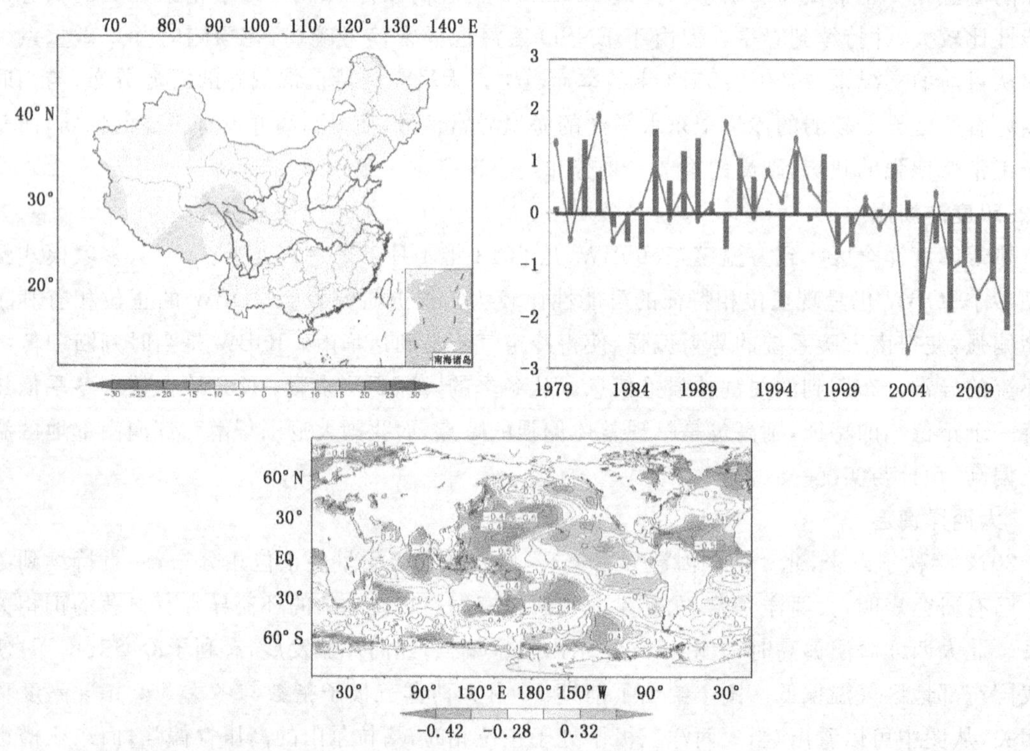

图 8　冬季气温 EOF 第四模态（左上）与北极海冰密集度（右上）和 11 月海温（下）相关

似。该模态与西伯利亚高压指数也呈现显著的负相关关系，相关系数为－0.66。该模态与北极海冰密集度呈现显著的正相关关系，相关系数为0.53，通过99％的显著性检验。北极海冰密集度偏小，有利于我国除华南外的东部地区气温偏低，西部地区气温偏高。同时从该模态与11月海温的相关分布上可以看出，它与赤道中东太平呈现正相关关系，与西太平洋和印度洋呈现负相关关系，这样的相关分布型与今年冬季的海温实况相反，有利于北冷南暖的气温分布型。

4 小结

2012/2013年冬季，全国平均气温－3.7℃，较常年同期(－3.4℃)偏低0.3℃。其中，东北地区气温明显偏低，华南、西南地区气温偏高。季内呈现前冬冷、后冬暖的分布，阶段性变化大。2012/2013年冬季预测效果评估表明，今年对冬季气温的异常分布和季节内变化的预测均与实况一致，预测评分(PS评分)达到了96分。总结分析了冬季预测时所用因子的影响和与实况的对应情况，结果表明，预测时重点抓住了北极海冰异常偏少、大西洋三极子的正位相，尤其是北大西洋海温、热带印度洋IOBW等外强迫因子对冬季风的综合影响，预计冬季环流中高纬度呈现“西高东低”的异常型分布，副高正常偏强，通过与实况的对比分析可以看出，预测与实况较为一致，因此，今年对冬季温度预测非常成功。

参考文献

[1] Wu, B., Su, J., Zhang, R. (2011). Effects of autumn-winter Arctic sea ice on winter Siberian High. *Chinese Science Bulletin*, **56**(30), 3220-3228.

[2] Wu, Z., Li, J., Jiang, Z., He, J. (2010). Predictable climate dynamics of abnormal East Asian winter monsoon: once-in-a-century snowstorms in 2007/2008 winter. *Climate Dynamics*, **37** (7-8), 1661-1669.

[3] Li, J., Wu, Z. (2012). Importance of autumn Arctic sea ice to northern winter snowfall. *Proceedings of the National Academy of Sciences of the United States of America*, **109**(28), E1898; author reply E1899-900.

[4] Liu, J., Curry, J. A., Wang, H., Song, M., Horton, R. M. (2012). Impact of declining Arctic sea ice on winter snowfall. *Proceedings of the National Academy of Sciences*. doi: 10.1073/pnas.1114910109.

[5] Liu, J., Zhang, Z., Horton, R. M., Wang, C., Ren, X. (2007). Variability of North Pacific Sea Ice and East Asia-North Pacific Winter Climate. *Journal of Climate*, **20**(10), 1991-2001. doi:10.1175/JCLI4105.1

[6] Yang, S., Lau, K., Kim, K. (2002). Variations of the East Asian jet stream and Asian-Pacific-American winter climate anomalies. *Journal of Climate*, 306-325.

[7] Allen, R. J., Zender, C. S. (2011). Forcing of the Arctic Oscillation by Eurasian snow cover. *Journal of Climate*, **24**, 6528-6539.

[8] 王会军，贺圣平. (2012). ENSO和东亚冬季风之关系在20世纪70年代中期之后的减弱. 科学通报，**57**(19), 1713-1718.

[9] 贺圣平，王会军. (2012). 东亚冬季风综合指数及其表达的东亚冬季风年际变化特征. 大气科学，**36**(3), 523-538.

2012 年夏季我国降水异常及成因分析

王艳姣　周兵　司东　孙丞虎　王启祎

（国家气候中心，北京 100081）

摘　要

2012 年夏季我国降水呈现雨带位置偏北，雨量偏多的异常特征。进一步对 2012 年夏季我国北方地区降水异常偏多成因分析表明，2012 年夏季东亚夏季风显著偏强，副高脊线位置偏北，将大量的暖湿水汽持续向我国北方地区输送，而欧亚中高纬大气多短波槽活动，带来的冷空气和来自南方的暖湿空气频繁在我国北方地区汇合，造成我国北方地区降水异常偏多。此外，前期拉尼娜事件和太平洋 PDO 冷位向是造成我国北方降水异常偏多的重要外强迫条件。

关键词：降水异常　拉尼娜　季风

引言

2012 年夏季，我国北方地区降水量显著偏多，且过程雨量大、局地极端降水强，其中华北地区平均降水量是 1999 年以来最多年，而西北地区平均降水量仅次于 1958 年，为 1951 年以来第二多年。大量的研究表明，影响我国夏季降水的因子众多，且形成原因非常复杂（赵平等，2001；陈际龙，2008；邓伟涛等，2009；赵俊虎等，2010；胡景高等，2010；陶亦为等，2011；蔡榕硕等，2012；王遵娅等，2012）。黄荣辉等（2003，2006）研究指出我国夏季旱涝变化是受众多因子所控制，既与包括海－陆－气各子系统的东亚季风气候系统的年际变化有关，又与热带中、东太平洋海温的年际和年代际变化有密切关系。这些因子的变化引起了大气环流的异常，从而导致我国夏季旱涝具有明显的年际和年代际变化。2012 年夏季东亚夏季风异常偏强，而赤道中东太平洋海温升高，导致 2011 年 9 月开始的拉尼娜于 2012 年 3 月份结束，之后赤道中东太平洋进入正常略偏暖的状态。2012 年夏季季风的异常和海温的变化必然对我国夏季降水产生影响。本文重点从大尺度环流异常及海温和季风对我国夏季降水影响角度，分析 2012 年夏季我国北方地区降水异常偏多的成因，为我国夏季降水的气候监测、诊断和预测提供参考依据。

1　资料

本文所用资料有 NCEP/NCAR 的 2.5°×2.5°月平均再分析资料，包括 1961—2012 年 500 hPa 高度场、各层风场和比湿场资料。此外，还有国家信息中心提供中国地区 723 台站 1961—2012 年月降水量资料。本文使用的各要素气候平均值为 1981—2010 年平均值。

2　我国降水异常特征

2012 年夏季，全国平均降水量为 332.9 mm，较常年同期（324.9 mm）偏多 2.5%。从空间分布看，我国北方地区降水异常偏多，其中西北地区中西大部、内蒙古大部、东北南部和北部局部、华北东南部等地降水偏多3～5成，部分地区偏多5成以上(图1)。区域降水分析表明，华北地区(北京、天津、河北、山西、内蒙古)平均降水量(275.4 mm)较常年同期(235.9 mm)偏多16.7%，是1999年以来最多年。西北地区(甘肃、宁夏、青海、陕西、新疆)平均降水量(155.8 mm)较常年同期(120.8 mm)偏多29%，仅次于1958年为1951年以来第二多年。此外，北方地区过程雨量大，局地极端降水强，西北和华北等地共有97站出现极端连续降水量事件，其中34站连续降水量达到或突破历史极值；共有115站发生极端日降水量事件，其中35站日降水量超历史极值。可见，2012年夏季我国降水呈现雨带位置偏北，雨量偏多的异常特征。

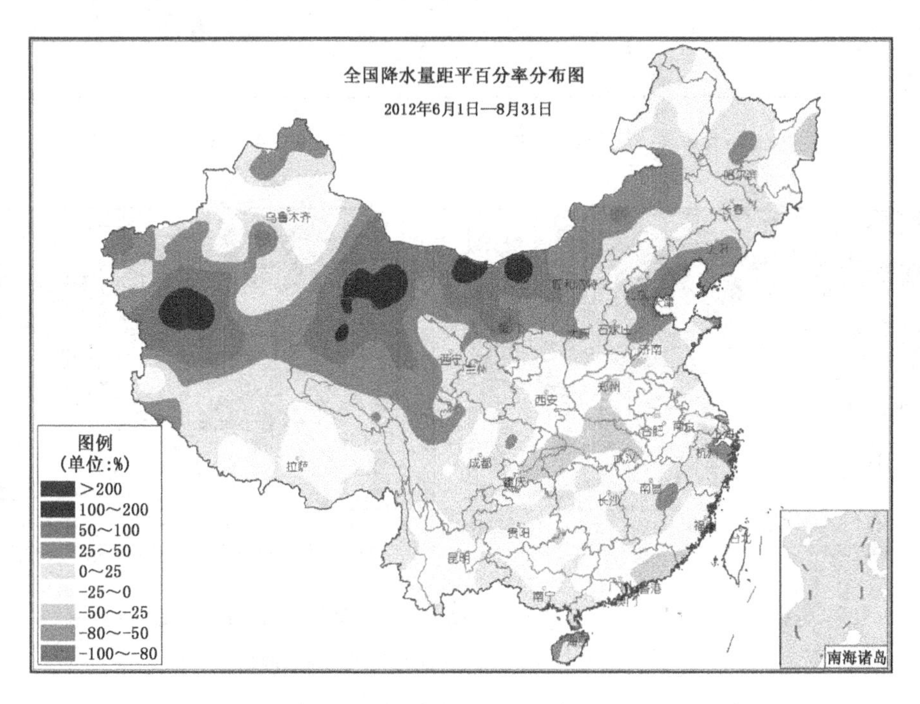

图1　2012年夏季全国降水距平百分率分布图(单位:%)

3　降水异常偏多成因分析

3.1　大尺度环流的异常

实况监测表明，2012年夏季北方地区降水异常偏多时段主要集中在6—7月(图2a)，而8月我国大部地区降水偏少(图2b)。大气环流异常是影响降水的最直接原因，分析2012年6—7月500 hPa高度场可以看出(图3a)，欧亚中高纬地区无明显的阻塞形势，多短波槽活动；距平场上，在欧洲东部至西西伯利亚以及东西西伯利亚等地上空为异常正高度距平区，而贝加尔湖附近和巴尔喀什湖地区为低槽区，槽后的偏西北气流有利于北方冷空气影响我国北方地区；另一方面，2012年夏季东亚夏季风较常年明显偏强，同时副高脊线位置偏北，这均有利于将南方暖湿水汽向我国北方地区输送。由6—7月850 hPa风场(图4a)和整层积分的水汽输送(图4b)可以看出，在南海洋面有一异常气旋性环流，其东侧的偏南气流与副高西南侧偏南气流汇合后，将南海和东海的暖湿水汽不断向我国北方地区输送，与来自高纬度的冷空气在北方地区汇合，造成我国北方地区降水异常偏多。而8月份，由于环流形势调整，欧亚中高纬度以纬向环流为主(图3b)，冷空气不活跃，造成我国大部地区降水异常偏少。

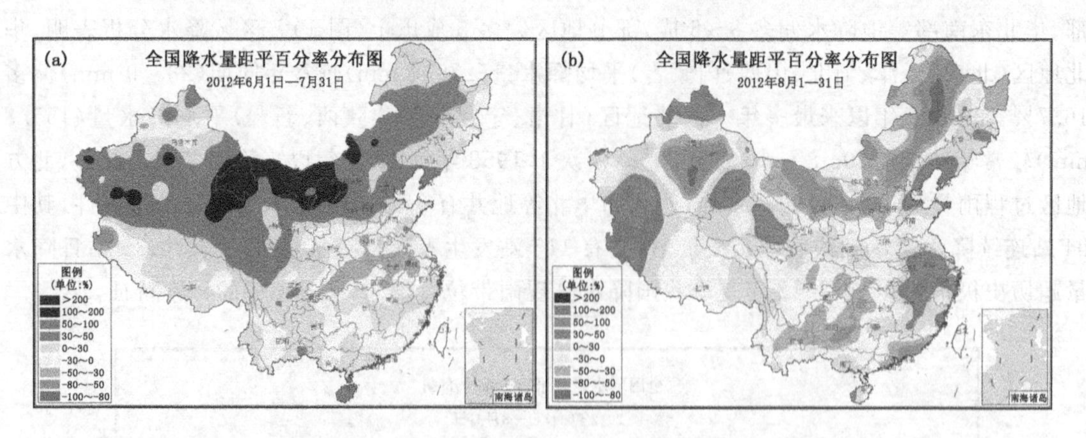

图 2　2012 年夏季 6—7 月(a)和 8 月(b)全国降水距平百分率分布图(单位:%)

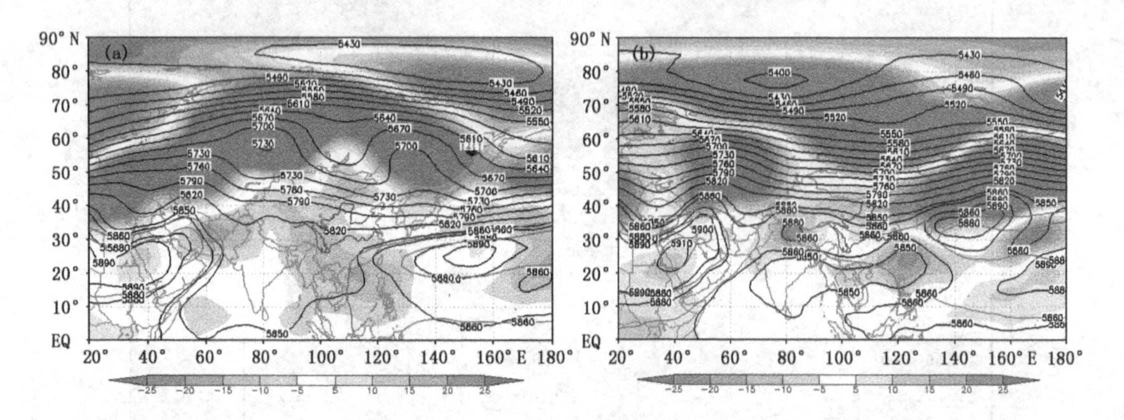

图 3　2012 年夏季 6—7 月(a)和 8 月(b)500 hPa 高度场及距平(单位:gpm;黑线为 500hpa 等高线、红线为气候态下 5860 和 5880 线,阴影为 500 hPa 高度场距平)

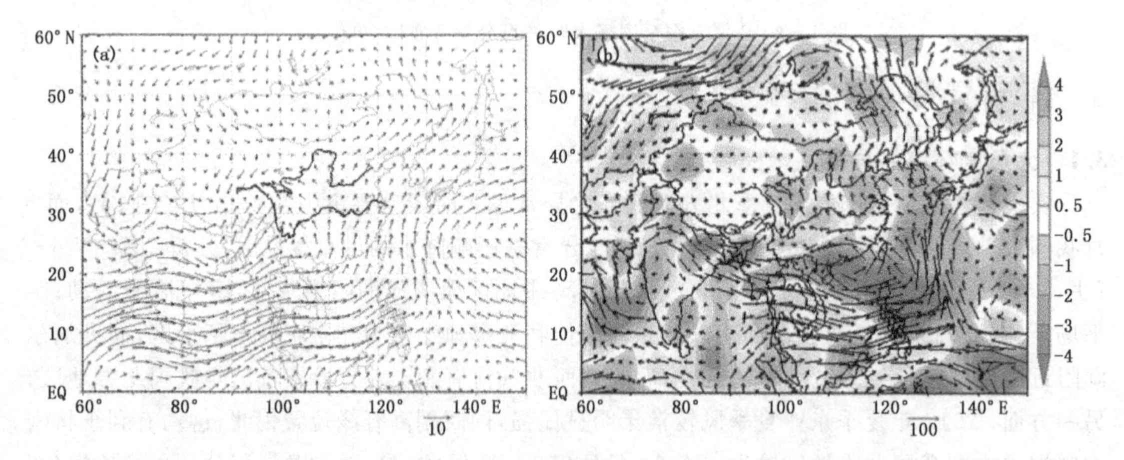

图 4　2012 年 6—7 月 850 hPa 风场(a,单位:m.s^{-1})及整层积分的水汽输送距平(b,单位:kg/m·s)和水汽通量散度距平(单位:10^{-6} kg/m^2·s;阴影区表示水汽通量散度辐合)

3.2　海温的影响

中国夏季降水量和位置与副高的强度、位置等变化密切相关,而副高对海温的演变具有明显的响应关系。已有的研究表明(张礼平等,2012),绝大多数 El Nino 年夏季副高偏强,西伸脊点偏西，多数脊线位置偏南，有利于中国东部黄河—长江流域间夏季出现明显多雨带；而绝大多数 La Niña 年夏季副高偏弱，西伸脊点偏东，脊线位置偏北，有利于中国夏季雨带位置偏北。2011 年 9 月开始的拉尼娜事件于 2012 年 3 月结束，受其影响（陈兴芳等，2000），2012 年夏季西太平洋副高脊线位置显著偏北（图 5），有利于将西太平洋暖湿水汽向我国北方地区输送，这是造成我国夏季雨带偏北的原因之一。

另一方面，从太平洋年代际变化来看，许多研究指出（Gershunov et al，1998；朱益民等，2003，2007；高辉等，2007；）太平洋年代际振荡（PDO）与东亚大气环流及中国夏季降水的年代际变化密切相关，分析 1900—2010 年太平洋 PDO 和中国夏季主要雨带纬度位置的年代际变化表明，对应于 PDO 暖位相时期（1900—1947 年，1978—1998 年），受海陆温差小影响，东亚夏季风易偏弱，我国季风雨带位置会由北向南撤退，相反对应于 PDO 冷位相期（1948—1977 年，1999 年—至今），受海陆温差大影响，东亚夏季风易偏强，我国季风雨带位置会由南向北推，目前太平洋正处于 PDO 的冷位向时期，在这种 PDO 冷位向背景下易造成我国雨带位置偏北。

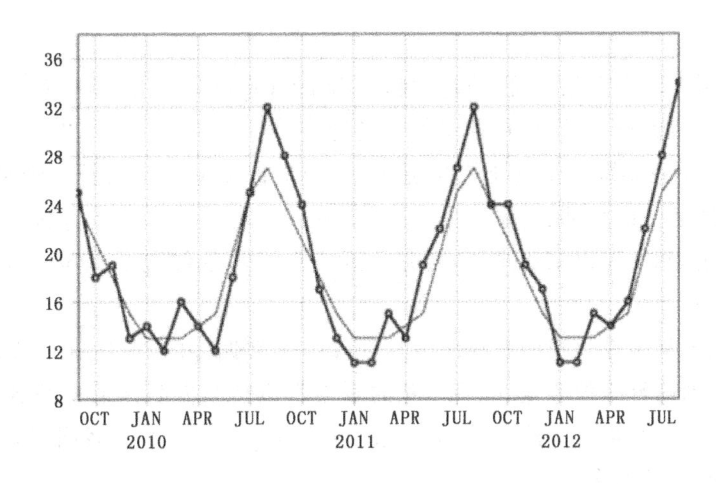

图 5　月平均西太平洋副热带高压脊线位置（实线为 1981—2010 年气候平均值）

3.3　季风的影响

在影响中国夏季降水的诸多因子中，夏季风活动对中国夏季雨带的发展及分布有着非常重要的作用。许多研究指出（孙颖等，1997；张庆云等，1998；蔡学湛等，2009；申了琳等，2010），东亚夏季季风的南北推进与强弱变化对中国夏季降水及其雨带的位置变化起到重要作用。2012 年夏季东亚夏季风明显偏强（图 6），其在南海洋面形成一异常气旋性环流（图 4b），其东侧的偏南气流向我国北方地区输送大量的暖湿水汽，为我国北方地区产生持续降水提供了有利的水汽条件。此外，李崇银等（1999）研究也指出，对于强南海夏季风年，从南海经东亚和太平洋到北美的 EPA 遥相关型（波列）可伸展至 60°N 以北地区，造成中国东部夏季降水量呈江淮少雨，华北到东北一带多雨；2012 年南海夏季风虽然总体略偏弱，但在 6 月、7 月下旬至 8 月上旬南海夏季风阶段性偏强，加之 2012 年夏季东亚夏季风异常偏强（为近 62 年来第 4 强），造成 2012 年夏季 500 hPa 距平场上从南海经东亚和西伯利亚到北冰洋上空出现负—正—负的遥相关波列分布，说明东亚夏季风偏强对东亚大气环流产生影响，通过波列传播造成我国北方地区降水偏多。

此外，从东亚季风的年代际变化来看，目前东亚季风经圈指数（10—40°N、100—150°E 区域内平均 850 hPa 和 100 hPa 标准化经向风的风速差)具有显著增强趋势，东亚季风经圈指数偏强有利于我国雨带偏北。

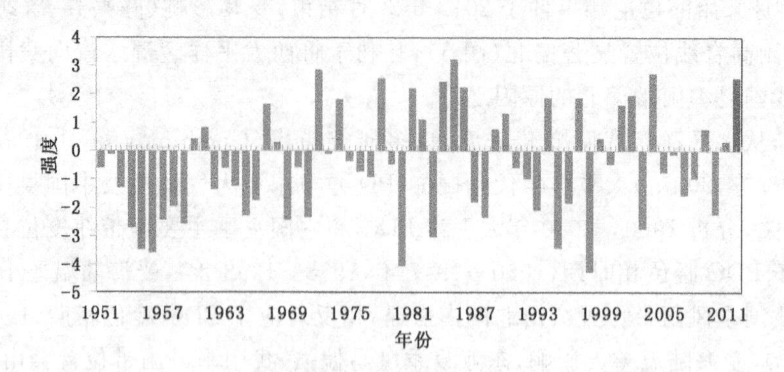

图 6　东亚副热带季风强度指数的逐年变化(1951—2012 年)

4　小结

本文利用我国 723 个台站月降水量资料，结合 NCEP 再分析等资料，对 2012 年夏季我国降水异常特征及其成因进行了分析，取得如下结论：

(1)2012 年夏季我国降水呈现雨带位置偏北，雨量偏多的异常特征。降水偏多的地区主要位于我国西北地区中西大部、内蒙古大部、东北南部和北部局部、华北东南部等地，其中华北地区平均降水量是 1999 年以来最多年，西北地区平均降水量仅次于 1958 年，为 1951 年以来第二多年。

(2)大气环流异常是导致我国夏季北方地区降水异常偏多的直接原因。2012 年夏季东亚夏季风明显偏强，副高脊线位置偏北，将大量的暖湿水汽持续向我国北方地区输送，而欧亚中高纬大气多短波槽活动，带来的冷空气和来自南方的暖湿空气频繁在我国北方地区汇合，造成我国北方地区降水异常偏多。

(3)海温变化是我国北方降水异常的一个重要外强迫条件。受前期拉尼娜事件和太平洋 PDO 冷位向背景影响，2012 年东亚夏季风显著偏强，副高脊线位置偏北，异常偏强和偏北的水汽输送，为我国北方降水提供较好的水汽和动力条件。

致谢：本文成文过程中参考了气候监测室 2012 年 9 月值班班组的多份决策服务材料和产品，在此表示感谢！

参考文献

[1]　Gershunov A, Barnett T P. 1998. Interdecadal modulation of ENSO teleconnection. Bulletin of American Meteorological Society, **79**(12): 2715-2725.

[2]　蔡学湛，温珍治，扬义文. 2009. 东亚夏季风异常大气环流遥相关及其对我国降水的影响. 气象科学, **29**(1): 46-51.

[3]　蔡榕硕，谭红建，黄荣辉. 2012. 中国东部夏季降水年际变化与东中国海及邻近海域海温异常的关系. 大气科学, **36**(1): 35-46.

[4]　陈兴芳，赵振国. 2000. 中国汛期降水预测研究及应用. 北京：气象出版社, 54-60.

[5] 陈际龙，黄荣辉. 2008. 亚洲夏季风水汽输送的年际年代际变化与中国旱涝的关系. 地球物理学报，**51**：352-359.

[6] 邓伟涛，孙照渤，曾刚，等. 2009. 中国东部夏季降水型的年代际变化及其与北太平洋海温的关系. 大气科学，**33**(4)：835-846.

[7] 高辉，王永光. 2007. ENSO 对中国夏季降水可预测性变化的研究. 气象学报，**65**(1)：131-137.

[8] 胡景高 周兵 陶丽. 2010. 南亚高压特征参数与我国夏季降水的关系分析. 气象，**36**(4)：51-56.

[9] 黄荣辉，陈际龙，周连童，等. 2003. 关于中国重大气候灾害与东亚气候系统之间关系的研究. 大气科学，**27**(4)：770-787.

[10] 黄荣辉，蔡榕硕，陈际龙，等. 2006. 我国旱涝气候灾害的年代际变化及其与东亚气候系统变化的关系. 大气科学，**30**：730-743.

[11] 李崇银，张利平. 1999. 南海夏季风活动及其影响. 大气科学，**23**(3)：257-266.

[12] 申了琳，何金海，周秀骥，等. 2010. 近 50 年来中国夏季降水及水汽输送特征研究. 气象学报，**68**(6)：918-931.

[13] 孙颖，丁一汇. 2002. 1997 年东亚夏季风异常活动在汛期降水中的作用. 应用气象学报，**13**(3)：277-287.

[14] 陶亦为，孙照渤，李维京，等. 2011. ENSO 与青藏高原积雪的关系及其对我国夏季降水异常的影响. 气象，**37**(8)：919-928.

[15] 王遵娅，任福民，孙冷，等. 2012. 2011 年夏季气候异常及主要异常事件成因分析. 气象，**38**(4)：448-455.

[16] 张庆云，陶诗言. 1998. 夏季东亚热带和副热带季风与中国东部汛期降水. 应用气象学报，**9**(增刊)：17-23.

[17] 张礼平，张乐飞，曾凡平. 2012. ENSO 与中国东部夏季降水的关联. 热带气象学报，**28**(2)：177-186.

[18] 赵俊虎，封国林，王启光，等. 2011. 2010 年我国夏季降水异常气候成因分析及预测. 大气科学，**35**(6)：1069-1078.

[19] 赵平，陈隆勋. 2001. 35 年来青藏高原大气热源气候特征及其与中国降水的关系. 中国科学(D 辑：地球科学)，**31**：327-332.

[20] 朱益民，杨修群，陈晓颖，等. 2007. ENSO 与中国夏季年际气候异常关系的年代际变化. 热带气象学报，**23**(2)：105-116.

[21] 朱益民，杨修群. 2003. 太平洋年代际振荡与中国气候变率的联系. 气象学报，**61**(6)：641-654.

2012年汛期气候预测的先兆信号和应用

陈丽娟　高辉　龚振淞　丁婷　竺夏英　章大全

（国家气候中心，中国气象局气候研究开放试验室，北京 100081）

摘　要

本文基于动力、统计预测方法提供的信息回顾了发布2012年汛期预测时考虑的先兆信号。2012年前期拉尼娜事件在冬季达到盛期、冬季北极海冰异常偏少、南极涛动强度是自1979年以来次强、青藏高原积雪偏多但气温偏高，这些特征对后期夏季风有明显影响。通过分析归纳，国家气候中心比较准确地预测了东亚夏季风偏强、我国夏季多雨带偏北、大部分地区气温偏高，6—8月热带气旋活跃的总体特征，以及南海夏季风爆发偏早、长江中下游梅雨偏少、华北雨季提前且雨量偏多的季节内过程演变趋势。最后讨论了汛期气候预测的可预报性和困难，提出今后需要深入研究的科学问题和业务应用问题。

关键词：汛期　先兆信号　东亚夏季风　多雨带

引言

我国自1954年开始正式发布短期气候预测（又称长期天气预报）产品，是世界上开展此项业务最早的国家之一（陈兴芳和赵振国，2002）。通过我国气象科技工作者的不懈努力，短期气候预测的业务能力、科技水平和现代化程度都迈上了一个新台阶（李维京，2012），政府部门部署防汛抗旱和防灾减灾提供了有力的科技支持。但是气候系统具有多圈层相互作用的复杂性，气象工作者对气候异常的物理过程及其机理的认识仍不够全面、深入，使得现阶段短期气候预测仍然是一个世界性难题。尤其是近年来，在气候变暖的背景下，极端天气气候事件频发加大了气候预测的难度。因此深入认识气候异常的成因、总结预测的成败将有助于气象工作者提高认知能力。为此国家气候中心加强了分析当年汛期气候异常的成因，及时总结各种预测方法和技术的优劣，分析预测和服务的成败，以求加强对我国气候异常机理的认识，从而有望提高短期气候预测能力，更好地满足用户的服务需求。

本文首先回顾了2012年汛期降水、汛期气温、年热带气旋、季节内重要气候事件的预测效果，然后总结了发布汛期预测前重点考虑的先兆信号以及这些信号和预报对象的多时间尺度特征及其可能的联系，最后就季节气候预测的可预报性以及今后需要深入研究的问题进行讨论。

1　资料

本文用到的资料有中国气象局国家气候中心整编的160站逐月降水资料。大气环流资料

资助项目：国家自然科学基金（41275073），国家重点基础研究发展计划项目（2013CB430203），科技部科技支撑项目（2009BAC51B05），科技部国际合作项目（2009DFA23010）。

为 NCEP/NCAR 逐月再分析资料(Kalney 等,1996)。海温、积雪和极冰监测信息来源于国家气候中心气候监测业务用资料(Reynolds 等,2002;郭艳君等,2004),气候标准值采用 1982—2010 年平均。如无特别说明,其他变量的气候值均为 1981—2010 年平均。

2 2012 年夏季气候和年热带气旋趋势预测评估

2.1 夏季降水预测及效果

2012 年 4 月,国家气候中心预测该年夏季“主要多雨区位于华北南部、黄淮、江淮等地”,“西南地区西部等地降水也较常年同期偏多”(图 1a)。实况是 2012 年夏季我国北方降水偏多明显(图 1c),其中华北地区较常年同期偏多 16.7%,西北地区较常年同期偏多 29%(王艳娇等,2013)。预测 2012 年夏季雨区范围广、主要多雨带位于我国北方地区与实况比较一致。

2012 年 6 月初,国家气候中心根据近两个月的气候系统演变特征以及多种动力、统计预测结果对夏季降水预测进行了订正(图 1b),该订正预测更接近实况。

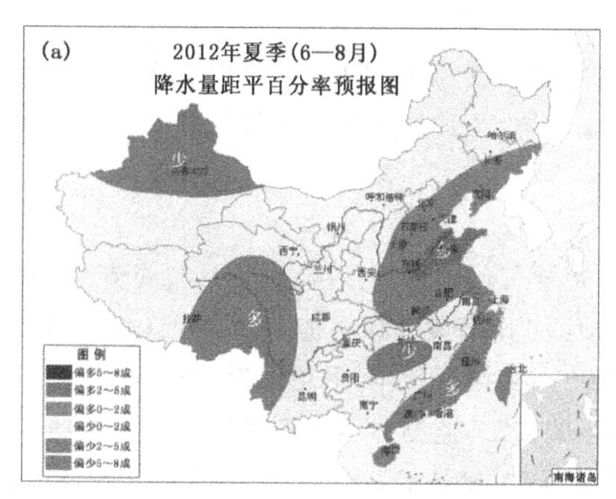

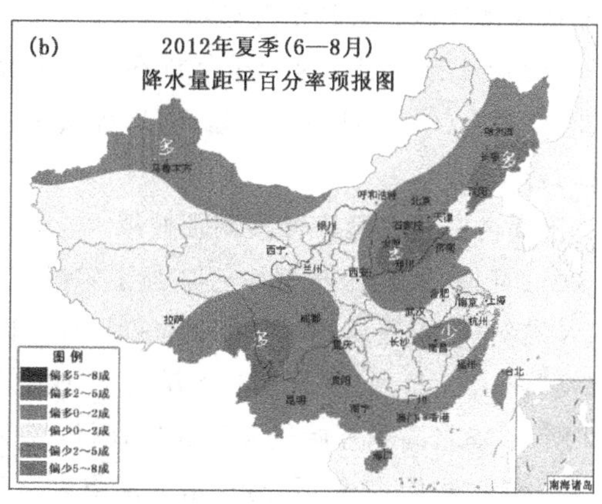

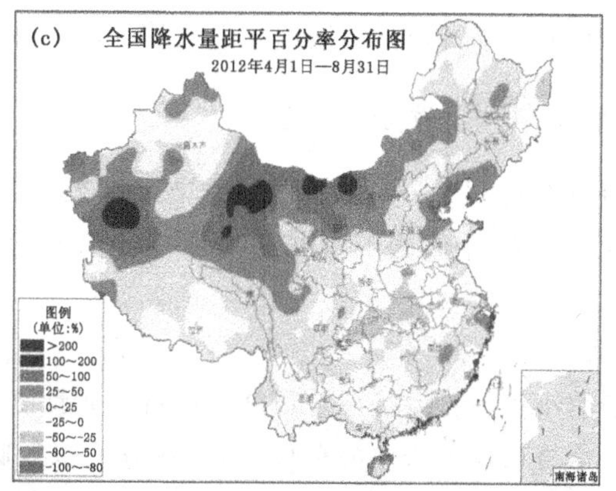

图 1 2012 年夏季降水量距平百分率预报(a:4 月初发布;b:6 月初发布)和实况(c)

2.2 夏季气温预测及效果

2012 年 4 月初发布预测指出“夏季全国大部地区气温接近常年同期或偏高”,“江南大部、四川东部、重庆等地区高温日数较常年同期偏多”,并明确指出“东北南部可能发生阶段性低温”(图 2a)。预测与实况比较一致。

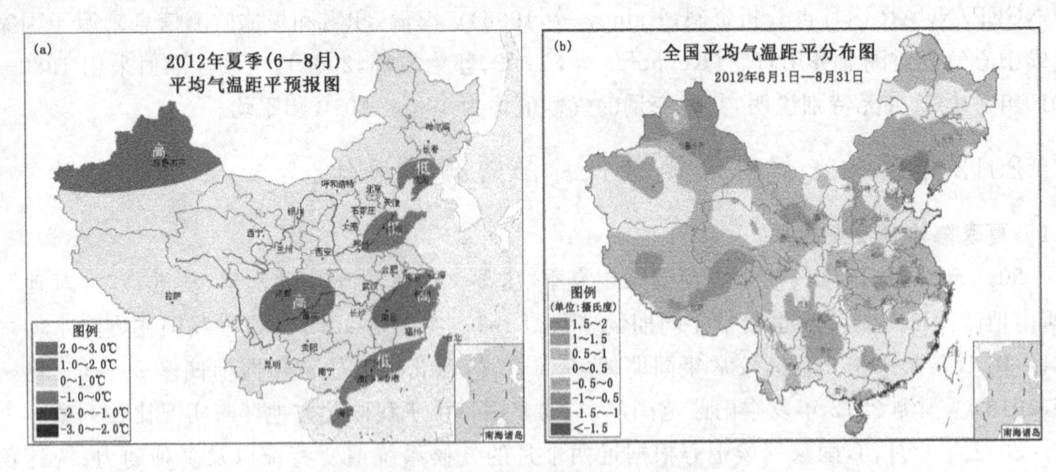

图 2　2012 年夏季气温距平 4 月初发布预报(a)和实况(b)

2.3　年热带气旋频数预测及效果

2012 年 4 月初对年度热带气旋在生成个数、登陆个数、影响程度、主要影响路径(北上)和活跃间歇过程(6—8 月集中登陆)的趋势预测是成功的，尤其是对北上热带气旋的预测与实况比较吻合。

2.4　汛期内主要气候事件预测及效果

2012 年夏季，国家气候中心加强了对汛期内主要气候事件的预测，在 4 月初展望“南海夏季风暴发偏早，东亚夏季风强度偏强”，5 月 9 日预测“南海夏季风可能于 5 月第 3 候末至 4 候初暴发”，6 月 7 日预测“长江中下游地区入梅偏晚，出梅接近常年，平均雨量较常年偏少”，6 月 28 日预测“华北雨季开始较常年偏早，雨量较常年偏多”。监测显示南海夏季风于 5 月第 4 候暴发、梅雨量偏少、华北雨季强、东亚夏季风异常偏强(王艳娇等，2013)，预测与实况完全一致。对季节内气候事件的预测有助于丰富季节气候预测信息的内涵。

3　2012 年汛期预测先兆信号及应用

2012 年的汛期预测从年代际尺度、年际尺度、次季节尺度等多方面进行诊断，并通过模式性能检验确定对模式信息的取舍，最终确定 2012 年需要重点考虑的预测因子和气候趋势预测意见。

3.1　年代际尺度先兆信号

预报对象和预报因子的年代际尺度特征是预报员进行气候预测时首先关注的内容。年代际尺度一方面决定了年际信号出现的概率分布特征，另一方面也意味着要重新审视不同年代际背景下，预报对象和预报因子之间关系是否发生了变化。在短期气候预测的年代际信号中比较重要的因子是北太平洋年代际涛动(简称 PDO；Mantua 等，1997；Zhang 等，1997)和北大西洋年代际振荡(简称 AMO；Kerr，2000)。

PDO 是太平洋年代际时间尺度气候变率强信号(Mantua 等，1997)，可分为冷、暖位相。监测显示(图略)，进入 21 世纪以来，PDO 出现负位相的频次在增加。处于不同阶段的 ENSO 事件对中国夏季气候异常的影响明显受到 PDO 的调制(朱益民，杨修群，2003)。而且在 PDO 冷位相期，夏季海平面气压在北太平洋负异常较强，而在东亚大陆负异常较弱，东亚夏季风偏强，西太平洋副热带高压偏北，此时华北地区降水偏多而长江中下游地区降水异常偏少。东北、华北及华南地区气温偏低。根据PDO信号，有利于预测未来东亚夏季风偏强，主要多雨带在华北地区，而长江中下游地区降水偏少。

另外，通过合成1950年代—21世纪每隔10年的降水距平百分率(图略)，可以看到，我国夏季的主要多雨带在过去60年从北向南、又转向北的演变特征；21世纪初的10年，多雨带又向北推进到黄淮地区，同时东南沿海有一条次多雨带。那么未来的10年，多雨带是否会继续向北推进到华北—东北地区？结合PDO的演变特征，这种可能性是存在的。

AMO是气候系统的一种自然变率(Kerr,2000)，对ENSO具有调制作用，暖位相AMO倾向于减弱ENSO强度。同时AMO对东亚季风气候的年代际变化也有显著的调制作用，暖位相AMO增强东亚夏季风；冷位相则相反(李双林等,2009)。进入21世纪，AMO暖位相出现的频率增加，这也意味着2012年处于东亚夏季风增强的背景下。

两个年代际信号的演变特征均支持2012年东亚夏季风处于21世纪以来偏强的背景下，从而有利于主要多雨带位于我国北方地区。

3.2 年际尺度先兆信号

在季节气候预测业务中，最重要的外强迫信号是海温、极冰、积雪、陆面过程等特征。这些信号对东亚夏季风的影响机理已经取得很大的进展(陈丽娟等,2013)，在短期气候预测业务中得到广泛应用。

大量研究表明，ENSO事件的不同阶段对中国夏季降水有不同的影响(Huang, Wu,1989;符淙斌等,1988;Huang, Wu,1989;陈文,2002;刘宣飞,1998;倪东鸿,孙照渤,2000;陈文,2002)。

2012年3月获得的多种动力—统计方法对热带太平洋海温的监测预测信息是，2011年9月赤道中东太平洋进入拉尼娜状态，于2011年12月—2012年1月达到盛期，2012年2月开始衰减，可能于2012年4月结束(实况是3月结束)，事件强度为中等到偏弱(实况是极弱)。按照前期研究及对ENSO事件的监测预测，2012年夏季处于近中性状态，不是显著的ENSO事件演变类型。虽然2011—2012年的拉尼娜事件强度极弱，东太平洋海温从2012年春季到秋季有波动，但是西太平洋海温基本上处于接近正常到偏暖的特征。另外，前期的研究多基于2000年以前的ENSO事件，而21世纪以来ENSO事件特征，尤其是中部型ENSO事件(Ashok等,2007;Kug等,2009)的频繁发生提醒我们谨慎考虑热带太平洋海温变化的空间型及其影响。薛峰和刘长征(2007)研究指出，亚欧大陆中高纬度环流和南半球环流的变化可在相当程度上调制东亚夏季风环流对中等强度ENSO的响应，并进而在中国东部形成不同的降水分布。本次ENSO事件的强度以及事件爆发发展过程中表现的中部型特征易选用Nino3.4海温指数进行分析。

对于东亚夏季风指数有很多种，可主要归纳为两类，一类是从季风本质出发(郭其蕴,1983;赵汉光和张先恭,1994;施能等,1996;孙秀荣等,2002)。另一类则从季风环流出发(黄刚等,1999;张庆云等,2003)。其中，张庆云等(2003)定义的东亚夏季风指数能较好反映夏季东亚大气环流和中国东部降水异常变化特征，本文即对该季风指数进行分析和预测。

冬季Nino3.4区海温(李晓燕，翟盘茂,2000)与东亚夏季风强度(张庆云等,2003)在1961—2012年的相关为−0.47，其相关系数通过99%置信度检验。而2011/2012年冬季

Nino3.4区海温指数为负值，有利于夏季风偏强。

夏季西太平洋副热带高压与我国降水的关系非常密切，分别计算1981—2010年冬季Nino3.4海温指数(李晓燕和翟盘茂，2000)与副高各项特征指数(定义见赵振国，1999)的相关，冬季Nino3.4海温指数与夏季副高西伸脊点、脊线位置为负相关，与面积和强度为正相关，位置关系在6—7月更显著，强度关系在7—8月更突出。2011/2012年冬季Nino3.4区海温的负值特征更有利于夏季副高偏弱、偏北、偏东。

由于西太平洋副高的西伸脊点和脊线位置的相关最弱，根据这两个指数，将副高进行九分类，2012年夏季副高归为偏北偏东型，对应的降水型显示主要多雨带位于东北、华北、黄淮地区。

2012年ENSO信号不强，我们还着重分析了另一个预测夏季风指数的因子：冬季北极海冰特征。根据武炳义等(2004)的研究，当冬季北极海冰偏大(小)时，6月亚洲大陆海平面气压偏高(低)，大陆热低压偏弱(强)，副高位置偏南(北)，东亚夏季风偏弱(强)。此外，马洁华等(2011)的数值试验也证明夏季"北极无冰"状态下，东亚夏季850风场为显著南风距平。监测显示2011—2012年冬季北极海冰异常偏小，达到1979年以来海冰面积第4小值。而北极海冰从冬到夏是明显减少的季节变化特征。北极海冰冬季异常少以及春夏季的持续偏少特征有利于东亚夏季风偏强。

积雪是一个重要的外强迫信号，积雪对东亚季风的影响方面有大量研究(陈烈庭，阎志新，1979，1981；陈烈庭，1998；张顺利，陶诗言，2000；Yang and Xu，1994；陈兴芳，宋文玲，2000；穆松宁，周广庆，2010)。国家气候中心气候监测室提供的2011/2012年青藏高原积雪面积和欧亚积雪面积指数均较常年偏大。根据过去的研究简单判断积雪对未来东亚夏季风和我国降水的影响结论是矛盾的。李栋梁等(2001)对冬季青藏高原地面加热场强度的定义和监测值显示青藏高原2011/2012年冬季地面加热异常偏强，而高原气温较常年偏高的监测事实也基本证实了这一点，说明不能简单地根据积雪面积指数偏大就得出夏季风偏弱的结论。

综合热带海洋和北极海冰的外强迫特征和其可能的影响，预计2012年东亚夏季风强度偏强，西太平洋副热带高压偏弱偏北偏东。积雪对东亚夏季风影响的不确定性较大，没有作为重点因子考虑。

3.3 季节内尺度先兆信号

2012年对重要气候事件的预测基于两个方面，一是从外强迫影响的角度，在4月初给出初步展望；另外，从初值的角度，在气候事件发生前1～2周的超前时间给出滚动订正预测。本文重点从外强迫信号角度，分析2012年热带海洋、南极涛动对东亚夏季风季节内变率的可能影响。

为避免年代际变化的影响，我们选择了1980年以后发生拉尼娜事件且冬季处于峰值阶段的年份(1995/1996，1998/1999，1999/2000，2000/2001，2007/2008，2010/2011)，统计这些年份后期南海夏季风(SCSSM)爆发(定义见朱艳峰等，2007)、长江中下游梅雨(徐群等，2001；杨义文，2002)、华北雨季(赵振国，1999)等信息(表略)。

ENSO循环影响南海夏季风的物理机制(Wang等，2000；Zhou，Chan，2007)可以归纳为：前冬为厄尔尼诺(拉尼娜)事件，有利于热带印度洋第二年春季增暖(变冷)，从而热带印度洋对流发展(减弱)，热带印度洋—西太平洋出现异常Walker环流，使得西太平洋副高加强(减弱)，造成南海夏季风爆发偏晚(偏早)。而对南海季风爆发时间的统计与 ENSO 循环演变机制一致。此外，还有利于梅雨总体偏弱，华北雨季偏强。

另一个对亚洲夏季风爆发早晚有指示意义的信号来自南半球。监测显示 2011—2012 年冬季南极涛动处于正位相，强度列 1979 年以来第 2 位。冬季南极涛动偏强，促使索马里越赤道气流在 3—4 月份较早建立且强度偏强，有利于孟加拉湾和南海地区低层辐合的加强和对流的活跃，使西太平洋副高偏弱，且较早东撤出南海，造成亚洲夏季风爆发偏早(高辉等，2012)。

综合热带海温异常状态及冬季南极涛动异常正位相特征，预测 2012 年夏季风爆发偏早的可能性大，季节进程较常年偏早，与实况比较吻合。

4 总结和讨论

2012 年 4 月发布的汛期气候趋势预测意见较准确地预测了 2012 年夏季多雨区范围较 2011 年大、多雨带位置位于我国北方、区域性强降水过程频发、城市内涝明显等特征。5－6 月的多次滚动订正预测将主要多雨带位置北移，汛期内三个主要气候事件：南海夏季风暴发偏早，长江中下游地区梅雨量偏少，华北雨季开始偏早、降水偏多的预测也与实况一致。即使在总体趋势预测准确的背景下，2012 年汛期预测和服务还是存在明显的不足。极端性降水频发、热带气旋生成频率和移动路径较常年复杂等都增加了短期气候预测的难度，预测离服务的需求还有较大的差距，还需要做深入的研究和分析。

参考文献

[1] 陈丽娟，袁媛，杨明珠，等. 2013. 海温异常对东亚夏季风影响机理的研究进展. 应用气象学报，**24**(5)：521-532.

[2] 陈烈庭，阎志新. 1979. 青藏高原冬春季积雪对大气环流和我国南方汛期降水的影响，中长期水文气象预报文集(第一集)，北京：水利电力出版社，145-148.

[3] 陈烈庭，阎志新. 1981. 青藏高原冬春季异常雪盖影响初夏季风的统计分析，中长期水文气象预报文集(第二集)，长江流域规划办公室，133-141.

[4] 陈烈庭. 1998. 青藏高原冬春季异常雪盖与江南前汛期降水关系的检验和应用. 应用气象学报，9(增刊)：1-8.

[5] 陈兴芳，宋文玲. 2000. 欧亚和青藏高原冬春积雪与我国夏季降水关系的分析和预测应用. 高原气象，**19**(2)：215-223.

[6] 陈兴芳，赵振国. 2000. 中国汛期降水预测研究及应用，北京：气象出版社.

[7] 陈文. 2002. El Nino 和 La Nina 事件对东亚冬、夏季风循环的影响. 大气科学，**26**：595-610.

[8] 符淙斌，腾星林. 1988. 我国夏季的气候异常与埃尔尼诺/南方涛动现象的关系. 大气科学，**12**(S1)：133-141.

[9] 高辉，刘芸芸，王永光，等. 2012. 亚洲夏季风爆发早晚的新前兆信号：冬季南极涛动. 科学通报，**57**(36)：3516-3521.

[10] 郭其蕴. 1983. 东亚夏季风强度指数及其变化的分析. 地理学报，**38**(3)：207-216.

[11] 郭艳君，李威，陈乾金. 2004. 北半球积雪监测诊断业务系统. 气象，**30**(11)：24-27.

[12] 黄刚，严中伟. 1999. 东亚夏季风环流异常指数及其年际变化. 科学通报，**44**(4)：421-424.

[13] 李栋梁，季国良，吕兰芝. 2001. 青藏高原地面加热场强度对北半球大气环流和中国天气气候异常的影响研究，中国科学(D 辑)，**31**(增)：312-319.

[14] 李双林，王彦明，郜永祺. 2009. 北大西洋年代际振荡(AMO)气候影响的研究评述. 大气科学学报，**32**(3)：458-465.

[15] 李维京. 2012. 现代气候业务. 北京：气象出版社.

[16] 李晓燕；翟盘茂. 2000. ENSO事件指数与指标研究，气象学报，**58**(1)：102-109.

[17] 刘宣飞. 1998. 中国气候年际变异与亚洲季风及海温异常的关系：学位论文. 南京：南京气象学院大气科学系.

[18] 马洁华，王会军，张颖. 2011. 北极夏季无海冰状态时的东亚气候变化数值模拟研究. 气候变化研究进展，**7**(3)，162-170.

[19] 穆松宁，周广庆. 2010. 冬季欧亚大陆北部新增雪盖面积变化与中国夏季气候异常的关系. 大气科学，**34**(1)：213-226，

[20] 倪东鸿，孙照渤，赵玉春. 2000. ENSO循环在夏季的不同位相对东亚夏季风的影响. 南京气象学院学报，**23**：18-54.

[21] 施能，朱乾根，吴彬贵. 1996. 近四十年东亚夏季风及我国夏季大尺度天气气候异常. 大气科学，**20**(5)：575-583.

[22] 孙秀荣，陈隆勋，何金海. 2002. 东亚海陆热力差指数及其与环流和降水的年际变化关系. 气象学报，**60**(2)：164-172.

[23] 武炳义，卞林根，张人禾. 2004. 冬季北极涛动和北极海冰变化对东亚气候的影响. 极地研究，**16**(3)：211-220.

[24] 徐群，杨义文，杨秋明. 2001. 长江中下游116年梅雨. 暴雨·洪涝，44-53.

[25] 薛峰，刘长征. 2007. 中等强度ENSO对中国东部夏季降水的影响及其与强ENSO的对比分析. 科学通报，**52**(23)：2798-2805.

[26] 王艳姣，周兵，司东，等. 2013. 2012年夏季我国降水异常及成因分析. 气象，**39**(1)：121-125.

[27] 杨义文. 2002. 长江中下游梅雨与中国 夏季旱涝分布. 气象，**28**(11)：11-16.

[28] 张庆云，陶诗言，陈烈庭. 2003. 东亚夏季风指数的年际变化与东亚大气环流. 气象学报，**61**(4)：559-568.

[29] 张顺利，陶诗言. 2000. 青藏高原积雪对亚洲夏季风影响的诊断及数值研究. 大气科学，**25**(3)：372-390.

[30] 赵汉光，张先恭. 1994. 东亚季风和中国夏季雨带的关系. 气象，**22**(4)：8-12.

[31] 赵振国. 1999. 中国夏季旱涝及环境场. 北京：气象出版社.

[32] 朱艳峰，李威，王小玲，等. 2007. 东亚夏季风监测诊断业务系统. 气象，**33**(9)：98-102.

[33] 朱益民，杨修群. 2003. 太平洋年代际振荡与中国气候变率的联系. 气象学报，**61**(6)：641-654.

[34] Ashok K，Behera S K，Rao S A，et al. 2007. El Nino Modoki and its possible teleconnection. *J Geophys Res*，112：C11007，doi：10.1029/2006JC003798

[35] Huang R H，Wu Y F. 1989. The influence of ENSO on the summer climate change in China and its mechanism. *Adv Atmos Sci*，**6**：21-32.

[36] Kalnay E.，M. Kanamitsu，R. Kistler，et al. 1996. The NCEP/NCAR 40－year reanalysis project. *Bull. Amer. Meteor. Soc.*，**77**(2)：437-471.

[37] Kerr R. 2000. A North Atlantic climate pacemaker for the centuries. Science，**288**：1984-1986.

[38] Kug J S，Jin F F，An S I. 2009. Two types of El Nino events：Cold tongue El Nino and warm pool El Nino. *J. Climate*，**22**：1499-1515.

[39] Mantua，N. J.，S. R. Hare，Y. Zhang，et al. 1997. A Pacific interdecadal climate oscillation with impacts on salmon production，*Bull. Amer. Meteor. Soc.*，**78**：1069-1079.

[40] Reynolds, R. W., N. A. Rayner, T. M. Smith, et al. 2002. An Improved In Situ and Satellite SST Analysis for Climate, *J. Climate*, **15**(13):1609-1625.

[41] Wang B, R G Wu, X Fu. 2000. Pacific-East Asian Teleconnection: How Does ENSO Affect East Asian Climate? *J. Climate*, **13**:1517-1535.

[42] Zhang, Y., J. M. Wallace, and D. S. Battisti. 1997. ENSO—like interdecadal variability: 1900—93, *J. Climate*, **10**:1004-1020.

[43] Zhou W., Chan J. C. L. 2007. ENSO and South China Sea summer monsoon onset. *International Journal of Climatology*, **27**:157-167.